UNITEXT

La Matematica per il 3+2

Volume 174

Editor-in-Chief

Alfio Quarteroni, Politecnico di Milano, Milan, Italy; École Polytechnique Fédérale de Lausanne (EPFL), Lausanne, Switzerland

Series Editors

Luigi Ambrosio, Scuola Normale Superiore, Pisa, Italy

Paolo Biscari, Politecnico di Milano, Milan, Italy

Ciro Ciliberto, Università di Roma "Tor Vergata", Rome, Italy

Camillo De Lellis, Institute for Advanced Study, Princeton, NJ, USA

Massimiliano Gubinelli, Hausdorff Center for Mathematics, Rheinische Friedrich-Wilhelms-Universität, Bonn, Germany

Victor Panaretos, Institute of Mathematics, École Polytechnique Fédérale de Lausanne (EPFL), Lausanne, Switzerland

Lorenzo Rosasco, DIBRIS, Università degli Studi di Genova, Genova, Italy; Center for Brains Mind and Machines, Massachusetts Institute of Technology, Cambridge, Massachusetts, USA; Istituto Italiano di Tecnologia, Genova, Italy

The **UNITEXT – La Matematica per il 3+2** series is designed for undergraduate and graduate academic courses, and also includes advanced textbooks at a research level.

Originally released in Italian, the series now publishes textbooks in English addressed to students in mathematics worldwide.

Some of the most successful books in the series have evolved through several editions, adapting to the evolution of teaching curricula.

Submissions must include at least 3 sample chapters, a table of contents, and a preface outlining the aims and scope of the book, how the book fits in with the current literature, and which courses the book is suitable for.

For any further information, please contact the Editor at Springer:

francesca.bonadei@springer.com

THE SERIES IS INDEXED IN SCOPUS

Marco Manetti

Algebra Lineare

 Springer

Marco Manetti
Dipartimento di Matematica Guido
Castelnuovo
Sapienza Università di Roma
Roma, Italy

ISSN 2038-5714   ISSN 2532-3318 (versione elettronica)
UNITEXT
ISSN 2038-5722   ISSN 2038-5757 (versione elettronica)
La Matematica per il 3+2
ISBN 978-3-032-01503-7   ISBN 978-3-032-01504-4 (eBook)
https://doi.org/10.1007/978-3-032-01504-4

Cover image: Spitsbergen agosto 2022, foto dell'autore.

This Springer imprint is published by the registered company Springer Nature Switzerland AG
The registered company address is: Gewerbestrasse 11, 6330 Cham, Switzerland

If disposing of this product, please recycle the paper.

Prefazione

L'algebra lineare, assieme al calcolo differenziale ed integrale, è alla base dell'insegnamento universitario della matematica e viene per questo collocata, in quantità variabile, ai primi anni di tutti i corsi di laurea scientifici; essa fornisce gli strumenti fondamentali ed i metodi di indagine usati nelle rappresentazioni multidimensionali del ragionamento matematico. Anche per questo già esistono centinaia di testi di algebra lineare, in tutte le lingue e di varia fattura e qualità: in alcuni casi si tratta di ottimi testi, in altri di operazioni puramente commerciali.

Le motivazioni alla creazione di questo ulteriore contributo, sulla qualità del quale sarà il lettore a giudicare, erano inizialmente collegate all'organizzazione didattica del corso di Laurea in Matematica della Sapienza, che rendeva necessaria una trattazione separata degli aspetti algebrici da quelli più propriamente geometrici, trattati in un diverso insegnamento. Durante il lungo percorso di scrittura, iniziato nel 2006, pur mantenendo l'approccio prevalentemente algebrico alla materia, abbiamo cercato di rendere il testo utile ed interessante ad una vasta platea di studenti di discipline scientifiche (matematica, fisica, informatica e intelligenza artificiale) e più in generale a tutti coloro che vogliono acquisire una buona conoscenza matematica di base.

Assieme agli argomenti basilari (spazi vettoriali, applicazioni lineari, matrici, determinanti, autovalori ed autovettori, prodotti scalari ecc.) sono stati aggiunti alcuni argomenti che, pur essendo accessibili ad uno studente al primo anno di università, vengono di norma esclusi dai libri di testo. Va anche detto che, per non appesantire troppo il testo, molti argomenti ugualmente interessanti di algebra lineare sono stati omessi.

Il livello di difficoltà in alcuni punti è non banale; gli argomenti sono trattati in maniera completa ed elementare, ma sempre con l'idea di preparare il lettore ad argomenti matematici più avanzati ed astratti, per lavorare un po' di più oggi ma molto meno domani. Per favorire l'apprendimento e non la memorizzazione, vengono fornite le soluzioni di solamente una piccola parte degli esercizi proposti e viene aggiunto un po' di rumore di fondo, in quantità tale da non confondere il lettore, e comunque sempre al di fuori degli enunciati e dimostrazioni dei teoremi principali.

Percorsi di lettura   Il libro ha una struttura ad albero, con le sue radici (Cap. 1–3), un tronco principale (Cap. 4–9) e quattro rami tra loro indipendenti: il ramo 'canoniche' (Cap. 10–11), il ramo 'duale e quoziente' (Cap. 12–13), il ramo 'isometrie' (Cap. 14–15) ed il ramo 'trascendente' (Cap. 16).

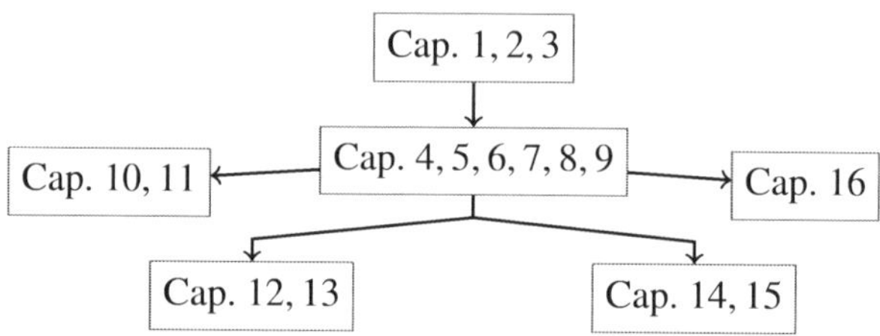

Un q.b. di radici, il tronco principale ed un ramo, si prestano bene ad un insegnamento di circa 80 ore di lezioni ed esercitazioni frontali; la scelta del ramo da trattare viene ovviamente lasciata al docente, che valuterà in base alle proprie preferenze ed alle necessità del corso di studio.

Esercizi e complementi   Vengono proposti al lettore 898 esercizi, di varia natura e difficoltà. La tazzina ♨ indica gli esercizi ritenuti, con valutazione del tutto soggettiva, più difficili; il cuoricino $\heartsuit$ quelli per cui è riportata la soluzione, o traccia o suggerimento, nell'ultimo capitolo; il simbolo di lavaggio Ⓐ quelli che richiedono nozioni impartite usualmente in altri insegnamenti universitari, tipicamente in quelli di analisi matematica.

Alcuni capitoli si concludono con una sezione di complementi, ossia di argomenti che di norma non fanno parte del programma di algebra lineare e che possono essere omessi senza compromettere la comprensione generale del testo. Una selezione di contenuti parentetici, la cui lettura può essere evitata senza incorrere in lacune formative significative, viene segnalata con l'icosaedro troncato ⚽.

Crediti e ringraziamenti   Le prime 87 pagine di dispense settimanali, che poi hanno germinato questo volume, furono scritte nel 2006–07 in collaborazione con Enrico Arbarello, e contenevano prevalentemente esercizi e materiale difficilmente reperibile nei libri di testo standard. Altri colleghi con cui ho condiviso gli insegnamenti di algebra lineare e geometria negli ultimi vent'anni, e che hanno contribuito, a loro insaputa, a questo libro sono: Domenico Fiorenza, Andrea Maffei, Riccardo Salvati Manni, Lidia Stoppino e Daniele Valeri. A tutti loro vanno i miei ringraziamenti. Un ringraziamento particolare va alla dottoressa Francesca Bonadei della Springer-Verlag per l'eccellente assistenza nelle fasi finali delle preparazione.

Roma   Marco Manetti
giugno 2025

Competing Interests The author has no competing interests to declare that are relevant to the content of this manuscript.

Contenuti

Capitolo 1
Sistemi lineari

L'*algebra lineare* è lo studio degli spazi vettoriali e delle applicazioni lineari. Dato che questa sbrigativa definizione, seppur corretta, risulta poco esplicativa per chi si appresta a studiare matematica, iniziamo il percorso con un assaggio intuitivo ed informale di algebra lineare, sotto forma di rivisitazione dei sistemi di equazioni lineari.

È bene precisare subito che l'algebra lineare non serve solo a studiare i sistemi lineari ma possiede innumerevoli legami e relazioni con quasi tutti gli ambiti e le aree matematiche.

1.1 Sistemi compatibili e incompatibili

Problema: un ragazzo vede conigli e polli in un cortile. Conta 18 teste e 56 zampe, quanti polli e conigli ci sono nel cortile?

Abbiamo due quantità incognite, il numero di polli ed il numero di conigli. Essendo questo un libro di matematica, non perdiamo tempo in chiacchiere fuori contesto e indichiamo con due lettere le nostre due incognite, ad esempio con x il numero di conigli e con y il numero di polli nel cortile. Quello che dobbiamo fare è trovare i valori di x, y che soddisfano *entrambe* le equazioni:

1. $x + y = 18$ (equazione delle teste);
2. $4x + 2y = 56$ (equazione delle zampe).

Più in generale, quando abbiamo alcune equazioni e cerchiamo i valori che le risolvono tutte, parliamo di *sistema di equazioni*; solitamente, ma non sempre, i sistemi di equazioni si presentano accompagnati da una parentesi graffa verticale. Nel nostro caso scriveremo

$$\begin{cases} x + y = 18 \\ 4x + 2y = 56 \end{cases}$$

© The Author(s), under exclusive license to Springer Nature Switzerland AG 2025
M. Manetti, *Algebra Lineare*, La Matematica per il 3+2 174,
https://doi.org/10.1007/978-3-032-01504-4_1

Tale sistema si può risolvere usando il *metodo di sostituzione*: in tale metodo si suppone che il sistema abbia soluzioni, e si utilizza un'equazione per calcolare il valore di un'incognita in funzione delle altre, poi si sostituisce tale valore nelle rimanenti equazioni ottenendo un sistema con un'equazione ed un'incognita in meno:

$$\begin{cases} x = 18 - y \\ 4x + 2y = 56 \end{cases} \qquad \begin{cases} x = 18 - y \\ 4(18 - y) + 2y = 56 \end{cases} \qquad \begin{cases} x = 18 - y \\ 72 - 2y = 56 \end{cases}$$

$$\begin{cases} x = 18 - y \\ -2y = -16 \end{cases} \qquad \begin{cases} x = 18 - y \\ y = 8 \end{cases} \qquad \begin{cases} x = 10 \\ y = 8 \end{cases}$$

Abbiamo quindi dimostrato che il precedente problema dei polli e conigli ammette una *unica soluzione*, ossia $x = 10$, $y = 8$.

Le cose però possono andare diversamente. Consideriamo per esempio il seguente problema: *in un cortile ci sono polli e tacchini; se contiamo 10 teste e 20 zampe, quanti sono i polli e quanti sono i tacchini?*

In questo caso il sistema diventa

$$\begin{cases} x + y = 10 \\ 2x + 2y = 20 \end{cases}$$

Se proviamo a risolverlo con il metodo di sostituzione troviamo

$$\begin{cases} x = 10 - y \\ 2x + 2y = 20 \end{cases} \qquad \begin{cases} x = 10 - y \\ 2(10 - y) + 2y = 20 \end{cases} \qquad \begin{cases} x = 10 - y \\ 20 = 20 \end{cases}$$

Ma l'equazione $20 = 20$ è sempre soddisfatta, non ci dà alcuna informazione utile e la possiamo omettere. Dunque il nostro sistema si riduce alla sola equazione $x = 10 - y$ che non ha una unica soluzione.

Consideriamo adesso un altro problema: *in un cortile ci sono anatre e polli; se contiamo 10 teste e 21 zampe, quanti sono i polli e quante sono le anatre?* In questo caso il sistema diventa

$$\begin{cases} x + y = 10 \\ 2x + 2y = 21 \end{cases}$$

e applicando il metodo di sostituzione troviamo

$$\begin{cases} x = 10 - y \\ 2x + 2y = 20 \end{cases} \qquad \begin{cases} x = 10 - y \\ 2(10 - y) + 2y = 21 \end{cases} \qquad \begin{cases} x = 10 - y \\ 20 = 21 \end{cases} .$$

In questo caso l'equazione $20 = 21$ non è mai soddisfatta (è impossibile) e quindi *l'ipotesi che il sistema abbia soluzioni porta ad una contraddizione*. In tale caso non rimane quindi che dedurre che il sistema *non ammette soluzioni*.

Definizione 1.1 Un sistema di equazioni lineari si dice:

- **compatibile**, o **consistente**, se possiede soluzioni;
- **incompatibile**, o **inconsistente**, se non ammette soluzioni.

Adesso però ci sorge un dubbio. Nell'applicazione del metodo di sostituzione abbiamo scelto sia l'incognita da esplicitare sia l'equazione da utilizzare allo scopo, e diverse scelte portano a diversi procedimenti; chi ci assicura che *diverse scelte portano alle stesse conclusioni?* Se per conclusione si intende determinare la compatibilità di un sistema, la preoccupazione è certamente esagerata: in fin dei conti il metodo di sostituzione qualunque strada percorra, porta sempre all'insieme delle soluzioni. Ci sono però altre importanti informazioni ottenibili dal metodo di sostituzione la cui indipendenza dalle scelte non è affatto ovvia.

L'**algebra lineare** nasce dall'esigenza di fornire un quadro teorico alla teoria dei sistemi di equazioni lineari, in grado di fornire la risposta al precedente dubbio (e non solo).

Esempio 1.2 Clara e Fosca calcolano le soluzioni del sistema di due equazioni in tre incognite

$$\begin{cases} x + y + z = 1 \\ x - y + z = 0 \end{cases}$$

Applicando il metodo di sostituzione Clara trova

$$\begin{cases} x = 1 - y - z \\ (1 - y - z) - y + z = 0 \end{cases} \qquad \begin{cases} x = 1 - y - z \\ -2y = -1 \end{cases} \qquad \begin{cases} y = \frac{1}{2} \\ x = \frac{1}{2} - z \end{cases}.$$

mentre Fosca trova

$$\begin{cases} y = 1 - x - z \\ x - (1 - x - z) + z = 0 \end{cases} \qquad \begin{cases} y = 1 - x - z \\ z = \frac{1}{2} - x \end{cases} \qquad \begin{cases} y = \frac{1}{2} \\ z = \frac{1}{2} - x \end{cases}$$

Le due soluzioni sono entrambe corrette e solo apparentemente diverse. Infatti Clara trova che le soluzioni sono l'insieme delle terne (x, y, z) tali che $y = 1/2$ e $x = 1/2 - z$, mentre Fosca trova che le soluzioni sono l'insieme delle terne (x, y, z) tali che $y = 1/2$ e $z = 1/2 - x$. Tali insiemi chiaramente coincidono.

Esempio 1.3 Cerchiamo a e b tali che

$$\frac{1}{(t - 1)(t - 2)} = \frac{a}{t - 1} + \frac{b}{t - 2}.$$

Eseguendo la somma mediante l'usuale regola di messa a denominatore comune si ha

$$\frac{a}{t-1} + \frac{b}{t-2} = \frac{a(t-2)}{(t-1)(t-2)} + \frac{b(t-1)}{(t-1)(t-2)} = \frac{a(t-2)+b(t-1)}{(t-1)(t-2)}$$

e quindi i numeri a, b devono soddisfare l'uguaglianza

$$1 = a(t-2) + b(t-1) = (a+b)t + (-b-2a).$$

Equiparando i coefficienti delle potenze di t troviamo il sistema

$$\begin{cases} a+b = 0 \\ -b-2a = 1 \end{cases}$$

che ha come soluzione $a = -1$ e $b = 1$.

Esercizi

1.4 Un contadino alleva mucche e galline. Se possiede 60 capi che hanno complessivamente 172 zampe, quante sono rispettivamente le mucche e le galline?

1.5 Incontrando struzzi e leoni, un esploratore vede 10 teste e 42 zampe. Quanti sono i leoni?

1.6 (Eureka!) Una moneta del peso 16 grammi è fatta di oro e piombo ed il suo peso in acqua è di 15 grammi. Sapendo che il peso specifico dell'oro è $19,3$ volte quello dell'acqua e quello del piombo $11,3$ volte, calcolare quanti grammi di oro contiene la moneta.

1.7 Trovare tre numeri a, b, c tali che $\dfrac{2}{t^3 - t} = \dfrac{a}{t-1} + \dfrac{b}{t+1} + \dfrac{c}{t}$.

1.2 Sistemi ridondanti e rango

Domanda: che cosa hanno in comune i seguenti sistemi di equazioni lineari?

$$(A)\ \begin{cases} x+y = 1 \\ 2x-y = 3 \\ 0 = 0 \end{cases} \qquad (B)\ \begin{cases} x+y = 1 \\ 2x-y = 3 \\ x+y = 1 \end{cases} \qquad (C)\ \begin{cases} x+y = 1 \\ 2x-y = 3 \\ 3x = 4 \end{cases}$$

Risposta: hanno tutti più equazioni del necessario.

Spieghiamo caso per caso la risposta. Il sistema (A) contiene come terza equazione $0 = 0$ che è sempre verificata, non influisce sul sistema e può essere tolta. Nel sistema (B) la terza equazione è uguale alla prima, e se una coppia di numeri x, y soddisfa le prime due equazioni allora soddisfa anche la terza; anche in questo caso la terza equazione è ridondante e può essere tolta.

Nel sistema (C) le tre equazioni sono diverse tra loro, però è facile osservare che la terza è la somma delle prime due, dato che $(x + y) + (2x - y) = 3x$ e $1 + 3 = 4$. Ne segue che se x, y soddisfano le prime due equazioni, allora soddisfano anche la terza; anche in questo caso la terza equazione non aggiunge alcuna ulteriore informazione e può essere tolta. Vediamo adesso un caso leggermente più complicato:

$$(D) \quad \begin{cases} x + y = 1 \\ 2x - y = 3 \\ 3y = -1 \end{cases}$$

Siccome $2(x + y) - (2x - y) = 3y$ e $2 \cdot 1 - 3 = -1$, la terza equazione è uguale al doppio della prima meno la seconda; dunque se x, y soddisfano le prime due equazioni allora

$$3y = 2(x + y) - (2x - y) = 2(1) - (3) = -1$$

e soddisfano anche la terza. Dunque la terza equazione si può omettere dal sistema senza alterare l'insieme delle soluzioni.

Definizione 1.8 Diremo che un'equazione di un sistema è **combinazione lineare** delle altre se è uguale alla somma di tali altre equazioni moltiplicate per opportuni numeri.

Esempio 1.9 Nel sistema

$$\begin{cases} x + y = 1 \\ 2x - y = 3 \\ x - y = 0 \\ 4y = -3 \end{cases}$$

la quarta equazione è combinazione lineare delle prime tre; più precisamente, è la somma di 3 volte la prima, di -2 volte la seconda e della terza:

$$3(x + y) - 2(2x - y) + (x - y) = 4y, \quad 3(1) - 2(3) + (0) = -3.$$

Definizione 1.10 Diremo che un'equazione di un sistema di equazioni lineari è **ridondante** se è combinazione lineare delle equazioni che la precedono. Un sistema lineare si dice ridondante se contiene equazioni ridondanti, si dice **essenziale** se non è ridondante.

La considerazione, fatta per il sistema (D), che se dei valori numerici delle incognite soddisfano un insieme di equazioni allora soddisfano anche ogni loro combinazione lineare, implica che, in un sistema lineare, ogni equazione ridondante può essere tolta senza modificare l'insieme delle soluzioni.

In ogni sistema ridondante possiamo eliminare un'equazione che è combinazione lineare delle precedenti e reiterare, se necessario, l'operazione fino a quando il sistema diventa essenziale; il numero di equazioni di quest'ultimo sistema viene detto **rango**. Uno degli obiettivi dell'algebra lineare è quello di mostrare che il rango di un sistema lineare non dipende dalla scelta e dall'ordine equazioni ridondanti eliminate, e che se scambiamo l'ordine delle equazioni il rango non cambia.

Esempio 1.11   Il rango del sistema dell'Esempio 1.9 è uguale a 3. Infatti, già sappiamo che la quarta equazione è ridondante; togliendola otteniamo il sistema

$$\begin{cases} x + y = 1 \\ 2x - y = 3 \\ x - y = 0 \end{cases}$$

che è essenziale: per provare questo fatto, osserviamo che:

1. i valori $x = y = 0$ non soddisfano la prima equazione;
2. i valori $x = 1$, $y = 0$ soddisfano la prima equazione ma non la seconda;
3. i valori $x = 4/3$, $y = -1/3$ soddisfano le prime due equazioni ma non la terza.

Nel seguito vedremo metodi più semplici e pratici per determinare se un sistema è essenziale o ridondante.

Esempio 1.12   Consideriamo il sistema

$$\begin{cases} x + y + z = 0 \\ 2x + y - z = 0 \\ x - y + 3z = 0 \end{cases}$$

e cerchiamo di capire se la terza equazione è ridondante, ossia se esistono due numeri a, b tali che

$$a(x + y + z) + b(2x + y - z) = x - y + 3z, \qquad a(0) + b(0) = 0.$$

Uguagliando membro a membro i coefficienti di x, y, z otteniamo il sistema

$$\begin{cases} a + 2b = 1 \\ a + b = -1 \\ a - b = 3 \end{cases}$$

che è incompatibile. Quindi l'equazione $x - y + 3z = 0$ non è ridondante.

Esercizi

1.13   Per ciascuno dei tre sistemi lineari:

$$\begin{cases} x + y + z = 0 \\ 2x + y - z = 0 \\ 3x + 2y = 0 \end{cases} \qquad \begin{cases} x + 2y + z = 1 \\ 2x + y - z = 0 \\ x - y - 2z = -1 \end{cases} \qquad \begin{cases} x + 2y + z + w = 1 \\ 2x + y - z = 0 \\ x - y - 2z - w = -1 \\ 4x + 2y - 2z = 0 \end{cases}$$

scrivere l'ultima equazione come combinazione lineare delle precedenti.

1.14   Determinare il rango dei seguenti sistemi lineari:

$$\begin{cases} x_1 + x_2 = 0 \\ x_1 + x_3 = 0 \\ x_2 + x_3 = 0 \\ x_1 - x_2 + x_3 = 0 \end{cases} \qquad \begin{cases} x_1 + x_2 - x_3 + x_4 - x_5 = 0 \\ 2x_2 - x_3 + x_4 = 0 \\ x_3 - x_4 + x_5 = 0 \end{cases}$$

1.15   Discutere il sistema di equazioni lineari nelle incognite x, y, z

$$\begin{cases} x + ky + z = 0 \\ kx - y + 2z = 3 \\ x + y - 2z = k - 2 \end{cases}$$

al variare del parametro k. Più precisamente, si chiede di determinare per quali valori di k il sistema è incompatibile, e per quali valori ammette soluzioni multiple; inoltre, per ciascun valore di k per cui esistono soluzioni multiple si chiede di calcolare il rango del sistema.

1.16   I seguenti problemi sono tratti dal *Compendio d'Analisi* di Girolamo Saladini, pubblicato a Bologna nel 1775.

1. Un cane si dà ad inseguire una lepre in distanza di passi numero a, e la velocità del cane è alla velocità della lepre come m/n. Si cerca dopo quanti passi il cane giugnerà la lepre.
2. Caio interrogato, che ora fosse, rispose, che le ore scorse dalla mezza notte, alle ore, che rimanevano fino al meriggio[1] erano come 2/3. Si vuol sapere qual ora fosse accennata da Caio.
3. Sempronio volendo distribuire certi denari a certi poveri osserva, che se ne dà tre a ciascuno, ne mancano otto, se ne dà due, ne avanzano tre. Si vuol sapere il numero de' poveri, e de' denari.

---

[1] Mezzogiorno [nda].

4. Rispose Tizio ad un, che domandavagli quanti anni avesse: se il numero de' miei anni si moltiplichi per 4, ed al prodotto si aggiunga 15, si ha un numero, che di tanto eccede il 150, quanto il numero 100 eccede il numero de' miei anni. Si cerca il numero degli anni di Tizio.

5. Caio per mantenimento della sua famiglia spende il primo anno scudi 380, il rimanente dell'entrata lo mette a traffico, ed il frutto, che ne trae è un quarto della somma messa a traffico; il secondo anno spesi i soliti 380 scudi pone il rimanente a guadagno e ne ricava pure un quarto; lo stesso in tutto e per tutto gli succede nel terzo anno, passato il quale si accorge che la sua entrata è cresciuta di un sesto. Si vuol sapere quanto fosse nel primo anno l'entrata di Caio.

1.17 Si consideri il sistema lineare

$$\begin{cases} kx + y + z + w = 1 \\ x + ky + z + w = 1 \\ x + y + kz + w = 1 \\ x + y + z + kw = 1 \end{cases}$$

nelle quattro incognite x, y, z, w, dipendente dal parametro k:

1. aggiungere come quinta equazione la somma delle quattro equazioni date;
2. dire per quali valori di k il sistema possiede una soluzione con $x = y = z = w$;
3. dire per quali valori di k il sistema è incompatibile.

1.18 Il problema dei polli e conigli nel cortile viene menzionato in una poesia di Elio Pagliarani intitolata "La merce esclusa". È interessante leggere la soluzione proposta nel medesimo testo e qui di seguito riportata con alcune (lievi) variazioni rispetto all'originale.

> "Si consideri una specie di animale a sei zampe e due teste: il conigliopollo. Ci sono nel cortile 56 zampe diviso 6 zampe = 9 coniglipolli, nove coniglipolli che necessitano di $9 \times 2 = 18$ teste. Restano dunque $18 - 18 = 0$ teste nel cortile. Ma questi animali hanno $9 \times 6 = 54$ zampe allora $56 - 54 = 2$. Restano due zampe nel cortile. Si consideri quindi un'altra specie di animale, che potrebbe essere il coniglio spollato, che ha 1 testa -1 testa $= 0$ teste, 4 zampe -2 zampe $= 2$ zampe: le due zampe che stanno nel cortile. C'è dunque nel cortile 9 coniglipolli + 1 coniglio spollato. Detto in altri termini 9 conigli $+9$ polli $+1$ coniglio -1 pollo. Ed ora *i conigli coi conigli e i polli coi polli*, si avrà $9 + 1 = 10$ conigli, $9 - 1 = 8$ polli."

Secondo voi, cosa intende dire Pagliarani con "i conigli coi conigli e i polli coi polli"?

1.19 (♡) Vedremo ben presto che l'algebra lineare sviluppa tutta la sua potenza quando gli è consentito, tra le altre cose, di fare combinazioni lineari di oggetti non necessariamente omogenei, come ad esempio polli e conigli. È talvolta utile rappresentare ogni possibile combinazione lineare

$$a\,\text{Coniglio} + b\,\text{Pollo}$$

con il punto nel piano cartesiano di coordinate (a, b); abbiamo quindi che $(1, 0)$ è il coniglio, $(0, 1)$ il pollo, $(1, 1)$ il conigliopollo, $(1, -1)$ il coniglio spollato e così via. Nel boschetto della vostra fantasia, quali nomi di animali corrispondono ai punti $(-1, 1)$, $(-1, 0)$, $(0, 2)$, $(1, -2)$, $(3, 0)$, $(5, -6)$?

1.3 Il linguaggio degli insiemi

Nelle precedenti sezioni abbiamo incontrato il termine *insieme* nel senso usualmente inteso in matematica, con lo stesso significato di *collezione, aggregato, cumulo, famiglia, raccolta, conglomerato, classe, coacervo, accozzaglia, adunamento, ammasso, congerie, turba* eccetera.

Il concetto di insieme, che rappresenta una pluralità di elementi considerati come un tutt'uno, è talmente intuitivo che non richiede (per il momento) ulteriori spiegazioni. Ogni insieme è caratterizzato dagli elementi appartenenti ad esso, e cioè, *due insiemi coincidono se e solo se contengono gli stessi elementi.* In altre parole, ciò che è decisivo per l'identità di due insiemi non è il modo come essi sono stati definiti, ma solamente la questione se ciascun elemento di un insieme è elemento dell'altro e viceversa.

Ad esempio, l'insieme delle potenze di 10 maggiori di 50 coincide con l'insieme delle potenze di 10 maggiori di 80: pur avendo diverso nome i due insiemi possiedono gli stessi elementi. Come altro esempio, l'insieme degli interi dispari divisibili per 6 coincide con l'insieme delle monete da 3 euro: entrambi gli insiemi hanno gli stessi elementi, ossia nessuno.

Talvolta, se possibile, indicheremo un insieme elencandone gli elementi racchiusi tra parentesi graffe, per cui $\{1, 2, 6\}$ rappresenta l'insieme i cui elementi sono i numeri $1, 2$ e 6. Quando il contesto lo consente, possiamo anche usare i puntini di sospensione: ad esempio, l'insieme dei numeri interi compresi tra 1 e 100 può essere efficacemente indicato $\{1, 2, \ldots, 100\}$.

Un insieme si dice **finito** se possiede un numero finito (limitato) di elementi; un insieme si dice **infinito** se non è finito, ossia se contiene un numero infinito (illimitato) di elementi. Il mondo che ci circonda offre moltissimi esempi di insiemi finiti. Il concetto di insieme infinito è decisamente più astratto e concettuale, e tuttavia comprensibile a tutti, almeno a livello intuitivo.

La formula $a \in A$ sta ad indicare che a è un elemento dell'insieme A. La stessa formula si legge anche a **appartiene** ad A, od anche A **contiene** a. Scriveremo invece $a \notin A$ se l'elemento a non appartiene all'insieme A. Ad esempio:

$$2 \in \{1, 2, 6\}, \quad 3 \notin \{1, 2, 6\}, \quad 6 \in \{1, 2, 6\}, \quad 5 \notin \{1, 2, 6\},$$

Quando tutti gli elementi di un insieme A sono anche elementi dell'insieme B scriveremo $A \subseteq B$ e diremo che A è un **sottoinsieme di** B (espressioni equivalenti: A è incluso in B, A è contenuto in B, A è parte di B ecc.); ad esempio:

$$\{1, 2\} \subseteq \{1, 2, 3\} \subseteq \{1, 2, 3\}, \qquad \{\text{uomini}\} \subseteq \{\text{mammiferi}\} \subseteq \{\text{animali}\}.$$

Dati due insiemi A, B, si ha $A = B$ se e solo se valgono entrambe le inclusioni $A \subseteq B$ e $B \subseteq A$. Scriveremo $A \nsubseteq B$ per indicare che A non è un sottoinsieme di B, ossia che esiste almeno un elemento $a \in A$ che non appartiene a B. Scriveremo $A \neq B$ per indicare che gli insiemi A, B non sono uguali.

Un sottoinsieme $A \subseteq B$ si dice **proprio** se $A \neq B$, ossia se esiste almeno un elemento $b \in B$ che non appartiene ad A; scriveremo $A \subsetneq B$ per indicare che A è un sottoinsieme proprio di B. Ad esempio:

$$\{1, 2\} \subsetneq \{1, 2, 3\}, \qquad \{\text{uomini}\} \subsetneq \{\text{mammiferi}\} \subsetneq \{\text{animali}\}.$$

Se $a \in A$, allora $\{a\}$, l'insieme formato dal solo elemento a, è un sottoinsieme di A, ossia $\{a\} \subseteq A$; è bene imparare a non confondere a con $\{a\}$ (sono due cose diverse).

In letteratura si trova anche il simbolo $\subset$ per indicare l'inclusione di un insieme in un altro. Purtroppo tale simbolo gode di una certa ambiguità: per alcuni $\subset$ ha lo stesso significato di $\subseteq$, per altri ha lo stesso significato di $\subsetneq$.

Se A e B sono due insiemi indichiamo con $A \cup B$ la loro **unione** e con $A \cap B$ la loro **intersezione**.

Per definizione, l'unione $A \cup B$ è l'insieme formato dagli elementi che appartengono ad A oppure a B, intendendo con questo che possono appartenere ad entrambi: ad esempio

$$\{0, 1\} \cup \{3, 4\} = \{0, 1, 3, 4\}, \qquad \{1, 2, 3\} \cup \{3, 4\} = \{1, 2, 3, 4\}.$$

Per definizione, l'intersezione $A \cap B$ è l'insieme formato dagli elementi che appartengono sia ad A che a B:

$$\{2, 3\} \cap \{3, 4\} = \{3\}, \quad \{\text{numeri pari}\} \cap \{\text{numeri compresi tra 1 e 5}\} = \{2, 4\}.$$

Le operazioni di unione ed intersezione sono *commutative*, ossia

$$A \cup B = B \cup A, \qquad A \cap B = B \cap A$$

per ogni coppia di insiemi A, B.

Le operazioni di unione ed intersezione sono anche *associative*, intendendo con questo che per ogni terna di insiemi A, B, C si ha

$$A \cup (B \cup C) = (A \cup B) \cup C, \quad A \cap (B \cap C) = (A \cap B) \cap C.$$

Il significato delle parentesi è quello abituale: quando scriviamo $A \cap (B \cap C)$ si intende che si effettua prima l'intersezione tra B e C e l'insieme risultante $B \cap C$ viene successivamente intersecato con A.

Se A e B non hanno elementi in comune, la loro intersezione è l'**insieme vuoto**, indicato con il simbolo $\emptyset$. Possiamo quindi scrivere

$$\{1, 2\} \cap \{3, 4\} = \emptyset, \quad \{\text{numeri pari}\} \cap \{\text{numeri dispari}\} = \emptyset.$$

Poiché due insiemi coincidono se e solo se hanno gli stessi elementi, ne consegue che l'insieme vuoto è unico.

Osservazione 1.20 Per ogni insieme B vale $\emptyset \subseteq B$. Infatti, la condizione da soddisfare affinché $A \subseteq B$ è che ogni elemento di A appartenga a B. Se A non ha elementi, allora non ci sono condizioni da verificare e quindi $\emptyset \subseteq B$ è sempre vera. Viceversa, la relazione $B \subseteq \emptyset$ è vera se e solo se B è l'insieme vuoto.

Basta un po' di logica e buonsenso per convincersi della validità dei seguenti quattro sillogismi, in ciascuno dei quali le tre lettere S, M, P denotano altrettanti insiemi:

1. se $M \subseteq P$ e $S \subseteq M$, allora $S \subseteq P$;
2. se $M \cap P = \emptyset$ e $S \subseteq M$, allora $S \cap P = \emptyset$;
3. se $M \subseteq P$ e $S \cap M \neq \emptyset$, allora $S \cap P \neq \emptyset$;
4. se $M \cap P = \emptyset$ e $S \cap M \neq \emptyset$, allora $S \not\subseteq P$.

Se A è un insieme e $B \subseteq A$ è un sottoinsieme, il **complementare** di B in A è definito come il sottoinsieme degli elementi di A che non appartengono a B e si indica $A - B$, e cioè

$$A - B = \{a \in A \text{ tali che } a \notin B\}.$$

Ad esempio, $\{1, 2, 3\} - \{3\} = \{1, 2\}$. Equivalentemente, $A - B$ è l'unico sottoinsieme di A tale che

$$B \cup (A - B) = A, \qquad B \cap (A - B) = \emptyset.$$

Esempio 1.21 L'insieme $\{1, 2\}$ contiene esattamente quattro sottoinsiemi: $\emptyset$, $\{1\}$, $\{2\}$ e $\{1, 2\}$. L'insieme $\{1, 2, 3\}$ contiene esattamente otto sottoinsiemi, e cioè i quattro precedenti più $\{3\}, \{1, 3\}, \{2, 3\}, \{1, 2, 3\}$.

Dato un qualunque insieme X, indichiamo con $\mathcal{P}(X)$ quello che viene chiamato **l'insieme delle parti di** X. Per definizione, gli elementi di $\mathcal{P}(X)$ sono tutti e soli i sottoinsiemi di X. Ad esempio

$$\mathcal{P}(\{a\}) = \{\emptyset, \{a\}\}, \qquad \mathcal{P}(\{a, b\}) = \{\emptyset, \{a\}, \{b\}, \{a, b\}\}.$$

Si noti il curioso fatto che l'insieme $\mathcal{P}(\emptyset) = \{\emptyset\}$ non è vuoto in quanto contiene, come unico elemento, il sottoinsieme vuoto; talvolta l'insieme $\mathcal{P}(\emptyset)$ viene indicato con un asterisco $*$ e chiamato singoletto o singoletta. Se uno ha molto tempo ed anche il lusso di sprecarlo, partendo dal vuoto, può costruire una successione infinita di insiemi distinti $*_n$:

$$\emptyset, \ * = \{\emptyset\}, \ *_2 = \{\emptyset, *\} = \{\emptyset, \{\emptyset\}\}, \ *_3 = \{\emptyset, *_2\} = \{\emptyset, \{\emptyset, \{\emptyset\}\}\}, \ \ldots$$

Le nozioni di unione ed intersezione si estendono nel modo più ovvio possibile a terne, quaterne, cinquine e, più in generale, a successioni finite di insiemi

$A_1, \ldots, A_n$. Si pone infatti:

$A_1 \cup \cdots \cup A_n =$ insieme degli elementi che appartengono ad almeno un A_i.

$A_1 \cap \cdots \cap A_n =$ insieme degli elementi che appartengono a tutti gli A_i,

Ad esempio:

$$\{1,2\} \cup \{1,3\} \cup \{3,4\} = \{1,2,3,4\}, \quad \{1,2,3\} \cap \{1,3,4\} \cap \{3,4\} = \{3\}.$$

Esercizi

1.22 Descrivere tutti i sottoinsiemi di $\{a,b,c,d\}$ formati da un numero dispari di elementi.

1.23 Convincetevi che per ogni coppia di insiemi A, B:

1. valgono le inclusioni $A \cap B \subseteq A$ e $A \subseteq A \cup B$;
2. valgono le uguaglianze $A \cup (A \cap B) = A$ e $A \cap (A \cup B) = A$;
3. vale $A \subseteq B$ se e solo se $A \cap B = A$;
4. vale $A \subseteq B$ se e solo se $A \cup B = B$.

1.24 Quanti sono i sottoinsiemi di $\{1,2,3,4,5\}$ che contengono esattamente due numeri dispari?

1.25 (Vero o Falso?, ♡) Se qualche criminale è milionario e tutti i magnati sono milionari, allora alcuni magnati sono criminali. Usare il linguaggio degli insiemi, magari accompagnato con un disegnino, per spiegare se la conclusione è vera o falsa.

1.26 (♡) In questo esercizio, per ogni insieme finito X, indichiamo con $|X|$ il numero di elementi di X; ad esempio, $|\emptyset| = 0$, $|\{a,b,c\}| = 3$, $|\mathcal{P}(\{a,b\})| = 4$ eccetera. Nelle seguenti espressioni, mettere il giusto segno ($+$ oppure $-$) al posto di $\pm$ in modo che le uguaglianze siano verificate per ogni terna di insiemi finiti A, B, C:

$$|A \cap B| = |A| \pm |A - B|,$$
$$|A \cup B| = |A| \pm |B| \pm |A \cap B|,$$
$$|A \cup B \cup C| = |A| \pm |B| \pm |C| \pm |A \cap B| \pm |A \cap C| \pm |B \cap C| \pm |A \cap B \cap C|.$$

1.4 Brevi cenni sul metodo di Gauss

Non c'è bisogno di spiegazioni per dire che se in un sistema lineare scambiamo l'ordine delle equazioni, allora le soluzioni non cambiano; la stessa conclusione vale se ad un sistema lineare togliamo od aggiungiamo una equazione che è combinazione lineare delle altre.

Da ciò possiamo ricavare un metodo di soluzione dei sistemi lineari, noto ai matematici cinesi da oltre 2000 anni,[2] riscoperto indipendentemente da Gauss agli inizi del XIX secolo e basato essenzialmente sulla seguente osservazione.

Osservazione 1.27 Se un sistema di equazioni lineari viene trasformato in un altro effettuando una delle seguenti operazioni:

1. scambiare l'ordine delle equazioni;
2. moltiplicare un'equazione per un numero diverso da 0;
3. aggiungere ad una equazione un multiplo di un'altra equazione del sistema.

Allora i due sistemi hanno le stesse soluzioni.

La validità della precedente osservazione è chiara e non richiede commenti aggiuntivi, a parte quello di notare che le tre operazioni descritte sono usate comunemente nelle trattazioni dei sistemi lineari fatte alle scuole superiori.

Con il termine **eliminazione di Gauss** e intenderemo l'applicazione di una successione finita delle operazioni descritte nell'Osservazione 1.27 per trasformare un sistema lineare in un altro, che ha le stesse soluzioni, ma con alcune variabili eliminate da alcune equazioni: saremo più precisi e metodici in proposito nel Capitolo 7. In altre parole, si usa l'eliminazione di Gauss per far comparire un 'alto' numero di zeri tra i coefficienti delle variabili del sistema.

Esempio 1.28 Utilizziamo l'eliminazione di Gauss per risolvere il sistema

$$\begin{cases} x + y + z = 3 \\ x + 2y + 3z = 6 \\ x + 4y + 9z = 14 \end{cases}$$

Eliminiamo la variabile x dalle equazioni successive alla prima, ad esempio sottraendo la seconda equazione alla terza

$$\begin{cases} x + y + z = 3 \\ x + 2y + 3z = 6 \\ \phantom{x + {}} 2y + 6z = 8 \end{cases}$$

---

[2] Sia il metodo di Gauss che la riduzione a scala, che tratteremo più avanti, si trovano descritte nell'ottavo capitolo de "I nove capitoli sull'arte matematica", classico della matematica cinese, scritto tra il 150 ed il 50 A.C., e basato su testi precedenti che non sono stati tramandati: in pratica l'equivalente orientale degli Elementi di Euclide.

e poi sottraendo la prima equazione alla seconda

$$\begin{cases} x + y + z = 3 \\ \quad\ \ y + 2z = 3 \\ \quad\ \ 2y + 6z = 8 \end{cases}$$

Adesso eliminiamo la y dall'ultima riga, ad esempio sottraendo alla terza equazione il doppio della seconda

$$\begin{cases} x + y + z = 3 \\ \quad\ \ y + 2z = 3 \\ \quad\ \ \ \ \ 2z = 2 \end{cases}$$

Adesso il sistema si è di molto semplificato e può essere agevolmente studiato con il metodo di sostituzione:

$$\begin{cases} x + y + z = 3 \\ y + 2z = 3 \\ z = 1 \end{cases} \qquad \begin{cases} x + y = 2 \\ y = 1 \\ z = 1 \end{cases} \qquad \begin{cases} x = 1 \\ y = 1 \\ z = 1 \end{cases}.$$

Un risultato importante nella teoria dei sistemi lineari è il teorema di Rouché–Capelli, secondo il quale un sistema lineare

$$\begin{cases} a_{11}x_1 + a_{12}x_2 + \cdots + a_{1m}x_m = b_1 \\ \qquad\qquad\qquad\vdots \\ a_{n1}x_1 + a_{n2}x_2 + \cdots + a_{nm}x_m = b_n \end{cases}$$

possiede soluzioni se e soltanto se il suo rango è uguale al rango del sistema ottenuto ponendo i 'termini noti' $b_1, \ldots, b_n$ tutti uguali a 0. Dimostreremo il teorema di Rouché–Capelli in più modi nei prossimi capitoli.

Esercizi

1.29 Utilizzando l'eliminazione di Gauss, risolvere i seguenti sistemi lineari

$$\begin{cases} x + y + z = 1 \\ x - y + 2z = 1 \\ x + y + 4z = 1 \end{cases} \qquad \begin{cases} x + y + 2z = 4 \\ x + 2y + 4z = 7 \\ x + 4y + 10z = 15 \end{cases} \qquad \begin{cases} x + y - 2z = 3 \\ x + 2y + 2z = 6 \end{cases}$$

1.30   Dimostreremo nel Capitolo 7 che applicando l'eliminazione di Gauss ad un sistema lineare, se troviamo l'equazione $0 = 0$ allora il sistema è ridondante, mentre se troviamo l'equazione $0 = \alpha$, con α un qualsiasi numero diverso da 0, allora il sistema è incompatibile. Usare questo fatto, di per sé molto intuitivo, per determinare quali tra i seguenti sistemi sono ridondanti e quali sono incompatibili:

$$\begin{cases} x + y + z = 1 \\ x - y + 2z = 1 \\ 3x + y + 4z = 3 \end{cases} \qquad \begin{cases} x + y + z = 1 \\ x - y + 2z = 1 \\ 3x + y + 4z = 1 \end{cases} \qquad \begin{cases} x + 2y + 2z = 0 \\ x + 3y + 4z = 0 \\ x + 5y + 10z = 0 \end{cases}$$

1.31   Nella tradizione occidentale, uno dei primi sistemi lineari di cui si ha notizia storica è l'*epantema di Timarida*, assimilabile ad un quesito enigmistico del tipo: Paperino, Qui, Quo e Qua pesano assieme 150 kg. Paperino e Qui pesano assieme 91 kg, Paperino e Quo pesano assieme 90 kg, Paperino e Qua pesano assieme 89 kg. Quanto pesa ciascun papero?

In generale, per epantema di Timarida si intende un sistema del tipo

$$\begin{cases} x + x_1 + \cdots + x_n = S \\ x + x_1 = a_1 \\ \qquad \vdots \\ x + x_n = a_n \end{cases} \qquad , \qquad n > 1. \qquad\qquad (1.1)$$

Dimostrare che

$$x = \frac{(a_1 + \cdots + a_n) - S}{n - 1}, \quad x_1 = a_1 - x, \quad \ldots, \quad x_n = a_n - x,$$

risolve (1.1) ed è l'unica soluzione.

1.32   In un testo indiano del quinto secolo si trova la soluzione del seguente sistema lineare (scritto in linguaggio moderno):

$$\begin{cases} (x_1 + \cdots + x_n) - x_1 = a_1 \\ (x_1 + \cdots + x_n) - x_2 = a_2 \\ \qquad\qquad\quad \vdots \\ (x_1 + \cdots + x_n) - x_n = a_n \end{cases} \qquad , \qquad n > 1.$$

Verificare che

$$x_i = \frac{a_1 + \cdots + a_n}{n - 1} - a_i, \qquad i = 1, \ldots, n,$$

è l'unica soluzione del sistema (Sugg.: considerare la somma di tutte le equazioni).

1.5 Alcune cose che si trovano nei libri di matematica

È noto a tutti che molti concetti matematici hanno origine nell'antica Grecia, come ad esempio i termini *ipotesi* (premessa) e *tesi* (conclusione). Come se non bastasse, le formule matematiche sono piene zeppe di lettere dell'alfabeto greco:

α (alpha)	β (beta)	γ (gamma)	δ (delta)	ι (iota)
ϵ, ε (epsilon)	ϕ, φ (phi)	η (eta)	θ, ϑ (theta)	κ (kappa)
ζ (zeta)	μ (mu)	ν (nu)	λ (lambda)	
ξ (xi)	ρ, ϱ (rho)	π (pi)	σ, ς (sigma)	
τ (tau)	χ (chi)	ψ (psi)	ω (omega)	

Il precedente elenco non contiene la ypsilon e la omicron, solitamente non usate per evitare confusione con le lettere latine. Inoltre, sono di uso frequente in matematica:

- Le lettere greche maiuscole Γ (Gamma), Δ (Delta), Θ (Theta), Λ (Lambda), Σ (Sigma), Π (Pi), Φ (Phi), Ψ (Psi), Ω (Omega).
- I simboli $=, \cong, \simeq, \sim$ e $\equiv$. Leggeremo $x = y$ come "x uguale a y" e $x \cong y$ come "x isomorfo ad y". Mentre l'uguaglianza è un concetto primitivo universale che non richiede spiegazioni, l'isomorfismo dipende dal contesto e deve essere definito di volta in volta.
- I simboli $+, \times, \vee, \oplus, \otimes, \odot, \boxplus, \boxtimes$ degli alfabeti delle lingue arcaiche del mediterraneo (Fenicio, Euboico, Etrusco ecc.); con il passare dei secoli si sono evoluti nelle usuali lettere greche e latine ($+$ diventa τ, $\oplus$ diventa Θ ecc.) ed hanno perso il loro valore fonetico.
- I simboli ∇ (nabla[3]) e $\amalg$ che sono Delta e Pi rovesciati, ∂ (de) variante della lettera d, $\aleph$ (aleph) dell'alfabeto ebraico, $\hbar$ (accatagliato), $\wedge$ (cuneo, di solito letto all'inglese "wedge"), $\in$ (appartiene), ∞ (infinito)[4] e le abbreviazioni stenografiche $\forall$ (per ogni), $\exists$ (esiste) e $\exists!$ (esiste ed è unico).
- Il *cappello*, la *barra* (di solito letta all'inglese "bar") e la *tilde* possono venire apposti sopra alcuni simboli per crearne di nuovi. Ad esempio: $\widehat{f}$ (effe cappello), $\overline{\partial}$ (debar), $\overline{z}$ (zetabar), $\widetilde{h}$ (acca tilde).
- Le frecce $\to$ (semplice), $\hookrightarrow$ (uncinata), $\twoheadrightarrow$ (a due teste), $\mapsto$ (barrafreccia), $\dashrightarrow$ (tratteggiata), $\Rightarrow$ (a doppio strato), $\rightsquigarrow$ (a ghirigoro) ed altre ancora di uso meno comune.

Ogni scritto matematico, come il presente, richiede qualcosa in più della semplice correttezza grammaticale per essere comprensibile a chi legge ed è buona regola dichiarare la funzione di alcune parti, usando i nomi di *enunciato, definizione, teorema, lemma, corollario, proposizione, congettura, speculazione, dimostrazione,*

---

[3] Dal greco $\nu\acute{\alpha}\beta\lambda\alpha$, strumento musicale simile all'arpa.

[4] Il simbolo ∞ deriva da DD, o per meglio dire dal doppio antenato della lettera D, e si usava in alcune versioni della numerazione romana per indicare il numero $1000 = 500 + 500$; pure gli Etruschi utilizzavano il doppio antenato della D per indicare 1000, usando però l'allineamento verticale ed ottenendo quello che oggi ci appare come un 8.

confutazione, *notazione*, *osservazione*, *esempio*, *esercizio* eccetera. Nella lingua italiana, i vocaboli enunciato, teorema, lemma e corollario sono di genere maschile, mentre definizione, proposizione, congettura, speculazione, dimostrazione, notazione ed osservazione sono di genere femminile; più o meno come succede per le nazioni che, senza motivo apparente, si dividono in maschili (Nicaragua, Venezuela ecc.) e femminili (Francia, Spagna ecc.).

Senza alcuna pretesa di completezza e rigore, diamo una breve spiegazione, grossolana ed informale, del significato di alcuni termini. Per enunciato, o affermazione, o asserzione, o proposizione (logica), si intende un insieme di frasi che esprimono un messaggio di senso compiuto, che è o vero o falso, ma non vero e falso contemporaneamente: ciascuna frase dell'enunciato è formata da parole e simboli matematici, è organizzata intorno ad un verbo ed è delimitata da segni di punteggiatura.[5] La dimostrazione è la prova che un certo enunciato è vero, mentre la confutazione è la prova che un certo enunciato è falso.

Dato un enunciato $\mathcal{A}$, il suo **opposto** è un enunciato che è vero se e soltanto se $\mathcal{A}$ è falso. Ad esempio, l'opposto di $1 + 1 = 2$ è $1 + 1 \neq 2$, mentre l'opposto di *ogni uomo è mortale* è rappresentato da *esiste un uomo immortale*. Notiamo che ha senso parlare di opposto anche per i cosiddetti *predicati*, ossia per le affermazioni la cui verità dipende da uno o più parametri; un esempio di predicato è *il numero $n^2 + 1$ è pari*, che ha come opposto *il numero $n^2 + 1$ è dispari*.

I termini teorema, lemma, corollario e proposizione (asserita) hanno tutti il significato di enunciato dimostrato (e quindi vero). La scelta di quale vocabolo usare tra i quattro precedenti è materia alquanto opinabile e dipende in larga misura dal gusto di chi scrive. In linea di massima per teorema si intende un enunciato di primaria importanza, per proposizione un enunciato di secondaria importanza, mentre per corollario si intende una conseguenza, più o meno ovvia, di un precedente teorema.

Il lemma è un risultato che serve alla dimostrazione di un teorema o una proposizione; c'è da dire che l'importanza di un enunciato dimostrato può cambiare nel tempo, e la matematica è piena di lemmi che hanno assunto successivamente un'importanza maggiore dei teoremi per i quali erano inizialmente usati nella dimostrazione. I termini congettura, speculazione e problema aperto indicano un enunciato non dimostrato ma neppure confutato: mentre una congettura è un enunciato che si ritiene vero e sul quale si hanno evidenze più o meno forti a supporto, il termine speculazione viene usato per portare all'attenzione un fatto sul quale si hanno evidenze molto deboli sulla sua possibile validità.

La definizione è il nome che viene dato ad un insieme di cose collegate tra loro da determinate relazioni. La definizione di un ente non implica l'esistenza dell'ente medesimo: ad esempio ciascun matematico è libero di definire un numero sarchiaponico come un numero pari che divide tredici, sebbene tali numeri non esistano.

Nei testi matematici non è difficile trovare tracce di latino, come ad esempio nelle abbreviazioni *i.e.* (id est), *e.g.* (exempli gratia), *N.B.* (nota bene), *Q.E.D.* (quod

---

[5] Il gruppo verbale di una frase può essere benissimo rappresentato da simboli matematici: ad esempio nella formula $x = 1$ il gruppo verbale è il simbolo $=$.

erat demonstrandum), *viz.* (videlicet), *et al.* (et alia), *cf.* (confer) e nelle locuzioni *mutatis mutandis* (cambiando quello che bisogna cambiare), *cum grano salis* (da interpretare con discernimento), *a fortiori* (a maggior ragione), *ergo* (di conseguenza). I termini i.e. e viz. sono entrambi sinonimi dei vocaboli *ossia* e *cioè*; la sottile differenza consiste nel fatto che mentre i.e. indica una semplice riscrittura di un concetto con altre parole, il termine viz. implica un maggior contenuto esplicativo. Il termine e.g. introduce una lista di esempi, mentre Q.E.D. indica la conclusione di una dimostrazione. L'abbreviazione cf. ha il significato di "confronta (quello che abbiamo appena scritto) con", e non è sinonimo di "vedi". Mentre viz. e Q.E.D. sono considerati un po' obsoleti e stanno lentamente scomparendo, sostituiti rispettivamente da i.e. e dal quadratino □, i termini i.e. ed e.g. risultano tuttora ampiamente usati. Va detto che, nella maggioranza dei casi, i termini latini non sono apposti per esibire cialtronescamente la cultura classica dell'autore, ma per rendere meno legnosa la scrittura in un ambito, quello della matematica, dove per forza di cose determinati termini ed artifizi si ripetono più volte.

Esercizi

1.33 Prendere carta e penna e allenarsi a scrivere le lettere minuscole dell'alfabeto greco, con particolare cura alle più ostiche ξ, ζ e θ.

1.34 ($\heartsuit$) Il comune canovaccio di molte barzellette matematiche è la commistione di argomenti tipicamente matematici con altri relativi alla vita comune. Un esempio è dato dal seguente arcinoto problema: tra madre e figlio ci sono 21 anni di differenza, tra 6 anni la madre avrà 5 volte l'età del figlio. Dove si trova il padre?

1.35 ($\heartsuit$) Sul tavolo sono disposte quattro carte come in Figura 1.1; ciascuna carta ha disegnato un numero su di una faccia e una lettera sulla faccia opposta. Quali sono le due carte da rivoltare se vogliamo dimostrare o confutare l'affermazione che se su di una faccia c'è la lettera A, allora sulla faccia opposta c'è il numero 2?

1.36 Durante il suo spettacolo teatrale, il mago Flip estrae dalla tasca il portafoglio e, rivolgendosi ad uno spettatore dice: "sento con i miei poteri che in questo portafoglio c'è lo stesso numero di banconote che nel tuo, più altre 3, più quelle che mancano alle tue per arrivare a 20". Dopo aver verificato che il mago aveva ragione, dal teatro parte una standing ovation. Quante banconote aveva il mago nel portafoglio?

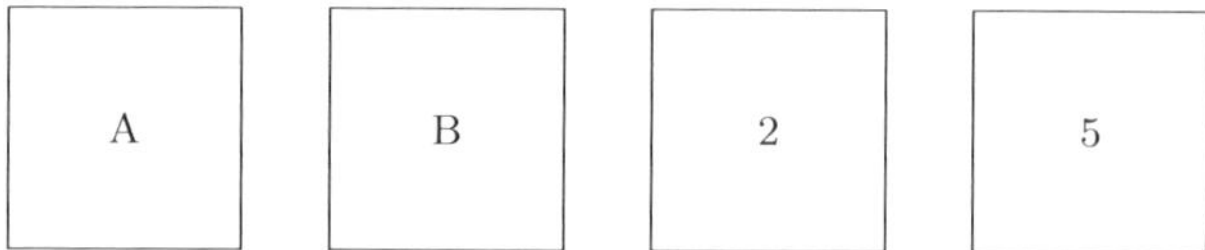

Figura 1.1 Il test delle quattro carte

1.6 Prime esercitazioni

> La matematica non consiste nello sviluppare in tutte le possibili direzioni le conseguenze logiche di alcune premesse date; i problemi le vengono posti dall'intuizione e dallo svolgimento del pensiero scientifico e non possono essere risolti con regole meccaniche come se si trattasse di calcolare il risultato di un esercizio. Il procedimento deduttivo che conduce alla loro soluzione non può essere predeterminato una volta per tutte, ma deve essere scoperto caso per caso. L'analogia, l'esperienza ed una intuizione capace di integrare molteplici connessioni sono le nostre principali risorse in questo compito.
>
> *Hermann Weyl*

Nelle precedenti sezioni sono stati proposti degli esercizi di calcolo e risoluzione di equazioni. Da adesso in poi saranno proposti pure esercizi dimostrativi, nei quali si chiede di *produrre dimostrazioni*; per facilitare il lettore in questo (inizialmente arduo) compito, mostriamo alcune soluzioni di esercizi dimostrativi, corredate da commenti informali sul tipo di procedura adottata; non va dimenticato che di norma esistono molte dimostrazioni del medesimo enunciato e quindi che la soluzione di un esercizio dimostrativo non è quasi mai unica.

A In generale, per dimostrazione si intende un'argomentazione in grado di convincere un lettore intelligente e sufficientemente informato da fonti attendibili, della veridicità di una asserzione. In dettaglio, una **dimostrazione matematica** è una successione di deduzioni logiche che portano alla conclusione cercata partendo da assiomi e premesse vere, ad esempio perché precedentemente dimostrate. Ogni teorema matematico richiede almeno una dimostrazione, che deve essere chiara e convincente.[6] Tipicamente una dimostrazione matematica si ottiene dimostrando separatamente una serie finita di implicazioni, ossia di affermazioni del tipo "*se P, allora Q*", dove P e Q sono enunciati, chiamati rispettivamente **antecedente** e **conseguente**. La regola "se P, allora Q", che si può anche scrivere $P \Rightarrow Q$, è un modo sintetico di dire che se l'antecedente P è vero, allora anche il conseguente Q è vero, ossia che P *implica* Q. Basta un po' di logica per capire che se abbiamo dimostrato $P \Rightarrow Q$ e $Q \Rightarrow R$ allora abbiamo anche dimostrato $P \Rightarrow R$.[7]

La doppia implicazione "*P se e solo se Q*", scritta anche $P \Leftrightarrow Q$, stabilisce l'equivalenza logica tra P e Q; in altri termini, dimostrare $P \Leftrightarrow Q$ equivale a dimostrare che P e Q o sono entrambi veri oppure sono entrambi falsi.

Esercitazione 1.37 Dimostrare che per ogni intero dispari n, il numero $n^2 - 1$ è divisibile per 8.

---

[6] Il significato di "dimostrazione chiara e convincente" dipende dal contesto e soprattutto dalla comunità di lettori a cui si rivolge: in una dimostrazione rivolta a ricercatori in matematica possono venire omessi tutta una serie di passaggi che invece sono necessari in una dimostrazione rivolta a studenti.

[7] Il linguaggio naturale offre vari modi equivalenti per esprimere una implicazione $P \Rightarrow Q$. Tra i più comuni abbiamo: P implica Q; Q è implicato da P; se P è vero, allora Q è vero; Q è vero se P è vero; P è vero solo se Q è vero; Q è condizione necessaria per P; P è condizione sufficiente per Q.

Figura 1.2 Visualizzazione
grafica di $A \cap (B \cup C) =$
$(A \cap B) \cup (A \cap C)$

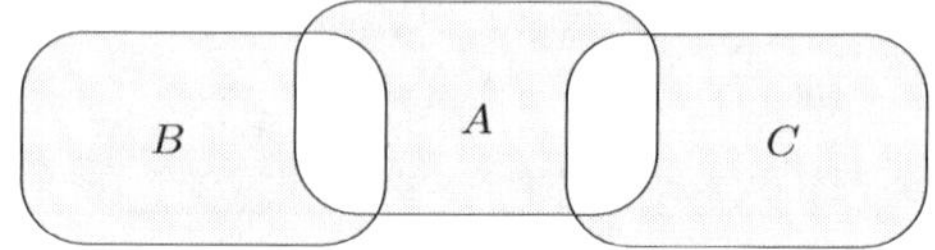

Soluzione Dalla ben nota formula di scomposizione della differenza di quadrati si
ottiene $n^2 - 1 = (n + 1)(n - 1)$. Per ipotesi n è dispari, quindi sia $n + 1$ che $n - 1$
sono pari, ossia esistono due numeri interi a, b tali che $n + 1 = 2a$, $n - 1 = 2b$.
Inoltre

$$a - b = \frac{n + 1}{2} - \frac{n - 1}{2} = \frac{n + 1 - n + 1}{2} = 1,$$

a, b sono due interi consecutivi e quindi esattamente uno dei due è pari. Se a è pari
si ha $a = 2c$ e quindi $n^2 - 1 = (2a)(2b) = 4ab = 8cb$ risulta divisibile per 8. Se
invece b è pari si ha $b = 2d$ e quindi $n^2 - 1 = (2a)(2b) = 4ab = 8ad$ risulta
ugualmente divisibile per 8.

Esercitazione 1.38 Dimostrare che per ogni terna di insiemi A, B, C si ha:

$$A \cap (B \cup C) = (A \cap B) \cup (A \cap C).$$

Soluzione Sia $x \in A \cap (B \cup C)$ un qualsiasi elemento; a maggior ragione $x \in B \cup C$
e quindi $x \in B$ oppure $x \in C$. Nel primo caso $x \in A$, $x \in B$ e quindi $x \in A \cap B$;
nel secondo caso $x \in A$, $x \in C$ e quindi $x \in A \cap C$; in entrambi i casi si ha dunque
$x \in (A \cap B) \cup (A \cap C)$. Abbiamo quindi dimostrato che se $x \in A \cap (B \cup C)$, allora
$x \in (A \cap B) \cup (A \cap C)$, ossia che $A \cap (B \cup C) \subseteq (A \cap B) \cup (A \cap C)$.

Supponiamo viceversa che $x \in (A \cap B) \cup (A \cap C)$, allora $x \in A \cap B$ oppure
$x \in A \cap C$. Nel primo caso $x \in A$, $x \in B$ ed a maggior ragione $x \in B \cup C$; nel
secondo caso $x \in A$, $x \in C$ ed a maggior ragione $x \in B \cup C$. In entrambi i casi
$x \in A$, $x \in B \cup C$ e quindi $x \in A \cap (B \cup C)$. Abbiamo quindi dimostrato che se
$x \in (A \cap B) \cup (A \cap C)$, allora $x \in A \cap (B \cup C)$, ossia che $(A \cap B) \cup (A \cap C) \subseteq$
$A \cap (B \cup C)$.

Mettendo assieme le due parti della precedente argomentazione abbiamo dimostrato che $x \in A \cap (B \cup C)$ se e solo se $x \in (A \cap B) \cup (A \cap C)$, ossia che
$A \cap (B \cup C) = (A \cap B) \cup (A \cap C)$, vedi Figura 1.2.

Esercitazione 1.39 Siano A, B, C, D sottoinsiemi di un insieme X tali che
$X = A \cup B = C \cup D$. Dimostrare che $X = (A \cap C) \cup B \cup D$.

Soluzione Bisogna dimostrare che per un qualsiasi elemento $x \in X$ si ha $x \in B \cup D$
oppure $x \in A \cap C$. Se x non appartiene all'unione $B \cup D$ a maggior ragione non
appartiene a B e quindi, siccome $A \cup B = X$ deve necessariamente essere $x \in A$.
Similmente x non appartiene a D e quindi $x \in C$. In conclusione abbiamo provato
che se $x \notin B \cup D$ allora $x \in A \cap C$.

B A volte è utile fare dimostrazioni **per assurdo**. Se si vuole dimostrare che da un'ipotesi segue una determinata tesi, si può provare a supporre che l'ipotesi sia vera, che la tesi sia falsa e dedurre, in maniera logicamente corretta, una contraddizione.

Esercitazione 1.40 Dimostrare che il sistema lineare

$$\begin{cases} x + y + z = 1 \\ x - y + 2z = 1 \\ 2x + 3z = 1 \end{cases} \tag{1.2}$$

non possiede soluzioni.

Soluzione Supponiamo per assurdo che le tre equazioni (1.2) siano vere (ipotesi vera) e che il sistema possieda soluzioni (tesi falsa). Sia (x_0, y_0, z_0) una di tali soluzioni. Allora si hanno le uguaglianze $x_0 + y_0 + z_0 = 1$, $x_0 - y_0 + 2z_0 = 1$ e sommando membro a membro si ottiene $2x_0 + 3z_0 = 2$ in contraddizione con l'uguaglianza $2x_0 + 3z_0 = 1$ ottenuta direttamente dalla terza equazione del sistema. Riepilogando, dall'ipotesi che il sistema lineare sia compatibile abbiamo dedotto una contraddizione, e questo obbliga il sistema ad essere incompatibile.

Esercitazione 1.41 Ricordiamo che per numero primo si intende un numero intero $p \geq 2$ che, all'interno degli interi positivi, è divisibile solamente per 1 e per p. Dal fatto che ogni intero maggiore di 1 è divisibile per almeno un numero primo, dedurre che esistono infiniti numeri primi.

Soluzione Riportiamo la classica dimostrazione di Euclide, probabilmente già nota a molti lettori, che a distanza di millenni rimane uno dei migliori modelli di ragionamento matematico. Supponiamo che ogni intero maggiore di 1 sia divisibile per almeno un numero primo (ipotesi vera) e, per assurdo, che esista solamente un insieme finito di numeri primi (tesi falsa). Indichiamo dunque con $p_1, \ldots, p_n$ tutti i numeri primi e consideriamo il numero

$$q = p_1 p_2 \cdots p_n + 1,$$

ossia il prodotto di tutti i numeri primi più 1. Dato che $q > 1$ si ha che q è divisibile per almeno un numero primo. D'altra parte, il numero q non è divisibile per p_1 perché la divisione ha resto 1; per lo stesso motivo il numero q non è divisibile per nessuno dei numeri $p_2, \ldots, p_n$, e questo rappresenta una contraddizione.

A volte le dimostrazioni per assurdo terminano con enunciati falsi in assoluto, come ad esempio $1 = 2$ o $0 \neq 0$; in altri casi la contraddizione consiste nel fatto che, supponendo ipotesi vera e tesi falsa, si riesce a dedurre o che l'ipotesi è falsa oppure che la tesi è vera.

C   Una **confutazione**, o refutazione, è la dimostrazione della falsità di una asserzione. Talvolta per dimostrare la verità di un'asserzione si confuta l'asserzione opposta, ad esempio provando che da essa segue una contraddizione.

Esercitazione 1.42   Scrivere gli opposti dei seguenti enunciati:

1. il numero $2^{17} - 1$ è primo;
2. l'equazione di secondo grado $x^2 + x + 1$ possiede soluzioni intere;
3. per ogni numero k l'equazione $x + k = 0$ possiede soluzioni;
4. esiste un numero intero positivo n che non divide $2^n - 2$;
5. per ogni insieme A esiste un sottoinsieme $B \subseteq A$ tale che $A - B$ sia finito e non vuoto;
6. il caffè della Peppina è corretto e zuccherato;
7. se il mì nonno avea le rote, era un carretto (detto toscano).

Soluzione   Ricordiamo che se P è un enunciato, che può essere vero o falso, il suo opposto è l'enunciato definito dalla proprietà di essere vero se e solo se P è falso. Gli opposti degli enunciati precedenti sono nell'ordine:

1. il numero $2^{17} - 1$ non è primo;
2. l'equazione di secondo grado $x^2 + x + 1$ non possiede soluzioni intere;
3. esiste un numero k tale che l'equazione $x + k = 0$ non possiede soluzioni;
4. ogni intero positivo n divide $2^n - 2$;
5. esiste un insieme A tale che per ogni suo sottoinsieme $B \subseteq A$ la differenza $A - B$ o è vuota oppure infinita;
6. il caffè della Peppina non è corretto oppure non è zuccherato;
7. il mì nonno avea le rote e non era un carretto.

Si noti che ogni enunciato del tipo "se A, allora B", forma semplificata di "se A è vero allora anche B è vero", è del tutto equivalente a dire che "A è falso oppure B è vero": il suo opposto diventa quindi "A è vero e B è falso".

Esercitazione 1.43   Dire quali dei seguenti enunciati che coinvolgono il connettivo logico "se ... allora ..." sono veri e quali falsi:

1. se $3 < 5$, allora $5 < 3$;
2. se $3 > 5$, allora $3 < 5$.

Soluzione   Il primo enunciato è falso, in quanto $3 < 5$ è vero, mentre $5 < 3$ è falso. Il secondo enunciato è vero poiché $3 > 5$ è falso; per lo stesso motivo, dato un qualunque enunciato P, l'implicazione "se $3 > 5$, allora P" è sempre vera.

D   Per confutare un enunciato che coinvolge una pluralità di casi è sufficiente provare che è falso in almeno uno di essi. Un tale caso viene detto un **controesempio**, o esempio in contrario, dell'enunciato.

Esercitazione 1.44 Dimostrare o confutare che per ogni valore del parametro k il sistema lineare

$$\begin{cases} 3x + ky = 0 \\ kx + 12y = 1 \end{cases}$$

possiede soluzioni.

Soluzione L'enunciato riguarda la totalità dei possibili valori di k ed è falso in quanto per $k = 6$ e $k = -6$ i sistemi corrispondenti

$$\begin{cases} 3x + 6y = 0 \\ 6x + 12y = 1 \end{cases} \qquad \begin{cases} 3x - 6y = 0 \\ -6x + 12y = 1 \end{cases}$$

sono incompatibili, e quindi $k = 6$ e $k = -6$ sono due possibili controesempi. Il lettore può inoltre facilmente verificare che per ogni valore di k diverso da ± 6 il sistema possiede soluzioni.

Esercitazione 1.45 Dimostrare o confutare che per ogni intero positivo n il numero $F_n = 2^{2^n} + 1$ è primo.

Soluzione L'enunciato riguarda la totalità degli interi positivi e la sua ipotetica validità è suggerita dal fatto che $F_1 = 5$, $F_2 = 17$, $F_3 = 257$ e $F_4 = 65\,537$ sono numeri primi. Eulero osservò nel 1732 che l'enunciato è falso nella sua totalità, e che il numero $n = 5$ rappresenta un controesempio: infatti si ha $F_5 = 2^{2^5} + 1 = 4\,294\,967\,297 = 641 \cdot 6\,700\,417$.

Esercizi

1.46 Sia p un numero primo maggiore di 4. Dimostrare che $p^2 - 1$ è divisibile per 24.

1.47 Provare che per ogni successione finita di insiemi $A_1, \dots, A_n$ si ha:

$$A_1 \cap \cdots \cap A_n = A_1 \cap (A_2 \cap \cdots \cap A_n), \quad A_1 \cup \cdots \cup A_n = A_1 \cup (A_2 \cup \cdots \cup A_n).$$

1.48 Siano X un insieme e $A_1, \dots, A_n, B_1, \dots, B_n$, due successioni di sottoinsiemi tali che $X = A_i \cup B_i$ per ogni indice i. Dimostrare che

$$X = (A_1 \cap \cdots \cap A_n) \cup (B_1 \cup \cdots \cup B_n).$$

1.49 Siano A, B, C insiemi. Mostrare la validità delle seguenti affermazioni:

1. se $A \subseteq C$ e $B \subseteq C$, allora $A \cup B \subseteq C$;
2. se $A \subseteq B$ e $A \subseteq C$, allora $A \subseteq B \cap C$;
3. $A \cup (B \cap C) = (A \cup B) \cap (A \cup C)$.

1.50 Siano B, C due sottoinsiemi di A. Provare che valgono le formule

$$(A - B) \cup (A - C) = A - (B \cap C), \quad (A - B) \cap (A - C) = A - (B \cup C),$$

ossia che il passaggio al complementare scambia le operazioni di unione ed intersezione.

1.51 Per ogni coppia di enunciati $\mathcal{P}$ e $\mathcal{Q}$, l'implicazione $\mathcal{P} \Rightarrow \mathcal{Q}$ è a sua volta un enunciato, che può essere o vero o falso; abbiamo già osservato che $\mathcal{P} \Rightarrow \mathcal{Q}$ è falso se e solo se $\mathcal{P}$ è vero e $\mathcal{Q}$ è falso. Dimostrare che vale la *legge di Peirce* $((\mathcal{P} \Rightarrow \mathcal{Q}) \Rightarrow \mathcal{P}) \Rightarrow \mathcal{P}$.

1.52 (Contrario e subcontrario) Abbiamo già incontrato la nozione di enunciati opposti. Due enunciati si dicono **contrari** se non possono essere entrambi veri; si dicono **subcontrari** se non possono essere entrambi falsi. Ad esempio gli enunciati "Maria è nata a Roma" e "Maria è nata a Napoli" sono contrari, mentre gli enunciati "Maria ha meno di 30 anni" e "Maria ha più di 20 anni" sono subcontrari. Chiaramente due enunciati sono opposti se e solo se sono al tempo stesso contrari e subcontrari.

Dati due insiemi non vuoti A e B, per ciascuna delle seguenti 4 coppie di enunciati dire se sono opposti, contrari o subcontrari:

$$1)\ A \cap B = \emptyset, \quad A \subseteq B; \qquad 2)\ A \cap B = \emptyset, \quad A \cap B \neq \emptyset;$$
$$3)\ A \subseteq B, \quad A \nsubseteq B; \qquad 4)\ A \cap B \neq \emptyset, \quad A \nsubseteq B.$$

1.53 Sul tavolo di fronte a voi ci sono tre scatolette di cibo, etichettate A, B e C. All'interno di ciascuna di esse si trova un diverso tipo di pesce: tonno, sgombro e sardine. Non sapete come sono distribuiti i cibi nelle scatole e vi viene detto che una, e soltanto una, delle seguenti affermazioni è vera:

1. la scatoletta A contiene il tonno;
2. la scatoletta B non contiene il tonno;
3. la scatoletta C non contiene lo sgombro.

Senza sapere quale delle tre affermazioni sia vera, dovete determinare il contenuto di ciascuna scatoletta.

1.54 Nel lontano stato del Funtoristan vivono personaggi di due tipi: i funtori semplici, che dicono sempre la verità, ed i funtori derivati, che mentono sempre.

1. Al nostro arrivo incontriamo due indigeni, uno dei due dice: "Siamo entrambi derivati." Che cosa possiamo dedurre sui due funtori?
2. Poco dopo incontriamo tre funtori, i cui nomi sono Hom, Tor ed Ext. Hom dice: "tra noi c'è almeno un derivato", Tor dice: "tra noi c'è non più di un derivato", Ext dice: "tra noi c'è esattamente un derivato". Chi di loro è semplice e chi derivato?

Note

L'Esercizio 1.4 è tratto da un concorso a dirigente pubblico del comune di Torino, poi oggetto di ricorsi legali che hanno trovato eco giornalistica: in un articolo pubblicato l'11 agosto 2020, parlando del problema delle mucche e delle galline, si legge: "Un quesito che sembra non dare gli elementi necessari per rispondere. Impossibile, quindi, non sbagliare". In effetti, nel quesito non viene mai detto che le mucche hanno 4 zampe e le galline 2, elementi necessari, e sufficienti, per risolvere il problema.

Funtori (semplici e derivati), Hom, Tor ed Ext non sono nomi di fantasia ma enti matematici realmente esistenti ed ampiamente studiati: fanno tutti parte di quella parte della matematica chiamata *teoria delle categorie*. In matematica, con il termine *teoria* si intende un insieme di risultati tra loro omogenei per argomenti, metodi di indagine e presentazione: oltre alla suddetta teoria delle categorie sentirete sicuramente parlare di teoria di Galois, di teoria dei numeri, di teoria degli invarianti, di teoria delle rappresentazioni eccetera.

Le due componenti dell'implicazione danno i nomi a due celebri fallacie logiche, ossia a errori di ragionamento. L'*affermazione del conseguente* è una fallacia che si sviluppa secondo lo schema: A implica B, B è vero, quindi A è vero. La *negazione dell'antecedente* è una fallacia che si sviluppa secondo lo schema: A implica B, A è falso, quindi B è falso.

Capitolo 2
Numeri interi e razionali

Dopo aver parlato in maniera semplice dei sistemi lineari, e prima di affrontare la parte vera e propria di algebra lineare, dedicheremo questo ed il prossimo capitolo alla cosiddetta *Algebretta*, ossia alla trattazione con linguaggio elementare di certi principi e strutture algebriche fondamentali. L'obiettivo non è indagare i fondamenti della matematica, ma presentare un insieme di strutture abbastanza ricco ed un linguaggio sufficientemente preciso, che siano di supporto nei capitoli successivi.

Nello specifico, studieremo in questo capitolo i numeri interi e razionali, il principio di induzione matematica, l'analisi combinatoria ed il teorema fondamentale dell'aritmetica, mentre dedicheremo il prossimo capitolo ai numeri reali e complessi, ai polinomi ed alle funzioni razionali.

2.1 Numeri naturali, interi e razionali

Whenever you are about to utter something astonishingly false, always begin with, "It is an acknowledged fact" etc. (Quando state per profferire qualche cosa di straordinariamente falso, cominciate sempre con la frase: "È un fatto accertato" ecc.).
Edward Bulwer-Lytton, Tomlinsoniana[1]

In questo capitolo inizieremo molte argomentazioni con riferimenti a fatti accertati, fatti ben noti ecc., ed in effetti le affermazioni che seguiranno, se non proprio straordinariamente false, sono spesso meno ovvie ed acclarate di come il tono perentorio e categorico usato potrebbe far pensare. Tuttavia, è necessario stabilire un punto di partenza condiviso senza (per il momento) preoccuparsi se è validato o meno alla luce delle leggi della logica e della correttezza formale. Per dirla breve, non ci interessa spendere tempo e fatica per dimostrare in maniera rigorosa che $3 + 2 = 2 + 3$, oppure che $7 \times 8 = 8 \times 7$: di ciò siamo tutti convinti, andiamo avanti!

---

[1] Edward George Earle Bulwer-Lytton (1803–1873), meglio noto per il motto "La penna è più potente della spada" e per l'incipit "Era una notte buia e tempestosa".

M. Manetti, *Algebra Lineare*, La Matematica per il 3+2 174,
https://doi.org/10.1007/978-3-032-01504-4_2

È un fatto accertato che alla base dell'aritmetica e della matematica ci sono i
numeri naturali:

$$0, 1, 2, 3, 4, 5, \ldots;$$

il simbolo usato per indicare l'insieme dei numeri naturali è la enne maiuscola a
doppio strato:

$$\mathbb{N} = \{0, 1, 2, 3, 4, 5, 6, \ldots\}.$$

I numeri naturali possono essere sommati e moltiplicati nel modo che tutti conosciamo, e questo ci autorizza a dire che $\mathbb{N}$ è un **insieme numerico**.

Un altro insieme numerico che merita attenzione è quello degli **interi**, indicato
con il simbolo

$$\mathbb{Z} = \{\ldots, -4, -3, -2, -1, 0, 1, 2, 3, 4, \ldots\}.$$

Non daremo definizioni assiomatiche né degli interi né dei numeri naturali e assumeremo che il lettore ne conosca le principali proprietà, alcune delle quali saranno
tuttavia ridimostrate in seguito per esigenze di tipo didattico ed espositivo.

Siccome nella lingua italiana il termine intero può assumere svariati significati,
per evitare ambiguità useremo parimenti il termine *numeri interi* per indicare gli
elementi di $\mathbb{Z}$. Il fatto che

$$n + 0 = 0 + n = n, \qquad n \cdot 1 = 1 \cdot n = n,$$

per ogni intero n, si esprime a parole dicendo che 0 è *neutro* per la somma e 1 è
neutro per il prodotto.

Dati due numeri interi a, b si può sempre dire se sono uguali e, in caso contrario,
qual è il minore tra i due: scriveremo $a < b$ se a è minore di b e $a \leq b$ se a è minore
o uguale a b. A scanso di equivoci, diciamo subito che la scrittura $a \leq b$ (leggasi
"a minore-uguale a b" oppure "a minoruguale a b") significa che a è minore di b
oppure che a è uguale a b. Come ben noto, *maggiore* e *minore* sono comparativi
opposti, e quindi a è maggiore di b se e solo se b è minore di a; i numeri positivi
sono quelli (strettamente) maggiori di 0 e quelli negativi sono quelli (strettamente)
minori di 0. Abbiamo quindi:

- interi positivi $= \{1, 2, 3, \ldots\}$;
- interi non negativi $= \{0, 1, 2, 3, \ldots\} = \mathbb{N}$;
- interi non positivi $= \{0, -1, -2, -3, \ldots\}$;
- interi negativi $= \{-1, -2, -3, \ldots\}$.

Mentre sugli interi i matematici sono tutti d'accordo, ci sono diverse opinioni se
l'intero 0 possa fregiarsi del titolo, puramente simbolico, di numero naturale. Per
tale motivo, allo scopo di evitare ambiguità e malintesi, si preferisce spesso dire e
scrivere *interi non negativi* in luogo di numeri naturali.

Notiamo che gli elementi dell'insieme $\mathbb{N}$ stanno anche nell'insieme $\mathbb{Z}$, e possiamo quindi scrivere $\mathbb{N} \subseteq \mathbb{Z}$. Un modo equivalente di esprimere la stessa cosa è

$$n \in \mathbb{N} \Rightarrow n \in \mathbb{Z},$$

dove $\Rightarrow$ è il segno di implicazione, già introdotto nella Sezione 1.6. Ricordiamo che, se $\mathcal{P}$ e $\mathcal{Q}$ sono due enunciati, la formula $\mathcal{P} \Rightarrow \mathcal{Q}$ (che si legge "$\mathcal{P}$ implica $\mathcal{Q}$") è un modo abbreviato per dire che se $\mathcal{P}$ è vero, allora anche $\mathcal{Q}$ è vero.

Per esigenze grafiche scriveremo talvolta $\mathcal{Q} \Leftarrow \mathcal{P}$ con lo stesso significato di $\mathcal{P} \Rightarrow \mathcal{Q}$. Similmente scriveremo $\mathcal{P}_1$, $\mathcal{P}_2 \Rightarrow \mathcal{Q}$ per indicare che se gli enunciati $\mathcal{P}_1$ e $\mathcal{P}_2$ sono entrambi veri, allora è vero anche $\mathcal{Q}$. Ad esempio, si hanno le implicazioni:

$$a < b \Rightarrow a \leq b, \qquad a \leq b,\, a \neq b \Rightarrow a < b, \qquad a = b,\, b = c \Rightarrow a = c,$$
$$a = b \Rightarrow a \leq b, \qquad a \leq b,\, b \leq a \Rightarrow a = b, \qquad a \leq b,\, b \leq c \Rightarrow a \leq c.$$

Quando scriviamo $\mathcal{P} \Leftrightarrow \mathcal{Q}$ intendiamo che valgono entrambe le implicazioni $\mathcal{P} \Rightarrow \mathcal{Q}$ e $\mathcal{Q} \Rightarrow \mathcal{P}$; in altri termini $\mathcal{P} \Leftrightarrow \mathcal{Q}$ significa che $\mathcal{P}$ è vero se e solo se $\mathcal{Q}$ è vero. Ad esempio, se a, b sono numeri interi si ha $a \leq b \Leftrightarrow b - a \in \mathbb{N}$.

Se $A \subseteq \mathbb{Z}$ è un sottoinsieme, diremo che un intero $m \in \mathbb{Z}$ è il massimo di A, e si scrive $m = \max(A)$, se $m \in A$ e se $m \geq a$ per ogni $a \in A$. Similmente diremo che $m \in \mathbb{Z}$ è il minimo di A, e si scrive $m = \min(A)$, se $m \in A$ e se $m \leq a$ per ogni $a \in A$. Ad esempio:

$$\max\{-1, 3, 5, 17\} = 17, \qquad \min\{-1, 3, 5, 17\} = -1.$$

È del tutto evidente che ogni insieme finito di interi possiede massimo e minimo, mentre un insieme infinito di interi non ha necessariamente né massimo né minimo. Se invece ci restringiamo agli interi non negativi si ha il seguente:

Principio del buon ordinamento   *Ogni sottoinsieme non vuoto di $\mathbb{N}$ possiede minimo.*

Infatti, se $A \subseteq \mathbb{N}$ non è vuoto possiamo scegliere un numero $n \in A$, allora l'intersezione $B = A \cap \{0, 1, \ldots, n\}$ è un insieme finito e non vuoto di interi e quindi possiede minimo; il minimo di B è anche il minimo di A.

In molte teorie assiomatiche dei numeri naturali, il principio del buon ordinamento, detto anche *assioma del buon ordinamento*, oppure *principio del minimo intero*, viene preso come assioma.

Se A è un insieme, quando si vuole indicare il sottoinsieme formato dagli elementi di A che godono di una determinata proprietà si usa talvolta la notazione

$$\{a \in A \mid a \text{ soddisfa la determinata proprietà}\}.$$

Ad esempio, se A, B sono sottoinsiemi di X, si ha:

$$A \cap B = \{x \in X \mid x \in A \text{ e } x \in B\},$$
$$A \cup B = \{x \in X \mid x \in A \text{ oppure } x \in B\}.$$

Più in generale, per ogni famiglia $\Gamma \subseteq \mathcal{P}(X)$ di sottoinsiemi di X, possiamo definire la loro intersezione e la loro unione[2] rispettivamente come:

$$\bigcap_{A \in \Gamma} A = \{x \in X \mid x \in A \text{ per ogni } A \in \Gamma\},$$
$$\bigcup_{A \in \Gamma} A = \{x \in X \mid \text{esiste } A \in \Gamma \text{ tale che } x \in A\}.$$

Si può scrivere $\mathbb{N} = \{n \in \mathbb{Z} \mid n \geq 0\}$ per affermare che i naturali altro non sono che gli interi non negativi, e similmente:

$$\mathbb{N} = \{n \in \mathbb{Z} \mid n + 1 > 0\},$$
$$\{\text{numeri pari}\} = \{n \in \mathbb{Z} \mid n \text{ è divisibile per } 2\},$$
$$\{\text{quadrati perfetti}\} = \{n \in \mathbb{Z} \mid \text{esiste } a \in \mathbb{Z} \text{ tale che } n = a^2\},$$
$$\mathbb{N} = \{n \in \mathbb{Z} \mid n \notin \{m \in \mathbb{Z} \mid m < 0\}\},$$
$$\mathbb{N} = \{n \in \mathbb{Z} \mid n + a^2 \geq 0 \text{ per ogni } a \in \mathbb{Z}\}.$$

Se a, b sono due numeri interi, diremo che a **divide** b, ed in tal caso scriveremo $a|b$, se esiste un intero c tale che $b = ac$; equivalentemente diremo che a è un **divisore** di b se $a|b$. Ogni intero non nullo, ossia diverso da 0, possiede un numero finito di divisori: se $n > 0$ allora ogni suo divisore è compreso tra $-n$ ed n; se $n < 0$ ogni suo divisore divide pure $-n$ e viceversa. Diremo che due interi hanno un **fattore comune** se esiste un intero $q \geq 2$ che li divide entrambi.

La necessità di risolvere equazioni del tipo $nx = m$, con $n, m \in \mathbb{Z}$ e $n \neq 0$, porta all'introduzione dell'insieme dei **numeri razionali**, indicato con il simbolo $\mathbb{Q}$. Tali numeri di solito vengono rappresentati sotto forma di frazione $x = m/n$ di due numeri interi, tenendo conto che due frazioni a/b e c/d rappresentano lo stesso numero razionale se e solo se $ad = bc$; ad esempio, le due frazioni $1/2$ e $3/6$ rappresentano lo stesso numero razionale, ossia $1/2 = 3/6 \in \mathbb{Q}$. Esistono infinite frazioni che rappresentano lo stesso numero razionale, ed ogni numero intero n viene identificato con la frazione $n/1$. Le frazioni decimali sono quelle del tipo $a/10^n$; per ogni intero $m > 1$ le frazioni tipo a/m^n vengono delle m-adiche.

---

[2] Dunque, è possibile considerare sia unioni finite di insiemi qualsiasi, sia unioni arbitrarie di sottoinsiemi di un insieme fissato. L'intuizione ci suggerisce di poter definire l'unione di una collezione qualsiasi di insiemi, ma qui però una totale libertà di movimento farebbe nascere contraddizioni interne alla teoria e bisogna pertanto mettere un freno all'immaginazione.

I numeri razionali si sommano e si moltiplicano secondo le ben note regole, ad esempio:

$$\frac{1}{3} + \frac{1}{5} = \frac{8}{15}, \qquad \frac{5}{2} \cdot \frac{4}{7} = \frac{20}{14} = \frac{10}{7}.$$

Esercizi

2.1 (Somme telescopiche) Usare le uguaglianze

$$n^2 = \frac{n(n+1)}{2} + \frac{(n-1)n}{2}, \qquad \frac{1}{n(n+1)} = \frac{1}{n} - \frac{1}{n+1},$$

per dimostrare che

$$-1 + 4 + \cdots + (-1)^n n^2 = (-1)^n \frac{n(n+1)}{2}, \qquad \frac{1}{2} + \frac{1}{6} + \cdots + \frac{1}{n(n+1)} = \frac{n}{n+1}.$$

2.2 Dimostrare che se quattro numeri razionali a_1, a_2, a_3, a_4 soddisfano almeno due delle seguenti quattro condizioni A, B, C, D, allora sono tutti uguali tra loro.

$$A: \quad a_1 \leq a_2 \leq a_3 \leq a_4; \qquad B: \quad a_3 \leq a_1 \leq a_4 \leq a_2;$$
$$C: \quad a_2 \leq a_4 \leq a_1 \leq a_3; \qquad D: \quad a_4 \leq a_3 \leq a_2 \leq a_1.$$

2.2 Applicazioni tra insiemi

La matematica, per sua natura, è più interessata alle relazioni intercorrenti tra i vari oggetti di studio che alla natura degli oggetti stessi, e le applicazioni rappresentano una classe particolarmente importante di relazioni tra insiemi.

Definizione 2.3 Una **applicazione** da un insieme non vuoto A ad un insieme B è una legge, di qualunque natura, che ad ogni elemento di A associa uno ed un solo elemento di B. Indicheremo un'applicazione da A in B con il simbolo

$$f: A \to B, \qquad a \mapsto f(a),$$

dove, per ogni $a \in A$, l'elemento $f(a) \in B$ è quello associato ad a tramite l'applicazione medesima. Si dice allora che $f(a)$ è il **valore** dell'applicazione f per il valore a dell'argomento, mentre gli insiemi A e B sono detti rispettivamente **dominio** e **codominio** dell'applicazione $f: A \to B$.

Esempio 2.4 Ecco alcuni esempi di applicazioni:

1. $f: \mathbb{N} \to \mathbb{N}, n \mapsto f(n) = 2n$, è l'applicazione che ad ogni numero naturale associa il suo doppio;
2. $f: \mathbb{Z} \to \mathbb{Z}, n \mapsto f(n) = n^2$, è l'applicazione che ad ogni numero intero associa il suo quadrato;
3. $f: \{\text{Uomini}\} \to \{\text{Date}\}, f(x) = $ data di nascita di x, è un'applicazione.

Esempio 2.5 L'**applicazione identica**, detta anche **identità**, di un insieme A

$$\mathrm{Id}_A: A \to A, \qquad \mathrm{Id}(a) = a,$$

è l'applicazione che associa ad ogni elemento se stesso. Spesso, per semplicità si scrive solamente Id al posto di Id_A. Più in generale se $B \subseteq A$, l'applicazione di **inclusione** è definita come

$$i: B \to A, \qquad i(b) = b.$$

In altri termini se $b \in B$, allora $i(b)$ è lo stesso elemento pensato però come appartenente all'insieme A.

La Definizione 2.3 è più intuitiva che matematicamente rigorosa, e non fornisce alcuna indicazione di cosa succede quando $A = \emptyset$; senza entrare in eccessivi formalismi, ci limitiamo a dire che per ogni insieme B esiste un'unica applicazione $\emptyset \to B$, data dall'inclusione del vuoto come sottoinsieme di B, vedi Esercizio 2.20.

Quello che veramente conta in matematica è che due applicazioni, anche se definite in modo diverso, sono considerate una sola se per ogni possibile valore dell'argomento coincidono i valori corrispondenti delle due applicazioni. Equivalentemente, due applicazioni f, g da un insieme A ad un insieme B sono: uguali se $f(a) = g(a)$ per ogni $a \in A$; diverse se esiste almeno un elemento $a \in A$ tale che $f(a) \neq g(a)$.

Esempio 2.6 Le due applicazioni, definite in modo diverso,

$$f, g: \mathbb{Z} \to \mathbb{Z}, \qquad f(n) = n^2, \quad g(n) = (n - 1)^2 + 2n - 1,$$

sono uguali.

Esempio 2.7 Le due applicazioni

$$f, g: \mathbb{N} \to \mathbb{N}, \qquad f(n) = n, \quad g(n) = \max(2, n) = \text{massimo tra 2 e } n,$$

sono diverse poiché $f(1) = 1$ e $g(1) = 2$; si noti che $f(n) = g(n)$ per ogni $n > 1$.

Se $f: A \to B$ è un'applicazione e $C \subseteq A$ è un sottoinsieme, c'è un modo naturale per costruire una funzione $g: C \to B$, e cioè porre $g(a) = f(a)$ per ogni $a \in C$; la funzione g si chiama **restrizione** di f a C, mentre f viene detta una **estensione** di g ad A. Si scrive di solito $g = f_{|C}$.

Definizione 2.8 Chiameremo **immagine** di un'applicazione $f\colon A \to B$, e la denoteremo con $f(A)$, l'insieme degli elementi di B che sono del tipo $f(a)$ per qualche $a \in A$. Equivalentemente

$$f(A) = \{f(a) \mid a \in A\} = \{b \in B \mid \text{ esiste } a \in A \text{ tale che } b = f(a)\}.$$

Chiaramente $f(A)$ è un sottoinsieme di B.

Esempio 2.9 L'immagine dell'applicazione $f\colon \mathbb{N} \to \mathbb{Z}$, $f(n) = n + 1$, è l'insieme degli interi positivi, ossia $f(\mathbb{N}) = \{x \in \mathbb{Z} \mid x > 0\}$.

Esempio 2.10 Siano A un insieme non vuoto e $f\colon A \to \mathbb{N}$ un'applicazione. Esiste allora un elemento $x \in A$ tale che $f(x) \le f(a)$ per ogni $a \in A$. Infatti, siccome A non è vuoto, anche la sua immagine non è vuota. Se m è il minimo di $f(A)$, scelto un qualsiasi $x \in A$ tale che $f(x) = m$ (un tale x esiste poiché $m \in f(A)$), si ha $f(x) \le f(a)$ per ogni $a \in A$.

Definizione 2.11 Un'applicazione $f\colon A \to B$ si dice **iniettiva** se manda elementi distinti di A in elementi distinti di B. In altri termini, l'applicazione f è iniettiva se ogni elemento di a è univocamente determinato dalla sua immagine $f(a)$, ossia se $f(a_1) = f(a_2)$ implica $a_1 = a_2$.

Di conseguenza, f non è iniettiva se esistono $a_1, a_2 \in A$ tali che $a_1 \ne a_2$ e $f(a_1) = f(a_2)$.

Esempio 2.12 L'applicazione $f\colon \mathbb{Z} \to \mathbb{Z}$, $f(n) = n + 1$, è iniettiva. Per provarlo bisogna dimostrare che se $f(n) = f(m)$, allora $n = m$. Questo è facile: se $f(n) = f(m)$, allora $n + 1 = m + 1$ e quindi $n = m$.

Esempio 2.13 L'applicazione $f\colon \mathbb{Z} \to \mathbb{Z}$, $f(n) = n^2$, non è iniettiva. Per provarlo è sufficiente trovare due interi n, m tali che $n \ne m$ e $f(n) = f(m)$. Anche questo è facile: $f(1) = f(-1)$.

Il **principio dei cassetti** afferma che se si ripartiscono più di k oggetti in k cassetti, necessariamente almeno uno dei cassetti conterrà più di un oggetto. Si tratta di una delle tante possibili traduzioni in concreto del principio astratto per cui, una funzione da un insieme con più di k elementi in uno con k elementi non può essere iniettiva. Più in generale, se si ripartiscono almeno $nk + 1$ oggetti in k cassetti, almeno uno dei cassetti dovrà contenere almeno $n + 1$ oggetti.

Definizione 2.14 Un'applicazione $f\colon A \to B$ si dice **surgettiva**, o **suriettiva**, se ogni elemento di B è l'immagine di almeno un elemento di A. Equivalentemente $f\colon A \to B$ è surgettiva se $f(A) = B$.[3]

---

[3] Di norma, nelle definizioni la doppia implicazione risulta pletorica e viene omessa. Nel caso specifico, la frase *l'applicazione* $f\colon A \to B$ *è surgettiva se e solo se* $f(A) = B$ non è una definizione ma un enunciato, con lo stesso contenuto informativo della Definizione 2.14.

Esempio 2.15 L'applicazione

$$\mathrm{sgn}\colon \mathbb{Q} \to \{-1, 0, 1\}, \qquad \mathrm{sgn}(x) = \begin{cases} 1 & \text{se } x > 0 \\ 0 & \text{se } x = 0 \\ -1 & \text{se } x < 0, \end{cases}$$

detta funzione segno, è surgettiva.

Esempio 2.16 L'applicazione valore assoluto

$$\mathbb{Q} \to \mathbb{Q}, \qquad x \mapsto |x| = \mathrm{sgn}(x) \cdot x = \begin{cases} x & \text{se } x \ge 0 \\ -x & \text{se } x \le 0, \end{cases}$$

non è surgettiva. Infatti $|x| \ge 0$ per ogni x e quindi nessun razionale negativo appartiene all'immagine.

Definizione 2.17 Un'applicazione si dice **bigettiva**, o **biunivoca**, se è contemporaneamente iniettiva e surgettiva.

Spesso si usa il termine **bigezione** come sinonimo di applicazione bigettiva; una bigezione $f\colon A \to A$ da un insieme A in sé, viene anche detta una **permutazione** di A. Tratteremo in maniera più dettagliata le permutazioni nel Capitolo 8, in occasione dello studio del determinante.

Dati due insiemi A e B si definisce il **prodotto cartesiano** $A \times B$ come l'insieme di tutte le coppie ordinate (a, b) con $a \in A$ e $b \in B$, e cioè

$$A \times B = \{(a, b) \mid a \in A, \ b \in B\}.$$

Le due applicazioni

$$p_1\colon A \times B \to A, \qquad p_1(a, b) = a,$$
$$p_2\colon A \times B \to B, \qquad p_2(a, b) = b,$$

si dicono **proiezioni**, sul primo e secondo fattore rispettivamente. Più in generale, un'applicazione $f\colon A \times B \to C$ è il dato, per ogni possibile coppia di ingressi $a \in A$ e $b \in B$, di un'uscita $f(a, b) \in C$.

Un'applicazione molto usata in matematica è la cosiddetta **delta di Kronecker**, definita per ogni insieme non vuoto A come

$$\delta\colon A \times A \to \{0, 1\}, \qquad \delta(a, b) = \begin{cases} 1 & \text{se } a = b, \\ 0 & \text{se } a \ne b. \end{cases}$$

Molto spesso, le variabili della delta di Kronecker vengono scritte in forma di apici e/o pedici, per cui le espressioni δ_a^b, $\delta_{a,b}$ ecc. devono essere tutte interpretate come $\delta(a, b)$.

Osservazione 2.18 Un altro caso, ben noto, in cui la variabile viene solitamente scritta in forma di indice è quello delle *successioni*, ossia delle applicazioni il cui dominio è o l'insieme degli interi positivi (successioni infinite), oppure l'insieme degli interi compresi tra 1 ed n (successioni finite). Per indicare una successione infinita

$$a:\{1,2,\ldots\} \to A, \qquad n \mapsto a_n,$$

si usa la notazione $a_1, a_2, \ldots, a_n, \ldots$; ad esempio, $1, 4, 9, \ldots, n^2, \ldots$ indica la successione dei quadrati degli interi positivi.

Il prodotto cartesiano di tre insiemi $A \times B \times C$ si definisce come l'insieme di tutte le terne ordinate (a, b, c), con $a \in A$, $b \in B$ e $c \in C$. Più in generale, per ogni successione finita $A_1, \ldots, A_n$ di insiemi si ha

$$A_1 \times \cdots \times A_n = \{(a_1, \ldots, a_n) \mid a_1 \in A_1,\ a_2 \in A_2,\ \ldots, a_n \in A_n\}.$$

Le potenze cartesiane di un insieme A sono date dai prodotti cartesiani di A con se stesso: ad esempio la potenza cartesiana tripla $A \times A \times A$ è l'insieme di tutte le terne ordinate (a_1, a_2, a_3), con $a_i \in A$ per ogni i. Poiché le potenze cartesiane ricorrono spesso in matematica è utile introdurre la seguente notazione semplificata:

$$A^{(1)} = A, \quad A^{(2)} = A \times A, \quad A^{(3)} = A \times A \times A, \quad \ldots, \quad A^{(n)} = \underbrace{A \times \cdots \times A}_{n \text{ fattori}}.$$

Per convenzione si pone $A^{(0)} = * = \mathcal{P}(\emptyset)$, ossia il prodotto vuoto è uguale al singoletto; tale convenzione è coerente con la descrizione equivalente di $A^{(n)}$ come l'insieme di tutte le applicazioni $\{1, 2, \ldots, n\} \to A, i \mapsto a_i$.

Il lettore deve porre attenzione al fatto che, dati $a_1, \ldots, a_n \in A$, la successione $(a_1, \ldots, a_n) \in A^{(n)}$ è cosa diversa dal sottoinsieme $\{a_1, \ldots, a_n\} \subseteq A$; se scambiamo l'ordine degli elementi il sottoinsieme rimane invariato mentre la successione in generale cambia. Ad esempio, se $a, b \in A$ allora vale sempre $\{a, b\} = \{b, a\}$, mentre $(a, b) = (b, a)$ se e solo se $a = b$.

Alcune semplici ma utili osservazioni sono:

1. l'insieme $A \times B$ è vuoto se e solo se almeno uno tra A e B è vuoto;
2. se A e B sono insiemi finiti, allora anche $A \times B$ è un insieme finito ed il numero di elementi di $A \times B$ è uguale al prodotto del numero di elementi di A per il numero di elementi di B;
3. se $f : A \to C$ e $g : B \to D$ sono due applicazioni iniettive (risp.: surgettive, bigettive) allora l'applicazione

$$f \times g : A \times B \to C \times D, \qquad f \times g(a, b) = (f(a), g(b)),$$

è iniettiva (risp.: surgettiva, bigettiva).

Per prevenire un possibile errore logico, notiamo che se A e B sono due insiemi distinti, allora anche i due insiemi $A \times B$ e $B \times A$ *sono distinti*, pur esistendo una ovvia e naturale bigezione

$$A \times B \to B \times A, \qquad (a, b) \mapsto (b, a).$$

Esercizi

2.19 Siano $f \colon A \to B$ un'applicazione e $C \subseteq A$ un sottoinsieme. Provare che: se f è iniettiva allora anche la restrizione $f_{|C}$ è iniettiva; se $f_{|C}$ è surgettiva allora anche f è surgettiva.

2.20 Il *grafico* di un'applicazione $f \colon A \to B$ è per definizione il sottoinsieme del prodotto

$$\Gamma_f = \{(a, b) \in A \times B \mid f(a) = b\} \subseteq A \times B.$$

Provare che la costruzione del grafico definisce una bigezione tra l'insieme delle applicazioni $A \to B$ e la famiglia dei sottoinsiemi $\Gamma \subseteq A \times B$ caratterizzati dalla proprietà che per ogni $a \in A$ esiste unico $b \in B$ tale che $(a, b) \in \Gamma$.

2.21 Discutere iniettività e surgettività delle applicazioni $f, g, h \colon \mathbb{Z} \to \mathbb{Z}$ definite come $f(n) = n^2$, $g(n) = 2n - 1$ e $h(n) = n^2 + n + 1$.

2.22 ($\heartsuit$) Dimostrare che l'applicazione

$$f \colon \mathbb{N} \times \mathbb{N} \to \mathbb{N}, \qquad f(x, y) = \frac{(x + y)(x + y + 1)}{2} + x,$$

è bigettiva.

2.23 Siano A_1, A_2 sottoinsiemi di un insieme A e B_1, B_2 sottoinsiemi di un insieme B. Per ogni $i = 1, 2$ indichiamo con $A_i \times B_i \subseteq A \times B$ il sottoinsieme formato dalle coppie (a, b), con $a \in A_i$ e $b \in B_i$. Dimostrare che:

1. $(A_1 \times B_1) \cap (A_2 \times B_2) = (A_1 \cap A_2) \times (B_1 \cap B_2)$;
2. $(A_1 \cap A_2) \times (B_1 \cup B_2) \subseteq (A_1 \times B_1) \cup (A_2 \times B_2)$;
3. $(A_1 \times B_1) \cup (A_2 \times B_2) \subseteq (A_1 \cup A_2) \times (B_1 \cup B_2)$

   e mostrare con un esempio che in generale non vale l'inclusione inversa $\supseteq$.

2.3 Il principio di induzione matematica

Il principio di induzione matematica è uno strumento utile per dimostrare una proposizione $\mathcal{A}$, qualora possa essere pensata come la congiunzione di una successione infinita $\mathcal{A}_1, \mathcal{A}_2, \ldots, \mathcal{A}_n, \ldots$ di proposizioni, nel senso che $\mathcal{A}$ è vera se e solo se $\mathcal{A}_n$ è vera per ogni n.

Ad esempio, la proposizione $\mathcal{A}$ = *ogni intero positivo è somma di quattro quadrati*, può essere pensata come la congiunzione delle proposizioni $\mathcal{A}_n$ = *n è somma di quattro quadrati*.

Principio di induzione matematica (prima formulazione) Sia data per ogni intero positivo n una proposizione $\mathcal{A}_n$ e supponiamo che:

1. la proposizione $\mathcal{A}_1$ è vera;
2. per ogni intero positivo n, esiste un ragionamento matematico per cui, ipotizzando $\mathcal{A}_n$ vera, segue che anche $\mathcal{A}_{n+1}$ è vera.

Allora $\mathcal{A}_n$ è vera per ogni n.

Trattandosi di un principio alla base dell'aritmetica e delle proprietà dei numeri naturali, la cosa migliore per comprenderlo appieno è vederlo all'opera in una serie di esempi interessanti.

Esempio 2.24 **(Disuguaglianza di Bernoulli)** Dimostriamo che per ogni numero razionale $t \geq -1$ e per ogni intero positivo n vale la disuguaglianza

$$(1 + t)^n \geq 1 + nt.$$

In questo caso la proposizione $\mathcal{A}_n$ è $(1+t)^n \geq 1+nt$ *per ogni razionale* $t \geq -1$. La proposizione $\mathcal{A}_1$ diventa $1 + t \geq 1 + t$ che è ovviamente vera. Supponiamo adesso vero che $(1 + t)^n \geq 1 + nt$, allora

$$(1 + t)^{n+1} = (1 + t)(1 + t)^n = (1 + t)^n + t(1 + t)^n \geq 1 + nt + t(1 + t)^n.$$

Se riusciamo a dimostrare che $t(1 + t)^n \geq t$ allora dalla disuguaglianza precedente segue che $(1 + t)^{n+1} \geq 1 + (n + 1)t$ ed abbiamo provato la validità di $\mathcal{A}_{n+1}$. Per dimostrare che $t(1 + t)^n \geq t$ per ogni $t \geq -1$ ed ogni $n > 0$ trattiamo separatamente i casi $t \geq 0$ e $-1 \leq t < 0$. Se $t \geq 0$ allora $(1+t)^n \geq 1$ e quindi $t(1+t)^n \geq t \cdot 1 = t$. Se invece $-1 \leq t < 0$ allora $0 \leq (1+t)^n < 1$ e, siccome t è negativo si ha $t(1+t)^n > t$.

Esempio 2.25 Se un insieme finito X contiene n elementi, allora l'insieme $\mathcal{P}(X)$ delle parti di X contiene esattamente 2^n elementi. Si verifica immediatamente che il risultato è vero per piccoli valori di n:

$$\mathcal{P}(\emptyset) = \{\emptyset\}, \qquad \mathcal{P}(\{a\}) = \{\emptyset, \{a\}\}, \quad \mathcal{P}(\{a,b\}) = \{\emptyset, \{a\}, \{b\}, \{a,b\}\}, \dots.$$

Sia dunque X un insieme con $n > 0$ elementi, scegliamone uno $x \in X$ e indichiamo con $Y = X - \{x\}$ il sottoinsieme complementare. I sottoinsiemi di X si dividono in due categorie: quelli che non contengono x e quelli che lo contengono. I primi sono esattamente i sottoinsiemi di Y, mentre i secondi sono tutti e soli quelli della forma $\{x\} \cup A$, con $A \subseteq Y$. Ne deduciamo che $\mathcal{P}(X)$ ha il doppio degli elementi di $\mathcal{P}(Y)$; siccome Y possiede $n - 1$ elementi, per l'ipotesi induttiva $\mathcal{P}(Y)$ contiene 2^{n-1} elementi e quindi $\mathcal{P}(X)$ contiene 2^n elementi.

Esempio 2.26   Dimostriamo, con il principio di induzione, che la somma $1 + 2 + \cdots + n$ dei primi n interi positivi è uguale a $n(n+1)/2$. Tale affermazione è vera per $n = 1$, mentre se la supponiamo vera per n si ha

$$1 + \cdots + n + (n+1) = \frac{n(n+1)}{2} + (n+1)$$
$$= \frac{n^2 + n + 2(n+1)}{2} = \frac{(n+1)(n+2)}{2}$$

e quindi l'affermazione è vera anche per $n + 1$.

Esempio 2.27   Dimostriamo che la somma $1^2 + 2^2 + \cdots + n^2$ dei quadrati dei primi n interi positivi è uguale a $n(n+1)(2n+1)/6$. Tale affermazione è vera per $n = 1$, mentre se la supponiamo vera per n si ha

$$1 + 2^2 + \cdots + n^2 + (n+1)^2 = \frac{n(n+1)(2n+1)}{6} + (n+1)^2$$

Lasciamo al lettore il compito di verificare l'uguaglianza

$$\frac{n(n+1)(2n+1)}{6} + (n+1)^2 = \frac{(n+1)(n+2)(2n+3)}{6}.$$

Ricordiamo il significato dei simboli di **sommatoria** $\sum$ e di **produttoria** $\prod$: date le quantità $a_1, \ldots, a_n$ si pone

$$\sum_{i=1}^{n} a_i = a_1 + \cdots + a_n, \qquad \prod_{i=1}^{n} a_i = a_1 a_2 \cdots a_n,$$

ogniqualvolta la somma ed il prodotto a destra dei segni di uguaglianza sono definiti. Più in generale se $m \leq n$ si pone

$$\sum_{i=m}^{n} a_i = a_m + \cdots + a_n.$$

Possiamo quindi riformulare i risultati degli Esempi 2.26 e 2.27 dicendo che per ogni n valgono le uguaglianze

$$\sum_{i=1}^{n} i = \frac{n(n+1)}{2}, \qquad \sum_{i=1}^{n} i^2 = \frac{n(n+1)(2n+1)}{6}.$$

Esempio 2.28   Dimostriamo per induzione su n che

$$\sum_{i=0}^{n} \frac{1}{10^i} \leq \frac{10}{9}.$$

La disuguaglianza è vera per $n = 1$ in quanto $1 + 1/10 = 11/10 < 10/9$. Supponiamo adesso $n > 1$ e che $\sum_{i=0}^{n-1} \frac{1}{10^i} \leq \frac{10}{9}$; allora

$$\sum_{i=0}^{n} \frac{1}{10^i} = 1 + \sum_{i=1}^{n} \frac{1}{10^i} = 1 + \frac{1}{10} \sum_{i=0}^{n-1} \frac{1}{10^i} \leq 1 + \frac{1}{10}\frac{10}{9} = \frac{10}{9}.$$

Giova ricordare che la variabile i usata nei precedenti simboli di sommatoria è muta (o apparente, o fittizia) e nulla cambia nella sostanza se viene sostituita con una variabile di nome diverso; la nuova variabile può essere uguale alla precedente oppure diversa ma dipendente dalla vecchia in maniera biunivoca. Ad esempio si hanno le uguaglianze:

$$\sum_{i=1}^{n} a_i = \sum_{j=1}^{n} a_j = \sum_{k=0}^{n-1} a_{k+1} = \sum_{h=0}^{n-1} a_{n-h} = \sum_{l=1}^{n} a_{n+1-l}; \qquad \prod_{i=1}^{n} a_i = \prod_{j=3}^{n+2} a_{j-2}.$$

Osservazione 2.29 Anche se per nulla intuitivo, talvolta per dimostrare un teorema T risulta più semplice dimostrare un risultato più forte del quale T è un corollario molto particolare. Questo è particolarmente vero nelle dimostrazioni per induzione, in quanto l'enunciato del teorema ha un ruolo fondamentale nella dimostrazione. Ad esempio, se $\sigma_2(n) = 1 + 4 + \cdots + n^2$ indica la somma dei quadrati dei primi n interi positivi, allora il teorema *il numero $n + 1$ divide $6\sigma_2(n)$ per ogni n*, è al tempo stesso più debole e più difficile da dimostrare del teorema *per ogni intero positivo n si ha $6\sigma_2(n) = n(n + 1)(2n + 1)$*.

Esistono diverse variazioni del principio di induzione matematica che possono risultare utili in determinate situazioni:

Principio di induzione matematica (seconda formulazione) Sia data per ogni intero positivo n una proposizione $\mathcal{A}_n$. Se:

1. la proposizione $\mathcal{A}_1$ è vera;
2. per ogni intero positivo n, esiste un ragionamento matematico per cui, ipotizzando $\mathcal{A}_k$ vera per ogni $1 \leq k \leq n$, segue che anche $\mathcal{A}_{n+1}$ è vera.

Allora $\mathcal{A}_n$ è vera per ogni $n \geq 1$.

È facile mostrare l'equivalenza tra le due formulazioni del principio di induzione: infatti, se $\mathcal{A}_n$, $n > 0$, è una successione infinita di proposizioni definiamo una nuova successione $\mathcal{B}_n$ di proposizioni mediante la regola:

$$\mathcal{B}_n \text{ è vera se e solo se } \mathcal{A}_k \text{ è vera per ogni } 1 \leq k \leq n.$$

È chiaro che $\mathcal{A}_n$ è vera per ogni n se e solo se $\mathcal{B}_n$ è vera per ogni n. Basta adesso osservare che $\mathcal{A}_n$ soddisfa la seconda formulazione del principio di induzione se e solo se $\mathcal{B}_n$ soddisfa la prima formulazione.

È interessante mostrare che il principio di induzione segue dal principio del buon ordinamento. Sia data una successione di proposizioni $\mathcal{A}_n$ che soddisfa le ipotesi del principio di induzione e supponiamo per assurdo che l'insieme S degli interi positivi s per cui $\mathcal{A}_s$ è falsa sia non vuoto. Per il principio del buon ordinamento l'insieme S possiede un valore minimo $n = \min(S)$ che non può essere $= 1$ poiché $\mathcal{A}_1$ è vera per ipotesi. Dunque $n > 1$ e questo implica $n - 1 > 0$, $n - 1 \notin S$ e quindi $\mathcal{A}_k$ è vero per ogni $k < n$. Adesso, in entrambe le formulazioni del principio di induzione, le ipotesi implicano che $\mathcal{A}_n$ è vera, in contraddizione con l'appartenenza di n ad S.

Esempio 2.30 Usiamo la seconda formulazione del principio di induzione per dimostrare che per ogni intero positivo n esiste un numero naturale a tale che $n = 2^a m$ con m dispari. Per $n = 1$ il risultato è vero (con $a = 0$). Sia $n > 1$ e supponiamo il risultato vero per ogni $1 \leq k < n$: se n è dispari si ha $n = 2^0 n$, mentre se n è pari si ha $n = 2k$ con $1 \leq k < n$. Per l'ipotesi induttiva $k = 2^b m$ con $b \in \mathbb{N}$ ed m dispari. Questo implica $n = 2^{b+1} m$ come volevasi dimostrare.

Un'altra ovvia variazione del principio di induzione si ha quando gli indici risultano spostati di un qualsiasi numero intero.

Principio di induzione matematica (terza formulazione) Sia $s \in \mathbb{Z}$ e sia data una proposizione $\mathcal{A}_n$ per ogni intero $n \geq s$. Se:

1. la proposizione $\mathcal{A}_s$ è vera;
2. per ogni $n \geq s$ esiste un ragionamento matematico per cui, ipotizzando $\mathcal{A}_n$ vera, segue che anche $\mathcal{A}_{n+1}$ è vera.

Allora $\mathcal{A}_n$ è vera per ogni $n \geq s$.

Per rendersi conto della validità delle precedente affermazione basta applicare il principio di induzione alle proposizioni $\mathcal{B}_n = \mathcal{A}_{s+n-1}$, $n > 0$.

Parenti strette del principio di induzione sono le definizioni **ricorsive**, frequentemente usate per definire applicazioni $f \colon \mathbb{N} \to X$, con X insieme qualunque. Detto in parole semplici, un'applicazione $f \colon \mathbb{N} \to X$ è definita in modo ricorsivo se per ogni $n > 0$ il valore $f(n)$ dipende, secondo una regola predefinita, dai valori $f(0), f(1), \ldots, f(n - 1)$. Ad esempio, possibili definizioni ricorsive delle applicazioni $f, g \colon \mathbb{N} \to \mathbb{N}$, $f(n) = n + 3$, $g(n) = n^2$ sono:

$$f(0) = 3, \qquad f(n) = f(n - 1) + 1, \quad n > 0,$$
$$g(0) = 0, \qquad g(n) = g(n - 1) + 2n - 1, \quad n > 0,$$

mentre tre distinte definizioni ricorsive dell'applicazione $h \colon \mathbb{N} \to \mathbb{N}$, $h(n) = 2^n$ sono:

$$\text{i)} \quad h(0) = 1, \quad h(n) = 2h(n - 1), \quad n > 0;$$
$$\text{ii)} \quad h(0) = 1, \quad h(1) = 2, \quad h(n) = 4h(n - 2), \quad n > 1;$$
$$\text{iii)} \quad h(0) = 1, \quad h(1) = 2, \quad h(n) = h(n - 1) + 2h(n - 2), \quad n > 1.$$

Senza entrare in dettagli eccessivamente pedanti, possiamo dire che il principio di induzione viene usato per dimostrare che le definizioni ricorsive sono ben poste, definiscono effettivamente qualcosa, e non scompongono la tessitura del continuum tempo-spazio distruggendo l'intero universo (cit.).

Esempio 2.31 (**Attenti all'errore**)   Mostriamo come una errata applicazione del principio di induzione può portare alla conclusione paradossale che $5 = 8$.

Dati due interi positivi n, m indichiamo con $\max(n, m)$ il più grande dei due: ad esempio $\max(2, 3) = 3$. Per ogni $n > 0$ indichiamo con $\mathcal{A}_n$ l'affermazione: *se vale* $\max(a, b) = n$ *allora* $a = b$.

La $\mathcal{A}_1$ è certamente vera, infatti vale $\max(a, b) = 1$ se e solo se $a = b = 1$. Supponiamo adesso che $\mathcal{A}_{n-1}$ sia vera e dimostriamo che vale anche $\mathcal{A}_n$: se $\max(a, b) = n$ allora $\max(a - 1, b - 1) = n - 1$ e, siccome abbiamo assunto $\mathcal{A}_{n-1}$ vera, si ha $a - 1 = b - 1$ e quindi $a = b$. Per il principio di induzione $\mathcal{A}_n$ è vero per ogni n, anche $\mathcal{A}_8$ è vero e quindi siccome $\max(5, 8) = 8$ si ha $5 = 8$.

L'errore fatto nel ragionamento è stato quello di applicare una regola generale ad una situazione particolare in condizioni che rendono quella regola inapplicabile; per dimostrare $\mathcal{A}_1$ abbiamo implicitamente assunto che a, b fossero entrambi maggiori di 0 e tale restrizione può impedire le sottrazioni fatte nella dimostrazione di $\mathcal{A}_{n-1} \Rightarrow \mathcal{A}_n$.

Esercizi

2.32   Consideriamo l'applicazione $f : \mathbb{N} \to \mathbb{Z}$ definita ricorsivamente dalle formule

$$f(0) = 1, \qquad f(n) = n - f(n - 1), \quad n > 0.$$

Calcolare $f(5)$.

2.33   Consideriamo l'applicazione $f : \mathbb{N} \to \mathbb{Z}$ definita ricorsivamente dalle formule

$$f(0) = 1, \quad f(1) = 1 \qquad f(n) = f(n - 1) + f(n - 2), \quad n > 1.$$

Calcolare $f(5)$.

2.34   Siano $a_1, \ldots, a_n$ quantità numeriche. Provare che per ogni $1 \le p \le q \le n$ vale

$$\sum_{i=1}^{n} a_i + \sum_{i=p}^{q} a_i = \sum_{i=1}^{q} a_i + \sum_{i=p}^{n} a_i.$$

2.35 Sia $f:\{1,\ldots,n\} \to \{1,\ldots,n\}$ un'applicazione bigettiva. Dimostrare che

$$\sum_{i=1}^{n} i(i - f(i)) = \frac{1}{2}\sum_{i=1}^{n}(i - f(i))^2 \geq 0.$$

2.36 Dire se le seguenti formule sono giuste o sbagliate:

$$\sum_{i=1}^{n}\sum_{j=1}^{i}(i^2 + j^3) = \sum_{j=1}^{n}\sum_{i=j}^{n}(i^2 + j^3),$$

$$\sum_{i=0}^{n}\sum_{j=0}^{n-i}(i^2 + j^3) = \sum_{k=0}^{n}\sum_{h=0}^{k}((k - h)^2 + h^3).$$

2.37 Sia a un numero razionale positivo, Dimostrare per induzione su n che $(a + 1)^n \geq a^n + na^{n-1}$ per ogni intero positivo n.

2.38 Dimostrare, usando il principio di induzione, che la somma

$$1 + 3 + \cdots + (2n - 1) = \sum_{i=1}^{n}(2i - 1)$$

dei primi n numeri dispari positivi è uguale a n^2. Successivamente, formulare in maniera matematicamente precisa e dimostrare la seguente osservazione attribuita a Galileo (1615):

$$\frac{1}{3} = \frac{1 + 3}{5 + 7} = \frac{1 + 3 + 5}{7 + 9 + 11} = \frac{1 + 3 + 5 + 7}{9 + 11 + 13 + 15} = \cdots.$$

2.39 Dimostrare per induzione le seguenti uguaglianze:

1. $1 + 4 + 9 + \cdots + (4n - 3) = n(2n - 1)$;
2. $1^3 + 3^3 + 5^3 + \cdots + (2n - 1)^3 = n^2(2n^2 - 1)$;
3. $2 + 2^2 + 2^3 + \cdots + 2^n = 2(2^n - 1)$;
4. $2 + 2 \cdot 2^2 + 3 \cdot 2^3 + \cdots + n \cdot 2^n = (n - 1)2^{n+1} + 2$.

2.40 Dopo aver disposto tutti gli interi positivi dispari in infinite righe secondo lo schema

$$
\begin{array}{ccccc}
 & & & 1 & \\
 & & 3 & 5 & \\
 & 7 & 9 & 11 & \\
13 & 15 & 17 & 19 & \\
21 & 23 & \cdots & &
\end{array},
$$

domandatevi quanto vale la somma degli n numeri sulla riga n, e poi datevi una risposta (Sugg.: induzione su n).

2.41   Sia q un numero diverso da 1. Usare il principio di induzione per mostrare che la somma delle prime n potenze di q è uguale a

$$q + q^2 + \cdots + q^n = q\,\frac{q^n - 1}{q - 1}$$

2.42   Usare il principio di induzione per mostrare che per ogni intero positivo n vale

$$\sum_{i=1}^{n} \frac{1}{i+n} = \sum_{i=1}^{2n} \frac{(-1)^{i-1}}{i}.$$

2.43   Dimostrare che per ogni intero positivo n si hanno le disuguaglianze:

$$3^n \geq n^3, \qquad 5^n \geq 3^{n-1}(2n + 3).$$

Suggerimento: verifica diretta per $n \leq 2$ e induzione per $n \geq 3$. Usare la disuguaglianza $4^3 < 3^4$, e scrivere $5^{n+1} = 3 \cdot 5^n + 2 \cdot 5^n \geq 3 \cdot 5^n + 2 \cdot 3^n$.

2.44   Dimostrare che per ogni intero positivo n si ha

$$\sum_{i=1}^{n} \frac{1}{i^2} = 1 + \frac{1}{4} + \frac{1}{9} + \cdots + \frac{1}{n^2} \leq 2 - \frac{1}{n}.$$

2.45   Siano date per ogni intero $n > 0$ due proposizioni $\mathcal{P}_n$ e $\mathcal{Q}_n$. Si supponga inoltre che:

1. $\mathcal{P}_1$ è vera;
2. se $\mathcal{P}_n$ è vera, allora anche $\mathcal{Q}_n$ è vera;
3. se $\mathcal{Q}_s$ è vera per ogni $s < n$, allora anche $\mathcal{P}_n$ è vera.

Dimostrare che $\mathcal{P}_n, \mathcal{Q}_n$ sono vere per ogni n.

2.46 (☕)   Congetturate una formula generale per il prodotto

$$\prod_{i=2}^{n}\left(1 - \frac{1}{i^2}\right) = \left(1 - \frac{1}{4}\right)\left(1 - \frac{1}{9}\right)\left(1 - \frac{1}{16}\right) \cdots \left(1 - \frac{1}{n^2}\right), \qquad n \geq 2,$$

e dimostratela usando il principio di induzione.

2.47 (☕)   Dopo aver osservato che

$$1 + 2 = 3$$
$$4 + 5 + 6 = 7 + 8$$
$$9 + 10 + 11 + 12 = 13 + 14 + 15$$
$$16 + 17 + 18 + 19 + 20 = 21 + 22 + 23 + 24,$$

se pensate che si può andare avanti illimitatamente, descrivete questo fatto con una formula e dimostratela.

2.48 (☕) Il numero di coppie $(a, b) \in \mathbb{N}^{(2)}$ tali che $a + b = n$ è chiaramente uguale a $n + 1$ (le coppie sono $(n, 0), (n - 1, 1), \ldots, (0, n)$).

Usare questo fatto ed il principio di induzione per mostrare che il numero di terne $(a, b, c) \in \mathbb{N}^{(3)}$ di interi non negativi tali che $a + b + c = n$ è uguale a $(n + 1)(n + 2)/2$.

2.49 (Il problema del fidanzamento, ☕, ♡) *Mi sono permesso di riformulare il classico teorema dei matrimoni (1935) in una versione matematicamente equivalente.*

Siano M, F due insiemi disgiunti di persone, con ciascun $m \in M$ che conosce al più un numero finito di persone in F. Per ogni $m \in M$ indichiamo con F_m l'insieme delle $x \in F$ tali che m e x si conoscono e sono consenzienti a fidanzarsi. Si chiede se è possibile far fidanzare tutte le persone di M con quelle di F in maniera univoca, ossia se esiste un'applicazione iniettiva

$$f : M \to F, \quad \text{tale che } f(m) \in F_m \text{ per ogni } m \in M.$$

Una condizione necessaria affinché ciò sia possibile è che per ogni sottoinsieme finito $B \subseteq M$ esistano applicazioni iniettive $B \to \bigcup_{m \in B} F_m$. Dimostrare che se M è finito, allora tale condizione è anche sufficiente.

2.4   Il teorema fondamentale dell'aritmetica

In questa breve sezione faremo ulteriore pratica con il principio del buon ordinamento, dimostrando in maniera rigorosa, anche se concisa e sbrigativa, alcuni fatti ben noti sulla fattorizzazione dei numeri interi.

Lemma 2.50 (divisione euclidea) *Siano m, n numeri interi, con $n > 0$. Allora esistono, e sono unici, due interi $q, r \in \mathbb{Z}$ tali che*

$$m = qn + r, \quad 0 \le r < n.$$

Dimostrazione Proviamo l'esistenza; siccome $n > 0$ esiste almeno un intero t tale che $m - tn \ge 0$. Tra tutti gli interi non negativi del tipo $m - tn$ indichiamo con $r = m - qn$ il più piccolo. Per costruzione $r \ge 0$ e per concludere basta dimostrare che $r < n$. Se fosse $r \ge n$ allora $r - n = m - (q + 1)n \ge 0$ in contraddizione con la scelta di r come minimo tra i numeri $m - tn$ non negativi.

Per quanto riguarda l'unicità, supponiamo $qn + r = an + b$ con $a, b \in \mathbb{Z}$ e $0 \le b < n$. Allora $n > r \ge r - b = n(a - q)$ e quindi $a - q \le 0$; per evidenti ragioni di simmetria si ha anche $q - a \le 0$ (basta scambiare a con q e b con r), da cui segue $a = q$ e $r = b$. $\square$

Definizione 2.51 Dati due interi a, b non entrambi nulli, il loro **massimo comune divisore**, denotato $\mathrm{MCD}(a, b)$, è il più piccolo intero positivo che si può scrivere nella forma $ax + by$, con $x, y \in \mathbb{Z}$, ossia

$$\mathrm{MCD}(a, b) = \min\{ax + by \mid x, y \in \mathbb{Z}, \ ax + by > 0\}.$$

Si noti che $\mathrm{MCD}(a, b) = \mathrm{MCD}(b, a)$ e $\mathrm{MCD}(a, 0) = |a|$ per ogni $a, b \in \mathbb{Z}$ con $a \neq 0$.

Teorema 2.52 *Siano a, b interi non entrambi nulli. Allora:*

1. *il loro massimo comune divisore $\mathrm{MCD}(a, b)$ divide sia a che b;*
2. *se $c \in \mathbb{Z}$ divide sia a che b, allora c divide anche $\mathrm{MCD}(a, b)$;*
3. *se $a \neq 0$ e a divide il prodotto bc allora il quoziente $a/\mathrm{MCD}(a, b)$ divide c.*

Dimostrazione Denotiamo $d = \mathrm{MCD}(a, b)$ e scegliamo due interi x, y tali che $d = ax + by$. Si consideri la divisione euclidea $a = dq + r$ di a per d, allora $r = a - (ax + by)q = a(1 - xq) + b(-yq)$ e siccome $0 \leq r < d$ segue dalla definizione di massimo comune divisore che $r = 0$; abbiamo quindi dimostrato che d divide a; per simmetria d divide anche b.

Se c divide sia a che b, diciamo $a = cu$ e $b = cv$, allora $d = ax + by = c(ux + vy)$ e quindi c divide anche d.

Se $a \neq 0$ e $a | bc$, scriviamo $h = bc/a$, $\alpha = a/d$ e $\beta = b/d$. Allora $\alpha x + \beta y = 1$, $\alpha h = \beta c$, $c = c(\alpha x + \beta y) = \alpha c x + \beta c y = \alpha(cx + hy)$ e quindi α divide c. $\square$

È nota a tutti quanti la nozione di numero primo: un *primo* è un numero intero strettamente maggiore di 1 che è divisibile su $\mathbb{Z}$ solo per 1 e per se stesso. In molte costruzioni matematiche si fa spesso riferimento alla *successione crescente dei primi*: $2, 3, 5, 7, 11, 13, 17, 19, 23, 29, 31, \ldots$, che sappiamo essere infinita.

Lemma 2.53 *Se p è un primo che divide un prodotto finito $b_1 b_2 \cdots b_s$ di interi, allora p divide almeno uno dei fattori $b_1, \ldots, b_s$.*

Dimostrazione Si tratta di una semplice applicazione del Teorema 2.52. Se $s = 1$ non c'è nulla da dimostrare. Se $s > 1$, denotiamo $d = \mathrm{MCD}(p, b_s)$, e siccome $d > 0$ divide p deve essere o $d = p$ oppure $d = 1$; nel primo caso $p = d$ divide b_s, nel secondo caso $p = p/\mathrm{MCD}(p, b_s)$ divide il prodotto $b_1 \cdots b_{s-1}$ e si prosegue per induzione su s. $\square$

Nel prossimo teorema useremo la convenzione che il prodotto di una famiglia vuota di interi è uguale ad 1.

Teorema 2.54 (Teorema fondamentale dell'aritmetica) *Ogni intero positivo si fattorizza in maniera unica come prodotto di una successione finita non decrescente di primi.*

Dimostrazione   Ragioniamo per induzione, nella seconda formulazione del principio, sull'intero positivo n da fattorizzare; per $n = 1$ non c'è nulla da dimostrare. Se $n \geq 2$, allora l'insieme dei divisori di n maggiori di 1 è non vuoto (contiene n) e, per il principio del buon ordinamento, esiste

$$p_1 = \min\{d \in \mathbb{N} \mid d \geq 2 \text{ e } d \mid n\}.$$

Dimostriamo che p_1 è primo: se fosse $p_1 = ab$ con $a, b \geq 2$, allora anche a, b sarebbero divisori di n, entrambi strettamente minori di p_1, contraddicendo la definizione p_1.

Siccome $n/p_1 < n$, per l'ipotesi induttiva esiste un'unica successione non decrescente $p_2 \leq \cdots \leq p_s$ di primi tale che $n/p_1 = p_2 \cdots p_s$. Dunque $n = p_1 p_2 \cdots p_s$ e siccome anche p_2 divide n, per come abbiamo definito p_1 vale $p_1 \leq p_2$; questo dimostra l'esistenza.

Per quanto riguarda l'unicità, sempre per induzione, basta provare che se $n = q_1 \cdots q_r$ con $q_1 \leq q_2 \leq \cdots \leq q_r$ primi, allora $q_1 = p_1$. Per come abbiamo definito p_1 si ha $p_1 \leq q_1 \leq q_2 \leq \cdots \leq q_r$. D'altra parte per il Lemma 2.53 il primo p_1 divide un fattore q_i; siccome anche q_i è primo deve per forza essere $p_1 = q_i$ e di conseguenza $p_1 = q_1 = \cdots = q_i$. $\square$

Raggruppando i fattori primi uguali tra loro si ha quindi che ogni intero positivo n si può scrivere nella forma

$$n = p_1^{a_1} \cdots p_s^{a_s}, \quad \text{con } a_i > 0 \text{ e } p_i < p_j \text{ per } i < j.$$

Tra le applicazioni del teorema fondamentale dell'aritmetica non possiamo dimenticare il fatto che, tra tutte le frazioni che rappresentano un numero razionale ne esiste una sola in cui il denominatore è positivo e non ha fattori comuni con il numeratore.

Esercizi

2.55   Calcolare quoziente e resto della divisione euclidea di -630 per 36, e cioè gli interi q, r tali che $-630 = 36q + r$ e $0 \leq r < 36$.

2.56   Sia $d \geq 1$ il massimo comune divisore di due interi positivi m e n. Dimostrare che esiste una fattorizzazione $d = ab$ tale che i due interi m/a e n/b non abbiano fattori comuni.

2.57   Sia $s \colon \mathbb{N} \to \mathbb{N}$ l'applicazione che ad ogni numero associa la somma delle cifre della sua rappresentazione decimale: per esempio $s(0) = 0$, $s(13) = 4$, $s(308) = 11$ eccetera. Dimostrare per induzione su n che $n - s(n)$ è divisibile per 9, o equivalentemente che la divisione per 9 di n e $s(n)$ produce lo stesso resto.

2.58   Trovare tutte le terne (x, y, z) di numeri naturali tali che

$$x + y + z = \frac{x}{20} + y + 5z = 100.$$

2.59   Siano a, b, c interi positivi. Dimostrare che

$$\mathrm{MCD}(a,b) \cdot \mathrm{MCD}(a,c) \geq \mathrm{MCD}(a,bc), \qquad \mathrm{MCD}(ab,ac) = a\,\mathrm{MCD}(b,c).$$

2.60   Esistono, esattamente, 93 primi minori di 500 e 164 primi minori di 1000. Usando solamente queste informazioni ed un po' di logica, dimostrare che esiste un numero naturale $0 \leq n \leq 500$ tale che i 500 interi consecutivi $n+1, \ldots, n+500$ contengano esattamente 80 numeri primi.

2.61 (numeri di Fibonacci)   La successione dei numeri di Fibonacci

$$F_0 = 0, \quad F_1 = 1, \quad F_2 = 1, \quad F_3 = 2, \quad F_4 = 3, \quad F_5 = 5, \quad \ldots$$

è definita tramite la formula ricorsiva

$$F_0 = 0, \quad F_1 = 1, \quad F_{n+1} = F_n + F_{n-1} \quad n \geq 1.$$

Dimostrare che:

1) $F_n F_a + F_{n-1} F_{a-1} = F_{n+a-1}$ per ogni $a, n > 0$ (sugg.: induzione su a).
2) F_n e F_{n+1} non hanno fattori comuni per ogni $n > 0$ (induzione su n).
3) $\mathrm{MCD}(a+b,b) = \mathrm{MCD}(a,b)$ per ogni $a, b \in \mathbb{Z}$ non entrambi nulli.
4) Siano $a, b > 0$; usando la formula $F_{a+b} = F_a F_{b+1} + F_{a-1} F_b$ dimostrare che $\mathrm{MCD}(F_{a+b}, F_b) = \mathrm{MCD}(F_a, F_b)$.
5) $\mathrm{MCD}(F_a, F_b) = F_{\mathrm{MCD}(a,b)}$ per ogni $a, b \geq 0$ (induzione su $a+b$) e dedurre che 3 divide F_n se e solo se 4 divide n.
6) F_{ab} non è primo per ogni $a > 2$ ed ogni $b \geq 2$; dedurre che se $n > 4$ e F_n è primo, allora n è primo. (Il viceversa è falso, ad esempio il numero $F_{19} = 4181 = 37 \cdot 113$ non è primo.)

2.62   Dimostrare, usando il principio di induzione, che per ogni intero positivo n valgono le uguaglianze:

$$\sum_{i=1}^{n} F_i = F_{n+2} - 1, \quad \sum_{i=1}^{n} F_{2i-1} = F_{2n}, \quad \sum_{i=1}^{n} F_{2i} = F_{2n+1} - 1,$$

$$\sum_{i=0}^{n} (n-i) F_{2i+1} = F_{2n+1} - 1, \quad F_{n+1}^2 - F_{n+1} F_n - F_n^2 = (-1)^n,$$

$$F_n F_{n+1} - F_{n-2} F_{n-1} = F_{2n-1}, \quad \sum_{i=1}^{n} F_i^2 = F_n F_{n+1}, \quad \sum_{i=1}^{2n-1} F_i F_{i+1} = F_{2n}^2,$$

$$F_{n+1} F_{n+2} - F_n F_{n+3} = (-1)^n, \quad F_{n+1} F_{n-1} = F_n^2 + (-1)^n,$$

$$F_{n+1} F_{n+2} - F_n F_{n+3} = (-1)^n, \quad F_n^3 + F_{n+1}^3 - F_{n-1}^3 = F_{3n}.$$

Trovare inoltre una formula per il valore della sommatoria a segni alterni $\sum_{i=1}^{n} (-1)^n F_n$.

2.63 (☕) Sia $p_1 = 2$, $p_2 = 3, \ldots, p_8 = 19, \ldots$ la successione dei primi in ordine crescente e, per ogni $k \geq 2$ sia $P_k \subseteq \mathbb{N}$ l'insieme dei primi che dividono almeno uno dei k numeri di Fibonacci $F_4, F_{p_2}, F_{p_3}, \ldots, F_{p_k}$. Dedurre dall'Esercizio 2.61 che per ogni $k \geq 8$ l'insieme P_k contiene almeno $k + 1$ elementi distinti e che $p_{n+1} \leq F_{p_n}$ per ogni $n \geq 4$.

2.5 Fattoriali e coefficienti binomiali

Dati un insieme $A = \{a_1, \ldots, a_k\}$ di k elementi ed un insieme B di n elementi è chiaro che esistono esattamente n^k applicazioni da A a B: infatti, per definire un'applicazione $A \to B$ possiamo prendere per ciascuno dei k elementi di A un qualsiasi elemento di B, per il quale abbiamo n scelte possibili.

Anche il numero di applicazioni iniettive da A a B, che denoteremo $D_{k,n}$, si calcola molto facilmente e dipende solo dagli interi k, n. Infatti, per definire un'applicazione iniettiva $f \colon A \to B$ possiamo prendere:

- $f(a_1)$ un qualsiasi $b \in B$ (n scelte);
- $f(a_2)$ un qualsiasi $b \in B$ diverso da $f(a_1)$ ($n - 1$ scelte);

  $\vdots$

- $f(a_k)$ un qualsiasi $b \in B$ diverso da $f(a_1)$, $f(a_2)$, $\ldots$, $f(a_{k-1})$: ($n - k + 1$ scelte).

Otteniamo quindi che il numero di applicazioni iniettive è uguale a

$$D_{k,n} = n(n - 1)(n - 2) \cdots (n - k + 1) = \prod_{i=1}^{k} (n - i + 1).$$

In particolare, per $k = n$ otteniamo che $D_{n,n}$ è uguale al **fattoriale** di n:

$$D_{n,n} = n! = n(n - 1) \cdots 2 \cdot 1 = \prod_{i=1}^{i} i.$$

Si ha inoltre $D_{0,n} = 1$ per ogni $n \geq 0$ (esiste un'unica applicazione dall'insieme vuoto in un qualsiasi altro insieme) e $D_{k,n} = 0$ per ogni $k > n$. In particolare $0! = D_{0,0} = 1$ e quindi, se $0 \leq k \leq n$ allora vale la formula $D_{k,n} = \dfrac{n!}{(n - k)!}$.

Se A è un insieme finito, allora un'applicazione $f \colon A \to A$ è bigettiva, ossia una permutazione, se e solo se è iniettiva e quindi, se A ha n elementi, il numero delle permutazioni di A è uguale a $D_{n,n} = n!$.

Dati due interi k, n, con $0 \leq k \leq n$, indichiamo con $\binom{n}{k}$ il numero di sottoinsiemi distinti di $\{1, \ldots, n\}$ formati da k elementi. Siccome ogni applicazione iniettiva $f \colon \{1, \ldots, k\} \to \{1, \ldots, n\}$ è univocamente determinata da un sottoinsieme

$A \subseteq \{1, \ldots, n\}$ formato da k elementi (l'immagine di f) e da un'applicazione bigettiva $\{1, \ldots, k\} \to A$ abbiamo la formula

$$D_{k,n} = \binom{n}{k} k!$$

da cui segue

$$\binom{n}{k} = \frac{n!}{k!(n-k)!} = \frac{1}{k!} n(n-1)\cdots(n-k+1). \tag{2.1}$$

Lemma 2.64   *I numeri definiti in (2.1) soddisfano le seguenti uguaglianze:*

1. per ogni $n \geq 0$ vale $\binom{n}{0} = \binom{n}{n} = 1$;
2. per ogni $0 \leq k \leq n$ si ha $\binom{n}{k} = \binom{n}{n-k}$;
3. per ogni $0 < k < n$ si ha $\binom{n}{k} = \binom{n-1}{k-1} + \binom{n-1}{k}$.

Dimostrazione   I primi due punti seguono immediatamente dalla Formula (2.1). Dalla stessa formula si ricava che

$$\binom{n}{k} = \frac{n}{n-k}\binom{n-1}{k} = \frac{n}{k}\binom{n-1}{k-1}$$

e quindi

$$\binom{n-1}{k-1} + \binom{n-1}{k} = \frac{k}{n}\binom{n}{k} + \frac{n-k}{n}\binom{n}{k} = \left(\frac{k}{n} + \frac{n-k}{n}\right)\binom{n}{k} = \binom{n}{k}. \quad \square$$

***Osservazione 2.65* (vedi Figura 2.1)**   L'ultima formula del Lemma 2.64, e cioè

$$\binom{n}{k} = \binom{n-1}{k-1} + \binom{n-1}{k}.$$

ha una chiara interpretazione combinatoria. Infatti, i sottoinsiemi di k elementi dell'insieme $\{1, \ldots, n\}$ si dividono tra quelli che contengono n e quelli che non contengono n. I primi sono in bigezione con i sottoinsiemi di $\{1, \ldots, n-1\}$ di $k-1$ elementi, mentre i secondi sono in bigezione con i sottoinsiemi di $\{1, \ldots, n-1\}$ di k elementi.

I numeri del tipo $\binom{n}{k}$ vengono detti **coefficienti binomiali**, e sono immediatamente collegati al seguente celebre risultato.

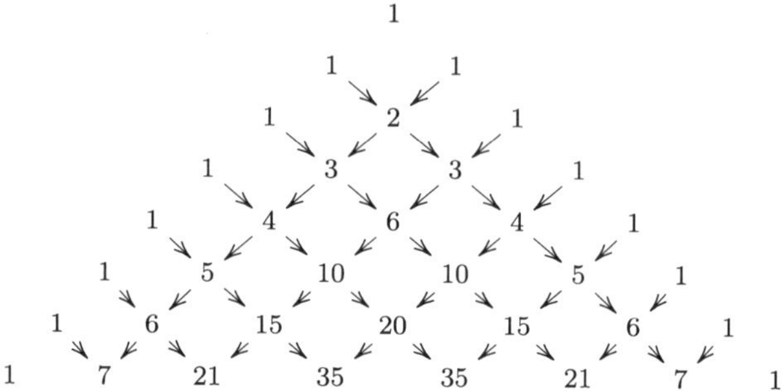

Figura 2.1 Nel triangolo di Tartaglia (di Pascal per i francesi) ogni numero è la somma dei due che lo sovrastano ed il coefficiente $\binom{n}{k}$ occupa la $k + 1$-esima posizione nella $n + 1$-esima riga

Teorema 2.66 (Binomio di Newton) *Se scambiando l'ordine dei fattori il prodotto non cambia, ossia se $ab = ba$, allora per ogni intero positivo n vale la formula:*

$$(a + b)^n = \sum_{i=0}^{n} \binom{n}{i} a^{n-i} b^i,$$

dove si intende $a^n b^0 = a^n$ e $a^0 b^n = b^n$.

Ad esempio, per $n = 2, 3$ il Teorema 2.66 si riduce alle ben note formule

$$(a + b)^2 = \binom{2}{0} a^2 + \binom{2}{1} ab + \binom{2}{2} b^2 = a^2 + 2ab + b^2,$$

$$(a + b)^3 = \binom{3}{0} a^3 + \binom{3}{1} a^2 b + \binom{3}{2} ab^2 + \binom{3}{3} b^3 = a^3 + 3a^2 b + 3ab^2 + b^3.$$

Nell'enunciato siamo stati vaghi su cosa siano le quantità a, b; per il momento possiamo supporre, per fissare le idee, che a, b siano numeri razionali tenendo presente che la stessa formula vale più in generale per numeri reali, numeri complessi, polinomi, matrici quadrate, endomorfismi lineari ed altri oggetti matematici che incontreremo nel corso di queste note. Notiamo che se $ab = ba$ allora $b(a + b) = (a + b)b$ e, induttivamente, $b(a + b)^n = (a + b)b(a + b)^{n-1} = \cdots = (a + b)^n b$ per ogni n.

Dimostrazione La formula è senz'altro vera per $n = 1$ (ed anche per $n = 2, 3$). Se $n > 1$, per induzione possiamo supporre vero lo sviluppo di Newton di $(a + b)^{n-1}$

e quindi

$$(a + b)^n = a(a + b)^{n-1} + b(a + b)^{n-1} = a(a + b)^{n-1} + (a + b)^{n-1}b$$

$$= \sum_{i=0}^{n-1} \binom{n-1}{i} a^{n-i} b^i + \sum_{i=0}^{n-1} \binom{n-1}{j} a^{n-1-i} b^{i+1}.$$

Il coefficiente di $a^{n-i} b^i$ in $(a + b)^n$ è pertanto uguale a $\binom{n-1}{i} + \binom{n-1}{i-1}$ che, per il Lemma 2.64, è uguale a $\binom{n}{i}$. $\square$

Esempio 2.67 Tra le prime applicazioni del principio di induzione abbiamo visto la dimostrazione delle uguaglianze

$$1 + 2 + \cdots + n = \sum_{i=1}^{n} i = \frac{n^2}{2} + \frac{n}{2},$$

$$1^2 + 2^2 + \cdots + n^2 = \sum_{i=0}^{n-1} i^2 = \frac{n^3}{3} + \frac{n^2}{2} + \frac{n}{6},$$

ed in maniera analoga si può dimostrare che

$$1^3 + 2^3 + \cdots + n^3 = \sum_{i=0}^{n-1} i^3 = \frac{n^4}{4} + \frac{n^3}{2} + \frac{n^2}{4} = \left(\frac{n^2}{2} + \frac{n}{2} \right)^2.$$

Non è sorprendente scoprire che formule simili valgono anche per esponenti maggiori di 3; nel XVII secolo il matematico tedesco J. Faulhaber, pubblicò le formule chiuse per la somma delle potenze d-esime dei primi n numeri naturali, per ogni $d \leq 17$. Come possiamo ritrovare le formule di Faulhaber, e come possiamo proseguire la sua opera per trovare, se lo desideriamo, la formula per la somma delle potenze 124-esime dei primi numeri naturali?

Anche qui ci viene in aiuto il principio di induzione associato al trucco delle somme telescopiche. Per ogni $d \geq 0$ ed ogni $n > 0$ definiamo

$$\sigma_d(n) = 1^d + 2^d + \cdots + n^d = \sum_{i=1}^{n} i^d.$$

Abbiamo $\sigma_0(n) = n$, $\sigma_1(n) = n(n + 1)/2$ eccetera. Prendiamo un intero $d \geq 0$ e partiamo dalla ovvia uguaglianza, detta somma telescopica,

$$n^{d+1} = \sum_{m=1}^{n} (m^{d+1} - (m - 1)^{d+1}).$$

Sviluppando le potenze $(m - 1)^{d+1}$ con il binomio di Newton abbiamo

$$n^{d+1} = -\sum_{m=1}^{n} \sum_{r=0}^{d} \binom{d+1}{r} m^r (-1)^{d+1-r} = \sum_{r=0}^{d} \binom{d+1}{r} \sigma_r(n)(-1)^{d-r}.$$

Siccome $\binom{d+1}{d} = d + 1$, ricaviamo la formula

$$(d + 1)\sigma_d(n) = n^{d+1} - \sum_{r=0}^{d-1}(-1)^{d-r}\binom{d+1}{r}\sigma_r(n),$$

dalla quale possiamo dedurre, per induzione su d, che $\sigma_d(n)$ è un polinomio di grado $d + 1$ a coefficienti razionali nella variabile n. Possiamo quindi, almeno in teoria, calcolare in maniera ricorsiva tutti i polinomi $\sigma_d(n)$ con d grande a piacere.

Esercizi

2.68 (♡)   Dati due interi positivi k, n, indichiamo con $W_{k,n}$ il numero di applicazioni surgettive $f : \{1, \ldots, k\} \to \{1, \ldots, n\}$. Dimostrare che vale la formula $W_{k,n} = n(W_{k-1,n} + W_{k-1,n-1})$ per ogni $k, n \geq 2$.

2.69   Dimostrare che ogni numero razionale a si scrive in modo unico come

$$a = a_1 + \frac{a_2}{2!} + \frac{a_3}{3!} + \cdots + \frac{a_k}{k!}$$

con $a_1, \ldots, a_k$ numeri interi tali che $0 \leq a_2 < 2, 0 \leq a_3 < 3, \ldots, 0 \leq a_k < k$.

2.70   Siano n, p interi positivi. Provare che

$$(n + p)^n \geq (p + 1)n^n, \qquad (n + p)! \geq p^{n+1}.$$

2.71   Dimostrare che $(n + 1)^n \geq 2n^n$ e $n^n \geq 2^n n!$ per ogni $n \geq 6$.

2.72   Usare il binomio di Newton per dimostrare che per ogni intero positivo n valgono le formule

$$\sum_{i=0}^{n}(-1)^i\binom{n}{i} = 0, \qquad \sum_{i=0}^{n}(-2)^i\binom{n}{i} = (-1)^n.$$

2.73   Per ogni intero positivo n denotiamo

$$a_n = n \cdot n! + (n - 1) \cdot (n - 1)! + \cdots + 2 \cdot 2! + 1 \cdot 1! + 1.$$

Calcolare a_1, a_2, a_3, congetturare una formula generale per a_n e dimostrarla, o per induzione, oppure con le somme telescopiche di $n \cdot n! = (n + 1)! - n!$.

2.74   Dimostrare che per ogni intero $n \geq 0$ vale

$$2^n = \sum_{i=0}^{n} \binom{n}{i}, \qquad F_{n+1} = \sum_{i=0}^{\lfloor \frac{n}{2} \rfloor} \binom{n-i}{i},$$

dove F_n è lo n-esimo numero di Fibonacci (Esercizio 2.61) e $\lfloor \frac{n}{2} \rfloor$ indica la parte intera di $\frac{n}{2}$, ossia il più grande intero minore od uguale ad $\frac{n}{2}$.

2.75 (Identità della mazza da hockey)   Dimostrare che per ogni $0 \leq k \leq n$ vale

$$\binom{n+1}{k+1} = \sum_{i=k}^{n} \binom{i}{k}.$$

Nota: la mazza da hochey è la figura formata nel triangolo di Tartaglia dai binomiali coinvolti nell'uguaglianza.

2.76   Verificare che valgono le uguaglianze

$$\binom{n}{k}\binom{k}{i} = \binom{n}{i}\binom{n-i}{k-i}, \qquad 0 \leq i \leq k \leq n,$$

$$\binom{n}{k}\binom{n-k+1}{i} = \binom{n}{i+k-1}\binom{i+k-1}{k} + \binom{n}{i}\binom{n-i}{k}.$$

2.77   In questo esercizio su principio di induzione e coefficienti binomiali arriveremo, tra le altre cose, a dimostrare le disuguaglianze

$$\sum_{r=0}^{n} \frac{1}{r!} \geq \left(1 + \frac{1}{n}\right)^n \geq \left(1 - \frac{1}{2n}\right) \sum_{r=0}^{n} \frac{1}{r!}, \qquad n \geq 1, \tag{2.2}$$

che, passando al limite (Ⓐ), ci forniscono la ben nota identità

$$e = \sum_{r=0}^{\infty} \frac{1}{r!} = \lim_{n \to \infty} \left(1 + \frac{1}{n}\right)^n = \text{numero di Nepero.}$$

1. Siano $a_1, a_2 \ldots, a_r$ numeri razionali compresi tra 0 e 1. Dimostrare per induzione che $1 \geq (1 - a_1)(1 - a_2) \cdots (1 - a_r) \geq 1 - \sum_{i=1}^{r} a_i$ e dedurre che per ogni $2 \leq r \leq n$ si ha

$$1 \geq \frac{r!}{n^r}\binom{n}{r} \geq 1 - \frac{0 + 1 + \cdots + (r-1)}{n} = 1 - \frac{r(r-1)}{2n}.$$

2. Sia $n \geq 2$ un intero fissato. Provare che

$$\left(1 + \frac{1}{n}\right)^n = 2 + \sum_{r=2}^{n} \binom{n}{r} \frac{1}{n^r}$$

e dedurre le diseguaglianze:

$$\sum_{r=0}^{n} \frac{1}{r!} \geq \left(1 + \frac{1}{n}\right)^n \geq 2 + \sum_{r=2}^{n} \frac{1}{r!}\left(1 - \frac{r(r-1)}{2n}\right) = \sum_{r=0}^{n} \frac{1}{r!} - \frac{1}{2n} \sum_{s=0}^{n-2} \frac{1}{s!}.$$

3. Dimostrare (2.2) e dedurre che $n! \geq (n/e)^n$, per ogni $n \geq 1$.

2.78 Nelle notazioni dell'Esempio 2.67, mostrare che

$$\sigma_d(n) = \frac{n^{d+1}}{d+1} + \frac{n^d}{2} + \text{polinomio di grado} < d.$$

2.79 Possiamo estendere la definizione del coefficiente binomiale $\binom{n}{k}$ per $n \in \mathbb{Q}$ e $k \in \mathbb{Z}$, ponendo $\binom{n}{k} = 0$ se $k < 0$, $\binom{n}{0} = 1$ e

$$\binom{n}{k} = \frac{1}{k!} n(n-1) \cdots (n-k+1), \qquad \text{se } k > 0.$$

Ad esempio si ha

$$\binom{-1}{3} = -1 \qquad \binom{1/2}{2} = -\frac{1}{8}.$$

Provare che continua a valere la formula $\binom{n+1}{k} = \binom{n}{k} + \binom{n}{k-1}$ e dedurre che $\binom{n}{k} \in \mathbb{Z}$ per ogni $n, k \in \mathbb{Z}$.

2.80 (☕) Nelle notazioni dell'Esempio 2.67, partire dalle somme telescopiche

$$\sigma_1(n)^d = \left(\frac{n(n+1)}{2}\right)^d = \sum_{m=1}^{n} \left(\frac{m(m+1)}{2}\right)^d - \left(\frac{(m-1)m}{2}\right)^d$$

e dimostrare per induzione che $\sigma_{2d-1}(n)$ è un polinomio di grado d in $\sigma_1(n)$ a coefficienti razionali.

2.6 Il prodotto di composizione

Date due applicazioni $f : A \to B$, $g : B \to C$ si indica con $g \circ f : A \to C$ la **composizione** di f e g definita da:

$$g \circ f(a) = g(f(a)), \qquad \text{per ogni } a \in A.$$

Ad esempio se $f, g\colon \mathbb{N} \to \mathbb{N}$ sono le applicazioni

$$f(n) = 2n, \qquad g(m) = m^2,$$

si ha

$$g \circ f(n) = g(2n) = (2n)^2 = 4n^2.$$

La composizione di applicazioni gode della **proprietà associativa**, ossia se $f\colon A \to B$, $g\colon B \to C$ e $h\colon C \to D$ sono applicazioni si ha

$$h \circ (g \circ f) = (h \circ g) \circ f.$$

Infatti per ogni $a \in A$ vale:

$$(h \circ (g \circ f))(a) = h(g \circ f(a)) = h(g(f(a)) = (h \circ g)(f(a)) = ((h \circ g) \circ f)(a).$$

Non presenta quindi alcuna ambiguità scrivere $h \circ g \circ f$ intendendo con essa una qualsiasi delle due composizioni $h \circ (g \circ f)$, $(h \circ g) \circ f$, ossia

$$h \circ g \circ f(a) = h(g(f(a)).$$

Se $f\colon A \to A$ è un'applicazione di un insieme in sé, si denota con f^n la composizione di f con se stessa n volte:

$$f^1 = f, \quad f^2 = f \circ f, \quad f^3 = f \circ f \circ f, \quad \dots$$

Per convenzione si pone f^0 uguale all'identità; notiamo che vale la formula $f^n \circ f^m = f^{n+m}$ per ogni $n, m \geq 0$.

Spesso, per alleggerire la notazione, quando ciò non crea problemi o ambiguità si scrive semplicemente gf in luogo di $g \circ f$, per cui vale $gf(a) = g(f(a))$ e l'associatività della composizione diventa $(hg)f = h(gf)$.

Esempio 2.81 La composizione di applicazioni non gode della proprietà commutativa, nel senso che in generale $fg \neq gf$, anche quando entrambe le composizioni sono definite. Si considerino ad esempio le applicazioni

$$f, g\colon \mathbb{N} \to \mathbb{N}, \qquad f(n) = 2n, \qquad g(m) = m^2.$$

Allora $fg(n) = 2n^2$ e $gf(n) = 4n^2$ per ogni n.

Lemma 2.82 *Siano $f, g\colon A \to A$ due applicazioni che commutano tra loro, ossia tali che $fg = gf$. Allora $f^n g^m = g^m f^n$ per ogni coppia di interi positivi n, m.*

Dimostrazione   Prima di dimostrare il caso generale è istruttivo studiare alcuni casi particolari. Per $n = 2$ e $m = 1$, per l'associatività del prodotto si ha

$$f^2 g = f(fg) = f(gf) = (fg)f = (gf)f = gf^2.$$

Se $n > 1$ e $m = 1$ si procede im maniera simile, ossia:

$$f^n g = f^{n-1}(fg) = f^{n-1}(gf) = f^{n-2}(fg)f = f^{n-2}gf^2 = \cdots = gf^n.$$

Per $n, m > 0$ si ha

$$f^n g^m = f^n g g^{m-1} = g f^n g^{m-1} = g f^n g g^{m-2} = g^2 f^n g^{m-2} = \cdots = g^m f^n. \ \square$$

Definizione 2.83   Siano $f: A \to B$ e $g: B \to A$ due applicazioni. Diremo che f e g sono una l'**inversa** dell'altra se

$$gf = \mathrm{Id}_A = \text{identità su } A, \qquad fg = \mathrm{Id}_B = \text{identità su } B.$$

Un'applicazione $f: A \to B$ si dice **invertibile** se possiede un'inversa.

È facile dimostrare che un'applicazione $f: A \to B$ è invertibile se e solo se è bigettiva; in tal caso l'inversa è unica e viene generalmente denotata $f^{-1}: B \to A$. In concreto, se f è bigettiva possiamo definire $f^{-1}: B \to A$ ponendo $f^{-1}(b)$ come l'unico elemento $a \in A$ tale che $f(a) = b$; la doppia implicazione $b = f(a) \Leftrightarrow a = f^{-1}(b)$ è del tutto equivalente a dire che f e f^{-1} sono una l'inversa dell'altra.

Se $f: A \to B$ è surgettiva, allora per ogni sottoinsieme finito $C \subseteq B$ esiste un'applicazione $g: C \to A$ tale che $f(g(x)) = x$ per ogni $x \in C$. Infatti, se $C = \{x_1, \ldots, x_n\}$, allora per ogni $i = 1, \ldots, n$ possiamo *scegliere* un qualsiasi elemento $a_i \in A$ tale che $f(a_i) = x_i$ (un tale elemento esiste per la surgettività di f) e definire l'applicazione

$$g: C \to A, \qquad g(x_i) = a_i, \qquad i = 1, \ldots, n.$$

A prima vista il precedente argomento sembra valere anche se C è un insieme infinito, ma non esiste alcun modo di dimostrare tale fatto partendo da concetti più elementari. Per tale ragione introduciamo ed accettiamo come principio evidente il seguente assioma:

Assioma della scelta   *Per ogni applicazione surgettiva $f: A \to B$ e per ogni sottoinsieme $C \subseteq B$ esiste un'applicazione $g: C \to A$ tale che $f(g(x)) = x$ per ogni $x \in C$.*

Osservazione 2.84   Se A è un insieme finito, allora un'applicazione $A \to A$ è iniettiva se e soltanto se è surgettiva; questo fatto è talmente chiaro ed intuitivo che non richiede ulteriori spiegazioni. Tra le applicazioni dell'assioma della scelta vi è la prova che vale anche il viceversa, e cioè che un insieme A è finito se e solo se ogni applicazione iniettiva $A \to A$ è anche surgettiva, o equivalentemente che un insieme B è infinito se e solo se esiste un'applicazione $B \to B$ che è iniettiva ma non surgettiva (Esercizio 2.93). Ad esempio, l'applicazione $g\colon \mathbb{N} \to \mathbb{N}$, $g(n) = n + 1$, è iniettiva ma non surgettiva.

Faremo spesso ricorso a rappresentazioni di applicazioni tramite diagrammi: per **diagramma** di insiemi si intende una collezione di insiemi e di applicazioni tra essi. Di solito, nei diagrammi si usa la notazione $A \xrightarrow{f} B$ per indicare un'applicazione $f\colon A \to B$. Le applicazioni del diagramma si possono comporre oppure no, a seconda se il dominio di una coincide o meno con il codominio dell'altra. Ad esempio, nel diagramma

$$A \xrightarrow{\;f\;} C, \quad A \xrightarrow{g} B \xrightarrow{h} C \qquad (2.3)$$

esistono esattamente 4 composizioni non vuote: f, g, h e hg; ciascuna delle prime tre è composizione di un'applicazione, la quarta è composizione di due.

Un diagramma si dice aciclico se ogni possibile composizione non vuota di applicazioni ha dominio e codominio in posizioni distinte del diagramma; intuitivamente, se pensiamo un diagramma come una rete di strade a senso unico, la condizione di aciclicità vuol dire che non è possibile passare due volte per uno stesso punto.

Un diagramma aciclico si dice **commutativo** quando coincidono tutte le possibili composizioni di applicazioni da un insieme ad un altro. Ad esempio, dire che il diagramma precedente (2.3) è commutativo equivale a dire che $hg = f$.

Esempio 2.85 I diagrammi

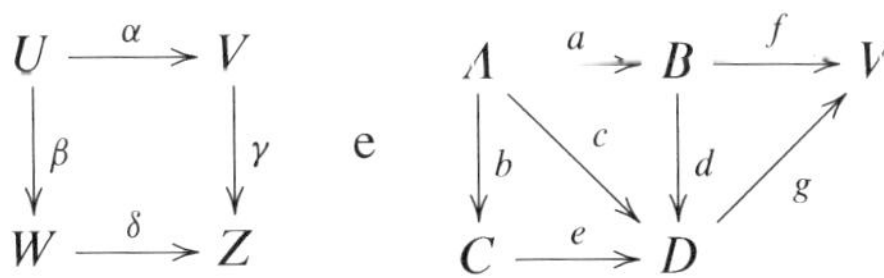

sono commutativi se e solo se $\gamma\alpha = \delta\beta$ e $c = da = eb$, $f = gd$, $fa = gda = gc = geb$ rispettivamente.

Le applicazioni e gli insiemi in un diagramma possono avere ripetizioni; ad esempio il diagramma

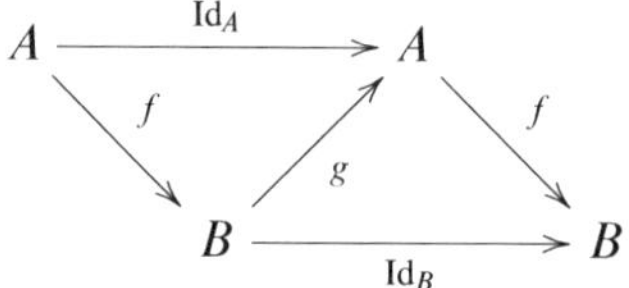

ha perfettamente senso, è aciclico ed è commutativo se e solo se le applicazioni $f : A \to B$ e $g : B \to A$ sono una l'inversa dell'altra.

Esercizi

2.86 Siano $A \xrightarrow{f} B \xrightarrow{g} C \xrightarrow{h} D$ tre applicazioni di insiemi disposte in serie. Dimostrare che:

1. il diagramma

$$
\begin{array}{ccccc}
A & \xrightarrow{\ f\ } & B & \xrightarrow{\ g\ } & C \\
\downarrow{\scriptstyle f} & & \downarrow{\scriptstyle g} & & \downarrow{\scriptstyle h} \\
B & \xrightarrow{\ g\ } & C & \xrightarrow{\ h\ } & D
\end{array}
$$

 è commutativo;
2. se gf è iniettiva, allora f è iniettiva;
3. se gf è surgettiva, allora g è surgettiva;
4. se gf è bigettiva e hg è iniettiva, allora f è bigettiva.

2.87 Siano $f : A \to B$ e $g : B \to A$ due applicazioni tali che $g(f(a)) = a$ per ogni $a \in A$. Dimostrare che f è iniettiva e che g è surgettiva.

2.88 Diremo che un quadrato commutativo di applicazioni di insiemi

$$
\begin{array}{ccc}
A & \xrightarrow{\ f\ } & P \\
\downarrow{\scriptstyle i} & & \downarrow{\scriptstyle p} \\
B & \xrightarrow{\ g\ } & Q
\end{array}
\tag{2.4}
$$

possiede la *proprietà di sollevamento* se esiste un'applicazione $h\colon B \to P$ che rende il diagramma

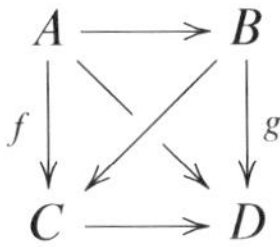

commutativo, ossia tale che $hi = f$ e $ph = g$. Dimostrare che se i è iniettiva e p è surgettiva, allora (2.4) possiede la proprietà di sollevamento.

2.89 Descrivere un insieme A e due applicazioni $f, g\colon A \to A$ che non commutano, ma i cui quadrati commutano, ossia $f^2 g^2 = g^2 f^2$ ma $fg \neq gf$.

2.90 Sia $f\colon A \to A$ un'applicazione tra insiemi. Dimostrare che se f^2 è invertibile allora anche f è invertibile.

2.91 Dimostrare che nella classe delle applicazioni bigettive tra insiemi sono valide le seguenti regole:

1. (regola del 2 su 3) date due applicazioni $A \xrightarrow{f} B \xrightarrow{g} C$. Se due qualsiasi tra le tre applicazioni f, g, gf sono bigettive, allora lo è anche la terza;
2. (regola del 2 su 6) dato un diagramma commutativo

$$
\begin{array}{ccc}
A & \longrightarrow & B \\
f \downarrow & \times & \downarrow g \\
C & \longrightarrow & D
\end{array}
$$

di 4 insiemi e 6 applicazioni, se f e g sono bigettive, allora sono bigettive anche le rimanenti 4 applicazioni.

2.92 (Le identità semicosimpliciali, ✍) Per ogni intero non negativo $k \geq 0$ consideriamo l'applicazione

$$
\delta_k \colon \mathbb{N} \to \mathbb{N}, \qquad \delta_k(p) = \begin{cases} p & \text{se } p < k, \\ p + 1 & \text{se } p \geq k. \end{cases}
$$

Provare che per ogni $0 \leq l \leq k$ vale la formula:

$$
\delta_l \circ \delta_k = \delta_{k+1} \circ \delta_l.
$$

Mostrare inoltre che un'applicazione $f\colon \mathbb{N} \to \mathbb{N}$ si può scrivere come composizione di un numero finito n di applicazioni δ_k se e solo se soddisfa le seguenti condizioni:

1. $f(a + 1) > f(a)$ per ogni $a \in \mathbb{N}$;
2. esiste $N \in \mathbb{N}$ tale che $f(a) = a + n$ per ogni $a \geq N$.

2.93 (☕)   Sia X un insieme infinito; indichiamo con $\mathcal{F} \subseteq \mathcal{P}(X)$ la famiglia di tutti i sottoinsiemi finiti di X e con $\mathcal{A} \subseteq \mathcal{F} \times X$ l'insieme delle coppie (A, x) tali che $x \notin A$. Provare che:

1. L'applicazione $f : \mathcal{A} \to \mathcal{F}$, $f(A, x) = A$, è surgettiva ed esiste un'applicazione $g : \mathcal{F} \to X$ tale che $g(A) \notin A$ per ogni $A \in \mathcal{F}$.
2. L'applicazione $h : \mathbb{N} \to X$, definita in maniera ricorsiva dalla formula

$$h(0) = g(\emptyset), \qquad h(n) = g(\{h(0), h(1), \dots, h(n-1)\})$$

   è iniettiva.
3. Sia $k : X \to X$ l'applicazione tale che $k(h(n)) = h(n+1)$ per ogni $n \in \mathbb{N}$ e $k(x) = x$ per ogni $x \notin h(\mathbb{N})$. Allora k è iniettiva ma non surgettiva.

Note

Il termine *Algebretta* è ripreso dall'omonimo testo di B. Scimemi [15].

Per una discussione delle contraddizioni che nascono considerando unioni arbitrarie, come ad esempio l'unione di tutti gli insiemi, rimandiamo alla sezione sul paradosso di Russell contenuta in [12].

Per una definizione matematicamente rigorosa di applicazione tra insiemi, il lettore può consultare, tra i tanti, i libri [9, 13]. Nella lingua italiana, i termini *funzione*, *trasformazione* e *corrispondenza univoca* possono essere usati come sinonimo di applicazione, anche se la tendenza prevalente è quella di chiamare funzioni le applicazioni che assumono valori numerici, e parlare di trasformazioni nei contesti più geometrici. Per la regola che "la pratica fa la grammatica", è con rammarico che segnalo l'uso crescente, ed il recente inserimento nei dizionari, del sostantivo femminile *mappa* come sinonimo di applicazione ☺. L'uso delle frecce per denotare le applicazioni è relativamente recente ed è iniziato intorno al 1940.

Quelli che a scuola ci hanno presentato come numeri primi, nel linguaggio algebrico astratto si chiamano *interi positivi irriducibili*; nello stesso linguaggio, un intero p si dice primo se soddisfa la condizione del Lemma 2.53, che di conseguenza si trasforma in: *ogni intero positivo irriducibile è primo*.

Le due identità dell'Esercizio 2.74 appaiono in alcuni fotogrammi del film *Sherlock Holmes gioco di ombre* del 2011, e più precisamente nella lavagna del professor Moriarty.

Per la teoria dei diagrammi non aciclici, il lettore interessato può fare riferimento ai testi base di teoria delle categorie, come ad esempio [14].

Capitolo 3
Numeri reali e complessi

Continuiamo la parte di algebretta studiando i numeri reali, i numeri complessi, i polinomi e le funzioni razionali; faremo anche una breve ma importante escursione nell'algebra astratta introducendo i concetti di campo e sottocampo. Per facilitare la comprensione di questi concetti, in aggiunta ai numeri reali e complessi, studieremo alcuni esempi di campi e sottocampi descrivibili in maniera molto concreta mediante numeri razionali e radici quadrate di interi positivi.

3.1   I numeri reali

È noto sin dai tempi di Pitagora che lato e diagonale dello stesso quadrato non sono commensurabili, e questo porta alla necessità di introdurre, in aggiunta ai numeri naturali, interi e razionali, il sistema numerico dei **numeri reali**, solitamente indicato con il simbolo $\mathbb{R}$.

Esistono diversi modi di costruire i numeri reali a partire dai numeri razionali, tutti abbastanza laboriosi, non banali e richiedenti una certa maturità matematica del lettore; una possibile costruzione, basata sulla nozione di spazio quoziente, verrà data nella Sezione 13.5. Per il momento è preferibile accontentarsi di una descrizione incompleta ed informale, accompagnata da alcune condizioni in stile assiomatico per alcuni aspetti meno intuitivi.

Non è sbagliato pensare i numeri reali positivi come l'insieme delle possibili lunghezze dei segmenti nel piano euclideo. Esiste una bigezione tra l'insieme dei numeri reali e l'insieme dei punti della **retta reale**, ossia della retta euclidea in cui sono stati fissati due punti distinti 0 e 1. I numeri razionali, corrispondenti alle lunghezze dei segmenti commensurabili con quello di estremi 0 e 1, sono anche reali, mentre non tutti i numeri reali sono razionali. Un numero reale che non è razionale si dice **irrazionale**.

© The Author(s), under exclusive license to Springer Nature Switzerland AG 2025   61

M. Manetti, *Algebra Lineare*, La Matematica per il 3+2 174,

https://doi.org/10.1007/978-3-032-01504-4_3

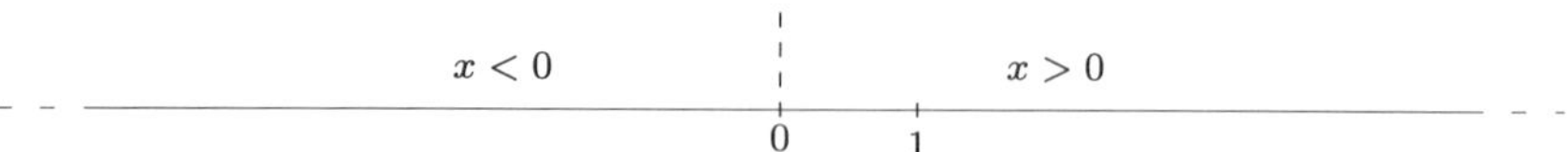

Figura 3.1 Quando la retta reale viene disegnata in orizzontale, di norma il punto 1 si trova a destra dello 0

Un altro modo, quasi perfetto, di descrivere i numeri reali è mediante sviluppi decimali, ad esempio

$$3{,}14159265358979323846264338327950288419716939937510582097494\ldots$$

Per *sviluppo decimale*, o *frazione decimale infinita*, si intende un'espressione del tipo

$$\pm m{,}\alpha_1\alpha_2\alpha_3\alpha_4\alpha_5\ldots$$

dove $m \in \mathbb{N}$ e $\alpha_1, \alpha_2, \ldots, \alpha_n, \ldots$ è una successione infinita di cifre decimali, ossia $\alpha_i = 0, \ldots, 9$ per ogni indice i. È noto a tutti che la scrittura degli sviluppi decimali viene semplificata evitando di scrivere il segno $+$, e quando le cifre decimali sono tutte uguali a 0 da un certo punto in poi, queste si omettono ed il numero reale viene rappresentato con una frazione decimale (finita). Il difetto è che certi sviluppi decimali, in apparenza diversi, danno lo stesso numero reale; si ha $0 = -0$ ed ogni sviluppo con il 9 periodico equivale ad una frazione decimale, come nei casi $0{,}1\overline{9} = 0{,}2$ e $-0{,}\overline{9} = -1$.

I numeri reali si possono sommare e moltiplicare, ogni numero reale x diverso da 0 possiede un inverso x^{-1} ed il prodotto di un numero finito di numeri reali si annulla se e soltanto se si annulla almeno uno dei fattori.

Inoltre, i numeri reali si possono ordinare (Figura 3.1); più precisamente, dati due numeri reali a, b, in linea teorica si può sempre dire se $a < b$ (a è minore di b), se $a = b$ oppure se $a > b$ (a è maggiore di b). Scriveremo $a \leq b$ se $a < b$ oppure se $a = b$.

Ogni numero reale può essere approssimato per difetto e per eccesso con numeri razionali la cui differenza può essere scelta 'piccola a piacere': con ciò intendiamo che per ogni numero reale t e per ogni intero positivo n possiamo trovare due numeri razionali a, b tali che

$$a \leq t \leq b, \qquad b - a \leq 10^{-n}.$$

Ad esempio, se $t \geq 0$ si può prendere a uguale al troncamento alla n-esima cifra dopo la virgola dello sviluppo decimale di t, e $b = a + 10^{-n}$.

Il **segno** $\mathrm{sgn}(a)$ ed il **valore assoluto** $|a|$ di un numero reale $a \in \mathbb{R}$ sono definiti come:

$$\mathrm{sgn}(a) = \begin{cases} 1 & \text{se } a > 0 \\ 0 & \text{se } a = 0\,, \\ -1 & \text{se } a < 0. \end{cases} \qquad |a| = \mathrm{sgn}(a) \cdot a = \begin{cases} a & \text{se } a \geq 0, \\ -a & \text{se } a \leq 0. \end{cases}$$

In ogni caso vale $|a| = |-a| \geq 0$, $a^2 = |a|^2 \geq 0$ e vale $a^2 = 0$ se e solo se $a = 0$. Per ogni $a, b \in \mathbb{R}$, si ha:

$$|a + b| \leq |a| + |b|, \qquad |ab| = |a|\,|b|.$$

Per induzione su n si deduce che per ogni $a_1, \ldots, a_n \in \mathbb{R}$ si ha:

$$|a_1 a_2 \cdots a_n| = |a_1|\,|a_2 \cdots a_n| = |a_1|\,|a_2| \cdots |a_n|,$$
$$|a_1 + a_2 + \cdots + a_n| \leq |a_1| + |a_2| + \cdots + |a_n| \leq |a_1| + |a_2| + \cdots + |a_n|. \tag{3.1}$$

La disuguaglianza (3.1) viene detta **disuguaglianza triangolare**.

La **parte intera** $\lfloor x \rfloor$ di un numero reale x è il più grande intero minore o uguale a x. Equivalentemente, $\lfloor x \rfloor$ è l'unico intero tale che $\lfloor x \rfloor \leq x < \lfloor x \rfloor + 1$. Ad esempio:

$$\lfloor 1 \rfloor = 1, \quad \lfloor \sqrt{2} \rfloor = 1, \quad \lfloor 1 - \sqrt{2} \rfloor = -1, \quad \lfloor \pi \rfloor = 3, \quad \lfloor -\pi \rfloor = -4.$$

Altre importanti proprietà dei numeri reali che useremo spesso, e che dimostreremo nella Sezione 13.5, sono: la densità dei numeri razionali, l'incontabilità e la completezza.

Densità dei numeri razionali *Siano $s, t \in \mathbb{R}$ con $s < t$. Allora esiste $r \in \mathbb{Q}$ tale che $s < r < t$.*

Incontabilità dei numeri reali *Per ogni successione $F_1, F_2, \ldots, F_n, \ldots$ di sottoinsiemi finiti di $\mathbb{R}$ si ha $\bigcup_{n=1}^{\infty} F_n \neq \mathbb{R}$.*

Completezza dei numeri reali *Siano $A, B \subseteq \mathbb{R}$ due sottoinsiemi non vuoti tali che $a \leq b$ per ogni $a \in A$ ed ogni $b \in B$. Esiste allora un numero reale $\xi \in \mathbb{R}$ tale che*

$$a \leq \xi \leq b \qquad \textit{per ogni } a \in A \textit{ ed ogni } b \in B.$$

Dall'incontabilità dei numeri reali segue che, dato un qualsiasi sottoinsieme $X \subseteq \mathbb{Q}$, non esiste alcuna applicazione surgettiva $f: X \to \mathbb{R}$. Infatti, possiamo scrivere $\mathbb{Q} = \bigcup_{n=1}^{\infty} A_n$ con ogni A_n sottoinsieme finito, ad esempio

$$A_n = \left\{ \frac{a}{b} \;\middle|\; a, b \in \mathbb{Z},\ 0 < b \leq n,\ -n \leq a \leq n \right\} \subseteq \mathbb{Q},$$

ed allora

$$f(X) = \bigcup_{n=1}^{\infty} f(X \cap A_n) \neq \mathbb{R}.$$

Un'applicazione $f: \mathbb{R} \to \mathbb{R}$ si dice una **funzione polinomiale** se esistono un intero $d \geq 0$ e $d + 1$ numeri reali $a_0, \ldots, a_d$ tali che

$$f(x) = a_0 + a_1 x + \cdots + a_d x^d, \qquad \text{per ogni } x \in \mathbb{R}. \tag{3.2}$$

Teorema 3.1 (di esistenza degli zeri) *Siano $f: \mathbb{R} \to \mathbb{R}$ una funzione polinomiale e $p \le q$ due numeri reali tali che $f(p) \le 0 \le f(q)$. Allora esiste $\xi \in \mathbb{R}$ tale che $p \le \xi \le q$ e $f(\xi) = 0$.*

Il Teorema 3.1, che segue dal principio di completezza dei numeri reali, è un caso molto particolare del teorema di esistenza degli zeri per funzioni continue, che è parte del programma di tutti i corsi di analisi matematica; tuttavia, per piacere di completezza proporremo una dimostrazione al termine della Sezione 13.5.

Corollario 3.2 *Per ogni $t \in \mathbb{R}$ non negativo ed ogni intero positivo n esiste un unico numero reale non negativo $\sqrt[n]{t}$ tale che $(\sqrt[n]{t})^n = t$.*

Dimostrazione Mostriamo prima l'esistenza, a tal fine fissiamo un intero positivo m tale che $m^n \ge t$. Allora per la funzione polinomiale $f: \mathbb{R} \to \mathbb{R}$, $f(x) = x^n - t$, si ha $f(0) \le 0 \le f(m)$ ed il Teorema 3.1 implica che esiste $\xi \in \mathbb{R}$ tale che $0 \le \xi \le m$ e s $f(\xi) = \xi^n - t = 0$, ossia $\xi^n = t$.

Per dimostrare l'unicità basta osservare che se $x, y \ge 0$ e $x^n = y^n$, allora

$$(x - y)(x^{n-1} + x^{n-2}y + \cdots + xy^{n-2} + y^{n-1}) = x^n - y^n = 0$$

e quindi $x = y$ oppure $x^{n-1} + x^{n-2}y + \cdots + y^{n-1} = 0$. Ma ogni addendo $x^i y^{n-1-i}$ è non negativo e quindi $x^{n-1} + x^{n-2}y + \cdots + y^{n-1} = 0$ implica necessariamente $x^{n-1} = y^{n-1} = 0$, da cui $x = y = 0$. $\square$

Il numero $\sqrt[2]{t}$ viene detto radice quadrata di t, $\sqrt[3]{t}$ radice cubica, $\sqrt[4]{t}$ radice quarta, ..., $\sqrt[n]{t}$ radice n-esima; per le radici quadrate di solito si scrive semplicemente $\sqrt[2]{t} = \sqrt{t}$.

Proposizione 3.3 *Sia $n \in \mathbb{N}$, allora $\sqrt{n}$ è razionale se e solo se $\sqrt{n} \in \mathbb{N}$, ossia se e solo se n è un quadrato perfetto.*

Dimostrazione L'unica affermazione non banale da dimostrare è che se $\sqrt{n}$ non è intero, allora $\sqrt{n}$ non è nemmeno razionale.

Supponiamo per assurdo che $\sqrt{n}$ sia un numero razionale non intero; fra tutte le possibili coppie x, y di interi positivi tali che $\sqrt{n} = x/y$ consideriamo quella con il più piccolo valore di y: per definizione $x^2 = ny^2$. Indichiamo con $p = \lfloor \sqrt{n} \rfloor$ la parte intera di $\sqrt{n}$; per ipotesi si ha $p < \sqrt{n} < p + 1$ e di conseguenza valgono le disuguaglianze

$$p < \frac{x}{y} < p + 1, \qquad yp < x < y(p + 1), \qquad 0 < x - py < y.$$

Osserviamo adesso che

$$\frac{x}{y} - \frac{ny - px}{x - py} = \frac{x(x - py) - y(ny - px)}{y(x - py)} = \frac{x^2 - ny^2}{y(x - py)} = 0,$$

e quindi vale l'uguaglianza $\sqrt{n} = \dfrac{ny - px}{x - py}$, che però entra in contraddizione con le disuguaglianze $0 < x - py < y$ e con la scelta della coppia x, y. $\square$

Esercizi

3.4 Sia $x = a/b$ un numero razionale positivo. Dedurre dalla Proposizione 3.3 che $\sqrt{x}$ è razionale se e solo se l'intero ab è un quadrato perfetto.

3.5 Siano $n, q \in \mathbb{N}$ tali che $q \geq 2$ e $\sqrt[q]{n} \in \mathbb{Q}$. Usare il teorema di fattorizzazione unica degli interi per dimostrare che $\sqrt[q]{n} \in \mathbb{N}$.

3.6 Siano a, b, c, d numeri razionali, con c, d non entrambi nulli, e sia α un numero irrazionale. Provare che $ad = bc$ se e solo se il numero $(a\alpha + b)/(c\alpha + d)$ è razionale.

3.7 ($\heartsuit$) Provare che per ogni intero positivo n esiste unico un intero positivo a tale che

$$n \leq a^2 \leq n + 2\sqrt{n - 1}.$$

3.8 Sia n un intero positivo fissato.

1) Dato un numero reale ξ consideriamo gli $n + 2$ numeri reali

$$x_0 = 0, \quad x_1 = \xi - \lfloor \xi \rfloor, \quad x_2 = 2\xi - \lfloor 2\xi \rfloor, \quad \ldots, \quad x_n = n\xi - \lfloor n\xi \rfloor, \quad x_{n+1} = 1.$$

Dimostrare, usando il principio dei cassetti, che esistono due indici i, j con $0 \leq i < j \leq n + 1$ tali che $|x_j - x_i| \leq 1/(n + 1)$ e dedurre che esistono due interi a e b tali che

$$0 < b \leq n, \qquad \left| \xi - \frac{a}{b} \right| \leq \frac{1}{b(n + 1)}.$$

2) Dimostrare che per ogni $a, b \in \mathbb{Z}$, con $0 < b \leq n$, si ha:

$$\left| \frac{1}{n + 1} - \frac{a}{b} \right| \geq \frac{1}{b(n + 1)}.$$

3.9 Sia $a_0, a_1, a_2, \ldots$ la successione di numeri reali:

$$a_0 = 0, \ a_1 = 2, \ a_2 = 2 + \sqrt{2}, \ a_3 = 2 + \sqrt{2 + \sqrt{2}}, \ldots, \ a_n = 2 + \sqrt{a_{n-1}}, \ \ldots$$

Dimostrare, usando il principio di induzione, che per ogni $n > 0$ valgono le disuguaglianze $0 \leq a_{n-1} < a_n < 4$.

3.10 (Densità dei quadrati razionali, ♡)   Siano $0 \leq c < a$ due numeri reali. Provare che esistono due interi positivi n, q tali che $n(a - c) > 3a$ e $q^2 a \geq n^2$. Dati n, q come sopra, denotiamo con p l'unico intero positivo tale che $p^2 \leq q^2 a < (p + 1)^2$; dimostrare che $c < (p/q)^2 \leq a$.

3.11 (☕, ♡)   Siano α, β due numeri irrazionali positivi tali che

$$\frac{1}{\alpha} + \frac{1}{\beta} = 1.$$

Dimostrare che $\lfloor n\alpha \rfloor \neq \lfloor m\beta \rfloor$ per ogni coppia di interi positivi n, m e che ogni intero positivo è uguale a $\lfloor n\alpha \rfloor$ oppure a $\lfloor n\beta \rfloor$ per un opportuno intero n. (Suggerimento: per ogni intero N calcolare quanti sono gli interi $n > 0$ tali che $\lfloor n\alpha \rfloor \leq N$.)

3.2   Estensioni quadratiche

Oltre a $\mathbb{N}, \mathbb{Z}, \mathbb{Q}$ ed $\mathbb{R}$ ci sono molti altri insiemi numerici interessanti; uno di questi, che denoteremo $\mathbb{Q}(\sqrt{2})$, è l'insieme dei numeri reali x che si possono scrivere come $x = a + b\sqrt{2}$, con a, b numeri razionali:

$$\mathbb{Q}(\sqrt{2}) = \{a + b\sqrt{2} \mid a, b \in \mathbb{Q}\}.$$

Poiché ogni numero razionale a si può scrivere nella forma $a = a + 0\sqrt{2}$, ne consegue che $\mathbb{Q} \subseteq \mathbb{Q}(\sqrt{2})$; se $x, y \in \mathbb{Q}(\sqrt{2})$ allora anche

$$-x, \ x + y, \ xy \in \mathbb{Q}(\sqrt{2}).$$

Infatti, se $x = a + b\sqrt{2}$ e $y = c + d\sqrt{2}$ si ha $-x = (-a) + (-b)\sqrt{2}$, $x + y = (a + c) + (b + d)\sqrt{2}$ e

$$xy = (a + b\sqrt{2})(c + d\sqrt{2}) = ac + ad\sqrt{2} + bc\sqrt{2} + bd(\sqrt{2})^2$$
$$= (ac + 2bd) + (bc + ad)\sqrt{2} \in \mathbb{Q}(\sqrt{2}).$$

Mostriamo adesso che se $x \in \mathbb{Q}(\sqrt{2})$ e $x \neq 0$, allora anche $x^{-1} \in \mathbb{Q}(\sqrt{2})$; più precisamente, mostriamo che se $a + b\sqrt{2} \neq 0$, allora $a - b\sqrt{2} \neq 0$, e quindi

$$\frac{1}{a + b\sqrt{2}} = \frac{a - b\sqrt{2}}{(a + b\sqrt{2})(a - b\sqrt{2})} = \frac{a}{a^2 - 2b^2} - \frac{b}{a^2 - 2b^2}\sqrt{2}.$$

Supponiamo per assurdo $a - b\sqrt{2} = 0$; se $b = 0$ allora $a = 0$ in contraddizione con $a + b\sqrt{2} \neq 0$, mentre se $b \neq 0$ allora $\sqrt{2} = a/b$ in contraddizione con l'irrazionalità di $\sqrt{2}$.

Esempio 3.12 Non tutti i numeri reali appartengono a $\mathbb{Q}(\sqrt{2})$, ad esempio $\sqrt{3} \notin \mathbb{Q}(\sqrt{2})$: se per assurdo si avesse $\sqrt{3} = a + b\sqrt{2}$ con $a, b \in \mathbb{Q}$, elevando al quadrato si ottiene $3 = a^2 + 2b^2 + 2ab\sqrt{2}$ che implica $ab = 0$ perché $\sqrt{2}$ è irrazionale. Se $b = 0$, allora $3 = a^2$ in contraddizione con l'irrazionalità si $\sqrt{3}$, mentre se $a = 0$ allora $3 = 2b^2$ e $6 = (2b)^2$, in contraddizione con l'irrazionalità di $\sqrt{6}$.

Possiamo ripetere la costruzione di $\mathbb{Q}(\sqrt{2})$ mettendo al posto di 2 un qualsiasi numero primo p, e cioè considerare $\mathbb{Q}(\sqrt{p}) = \{a + b\sqrt{p} \mid a, b \in \mathbb{Q}\}$. Più in generale, per un qualsiasi numero irrazionale ξ il cui quadrato ξ^2 è razionale, l'insieme

$$\mathbb{Q}(\xi) = \{a + b\xi \mid a, b \in \mathbb{Q}\}$$

si comporta allo stesso modo di $\mathbb{Q}(\sqrt{2})$, e cioè è chiuso per le operazioni di somma, prodotto, opposto e inverso di elementi non nulli. Se $a, b \in \mathbb{Q}$ non sono entrambi nulli, allora $(a + b\xi)(a - b\xi) = a^2 - b^2\xi^2 \neq 0$; infatti, se per assurdo $a^2 - b^2\xi^2 = 0$ e $b = 0$ allora $a = 0$ in contraddizione alle ipotesi; se $a^2 - b^2\xi^2 = 0$ e $b \neq 0$ allora $\xi^2 = a^2/b^2$ e $\xi = \pm a/b$ in contraddizione all'irrazionalità di ξ. Dato che $\xi^2 \in \mathbb{Q}$ si ha

$$\frac{1}{a + b\xi} = \frac{a - b\xi}{a^2 - b^2\xi^2} \in \mathbb{Q}(\xi).$$

Esercizi

3.13 Scrivere i seguenti numeri nella forma $a + b\sqrt{2}$:

$$(1 + \sqrt{2})^3, \quad \frac{2 - \sqrt{2}}{3 + 2\sqrt{2}}, \quad \frac{1 + \sqrt{2}}{1 - \sqrt{2}}, \quad \frac{1 - 2\sqrt{2}}{1 - \sqrt{2}}, \quad (1 - \sqrt{2})^{200}(1 + \sqrt{2})^{200}.$$

3.14 Scrivere i seguenti numeri nella forma $a + b\sqrt{5}$:

$$(1 + 2\sqrt{5})^2, \quad \frac{1 - \sqrt{5}}{1 + \sqrt{5}}, \quad \frac{\sqrt{5}}{5 - \sqrt{5}}, \quad (2 + 2\sqrt{5})(2 - 2\sqrt{5}).$$

3.15 ($\heartsuit$) Determinare se $\sqrt{3 + 2\sqrt{2}} \in \mathbb{Q}(\sqrt{2})$.

3.16 Risolvere il seguente sistema lineare a coefficienti in $\mathbb{Q}(\sqrt{3})$:

$$\begin{cases} x + y + z = 1 \\ x + \sqrt{3}\,y + 2z = 0 \\ x + 3y + 4z = -1 \end{cases}$$

(si chiede di trovare le terne $x, y, z \in \mathbb{Q}(\sqrt{3})$ che soddisfano il precedente sistema lineare).

3.17 Risolvendo un opportuno sistema lineare, trovare tre numeri razionali x, y, z tali che

$$\frac{1}{1 - \sqrt[3]{2} + 2\sqrt[3]{4}} = x + y\sqrt[3]{2} + z\sqrt[3]{4}.$$

3.18 Dati due numeri reali non nulli a, b, con $a \neq b$, definiamo $A_0 = 0$ e $A_n = \dfrac{a^n - b^n}{a - b}$ per ogni intero $n > 0$. Provare che valgono le formule

$$A_0 = 0, \quad A_1 = 1, \quad A_{n+1} = (a + b)A_n - abA_{n-1}, \quad n > 0.$$

Analizzare in dettaglio il caso in cui $a + b = -ab = 1$ e dedurre che per l'ennesimo numero di Fibonacci vale la formula

$$F_n = \frac{1}{\sqrt{5}}\left(\frac{1 + \sqrt{5}}{2}\right)^n - \frac{1}{\sqrt{5}}\left(\frac{1 - \sqrt{5}}{2}\right)^n.$$

3.19 Si consideri la successione

$$a_1 = 2, \quad a_2 = 6, \quad a_3 = 14, \quad \ldots \quad a_n = 2a_{n-1} + a_{n-2}, \ldots$$

Dimostrare:

1. $a_n = (1 + \sqrt{2})^n + (1 - \sqrt{2})^n$;
2. la parte intera di $(1 + \sqrt{2})^n$ è pari se e solo se n è dispari.

3.20 Sia $\xi \in \mathbb{R}$ un numero irrazionale tale che $\xi^2 \in \mathbb{Q}$. Provare che per ogni $\eta \in \mathbb{Q}(\xi)$ esistono $a, b \in \mathbb{Q}$ tali che $\eta^2 = a\eta + b$.

3.21 Dedurre dall'Esempio 3.12 che se

$$a + b\sqrt{2} + c\sqrt{3} + d\sqrt{6} = 0$$

con $a, b, c, d \in \mathbb{Q}$, allora $a = b = c = d = 0$.

3.22 (☕) Quali sono i numeri del tipo $a + b\sqrt{2} + c\sqrt{3} + d\sqrt{6}$, con $a, b, c, d \in \mathbb{Q}$, che sono radici di un'equazione di secondo grado a coefficienti razionali?

3.3 I numeri complessi

Nella costruzione formale di $\mathbb{Q}(\sqrt{2})$ e nella definizione delle operazioni di somma e prodotto abbiamo avuto bisogno di sapere solo due cose: che $\sqrt{2} \notin \mathbb{Q}$ e che $(\sqrt{2})^2 \in \mathbb{Q}$. Siamo adesso pronti per ripetere la costruzione in una situazione più astratta dove la 'protagonista' è **l'unità immaginaria** i, un'entità simbolica frutto dell'immaginazione,[1] dotata esclusivamente delle due proprietà formali $i \notin \mathbb{R}$ e $i^2 = -1$.

Definiamo l'insieme $\mathbb{C}$ dei **numeri complessi** come l'insieme formato dagli elementi $a + ib$, con a e b numeri reali:

$$\mathbb{C} = \{a + ib \mid a, b \in \mathbb{R}\}.$$

Ogni numero reale può essere pensato come un numero complesso; per la precisione, consideriamo $\mathbb{R}$ contenuto in $\mathbb{C}$ identificando ogni numero reale a con il numero complesso $a + i0$. Quando scriviamo $0 \in \mathbb{C}$ intendiamo $0 = 0 + i0$, e quando scriviamo $1, i \in \mathbb{C}$ intendiamo rispettivamente $1 = 1 + i0$, $i = 0 + i1$. I numeri complessi del tipo $ib = 0 + ib$ si dicono **immaginari puri**; lo 0 è l'unico numero complesso ad essere contemporaneamente reale ed immaginario puro.

Definizione 3.23 Dato un numero complesso $a + ib$, i numeri reali a e b ne sono detti rispettivamente la **parte reale** e la **parte immaginaria**. Si scrive

$$\mathrm{Re}(a + ib) = a, \qquad \mathrm{Im}(a + ib) = b.$$

Dunque un numero complesso è reale se e solo se ha parte immaginaria uguale a 0, ed è immaginario puro se e solo se ha parte reale uguale a 0.

Vogliamo adesso definire le quattro operazioni sui numeri complessi. A differenza delle estensioni quadratiche, non abbiamo una rappresentazione di $a + ib$ come numero reale e allora si esegue il calcolo considerando i numeri complessi come pure espressioni algebriche, ricordandosi di mettere -1 al posto di i^2 ogni qualvolta quest'ultimo compare. Ad esempio si ha:

$$(1 + i)(1 - i) = 1 + i - i - i^2 = 1 - i^2 = 1 - (-1) = 2.$$

Si noti che per semplicità notazionale abbiamo scritto $1 - i$ anziché $1 + i(-1)$; non solo è consentito, ma si può sempre scrivere $a - ib \in \mathbb{C}$ per indicare il numero complesso $a + i(-b)$, ed anche $a + bi$ con lo stesso significato di $a + ib$.

Gli appassionati di costruzioni assiomatiche possono, se lo desiderano, gestire le quattro operazioni come nella prossima definizione.

Definizione 3.24 Il **campo dei numeri complessi** è l'insieme $\mathbb{C}$ dotato delle seguenti operazioni:

1. $(a + ib) + (c + id) = (a + c) + i(b + d)$;
2. $(a + ib) - (c + id) = (a - c) + i(b - d)$;
3. $(a + ib)(c + id) = ac + i(ad + bc) + i^2 bd = (ac - bd) + i(ad + bc)$;
4. se $c + id \neq 0$, allora

$$\frac{a + ib}{c + id} = \frac{a + ib}{c + id}\,\frac{c - id}{c - id} = \frac{(a + ib)(c - id)}{c^2 + d^2} = \frac{ac + bd}{c^2 + d^2} + i\frac{bc - ad}{c^2 + d^2}.$$

---

[1] Dell'immaginazione creativa, non di quella fantasiosa.

Esempio 3.25

$$\frac{1+2i}{1-i} = \frac{1+2i}{1-i}\frac{1+i}{1+i} = \frac{(1+2i)(1+i)}{(1-i)(1+i)} = \frac{-1+3i}{2} = -\frac{1}{2} + i\frac{3}{2}.$$

Esempio 3.26 Se $z = 1+i$ e $w = 1-2i$, allora

$$z + w = (1+i) + (1-2i) = 2-i, \quad z - w = (1+i) - (1-2i) = 3i,$$

$$zw = (1+i)(1-2i) = 3-i, \quad \frac{z}{w} = \frac{1+i}{1-2i} = \frac{(1+i)(1+2i)}{1+4} = \frac{-1}{5} + \frac{3}{5}i.$$

Abbiamo visto che per riportare una frazione $\dfrac{a+ib}{c+id}$ alla forma standard $x+iy$, è sufficiente moltiplicare numeratore e denominatore per il numero complesso $c - id$.

Definizione 3.27 Dati $a, b \in \mathbb{R}$, diremo che i due numeri complessi $a + ib$ e $a - ib$ sono **coniugati**. L'operazione che ad ogni numero complesso associa il suo coniugato viene denotata con una sopralineatura, ossia

$$\overline{a+ib} = a-ib, \qquad \overline{a-ib} = a+ib, \qquad a, b \in \mathbb{R}.$$

Ad esempio $\overline{1+2i} = 1-2i, \overline{2-i} = 2+i, \overline{3} = 3, \overline{7i} = -7i$. Osserviamo che un numero complesso z è reale se e solo se è uguale al suo coniugato; più in generale si hanno le formule:

$$\overline{\overline{z}} = z, \qquad \mathrm{Re}(z) = \mathrm{Re}(\overline{z}) = \frac{z + \overline{z}}{2}, \qquad \mathrm{Im}(z) = -\mathrm{Im}(\overline{z}) = \frac{z - \overline{z}}{2i}.$$

Moltiplicando un numero complesso diverso da 0 per il suo coniugato si ottiene sempre un numero reale positivo:

$$(a+ib)(a-ib) = a^2 + b^2.$$

Quindi se $z, w \in \mathbb{C}$ e $w \neq 0$ si ha

$$\frac{z}{w} = \frac{z\overline{w}}{w\overline{w}}, \qquad w^{-1} = \frac{\overline{w}}{w\overline{w}}.$$

Abbiamo dunque dimostrato che ogni numero complesso $z \neq 0$ è invertibile, ed il suo inverso è dato dalla formula

$$z^{-1} = \frac{1}{z} = \frac{1}{z}\frac{\overline{z}}{\overline{z}} = \frac{1}{z\overline{z}}\overline{z},$$

che nella forma $a + ib$ diventa

$$\frac{1}{a+ib} = \frac{1}{a+ib}\frac{a-ib}{a-ib} = \frac{a-ib}{a^2+b^2} = \frac{a}{a^2+b^2} - i\frac{b}{a^2+b^2}. \tag{3.3}$$

Esempio 3.28 Calcoliamo l'inverso del numero complesso $2 - i$. Applicando la Formula (3.3) si ha

$$\frac{1}{2-i} = \frac{1}{2-i}\frac{2+i}{2+i} = \frac{2+i}{5} = \frac{2}{5} + i\frac{1}{5}.$$

Il coniugio commuta con le operazioni di somma e prodotto, ossia per ogni coppia di numeri complessi z, w vale

$$\overline{z} + \overline{w} = \overline{z + w}, \qquad \overline{z}\,\overline{w} = \overline{zw}.$$

Infatti, se $z = a + ib$ e $w = x + iy$ si ha $\overline{z} + \overline{w} = (a - ib) + (x - iy) = (a + x) - i(b + y) = \overline{z + w}$, $\overline{z}\,\overline{w} = (a - ib)(x - iy) = (ax - by) - i(bx + ay) = \overline{zw}$.

È importante osservare che le operazioni di somma e prodotto sul campo dei numeri complessi sono *associative*; ciò significa che per ogni terna $x, y, z \in \mathbb{C}$ si ha:

$$(x + y) + z = x + (y + z) \quad \text{(associatività della somma)},$$
$$(xy)z = x(yz) \qquad\quad \text{(associatività del prodotto)}.$$

Se z, w sono due numeri complessi non nulli, allora anche il loro prodotto zw è diverso da 0: se per assurdo fosse $zw = 0$ allora si avrebbe

$$z = z(ww^{-1}) = (zw)w^{-1} = 0w^{-1} = 0$$

contrariamente all'ipotesi che $z, w \neq 0$. L'associatività del prodotto permette in particolare di definire senza ambiguità le potenze z^n di un numero complesso z per ogni intero $n > 0$.

Esempio 3.29 Le potenze dell'unità immaginaria sono:

$$i^2 = -1, \quad i^3 = i^2 i = -i, \quad i^4 = (i^2)^2 = 1, \quad i^5 = i^4 i = i, \quad \dots$$

Esempio 3.30 Le potenze del numero complesso $\xi = (1 + i)/\sqrt{2}$ sono:

$$\xi^2 = i, \quad \xi^3 = \frac{-1 + i}{\sqrt{2}}, \quad \xi^4 = -1,$$
$$\xi^5 = -\xi, \quad \xi^6 = -\xi^2, \quad \xi^7 = -\xi^3, \quad \xi^8 = -\xi^4 = 1, \quad \dots$$

Per ogni numero reale $a \in \mathbb{R}$ esiste almeno un numero complesso w tale che $w^2 = a$. Infatti, se $a \geq 0$ basta prendere $w = \sqrt{a}$, mentre se $a \leq 0$ si può prendere il numero immaginario puro $w = i\sqrt{-a}$.

Teorema 3.31 *Sia $z \in \mathbb{C}$ un qualunque numero complesso, allora esiste $w \in \mathbb{C}$ tale che $w^2 = z$.*

Dimostrazione Già sappiamo che il teorema è vero se z è un numero reale. Se z non è reale scriviamo $z = a + ib$, con $a, b \in \mathbb{R}$, $b \neq 0$, e cerchiamo due numeri reali x, y tali che

$$a + ib = (x + iy)^2 = (x^2 - y^2) + 2ixy,$$

ossia cerchiamo di risolvere il sistema

$$\begin{cases} x^2 - y^2 = a \\ 2xy = b \end{cases} \tag{3.4}$$

Siccome $b \neq 0$, la seconda equazione implica $x \neq 0$ e quindi possiamo moltiplicare la prima equazione per x^2 senza alcun rischio di introdurre soluzioni fantasma

$$\begin{cases} x^4 - x^2 y^2 = x^4 - \dfrac{b^2}{4} = ax^2 \\ 2xy = b \end{cases}$$

L'equazione biquadratica $x^4 - ax^2 - b^2/4 = 0$ è equivalente al sistema di due equazioni di secondo grado in due incognite

$$\begin{cases} t^2 - at - \dfrac{b^2}{4} = 0 \\ x^2 = t. \end{cases}$$

La prima equazione ha due soluzioni reali distinte, che sono

$$t = \frac{a \pm \sqrt{a^2 + b^2}}{2}.$$

Dato che $b^2 > 0$ si ha $\sqrt{a^2 + b^2} > \sqrt{a^2} \geq a$ e quindi $a + \sqrt{a^2 + b^2} > 0$, $a - \sqrt{a^2 + b^2} < 0$. La seconda equazione $x^2 = t$ è risolubile sui reali se e solo se $t \geq 0$ e quindi il sistema (3.4) ha esattamente due soluzioni reali, che sono

$$x = \pm \sqrt{\frac{a + \sqrt{a^2 + b^2}}{2}}, \qquad y = \frac{b}{2x}.$$

Dunque, se z ha parte immaginaria b diversa da 0, l'equazione $w^2 = z$ ha esattamente due soluzioni

$$w = x + iy = x + i\frac{b}{2x}, \quad \text{dove} \quad x = \pm \sqrt{\frac{a + \sqrt{a^2 + b^2}}{2}}.$$

Equivalentemente, per $z = a + ib$ con $b \neq 0$ possiamo scrivere

$$\sqrt{z} = \pm \frac{1}{\sqrt{2}} \left(\sqrt{a + |z|} + i\, \frac{b}{\sqrt{a + |z|}} \right), \quad \text{dove } |z| = \sqrt{a^2 + b^2}, \qquad (3.5)$$

dove per $\sqrt{z}$ si intende un qualunque numero complesso il cui quadrato è uguale a z. $\square$

Osservazione 3.32   Siccome $i^2 = -1$ e $|-z| = |z|$, sempre per $b \neq 0$, la Formula (3.5) è del tutto equivalente a

$$\sqrt{z} = i\,\sqrt{-z} = \pm \frac{1}{\sqrt{2}} \left(\frac{b}{\sqrt{|z| - a}} + i\,\sqrt{|z| - a} \right), \qquad z = a + ib. \qquad (3.6)$$

Notiamo che la Formula (3.5) vale anche per numeri reali positivi e che la Formula (3.6) vale anche per numeri reali negativi. È possibile dimostrare che non esiste alcuna espressione algebrica capace di calcolare la radice per tutti i numeri complessi diversi da 0, ma questo va (molto) al di là degli obiettivi di questo testo.

***Esempio 3.33* (Radici dell'unità, prima parte)**   Diremo che un numero complesso z è una **radice dell'unità** se esiste un intero positivo $n > 0$ tale che $z^n = 1$; è ovvio che ogni radice dell'unità è un numero diverso da 0. Abbiamo già osservato che i numeri $\pm 1, \pm i$ e $\frac{1}{\sqrt{2}}(\pm 1 \pm i)$ sono radici dell'unità. Vedremo più avanti che ne esistono molte altre, ed è chiaro che non tutti i numeri complessi sono radici dell'unità: ad esempio ogni numero reale diverso da ± 1 non è una radice dell'unità.

Se z è una radice dell'unità, allora lo è anche z^{-1} e più in generale lo sono tutte le potenze z^n, $n \in \mathbb{Z}$. Infatti se $r > 0$ è tale che $z^r = 1$, allora per ogni $n \in \mathbb{Z}$ si ha

$$(z^n)^r = z^{nr} = (z^r)^n = 1^n = 1.$$

Similmente, se z, u sono radici dell'unità, allora lo è anche zu. Infatti se r, s sono due interi positivi tali che $z^r = u^s = 1$ allora

$$(zu)^{rs} = z^{rs}u^{rs} = (z^r)^s(u^s)^r = 1^s 1^r = 1.$$

Sia z una radice dell'unità e sia $r > 0$ il *più piccolo* intero positivo tale che $z^r = 1$. Allora per un intero $n \in \mathbb{Z}$ vale $z^n = 1$ se e solo se n è divisibile per r. Infatti possiamo scrivere $n = qr + s$ con $0 \leq s < r$ e

$$z^s = z^{n-qr} = \frac{z^n}{(z^r)^q} = \frac{1}{1^q} = 1$$

e poiché per ipotesi r è il più piccolo intero positivo tale che $z^r = 1$ ne consegue che $s \leq 0$ oppure $s \geq r$. Dato che $0 \leq s < r$ l'unica possibilità è $s = 0$, ossia che r divide n.

Esercizi

3.34 Scrivere nella forma $a + ib$ i seguenti numeri complessi:

$$3(1-i)+i(2+i), \quad (2+4i)(1-2i), \quad \frac{1-i}{1+2i}+\frac{1-2i}{1-i}, \quad (1+i)^4, \quad \frac{(1+i)^2}{3-2i}.$$

3.35 Mostrare che per ogni numero complesso z vale

$$\mathrm{Re}(iz) = -\mathrm{Im}(z), \qquad \mathrm{Im}(iz) = \mathrm{Re}(z).$$

3.36 Trovare un numero complesso w tale che $w^2 = 2 + 2\sqrt{3}\,i$.

3.37 Per quali $x \in \mathbb{R}$ è reale il numero $(3 + ix)/(4x - i)$?

3.38 ($\heartsuit$) Trovare tutti i numeri complessi $z \in \mathbb{C}$ tali che $\overline{z}^2 + z = 0$.

3.39 Trovare tutti i numeri complessi z tali che $z(z + \overline{z}) = 4z$.

3.40 Siano z, w due numeri complessi tali che $z^2 = w^2$. Dimostrare che $z = \pm w$ (suggerimento: considerare il prodotto $(z + w)(z - w)$).

3.41 ($\heartsuit$) Trovare tutti i numeri complessi z tali che $z^2 - z + i = 0$.

3.42 Provare che l'applicazione $f\colon \mathbb{C} \to \mathbb{C} \times \mathbb{C}$, $f(z) = (z^2, z^3)$, è iniettiva.

3.43 Determinare tutti i numeri complessi z tali che $z^{64} = z^{81} = 1$.

3.44 Sia z una radice dell'unità e sia 15 il più piccolo intero positivo tale che $z^{15} = 1$. Dire, motivando la risposta se $u = z^3$ è una radice dell'unità e calcolare il più piccolo intero positivo r tale che $u^r = 1$.

3.45 Sia z un numero complesso tale che $z^{1373} = 1$. Provare che $z^n \neq -1$ per ogni $n \in \mathbb{Z}$.

3.4 Interpretazione geometrica dei numeri complessi

Un valido aiuto alla comprensione dei numeri reali è dato dalla loro interpretazione geometrica come punti della retta reale, e cioè della retta nella quale sono stati fissati due punti distinti 0 e 1.

Possiamo fare una cosa simile con i numeri complessi e dalla loro interpretazione come punti del cosiddetto *piano di Gauss*, e cioè del piano nel quale sono stati fissati

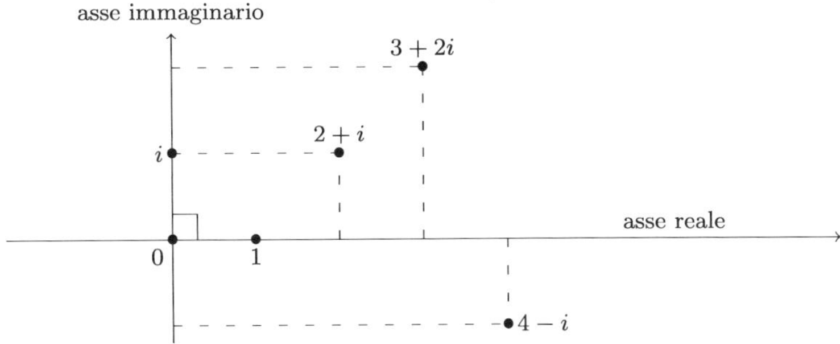

Figura 3.2 Il piano di Gauss. Di norma, 1 si disegna ad est ed i a nord dello 0

tre punti distinti $0, 1$ e i, con i due segmenti $\overline{01}$ e $\overline{0i}$ perpendicolari e della stessa lunghezza.

Chiameremo *asse reale* la retta passante per $0, 1$, ed *asse immaginario* la retta passante per $0, i$. Identificheremo il numero complesso $a + ib$ come il punto del piano le cui proiezioni ortogonali negli assi reale ed immaginario sono rispettivamente a e b (Figura 3.2).

Per esigenze grafiche si preferisce talvolta visualizzare ogni punto z del piano di Gauss, e quindi ogni numero complesso, con il vettore (=freccia orientata) che parte in 0 ed arriva in z (Figure 3.3 e 3.4).

Nei prossimi capitoli, in molte situazioni useremo il termine *retta complessa* per indicare $\mathbb{C}$, sebbene i termini retta complessa e piano di Gauss possano sembrare, in prima valutazione, del tutto incompatibili tra loro. Il lettore deve imparare da subito a non chiamare "piano complesso" il piano di Gauss: sono due cose molto diverse.

La distanza tra l'origine ed un punto $z = x + iy$ è calcolata usando il teorema di Pitagora ed è uguale a $|z| = \sqrt{x^2 + y^2}$.

Definizione 3.46 Il **modulo**, o **norma**, di un numero complesso $z = a + ib$ è il numero reale

$$|z| = \sqrt{a^2 + b^2}.$$

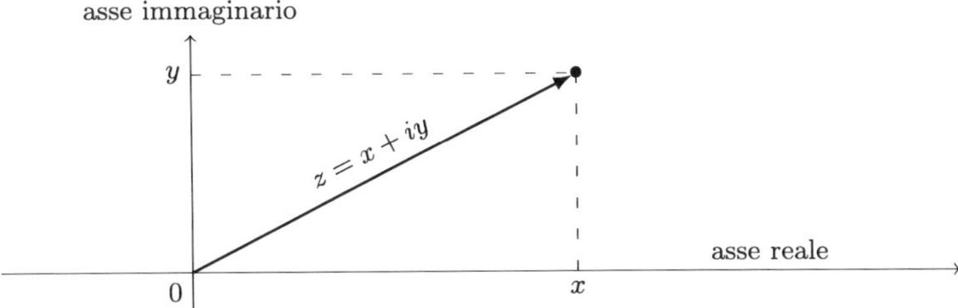

Figura 3.3 Bigezione tra $\mathbb{C}$ ed i vettori nel piano di Gauss applicati in 0

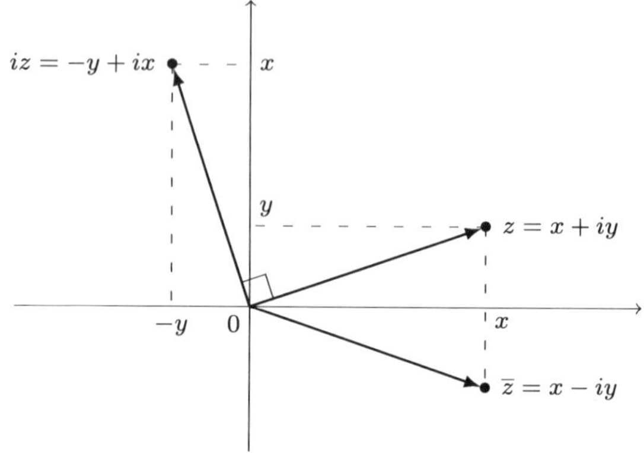

Figura 3.4 Geometricamente, il coniugio corrisponde alla riflessione rispetto all'asse reale e la moltiplicazione per l'unità immaginaria corrisponde alla rotazione di 90 gradi in senso antiorario

Per i numeri reali il modulo coincide con il valore assoluto, infatti se $z = a + i0 \in \mathbb{R}$, allora

$$|z| = \sqrt{a^2} = \begin{cases} a & \text{se } a \geq 0 \\ -a & \text{se } a \leq 0 \end{cases}$$

Esempio 3.47 Per ogni coppia di numeri reali r, θ il modulo del numero complesso $z = r(\cos\theta + i\sin\theta)$ è uguale al valore assoluto di r:

$$|r(\cos\theta + i\sin\theta)| = \sqrt{r^2\cos^2\theta + r^2\sin^2\theta} = |r|.$$

Proposizione 3.48 *Per ogni numero complesso z si ha:*

1. $|z| \geq 0$ e l'uguaglianza vale se e solo se $z = 0$;
2. $|z| = |\bar{z}|$;
3. $|\operatorname{Re} z| \leq |z|, \quad |\operatorname{Im} z| \leq |z|$;
4. $z\bar{z} = |z|^2$;
5. Se $z \neq 0$, allora $z^{-1} = \bar{z}/|z|^2$.

Dimostrazione Se $z = a + ib$ allora

$$|\operatorname{Re} z| = |a| = \sqrt{a^2} \leq \sqrt{a^2 + b^2} = |z|,$$
$$|\operatorname{Im} z| = |b| = \sqrt{b^2} \leq \sqrt{a^2 + b^2} = |z|.$$

Le altre proprietà sono di immediata verifica e lasciate per esercizio. $\square$

La prossima proposizione elenca il comportamento del modulo rispetto alla somma ed al prodotto.

Proposizione 3.49 *Siano z, w due numeri complessi, allora:*

$$|zw| = |z||w|, \qquad |z + w| \leq |z| + |w|, \qquad |z| - |w| \leq |z - w|.$$

Dimostrazione Per quanto riguarda le prime due relazioni, tutte le quantità coinvolte sono numeri reali non negativi, possiamo quindi elevare al quadrato e dimostrare che $|zw|^2 = |z|^2|w|^2$, $|z + w|^2 \leq |z|^2 + |w^2| + 2|z|\,|w|$. Sviluppando i conti

$$|zw|^2 = zw\,\overline{zw} = zw\,\overline{z}\,\overline{w} = z\,\overline{z}\,w\overline{w} = |z|^2|w|^2,$$

$$|z + w|^2 = (z + w)(\overline{z} + \overline{w}) = |z|^2 + |w|^2 + z\overline{w} + \overline{z}w = |z|^2 + |w|^2 + 2\operatorname{Re}(z\overline{w}),$$

e tenendo presente che la parte reale è minore o uguale al modulo, si ottiene

$$\operatorname{Re}(z\overline{w}) \leq |z\overline{w}| = |z|\,|\overline{w}| = |z|\,|w|$$

e quindi

$$|z + w|^2 = |z|^2 + |w|^2 + 2\operatorname{Re}(z\overline{w}) \leq |z|^2 + |w|^2 + 2|z||w|.$$

Per dimostrare che $|z| - |w| \leq |z - w|$ basta scrivere $u = z - w$ e usare la relazione $|u + w| \leq |u| + |w|$. $\square$

Dato un numero complesso $z \neq 0$ definiamo il suo **argomento** come l'angolo θ, misurato in radianti, che intercorre tra i segmenti $\overline{01}$ e $\overline{0z}$ nel piano di Gauss (vedi Figura 3.5). Dunque, se $z = x + iy$ si hanno le formule

$$x = |z|\cos\theta, \quad y = |z|\sin\theta.$$

La precedente definizione di argomento lascia irrisolti alcuni dubbi, come ad esempio decidere se l'argomento di $-i$ è $3\pi/2$ oppure $-\pi/2$. Si potrebbero togliere le ambiguità imponendo ad esempio che l'argomento soddisfi le disuguaglianze $d \leq \theta < d + 2\pi$ con d numero reale fissato, ma la pratica matematica suggerisce che tali 'imposizioni', dette determinazioni dell'argomento, sono più un peso che uno sgravio. Si conviene dunque che l'argomento di un numero complesso non nullo sia definito a meno di multipli interi di 2π. Per esempio, l'argomento di $z = -i$ è $\theta = -\pi/2 + 2k\pi$, $k \in \mathbb{Z}$.

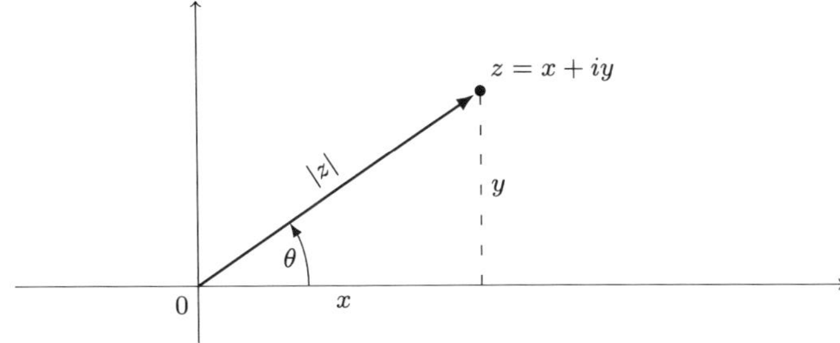

Figura 3.5 Modulo $|z|$ ed argomento θ di un numero complesso z

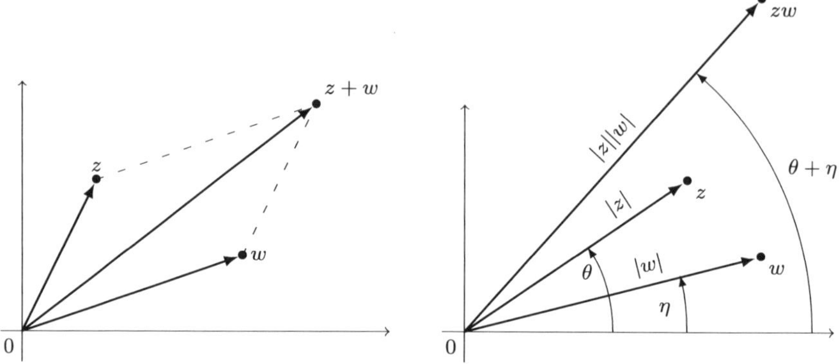

Figura 3.6 Rappresentazione geometrica di somma e prodotto; si noti come la disuguaglianza $|z + w| \le |z| + |w|$ equivale al fatto che in un triangolo la lunghezza di un lato non supera la somma delle lunghezze degli altri due

Diremo che un numero complesso z è rappresentato in **forma polare** o **trigonometrica** se è definito in funzione di modulo e argomento, ossia $z = r(\cos\theta + i\sin\theta)$ con $r > 0$ (abbiamo visto nell'Esempio 3.47 che $r = |z|$).

Diremo che un numero complesso z è rappresentato in **forma algebrica** o **cartesiana** se è definito in funzione di parte reale ed immaginaria, ossia $z = a + ib$.

Mentre la rappresentazione cartesiana è unica, esistono infinite rappresentazioni polari del medesimo numero complesso:

$$r(\cos\theta + i\sin\theta) = r(\cos(\theta + 2k\pi) + i\sin(\theta + 2k\pi)), \qquad \text{per ogni } k \in \mathbb{Z}.$$

A livello operativo, la differenza tra forma algebrica e forma polare è che la prima risulta comodissima nelle operazioni di somma e differenza, la seconda in quelle di prodotto e divisione (Figura 3.6): infatti, per il prodotto di

$$z = |z|(\cos\theta + i\sin\theta), \qquad w = |w|(\cos\eta + i\sin\eta),$$

abbiamo, grazie alle ben note formule di somma del seno e coseno,

$$\begin{aligned}
zw &= |z|(\cos\theta + i\sin\theta)|w|(\cos\eta + i\sin\eta) \\
&= |z|\,|w|((\cos\theta\cos\eta - i\sin\theta\sin\eta) + i(\cos\theta\sin\eta + \sin\theta\cos\eta)) \\
&= |z|\,|w|(\cos(\theta + \eta) + i\sin(\theta + \eta)).
\end{aligned} \tag{3.7}$$

Quindi il prodotto zw è il numero complesso che ha come modulo il prodotto dei moduli e come argomento la somma degli argomenti, a meno di multipli di 2π. Similmente si ha la formula

$$\frac{z}{w} = \frac{|z|}{|w|}(\cos(\theta - \eta) + i\sin(\theta - \eta))$$

e quindi z/w è il numero complesso che ha come modulo il quoziente dei moduli e come argomento la differenza degli argomenti. È utile tenere sempre a mente che, se $|z|, \theta$ sono modulo ed argomento di $z \neq 0$, allora:

1. $|z|, -\theta$ sono modulo ed argomento di $\overline{z}$;
2. $|z|^{-1}, -\theta$ sono modulo ed argomento di z^{-1}.

Esercizi

3.50 Calcolare modulo e argomento dei numeri

$$(1 + i)^3(1 - i)^3, \qquad (1 + i)^{476}\left(\frac{1 - i}{2}\right)^{476}.$$

3.51 Scrivere i numeri $2 + i2\sqrt{3}$ e $3(1 + i)$ in forma polare.

3.52 Descrivere l'insieme del piano formato dai numeri complessi z tali che $iz/(1 + iz) \in \mathbb{R}$.

3.53 Dati tre numeri complessi z_1, z_2, z_3 diversi da 0. Quanto vale la somma degli argomenti di

$$\frac{z_1}{z_2}, \quad \frac{z_2}{z_3}, \quad \frac{z_3}{z_1}.$$

3.54 Descrivere il luogo $H \subseteq \mathbb{C}$ dei numeri complessi z tali che $|z - i| < |z + i|$.

3.55 Descrivere il luogo $Q \subseteq \mathbb{C}$ dei numeri complessi $z = a + ib$ tali che $|z^2 - i| < |z^2 + i|$ e $b > 0$.

3.56 Dimostrare che, a differenza dei numeri reali, non è possibile ordinare i numeri complessi in modo tale che si abbia:

1. per ogni $z \in \mathbb{C}$ vale $z > 0$, oppure $z = 0$, oppure $-z > 0$;
2. se $z > 0$ e $w > 0$ allora $z + w > 0$ e $zw > 0$.

Nota: come al solito si scrive $a > b$ per dire $a \geq b$ e $a \neq b$.

3.57 Siano $z_1, \dots, z_n$ numeri complessi. Dimostrare che

$$|z_1 + \cdots + z_n| \leq |z_1| + \cdots + |z_n|.$$

3.58 Provare che per ogni numero complesso z ed ogni numero reale t il prodotto

$$(z - \overline{z})^2(z - t)^2(\overline{z} - t)^2$$

è un numero reale ≤ 0.

3.59 ($\heartsuit$) Siano $z, a_1, \ldots, a_n$ numeri complessi tali che

$$z^n = a_1 z^{n-1} + a_2 z^{n-2} + \cdots + a_n.$$

Dimostrare che $|z| \le 2 \max\{ \sqrt[k]{|a_k|} \mid k = 1, \ldots, n \}$.

3.60 ($\maltese$, $\circledA$) Sia $z \in \mathbb{C}$ fissato e consideriamo la successione z_n, definita dalle formule ricorsive $z_0 = z$ e $z_{n+1} = z_n^2 + z$ per ogni $n \ge 0$. Dimostrare che se $|z_n| > 2$ per qualche $n \in \mathbb{N}$, allora $\lim_{n \to \infty} |z_n| = +\infty$. (Nota: l'insieme degli $z \in \mathbb{C}$ tali che $|z_n| \le 2$ per ogni n viene detto *insieme di Mandelbrot*, ed ha una forma abbastanza curiosa).

3.5 Potenze e radici di numeri complessi

La rappresentazione in forma polare del prodotto di numeri complessi trova forse la sua più fruttifera applicazione nella descrizione delle potenze e delle radici di un numero complesso.

Lemma 3.61 (Formula di de Moivre) *Sia $z = |z|(\cos\theta + i\sin\theta)$ un numero complesso. Allora*

$$z^n = |z|^n(\cos(n\theta) + i\sin(n\theta)).$$

per ogni intero n.

Dimostrazione Per $n = 0$ c'è solo da ricordare la convenzione $0^0 = 1$. Se $n > 0$ è sufficiente applicare iterativamente la formula (3.7): per induzione su n si ha

$$\begin{aligned}
z^{n+1} = z^n z &= |z|^n(\cos(n\theta) + i\sin(n\theta)) \cdot |z|(\cos(\theta) + i\sin(\theta)) \\
&= |z|^n|z|(\cos(n\theta + \theta) + i\sin(n\theta + \theta)) \\
&= |z|^{n+1}(\cos((n+1)\theta) + i\sin((n+1)\theta)).
\end{aligned}$$

Se $n < 0$ basta ricordare come cambiano modulo ed argomento nel passaggio da un numero al suo inverso. $\square$

Definizione 3.62 Siano z un numero complesso e n un intero positivo. Una *radice n-esima di z* è un numero complesso w tale che $w^n = z$.

Su $\mathbb{R}$ sappiamo che, per n dispari, ogni numero possiede esattamente una radice n-esima reale, mentre per n pari il numero di radici n-esime dipende dal segno. Nei numeri complessi invece la situazione è, almeno concettualmente, più semplice. Prima di trattare il caso generale è però utile studiare il caso delle radici complesse di 1.

***Esempio 3.63* (Radici dell'unità, seconda parte)** Per ogni intero positivo n denotiamo con μ_n l'insieme dei numeri complessi z tali che $z^n = 1$, ossia l'insieme delle radici n-esime di 1. L'insieme μ_n è certamente non vuoto in quanto contiene 1. Inoltre la formula di de Moivre ci permette di affermare che gli n numeri complessi

$$\xi_k = \cos\left(\frac{2k\pi}{n}\right) + i\,\sin\left(\frac{2k\pi}{n}\right), \qquad k = 0, 1, \ldots, n-1,$$

sono distinti ed appartengono tutti a μ_n: infatti per ogni k vale

$$\xi_k^n = \cos\left(n\frac{2k\pi}{n}\right) + i\,\sin\left(n\frac{2k\pi}{n}\right) = 1.$$

Si noti che nel piano di Gauss, i numeri complessi ξ_k corrispondono ai vertici di un poligono regolare di n lati inscritto nel cerchio unitario e con un vertice in 1.

Mostriamo adesso che ogni radice n-esima dell'unità è uguale a ξ_k per qualche k, e quindi che

$$\mu_n = \left\{\cos\left(\frac{2k\pi}{n}\right) + i\,\sin\left(\frac{2k\pi}{n}\right) \,\middle|\, k = 0, \ldots, n-1\right\}.$$

Sia z un numero complesso tale che $z^n = 1$, allora $|z|^n = 1$ da cui segue che $|z| = 1$ e quindi possiamo scrivere

$$z = \cos(\theta) + i\,\sin(\theta), \qquad 0 \le \theta < 2\pi.$$

Sia k l'unico intero tale che

$$\frac{2k\pi}{n} \le \theta < \frac{2(k+1)\pi}{n};$$

siccome $0 \le \theta < 2\pi$ si ha $0 \le k < n$. Se consideriamo il numero complesso $w = z/\xi_k$ si ha

$$w = \frac{z}{\xi_k} = \cos(\alpha) + i\,\sin(\alpha), \qquad 0 \le \alpha = \theta - \frac{2k\pi}{n} < \frac{2\pi}{n},$$

e quindi

$$w^n = \cos(n\alpha) + i\,\sin(n\alpha), \qquad 0 \le n\alpha < 2\pi.$$

D'altra parte $w^n = z^n/\xi_k^n = 1/1 = 1$ e questo è possibile se e solo se $n\alpha = 0$, ossia se e solo se $\alpha = 0$ e $z = \xi_k$.

Esempio 3.64 I numeri complessi 1, i, -1, $-i$ sono radici quarte dell'unità. Essi hanno tutti modulo 1 e corrispondono ai valori 0, $\dfrac{\pi}{2}$, π, $\dfrac{3\pi}{2}$ dell'argomento θ.

Proposizione 3.65 *Siano $z \neq 0$ un numero complesso e n un intero positivo. Allora esistono esattamente n radici n-esime distinte di z.*

Se $z = |z|(\cos\theta + i\sin\theta)$ è la forma polare di z, allora le radici n-esime di z sono tutte e sole gli n numeri complessi

$$w_k = \sqrt[n]{|z|}\left(\cos\frac{\theta + 2k\pi}{n} + i\sin\frac{\theta + 2k\pi}{n}\right), \quad k = 0, 1, \ldots, n-1. \quad (3.8)$$

Dimostrazione Che i numeri w_k siano radici n-esime di z segue immediatamente dalla formula di de Moivre:

$$w_k^n = \left(\sqrt[n]{|z|}\right)^n\left(\cos n\frac{\theta + 2k\pi}{n} + i\sin n\frac{\theta + 2k\pi}{n}\right)$$
$$= |z|(\cos(\theta + 2k\pi) + i\sin(\theta + 2k\pi)) = z.$$

Consideriamo gli n angoli

$$\theta_k = \frac{\theta + 2k\pi}{n}, \qquad k = 0, 1, \ldots, n-1.$$

Siccome $|\theta_h - \theta_k| < 2\pi$ per ogni $0 \leq h, k < n$ si ha che i numeri $w_0, \ldots, w_{n-1}$ sono tutti distinti tra loro (Figura 3.7).

Rimane da dimostrare che ogni radice n-esima di z è uguale a w_k per qualche k. Sia $w = |w|(\cos\phi + i\sin\phi)$, $0 \leq \phi < 2\pi$, una radice n-esima di z:

$$|z|(\cos\theta + i\sin\theta) = z = w^n = |w|^n(\cos n\phi + i\sin n\phi),$$

da cui segue che $|w| = |z|^{1/n}$ e che $n\phi - \theta$ è un multiplo intero di 2π. Siccome $-2\pi < n\phi - \theta < 2n\pi$ si deve avere $n\phi - \theta = 2k\pi$ per qualche $k = 0, \ldots, n-1$ e quindi $\phi = \theta_k$.

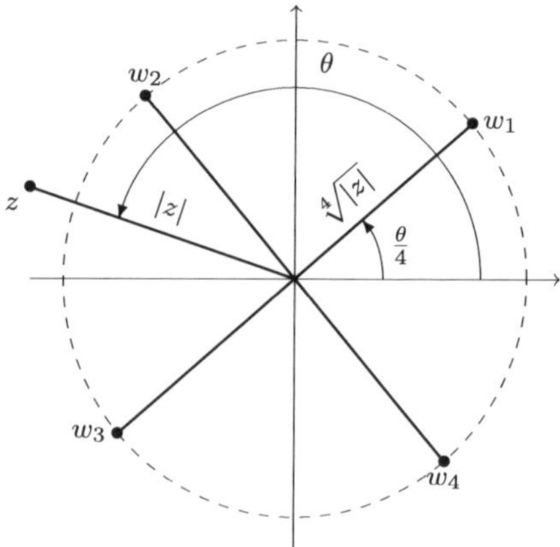

Figura 3.7 Un numero complesso z e le sue radici quarte w_1, w_2, w_3, w_4

Per una dimostrazione alternativa si può osservare che se $w^n = z$ allora w/w_0 è una radice n-esima di 1, poiché $(w/w_0)^n = w^n/w_0^n = z/z = 1$. Nelle notazioni dell'Esempio 3.63 esiste $k = 0, \ldots, n-1$ tal che

$$w/w_0 = \xi_k = \cos\left(\frac{2k\pi}{n}\right) + i \sin\left(\frac{2k\pi}{n}\right)$$

e quindi $w = w_0\xi_k = w_k$. $\square$

Esempio 3.66 Calcoliamo le radici quadrate del numero complesso $z = 2 + 2\sqrt{3}i$. Il modulo di z è $|z| = \sqrt{4+12} = 4$ e quindi

$$\frac{z}{|z|} = \frac{1}{2} + i\frac{\sqrt{3}}{2}.$$

Riconosciamo immediatamente che $1/2$ e $\sqrt{3}/2$ sono rispettivamente coseno e seno di $\pi/3$, per cui

$$z = 4(\cos \pi/3 + i \sin \pi/3).$$

Applicando (3.8) abbiamo quindi che le radici quadrate di z sono

$$w_k = |z|^{\frac{1}{2}}\left(\cos \frac{\pi/3 + 2k\pi}{2} + i \sin \frac{\pi/3 + 2k\pi}{2}\right), \quad k = 0, 1,$$

ossia $w_0 = 2(\cos \pi/6 + i \sin \pi/6) = \sqrt{3} + i$ e $w_1 = -w_0 = -\sqrt{3} - i$.

Esercizi

3.67 Sia $z \subset \mathbb{C}$ una radice dell'unità. Diremo che z è *primitiva di ordine n* se n è il più piccolo intero positivo tale che $z^n = 1$.

Dimostrare che, nelle notazioni dell'Esempio 3.63, la radice $\xi_k \in \mu_n$ è primitiva di ordine n se e solo se n e k non hanno fattori comuni.

3.68 Descrivere sia in forma polare che cartesiana tutte le radici quadrate, terze, quarte, seste e ottave di 1.

3.69 Calcolare le radici terze del numero complesso $z = 8i$.

3.70 Per ogni intero positivo n, calcolare i numeri complessi

$$\frac{i^{4n}(1-i)^{4n}}{4^n}, \qquad \frac{i^{4n}(1+i)^{4n}}{4^n}.$$

3.71 Siano $z_1 \neq z_2$ le due radici quadrate del numero complesso $3 - 4i$. Senza calcolare z_1, z_2, dire quanto vale il numero

$$\frac{z_1 + z_2 + 1 + i}{1 + 2i} + z_1 z_2.$$

3.72 Risolvere le seguenti equazioni nella variabile complessa z:

$$z^2 - z - iz + i = 0, \quad z^2 = 5 + 12i, \quad |z|\overline{z} = 2i, \quad z^3 = 1 - i, \quad z^4 = \overline{z}^3,$$

$$z^3 = iz\overline{z}, \quad z^2 + |z|^2 = 1 + i, \quad z^4 - (2i + 1)z^2 + 2i = 0, \quad \overline{z}^3 + z^2 = 0,$$

$$z^2 + iz + \overline{z} = 0, \quad \mathrm{Re}(z^2) = z + i, \quad z|z|^2 = 2\,\mathrm{Re}(z),$$

$$z^2 + 2\overline{z} = |z|^2, \quad z^2\overline{z} = 1 + i.$$

3.73 Siano $\xi_0, \ldots, \xi_{n-1} \in \mathbb{C}$ le radici n-esime di 1. Provare che per ogni indice $h = 0, \ldots, n-1$ esiste un'applicazione bigettiva $\sigma_h \colon \{0, \ldots, n-1\} \to \{0, \ldots, n-1\}$ tale che $\xi_h \xi_i = \xi_{\sigma_h(i)}$ per ogni $i = 0, \ldots, n-1$.

3.74 ($\heartsuit$) Siano $\xi_0, \ldots, \xi_{n-1} \in \mathbb{C}$ le radici n-esime di 1. Provare che per ogni intero h non divisibile per n si ha $\xi_0^h + \xi_1^h + \cdots + \xi_{n-1}^h = 0$.

3.75 Sia $\xi \in \mathbb{C}$ tale che $\xi^2 + \xi + 1 = 0$. Provare che:

1. $\xi^3 = 1, (1 + \xi)^3 = (1 + \xi^2)^3 = -1$;
2. dati due numeri complessi u, v, i tre numeri

$$x = u + v, \quad y = \xi u + \xi^2 v, \quad z = \xi^2 u + \xi v,$$

sono uguali se e solo se $u = v = 0$, mentre sono due a due distinti se e solo se $u^3 \neq v^3$.

3.76 ($\clubsuit$, $\heartsuit$) Sia G un insieme finito di n numeri complessi non nulli, con $n > 0$, e tali che per ogni $z, w \in G$ si abbia $zw \in G$. Dimostrare che $G = \mu_n$.

3.6 Campi e sottocampi

I sottoinsiemi di $\mathbb{C}$ che si comportano bene rispetto alle operazioni di somma, differenza, prodotto ed inverso hanno un ruolo importante in matematica e meritano un'apposita definizione.

Definizione 3.77 Un **sottocampo** di $\mathbb{C}$, detto anche **campo di numeri**, è un sottoinsieme $\mathbb{K} \subseteq \mathbb{C}$ che contiene 0, contiene 1 e che è chiuso per le operazioni di somma, prodotto, opposto ed inverso di numeri diversi da 0.

In altri termini, un campo di numeri è un sottoinsieme $\mathbb{K} \subseteq \mathbb{C}$ che soddisfa le seguenti proprietà:

1. $0 \in \mathbb{K}$ e $1 \in \mathbb{K}$;
2. se $z, w \in \mathbb{K}$, allora $z + w, zw \in \mathbb{K}$;
3. se $0 \neq z \in \mathbb{K}$, allora $-z$, $1/z \in \mathbb{K}$.

Ad esempio $\mathbb{Q}, \mathbb{R}$ e $\mathbb{C}$ sono campi di numeri. Abbiamo visto nella Sezione 3.2 che, per ogni primo p, pure $\mathbb{Q}(\sqrt{p}) = \{a + b\sqrt{p} \mid a, b \in \mathbb{Q}\}$ è un sottocampo di $\mathbb{C}$.

Esempio 3.78 L'insieme $\mathbb{Q}(i) = \{a + ib \mid a, b \in \mathbb{Q}\}$ dei numeri complessi aventi parte reale ed immaginaria razionali è un sottocampo di $\mathbb{C}$.

Lemma 3.79 *Ogni sottocampo di $\mathbb{C}$ contiene tutti i numeri razionali.*

Dimostrazione Sia $\mathbb{K} \subseteq \mathbb{C}$ un sottocampo, siccome $1 \in \mathbb{K}$, allora $2 = 1 + 1 \in \mathbb{K}$ e, induttivamente, $n = (n - 1) + 1 \in \mathbb{K}$ per ogni intero positivo n. Dunque per ogni coppia di interi positivi n, m si ha

$$n, m \in \mathbb{K} \;\Rightarrow\; -n \in \mathbb{K}, \quad \frac{n}{m} \in \mathbb{K}, \quad \frac{-n}{m} \in \mathbb{K}. \;\square$$

Possiamo generalizzare le costruzioni di $\mathbb{Q}(\sqrt{p})$ e $\mathbb{Q}(i)$ nel modo seguente. Sia $\mathbb{K} \subseteq \mathbb{C}$ un campo di numeri e sia α un numero complesso tale che $\alpha^2 \in \mathbb{K}$. Allora l'insieme

$$\mathbb{K}(\alpha) = \{a + b\alpha \mid a, b \in \mathbb{K}\}$$

è ancora un campo di numeri. La verifica della chiusura per somma e prodotto è del tutto banale ed è lasciata al lettore; per quanto riguarda l'esistenza dell'inverso trattiamo separatamente i due casi $\alpha \in \mathbb{K}$ e $\alpha \notin \mathbb{K}$. Se $\alpha \in \mathbb{K}$ allora, siccome $\mathbb{K}$ è un campo di numeri, ne segue che ogni elemento del tipo $a + b\alpha$ appartiene ancora a $\mathbb{K}$, ossia $\mathbb{K}(\alpha) = \mathbb{K}$. Se $\alpha \notin \mathbb{K}$ allora, per ogni $a, b \in \mathbb{K}$ non entrambi nulli i due numeri $a + b\alpha, a - b\alpha$ sono diversi da 0 (esercizio: perché?) e quindi anche il loro prodotto $(a + b\alpha)(a - b\alpha) = a^2 - b^2\alpha^2 \in \mathbb{K}$ non è nullo. Ne consegue che

$$\frac{1}{a + b\alpha} = \frac{a - b\alpha}{a^2 - b^2\alpha^2} = \frac{a}{a^2 - b^2\alpha^2} - \frac{b}{a^2 - b^2\alpha^2}\alpha \in \mathbb{K}(\alpha).$$

Definizione 3.80 Nelle notazioni precedenti, se $\alpha^2 \in \mathbb{K}$ e $\alpha \notin \mathbb{K}$ il sottocampo $\mathbb{K}(\alpha)$ viene detto **estensione quadratica** di $\mathbb{K}$.

Esempio 3.81 Fissato un primo p, sia $\xi_1 = \sqrt{p}$, $\xi_2 = \sqrt{\xi_1} = \sqrt[4]{p}$, ..., $\xi_n = \sqrt{\xi_{n-1}} = \sqrt[2^n]{p}$, ... la successione delle radici 2^n-esime di p. Consideriamo la successione di sottocampi:

$$Q_0 = \mathbb{Q}, \quad Q_1 = Q_0(\xi_1) = \mathbb{Q}(\sqrt{p}), \quad Q_2 = Q_1(\xi_2), \quad \ldots, \quad Q_n = Q_{n-1}(\xi_n), \quad \ldots$$

Dimostriamo che $Q_n \neq Q_{n+1}$ per ogni n e quindi che ogni $Q_n \subseteq Q_{n+1}$ è una estensione quadratica. Siccome $Q_0 \neq Q_1$, per induzione possiamo assumere $n > 0$ e $Q_{n-1} \neq Q_n$. Se per assurdo $Q_{n+1} = Q_n = Q_{n-1}(\xi_n)$ si avrebbe $\xi_{n+1} = a + b\xi_n$ con $a, b \in Q_{n-1}$; dato che a, b non possono essere entrambi nulli si ha $a^2 + b^2\xi_n^2 > 0$ e dalla relazione

$$0 = \xi_{n+1}^2 - \xi_n = a^2 + b^2\xi_n^2 + (2ab - 1)\xi_n$$

segue pertanto $2ab - 1 \neq 0$. Ma così si avrebbe $\xi_n = (a^2 + b^2\xi_n^2)/(1 - 2ab) \in Q_{n-1}$, in contraddizione con l'ipotesi induttiva $Q_{n-1} \neq Q_n$.

Esempio 3.82 Sia $p_1 = 2$, $p_2 = 3$, $p_3 = 5$, $\ldots$, p_n, $\ldots$ la successione dei primi in ordine crescente e consideriamo la successione di sottocampi:

$$F_0 = \mathbb{Q}, \quad F_1 = \mathbb{Q}(\sqrt{p_1}) = \mathbb{Q}(\sqrt{2}), \quad F_2 = F_1(\sqrt{p_2}) = \mathbb{Q}(\sqrt{2}, \sqrt{3}), \ \ldots,$$
$$F_n = F_{n-1}(\sqrt{p_n}) = \mathbb{Q}(\sqrt{2}, \sqrt{3}, \ldots, \sqrt{p_n}) \qquad \forall\, n > 0.$$

Proposizione 3.83 *Nelle notazioni precendenti:*

1. se $x \in F_n$ e $x^2 \in \mathbb{Q}$, allora esiste un intero positivo m che divide il prodotto $p_1 p_2 \cdots p_n$ e tale che $x\sqrt{m} \in \mathbb{Q}$;
2. $\sqrt{p_{n+1}} \notin F_n$.

In particolare, $F_n \neq F_{n+1}$ per ogni n.

Dimostrazione Ragioniamo per induzione su n, osservando che per ogni n fissato la seconda asserzione segue immediatamente dalla prima, dalla Proposizione 3.3 e dalla fattorizzazione unica degli interi.

Il caso $n = 0$ è del tutto evidente. Supponiamo quindi $n > 0$ e sia $x = u + v\sqrt{p_n} \in F_n$, con $u, v \in F_{n-1}$, tale che $x^2 = u^2 + v^2 p_n + 2uv\sqrt{p_n} \in \mathbb{Q}$; se fosse $uv \neq 0$ si avrebbe $\sqrt{p_n} = (x^2 - u^2 - v^2)/2uv \in F_{n-1}$ in contrasto con l'ipotesi induttiva. Dunque $uv = 0$, ossia $x = u$ oppure $x = v\sqrt{p_n}$. Nel primo caso $x \in F_{n-1}$ e si applica l'ipotesi induttiva; nel secondo caso $v^2 p_n \in \mathbb{Q}$, quindi $v^2 \in \mathbb{Q}$. Per induzione esiste un intero positivo m che divide $p_1 \cdots p_{n-1}$ tale che $v\sqrt{m} \in \mathbb{Q}$, e quindi $x\sqrt{mp_n} \in \mathbb{Q}$. $\square$

Se ci dimentichiamo, momentaneamente, delle varie costruzioni dei numeri razionali, reali e complessi, e ci concentriamo sugli aspetti assiomatici, osserviamo che $\mathbb{Q}, \mathbb{R}, \mathbb{C}$ sono tutti dotati di due operazioni, la somma $+$ e il prodotto $\cdot$, che godono, tra le altre, delle seguenti proprietà:

Proprietà della somma:

(Sa) associatività della somma. Per ogni x, y, z vale

$$(x + y) + z = x + (y + z).$$

Figura 3.8 Rappresentazione grafica della proprietà associativa del prodotto $(xy)z = x(yz)$

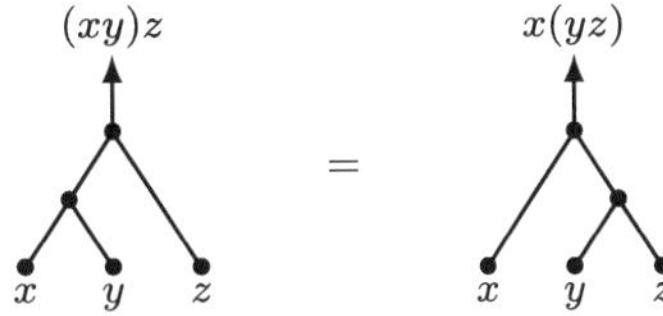

(*Sn*) *neutro per la somma.* Esiste un elemento, denotato 0, che è neutro per la somma: ciò significa che per ogni x si ha

$$x + 0 = 0 + x = x.$$

(*Sc*) *commutatività della somma.* Per ogni x, y vale

$$x + y = y + x.$$

(*Si*) *inverso per la somma.* Per ogni x esiste un elemento $-x$, detto *opposto*, o inverso per la somma, tale che

$$x + (-x) = 0.$$

Proprietà del prodotto:

(*Pa*) *associatività del prodotto.* Per ogni x, y, z si ha (Figura 3.8)

$$(x \cdot y) \cdot z = x \cdot (y \cdot z).$$

(*Pn*) *neutro per il prodotto.* Esiste un elemento, denotato 1, che è neutro per il prodotto, ossia per ogni x si ha

$$x \cdot 1 = 1 \cdot x = x.$$

(*Pc*) *commutatività del prodotto.* Per ogni x, y vale

$$x \cdot y = y \cdot x.$$

(*Pi*) *inverso per il prodotto.* Ogni elemento x diverso da 0 ha un *inverso* x^{-1}, tale che

$$x \cdot x^{-1} = 1.$$

Proprietà in comune:

(*D*) *distributività.* Il prodotto è distributivo rispetto alla somma, ossia vale

$$x \cdot (y + z) = x \cdot y + x \cdot z$$

per ogni x, y, z.

Con un'operazione comune nel pensiero matematico, possiamo usare le precedenti proprietà per definire in maniera assiomatica una nuova struttura algebrica.

Definizione 3.84 Una terna formata da un insieme $\mathbb{K}$ e da due operazioni

$$\mathbb{K} \times \mathbb{K} \xrightarrow{+} \mathbb{K} \ \ (\text{somma}), \qquad \mathbb{K} \times \mathbb{K} \xrightarrow{\cdot} \mathbb{K} \ \ (\text{prodotto}),$$

che godono delle precedenti 9 proprietà *(Sa)–(Si)*, *(Pa)–(Pi)* e *(D)* si dice un **campo**.

Nella precedente definizione siamo stati un po' sbrigativi; per correttezza avremmo dovuto intervallare le condizioni *(Sa)–(D)* con alcune delle seguenti conseguenze formali 1–8. Saremo più precisi quando definiremo gli spazi vettoriali.

Per semplificare le notazioni, usualmente il simbolo del prodotto viene omesso e si scrive xy per $x \cdot y$, oltre ad usare comunemente le notazioni

$$x - y = x + (-y), \qquad x/y = \frac{x}{y} = x \cdot y^{-1}.$$

Dalle precedenti 9 proprietà *(Sa)–(D)*, e solo da quelle, possiamo dedurne astrattamente molte altre, sviluppando quella che si chiama *teoria dei campi*. Le prime e più immediate sono:

1. l'elemento neutro per la somma è unico. Infatti se $u \in \mathbb{K}$ è un elemento tale che $x + u = x$ per ogni x, allora in particolare $0 + u = 0$ e per *(Sn)* vale $u + 0 = u$, da cui segue $u = u + 0 = 0$;

2. l'opposto di un elemento è unico. Infatti se $u \in \mathbb{K}$ è un elemento tale che $x + u = 0$, allora $u = u + 0 = u + x + (-x) = 0 + (-x) = -x$. In particolare x è l'opposto di $-x$, ossia $x = -(-x)$;

3. l'elemento neutro per il prodotto è unico. Infatti se $e \in \mathbb{K}$ è un elemento tale che $e \cdot x = x$ per ogni x, allora in particolare $e \cdot 1 = 1$, mentre dalla proprietà *(Pn)* segue che $e \cdot 1 = e$, e quindi $e = 1$;

4. l'inverso di un elemento $x \neq 0$ è unico. Infatti se $u \in \mathbb{K}$ è tale che $xu = 1$, allora $u = u(xx^{-1}) = (ux)x^{-1} = x^{-1}$. In particolare x è l'inverso di x^{-1}, ossia $x = (x^{-1})^{-1}$;

5. $x \cdot 0 = 0$ per ogni x: infatti

$$0 = x - x = x(1 + 0) - x = x \cdot 1 + x \cdot 0 - x = x + x \cdot 0 - x = x \cdot 0;$$

6. $(-x)y = -xy$ e $(-x)(-y) = xy$ per ogni x, y, e quindi $(-1)x = -x$: infatti

$$-xy = -xy + (x + (-x))y = -xy + xy + (-x)y = (-x)y,$$

$$(-x)(-y) = -x(-y) = -(-xy) = xy;$$

7. un prodotto si annulla, ossia è uguale a 0, se e solo se si annulla almeno uno dei fattori: se $xy = 0$ e ad esempio $y \neq 0$ si ha

$$0 = 0 \cdot y^{-1} = (xy)y^{-1} = x(yy^{-1}) = x \cdot 1 = x.$$

Più in generale, se $n > 2$ e $a_1, \ldots, a_n \in \mathbb{K}$ sono tutti diversi da 0 allora $a_1 a_2 \neq 0$ ed un ragionamento per induzione su n mostra che $a_1 a_2 \cdots a_n = (a_1 a_2)a_3 \cdots a_n \neq 0$.

8. l'inverso del prodotto è uguale al prodotto degli inversi: dati $a_1, \ldots, a_n \in \mathbb{K}$ non nulli si ha

$$a_n^{-1} \cdots a_2^{-1} \underbrace{a_1^{-1} a_1}_{=1} a_2 \cdots a_n = a_n^{-1} \cdots \underbrace{a_2^{-1} a_2}_{=1} \cdots a_n = \cdots = 1$$

e quindi $(a_1 a_2 \cdots a_n)^{-1} = a_n^{-1} \cdots a_2^{-1} a_1^{-1}$.

Gli assiomi di campo non escludono la possibilità che $1 = 0$, ossia che l'elemento neutro per la somma coincida con l'elemento neutro per il prodotto; abbiamo però dimostrato in (5) che in tal caso $x = x \cdot 1 = x \cdot 0 = 0$ per ogni x, ossia che il campo contiene il solo elemento 0.

È immediato constatare che ogni sottocampo di $\mathbb{C}$ è a sua volta un campo, mentre $\mathbb{Z}$ non è un campo: infatti su $\mathbb{Z}$ la proprietà (Pi) non è soddisfatta per ogni intero diverso da ± 1.

La definizione di sottocampo di $\mathbb{C}$ si estende in modo ovvio a campi generici.

Definizione 3.85 Un **sottocampo** di un campo $\mathbb{K}$ è un sottoinsieme $F \subseteq \mathbb{K}$ che contiene 0, contiene 1 e che è chiuso per le operazioni di somma, prodotto, opposto ed inverso di elementi diversi da 0.

Esempio 3.86 L'insieme $\mathbb{F}_2 = \{0, 1\}$ formato dai due elementi 0 e 1, dotato delle operazioni

$$0 + 0 = 1 + 1 = 0, \quad 1 + 0 = 0 + 1 = 1, \quad 0 \cdot 0 = 0 \cdot 1 = 1 \cdot 0 = 0, \quad 1 \cdot 1 = 1,$$

è un campo, ma non un sottocampo di $\mathbb{C}$, dato che in ogni campo di numeri si ha $1 + 1 \neq 0$.

L'esempio del campo $\mathbb{F}_2 = \{0, 1\}$ ci porta a fare alcune considerazioni.

1. Non tutti i campi sono sottocampi di $\mathbb{C}$.
2. Ha senso distinguere i campi in *campi finiti*, che possiedono un numero finito di elementi, e *campi infiniti*, che possiedono infiniti elementi.
3. Ha senso distinguere i campi in cui $1 \neq 0$ e $1 + 1 = 0$, detti di *caratteristica* 2, da quelli in cui $1 + 1 \neq 0$, detti di *caratteristica diversa da* 2.

Vedremo nei prossimi capitoli che le precedenti distinzioni sono fondamentali, e devono pertanto essere ben chiare al lettore.

Esempio 3.87 Possiamo generalizzare la costruzione di $\mathbb{F}_2$ prendendo, per ogni primo p, l'insieme $\mathbb{F}_p = \{0, 1, \ldots, p-1\}$ delle classi di resto della divisione per p. Definiamo le operazioni di somma e prodotto in $\mathbb{F}_p$ prendendo il resto della divisione per p della somma e prodotto su $\mathbb{Z}$. Ad esempio, in $\mathbb{F}_{11}$ si hanno le uguaglianze $10 + 2 = 1, 4 \cdot 5 = 9, 6 = -5$ eccetera. Per la dimostrazione che $\mathbb{F}_p$ è effettivamente un campo rimandiamo all'Esercizio 3.96.

È da notare che se $h > 1$ non è primo, allora l'insieme $\{0, 1, \ldots, h - 1\}$, dotato delle operazioni di somma e prodotto definite dal resto della divisione per h della somma e prodotto su $\mathbb{Z}$, non è un campo: infatti se $h = ab$ con $a, b > 1$ allora il prodotto $a \cdot b$ si annulla in $\{0, 1, \ldots, h - 1\}$.

Se vogliamo raffinare il concetto di caratteristica, per ogni campo $\mathbb{K}$ definiamo l'applicazione $\alpha \colon \mathbb{N} \to \mathbb{K}$ ponendo

$$\alpha(0) = 0 \quad \text{e} \quad \alpha(n) = \underbrace{1 + \cdots + 1}_{n \text{ addendi}}, \quad \text{per } n > 0,$$

e consideriamo il suo cosiddetto "nucleo":

$$K = \{n \in \mathbb{N} \mid \alpha(n) = 0\}.$$

Lemma 3.88 *Nelle notazioni precedenti esiste un unico numero naturale p, detto* **caratteristica** *del campo $\mathbb{K}$, tale che il nucleo K è formato da tutti e soli i multipli naturali di p, ossia $K = \{mp \mid m \in \mathbb{N}\}$. Inoltre:*

1. $\alpha \colon \mathbb{N} \to \mathbb{K}$ è iniettiva se e solo se $p = 0$,
2. $\mathbb{K} = 0$ se e solo se $p = 1$,
3. se $\alpha \colon \mathbb{N} \to \mathbb{K}$ non è iniettiva e $\mathbb{K} \neq 0$, allora p è un numero primo.

Dimostrazione Se α è iniettiva allora $K = \{0\}$ coincide con l'insieme dei multipli di $p = 0$.

È chiaro che $\alpha(n + m) = \alpha(n) + \alpha(m)$ e di conseguenza se $n \leq m$ vale anche $\alpha(m - n) = \alpha(m) - \alpha(n)$. Siccome il prodotto è distributivo rispetto alla somma si verifica immediatamente che $\alpha(n)\alpha(m) = \alpha(nm)$ per ogni coppia di interi non negativi.

Se α non è iniettiva allora $K \neq \{0\}$: infatti esistono $n < m$ tali che $\alpha(n) = \alpha(m)$ e quindi $\alpha(m - n) = 0$. Sia $p > 0$ il più piccolo intero positivo contenuto in K, vale $p = 1$ se e solo se $1 = \alpha(1) = 0$, ossia se e solo se $\mathbb{K} = 0$. Dunque, se α non è iniettiva e $\mathbb{K} \neq 0$ si ha $p > 1$. Se fosse $p = ab$ con $1 < a, b < p$ allora $0 = \alpha(p) = \alpha(a)\alpha(b)$ e quindi almeno uno tra a, b sarebbe in K, in contraddizione con la definizione di p; quindi p è un numero primo.

Per ogni $n \in K$, se $0 \leq r < p$ è il resto delle divisione di n per p, allora $n = pm + r$, $\alpha(r) = \alpha(n) - \alpha(m)\alpha(p) = 0$; dalla definizione di p segue $r = 0$ e quindi che n è un multiplo naturale di p. $\square$

Dunque, la caratteristica di un campo può essere 0 oppure positiva. Tutti i campi di numeri, ad esempio, $\mathbb{Q}, \mathbb{R}, \mathbb{C}$, hanno caratteristica 0; il campo $\mathbb{F}_p$ ha caratteristica p.

Ogni campo finito ha caratteristica positiva; per prevenire un errore comune, osserviamo che non tutti i campi di caratteristica positiva sono finiti, vedi Esempio 3.107.

Esercizi

3.89 Dimostrare che un sottoinsieme $\mathbb{K}$ di $\mathbb{C}$ è un campo di numeri se e solo se soddisfa le seguenti condizioni:

1. $1 \in \mathbb{K}$;
2. se $z, w \in \mathbb{K}$ e $w \neq 0$ allora $z - w, z/w \in \mathbb{K}$.

3.90 Sia $\xi \in \mathbb{C}$ tale che $\xi^2 + \xi + 1 = 0$. Provare che $\mathbb{Q}(\xi) = \{a + b\xi \in \mathbb{C} \mid a, b \in \mathbb{Q}\}$ è un campo di numeri. Scrivere l'inverso di $1 + \xi$ nella forma $a + b\xi$.

3.91 Mostrare che l'intersezione di sottocampi di $\mathbb{C}$ è ancora un sottocampo di $\mathbb{C}$.

3.92 Mostrare che $\mathbb{C}$ è l'unica estensione quadratica di $\mathbb{R}$.

3.93 Dimostrare che $\sqrt{2} + \sqrt{3} + \sqrt{5} + \sqrt{8}$ non è razionale.

3.94 (✊) Nelle notazioni dell'Esempio 3.82, provare che $\mathbb{K} = \bigcup_{n \geq 0} F_n$ è il più piccolo sottocampo di $\mathbb{C}$ che contiene tutte le radici quadrate dei numeri naturali.

3.95 (Il semianello tropicale) Per semianello tropicale si intende l'insieme $\mathbb{R}$ dei numeri reali dotato delle due operazioni

$$\oplus, \odot \colon \mathbb{R} \times \mathbb{R} \to \mathbb{R}, \qquad a \oplus b = \min(a, b), \qquad a \odot b = a + b.$$

Se chiamiamo $\oplus$ somma e $\odot$ prodotto, dire quali delle 9 proprietà (Sa)–(D) sono soddisfatte.

3.96 Se p è primo, per dimostrare che $\mathbb{F}_p$ è un campo, l'unico punto non banale è verificare che ogni elemento non nullo possiede un inverso; a tale scopo è sufficiente dimostrare che per ogni $0 \neq x \in \mathbb{F}_p$ si ha $x \cdot x^{p-2} = x^{p-1} = 1$. Usare induzione su n ed il binomio di Newton per dimostrare che se $0 < n < p$ allora gli interi $\binom{p}{n}$, $n^p - n$ e $n^{p-1} - 1$ sono divisibili per p.

3.97 (♡) Risolvere il seguente quesito a risposta multipla, dove nulla è implicito e nulla è dato per scontato. Se $5x = 1$, quanto vale x?
    Risposte: a) $x = 2$, b) $x = 3$, c) $x = 8$, d) saranno fatti suoi.

3.7 Polinomi e funzioni razionali

Un **polinomio** nella indeterminata, o lettera, x a coefficienti in un campo $\mathbb{K}$ è un'espressione formale del tipo

$$p(x) = a_n x^n + a_{n-1} x^{n-1} + \cdots + a_1 x + a_0, \quad a_i \in \mathbb{K}, \, n \geq 0.$$

Gli elementi a_i sono, per definizione, i coefficienti del polinomio $p(x)$; la lettera x deve essere considerata un simbolo puramente formale, senza relazioni tra le sue 'potenze' x^i e gli elementi di $\mathbb{K}$, diversamente da quello che accade con l'unità immaginaria i. Due espressioni formali

$$a_n x^n + a_{n-1} x^{n-1} + \cdots + a_1 x + a_0, \quad b_m x^m + b_{m-1} x^{m-1} + \cdots + b_1 x + b_0,$$

rappresentano lo stesso polinomio se e solo se $a_i = b_i$ per ogni $i \in \mathbb{N}$, dove le successioni a_i, b_j vengono estese ponendo $a_i = 0$ per ogni $i > n$ e $b_j = 0$ per ogni $j > m$.

Il *polinomio nullo*, denotato 0, è per definizione quello con tutti i coefficienti uguali a 0.

L'insieme dei polinomi a coefficienti in un campo $\mathbb{K}$ nella lettera x viene indicato con $\mathbb{K}[x]$. Con le usuali regole algebriche di calcolo letterale possiamo definire somme e prodotti di polinomi, ad esempio:

$$(x^3 + x^2 - x + 1) + (x^2 + x - 6) = x^3 + 2x^2 - 5, \quad (x^2 + 2)(x^2 - 2) = x^4 - 4.$$

A questo punto il lettore ha certamente capito che, salvo casi particolari, i polinomi non nulli vengono scritti in forma ridotta, viz. quella in cui i termini con coefficiente uguale a 0 vengono omessi.

Ogni polinomio non nullo si può scrivere nella forma

$$p(x) = a_n x^n + a_{n-1} x^{n-1} + \cdots + a_1 x + a_0, \quad \text{con} \quad a_n \neq 0. \tag{3.9}$$

In tal caso l'intero n è ben definito, viene detto **grado** del polinomio $p(x)$, e si denota $n = \deg(p(x))$. Anche il coefficiente a_n, detto **coefficiente direttivo**, risulta ben definito.

Per convenzione, il polinomio nullo ha coefficiente direttivo uguale a 0 ed ha grado uguale a $-\infty$; intenderemo $-\infty$ come quell'oscuro oggetto, dal fascino discreto, dotato della proprietà che $-\infty \leq a$ e $-\infty + a = -\infty$ per ogni $a \in \mathbb{R}$. Con tale convenzione, se $p(x)$ e $q(x)$ sono due polinomi a coefficienti nello stesso campo si hanno le formule

$$\deg(p(x) + q(x)) \leq \max(\deg(p(x)), \deg(q(x))),$$
$$\deg(p(x)q(x)) = \deg(p(x)) + \deg(q(x)).$$

Nella seconda formula è implicitamente contenuto il fatto che il prodotto di due polinomi non nulli è non nullo; in aggiunta, il coefficiente direttivo del prodotto è uguale al prodotto dei coefficienti direttivi.

Un polinomio **monico** è un polinomio che ha coefficiente direttivo uguale a 1. Il polinomio monico associato ad un polinomio non nullo $p(x)$ è, per definizione, il quoziente di $p(x)$ per il suo coefficiente direttivo; ad esempio, il polinomio monico associato al polinomio in (3.9) è

$$x^n + \frac{a_{n-1}}{a_n} x^{n-1} + \cdots + \frac{a_1}{a_n} x + \frac{a_0}{a_n}.$$

Notiamo che tutte le proprietà dei campi, eccetto l'esistenza dell'inverso per il prodotto *(Pi)*, sono soddisfatte: segue infatti dalla formula $\deg(p(x)q(x)) = \deg(p(x)) + \deg(q(x))$ che i polinomi di grado 0 sono tutti e soli quelli che possiedono un inverso.

In particolare, vale la formula distributiva $p(x)(q(x) + r(x)) = p(x)q(x) + p(x)r(x)$ e se $p(x)q(x) = p(x)r(x)$ allora o $p(x) = 0$ oppure $q(x) = r(x)$: infatti, se $p(x)q(x) = p(x)r(x)$ allora $p(x)(q(x)-r(x)) = 0$ ed almeno uno dei due fattori si annulla.

Definizione 3.98 Due polinomi si dicono **senza fattori comuni**, od anche **relativamente primi**, se non esistono polinomi di grado positivo che li dividono entrambi.

Ad esempio, sul campo $\mathbb{Q}$, i due polinomi $x-1$ e $x-2$ sono senza fattori comuni, mentre x^2 e $x^2 - x$ possiedono x come fattore comune.

Il lettore non deve fare confusione tra polinomi e **funzioni polinomiali**, definite come le applicazioni $p\colon \mathbb{K} \to \mathbb{K}$ per cui esiste una successione finita $a_0, \ldots, a_n \in \mathbb{K}$ tale che

$$p(\alpha) = a_n\alpha^n + a_{n-1}\alpha^{n-1} + \cdots + a_1\alpha + a_0 \quad \text{per ogni } \alpha \in \mathbb{K}.$$

Ad ogni polinomio corrisponde in modo naturale una funzione polinomiale: ad esempio, la funzione polinomiale associata al polinomio $p(x) = x^2 + 1 \in \mathbb{R}[x]$ è $p\colon \mathbb{R} \to \mathbb{R}$, $p(\alpha) = \alpha^2 + 1$.

Definizione 3.99 Sia $p(x) = a_nx^n + a_{n-1}x^{n-1} + \cdots + a_1x + a_0 \in \mathbb{K}[x]$ un polinomio. Un elemento $\alpha \in \mathbb{K}$ si dice una **radice di** $p(x)$ se annulla la corrispondente funzione polinomiale, ossia se

$$p(\alpha) = a_n\alpha^n + a_{n-1}\alpha^{n-1} + \cdots + a_1\alpha + a_0 = 0.$$

Esempio 3.100 Siano $\mathbb{K}$ un campo, $a_1, \ldots, a_n \in \mathbb{K}$ e si consideri il polinomio

$$p(x) = (x - a_1)(x - a_2) \cdots (x - a_n) \in \mathbb{K}[x].$$

Allora un elemento $\alpha \in \mathbb{K}$ è una radice di $p(x)$ se e solo se $\alpha = a_i$ per qualche indice i. Infatti, dato $a \in \mathbb{K}$ il prodotto $(a - a_1)(a - a_2) \cdots (a - a_n)$ si annulla se e solo se si annulla almeno uno dei fattori, ossia se e solo se $a - a_i = 0$ per qualche i. Si noti che $p(x)$ è un polinomio monico di grado n, e più precisamente

$$p(x) = x^n - \left(\sum_{i=1}^{n} a_i\right)x^{n-1} + \cdots,$$

dove i puntini di sospensione stanno ad indicare una somma di addendi del tipo ax^i con $i \leq n - 2$.

Teorema 3.101 *Siano* $\mathbb{K}$ *un campo e* $p(x) \in \mathbb{K}[x]$ *un polinomio non nullo di grado* *n. Allora* $p(x)$ *possiede al più n radici distinte nel campo* $\mathbb{K}$.

Dimostrazione Prima di procedere alla dimostrazione osserviamo che l'enunciato del teorema è del tutto equivalente a dire che se un polinomio $p(x)$ di grado $\leq n$ possiede almeno $n + 1$ radici distinte, allora $p(x)$ è il polinomio nullo.

Il risultato è chiaramente vero se $n = 0$; dimostriamo il caso generale per induzione su n. Supponiamo per assurdo $n > 0$ e che esista un polinomio

$$p(x) = a_n x^n + a_{n-1} x^{n-1} + \cdots + a_0, \qquad a_n \neq 0,$$

di grado n che abbia $n + 1$ radici distinte $\alpha_0, \alpha_1, \ldots, \alpha_n$. Adesso consideriamo il polinomio

$$q(x) = a_n(x - \alpha_1)(x - \alpha_2) \cdots (x - \alpha_n) = a_n x^n + \cdots .$$

Siccome $p(x) - q(x)$ ha grado strettamente minore di n e ha $\alpha_1, \ldots, \alpha_n$ come radici, per l'ipotesi induttiva $p(x) = q(x)$. Però $p(\alpha_0) = 0$, mentre

$$q(\alpha_0) = a_n(\alpha_0 - \alpha_1)(\alpha_0 - \alpha_2) \cdots (\alpha_0 - \alpha_n)$$

non si annulla poiché i fattori $a_n, \alpha_0 - \alpha_1, \ldots, \alpha_0 - \alpha_n$ sono tutti diversi da 0, e questo conduce ad una contraddizione. $\square$

Corollario 3.102 *Sia* $p(x) \in \mathbb{K}[x]$ *un polinomio a coefficienti in un campo infinito* $\mathbb{K}$. *Se* $p(a) = 0$ *per ogni* $a \in \mathbb{K}$, *allora* $p(x) = 0$ *in* $\mathbb{K}[x]$, *ossia* $p(x)$ *è il polinomio nullo.*

Dimostrazione Per ipotesi ogni elemento di $\mathbb{K}$ è una radice del polinomio e quindi, essendo $\mathbb{K}$ infinito, per il Teorema 3.101 il polinomio $p(x)$ deve essere nullo. $\square$

Osservazione 3.103 Il Corollario 3.102 è sempre falso sui campi finiti; infatti, se il campo $\mathbb{K}$ contiene n elementi, diciamo $\mathbb{K} = \{a_1, a_2, \ldots, a_n\}$, allora

$$(x - a_1)(x - a_2) \cdots (x - a_n) \in \mathbb{K}[x]$$

è un polinomio monico di grado n, la cui applicazione polinomiale associata si annulla su tutto $\mathbb{K}$.

Esempio 3.104 Ogni polinomio di secondo grado $ax^2 + bx + c$, $a \neq 0$, a coefficienti complessi possiede due radici complesse α_+ e α_-, possibilmente coincidenti. Infatti, ogni numero complesso possiede radici quadrate e basta applicare la formula risolutiva standard

$$\alpha_\pm = \frac{-b \pm \sqrt{b^2 - 4ac}}{2a}.$$

Equivalentemente, si sceglie $u \in \mathbb{C}$ tale che $u^2 = b^2 - 4ac$ e si verifica che

$$ax^2 + bx + c = a(x - \alpha_+)(x - \alpha_-), \quad \text{dove } \alpha_+ = \frac{-b + u}{2a}, \quad \alpha_- = \frac{-b - u}{2a}.$$

Osservazione 3.105 Il precedente esempio è un caso particolare del teorema fondamentale dell'algebra, secondo il quale *ogni polinomio di grado positivo a coefficienti complessi possiede radici complesse*. Dimostreremo tale importante risultato nella Sezione 9.6.

Se $\lambda \in \mathbb{C}$ è una radice di un polinomio a coefficienti reali, allora anche il suo coniugato $\overline{\lambda}$ è una radice dello stesso polinomio. Infatti, se $p(x) \in \mathbb{R}[x]$ allora $\overline{p(\alpha)} = p(\overline{\alpha})$ per ogni $\alpha \in \mathbb{C}$ e quindi $p(\lambda) = 0$ se e solo se $p(\overline{\lambda}) = 0$.

Esempio 3.106 È utile osservare che ogni campo $\mathbb{K}$ può essere visto come un sottocampo di un campo infinito. Ad esempio, possiamo imitare la costruzione dei numeri razionali mettendo i polinomi a coefficienti in $\mathbb{K}$ al posto degli interi e definire il **campo delle funzioni razionali**, denotato $\mathbb{K}(x)$, come l'insieme di tutte la frazioni

$$\frac{p(x)}{q(x)}$$

con $p(x), q(x) \in \mathbb{K}[x]$ e $q(x) \neq 0$. Due frazioni $p(x)/q(x)$ e $a(x)/b(x)$ definiscono la stessa funzione razionale se e solo se $p(x)b(x) = q(x)a(x)$. Le operazioni di somma e prodotto sono quelle imparate alle scuole superiori:

$$\frac{p(x)}{q(x)} + \frac{a(x)}{b(x)} = \frac{p(x)b(x) + a(x)q(x)}{q(x)b(x)}, \qquad \frac{p(x)}{q(x)} \frac{a(x)}{b(x)} = \frac{p(x)a(x)}{q(x)b(x)}.$$

Siccome

$$\mathbb{K} \subseteq \mathbb{K}[x] = \left\{ \frac{p(x)}{1} \right\} \subseteq \mathbb{K}(x)$$

si ha che il campo $\mathbb{K}(x)$ è infinito e contiene $\mathbb{K}$.

Esempio 3.107 Per ogni primo p, il campo $\mathbb{F}_p(x)$ delle funzioni razionali su $\mathbb{F}_p$ è infinito di caratteristica p.

Esercizi

3.108 (morfismi di valutazione) Siano $\mathbb{K}$ un campo ed $a \in \mathbb{K}$ un elemento qualsiasi. L'applicazione

$$e_a \colon \mathbb{K}[x] \to \mathbb{K}, \qquad e_a(p(x)) = p(a),$$

viene detta *morfismo di valutazione* in a. Ad esempio, $e_0(x^2 + 1) = 1$, $e_1(x^2 - 2) = -1$ eccetera. Convincetevi che i morfismi di valutazione commutano con somme e prodotti, ossia che valgono le formule

$$e_a(p(x) + q(x)) = p(a) + q(a) = e_a(p(x)) + e_a(q(x)),$$
$$e_a(p(x)q(x)) = p(a)q(a) = e_a(p(x))e_a(q(x)), \qquad (3.10)$$

per ogni $p(x), q(x) \in \mathbb{K}[x]$ ed ogni $a \in \mathbb{K}$. Qual è il ruolo dell'assioma *(Pc)* nelle uguaglianze (3.10)?

3.109 L'applicazione identità di un campo in sé è una funzione polinomiale? La funzione valore assoluto $\alpha \mapsto |\alpha|$ di $\mathbb{R}$ in sé è polinomiale?

3.110 Risolvendo un opportuno sistema lineare di quattro equaziomi in quattro incognite, trovare un polinomio $p(x) \in \mathbb{Q}[x]$ di grado 3 tale che $p(0) = p(2) = 1$, $p(1) = p(-1) = 0$.

3.111 Risolvendo un opportuno sistema lineare, trovare un polinomio di terzo grado $p(x) \in \mathbb{Q}[x]$ tale che $p(\sqrt{2} + \sqrt{3}) = \sqrt{2}$.

3.112 Senza risolvere sistemi lineari, trovare quattro numeri razionali a, b, c e d tali che

$$x^3 + x^2 - 1 = a(x - 1)^3 + b(x - 1)^2 + c(x - 1) + d \in \mathbb{Q}[x].$$

(Suggerimento: scrivere $t = x + 1$.)

3.113 Trovare $a \in \mathbb{Q}$ tale che il polinomio $p(x) = x^3 + x^2 + ax - 1$ possieda come radice il numero 3.

3.114 Provare che in un campo infinito, a polinomi distinti corrispondono funzioni polinomiali distinte.

3.115 Calcolare le radici complesse dei polinomi $4x^2 + 4ix - (1 + 4i)$ e $x^4 - 2x^3 - 2x - 1$.

3.116 (☛) Dimostrare che il polinomio $x^{128} - 2x^{127} + 4x^{113} - 8x - 88$ non possiede radici razionali.

3.117 Siano n, m interi positivi senza fattori comuni. Dimostrare che i polinomi $x^n - 1, x^m - 1 \in \mathbb{C}[x]$ non hanno fattori comuni. (Sugg.: se $n > m$, quanto vale $(x^n - 1) - x^{n-m}(x^m - 1)$?)

3.118 Dimostrare che esiste una successione infinita $a_1, a_2, \ldots, a_n, \ldots$ di numeri razionali tale che il polinomio $(1 + a_1 x + a_2 x^2 + \cdots + a_n x^n)^2 - 1 - x \in \mathbb{Q}[x]$ sia divisibile per x^{n+1}, per ogni intero positivo n.

3.119 ($\clubsuit$, $\heartsuit$) Siano $a_1, \ldots, a_n \in \mathbb{C}$ e $k \in \mathbb{N}$. Dimostrare che se $\sum_{i=1}^{n} a_i^{k+j} = 0$ per ogni $j = 1, \ldots, n$, allora $a_1 = \cdots = a_n = 0$. Si suggerisce di dimostrare preliminarmente che, se per qualche $1 \le m \le n$ si ha $\sum_{i=1}^{m} a_i^{j} = 0$ per ogni $j = 1, \ldots, m$, allora $a_1 \cdots a_m = 0$.

3.120 ($\clubsuit$) Siano $\xi_k = \cos(2k\pi/n) + i \sin(2k\pi/n) \in \mathbb{C}$, $k = 0, \ldots, n-1$, le radici n-esime di 1, ossia le radici del polinomio $x^n - 1$. Dimostrare che vale

$$x^n - 1 = (x - \xi_0)(x - \xi_1) \cdots (x - \xi_{n-1})$$

e determinare i coefficienti dei polinomi

$$(x + \xi_0)(z + \xi_1) \cdots (x + \xi_{n-1}), \qquad (x - \xi_0^2)(x - \xi_1^2) \cdots (x - \xi_{n-1}^2).$$

3.121 Mostrare che la funzione polinomiale associata al polinomio $t^p - t \in \mathbb{F}_p[t]$ è identicamente nulla.

3.122 Sia $\mathbb{K}$ un campo di caratteristica $p > 0$. Dimostrare che $(a + b)^p = a^p + b^p$ e $(a - b)^p = a^p - b^p$ per ogni $a, b \in \mathbb{K}$. Dedurre che l'applicazione $F: \mathbb{K} \to \mathbb{K}$, $x \mapsto x^p$, è iniettiva.

3.123 Un campo si dice *perfetto* se ha caratteristica 0, oppure se ha caratteristica $p > 0$ e l'applicazione $x \mapsto x^p$ è surgettiva (vedi Esercizio 3.122). Sia p un numero primo: dimostrare che il campo $\mathbb{F}_p$ è perfetto e che il campo $\mathbb{F}_p(x)$ non è perfetto.

3.124 ($\clubsuit$, $\heartsuit$) Siano p un numero primo e $a \ge b > 0$ due interi positivi. Dimostrare che:

1. p divide la differenza tra coefficienti binomiali $\binom{pa}{pb} - \binom{a}{b}$;
2. se per qualche intero $k > 0$ il numero p^k divide a ma non divide b, allora p divide il coefficiente binomiale $\binom{a}{b}$.

3.8 Complementi: la formula di Cardano

La formula di Cardano permette di ricondurre il calcolo delle radici di un polinomio di terzo grado alla soluzione di un'equazione di secondo grado ed al calcolo delle radici cubiche di un numero complesso. Consideriamo un polinomio monico $x^3 + 3a_1 x^2 + 3a_2 x + a_3$ a coefficienti complessi. A meno di sostituire x con $x - a_1$ si può assumere $a_1 = 0$ ed è quindi sufficiente trovare una formula per il calcolo delle radici del polinomio $p(x) = x^3 + 3ax + b \in \mathbb{C}[x]$. Trattiamo separatamente 3 casi:

1) Caso $a = b = 0$. Si ha $p(x) = x^3$ che ha una sola radice $\alpha = 0$ (tripla).

2) Caso $a, b \neq 0$ e $b^2 + 4a^3 = 0$. In questo caso si ha l'identità algebrica (esercizio: verificare)

$$x^3 + 3ax + b = x^3 - \frac{3b^2}{4a^2}x - \frac{b^3}{4a^3} = \left(x - \frac{b}{a}\right)\left(x + \frac{b}{2a}\right)^2$$

e quindi le radici sono b/a (semplice) e $-b/2a$ (doppia).

3) Caso $b^2 + 4a^3 \neq 0$. Dall'identità

$$(u + v)^3 - 3uv(u + v) - (u^3 + v^3) = 0$$

segue che se u, v sono due numeri complessi tali che $uv = -a$ e $u^3 + v^3 = -b$, allora $u + v$ è una radice di $x^3 + 3ax + b$. Dalle due equazioni $uv = -a$ e $u^3 + v^3 = -b$ se ne ricava una terza

$$-a^3 = u^3 v^3 = -u^3(b + u^3), \quad u^6 + bu^3 - a^3 = 0, \quad u^3 = \frac{-b \pm \sqrt{b^2 + 4a^3}}{2},$$

e quindi (dettagli per esercizio) il numero complesso

$$\sqrt[3]{\frac{-b + \sqrt{b^2 + 4a^3}}{2}} + \sqrt[3]{\frac{-b - \sqrt{b^2 + 4a^3}}{2}} \tag{3.11}$$

è una radice del polinomio $x^3 + 3ax + b$, a condizione che le due radici cubiche in (3.11) siano scelte in modo che il loro prodotto sia $-a$.

Viceversa, ogni radice di $x^3 + 3ax + b = 0$ è ottenuta in questo modo: se $\alpha^3 + 3a\alpha + b = 0$ possiamo trovare due numeri complessi u, v tali che $uv = -a$, $u + v = \alpha$ che di conseguenza soddisfano la relazione $u^3 + v^3 = -b$.

Per concludere, lasciamo al lettore il compito di provare, usando l'Esercizio 3.75, che se $b^2 + 4a^3 \neq 0$, ossia $u^3 \neq v^3$, allora il polinomio $x^3 + 3ax + b$ possiede tre radici distinte.

Osservazione 3.125 La formula di Cardano sconfina nei numeri complessi e/o irrazionali anche quando coefficienti e radici sono numeri interi. Ad esempio, la formula di Cardano applicata al polinomio $x(x - 3)(x + 3) = x^3 - 9x$ richiede il calcolo di $\sqrt{b^2 + 4a^3} = \sqrt{-27}$.

Con ragionamenti analoghi si dimostra che ogni equazione di quarto grado si riconduce alla soluzione di un'equazione di terzo grado e tre equazioni di secondo grado (vedi Esercizio 3.126), mentre è dimostrato che non esiste alcuna formula generale che permette di ricondurre equazioni di grado superiore al quarto ad equazioni di grado inferiore ed estrazioni di radici.

Esercizi

3.126 Dato il polinomio monico di quarto grado $p(x) = x^4 + 2ax^3 + bx^2 + cx + d$ a coefficienti complessi, per ogni $\alpha \in \mathbb{C}$ il polinomio $(x^2 + ax + \alpha)^2 - p(x)$ ha grado ≤ 2. Descrivere, in funzione di a, b, c, d, un polinomio $q(t)$ di grado al più 3 tale che $q(\alpha) = 0$ se e solo se $(x^2 + ax + \alpha)^2 - p(x)$ è del tipo $(\beta x + \gamma)^2$ per opportuni $\beta, \gamma \in \mathbb{C}$. Trovata una radice α di $q(x)$ tramite la formula di Cardano ed i corrispondenti numeri β, γ, si ottiene

$$p(x) = (x^2 + ax + \alpha + \beta x + \gamma)(x^2 + ax + \alpha - \beta x - \gamma).$$

3.127 Siano $a, b \in \mathbb{C}$ tali che $a(b^2 + 4a^3) \neq 0$. Risolvendo alcune equazioni di primo e secondo grado, mostrare che esistono tre numeri complessi m, n, t tali che $x^3 + 3ax + b = t(x - n)^3 + (1 - t)(x - m)^3$ e dedurre che x è una radice di $x^3 + 3ax + b$ se e solo se $\left(\frac{x-n}{x-m}\right)^3 = \frac{n}{m}$. Usare tale espressione per determinare, mediante estrazione di radice cubica, le radici del polinomio $x^3 + 3ax + b$.

3.128 Si assuma che il polinomio $x^3 + ax^2 + bx + c \in \mathbb{R}[x]$ abbia tre radici reali x_1, x_2, x_3. Dimostrare che i tre punti nel piano cartesiano, di coordinate

$$(\sqrt{3}x_1, x_2 - x_3), \quad (\sqrt{3}x_2, x_3 - x_1), \quad (\sqrt{3}x_3, x_1 - x_2),$$

sono vertici di un triangolo equilatero di lato $2\sqrt{a^2 - 3b}$. Calcolare il centro del cerchio circoscritto e dedurre che $|3x_i + a| \leq 2\sqrt{a^2 - 3b}$ per ogni $i = 1, 2, 3$.

3.129 (☕) Provare che il polinomio $x^3 + 3ax + b$ possiede tre radici reali distinte se e solo se $a, b \in \mathbb{R}$ e $b^2 + 4a^3 < 0$.

Note

L'uso delle maiuscole a doppio strato $\mathbb{A}, \mathbb{C}, \mathbb{D}, \mathbb{E}, \mathbb{F}, \mathbb{G}, \mathbb{H}, \mathbb{I}, \mathbb{K}, \mathbb{L}, \mathbb{M}, \mathbb{N}, \mathbb{O}, \mathbb{P}, \mathbb{Q}, \mathbb{R}, \mathbb{S}, \mathbb{T}, \mathbb{U}, \mathbb{V}$ ha preso piede nei lavori a stampa negli anni intorno al 1965. Precedentemente, per indicare i sistemi numerici veniva usato il grassetto maiuscolo ed il doppio strato era confinato, nella versione semplificata $\mathbb{A}, \mathbb{C}, \mathbb{D}, \mathbb{E}, \mathbb{F}, \mathbb{G}, \mathbb{H}, \mathbb{I}, \mathbb{K}, \mathbb{L}, \mathbb{M}, \mathbb{N}, \mathbb{O}, \mathbb{P}, \mathbb{Q}, \mathbb{R}, \mathbb{S}, \mathbb{T}, \mathbb{U}, \mathbb{V}$, alle situazioni dove risultava difficile differenziare il grassetto dal testo normale, come ad esempio nella scrittura su lavagna; in inglese il doppio strato viene chiamato *blackboard*.

Capitolo 4
Spazi vettoriali

Iniziamo la parte vera e propria di algebra lineare introducendo gli spazi vettoriali, per poi trattare le applicazioni lineari nel prossimo capitolo.

Da adesso in poi il simbolo $\mathbb{K}$ indicherà un campo non banale (ossia con $1 \neq 0$) che potrà essere di qualsiasi natura, come ad esempio: $\mathbb{Q}, \mathbb{R}, \mathbb{C}$, un campo di numeri (Definizione 3.77), un campo di funzioni razionali (Esempio 3.106), un campo di classi di resto (Esempio 3.87) eccetera. Per non fissare la natura del campo nemmeno a livello linguistico, chiameremo **scalari** gli elementi di $\mathbb{K}$.

I lettori che non hanno ancora maturato una sufficiente padronanza della nozione astratta di campo, potranno assumere (temporaneamente) che $\mathbb{K}$ sia uno dei tre campi $\mathbb{Q}, \mathbb{R}, \mathbb{C}$; pure negli esempi numerici e negli esercizi, in assenza di ulteriori indicazioni, supporremo che $\mathbb{K}$ sia $\mathbb{Q}, \mathbb{R}$ oppure $\mathbb{C}$.

4.1 Vettori numerici

Dato un campo $\mathbb{K}$ possiamo considerare le sua potenze cartesiane

$$\mathbb{K}^{(1)} = \mathbb{K}, \quad \mathbb{K}^{(2)} = \mathbb{K} \times \mathbb{K}, \quad \mathbb{K}^{(3)} = \mathbb{K} \times \mathbb{K} \times \mathbb{K}, \quad \ldots, \quad \mathbb{K}^{(n)} = \underbrace{\mathbb{K} \times \cdots \times \mathbb{K}}_{n \text{ fattori}}.$$

Ogni elemento di $\mathbb{K}^{(n)}$ è una successione orizzontale $(a_1, \ldots, a_n)$ di n elementi nel campo $\mathbb{K}$, che chiameremo **vettore riga**; diremo inoltre che gli scalari $a_1, \ldots, a_n$ sono le coordinate del vettore $(a_1, \ldots, a_n)$. Chiameremo $\mathbb{K}^{(n)}$ lo **spazio dei vettori riga ad n coordinate sul campo** $\mathbb{K}$.

© The Author(s), under exclusive license to Springer Nature Switzerland AG 2025
M. Manetti, *Algebra Lineare*, La Matematica per il 3+2 174,
https://doi.org/10.1007/978-3-032-01504-4_4

Lo **spazio dei vettori colonna** $\mathbb{K}^n$ è definito in maniera del tutto simile; gli elementi di $\mathbb{K}^n$, detti **vettori colonna**, sono le successioni verticali di n scalari:

$$\mathbb{K}^n = \left\{ \begin{pmatrix} a_1 \\ a_2 \\ \vdots \\ a_n \end{pmatrix} \;\middle|\; a_1, a_2, \ldots, a_n \in \mathbb{K} \right\}.$$

Sia i vettori riga che i vettori colonna vengono chiamati genericamente **vettori numerici**, indipendentemente dalla natura del campo $\mathbb{K}$. Esiste una ovvia bigezione tra $\mathbb{K}^n$ e $\mathbb{K}^{(n)}$ che rende tali spazi indistinguibili nella sostanza. Tuttavia, per il momento è utile tenere in considerazione anche la forma e considerare $\mathbb{K}^n$ e $\mathbb{K}^{(n)}$ come due entità distinte.[1] Esiste una bigezione naturale,[2] che scambia vettori riga con vettori colonna e viceversa, chiamata **trasposizione** e indicata con una T all'esponente:

$$(1, 2, 3)^T = \begin{pmatrix} 1 \\ 2 \\ 3 \end{pmatrix}, \qquad \begin{pmatrix} 4 \\ 0 \\ 2 \end{pmatrix}^T = (4, 0, 2),$$

e più in generale

$$(a_1, \ldots, a_n)^T = \begin{pmatrix} a_1 \\ \vdots \\ a_n \end{pmatrix}, \qquad \begin{pmatrix} a_1 \\ \vdots \\ a_n \end{pmatrix}^T = (a_1, \ldots, a_n).$$

Nei vettori numerici le parentesi hanno funzione puramente decorativa e servono solo a separare graficamente il vettore da ciò che lo circonda. La scelta di usare le parentesi tonde è soggettiva; molti autori usano le parentesi quadre e qualcuno adotta due semplici barre verticali (vedi la nota alla fine di questo capitolo).

Generalmente, in matematica viene chiamato *spazio* un insieme dotato di una qualche struttura aggiuntiva; nel caso degli spazi vettoriali numerici $\mathbb{K}^n$ e $\mathbb{K}^{(n)}$ si considerano come strutture aggiunte le operazioni di somma e prodotto per scalare, definite nel modo seguente:

$$(a_1, \ldots, a_n) + (b_1, \ldots, b_n) = (a_1 + b_1, \ldots, a_n + b_n),$$
$$t(a_1, \ldots, a_n) = (ta_1, \ldots, ta_n),$$
$$\begin{pmatrix} a_1 \\ \vdots \\ a_n \end{pmatrix} + \begin{pmatrix} b_1 \\ \vdots \\ b_n \end{pmatrix} = \begin{pmatrix} a_1 + b_1 \\ \vdots \\ a_n + b_n \end{pmatrix}, \qquad t\begin{pmatrix} a_1 \\ \vdots \\ a_n \end{pmatrix} = \begin{pmatrix} ta_1 \\ \vdots \\ ta_n \end{pmatrix}.$$

---

[1] Il perché di questa distinzione apparentemente insensata sarà chiaro più avanti; al lettore chiediamo un po' di pazienza.

[2] Naturale nella misura in cui le righe sono lette da sinistra a destra e le colonne dall'alto in basso: un ipotetico lettore extraterrestre potrebbe trovare tale bigezione poco naturale.

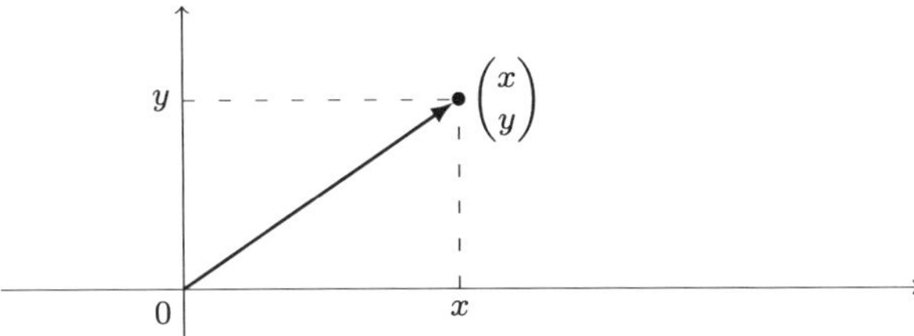

Figura 4.1 La bigezione tra $\mathbb{R}^2$ ed i vettori del piano applicati nell'origine

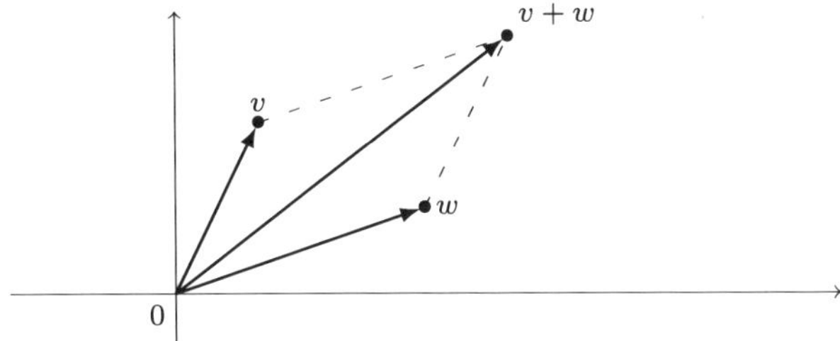

Figura 4.2 Somma di vettori in $\mathbb{R}^2$

Ad esempio, si ha:

1. $(1, 2, 3) + (4, 5, 6) = (5, 7, 9)$;
2. $3(1, 0, 0) = (3, 0, 0)$;
3. $(1, 2) + (2, -1) + (0, 3) = (3, 4)$;
4. $2(1, 2, 3) + 4(0, 0, 1) = (2, 4, 6) + (0, 0, 4) = (2, 4, 10)$.

Osserviamo che tramite l'ovvia bigezione di $\mathbb{R}^2$ e $\mathbb{R}^{(2)}$ con lo spazio dei vettori del piano applicati nell'origine (Figura 4.1), le precedenti operazioni coincidono con quelle introdotte nei corsi di fisica (Figura 4.2).

La trasposizione commuta con le operazioni di somma e prodotto per scalare, ciò significa che valgono le formule

$$(v + w)^T = v^T + w^T, \qquad (tv)^T = tv^T,$$

per ogni coppia di vettori numerici v, w ed ogni scalare t.

Esempio 4.1 Dato che ogni numero complesso è univocamente determinato dalla sua parte reale e dalla sua parte immaginaria, l'applicazione

$$f \colon \mathbb{R}^2 \to \mathbb{C}, \qquad f\begin{pmatrix} a \\ b \end{pmatrix} = a + ib,$$

è bigettiva e commuta con le operazioni di somma, ossia vale la formula:

$$f\left(\begin{pmatrix} a \\ b \end{pmatrix} + \begin{pmatrix} c \\ d \end{pmatrix}\right) = f\begin{pmatrix} a \\ b \end{pmatrix} + f\begin{pmatrix} c \\ d \end{pmatrix}.$$

Similmente, per ogni primo p l'applicazione

$$f: \mathbb{Q}^2 \to \mathbb{Q}(\sqrt{p}), \qquad f\begin{pmatrix} a \\ b \end{pmatrix} = a + b\sqrt{p},$$

è bigettiva e commuta con le operazioni di somma.

Ogni sistema lineare in m incognite ed n equazioni nel campo $\mathbb{K}$

$$\begin{cases} a_{11}x_1 + a_{12}x_2 + \cdots + a_{1m}x_m = b_1 \\ \qquad\qquad\qquad\qquad\vdots \\ a_{n1}x_1 + a_{n2}x_2 + \cdots + a_{nm}x_m = b_n \end{cases}$$

può essere interpretato come l'equazione

$$x_1 \begin{pmatrix} a_{11} \\ \vdots \\ a_{n1} \end{pmatrix} + x_2 \begin{pmatrix} a_{12} \\ \vdots \\ a_{n2} \end{pmatrix} + \cdots + x_m \begin{pmatrix} a_{1m} \\ \vdots \\ a_{nm} \end{pmatrix} = \begin{pmatrix} b_1 \\ \vdots \\ b_n \end{pmatrix}$$

ad m incognite $x_1, \ldots, x_m$ nello spazio dei vettori colonna $\mathbb{K}^n$; in effetti, questa è una delle principali motivazioni per l'introduzione degli spazi $\mathbb{K}^n$.

Esercizi

4.2 Determinare $v + w$, $v - w$ e $2v - 3w$ in ognuno dei seguenti casi:

1. $v = (1, 0, 0)$, $w = (0, 1, 0)$;
2. $v = (2, 3)$, $w = (1, -1)$;
3. $v = (1, 1, 1, 1)^T$, $w = (0, 1, 2, 3)^T$.

4.3 Trovare, se esistono, cinque numeri razionali a, b, c, d, e tali che

$$a\begin{pmatrix} 1 \\ 3 \end{pmatrix} + b\begin{pmatrix} 2 \\ 1 \end{pmatrix} = \begin{pmatrix} 1 \\ 1 \end{pmatrix}, \quad c\begin{pmatrix} 0 \\ 3 \\ 1 \end{pmatrix} + d\begin{pmatrix} 2 \\ 1 \\ 1 \end{pmatrix} = \begin{pmatrix} 1 \\ 1 \\ e \end{pmatrix}.$$

4.4 Descrivere un'applicazione iniettiva $f \colon \mathbb{Q}^3 \to \mathbb{R}$ tale che $f(v + w) = f(v) + f(w)$ per ogni $v, w \in \mathbb{Q}^3$.

4.5 (Somme di Minkowski) Dati due sottoinsiemi non vuoti $A, B \subseteq \mathbb{K}^n$, si definisce la somma di Minkowski come

$$A + B = \{a + b \mid a \in A, \ b \in B\} \subseteq \mathbb{K}^n.$$

Dimostrare che la somma di Minkowski gode della proprietà associativa, ossia che $(A + B) + C = A + (B + C)$.

4.6 (☕) Denotiamo con $\mathbb{Z}^n \subseteq \mathbb{R}^n$ il sottoinsieme dei vettori colonna a coordinate intere e con $\mathcal{M}$ la famiglia di tutti i sottoinsiemi finiti di $\mathbb{Z}^n$ che contengono almeno due vettori. È immediato verificare che $\mathcal{M}$ è chiuso rispetto alla somma di Minkowski, ossia $A + B \in \mathcal{M}$ per ogni $A, B \in \mathcal{M}$.

1. Mostrare che per ogni $A, B \in \mathcal{M}$ il numero di elementi di $A + B$ è strettamente maggiore del massimo tra il numero di elementi di A e quello di B.
2. Un elemento $C \in \mathcal{M}$ si dice riducibile se si può scrivere $C = A + B$ con A e B in $\mathcal{M}$; un elemento di $\mathcal{M}$ si dice irriducibile se non è riducibile. Dimostrare che ogni elemento di $\mathcal{M}$ si può scrivere come somma finita di irriducibili.
3. Provare che i 5 elementi di $\mathcal{M}$:

$$A = \left\{ \begin{pmatrix} 0 \\ 0 \end{pmatrix}, \begin{pmatrix} 1 \\ 0 \end{pmatrix} \right\}, \ B = \left\{ \begin{pmatrix} 0 \\ 0 \end{pmatrix}, \begin{pmatrix} 0 \\ 1 \end{pmatrix} \right\}, \ C = \left\{ \begin{pmatrix} 0 \\ 0 \end{pmatrix}, \begin{pmatrix} 1 \\ 1 \end{pmatrix} \right\}, \ A \cup C, \ B \cup C,$$

sono irriducibili, che $A + B + C = (A \cup C) + (B \cup C)$ e dedurre che la decomposizione in irriducibili non è unica in generale.

4.2 Spazi vettoriali

Uno **spazio vettoriale** sul campo $\mathbb{K}$ è un insieme V i cui elementi, chiamati **vettori**, possono essere sommati tra loro e moltiplicati per elementi di $\mathbb{K}$ in modo che i risultati di tali operazioni siano ancora elementi di V:

$$v, w \in V, \quad t \in \mathbb{K} \quad \rightsquigarrow \quad v + w, \ tv \in V.$$

Le operazioni di somma $V \times V \xrightarrow{+} V$ e di prodotto per scalare $\mathbb{K} \times V \to V$ devono soddisfare le seguenti sette condizioni assiomatiche '*SanciPanD*':

(*Sa*) *associatività della somma.* Comunque si prendano $v, w, u \in V$ vale

$$v + (w + u) = (v + w) + u.$$

(*Sn*) *neutro per la somma.* Esiste un elemento $0_V \in V$, detto **vettore nullo** di V, che è neutro per l'operazione di somma, ossia tale che per ogni $v \in V$ si ha

$$v + 0_V = v.$$

(*Sc*) *commutatività della somma.* Comunque si prendano $v, w \in V$ vale

$$v + w = w + v.$$

Prima di procedere, vediamo tre conseguenze deducibili dai primi tre assiomi. La prima è che V non può essere l'insieme vuoto, per il semplice motivo che deve contenere un vettore nullo. La seconda è che ha senso definire la somma di tre o più vettori senza preoccuparsi di indicare la posizione delle parentesi: ad esempio, possiamo definire $u + v + w$ sia come $(u + v) + w$ sia come $u + (v + w)$. La terza è che il vettore nullo è unico: infatti se $h \in V$ è un vettore con la proprietà che $v + h = v$ per ogni v, allora

$$0_V = 0_V + h = h + 0_V = h,$$

dove la prima uguaglianza vale perché h è un vettore nullo, la seconda uguaglianza è la commutatività della somma e la terza uguaglianza vale perché anche 0_V è un vettore nullo. Abbiamo quindi dimostrato, usando solamente *Sn* e *Sc* che $h = 0_V$, ossia l'unicità del vettore nullo.

(*Si*) *inverso per la somma.* Per ogni $v \in V$ esiste un vettore $-v \in V$, detto **opposto** di v, tale che

$$v + (-v) = 0_V.$$

(*Pa*) *associatività del prodotto.* Comunque si prendano $v \in V$ e $a, b \in \mathbb{K}$ si ha

$$a(bv) = (ab)v.$$

(*Pn*) *neutro per il prodotto.* Per ogni $v \in V$ vale $1v = v$, dove $1 \in \mathbb{K}$ è l'unità.
(*D*) *distributività.* Comunque si prendano $v, w \in V$ e $a, b \in \mathbb{K}$ si ha

$$a(v + w) = av + aw, \qquad (a + b)v = av + bv.$$

Rispetto alla definizione assiomatica di campo, mancano le condizioni analoghe a (*Pc*) e (*Pi*); introdurremo surrettiziamente (*Pc*) nella Sezione 4.4, mentre (*Pi*) non ha proprio senso in questo contesto.

Esempio 4.7 Gli spazi vettoriali numerici $\mathbb{K}^n$ e $\mathbb{K}^{(n)}$, con le operazioni di somma e prodotto per scalare descritte nella sezione precedente, sono spazi vettoriali sul campo $\mathbb{K}$.

Esempio 4.8 Ogni insieme con un solo elemento è uno spazio vettoriale, dove le operazioni di somma e prodotto per scalare sono definite nell'unico modo possibile: ad esempio, su $\{0\}$ si ha $0 + 0 = 0$, $a0 = 0$.

Altre proprietà della somma e del prodotto per scalare seguono deduttivamente dalle sette condizioni *SanciPanD*. Ecco le prime sei:

1. *Vale la proprietà di cancellazione della somma:* ciò significa che dati tre vettori $u, v, w \in V$, se vale $v + w = v + u$ allora $w = u$. Infatti, per l'esistenza dell'opposto e l'associatività della somma si ha

$$w = 0_V + w = (-v) + v + w = (-v) + v + u = 0_V + u = u.$$

2. *L'opposto di un vettore è unico:* se $v, w \in V$ sono tali che $v + w = 0_V$, allora dal fatto che $v + (-v) = 0_V$ e dalla proprietà di cancellazione della somma segue che $w = -v$.

3. *Per ogni $v \in V$ vale $0v = 0_V$:* infatti

$$v + 0_V = v = 1v = (1 + 0)v = 1v + 0v = v + 0v$$

   e quindi $0v = 0_V$ per la proprietà di cancellazione della somma.

4. *Per ogni $v \in V$ vale $(-1)v = -v$ e $-(-v) = v$:* infatti

$$v + (-v) = 0_V = 0v = (1 - 1)v = v + (-1)v$$

   da cui $-v = (-1)v$ per cancellazione della somma. Infine

$$-(-v) = (-1)((-1)v) = (-1)^2 v = v.$$

5. *Per ogni $a \in \mathbb{K}$ vale $a0_V = 0_V$:* abbiamo già dimostrato che $0\,0_V = 0_V$ e quindi

$$a0_V = a(0\,0_V) = (a0)v = 0\,0_V = 0_V.$$

6. *Dati $a \in \mathbb{K}$ e $v \in V$ vale $av = 0_V$ se e solo se $a = 0$ oppure $v = 0_V$:* infatti se $a \neq 0$ e $av = 0_V$ si ha $v = 1v = a^{-1}av = a^{-1}0_V = 0_V$.

In linea teorica possiamo definire uno spazio vettoriale V anche sul campo banale (quello in cui $0 = 1$); in tal caso $v = 1v = 0v = 0_V$ per ogni $v \in V$ e quindi V contiene solo il vettore nullo.

La differenza di due vettori u, v in uno spazio vettoriale V si definisce nel modo ovvio tramite la formula

$$u - v = u + (-v) = u + (-1)v,$$

e le proprietà distributive si estendono alla differenza:

$$a(u - v) = au - av, \qquad (a - b)v = av - bv, \qquad a, b \in \mathbb{K}, \quad u, v \in V.$$

Esempio 4.9   Ogni campo di numeri $\mathbb{K} \subseteq \mathbb{C}$, con le usuali operazioni di somma e prodotto è uno spazio vettoriale sul campo $\mathbb{Q}$ dei numeri razionali.

Esempio 4.10   Il campo $\mathbb{C}$, con le usuali operazioni di somma e prodotto è uno spazio vettoriale su ogni suo sottocampo $\mathbb{K} \subseteq \mathbb{C}$.

Esempio 4.11   Siano $\mathbb{K}$ un campo e S un insieme qualunque. Indichiamo con $\mathbb{K}^S$ l'insieme di tutte le applicazioni $f\colon S \to \mathbb{K}$, $s \mapsto f(s)$. Notiamo che $\mathbb{K}^S$ non è mai vuoto: infatti se $S = \emptyset$, allora l'insieme $\mathbb{K}^S$ contiene esattamente un elemento, mentre se $S \neq \emptyset$ allora $\mathbb{K}^S$ contiene, tra le altre, *l'applicazione nulla*

$$0\colon S \to \mathbb{K}, \qquad 0(s) = 0 \text{ per ogni } s \in S.$$

Esiste una naturale operazione di somma tra gli elementi di $\mathbb{K}^S$: date due applicazioni $f, g \in \mathbb{K}^S$ possiamo definire

$$f + g\colon S \to \mathbb{K}, \qquad (f + g)(s) = f(s) + g(s) \ \text{ per ogni } s \in S.$$

Se $f \in \mathbb{K}^S$ e $a \in \mathbb{K}$ è uno scalare, possiamo definire una nuova applicazione $af \in \mathbb{K}^S$ data da:

$$(af)(s) = af(s) \text{ per ogni } s \in S.$$

Si verifica facilmente che le operazioni di somma e prodotto per scalare rendono $\mathbb{K}^S$ uno spazio vettoriale su $\mathbb{K}$. Se $S = \{1, 2, \ldots, n\}$ allora $\mathbb{K}^S$ si identifica naturalmente con gli spazi vettoriali numerici $\mathbb{K}^n$ e $\mathbb{K}^{(n)}$.

Più in generale, per ogni spazio vettoriale V, l'insieme V^S di tutte le applicazioni $f\colon S \to V$ ha una naturale struttura di spazio vettoriale, con le operazioni

$$(f + g)(s) = f(s) + g(s), \qquad (af)(s) = af(s), \qquad \text{per ogni } s \in S.$$

Esempio 4.12   L'insieme $\mathbb{K}[x]$ dei polinomi a coefficienti in $\mathbb{K}$ nella lettera x, dotato delle usuali regole di somma e prodotto per scalare,

$$\Big(\sum a_i x^i\Big) + \Big(\sum b_i x^i\Big) = \sum (a_i + b_i)x^i, \qquad s\Big(\sum a_i x^i\Big) = \sum sa_i x^i,$$

è uno spazio vettoriale su $\mathbb{K}$. Il vettore nullo coincide con il polinomio nullo.

Esempio 4.13   Dotiamo l'insieme $V = \mathbb{R}$ dell'usuale operazione di somma e di un'operazione di prodotto $*\colon \mathbb{C} \times \mathbb{R} \to \mathbb{R}$ tale che $a * b = ab$ per ogni $a, b \in \mathbb{R}$ (ad esempio $(a + ib) * t = at$ oppure $(a + ib) * t = (a + b)t$). Con tali operazioni $\mathbb{R}$ **non è** uno spazio vettoriale su $\mathbb{C}$. Infatti se $a = i * 1 \in \mathbb{R}$ allora $(i - a) * 1 = 0$ e quindi $i = a$.[3]

---

[3] ✪ Dimostreremo nell'Esercizio 12.74 che esiste un prodotto per scalare che rende $\mathbb{R}$, con la usuale somma, uno spazio vettoriale su $\mathbb{C}$. Tuttavia, tale dimostrazione non è costruttiva e nessuno, nel mondo sublunare, è in grado di descrivere esplicitamente un tale prodotto.

Se V e W sono spazi vettoriali su $\mathbb{K}$, allora anche il loro prodotto cartesiano

$$V \times W = \{(v, w) \mid v \in V, \ w \in W\}$$

è uno spazio vettoriale, con le operazioni di somma e prodotto per scalare date da

$$(v_1, w_1) + (v_2, w_2) = (v_1 + v_2, w_1 + w_2), \qquad a(v, w) = (av, aw).$$

Notiamo che vale $-(v, w) = (-v, -w)$ e $0_{V \times W} = (0_V, 0_W)$.

In maniera simile si definisce il prodotto cartesiano di una qualsiasi successione finita $V_1, \dots, V_n$ di spazi vettoriali:

$$V_1 \times \cdots \times V_n = \{(v_1, \dots, v_n) \mid v_i \in V_i \text{ per ogni } i\}.$$

Le operazioni di somma e prodotto per scalare sono definite nel modo ovvio

$$(u_1, \dots, u_n) + (v_1, \dots, v_n) = (u_1 + v_1, \dots, u_n + v_n),$$

$$a(v_1, \dots, v_n) = (av_1, \dots, av_n).$$

Esercizi

4.14 Sia V uno spazio vettoriale.

1. Quanto vale $0_V + 0_V + 0_V$?
2. Siano $u, v \in V$. Mostrare che $u - v = 0_V$ se e solo se $u = v$.
3. Siano $u, v, x, y \in V$ tali che $x + y = 2u$ e $x - y = 2v$. Mostrare che $x = u + v$ e $y = u - v$.

4.15 Siano $V = \mathbb{C} \times \mathbb{C}$ e $\mathbb{K} = \mathbb{C}$. Per ciascuna delle seguenti 5 coppie di operazioni di somma $\oplus$ e prodotto per scalare $*$, determinare quali tra le 7 condizioni *SanciPanD* sono soddisfatte e quali non lo sono.

1. $(a, b) \oplus (c, d) = (a + c, b + d), \quad t * (a, b) = (ta, b)$;
2. $(a, b) \oplus (c, d) = (a + c, b - d), \quad t * (a, b) = (ta, tb)$;
3. $(a, b) \oplus (c, d) = (a + c, b + d), \quad t * (a, b) = (|t|a, |t|b)$;
4. $(a, b) \oplus (c, d) = (a + c, b + d), \quad t * (a, b) = (ta, 0)$;
5. $(a, b) \oplus (c, d) = (a + c, b + d), \quad t * (a, b) = (2ta, 2tb)$.

4.16 Mostrare che il sottoinsieme $V \subseteq \mathbb{R}$ dei numeri della forma $a + b\sqrt[3]{2}$, con $a, b \in \mathbb{Q}$, è uno spazio vettoriale su $\mathbb{Q}$ ma non è un campo di numeri.

4.17 Mostrare che se $\mathbb{K} \subseteq F$ sono due sottocampi di $\mathbb{C}$, allora F è in modo naturale uno spazio vettoriale su $\mathbb{K}$.

4.18 Sia $V = \mathbb{Q}$ dotato dell'usuale somma. Per ciascuno dei seguenti campi $\mathbb{K}$ e prodotti per scalare $*$ dire quali tra le condizioni (Pa), (Pn) e (D) sono verificate:

1. $\mathbb{K} = \mathbb{Q}$ e $a * v = 0$ per ogni $a \in \mathbb{K}$ e $v \in V$;
2. $\mathbb{K} = \mathbb{Q}$ e $a * v = v$ per ogni $a \in \mathbb{K}$ e $v \in V$;
3. $\mathbb{K} = \mathbb{Q}(\sqrt{2})$ e $(a + b\sqrt{2}) * v = av$ per ogni $a, b \in \mathbb{Q}$ e $v \in V$.

4.3   Sottospazi vettoriali

Sia V uno spazio vettoriale sul campo $\mathbb{K}$. Diremo che un sottoinsieme $U \subseteq V$ è un **sottospazio vettoriale** se soddisfa le seguenti condizioni:

1. $0_V \in U$;
2. U è chiuso per l'operazione di somma, ossia se $u_1, u_2 \in U$, allora $u_1 + u_2 \in U$;
3. U è chiuso per l'operazione di prodotto per scalare, ossia se $u \in U$ e $a \in \mathbb{K}$, allora $au \in U$.

Notiamo che se U è un sottospazio vettoriale di V, allora per ogni vettore $u \in U$ si ha $-u = (-1)u \in U$. Ne segue che U è a sua volta uno spazio vettoriale, con le operazioni di somma e prodotto per scalare indotte da quelle di V. Molto spesso, le condizioni (2) e (3) vengono unificate nella condizione che per ogni $u_1, u_2 \in U$ ed ogni $a_1, a_2 \in \mathbb{K}$ si ha $a_1 u_1 + a_2 u_2 \in U$.

Esempio 4.19   Se V è uno spazio vettoriale, allora $\{0_V\}$ e V sono sottospazi vettoriali di V.

Esempio 4.20   Dato un vettore riga $a = (a_1, \ldots, a_n) \in \mathbb{K}^{(n)}$, il sottoinsieme

$$H_a = \left\{ \begin{pmatrix} x_1 \\ \vdots \\ x_n \end{pmatrix} \in \mathbb{K}^n \;\middle|\; a_1 x_1 + \cdots + a_n x_n = 0 \right\}$$

è un sottospazio vettoriale di $\mathbb{K}^n$ (esercizio: verificare).

Esempio 4.21   Siano S un insieme non vuoto e $V \subseteq \mathbb{K}^S$ (vedi Esempio 4.11) il sottoinsieme delle applicazioni $f \colon S \to \mathbb{K}$ tali che $f(s) \neq 0$ per al più un numero finito di $s \in S$. Allora V è un sottospazio vettoriale.

Infatti, date $f, g \in V$ esistono due sottoinsiemi finiti $A, B \subseteq S$ tali che $f(s) = g(t) = 0$ per ogni $s \in A$ ed ogni $t \in B$. Ne segue che $af + bg$ si annulla al di fuori del sottoinsieme finito $A \cup B$, per ogni $a, b \in \mathbb{K}$.

Lemma 4.22   *Siano $U_1, U_2, \ldots, U_n$ sottospazi vettoriali di uno spazio vettoriale V. Allora la loro intersezione $U_1 \cap U_2 \cap \cdots \cap U_n$ è ancora un sottospazio vettoriale.*

Dimostrazione Indichiamo con $U = \bigcap_{i=1}^{n} U_i$ l'intersezione dei sottospazi. Per definizione di sottospazio si ha $0_V \in U_i$ per ogni i e quindi $0_V \in U$. Se $u_1, u_2 \in U$ e $a_1, a_2 \in \mathbb{K}$, allora $u_1, u_2 \in U_i$ per ogni indice i; dunque $a_1 u_1 + a_2 u_2 \in U_i$ per ogni i e di conseguenza $a_1 u_1 + a_2 u_2 \in U$. $\square$

Per quanto riguarda l'unione di sottospazi le cose vanno diversamente. Ad esempio, dati due sottospazi vettoriali $U, W \subseteq V$ accade che $U \cup W$ è un sottospazio vettoriale solo se $U \subseteq W$ oppure $W \subseteq U$. Infatti se $U \nsubseteq W$ e $W \nsubseteq U$ possiamo scegliere due vettori $u \in U$ e $w \in W$ tali che $u \notin W$, $w \notin U$; ma allora $u + w$ non appartiene a U, altrimenti si avrebbe $w = (u + w) - u \in U$ e, similmente, $u + w$ non appartiene a W; in conclusione, il vettore $u + w$ non appartiene all'unione di U e W e questo prova che $U \cup W$ non è chiuso per l'operazione di somma.

Teorema 4.23 *Siano $H_1, \ldots, H_n$ sottospazi vettoriali di uno spazio vettoriale V su di un campo $\mathbb{K}$. Si assuma che $H_1 \cup \cdots \cup H_n$ sia un sottospazio vettoriale e che $\mathbb{K}$ contenga almeno n scalari distinti. Allora esiste un indice $m = 1, \ldots, n$ tale che $H_i \subseteq H_m$ per ogni i.*

Dimostrazione Sia $W = H_1 \cup \cdots \cup H_n$, che per ipotesi è un sottospazio vettoriale di V, denotiamo $m = \min\{s \mid H_1 \cup \cdots \cup H_s = W\}$ e proviamo che $W = H_m$; dato che $H_i \subseteq W$ questo implica $H_i \subseteq H_m$ per ogni i. Per come abbiamo definito m si ha $H_m \nsubseteq H_1 \cup \cdots \cup H_{m-1}$ e quindi esiste $u \in H_m$ tale che $u \notin H_1 \cup \cdots \cup H_{m-1}$.

Supponiamo per assurdo $H_m \neq W$ e scegliamo un vettore $w \in W$ tale che $w \notin H_m$. Prendiamo adesso m scalari distinti $a_1, \ldots, a_m \in \mathbb{K}$ e consideriamo gli m vettori del sottospazio W:

$$v_1 = a_1 u + w, \quad v_2 = a_2 u + w, \quad \ldots, \quad v_m = a_m u + w.$$

Notiamo che $v_i \notin H_m$ per ogni indice i: infatti, se fosse $v_i \in H_m$, allora anche $w = v_i - a_i u \in H_m$, in contraddizione con la scelta di w. Dunque $v_i \in H_1 \cup \cdots \cup H_{m-1}$ per ogni $i = 1, \ldots, m$ e per il principio dei cassetti esistono due indici distinti i, j tali che $v_i, v_j \in H_k$ per qualche $k = 1, \ldots, m - 1$. Ma allora si ha

$$v_i - v_j = (a_i - a_j)u, \qquad u = \frac{1}{a_i - a_j}(v_i - v_j) \in H_k,$$

in contraddizione con il fatto che $u \notin H_1 \cup \cdots \cup H_{m-1}$.

Prima di chiudere la dimostrazione, osserviamo che l'ipotesi sul numero di elementi del campo è necessaria e non può essere indebolita, vedi Esercizio 4.31. $\square$

Non potendo fare le unioni finite senza il rischio di uscire dalla collezione dei sottospazi, dobbiamo considerare al loro posto chi ne fa le veci, nella fattispecie i più piccoli sottospazi vettoriali che le contengono; tale procedura ha senso e ci conduce a quella che chiameremo *somma di sottospazi*. Per motivi didattici e di maggiore convenienza nelle future applicazioni, è preferibile dare una diversa definizione di somma, rimandando all'Esercizio 4.33 ed alle prossime sezioni per l'equivalenza con il concetto appena esposto.

Definizione 4.24 Dati due sottospazi vettoriali $U, W \subseteq V$ definiamo la loro **somma** $U + W$ come l'insieme composto da tutti i vettori del tipo $u + w$, al variare di $u \in U$ e $w \in W$:

$$U + W = \{u + w \mid u \in U, \ w \in W\} \subseteq V.$$

Osserviamo che $U \subseteq U + W$ (U è l'insieme dei vettori $u + 0_V$), $W \subseteq U + W$ per lo stesso motivo, e quindi $U \cup W \subseteq U + W$.

Più in generale se $U_1, \ldots, U_n \subseteq V$ sono sottospazi, la loro somma è definita come

$$U_1 + \cdots + U_n = \{u_1 + \cdots + u_n \mid u_i \in U_i, \ i = 1, \ldots, n\} \subseteq V.$$

Si verifica facilmente che la somma di sottospazi vettoriali è ancora un sottospazio vettoriale. Siano infatti $U_1, \ldots, U_n$ sottospazi vettoriali di V e denotiamo $U = U_1 + \cdots + U_n$; siccome $0_V \in U_i$ per ogni indice i si ha

$$0_V + \cdots + 0_V = 0_V \in U.$$

Dati due vettori $u_1 + \cdots + u_n, v_1 + \cdots + v_n \in U$ ed uno scalare $a \in \mathbb{K}$ si ha

$$(u_1 + \cdots + u_n) + (v_1 + \cdots + v_n) = (u_1 + v_1) + \cdots + (u_n + v_n) \in U,$$

$$a(u_1 + \cdots + u_n) = au_1 + \cdots + au_n \in U.$$

Lemma 4.25 *Dati $U_1, \ldots, U_n \subseteq V$ sottospazi vettoriali, le seguenti condizioni sono equivalenti:*

1. *Ogni vettore $v \in U_1 + \cdots + U_n$ si scrive in modo unico nella forma $v = u_1 + \cdots + u_n$ con $u_i \in U_i$.*
2. *Dati n vettori $u_i \in U_i$, $i = 1, \ldots, n$, se $u_1 + \cdots + u_n = 0_V$, allora $u_i = 0_V$ per ogni i.*

Dimostrazione $(1){\Rightarrow}(2)$ Siccome $0_V + \cdots + 0_V = 0_V$, se vale $u_1 + \cdots + u_n = 0_V$ per l'unicità della decomposizione vale $u_i = 0_V$ per ogni indice i.

$(2){\Rightarrow}(1)$ Se vale

$$v = u_1 + \cdots + u_n = w_1 + \cdots + w_n$$

con $u_i, w_i \in U_i$, allora si ha

$$0_V = v - v = (u_1 + \cdots + u_n) - (w_1 + \cdots + w_n) = (u_1 - w_1) + \cdots + (u_n - w_n)$$

e quindi $u_i - w_i = 0_V$ per ogni i. $\square$

Definizione 4.26 Se dei sottospazi $U_1, \ldots, U_n \subseteq V$ soddisfano le condizioni del Lemma 4.25 diremo che la loro somma $U = U_1 + \cdots + U_n$ è una **somma diretta** e scriveremo $U = U_1 \oplus \cdots \oplus U_n$.

Lemma 4.27 *Dati due sottospazi $U_1, U_2 \subseteq V$, vale $U_1 + U_2 = U_1 \oplus U_2$ se e solo se $U_1 \cap U_2 = \{0_V\}$.*

Dimostrazione Mostriamo che esiste una bigezione tra $U_1 \cap U_2$ ed i modi di scrivere 0_V come somma di un vettore di U_1 ed un vettore di U_2. Dato $u \in U_1 \cap U_2$, per definizione di intersezione $u \in U_1$, $u \in U_2$ e quindi $-u \in U_2$ e $0_V = u + (-u)$. Viceversa se $0_V = u_1 + u_2$ con $u_i \in U_i$, allora $u_1 = -u_2 \in U_2$ e quindi $u_1 \in U_1 \cap U_2$. $\square$

Esercizi

4.28 Dimostrare le affermazioni fatte negli Esempi 4.19 e 4.20.

4.29 Nello spazio vettoriale dei polinomi $\mathbb{K}[x]$, dire quali dei seguenti sottoinsiemi sono sottospazi vettoriali:

1. $\{p(x) \in \mathbb{K}[x] \mid p(0) = 1\}$,
2. $\{p(x) \in \mathbb{K}[x] \mid p(1) = 0\}$,
3. $\{p(x) \in \mathbb{K}[x] \mid p(0) = p(1) = 0\}$,
4. $\{p(x) \in \mathbb{K}[x] \mid p(0)p(1) = 0\}$.

4.30 Sia $\mathcal{A}$ una famiglia (possibilmente infinita) di sottospazi vettoriali di uno spazio vettoriale V. Provare che:

1. l'intersezione degli elementi di $\mathcal{A}$ è un sottospazio vettoriale di V;
2. se per ogni $U, W \in \mathcal{A}$ esiste $T \in \mathcal{A}$ tale che $U \cup W \subseteq T$, allora l'unione di tutti gli elementi di $\mathcal{A}$ è un sottospazio vettoriale di V.

4.31 ($\heartsuit$) Sia $\mathbb{K}$ un campo finito con q elementi. Provare che per ogni $n \geq 2$ lo spazio vettoriale $\mathbb{K}^n$ è unione di $q + 1$ sottospazi vettoriali propri.

4.32 Provare che ogni spazio vettoriale su di un campo infinito non è unione finita di sottospazi vettoriali propri.

4.33 Dati U, W sottospazi vettoriali di V, provare che $U + W$ è l'unico sottospazio vettoriale con le seguenti proprietà:

1. $U \cup W \subseteq U + W$;
2. se A è un sottospazio vettoriale di V e $U \cup W \subseteq A$ allora $U + W \subseteq A$.

Dedurre che $U + W$ è uguale all'intersezione di tutti i sottospazi vettoriali di V che contengono $U \cup W$.

4.34   Siano U, W sottospazi vettoriali di V. Provare che $U \subseteq W$ se e solo se $W \cap (S + U) = (W \cap S) + U$ per ogni sottospazio vettoriale $S \subseteq V$.

4.35   Trovare tre sottospazi vettoriali $U, V, W \subseteq \mathbb{R}^2$ tali che $U \cap V = U \cap W = V \cap W = \{0_{\mathbb{R}^2}\}$ e la cui somma $U + V + W$ non è diretta.

4.36   Dati tre sottospazi vettoriali A, B, C provare che valgono le inclusioni

$$(A \cap B) + (A \cap C) \subseteq A \cap (B + C), \quad A + (B \cap C) \subseteq (A + B) \cap (A + C),$$

e trovare degli esempi in cui valgono le inclusioni strette $\subsetneq$.

4.4   Combinazioni lineari e generatori

Avviso importante: per alleggerire la notazione, da ora in poi, quando il rischio di confusione sarà assente o improbabile indicheremo il vettore nullo ed il sottospazio nullo di uno spazio vettoriale V con il simbolo 0, anziché con i più precisi e pedanti 0_V e $\{0_V\}$. Per indicare che un vettore v di uno spazio vettoriale V è diverso dal vettore nullo scriveremo talvolta $0 \neq v \in V$; similmente scriveremo $0 \neq U \subseteq V$ per indicare che U è un sottospazio di V diverso da 0, e $0 \neq t \in \mathbb{K}$ per indicare che t è uno scalare diverso da 0.

Per ogni spazio vettoriale V risulta comodo definire la moltiplicazione a destra per scalare ponendo semplicemente $vt = tv$ per ogni vettore v ed ogni scalare t. La commutatività del prodotto in $\mathbb{K}$ implica che il prodotto a destra è associativo e commuta con il prodotto a sinistra, nel senso che per ogni $v \in V$ ed ogni $a, b \in \mathbb{K}$ si ha

$$v(ab) = (va)b, \qquad (av)b = a(vb).$$

Infatti, $v(ab) = (ab)v = (ba)v = b(av) = (av)b = (va)b$ e $(av)b = b(av) = (ba)v = (ab)v = a(bv) = a(vb)$.

Definizione 4.37   Siano $\mathbb{K}$ un campo, V uno spazio vettoriale su $\mathbb{K}$ e $v_1, \ldots, v_n$ vettori in V. Un vettore $v \in V$ si dice **combinazione lineare** di $v_1, \ldots, v_n$ a coefficienti in $\mathbb{K}$ se vale

$$v = a_1 v_1 + \cdots + a_n v_n$$

per opportuni scalari $a_1, \ldots, a_n \in \mathbb{K}$.

Ad esempio, il vettore $\begin{pmatrix} 1 \\ 2 \\ 3 \end{pmatrix} \in \mathbb{R}^3$ è combinazione lineare di $\begin{pmatrix} 4 \\ 5 \\ 6 \end{pmatrix}$ e $\begin{pmatrix} 7 \\ 8 \\ 9 \end{pmatrix}$ in quanto

$$\begin{pmatrix} 1 \\ 2 \\ 3 \end{pmatrix} = 2 \begin{pmatrix} 4 \\ 5 \\ 6 \end{pmatrix} - \begin{pmatrix} 7 \\ 8 \\ 9 \end{pmatrix}.$$

Indichiamo con $\mathrm{Span}(v_1,\ldots,v_n)$ l'insieme di tutte le possibili combinazioni lineari dei vettori $v_1,\ldots,v_n$, ossia:

$$\mathrm{Span}(v_1,\ldots,v_n) = \{v \in V \mid v = a_1v_1 + \cdots + a_nv_n, \quad a_1,\ldots,a_n \in \mathbb{K}\}.$$

È facile dimostrare che $\mathrm{Span}(v_1,\ldots,v_n)$ è un sottospazio vettoriale. Infatti: contiene lo 0 (basta porre $a_i = 0$ per ogni i); se

$$v = a_1v_1 + \cdots + a_nv_n, \qquad w = b_1v_1 + \cdots + b_nv_n,$$

sono due combinazioni lineari, allora la somma

$$v + w = (a_1 + b_1)v_1 + \cdots + (a_n + b_n)v_n$$

è ancora una combinazione lineare; per ogni scalare $t \in \mathbb{K}$ si ha

$$t(a_1v_1 + \cdots + a_nv_n) = ta_1v_1 + \cdots + ta_nv_n.$$

Chiameremo $\mathrm{Span}(v_1,\ldots,v_n)$ **sottospazio generato** da $v_1,\ldots,v_n$ su $\mathbb{K}$. Quando il campo $\mathbb{K}$ è chiaro dal contesto diremo più semplicemente sottospazio generato da $v_1,\ldots,v_n$, oppure **chiusura lineare** di $v_1,\ldots,v_n$, oppure ancora **span** di $v_1,\ldots,v_n$.

Osserviamo che il sottospazio $\mathrm{Span}(v_1,\ldots,v_n)$ non dipende dall'ordine dei vettori v_i, ragion per cui, ad esempio vale $\mathrm{Span}(v,w) = \mathrm{Span}(w,v)$. Questo ci permette di definire, per ogni sottoinsieme finito e non vuoto $A \subseteq V$ la sua chiusura lineare $\mathrm{Span}(A)$ come

$$\mathrm{Span}(A) = \{\text{combinazioni lineari di vettori in } A\},$$

e cioè

$$\mathrm{Span}(A) = \mathrm{Span}(v_1,\ldots,v_n), \qquad \text{dove} \quad A = \{v_1,\ldots,v_n\}.$$

È utile estendere la definizione all'insieme vuoto ponendo $\mathrm{Span}(\emptyset) = 0$.

Osserviamo anche che se $A \subseteq B$ sono sottoinsiemi finiti di vettori, allora $\mathrm{Span}(A) \subseteq \mathrm{Span}(B)$: infatti ogni combinazione lineare dei vettori di A può essere pensata anche come combinazione lineare dei vettori di B, nella quale i coefficienti dei vettori di B non appartenenti ad A sono tutti nulli.

Esempio 4.38 Sia $V = \mathbb{K}[x]$ lo spazio vettoriale dei polinomi in x a coefficienti in $\mathbb{K}$ e sia $A = \{x, x^2\} \subseteq V$. Allora $\mathrm{Span}(A)$ è il sottospazio vettoriale dei polinomi di grado minore o uguale a due senza termine costante.

Esempio 4.39 Consideriamo i vettori

$$v_1 = \begin{pmatrix} 1 \\ 3 \\ 0 \end{pmatrix}, \quad v_2 = \begin{pmatrix} 2 \\ 4 \\ 2 \end{pmatrix}, \quad v_3 = \begin{pmatrix} 0 \\ 1 \\ 1 \end{pmatrix}, \quad w = \begin{pmatrix} 4 \\ 5 \\ 6 \end{pmatrix} \in \mathbb{R}^3,$$

e domandiamoci se $w \in \mathrm{Span}(v_1, v_2, v_3)$, e cioè se l'equazione vettoriale $av_1 + bv_2 + cv_3 = w$ possiede una soluzione $a, b, c \in \mathbb{R}$. Dato che il sistema lineare

$$\begin{cases} a + 2b = 4 \\ 3a + 4b + c = 5 \\ 2b + c = 6, \end{cases}$$

risulta compatibile, ne consegue che $w \in \mathrm{Span}(v_1, v_2, v_3)$. Lo studente volenteroso può verificare che tale conclusione rimane valida se al posto di $\mathbb{R}$ consideriamo un qualsiasi campo in cui $1 + 1 \neq 0$.

Definizione 4.40 Sia $v_1, \ldots, v_n$ una successione di vettori di uno spazio vettoriale. Diremo che il vettore v_i è **ridondante** se $v_i \in \mathrm{Span}(v_1, \ldots, v_{i-1})$.

Diremo che una successione di vettori è **essenziale** se non contiene vettori ridondanti.

Lemma 4.41 *Se da una successione di vettori togliamo un elemento ridondante, la chiusura lineare non cambia.*

Dimostrazione L'enunciato significa che se v_i è ridondante nella successione $v_1, \ldots, v_n$, allora

$$\mathrm{Span}(v_1, \ldots, v_{i-1}, v_{i+1}, \ldots, v_n) = \mathrm{Span}(v_1, \ldots, v_n).$$

Se $v_i = a_1 v_1 + \cdots + a_{i-1} v_{i-1}$, allora ogni $u = \sum_{j=1}^{n} b_j v_j \in \mathrm{Span}(v_1, \ldots, v_n)$ si può scrivere come

$$u = \sum_{j=1}^{i-1} b_j v_j + b_i \sum_{j=1}^{i-1} a_j v_j + \sum_{j=i+1}^{n} b_j v_j$$

$$= \sum_{j=1}^{i-1} (b_j + b_i a_j) v_j + \sum_{j=i+1}^{n} b_j v_j \in \mathrm{Span}(v_1, \ldots, v_{i-1}, v_{i+1}, \ldots, v_n). \qquad \square$$

Quindi, grazie al Lemma 4.41, possiamo dire che da ogni successione finita di vettori possiamo estrarre una sottosuccessione essenziale con la medesima chiusura lineare: basta infatti eliminare, uno alla volta, gli eventuali vettori ridondanti fino a quando la successione diventa essenziale.

Come caso particolare del Lemma 4.41 abbiamo che, data una successione di vettori $v_1, \dots, v_n$ si ha

$$v_n \in \mathrm{Span}(v_1, \dots, v_{n-1}) \iff \mathrm{Span}(v_1, \dots, v_{n-1}) = \mathrm{Span}(v_1, \dots, v_{n-1}, v_n).$$

Infatti, se $v_n \in \mathrm{Span}(v_1, \dots, v_{n-1})$ allora il vettore v_n è ridondante e quindi $\mathrm{Span}(v_1, \dots, v_{n-1}) = \mathrm{Span}(v_1, \dots, v_n)$.

Viceversa, siccome vale sempre $v_n \in \mathrm{Span}(v_1, \dots, v_n)$, se $\mathrm{Span}(v_1, \dots, v_{n-1}) = \mathrm{Span}(v_1, \dots, v_n)$ allora $v_n \in \mathrm{Span}(v_1, \dots, v_{n-1})$.

Definizione 4.42 Lo spazio vettoriale V si dice **di dimensione finita** su $\mathbb{K}$, o anche **finitamente generato**, se esiste una successione finita di vettori $v_1, \dots, v_n \in V$ tale che $V = \mathrm{Span}(v_1, \dots, v_n)$. In questo caso diremo che $v_1, \dots, v_n$ è una successione di **generatori** di V ed anche che $\{v_1, \dots, v_n\}$ è un insieme di generatori di V.

Uno spazio vettoriale che non è di dimensione finita si dice di **dimensione infinita**.

Esempio 4.43 Lo spazio vettoriale numerico $\mathbb{K}^n$ ha dimensione finita. Consideriamo infatti la successione di vettori $e_1, \dots, e_n$, dove e_i è il vettore colonna con la i-esima coordinata uguale ad 1 e tutte le altre uguali a 0, ossia

$$e_1 = \begin{pmatrix} 1 \\ 0 \\ \vdots \\ 0 \end{pmatrix}, \quad e_2 = \begin{pmatrix} 0 \\ 1 \\ \vdots \\ 0 \end{pmatrix}, \quad \dots \quad e_n = \begin{pmatrix} 0 \\ 0 \\ \vdots \\ 1 \end{pmatrix}.$$

I vettori $e_1, \dots, e_n$ sono generatori dato che, per ogni $a_1, \dots, a_n \in \mathbb{K}$, vale la formula

$$\begin{pmatrix} a_1 \\ \vdots \\ a_n \end{pmatrix} = a_1 e_1 + \cdots + a_n e_n.$$

Esempio 4.44 Lo spazio vettoriale $\mathbb{K}[x]$ ha dimensione infinita su $\mathbb{K}$. Infatti, per ogni sottoinsieme finito $A \subseteq \mathbb{K}[x]$ ha senso considerare il massimo grado d dei polinomi in A. Dunque i polinomi in A hanno grado minore o uguale a d e lo stesso vale per ogni loro combinazione lineare. In particolare, $\mathrm{Span}(A) \neq \mathbb{K}[x]$.

La seguente proposizione riepiloga le principali proprietà della chiusura lineare.

Proposizione 4.45 *Sia A un sottoinsieme finito di uno spazio vettoriale V. Allora:*

1. $A \subseteq \mathrm{Span}(A)$;
2. $\mathrm{Span}(A)$ è un sottospazio vettoriale di V;
3. sia $W \subseteq V$ un sottospazio vettoriale, allora $A \subseteq W$ se e solo se $\mathrm{Span}(A) \subseteq W$;

Dimostrazione   Se $A = \{v_1, \ldots, v_n\}$ allora per ogni $i = 1, \ldots, n$ si ha

$$v_i = 0v_1 + \cdots + 1v_i + \cdots + 0v_n \in \mathrm{Span}(v_1, \ldots, v_n).$$

La seconda proprietà è già stata dimostrata; rimane solo da dimostrare la (3). Sia W un sottospazio vettoriale, se $\mathrm{Span}(A) \subseteq W$, dato che $A \subseteq \mathrm{Span}(A)$ a maggior ragione $A \subseteq W$. Viceversa, se $A \subseteq W$, considerato che W è chiuso per le operazioni di somma e prodotto per scalare, ed ogni combinazione lineare può essere pensata come una composizione di somme e prodotti per scalare, possiamo dire che W è chiuso per combinazioni lineari. In particolare, ogni combinazione lineare di elementi di A appartiene a W e quindi $\mathrm{Span}(A) \subseteq W$. $\square$

Esempio 4.46   Siano $v_1, \ldots, v_n$ generatori di uno spazio vettoriale V e sia $W \subseteq V$ un sottospazio vettoriale proprio. Allora esiste un indice i tale che $v_i \notin W$. Infatti se $v_i \in W$ per ogni i si avrebbe $V = \mathrm{Span}(v_1, \ldots, v_n) \subseteq W$ in contraddizione con il fatto che $W \neq V$.

Esempio 4.47   Chiediamoci se i vettori v_1, v_2 e v_3 dell'Esempio 4.39 generano $\mathbb{R}^3$. Affinché ciò sia vero è necessario che i tre vettori e_1, e_2, e_3 dell'Esempio 4.43 appartengano a $\mathrm{Span}(v_1, v_2, v_3)$. Tale condizione è anche sufficiente perché se $\{e_1, e_2, e_3\} \subseteq \mathrm{Span}(v_1, v_2, v_3)$ allora vale

$$\mathbb{R}^3 = \mathrm{Span}(e_1, e_2, e_3) \subseteq \mathrm{Span}(v_1, v_2, v_3).$$

Il problema si riconduce quindi allo studio della compatibilità tre sistemi lineari

$$\begin{cases} a + 2b = 1 \\ 3a + 4b + c = 0 \\ 2b + c = 0 \end{cases} \qquad \begin{cases} a + 2b = 0 \\ 3a + 4b + c = 1 \\ 2b + c = 0 \end{cases} \qquad \begin{cases} a + 2b = 0 \\ 3a + 4b + c = 0 \\ 2b + c = 1 \end{cases}$$

(spoiler: sono tutti e tre compatibili).

Per determinare se un dato insieme finito genera uno spazio vettoriale V possono essere utili le seguenti osservazioni:

1. Se $A \subseteq B$ sono sottoinsiemi finiti di V, e se A genera V, allora anche B genera V.
2. Se $A \subseteq B \subseteq \mathrm{Span}(A)$, ossia se B è ottenuto da A aggiungendo combinazioni lineari di elementi in A, e B genera V, allora anche A genera V.

La prima osservazione è evidente; per la seconda, segue dalla Proposizione 4.45 che $\mathrm{Span}(B) \subseteq \mathrm{Span}(A)$.

Esempio 4.48   Usiamo le precedenti osservazioni per mostrare che i vettori

$$u = \begin{pmatrix} 1 \\ 1 \\ 1 \end{pmatrix}, \quad v = \begin{pmatrix} 1 \\ 2 \\ 3 \end{pmatrix}, \quad w = \begin{pmatrix} 1 \\ 3 \\ 4 \end{pmatrix}$$

generano $\mathbb{K}^3$. Abbiamo visto che non è restrittivo aggiungere ai tre vettori u, v, w alcune loro combinazioni lineari. Ad esempio

$$a = v - u = \begin{pmatrix} 0 \\ 1 \\ 2 \end{pmatrix}, \quad b = w - u = \begin{pmatrix} 0 \\ 2 \\ 3 \end{pmatrix}.$$

(L'idea è chiara: far comparire quanti più zeri è possibile.) Ripetiamo la procedura aggiungendo combinazioni lineari di vettori del nuovo insieme $\{u, v, w, a, b\}$:

$$c = 2a - b = \begin{pmatrix} 0 \\ 0 \\ 1 \end{pmatrix}, \quad d = a + 2c = \begin{pmatrix} 0 \\ 1 \\ 0 \end{pmatrix}, \quad e = u - d + c = \begin{pmatrix} 1 \\ 0 \\ 0 \end{pmatrix}.$$

Abbiamo già osservato che i vettori $e_1 = e$, $e_2 = d$ e $e_3 = c$ generano $\mathbb{K}^3$ e quindi anche u, v, w sono generatori.

Esercizi

4.49 ($\heartsuit$)   Dire, motivando la risposta se il vettore $e_1 = (1, 0, 0, 0) \in \mathbb{R}^{(4)}$ è combinazione lineare dei vettori $u = (1, 0, 1, 2)$, $v = (3, 4, 2, 1)$ e $w = (5, 8, 3, 0)$.

4.50   Dimostrare che i vettori $(1, 2, 1)^T$, $(2, 1, 3)^T$ e $(3, 3, 3)^T$ generano $\mathbb{R}^3$.

4.51   Dimostrare che ogni insieme di generatori di $\mathbb{K}^2$ contiene almeno due vettori.

4.52   Siano A, B sottoinsiemi finiti di uno spazio vettoriale V. Dimostrare che

$$\mathrm{Span}(A \cup B) = \mathrm{Span}(A) + \mathrm{Span}(B),$$

dove $\mathrm{Span}(A) + \mathrm{Span}(B)$ denota la somma dei sottospazi vettoriali $\mathrm{Span}(A)$ e $\mathrm{Span}(B)$.

4.53   Si considerino i seguenti sottospazi vettoriali di $\mathbb{R}^3$:

$$U = \mathrm{Span}\left(\begin{pmatrix} 1 \\ 1 \\ 1 \end{pmatrix}, \begin{pmatrix} 1 \\ 1 \\ -1 \end{pmatrix} \right), \quad U = \mathrm{Span}\left(\begin{pmatrix} 0 \\ 1 \\ -1 \end{pmatrix} \right).$$

Determinare $U \cap V$ e $U + V$.

4.54   Siano $v_1, \ldots, v_n$ vettori in uno spazio vettoriale e sia $1 \leq r \leq n$ un indice tale che $\mathrm{Span}(v_1, \ldots, v_r) = \mathrm{Span}(v_1, \ldots, v_r, v_h)$ per ogni h. Provare che $\mathrm{Span}(v_1, \ldots, v_r) = \mathrm{Span}(v_1, \ldots, v_r, v_{r+1}, \ldots, v_n)$.

4.55 Siano A, B sottoinsiemi finiti di uno spazio vettoriale. Provare le seguenti doppie implicazioni:

$$A \subseteq \mathrm{Span}(B) \iff \mathrm{Span}(A) \subseteq \mathrm{Span}(B) \iff \mathrm{Span}(B) = \mathrm{Span}(A \cup B).$$

4.56 Sia V uno spazio vettoriale e si assuma che esista un'applicazione surgettiva $f : V \to \mathbb{N}$ tale che il sottoinsieme $V_n = \{v \in V \mid f(v) \leq n\}$ sia un sottospazio vettoriale per ogni $n \in \mathbb{N}$. Provare che V ha dimensione infinita (cf. Esempio 4.44).

4.57 ($\heartsuit$) Dati $v_1, \ldots, v_n \in \mathbb{R}^k$, con $n, k \geq 3$, provare che esiste un vettore $u \in \mathbb{R}^k$ tale che $v_k + u \notin \mathrm{Span}(v_i, v_j)$ per ogni terna di indici i, j, k.

4.5 Indipendenza lineare e teorema di scambio

Siamo adesso pronti per definire i due concetti fondamentali di dipendenza ed indipendenza lineare di un insieme di vettori in uno spazio vettoriale.

Definizione 4.58 Sia V uno spazio vettoriale su di un campo $\mathbb{K}$. Diremo che i vettori $v_1, \ldots, v_m \in V$ sono **linearmente dipendenti** su $\mathbb{K}$ se esistono $a_1, \ldots, a_m \in \mathbb{K}$, non tutti nulli, e tali che

$$a_1 v_1 + \cdots + a_m v_m = 0. \tag{4.1}$$

Diremo che $v_1, \ldots, v_m$ sono **linearmente indipendenti su** $\mathbb{K}$ se non sono linearmente dipendenti.

In pratica, per stabilire se i vettori $v_1, \ldots, v_m$ sono o meno linearmente dipendenti su $\mathbb{K}$ occorre studiare l'insieme delle soluzioni $x = (x_1, \ldots, x_m)^T \in \mathbb{K}^m$ dell'equazione vettoriale omogenea

$$x_1 v_1 + \cdots + x_m v_m = 0.$$

Se $x = 0$ è l'unica soluzione, allora i vettori $v_1, \ldots, v_m$ sono linearmente indipendenti; viceversa se esistono soluzioni $0 \neq x \in \mathbb{K}^m$ allora i vettori sono linearmente dipendenti.

Spesso, per semplicità, diremo solamente che determinati vettori sono linearmente (in)dipendenti, senza menzionare il campo, che però deve essere completamente chiaro dal contesto. La nozione di dipendenza lineare dipende in maniera fondamentale dal campo degli scalari; ad esempio, i due vettori $1, i \in \mathbb{C}^1$ sono linearmente dipendenti su $\mathbb{C}$ ma sono linearmente indipendenti su $\mathbb{R}$.

Esempio 4.59   I tre vettori

$$v_1 = (1, 1, 0)^T, \quad v_2 = (1, 1, 1)^T, \quad v_3 = (0, 1, 1)^T \in \mathbb{K}^3$$

sono linearmente indipendenti su $\mathbb{K}$. Infatti, l'equazione vettoriale $av_1 + bv_2 + cv_3 = 0$, corrispondente al sistema lineare omogeneo

$$\begin{cases} a + b = 0 \\ a + b + c = 0 \\ b + c = 0 \end{cases}$$

ammette $a = b = c = 0$ come unica soluzione.

Osserviamo che se $v_1, \ldots, v_m$ sono vettori linearmente indipendenti, allora i vettori v_i sono tutti diversi da 0 e distinti tra loro. Infatti, se $v_i = 0$ si avrebbe la combinazione lineare non banale $v_i = 1 \cdot v_i = 0$, mentre se $v_j = v_k$, con $j \neq k$ si avrebbe la combinazione lineare non banale $v_j - v_k = 0$. Un vettore è linearmente indipendente se e solo se è diverso da 0.

Il seguente risultato, che chiameremo *lemma di estensione*, è alla base della maggior parte dei risultati sull'indipendenza lineare e sarà usato più volte in questo libro.

Lemma 4.60 (di estensione)   *Siano $v_1, \ldots, v_n$ vettori in uno spazio vettoriale. Le seguenti condizioni sono equivalenti:*

1. *$v_1, \ldots, v_n$ sono linearmente indipendenti;*
2. *$v_1, \ldots, v_{n-1}$ sono linearmente indipendenti e $v_n \notin \mathrm{Span}(v_1, \ldots, v_{n-1})$;*
3. *la successione $v_1, \ldots, v_n$ è essenziale, ossia $v_i \notin \mathrm{Span}(v_1, \ldots, v_{i-1})$ per ogni $i = 1, \ldots, n$.*

Dimostrazione   Per provare l'equivalenza delle tre condizioni dimostriamo prima che (*1*) implica (*2*), poi che (*2*) implica (*3*) ed infine che (*3*) implica (*1*).

Supponiamo che $v_1, \ldots, v_n$ siano linearmente indipendenti. È chiaro che anche i vettori $v_1, \ldots, v_{n-1}$ sono linearmente indipendenti; se per assurdo $v_n \in \mathrm{Span}(v_1, \ldots, v_{n-1})$ esisterebbero $n-1$ scalari $a_1, \ldots, a_{n-1} \in \mathbb{K}$ tali che

$$v_n = a_1 v_1 + \cdots + a_{n-1} v_{n-1}.$$

In tal caso si avrebbe

$$a_1 v_1 + \cdots + a_{n-1} v_{n-1} + (-1) v_n = 0$$

in contraddizione con la lineare indipendenza di $v_1, \ldots, v_n$.

Supponiamo adesso che i vettori $v_1, \ldots, v_{n-1}$ siano linearmente indipendenti e $v_n \notin \mathrm{Span}(v_1, \ldots, v_{n-1})$. Avendo già dimostrato che (*1*)$\Rightarrow$(*2*), si ha $v_1, \ldots, v_{n-2}$

linearmente indipendenti e $v_{n-1} \notin \mathrm{Span}(v_1, \ldots, v_{n-2})$. Ripetendo il ragionamento a ritroso si arriva alla conclusione che $v_i \notin \mathrm{Span}(v_1, \ldots, v_{i-1})$ per ogni i.

Per finire, supponiamo che $v_i \notin \mathrm{Span}(v_1, \ldots, v_{i-1})$ per ogni i e supponiamo per assurdo che $v_1, \ldots, v_n$ siano linearmente dipendenti, ossia che esista una relazione $a_1 v_1 + \cdots + a_n v_n = 0$, con gli scalari a_i non tutti nulli. Indichiamo con r il massimo intero, compreso tra 1 ed n, tale che $a_r \neq 0$, allora $a_i = 0$ per ogni $i > r$ e dunque $a_1 v_1 + \cdots + a_r v_r = 0$, da cui si ricava

$$v_r = -\frac{a_1}{a_r} v_1 - \cdots - \frac{a_{r-1}}{a_r} v_{r-1} \in \mathrm{Span}(v_1, \ldots, v_{r-1})$$

contrariamente a quanto ipotizzato. $\square$

Esempio 4.61 Consideriamo $\mathbb{R}$ come spazio vettoriale sul campo $\mathbb{Q}$ e sia $p_1 = 2$, $p_2 = 3, \ldots, p_n, \ldots$ la successione dei primi in ordine crescente. Dalla Proposizione 3.83 segue in particolare che $\sqrt{p_{n+1}} \notin \mathrm{Span}(\sqrt{p_1}, \ldots, \sqrt{p_n})$ per ogni n e quindi, per il lemma di estensione, gli n numeri reali $\sqrt{p_1}, \ldots, \sqrt{p_n}$ sono linearmente indipendenti su $\mathbb{Q}$.

Lemma 4.62 *Siano $v_1, \ldots, v_n$ vettori qualsiasi in uno spazio vettoriale e siano $w_1, \ldots, w_m \in \mathrm{Span}(v_1, \ldots, v_n)$ vettori linearmente indipendenti. Allora $m \leq n$.*

Dimostrazione Dimostriamo il teorema per induzione su n, con il caso $n = 0$ banalmente verificato. Per ogni $i = 1, \ldots, m$ possiamo scrivere

$$w_i = u_i + a_i v_n, \qquad u_i \in \mathrm{Span}(v_1, \ldots, v_{n-1}), \quad a_i \in \mathbb{K}.$$

Se $a_i = 0$ per ogni i, allora $w_1, \ldots, w_m \in \mathrm{Span}(v_1, \ldots, v_{n-1})$ e per l'ipotesi induttiva $m \leq n-1 \leq n$. Se invece esiste un indice $k = 1, \ldots, m$ tale che $a_k \neq 0$, consideriamo gli m vettori

$$r_i = w_i - \frac{a_i}{a_k} w_k = u_i - \frac{a_i}{a_k} u_k \in \mathrm{Span}(v_1, \ldots, v_{n-1}), \quad i = 1, \ldots, m.$$

Per concludere ci basta dimostrare che gli $m - 1$ vettori r_i, con $i \neq k$, sono linearmente indipendenti; in tal caso, per l'ipotesi induttiva si ha $m - 1 \leq n - 1$ che equivale a $m \leq n$. Supponiamo per fissare le idee che $k = m$; se $k \neq m$ la dimostrazione è la stessa ma diventa più complicato scriverla. Se $b_1 r_1 + \cdots + b_{m-1} r_{m-1} = 0$, allora

$$0 = b_1 \left(w_1 - \frac{a_1}{a_m} w_m \right) + \cdots + b_{m-1} \left(w_{m-1} - \frac{a_1}{a_m} w_m \right)$$

$$= b_1 w_1 + \cdots + b_{m-1} w_{m-1} - \left(b_1 \frac{a_1}{a_m} + \cdots + b_{m-1} \frac{a_{m-1}}{a_m} \right) w_m,$$

e dall'indipendenza lineare dei vettori $w_1, \ldots, w_m$ segue in particolare che $b_1 = \cdots = b_{m-1} = 0$. $\square$

Teorema 4.63 (di scambio) *Sia A un sottoinsieme finito di uno spazio vettoriale. Se* $\mathrm{Span}(A)$ *contiene m vettori linearmente indipendenti, allora anche A contiene m vettori linearmente indipendenti.*

Dimostrazione Diamo due distinte dimostrazioni: la prima di natura costruttiva e basata sul Lemma 4.62, la seconda più astratta e concettuale.

Prima dimostrazione. Sia $A = \{v_1, \ldots, v_n\}$, a meno di eliminare elementi ridondanti nella successione $v_1, \ldots, v_n$ (Definizione 4.40), per il Lemma 4.41 lo span non cambia e non è quindi restrittivo supporre che $v_1, \ldots, v_n$ sia una successione essenziale. Per il Lemma 4.62 si ha $m \leq n$; d'altra parte, per il lemma di estensione i vettori $v_1, \ldots, v_n$ sono linearmente indipendenti e ogni sottoinsieme di m elementi di A è formato da vettori linearmente indipendenti.

Seconda dimostrazione. Sia $B \subseteq \mathrm{Span}(A)$ un insieme di m vettori linearmente indipendenti e indichiamo con $\mathcal{F}$ la famiglia (finita) di tutti i sottoinsiemi di $A \cup B$ formati da m vettori linearmente indipendenti. La famiglia $\mathcal{F}$ non è vuota perché contiene B. Tra tutti i sottoinsiemi appartenenti alla famiglia $\mathcal{F}$ scegliamone uno, che chiameremo C, che ha il maggior numero di elementi in comune con A. Per dimostrare il teorema è sufficiente provare che $C \subseteq A$. Supponiamo per assurdo che C non sia contenuto in A, possiamo allora scrivere

$$C = \{w_1, \ldots, w_m\}, \qquad \text{con} \quad w_m \notin A.$$

Per il lemma di estensione $w_m \notin \mathrm{Span}(w_1, \ldots, w_{m-1})$, mentre per ipotesi $w_n \in \mathrm{Span}(A)$; dunque $\mathrm{Span}(A)$ non è contenuto in $\mathrm{Span}(w_1, \ldots, w_{m-1})$ e quindi esiste un vettore $v \in A$ tale che $v \notin \mathrm{Span}(w_1, \ldots, w_{m-1})$. Ma allora $D = \{w_1, \ldots, w_{m-1}, v\}$ è ancora formato da m vettori indipendenti ed ha in comune con A un vettore in più rispetto a C. $\square$

Il Teorema 4.63 è noto in letteratura anche come Lemma di Steinitz.

Corollario 4.64 *Uno spazio vettoriale V è di dimensione infinita se e solo se per ogni intero positivo m esistono m vettori linearmente indipendenti in V.*

Dimostrazione Se V è di dimensione infinita, allora per ogni successione finita $v_1, \ldots, v_n$ di vettori in V si ha $\mathrm{Span}(v_1, \ldots, v_n) \neq V$. Possiamo quindi costruire per ricorrenza una successione infinita $\{v_i\}$, $i = 1, 2, \ldots$, con le proprietà:

$$v_1 \neq 0, \quad v_2 \notin \mathrm{Span}(v_1), \quad \ldots, \quad v_{i+1} \notin \mathrm{Span}(v_1, \ldots, v_i), \quad \ldots$$

Qualunque sia $m > 0$, i primi m termini della successione sono linearmente indipendenti.

Viceversa, se V ha dimensione finita è possibile trovare un intero $n \geq 0$ ed n vettori che generano V. Per il teorema di scambio non esistono m vettori linearmente indipendenti per ogni $m > n$. $\square$

Esempio 4.65   Abbiamo visto nell'Esempio 4.61 che le radici quadrate dei numeri primi sono linearmente indipendenti su $\mathbb{Q}$. In maniera ancora più semplice si dimostra che i logaritmi (in qualsiasi base $b > 1$) dei primi sono linearmente indipendenti su $\mathbb{Q}$: infatti, siano $p_1, \ldots, p_n$ primi distinti e supponiamo

$$a_1 \log_b(p_1) + \cdots + a_n \log_b(p_n) = 0, \qquad a_i \in \mathbb{Q}.$$

Moltiplicando per un denominatore comune possiamo supporre $a_i \in \mathbb{Z}$ per ogni i e quindi

$$a_1 \log_b(p_1) + \cdots + a_n \log_b(p_n) = \log_b(p_1^{a_1} \cdots p_n^{a_n}) = 0$$

da cui segue $p_1^{a_1} \cdots p_n^{a_n} = 1$ che però è possibile solo se $a_i = 0$ per ogni i.

Siccome esistono infiniti primi, segue dal Corollario 4.64 che $\mathbb{R}$ e $\mathbb{C}$ hanno dimensione infinita come spazi vettoriali su $\mathbb{Q}$.

Esempio 4.66   Sia α un numero reale, allora gli $n+1$ numeri $1, \alpha, \alpha^2, \ldots, \alpha^n$ sono linearmente dipendenti su $\mathbb{Q}$ se e solo se α è la radice di un polinomio non nullo di grado $\leq n$. Più avanti dimostreremo (Teorema 16.34) che il numero $\pi \in \mathbb{R}$ non è radice di alcun polinomio a coefficienti razionali. Ne segue che per ogni $n > 0$ i numeri $1, \pi, \pi^2, \ldots, \pi^n$ sono linearmente indipendenti su $\mathbb{Q}$ e ritroviamo il fatto che $\mathbb{R}$ è uno spazio vettoriale di dimensione infinita su $\mathbb{Q}$.

Corollario 4.67   *Ogni sottospazio vettoriale di uno spazio di dimensione finita ha ancora dimensione finita.*

Dimostrazione   Se W è un sottospazio di V e se $w_1, \ldots, w_m \in W$ sono vettori linearmente indipendenti in W, allora sono linearmente indipendenti anche in V. Basta adesso applicare il Corollario 4.64. $\square$

Esempio 4.68 (☕)   Siano $a_0, \ldots, a_n \in \mathbb{K}$ scalari distinti e dimostriamo che gli $n+1$ vettori colonna

$$v_i = \begin{pmatrix} 1 \\ a_i \\ a_i^2 \\ \vdots \\ a_i^n \end{pmatrix} \in \mathbb{K}^{n+1}, \qquad i = 0, \ldots, n,$$

sono linearmente indipendenti. Per induzione possiamo supporre $v_1, \ldots, v_n$ linearmente indipendenti (esercizio: perché?) e quindi basta dimostrare che se $\sum_{i=0}^{n} x_i v_i = 0$ con $x_0, \ldots, x_n \in \mathbb{K}$ allora $x_0 = 0$. Consideriamo gli scalari $b_0, \ldots, b_n \in \mathbb{K}$ definiti dall'identità di polinomi

$$p(t) = \prod_{i=1}^{n} \frac{t - a_i}{a_0 - a_i} = \sum_{j=0}^{n} b_j t^j.$$

Si vede subito che $p(a_0) = \sum_{j=0}^{n} b_j a_0^j = 1$ e $p(a_i) = \sum_{j=0}^{n} b_j a_i^j = 0$ per ogni $i > 0$.

La condizione $\sum_{i=0}^{n} x_i v_i = 0$ è del tutto equivalente a $\sum_{i=0}^{n} x_i a_i^j = 0$ per ogni $j = 0, \ldots, n$; possiamo quindi scrivere

$$0 = \sum_{j=0}^{n} b_j \cdot 0 = \sum_{j=0}^{n} b_j \sum_{i=0}^{n} x_i a_i^j = \sum_{i=0}^{n} x_i \sum_{j=0}^{n} b_j a_i^j = x_0.$$

Esercizi

4.69   Per quali valori di $t \in \mathbb{R}$ i quattro vettori

$$v_1 = \begin{pmatrix} 1 \\ 2 \\ 1 \end{pmatrix}, \quad v_2 = \begin{pmatrix} 3 \\ 2 \\ t \end{pmatrix}, \quad v_3 = \begin{pmatrix} 2 \\ 2 \\ t^2 \end{pmatrix}, \quad v_4 = \begin{pmatrix} 2 \\ 2 \\ t^3 \end{pmatrix} \in \mathbb{R}^3$$

sono linearmente dipendenti?

4.70   Dedurre dall'Esempio 4.59 e dal teorema di scambio che ogni insieme di generatori di $\mathbb{K}^3$ contiene almeno 3 vettori.

4.71   Siano $v_1, \ldots, v_n$ vettori linearmente indipendenti. Dimostrare che anche $v_1, v_1 + v_2, \ldots, v_1 + v_2 + \cdots + v_n$ sono linearmente indipendenti.

4.72   Siano $v_0, \ldots, v_n$ vettori in uno spazio vettoriale V sul campo $\mathbb{K}$ e si assuma che esista una unica successione di scalari $a_1, \ldots, a_n \in \mathbb{K}$ tale che $a_1 v_1 + \cdots + a_n v_n = v_0$. Dimostrare che $v_1, \ldots, v_n$ sono linearmente indipendenti.

4.73   Ogni vettore di $\mathbb{R}^n$ può essere pensato come un vettore di $\mathbb{C}^n$ a coordinate reali. Dimostrare che $v_1, \ldots, v_m \in \mathbb{R}^n$ sono linearmente indipendenti su $\mathbb{R}$ se e solo se, pensati come vettori di $\mathbb{C}^n$, sono linearmente indipendenti su $\mathbb{C}$.

4.74   Siano u, v, w tre vettori linearmente indipendenti in uno spazio vettoriale. Provare che per ogni terna di scalari a, b, c i vettori $u, v + au, w + bv + cu$ sono ancora linearmente indipendenti.

4.75   Siano $v_0, v_1, \ldots, v_n$ vettori linearmente indipendenti in uno spazio vettoriale sul campo $\mathbb{K}$. Provare che per ogni scelta di $a_1, \ldots, a_n \in \mathbb{K}$ i vettori $v_0, v_1 + a_1 v_0, \ldots, v_n + a_n v_0$ sono ancora linearmente indipendenti.

4.76 Sia V uno spazio vettoriale su $\mathbb{K}$. Diremo che $p + 1$ vettori $v_0, \ldots, v_p \in V$ sono **affinemente dipendenti** se esistono $a_0, \ldots, a_p \in \mathbb{K}$, non tutti nulli, e tali che:

$$a_0 v_0 + \cdots + a_p v_p = 0, \qquad a_0 + \cdots + a_p = 0.$$

I medesimi vettori si dicono **affinemente indipendenti** se non sono affinemente dipendenti.

Dimostrare che le seguenti condizioni sono equivalenti:

1. i $p + 1$ vettori $v_0, \ldots, v_p \in V$ sono affinemente dipendenti;
2. esiste un indice $i = 0, \ldots, p$ tale che i p vettori $v_j - v_i$, $j \neq i$, sono linearmente dipendenti;
3. per ogni $i = 0, \ldots, p$ i p vettori $v_j - v_i$, $j \neq i$, sono linearmente dipendenti.

4.77 Sia V uno spazio vettoriale sul campo $\mathbb{K}$. Una combinazione lineare $a_0 v_0 + \cdots + a_p v_p$ di vettori $v_i \in V$ e coefficienti $a_i \in \mathbb{K}$ si dice una **combinazione affine** se $\sum_{i=0}^{p} a_i = 1$.

Dimostrare che $p + 1$ vettori $v_0, \ldots, v_p \in V$ sono affinemente indipendenti (Esercizio 4.76) se e solo se nessuno di essi può essere scritto come combinazione affine degli altri.

4.78 Si assuma che il vettore nullo di uno spazio vettoriale V non sia combinazione affine dei vettori $v_0, \ldots, v_p \in V$. Dimostrare che $v_0, \ldots, v_p \in V$ sono affinemente indipendenti se e solo se sono linearmente indipendenti.

4.79 ($\heartsuit$) Sia $n > 0$ un intero positivo fissato e si denoti con $f \colon \mathbb{K}^n \to \mathbb{K}^{n+1}$ l'applicazione

$$f\begin{pmatrix} x_1 \\ \vdots \\ x_n \end{pmatrix} = \begin{pmatrix} 1 \\ x_1 \\ \vdots \\ x_n \end{pmatrix}.$$

Dimostrare che per una successione di $p + 1$ vettori $v_0, \ldots, v_p \in \mathbb{K}^n$ le seguenti condizioni sono equivalenti:

1. i vettori $v_0, \ldots, v_p$ sono affinemente dipendenti in $\mathbb{K}^n$;
2. i vettori $f(v_0), f(v_1), \ldots, f(v_p)$ sono linearmente dipendenti in $\mathbb{K}^{n+1}$.

4.80 ($\clubsuit$) Sia V uno spazio vettoriale. Un sottoinsieme $A \subseteq V$ si dice un **sottospazio affine** se è chiuso per combinazioni affini. Supponiamo che il campo $\mathbb{K}$ contenga almeno $n + 1$ elementi distinti, dimostrare che V non è unione di n sottospazi affini propri, cf. Teorema 4.23. (Suggerimento: per ogni sottospazio affine non vuoto $A \subseteq V$ provare che

$$\widetilde{A} = \{(t, tv) \in \mathbb{K} \times V \mid t \in \mathbb{K}, \, v \in A\} \cup \{(0, tv - tw) \in \mathbb{K} \times V \mid t \in \mathbb{K}, \, v, w \in A\}$$

è un sottospazio vettoriale di $\mathbb{K} \times V$.)

4.81 Dedurre dall'Esempio 3.81 che i numeri reali del tipo $2^{i/2^n} = \sqrt[2^n]{2^i}$, con $i, n \in \mathbb{N}$ tali che $0 \le i < 2^n$, sono linearmente indipendenti su $\mathbb{Q}$.

4.82 (☙, Ⓐ, ♡) Siano $p_1(x), \dots, p_n(x) \in \mathbb{R}[x]$ polinomi distinti e tali che $p_i(0) = 0$ per ogni indice i. Provare che le n funzioni $f_1 = e^{p_1(x)}, \dots, f_n = e^{p_n(x)}$ sono linearmente indipendenti nello spazio vettoriale su $\mathbb{R}$ delle funzioni continue sulla retta reale.

4.6 Basi e dimensione

Le successioni di vettori che sono sia generatori che linearmente indipendenti hanno un ruolo chiave in algebra lineare e meritano un'apposita definizione.

Definizione 4.83 Diremo che una successione di n vettori $v_1, \dots, v_n$ di uno spazio vettoriale V è una **base** se tali vettori sono contemporaneamente generatori di V e linearmente indipendenti.

Osservazione 4.84 Per un insieme finito di vettori di uno spazio vettoriale V, le proprietà di generare V e di essere linearmente indipendenti non dipendono dall'ordine in cui questi vettori sono considerati, mentre una base dipende per definizione dall'ordine in cui i vettori sono presi. Dunque n generatori linearmente indipendenti formano esattamente $n!$ basi distinte.

Abbiamo osservato nell'Esempio 4.43 che gli n vettori di $\mathbb{K}^n$

$$e_1 = \begin{pmatrix} 1 \\ 0 \\ \vdots \\ 0 \end{pmatrix}, \quad e_2 = \begin{pmatrix} 0 \\ 1 \\ \vdots \\ 0 \end{pmatrix}, \quad \dots \quad e_n = \begin{pmatrix} 0 \\ 0 \\ \vdots \\ 1 \end{pmatrix},$$

sono un insieme di generatori. Mostriamo adesso che sono anche linearmente indipendenti e quindi che formano una base. Siano $a_1, \dots, a_n \in \mathbb{K}$ tali che $\sum_{i=1}^n a_i e_i = 0$. Allora dalla formula

$$a_1 e_1 + \cdots + a_n e_n = \begin{pmatrix} a_1 \\ \vdots \\ a_n \end{pmatrix}$$

segue immediatamente che $a_1 = a_2 = \cdots = a_n = 0$.

Definizione 4.85 Nelle notazioni precedenti, la successione $e_1, \dots, e_n$ viene detta **base canonica** di $\mathbb{K}^n$.

Teorema 4.86 *Una successione di vettori è una base se e solo se è una successione essenziale di generatori.*

Dimostrazione Conseguenza immediata delle Definizioni 4.40, 4.83 e del Lemma 4.60. □

Sarebbe bello avere esistenza ed unicità (a meno di permutazioni) delle basi, ma questo accade se e solo se lo spazio vettoriale possiede al più due vettori distinti. Vedremo tra poco che le basi esistono sempre, e quindi che non sono uniche negli spazi vettoriali con almeno tre vettori: ad esempio, se $v_1, \ldots, v_n$ è una base, allora per ogni scalare $a \neq 0$ le due successioni di vettori $av_1, v_2, \ldots, v_n$ e $v_1 + av_2, v_2, \ldots, v_n$ sono ancora basi (esercizio: perché?).

Corollario 4.87 *Sia A un insieme finito di generatori di uno spazio vettoriale V. Allora esiste una base $v_1, \ldots, v_n$ di V con $v_i \in A$ per ogni indice i.*

Dimostrazione Sia $A = \{w_1, \ldots, w_m\}$ un insieme di generatori; se la successione $w_1, \ldots, w_m$ è essenziale abbiamo finito, altrimenti si tolgono elementi ridondanti fino ad arrivare ad una successione essenziale. □

Il Corollario 4.87 si esprime in termini colloquiali dicendo che, in uno spazio vettoriale di dimensione finita, da ogni insieme di generatori si può estrarre una base.

Teorema 4.88 (Esistenza ed equipotenza delle basi) *Ogni spazio vettoriale di dimensione finita possiede basi. Tutte le basi sono formate dallo stesso numero di vettori.*

Dimostrazione Per definizione di spazio di dimensione finita esiste un insieme finito A di generatori. Per il Corollario 4.87 esiste una base $v_1, \ldots, v_n$ con $v_i \in A$ per ogni i.

Siamo adesso $v_1, \ldots, v_n$ e $w_1, \ldots, w_m$ due basi dello stesso spazio vettoriale V. Siccome $v_1, \ldots, v_n$ generano e $w_1, \ldots, w_m$ sono linearmente indipendenti, per il teorema di scambio vale $m \leq n$. Per simmetria, ossia scambiando i ruoli, si ottiene $n \leq m$ e quindi $n = m$. □

Osservazione 4.89 Il concetto di base e relativo teorema di esistenza ed equipotenza si può estendere agli spazi di dimensione infinita; ciò richiede strumenti matematici non banali e verrà trattato nel Capitolo 12.

Definizione 4.90 Sia V uno spazio vettoriale di dimensione finita. La **dimensione** $\dim_{\mathbb{K}} V$ di V su $\mathbb{K}$ è il numero di elementi di una (qualunque) base di V.

Chiosa notazionale. Scriveremo semplicemente $\dim V$ al posto di $\dim_{\mathbb{K}} V$ quando il campo $\mathbb{K}$ è chiaro dal contesto. Viceversa, quando possono sorgere malintesi su V, scriveremo $\dim(V)$ e $\dim_{\mathbb{K}}(V)$ con lo stesso significato di $\dim V$ e $\dim_{\mathbb{K}} V$, rispettivamente. Volendo, si può scrivere $\dim V < \infty$ per indicare che V ha dimensione finita, e $\dim V = \infty$ per indicare che V ha dimensione infinita.

Esempio 4.91 Uno spazio vettoriale ha dimensione 0 se e solo se è formato dal solo vettore nullo.

Esempio 4.92 Per ogni campo $\mathbb{K}$ si ha $\dim_{\mathbb{K}} \mathbb{K}^n = n$; infatti la base canonica è formata da n vettori.

Esempio 4.93 Sia $V \subseteq \mathbb{K}[x]$ il sottospazio vettoriale dei polinomi di grado minore di n. Allora V ha dimensione n in quanto una base è data dai polinomi $1, x, x^2, \ldots, x^{n-1}$.

Esempio 4.94 Si ha $\dim_{\mathbb{R}} \mathbb{C} = 2$ in quanto $1, i \in \mathbb{C}$ sono una base di $\mathbb{C}$ come spazio vettoriale su $\mathbb{R}$.

Lemma 4.95 *Per una successione $v_1, \ldots, v_n$ di vettori in uno spazio vettoriale V di dimensione finita, le seguenti condizioni sono equivalenti:*

1. $v_1, \ldots, v_n$ è una base,
2. $\dim V \leq n$ e $v_1, \ldots, v_n$ sono linearmente indipendenti,
3. $\dim V \geq n$ e $v_1, \ldots, v_n$ sono generatori.

Dimostrazione Le implicazioni (1)$\Rightarrow$(2) e (1)$\Rightarrow$(3) seguono immediatamente dalle definizioni di base e dimensione.

Per quanto riguarda (2)$\Rightarrow$(1), se $v_1, \ldots, v_n$ non fossero generatori, scelto un qualsiasi vettore $v_{n+1} \notin \mathrm{Span}(v_1, \ldots, v_n)$ avremmo una successione $v_1, \ldots, v_{n+1}$ di vettori linearmente indipendenti, in contrasto con il teorema di scambio dato che V può essere generato da $\dim V \leq n$ vettori.

Per concludere, dimostriamo (3)$\Rightarrow$(1). Se la successione $v_1, \ldots, v_n$ non è essenziale, togliendo un vettore ridondante troveremo un insieme di $n-1$ generatori, ancora in contrasto con il teorema di scambio dato che V possiede $\dim V \geq n$ vettori linearmente indipendenti. $\square$

Il significato del Lemma 4.95 è sostanzialmente il seguente: se già siamo a conoscenza, per altri motivi, che uno spazio vettoriale V ha dimensione finita n, allora per determinare se una successione di n vettori è una base ci basta verificare o la loro indipendenza lineare oppure che essi generano V; ossia non è necessario verificare entrambe le condizioni che definiscono una base.

Esempio 4.96 Ogni successione di n vettori linearmente indipendenti di $\mathbb{K}^n$ è una base. Ogni successione di n generatori di $\mathbb{K}^n$ è una base.

Teorema 4.97 (di completamento) *Siano $v_1, \ldots, v_m$ vettori linearmente indipendenti in uno spazio vettoriale V di dimensione finita n. Allora $m \leq n$ ed esistono $n - m$ vettori $v_{m+1}, \ldots, v_n \in V$ che rendono la successione $v_1, \ldots, v_m, v_{m+1}, \ldots, v_n$ una base di V.*

Dimostrazione Siccome V può essere generato da n vettori la disuguaglianza $m \leq n$ segue dal teorema di scambio. Dimostriamo l'esistenza dei vettori $v_{m+1}, \ldots, v_n$ per induzione su $n - m$. Se $m = n$ allora $v_1, \ldots, v_m$ è già una base per il Lemma 4.95. Se $m < n$ allora $v_1, \ldots, v_m$ non sono generatori e quindi possiamo scegliere un vettore $v_{m+1} \notin \text{Span}(v_1, \ldots, v_m)$. Per il lemma di estensione i vettori $v_1, \ldots, v_{m+1}$ sono linearmente indipendenti e per l'ipotesi induttiva esistono $v_{m+2}, \ldots, v_n$ tali che $v_1, \ldots, v_n$ è una base. $\square$

Corollario 4.98 *Sia W un sottospazio vettoriale di uno spazio vettoriale V di dimensione finita. Allora $\dim W \leq \dim V$ e vale $\dim W = \dim V$ se e solo se $W = V$.*

Dimostrazione Abbiamo già dimostrato che il sottospazio W ha dimensione finita. Se $\dim W = m$ allora W contiene m vettori $w_1, \ldots, w_m$ linearmente indipendenti. Tali vettori sono linearmente indipendenti anche in V e quindi $m \leq \dim V$. Se $m = \dim V$ allora $w_1, \ldots, w_m$ è una base di V e quindi $W = V$. $\square$

Proposizione 4.99 *Sia $v_1, \ldots, v_n$ una base di uno spazio vettoriale V. Allora per ogni vettore $v \in V$ esistono, e sono unici, dei coefficienti $a_1, \ldots, a_n \in \mathbb{K}$ tali che*

$$v = a_1 v_1 + \cdots + a_n v_n.$$

Dimostrazione L'esistenza dei coefficienti a_i è del tutto equivalente al fatto che i vettori v_i generano V. Siccome $v_1, \ldots, v_n$ sono linearmente indipendenti, se

$$v = a_1 v_1 + \cdots + a_n v_n, \qquad v = b_1 v_1 + \cdots + b_n v_n,$$

allora

$$0 = v - v = (a_1 - b_1)v_1 + \cdots + (a_n - b_n)v_n$$

da cui segue $a_i = b_i$ per ogni i, ossia l'unicità dei coefficienti. $\square$

Definizione 4.100 Si chiamano **coordinate** di un vettore v rispetto ad una base $v_1, \ldots, v_n$ i coefficienti $a_1, \ldots, a_n$ tali che

$$v = a_1 v_1 + \cdots + a_n v_n.$$

Notiamo che le coordinate di un vettore numerico, come definite nella Sezione 4.1, coincidono con le coordinate del medesimo vettore rispetto alla base canonica.

Esempio 4.101 Calcoliamo le coordinate del vettore $(2, 0, 1) \in \mathbb{R}^{(3)}$ rispetto alla base $v_1 = (1, 0, 1)$, $v_2 = (0, 1, 1)$ e $v_3 = (1, 1, 0)$. In pratica dobbiamo trovare tre numeri x, y, z tali che $xv_1 + yv_2 + zv_3 = (1, 1, 1)$, ossia bisogna risolvere il sistema lineare

$$\begin{cases} x + z = 2 \\ y + z = 0 \\ x + y = 1 \end{cases}$$

la cui (unica) soluzione è $x = 3/2$, $y = -1/2$ e $z = 1/2$.

Esercizi

4.102 Dimostrare che una coppia di vettori $\binom{a}{b}, \binom{c}{d} \in \mathbb{K}^2$ è una base se e solo se $ad \neq cb$.

4.103 Calcolare le coordinate del vettore $(1, 0, 0) \in \mathbb{K}^{(3)}$ rispetto alla base $v_1 = (1, 1, 1)$, $v_2 = (1, -1, 0)$, $v_3 = (0, 0, 1)$.

4.104 Sia $v_1, v_2, \ldots, v_n$ una base di uno spazio vettoriale V. Dimostrare che per ogni $v \in V$ esiste uno scalare t che rende i vettori $v_1, \ldots, v_{n-1}, v + tv_n$ linearmente dipendenti. Dire inoltre se un tale t è unico.

4.105 Siano $v_1, \ldots, v_n$ una base di V e $u_1, \ldots, u_m$ una base di U. Mostrare che la successione $(v_1, 0), \ldots, (v_n, 0), (0, u_1), \ldots, (0, u_m)$ è una base di $V \times U$.

4.106 Siano dati $n + 1$ vettori $v_0, \ldots, v_n$ in uno spazio vettoriale ed $n + 1$ scalari $a_0, \ldots, a_n$. Provare che il sottospazio vettoriale generato dagli $\binom{n}{2}$ vettori $v_{ij} - a_i v_j - a_j v_i$, con $0 < i < j \leq n$, ha dimensione al più n.

4.107 Sia $V \subseteq \mathbb{R}[x]$ il sottoinsieme dei polinomi $p(x)$ di grado minore od uguale a 5 e tali che $p(1) = p(0) = 0$. Dimostrare che V è un sottospazio vettoriale e trovare una sua base.

4.108 Siano $v_1, \ldots, v_n$ vettori linearmente indipendenti in uno spazio vettoriale V. Provare che la successione $v_1, \ldots, v_n$ è una base se e solo se per ogni $w \in V$ i vettori $v_1, \ldots, v_n, w$ sono linearmente dipendenti.

4.109 Siano $v_1, \ldots, v_n$ generatori di uno spazio vettoriale V. Provare che la successione $v_1, \ldots, v_n$ è una base se e solo se per ogni $i = 1, \ldots, n$ gli $n - 1$ vettori $v_1, \ldots, v_{i-1}, v_{i+1}, \ldots, v_n$ non sono generatori.

Osservazione 4.110 Un modo del tutto equivalente di enunciare i risultati degli Esercizi 4.108 e 4.109 è mediante la seguente proposizione.

Proposizione 4.111 *Per una successione di vettori $v_1, \ldots, v_n$ in uno spazio vettoriale le seguenti proprietà sono equivalenti:*

- *è una base;*
- *è una successione massimale di vettori linearmente indipendenti;*
- *è una successione minimale di generatori.*

4.112 Siano V uno spazio vettoriale, $U \subseteq V$ un sottospazio e $v_1, \ldots, v_n \in V$ vettori linearmente indipendenti. Provare che $U \cap \mathrm{Span}(v_1, \ldots, v_n) = 0$ se e solo se per ogni successione $u_1, \ldots, u_n \in U$, i vettori $v_1 - u_1, \ldots, v_n - u_n \in V$ sono linearmente indipendenti.

4.113 Siano V spazio vettoriale di dimensione finita e $H \subseteq V$ un sottospazio vettoriale. Se $v_1, \ldots, v_n$ è una base di V e $v_1 \notin H$, provare che esistono scalari $a_2, \ldots, a_n \in \{0, 1\}$ tali che $v_i + a_i v_1 \notin H$ per ogni $i = 2, \ldots, n$. Dedurre che esiste una base $u_1, \ldots, u_n$ di V con $u_i \notin H$ per ogni i.

4.114 (⬥) Siano $H_1, \ldots, H_r$ sottospazi propri di uno spazio vettoriale V di dimensione finita n. Provare che se il campo $\mathbb{K}$ contiene almeno $r + 1$ scalari distinti, allora esiste una base $u_1, \ldots, u_n$ di V tale che $u_i \notin H_1 \cup \cdots \cup H_r$ per ogni i.

4.115 (Codimensione) Siano V uno spazio vettoriale ed $U \subseteq V$ un sottospazio. Diremo che U ha codimensione finita in V se esiste una successione finita di vettori $v_1, \ldots, v_n \in V$ tali che $U + \mathrm{Span}(v_1, \ldots, v_n) = V$. Se i vettori v_i sono linearmente indipendenti e $V = U \oplus \mathrm{Span}(v_1, \ldots, v_n)$ diremo che $v_1, \ldots, v_n$ è una cobase di U in V.

Sia $A \subseteq V$ un insieme finito di vettori tale che $U + \mathrm{Span}(A) = V$ e sia $v_1, \ldots, v_n \in A$ una successione di lunghezza minima tale che

$$U + \mathrm{Span}(v_1, \ldots, v_n) = V.$$

Provare che $v_1, \ldots, v_n$ è una cobase.

Se $v_1, \ldots, v_n$ è una cobase di U in V, provare che per ogni $u_1, \ldots, u_n \in U$ i vettori $v_1 + u_1, \ldots, v_n + u_n$ sono linearmente indipendenti e dedurre dal teorema di scambio che due cobasi di uno spazio di codimensione finita hanno lo stesso numero di elementi; tale numero viene detto **codimensione** di U in V.

4.116 Sia $V \subseteq \mathbb{K}[x]$ il sottospazio vettoriale dei polinomi di grado al più $n - 1$. Dati n scalari distinti $a_1, \ldots, a_n \in \mathbb{K}$ si considerino gli n polinomi

$$p_i(x) = \prod_{j \neq i}(x - a_j) \in V, \qquad i = 1, \ldots, n.$$

Dimostrare:

1. per ogni i ed ogni $p(x) \in \mathrm{Span}(p_1(x), \ldots, p_{i-1}(x))$ vale $p(a_i) = 0$;
2. la successione $p_1(x), \ldots, p_n(x)$ è una base di V;

4.117 Siano $\mathbb{K}$ un campo e n un intero positivo. Dimostrare che gli $n+1$ polinomi

$$p_i(x) = x^i (1-x)^{n-i} \in \mathbb{K}[x], \qquad i = 0, \ldots, n,$$

sono una base del sottospazio vettoriale dei polinomi di grado al più n.

4.118 (☕) Siano V uno spazio vettoriale di dimensione finita, $H \subseteq V$ un sottospazio vettoriale proprio e $v, w \in V$ vettori non appartenenti ad H. Dimostrare che esiste un sottospazio vettoriale $W \subseteq V$ tale che $\dim W = \dim V - 1$, $H \subseteq W$ e $v, w \notin W$.

4.119 (☕, ♡) Siano $\mathbb{K}$ un campo e $F \subseteq \mathbb{K}$ un sottocampo; dunque $F^n \subseteq \mathbb{K}^n$ per ogni n. Dati m vettori $v_1, \ldots, v_m \in F^n$ linearmente indipendenti su F, provare che sono linearmente indipendenti anche su $\mathbb{K}$.

4.7 Semisemplicità e formula di Grassmann

Dopo aver introdotto basi e dimensione, siamo in grado di dimostrare alcuni interessanti risultati su somme e intersezioni di sottospazi.

Definizione 4.120 Siano U, W due sottospazi di V. Diremo che W è un **complementare di U in V** se vale $V = U \oplus W$.

Notiamo subito che, in generale, un sottospazio possiede più di un complementare. Ad esempio sullo spazio $\mathbb{R}^2$, ogni coppia di rette distinte passanti per l'origine sono una il complementare dell'altra. Gli spazi vettoriali godono di una importante proprietà, detta *semisemplicità*, non sempre valida in altre strutture algebriche, ed espressa dal prossimo teorema.

Teorema 4.121 (Semisemplicità degli spazi vettoriali) *Sia U un sottospazio di uno spazio vettoriale V di dimensione finita. Allora esistono sottospazi complementari di U in V ed hanno tutti dimensione uguale a $\dim V - \dim U$.*

Dimostrazione Sia $v_1, \ldots, v_r$ una base di U, allora i vettori v_i sono linearmente indipendenti in V e, per il Teorema 4.97, possono essere estesi ad una base $v_1, \ldots, v_n$. Proviamo che il sottospazio $W = \mathrm{Span}(v_{r+1}, \ldots, v_n)$ ha le proprietà richieste. Innanzitutto

$$U + W = \mathrm{Span}(v_1, \ldots, v_r) + \mathrm{Span}(v_{r+1}, \ldots, v_n) = \mathrm{Span}(v_1, \ldots, v_n) = V$$

e se $x \in U \cap W$, dalla condizione $x \in U$ si ricava

$$x = a_1 v_1 + \cdots + a_r v_r, \qquad a_i \in \mathbb{K},$$

mentre dalla condizione $x \in W$ si ha

$$x = a_{r+1} v_{r+1} + \cdots + a_n v_n, \qquad a_i \in \mathbb{K},$$
$$a_1 v_1 + \cdots + a_r v_r - a_{r+1} v_{r+1} - \cdots - a_n v_n = x - x = 0$$

e quindi $a_i = 0$ per ogni i in quanto $v_1, \ldots, v_n$ linearmente indipendenti. Ma questo implica in particolare che $x = 0$ e di conseguenza $U \cap W = 0$. Dato che $v_{r+1}, \ldots, v_n$ è una base di W, abbiamo dimostrato che esiste un complementare di dimensione $\dim V - \dim U$.

Dimostriamo adesso che tutti i complementari di U in V hanno la stessa dimensione; supponiamo $V = U \oplus W = U \oplus H$ e proviamo che $\dim H \geq \dim W$; poi, scambiando i ruoli di H e W si ottiene $\dim H \leq \dim W$. Sia $w_1, \ldots, w_m$ una base di W, esistono allora due successioni $u_1, \ldots, u_m \in U$ e $v_1, \ldots, v_m \in H$ tali che $w_i = u_i + v_i$ per ogni i. Dimostriamo che i vettori v_i sono linearmente indipendenti, e quindi che $m \leq \dim H$; se $\sum_i a_i v_i = 0$ con $a_i \in \mathbb{K}$ allora il vettore

$$s = \sum_i a_i w_i = \sum_i a_i (u_i + v_i) = \sum_i a_i u_i$$

appartiene sia a W (prima sommatoria) che a U (terza sommatoria). Dato che $U \cap W = 0$ deve essere $s = 0$ e siccome i vettori w_i sono linearmente indipendenti si ha $a_i = 0$ per ogni i. $\square$

Osservazione 4.122 La prima parte del Teorema 4.121 è vera anche se V ha dimensione infinita, ma in tal caso la dimostrazione è decisamente più complicata ed è posticipata al Capitolo 12.

Teorema 4.123 (Formula di Grassmann) *Siano U, W due sottospazi di dimensione finita di uno spazio vettoriale V. Allora $\dim(U + W) < \infty$ e vale la formula*

$$\dim(U + W) = \dim U + \dim W - \dim(U \cap W).$$

Dimostrazione Siano $A \subseteq U$ e $B \subseteq W$ sottoinsiemi finiti di generatori di U e W rispettivamente, allora $A \cup B$ genera $U + W$ che pertanto ha dimensione finita. Denotiamo con $m = \dim W$ e con $p = \dim(U \cap W)$; vogliamo dimostrare che $\dim(U + W) = \dim U + m - p$.

Per il Teorema 4.121 esiste un sottospazio $H \subseteq W$ di dimensione $m - p$ tale che $W = (W \cap U) \oplus H$; sempre per il Teorema 4.121 basta dimostrare che $U + W = U \oplus H$. È evidente che $U + H \subseteq U + W$. Viceversa, per ogni $v \in U + W$ esistono $u \in U$ e $w \in W$ tali che $v = u + w$. Se $w = w_1 + w_2$ con $w_1 \in U \cap W$ e $w_2 \in H$, allora $v = (u + w_1) + w_2$ e siccome $u + w_1 \in U$ abbiamo provato che $v \in U + H$. Per concludere, basta osservare che $W \cap H = H$ e quindi

$$U \cap H = U \cap (W \cap H) = (U \cap W) \cap H = 0. \quad \square$$

Esempio 4.124 Sia $U \subseteq \mathbb{K}^n$ un sottospazio vettoriale di dimensione p e dimostriamo che esiste una successione di interi $1 \le j_1 < j_2 < \cdots < j_p \le n$ tale che

$$\mathbb{K}^n = U \oplus \{x \in \mathbb{K}^n \mid x_{j_1} = \cdots = x_{j_p} = 0\}.$$

Se $e_1, \ldots, e_n \in \mathbb{K}^n$ è la base canonica, allora

$$\mathbb{K}^n = \{x \in \mathbb{K}^n \mid x_{j_1} = \cdots = x_{j_p} = 0\} \oplus \mathrm{Span}(e_{j_1}, \ldots, e_{j_p}),$$

quindi la dimensione di $\{x \in \mathbb{K}^n \mid x_{j_1} = \cdots = x_{j_p} = 0\}$ è esattamente $n - p$. Per Grassmann ci basta quindi dimostrare l'esistenza di una successione $j_1 < \cdots < j_p$ tale che $U \cap \{x \in \mathbb{K}^n \mid x_{j_1} = \cdots = x_{j_p} = 0\} = 0$.

Ragioniamo per induzione su n, trattando separatamente i due casi opposti $U \subseteq \{x \in \mathbb{K}^n \mid x_n = 0\}$ e $U \not\subseteq \{x \in \mathbb{K}^n \mid x_n = 0\}$.

Nel primo caso, denotando $\mathbb{K}^{n-1} = \{x \in \mathbb{K}^n \mid x_n = 0\}$, per induzione esistono $1 \le j_1 < j_2 < \cdots < j_p \le n - 1$ tali che

$$U \cap \{x \in \mathbb{K}^{n-1} \mid x_{j_1} = \cdots = x_{j_p} = 0\} = 0.$$

Siccome $U \subseteq \mathbb{K}^{n-1}$ ne consegue $U \cap \{x \in \mathbb{K}^n \mid x_{j_1} = \cdots = x_{j_p} = 0\} = 0$.

Nel secondo caso, $U + \mathbb{K}^{n-1} = \mathbb{K}^n$, per la formula di Grassmann $V = U \cap \mathbb{K}^{n-1}$ ha dimensione $p - 1$, per induzione esistono $1 \le j_1 < j_2 < \cdots < j_{p-1} \le n - 1$ tali che $V \cap \{x \in \mathbb{K}^{n-1} \mid x_{j_1} = \cdots = x_{j_{p-1}} = 0\} = 0$; di conseguenza

$$U \cap \{x \in \mathbb{K}^n \mid x_{j_1} = \cdots = x_{j_{p-1}} = x_n = 0\} = 0.$$

Esercizi

4.125 Trovare una bigezione tra l'insieme dei sottospazi complementari in $\mathbb{R}^3$ al piano di equazione $x + y + z = 0$ e l'insieme dei vettori $(a, b, c)^T \in \mathbb{R}^3$ tali che $a + b + c = 1$.

4.126 Completare le parti mancanti nella seguente traccia di dimostrazione alternativa della formula di Grassmann. Nelle stesse notazioni del Teorema 4.123 denotiamo con $n = \dim U$, $m = \dim W$ e $p = \dim(U \cap W)$. Siano:

- $u_1, \ldots, u_p$ una base di $U \cap W$;
- $u_{p+1}, \ldots, u_n \in U$ tali che $u_1, \ldots, u_p, u_{p+1}, \ldots, u_n$ sia una base di U;
- $w_{p+1}, \ldots, w_m \in U$ tali che $u_1, \ldots, u_p, w_{p+1}, \ldots, w_m$ sia una base di W.

Dimostrare che $u_1, \ldots, u_p, u_{p+1}, \ldots, u_n, w_{p+1}, \ldots, w_m$ è una base di $U + W$.

4.127   Siano $U_1, U_2, \ldots, U_n$ sottospazi vettoriali di uno spazio vettoriale V di dimensione finita. Provare che se $V = U_1 \oplus \cdots \oplus U_n$ allora $\dim V = \dim U_1 + \cdots + \dim U_n$.

4.128   Sia V uno spazio vettoriale di dimensione m e siano $U_1, U_2, \ldots, U_n \subseteq V$ sottospazi vettoriali di dimensione $m - 1$. Dimostrare per induzione su n che la dimensione di $U_1 \cap U_2 \cap \cdots \cap U_n$ è maggiore od uguale a $m - n$.

4.129   Siano V uno spazio vettoriale di dimensione n e $U, W \subseteq V$ due sottospazi tali che $U \oplus W = V$. Dimostrare che per ogni sottospazio $U \subseteq L \subseteq V$ vale $L = (L \cap W) \oplus U$.

4.130   Siano V uno spazio vettoriale di dimensione n e $W \subseteq V$ un sottospazio di dimensione $m < n$. Dimostrare che W si può scrivere come intersezione di $n - m$ sottospazi vettoriali di dimensione $n - 1$. (Sugg.: estendere una base di W ad una base di V.)

4.131   Siano H, K sottospazi vettoriali di uno spazio vettoriale V di dimensione finita. Dimostrare che esiste un sottospazio vettoriale $L \subseteq V$ con le seguenti proprietà:

$$K \subseteq L, \qquad H + L = V, \qquad H \cap L = H \cap K.$$

4.132   Sia V uno spazio vettoriale di dimensione finita sul campo $\mathbb{K}$ e siano $W_1, \ldots, W_n \subseteq V$ sottospazi vettoriali della stessa dimensione. Dedurre dal Teorema 4.23 che se $\mathbb{K}$ contiene almeno n elementi distinti, allora esiste un sottospazio vettoriale U tale che $V = W_i \oplus U$ per ogni i.

4.133   Sia V uno spazio vettoriale di dimensione finita. Diremo che una successione di vettori $v_1, \ldots, v_n \in V$ è **omogenea** rispetto ad un sottospazio $U \subseteq V$ se

$$U \cap \mathrm{Span}(v_1, \ldots, v_n) = \mathrm{Span}(\{v_1, \ldots, v_n\} \cap U\}).$$

Sia $U_1 \subseteq U_2 \subseteq \cdots \subseteq U_k$ una catena crescente di sottospazi vettoriali di V. Data una successione di vettori linearmente indipendenti di V che sia omogenea rispetto a ciascun U_i, dimostrare che è possibile estendere tale successione ad una base di V omogenea rispetto a ciascun U_i.

4.134 (☕, ♡)   Dedurre dall'incontabilità dei numeri reali che, se $H_0, H_1, H_2, \ldots, H_n, \ldots$ è una successione di sottospazi vettoriali propri di uno spazio vettoriale reale V di dimensione finita, allora $\bigcup_{n \in \mathbb{N}} H_n \neq V$.

Mostrare con un esempio che il precedente risultato è falso se V ha dimensione infinita.

4.8 Complementi: il campo dei numeri algebrici

In questa sezione useremo i risultati di algebra lineare precedentemente esposti per introdurre un importante campo di numeri, denotato $\overline{\mathbb{Q}}$, e chiamato **campo dei numeri algebrici**.

Definizione 4.135 Un **numero algebrico** è un numero complesso che è radice di un polinomio non nullo a coefficienti interi. Denoteremo con $\overline{\mathbb{Q}} \subseteq \mathbb{C}$ l'insieme formato da tutti i numeri algebrici. Un numero complesso che non è algebrico si dice **trascendente**.

Equivalentemente, un numero $\alpha \in \mathbb{C}$ è algebrico se e solo se esistono un intero positivo n ed $n + 1$ numeri interi $a_0, a_1, \ldots, a_n$ tali che

$$a_n \neq 0, \qquad a_0 + a_1\alpha + \cdots + a_n\alpha^n = 0.$$

Ogni numero razionale p/q è algebrico poiché è radice del polinomio $qx - p$; quindi $\mathbb{Q} \subseteq \overline{\mathbb{Q}}$. Il numero $\sqrt{2}$ è algebrico poiché è radice del polinomio $x^2 - 2$. L'unità immaginaria i è un numero algebrico poiché è radice del polinomio $x^2 + 1$.

Dedicheremo il Capitolo 16 allo studio dei numeri trascendenti e dimostreremo, tra le altre cose, che esistono infiniti numeri trascendenti (questo è facile), che il numero di Nepero e, base dei logaritmi naturali, è trascendente (questo invece è difficile) ed anche che il numero π, costante di Archimede, è trascendente (ancora più difficile).

Tornando ai numeri algebrici, non è affatto ovvio il fatto che $\overline{\mathbb{Q}}$ sia un sottocampo di $\mathbb{C}$; per la precisione, mentre è facile provare che se $0 \neq u \in \overline{\mathbb{Q}}$ allora anche $u^{-1} \in \overline{\mathbb{Q}}$, la dimostrazione che somme e prodotti di numeri algebrici sono ancora numeri algebrici richiede considerazioni non banali.

Sebbene esistano diversi modi per provare questi fatti, useremo qui quelli derivanti dall'algebra lineare; a tal fine è utile considerare $\mathbb{C}$ come uno spazio vettoriale su $\mathbb{Q}$, chiaramente di dimensione infinita, vedi Esempio 4.65. È immediato osservare che ogni sottocampo $\mathbb{K} \subseteq \mathbb{C}$ è un sottospazio vettoriale.

Definizione 4.136 Un **campo di numeri algebrico** è un sottocampo di $\mathbb{C}$ che ha dimensione finita come spazio vettoriale su $\mathbb{Q}$.

Ad esempio, $\mathbb{Q}(\sqrt{2})$ è un campo di numeri algebrico.

Lemma 4.137 *Sia $\mathbb{K} \subseteq \mathbb{C}$ un campo di numeri algebrico. Allora ogni elemento di $\mathbb{K}$ è un numero algebrico.*

Dimostrazione Siano $n = \dim_{\mathbb{Q}} \mathbb{K}$ ed $u \in \mathbb{K}$. Dunque gli $n + 1$ vettori $1, u, u^2, \ldots, u^n$ sono linearmente dipendenti su $\mathbb{Q}$ ed esistono numeri razionali $a_0, \ldots, a_n$ non tutti nulli e tali che

$$a_0 + a_1 u + a_2 u^2 + \cdots + a_n u^n = 0.$$

Moltiplicando per un denominatore comune non è restrittivo supporre $a_i \in \mathbb{Z}$ per ogni i e quindi u è radice di un polinomio non nullo a coefficienti interi di grado $\leq n$. $\square$

Lemma 4.138 *Sia $U \subseteq \mathbb{C}$ un sottospazio vettoriale di dimensione finita su $\mathbb{Q}$. Se $1 \in U$ e $uv \in U$ per ogni $u, v \in U$, allora U è un campo di numeri algebrico.*

Dimostrazione Per dimostrare che U è un sottocampo di $\mathbb{C}$ basta dimostrare che se $u \in U$, $u \neq 0$, allora $u^{-1} \in U$. Sia n la dimensione di U come spazio vettoriale su $\mathbb{Q}$ e prendiamo una base $v_1, \ldots, v_n \in U$. Allora gli n vettori $uv_1, \ldots, uv_n \in U$ sono ancora linearmente indipendenti su $\mathbb{Q}$: infatti se

$$a_1 u v_1 + \cdots + a_n u v_n = 0, \qquad a_1, \ldots, a_n \in \mathbb{Q},$$

possiamo scrivere $u(a_1 v_1 + \cdots + a_n v_n) = 0$ e poiché $u \neq 0$ si deve avere $a_1 v_1 + \cdots + a_n v_n = 0$, da cui $a_1 = \cdots = a_n = 0$. Per il Lemma 4.95 i vettori $uv_1, \ldots, uv_n$ sono un insieme di generatori e quindi esistono $b_1, \ldots, b_n \in \mathbb{Q}$ tali che

$$1 = b_1 u v_1 + \cdots + b_n u v_n = u(b_1 v_1 + \cdots + b_n v_n),$$

ossia $u^{-1} = b_1 v_1 + \cdots + b_n v_n$. $\square$

Definizione 4.139 Il **grado** di un numero algebrico $\alpha \in \mathbb{C}$ è il più piccolo intero positivo d tale che α è radice di un polinomio di grado d a coefficienti interi.

Ad esempio, ogni numero razionale è algebrico di grado 1, il numero $\sqrt{2}$ e l'unità immaginaria i sono numeri algebrici di grado 2.

Definizione 4.140 Sia $u \in \mathbb{C}$ un numero algebrico, e sia n il suo grado. Denotiamo con $\mathbb{Q}[u] \subseteq \mathbb{C}$ il sottospazio vettoriale

$$\mathbb{Q}[u] = \mathrm{Span}(1, u, \ldots, u^{n-1}) = \{a_0 + a_1 u + a_2 u^2 + \cdots + a_{n-1} u^{n-1} \mid a_i \in \mathbb{Q}\}.$$

Se $w \in \mathbb{C}$ è un altro numero algebrico, di grado m, indichiamo $\mathbb{Q}[u, w] \subseteq \mathbb{C}$ il sottospazio vettoriale

$$\mathbb{Q}[u, w] = \mathrm{Span}(1, u, w, \ldots, u^i w^j, \ldots), \qquad 0 \leq i < n, \ 0 \leq j < m.$$

Notiamo che $\mathbb{Q}[u]$ e $\mathbb{Q}[u, w]$ sono finitamente generati e quindi di dimensione finita come spazi vettoriali su $\mathbb{Q}$.

Teorema 4.141 *Siano u, w numeri algebrici, allora $\mathbb{Q}[u, w]$ è un campo di numeri algebrico contenuto in $\overline{\mathbb{Q}}$.*

Dimostrazione Per costruzione $\mathbb{Q}[u, w]$ è un sottospazio vettoriale di dimensione finita che contiene 1. Per il Lemma 4.138 basta quindi dimostrare che se $v_1, v_2 \in \mathbb{Q}[u, w]$ allora $v_1 v_2 \in \mathbb{Q}[u, w]$. Siano n, m i gradi di u, v rispettivamente e dimostriamo come primo passo che $u^i w^j \in \mathbb{Q}[u, w]$ per ogni $i, j \geq 0$. Se $i < n$ e $j < m$ ciò è vero per definizione. Per induzione su $i + j$ basta dimostrare che se $i \geq n$ o $j \geq m$ possiamo scrivere $u^i w^j$ come combinazione lineare di monomi $u^a w^b$, con $a + b < i + j$. Supponiamo per fissare le idee che $i \geq n$; quando $j \geq m$ basterà ripetere il ragionamento con w al posto di u. Siccome u ha grado n vale una relazione del tipo

$$b_0 + b_1 u + \cdots + b_n u^n = 0, \qquad b_i \in \mathbb{Z}, \ b_n \neq 0,$$

e quindi per ogni $i \geq n$ ed ogni j vale

$$u^i w^j = u^n u^{i-n} w^j = \left(-\frac{b_0}{b_n} - \frac{b_1}{b_n} u - \cdots - \frac{b_{n-1}}{b_n} u^{n-1} \right) u^{i-n} w^j.$$

Se $v_1, v_2 \in \mathbb{Q}[u, w]$, allora v_1, v_2 sono entrambi combinazioni lineari a coefficienti razionali di $u^i w^j$ e quindi il prodotto $v_1 v_2$ è una combinazione lineare di $u^i w^j$. Siccome $u^i w^j \in \mathbb{Q}[u, w]$ per ogni $i, j \geq 0$ ne consegue che $v_1 v_2$ è combinazione lineare di vettori del sottospazio $\mathbb{Q}[u, w]$. $\square$

Corollario 4.142 *Siano $u, w \in \mathbb{C}$ due numeri algebrici. Allora i numeri $-u, u + w, uw$ sono ancora algebrici e, se $u \neq 0$, allora anche u^{-1} è algebrico. In altre parole, l'insieme $\overline{\mathbb{Q}}$ dei numeri algebrici è un sottocampo di $\mathbb{C}$.*

Dimostrazione Per il Teorema 4.141, se u, w sono algebrici allora ogni elemento di $\mathbb{Q}[u, w]$ è un numero algebrico. In particolare sono algebrici i numeri $-u, u^{-1}, u + w, uw \in \mathbb{Q}[u, w]$. $\square$

Come spazio vettoriale su $\mathbb{Q}$, anche $\overline{\mathbb{Q}}$ ha dimensione infinita; infatti, per quanto visto nell'Esempio 4.65, le (infinite) radici quadrate dei numeri primi sono numeri algebrici linearmente indipendenti su $\mathbb{Q}$.

Esercizi

4.143 Rispondere sì o no alle seguenti domande: nel primo caso dare una dimostrazione, nel secondo un controesempio.

1. La somma di due numeri trascendenti è trascendente?
2. L'inverso di un numero trascendente è trascendente?
3. Il coniugato di un numero trascendente è trascendente?

4.144 Mostrare che i numeri $\sqrt{2} + \sqrt{3}$ e $\sqrt{2} + \sqrt{3} + \sqrt{5}$ sono algebrici e calcolarne i rispettivi gradi.

4.145 Sia $u \in \mathbb{C}$ un numero algebrico di grado $n > 0$. Dimostrare che i numeri $1, u, u^2, \ldots, u^{n-1}$ sono linearmente indipendenti su $\mathbb{Q}$.

4.146 Dedurre dall'Esempio 3.81 che $\sqrt[2^n]{2}$ è algebrico di grado 2^n.

4.147 Siano $\xi_0, \xi_1, \ldots, \xi_{n-1} \in \mathbb{C}$ le radici n-esime di 1. Dimostrare che il loro span razionale

$$\{a_0\xi_0 + a_1\xi_1 + \cdots + a_{n-1}\xi_{n-1} \mid a_0, \ldots, a_{n-1} \in \mathbb{Q}\} \subseteq \mathbb{C}.$$

è un campo di numeri algebrico.

4.148 (☕) Possiamo generalizzare la definizione di $\mathbb{Q}[u, w]$ ad una successione finita di $u_1, \ldots, u_n$ di numeri algebrici, ponendo $\mathbb{Q}[u_1, \ldots, u_n]$ uguale al sottospazio vettoriale generato da tutti i monomi $u_1^{i_1} \cdots u_n^{i_n}$, con $0 \leq i_j < \textit{grado di } u_j$, per ogni j. Si assuma che $u_i^2 \in \mathbb{Q}$ per ogni i e che $\mathbb{Q}[u_1, \ldots, u_n]$ abbia dimensione 2^n su $\mathbb{Q}$. Dimostrare che se $u \in \mathbb{Q}[u_1, \ldots, u_n]$ e $u^2 \in \mathbb{Q}$, allora u è un multiplo razionale di un monomio $u_1^{i_1} \cdots u_n^{i_n}$.

4.149 (☕) Siano $\mathbb{K} \subseteq L \subseteq \mathbb{C}$ due sottocampi, con $\mathbb{K}$ di dimensione finita come spazio vettoriale su $\mathbb{Q}$ e L di dimensione finita come spazio vettoriale su $\mathbb{K}$. Dimostrare che L ha dimensione finita come spazio vettoriale su $\mathbb{Q}$ e vale la formula $\dim_{\mathbb{Q}} L = \dim_{\mathbb{K}} L \cdot \dim_{\mathbb{Q}} \mathbb{K}$. Dedurre che ogni somma di radici quadrate di numeri razionali è un numero algebrico di grado uguale ad una potenza di 2.

Note

Sfortunatamente, per quasi tutte le nozioni esistenti in algebra lineare non esiste una notazione univoca in letteratura. Ad esempio, è difficile dire se siano di più i testi che delimitano i vettori numerici con parentesi tonde o quelli che li delimitano con parentesi quadre; tuttavia, nella tradizione italiana ed europea è indubbiamente preponderante l'uso delle parentesi tonde.

La caratterizzazione degli oggetti mediante il loro comportamento in determinati contesti è cosa diversa dalla descrizione intrinseca: negli spazi vettoriali numerici possiamo definire il vettore nullo come il vettore che ha tutte le coordinate uguali a 0 (caratterizzazione intrinseca) oppure come il vettore neutro per l'operazione di somma (caratterizzazione mediante comportamento). La prima descrizione è sicuramente più semplice e concreta, ma la seconda ha il grande vantaggio di estendersi immediatamente agli spazi vettoriali astratti. Molto spesso le caratterizzazioni mediante comportamento sono espresse in forma di "proprietà universale", della quale troveremo svariati esempi nei prossimi capitoli.

Nel contesto della Proposizione 4.111, il significato dei termini *massimale* e *minimale* è chiaramente deducibile. Per una discussione sul significato generale dei medesimi termini rimandiamo ai testi base di teoria degli insiemi, come il classico testo [8] (vedi anche il Capitolo 2 di [12].

In un'ampia parte di letteratura, per campo di numeri si intende un campo di numeri algebrico (Definizione 4.136) e non un sottocampo di $\mathbb{C}$.

Capitolo 5
Applicazioni lineari

Dopo aver studiato le principali proprietà di singoli spazi vettoriali, in questo capitolo inizieremo a studiare le possibili interazioni tra di loro, introducendo la nozione di applicazione lineare. Rispetto alle generiche applicazioni di tipo insiemistico, le applicazioni lineari godono di notevoli proprietà che le rendono contemporaneamente utili e più semplici da studiare.

5.1 Applicazioni lineari

In parole semplici, un'applicazione tra spazi vettoriali si dice lineare se commuta con le combinazioni lineari.

Definizione 5.1 Siano V, W due spazi vettoriali sullo stesso campo $\mathbb{K}$. Un'applicazione $f\colon V \to W$ si dice **lineare** (su $\mathbb{K}$) se commuta con le somme ed i prodotti per scalare, ossia se

$$f(u + v) = f(u) + f(v), \quad f(tv) = tf(v), \quad \text{per ogni} \quad u, v \in V,\ t \in \mathbb{K}.$$

Ad esempio:

1. l'applicazione nulla, che manda ogni vettore nel vettore nullo, è lineare;
2. per ogni spazio vettoriale V, **l'identità** $\mathrm{Id}_V\colon V \to V$, $\mathrm{Id}_V(v) = v$, è lineare. Più in generale, se $V \subseteq W$ è un sottospazio vettoriale, l'inclusione $V \hookrightarrow W$ è un'applicazione lineare.

Osservazione 5.2 In algebra lineare le applicazioni identiche compaiono molto più spesso di quanto si possa immaginare, e questo testo non fa eccezione.

Per semplificare scrittura e notazioni, da questo punto in poi, in aggiunta a Id_V, quando lo spazio V è chiaro dal contesto *useremo il simbolo I per indicare l'identità*.

© The Author(s), under exclusive license to Springer Nature Switzerland AG 2025 143
M. Manetti, *Algebra Lineare*, La Matematica per il 3+2 174,
https://doi.org/10.1007/978-3-032-01504-4_5

In letteratura esistono diversi modi di chiamare le applicazioni lineari: *trasformazioni lineari, operatori lineari, funzioni lineari* sono sinonimi di applicazione lineare. Di questi nomi alternativi useremo occasionalmente il termine **operatore lineare**.

Notiamo subito che se $f : V \to W$ è lineare, allora $f(0) = 0$: infatti, siccome $0 + 0 = 0$ si ha $f(0) = f(0+0) = f(0) + f(0)$ da cui segue $f(0) = 0$. In particolare, l'unica applicazione lineare e costante tra spazi vettoriali è quelle nulla.

Esempio 5.3   L'applicazione $f : \mathbb{K} \to \mathbb{K}$, $f(u) = au + b$, con $a, b \in \mathbb{K}$, è lineare se e solo se $b = 0$. Infatti, se f è lineare allora $b = f(0)$ da cui segue $b = 0$. Viceversa se $f(u) = au$ per ogni $u \in \mathbb{K}$, allora

$$f(u + v) = a(u + v) = au + av = f(u) + f(v),$$
$$f(tv) = atv = tav = tf(v),$$

per ogni $t, u, v \in \mathbb{K}$.

Esempio 5.4   Per **omotetia** si intende un'applicazione di uno spazio vettoriale in sé ottenuta moltiplicando tutti i vettori per uno stesso scalare diverso da 0. Lo stesso ragionamento dell'Esempio 5.3 prova che le omotetie sono applicazioni lineari.

Esempio 5.5   Per ogni $m \leq n$ la proiezione sule prime m coordinate $\pi : \mathbb{K}^n \to \mathbb{K}^m$, definita come

$$\pi \begin{pmatrix} x_1 \\ \vdots \\ x_n \end{pmatrix} = \begin{pmatrix} x_1 \\ \vdots \\ x_m \end{pmatrix}$$

è un'applicazione lineare: ciò segue immediatamente dalla struttura di spazio vettoriale su $\mathbb{K}^n$ e $\mathbb{K}^m$.

Sia $f : V \to W$ un'applicazione lineare, allora per ogni vettore $v \in V$ vale

$$f(-v) = f((-1)v) = (-1)f(v) = -f(v)$$

e più in generale per ogni $u, v \in V$ vale

$$f(u - v) = f(u + (-v)) = f(u) + (-f(v)) = f(u) - f(v).$$

Infine, come detto in precedenza, *le applicazioni lineari commutano con le combinazioni lineari*, ossia per ogni $v_1, \ldots, v_n \in V$ e per ogni $a_1, \ldots, a_n \in \mathbb{K}$ si ha

$$f(a_1 v_1 + \cdots + a_n v_n) = a_1 f(v_1) + \cdots + a_n f(v_n).$$

Possiamo dimostrare la precedente relazione per induzione su n, essendo per definizione vera per $n = 1$: si può dunque scrivere

$$f(a_1 v_1 + \cdots + a_n v_n) = f(a_1 v_1 + \cdots + a_{n-1} v_{n-1}) + f(a_n v_n)$$
$$= (a_1 f(v_1) + \cdots + a_{n-1} f(v_{n-1})) + a_n f(v_n).$$

Lemma 5.6 *Sia $f: V \to W$ un'applicazione lineare bigettiva. Allora l'applicazione inversa $f^{-1}: W \to V$ è lineare.*

Dimostrazione Per ogni $w_1, w_2 \in W$ e $a_1, a_2 \in \mathbb{K}$ si hanno le uguaglianze $a_1 w_1 = a_1 f(f^{-1}(w_1))$ e $a_2 w_2 = a_2 f(f^{-1}(w_2))$. Sommandole ed usando la linearità di f si ottiene

$$a_1 w_1 + a_2 w_2 = f(a_1 f^{-1}(w_1)) + f(a_2 f^{-1}(w_2)) = f(a_1 f^{-1}(w_1) + a_2 f^{-1}(w_2)).$$

D'altra parte abbiamo anche $a_1 w_1 + a_2 w_2 = f(f^{-1}(a_1 w_1 + a_2 w_2))$ e dall'iniettività di f segue

$$f^{-1}(a_1 w_1 + a_2 w_2) = a_1 f^{-1}(w_1) + a_2 f^{-1}(w_2). \quad \square$$

Definizione 5.7 Un **isomorfismo** (lineare) di spazi vettoriali è un'applicazione lineare bigettiva. Due spazi vettoriali si dicono **isomorfi** se esiste un isomorfismo tra di loro.

Possiamo quindi riformulare il Lemma 5.6 dicendo che l'inverso di un isomorfismo lineare è ancora un isomorfismo lineare.

Esempio 5.8 Siano X un insieme, V uno spazio vettoriale e $f: X \to V$ un'applicazione bigettiva. Possiamo allora usare f per definire su X una struttura di spazio vettoriale ponendo

$$x + y = f^{-1}(f(x) + f(y)), \qquad ax = f^{-1}(af(x)).$$

Tale struttura è l'unica che rende f un isomorfismo lineare.

Proposizione 5.9 *Sia $f: V \to W$ un'applicazione lineare:*

1. *se f è iniettiva, allora trasforma vettori linearmente indipendenti in vettori linearmente indipendenti;*
2. *se f è surgettiva, allora trasforma generatori in generatori.*

In particolare, ogni isomorfismo lineare tra spazi vettoriali di dimensione finita trasforma basi in basi.

Dimostrazione   Siano $v_1, \ldots, v_n \in V$ vettori linearmente indipendenti. Siano $a_1, \ldots, a_n \in \mathbb{K}$ tali che $a_1 f(v_1) + \cdots + a_n f(v_n) = 0$, allora

$$f(a_1 v_1 + \cdots + a_n v_n) = a_1 f(v_1) + \cdots + a_n f(v_n) = 0.$$

Dunque $f(a_1 v_1 + \cdots + a_n v_n) = f(0)$ e se f è iniettiva allora $a_1 v_1 + \cdots + a_n v_n = 0$; per l'indipendenza lineare dei vettori v_i se ne deduce che $a_1 = \cdots = a_n = 0$.

Supponiamo f surgettiva e siano $v_1, \ldots, v_n \in V$ un insieme di generatori di V. Dato un qualsiasi vettore $w \in W$ esiste $v \in V$ tale che $f(v) = w$ ed è possibile trovare $a_1, \ldots, a_n \in \mathbb{K}$ tali che $a_1 v_1 + \cdots + a_n v_n = v$, e per linearità $w = f(v) = a_1 f(v_1) + \cdots + a_n f(v_n)$. Questo prova che $f(v_1), \ldots, f(v_n)$ generano W. $\square$

Esempio 5.10   Utilizziamo la Proposizione 5.9 per determinare una base del sottospazio

$$V = \left\{ \begin{pmatrix} x \\ y \\ x \end{pmatrix} \in \mathbb{R}^3 \;\middle|\; 2x + 3y - z = 0 \right\}.$$

Dato che V è definito dalla relazione $z = 2x + 3y$, l'applicazione lineare

$$f : \mathbb{R}^2 \to V, \qquad f\begin{pmatrix} x \\ y \end{pmatrix} = \begin{pmatrix} x \\ y \\ 2x + 3y \end{pmatrix}$$

è bigettiva. Dunque l'immagine tramite f della base canonica di $\mathbb{R}^2$ è una base di V:

$$f\begin{pmatrix} 1 \\ 0 \end{pmatrix} = \begin{pmatrix} 1 \\ 0 \\ 2 \end{pmatrix}, \qquad f\begin{pmatrix} 0 \\ 1 \end{pmatrix} = \begin{pmatrix} 0 \\ 1 \\ 3 \end{pmatrix}.$$

Corollario 5.11   *Sia* $f : V \to W$ *lineare:*

1. *se* f *è iniettiva e* W *ha dimensione finita, allora anche* V *ha dimensione finita e* $\dim V \leq \dim W$;
2. *se* f *è surgettiva e* V *ha dimensione finita, allora anche* W *ha dimensione finita e* $\dim V \geq \dim W$.

Di conseguenza, se f *è bigettiva allora* V *e* W *hanno la stessa dimensione (che può essere finita o infinita).*

Dimostrazione   Se f è iniettiva e se $\dim W = n < \infty$, allora per la Proposizione 5.9 esistono al più n vettori linearmente indipendenti in V e quindi $\dim V \leq \dim W$.

Se f è surgettiva e V ha dimensione finita, allora f trasforma basi in generatori e questo implica $\dim W \leq \dim V$. $\square$

Se $f, g\colon V \to W$ sono due applicazioni lineari, possiamo definire la loro somma

$$f + g\colon V \to W, \qquad (f + g)(v) = f(v) + g(v) \text{ per ogni } v \in V,$$

che risulta ancora essere lineare. Allo stesso modo risultano lineari la differenza

$$f - g\colon V \to W, \qquad (f - g)(v) = f(v) - g(v) \text{ per ogni } v \in V,$$

e più in generale qualsiasi combinazione lineare

$$af + bg\colon V \to W, \qquad (af + bg)(v) = af(v) + bg(v), \qquad a, b \in \mathbb{K}.$$

Esempio 5.12 L'applicazione

$$f\colon \mathbb{K}^2 \to \mathbb{K}, \qquad f\begin{pmatrix} x_1 \\ x_2 \end{pmatrix} = x_1 + x_2,$$

è lineare.

Esempio 5.13 Rispetto alla struttura di spazio vettoriale su $\mathbb{K}[x]$ definita nell'Esempio 4.12, fissato un qualsiasi scalare $a \in \mathbb{K}$, l'applicazione

$$\mathbb{K}[x] \to \mathbb{K}, \qquad p(x) \mapsto p(a),$$

che ad ogni polinomio associa il valore in a della corrispondente funzione polinomiale, è lineare.

Lemma 5.14 *La composizione di applicazioni lineari è ancora lineare. La composizione di isomorfismi è ancora un isomorfismo.*

Dimostrazione Siano $U \xrightarrow{\;f\;} V \xrightarrow{\;g\;} W$ due applicazioni lineari. Per ogni $u, v \in U$ si ha

$$\begin{aligned} gf(u + v) = g(f(u + v)) &= g(f(u) + f(v)) \\ &= g(f(u)) + g(f(v)) = gf(u) + gf(v). \end{aligned}$$

Similmente, per ogni $v \in U$ ed ogni $a \in \mathbb{K}$ si ha

$$gf(av) = g(f(av)) = g(af(v)) = ag(f(v)) = agf(v).$$

Se f e g sono isomorfismi, allora sono entrambe bigettive e quindi anche la loro composizione è bigettiva. $\square$

Osservazione 5.15   Se esiste un isomorfismo lineare f tra due spazi vettoriali V, W allora, con l'unica eccezione in cui V, W hanno al più due vettori, ne esistono molti altri: ad esempio, se il campo base possiede più di due elementi possiamo considerare i multipli λf, con $\lambda \neq 0, 1$. Tuttavia, in determinati contesti, oltre alla coppia V, W ci sono ulteriori informazioni e/o relazioni che sono in grado di determinare un isomorfismo indipendente da scelte soggettive. In tal caso diremo che l'isomorfismo è *naturale* oppure *canonico*.[1]

Se $f: V \to W$ è lineare, allora per ogni sottospazio $U \subseteq V$ la restrizione $f_{|U}: U \to W$ è ancora lineare.

Una delle principali proprietà delle applicazioni lineari è quella di essere univocamente definite dai valori che assumono in una base.

Teorema 5.16   *Siano V, W spazi vettoriali e $v_1, \ldots, v_n$ una base di V. Per ogni successione $w_1, \ldots, w_n$ di vettori W vi è un'unica applicazione lineare $f: V \to W$ tale che $f(v_i) = w_i$ per ogni indice i.*

Dimostrazione   Se una tale f esiste allora è necessariamente unica: siccome ogni vettore $v \in V$ si scrive in maniera unica come $v = a_1 v_1 + \cdots + a_n v_n$, per linearità si ottiene

$$f(v) = f(a_1 v_1 + \cdots + a_n v_n) = a_1 f(v_1) + \cdots + a_n f(v_n) = a_1 w_1 + \cdots + a_n w_n.$$

Abbiamo quindi provato che

$$v = a_1 v_1 + \cdots + a_n v_n \quad \Rightarrow \quad f(v) = a_1 w_1 + \cdots + a_n w_n. \tag{5.1}$$

Per dimostrare l'esistenza è sufficiente prendere l'Equazione (5.1) come definizione di f e poi dimostrare la linearità. Se $v = \sum a_i v_i$ e $u = \sum u_i v_i$, allora $u + v = \sum (a_i + b_i) v_i$ e quindi

$$f(v + u) = \sum_{i=1}^{n} (a_i + b_i) w_i = \sum_{i=1}^{n} a_i w_i + \sum_{i=1}^{n} b_i w_i = f(v) + f(u).$$

La prova che $f(tv) = t f(v)$ è del tutto simile e lasciata per esercizio. $\square$

Corollario 5.17   *Siano U un sottospazio di uno spazio vettoriale di dimensione finita V e $v \in V$ un vettore tale che $v \notin U$. Allora esiste $f: V \to \mathbb{K}$ lineare tale che $f(v) = 1$ e $f(u) = 0$ per ogni $u \in U$.*

Dimostrazione   Denotiamo $v_1 = v$, $n = \dim V$, $s = 1 + \dim U$ e sia $v_2, \ldots, v_s$ una qualunque base di U. Siccome $v_1 \notin \mathrm{Span}(v_2, \ldots, v_s)$ i vettori $v_1, v_2, \ldots, v_s$ sono

---

[1] Riconosco che questa definizione di naturalità non è affatto precisa; tuttavia nel contesto in cui siamo è preferibile adottare questo approccio informale ed intuitivo.

linearmente indipendenti e possono essere completati ad una base $v_1, \ldots, v_n$ di V. Basta allora usare il Teorema 5.16 e prendere come f l'applicazione lineare che nella base $v_1, \ldots, v_n$ vale $f(v_1) = 1$ e $f(v_i) = 0$ per ogni $i > 1$. $\square$

Il seguente risultato, analogo al Teorema 5.16, mostra che le applicazioni lineari sono univocamente definite dai valori che assumono in una coppia di sottospazi complementari.

Proposizione 5.18 *Sia $V = H \oplus K$ uno spazio vettoriale somma diretta di due suoi sottospazi. Per ogni spazio vettoriale W ed ogni coppia di applicazioni lineari $h\colon H \to W$, $k\colon K \to W$ esiste, ed è unica, un'applicazione lineare $f\colon V \to W$ tale che $f_{|H} = h$, $f_{|K} = k$.*

Dimostrazione Ogni vettore v di V si scrive in maniera unica come somma $v = x + y$, con $x \in H$ e $y \in K$. Ne segue che

$$f(v) = f_{|H}(x) + f_{|K}(y)$$

e quindi che f è univocamente determinata dalle sue restrizioni. Date h, k come sopra, l'applicazione

$$f(x + y) = h(x) + k(y), \qquad x \in H, \; y \in K,$$

è ben definita, è lineare e ha come restrizioni h e k. $\square$

Esercizi

5.19 Dimostrare che ogni applicazione lineare trasforma vettori linearmente dipendenti in vettori linearmente dipendenti.

5.20 Determinare tutte la applicazioni lineari $f\colon \mathbb{R} \to \mathbb{R}$ che rendono commutativo il diagramma

$$
\begin{array}{ccc}
\mathbb{R} & \xrightarrow{\;f\;} & \mathbb{R} \\
\downarrow{\scriptstyle f} & & \downarrow{\scriptstyle f} \\
\mathbb{R} & \xleftarrow{\;f\;} & \mathbb{R}
\end{array}
$$

5.21 ($\heartsuit$) Siano $f\colon \mathbb{K}^n \to \mathbb{K}^m$ un'applicazione lineare e

$$g\colon \mathbb{K}^{n+m} \to \mathbb{K}^{n+m}, \qquad g\begin{pmatrix} x \\ y \end{pmatrix} = \begin{pmatrix} x \\ y + f(x) \end{pmatrix}, \qquad x \in \mathbb{K}^n, \; y \in \mathbb{K}^m.$$

Dimostrare che g è un isomorfismo lineare.

5.22 Verificare che l'applicazione $f: \mathbb{K}[x] \to \mathbb{K}[x]$, $f(p(x)) = p(x+1)$ (ossia $f(\sum_i a_i x^i) = \sum_i a_i (x+1)^i$), è un isomorfismo lineare.

5.23 Come nell'Esempio 4.11, per ogni insieme S indichiamo con $\mathbb{K}^S$ lo spazio vettoriale di tutte le applicazioni $\alpha: S \to \mathbb{K}$. Data un'applicazione di insiemi $f: S \to T$ definiamo

$$f^\vee: \mathbb{K}^T \to \mathbb{K}^S, \qquad f^\vee(\alpha) = \alpha \circ f.$$

Provare che: $f^\vee$ è lineare; $f^\vee$ è iniettiva se e solo se f è surgettiva; $f^\vee$ è surgettiva se e solo se f è iniettiva. Dedurre che esistono applicazioni lineari $\mathbb{K}^\mathbb{N} \to \mathbb{K}^\mathbb{N}$ che sono iniettive ma non surgettive, ed altre che sono surgettive ma non iniettive.

5.24 Sia v_1, v_2 una base di uno spazio vettoriale bidimensionale V e sia $f: V \to V$ lineare tale che $f(v_1) = v_2$ e $f(v_2) = v_1 + a v_2$ per uno scalare a. Mostrare che f è un isomorfismo.

5.25 Siano $v_1, \dots, v_n$ una base dello spazio vettoriale V ed $f: V \to V$ lineare. Si assuma che $f(v_i) = v_{i+1}$ per ogni $i < n$ e $f(v_n) = a_1 v_1 + \cdots + a_n v_n$. Provare che f è un isomorfismo se e solo se $a_1 \neq 0$.

5.26 Siano $U \xrightarrow{f} V \xrightarrow{g} W$ applicazioni tra spazi vettoriali. Provare che se f è lineare surgettiva e gf è lineare, allora anche g è lineare.

5.27 Siano $H, K \subseteq V$ sottospazi vettoriali tali che $H \cap K = 0$. Mostrare che l'applicazione

$$f: H \times K \to H + K = H \oplus K, \qquad (h,k) \mapsto h + k,$$

è un isomorfismo di spazi vettoriali.

5.28 Descrivere un'applicazione lineare $f: \mathbb{K}^2 \to \mathbb{K}^2$ tale che $f^2 = f \circ f = -I$ (vedi Osservazione 5.2).

5.29 Siano $H, K \subseteq V$ sottospazi vettoriali e siano $h: H \to W$, $k: K \to W$ applicazioni lineari tali che $h(v) = k(v)$ per ogni $v \in H \cap K$. Dimostrare che vi è un'unica applicazione lineare $f: H + K \to W$ tale che $f_{|H} = h$, $f_{|K} = k$.

5.30 (☕, ♡) Sia $\mathbb{K} = \mathbb{Q}(\sqrt{2}, \sqrt{3}, \sqrt{5}, \dots) \subseteq \mathbb{R}$ l'unione di tutti i sottocampi F_n, $n \geq 0$, descritti nell'Esempio 3.82, cf. Esercizio 3.94. Provare che $\mathbb{K}$ è un sottocampo di $\mathbb{R}$ e che $\mathbb{K}$ è isomorfo a $\mathbb{K}^2$ come spazio vettoriale su $\mathbb{Q}$.

5.2 Nucleo, iperpiani e sistemi di coordinate

Sia $f\colon V \to W$ un'applicazione lineare; abbiamo già osservato che se f è iniettiva allora $0 \in V$ è l'unico vettore che viene mandato nel vettore nullo di W. Il bello delle applicazioni lineari è che vale anche il viceversa.

Definizione 5.31 Il **nucleo** di un'applicazione lineare $f\colon V \to W$ è l'insieme

$$\mathrm{Ker}\, f = \{v \in V \mid f(v) = 0\}.$$

Ker è la prima sillaba del termine inglese *kernel* (nucleo, nòcciolo); anche qui non avremo timore e ritrosie ad usare le parentesi, e scrivere $\mathrm{Ker}(f)$ al posto di $\mathrm{Ker}\, f$, quando utile o necessario alla buona comprensione del testo.

Lemma 5.32 *Il nucleo di un'applicazione lineare $f\colon V \to W$ è un sottospazio vettoriale di V. L'applicazione f è iniettiva se e solo se $\mathrm{Ker}\, f = 0$.*

Dimostrazione Siccome $f(0) = 0$ si ha $0 \in \mathrm{Ker}\, f$; se $u, v \in \mathrm{Ker}\, f$ allora $f(u + v) = f(u) + f(v) = 0 + 0 = 0$ e quindi $u + v \in \mathrm{Ker}\, f$; se $u \in \mathrm{Ker}\, f$ e $a \in \mathbb{K}$ si ha $f(au) = af(u) = a0 = 0$ e quindi $au \in \mathrm{Ker}\, f$; abbiamo quindi dimostrato che il nucleo è un sottospazio vettoriale.

Supponiamo f iniettiva e sia $u \in \mathrm{Ker}\, f$ allora $f(u) = 0 = f(0)$ e quindi $u = 0$. Questo prova che ogni vettore del nucleo è nullo e dunque $\mathrm{Ker}\, f = 0$. Viceversa supponiamo $\mathrm{Ker}\, f = 0$ e siano $u, v \in V$ due vettori tali che $f(u) = f(v)$. Allora $f(u - v) = f(u) - f(v) = 0$, ossia $u - v \in \mathrm{Ker}\, f$ e di conseguenza $u - v = 0$, $u = v$. $\square$

Esempio 5.33 Ogni successione finita $v_1, \dots, v_n$ di vettori in uno spazio vettoriale V determina un *polivettore riga*

$$\mathbf{v} = (v_1, \dots, v_n) \ \in \ \underbrace{V \times \cdots \times V}_{n \text{ volte}} = V^{(n)}$$

ed una applicazione $L_{\mathbf{v}}\colon \mathbb{K}^n \to V$ definita secondo la regola del *prodotto riga per colonna*:

$$L_{\mathbf{v}}\begin{pmatrix} a_1 \\ \vdots \\ a_n \end{pmatrix} = (v_1, \dots, v_n)\begin{pmatrix} a_1 \\ \vdots \\ a_n \end{pmatrix} = a_1 v_1 + a_2 v_2 + \cdots + a_n v_n.$$

In particolare, se come al solito $e_1, \dots, e_n$ è la base canonica di $\mathbb{K}^n$, si ha $L_{\mathbf{v}}(e_i) = v_i$ per ogni i. Si verifica immediatamente che $L_{\mathbf{v}}$ è lineare e che è surgettiva se e solo se i vettori $v_1, \dots, v_n$ generano V, mentre il Lemma 5.32 dice che $L_{\mathbf{v}}$ è iniettiva se e solo se i vettori $v_1, \dots, v_n$ sono linearmente indipendenti; l'uso della L, iniziale di "left", ci aiuta a ricordare che $L_{\mathbf{v}}$ è la moltiplicazione a sinistra per $\mathbf{v}$.

Se $v_1, \ldots, v_n$ è una base allora $L_\mathbf{v}$ è un isomorfismo lineare; notiamo che $L_\mathbf{v}^{-1}(u)$ è il vettore colonna che ha come componenti le coordinate del vettore $u \in V$ rispetto alla base $v_1, \ldots, v_n$; dato un altro polivettore $\mathbf{w} = (w_1, \ldots, w_n) = W^{(n)}$ della stessa lunghezza, è chiaro che $f = L_\mathbf{w} \circ L_\mathbf{v}^{-1} \colon V \to W$ è l'unica l'applicazione lineare tale che $f(v_i) = w_i$, vedi Teorema 5.16.

Esempio 5.34   Siano $f \colon V \to W$ lineare e $U \subseteq V$ un sottospazio. Allora il nucleo della restrizione $f_{|U} \colon U \to W$ è uguale a Ker $f_{|U} = U \cap$ Ker f. Ne consegue che $f_{|U}$ è iniettiva se e solo se $U \cap$ Ker $f = 0$.

Definizione 5.35   Sia V uno spazio vettoriale sul campo $\mathbb{K}$. Un sottospazio $H \subseteq V$ si dice un **iperpiano** se esiste un'applicazione lineare *non nulla* $f \colon V \to \mathbb{K}$ tale che $H = $ Ker f.

Se $H \subseteq V$ è un iperpiano e se il campo base ha almeno tre elementi, allora l'applicazione $f \colon V \to \mathbb{K}$ tale che $H = $ Ker f non è unica dato che Ker $f = $ Ker(λf) per ogni scalare $\lambda \neq 0$; tuttavia vale il seguente risultato di parziale unicità.

Proposizione 5.36   *Siano $f, g \colon V \to \mathbb{K}$ due applicazioni lineari. Allora vale* Ker $f \subseteq$ Ker g *se e solo se g è un multiplo scalare di f. In particolare, se H, K sono due iperpiani in V e $H \subseteq K$, allora $H = K$.*

Dimostrazione   Se $g = \lambda f$ con $\lambda \in \mathbb{K}$, per ogni vettore $v \in$ Ker f si ha $g(v) = \lambda f(v) = 0$ e quindi Ker $f \subseteq$ Ker g.

Supponiamo viceversa Ker $f \subseteq$ Ker g; se $f = 0$ allora Ker $f = V$, a maggior ragione Ker$(g) = V$ e quindi $g = f = 0$. Se $f \neq 0$ fissiamo un vettore $v \in V$ tale che $f(v) \neq 0$. Posto $\lambda = g(v)/f(v)$ dimostriamo che $g = \lambda f$, ossia che per ogni vettore $u \in V$ vale $g(u) = \lambda f(u)$. A tale scopo introduciamo il vettore $w = u - \frac{f(u)}{f(v)} v$; allora $f(w) = 0$ e quindi $w \in$ Ker f. Per ipotesi Ker $f \subseteq$ Ker g e quindi

$$0 = g(w) = g(u) - \frac{f(u)}{f(v)} g(v) = g(u) - \lambda f(u).$$

Se H, K sono due iperpiani in V e $H \subseteq K$, prese due applicazioni lineari non nulle $f, g \colon V \to \mathbb{K}$ tali che $H = $ Ker f e $K = $ Ker g, abbiamo appena dimostrato che $g = \lambda f$ per qualche $\lambda \in \mathbb{K}$. Dal fatto che $g \neq 0$ segue $\lambda \neq 0$ e quindi Ker $f = $ Ker g. $\square$

Corollario 5.37   *Siano $H \subseteq V$ un iperpiano e $v \in V$ un vettore non appartenente ad H. Vi è allora un'unica applicazione lineare $f \colon V \to \mathbb{K}$ tale che $H = $ Ker f e $f(v) = 1$.*

Dimostrazione   Per definizione di iperpiano esiste $g \colon V \to \mathbb{K}$ lineare e non nulla tale che $H = $ Ker g. Siccome $v \notin H$ si ha $g(v) \neq 0$. Se poniamo $\lambda = g(v)^{-1}$ e

$f = \lambda g$, allora $\mathrm{Ker}(f) = H$ e $f(v) = 1$. L'unicità segue dal fatto che tutte le applicazioni $V \to \mathbb{K}$ con nucleo H sono multipli scalari di f. $\square$

Negli spazi vettoriali di dimensione finita possiamo equivalentemente definire gli iperpiani in termini di dimensione.

Teorema 5.38 *Sia V uno spazio vettoriale di dimensione finita $n > 0$. Un sottospazio vettoriale $H \subseteq V$ è un iperpiano se e solo se ha dimensione $n - 1$.*

Dimostrazione Siano $\mathbb{K}$ il campo base e $H \subseteq V$ un sottospazio vettoriale. Se $\dim H = n - 1$ fissiamo una base $v_1, \ldots, v_{n-1}$ di H e completiamola ad una base $v_1, \ldots, v_n$ di V. Se $f \colon V \to \mathbb{K}$ è l'applicazione lineare tale che $f(v_i) = 0$ per ogni $i < n$ e $f(v_n) = 1$, allora $\mathrm{Ker}\, f = H$.

Viceversa, supponiamo $H = \mathrm{Ker}\, f$ un iperpiano e sia $s = \dim H$. Siccome $H \neq V$ si ha $s < n$. Come sopra, prendiamo una base $v_1, \ldots, v_n$ di V tale che i primi vettori $v_1, \ldots, v_s$ siano una base di H. Siccome $v_i \notin H$ per ogni $i > s$ si ha $f(v_i) \neq 0$ per ogni $i > s$. Se fosse $s \leq n - 2$ si avrebbe $w = f(v_n)v_{n-1} - f(v_{n-1})v_n \in \mathrm{Ker}\, f$ in contraddizione con il fatto che $\mathrm{Ker}\, f$ è il sottospazio generato da $v_1, \ldots, v_s$.

Avendo escluso le ipotesi $s \geq n$ e $s \leq n - 2$ non rimane che concludere $s = n - 1$. Vedremo più avanti che la medesima conclusione si può ottenere in maniera più rapida usando il teorema del rango. $\square$

Definizione 5.39 Dato uno spazio vettoriale V di dimensione n, una successione di applicazioni lineari $\varphi_1, \ldots, \varphi_n \colon V \to \mathbb{K}$ si dice un **sistema di coordinate** se l'applicazione

$$V \to \mathbb{K}^n, \qquad v \mapsto \begin{pmatrix} \varphi_1(v) \\ \vdots \\ \varphi_n(v) \end{pmatrix}$$

è un isomorfismo di spazi vettoriali.

Per uno spazio vettoriale di dimensione finita *dare una base è la stessa cosa che dare un sistema di coordinate*, nel senso descritto dal seguente teorema.

Teorema 5.40 *Sia V uno spazio vettoriale di dimensione finita n. Per ogni base $v_1, \ldots, v_n$ di V esiste un unico sistema di coordinate $\varphi_1, \ldots, \varphi_n$ tale che*

$$\varphi_i(v_j) = \delta_{i,j} = \begin{cases} 1 & se\ i = j, \\ 0 & se\ i \neq j. \end{cases} \tag{5.2}$$

Viceversa per ogni sistema di coordinate $\varphi_1, \ldots, \varphi_n$ esiste un'unica base $v_1, \ldots, v_n$ che soddisfa (5.2).

Dimostrazione   Siano $v_1, \ldots, v_n \in V$ una base e $\mathbf{v} = (v_1, \ldots, v_n) \in V^{(n)}$ il corrispondente polivettore riga. Allora l'applicazione $L_{\mathbf{v}} \colon \mathbb{K}^n \to V$ è un isomorfismo lineare e basta definire le funzioni φ_i come le componenti dell'isomorfismo lineare $L_{\mathbf{v}}^{-1} \colon V \to \mathbb{K}^n$, vedi Esempio 5.33.

Viceversa, se $\varphi_1, \ldots, \varphi_n$ è un sistema di coordinate, basta considerare la base $v_i = \varphi^{-1}(e_i)$, dove $e_1, \ldots, e_n \in \mathbb{K}^n$ è la base canonica e φ^{-1} è l'inverso dell'isomorfismo lineare

$$\varphi \colon V \to \mathbb{K}^n, \qquad \varphi(v) = \begin{pmatrix} \varphi_1(v) \\ \vdots \\ \varphi_n(v) \end{pmatrix}. \quad \square$$

Esercizi

5.41   Siano $f \colon V \to W$ un'applicazione lineare surgettiva e $U \subseteq V$ un sottospazio vettoriale. Dimostrare che la restrizione $f_{|U} \colon U \to W$ è un isomorfismo se e solo se U è un complementare di $\operatorname{Ker} f$ in V.

5.42 ($\heartsuit$)   Sia $f \colon V \to W$ lineare tra spazi vettoriali di dimensione finita. Provare che $0 \neq \operatorname{Ker} f \neq V$ se e solo se esiste $g \colon W \to V$ lineare tale che $fg = 0$ e $gf \neq 0$.

5.43   Sia V spazio vettoriale di dimensione n e siano $H_1, \ldots, H_n \subseteq V$ iperpiani fissati e tali che $H_1 \cap \cdots \cap H_n = 0$. Dimostrare che esiste una base $v_1, \ldots, v_n$ di V tale che $v_i \in H_j$ per ogni $i \neq j$.

5.44 ($\clubsuit$, $\heartsuit$)   Siano $f, g \colon V \to W$ due applicazioni lineari e si assuma $f \neq 0$ e $g(v) \in \operatorname{Span}(f(v))$ per ogni $v \in V$. Siano $v \in V$ e $\lambda \in \mathbb{K}$ tali che $f(v) \neq 0$ e $g(v) = \lambda f(v)$. Dimostrare che $g = \lambda f$.

5.3 Immagine e teorema del rango

Ogni applicazione lineare è anche un'applicazione di insiemi ed ha quindi senso parlare delle sua immagine. Se $f \colon V \to W$ è un'applicazione lineare, chiameremo

$$f(V) = \{ f(v) \mid v \in V \}$$

l'**immagine** di f, talvolta denotata $\operatorname{Im}(f)$.

Proposizione 5.45 *Siano $f: V \to W$ un'applicazione lineare e $U \subseteq V$ un sotto-spazio vettoriale. Allora l'immagine di U tramite f, e cioè*

$$f(U) = \{f(u) \mid u \in U\} = \mathrm{Im}(f_{|U}),$$

è un sottospazio vettoriale di W.

Dimostrazione Siccome $0 \in U$ si ha $0 = f(0) \in f(U)$. Se $w_1, w_2 \in f(U)$ allora esistono $u_1, u_2 \in U$ tali che $w_1 = f(u_1)$ e $w_2 = f(u_2)$ e dunque

$$w_1 + w_2 = f(u_1) + f(u_2) = f(u_1 + u_2).$$

Siccome $u_1 + u_2 \in U$ ne consegue che $w_1 + w_2 \in f(U)$. Similmente se $w = f(u) \in f(U)$ e $a \in \mathbb{K}$ si ha $aw = af(u) = f(au) \in f(U)$. $\square$

Definizione 5.46 Il **rango** $\mathrm{rg}(f)$ di un'applicazione lineare $f: V \to W$ è la dimensione dell'immagine $f(V)$; in formule $\mathrm{rg}(f) = \dim f(V)$.

Dunque $\mathrm{rg}(f) \in \mathbb{N}$ oppure $\mathrm{rg}(f) = \infty$ a seconda se l'immagine di f ha, oppure non ha, dimensione finita.

Lemma 5.47 *Valgono le seguenti disuguaglianze:*

1. per ogni $f: V \to W$ lineare vale $\mathrm{rg}(f) \leq \min(\dim V, \dim W)$;
2. date $f, g: V \to W$ lineari, allora per ogni $a, b \in \mathbb{K}$ si ha $\mathrm{rg}(af + bg) \leq \mathrm{rg}(f) + \mathrm{rg}(g)$.

Dimostrazione (1) $f(V)$ è un sottospazio di W, quindi $\mathrm{rg}(f) \leq \dim W$, e l'applicazione $f: V \to f(V)$ è surgettiva, quindi $\mathrm{rg}(f) \leq \dim V$ per il Corollario 5.11.
(2) Per ogni $v \in V$, il vettore $(af + bg)(v) = af(v) + bg(v) = f(av) + g(bv)$ appartiene al sottospazio vettoriale $f(V) + g(V)$ e quindi

$$\dim((af + bg)(V)) \leq \dim(f(V) + g(V)) \leq \dim(f(V)) + \dim(g(V)).\ \square$$

Per il calcolo del rango di un'applicazione lineare $f: V \to W$ è utile ricordare che se $v_1, \ldots, v_n \in V$ è una base, allora $f(V) = \mathrm{Span}(f(v_1), \ldots, f(v_n))$, e quindi il rango di f è uguale al massimo numero di vettori $f(v_i)$ linearmente indipendenti in W; possiamo quindi calcolare il rango eliminando tutti i ridondanti nella successione $f(v_1), \ldots, f(v_n)$ e contando i rimanenti.

Teorema 5.48 (Teorema del rango) *Sia $f: V \to W$ un'applicazione lineare. Allora V ha dimensione finita se e solo se $f(V)$ e $\mathrm{Ker}\, f$ hanno entrambi dimensione finita; in tal caso vale la formula*

$$\dim V = \dim \mathrm{Ker}\, f + \mathrm{rg}(f).$$

Dimostrazione   Se V ha dimensione finita, per il Corollario 4.67 anche Ker f ha dimensione finita; se $v_1, \ldots, v_n$ sono generatori di V, per la Proposizione 5.9 i vettori $f(v_1), \ldots, f(v_n)$ sono generatori dello spazio vettoriale $f(V)$ che pertanto ha dimensione finita.

Viceversa, se $f(V)$ e Ker f hanno entrambi dimensione finita, scegliamo una base $v_1, \ldots, v_p$ di Ker f, una base $w_1, \ldots, w_q$ di $f(V)$ e q vettori $u_1, \ldots, u_q \in V$ tali che $f(u_i) = w_i$ per ogni indice i. Per concludere la dimostrazione basta dimostrare che la successione $v_1, \ldots, v_p, u_1, \ldots, u_q$ è una base di V.

Proviamo che $v_1, \ldots, v_p, u_1, \ldots, u_q$ sono linearmente indipendenti. Siano dati degli scalari $a_1, \ldots, a_p, b_1, \ldots, b_q \in \mathbb{K}$ tali che

$$a_1 v_1 + \cdots + a_p v_p + b_1 u_1 + \cdots + b_q u_q = 0 \tag{5.3}$$

e mostriamo che vale $a_i = b_j = 0$ per ogni i, j. Dato che $f(v_i) = 0$ per ogni i si ha

$$f(a_1 v_1 + \cdots + a_p v_p + b_1 u_1 + \cdots b_q u_q) = b_1 w_1 + \cdots b_q w_q = 0$$

da cui si deduce $b_1 = \cdots = b_q = 0$ in quanto i vettori w_j sono linearmente indipendenti. Dunque la relazione (5.3) diventa $a_1 v_1 + \cdots + a_p v_p = 0$ da cui segue $a_1 = \cdots = a_p = 0$ in quanto i vettori v_i sono linearmente indipendenti.

Proviamo adesso che $v_1, \ldots, v_p, u_1, \ldots, u_q$ sono generatori. Preso un qualsiasi vettore $v \in V$ esistono $b_1, \ldots, b_q \in \mathbb{K}$ tali che $f(v) = b_1 w_1 + \cdots + b_q w_q$. Ma allora

$$f(b_1 u_1 + \cdots + b_q u_q - v) = b_1 f(u_1) + \cdots + b_q f(u_q) - f(v) = 0,$$

ossia $b_1 u_1 + \cdots + b_q u_q - v \in$ Ker f e pertanto esistono $a_1, \ldots, a_p$ tali che

$$b_1 u_1 + \cdots + b_q u_q - v = a_1 v_1 + \cdots + a_p v_p.$$

La precedente uguaglianza implica in particolare che v appartiene al sottospazio generato da $v_1, \ldots, v_p, u_1, \ldots, u_q$. $\square$

Esempio 5.49   Calcoliamo il rango dell'applicazione lineare

$$\mathbb{R}^3 \to \mathbb{R}^3, \qquad (x, y, z)^T \mapsto (x - y, y - z, z - x)^T.$$

Il nucleo è definito dalle equazioni $x - y = y - z = z - x = 0$ che equivalgono a $x = y = z$. In altri termini

$$\text{Ker } f = \{(a, a, a)^T \in \mathbb{R}^3 \mid a \in \mathbb{R}\}$$

è un sottospazio di dimensione 1 e per il teorema del rango, l'immagine di f ha dimensione $3 - 1 = 2$.

Corollario 5.50   *Sia $f : V \to V$ un'applicazione lineare di uno spazio vettoriale di dimensione finita V in sé. Allora f è un isomorfismo se e solo se* Ker $f = 0$.

Dimostrazione   Se f è un isomorfismo, allora f è iniettiva e quindi $\operatorname{Ker} f = 0$. Viceversa, se $\operatorname{Ker} f = 0$ allora f è iniettiva per il Lemma 5.32. Per il teorema del rango $\dim f(V) = \dim V$ e quindi $f(V) = V$ per il Corollario 4.98, ossia f è anche surgettiva. $\square$

Il Corollario 5.50 è falso senza l'ipotesi che lo spazio vettoriale V abbia dimensione finita. Ad esempio, nello spazio vettoriale $\mathbb{K}[x]$ dei polinomi a coefficienti nel campo $\mathbb{K}$, l'applicazione di moltiplicazione per x è lineare iniettiva ma non è surgettiva, cf. Esercizio 5.23.

Corollario 5.51   *Per ogni coppia di applicazioni lineari* $U \xrightarrow{g} V \xrightarrow{f} W$ *tra spazi vettoriali di dimensione finita, si ha:*

1. $\operatorname{rg}(fg) \leq \operatorname{rg}(f)$ *e vale* $\operatorname{rg}(fg) = \operatorname{rg}(f)$ *se e solo se* $\operatorname{Ker} f + g(U) = V$;
2. $\operatorname{rg}(fg) \leq \operatorname{rg}(g)$ *e vale* $\operatorname{rg}(fg) = \operatorname{rg}(g)$ *se e solo se* $\operatorname{Ker} f \cap g(U) = 0$.

In particolare, $\operatorname{Ker} f \oplus g(U) = V$ *se e solo se le tre applicazioni* f, g, fg *hanno lo stesso rango.*

Dimostrazione   (1) L'immagine di fg è contenuta nell'immagine di f e quindi $\operatorname{rg}(fg) \leq \operatorname{rg}(f)$; rimane da dimostrare che $f(V) \subseteq fg(U)$ se e solo se $\operatorname{Ker} f + g(U) = V$. Supponiamo prima che $\operatorname{Ker} f + g(U) = V$ e proviamo che per ogni $v \in V$ esiste $u \in U$ tale che $f(v) = fg(u)$; a tale scopo basta scegliere $u \in U$ e $x \in \operatorname{Ker} f$ tali che $g(u) + x = v$ per avere $f(v) = f(x) + fg(u) = fg(u)$. Viceversa, se $f(V) \subseteq fg(U)$, allora per ogni $v \in V$ esiste $u \in U$ tale che $f(v) = fg(u)$; quindi $f(v - g(u)) = 0$, $v - g(u) \in \operatorname{Ker} f$ e $v = g(u) + (v - g(u)) \in \operatorname{Ker} f + g(U)$.

(2) Il nucleo di g è contenuto nel nucleo di fg; infatti, se $g(u) = 0$ a maggior ragione $fg(u) = f(0) = 0$. Dunque $\dim \operatorname{Ker} g \leq \dim \operatorname{Ker} fg$ e per il teorema del rango $\operatorname{rg}(fg) \leq \operatorname{rg}(g)$; rimane da dimostrare che $\operatorname{Ker} fg \subseteq \operatorname{Ker} g$ se e solo se $\operatorname{Ker} f \cap g(U) = 0$.

Supponiamo $\operatorname{Ker} f \cap g(U) = 0$, allora per ogni $u \in \operatorname{Ker} fg$ si ha $g(u) \in \operatorname{Ker} f \cap g(U)$, quindi $g(u) = 0$, ossia $u \in \operatorname{Ker} g$. Viceversa, se $\operatorname{Ker} fg \subseteq \operatorname{Ker} g$, allora per ogni $v \in \operatorname{Ker} f \cap g(U)$ esiste $u \in U$ tale che $v = g(u)$ e, siccome $v \in \operatorname{Ker} f$ si ha $u \in \operatorname{Ker} fg$; per ipotesi $u \in \operatorname{Ker} g$ e questo è possibile solo se $v = 0$. $\square$

Esercizi

5.52 ($\heartsuit$)   Calcolare il rango dell'applicazione lineare

$$f : \mathbb{R}^3 \to \mathbb{R}^2, \qquad (x, y, z)^T \mapsto (x - y, y - 2z)^T.$$

5.53   Siano $f : \mathbb{R}^{350} \to \mathbb{R}^{250}$ un'applicazione lineare e $V \subseteq \mathbb{R}^{350}$ un sottospazio tale che $\dim V = 300$ e $\dim(V \cap \operatorname{Ker} f) = 50$. Calcolare $\operatorname{rg}(f)$.

5.54 Siano $f \colon V \to W$ un'applicazione lineare e $A, B \subseteq V$ due sottospazi tali che $A \cap B = 0$ e $(A + B) \cap \operatorname{Ker} f = 0$. Dimostrare che $f(A) \cap f(B) = 0$.

5.55 Siano $f \colon V \to W$ lineare tra spazi vettoriali di dimensione finita e $U \subseteq V$ un sottospazio vettoriale. Si assuma che per ogni $v \in V$ esista un unico vettore $u \in U$ tale che $f(u + v) = 0$. Dimostrare che $\operatorname{rg}(f) = \dim U$.

5.56 Ridimostrare il Lemma 4.138 usando il Corollario 5.50.

5.57 Sia $f \colon V \to V$ lineare con V di dimensione finita. Provare che vale $\operatorname{Ker} f \cap f(V) = 0$, e quindi che $V = \operatorname{Ker} f \oplus f(V)$, se e solo se f e $f \circ f$ hanno lo stesso rango.

5.58 Sia V uno spazio vettoriale di dimensione finita:

1. Dimostrare che ogni sottospazio vettoriale di V è intersezione di iperpiani.
2. Sia $v_1, \dots, v_n$ una base di V e denotiamo $v_0 = v_1 + v_2 + \cdots + v_n$. Sia $f \colon V \to V$ un'applicazione lineare tale che $f(v_i) = \lambda_i v_i$ per ogni $i = 0, \dots, n$ ed opportuni $\lambda_i \in \mathbb{K}$. Dimostrare che $\lambda_0 = \lambda_1 = \cdots = \lambda_n$.
3. Sia $f \colon V \to V$ lineare tale che $f(L) \subseteq L$ per ogni retta $L \subseteq V$ (retta=sottospazio di dimensione 1). Dimostrare che f è un multiplo scalare dell'identità.
4. Sia $f \colon V \to V$ lineare tale che $f(H) \subseteq H$ per ogni iperpiano $H \subseteq V$. Dimostrare che f è un multiplo scalare dell'identità.

5.59 (Proiezioni) Un'applicazione lineare $f \colon V \to V$ da uno spazio vettoriale in sé si dice una **proiezione** (lineare) se $f = f \circ f$. Provare che $f \colon V \to V$ è una proiezione se e solo se $f(v) = v$ per ogni $v \in f(V)$; provare inoltre che se f è una proiezione allora anche $I - f = \operatorname{Id}_V - f$ è una proiezione e vale

$$V = \operatorname{Ker} f \oplus f(V), \qquad f(V) = \operatorname{Ker}(I - f).$$

5.60 (♨) Sia $f \colon V \to V$ lineare con V di dimensione finita. Provare che esiste $g \colon V \to V$ lineare invertibile tale che la composizione $f \circ g$ sia una proiezione, ossia tale che $f \circ g \circ f \circ g = f \circ g$.

5.61 Si consideri il seguente quadrato commutativo di applicazioni lineari tra spazi vettoriali di dimensione finita

$$\begin{array}{ccc} A & \xrightarrow{\ f\ } & P \\ {\scriptstyle i}\downarrow & & \downarrow{\scriptstyle p} \\ B & \xrightarrow{\ g\ } & Q. \end{array}$$

Dimostrare che esiste un'applicazione lineare $h \colon B \to P$ tale che $h \circ i = f$ e $p \circ h = g$ se e solo se $\operatorname{Ker} i \subseteq \operatorname{Ker} f$ e $g(B) \subseteq p(P)$.

5.62 Siano $f: V \to W$ un'applicazione lineare ed $U \subseteq W$ un sottospazio vettoriale. Dimostrare che il sottoinsieme $H = \{v \in V \mid f(v) \in U\}$ è un sottospazio vettoriale di V. Se V ha dimensione finita, dimostrare inoltre che la dimensione di H è uguale a $\dim(U \cap f(V)) + \dim \operatorname{Ker} f$.

5.63 Date due applicazioni lineari $U \xrightarrow{f} V \xrightarrow{g} W$ tra spazi vettoriali di dimensione finita, usare il risultato dell'Esercizio 5.62 per dimostrare che vale la disuguaglianza $\operatorname{rg}(gf) \geq \operatorname{rg}(f) + \operatorname{rg}(g) - \dim V$.

5.64 (Prospettive lineari, omologie ed elazioni) Siano V uno spazio vettoriale di dimensione finita e $f: V \to V$ un'applicazione lineare. Provare che le seguenti condizioni sono equivalenti:

1. $\operatorname{rg}(f - I) \leq 1$;
2. esiste un iperpiano $H \subseteq V$ tale che $f(v) = v$ per ogni $v \in H$;
3. esiste $w \in V$ tale che $f(v) - v \in \operatorname{Span}(w)$ per ogni $v \in V$.

Un'applicazione lineare invertibile f che soddisfa le precedenti condizioni viene detta *prospettiva lineare*.

Supponiamo adesso $\dim V \geq 3$ e che $f: V \to V$ sia una prospettiva lineare diversa dall'identità. Provare che $L = \operatorname{Im}(f - I)$ è l'unico sottospazio di dimensione 1 tale che $f(v) \in L + \operatorname{Span}(v)$ per ogni $v \in V$.

Nota: anticamente, una prospettiva come la suddetta veniva chiamata *elazione* se $L \subseteq \operatorname{Ker}(f - I)$ (ossia se $(f - I)^2 = 0$) ed *omologia* se $L \nsubseteq \operatorname{Ker}(f - I)$ (ossia se $(f - I)^2 \neq 0$).

5.4 Matrici ed applicazioni lineari

Mentre nella lingua italiana il termine matrice assume diversi valori ed interpretazioni, nel contesto matematico significa sempre *schieramento rettangolare*. Una tabellina rettangolare

$$A = \begin{pmatrix} a_{11} & a_{12} & \cdots & a_{1m} \\ a_{21} & a_{22} & \cdots & a_{2m} \\ \vdots & \vdots & \ddots & \vdots \\ a_{n1} & a_{n2} & \cdots & a_{nm} \end{pmatrix}$$

è detta una **matrice** ad n righe ed m colonne, o più brevemente una matrice $n \times m$. Gli elementi a_{ij} sono detti i **coefficienti** della matrice A ed è una consolidata convenzione che *il primo indice di ogni coefficiente rappresenta la posizione di riga ed il secondo indice la posizione di colonna*. Possiamo abbreviare la notazione scrivendo $A = (a_{ij})$, $i = 1, \ldots, n$, $j = 1, \ldots, m$. Talvolta, per evitare possibili ambiguità, scriveremo $a_{i,j}$ inserendo una virgola per separare l'indice di riga da quello di colonna. Come per i vettori numerici, anche per le matrici le parentesi hanno funzione puramente decorativa.

Esempio 5.65   Un esempio di matrice 2×3 è

$$\begin{pmatrix} 1 & 2 & 3 \\ 4 & 5 & 6 \end{pmatrix},$$

le cui righe sono $(1, 2, 3)$, $(4, 5, 6)$ e le cui colonne sono

$$\begin{pmatrix} 1 \\ 4 \end{pmatrix}, \quad \begin{pmatrix} 2 \\ 5 \end{pmatrix}, \quad \begin{pmatrix} 3 \\ 6 \end{pmatrix}.$$

Scriveremo $M_{n,m}(\mathbb{K})$ per denotare l'insieme di tutte le matrici $n \times m$ a coefficienti in un campo $\mathbb{K}$. Ogni vettore colonna può essere pensato come una matrice con una sola colonna ed ogni vettore riga può essere pensato come una matrice con una sola riga, ossia

$$\mathbb{K}^n = M_{n,1}(\mathbb{K}), \qquad \mathbb{K}^{(m)} = M_{1,m}(\mathbb{K}).$$

In linea di principio possiamo considerare matrici con coefficienti diversi dagli scalari. Ad esempio, ha senso considerare matrici i cui coefficienti sono: vettori, applicazioni lineari, polinomi, altre matrici eccetera. Se S è un qualsiasi insieme, denoteremo con $M_{n,m}(S)$ la collezione di tutte le matrici ad n righe ed m colonne a coefficienti in S.

Dato che esiste una ovvia bigezione tra l'insieme $M_{n,m}(\mathbb{K})$ e lo spazio $\mathbb{K}^{nm}$ (basta mettere tutti coefficienti in una sola colonna) non è sorprendente scoprire che $M_{n,m}(\mathbb{K})$ è uno spazio vettoriale su $\mathbb{K}$ con le operazioni di somma e prodotto per scalare eseguite coefficiente per coefficiente:

$$\begin{pmatrix} a_{11} & \cdots & a_{1m} \\ \vdots & \ddots & \vdots \\ a_{n1} & \cdots & a_{nm} \end{pmatrix} + \begin{pmatrix} b_{11} & \cdots & b_{1m} \\ \vdots & \ddots & \vdots \\ b_{n1} & \cdots & b_{nm} \end{pmatrix} = \begin{pmatrix} a_{11} + b_{11} & \cdots & a_{1m} + b_{1m} \\ \vdots & \ddots & \vdots \\ a_{n1} + b_{n1} & \cdots & a_{nm} + b_{nm} \end{pmatrix},$$

$$\lambda \begin{pmatrix} a_{11} & \cdots & a_{1m} \\ \vdots & \ddots & \vdots \\ a_{n1} & \cdots & a_{nm} \end{pmatrix} = \begin{pmatrix} \lambda a_{11} & \cdots & \lambda a_{1m} \\ \vdots & \ddots & \vdots \\ \lambda a_{n1} & \cdots & \lambda a_{nm} \end{pmatrix}.$$

Ad esempio:

$$\begin{pmatrix} 2 & 9 \\ -1 & 5 \\ 4 & 7 \end{pmatrix} + \begin{pmatrix} 1 & -3 \\ 1 & 0 \\ 2 & 6 \end{pmatrix} = \begin{pmatrix} 3 & 6 \\ 0 & 5 \\ 6 & 13 \end{pmatrix}, \qquad 3 \begin{pmatrix} 2 & 9 \\ -1 & 5 \\ 4 & 7 \end{pmatrix} = \begin{pmatrix} 6 & 27 \\ -3 & 15 \\ 12 & 21 \end{pmatrix}.$$

Il ruolo del vettore nullo nello spazio $M_{n,m}(\mathbb{K})$ è interpretato dalla **matrice nulla**, ossia dalla matrice che ha tutti i coefficienti uguali a 0. Per ovvi motivi (vedi Esempio 5.8) la bigezione appena descritta tra $M_{n,m}(\mathbb{K})$ e $\mathbb{K}^{nm}$ è un isomorfismo lineare; in particolare, $M_{n,m}(\mathbb{K})$ ha dimensione nm come spazio vettoriale su $\mathbb{K}$.

Ogni matrice $A \in M_{n,m}(\mathbb{K})$ può essere pensata come un polivettore colonna, ossia come una successione di m vettori colonna

$$A = (A^1, \ldots, A^m), \qquad \text{con} \quad A^1, \ldots, A^m \in \mathbb{K}^n.$$

Possiamo quindi definire, come nell'Esempio 5.33, l'applicazione $L_A \colon \mathbb{K}^m \to \mathbb{K}^n$ tramite la regola del prodotto riga per colonna:

$$L_A(x) = (A^1, \ldots, A^m) \begin{pmatrix} x_1 \\ \vdots \\ x_m \end{pmatrix} = x_1 A^1 + \cdots + x_m A^m \in \mathbb{K}^n. \tag{5.4}$$

Si faccia attenzione al fatto che nel passaggio da A ad L_A, e viceversa, le posizioni di n ed m si scambiano: $A \in M_{n,m}(\mathbb{K}) \Leftrightarrow L_A \colon \mathbb{K}^m \to \mathbb{K}^n$.

Per semplicità di notazione si scrive spesso Ax al posto di $L_A(x)$, per cui, se $A = (a_{ij})$ si ha

$$Ax = L_A(x) = \begin{pmatrix} a_{11} & \cdots & a_{1m} \\ \vdots & \ddots & \vdots \\ a_{n1} & \cdots & a_{nm} \end{pmatrix} \begin{pmatrix} x_1 \\ \vdots \\ x_m \end{pmatrix} = \begin{pmatrix} a_{11}x_1 + \cdots + a_{1m}x_m \\ \vdots \\ a_{n1}x_1 + \cdots + a_{nm}x_m \end{pmatrix}. \tag{5.5}$$

Si noti che lo i-esimo coefficiente di Ax è uguale al prodotto riga per colonna della i-esima riga di A con il vettore colonna x; nel caso particolare in cui $x = e_j$ è lo j-esimo vettore della base canonica di $\mathbb{K}^m$, ossia $x_j = 1$ e $x_i = 0$ per ogni $j \neq i$, allora il prodotto Ae_j coincide con la j-esima colonna di A.

Esempio 5.66 Tre esempi numerici di prodotti riga per colonna:

$$\begin{pmatrix} 1 & 2 \\ 3 & 4 \end{pmatrix} \begin{pmatrix} 1 \\ 6 \end{pmatrix} = \begin{pmatrix} 13 \\ 27 \end{pmatrix}, \quad \begin{pmatrix} 1 & 0 \\ 0 & 2 \\ 1 & 1 \end{pmatrix} \begin{pmatrix} 1 \\ -1 \end{pmatrix} = \begin{pmatrix} 1 \\ -2 \\ 0 \end{pmatrix}, \quad \begin{pmatrix} 1 & 1 & 1 \\ 2 & 2 & 2 \\ 3 & 3 & 3 \end{pmatrix} \begin{pmatrix} 1 \\ 0 \\ 2 \end{pmatrix} = \begin{pmatrix} 3 \\ 6 \\ 9 \end{pmatrix}.$$

Proposizione 5.67 *Sia* $A = (a_{ij}) \in M_{n,m}(\mathbb{K})$. *Allora:*

1. *l'immagine di* $L_A \colon \mathbb{K}^m \to \mathbb{K}^n$ *è il sottospazio vettoriale generato dalle colonne di* A;
2. *il nucleo di* L_A *è l'insieme delle soluzioni del sistema lineare omogeneo*

$$\begin{cases} a_{11}x_1 + a_{12}x_2 + \cdots + a_{1m}x_m = 0 \\ \qquad\qquad\qquad \vdots \\ a_{n1}x_1 + a_{n2}x_2 + \cdots + a_{nm}x_m = 0. \end{cases}$$

Dimostrazione L'enunciato sull'immagine di L_A segue immediatamente dalla Formula (5.4), mentre l'enunciato sul nucleo segue dalla Formula (5.5). $\square$

Teorema 5.68 *Per ogni applicazione lineare $f\colon \mathbb{K}^m \to \mathbb{K}^n$ vi è un'unica matrice $A \in M_{n,m}(\mathbb{K})$ tale che $f = L_A$. Più precisamente, se $e_1, \ldots, e_m \in \mathbb{K}^m$ è la base canonica, allora $A = (f(e_1), \ldots, f(e_m))$.*

Dimostrazione Abbiamo già notato che per ogni matrice $A \in M_{n,m}(\mathbb{K})$ i vettori Ae_i coincidono con le colonne di A, quindi $A = (L_A(e_1), \ldots, L_A(e_n))$ e questo prova che la matrice A è univocamente determinata dall'applicazione L_A, e cioè $L_A = L_B$ se e solo se $A = B$.

Sia $f\colon \mathbb{K}^m \to \mathbb{K}^n$ lineare e consideriamo la matrice che ha come colonne i valori di f nella base canonica di $\mathbb{K}^m$, ossia $A = (A^1, \ldots, A^m)$, con $A^i = f(e_i)$. Dato un qualunque vettore

$$\begin{pmatrix} x_1 \\ \vdots \\ x_m \end{pmatrix} = x_1 e_1 + \cdots + x_m e_m \in \mathbb{K}^m$$

si ha

$$L_A(x) = Ax = x_1 A^1 + \cdots + x_m A^m = x_1 f(e_1) + \cdots + x_m f(e_m)$$
$$= f(x_1 e_1 + \cdots + x_m e_m) = f(x). \ \square$$

Giova osservare che la Formula (5.5) e la dimostrazione del Teorema 5.68 dànno due utili ricette per il calcolo della matrice associata ad un'applicazione lineare tra spazi vettoriali numerici.

Esempio 5.69 La matrice corrispondente all'applicazione identica di $\mathbb{K}^n$ ha come coefficienti $a_{ii} = 1$ per ogni $i = 1, \ldots, n$ e $a_{ij} = 0$ per ogni $i \neq j$.

Esempio 5.70 Consideriamo l'applicazione lineare $f\colon \mathbb{K}^3 \to \mathbb{K}^3$ definita in coordinate da

$$f\begin{pmatrix} x \\ y \\ z \end{pmatrix} = \begin{pmatrix} x + 2y + 3z \\ 4x + 5y + 6z \\ 7x + 8y + 9z \end{pmatrix}$$

e calcoliamo la matrice $A \in M_{3,3}(\mathbb{K})$ tale che $f = L_A$. Applicando la Formula (5.5) si ottiene immediatamente

$$A = \begin{pmatrix} 1 & 2 & 3 \\ 4 & 5 & 6 \\ 7 & 8 & 9 \end{pmatrix}.$$

Equivalentemente possiamo usare la ricetta esposta nella dimostrazione del Teorema 5.68, e cioè interpretare le colonne di A come le immagini dei vettori della base canonica:

$$A = (f(e_1), f(e_2), f(e_3)) = \left(f\begin{pmatrix} 1 \\ 0 \\ 0 \end{pmatrix}, f\begin{pmatrix} 0 \\ 1 \\ 0 \end{pmatrix}, f\begin{pmatrix} 0 \\ 0 \\ 1 \end{pmatrix} \right)$$

$$= \left(\begin{pmatrix} 1 \\ 4 \\ 7 \end{pmatrix}, \begin{pmatrix} 2 \\ 5 \\ 8 \end{pmatrix}, \begin{pmatrix} 3 \\ 6 \\ 9 \end{pmatrix} \right) = \begin{pmatrix} 1 & 2 & 3 \\ 4 & 5 & 6 \\ 7 & 8 & 9 \end{pmatrix}.$$

Esempio 5.71 Dato un vettore riga $a = (a_1, \ldots, a_n) \in \mathbb{K}^{(n)} = M_{1,n}(\mathbb{K})$ definiamo, come nell'Esempio 4.20,

$$H_a = \left\{ \begin{pmatrix} x_1 \\ \vdots \\ x_n \end{pmatrix} \in \mathbb{K}^n \;\middle|\; a_1 x_1 + \cdots + a_n x_n = 0 \right\}.$$

Se interpretiamo a come una matrice $1 \times n$, allora $H_a = \operatorname{Ker} L_a$ e dunque, se $a \neq 0$ allora H_a è un iperpiano di $\mathbb{K}^n$. Viceversa, poiché ogni applicazione lineare $\mathbb{K}^n \to \mathbb{K}$ è del tipo L_a per qualche $a \in M_{1,n}(\mathbb{K})$, si ha che ogni iperpiano di $\mathbb{K}^n$ è uguale a H_a per qualche $a \neq 0$.

Esercizi

5.72 Eseguire le seguenti operazioni fra matrici:

$$2\begin{pmatrix} 0 & 4 \\ 5 & -1 \\ 9 & 2 \end{pmatrix} - 3\begin{pmatrix} 0 & 3 \\ -4 & 4 \\ -3 & 3 \end{pmatrix}; \qquad \begin{pmatrix} 1 & 5 & 7 \\ 6 & 1 & 2 \end{pmatrix} + 5\begin{pmatrix} -1 & 3 & 0 \\ -2 & 4 & 3 \end{pmatrix}.$$

5.73 Trovare due applicazioni lineari $f, g \colon \mathbb{K}^2 \to \mathbb{K}^2$ tali che $fg = 0 \neq gf$.

5.74 Si consideri l'applicazione lineare $f \colon \mathbb{R}^4 \to \mathbb{R}^3$ definita in coordinate da $f(x, y, z, w) = (x - y, y - z, z - w)$. Descrivere la matrice A tale che $f = L_A$.

5.75 Determinare una base del nucleo di $L_A \colon \mathbb{R}^3 \to \mathbb{R}^3$, dove

$$A = \begin{pmatrix} 1 & -1 & 3 \\ 2 & 0 & -1 \\ -1 & -1 & 4 \end{pmatrix} \in M_{3,3}(\mathbb{R}).$$

5.76 Trovare una base dell'iperpiano di $\mathbb{R}^3$ di equazione $2x - y + 3z = 0$.

5.77 Sia $H \subseteq \mathbb{K}^n$ l'iperpiano di equazione $a_1 x_1 + \cdots + a_n x_n = 0$ e sia p un indice tale che $a_p \neq 0$. Provare che gli $n - 1$ vettori $v_i = e_i - (a_i/a_p)e_p$, $i \neq p$, formano una base di H.

5.5 Spazi di applicazioni lineari

Dati due spazi vettoriali V, W sul campo $\mathbb{K}$, indichiamo con $\mathrm{Hom}_{\mathbb{K}}(V, W)$ l'insieme di tutte le applicazioni $\mathbb{K}$-lineari $f\colon V \to W$; se il campo $\mathbb{K}$ è chiaro dal contesto, per semplicità di notazione si può anche scrivere $\mathrm{Hom}(V, W)$.

Abbiamo già osservato che le applicazioni lineari si possono sommare e moltiplicare per scalare:

$$f + g\colon V \to W, \quad (f + g)(v) = f(v) + g(v), \quad f, g \in \mathrm{Hom}_{\mathbb{K}}(V, W), \ v \in V;$$

$$\lambda f\colon V \to W, \quad (\lambda f)(v) = \lambda(f(v)), \quad f \in \mathrm{Hom}_{\mathbb{K}}(V, W), \ \lambda \in \mathbb{K}, \ v \in V.$$

Si dimostra facilmente che con tali operazioni $\mathrm{Hom}_{\mathbb{K}}(V, W)$ diventa uno spazio vettoriale su $\mathbb{K}$.

Nel caso degli spazi vettoriali numerici, segue immediatamente dal Teorema 5.68 che l'applicazione

$$L\colon M_{n,m}(\mathbb{K}) \to \mathrm{Hom}_{\mathbb{K}}(\mathbb{K}^m, \mathbb{K}^n), \quad A \mapsto L_A, \tag{5.6}$$

è un isomorfismo di spazi vettoriali per ogni $n, m \geq 0$. In particolare, la dimensione di $\mathrm{Hom}_{\mathbb{K}}(\mathbb{K}^m, \mathbb{K}^n)$ è nm.

Abbiamo visto nell'Esempio 5.33 che la scelta di una base $\mathbf{v} = (v_1, \dots, v_m)$ di V e di una base $\mathbf{w} = (w_1, \dots, w_n)$ di W, scritte per l'occasione come polivettori riga, determina due isomorfismi di spazi vettoriali

$$L_{\mathbf{v}}\colon \mathbb{K}^m \to V, \qquad L_{\mathbf{v}}\begin{pmatrix} x_1 \\ \vdots \\ x_m \end{pmatrix} = x_1 v_1 + x_2 v_2 + \cdots + x_m v_m;$$

$$L_{\mathbf{w}}\colon \mathbb{K}^n \to W, \qquad L_{\mathbf{w}}\begin{pmatrix} y_1 \\ \vdots \\ y_n \end{pmatrix} = y_1 w_1 + y_2 w_2 + \cdots + y_n w_n.$$

Di conseguenza, la stessa scelta di basi determina due isomorfismi di spazi vettoriali

$$\Phi \colon \mathrm{Hom}_{\mathbb{K}}(\mathbb{K}^m, \mathbb{K}^n) \to \mathrm{Hom}_{\mathbb{K}}(V, W), \qquad \Phi(f) = L_{\mathbf{w}} \circ f \circ L_{\mathbf{v}}^{-1},$$

$$\Psi \colon \mathrm{Hom}_{\mathbb{K}}(V, W) \to \mathrm{Hom}_{\mathbb{K}}(\mathbb{K}^m, \mathbb{K}^n), \qquad \Psi(g) = L_{\mathbf{w}}^{-1} \circ g \circ L_{\mathbf{v}}, \qquad (5.7)$$

che sono uno l'inverso dell'altro. Componendo gli isomorfismi in (5.6) con quelli in (5.7) otteniamo il seguente risultato.

Teorema 5.78 *Siano V e W spazi vettoriali di dimensione finita sul campo $\mathbb{K}$, allora per ogni scelta di una base $\mathbf{v} = (v_1, \dots, v_m)$ di V ed ogni scelta di una base $\mathbf{w} = (w_1, \dots, w_n)$ di W è definito un isomorfismo di spazi vettoriali*

$$L_{\mathbf{w}}^{\mathbf{v}} \colon M_{n,m}(\mathbb{K}) \to \mathrm{Hom}_{\mathbb{K}}(V, W), \qquad L_{\mathbf{w}}^{\mathbf{v}}(A) = L_{\mathbf{w}} \circ L_A \circ L_{\mathbf{v}}^{-1}.$$

In particolare, $\dim \mathrm{Hom}_{\mathbb{K}}(V, W) = \dim V \cdot \dim W$.

Vediamo adesso in maniera più esplicita e concreta cosa significa, per una matrice $A \in M_{n,m}(\mathbb{K})$ ed un'applicazione lineare $f \colon V \to W$, essere legate dalla relazione $L_{\mathbf{w}}^{\mathbf{v}}(A) = f$. Per definizione, vale $L_{\mathbf{w}}^{\mathbf{v}}(A) = f$ se e solo se $f = L_{\mathbf{w}} \circ L_A \circ L_{\mathbf{v}}^{-1}$, e questo vale se e solo se $f \circ L_{\mathbf{v}} = L_{\mathbf{w}} \circ L_A$.

Indichiamo come al solito con $e_1, \dots, e_m$ la base canonica di $\mathbb{K}^m$ e con $A^1, \dots, A^m$ le colonne di A. Siccome $A^i = L_A(e_i)$ per ogni i si ha

$$f L_{\mathbf{v}}(e_i) = f(v_i), \qquad L_{\mathbf{w}} L_A(e_i) = L_{\mathbf{w}}(A^i).$$

In definitiva, i coefficienti della i-esima colonna di A sono le coordinate del vettore $f(v_i)$ nella base $w_1, \dots, w_n$ e quindi vale $L_{\mathbf{w}}^{\mathbf{v}}(A) = f$ se e solo se

$$f(\mathbf{v}) = \mathbf{w} A \iff (f(v_1), \dots, f(v_m)) = (w_1, \dots, w_n) A, \qquad (5.8)$$

dove i prodotti a destra delle uguaglianze sono i soliti riga per colonne.

Definizione 5.79 Se $f \in \mathrm{Hom}_{\mathbb{K}}(V, W)$ e $A \in M_{n,m}(\mathbb{K})$ sono legate dalla relazione (5.8), ossia se $L_{\mathbf{w}}^{\mathbf{v}}(A) = f$, diremo che A è la **matrice associata** all'applicazione lineare f rispetto alle basi $\mathbf{v}$ e $\mathbf{w}$.

Esempio 5.80 Per ogni intero n, denotiamo con $\mathbb{K}[x]_{\leq n} \subseteq \mathbb{K}[x]$ il sottospazio vettoriale dei polinomi di grado minore o uguale a n. Vogliamo determinare la matrice $A \in M_{2,3}(\mathbb{K})$ che rappresenta l'applicazione lineare

$$f \colon \mathbb{K}[x]_{\leq 2} \to \mathbb{K}[x]_{\leq 1}, \qquad f(p(x)) = p(x+1) - p(x),$$

rispetto alle basi $(v_1, v_2, v_3) = (1, x, x^2)$ di $\mathbb{K}[x]_{\leq 2}$ e $(w_1, w_2) = (x, x+1)$ di $\mathbb{K}[x]_{\leq 1}$. Siccome

$$f(v_1) = 0, \quad f(v_2) = (x+1) - x = -w_1 + w_2,$$
$$f(v_3) = (x+1)^2 - x^2 = (x+1) + x = w_1 + w_2,$$

si ottiene

$$A = \begin{pmatrix} 0 & -1 & 1 \\ 0 & 1 & 1 \end{pmatrix}.$$

Siano V, W spazi vettoriali di dimensione finita, abbiamo già osservato che la funzione rango rg: $\mathrm{Hom}(V, W) \to \mathbb{N}$ è subadditiva, ossia soddisfa la disuguaglianza $\mathrm{rg}(f + g) \le \mathrm{rg}(f) + \mathrm{rg}(g)$ per ogni $f, g \in \mathrm{Hom}(V, W)$. Per induzione su n si ha che per ogni successione finita di applicazioni lineari $f_1, \ldots, f_n \colon V \to W$ tra spazi vettoriali di dimensione finita vale la disuguaglianza

$$\mathrm{rg}(f_1 + \cdots + f_n) \le \mathrm{rg}(f_1) + \cdots + \mathrm{rg}(f_n). \tag{5.9}$$

In particolare, se $f_1, \ldots, f_r \colon V \to W$ hanno rango 1, allora la somma $f_1 + \cdots + f_r$ ha rango $\le r$.

Proposizione 5.81 *Il rango di un'applicazione lineare $f \colon V \to W$, tra spazi vettoriali di dimensione finita, è uguale al più piccolo intero r per cui è possibile scrivere f come somma di r applicazioni lineari di rango 1.*

Dimostrazione Per la disuguaglianza (5.9) basta dimostrare che, se f ha rango r, allora esistono $f_1, \ldots, f_r \colon V \to W$ lineari di rango 1 tali che $f = f_1 + \cdots + f_r$. Sia $w_1 \ldots, w_r$ una base del sottospazio $f(V)$ e sia $\varphi_1, \ldots, \varphi_r \in \mathrm{Hom}_{\mathbb{K}}(f(V), \mathbb{K})$ il corrispondente sistema di coordinate, ossia $w = \sum_i \varphi_i(w)w_i$ per ogni $w \in f(V)$. Le applicazioni

$$f_i \colon V \to W, \qquad f_i(v) = \varphi_i(f(v))w_i, \qquad i = 1, \ldots, r,$$

hanno rango 1 e per costruzione vale $f = f_1 + \cdots + f_r$. $\square$

Le matrici di cambio di base

Siano $\mathbf{v} = (v_1, \ldots, v_n)$ e $\mathbf{w} = (w_1, \ldots, w_n)$ due basi di un medesimo spazio vettoriale V, scritte in forma di polivettori riga. Per ogni indice j esistono, e sono unici, dei coefficienti $a_{ij} \in \mathbb{K}$, $i = 1, \ldots, n$, tali che

$$w_j = v_1 a_{1j} + \cdots + v_n a_{nj}, \qquad j = 1, \ldots, n, \tag{5.10}$$

e la matrice $A = (a_{ij}) \in M_{n,n}(\mathbb{K})$ viene detta **matrice del cambio di base** (o di passaggio) da $\mathbf{v}$ a $\mathbf{w}$. Usando la regola del prodotto righe per colonne possiamo riscrivere le relazioni (5.10) nella forma

$$(w_1, \ldots, w_n) = (v_1, \ldots, v_n)A \quad \Leftrightarrow \quad \mathbf{w} = \mathbf{v}A.$$

Quindi, nella terminologia della Definizione 5.79, A è la matrice associata all'identità su V rispetto alle basi $\mathbf{v}$ e $\mathbf{w}$.

Abbiamo già osservato che le due applicazioni lineari $L_\mathbf{v}, L_\mathbf{w} \colon \mathbb{K}^n \to V$

$$L_\mathbf{v}\begin{pmatrix} x_1 \\ \vdots \\ x_n \end{pmatrix} = x_1 v_1 + x_2 v_2 + \cdots + x_n v_n, \quad L_\mathbf{w}\begin{pmatrix} y_1 \\ \vdots \\ y_n \end{pmatrix} = y_1 w_1 + y_2 w_2 + \cdots + y_n w_n,$$

sono isomorfismi. Mostriamo che le relazioni (5.10) sono del tutto equivalenti alla formula $L_\mathbf{v}^{-1} L_\mathbf{w} = L_A$. Infatti, per ogni $y_1, \ldots, y_n \in \mathbb{K}$ si ha

$$L_\mathbf{w}\begin{pmatrix} y_1 \\ \vdots \\ y_n \end{pmatrix} = \sum_{j=1}^{n} y_j w_j = \sum_{i,j=1}^{n} y_j v_i a_{ij} = \sum_{i=1}^{n} v_i \sum_{j=1}^{n} a_{ij} y_j = L_\mathbf{v} L_A \begin{pmatrix} y_1 \\ \vdots \\ y_n \end{pmatrix}$$

e quindi $L_\mathbf{w} = L_\mathbf{v} L_A$. Componendo a sinistra per $L_\mathbf{v}^{-1}$ si ottiene la relazione $L_\mathbf{v}^{-1} L_\mathbf{w} = L_A$.

Occorre fare attenzione che la matrice di cambio di base agisce in *maniera inversa* sui corrispondenti sistemi di coordinate. Più precisamente, siano $\varphi_1, \ldots, \varphi_n$ il sistema di coordinate associato alla base $v_1, \ldots, v_n$ e $\psi_1, \ldots, \psi_n$ il sistema di coordinate associato alla base $w_1, \ldots, w_n$, allora vale la formula

$$\begin{pmatrix} \varphi_1 \\ \vdots \\ \varphi_n \end{pmatrix} = A \begin{pmatrix} \psi_1 \\ \vdots \\ \psi_n \end{pmatrix} \Leftrightarrow \varphi_i = \sum_{j=1}^{n} a_{ij} \psi_j.$$

Infatti, tenendo presente per ogni vettore $u \in V$ vale

$$u = \sum_j w_j \psi_j(u) = \sum_{i,j} v_i a_{ij} \psi_j(u) = \sum_i v_i \Big(\sum_j a_{ij} \psi_j\Big)(u)$$

e questo è del tutto equivalente a dire che $\varphi_i = \sum_j a_{ij} \psi_j$ per ogni indice i.

Possiamo visualizzare graficamente le precedenti relazioni con il diagramma commutativo

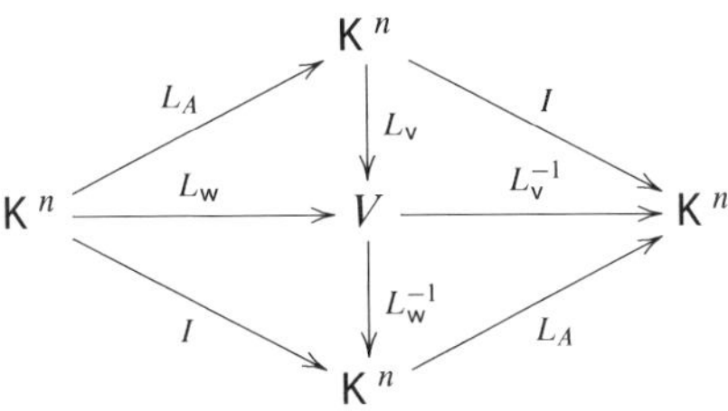

ricordando che, per definizione di sistemi di coordinate, si ha

$$L_{\mathbf{v}}^{-1}(u) = \begin{pmatrix} \varphi_1(u) \\ \vdots \\ \varphi_n(u) \end{pmatrix} \in \mathbb{K}^n, \qquad L_{\mathbf{w}}^{-1}(u) = \begin{pmatrix} \psi_1(u) \\ \vdots \\ \psi_n(u) \end{pmatrix} \in \mathbb{K}^n.$$

Esercizi

5.82 Determinare la matrice che rappresenta l'applicazione lineare

$$f \colon \mathbb{K}^3 \to \mathbb{K}^2, \qquad f\begin{pmatrix} x \\ y \\ z \end{pmatrix} = \begin{pmatrix} x + 2y \\ x + y - z \end{pmatrix},$$

rispetto alle basi canoniche.

5.83 Trovare la matrice che rappresenta l'applicazione $f \colon \mathbb{R}^3 \to \mathbb{R}^3$, definita da

$$f\begin{pmatrix} x \\ y \\ z \end{pmatrix} = \begin{pmatrix} x + y + z \\ x - y + z \\ x + y - z \end{pmatrix} \text{ nella base } v_1 = \begin{pmatrix} 1 \\ 0 \\ 1 \end{pmatrix}, v_2 = \begin{pmatrix} 0 \\ 1 \\ 1 \end{pmatrix}, v_3 = \begin{pmatrix} 1 \\ 1 \\ 0 \end{pmatrix}.$$

Chiarimento: si considera la stessa base in partenza ed in arrivo, ossia si cerca la matrice A tale che $(f(v_1), f(v_2), f(v_3)) = (v_1, v_2, v_3)A$.

5.84 Per ogni $i = 1, \ldots, n$ denotiamo con $\overline{e}_i \in \mathbb{K}^n$ il vettore che ha la i-esima coordinata uguale a 0 e tutte le altre uguali a 1. Dimostrare che $\overline{\mathbf{e}} = (\overline{e}_1, \ldots, \overline{e}_n)$ è una base di $\mathbb{K}^n$ se e solo se $n - 1 \neq 0$ in $\mathbb{K}$ (cf. Esercizio 1.32). Supponendo che $\overline{\mathbf{e}}$ sia una base, determinare la matrice del cambio di base da $\overline{\mathbf{e}}$ alla base canonica.

5.85 Sia $\mathbb{R}[x]_{\leq n}$ lo spazio vettoriale dei polinomi a coefficienti reali di grado minore o uguale a n.

1. Mostrare che i tre vettori $e_1 = x + 1$, $e_2 = x + 2$, $e_3 = x^2 + x + 1$ formano una base di $\mathbb{R}[x]_{\leq 2}$.
2. Mostrare che i due vettori $f_1 = x + 3$, $f_2 = x + 4$ formano una base di $\mathbb{R}[x]_{\leq 1}$.
3. Scrivere la matrice che rappresenta l'applicazione lineare

$$\varphi \colon \mathbb{R}[x]_{\leq 2} \to \mathbb{R}[x]_{\leq 1}, \qquad p(x) \mapsto p(x + 1) - p(x - 1),$$

   rispetto alle basi e_1, e_2, e_3 e f_1, f_2.
4. Determinare la dimensione del nucleo e dell'immagine di φ.

5.86 (☕, ♡) Siano $f, g \colon V \to W$ applicazioni lineari non nulle tra spazi vettoriali di dimensione finita. Provare che f, g sono linearmente dipendenti in $\mathrm{Hom}(V, W)$ se e solo se $\mathrm{Ker}\, f = \mathrm{Ker}\, g$ e per ogni $v \in V$ i vettori $f(v), g(v)$ sono linearmente dipendenti in W.

5.87 Siano V, W spazi vettoriali di dimensione finita e siano $A \subseteq V$ e $B \subseteq W$ due sottospazi. Provare che

$$H = \{ f \in \mathrm{Hom}(V, W) \mid f(A) \subseteq B \}$$

è un sottospazio vettoriale di dimensione uguale a $(\dim V - \dim A) \dim W + \dim A \dim B$. (Suggerimento: scegliere basi di A e B ed estenderle a basi di V e W. Come sono fatte le matrici che rappresentano gli elementi di H in tali basi?).

5.88 Siano $f, g \colon \mathbb{K}^5 \to \mathbb{K}^5$ due applicazioni lineari di rango 3 e si consideri il sottoinsieme

$$H = \{ h \in \mathrm{Hom}_{\mathbb{K}}(\mathbb{K}^5, \mathbb{K}^5) \mid f \circ h \circ g = 0 \}.$$

Provare che H è un sottospazio vettoriale e calcolarne la dimensione.

5.89 Sia $f \colon \mathbb{R}^2 \to \mathbb{R}^2$ l'applicazione definita in coordinate dalla formula

$$f \begin{pmatrix} x \\ y \end{pmatrix} = \begin{pmatrix} x - y \\ 4x - 4y \end{pmatrix}$$

e si consideri l'applicazione

$$\Phi \colon \mathrm{Hom}_{\mathbb{R}}(\mathbb{R}^2, \mathbb{R}^2) \to \mathrm{Hom}_{\mathbb{R}}(\mathbb{R}^2, \mathbb{R}^2), \quad \Phi(g) = f \circ g \text{ (composizione di } g \text{ e } f).$$

Dimostrare che Φ è lineare, determinare una base del nucleo di Φ e completarla ad una base di $\mathrm{Hom}_{\mathbb{R}}(\mathbb{R}^2, \mathbb{R}^2)$.

5.90 (☕) Siano V uno spazio vettoriale ed H, K due suoi sottospazi complementari, ossia tali che $V = H \oplus K$. Mostrare che per ogni spazio vettoriale W si ha

$$\mathrm{Hom}(W, V) = \mathrm{Hom}(W, H) \oplus \mathrm{Hom}(W, K),$$

ed esiste un isomorfismo canonico

$$\mathrm{Hom}(V, W) \xrightarrow{\;\sim\;} \mathrm{Hom}(H, W) \times \mathrm{Hom}(K, W).$$

5.91 Siano V, W spazi vettoriali e $F \subseteq \mathrm{Hom}(V, W)$ il sottoinsieme delle applicazioni lineari di rango finito. Dimostrare che F è un sottospazio vettoriale di $\mathrm{Hom}(V, W)$.

5.92 (☕)   Siano V uno spazio vettoriale di dimensione finita e $F \subseteq \mathrm{Hom}(V, V)$ un sottospazio vettoriale tale che

$$\alpha \circ f \circ \beta \in F \quad \text{per ogni} \quad f \in F, \; \alpha, \beta \in \mathrm{Hom}(V, V).$$

Dimostrare che $F = 0$ oppure $F = \mathrm{Hom}(V, V)$.

5.93   Siano V uno spazio vettoriale non nullo di dimensione finita e W uno spazio vettoriale di dimensione infinita. Dimostrare che $\mathrm{Hom}(V, W)$ ha dimensione infinita. (Nota ☺. Assumendo $W \neq 0$ e V di dimensione infinita, è possibile dimostrare che anche $\mathrm{Hom}(V, W)$ ha dimensione infinita, vedi Esercizio 12.71).

5.94 (Percorso del Cavallo, ☕)   Siano $\mathbb{K} = \mathbb{F}_p$ un campo di classi di resto ed $E \subseteq \mathbb{K}^n$ un insieme di generatori. Provare che è possibile elencare tutti i vettori di $\mathbb{K}^n$ come una successione $v_1, v_2, \ldots, v_{p^n}$ con la proprietà che $v_i - v_{i-1} \in E$ oppure $v_{i-1} - v_i \in E$ per ogni $i > 0$.

5.6   Applicazioni bilineari

Dati tre spazi vettoriali U, V, W, siccome $U \times V$ è ancora uno spazio vettoriale possiamo considerare le applicazioni lineari $U \times V \to W$. Tuttavia, in tale contesto hanno senso, ed è utile considerare, anche le cosiddette applicazioni bilineari.

Definizione 5.95   Dati tre spazi vettoriali U, V, W sullo stesso campo $\mathbb{K}$, un'applicazione $\varphi \colon V \times U \to W$ si dice **bilineare** su $\mathbb{K}$, oppure $\mathbb{K}$-bilineare, se è lineare in ciascuna variabile: ciò significa che per ogni coppia di vettori $u \in U$ e $v \in V$ le applicazioni

$$\varphi(u, -) \colon V \to W, \qquad x \mapsto \varphi(u, x),$$
$$\varphi(-, v) \colon V \to W, \qquad x \mapsto \varphi(x, v),$$

sono entrambe lineari.

Equivalentemente, $\varphi \colon V \times U \to W$ è bilineare su $\mathbb{K}$ se per ogni $u, u_1, u_2 \in U$, $v, v_1, v_2 \in V$ ed ogni coppia di scalari $a, b \in \mathbb{K}$ vale

$$\varphi(u, av_1 + bv_2) = a\varphi(u, v_1) + b\varphi(u, v_2),$$
$$\varphi(au_1 + bu_2, v) = a\varphi(u_1, v) + b\varphi(u_2, v).$$

Dato che le applicazioni lineari preservano i vettori nulli, se $\varphi \colon V \times U \to W$ è bilineare, allora $\varphi(0, v) = \varphi(u, 0) = 0$ per ogni $u \in U$ ed ogni $v \in V$.

Esempio 5.96 Sia V uno spazio vettoriale complesso. Il prodotto per scalare $\mathbb{C} \times V \to V$ è bilineare su $\mathbb{C}$ e, a maggior ragione, è bilineare su ogni sottocampo di $\mathbb{C}$.

Quando il campo $\mathbb{K}$ è chiaro dal contesto parleremo semplicemente di applicazioni bilineari, senza specificare il campo base.

Esempio 5.97 L'applicazione $\varphi\colon \mathbb{K}^n \times \mathbb{K}^n \to \mathbb{K}$, $\varphi(x, y) = \sum_{i=1}^{n} x_i\, y_i$ è bilineare. Più in generale, per ogni matrice $A = (a_{ij}) \in M_{n,m}(\mathbb{K})$, l'applicazione

$$\varphi\colon \mathbb{K}^n \times \mathbb{K}^m \to \mathbb{K}, \qquad \varphi(x, y) = \sum_{i=1}^{n} \sum_{j=1}^{m} x_i\, a_{ij}\, y_j,$$

è bilineare.

Esempio 5.98 Dati due spazi vettoriali V, W, l'applicazione

$$\varphi\colon \mathrm{Hom}(V, W) \times V \to W, \qquad \varphi(f, v) = f(v),$$

è bilineare.

Esempio 5.99 Siano dati tre spazi vettoriali U, V, W ed un'applicazione lineare $f\colon U \to \mathrm{Hom}(V, W)$. Allora l'applicazione

$$\varphi\colon U \times V \to W, \qquad \varphi(u, v) = [f(u)](v),$$

è bilineare.

Come per le applicazioni lineari, anche le applicazioni bilineari possono essere sommate e moltiplicate per scalari: date $\varphi, \psi\colon U \times V \to W$ bilineari e $a, b \in \mathbb{K}$, si definisce

$$a\varphi + b\psi\colon U \times V \to W, \qquad (a\varphi + b\psi)(u, v) = a\varphi(u, v) + b\psi(u, v),$$

ed è immediato verificare che $a\varphi + b\psi$ è ancora bilineare. Dunque, l'insieme di tutte le applicazioni bilineari $\varphi\colon V \times U \to W$ è uno spazio vettoriale sul campo $\mathbb{K}$.

Esempio 5.100 Il prodotto di polinomi $\mathbb{K}[x] \times \mathbb{K}[x] \to \mathbb{K}[x]$ è un'applicazione bilineare su $\mathbb{K}$.

Esempio 5.101 Dati tre spazi vettoriali U, V, W, il prodotto di composizione

$$\mathrm{Hom}_{\mathbb{K}}(V, W) \times \mathrm{Hom}_{\mathbb{K}}(U, V) \to \mathrm{Hom}_{\mathbb{K}}(U, W), \quad (f, g) \mapsto f \circ g,$$

è un'applicazione bilineare.

Definizione 5.102 Sia $\mathbb{K}$ un campo; una $\mathbb{K}$**-algebra** è uno spazio vettoriale A su $\mathbb{K}$ dotato di un'applicazione bilineare $A \times A \to A$ detta *prodotto*.

Ad esempio: la $\mathbb{K}$-algebra dei polinomi sul campo $\mathbb{K}$ è definita come lo spazio vettoriale $\mathbb{K}[x]$ dotato dell'usuale prodotto di polinomi. I numeri reali sono una $\mathbb{Q}$-algebra ed i numeri complessi sono una $\mathbb{R}$-algebra.

Definizione 5.103 Sia V uno spazio vettoriale su $\mathbb{K}$; la $\mathbb{K}$-algebra formata dallo spazio vettoriale $\mathrm{Hom}_{\mathbb{K}}(V, V)$, dotato del prodotto di composizione $\circ$, viene detta **algebra degli endomorfismi di** V e denotata $\mathrm{End}_{\mathbb{K}}(V)$.

In altri termini, $\mathrm{End}_{\mathbb{K}}(V)$ è una notazione semplificata per indicare la coppia $(\mathrm{Hom}_{\mathbb{K}}(V, V), \circ)$; è quindi implicito che useremo la notazione $\mathrm{Hom}_{\mathbb{K}}(V, V)$ quando ci muoviamo nel contesto degli spazi vettoriali e $\mathrm{End}_{\mathbb{K}}(V)$ in quello delle algebre. Anche qui, per semplicità notazionale scriveremo $\mathrm{End}(V)$ quando il campo $\mathbb{K}$ è chiaro dal contesto.

Esercizi

5.104 Siano $\varphi\colon U \times V \to W$ bilineare e $f\colon W \to H$ lineare. Provare che la composizione $f\varphi\colon U \times V \to H$ è bilineare.

5.105 Siano $\varphi\colon U \times V \to W$ bilineare e $f\colon H \to U$, $g\colon K \to V$ lineari. Provare che l'applicazione

$$\psi\colon H \times K \to W, \qquad \psi(h,k) = \varphi(f(h), g(k)),$$

è bilineare.

5.106 Il **commutatore** $[f, g]$ di due endomorfismi $f, g \in \mathrm{End}_{\mathbb{K}}(V)$ è definito come $[f, g] = fg - gf$. Dimostrare che l'applicazione

$$[\cdot, \cdot]\colon \mathrm{End}_{\mathbb{K}}(V) \times \mathrm{End}_{\mathbb{K}}(V) \to \mathrm{End}_{\mathbb{K}}(V),$$

è $\mathbb{K}$-bilineare e che per ogni $f, g, h \in \mathrm{End}_{\mathbb{K}}(V)$ si hanno le uguaglianze

$$[f, gh] = [f, g]h + g[f, h], \qquad [[f, g], h] = [f, [g, h]] - [g, [f, h]].$$

5.107 Dati tre spazi vettoriali U, V e W, provare che l'applicazione nulla $U \times V \xrightarrow{0} W$ è l'unica ad essere contemporaneamente lineare e bilineare.

5.108 Denotiamo con $\mathrm{Bil}_{\mathbb{K}}(U \times V, W)$ lo spazio vettoriale di tutte le applicazioni bilineari $U \times V \to W$. Provare che la costruzione dell'Esempio 5.99 induce un isomorfismo di spazi vettoriali $\mathrm{Hom}_{\mathbb{K}}(U, \mathrm{Hom}_{\mathbb{K}}(V, W)) \cong \mathrm{Bil}_{\mathbb{K}}(U \times V, W)$ e descrivere il suo inverso. Dedurre che se U, V, W hanno dimensione finita, allora $\dim \mathrm{Bil}_{\mathbb{K}}(U \times V, W) = \dim U \cdot \dim V \cdot \dim W$.

5.7 Dagli insiemi agli spazi vettoriali

Apriamo una piccola parentesi sul problema, apparentemente ozioso ma in realtà fondamentale, di come generare uno spazio vettoriale partendo da un insieme qualunque, non necessariamente finito. Più precisamente, dato un insieme S vogliamo costruire un soprainsieme $S \subseteq V$, dotato di una struttura di spazio vettoriale e tale che S sia un insieme di generatori linearmente indipendenti per V.

Se $S = \emptyset$ basta prendere $V = 0$; altrimenti, per ogni $s \in S$, indichiamo con $\chi_s \colon S \to \{0, 1\}$ la sua *funzione caratteristica*:

$$\chi_s(s) = 1 \quad \text{e} \quad \chi_s(t) = 0 \ \text{ per ogni } t \neq s.$$

Denotiamo con $\chi(S) = \{\chi_s \mid s \in S\}$ l'insieme delle funzioni caratteristiche degli elementi di S; gli insiemi S e $\chi(S)$ sono distinti e disgiunti, sebbene esista un'ovvia applicazione bigettiva $S \to \chi(S), s \mapsto \chi_s$.

Sia adesso $\mathbb{K}$ un campo; abbiamo già visto nell'Esempio 4.11 che $\mathbb{K}^{\chi(S)}$, l'insieme di tutte le applicazioni $\chi(S) \to \mathbb{K}$, possiede una struttura di spazio vettoriale su $\mathbb{K}$. Definiamo adesso $V \subseteq \mathbb{K}^{\chi(S)}$ come il sottospazio vettoriale formato dalle applicazioni $v \colon \chi(S) \to \mathbb{K}$ tali che $v(\chi_s) \neq 0$ per al più un numero finito di $s \in S$ (Esempio 4.21).

Possiamo identificare S con un sottoinsieme di V nel modo più naturale possibile, ossia pensando ciascun elemento $s \in S$ come l'applicazione

$$s \colon \chi(S) \to \mathbb{K}, \qquad s(\chi_t) = \chi_t(s) = \begin{cases} 1 & \text{se } s = t, \\ 0 & \text{se } s \neq t. \end{cases}$$

Ricordando la struttura di spazio vettoriale su $\mathbb{K}^{\chi(S)}$, e quindi anche su V, possiamo dire che per ogni $v \in V$ vale l'uguaglianza $v = \sum_s v(\chi_s)s$, dove la sommatoria è intesa sul sottoinsieme degli $s \in S$ tali che $v(\chi_s) \neq 0$; questo implica che ogni vettore $v \in V$ è combinazione lineare di un numero finito di elementi di S. Inoltre, dati $s_1, \ldots, s_n \in S$ distinti e $a_1, \ldots, a_n \in \mathbb{K}$, se $\sum_i a_i s_i = 0$, allora per ogni $j = 1, \ldots, n$ si ha $0 = \sum_i a_i s_i(\chi_{s_j}) = a_j$ e questo prova che $s_1, \ldots, s_n$ sono linearmente indipendenti.

Nella pratica matematica, la precedente costruzione viene accorciata definendo direttamente V come l'insieme di tutte le combinazioni lineari formali finite $\sum_{i=1}^{n} a_i s_i$, con $n \in \mathbb{N}$, $a_i \in \mathbb{K}$ e $s_i \in S$ (cf. Esercizio 1.19); cambia la forma ma non la sostanza.

Ad esempio, se consideriamo come $S = \{1, x, x^2, \ldots\}$ l'insieme delle potenze ad esponente naturale di un'indeterminata x, allora lo spazio vettoriale generato da S non è altro che lo spazio $\mathbb{K}[x]$ dei polinomi nella lettera x.

Molti lettori si staranno giustamente chiedendo perché non abbiamo definito direttamente V come lo spazio di tutte le applicazioni $S \to \mathbb{K}$ nulle al di fuori di un sottoinsieme finito. Per rispondere a tale quesito e spiegare che la nostra scelta è 'più naturale', bisognerebbe aprire una lunga digressione su argomenti che vanno al di là dei nostri obiettivi, anche se qualche motivazione potrà essere compresa dopo aver letto il Capitolo 12.

Esercizi

5.109 Sia $S \subseteq V \subseteq \mathbb{K}^{\chi(S)}$ lo spazio vettoriale sul campo $\mathbb{K}$ generato da un insieme non vuoto S. Dimostrare che per ogni spazio vettoriale W su $\mathbb{K}$ ed ogni applicazione $g \colon S \to W$, la formula

$$f \colon V \to W, \qquad f(v) = \sum_{s \in S} v(\chi_s) g(s),$$

definisce l'unica applicazione lineare $f \colon V \to W$ tale che $f_{|S} = g$.

Note

Una molto bella e istruttiva trattazione formale del concetto di naturalità è esposta nell'introduzione di [7], nel quale si delineano i fondamenti di quella che poi diventerà la *teoria delle categorie*; tale introduzione è elementare ma non troppo, e la sua comprensione richiede come minimo il Capitolo 12 di questo libro come prerequisito.

Per quanto riguarda la relazione tra matrici, basi ed applicazioni lineari, nella maggior parte dei testi in circolazione viene introdotto l'inverso dell'isomorfismo $L_{\mathbf{w}}^{\mathbf{v}}$ del Teorema 5.78, usualmente denotato $M_{\mathbf{w}}^{\mathbf{v}} \colon \mathrm{Hom}_{\mathbb{K}}(V, W) \to M_{n,m}(\mathbb{K})$.

Le algebre si differenziano e classificano in base alle caratteristiche del prodotto: ad esempio, un'algebra A con prodotto $(a, b) \mapsto ab$ si dice *associativa* se $a(bc) = (ab)c$ per ogni $a, b, c \in A$; si dice *commutativa* se è associativa e $ab = ba$ per ogni $a, b \in A$. In letteratura, le algebre come nella Definizione 5.102 sono anche dette *algebre magmatiche*.

Capitolo 6
Operazioni con le matrici

Nei capitoli precedenti abbiamo introdotto lo spazio vettoriale $M_{n,m}(\mathbb{K})$ delle matrici $n \times m$ (n righe ed m colonne) a coefficienti nel campo $\mathbb{K}$. Oltre alle tipiche operazioni indotte dalla struttura di spazio vettoriale, le matrici possiedono ulteriori caratteristiche che le rendono estremamente interessanti dal punto di vista matematico. In particolare, è definito il prodotto righe per colonne che è la controparte algebrica del prodotto di composizione di applicazioni lineari.

6.1 Traccia e trasposta

Iniziamo osservando che l'operazione di trasposizione si estende in modo ovvio dai vettori numerici alle matrici.

Definizione 6.1 La **trasposta** di una matrice $A \in M_{n,m}(\mathbb{K})$ è la matrice $A^T \in M_{m,n}(\mathbb{K})$ ottenuta scambiando l'indice di riga con quello di colonna ai coefficienti di A.

In altri termini, i coefficienti della prima riga di A^T (da sinistra a destra) sono uguali a quelli della prima colonna di A (dall'alto al basso) eccetera:

$$
\begin{pmatrix}
a_{11} & a_{12} & \cdots & a_{1m} \\
a_{21} & a_{22} & \cdots & a_{2m} \\
\vdots & \vdots & \ddots & \vdots \\
a_{n1} & a_{n2} & \cdots & a_{nm}
\end{pmatrix}^T
=
\begin{pmatrix}
a_{11} & a_{21} & \cdots & a_{n1} \\
a_{12} & a_{22} & \cdots & a_{n2} \\
\vdots & \vdots & \ddots & \vdots \\
a_{1m} & a_{2m} & \cdots & a_{nm}
\end{pmatrix}
$$

© The Author(s), under exclusive license to Springer Nature Switzerland AG 2025
M. Manetti, *Algebra Lineare*, La Matematica per il 3+2 174,
https://doi.org/10.1007/978-3-032-01504-4_6

Ad esempio:

$$\begin{pmatrix} 1 & 2 \\ 3 & 4 \end{pmatrix}^T = \begin{pmatrix} 1 & 3 \\ 2 & 4 \end{pmatrix}, \quad \begin{pmatrix} 1 & 2 & 4 \\ 8 & 16 & 32 \end{pmatrix}^T = \begin{pmatrix} 1 & 8 \\ 2 & 16 \\ 4 & 32 \end{pmatrix},$$

$$\begin{pmatrix} 1 & 2 & 3 \\ 0 & 1 & 2 \\ 0 & 0 & 1 \end{pmatrix}^T = \begin{pmatrix} 1 & 0 & 0 \\ 2 & 1 & 0 \\ 3 & 2 & 1 \end{pmatrix}.$$

La trasposizione commuta con le operazioni di somma e prodotto per scalare, ossia valgono le formule:

$$(A + B)^T = A^T + B^T, \quad \text{per ogni } A, B \in M_{n,m}(\mathbb{K}),$$
$$(\lambda A)^T = \lambda A^T, \qquad \text{per ogni } A \in M_{n,m}(\mathbb{K}), \ \lambda \in \mathbb{K}.$$

Anche lo spazio delle matrici possiede una base canonica (vedi Esempio 4.43), formata dalle matrici che hanno un solo coefficiente non nullo ed uguale ad 1. Più precisamente, per ogni $i = 1, \dots, n$ ed ogni $j = 1, \dots, m$ indichiamo con $E_{ij} \in M_{n,m}(\mathbb{K})$ la matrice che ha il coefficiente (i, j) uguale a 1 e tutti gli altri uguali a 0. Ad esempio per $n = 2$ e $m = 3$ si ha:

$$E_{11} = \begin{pmatrix} 1 & 0 & 0 \\ 0 & 0 & 0 \end{pmatrix}, \quad E_{22} = \begin{pmatrix} 0 & 0 & 0 \\ 0 & 1 & 0 \end{pmatrix}, \quad E_{23} = \begin{pmatrix} 0 & 0 & 0 \\ 0 & 0 & 1 \end{pmatrix} \text{ eccetera.}$$

Notiamo che $E_{ij}^T = E_{ji}$ e per ogni matrice $A = (a_{ij}) \in M_{n,m}(\mathbb{K})$ vale l'uguaglianza

$$A = \begin{pmatrix} a_{11} & \dots & a_{1m} \\ \vdots & \ddots & \vdots \\ a_{n1} & \dots & a_{nm} \end{pmatrix} = \sum_{i=1}^{n} \sum_{j=1}^{m} a_{ij} E_{ij}.$$

Le matrici che hanno lo stesso numero di righe e di colonne si dicono quadrate; più precisamente, una matrice $n \times n$ si dice **quadrata di ordine** n. I coefficienti sulla **diagonale principale**, detti anche **coefficienti principali**, di una matrice quadrata sono quelli che hanno indice di riga uguale a quello di colonna. Ad esempio, nella matrice quadrata

$$\begin{pmatrix} 2 & 1 & 1 \\ 1 & 2 & 1 \\ 1 & 1 & 2 \end{pmatrix},$$

i coefficienti principali sono tutti uguali a 2 e quelli al di fuori della diagonale principale sono tutti uguali a 1. Osserviamo che la trasposta di una matrice quadrata si ottiene mediante una 'riflessione' rispetto alla diagonale principale.

Definizione 6.2 Una matrice si dice **diagonale** se è quadrata ed è nulla al di fuori della diagonale principale. Equivalentemente, una matrice (a_{ij}) è diagonale se è quadrata e $a_{ij} = 0$ per ogni $i \neq j$.

Per esempio, delle seguenti quattro matrici, le prime tre sono diagonali mentre la quarta non è diagonale:

$$\begin{pmatrix} 1 & 0 & 0 \\ 0 & 1 & 0 \\ 0 & 0 & 1 \end{pmatrix}, \quad \begin{pmatrix} 0 & 0 & 0 \\ 0 & 1 & 0 \\ 0 & 0 & 2 \end{pmatrix}, \quad \begin{pmatrix} 0 & 0 & 0 \\ 0 & 0 & 0 \\ 0 & 0 & 0 \end{pmatrix}, \quad \begin{pmatrix} 0 & 0 & 1 \\ 0 & 2 & 0 \\ 1 & 0 & 0 \end{pmatrix}.$$

Si noti in particolare che ogni matrice 1×1 è diagonale, così come è diagonale ogni matrice quadrata con tutti i coefficienti uguali a 0. Il sottoinsieme di $M_{n,n}(\mathbb{K})$ formato da tutte le matrici diagonali è un sottospazio vettoriale di dimensione n: infatti è generato dagli elementi $E_{ii}, i = 1, \ldots, n$, della base canonica. Ogni matrice diagonale è uguale alla sua trasposta.

Definizione 6.3 Per ogni $n > 0$ denotiamo con $I_n \in M_{n,n}(\mathbb{K})$ la matrice che ha coefficienti uguali ad 1 sulla diagonale principale ed uguali a 0 al di fuori della diagonale principale. Chiameremo I_n **matrice identità** di ordine n.

Abbiamo visto nell'Esempio 5.69 che $I_n \in M_{n,n}(\mathbb{K})$ è l'unica matrice tale che $L_{I_n} = \mathrm{Id}_{\mathbb{K}^n}$. Per semplicità di notazione, quando l'ordine n è chiaro dal contesto scriveremo solamente I per indicare la matrice identità.

Definizione 6.4 La **traccia** $\mathrm{Tr}(A)$ di una matrice quadrata A è la somma dei coefficienti principali, ossia $\mathrm{Tr}(a_{ij}) = \sum_i a_{ii}$.

Ad esempio

$$\mathrm{Tr}\begin{pmatrix} 1 & 3 \\ 6 & 1 \end{pmatrix} = 1 - 1 = 0, \quad \mathrm{Tr}\begin{pmatrix} 1 & 0 \\ 0 & 1 \end{pmatrix} = 1 + 1 = 2, \quad \mathrm{Tr}\begin{pmatrix} 2 & 3 \\ 4 & 6 \end{pmatrix} = 2 + 6 = 8.$$

L'applicazione traccia $\mathrm{Tr} \colon M_{n,n}(\mathbb{K}) \to \mathbb{K}$ è lineare e diversa da 0; il suo nucleo, lo spazio delle matrici a traccia nulla, ha quindi dimensione $n^2 - 1$. Ogni matrice quadrata ha traccia uguale alla sua trasposta: $\mathrm{Tr}(A) = \mathrm{Tr}(A^T)$.

Esercizi

6.5 Calcolare $A + B^T$, $A^T + B$ e $(A + B)^T$, dove

$$A = \begin{pmatrix} 1 & 2 \\ 4 & 3 \end{pmatrix}, \qquad B = \begin{pmatrix} 2 & -1 \\ -1 & 2 \end{pmatrix}.$$

6.6 Trovare due matrici $S, E \in M_{2,2}(\mathbb{R})$ tali che

$$S = S^T, \qquad E = -E^T, \qquad S + E = \begin{pmatrix} 2 & 1 \\ 3 & 4 \end{pmatrix}.$$

6.7 Determinare tutte le matrici A a coefficienti reali tali che $A = 2A^T$.

6.8 (♨, ♡) Nello spazio vettoriale $M_{4,4}(\mathbb{K})$, per ogni coppia di indici $i, j = 1, \ldots, 4$ indichiamo con $V_{ij} \subseteq M_{4,4}(\mathbb{K})$ l'insieme delle matrici tali che la somma dei coefficienti della riga i è uguale alla somma dei coefficienti della colonna j, ossia

$$V_{ij} = \left\{ (a_{hk}) \in M_{4,4}(\mathbb{K}) \ \middle| \ \sum_{k=1}^{4} a_{ik} = \sum_{h=1}^{4} a_{hj} \right\}.$$

Provare che ogni V_{ij} è un sottospazio vettoriale di dimensione 15 e calcolare la dimensione dell'intersezione dei 16 sottospazi V_{ij}.

6.9 (♨, ♡) Nello spazio vettoriale $M_{4,4}(\mathbb{K})$, per ogni coppia di indici $i, j = 1, \ldots, 4$ indichiamo con $U_{ij} \subseteq M_{4,4}(\mathbb{K})$ l'insieme delle matrici tali che la somma dei coefficienti della riga i è uguale al doppio della somma dei coefficienti della colonna j, cioè

$$U_{ij} = \left\{ (a_{hk}) \in M_{4,4}(\mathbb{K}) \ \middle| \ \sum_{k=1}^{4} a_{ik} = 2 \sum_{h=1}^{4} a_{hj} \right\}.$$

Provare che ogni U_{ij} è un sottospazio vettoriale di dimensione 15 e calcolare la dimensione dell'intersezione dei 16 sottospazi U_{ij}.

6.2 L'algebra delle matrici

Supponiamo di avere due matrici $A \in M_{n,m}(\mathbb{K})$ e $B \in M_{m,l}(\mathbb{K})$, e quindi tali che il numero di colonne di A sia uguale al numero di righe di B. In tal caso possiamo fare il prodotto righe per colonne di A con ciascuna colonna di B ed ottenere una successione di l vettori di $\mathbb{K}^n$. Se $B^1, \ldots, B^l \in \mathbb{K}^m$ sono le colonne di B, definiamo il **prodotto righe per colonne** di A per B come:

$$AB = (L_A(B^1), \ldots, L_A(B^l)) = (AB^1, \ldots, AB^l) \in M_{n,l}(\mathbb{K}).$$

In particolare, ogni colonna di AB è combinazione lineare delle colonne di A.

Il prodotto righe per colonne AB, spesso chiamato semplicemente prodotto, è definito solo quando il numero di colonne di A è uguale al numero di righe di B e la matrice AB ha lo stesso numero di righe di A e di colonne di B. Se il numero di colonne di A è diverso dal numero di righe di B il prodotto AB non è definito.

Esempio 6.10   Siano

$$A = \begin{pmatrix} 1 & 2 & 3 \\ 4 & 5 & 6 \\ 7 & 8 & 9 \end{pmatrix}, \qquad B = \begin{pmatrix} 1 & -1 \\ 0 & 2 \\ 1 & 0 \end{pmatrix}.$$

Allora possiamo effettuare il prodotto AB; le colonne di AB sono i due vettori

$$\begin{pmatrix} 1 & 2 & 3 \\ 4 & 5 & 6 \\ 7 & 8 & 9 \end{pmatrix} \begin{pmatrix} 1 \\ 0 \\ 1 \end{pmatrix} = \begin{pmatrix} 4 \\ 10 \\ 16 \end{pmatrix}, \qquad \begin{pmatrix} 1 & 2 & 3 \\ 4 & 5 & 6 \\ 7 & 8 & 9 \end{pmatrix} \begin{pmatrix} -1 \\ 2 \\ 0 \end{pmatrix} = \begin{pmatrix} 3 \\ 6 \\ 9 \end{pmatrix},$$

e quindi

$$AB = \begin{pmatrix} 4 & 3 \\ 10 & 6 \\ 16 & 9 \end{pmatrix}.$$

Se indichiamo con a_{ij}, b_{ij} e c_{ij} rispettivamente i coefficienti delle matrici A, B e $AB = (c_{ij})$, si ha per definizione che c_{ij} è il prodotto della riga i della matrice A con la riga j della matrice B; in formule:

$$c_{ij} = \sum_h a_{ih} b_{hj} = a_{i1} b_{1j} + a_{i2} b_{2j} + \cdots + a_{im} b_{mj}.$$

Equivalentemente, se indichiamo con A^i le colonne di A e con B_j le righe di B si ha:

1. la i-esima riga di AB è uguale a $\sum_h a_{ih} B_h$;
2. la j-esima colonna di AB è uguale a $\sum_h A^h b_{hj}$.

Esempio 6.11

$$\begin{pmatrix} a & b \\ c & d \end{pmatrix} \begin{pmatrix} u & v \\ w & z \end{pmatrix} = \begin{pmatrix} au + bw & av + bz \\ cu + dw & cv + dz \end{pmatrix}.$$

Esempio 6.12   Il prodotto righe per colonne non è commutativo, ad esempio:

$$(1 \quad 2) \begin{pmatrix} 5 \\ 7 \end{pmatrix} = (19), \qquad \begin{pmatrix} 5 \\ 7 \end{pmatrix} (1 \quad 2) = \begin{pmatrix} 5 & 10 \\ 7 & 14 \end{pmatrix},$$

$$\begin{pmatrix} 1 & 0 \\ 0 & 2 \end{pmatrix} \begin{pmatrix} 0 & 1 \\ 1 & 0 \end{pmatrix} = \begin{pmatrix} 0 & 1 \\ 2 & 0 \end{pmatrix}, \qquad \begin{pmatrix} 0 & 1 \\ 1 & 0 \end{pmatrix} \begin{pmatrix} 1 & 0 \\ 0 & 2 \end{pmatrix} = \begin{pmatrix} 0 & 2 \\ 1 & 0 \end{pmatrix}.$$

Esempio 6.13   Un prodotto può annullarsi anche se entrambi i fattori sono diversi dalla matrice nulla; ad esempio

$$\begin{pmatrix} 1 & -1 \\ 1 & -1 \end{pmatrix}\begin{pmatrix} 1 & -1 \\ 1 & -1 \end{pmatrix} = \begin{pmatrix} 0 & 0 \\ 0 & 0 \end{pmatrix}, \qquad \begin{pmatrix} 1 & i \\ i & -1 \end{pmatrix}\begin{pmatrix} 1 & i \\ i & -1 \end{pmatrix} = \begin{pmatrix} 0 & 0 \\ 0 & 0 \end{pmatrix}.$$

Esempio 6.14 (prodotto di matrici diagonali)   Per semplicità di notazioni, dati n scalari $a_1, \ldots, a_n$, viene talvolta indicata con

$$\mathrm{diag}(a_1, \ldots, a_n) = \begin{pmatrix} a_1 & 0 & \cdots & 0 \\ 0 & a_2 & \cdots & 0 \\ \vdots & \vdots & \ddots & \vdots \\ 0 & 0 & \cdots & a_n \end{pmatrix}$$

la matrice diagonale con coefficienti principali $a_1, \ldots, a_n$. Si verifica facilmente che

$$\mathrm{diag}(a_1, \ldots, a_n)\,\mathrm{diag}(b_1, \ldots, b_n) = \mathrm{diag}(a_1 b_1, \ldots, a_n b_n).$$

Possiamo quindi dire che, per le matrici diagonali, il prodotto righe per colonne coincide con il prodotto coefficiente per coefficiente.

Lemma 6.15   *Siano $A \in M_{n,m}(\mathbb{K})$ e $B \in M_{m,l}(\mathbb{K})$ due matrici. Allora vale*

$$L_{AB} = L_A \circ L_B \colon \mathbb{K}^l \to \mathbb{K}^n.$$

Dimostrazione   Dato che $L_{AB}(x) = (AB)x$ e $L_A(L_B(x)) = A(Bx)$ bisogna dimostrare che per ogni $x \in \mathbb{K}^l$ vale $(AB)x = A(Bx)$. Siano $A = (a_{ij})$, $B = (b_{ij})$ $AB = (c_{ij})$ e $x \in \mathbb{K}^l$ fissato; denotiamo $y = Bx$, $z = Ay$ e $w = (AB)x$. Bisogna dimostrare che $z = w$. La coordinata i-esima di z è

$$z_i = \sum_h a_{ih} y_h = \sum_h a_{ih}\Big(\sum_k b_{hk} x_k\Big) = \sum_{h,k} a_{ih} b_{hk} x_k,$$

mentre la coordinata i-esima di w è

$$w_i = \sum_k c_{ik} x_k = \sum_k \Big(\sum_h a_{ih} b_{hk}\Big) x_k = \sum_{h,k} a_{ih} b_{hk} x_k. \quad \square$$

Quindi, il prodotto di matrici corrisponde al prodotto di composizione delle corrispondenti applicazioni lineari tra spazi vettoriali numerici.

Esempio 6.16   Le matrici identità sono elementi neutri per il prodotto, ossia

$$IA = A, \qquad BI = B,$$

per ogni scelta delle matrici A, B: ovviamente in entrambi i casi l'ordine della matrice I deve essere tale che i prodotti IA e BI siano definiti. Infatti $L_{IA} = L_I \circ L_A = \mathrm{Id} \circ L_A = L_A$ e quindi $IA = A$. Alla stessa maniera si prova che $BI = B$.

Teorema 6.17 *Il prodotto righe per colonne è associativo, ossia per ogni terna di matrici* $A \in M_{n,m}(\mathbb{K})$, $B \in M_{m,l}(\mathbb{K})$ *e* $C \in M_{l,p}(\mathbb{K})$ *vale*

$$(AB)C = A(BC).$$

Dimostrazione Siccome il prodotto di matrici corrisponde al prodotto di composizione di applicazioni lineari, il teorema segue dall'associatività del prodotto di composizione. Possiamo comunque dare una diversa dimostrazione: se $A = (a_{ij})$, $B = (b_{ij})$, $C = (c_{ij})$ e se denotiamo $AB = (d_{ij})$, $BC = (e_{ij})$, allora i coefficienti (i, j) delle matrici $(AB)C$ e $A(BC)$ si calcolano, rispettivamente, con le formule

$$\sum_h d_{ih}c_{hj} = \sum_h \left(\sum_k a_{ik}b_{kh}\right)c_{hj} = \sum_{h,k} a_{ik}b_{kh}c_{hj},$$

$$\sum_k a_{ik}e_{kj} = \sum_k a_{ik}\left(\sum_h b_{kh}c_{hj}\right) = \sum_{h,k} a_{ik}b_{kh}c_{hj},$$

e dunque coincidono. $\square$

Per ogni matrice quadrata A possiamo definire ricorsivamente la successione delle sue potenze ad esponente naturale:

$$A^0 = I, \quad A^1 = A, \quad A^2 = AA, \quad A^3 = AA^2, \dots \quad A^{n+1} = AA^n, \quad \dots$$

Segue facilmente dell'associatività del prodotto che per ogni $n, m \geq 0$ vale $A^n A^m = A^{n+m}$.

Osservazione 6.18 Le potenze delle matrici diagonali si calcolano semplicemente elevando a potenza tutti i coefficienti, mentre per le matrici non diagonali questa semplice regola non funziona quasi mai, vedi Esercizio 10.54.

Un'altra proprietà del prodotto di matrici, la cui semplice dimostrazione è lasciata per esercizio, è la proprietà distributiva: siano $A \in M_{n,m}(\mathbb{K})$ e $B, C \in M_{m,l}(\mathbb{K})$, allora vale $A(B+C) = AB + AC$. Similmente se $A, B \in M_{n,m}(\mathbb{K})$ e $C \in M_{m,l}(\mathbb{K})$ si ha $(A+B)C = AC + BC$.

Lemma 6.19 *Per ogni* $A = (a_{ij}) \in M_{n,m}(\mathbb{K})$ *e* $B = (b_{ji}) \in M_{m,n}(\mathbb{K})$ *vale*

$$\mathrm{Tr}(AB) = \mathrm{Tr}(BA) = \sum_{i,j} a_{ij}b_{ji}.$$

In particolare, $\mathrm{Tr}(AA^T) = \mathrm{Tr}(A^T A) = \sum_{i,j} a_{ij}^2.$

Dimostrazione   Basta scrivere $\sum_{i,j} a_{ij} b_{ji} = \sum_i \sum_j a_{ij} b_{ji} = \sum_j \sum_i a_{ij} b_{ji}$ e osservare che:

1. $\sum_j a_{ij} b_{ji}$ è il coefficiente (i,i) di AB;
2. $\sum_i a_{ij} b_{ji} = \sum_i b_{ji} a_{ij}$ è il coefficiente (j,j) di BA. $\square$

Il prossimo lemma ci dice che la trasposizione commuta con il prodotto di matrici, a condizione di invertire l'ordine dei fattori.

Lemma 6.20   *Per ogni $A \in M_{n,m}(\mathbb{K})$ e $B \in M_{m,l}(\mathbb{K})$ vale*

$$(AB)^T = B^T A^T.$$

Dimostrazione   Siano $A = (a_{ij})$, $B = (b_{ij})$. Il coefficiente (i,j) di AB è $\sum_h a_{ih} b_{hj}$, mentre il coefficiente (j,i) di $B^T A^T$ è $\sum_h b_{hj} a_{ih}$ che coincide con il precedente. $\square$

Abbiamo già visto nell'Esempio 6.12 che il prodotto di matrici *non è commutativo*, ossia in generale vale $AB \neq BA$. Quindi bisogna prestare molta attenzione allo svolgimento delle espressioni algebriche contenenti matrici. Ad esempio, se $A, B \in M_{n,n}(\mathbb{K})$ vale

$$\begin{aligned}
(A + B)^2 &= (A + B)(A + B) \\
&= A(A + B) + B(A + B) = A^2 + AB + BA + B^2
\end{aligned}$$

e non, come potremmo scrivere senza riflettere, $A^2 + 2AB + B^2$.

Esempio 6.21   Sia $A \in M_{n,n}(\mathbb{K})$ una matrice quadrata, allora A commuta con tutte le matrici del tipo $\lambda_0 I + \lambda_1 A + \cdots + \lambda_m A^m$ al variare di $m \geq 0$ e $\lambda_0, \ldots, \lambda_m \in \mathbb{K}$. Infatti siccome il prodotto è associativo si ha $AA^i = A^{i+1} = A^i A$ e quindi

$$\begin{aligned}
A(\lambda_0 I + \lambda_1 A + \cdots + \lambda_m A^m) &= \lambda_0 AI + \lambda_1 AA + \cdots + \lambda_m AA^m \\
&= \lambda_0 IA + \lambda_1 AA + \cdots + \lambda_m A^m A = (\lambda_0 I + \lambda_1 A + \cdots + \lambda_m A^m)A.
\end{aligned}$$

Esempio 6.22   Sia $U \in M_{n,n}(\mathbb{K})$ una matrice che commuta con tutte le matrici $n \times n$, ossia tale che $AU = UA$ per ogni $A \in M_{n,n}(\mathbb{K})$; dimostriamo che U è un multiplo scalare dell'identità. Siano u_{ij} i coefficienti di U e consideriamo i prodotti con le matrici E_{ij} della base canonica. Un semplice conto dimostra che

$$E_{ij} U = \sum_k u_{jk} E_{ik}, \qquad U E_{ij} = \sum_k u_{ki} E_{kj}$$

e se $E_{ij} U = U E_{ij}$ allora $\sum_\beta u_{j\beta} E_{i\beta} = \sum_\alpha u_{\alpha i} E_{\alpha j}$. Da tale uguaglianza, ricordando che le matrici E_{hk} sono linearmente indipendenti, segue immediatamente che $u_{j\beta} = 0$ per ogni $\beta \neq j$, che $u_{\alpha i} = 0$ per ogni $\alpha \neq i$ e che $u_{ii} = u_{jj}$. Variando i, j, α, β tra 1 ed n si deduce che U è un multiplo scalare dell'identità.

Talvolta conviene rappresentare una matrice $A \in M_{n,m}(\mathbb{K})$ sotto forma di **matrice a blocchi**

$$A = \begin{pmatrix} A_{11} & A_{12} & \cdots & A_{1s} \\ A_{21} & A_{22} & \cdots & A_{2s} \\ \vdots & \vdots & \ddots & \vdots \\ A_{r1} & A_{r2} & \cdots & A_{rs} \end{pmatrix}, \quad A_{ij} \in M_{k_i,h_j}(\mathbb{K}), \quad \sum k_i = n, \sum h_j = m.$$

Il prodotto righe per colonne di matrici a blocchi, dette anche **matrici partizionate**, si può fare eseguendo i prodotti righe per colonne dei blocchi, qualora tali prodotti siano definiti. Ad esempio, si ha

$$\begin{pmatrix} A_{11} & A_{12} \\ A_{21} & A_{22} \end{pmatrix} \begin{pmatrix} B_{11} & B_{12} \\ B_{21} & B_{22} \end{pmatrix} = \begin{pmatrix} A_{11}B_{11} + A_{12}B_{21} & A_{11}B_{12} + A_{12}B_{22} \\ A_{21}B_{11} + A_{22}B_{21} & A_{21}B_{12} + A_{22}B_{22} \end{pmatrix},$$

purché il numero di colonne di A_{1i} sia uguale al numero di righe di B_{i1} per ogni i.

Risultano di uso frequente, e quindi meritevoli di specifica notazione, le cosiddette matrici diagonali a blocchi.

Definizione 6.23 Data una successione finita $A_1, \ldots, A_n$ di matrici quadrate, non necessariamente dello stesso ordine, denoteremo

$$\mathrm{diag}(A_1, \ldots, A_n) = \begin{pmatrix} A_1 & 0 & \cdots & 0 \\ 0 & A_2 & \cdots & 0 \\ \vdots & \vdots & \ddots & \vdots \\ 0 & 0 & \cdots & A_n \end{pmatrix},$$

la matrice, detta **diagonale a blocchi**, che ha $A_1, \ldots, A_n$ a cavallo della diagonale principale e 0 altrove.

Una matrice diagonale a blocchi $\mathrm{diag}(A_1, \ldots, A_n)$ è diagonale, nel senso usuale, se e solo se ogni blocco A_i è una matrice diagonale.

Esempio 6.24 (**Prodotti misti**) In determinate situazioni risulta utile definire, nella maniera più naturale possibile, il prodotto righe per colonne tra una matrice a coefficienti in un campo ed una matrice a coefficienti in uno spazio vettoriale. Ad esempio, se V è uno spazio vettoriale su $\mathbb{K}$, $A = (a_{ij}) \in M_{n,m}(\mathbb{K})$ e $U = (u_{ij}) \in M_{m,l}(V)$, allora $AU \in M_{n,l}(V)$ è la matrice il cui coefficiente (i, j) è dato dalla combinazione lineare $\sum_{h=1}^{m} a_{ih}u_{hj}$. Si definisce similmente il prodotto $UB \in M_{m,s}(V)$, con $B \in M_{l,s}(\mathbb{K})$, e lasciamo per esercizio al lettore la verifica della proprietà associativa $(AU)B = A(UB)$. Ad esempio, per $V = \mathbb{K}[x]$, un prodotto misto è dato da

$$(x, x^3)\begin{pmatrix} 1 & 2 \\ 3 & 4 \end{pmatrix} = (x + 3x^3, 2x + 4x^3).$$

Esercizi

6.25 Verificare che per ogni $A, B \in M_{2,2}(\mathbb{K})$, la matrice $(AB - BA)^2$ è un multiplo scalare della matrice identità.

6.26 Sia $H \subseteq M_{n,n}(\mathbb{K})$ un sottospazio vettoriale tale che $A^2 = 0$ per ogni $A \in H$. Provare che se $A, B \in H$ allora $AB = -BA \in H$.

6.27 Per ogni numero complesso $z = a + ib \in \mathbb{C}$ definiamo la matrice

$$R(z) = a \begin{pmatrix} 1 & 0 \\ 0 & 1 \end{pmatrix} + b \begin{pmatrix} 0 & -1 \\ 1 & 0 \end{pmatrix} = \begin{pmatrix} a & -b \\ b & a \end{pmatrix} \in M_{2,2}(\mathbb{R}).$$

Verificare che per ogni $z, u \in \mathbb{C}$ valgono le formule

$$R(z + u) = R(z) + R(u), \qquad R(zu) = R(z)R(u).$$

6.28 Si considerino le seguenti quattro matrici reali 2×2:

$$I = \begin{pmatrix} 1 & 0 \\ 0 & 1 \end{pmatrix}, \quad i = \begin{pmatrix} 0 & -1 \\ 1 & 0 \end{pmatrix}, \quad h = \begin{pmatrix} 0 & 1 \\ 1 & 0 \end{pmatrix}, \quad \varepsilon = \begin{pmatrix} 1 & 1 \\ -1 & -1 \end{pmatrix}.$$

Verificare che formano una base dello spazio vettoriale $M_{2,2}(\mathbb{R})$ e che soddisfano le relazioni

$$h^2 = I, \quad i^2 = -I, \quad \varepsilon^2 = 0, \quad hi = -ih = \varepsilon + i.$$

6.29 Date le matrici

$$A = \begin{pmatrix} 1 & -1 \\ 1 & -1 \end{pmatrix}, \quad B = \begin{pmatrix} 1 & 1 \\ 0 & -1 \end{pmatrix}, \quad C = \begin{pmatrix} 2 & 3 \\ 4 & 5 \end{pmatrix},$$

calcolare AB, BA, BC, CB, AC e CA.

6.30 Trovare una maniera 'furba' per calcolare le seguenti elevazioni a potenza:

$$\begin{pmatrix} 1 & 2 \\ 0 & 1 \end{pmatrix}^{2020}, \qquad \begin{pmatrix} 0 & 1 \\ -1 & 0 \end{pmatrix}^{16\,244}, \qquad \frac{1}{2^{40}} \begin{pmatrix} 1 & -1 \\ 1 & 1 \end{pmatrix}^{80}.$$

6.31 Determinare tutte le matrici $B, C \in M_{2,2}(\mathbb{K})$ tali che

$$\begin{pmatrix} 0 & 0 \\ 1 & 0 \end{pmatrix} B = C \begin{pmatrix} 0 & 0 \\ 1 & 0 \end{pmatrix} = \begin{pmatrix} 0 & 0 \\ 0 & 0 \end{pmatrix}.$$

6.32 Calcolare in funzione di $A \in M_{n,n}(\mathbb{K})$ le potenze $B^2, B^3, \ldots$ della matrice a blocchi

$$B = \begin{pmatrix} 0 & A \\ I & 0 \end{pmatrix} \in M_{2n,2n}(\mathbb{K}),$$

dove I denota la matrice identità di ordine n.

6.33 Siano $A \in M_{n,m}(\mathbb{K})$ e $B \in M_{m,n}(\mathbb{K})$. Verificare che valgono le uguaglianze di matrici $(n+m) \times (n+m)$ a blocchi

$$\begin{pmatrix} AB & 0 \\ B & 0 \end{pmatrix}\begin{pmatrix} I_n & A \\ 0 & I_m \end{pmatrix} = \begin{pmatrix} AB & ABA \\ B & BA \end{pmatrix} = \begin{pmatrix} I_n & A \\ 0 & I_m \end{pmatrix}\begin{pmatrix} 0 & 0 \\ B & BA \end{pmatrix},$$

dove $I_n \in M_{n,n}(\mathbb{K})$ e $I_m \in M_{n,n}(\mathbb{K})$ sono le matrici identità.

6.34 (Il corpo dei quaternioni) Per ogni coppia di numeri complessi $a, b \in \mathbb{C}$ denotiamo

$$Q(a,b) = \begin{pmatrix} a & b \\ -\overline{b} & \overline{a} \end{pmatrix} \in M_{2,2}(\mathbb{C}).$$

Si noti che $Q(1,0)$ è la matrice identità. Dimostrare che:

1. $Q(a,b) + Q(c,d) = Q(a+c, b+d)$ per ogni $a,b,c,d \in \mathbb{C}$;
2. $Q(a,b)Q(c,d) = Q(ac - b\overline{d}, ad + b\overline{c})$ per ogni $a,b,c,d \in \mathbb{C}$;
3. se $a,b \in \mathbb{C}$ non sono entrambi nulli allora

$$Q(a,b)Q\left(\frac{\overline{a}}{|a|^2 + |b|^2}, \frac{-b}{|a|^2 + |b|^2} \right) = Q(1,0) = I.$$

L'insieme $\mathbb{H} \subseteq M_{2,2}(\mathbb{C})$ formato da tutte le matrici del tipo $Q(a,b)$ viene detto **corpo dei quaternioni**. Si tratta di un sottospazio vettoriale reale di dimensione 4, chiuso per il prodotto, con elemento neutro per il prodotto $Q(1,0)$, in cui ogni elemento non nullo possiede un inverso. Dunque $\mathbb{H}$ soddisfa tutti gli assiomi di campo tranne la commutatività del prodotto, ragion per cui viene chiamato corpo, o campo non commutativo.

Gli otto elementi $\pm Q(1,0), \pm Q(i,0), \pm Q(0,1), \pm Q(0,i)$ sono dette **unità quaternionali**; provare che il prodotto di due unità quaternionali è ancora una unità quaternionale.

Infine, provare che l'equazione $x^2 = Q(-1,0)$ possiede infinite soluzioni in $\mathbb{H}$, ragion per cui il Teorema 3.101 non vale nei campi non commutativi (non è definito un prodotto di polinomi compatibile con il prodotto delle corrispondenti funzioni polinomiali).

6.35 Descrivere tutte le matrici B a coefficienti reali tali che

$$\begin{pmatrix} 1 & -1 & 0 \\ 0 & 1 & -1 \end{pmatrix} B = \begin{pmatrix} 1 & 0 \\ 0 & 1 \end{pmatrix}.$$

6.36 Calcolare i prodotti

$$\begin{pmatrix} 2 & 0 & 1 \\ 2 & 3 & 0 \\ 0 & 1 & -1 \end{pmatrix}\begin{pmatrix} 5 & 4 & 3 \\ 0 & 7 & 2 \\ -1 & 0 & 9 \end{pmatrix}, \qquad \begin{pmatrix} 5 & 0 & -1 \\ 4 & 7 & 0 \\ 3 & 2 & 9 \end{pmatrix}\begin{pmatrix} 2 & 2 & 0 \\ 0 & 3 & 1 \\ 1 & 0 & -1 \end{pmatrix},$$

e dire se le due matrici ottenute sono una la trasposta dell'altra.

6.37 Siano p un primo $V \subseteq M_{n,n}(\mathbb{K})$ il sottoinsieme formato dalle matrici (a_{ij}) tali che $a_{ij} \neq 0$ solo se p divide $i - j$. Dimostrare che V è un sottospazio vettoriale e che se $A, B \in V$, allora anche $AB \in V$.

6.38 Indichiamo con E_{ij} la base canonica di $M_{n,n}(\mathbb{K})$ e, come al solito con $e_1, \ldots, e_n$ la base canonica di $\mathbb{K}^n = M_{n,1}(\mathbb{K})$.

Convincetevi che $e_i e_j^T = E_{ij} \in M_{n,n}(\mathbb{K})$, $E_{ij} E_{jk} = E_{ik}$ e, se $j \neq h$ allora $E_{ij} E_{hk} = 0$.

6.39 Dare una dimostrazione alternativa del risultato dell'Esempio 6.22 considerando i prodotti di U con le due matrici

$$A = \begin{pmatrix} 1 & 0 & \cdots & 0 \\ 0 & 2 & \cdots & 0 \\ \vdots & \vdots & \ddots & \vdots \\ 0 & 0 & \cdots & n \end{pmatrix}, \qquad B = \begin{pmatrix} 1 & 1 & \cdots & 1 \\ 0 & 0 & \cdots & 0 \\ \vdots & \vdots & \ddots & \vdots \\ 0 & 0 & \cdots & 0 \end{pmatrix}.$$

6.40 Per ogni numero $\xi = a + b\sqrt{2} \in \mathbb{Q}(\sqrt{2})$ definiamo la matrice

$$R(\xi) = \begin{pmatrix} a & 2b \\ b & a \end{pmatrix} \in M_{2,2}(\mathbb{Q}).$$

Verificare che per ogni $\xi, \eta \in \mathbb{Q}(\sqrt{2})$ valgono le formule

$$R(\xi + \eta) = R(\xi) + R(\eta), \qquad R(\xi\eta) = R(\xi)R(\eta).$$

6.41 Sia $F_0 = 0$, $F_1 = 1, \ldots, F_{n+1} = F_n + F_{n-1}, \ldots$ la successione dei numeri di Fibonacci (Esercizio 2.61). Provare che per ogni intero positivo n si ha

$$\begin{pmatrix} 1 & 1 \\ 1 & 0 \end{pmatrix}^n = \begin{pmatrix} F_{n+1} & F_n \\ F_n & F_{n-1} \end{pmatrix}.$$

6.42   Per ogni numero reale $t \in \mathbb{R}$ definiamo la matrice

$$S(t) = \begin{pmatrix} \cos(t) & -\sin(t) \\ \sin(t) & \cos(t) \end{pmatrix} \in M_{2,2}(\mathbb{R}).$$

Verificare che per ogni $a, b \in \mathbb{R}$ valgono le formule $S(-a) = S(a)^T$, $S(a + b) = S(a)S(b)$.

6.43   Calcolare i prodotti $(AB)^2$ e $(BA)^2$, dove

$$A = \begin{pmatrix} 0 & 0 & 0 \\ 1 & 1 & 0 \\ 0 & 0 & 1 \end{pmatrix}, \qquad B = \begin{pmatrix} 0 & 0 & 0 \\ 1 & 0 & 0 \\ 0 & 1 & 0 \end{pmatrix}.$$

6.44   Utilizzare la formula $L_{A^2} = L_A \circ L_A$ per calcolare il quadrato della matrice

$$\begin{pmatrix} 0 & 0 & 0 & 1 & -1 & 0 \\ 0 & 0 & -1 & 0 & 0 & 0 \\ 0 & 0 & 1 & 0 & 0 & 0 \\ 0 & 0 & 0 & 1 & 0 & 0 \\ 0 & 0 & 0 & 0 & 1 & 0 \\ 0 & 1 & 0 & 0 & 0 & 1 \end{pmatrix}.$$

6.45 (Ciclicità della traccia)   Date tre matrici $A, B, C \in M_{n,n}(\mathbb{K})$, provare che $\mathrm{Tr}(ABC) = \mathrm{Tr}(BCA) = \mathrm{Tr}(CAB)$. Più in generale, date n matrici $A_1, \ldots, A_n \in M_{n,n}(\mathbb{K})$, $n \geq 2$, provare che vale la formula $\mathrm{Tr}(A_1 A_2 \cdots A_n) = \mathrm{Tr}(A_2 \cdots A_n A_1)$.

6.46   Siano

$$A = \begin{pmatrix} 0 & 0 & 3 \\ 0 & 0 & 1 \\ 0 & 0 & 0 \end{pmatrix}, \quad B = \begin{pmatrix} 1 & 0 & 5 \\ -2 & 1 & 6 \\ 0 & 2 & 7 \end{pmatrix}.$$

Calcolare la traccia di ABA (riflettere sulle proprietà della traccia prima di mettersi a fare i conti). Cosa si può dire della traccia di $AB^{350}A$?

6.47 (Sulle tracce di Lupin, ♡)   Date le matrici reali

$$L = \begin{pmatrix} 0 & 0 & 5 & 6 \\ 0 & 0 & 1 & 7 \\ 0 & 0 & 0 & 0 \\ 0 & 0 & 0 & 0 \end{pmatrix}, \quad U = \begin{pmatrix} 1 & 0 & 2 & 1 \\ 3 & 1 & 7 & 4 \\ 2 & 8 & 1 & 9 \\ 6 & 5 & 1 & 1 \end{pmatrix},$$

$$P = \begin{pmatrix} 0 & 1 & 7 & 1 \\ 1 & 7 & 1 & 3 \\ 2 & 8 & 2 & 0 \\ 2 & 1 & 9 & 3 \end{pmatrix}, \quad I = \begin{pmatrix} 1 & 0 & 0 & 0 \\ 0 & 1 & 0 & 0 \\ 0 & 0 & 1 & 0 \\ 0 & 0 & 0 & 1 \end{pmatrix},$$

e $N = -7L$, calcolare le tracce di $LUPIN$ e $(LUPIN)^3$. (Riflettere sulle proprietà
della traccia prima di mettersi a fare i conti)

6.48 Si consideri il sottospazio

$$
V = \left\{ \begin{pmatrix} a & 5b & 5c \\ c & a & 5b \\ b & c & a \end{pmatrix} \in M_{3,3}(\mathbb{R}) \;\middle|\; a, b, c \in \mathbb{R} \right\}.
$$

1. provare che $AB = BA \in V$ per ogni $A, B \in V$;
2. trovare una matrice $X \in V$ tale che $X^3 = 5I$ e tale che I, X, X^2 sia una base di
   V come spazio vettoriale.

6.49 Dati tre numeri $a, b, c \in \mathbb{C}$, siano $\lambda = a^2 + b^2 + c^2$,

$$
X = \begin{pmatrix} a \\ b \\ c \end{pmatrix}, \qquad A = \begin{pmatrix} 0 & -c & b \\ c & 0 & -a \\ -b & a & 0 \end{pmatrix}.
$$

Verificare che $AX = 0$, $A^2 = XX^T - \lambda I$, $A^3 = -\lambda A$ ed esprimere A^n in funzione
di X e λ per ogni intero pari $n \geq 4$.

6.50 Il **centralizzante** di una matrice $B \in M_{n,n}(\mathbb{K})$ è definito come

$$
C(B) = \{ A \in M_{n,n}(\mathbb{K}) \mid AB = BA \}.
$$

1. Provare che $C(B)$ è un sottospazio vettoriale di $M_{n,n}(\mathbb{K})$; se $n \geq 2$ allora
   $\dim C(B) \geq 2$.
2. Provare che $C(B) = C(B + \lambda I)$ per ogni $\lambda \in \mathbb{K}$.
3. Determinare $C(B)$ nei casi seguenti:

$$
B = \begin{pmatrix} 1 & 1 \\ 0 & 1 \end{pmatrix}, \qquad B = \begin{pmatrix} 3 & 1 & 0 \\ 0 & 3 & 0 \\ 0 & 0 & 3 \end{pmatrix}, \qquad B = \begin{pmatrix} 1 & 0 & 0 \\ 0 & -1 & 0 \\ 0 & 0 & 0 \end{pmatrix}.
$$

6.51 Il **commutatore** di due matrici quadrate $A, B \in M_{n,n}(\mathbb{K})$ è per definizione

$$
[A, B] = AB - BA.
$$

Dimostrare che per ogni $A, B, C \in M_{n,n}(\mathbb{K})$ vale:

1. $[A, B] = -[B, A]$ e $[A, A] = 0$;
2. $\mathrm{Tr}([A, B]) = 0$;
3. (formula di Leibniz) $[A, BC] = [A, B]C + B[A, C]$;
4. (identità di Jacobi) $[[A, B], C] = [A, [B, C]] - [B, [A, C]]$.

Provare inoltre che le matrici del tipo $[A, B]$, al variare di $A, B \in M_{n,n}(\mathbb{K})$, generano
il sottospazio vettoriale delle matrici a traccia nulla. (Sugg.: studiare i commutatori
delle matrici E_{ij} della base canonica.)

6.52 Siano $A, B, H \in M_{2,2}(\mathbb{K})$ le matrici:

$$A = \begin{pmatrix} 0 & 1 \\ 0 & 0 \end{pmatrix}, \qquad B = \begin{pmatrix} 0 & 0 \\ 1 & 0 \end{pmatrix}, \qquad H = \begin{pmatrix} 1 & 0 \\ 0 & -1 \end{pmatrix}.$$

Verificare che $[A, B] = H$, $[H, A] = 2A$ e $[H, B] = -2B$, dove $[-, -]$ denota il commutatore (Esercizio 6.51).

6.53 Parlando di commutatori, tra dimensione finita ed infinita le cose possono andare molto diversamente.

1. Sia V uno spazio vettoriale di dimensione finita su $\mathbb{R}$. Dimostrare che non esistono applicazioni lineari $f, g \colon V \to V$ tali che $gf - fg$ sia uguale all'identità.
2. Si consideri l'applicazione lineare

$$f \colon \mathbb{R}[x] \to \mathbb{R}[x], \qquad f(p(x)) = xp(x),$$

data dalla moltiplicazione per x. Dimostrare che per ogni polinomio $q(x) \in \mathbb{R}[x]$ vi è un'unica applicazione lineare $g \colon \mathbb{R}[x] \to \mathbb{R}[x]$ tale che $g(1) = q(x)$ e $gf - fg$ sia uguale all'identità su $\mathbb{R}[x]$. Descrivere esplicitamente g nel caso in cui $q(x)$ sia il polinomio nullo. Se $h \colon \mathbb{R}[x] \to \mathbb{R}[x]$ denota la moltiplicazione per $q(x)$, chi è $g - h$?

6.54 Una **matrice di Markov** è una matrice quadrata reale a coefficienti positivi in cui la somma dei coefficienti di ciascuna riga è uguale a 1. Dimostrare che il prodotto di due matrici di Markov è ancora di Markov.

6.55 Sia U una matrice quadrata che commuta con tutte le matrici diagonali dello stesso ordine. Dimostrare che U è diagonale.

6.56 Siano α, β, γ tre numeri complessi e definiamo $a, b, c \in \mathbb{C}$ mediante l'uguaglianza di polinomi $(t - \alpha)(t - \beta)(t - \gamma) = t^3 - at^2 - bt - c$.

1. Esprimere le tre somme $\alpha^i + \beta^i + \gamma^i$, $i = 1, 2, 3$, in funzione di a, b, c.
2. Calcolare le tracce delle matrici

$$\begin{pmatrix} 0 & 0 & c \\ 1 & 0 & b \\ 0 & 1 & a \end{pmatrix}^i, \qquad i = 1, 2, 3.$$

3. Cosa lega i due punti precedenti?

6.57 (☕, ♡) Si consideri la matrice

$$A = \begin{pmatrix} 1 & -2\sqrt{2} \\ 2\sqrt{2} & 1 \end{pmatrix} \in M_{2,2}\big(\mathbb{Q}(\sqrt{2})\big).$$

Calcolare il prodotto AA^T e dimostrare che, per ogni $n > 0$, la prima colonna di A^n è un vettore del tipo $\left(\begin{smallmatrix} a \\ b\sqrt{2} \end{smallmatrix}\right)$ con a, b interi non divisibili per 3 e $a + b$ divisibile per 3.

6.3 Matrici invertibili

Per come abbiamo definito il prodotto di matrici, sappiamo che ogni colonna di AB è una combinazione lineare delle colonne di A; più precisamente, la i-esima colonna di AB è la combinazione lineare delle colonne di A con coefficienti le coordinate dell'i-esimo vettore colonna di B. Similmente ogni riga di AB è combinazione lineare delle righe di B.

Da questo ne deduciamo che, date due matrici $A \in M_{n,m}(\mathbb{K})$, $D \in M_{n,l}(\mathbb{K})$, esiste una matrice $B \in M_{m,l}(\mathbb{K})$ tale che $AB = D$ se e solo se ogni colonna di D è combinazione lineare delle colonne di A. Queste considerazioni, per D una matrice identità, ci dànno il seguente risultato.

Lemma 6.58 *Sia $A \in M_{n,m}(\mathbb{K})$. Allora:*

1. *esiste $B \in M_{m,n}(\mathbb{K})$ tale che $AB = I_n$ se e solo se le colonne di A generano $\mathbb{K}^n$ (e quindi $m \geq n$);*
2. *esiste $C \in M_{m,n}(\mathbb{K})$ tale che $CA = I_m$ se e solo se le colonne di A^T generano $\mathbb{K}^m$ (e quindi $n \geq m$).*

Dimostrazione Per il primo punto basta osservare che i vettori colonna di I_n sono la base canonica di $\mathbb{K}^n$. Per il secondo punto basta osservare che $CA = I_m$ se e solo se $A^T C^T = I_m$. $\square$

Lemma 6.59 *Sia $A \in M_{n,m}(\mathbb{K})$ e si assuma che esistano due matrici $B \in M_{m,n}(\mathbb{K})$ e $C \in M_{m,n}(\mathbb{K})$ tali che:*

$$AB = I_n, \quad CA = I_m. \tag{6.1}$$

Allora $n = m$ e $B = C$.

Dimostrazione Segue immediatamente dal Lemma 6.58 che $n = m$; inoltre

$$C = CI_n = C(AB) = (CA)B = I_m B = B. \quad \square$$

Definizione 6.60 Una matrice quadrata $A \in M_{n,n}(\mathbb{K})$ si dice **invertibile** se esiste una matrice $A^{-1} \in M_{n,n}(\mathbb{K})$, detta **matrice inversa** di A, tale che

$$A^{-1}A = AA^{-1} = I.$$

La matrice inversa A^{-1}, se esiste, è necessariamente unica: infatti, se $AB = I = A^{-1}A$ per qualche $B \in M_{n,n}(\mathbb{K})$, allora per il Lemma 6.59 $B = A^{-1}$. Chiaramente, anche A^{-1} è invertibile con inversa $(A^{-1})^{-1} = A$.

Se A è invertibile, allora anche A^T è invertibile con inversa $(A^T)^{-1} = (A^{-1})^T$: infatti

$$(A^{-1})^T A^T = (AA^{-1})^T = I^T = I, \qquad A^T(A^{-1})^T = (A^{-1}A)^T = I^T = I.$$

Se $A, B \in M_{n,n}(\mathbb{K})$ sono invertibili, allora anche AB è invertibile e vale $(AB)^{-1} = B^{-1}A^{-1}$.

Teorema 6.61 *Siano $A, B \in M_{n,n}(\mathbb{K})$ matrici* quadrate *tali che $AB = I$. Allora A e B sono invertibili e $B = A^{-1}$, $A = B^{-1}$.*

Dimostrazione Basta provare che esiste $C \in M_{n,n}(\mathbb{K})$ tale che $BC = I$; in tal caso, per il Lemma 6.59, si ha $A = C$ e dunque $AB = BA = I$.

L'esistenza di C equivale a dire che le colonne di B generano $\mathbb{K}^n$. Siccome B è quadrata di ordine n, basta provare che le colonne di B sono linearmente indipendenti, ossia che l'applicazione L_B è iniettiva. L'iniettività di L_B segue immediatamente dal fatto che la composizione $L_A L_B = L_I = \mathrm{Id}$ è iniettiva. $\square$

Corollario 6.62 *Per una matrice quadrata A le seguenti condizioni sono equivalenti:*

1. *A è invertibile;*
2. *le colonne di A sono linearmente indipendenti;*
3. *le righe di A sono linearmente indipendenti.*

Dimostrazione La condizione che le colonne siano indipendenti equivale al fatto che siano generatori, che a sua volta equivale all'esistenza di una matrice B tale che $AB = I$. Passando alla matrice trasposta otteniamo l'analogo risultato per le righe. $\square$

Osservazione 6.63 Una delle prime applicazioni del Corollario 6.62 è che l'invertibilità di una matrice è invariante per *estensione degli scalari*. Più precisamente, siano F un sottocampo di $\mathbb{K}$ e $A \in M_{n,n}(F) \subseteq M_{n,n}(\mathbb{K})$. Allora A è invertibile come matrice a coefficienti in $\mathbb{K}$ se e solo se è invertibile come matrice a coefficienti in F. Infatti, se A è invertibile come matrice a coefficienti in F allora $A^{-1} \in M_{n,n}(F) \subseteq M_{n,n}(\mathbb{K})$ e quindi A è invertibile anche come matrice a coefficienti in $\mathbb{K}$. Viceversa se A è invertibile come matrice a coefficienti in $\mathbb{K}$, allora le colonne sono linearmente indipendenti su $\mathbb{K}$ ed a maggior ragione sono linearmente indipendenti su F.

Esempio 6.64 (**La matrice di Vandermonde**)   Dati $n+1$ scalari $a_0, a_1, \ldots, a_n$, la
matrice di Vandermonde associata è la matrice quadrata di ordine $n+1$

$$A = \begin{pmatrix} 1 & 1 & \cdots & 1 \\ a_0 & a_1 & \cdots & a_n \\ \vdots & \vdots & \ddots & \vdots \\ a_0^n & a_1^n & \cdots & a_n^n \end{pmatrix}$$

Dimostriamo che *la matrice A è invertibile se e solo gli scalari a_i sono distinti*.
Se $a_i = a_j$ per qualche coppia di indici $i \neq j$, allora le colonne di A non sono
linearmente indipendenti e quindi A non è invertibile. Se A non è invertibile, allora
le righe di A sono linearmente dipendenti, ossia esiste un vettore riga non nullo
$(c_0, \ldots, c_n)$ tale che $(c_0, \ldots, c_n)A = 0$. Questo significa che per ogni $i = 0, \ldots, n$
vale

$$c_0 + c_1 a_i + \cdots + c_n a_i^n = 0$$

e dunque che $a_0, a_1, \ldots, a_n$ sono radici del polinomio non nullo $p(t) = c_0 + c_1 t +$
$\cdots + c_n t^n$ che, avendo grado $\leq n$, possiede al più n radici distinte. Dunque $a_i =$
a_j per qualche coppia di indici $i \neq j$. Per il calcolo della matrice inversa A^{-1},
beninteso quando gli a_i sono distinti, rimandiamo all'Esercizio 6.76

Esempio 6.65   Siano V uno spazio vettoriale su di un campo infinito $\mathbb{K}$, $U \subseteq V$ un
sottospazio vettoriale e $v_0, \ldots, v_n \in V$. Usiamo il risultato dell'Esempio 6.64 per
dimostrare che, se

$$v_0 + t v_1 + t^2 v_2 + \cdots + t^n v_n \in U$$

per ogni $t \in \mathbb{K}$, allora $v_0, \ldots, v_n \in U$.

Presi $n+1$ scalari distinti $a_0, \ldots, a_n \in \mathbb{K}$, le $n+1$ relazioni $\sum_j a_i^j v_j \in U$ possono
essere scritte in forma matriciale

$$(v_0, \ldots, v_n) \begin{pmatrix} 1 & 1 & \cdots & 1 \\ a_0 & a_1 & \cdots & a_n \\ \vdots & \vdots & \ddots & \vdots \\ a_0^n & a_1^n & \cdots & a_n^n \end{pmatrix} \in U^{(n+1)}.$$

Per l'Esempio 6.64 la matrice di Vandermonde è invertibile, moltiplicando a destra
per l'inversa si ottiene

$$(v_0, \ldots, v_n) = (v_0, \ldots, v_n) \begin{pmatrix} 1 & 1 & \cdots & 1 \\ a_0 & a_1 & \cdots & a_n \\ \vdots & \vdots & \ddots & \vdots \\ a_0^n & a_1^n & \cdots & a_n^n \end{pmatrix} \begin{pmatrix} 1 & 1 & \cdots & 1 \\ a_0 & a_1 & \cdots & a_n \\ \vdots & \vdots & \ddots & \vdots \\ a_0^n & a_1^n & \cdots & a_n^n \end{pmatrix}^{-1} \in U^{(n+1)}.$$

Corollario 6.66 *Sia $V \subseteq \mathbb{K}^n$ un sottospazio vettoriale di dimensione r. Allora esiste una matrice $A \in M_{n-r,n}(\mathbb{K})$ tale che $V = \operatorname{Ker}(L_A) = \{x \in \mathbb{K}^n \mid Ax = 0\}$.*

Dimostrazione Sia $v_1, \ldots, v_n \in \mathbb{K}^n$ una base i cui primi r vettori generano V e sia $B \in M_{n,n}(\mathbb{K})$ la matrice con vettori colonna $v_1, \ldots, v_n$. Abbiamo dimostrato che B è invertibile e indichiamo con $A \in M_{n-r,n}(\mathbb{K})$ la matrice formata dalle ultime $n - r$ righe di B^{-1}, ossia $B^{-1} = \left(\begin{smallmatrix} C \\ A \end{smallmatrix}\right)$, con $C \in M_{r,n}(\mathbb{K})$. Dalla formula $I = B^{-1}B = \left(\begin{smallmatrix} CB \\ AB \end{smallmatrix}\right)$ ne consegue che AB è formata dalle ultime $n - r$ righe della matrice identità, e cioè,

$$Av_1 = \cdots = Av_r = \begin{pmatrix} 0 \\ \vdots \\ 0 \end{pmatrix}, \quad Av_{r+1} = \begin{pmatrix} 1 \\ \vdots \\ 0 \end{pmatrix}, \ \ldots, \ Av_n = \begin{pmatrix} 0 \\ \vdots \\ 1 \end{pmatrix}.$$

Dunque

$$A(t_1 v_1 + \cdots + t_n v_n) = \begin{pmatrix} t_{r+1} \\ \vdots \\ t_n \end{pmatrix}$$

e vale $Ax = 0$ se e solo se $x \in V$. $\square$

Esercizi

6.67 Dire se

$$\sqrt{2}, \ \sqrt{2} + \sqrt{5} + 1, \ \sqrt{10} + \sqrt{2}, \ \sqrt{5} + 1,$$

formano una base di $\mathbb{Q}[\sqrt{2}, \sqrt{5}]$ come spazio vettoriale su $\mathbb{Q}$.

6.68 Calcolare AB, dove

$$A = \begin{pmatrix} 0 & \sqrt{2} & -\sqrt{3} \\ -\sqrt{2} & 0 & \sqrt{5} \\ \sqrt{3} & -\sqrt{5} & 0 \end{pmatrix}, \qquad B = \begin{pmatrix} \sqrt{5} \\ \sqrt{3} \\ \sqrt{2} \end{pmatrix},$$

e dire, motivando la risposta, se le colonne di A^{350} sono linearmente indipendenti.

6.69 ($\heartsuit$) Siano $A, B \in M_{n,n}(\mathbb{K})$ matrici invertibili tali che la loro somma $A + B$ sia invertibile. Provare che anche $A^{-1} + B^{-1}$ è invertibile e valgono le formule

$$(A^{-1} + B^{-1})^{-1} = A(A + B)^{-1}B = B(A + B)^{-1}A.$$

6.70 Siano $A, B \in M_{n,n}(\mathbb{K})$ tali che la matrice $I + AB$ sia invertibile. Provare che anche $I + BA$ è invertibile e $(I + BA)^{-1} = I - B(I + AB)^{-1}A$.

6.71 Data la matrice

$$A = \begin{pmatrix} 1 & 1 & -1 \\ 0 & 0 & 1 \\ 2 & 1 & 2 \end{pmatrix} \in M_{3,3}(\mathbb{R}),$$

calcolare A^2, A^3 e verificare che $A^3 = 3A^2 - 3A + I$. Dedurre che A è invertibile e vale $A^{-1} = A^2 - 3A + 3I$.

6.72 Provare che il sottoinsieme $C \subseteq M_{n,n}(\mathbb{K})$ delle matrici non invertibili non è un sottospazio vettoriale. Provare che C è unione, possibilmente infinita, di sottospazi vettoriali di dimensione $n^2 - n$.

6.73 (☕, ♡) Siano V, W due spazi vettoriali della stessa dimensione n e H un sottospazio vettoriale di $\mathrm{Hom}(V, W)$ tale che $\dim H \geq n^2 - n + 1$. Dimostrare che H contiene un isomorfismo lineare $f : V \to W$.

6.74 Sia $D = \mathrm{diag}(d_1, \dots, d_n)$ una matrice diagonale con i coefficienti principali distinti, ossia $d_i \neq d_j$ per ogni $i \neq j$. Provare che le n matrici $I, D, D^2, \dots, D^{n-1}$ sono linearmente indipendenti in $M_{n,n}(\mathbb{K})$ e che il loro span coincide con il sottospazio delle matrici che commutano con D (ossia delle matrici A tali che $AD = DA$).

6.75 Provare che una matrice a blocchi

$$\begin{pmatrix} A & B \\ 0 & C \end{pmatrix},$$

con $A \in M_{n,n}(\mathbb{K})$, $B \in M_{n,m}(\mathbb{K})$, $C \in M_{m,m}(\mathbb{K})$, è invertibile se e solo se A e C sono entrambe invertibili.

6.76 I **polinomi di Lagrange** associati ad una successione di $n + 1$ scalari distinti $a_0, a_1, \dots, a_n \in \mathbb{K}$ si definiscono come:

$$L_i(t) = \prod_{j \in \{0, \dots, i-1, i+1, \dots, n\}} \frac{t - a_j}{a_i - a_j}, \qquad i = 0, \dots, n.$$

Dato che ciascun polinomio $L_i(t)$ ha grado n possiamo anche scrivere $L_i(t) = \sum_{j=0}^{n} b_{ij} t^j$ per opportuni coefficienti $b_{ij} \in \mathbb{K}$. Se consideriamo la matrice $B = (b_{ij})$ si può dunque scrivere

$$B \begin{pmatrix} 1 \\ t \\ \vdots \\ t^n \end{pmatrix} = \begin{pmatrix} L_0(t) \\ L_1(t) \\ \vdots \\ L_n(t) \end{pmatrix}.$$

Dimostrare che:

1. per ogni successione $c_0, \ldots, c_n \in \mathbb{K}$, il polinomio $p(t) = \sum_i c_i L_i(t)$ è l'unico polinomio di grado $\leq n$ tale che $p(a_i) = c_i$ per ogni i;
2. il polinomio $\sum_i L_i(t)$ è invertibile in $\mathbb{K}[t]$;
3. la matrice B è l'inversa della matrice di Vandermonde A dell'Esempio 6.64.

6.77 Dimostrare che due matrici $A \in M_{n,m}(\mathbb{K})$ e $B \in M_{m,n}(\mathbb{K})$ sono una l'inversa dell'altra, ossia $n = m$ e $AB = BA = I$, se e solo se le due applicazioni lineari

$$f : \mathbb{K}^n \times \mathbb{K}^m \to \mathbb{K}^n, \qquad f(x, y) = x + Ay,$$
$$g : \mathbb{K}^n \times \mathbb{K}^m \to \mathbb{K}^m, \qquad g(x, y) = Bx + y,$$

hanno lo stesso nucleo.

6.78 Sul campo dei numeri reali, calcolare le soluzioni del sistema lineare omogeneo

$$\begin{cases} x - y + z - w = 0 \\ x + y - z - w = 0 \\ x + y + z - 3w = 0 \end{cases}$$

e dedurre, senza fare conti ma tenendo presente le matrici di Vandermonde, che il prodotto

$$\begin{pmatrix} 1 & -1 & 1 & -1 \\ 1 & 1 & -1 & -1 \\ 1 & 1 & 1 & -3 \end{pmatrix} \begin{pmatrix} 1 & 1 & 1 \\ 4 & 5 & 6 \\ 16 & 25 & 36 \\ 64 & 125 & 216 \end{pmatrix}$$

è una matrice invertibile.

6.79 Sia $V = \mathbb{K}[t]_{\leq n}$ lo spazio vettoriale dei polinomi di grado $\leq n$ e sia $a_0, \ldots, a_n \in \mathbb{K}$ una successione di scalari distinti. Provare che:

1. la successione di polinomi

$$f_0(t) = 1, \quad f_1(t) = (t - a_1), \quad \ldots, \quad f_i(t) = \prod_{j=1}^{i}(t - a_j), \quad i = 0, \ldots, n,$$

è una base di V;
2. per $\mathbb{K} = \mathbb{Q}, \mathbb{R}, \mathbb{C}$, e più in generale per ogni campo di caratteristica 0, la successione di polinomi $g_i(t) = (t - a_i)^n$, con $i = 0, \ldots, n$, è una base di V.

6.80 (♡) Sia $A \in M_{n,n}(\mathbb{K})$ una matrice i cui vettori colonna generano un sottospazio vettoriale di dimensione 1.

1. Dimostrare che esistono $B \in M_{n,1}(\mathbb{K})$ e $C \in M_{1,n}(\mathbb{K})$ tali che $BC = A$.
2. Dedurre dal punto precedente che $A^2 = \mathrm{Tr}(A)A$, dove $\mathrm{Tr}(A)$ è la traccia di A.
3. (♨) Provare che $A - tI$ è invertibile per ogni $t \in \mathbb{K}$, $t \neq 0, \mathrm{Tr}(A)$.

6.81 Limitatamente a questo esercizio, chiameremo "matrice troppo semplice" (MTS) una matrice invertibile A, di ordine $n \geq 2$, e tale che i coefficienti di A^{-1} siano uguali agli inversi dei coefficienti di A, ossia se, dette $A = (a_{ij})$ e $A^{-1} = (b_{ij})$, vale $a_{ij}b_{ij} = 1$ per ogni i, j. Dimostrare che:

1. non esistono MTS di ordine 2;
2. non esistono MTS di ordine 3 a coefficienti reali.

6.82 (Ⓐ) Siano V lo spazio vettoriale delle funzioni continue reali definite nell'intervallo aperto $]-1, 1[$; per ogni numero reale $a \in [-1, 1]$ definiamo la funzione

$$f_a \colon]-1, 1[\to \mathbb{R}, \qquad f_a(t) = \frac{1}{1 - at}.$$

Provare che $a_1, \ldots, a_n \in [-1, 1]$ sono distinti se e solo se $f_{a_1}, \ldots, f_{a_n}$ sono linearmente indipendenti in V.

6.83 (♨, ♡) Siano $a, b, c \in \mathbb{R}^n$ tre vettori colonna le cui coordinate sono tutte uguali a $+1$ oppure -1. Dimostrare che se $a^T b = a^T c = b^T c = 0$, allora n è divisibile per 4.

6.4 Rango di una matrice

Iniziamo con una semplice applicazione del Corollario 5.17.

Lemma 6.84 *Per una matrice $A \in M_{n,m}(\mathbb{K})$ le seguenti condizioni sono equivalenti:*

1. l'applicazione $L_A \colon \mathbb{K}^m \to \mathbb{K}^n$ è surgettiva;
2. l'applicazione $L_{A^T} \colon \mathbb{K}^n \to \mathbb{K}^m$ è iniettiva.

Notiamo, prima della dimostrazione, che applicando il risultato alla matrice trasposta otteniamo l'enunciato duale, ossia che $L_A \colon \mathbb{K}^m \to \mathbb{K}^n$ è iniettiva se e solo se $L_{A^T} \colon \mathbb{K}^n \to \mathbb{K}^m$ è surgettiva.

Dimostrazione   Supponiamo che L_A sia surgettiva, allora le colonne di A generano $\mathbb{K}^n$ e per il Lemma 6.58 esiste una matrice B tale che $AB = I$. Sia $x \in \operatorname{Ker} L_{A^T}$, allora $x^T A = (A^T x)^T = 0$, quindi

$$0 = 0B = x^T A B = x^T I = x^T,$$

e di conseguenza $x = 0$.

Viceversa, supponiamo L_A non surgettiva ed indichiamo con $U \subseteq \mathbb{K}^n$ la sua immagine; per il Corollario 5.17 esiste un'applicazione lineare non nulla $f \colon \mathbb{K}^n \to \mathbb{K}$ tale che $U \subseteq \operatorname{Ker}(f)$. Se $f = L_C$, con $0 \neq C = (c_1, \ldots, c_n) \in M_{1,n}(\mathbb{K})$, allora ogni colonna di A appartiene al nucleo di L_C e quindi $CA = 0$, ossia $C^T \in \operatorname{Ker}(L_{A^T})$. $\square$

Definizione 6.85   Il **rango** $\operatorname{rg}(A)$ di una matrice A è la dimensione dell'immagine dell'applicazione lineare L_A, ossia la dimensione del sottospazio vettoriale generato dalle colonne di A. Equivalentemente, il rango di una matrice è uguale al massimo numero di colonne linearmente indipendenti.

Osserviamo che per ogni matrice $A \in M_{n,m}(\mathbb{K})$ il rango $\operatorname{rg}(A)$ è sempre minore od uguale al minimo tra n ed m. Siccome $L_{A+B} = L_A + L_B$ e $L_{AB} = L_A \circ L_B$, per il Lemma 5.47 si ha $\operatorname{rg}(A + B) \leq \operatorname{rg}(A) + \operatorname{rg}(B)$, e per il Corollario 5.51 si ha $\operatorname{rg}(AB) \leq \min(\operatorname{rg}(A), \operatorname{rg}(B))$.

Inoltre, una matrice quadrata $n \times n$ è invertibile se e solo se ha rango n e vale l'uguaglianza $\operatorname{rg}(AB) = \min(\operatorname{rg}(A), \operatorname{rg}(B))$ se A o B è invertibile: ad esempio, se $A \in M_{n,n}(\mathbb{K})$ è invertibile allora la matrice B ha n righe, $\operatorname{rg}(B) \leq n = \operatorname{rg}(A)$ e $\operatorname{rg}(B) \leq \min(\operatorname{rg}(A^{-1}), \operatorname{rg}(AB)) \leq \operatorname{rg}(AB)$.

Osservazione 6.86   Sia $A \in M_{n,m}(\mathbb{K})$:

1. Se una matrice $B \in M_{n,m-1}(\mathbb{K})$ è ottenuta da A eliminando una colonna, allora $\operatorname{rg}(B) \leq \operatorname{rg}(A)$. Questo è ovvio.
2. Se una matrice $C \in M_{n-1,m}(\mathbb{K})$ è ottenuta da A eliminando una riga, allora $\operatorname{rg}(C) \leq \operatorname{rg}(A)$. Infatti, se $\operatorname{rg}(C) = r$ possiamo scegliere r colonne di C linearmente indipendenti e a maggior ragione le corrispondenti colonne di A sono ancora linearmente indipendenti.

Diremo che B è una **sottomatrice** di A, se B si ottiene a partire da A eliminando alcune righe ed alcune colonne. Equivalentemente una sottomatrice è ottenuta scegliendo alcuni indici di riga, alcuni indici di colonna e prendendo i coefficienti con entrambi gli indici tra quelli scelti. Ad esempio, le sottomatrici 2×2 di

$$\begin{pmatrix} 1 & 2 & 3 \\ 4 & 5 & 6 \end{pmatrix}$$

sono

$$\begin{pmatrix} 1 & 2 \\ 4 & 5 \end{pmatrix}, \quad \begin{pmatrix} 1 & 3 \\ 4 & 6 \end{pmatrix}, \quad \begin{pmatrix} 2 & 3 \\ 5 & 6 \end{pmatrix}. \tag{6.2}$$

Abbiamo visto che il rango di una sottomatrice di A è sempre minore od uguale al rango di A.

Teorema 6.87   *Per ogni matrice A vale $\mathrm{rg}(A) = \mathrm{rg}(A^T)$. Dunque, per ogni matrice, il massimo numero di colonne linearmente indipendenti è uguale al massimo numero di righe linearmente indipendenti.*

Dimostrazione   Basta provare la disuguaglianza $\mathrm{rg}(A^T) \geq \mathrm{rg}(A)$; applicando la stessa disuguaglianza alla matrice trasposta otteniamo la disuguaglianza inversa $\mathrm{rg}(A) \geq \mathrm{rg}(A^T)$.

Supponiamo quindi $A \in M_{n,m}(\mathbb{K})$ e sia $r = \mathrm{rg}(A)$. Allora è possibile scegliere r colonne di A linearmente indipendenti e, eliminando le rimanenti, trovare una sottomatrice $B \in M_{n,r}(\mathbb{K})$ di A le cui colonne sono linearmente indipendenti. Dunque L_B è iniettiva ed il Lemma 6.84 applicato alla matrice B^T implica che $L_{B^T} \colon \mathbb{K}^n \to \mathbb{K}^r$ è surgettiva, ossia $\mathrm{rg}(B^T) = r$. Siccome B^T è una sottomatrice di A^T, abbiamo provato che $\mathrm{rg}(A^T) \geq r$. $\square$

Definizione 6.88   Una sottomatrice quadrata viene anche detta **minore**. Un minore si dice **principale** se è ottenuto scegliendo righe e colonne con gli stessi indici.

Dei tre minori in (6.2) solo il primo è principale. I minori principali di una matrice quadrata sono quelli 'a cavallo' della diagonale principale. Quindi, una matrice quadrata di ordine n possiede $\binom{n}{k}^2$ minori di ordine k, dei quali $\binom{n}{k}$ principali.

Corollario 6.89   *Il rango di una matrice $A \in M_{n,m}(\mathbb{K})$ è uguale al massimo intero r tale che A possiede un minore di ordine r invertibile.*

Dimostrazione   Sia r il rango di A. Siccome ogni sottomatrice ha rango $\leq r$ basta provare che A possiede una sottomatrice $r \times r$ invertibile. Sia $B \in M_{n,r}(\mathbb{K})$ la sottomatrice ottenuta scegliendo un insieme di r colonne linearmente indipendenti. Per costruzione $\mathrm{rg}(B) = r$ e per il Teorema 6.87 la matrice B possiede r righe linearmente indipendenti. Possiamo quindi trovare una sottomatrice C di B quadrata di ordine r con le righe indipendenti. Dunque C è invertibile. $\square$

Il Corollario 6.89 implica che l'osservazione sull'invarianza dell'invertibilità per estensione degli scalari si applica anche al rango: se F è un sottocampo di $\mathbb{K}$ e A è una matrice a coefficienti in F, allora il rango di A non cambia se la consideriamo come una matrice a coefficienti in $\mathbb{K}$.

Esercizi

6.90   Il rango della matrice

$$\begin{pmatrix} 5 & 5 & 5 \\ 5 & 5 & 5 \\ 5 & 5 & 5 \end{pmatrix}$$

è uguale a 1, 3 o 5?

6.91   Calcolare il rango della tabella pitagorica

$$\begin{pmatrix}
1 & 2 & 3 & 4 & 5 & 6 & 7 & 8 & 9 & 10 \\
2 & 4 & 6 & 8 & 10 & 12 & 14 & 16 & 18 & 20 \\
3 & 6 & 9 & 12 & 15 & 18 & 21 & 24 & 27 & 30 \\
4 & 8 & 12 & 16 & 20 & 24 & 28 & 32 & 36 & 40 \\
5 & 10 & 15 & 20 & 25 & 30 & 35 & 40 & 45 & 50 \\
6 & 12 & 18 & 24 & 30 & 36 & 42 & 48 & 54 & 60 \\
7 & 14 & 21 & 28 & 35 & 42 & 49 & 56 & 63 & 70 \\
8 & 16 & 24 & 32 & 40 & 48 & 56 & 64 & 72 & 80 \\
9 & 18 & 27 & 36 & 45 & 54 & 63 & 72 & 81 & 90 \\
10 & 20 & 30 & 40 & 50 & 60 & 70 & 80 & 90 & 100
\end{pmatrix}.$$

6.92   Dati $n, m \geq 2$, calcolare il rango della matrice $(a_{ij}) \in M_{n,m}(\mathbb{Q})$ di coefficienti $a_{ij} = j + m(i - 1)$.

6.93 ($\heartsuit$)   Sia $A \in M_{n,m}(\mathbb{Q})$ una matrice i cui coefficienti sono tutti e soli gli interi compresi tra 1 ed nm. Provare che se $n, m \geq 2$ allora $\mathrm{rg}(A) \geq 2$.

6.94   Calcolare il rango della matrice prodotto

$$\begin{pmatrix} 1 & 0 & 3 \\ -2 & 0 & 5 \\ -3 & 1 & 0 \end{pmatrix} \begin{pmatrix} 1 & 0 & 1 \\ 2 & 1 & 3 \\ 0 & 2 & 0 \end{pmatrix}.$$

6.95   Dire, motivando la risposta, se i vettori

$$v_1 = \begin{pmatrix} 1 \\ 2 \\ 3 \end{pmatrix}, \quad v_2 = \begin{pmatrix} 2 \\ 3 \\ 4 \end{pmatrix}, \quad v_3 = \begin{pmatrix} 1 \\ 1 \\ 1 \end{pmatrix}, \quad v_4 = \begin{pmatrix} 1 \\ 2 \\ 1 \end{pmatrix}, \quad v_5 = \begin{pmatrix} 2 \\ 3 \\ 2 \end{pmatrix},$$

generano $\mathbb{R}^3$.

6.96 Dimostrare che per le matrici a blocchi

$$D = (A, B), \quad E = \begin{pmatrix} A & B \\ 0 & C \end{pmatrix}, \quad \text{dove} \quad \begin{aligned} A &\in M_{n,m}(\mathbb{K}), \quad B \in M_{n,p}(\mathbb{K}), \\ C &\in M_{l,p}(\mathbb{K}), \end{aligned}$$

si hanno la disuguaglianze $\mathrm{rg}(D) \leq \mathrm{rg}(A) + \mathrm{rg}(B)$, $\mathrm{rg}(E) \geq \mathrm{rg}(A) + \mathrm{rg}(C)$.

6.97 Nello spazio vettoriale $\mathbb{K}[x]_{\leq 3}$ dei polinomi di grado minore o uguale a 3, calcolare la dimensione del sottospazio V formato dai polinomi tali che $p(0) = p(1) = p(2) = p(3)$.

6.98 Provare che per una matrice $A \in M_{n,n+1}(\mathbb{K})$ sono equivalenti:

1. A ha rango n ed una colonna nulla;
2. tra i minori di ordine n di A, esattamente uno di loro è invertibile.

6.99 ($\heartsuit$) Sia $A = (a_{ij}) \in M_{n,n}(\mathbb{C})$ una matrice tale che per ogni indice $i = 1, \ldots, n$ si abbia $\sum_{j=1}^{n} |a_{ij}| < 2|a_{ii}|$. Provare che A è invertibile.

Mostrare inoltre che la matrice $B = (b_{ij}) \in M_{n,n}(\mathbb{C})$, data da $b_{ii} = n - 1$ per ogni i e $b_{ij} = -1$ per ogni $i \neq j$, non è invertibile.

6.100 Sia $A \in M_{n,m}(\mathbb{C})$. Provare che se il prodotto AA^T è invertibile allora A ha rango n; mostrare con un esempio che il viceversa è falso in generale.

6.101 Sia A una matrice $n \times n$, a coefficienti in un campo $\mathbb{K}$ di caratteristica $\neq 2$, e tale che $A^2 = I$. Dimostrare che:

1. $A - I$ e $A + I$ non sono entrambe invertibili;
2. $\mathrm{Ker}\, L_{A+I} \cap \mathrm{Ker}\, L_{A-I} = 0$;
3. $Ax - x \in \mathrm{Ker}\, L_{A+I}$ per ogni $x \in \mathbb{K}^n$;
4. $\mathrm{rg}(A - I) + \mathrm{rg}(A + I) = n$.

6.102 Provare che ogni matrice di rango r può essere scritta come somma di r matrici di rango 1.

6.103 (Teorema degli orlati, $\heartsuit$) Siano $A \in M_{n,m}(\mathbb{K})$ e B un suo minore invertibile di ordine r. Usare l'uguaglianza $\mathrm{rg}(A) = \mathrm{rg}(A^T)$ e l'Esercizio 4.54 per dimostrare che $\mathrm{rg}(A) = r$ se e solo se ogni minore di A, di ordine $r + 1$, contenente B come sottomatrice, non è invertibile.

6.104 ($\spadesuit$) 1) Dati due numeri complessi a, b, determinare una formula generale per il calcolo delle potenze della matrice

$$A = \begin{pmatrix} 1 & a & b \\ 0 & 1 & 1 \\ 0 & 0 & 1 \end{pmatrix}$$

e verificare che $A^n - 3A^{n-1} + 3A^{n-2} - A^{n-3} = 0$ per ogni $n \geq 3$.

2) Usare il punto 1) per determinare tutte le successioni $x_0, x_1, x_2, \dots$ di numeri complessi che soddisfano, per ogni $n \geq 3$, l'uguaglianza $x_n - 3x_{n-1} + 3x_{n-2} - x_{n-3} = 0$.

6.105 Siano $A, B, C \in M_{4,4}(\mathbb{K})$ di rango rispettivamente $2, 4$ e 3. Quali sono i ranghi massimo e minimo possibili per la matrice $(A + B)C$?

6.106 Per una matrice A a coefficienti interi ed ogni campo $\mathbb{K}$ indichiamo con $\mathrm{rg}_{\mathbb{K}}(A)$ il suo rango calcolato interpretando A come matrice a coefficienti in $\mathbb{K}$. Dimostrare che per ogni matrice $A \in M_{n,m}(\mathbb{Z})$ ed ogni sua sottomatrice B, possibilmente vuota, vale

$$\mathrm{rg}_{\mathbb{K}}(A) - \mathrm{rg}_{\mathbb{K}}(B) \leq \mathrm{rg}_{\mathbb{Q}}(A) - \mathrm{rg}_{\mathbb{Q}}(B) = \mathrm{rg}_{\mathbb{R}}(A) - \mathrm{rg}_{\mathbb{R}}(B).$$

(Suggerimento: ricondursi al caso in cui B è ottenuta da A togliendo una riga o una colonna.)

6.5 Matrici triangolari, simmetriche ed alternanti

Occupiamoci adesso di alcune classi di matrici quadrate che rivestono una particolare importanza in algebra lineare.

Definizione 6.107 Una matrice quadrata (a_{ij}) si dice **triangolare** (superiore) se tutti i coefficienti sotto la diagonale principale sono nulli, e cioè se $a_{ij} = 0$ per ogni $i > j$.

Similmente, si può dire che una matrice è triangolare inferiore se tutti i coefficienti sopra la diagonale principale sono nulli; una matrice è triangolare inferiore se e solo se la sua trasposta è triangolare superiore. In questi testo, salvo avviso contrario, per matrice triangolare intenderemo triangolare superiore.

Definizione 6.108 Una matrice quadrata si dice **strettamente triangolare** se è triangolare e tutti i coefficienti sulla diagonale principale sono nulli.

Si dice **triangolare unipotente** se è triangolare e tutti i coefficienti sulla diagonale principale sono uguali a 1.

Lemma 6.109 *Una matrice triangolare è invertibile se e solo se gli elementi sulla diagonale principale sono tutti diversi da 0. In tal caso l'inversa è ancora una matrice triangolare.*

Dimostrazione Sia $A = (a_{ij})$ una matrice triangolare $n \times n$. Supponiamo che A sia invertibile e denotiamo con b_{ij} i coefficienti di A^{-1}; dimostriamo per induzione su j che $b_{ij} = 0$ per ogni $i > j$ e $a_{jj}b_{jj} = 1$. Per $j = 1$, guardando alla prima colonna del prodotto $A^{-1}A = I$ otteniamo

$$b_{11}a_{11} = 1, \qquad b_{i1}a_{11} = 0 \text{ per } i > 1,$$

da cui segue $a_{11} \neq 0$ e $b_{i1} = 0$ per $i > 1$. Per $j > 1$, guardando alla j-esima colonna di $A^{-1}A = I$ otteniamo le uguaglianze

$$\sum_{h=1}^{n} b_{ih}a_{hj} = \sum_{h=1}^{j-1} b_{ih}a_{hj} + b_{ij}a_{jj} + \sum_{h=j+1}^{n} b_{ih}a_{hj} = \delta_{ij}, \quad i = 1, \ldots, n.$$

Siccome A è triangolare si ha $a_{hj} = 0$ per ogni $h > j$ e le precedenti relazioni diventano

$$\sum_{h=1}^{j-1} b_{ih}a_{hj} + b_{ij}a_{jj} = \delta_{ij}, \quad i = 1, \ldots, n.$$

Se $i \geq j$, per l'ipotesi induttiva abbiamo $b_{ih} = 0$ per ogni $h < j$ e quindi $b_{ij}a_{jj} = \delta_{ij}$. Prendendo $i = j$ otteniamo $b_{jj}a_{jj} = 1$, e quindi $a_{jj} \neq 0$; prendendo $i > j$ otteniamo $b_{ij}a_{jj} = 0$, e quindi $b_{ij} = 0$.

Viceversa, supponiamo che $a_{ii} \neq 0$ per ogni i e mostriamo che le righe $A_1, \ldots, A_n$ di A sono linearmente indipendenti, sapendo che tale condizione implica l'invertibilità della matrice. Consideriamo una combinazione lineare non banale delle righe di A

$$C = \lambda_1 A_1 + \cdots + \lambda_n A_n$$

e denotiamo con m il più piccolo indice tale che $\lambda_m \neq 0$. Si ha

$$C = (0, \ldots, 0, \lambda_m a_{mm}, *, \ldots, *)$$

e quindi $C \neq 0$. $\square$

Esempio 6.110 Se $U \in M_{n,n}(\mathbb{K})$ è una matrice che commuta con tutte le matrici invertibili $n \times n$ triangolari superiori, allora U è un multiplo scalare dell'identità. Per provarlo basta ripetere lo stesso ragionamento dell'Esempio 6.22 usando le uguaglianze $(I + E_{ij})U = U(I + E_{ij})$, $i < j$, ed il Lemma 6.109.

Le matrici triangolari formano un sottospazio vettoriale di $M_{n,n}(\mathbb{K})$ di dimensione uguale a $n(n+1)/2$. Infatti, ogni matrice triangolare possiede n coefficienti liberi sulla prima riga, $n-1$ sulla seconda riga ecc.; basta adesso ricordare che

$$n + (n-1) + \cdots + 2 + 1 = \frac{n(n+1)}{2}.$$

Similmente si osserva che la matrici strettamente triangolari formano un sottospazio di dimensione

$$(n-1) + (n-2) + \cdots + 2 + 1 = \frac{n(n-1)}{2}.$$

Definizione 6.111   Una matrice A si dice **simmetrica** se $A = A^T$, si dice **antisimmetrica** se $A = -A^T$.

Notiamo che una matrice simmetrica o antisimmetrica è necessariamente quadrata. Siccome una matrice quadrata ha la stessa diagonale principale della sua trasposta, ne segue che se $(a_{ij}) \in M_{n,n}(\mathbb{K})$ è antisimmetrica allora $a_{ii} = -a_{ii}$ per ogni $i = 1, \ldots, n$, ossia $2a_{ii} = 0$. Questo implica che se $\mathbb{K}$ è un campo di numeri o più in generale un campo in cui $2 \neq 0$, allora le matrici antisimmetriche sono nulle sulla diagonale principale. D'altra parte se $2 = 0$, allora $1 = -1$, ogni matrice antisimmetrica è simmetrica, e viceversa.

Definizione 6.112   Una matrice si dice **alternante** se è antisimmetrica ed ha tutti i coefficienti sulla diagonale principale nulli.

I precedenti ragionamenti mostrano che in caratteristica $\neq 2$ una matrice è alternante se e solo se è antisimmetrica.

Lemma 6.113   *L'insieme $S_n(\mathbb{K}) \subseteq M_{n,n}(\mathbb{K})$ delle matrici simmetriche è un sottospazio vettoriale di dimensione $n(n+1)/2$. L'insieme $\mathcal{A}_n(\mathbb{K}) \subseteq M_{n,n}(\mathbb{K})$ delle matrici alternanti è un sottospazio vettoriale di dimensione $n(n-1)/2$.*

Dimostrazione   Ogni matrice simmetrica è univocamente determinata dai coefficienti sulla diagonale principale e sopra di essa, esiste quindi un isomorfismo naturale tra lo spazio vettoriale delle matrici simmetriche e quello delle matrici triangolari. Similmente ogni matrice alternante è univocamente determinata dai coefficienti sopra la diagonale principale ed esiste quindi un isomorfismo naturale tra le lo spazio delle matrici alternanti e quello delle matrici strettamente triangolari.
$\square$

Esempio 6.114   Sia $\mathbb{K}$ un campo dove $2 \neq 0$. Allora ogni matrice quadrata si scrive in modo unico come somma di una matrice simmetrica e di una antisimmetrica. Per l'esistenza, se A è una matrice quadrata possiamo scrivere

$$A = S + E, \qquad \text{dove } S = \frac{A + A^T}{2}, \quad E = \frac{A - A^T}{2},$$

ed è chiaro che S è simmetrica ed E antisimmetrica. Per l'unicità, se $A = C + D$ con $C = C^T$ e $D = -D^T$ allora

$$S = \frac{A + A^T}{2} = \frac{C + D + C - D}{2} = C, \quad E = A - S = A - C = D.$$

Per le matrici simmetriche ed antisimmetriche possiamo migliorare il risultato del Corollario 6.89.

Teorema 6.115 *Sia A una matrice tale che $A^T = \pm A$. Allora il rango di A è uguale al massimo intero r tale che A possiede un minore principale di ordine r invertibile.*

Dimostrazione Sia A una matrice $n \times n$ e sia $\lambda = \pm 1$ tale che $A^T = \lambda A$; se A è invertibile non c'è nulla da dimostrare. Per induzione su n basta quindi dimostrare che se A non è invertibile allora esiste un indice $i = 1, \ldots, n$ tale che togliendo la riga i e la colonna i si ottiene una matrice dello stesso rango. Siccome le colonne di A sono linearmente dipendenti esiste un vettore non nullo

$$0 \neq x = \begin{pmatrix} x_1 \\ \vdots \\ x_n \end{pmatrix} \quad \text{tale che} \quad Ax = 0.$$

Sia i un indice tale che $x_i \neq 0$, allora la i-esima colonna di A è combinazione lineare delle altre; se $B \in M_{n,n-1}(\mathbb{K})$ è ottenuta da A togliendo la colonna i si ha dunque $\mathrm{rg}(B) = \mathrm{rg}(A)$. Inoltre $x^T A = \lambda x^T A^T = \lambda (Ax)^T = 0$ ed a maggior ragione $x^T B = 0$. Ma anche la i-esima coordinata del vettore riga x^T è diversa da 0 e la relazione $x^T B = 0$ implica che la i-esima riga di B è combinazione lineare delle altre. Se $C \in M_{n-1,n-1}(\mathbb{K})$ è ottenuta da B togliendo la riga i si ha dunque $\mathrm{rg}(C) = \mathrm{rg}(B) = \mathrm{rg}(A)$ e C è un minore principale di A. $\square$

Esercizi

6.116 Verificare che le matrici reali

$$A = \begin{pmatrix} -1 & 1 \\ 1 & -1 \end{pmatrix}, \qquad B = \begin{pmatrix} 1 & 0 \\ 0 & 1 \end{pmatrix},$$

sono linearmente indipendenti e completarle ad una base dello spazio vettoriale $S_2(\mathbb{R})$ delle matrici simmetriche di ordine 2.

6.117 Dimostrare che per ogni $A \in M_{n,n}(\mathbb{K})$ la matrice $A A^T$ è simmetrica.

6.118 Siano A, B due matrici simmetriche. Mostrare che le potenze A^n, $n > 0$, sono simmetriche e che vale $AB = BA$ se e solo se AB è simmetrica.

6.119 Per ogni numero complesso non nullo z si consideri la matrice

$$L(z) = \begin{pmatrix} 1 & \log|z| \\ 0 & 1 \end{pmatrix} \in M_{2,2}(\mathbb{R})$$

e si verifichi che $L(zw) = L(z)L(w)$ per ogni $0 \neq z, w \in \mathbb{C}$.

6.120 (Poligoni di Nord-Est) Data una matrice $A = (a_{ij}) \in M_{n,m}(\mathbb{K})$, definiamo il suo *poligono di Nord-Est* $P_{\text{N-E}}(A) \subseteq \{1,\dots,n\} \times \{1,\dots,m\}$ come

$$P_{\text{N-E}}(A) = \bigcup_{\{(i,j)\,|\,a_{ij} \neq 0\}} \{1,\dots,i\} \times \{j,\dots,m\}.$$

Dunque $(a,b) \in P_{\text{N-E}}(A)$ se e solo se esistono $a \leq i \leq n$ e $1 \leq j \leq b$ tali che $a_{ij} \neq 0$.

Provare che per ogni coppia di matrici triangolari superiori $T \in M_{n,n}(\mathbb{K})$ e $S \in M_{m,m}(\mathbb{K})$, vale $P_{\text{N-E}}(TAS) \subseteq P_{\text{N-E}}(A)$.

6.121 Una matrice si dice *ridotta per righe* se in ogni riga non nulla c'è un coefficiente non nullo al di sotto del quale ci sono soltanto zeri. Dedurre da 6.89 e 6.109 che il rango di una matrice ridotta per righe è uguale al numero di righe non nulle.

6.122 Mostrare con un esempio che il prodotto di matrici simmetriche non è simmetrico in generale.

6.123 Determinare tutte le matrici strettamente triangolari A tali che $(I + A)^2 = I$. Si consiglia di fare i casi 2×2 e 3×3 prima di passare al caso generale.

6.124 Siano $A, B \in M_{n,n}(\mathbb{K})$ con A simmetrica e B alternante. Dimostrare che la matrice prodotto AB ha traccia nulla.

6.125 Dimostrare che se $A, B \in M_{n,n}(\mathbb{K})$ e A è simmetrica, allora BAB^T è simmetrica.

6.126 Data $A \in M_{n,n}(\mathbb{R})$, dimostrare che vale $\text{Tr}(AA^T) = 0$ se e solo se $A = 0$. Dedurre che se $A \in M_{n,n}(\mathbb{R})$ è simmetrica o antisimmetrica e $A^s = 0$ per qualche $s > 0$, allora $A = 0$.

6.127 Sia n un intero positivo fissato. Per ogni naturale $k \in \mathbb{N}$ indichiamo con T_k il sottospazio vettoriale di $M_{n,n}(\mathbb{K})$ formato dalle matrici (a_{ij}) tali che $a_{ij} = 0$ se $j - i < k$. Ad esempio T_0 è lo spazio delle matrici triangolari superiori e T_1 è lo spazio delle matrici strettamente triangolari superiori. Dimostrare:

1. se $A \in T_a$ e $B \in T_b$, allora $AB \in T_{a+b}$;
2. se $a > 0$ e $A \in T_a$, allora esiste $B \in T_a$ tale che $(I + B)^2 = I + A$ (suggerimento: mostrare per induzione che per ogni $k \geq 0$ esiste una matrice $B_k \in T_a$ tale che $(I + B_k)^2 - I - A \in T_{a+k}$).

6.6 Complementi: i bit quantistici ed il teorema di clonazione impedita

Lo sviluppo dei calcolatori quantistici non manca di trasmettere i suoi effetti alla matematica, non solo a livello di nuovi indirizzi di ricerca, ma anche sul linguaggio di alcune parti più tradizionali. Senza entrare nei dettagli e nelle motivazioni di natura fisica e informatica, che sarebbero fuori luogo in questo contesto, vediamo alcuni piccoli pezzi di questo linguaggio nella dimostrazione del **no-cloning theorem**, un importante risultato concettuale in informatica quantistica, anche se molto elementare dal punto di vista matematico.[1]

Per iniziare, nella *notazione bra-ket* un generico vettore riga viene denotato $\langle x|$, ed un generico vettore colonna $|y\rangle$. Cambiamo poi nome alla base canonica di $\mathbb{C}^2$, chiamandola **base computazionale**, traducendola in notazione bra-ket come

$$|0\rangle = \begin{pmatrix} 1 \\ 0 \end{pmatrix}, \qquad |1\rangle = \begin{pmatrix} 0 \\ 1 \end{pmatrix}.$$

Stiamo quindi rappresentando lo spazio vettoriale numerico $\mathbb{C}^2$ come l'insieme delle combinazioni lineari $a|0\rangle + b|1\rangle$, al variare di $a, b \in \mathbb{C}$.

Definizione 6.128 Un **qubit** è un vettore $|x\rangle = a|0\rangle + b|1\rangle \in \mathbb{C}^2$ tale che $|a|^2 + |b|^2 = 1$.

Ad esempio, sono qubit i vettori $|0\rangle$, $|1\rangle$ e $(|0\rangle \pm |1\rangle)/\sqrt{2}$. La definizione di qubit si allaccia alla nozione classica di vettore unitario: un vettore $v \in \mathbb{C}^n$, di coordinate $v_1, \ldots, v_n$ si dice **unitario** se $\sum_i |v_i|^2 = 1$. Per ogni vettore $v = (v_1, \ldots, v_n)^T \in \mathbb{C}^n$ è utile denotare

$$\|v\|^2 = \sum_i |v_i|^2 = \sum_i \overline{v_i} v_i = \overline{v}^T v, \qquad \|v\| = \sqrt{\overline{v}^T v},$$

e quindi v è unitario se e solo se $\|v\| = 1$.

Una matrice $U \in M_{n,n}(\mathbb{C})$ si dice **unitaria** se trasforma vettori unitari in vettori unitari, ossia se $\|Uv\| = 1$ ogniqualvolta $\|v\| = 1$. Per **operatore unitario** si intende un'applicazione lineare indotta da una matrice unitaria.

Proposizione 6.129 *Una matrice $U \in M_{n,n}(\mathbb{C})$ è unitaria se e solo se $\overline{U}^T U = I$, ossia se e solo se è invertibile e la sua inversa è uguale alla coniugata della trasposta.*

---

[1] Eccezionalmente, in questa sezione useremo i nomi inglesi di alcuni oggetti coinvolti, trattati ovviamente con le regole grammaticali italiane.

Dimostrazione   Una implicazione è facile: sia U tale che $\overline{U}^T U = I$, allora per ogni vettore unitario v si ha

$$\|Uv\|^2 = (\overline{Uv})^T Uv = \overline{v}^T \overline{U}^T Uv = \overline{v}^T v = 1\,.$$

Viceversa, siano $u_1, \dots, u_n \in \mathbb{C}^n$ i vettori colonna di una matrice U che trasforma vettori unitari in vettori unitari. Siccome i vettori $e_1, \dots, e_n$ della base canonica sono unitari, si ha che pure i vettori $u_i = Ue_i$ sono unitari; dimostriamo che per ogni $i \neq j$ vale $\overline{u_i}^T u_j = 0$. Se per assurdo fosse $\overline{u_i}^T u_j \neq 0$ per qualche $i \neq j$ consideriamo il numero complesso $\lambda = |\overline{u_i}^T u_j|/\overline{u_i}^T u_j$. Siccome $|\lambda| = 1$ il vettore $v = (e_i + \lambda e_j)/\sqrt{2}$ è unitario, e si ha

$$1 = \|Uv\|^2 = \frac{1}{2}\|u_i + \lambda u_j\|^2 = \frac{1}{2}\overline{((u_i + \lambda u_j)}^T (u_i + \lambda u_j))$$

$$= \frac{1}{2}(\|u_i\|^2 + \|u_j\|^2 + \lambda\overline{u_i}^T u_j + \overline{\lambda\overline{u_i}^T u_j}) = \frac{1}{2}(\|u_i\|^2 + \|u_j\|^2) + |\overline{u_i}^T u_j|,$$

in contraddizione con l'ipotesi $\overline{u_i}^T u_j \neq 0$. Per finire basta osservare che $\overline{u_i}^T u_j$, $i, j = 1, \dots, n$, sono esattamente i coefficienti della matrice prodotto $\overline{U}^T U$. $\square$

Definizione 6.130   Un **qubit gate** è un operatore unitario $\mathbb{C}^2 \to \mathbb{C}^2$ o, equivalentemente, un'applicazione lineare che trasforma qubit in qubit.

Esempi di qubit gate sono dati dalle *matrici di Pauli*

$$\sigma_1 = \begin{pmatrix} 0 & 1 \\ 1 & 0 \end{pmatrix}, \qquad \sigma_2 = \begin{pmatrix} 0 & -i \\ i & 0 \end{pmatrix}, \qquad \sigma_3 = \begin{pmatrix} 1 & 0 \\ 0 & -1 \end{pmatrix},$$

e dalle *matrici di Hadamard normalizzate*

$$\frac{\pm 1}{\sqrt{2}}\begin{pmatrix} -1 & 1 \\ 1 & 1 \end{pmatrix}, \quad \frac{\pm 1}{\sqrt{2}}\begin{pmatrix} 1 & -1 \\ 1 & 1 \end{pmatrix}, \quad \frac{\pm 1}{\sqrt{2}}\begin{pmatrix} 1 & 1 \\ -1 & 1 \end{pmatrix}, \quad \frac{\pm 1}{\sqrt{2}}\begin{pmatrix} 1 & 1 \\ 1 & -1 \end{pmatrix}.$$

Va detto che in un certo senso (e per motivi di fisica quantistica poco comprensibili a chi scrive) due qubit $|x\rangle, |y\rangle \in \mathbb{C}^2$ sono indistinguibili per un osservatore esterno, e devono essere considerati equivalenti, quando sono linearmente dipendenti su $\mathbb{C}$. Scriveremo quindi $|x\rangle \equiv |y\rangle$ se esiste $\lambda \in \mathbb{C}$ tale che $|x\rangle = \lambda|y\rangle$. Notiamo che, se per due qubit $|x\rangle, |y\rangle$ vale $|x\rangle = \lambda|y\rangle$, allora $|\lambda| = 1$: infatti, se $|y\rangle = a|0\rangle + b|1\rangle$ con $|a|^2 + |b|^2 = 1$, allora $|x\rangle = \lambda a|0\rangle + \lambda b|1\rangle$ da cui segue $|\lambda|^2(|a|^2 + |b|^2) = 1$.

Oltre ai qubit semplici possiamo considerare i 2-qubit, i 3-qubit e più in generale gli n-qubit per ogni intero positivo n. Un 2-qubit è un vettore unitario di $\mathbb{C}^4$: stavolta la base computazionale è data delle 4 successioni di lunghezza 2 in $\{0, 1\}$, ossia dai

4 vettori $|00\rangle$, $|01\rangle$, $|10\rangle$ e $|11\rangle$. Pertanto un 2-qubit è un vettore

$$|v\rangle = v_{00}|00\rangle + v_{01}|01\rangle + v_{10}|10\rangle + v_{11}|11\rangle, \qquad v_{ij} \in \mathbb{C}, \qquad \sum_{i,j} |v_{ij}|^2 = 1.$$

Similmente useremo il simbolo $\equiv$ per indicare la relazione di proporzionalità tra 2-qubit: si ha

$$v_{00}|00\rangle + v_{01}|01\rangle + v_{10}|10\rangle + v_{11}|11\rangle \equiv w_{00}|00\rangle + w_{01}|01\rangle + w_{10}|10\rangle + w_{11}|11\rangle$$

se e solo se esiste $\lambda \in \mathbb{C}$ tal che $w_{ij} = \lambda v_{ij}$ per ogni $i, j \in \{0, 1\}$; in tal caso $|\lambda| = 1$.

Dati due qubit $|x\rangle = a|0\rangle + b|1\rangle$ e $|y\rangle = c|0\rangle + d|1\rangle$ il loro prodotto di Kronecker è il 2-qubit

$$\begin{aligned}
|x\rangle \otimes |y\rangle &= (a|0\rangle + b|1\rangle) \otimes (c|0\rangle + d|1\rangle) \\
&= ac|0\rangle \otimes |0\rangle + ad|0\rangle \otimes |1\rangle + bc|1\rangle \otimes |0\rangle + bd|1\rangle \otimes |1\rangle \\
&= ac|00\rangle + ad|01\rangle + bc|10\rangle + bd|11\rangle,
\end{aligned}$$

(lasciamo al lettore la semplice verifica il vettore $|x\rangle \otimes |y\rangle \in \mathbb{C}^4$ è unitario). Il prodotto di Kronecker si comporta inoltre bene rispetto alla relazione $\equiv$: se $|x\rangle \equiv |x'\rangle$ e $|y\rangle \equiv |y'\rangle$, allora $|x\rangle \otimes |y\rangle \equiv |x'\rangle \otimes |y'\rangle$.

Definizione 6.131 Un 2-qubit si dice **separabile** se è del tipo $|x\rangle \otimes |y\rangle$, altrimenti si dice **entangled**.

Equivalentemente, un 2-qubit $|\psi\rangle$ è entangled se non esiste alcuna coppia di qubit $|x\rangle$, $|y\rangle$ tale che $|\psi\rangle = |x\rangle \otimes |y\rangle$. Ad esempio il 2-qubit $(|00\rangle + |11\rangle)/\sqrt{2}$ è entangled, mentre $(|00\rangle + |01\rangle)/\sqrt{2}$ è separabile (Esercizio 6.138).

Teorema 6.132 (no-cloning theorem) *Non esiste alcuna matrice unitaria $U \in M_{4,4}(\mathbb{C})$ tale che $U(|x\rangle \otimes |0\rangle) \equiv |x\rangle \otimes |x\rangle$ per ogni qubit $|x\rangle$.*

Dimostrazione Siccome i 2-qubit del tipo $|x\rangle \otimes |0\rangle$ appartengono al sottospazio vettoriale di dimensione 2 generato da $|00\rangle$ e $|10\rangle$, qualunque 2-qubit indistinguibile per osservatori da $U(|x\rangle \otimes |0\rangle)$ sarà contenuto nel sottospazio vettoriale di $\mathbb{C}^4$ generato da $U(|00\rangle)$ e $U(|10\rangle)$. Per dimostrare il teorema basta quindi dimostrare che i 2-qubit del tipo $|x\rangle \otimes |x\rangle$ generano un sottospazio di dimensione > 2: a tal fine basta osservare che i tre 2-qubit

$$|0\rangle \otimes |0\rangle = |00\rangle, \qquad\qquad |1\rangle \otimes |1\rangle = |11\rangle,$$

$$\frac{1}{\sqrt{2}}(|0\rangle + |1\rangle) \otimes \frac{1}{\sqrt{2}}(|0\rangle + |1\rangle) = \frac{1}{2}(|00\rangle + |01\rangle + |10\rangle + |11\rangle),$$

sono linearmente indipendenti. $\square$

Adesso che abbiamo compreso il ritornello, possiamo definire un n-qubit come un vettore unitario dello spazio vettoriale $\mathbb{C}^{2^n}$ generato dalla base, detta computazionale, di tutte le successioni di lunghezza n in $\{0, 1\}$. In altri termini un n-qubit è una espressione del tipo

$$|a\rangle = \sum_{i_1,\ldots,i_n=0}^{1} a_{i_1\cdots i_n}|i_1 i_2\cdots i_n\rangle, \qquad \sum_{i_1,\ldots,i_n=0}^{1} |a_{i_1\cdots i_n}|^2 = 1,$$

e due n-qubit sono equivalenti se e solo se sono linearmente dipendenti come vettori di $\mathbb{C}^{2^n}$. Il prodotto di Kronecker si generalizza in modo tutt'altro che sorprendente,

$$\left(\sum_{i_1,\ldots,i_n=0}^{1} a_{i_1\cdots i_n}|i_1\cdots i_n\rangle\right) \otimes \left(\sum_{j_1,\ldots,j_m=0}^{1} b_{j_1\cdots j_m}|j_1\cdots j_m\rangle\right)$$
$$= \sum_{i_1,\ldots,i_n=0}^{1}\sum_{j_1,\ldots,j_m=0}^{1} a_{i_1\cdots i_n}b_{j_1\cdots j_m}|i_1\cdots i_n\, j_1\cdots j_m\rangle,$$

e si verifica facilmente che vale la proprietà associativa:

$$(|a\rangle \otimes |b\rangle) \otimes |c\rangle = |a\rangle \otimes (|b\rangle \otimes |c\rangle).$$

Definizione 6.133 Una **n-qubit gate** è un'applicazione unitaria $\mathbb{C}^{2^n} \to \mathbb{C}^{2^n}$, o equivalentemente, un'applicazione lineare che trasforma n-qubit in n-qubit.

Con una dimostrazione del tutto simile a quella del Teorema 6.132 si generalizza il no-cloning theorem per gli n-qubit gate (Esercizio 6.136).

Esercizi

6.134 Siano $U, V \in M_{n,n}(\mathbb{C})$ due matrici unitarie. Provare che sono unitarie anche le matrici $\overline{U}, U^T, U^{-1}$ e UV.

6.135 Provare che ogni applicazione lineare che agisce come una permutazione sulla base computazionale degli n-qubit è unitaria.

6.136 (no-cloning theorem) Siano $n \leq m$ interi. Dimostrare che non esiste alcuna matrice unitaria U di ordine 2^{n+m} tale che per ogni n-qubit $|x\rangle$ si abbia

$$U(|x\rangle \otimes |0\cdots0\rangle) \equiv |x\rangle \otimes |x\rangle \otimes |f(x)\rangle$$

per un opportuno $m - n$-qubit $|f(x)\rangle$.

6.137 Si identifichi il campo $\mathbb{F}_2$ con l'insieme $\{0, 1\}$. Dimostrare che:

1. non esiste alcun 2-qubit gate tale che

$$|ab\rangle \mapsto |ac\rangle, \qquad a, b \in \mathbb{F}_2, \quad c = ab;$$

2. esiste un 2-qubit gate (detto *CNOT gate*) tale che

$$|ab\rangle \mapsto |ac\rangle, \qquad a, b \in \mathbb{F}_2, \quad c = a + b;$$

3. esiste un 3-qubit gate (detto *CCNOT gate* oppure *Toffoli gate*) tale che

$$|abc\rangle \mapsto |abd\rangle, \qquad a, b, c \in \mathbb{F}_2, \quad d = ab + c.$$

6.138 Mostrare che il 2-qubit $(|00\rangle + |11\rangle)/\sqrt{2}$ è entangled, mentre $(|00\rangle + |01\rangle)/\sqrt{2}$ è separabile.

6.139 Sia $A \in M_{n,n}(\mathbb{C})$ tale che per ogni vettore unitario $v \in \mathbb{C}^n$ il vettore Av è un multiplo scalare di v. Dimostrare che A è un multiplo scalare della matrice identità.

6.140 Determinare le matrici unitarie 2×2 che commutano con la matrice diagonale $\mathrm{diag}(1, 2)$.

6.141 Siano $u_1, \ldots, u_n \in \mathbb{C}^n$ i vettori colonna di una matrice unitaria. Provare che per ogni vettore unitario $v \in \mathbb{C}^n$ vale

$$v = \sum_{i=1}^n (v^T \overline{u_i}) u_i, \qquad \sum_{i=1}^n |v^T \overline{u_i}|^2 = 1.$$

Provare inoltre che due vettori unitari $v, w \in \mathbb{C}^n$ sono linearmente dipendenti se e solo se per ogni $i = 1, \ldots, n$ vale $|v^T \overline{u_i}|^2 = |w^T \overline{u_i}|^2$.

6.142 Sia $S^2 = \{(x, y, z) \in \mathbb{R}^3 \mid x^2 + y^2 + z^2 = 1\}$ la sfera euclidea di centro 0 e raggio 1. Dimostrare che l'applicazione

$$f \colon \{\text{qubit}\} \to S^2, \qquad f(a|0\rangle + b|1\rangle) = \left(|a|^2 - |b|^2, i(\overline{a}b - a\overline{b}), \overline{a}b + a\overline{b}\right),$$

è surgettiva e vale $f(|x\rangle) = f(|y\rangle)$ se e solo se $|x\rangle \equiv |y\rangle$.

6.143 Una matrice $H \in M_{n,n}(\mathbb{Q})$ si dice di Hadamard (non normalizzata) se ogni coefficiente è uguale a $+1$ oppure -1 e se $H^T H = nI$. Dimostrare che:

1. se $H \in M_{n,n}(\mathbb{Q})$ è di Hadamard, allora la matrice a blocchi

$$\begin{pmatrix} H & H \\ -H & H \end{pmatrix} \in M_{2n,2n}(\mathbb{Q})$$

è ancora di Hadamard; in particolare esistono matrici di Hadamard di ordine 2^k per ogni $k \geq 0$;

2. se $H \in M_{n,n}(\mathbb{Q})$ è di Hadamard e $J \in M_{n,n}(\mathbb{Q})$ è diagonale con $J^T J = I$, allora le matrici JH e HJ sono di Hadamard;

3. usare l'Esercizio 6.83 per dimostrare che se $H \in M_{n,n}(\mathbb{Q})$ è di Hadamard e $n \geq 3$, allora n è un multiplo di 4.

Note

L'Esercizio 6.81 deve essere considerato un problema esclusivamente fine a se stesso; l'autore ignora se esistono MTS di ordine maggiore di 1, ma anche se esistessero non avrebbero alcuna utilità. L'Esercizio 6.90 mi è stato suggerito da Manfred Lehn, che ne fa uso all'Università di Mainz. In relazione all'Esercizio 6.143, vi è una congettura, ancora irrisolta, secondo la quale esistono matrici di Hadamard di ordine $4k$ per ogni $k > 0$.

In matematica, la questione del linguaggio e delle notazioni, sebbene non di primaria importanza, merita comunque notevole attenzione: la scelta del giusto linguaggio e di una buona notazione può essere, ed è accaduto spesso, di grande aiuto nello sviluppo della teoria.

Capitolo 7
Riduzioni a scala ed applicazioni

Qual è il metodo più rapido per calcolare il rango di una matrice? E per capire se una matrice è invertibile e calcolare l'inversa?

La risposta è quasi ovvia: dotarsi di computer ed installare uno dei tanti software in grado di rispondere alle precedenti domande. Tuttavia, il software ha bisogno di progettazione e possono esserci dei blackout quando meno te lo aspetti. È quindi necessario essere in grado di portare avanti tali compiti anche se dotati solamente di un bastoncino ed una grande battigia sabbiosa.

L'applicazione organizzata e metodica del metodo di Gauss, brevemente accennato nella Sezione 1.4 come ausilio nella risoluzione dei sistemi lineari, fornisce una procedura concettualmente semplice ed abbastanza rapida per il calcolo di ranghi, di matrici inverse ed altre quantità che scopriremo nel corso del capitolo.[1]

7.1 L'algoritmo di divisione

L'algoritmo di divisione euclidea tra interi si estende alla divisione tra polinomi a coefficienti in un campo.

Teorema 7.1 (Divisione euclidea tra polinomi) *Siano $p(x), q(x)$ polinomi a coefficienti in un campo $\mathbb{K}$, con $q(x) \neq 0$. Allora esistono, e sono unici, due polinomi $h(x), r(x) \in \mathbb{K}[x]$ tali che*

$$p(x) = h(x)q(x) + r(x), \qquad \deg(r(x)) < \deg(q(x)).$$

*Il polinomio $r(x)$ viene chiamato il **resto** della divisione.*

Notiamo che, essendo per convenzione il grado del polinomio nullo uguale a $-\infty$, il precedente teorema è vero anche se $r(x) = 0$, ossia se $q(x)$ divide $p(x)$.

---

[1] Naturalmente esistono metodi più sofisticati dal punto di vista teorico ma più efficienti dal punto di vista computazionale: di tali metodi si occupa quella branca della matematica detta Algebra Lineare Numerica.

© The Author(s), under exclusive license to Springer Nature Switzerland AG 2025

M. Manetti, *Algebra Lineare*, La Matematica per il 3+2 174,

https://doi.org/10.1007/978-3-032-01504-4_7

Dimostrazione   Dimostriamo prima l'unicità: se

$$p(x) = h(x)q(x) + r(x) = k(x)q(x) + s(x)$$

con

$$\deg(r(x)) < \deg(q(x)), \qquad \deg(s(x)) < \deg(q(x)),$$

allora si ha $r(x) - s(x) = (k(x) - h(x))q(x)$ e siccome il grado di $r(x) - s(x)$ è strettamente minore del grado di $q(x)$ deve necessariamente essere $r(x) - s(x) = k(x) - h(x) = 0$.

Per l'esistenza daremo una dimostrazione algoritmica che illustra un metodo di calcolo che anticipa, in un contesto particolare, il procedimento di riduzione a scala. Siano n, m i gradi di $p(x)$ e $q(x)$ rispettivamente; per ipotesi $m \geq 0$ e si può scrivere

$$q(x) = b_0 x^m + b_1 x^{m-1} + \cdots + b_m, \qquad \text{con} \quad b_0 \neq 0.$$

Se $n < m$ basta prendere $h(x) = 0$ e $r(x) = p(x)$. Se invece $n \geq m$ e

$$p(x) = a_0 x^n + a_1 x^{n-1} + \cdots + a_n, \qquad \text{con} \quad a_0 \neq 0;$$

possiamo considerare il *primo resto parziale*

$$r_1(x) = p(x) - \frac{a_0}{b_0} x^{n-m} q(x) = \left(a_1 - \frac{a_0}{b_0} b_1\right) x^{n-1} + \cdots,$$

che ha la proprietà di avere grado strettamente minore di n. Se $\deg(r_1(x)) < m$ abbiamo finito, altrimenti si ripete la costruzione con $r_1(x)$ al posto di $p(x)$ e si ottiene il secondo resto parziale

$$r_1(x) = c_0 x^r + c_1 x^{r-1} + \cdots, \quad c_0 \neq 0,$$

$$r_2(x) = r_1(x) - \frac{c_0}{b_0} x^{r-m} q(x) = \left(c_1 - \frac{c_0}{b_0} b_1\right) x^{r-1} + \cdots.$$

Si prosegue calcolando i resti parziali $r_1(x), r_2(x), \ldots$ fino a quando si ottiene un polinomio $r_k(x)$ di grado strettamente minore di m.

Riepilogando, abbiamo una successione di monomi $h_1(x) = \dfrac{a_0}{b_0} x^{n-m}, \ldots, h_k(x)$ ed una successione di polinomi $r_1(x), \ldots, r_k(x)$ tali che $\deg(r_k(x)) < m$ e

$$p(x) = h_1(x)q(x) + r_1(x),$$
$$r_1(x) = h_2(x)q(x) + r_2(x), \quad \ldots, \quad r_{k-1}(x) = h_k(x)q(x) + r_k(x).$$

Da ciò ne consegue l'uguaglianza

$$p(x) = (h_1(x) + \cdots + h_k(x))q(x) + r_k(x)$$

e quindi l'esistenza della divisione euclidea. $\square$

L'esecuzione pratica della divisione si può organizzare come nel seguente esempio:

$$x^5 + x^3 + x^2 - 17x + 3 : x^2 + 5,$$

dividendo $p(x) = x^5 +\ \ x^3 + x^2 - 17x + 3$	$x^2 + 5$ $\quad= q(x)$ divisore
$x^3 q(x) = x^5 + 5x^3$	$x^3 - 4x + 1\ = h(x)$ quoziente
$1°$ resto parziale $\quad -4x^3 + x^2 - 17x + 3$	
$-4x\, q(x) = \quad -4x^3 \qquad - 20x$	
$2°$ resto parziale $\qquad x^2 +\ \ 3x + 3$	
$1\, q(x) = \qquad\quad x^2 \qquad + 5$	
resto $r(x) = \qquad\qquad +3x - 2$	

$$x^5 + x^3 + x^2 - 17x + 3 = (x^3 - 4x + 1)(x^2 + 5) + (3x - 2).$$

Osservazione 7.2 (Regola di Ruffini) La divisione euclidea $p(x) = q(x)h(x) + r(x)$ risulta particolarmente semplice quando il divisore $q(x)$ è del tipo $x - b$. Infatti, se $p(x) = a_0 x^n + \cdots + a_n$ e indichiamo $h(x) = c_0 x^{n-1} + \cdots + c_{n-1}$ e $r(x) = c_n$ si hanno le uguaglianze

$$c_0 = a_0, \quad a_i = c_i - bc_{i-1} \quad \text{per } i > 0,$$

da cui segue che i coefficienti c_i possono essere calcolati in maniera ricorsiva

$$c_0 = a_0, \quad c_1 = a_1 + bc_0, \quad c_2 = a_2 + bc_1, \quad \ldots$$

Teorema 7.3 (Teorema di Ruffini) *Siano $p(x) \in \mathbb{K}[x]$ e $\alpha \in \mathbb{K}$. Allora il resto della divisione di $p(x)$ per $x - \alpha$ è uguale a $p(\alpha)$. In particolare, $x - \alpha$ divide $p(x)$ se e solo se α è una radice di $p(x)$.*

Dimostrazione Per il teorema di divisione euclidea si ha $p(x) = h(x)(x - \alpha) + r(x)$; il resto $r(x)$ ha grado minore di 1 e quindi deve essere del tipo $r(x) = c$, con $c \in \mathbb{K}$. Calcolando le corrispondenti funzioni polinomiali in α si ha

$$p(\alpha) = h(\alpha)(\alpha - \alpha) + c = c$$

e quindi $r(x) = c = 0$ se e solo se $p(\alpha) = 0$. $\square$

Il fatto che possiamo definire le radici di un polinomio $p(x)$ come gli elementi $a \in \mathbb{K}$ tali che $x - a$ divide $p(x)$ ci permette di introdurre facilmente il concetto di molteplicità di una radice.

Definizione 7.4 Siano $p(x) \in \mathbb{K}[x]$ polinomio non nullo e $a \in \mathbb{K}$. Chiameremo **molteplicità** di a come radice di $p(x)$ il massimo intero $\nu \geq 0$ tale che $(x - a)^\nu$ divide $p(x)$.

In particolare, $\nu = 0$ se e solo se $p(a) \neq 0$ e $\nu > 0$ se e solo se a è una radice di $p(x)$. Chiameremo a **radice semplice** di $p(x)$ se $\nu = 1$, **radice multipla** se $\nu > 1$.

Siccome $p(x) \neq 0$ la molteplicità ν di ogni radice è ben definita ed è minore o uguale al grado di $p(x)$, infatti $(x - a)^\nu$ può dividere $p(x) \neq 0$ solo se $\nu \leq \deg(p(x))$. Per definizione, se a è una radice di $p(x)$ di molteplicità ν allora esiste $q(x) \in \mathbb{K}[x]$ tale che $p(x) = (x - a)^\nu q(x)$; per il teorema di Ruffini $q(a) \neq 0$, altrimenti $q(x) = (x - a)r(x)$ per qualche $r(x) \in \mathbb{K}[x]$ e $p(x) = (x - a)^{\nu+1}r(x)$, in contraddizione con la definizione di molteplicità. In altri termini, l'elemento $a \in \mathbb{K}$ *è una radice di molteplicità ν del polinomio non nullo $p(x)$ se e solo se si può scrivere $p(x) = (x - a)^\nu q(x)$, con $q(a) \neq 0$.*

Esempio 7.5 Siano $\lambda_1, \ldots, \lambda_k \in \mathbb{K}$ scalari distinti e $\nu_1, \ldots, \nu_k$ interi positivi. Allora la molteplicità di λ_i come radice del polinomio

$$p(x) = (\lambda_1 - x)^{\nu_1} \cdots (\lambda_k - x)^{\nu_k}$$

è esattamente ν_i. Infatti, possiamo scrivere $p(x) = (x - \lambda_i)^{\nu_i} q(x)$, con

$$q(x) = (-1)^{\nu_i} \prod_{j \neq i} (\lambda_j - x)^{\nu_j}, \qquad q(\lambda_i) = (-1)^{\nu_i} \prod_{j \neq i} (\lambda_j - \lambda_i)^{\nu_j} \neq 0.$$

Per future referenze è utile enunciare sotto forma di lemma il comportamento della molteplicità rispetto al prodotto di polinomi.

Lemma 7.6 *Siano $a \in \mathbb{K}$ e $p_1(x), p_2(x) \in \mathbb{K}[x]$. Allora la molteplicità di a come radice del prodotto $p_1(x)p_2(x)$ è uguale alla somma delle molteplicità di a come radice dei polinomi $p_1(x)$ e $p_2(x)$.*

Dimostrazione Siano ν_1, ν_2 le molteplicità di a come come radice dei polinomi $p_1(x)$ e $p_2(x)$, allora si può scrivere $p_1(x) = (x - a)^{\nu_1} q_1(x)$, $p_2(x) = (x - a)^{\nu_2} q_2(x)$ e dunque

$$p_1(x)p_2(x) = (x - a)^{\nu_1 + \nu_2} q_1(x)q_2(x), \qquad q_1(a)q_2(a) \neq 0. \ \square$$

Per finire, deduciamo dal teorema di Ruffini il seguente risultato, caso particolare del teorema di fattorizzazione unica che tratteremo nel Capitolo 11.

Corollario 7.7 *Se un polinomio di grado positivo $p(x) \in \mathbb{K}[x]$ divide un prodotto di polinomi non nulli di grado 1, allora anche $p(x)$ è un prodotto di polinomi di grado 1.*

Dimostrazione Si assuma che $p(x)$ divida $h_1(x)\cdots h_n(x)$ con ogni $h_i(x)$ di grado 1 e dimostriamo il corollario per induzione su n. Il caso $n = 1$ è chiaro dato che per ipotesi $p(x)$ ha grado positivo.

Se $n > 1$, sia $r \in \mathbb{K}$ il resto della divisione di $p(x)$ per $h_n(x)$, ossia $p(x) = q(x)h_n(x) + r$. Se $r = 0$, ossia se $p(x) = q(x)h_n(x)$, allora $q(x)$ divide il prodotto $h_1(x)\cdots h_{n-1}(x)$ e se $q(x)$ ha grado positivo possiamo applicare ad esso l'ipotesi induttiva. Se $r \neq 0$ possiamo scrivere

$$(p(x) - h_n(x)q(x))/r = 1, \qquad h_1(x)\cdots h_n(x) = p(x)k(x),$$

$$h_1(x)\cdots h_{n-1}(x) = h_1(x)\cdots h_{n-1}(x)(p(x) - h_n(x)q(x))/r$$
$$= p(x)(h_1(x)\cdots h_{n-1}(x) - q(x)k(x))/r.$$

Dunque $p(x)$ divide $h_1(x)\cdots h_{n-1}(x)$ e si può applicare l'ipotesi induttiva. $\square$

Esercizi

7.8 Calcolare quoziente e resto delle seguenti divisioni tra polinomi a coefficienti razionali: $2t^8 + t^6 - t + 1 : t^3 - t^2 + 3$, $3x^5 - 2x^2 : x^2 + 1$, $z^5 - 5z : z - 2$.

7.9 ($\heartsuit$) Eseguire le divisioni dei polinomi $x^4(1 - x)^4 + 4$, $x^2(1 - x)^4 - 4$ e $(1 - x)^4 + 4$ per $x^2 + 1$.

7.10 Siano $a, b \in \mathbb{K}$ radici distinte di un polinomio $p(t) \in \mathbb{K}[t]$ di grado $n \geq 2$; per il teorema di Ruffini si ha dunque

$$p(t) = (t - a)u(t) = (t - b)v(t), \qquad u(t), v(t) \in \mathbb{K}[t].$$

Provare che il polinomio $q(t) = u(t) - v(t)$ ha grado $n - 2$ e che ogni radice di $q(t)$ è anche radice di $p(t)$.

7.11 Moltiplicando e dividendo per il polinomio $t - 1$, dimostrare che

$$\prod_{i=0}^{n-1}(t^{2^i} + 1) = \sum_{j=0}^{2^n - 1} t^j \in \mathbb{K}[t]$$

per ogni intero positivo n.

7.2   Matrici a scala

Una classe di matrici coinvolte nel procedimento di riduzione di Gauss, e meritevoli di essere palesate, è quella delle matrici a scala.

Definizione 7.12   Una matrice $n \times m$ si dice a **scala** se soddisfa la seguente proprietà: *per ogni $h = 1, \ldots, n - 1$ ed ogni $k = 0, \ldots, m - 1$, se la riga h-esima ha i primi k coefficienti nulli, allora la riga $h + 1$-esima ha i primi $k + 1$ coefficienti nulli.*

Equivalentemente, una matrice è a scala se per ogni riga, sotto al primo coefficiente non nullo (quando esiste) troviamo solamente zeri. In altre parole, una matrice è a scala quando soddisfa le seguenti due condizioni:

- le righe nulle sono raggruppate in fondo alla matrice;
- in due righe consecutive e non nulle, il primo coefficiente non nullo della riga superiore è posizionato strettamente prima del primo coefficiente non nullo della riga inferiore.

Dal punto di vista grafico una matrice a scala si presenta come

$$
\begin{pmatrix}
0 & \cdots & 0 & p_1 & ** & * & * & ** & * & * & * \\
0 & \cdots & 0 & 0 & \cdots & 0 & p_2 & ** & * & * & * \\
0 & \cdots & 0 & 0 & \cdots & 0 & 0 & \cdots & 0 & p_3 & * \\
& & & & & & & & & & \ddots
\end{pmatrix}
\tag{7.1}
$$

dove i p_i sono scalari diversi da 0, chiamati i **perni**, o **pivot**, della matrice, mentre gli asterischi $*$ possono assumere qualsiasi valore. In riferimento alla Figura (7.1), la linea continua a forma di scalinata ha tutti i gradini di altezza 1, mentre la larghezza di uno scalino può assumere qualunque valore positivo.

Notiamo che una matrice a scala possiede esattamente un perno per ogni riga diversa da 0 e che ogni colonna possiede al più un perno.

Esempio 7.13   Ecco due matrici a scala sul campo $\mathbb{R}$:

$$
\begin{pmatrix}
\mathbf{1} & 2 & 3 & 4 \\
0 & \mathbf{5} & 0 & 2 \\
0 & 0 & 0 & \mathbf{6} \\
0 & 0 & 0 & 0
\end{pmatrix},
\qquad
\begin{pmatrix}
0 & \mathbf{4} & 2 & 3 & 9 \\
0 & 0 & 0 & \mathbf{7} & 0 \\
0 & 0 & 0 & 0 & \mathbf{8}
\end{pmatrix},
$$

la prima con i tre perni $1, 5, 6$, e la seconda con i tre perni $4, 7, 8$.

Esempio 7.14 Le due matrici reali

$$
A = \begin{pmatrix} 1 & 2 & 3 & 4 \\ 0 & 5 & 6 & 7 \\ 0 & 0 & 8 & 9 \\ 0 & 0 & 0 & 10 \end{pmatrix}, \qquad
B = \begin{pmatrix} 1 & 0 & 3 & 4 \\ 0 & 5 & 0 & 0 \\ 0 & 0 & -8 & 9 \\ 0 & 0 & 0 & 0 \end{pmatrix}
$$

sono a scala, mentre le matrici

$$
A + B = \begin{pmatrix} 2 & 2 & 6 & 8 \\ 0 & 10 & 6 & 7 \\ 0 & 0 & 0 & 18 \\ 0 & 0 & 0 & 10 \end{pmatrix}, \qquad
A - B = \begin{pmatrix} 0 & 2 & 0 & 0 \\ 0 & 0 & 6 & 7 \\ 0 & 0 & 16 & 0 \\ 0 & 0 & 0 & 10 \end{pmatrix}
$$

non sono a scala. Dunque le matrici a scala non formano un sottospazio vettoriale.

Ogni matrice quadrata a scala è anche triangolare, mentre l'Esempio 7.14 mostra che il viceversa è generalmente falso.

Lemma 7.15 *Il rango di una matrice a scala è uguale al numero di righe diverse da 0. Equivalentemente, il rango di una matrice a scala è uguale al numero di perni. Inoltre, le colonne contenenti i perni sono linearmente indipendenti.*

Dimostrazione Siano r il rango ed s il numero di righe diverse da 0 di una matrice a scala A; chiaramente $r \le s$. Sia B la sottomatrice $s \times s$ che contiene tutti i perni di A; la matrice B è triangolare con elementi sulla diagonale diversi da 0 ed è quindi invertibile, da cui segue $r \ge s$ per il Corollario 6.89. $\square$

Lemma 7.16 *Siano $A \in M_{n,m}(\mathbb{K})$ una matrice a scala e $e_1, \ldots, e_m$ la base canonica di $\mathbb{K}^m$. Allora la i-esima colonna di A contiene un perno se e solo se*

$$
\mathrm{Ker}\, L_A \cap \mathrm{Span}(e_1, \ldots, e_{i-1}) = \mathrm{Ker}\, L_A \cap \mathrm{Span}(e_1, \ldots, e_i).
$$

Dimostrazione Indichiamo con $A(i)$ la sottomatrice formata dalle prime i colonne di A; ogni $A(i)$ è a scala e la i-esima colonna contiene un perno se e solo se $A(i)$ contiene una riga non nulla in più rispetto a $A(i-1)$. Per il Lemma 7.15 ciò equivale a dire che il rango di $A(i)$ è uguale al rango di $A(i-1)$ più 1, e per il teorema del rango 5.48 tale condizione equivale al fatto che le applicazioni lineari

$$
L_{A(i)}\colon \mathrm{Span}(e_1, \ldots, e_i) \to \mathbb{K}^n, \qquad L_{A(i-1)}\colon \mathrm{Span}(e_1, \ldots, e_{i-1}) \to \mathbb{K}^n,
$$

hanno nuclei della stessa dimensione. Basta adesso osservare che per ogni i si ha

$$
\mathrm{Ker}\, L_{A(i)} = \mathrm{Ker}\, L_A \cap \mathrm{Span}(e_1, \ldots, e_i),
$$
$$
\mathrm{Ker}\, L_A \cap \mathrm{Span}(e_1, \ldots, e_{i-1}) \subseteq \mathrm{Ker}\, L_A \cap \mathrm{Span}(e_1, \ldots, e_i). \;\square
$$

Supponiamo di avere un sistema lineare omogeneo di n equazioni in m incognite:

$$\begin{cases} a_{11}x_1 + a_{12}x_2 + \cdots + a_{1m}x_m = 0 \\ \qquad\qquad\qquad\qquad\qquad \vdots \\ a_{n1}x_1 + a_{n2}x_2 + \cdots + a_{nm}x_m = 0 \end{cases} \tag{7.2}$$

Possiamo associare ad esso la **matrice dei coefficienti**

$$A = \begin{pmatrix} a_{11} & \cdots & a_{1m} \\ \vdots & \ddots & \vdots \\ a_{n1} & \cdots & a_{nm} \end{pmatrix} \in M_{n,m}(\mathbb{K})$$

e riscrivere il sistema (7.2) nella forma compatta $Ax = 0$, con $x \in \mathbb{K}^m$. Se A ha rango r, allora l'insieme delle soluzioni del sistema (7.2) coincide con il nucleo dell'applicazione lineare $L_A \colon \mathbb{K}^m \to \mathbb{K}^n$ e di conseguenza è un sottospazio vettoriale di dimensione uguale a $m - r$.

Supponiamo adesso di conoscere, per qualsivoglia ragione, un insieme di r colonne linearmente indipendenti; se la matrice A è a scala possiamo prendere, ad esempio, le colonne contenenti i perni. Con tale informazione a disposizione possiamo calcolare facilmente una base di $\operatorname{Ker} L_A = \{x \mid Ax = 0\}$.

Fissate r colonne $A^{i_1}, \ldots, A^{i_r}$ linearmente indipendenti della matrice A, siano $A^{d_1}, \ldots, A^{d_{m-r}}$ le colonne rimanenti. Ogni combinazione lineare delle colonne $A^{d_1}, \ldots, A^{d_{m-r}}$ appartiene all'immagine di L_A, che è un sottospazio vettoriale che ha come base $A^{i_1}, \ldots, A^{i_r}$. Quindi, per ogni $y \in \mathbb{K}^{m-r}$ vi è un unico vettore $x \in \mathbb{K}^r$ tale che

$$(A^{i_1}, \ldots, A^{i_r})x = -(A^{d_1}, \ldots, A^{d_{m-r}})y.$$

In questo modo, al variare di y, troviamo un isomorfismo lineare tra $\mathbb{K}^{m-r}$ e l'insieme delle soluzioni del sistema. Se facciamo variare y tra i vettori della base canonica di $\mathbb{K}^{m-r}$ troviamo una base dello spazio delle soluzioni. Vediamo alcuni esempi numerici:

Esempio 7.17 Calcoliamo una base dello spazio K delle soluzioni del sistema lineare omogeneo

$$\begin{cases} x + 2y - z + w = 0 \\ \qquad\;\; y + z - w = 0 \\ \qquad\qquad\;\; z + w = 0 \end{cases}$$

La matrice dei coefficienti

$$A = \begin{pmatrix} 1 & 2 & -1 & 1 \\ 0 & 1 & 1 & -1 \\ 0 & 0 & 1 & 1 \end{pmatrix}$$

è a scala con i perni nelle colonne 1,2 e 3, che quindi sono linearmente indipendenti. Dunque il sistema si risolve indicando w (colonna 4) come variabile indipendente e x, y, z come variabili dipendenti:

$$\begin{cases} x + 2y - z = -w \\ y + z = w \\ z = -w \end{cases}$$

che ha come soluzione $x = -6w$, $y = 2w$, $z = -w$ e $w = w$; dunque ogni vettore di K è un multiplo scalare di $(-6, 2, -1, 1)^T$.

Esercizi

7.18   Provare che ogni matrice simmetrica a scala è diagonale.

7.19   Sia $V \subseteq M_{3,5}(\mathbb{R})$ il più piccolo sottospazio vettoriale contenente tutte la matrici a scala. Calcolare la dimensione di V.

7.20   Sia $V \subseteq M_{5,6}(\mathbb{R})$ il più piccolo sottospazio vettoriale contenente tutte la matrici a scala di rango 3. Calcolare la dimensione di V.

7.21   Siano $p_1(x), \ldots, p_m(x) \in \mathbb{K}[x]$ polinomi tali che

$$\deg p_1(x) = 0, \qquad \deg p_i(x) \le \deg p_{i+1}(x) \le \deg p_i(x) + 1.$$

Sia $n > \deg p_m(x)$ e scriviamo $p_j(x) = \sum_{i=1}^{n} a_{ij} x^{i-1}$ per ogni j. Dire se la matrice $(a_{ij}) \in M_{n,m}(\mathbb{K})$ è a scala e, in caso di risposta affermativa, calcolarne il rango.

7.22   Per ogni $0 \le j \le h$, indichiamo con $V_j^h = \operatorname{Span}(e_1, \ldots, e_j) \subseteq \mathbb{K}^h$ il sottospazio generato dai primi j vettori della base canonica. Ad ogni applicazione lineare $f \colon \mathbb{K}^m \to \mathbb{K}^n$ associamo la successione di interi non negativi $\alpha(f)_0, \ldots, \alpha(f)_m$ definita come

$$\alpha(f)_i = \min\{j \mid f(V_i^m) \subseteq V_j^n\}, \qquad i = 0, \ldots, m.$$

Chiaramente $0 = \alpha(f)_0 \le \alpha(f)_1 \le \cdots \le \alpha(f)_m \le n$. Dimostrare che una matrice A è a scala se e solo se per ogni $i \ge 0$ si ha $\alpha(L_A)_{i+1} \le \alpha(L_A)_i + 1$. Dedurre che il prodotto di due matrici a scala è ancora una matrice a scala.

7.3　Operazioni sulle righe e riduzione a scala

Riprendiamo in maniera più precisa e rigorosa le osservazioni fatte nella Sezione 1.4.

Definizione 7.23　Per **operazione sulle righe** di una matrice si intende una successione finita delle seguenti operazioni elementari:

1. scambiare di posto due righe;
2. moltiplicare una riga per uno scalare invertibile;
3. sommare ad una riga un multiplo scalare di un'altra riga.

Adotteremo la seguente notazione per indicare le operazioni elementari:

1. $R_i \leftrightarrow R_j$ (scambiare di posto le righe i e j);
2. $a R_i$ (moltiplicare la riga i per uno scalare invertibile a);
3. $R_i + a R_j$ (sommare alla riga i la riga j moltiplicata per a, con $i \neq j$).

È utile osservare che tutte le operazioni elementari sulle righe sono reversibili; l'inversa di $R_i \leftrightarrow R_j$ è $R_j \leftrightarrow R_i$; l'inversa di $a R_i$ è $a^{-1} R_i$; l'inversa di $R_i + a R_j$ è $R_i - a R_j$. Notiamo anche che nella terza operazione elementare l'ordine è importante; ad esempio $R_1 + R_2 \neq R_2 + R_1$.

Esempio 7.24　Una operazione sulle righe di matrici reali, data da una successione di tre operazioni elementari è

$$\begin{pmatrix} 0 & 1 \\ 2 & 2 \end{pmatrix} \xrightarrow{R_1 \leftrightarrow R_2} \begin{pmatrix} 2 & 2 \\ 0 & 1 \end{pmatrix} \xrightarrow{R_1 - 2R_2} \begin{pmatrix} 2 & 0 \\ 0 & 1 \end{pmatrix} \xrightarrow{\frac{1}{2} R_1} \begin{pmatrix} 1 & 0 \\ 0 & 1 \end{pmatrix},$$

cha ha come operazione inversa

$$\begin{pmatrix} 0 & 1 \\ 2 & 2 \end{pmatrix} \xleftarrow{R_2 \leftrightarrow R_1} \begin{pmatrix} 2 & 2 \\ 0 & 1 \end{pmatrix} \xleftarrow{R_1 + 2R_2} \begin{pmatrix} 2 & 0 \\ 0 & 1 \end{pmatrix} \xleftarrow{2R_1} \begin{pmatrix} 1 & 0 \\ 0 & 1 \end{pmatrix}.$$

La reversibilità delle operazioni elementari implica che se B si ottiene da A tramite alcune operazioni elementari sulle righe allora, prendendo il percorso inverso, anche A si ottiene da B tramite operazioni elementari sulle righe; diremo in tal caso che A e B sono **equivalenti per righe**. Lo stesso ragionamento implica che se A e B sono equivalenti per righe e se B e C sono equivalenti per righe, allora anche A e C sono equivalenti per righe.

Lemma 7.25　*Siano $A, B \in M_{n,m}(\mathbb{K})$ due matrici equivalenti per righe, ossia ottenute l'una dall'altra mediante una successione finita di operazioni elementari sulle righe. Allora* $\operatorname{Ker} L_A = \operatorname{Ker} L_B$; *in particolare, A e B hanno lo stesso rango.*

Dimostrazione　Basta osservare che le operazioni elementari sulle righe di una matrice A lasciano invariate le soluzioni del sistema lineare omogeneo $Ax = 0$. □

Esempio 7.26 Ecco un esempio di operazione sulle righe formata dalla composizione di sette operazioni elementari su matrici reali:

$$\begin{pmatrix} 0 & 1 & 2 & 3 \\ 1 & 2 & 3 & 0 \\ 1 & 1 & 1 & 1 \end{pmatrix} \xrightarrow{R_1 \leftrightarrow R_2} \begin{pmatrix} 1 & 2 & 3 & 0 \\ 0 & 1 & 2 & 3 \\ 1 & 1 & 1 & 1 \end{pmatrix}$$ le prime due righe sono scambiate,

$$\begin{pmatrix} 1 & 2 & 3 & 0 \\ 0 & 1 & 2 & 3 \\ 1 & 1 & 1 & 1 \end{pmatrix} \xrightarrow{R_3 - R_1} \begin{pmatrix} 1 & 2 & 3 & 0 \\ 0 & 1 & 2 & 3 \\ 0 & -1 & -2 & 1 \end{pmatrix}$$ alla terza riga viene sottratta la prima,

$$\begin{pmatrix} 1 & 2 & 3 & 0 \\ 0 & 1 & 2 & 3 \\ 0 & -1 & -2 & 1 \end{pmatrix} \xrightarrow{R_3 + R_2} \begin{pmatrix} 1 & 2 & 3 & 0 \\ 0 & 1 & 2 & 3 \\ 0 & 0 & 0 & 4 \end{pmatrix}$$ alla terza riga viene sommata la seconda.

Con le prime tre operazioni elementari abbiamo ottenuto una matrice a scala; con le ultime quattro (descritte a coppie) aumentiamo il numero dei coefficienti uguali a zero:

$$\begin{pmatrix} 1 & 2 & 3 & 0 \\ 0 & 1 & 2 & 3 \\ 0 & 0 & 0 & 4 \end{pmatrix} \xrightarrow{R_1 - 2R_2,\ \frac{1}{4}R_3} \begin{pmatrix} 1 & 0 & -1 & -6 \\ 0 & 1 & 2 & 3 \\ 0 & 0 & 0 & 1 \end{pmatrix}$$ riga 1 meno il doppio della 2, riga 3 moltiplicata per $1/4$,

$$\begin{pmatrix} 1 & 0 & -1 & -6 \\ 0 & 1 & 2 & 3 \\ 0 & 0 & 0 & 1 \end{pmatrix} \xrightarrow{R_1 + 6R_3,\ R_2 - 3R_3} \begin{pmatrix} 1 & 0 & -1 & 0 \\ 0 & 1 & 2 & 0 \\ 0 & 0 & 0 & 1 \end{pmatrix}$$ righe 1 e 2 più multipli della terza.

Grazie ai Lemmi 7.15 e 7.25, per calcolare in maniera efficiente il rango di una matrice, la si può trasformare mediante operazioni sulle righe in una matrice a scala e contare il numero di righe non nulle. La garanzia che questa ricetta funziona sempre è data dal seguente teorema.

Teorema 7.27 (Eliminazione di Gauss) *Mediante una successione finita di operazioni elementari sulle righe è possibile trasformare qualsiasi matrice a coefficienti in un campo in una matrice a scala.*

Daremo la dimostrazione formale dell'eliminazione di Gauss più avanti, assieme alla dimostrazione del Teorema 7.58, e per il momento ci limiteremo ad una 'persuasione per esempi', ossia mostreremo l'algoritmo in alcuni esempi numerici, in quantità più che sufficiente per illustrare completamente il procedimento e convincere il lettore della correttezza del teorema.

Esempio 7.28　Effettuiamo la riduzione a scala della matrice 'tastierino'

$$\begin{pmatrix} 1 & 2 & 3 \\ 4 & 5 & 6 \\ 7 & 8 & 9 \end{pmatrix}.$$

Per prima cosa annulliamo i coefficienti della prima colonna sotto al primo, sottraendo alla seconda riga 4 volte la prima ed alla terza riga 7 volte la prima

$$\begin{pmatrix} 1 & 2 & 3 \\ 4 & 5 & 6 \\ 7 & 8 & 9 \end{pmatrix} \xrightarrow{\substack{R_2-4R_1 \\ R_3-7R_1}} \begin{pmatrix} 1 & 2 & 3 \\ 0 & -3 & -6 \\ 0 & -6 & -12 \end{pmatrix}.$$

Dato che per i fissato le operazioni $R_j + a_j R_i$, con $j \neq i$, commutano tra loro, l'ordine con cui vengono svolte le suddette operazioni è del tutto irrilevante.

Adesso che la prima colonna è sistemata anche la prima riga è a posto e non è più necessario coinvolgerla nelle successive operazioni elementari. Per annullare il terzo coefficiente della seconda colonna sottraiamo alla terza riga il doppio della seconda

$$\begin{pmatrix} 1 & 2 & 3 \\ 0 & -3 & -6 \\ 0 & -6 & -12 \end{pmatrix} \xrightarrow{R_3-2R_2} \begin{pmatrix} 1 & 2 & 3 \\ 0 & -3 & -6 \\ 0 & 0 & 0 \end{pmatrix}.$$

Esempio 7.29　Effettuiamo la riduzione a scala della matrice

$$\begin{pmatrix} 0 & 1 & 0 \\ 2 & 1 & 1 \\ 1 & 0 & 3 \end{pmatrix} \in M_{3,3}(\mathbb{R}).$$

Siccome la prima colonna non è nulla, per trasformare la matrice a forma di scala occorre far comparire un perno nel primo coefficiente; questo può essere fatto ad esempio scambiando la prima riga con la terza.

$$\begin{pmatrix} 0 & 1 & 0 \\ 2 & 1 & 1 \\ 1 & 0 & 3 \end{pmatrix} \xrightarrow{R_1 \leftrightarrow R_3} \begin{pmatrix} 1 & 0 & 3 \\ 2 & 1 & 1 \\ 0 & 1 & 0 \end{pmatrix}.$$

Come nell'esempio precedente annulliamo i coefficienti della prima colonna sotto al primo

$$\begin{pmatrix} 1 & 0 & 3 \\ 2 & 1 & 1 \\ 0 & 1 & 0 \end{pmatrix} \xrightarrow{R_2-2R_1} \begin{pmatrix} 1 & 0 & 3 \\ 0 & 1 & -5 \\ 0 & 1 & 0 \end{pmatrix}.$$

Adesso che la prima colonna è sistemata occupiamoci della sottomatrice ottenuta togliendo la prima riga e la prima colonna.

$$\begin{pmatrix} 1 & 0 & 3 \\ 0 & 1 & -5 \\ 0 & 1 & 0 \end{pmatrix} \xrightarrow{R_3-R_2} \begin{pmatrix} 1 & 0 & 3 \\ 0 & 1 & -5 \\ 0 & 0 & 5 \end{pmatrix}.$$

Siamo arrivati ad una matrice a scala, che può essere semplificata ulteriormente mediante operazioni elementari sulle righe

$$\begin{pmatrix} 1 & 0 & 3 \\ 0 & 1 & -5 \\ 0 & 0 & 5 \end{pmatrix} \xrightarrow{\frac{1}{5}R_3} \begin{pmatrix} 1 & 0 & 3 \\ 0 & 1 & -5 \\ 0 & 0 & 1 \end{pmatrix} \xrightarrow[R_2+5R_3]{R_1-3R_3,} \begin{pmatrix} 1 & 0 & 0 \\ 0 & 1 & 0 \\ 0 & 0 & 1 \end{pmatrix}.$$

Esempio 7.30 Abbiamo osservato che il rango di una matrice A si può calcolare mediante eliminazione di Gauss, ossia trasformando, mediante operazioni sulle righe, la matrice A in una matrice a scala B: il numero di perni di B è allora uguale al rango di A.

Applichiamo questa ricetta par calcolare il rango della matrice

$$\begin{pmatrix} 0 & 1 & 0 & 3 & 1 \\ 1 & 2 & 1 & 0 & 1 \\ 1 & 2 & 1 & 1 & 0 \\ 2 & 5 & 2 & 4 & 2 \end{pmatrix}.$$

Nell'operazione sulle righe

$$\begin{pmatrix} 0 & 1 & 0 & 3 & 1 \\ 1 & 2 & 1 & 0 & 1 \\ 1 & 2 & 1 & 1 & 0 \\ 2 & 5 & 2 & 4 & 2 \end{pmatrix} \xrightarrow{R_1 \leftrightarrow R_2} \begin{pmatrix} 1 & 2 & 1 & 0 & 1 \\ 0 & 1 & 0 & 3 & 1 \\ 1 & 2 & 1 & 1 & 0 \\ 2 & 5 & 2 & 4 & 2 \end{pmatrix} \xrightarrow[R_4-2R_1]{R_3-R_1} \begin{pmatrix} 1 & 2 & 1 & 0 & 1 \\ 0 & 1 & 0 & 3 & 1 \\ 0 & 0 & 0 & 1 & -1 \\ 0 & 1 & 0 & 4 & 0 \end{pmatrix}$$

$$\xrightarrow{R_4-R_2} \begin{pmatrix} 1 & 2 & 1 & 0 & 1 \\ 0 & 1 & 0 & 3 & 1 \\ 0 & 0 & 0 & 1 & -1 \\ 0 & 0 & 0 & 1 & -1 \end{pmatrix} \xrightarrow{R_4-R_3} \begin{pmatrix} \mathbf{1} & 2 & 1 & 0 & 1 \\ 0 & \mathbf{1} & 0 & 3 & 1 \\ 0 & 0 & 0 & \mathbf{1} & -1 \\ 0 & 0 & 0 & 0 & 0 \end{pmatrix}$$

l'ultima matrice è a scala con tre perni (in grassetto) e dunque il suo rango è 3.

I precedenti esempi illustrano chiaramente l'algoritmo, che può essere riassunto nel modo seguente. Data $A \in M_{n,m}(\mathbb{K})$, se la prima colonna di A è nulla, ossia se $A = (0, B)$ con $B \in M_{n,m-1}(\mathbb{K})$, allora per ridurre A a scala è sufficiente fare lo stesso con B. Se la prima colonna di $A = (a_{ij})$ non è nulla, allora a meno di uno scambio di righe del tipo $R_1 \leftrightarrow R_i$ possiamo supporre $a_{11} \neq 0$; adesso applicando le operazioni elementari $R_i - \frac{a_{1i}}{a_{11}} R_1$, $i = 2, \ldots, n$, si ottiene una matrice del tipo $\begin{pmatrix} a_{11} & * \\ 0 & B \end{pmatrix}$, con $B \in M_{n-1,m-1}(\mathbb{K})$. Come prima, per ridurre A a scala è sufficiente fare lo stesso con B.

Osservazione 7.31 La riduzione a scala di una matrice non è unica, tuttavia le colonne contenenti i perni non dipendono dal procedimento eseguito, purché corretto. Infatti se A è la riduzione a scala di una matrice B e indichiamo con $A(i)$ e $B(i)$ le sottomatrici formate dalla prime i colonne di A e B rispettivamente, allora $B(i)$ è una riduzione a scala di $A(i)$ e quindi ha lo stesso rango. Per il Lemma 7.16, la i-esima colonna di B contiene un perno se e solo se il rango di $A(i)$ è strettamente maggiore di quello di $A(i - 1)$.

Esempio 7.32 È possibile trovare una base dello spazio delle soluzioni di un sistema lineare omogeneo usando interamente il procedimento di riduzione a scala. Sia infatti $A \in M_{n,m}(\mathbb{K})$ la matrice dei coefficienti di un sistema lineare omogeneo, allora l'equazione $Ax = 0$ è del tutto equivalente a $x^T A^T = 0$. Consideriamo la matrice a blocchi

$$B = (A^T, I) \in M_{m,n+m}(\mathbb{K})$$

che ha rango esattamente m dato che ha m righe e le ultime m colonne sono linearmente indipendenti. Effettuiamo adesso delle operazioni sulle righe di B fin tanto che la sottomatrice formata dalle sue prime n colonne non diventi a scala. Se $r = \operatorname{rg} A = \operatorname{rg}(A^T)$, allora la matrice risultante avrà la forma

$$\begin{pmatrix} S & R \\ 0 & Q \end{pmatrix}, \quad \text{con} \quad S \in M_{r,n}(\mathbb{K}), \ R \in M_{r,m}(\mathbb{K}), \ Q \in M_{m-r,m}(\mathbb{K})$$

con la matrice S a scala e con tutte le righe diverse da 0. Dimostriamo adesso che:

le colonne di Q^T sono una base di $\operatorname{Ker} L_A = \{x \mid Ax = 0\}$.

Il loro numero $m - r$ coincide con la dimensione del nucleo, inoltre B ha rango m e quindi gli $m - r$ vettori riga di Q devono essere linearmente indipendenti. Rimane da dimostrare che se $q \in \mathbb{K}^{(m)}$ è una riga di Q allora $q A^T = 0$: a tal fine basta provare $Q A^T = 0$, ossia che per ogni $x \in \mathbb{K}^n$ vale $Q A^T x = 0$. Sia dunque $x \in \mathbb{K}^n$ un qualsiasi vettore, allora

$$(A^T, I) \begin{pmatrix} -x \\ A^T x \end{pmatrix} = 0$$

e quindi vale anche

$$0 = \begin{pmatrix} S & R \\ 0 & Q \end{pmatrix} \begin{pmatrix} -x \\ A^T x \end{pmatrix} = \begin{pmatrix} -Sx + R A^T x \\ Q A^T x \end{pmatrix}$$

da cui le uguaglianze $Sx = R A^T x$ e $Q A^T x = 0$.

Esempio 7.33 Usiamo il procedimento descritto nell'Esempio 7.32 per calcolare una base dello spazio delle soluzioni del sistema lineare omogeneo

$$\begin{cases} x + 2y - z + w = 0 \\ x + y + z - 2w = 0 \end{cases} \Leftrightarrow (x, y, z, w) \begin{pmatrix} 1 & 1 \\ 2 & 1 \\ -1 & 1 \\ 1 & -2 \end{pmatrix} = (0, 0).$$

Dalla riduzione a scala sulle prime due colonne

$$\left(\begin{array}{cc|cccc} 1 & 1 & 1 & 0 & 0 & 0 \\ 2 & 1 & 0 & 1 & 0 & 0 \\ -1 & 1 & 0 & 0 & 1 & 0 \\ 1 & -2 & 0 & 0 & 0 & 1 \end{array}\right) \xrightarrow[\substack{R_3+R_1 \\ R_4-R_1}]{R_2-2R_1} \left(\begin{array}{cc|cccc} 1 & 1 & 1 & 0 & 0 & 0 \\ 0 & -1 & -2 & 1 & 0 & 0 \\ 0 & 2 & 1 & 0 & 1 & 0 \\ 0 & -3 & -1 & 0 & 0 & 1 \end{array}\right)$$

$$\xrightarrow[R_4-3R_2]{R_3+2R_2} \left(\begin{array}{cc|cccc} 1 & 1 & 1 & 0 & 0 & 0 \\ 0 & -1 & -2 & 1 & 0 & 0 \\ 0 & 0 & -3 & 2 & 1 & 0 \\ 0 & 0 & 5 & -3 & 0 & 1 \end{array}\right)$$

ricaviamo che le colonne della matrice

$$\begin{pmatrix} -3 & 2 & 1 & 0 \\ 5 & -3 & 0 & 1 \end{pmatrix}^T$$

sono una base delle soluzioni del sistema.

Esercizi

7.34 Usare la riduzione a scala per calcolare il rango delle matrici reali:

$$\begin{pmatrix} 0 & 1 & 0 & 0 & 1 \\ 1 & 0 & 1 & 0 & 0 \\ 0 & 1 & 1 & 1 & 2 \\ 2 & 0 & 2 & -1 & 2 \end{pmatrix}, \quad \begin{pmatrix} 1 & 1 & 1 & 1 & 1 \\ 1 & 1 & 1 & 1 & 0 \\ 1 & 1 & 1 & 0 & 0 \\ 1 & 1 & 0 & 0 & 0 \\ 1 & 0 & 0 & 0 & 0 \end{pmatrix}, \quad \begin{pmatrix} 1 & 2 & 3 & 4 & 5 \\ 6 & 7 & 8 & 9 & 10 \\ 11 & 12 & 13 & 14 & 15 \\ 16 & 17 & 18 & 19 & 20 \end{pmatrix}.$$

7.35 Dimostrare che il polinomio $x^2 + x + 1$ divide il polinomio $ax^4 + bx^3 + cx^2 + dx + e$ se e solo se la matrice

$$\begin{pmatrix} 1 & 1 & 1 & 0 & 0 \\ 0 & 1 & 1 & 1 & 0 \\ 0 & 0 & 1 & 1 & 1 \\ a & b & c & d & e \end{pmatrix}$$

ha rango 3.

7.36 Calcolare, in funzione di $a, b, c, d \in \mathbb{R}$, il rango della matrice reale

$$
\begin{pmatrix}
1 & a & 0 & 0 \\
-b & 1 & b & 0 \\
0 & -c & 1 & c \\
0 & -d & 1 & d
\end{pmatrix}.
$$

7.37 Sia $A \in M_{n,m}(\mathbb{K})$. Descrivere esplicitamente le matrici $U \in M_{n,n}(\mathbb{K})$ tali che il prodotto UA sia la matrice ottenuta da A mediante un'operazione elementare sulle righe come nella Definizione 7.23.

7.38 Siano $A \in M_{n,n}(\mathbb{K})$ una matrice simmetrica e i, j due indici distinti compresi tra 1 ed n. Si agisca su A effettuando nell'ordine le seguenti operazioni:

1. scambiare la riga i con la riga j;
2. sulla matrice ottenuta dopo la prima operazione, scambiare la colonna i con la colonna j.

Provare che la matrice ottenuta è ancora simmetrica. Vale lo stesso per le matrici antisimmetriche?

7.39 Siano $A \in M_{n,n}(\mathbb{K})$ una matrice simmetrica, i, j due indici, non necessariamente distinti, compresi tra 1 ed n e $s \in \mathbb{K}$. Si agisca su A effettuando nell'ordine le seguenti operazioni:

1. aggiungere alla riga i la riga j moltiplicata per s;
2. sulla matrice ottenuta dopo la prima operazione, aggiungere alla colonna i la colonna j moltiplicata per s.

Provare che la matrice ottenuta è ancora simmetrica. Vale lo stesso per le matrici antisimmetriche?

7.40 ($\heartsuit$) Sia $S \in M_{n,m}(\mathbb{K})$ la matrice a blocchi

$$
S = \begin{pmatrix} A & B \\ C & D \end{pmatrix}, \qquad
\begin{matrix}
A \in M_{r,r}(\mathbb{K}), & B \in M_{r,m-r}(\mathbb{K}), \\
C \in M_{n-r,r}(\mathbb{K}), & D \in M_{n-r,m-r}(\mathbb{K}),
\end{matrix}
$$

e si assuma il minore A invertibile. Dimostrare che il rango di S è uguale ad r se e solo se $D = CA^{-1}B$.

7.4 Il teorema di Rouché–Capelli

Se vogliamo studiare la compatibilità di un sistema lineare di n equazioni in m incognite

$$\begin{cases} a_{11}x_1 + a_{12}x_2 + \cdots + a_{1m}x_m = b_1 \\ \qquad\qquad\qquad\vdots \\ a_{n1}x_1 + a_{n2}x_2 + \cdots + a_{nm}x_m = b_n \end{cases}$$

senza dover essere necessariamente interessati al calcolo delle soluzioni, allora assieme alla matrice dei coefficienti

$$A = \begin{pmatrix} a_{11} & \cdots & a_{1m} \\ \vdots & \ddots & \vdots \\ a_{n1} & \cdots & a_{nm} \end{pmatrix} \in M_{n,m}(\mathbb{K})$$

possiamo considerare la **matrice completa**

$$C = \begin{pmatrix} a_{11} & \cdots & a_{1m} & b_1 \\ \vdots & \ddots & \vdots & \vdots \\ a_{n1} & \cdots & a_{nm} & b_n \end{pmatrix} \in M_{n,m+1}(\mathbb{K}).$$

Notiamo che, siccome C è ottenuta da A aggiungendo una colonna, si hanno le disuguaglianze $\mathrm{rg}(A) \leq \mathrm{rg}(C) \leq \mathrm{rg}(A) + 1$. Inoltre, se B è una riduzione a scala della matrice completa allora, automaticamente, le prime m colonne di B formano una riduzione a scala della matrice dei coefficienti.

Teorema 7.41 (Rouché–Capelli) *Un sistema lineare:*

1. *ammette soluzioni se e soltanto se la matrice completa e la matrice dei coefficienti hanno lo stesso rango;*
2. *ammette soluzione unica se e soltanto se la matrice completa e la matrice dei coefficienti hanno rango uguale al numero di incognite.*

Dimostrazione Nelle notazioni precedenti, il sistema ammette soluzione se e soltanto se l'ultimo vettore colonna di C appartiene al sottospazio vettoriale generato dai vettori colonna di A e quindi se e soltanto se l'immagine di L_C è uguale all'immagine di L_A. Dato che l'immagine di L_C contiene sempre l'immagine di L_A, tali immagini coincidono se e solo se sono sottospazi vettoriali della stessa dimensione. La soluzione è unica se e solo se l'applicazione L_A è iniettiva, ossia se e solo se L_A ha rango m. $\square$

L'Osservazione 7.31 ed il teorema di Rouché–Capelli forniscono un metodo pratico per decidere se un sistema lineare è compatibile: basta applicare la riduzione a scala alla matrice completa e guardare se l'ultima colonna, quella dei termini noti, contiene un perno (nessuna soluzione) oppure se non contiene perni (sistema con soluzioni).

Esempio 7.42 La matrice completa del sistema lineare

$$\begin{cases} x + y + z = 1 \\ x - y + 3z = 1 \\ x + 3y - z = 2 \end{cases}$$

è uguale a

$$\begin{pmatrix} 1 & 1 & 1 & 1 \\ 1 & -1 & 3 & 1 \\ 1 & 3 & -1 & 2 \end{pmatrix}$$

e la riduzione a scala ci dà

$$\xrightarrow{R_2-R_1,R_3-R_1} \begin{pmatrix} 1 & 1 & 1 & 1 \\ 0 & -2 & 2 & 0 \\ 0 & 2 & -2 & 1 \end{pmatrix} \xrightarrow{R_3+R_2} \begin{pmatrix} 1 & 1 & 1 & 1 \\ 0 & -2 & 2 & 0 \\ 0 & 0 & 0 & 1 \end{pmatrix}.$$

La colonna dei termini noti contiene un perno e quindi il sistema non ammette soluzioni.

Esempio 7.43 La matrice completa del sistema lineare a coefficienti reali

$$\begin{cases} x + y + z = 1 \\ x - y + 3z = 1 \\ x + y - z = 2 \end{cases}$$

è uguale a

$$\begin{pmatrix} 1 & 1 & 1 & 1 \\ 1 & -1 & 3 & 1 \\ 1 & 1 & -1 & 2 \end{pmatrix}$$

e la riduzione a scala ci dà

$$\xrightarrow{R_2-R_1,R_3-R_1} \begin{pmatrix} 1 & 1 & 1 & 1 \\ 0 & -2 & 2 & 0 \\ 0 & 0 & -2 & 1 \end{pmatrix}.$$

L'ultima colonna non contiene perni e quindi il sistema ammette soluzioni.

Esempio 7.44 Calcoliamo per quali valori del parametro k il sistema lineare

$$\begin{cases} x + y + z = 1 \\ ky + z = 1 \\ (k-1)z = -1 \end{cases}$$

possiede soluzioni. La matrice completa è

$$\begin{pmatrix} 1 & 1 & 1 & 1 \\ 0 & k & 1 & 1 \\ 0 & 0 & (k-1) & -1 \end{pmatrix}$$

che per $k \neq 0, 1$ è a scala senza perni nell'ultima colonna. Quindi per $k \neq 0, 1$ il sistema ammette soluzione unica. Per $k = 1$ la matrice completa è ancora a scala con un perno nell'ultima colonna, e dunque il sistema non ammette soluzioni.

Per $k = 0$ la terza e quarta colonna della matrice completa sono identiche e per Rouché–Capelli il sistema possiede soluzioni.

Esempio 7.45 Vogliamo determinare per quali valori del parametro reale k il sistema lineare

$$\begin{cases} x + y + kz = 1 \\ 2x - y + 3z = k \\ x + 3y - z = 2 \end{cases}$$

possiede soluzioni reali. Eseguiamo il procedimento di riduzione a scala della matrice completa

$$\begin{pmatrix} 1 & 1 & k & 1 \\ 2 & -1 & 3 & k \\ 1 & 3 & -1 & 2 \end{pmatrix} \xrightarrow[R_3 - R_1]{R_2 - 2R_1} \begin{pmatrix} 1 & 1 & k & 1 \\ 0 & -3 & 3 - 2k & k - 2 \\ 0 & 2 & -1 - k & 1 \end{pmatrix}$$

$$\xrightarrow{R_3 + \frac{2}{3}R_2} \begin{pmatrix} 1 & 1 & k & 1 \\ 0 & -3 & 3 - 2k & k - 2 \\ 0 & 0 & \frac{3 - 7k}{3} & \frac{2k - 1}{3} \end{pmatrix}$$

e quindi per $k \neq 3/7$ l'ultima colonna non contiene perni ed il sistema ammette soluzione unica. Per $k = 3/7$ la precedente matrice assume la forma

$$\begin{pmatrix} 1 & * & * & * \\ 0 & -3 & * & * \\ 0 & 0 & 0 & \frac{-1}{21} \end{pmatrix}$$

e quindi il sistema è inconsistente.

Un'altra interessante conseguenza del teorema di Rouché–Capelli è che la (in)compatibilità di un sistema lineare è invariante per estensione degli scalari.

Corollario 7.46 *Siano* $\mathbb{K}$ *un campo,* $F \subseteq \mathbb{K}$ *un sottocampo e*

$$
\begin{cases}
a_{11}x_1 + a_{12}x_2 + \cdots + a_{1m}x_m = b_1 \\
\qquad\qquad\qquad\vdots \\
a_{n1}x_1 + a_{n2}x_2 + \cdots + a_{nm}x_m = b_n
\end{cases}
$$

un sistema lineare a coefficienti in F*. Se il sistema possiede soluzioni in* $\mathbb{K}$*, allora possiede soluzioni anche in* F*.*

Dimostrazione Se il sistema possiede soluzioni in $\mathbb{K}$, allora le matrici dei coefficienti e completa hanno lo stesso rango in $\mathbb{K}$. Abbiamo però dimostrato che il rango di una matrice è invariante per estensione degli scalari e quindi le matrici dei coefficienti e completa hanno lo stesso rango anche in F. $\square$

Un sottospazio vettoriale di $\mathbb{K}^n$ può essere descritto in svariati modi, ciascuno dei quali può essere più o meno vantaggioso a seconda dei casi. Tra le descrizioni possibili è doveroso citare quella **parametrica** e quella **cartesiana**. In astratto, dare la descrizione parametrica di un sottospazio $V \subseteq \mathbb{K}^n$ significa dare una base di V, mentre dare la descrizione cartesiana significa dare un insieme di $s = n - \dim V$ iperpiani $H_1, \ldots, H_s \subseteq \mathbb{K}^n$ tali che $V = H_1 \cap \cdots \cap H_s$.

Più concretamente, se V ha dimensione k, dare le equazioni parametriche di V significa trovare una matrice $A = (a_{ij}) \in M_{n,k}(\mathbb{K})$ tale che ogni $x \in V$ si scrive in modo unico come

$$
x = A \begin{pmatrix} t_1 \\ \vdots \\ t_k \end{pmatrix} = \begin{pmatrix} a_{11}t_1 + a_{12}t_2 + \cdots + a_{1k}t_k \\ \vdots \\ a_{n1}t_1 + a_{n2}t_2 + \cdots + a_{nk}t_k \end{pmatrix}
$$

al variare di $t_1, \ldots, t_k \in \mathbb{K}$. Ciò equivale a dire che le colonne di A sono una base di V; in tal caso V coincide con l'immagine di $L_A \colon \mathbb{K}^k \to \mathbb{K}^n$.

Viceversa, dare le equazioni cartesiane significa dare una matrice $C = (c_{ij}) \in M_{n-k,n}(\mathbb{K})$ tale che V è l'insieme dei vettori $x \in \mathbb{K}^n$ che soddisfano il sistema lineare omogeneo $Cx = 0$.

Per passare dalla descrizione cartesiana a quella parametrica basta quindi risolvere un sistema lineare omogeneo con uno dei metodi descritti precedentemente e trovare una base dello spazio delle soluzioni.

Esempio 7.47 Troviamo l'equazione parametrica del sottospazio $W \subseteq \mathbb{K}^4$ di equazioni

$$
x_1 + x_2 + x_3 + x_4 = x_1 - x_2 - x_3 + x_4 = 0.
$$

Applicando il metodo di sostituzione troviamo

$$\begin{cases} x_1 + x_2 + x_3 + x_4 = 0 \\ x_1 - x_2 - x_3 + x_4 = 0 \end{cases} \Rightarrow \begin{cases} x_4 = -x_1 - x_2 - x_3 \\ x_1 - x_2 - x_3 + (-x_1 - x_2 - x_3) = 0 \end{cases}$$

$$\Rightarrow \begin{cases} x_4 = -x_1 - x_2 - x_3 \\ x_2 = -x_3 \end{cases} \Rightarrow \begin{cases} x_4 = -x_1 \\ x_2 = -x_3 \end{cases}$$

e quindi possiamo prendere $x_1 = t_1$ e $x_3 = t_2$ come variabili indipendenti. Di conseguenza $x_2 = -x_3 = -t_2$, $x_4 = -x_1 = -t_1$, ossia

$$W = \left\{ \left. \begin{pmatrix} t_1 \\ -t_2 \\ t_2 \\ -t_1 \end{pmatrix} \right| t_1, t_2 \in \mathbb{K} \right\}.$$

Grazie al teorema di Rouché–Capelli è altrettanto facile passare dalla descrizione parametrica a quella cartesiana. Sia infatti

$$v_1 = \begin{pmatrix} v_{11} \\ \vdots \\ v_{n1} \end{pmatrix}, \ldots, v_k = \begin{pmatrix} v_{1k} \\ \vdots \\ v_{nk} \end{pmatrix}$$

una base di un sottospazio $V \subseteq \mathbb{K}^n$; allora un vettore $x = (x_1, \ldots, x_n)^T$ appartiene a V se e solo se il sistema lineare

$$\begin{cases} v_{11}t_1 + v_{12}t_2 + \cdots + v_{1k}t_k = x_1 \\ \qquad\qquad\qquad\qquad \vdots \\ v_{n1}t_1 + v_{n2}t_2 + \cdots + v_{nk}t_k = x_n \end{cases}$$

possiede soluzioni. Interpretiamo tale sistema come dipendente dai parametri $x_1, \ldots, x_n$ ed eseguiamo delle operazioni elementari sulle righe della matrice completa

$$\begin{pmatrix} v_{11} & \cdots & v_{1k} & x_1 \\ \vdots & \ddots & \vdots & \vdots \\ v_{n1} & \cdots & v_{nk} & x_n \end{pmatrix}$$

in modo tale che, alla fine, la sottomatrice delle prime k colonne risulti a scala. Così facendo si ottiene una matrice in cui i primi k coefficienti delle ultime $n - k$ righe si annullano, poiché la matrice dei coefficienti ha rango esattamente k. Quindi, guardando agli ultimi $n - k$ coefficienti dell'ultima colonna si trovano esattamente $n - k$ combinazioni lineari nelle $x_1, \ldots, x_n$ che devono essere annullate affinché la matrice completa abbia rango k

Esempio 7.48 Troviamo l'equazione cartesiana del sottospazio di $\mathbb{K}^4$ generato dai vettori $v_1 = (1, 1, 1, 1)^T$ e $v_2 = (0, 1, 2, 3)^T$. A tal fine dobbiamo fare la riduzione a scala delle prime due colonne della matrice (v_1, v_2, x) (per convenienza grafica omettiamo le parentesi tonde e disegniamo la linea separatrice tra la seconda e terza colonna):

$$
\left.\begin{array}{cc|c}
1 & 0 & x_1 \\
1 & 1 & x_2 \\
1 & 2 & x_3 \\
1 & 3 & x_4
\end{array}\right.
\xrightarrow[\substack{R_3-R_1 \\ R_4-R_1}]{R_2-R_1}
\left.\begin{array}{cc|c}
1 & 0 & x_1 \\
0 & 1 & x_2 - x_1 \\
0 & 2 & x_3 - x_1 \\
0 & 3 & x_4 - x_1
\end{array}\right.
\xrightarrow[R_4-3R_2]{R_3-2R_2}
\left.\begin{array}{cc|c}
1 & 0 & x_1 \\
0 & 1 & x_2 - x_1 \\
0 & 0 & x_3 - 2x_2 + x_1 \\
0 & 0 & x_4 - 3x_2 + 2x_1
\end{array}\right.
$$

Tale matrice non ha perni nella terza colonna se e solo se

$$x_3 - 2x_2 + x_1 = x_4 - 3x_2 + 2x_1 = 0,$$

e tali sono dunque le equazioni cartesiane di V.

Esercizi

7.49 Usando la riduzione a scala ed il teorema di Rouché–Capelli, determinare in funzione del parametro $a \in \mathbb{Q}$ quando il sistema lineare

$$\begin{cases} 2x + 2y + z = 1 \\ 6x - 2y - 2z = 2 \\ 4x + y + az = 3 \end{cases}$$

possiede soluzioni razionali e quando sono uniche.

7.50 Determinare, al variare dei parametri reali a e b, quando i sistemi lineari

$$\begin{cases} x - 2y + 3z = 4 \\ 2x - 3y + az = 5 \\ 3x - 4y + 5z = b \end{cases} \qquad \begin{cases} x + y + az = 1 \\ x + z = 0 \\ x + y + a^3z = 3 \\ x + y + z = b \end{cases}$$

$$\begin{cases} (1 + a)x + 2y + 2z = 1 \\ 2x + (1 + a)y + 2z = 1 \\ (1 - a)x - y + z = b \end{cases} \qquad \begin{cases} (1 + a)x + 2y + 2z = 1 \\ 2x + (1 + a)y + 2z = b \\ x - y + az = a + 1 \end{cases}$$

possiedono soluzioni reali e quando sono uniche.

7.51 (♡) Provare che esistono numeri complessi $z_1, \ldots, z_4$ tali che

$$z_1^2 z_3 = 1, \quad z_4^2 z_2 = -1, \quad z_3^2 z_4 = i, \quad z_2^2 z_1 = -i, \quad z_1 z_4 + z_2 z_3 = 0.$$

7.52 Determinare le equazioni parametriche dei seguenti sottospazi di $\mathbb{R}^4$:

1. $x_1 + x_2 - x_4 = x_1 - x_2 - x_3 = 0$;
2. $x_1 + x_2 - 3x_3 = 0$;
3. $x_1 - x_4 = x_1 - x_2 = x_2 + x_3 + 2x_4 = 0$.

7.53 Determinare le equazioni cartesiane dei seguenti sottospazi di $\mathbb{R}^4$:

$$\left\{ \begin{pmatrix} t \\ t \\ t \\ t \end{pmatrix} \;\middle|\; t \in \mathbb{R} \right\}, \qquad \left\{ \begin{pmatrix} t_1 + t_2 + t_3 \\ t_2 - t_3 \\ t_1 - t_2 \\ t_1 + t_3 \end{pmatrix} \;\middle|\; t_1, t_2, t_3 \in \mathbb{R} \right\}.$$

7.54 In un campo di caratteristica $\neq 2, 3$, studiare in funzione del parametro t esistenza ed unicità delle soluzioni del sistema lineare

$$\begin{cases} tx + y + z = 1 \\ x + ty + z = t \\ x + y + tz = t^2 \end{cases}$$

7.55 (☕) Sia $C \in M_{n,n}(\mathbb{R})$. Dimostrare che:

1. è possibile scrivere, in maniera non unica, $C = \sum_{i=1}^{r} a_i C_i$, con $a_i \in \mathbb{R}$ e $C_i \in M_{n,n}(\mathbb{Q})$;
2. nella situazione del punto precedente, se r è il minimo possibile, allora le matrici C_i sono linearmente indipendenti in $M_{n,n}(\mathbb{Q})$ ed i numeri reali a_i sono linearmente indipendenti su $\mathbb{Q}$;
3. sia $A \in M_{n,n}(\mathbb{Q})$ tale che $AC = CA$ e indichiamo con s la dimensione, come spazio vettoriale su $\mathbb{Q}$, di $\{B \in M_{n,n}(\mathbb{Q}) \mid AB = BA\}$. Allora esistono al più s coefficienti di C linearmente indipendenti su $\mathbb{Q}$.

7.5 Riduzione di Gauss–Jordan e calcolo della matrice inversa

Le tecniche usate nel procedimento di riduzione a scala risultano utili non solo per il calcolo del rango ma anche per il calcolo dell'inversa di una matrice quadrata di rango massimo.

Definizione 7.56 Una matrice si dice **a scala ridotta** se è a scala, i suoi perni sono tutti uguali a 1, ed ogni colonna contenente un perno ha tutti gli altri coefficienti uguali a 0.

Ad esempio, le tre matrici a coefficienti reali

$$
\begin{pmatrix} 1 & 0 & 1 & 0 & 1 \\ 0 & 1 & 3 & 0 & 1 \\ 0 & 0 & 0 & 1 & -1 \\ 0 & 0 & 0 & 0 & 0 \end{pmatrix}, \quad
\begin{pmatrix} 1 & 2 & 1 & 0 & 1 \\ 0 & 1 & 0 & 3 & 1 \\ 0 & 0 & 0 & 1 & -1 \\ 0 & 0 & 0 & 0 & 0 \end{pmatrix}, \quad
\begin{pmatrix} -1 & 0 & 1 & 0 & 1 \\ 0 & 1 & 0 & 0 & 1 \\ 0 & 0 & 0 & 2 & -1 \\ 0 & 0 & 0 & 0 & 0 \end{pmatrix},
$$

sono tutte a scala, ma solo la prima è a scala ridotta.

Lemma 7.57 *Ogni matrice a scala ridotta è univocamente determinata dal numero di righe, dal numero di colonne e dalle soluzioni del sistema lineare omogeneo associato. In altri termini, se $A, B \in M_{n,m}(\mathbb{K})$ sono matrici a scala ridotta e $\operatorname{Ker} L_A = \operatorname{Ker} L_B$, allora $A = B$.*

Dimostrazione Basta dimostrare che i coefficienti di una matrice a scala ridotta $A \in M_{n,m}(\mathbb{K})$ sono univocamente determinati da $\operatorname{Ker} L_A$; come al solito, denotiamo con $A^1, \ldots, A^m$ le colonne di A e con a_{ij} i suoi coefficienti.

Abbiamo già osservato nel Lemma 7.16 che le colonne che contengono i perni sono univocamente determinate da $\operatorname{Ker} L_A$. Siano $j_1 < j_2 < \cdots < j_r$ gli indici delle colonne che contengono i perni; per definizione di matrice a scala ridotta, le colonne $A^{j_1}, \ldots, A^{j_r}$ sono i primi r vettori della base canonica, ossia $L_A(e_{j_i}) = e_i$ per ogni $i = 1, \ldots, r$.

Sia adesso A^h una colonna senza perno, ossia con $h \neq j_i$ per ogni i, e sia $d \geq 0$ il massimo intero tale che $j_d < h$ (si pone $d = 0$ se $h < j_1$). Dal fatto che A è a scala segue che $a_{ih} = 0$ per ogni $i > d$. Per mostrare che i coefficienti a_{ih}, $i = 1, \ldots, d$, dipendono solo da $\operatorname{Ker} L_A$ basta osservare che per ogni $t_1, \ldots, t_d \in \mathbb{K}$ si ha

$$
L_A\left(e_h - \sum_{i=1}^d t_i e_{j_i} \right) = \sum_{i=1}^n a_{ih} e_i - \sum_{i=1}^d t_i e_i = \sum_{i=1}^d (a_{ih} - t_i) e_i,
$$

e quindi $e_j - \sum_{i=1}^d t_i e_{j_i} \in \operatorname{Ker} L_A$ se e solo se $t_i = a_{ih}$ per ogni $i = 1, \ldots, d$. $\square$

Come caso particolare del Lemma 7.57 si ha che le uniche matrici a scala ridotta A con L_A è iniettiva sono quelle a blocchi del tipo $(I, 0)^T$.

Teorema 7.58 (Riduzione di Gauss–Jordan) *Mediante una successione finita di operazioni elementari sulle righe è possibile trasformare qualsiasi matrice a coefficienti in un campo in una matrice a scala ridotta, univocamente determinata.*

Dimostrazione (Esistenza, con inclusa dimostrazione del Teorema 7.27) Siano n, m interi positivi fissati. Per ogni $A \in M_{n,m}(\mathbb{K})$ denotiamo con $s(A)$ il massimo intero $s \leq m$ tale che la sottomatrice di A formata dalle prime s colonne sia a scala ridotta; dunque $0 \leq s(A) \leq m$ e vale $s(A) = m$ se e solo se A è a scala ridotta.

Ci basta dimostrare che se una matrice A non è a scala ridotta, ossia con $s(A) < m$, allora, mediante una successione finita di operazioni elementari sulle righe, possiamo trasformarla in una matrice B con $s(B) > s(A)$. Supponiamo dunque $A = (a_{ij})$ con $s(A) < m$ e sia r il rango della sottomatrice A' delle prime $s(A)$ colonne. Siccome la sottomatrice delle prime $s(A) + 1$ colonne non è a scala ridotta, esiste un intero $r < i \leq n$ tale che $a_{i,s(A)+1} \neq 0$; a meno di eseguire l'operazione $R_i \leftrightarrow R_{r+1}$, che non modifica A', possiamo supporre $a_{r+1,s(A)+1} \neq 0$. A meno di dividere la riga $r + 1$ per $a_{r+1,s(A)+1}$ possiamo supporre $a_{r+1,s(A)+1} = 1$. Per concludere, eseguiamo le operazioni elementari $R_i - a_{i,s(A)+1} R_{r+1}$, con $i \neq r + 1$ per ottenere una matrice in cui la sottomatrice formata dalle prime $s(A) + 1$ colonne è a scala ridotta.

(Unicità) basta ricordare che le operazioni elementari sulle righe non modificano il nucleo della corrispondente applicazione lineare ed usare il Lemma 7.57. $\square$

Esempio 7.59 Calcoliamo le riduzioni di Gauss–Jordan delle matrici

$$\begin{pmatrix} 1 & 1 & 1 & 1 & 0 & 0 \\ 0 & 1 & 1 & 0 & 1 & 0 \\ 0 & 0 & 1 & 0 & 0 & 1 \end{pmatrix}, \qquad \begin{pmatrix} 1 & 2 & 0 \\ 0 & 1 & 2 \\ 1 & 0 & -3 \end{pmatrix}.$$

La procedura è la solita: si effettuano le operazioni elementari sulle righe in modo da rendere uguali a 1 i perni e uguali a zero i coefficienti che devono essere annullati. Nel primo caso si ha

$$\begin{pmatrix} 1 & 1 & 1 & 1 & 0 & 0 \\ 0 & 1 & 1 & 0 & 1 & 0 \\ 0 & 0 & 1 & 0 & 0 & 1 \end{pmatrix} \xrightarrow{R_1 - R_2} \begin{pmatrix} 1 & 0 & 0 & 1 & -1 & 0 \\ 0 & 1 & 1 & 0 & 1 & 0 \\ 0 & 0 & 1 & 0 & 0 & 1 \end{pmatrix}$$

$$\xrightarrow{R_2 - R_3} \begin{pmatrix} 1 & 0 & 0 & 1 & -1 & 0 \\ 0 & 1 & 0 & 0 & 1 & -1 \\ 0 & 0 & 1 & 0 & 0 & 1 \end{pmatrix},$$

e nel secondo

$$\begin{pmatrix} 1 & 2 & 0 \\ 0 & 1 & 2 \\ 1 & 0 & -3 \end{pmatrix} \xrightarrow{R_3 - R_1} \begin{pmatrix} 1 & 2 & 0 \\ 0 & 1 & 2 \\ 0 & -2 & -3 \end{pmatrix}$$

$$\xrightarrow[R_1 - 2R_2]{R_3 + 2R_2} \begin{pmatrix} 1 & 0 & -4 \\ 0 & 1 & 2 \\ 0 & 0 & 1 \end{pmatrix} \xrightarrow[R_2 - 2R_3]{R_1 + 4R_3} \begin{pmatrix} 1 & 0 & 0 \\ 0 & 1 & 0 \\ 0 & 0 & 1 \end{pmatrix}$$

Giova osservare che le matrici identità sono le uniche matrici invertibili a scala ridotta; dunque come caso particolare della riduzione di Gauss–Jordan si ha che ogni matrice invertibile è equivalente per righe alla matrice identità.

Teorema 7.60 *Siano $A \in M_{n,n}(\mathbb{K})$ e $B, C \in M_{n,m}(\mathbb{K})$ tre matrici e indichiamo con $I \in M_{n,n}(\mathbb{K})$ la matrice identità. Allora le due matrici a blocchi*

$$(A, C), \ (I, B) \in M_{n,n+m}(\mathbb{K})$$

sono equivalenti per righe se e solo se A è invertibile e $B = A^{-1}C$. Se ciò accade, allora (I, B) è la riduzione di Gauss–Jordan di (A, C).

Dimostrazione Supponiamo che (A, C) e (I, B) siano equivalenti per righe. In particolare, A è equivalente per righe alla matrice identità I, dunque A ha rango n ed invertibile. Dato un vettore $x \in \mathbb{K}^m$, tenendo presente che due matrici equivalenti per righe hanno lo stesso nucleo (Lemma 7.25), e che

$$(I, B)\begin{pmatrix} Bx \\ -x \end{pmatrix} = Bx - Bx = 0,$$

possiamo dedurre che

$$0 = (A, C)\begin{pmatrix} Bx \\ -x \end{pmatrix} = ABx - Cx.$$

Dunque per ogni $x \in \mathbb{K}^m$ si ha $ABx = Cx$ e questo equivale a dire $AB = C$.

Viceversa, supponiamo la matrice A invertibile e $AB = C$, allora la riduzione a scala ridotta di A è l'identità I e quindi la riduzione a scala ridotta (A, C) è una matrice della forma (I, D). Per quanto visto nella prima parte della dimostrazione si ha $AD = C$ e dunque $D = A^{-1}C = B$. $\square$

Esempio 7.61 Siano $A \in M_{n,n}(\mathbb{K})$ invertibile e $v \in \mathbb{K}^n$. Per calcolare $A^{-1}v$, ossia per risolvere il sistema lineae $Ax = v$, si può procedere calcolando la riduzione a scala ridotta della matrice a blocchi $(A, v) \in M_{n,n+1}(\mathbb{K})$, che risulterà essere (I, x).

Esempio 7.62 Date le matrici reali

$$A = \begin{pmatrix} 1 & 2 \\ 3 & 4 \end{pmatrix}, \qquad C = \begin{pmatrix} 5 & 6 \\ 7 & 8 \end{pmatrix},$$

vogliamo mostrare che A è invertibile e calcolare il prodotto $A^{-1}C$. Per quanto visto nel Teorema 7.60 basta effettuare la riduzione di Gauss–Jordan della matrice

$$(A, C) = \begin{pmatrix} 1 & 2 & 5 & 6 \\ 3 & 4 & 7 & 8 \end{pmatrix}$$

(la barra verticale ha la sola funzione estetica di separare visivamente i due blocchi).
L'operazione sulle righe

$$\begin{pmatrix} 1 & 2 & | & 5 & 6 \\ 3 & 4 & | & 7 & 8 \end{pmatrix} \xrightarrow{R_2-3R_1} \begin{pmatrix} 1 & 2 & | & 5 & 6 \\ 0 & -2 & | & -8 & -10 \end{pmatrix}$$

$$\xrightarrow{-\frac{1}{2}R_2} \begin{pmatrix} 1 & 2 & | & 5 & 6 \\ 0 & 1 & | & 4 & 5 \end{pmatrix} \xrightarrow{R_1-2R_2} \begin{pmatrix} 1 & 0 & | & -3 & -4 \\ 0 & 1 & | & 4 & 5 \end{pmatrix}$$

mostra che A è invertibile e $A^{-1}C = \begin{pmatrix} -3 & -4 \\ 4 & 5 \end{pmatrix}$.

Esempio 7.63   Data l'applicazione lineare

$$f\colon \mathbb{R}^2 \to \mathbb{R}^3, \qquad f\begin{pmatrix} x \\ y \end{pmatrix} = \begin{pmatrix} 2x + 2y \\ 4x + 2y \\ 9x + 5y \end{pmatrix},$$

vogliamo determinare la matrice B che rappresenta f rispetto alle basi

$$\mathbf{v} = \left\{ \begin{pmatrix} 1 \\ 1 \end{pmatrix}, \begin{pmatrix} 1 \\ 2 \end{pmatrix} \right\}, \qquad \mathbf{w} = \left\{ \begin{pmatrix} 1 \\ 0 \\ 1 \end{pmatrix}, \begin{pmatrix} 0 \\ 1 \\ 1 \end{pmatrix}, \begin{pmatrix} 1 \\ 1 \\ 3 \end{pmatrix} \right\}$$

di $\mathbb{R}^2$ ed $\mathbb{R}^3$ rispettivamente, ossia la matrice $B \in M_{3,2}(\mathbb{R})$ tale che $\mathbf{w}B = f(\mathbf{v})$, e
cioè

$$\begin{pmatrix} 1 & 0 & 1 \\ 0 & 1 & 1 \\ 1 & 1 & 3 \end{pmatrix} B = \left(f\begin{pmatrix} 1 \\ 1 \end{pmatrix}, f\begin{pmatrix} 1 \\ 2 \end{pmatrix} \right) = \begin{pmatrix} 4 & 6 \\ 6 & 8 \\ 14 & 19 \end{pmatrix}.$$

Per calcolare B possiamo applicare il Teorema 7.60, dal quale segue che (I, B)
è uguale alla riduzione di Gauss–Jordan della matrice $(\mathbf{w}, f(\mathbf{v}))$:

$$\begin{pmatrix} 1 & 0 & 1 & | & 4 & 6 \\ 0 & 1 & 1 & | & 6 & 8 \\ 1 & 1 & 3 & | & 14 & 19 \end{pmatrix} \to \begin{pmatrix} 1 & 0 & 1 & | & 4 & 6 \\ 0 & 1 & 1 & | & 6 & 8 \\ 0 & 1 & 2 & | & 10 & 13 \end{pmatrix} \to \begin{pmatrix} 1 & 0 & 1 & | & 4 & 6 \\ 0 & 1 & 1 & | & 6 & 8 \\ 0 & 0 & 1 & | & 4 & 5 \end{pmatrix}$$

$$\to \begin{pmatrix} 1 & 0 & 0 & | & 0 & 1 \\ 0 & 1 & 0 & | & 2 & 3 \\ 0 & 0 & 1 & | & 4 & 5 \end{pmatrix} \quad \text{e dunque} \quad B = \begin{pmatrix} 0 & 1 \\ 2 & 3 \\ 4 & 5 \end{pmatrix}.$$

Corollario 7.64 *Siano $A, B \in M_{n,n}(\mathbb{K})$. Se le due matrici a blocchi*

$$(A, I), \ (I, B) \in M_{n,2n}(\mathbb{K})$$

sono equivalenti per righe, allora le matrici A, B sono invertibili e sono una l'inversa dell'altra.

Dimostrazione Per il Teorema 7.60 si ha $AB = I$ e questo implica che A e B sono una l'inversa dell'altra. $\square$

È chiaro come il Corollario 7.64 si presta al calcolo esplicito delle matrici inverse. Ad esempio, segue dall'Esempio 7.59 che le matrici

$$\begin{pmatrix} 1 & 1 & 1 \\ 0 & 1 & 1 \\ 0 & 0 & 1 \end{pmatrix}, \quad \begin{pmatrix} 1 & -1 & 0 \\ 0 & 1 & -1 \\ 0 & 0 & 1 \end{pmatrix}$$

sono l'una inversa dell'altra.

Esempio 7.65 Calcoliamo l'inversa della matrice $\left(\begin{smallmatrix} 1 & 2 \\ 3 & 7 \end{smallmatrix}\right)$ usando la riduzione di Gauss–Jordan:

$$\left(\begin{array}{cc|cc} 1 & 2 & 1 & 0 \\ 3 & 7 & 0 & 1 \end{array}\right) \xrightarrow{R_2 - 3R_1} \left(\begin{array}{cc|cc} 1 & 2 & 1 & 0 \\ 0 & 1 & -3 & 1 \end{array}\right) \xrightarrow{R_1 - 2R_2} \left(\begin{array}{cc|cc} 1 & 0 & 7 & -2 \\ 0 & 1 & -3 & 1 \end{array}\right)$$

e dal Corollario 7.64 segue che

$$\begin{pmatrix} 1 & 2 \\ 3 & 7 \end{pmatrix}^{-1} = \begin{pmatrix} 7 & -2 \\ -3 & 1 \end{pmatrix}.$$

Proposizione 7.66 *Per due matrici $A, B \in M_{n,m}(\mathbb{K})$, sono fatti equivalenti:*

1. *A e B sono equivalenti per righe;*
2. *esiste una matrice $U \in M_{n,n}(\mathbb{K})$ invertibile tale che $B = UA$;*
3. *$\operatorname{Ker} L_A = \operatorname{Ker} L_B$.*

Dimostrazione $(1)\Rightarrow(2)$ Le stesse operazioni sulle righe che trasformano A in B, trasformano la matrice a blocchi $(I, A) \in M_{n,n+m}(\mathbb{K})$ nella matrice (U, B), con $U \in M_{n,n}(\mathbb{K})$. Per il Teorema 7.60 la matrice U è invertibile e $UA = B$.

$(2)\Rightarrow(3)$ Siccome U è invertibile si ha $Uy = 0$ se e solo se $y = 0$ e quindi, $UAx = 0$ se e solo se $Ax = 0$, ossia

$$\{x \in \mathbb{K}^m \mid Bx = UAx = 0\} = \{x \in \mathbb{K}^m \mid Ax = 0\}.$$

$(3)\Rightarrow(1)$ Per il Lemma 7.57 le matrici A, B sono equivalenti per righe alla stessa matrice a scala ridotta. $\square$

Esercizi

7.67 Usando l'eliminazione di Gauss–Jordan, determinare se le seguenti matrici reali sono invertibili e, nel caso, determinarne l'inversa.

$$\begin{pmatrix} 1 & 1 \\ 1 & -1 \end{pmatrix}, \quad \begin{pmatrix} 1 & 0 & 1 \\ 0 & 1 & 0 \\ 0 & 1 & 2 \end{pmatrix}, \quad \begin{pmatrix} 1 & 0 & -1 \\ 0 & 1 & 2 \\ 0 & 1 & -1 \end{pmatrix}, \quad \begin{pmatrix} 1 & 1 & 1 \\ 1 & 2 & 3 \\ 1 & 4 & 9 \end{pmatrix}, \quad \begin{pmatrix} -2 & 1 & 0 \\ 1 & -2 & 1 \\ 0 & 1 & -2 \end{pmatrix}.$$

7.68 Dire per quali valori di $a \in \mathbb{R}$ la matrice

$$\begin{pmatrix} a & 1 & 0 \\ 1 & 1 & a \\ 0 & a & 0 \end{pmatrix}$$

è invertibile e calcolarne l'inversa.

7.69 Sul campo $\mathbb{R}$, usare la riduzione di Gauss–Jordan per risolvere le equazioni matriciali:

$$\begin{pmatrix} 1 & 0 & -1 \\ 0 & 1 & 2 \\ 0 & 1 & 1 \end{pmatrix} X = \begin{pmatrix} 1 & 1 \\ 0 & 1 \\ 2 & 1 \end{pmatrix}, \qquad \begin{pmatrix} 1 & 1 & 1 \\ 1 & 2 & 3 \\ 0 & 4 & 7 \end{pmatrix} Y = \begin{pmatrix} 1 & 1 & 0 \\ 1 & 2 & 4 \\ 1 & 3 & 7 \end{pmatrix}.$$

7.70 ($\heartsuit$) Siano $A, B \in M_{n,n}(\mathbb{K})$. Dimostrare che le tre matrici a blocchi

$$\begin{pmatrix} I & B \\ 0 & I \end{pmatrix}, \begin{pmatrix} I & A \\ 0 & B \end{pmatrix}, \begin{pmatrix} I & A \\ B & 0 \end{pmatrix} \in M_{2n,2n}(\mathbb{K})$$

hanno rango rispettivamente uguale a $2n$, $n + \mathrm{rg}(B)$ e $n + \mathrm{rg}(BA)$.

7.71 Siano $V = \mathrm{Ker}\, L_A \subseteq \mathbb{K}^n$ il sottospazio delle soluzioni del sistema lineare omogeneo $Ax = 0$, dove $A \in M_{m,n}(\mathbb{K})$, e $v_1, \ldots, v_p \in V$ una successione linearmente indipendente.

Se $B = (v_1, \ldots, v_p)^T \in M_{p,n}(\mathbb{K})$ è la trasposta della matrice che ha $v_1, \ldots, v_p$ come colonne, indichiamo con $1 \le j_1 < \cdots < j_p \le n$ gli indici delle colonne di B contenenti i perni.

Sia adesso $u_1, \ldots, u_q \in \mathbb{K}^n$ una base del sottospazio delle soluzioni del sistema lineare omogeneo di $m + p$ equazioni

$$\begin{cases} Ax = 0 \\ x_{j_1} = \cdots = x_{j_p} = 0 \end{cases} \tag{7.3}$$

(Abbiamo scritto il sistema in forma sintetica, ed è chiaro che si trasforma in un sistema di n equazioni in $m - p$ incognite tramite l'ovvia, e poco faticosa, applicazione del metodo di sostituzione.)

Dimostrare che $v_1, \ldots, v_p, u_1, \ldots, u_q$ è una base di V.

7.72 (♣, ♡)   Siano $A \in M_{n,n}(\mathbb{Z})$ e p, q numeri primi tali che $(I - pA)^q = I$. Provare che $A = 0$ oppure che $p = q = 2$ e $A = A^2$.

7.73 (♣)   Mostrare che se due sistemi lineari nelle stesse incognite sono compatibili ed hanno le stesse soluzioni, allora anche i sistemi omogenei associati hanno le stesse soluzioni. Usare questo fatto e la Proposizione 7.66 per dimostrare che si può passare dall'uno all'altro con una successione finita di operazioni descritte nell'Osservazione 1.27.

7.74 (♣)   Siano $1 \leq a \leq b \leq n$ interi positivi fissati e denotiamo con $\mathcal{A}$ e $\mathcal{B}$ le collezioni dei sottoinsiemi di $X = \{1, 2, \ldots, n\}$ formati da a e b elementi, rispettivamente. Per ogni $Y \subseteq X$ denotiamo con $|Y|$ il numero di elementi di Y.

Siano V uno spazio vettoriale su di un campo di caratteristica 0 e $e \colon \mathcal{A} \to V$, $A \mapsto e_A$, un'applicazione iniettiva la cui immagine forma una base di V. Per ogni $B \in \mathcal{B}$ denotiamo

$$f_B = \sum_{A \in \mathcal{A},\, A \subseteq B} e_A \in V.$$

Studiamo separatamente i due casi $b \leq n - a$ e $b \geq n - a$.

Caso $b \leq n - a$. Fissato $A \in \mathcal{A}$, per ogni $i = 0, \ldots, a$ definiamo

$$g_i = \sum_{C \in \mathcal{A},\, |A \cap C| = i} e_C \in V, \qquad h_i = \sum_{B \in \mathcal{B},\, |A \cap B| = i} f_B \in V.$$

Provare che valgono relazioni del tipo

$$h_i = \sum_{j=0}^{i} \alpha_{ij} g_j, \qquad \alpha_{ij} \in \mathbb{N}, \qquad \alpha_{ii} > 0, \ \text{per ogni } i = 0, \ldots a.$$

Dedurre che $e_A = g_a \in \mathrm{Span}(h_0, \ldots, h_a) \subseteq \mathrm{Span}(f_B \mid B \in \mathcal{B})$, e quindi che i vettori f_B generano V.

Caso $b \geq n - a$. Ponendo $i = n - b$, $j = n - a$ si ha $i \leq j \leq n - i$; siccome $A \subseteq B$ se e solo se $X - B \subseteq X - A$, dal fatto che ogni matrice e la sua trasposta hanno lo stesso rango, dedurre che i vettori f_B sono linearmente indipendenti.

Note

Il teorema di Rouché–Capelli è noto con questo nome nei paesi anglofoni, in Italia ed in Brasile. Altrove, lo stesso teorema viene chiamato in altri modi, citando in varie combinazioni (anche vuote) i matematici Rouché, Capelli, Kronecker, Frobenius, Fontené.

Capitolo 8
Determinanti

Dopo aver introdotto il concetto di matrice invertibile abbiamo immediatamente osservato che, a differenza degli scalari, non tutte le matrici quadrate diverse da 0 possiedono un'inversa.

In questo capitolo, per ogni matrice quadrata A a coefficienti in un campo $\mathbb{K}$ definiremo uno scalare $\det(A) \in \mathbb{K}$, detto determinante di A, in grado di dare molte informazioni sulla natura algebrica di A; in particolare, risulterà che A è invertibile come matrice se e solo se $\det(A)$ è invertibile come scalare.

Osserveremo poi che le formule che definiscono il determinante funzionano pure per matrici a coefficienti polinomi, e questo sarà alla base di alcuni risultati di notevole importanza e profondità che affronteremo nei capitoli successivi.

8.1 Una formula per il determinante

Iniziamo con il definire, per ogni intero $n \geq 0$ e per ogni matrice quadrata $A \in M_{n,n}(\mathbb{K})$ uno scalare $\det(A) \in \mathbb{K}$ detto **determinante** di A. Molto spesso si usano due barre verticali per denotare il determinante, ossia $|A| = \det(A)$, ed anche

$$\begin{vmatrix} a & b \\ c & d \end{vmatrix} = \det\begin{pmatrix} a & b \\ c & d \end{pmatrix}, \qquad \begin{vmatrix} a_{11} & \ldots & a_{1n} \\ \vdots & \ddots & \vdots \\ a_{n1} & \ldots & a_{nn} \end{vmatrix} = \det\begin{pmatrix} a_{11} & \ldots & a_{1n} \\ \vdots & \ddots & \vdots \\ a_{n1} & \ldots & a_{nn} \end{pmatrix}.$$

Se $A \in M_{0,0}(\mathbb{K})$, e quindi A è la matrice vuota, poniamo per convenzione $|A| = 1$. Se $A \in M_{1,1}(\mathbb{K})$, e quindi $A = (a)$ con $a \in \mathbb{K}$, poniamo $|A| = a$. Se $A \in M_{n,n}(\mathbb{K})$ con $n > 1$ definiamo $|A|$ in maniera ricorsiva, come una funzione polinomiale dei coefficienti di A e dei determinanti di opportuni minori di ordine inferiore.

M. Manetti, *Algebra Lineare*, La Matematica per il 3+2 174,
https://doi.org/10.1007/978-3-032-01504-4_8

243

Data una matrice $A = (a_{ij}) \in M_{n,n}(\mathbb{K})$ indichiamo con $A_{ij} \in M_{n-1,n-1}(\mathbb{K})$ la sottomatrice ottenuta cancellando la riga i e la colonna j, ad esempio

$$A = \begin{pmatrix} 1 & 2 & 3 \\ 4 & 5 & 6 \\ 7 & 8 & 9 \end{pmatrix}, \quad A_{11} = \begin{pmatrix} 5 & 6 \\ 8 & 9 \end{pmatrix}, \quad A_{23} = \begin{pmatrix} 1 & 2 \\ 7 & 8 \end{pmatrix}, \quad A_{31} = \begin{pmatrix} 2 & 3 \\ 5 & 6 \end{pmatrix} \quad \text{ecc.}$$

Definizione 8.1 Il **determinante** $|A|$ di una matrice $A \in M_{n,n}(\mathbb{K})$ è definito, ricorsivamente e nelle notazioni precedenti, dalla formula:

$$|A| = a_{11}|A_{11}| - a_{12}|A_{12}| + a_{13}|A_{13}| - \cdots = \sum_{j=1}^{n}(-1)^{1+j}a_{1j}|A_{1j}|. \qquad (8.1)$$

Esempio 8.2 Per $n = 2$ si ha $A_{11} = a_{22}$, $A_{12} = a_{21}$ e quindi

$$\begin{vmatrix} a_{11} & a_{12} \\ a_{21} & a_{22} \end{vmatrix} = a_{11}a_{22} - a_{12}a_{21},$$

che possiamo anche scrivere nella forma più familiare

$$\begin{vmatrix} a & b \\ c & d \end{vmatrix} = ad - bc.$$

Esempio 8.3

$$\begin{vmatrix} 1 & 2 & 3 \\ 4 & 5 & 6 \\ 7 & 8 & 9 \end{vmatrix} = \begin{vmatrix} 5 & 6 \\ 8 & 9 \end{vmatrix} - 2\begin{vmatrix} 4 & 6 \\ 7 & 9 \end{vmatrix} + 3\begin{vmatrix} 4 & 5 \\ 7 & 8 \end{vmatrix}$$
$$= (45 - 48) - 2(36 - 42) + 3(32 - 35) = 0.$$

Esempio 8.4

$$\begin{vmatrix} 1 & 2 & 3 & -1 \\ 4 & 5 & 6 & 0 \\ 7 & 8 & 9 & 1 \\ 0 & 1 & 0 & 1 \end{vmatrix} = \begin{vmatrix} 5 & 6 & 0 \\ 8 & 9 & 1 \\ 1 & 0 & 1 \end{vmatrix} - 2\begin{vmatrix} 4 & 6 & 0 \\ 7 & 9 & 1 \\ 0 & 0 & 1 \end{vmatrix} + 3\begin{vmatrix} 4 & 5 & 0 \\ 7 & 8 & 1 \\ 0 & 1 & 1 \end{vmatrix} - (-1)\begin{vmatrix} 4 & 5 & 6 \\ 7 & 8 & 9 \\ 0 & 1 & 0 \end{vmatrix}.$$

Osservazione 8.5 Nella Formula (8.1) abbiamo supposto che gli indici di riga e colonna della matrice A siano i numeri interi compresi tra 1 ed n, ed il vero significato del fattore $(-1)^{1+j}$ è che si considera la somma alterna partendo da $+1$; ad esempio, per una matrice $B = (b_{ij})$ con $i, j = 0, \ldots, n$, la formula del determinante diventa

$$|B| = b_{00}|B_{00}| - b_{01}|B_{01}| + \cdots + (-1)^{n}b_{0n}|B_{0n}|.$$

Esempio 8.6   *Il determinante di una matrice* $A \in M_{n,n}(\mathbb{K})$ *che possiede una colonna nulla è uguale a 0.* Dimostriamo tale fatto per induzione su n, essendo del tutto evidente per $n = 1$. Supponiamo $n > 1$ e che per un indice j si abbia $a_{ij} = 0$ per ogni $i = 1, \ldots, n$. In particolare $a_{1j} = 0$ e siccome anche la matrice A_{1k} ha una colonna nulla per ogni $k \neq j$ si ha per l'ipotesi induttiva $|A_{1k}| = 0$ per $j \neq k$; quindi

$$|A| = \sum_{k=1}^{n} (-1)^{k+1} a_{1k} |A_{1k}| = (-1)^{j+1} a_{1j} |A_{1j}| + \sum_{k \neq j} (-1)^{k+1} a_{1k} |A_{1k}| = 0.$$

Esempio 8.7   *Il determinante di una matrice triangolare è uguale al prodotto degli elementi sulla diagonale principale.* È possibile dimostrare tale fatto per induzione sull'ordine della matrice, essendo lo stesso del tutto evidente per le matrici quadrate di ordine 1. Sia $A = (a_{ij}) \in M_{n,n}(\mathbb{K})$ triangolare, $n > 1$, allora per definizione

$$|A| = a_{11} |A_{11}| - a_{12} |A_{12}| + a_{13} |A_{13}| - \cdots = \sum_{j=1}^{n} (-1)^{1+j} a_{1j} |A_{1j}|.$$

Se A è triangolare inferiore si ha $a_{1j} = 0$ per ogni $j > 1$, mentre se A è triangolare superiore, per ogni $j > 1$ la sottomatrice A_{1j} ha la prima colonna nulla e per l'Esempio 8.6 $|A_{1j}| = 0$. In ogni caso, quando A è triangolare anche A_{11} è triangolare e vale la formula $|A| = a_{11} |A_{11}|$; basta adesso applicare il principio di induzione per concludere la dimostrazione.

Definizione 8.8   Sia V uno spazio vettoriale sul campo $\mathbb{K}$; un'applicazione

$$\varphi: \underbrace{V \times \cdots \times V}_{n \text{ fattori}} \to \mathbb{K}$$

si dice **multilineare**, o anche **separatamente lineare**, se è lineare in ognuna delle n variabili, quando le rimanenti $n - 1$ sono lasciate fisse.

In altri termini, φ è multilineare se per ogni indice i vale:

$$\varphi(v_1, \ldots, \lambda v_i, \ldots, v_n) = \lambda \varphi(v_1, \ldots, v_i, \ldots, v_n),$$
$$\varphi(v_1, \ldots, v_i + w_i, \ldots, v_n) = \varphi(v_1, \ldots, v_i, \ldots, v_n) + \varphi(v_1, \ldots, w_i, \ldots, v_n).$$

Esempio 8.9   Se $f, g: V \to \mathbb{K}$ sono due applicazioni lineari, allora

$$\varphi: V \times V \to \mathbb{K}, \qquad \varphi(v, w) = f(v) g(w),$$

è multilineare. Infatti

$$\varphi(\lambda v, w) = f(\lambda v)g(w) = \lambda f(v)g(w) = \lambda\varphi(v, w),$$
$$\varphi(v, \lambda w) = f(v)g(\lambda w) = \lambda f(v)g(w) = \lambda\varphi(v, w),$$
$$\varphi(u + v, w) = f(u + v)g(w) = (f(u) + f(v))g(w) = f(u)g(w) + f(v)g(w)$$
$$= \varphi(u, w) + \varphi(v, w),$$
$$\varphi(v, w + z) = f(v)g(w + z) = f(v)(g(w) + g(z)) = f(v)g(w) + f(v)g(z)$$
$$= \varphi(v, w) + \varphi(v, z).$$

Teorema 8.10 (proprietà del determinante)   *Con il determinante definito come in (8.1) si ha:*

1. *l'applicazione $A \mapsto |A|$ è multilineare sulle colonne;*
2. *se la matrice A ha due colonne adiacenti uguali, allora $|A| = 0$;*
3. *$|I| = 1$, dove I è la matrice identità.*

Per essere precisi, la condizione (1) equivale a dire che l'applicazione

$$\underbrace{\mathbb{K}^n \times \cdots \times \mathbb{K}^n}_{n \text{ fattori}} \to \mathbb{K}, \qquad (A^1, \ldots, A^n) \mapsto |A^1, \ldots, A^n|,$$

è multilineare, dove ogni A^i è un vettore colonna e $|A^1, \ldots, A^n|$ è il determinante della matrice che ha come colonne $A^1, \ldots, A^n$.

Dimostrazione   Dimostriamo la multilinearità per induzione sull'ordine delle matrici. Per semplicità espositiva mostriamo che il determinante è lineare rispetto alla prima colonna; la linearità rispetto alle altre colonne è del tutto simile. Consideriamo quindi una matrice $A = (A^1, \ldots, A^n) = (a_{ij})$, uno scalare $\lambda \in \mathbb{K}$ ed un vettore colonna $B^1 = (b_{11}, \ldots, b_{n1})^T$. Considerando le matrici

$$C = (\lambda A^1, A^2, \ldots, A^n), \ \ D = (B^1, A^2, \ldots, A^n), \ \ E = (A^1 + B^1, A^2, \ldots, A^n),$$

occorre dimostrare che

$$|C| = \lambda|A|, \qquad |E| = |A| + |D|.$$

Si ha $C_{11} = A_{11}$, mentre per ogni $j > 1$ la matrice C_{1j} è ottenuta da A_{1j} moltiplicando la prima colonna per λ; per l'ipotesi induttiva $|C_{1j}| = \lambda|A_{1j}|$ per ogni $j > 1$ e quindi per la formula (8.1) si ha

$$|C| = \lambda a_{11}|C_{11}| - a_{12}|C_{12}| + \cdots = \lambda a_{11}|A_{11}| - a_{12}\lambda|A_{12}| + \cdots = \lambda|A|.$$

Similmente si ha $E_{11} = A_{11} = D_{11}$ e per induzione $|E_{1j}| = |A_{1j}| + |D_{1j}|$ per ogni $j > 1$. Quindi

$$\begin{aligned}
|E| &= (a_{11} + b_{11})|E_{11}| - a_{12}|E_{12}| + \cdots \\
&= (a_{11}|A_{11}| - a_{12}|A_{12}| + \cdots) + (b_{11}|D_{11}| - a_{12}|D_{12}| + \cdots) \\
&= |A| + |D|.
\end{aligned}$$

Supponiamo adesso che la matrice $A = (A^1, \ldots, A^n)$ abbia due colonne adiacenti uguali, diciamo $A^i = A^{i+1}$. Allora per ogni $j \neq i, i+1$ la matrice A_{1j} ha due colonne adiacenti uguali. Per induzione $|A_{1j}| = 0$ per ogni $j \neq i, i+1$ e quindi la formula (8.1) si riduce a

$$|A| = (-1)^{i+1} a_{1,i} |A_{1,i}| + (-1)^{i+2} a_{1,i+1} |A_{1,i+1}|$$

e basta osservare che $a_{1,i} = a_{1,i+1}$ e $A_{1,i} = A_{1,i+1}$ per avere $|A| = 0$. Il determinante della matrice identità si calcola facilmente per induzione. Infatti $|I| = |I_{11}|$ e la sottomatrice I_{11} è ancora una matrice identità. $\square$

Osservazione 8.11   Per calcolare il determinante di una matrice abbiamo usato solo le operazioni, entrambe commutative ed associative, di somma e prodotto, e non abbiamo mai dovuto dividere per alcun coefficiente. Se $A(x) = (a_{ij}(x))$ è una matrice i cui coefficienti sono polinomi $a_{ij}(x) \in \mathbb{K}[x]$ possiamo ancora usare la formula (8.1) per calcolare il determinante $|A(x)|$, che continuerà ad essere un polinomio. Ad esempio

$$\begin{vmatrix} x & 2 \\ x^2 - x & x + 1 \end{vmatrix} = x(x+1) - 2(x^2 - x) = -x^2 + 3x \in \mathbb{K}[x].$$

Se valutiamo tutti i coefficienti di $A(x)$ in uno scalare $\lambda \in \mathbb{K}$ otteniamo una matrice $A(\lambda) \in M_{n,n}(\mathbb{K})$; siccome i morfismi di valutazione commutano con somme e prodotti, il determinante $|A(x)| \in \mathbb{K}[x]$ calcolato in $x = \lambda$ coincide con il determinante $|A(\lambda)|$.

Esercizi

8.12   Calcolare i determinanti:

$$\begin{vmatrix} 1 & 1 & 2 \\ 0 & 1 & 2 \\ 3 & 0 & 1 \end{vmatrix}, \quad \begin{vmatrix} 2 & 0 & 2 \\ 0 & 1 & 2 \\ 0 & 0 & 1 \end{vmatrix}, \quad \begin{vmatrix} 0 & 1 & 1 \\ 1 & 0 & 1 \\ 2 & 1 & 1 \end{vmatrix}, \quad \begin{vmatrix} 1 & 0 & 1 & 0 \\ 0 & 1 & 0 & 1 \\ 1 & 0 & -1 & 0 \\ 0 & -1 & 0 & 1 \end{vmatrix}.$$

8.13   Calcolare i determinanti

$$\begin{vmatrix} 1 & 1 & 1 \\ 1 & \omega & \omega^2 \\ 1 & \omega^2 & \omega \end{vmatrix}, \quad \begin{vmatrix} 1 & 1 & \omega \\ 1 & 1 & \omega^2 \\ \omega^2 & \omega & 1 \end{vmatrix}, \quad \text{dove } \omega = \cos\frac{2\pi}{3} + i\sin\frac{2\pi}{3}.$$

8.14 Verificare la correttezza della seguente formula (scoperta da Lagrange nel 1773):

$$a_{11}\begin{vmatrix} a_{11} & a_{12} & a_{13} \\ a_{21} & a_{22} & a_{23} \\ a_{31} & a_{32} & a_{33} \end{vmatrix} = \begin{vmatrix} a_{11} & a_{12} \\ a_{21} & a_{22} \end{vmatrix}\begin{vmatrix} a_{11} & a_{13} \\ a_{31} & a_{33} \end{vmatrix} - \begin{vmatrix} a_{11} & a_{13} \\ a_{21} & a_{23} \end{vmatrix}\begin{vmatrix} a_{11} & a_{12} \\ a_{31} & a_{32} \end{vmatrix}.$$

8.15 Calcolare il determinante

$$\begin{vmatrix} 1 & a & a^2 & a^3 \\ 0 & 1 & a & a^2 \\ b & 0 & 1 & a \\ c & d & 0 & 1 \end{vmatrix}$$

dove $a = $ il tarapia tapioco, $b = $ come fosse antani, $c = $ gli scribai con cofandina e $d = $ le pastène soppaltate secondo l'articolo 12.

8.16 Provare che se una matrice quadrata di ordine n possiede almeno $n^2 - n + 1$ coefficienti nulli, allora anche il determinante si annulla.

8.17 Per ogni intero $n \geq 2$ si consideri l'applicazione

$$f_n \colon \underbrace{\mathbb{K}^2 \times \cdots \times \mathbb{K}^2}_{n \text{ fattori}} \to \mathbb{K},$$

$$f_n(v_1, \ldots, v_n) = |v_1, v_2| + |v_2, v_3| + \cdots + |v_n, v_1|,$$

dove $|x, y|$ è il determinante della matrice 2×2 i cui vettori colonna sono x, y. Provare che f_2 è identicamente nulla e che per ogni $w, v_1, \ldots, v_n \in \mathbb{K}^2$ vale

$$f_n(v_1 + w, v_2 + w, \ldots, v_n + w) = f_n(v_1, v_2, \ldots, v_n) = f_n(v_2, \ldots, v_n, v_1).$$

Dedurre che se $\mathbb{K} = \mathbb{R}$ ed i v_i sono i vertici, contati in senso antiorario, di un poligono convesso P, allora l'area di P è uguale a $f_n(v_1, \ldots, v_n)/2$ (sugg.: trattare preliminarmente il caso $n = 3$, $v_1 = 0$).

8.18 Sia A una matrice quadrata di ordine 2. Trovare una formula per il calcolo del determinante in funzione delle tracce di A ed A^2.

8.19 Il determinante di una matrice diagonale è uguale al prodotto degli elementi sulla diagonale principale, cf. Esempio 8.7. A cosa è uguale il determinante delle matrici antidiagonali, ossia delle matrici (a_{ij}), $i, j = 1, \ldots, n$, tali che $a_{ij} = 0$ ogni volta che $i + j \neq n + 1$?

8.20 Siano $A = (a_{ij}) \in M_{n,n}(\mathbb{C})$ e $0 \neq t \in \mathbb{C}$. Come cambia il determinante di A se:

1. ogni coefficiente a_{ij} viene sostituito con il suo opposto $-a_{ij}$;
2. ogni coefficiente a_{ij} viene sostituito con il suo coniugato $\overline{a_{ij}}$;
3. ogni coefficiente a_{ij} viene moltiplicato per t;
4. (☕) ogni coefficiente a_{ij} viene moltiplicato per t^{i-j}.

(Nota: questo esercizio diventa molto più semplice se svolto dopo aver letto le prossime sezioni.)

8.21 (♡) Tenendo presente l'Osservazione 8.11, si consideri il determinante

$$
p(x) = \begin{vmatrix} x & x^2 & 2x & 3x \\ 1 & x^2 & 4 & x^3 \\ 1 & x^3 & 4x & 5 \\ 1 & x^4 & 16 & x^9 \end{vmatrix} \in \mathbb{K}[x].
$$

Calcolare $p(0)$, $p(1)$ e $p(2)$.

8.22 Calcolare i determinanti delle seguenti matrici a coefficienti in $\mathbb{K}[x]$, dipendenti dai parametri $a_0, \ldots, a_3 \in \mathbb{K}$:

$$
\begin{vmatrix} 1 & -x \\ a_0 & a_1 \end{vmatrix}, \quad
\begin{vmatrix} 1 & -x & 0 \\ 0 & 1 & -x \\ a_0 & a_1 & a_2 \end{vmatrix}, \quad
\begin{vmatrix} 1 & -x & 0 & 0 \\ 0 & 1 & -x & 0 \\ 0 & 0 & 1 & -x \\ a_0 & a_1 & a_2 & a_3 \end{vmatrix}.
$$

8.23 Imitare il ragionamento dell'Esempio 8.6 per dimostrare che il determinante di una matrice quadrata con una riga nulla è uguale a 0.

8.24 Siano $A \in M_{n,n}(\mathbb{K})$, $B \in M_{m,m}(\mathbb{K})$ e $C \in M_{n,m}(\mathbb{K})$. Dimostrare per induzione su $n + m$ che:

$$
\begin{vmatrix} A & C \\ 0 & B \end{vmatrix} = \begin{vmatrix} A & 0 \\ C^T & B \end{vmatrix} = |A||B|, \qquad
\begin{vmatrix} 0 & B \\ A & C \end{vmatrix} = (-1)^{nm}|A||B|.
$$

8.25 (♡) Dati tre scalari x, y, z, dire se è possibile trovare una matrice $(a_{ij}) \in M_{2,3}(\mathbb{K})$ tale che

$$
\begin{vmatrix} a_{11} & a_{12} \\ a_{21} & a_{22} \end{vmatrix} = x, \qquad
\begin{vmatrix} a_{11} & a_{13} \\ a_{21} & a_{23} \end{vmatrix} = y, \qquad
\begin{vmatrix} a_{12} & a_{13} \\ a_{22} & a_{23} \end{vmatrix} = z.
$$

8.26 (☕, ♡) Siano $a_1, \ldots, a_n \in \mathbb{K}$ tali che $2a_i \neq 0$ per ogni $i = 1, \ldots, n$. Provare che per ogni matrice $A \in M_{n,n}(\mathbb{K})$ esiste una scelta dei segni $\epsilon_1, \ldots, \epsilon_n = \pm 1$ tale che il determinate della matrice $A + \mathrm{diag}(\epsilon_1 a_1, \ldots, \epsilon_n a_n)$ sia diverso da 0. Si noti che per $A = \mathrm{diag}(a_1, \ldots, a_n)$ la scelta dei segni è unica.

8.2   Unicità del determinante e teorema di Binet

Vogliamo adesso dimostrare che le tre proprietà elencate nel Teorema 8.10 caratterizzano univocamente il determinante.

Definizione 8.27   Diremo che un'applicazione $d: M_{n,n}(\mathbb{K}) \to \mathbb{K}$ è **multilineare alternante sulle colonne** se soddisfa le seguenti due condizioni:

(D1) l'applicazione d è multilineare sulle colonne;
(D2) se la matrice A ha due colonne adiacenti uguali, allora $d(A) = 0$.

Esempio 8.28   Per il Teorema 8.10 l'applicazione determinante $A \mapsto |A|$ è multilineare alternante sulle colonne. Lo stesso vale per l'applicazione $d(A) = \lambda|A|$, dove $\lambda \in \mathbb{K}$ è uno scalare qualsiasi.

Esempio 8.29   Fissata una matrice $B \in M_{n,n}(\mathbb{K})$ l'applicazione

$$d: M_{n,n}(\mathbb{K}) \to \mathbb{K}, \qquad d(A) = |BA|,$$

è multilineare alternante sulle colonne. Questo segue facilmente da

$$BA = (L_B(A^1), \ldots, L_B(A^n)),$$

ossia dal fatto che la i-esima colonna di BA è uguale a BA^i, dove A^i è la i-esima colonna di A.

Lemma 8.30   *Sia $d: M_{n,n}(\mathbb{K}) \to \mathbb{K}$ un'applicazione multilineare alternante sulle colonne:*

(D3) se una matrice B è ottenuta da A scambiando tra loro due colonne adiacenti, allora $d(B) = -d(A)$;
(D4) se la matrice A ha due colonne uguali, allora $d(A) = 0$;
(D5) se le colonne di A sono linearmente dipendenti allora $d(A) = 0$;
(D6) se la matrice B è ottenuta da A aggiungendo ad una colonna una combinazione lineare delle altre colonne, allora $d(B) = d(A)$.

In particolare, tutte le precedenti proprietà valgono per la funzione $d(A) = |A|$.

Dimostrazione   Sia B la matrice ottenuta da A scambiando tra di loro due colonne adiacenti, diciamo

$$A = (\ldots, A^i, A^{i+1}, \ldots), \qquad B = (\ldots, A^{i+1}, A^i, \ldots).$$

Per le proprietà (D1) e (D2) si ha l'uguaglianza

$$0 = d(\ldots, A^i + A^{i+1}, A^i + A^{i+1}, \ldots)$$
$$= d(\ldots, A^i, A^i + A^{i+1}, \ldots) + d(\ldots, A^{i+1}, A^i + A^{i+1}, \ldots)$$
$$= d(\ldots, A^i, A^i, \ldots) + d(\ldots, A^i, A^{i+1}, \ldots)$$
$$+ d(\ldots, A^{i+1}, A^i, \ldots) + d(\ldots, A^{i+1}, A^{i+1}, \ldots)$$

che, sempre per (D2), si riduce a

$$0 = d(\ldots, A^i, A^{i+1}, \ldots) + d(\ldots, A^{i+1}, A^i, \ldots),$$

e cioè $d(B) = -d(A)$.

Se la matrice A ha due colonne uguali, diciamo A^i ed A^j con $i < j$ possiamo scambiare la colonna i con la colonna $i + 1$, poi la colonna $i + 1$ con la $i + 2$ e si prosegue fino a quando la colonna i si trova nella posizione $j - 1$. La matrice ottenuta B ha le colonne $j - 1$ e j uguali e quindi $d(A) = (-1)^{j-i-1} d(B) = 0$, e questo prova *(D4)*.

Per quanto riguarda *(D5)*, supponiamo che le colonne $A^1, \ldots, A^n$ siano linearmente dipendenti e, per fissare le idee, che l'ultima colonna sia combinazione lineare delle precedenti, diciamo $A^n = a_1 A^1 + \cdots + a_{n-1} A^{n-1}$. Allora si ha

$$d(A^1, \ldots, A^n) = d\left(A^1, \ldots, A^{n-1}, \sum_{i=1}^{n-1} a_i A^i \right) = \sum_{i=1}^{n-1} a_i d(A^1, \ldots, A^{n-1}, A^i) = 0.$$

Per quanto riguarda *(D6)*, per ipotesi $A = (A^1, \ldots, A^n)$, $B = (B^1, \ldots, B^n)$, dove per un qualche indice fissato i si ha

$$B^i = A^i + \sum_{j \neq i} \alpha_j A^j, \qquad B^j = A^j \text{ per ogni } j \neq i,$$

per opportuni scalari α_j, $j \neq i$. Se indichiamo con $A(j)$ la matrice ottenuta sostituendo la colonna A^i con la colonna A^j, per multilinearità si ottiene

$$d(B) = d(A) + \sum_{j \neq i} \alpha_j d(A(j)).$$

Adesso basta osservare che per $i \neq j$ la matrice $A(j)$ ha le colonne i e j identiche e per *(D4)* vale $d(A(j)) = 0$. $\square$

Esempio 8.31 Consideriamo una matrice a blocchi

$$A = \begin{pmatrix} B & C \\ 0 & D \end{pmatrix} \in M_{n,n}(\mathbb{K}),$$

con $B \in M_{r,s}(\mathbb{K})$, $C \in M_{r,n-s}(\mathbb{K})$ e $D \in M_{n-r,n-s}(\mathbb{K})$. Se $r < s$ allora $|A| = 0$ in quanto le prime s colonne di A sono linearmente dipendenti.

Teorema 8.32 *Sia $d: M_{n,n}(\mathbb{K}) \to \mathbb{K}$ multilineare alternante sulle colonne. Allora per ogni matrice A si ha*

$$d(A) = |A|d(I).$$

Dimostrazione Denotiamo con $\mathcal{F} \subseteq M_{n,n}(\mathbb{K})$ il sottoinsieme delle matrici A tali che $d(A) = |A|d(I)$; vogliamo dimostrare che $\mathcal{F} = M_{n,n}(\mathbb{K})$. Prima di iniziare la dimostrazione vera e propria osserviamo che se $A \in \mathcal{F}$ e B è ottenuta da A scambiando due colonne adiacenti, allora anche $B \in \mathcal{F}$: infatti, $d(B) = -d(A)$, $|B| = -|A|$ e quindi $d(B) = |B|d(I)$. Allo stesso modo si dimostra che se $A \in \mathcal{F}$ e B è ottenuta da A moltiplicando ogni colonna per uno scalare, allora anche $B \in \mathcal{F}$.

Denotiamo con $\mathcal{E} \subseteq M_{n,n}(\mathbb{K})$ il sottoinsieme formato dalle matrici in cui ogni colonna è multiplo scalare di un vettore della base canonica di $\mathbb{K}^n$; dimostriamo che $\mathcal{E} \subseteq \mathcal{F}$. Fissata una successione $i_1, \dots, i_n \in \{1, \dots, n\}$, denotiamo con $E = (e_{i_1}, \dots, e_{i_n})$ la matrice che ha come colonna j-esima il vettore e_{i_j} della base canonica. Se $i_1 \le i_1 \le \cdots \le i_n$ allora o $E = I$, ed in tal caso $d(E) = |E|d(I)$ è tautologicamente vera, oppure la matrice E possiede due colonne uguali, ed in tal caso $d(E) = |E| = 0$. In generale, possiamo trasformare ogni matrice del tipo $(e_{i_1}, \dots, e_{i_n})$ in una con la successione $i_1, \dots, i_n$ monotona mediante un numero finito di scambi di colonne adiacenti, che come abbiamo visto non alterano la validità della formula $d(A) = |A|d(I)$. Dato che la relazione $d(A) = |A|d(I)$ viene conservata anche dalla moltiplicazione di ciascuna colonna per uno scalare, deduciamo che essa vale anche per tutte le matrici del tipo $(a_1 e_{i_1}, \dots, a_n e_{i_n})$, con $a_1, \dots, a_n \in \mathbb{K}$.

Supponiamo per assurdo $\mathcal{F} \ne M_{n,n}(\mathbb{K})$ e scegliamo una matrice $B \notin \mathcal{F}$ che abbia il minor numero di coefficienti diversi da 0. Siccome $\mathcal{E} \subseteq \mathcal{F}$ esiste una colonna di B con almeno due coefficienti non nulli. Supponiamo, per fissare le idee, che la matrice $B = (B^1, \dots, B^n)$ abbia la prima colonna B^1 con esattamente $r \ge 2$ coefficienti diversi da 0. Possiamo allora scrivere $B^1 = C^1 + D^1$ con i vettori C^1 e D^1 che possiedono rispettivamente 1 e $r - 1$ coefficienti non nulli. Ma allora entrambe le matrici $C = (C^1, B^2, \dots, B^n)$ e $D = (D^1, B^2, \dots, B^n)$ hanno un numero di coefficienti non nulli strettamente minore rispetto di B, quindi $d(C) = |C|d(I)$, $d(D) = |D|d(I)$ e per linearità sulla prima colonna $d(B) = d(C) + d(D) = (|C| + |D|)d(I) = |B|d(I)$. $\square$

Corollario 8.33 (unicità del determinante) *Il determinante è l'unica applicazione $d: M_{n,n}(\mathbb{K}) \to \mathbb{K}$ multilineare alternante sulle colonne che vale 1 sulla matrice identità.*

Dimostrazione Immediata conseguenza del Teorema 8.32. $\square$

Teorema 8.34 (Binet) *Date due matrici $A, B \in M_{n,n}(\mathbb{K})$ si ha*

$$|AB| = |BA| = |A||B|.$$

Dimostrazione Abbiamo già osservato che l'applicazione

$$d: M_{n,n}(\mathbb{K}) \to \mathbb{K}, \qquad d(A) = |BA|,$$

è multilineare alternante sulle colonne ed il Teorema 8.32 implica che

$$|BA| = d(A) = |A|d(I) = |A||BI| = |A||B|.$$

Per simmetria $|AB| = |B||A| = |A||B| = |BA|$. $\square$

Esempio 8.35 Usiamo il teorema di Binet per dimostrare che se esiste una matrice $A \in M_{n,n}(\mathbb{R})$ tale che $A^2 = -I$, allora n è pari. Infatti $|A|$ è un numero reale e vale $0 \le |A|^2 = |-I| = (-1)^n$.

Corollario 8.36 *Una matrice quadrata A a coefficienti in un campo è invertibile se e solo se $|A| \neq 0$; in tal caso il determinante dell'inversa è uguale all'inverso del determinante.*

Dimostrazione Se A è invertibile allora $AA^{-1} = I$ e per il teorema di Binet $|A||A^{-1}| = |I| = 1$ da cui segue $|A| \neq 0$ e $|A^{-1}| = |A|^{-1}$. Viceversa, per il Corollario 6.62, se A non è invertibile le sue colonne sono linearmente dipendenti e quindi $|A| = 0$ per il Lemma 8.30. $\square$

Corollario 8.37 *Il rango di una matrice $A \in M_{n,m}(\mathbb{K})$ è uguale al più grande intero r per cui A contiene una sottomatrice quadrata di ordine r con determinante diverso da 0.*

Dimostrazione Abbiamo già dimostrato nel Corollario 6.89 che il rango di una matrice A è uguale al più grande intero r per cui A contiene una sottomatrice quadrata e invertibile di ordine r. $\square$

Esempio 8.38 Per ogni $n > 0$ indichiamo con

$$B_n = \begin{pmatrix} 1 & 1 & 1 & \cdots \\ 1 & 2 & 3 & \cdots \\ 1 & 3 & 6 & \cdots \\ \vdots & \vdots & \vdots & \ddots \end{pmatrix} \in M_{n,n}(\mathbb{Q})$$

la matrice di coefficienti $b_{ij} = \begin{pmatrix} i+j-2 \\ i-1 \end{pmatrix} = \dfrac{(i+j-2)!}{(i-1)!\,(j-1)!}$. Dimostriamo per induzione su n che $|B_n| = 1$ per ogni n. Supponiamo $n > 1$ e denotiamo con D_n la matrice ottenuta da B_n eseguendo nell'ordine le seguenti $n-1$ operazioni:

- sottrarre alla n-esima colonna la $(n-1)$-esima colonna;
- sottrarre alla $n-1$-esima colonna la $(n-2)$-esima colonna;

$$\vdots$$

- sottrarre alla seconda colonna la prima colonna.

Ciascuna di tali operazioni non cambia il determinante, ossia $|B_n| = |D_n|$, mentre dalle formule

$$\binom{i+j-2}{i-1} - \binom{i+j-3}{i-1} = \binom{i+j-3}{i-2}, \qquad i \geq 2, j \geq 1,$$

ne consegue che

$$D_n = \begin{pmatrix} 1 & 0 \\ v & B_{n-1} \end{pmatrix}, \qquad \text{dove} \quad v = \begin{pmatrix} 1 \\ \vdots \\ 1 \end{pmatrix},$$

e quindi $|D_n| = |B_{n-1}|$.

Esempio 8.39 Sia

$$A = \begin{pmatrix} 1 & 1 & 2 & \cdots \\ 1 & 2 & 6 & \cdots \\ 2 & 6 & 24 & \cdots \\ \vdots & \vdots & \vdots & \ddots \end{pmatrix} \in M_{n,n}(\mathbb{Q})$$

la matrice di coefficienti $a_{ij} = (i+j-2)!$, $1 \leq i, j \leq n$. Usiamo il teorema di Binet per dimostrare la formula

$$|A| = \prod_{i=0}^{n-1} (i!)^2.$$

Notiamo che vale $A = CBC$, dove B è la matrice dell'Esempio 8.38,

$$B = (b_{ij}), \qquad b_{ij} = \binom{i+j-2}{i-1} = \frac{(i+j-2)!}{(i-1)!(j-1)!},$$

e C è la matrice diagonale di coefficienti $c_{ii} = (i-1)!$. Si ha $|C| = \prod_{i=0}^{n-1} i!$, per il teorema di Binet si ha $|A| = |B|(\prod_{i=0}^{n-1} i!)^2$ e per concludere la dimostrazione basta osservare che $|B| = 1$.

Esempio 8.40 Siano A, B due matrici $n \times n$ a coefficienti reali e supponiamo che esista una matrice invertibile $C \in M_{n,n}(\mathbb{C})$ tale che $AC = CB$. Vogliamo dimostrare che esiste una matrice invertibile $D \in M_{n,n}(\mathbb{R})$ tale che $AD = DB$.

Siano F e G le matrici delle parti reali e immaginarie dei coefficienti di C, ossia $C = F + iG$ con $F, G \in M_{n,n}(\mathbb{R})$. Si ha

$$AF + iAG = A(F + iG) = AC = CB = (F + iG)B = FB + iGB$$

ed uguagliando parte reale ed immaginaria otteniamo $AF = FB$ e $AG = GB$. Se almeno una delle due matrici F, G è invertibile abbiamo finito.

Se invece F e G sono entrambe non invertibili, osserviamo che $A(F + \lambda G) = (F + \lambda G)B$ per ogni $\lambda \in \mathbb{C}$ e ci basta dimostrare che esiste $\lambda \in \mathbb{R}$ tale che $\det(F + \lambda G) \neq 0$. La funzione

$$h: \mathbb{C} \to \mathbb{C}, \qquad h(\lambda) = \det(F + \lambda G),$$

è polinomiale e non si annulla identicamente dato che $h(i) \neq 0$. Ma allora h si annulla solo per un numero finito di numeri complessi; se $\lambda \in \mathbb{R}$ è un qualunque numero reale tale che $h(\lambda) \neq 0$, allora $D = F + \lambda G$ è invertibile reale e $AD = DB$.

Esercizi

8.41 I numeri $2418, 1395, 8091, 8339$ sono divisibili per 31. Dimostrare, senza effettuare il conto esplicito, che il determinante

$$\begin{vmatrix} 2 & 4 & 1 & 8 \\ 1 & 3 & 9 & 5 \\ 8 & 0 & 9 & 1 \\ 8 & 3 & 3 & 9 \end{vmatrix}$$

è divisibile per 31.

8.42 Trovare due matrici non invertibili $A, B \in M_{2,2}(\mathbb{R})$ tali che la matrice $A + iB \in M_{2,2}(\mathbb{C})$ sia invertibile.

8.43 Provare che $|\lambda A| = \lambda^n |A|$ per ogni matrice $A \in M_{n,n}(\mathbb{K})$ ed ogni scalare $\lambda \in \mathbb{K}$.

8.44 Dati $x_1, \dots, x_n \in \mathbb{K}$, con $n \geq 3$, sia $A \in M_{n,n}(\mathbb{K})$ la matrice di coefficienti $a_{ij} = (x_i + j)^{n-2}$. Dimostrare che $\det(A) = 0$. Ad esempio, per $n = 3, 4, 5$ e $x_i = n(i - 1)$ si ha

$$\begin{vmatrix} 1 & 2 & 3 \\ 4 & 5 & 6 \\ 7 & 8 & 9 \end{vmatrix} = \begin{vmatrix} 1^2 & 2^2 & 3^2 & 4^2 \\ 5^2 & 6^2 & 7^2 & 8^2 \\ 9^2 & 10^2 & 11^2 & 12^2 \\ 13^2 & 14^2 & 15^2 & 16^2 \end{vmatrix} = \begin{vmatrix} 1^3 & 2^3 & 3^3 & 4^3 & 5^3 \\ 6^3 & 7^3 & 8^3 & 9^3 & 10^3 \\ 11^3 & 12^3 & 13^3 & 14^3 & 15^3 \\ 16^3 & 17^3 & 18^3 & 19^3 & 20^3 \\ 21^3 & 22^3 & 23^3 & 24^3 & 25^3 \end{vmatrix} = 0.$$

8.45 Siano $A, B \in M_{n,n}(\mathbb{Z})$ matrici a coefficienti interi e sia p un intero positivo. Dimostrare che $|A + pB| - |A|$ è un intero divisibile per p. (Sugg.: scrivere $B = B_1 + \cdots + B_n$ dove ciascuna matrice B_i è nulla al di fuori della colonna i-esima.)

8.46 Limitatamente a questo esercizio, dati due polinomi $p(t), q(t) \in \mathbb{K}[t]$, scriveremo $p(t) \equiv q(t)$ se t^2 divide $p(t) - q(t)$, ossia se $p(t)$ e $q(t)$ hanno lo stesso termine costante e gli stessi coefficienti di t. Obiettivo di questo esercizio è dimostrare che per ogni matrice $A \in M_{n,n}(\mathbb{K})$ si ha

$$\det(I + tA) \equiv 1 + t\,\mathrm{Tr}(A). \tag{8.2}$$

1. Provare la formula (8.2) quando A ha un solo coefficiente non nullo.
2. Provare che se $p(t) \equiv q(t)$ e $r(t) \equiv s(t)$, allora $p(t)r(t) \equiv q(t)s(t)$.
3. Provare che per ogni $A, B \in M_{n,n}(\mathbb{K})$ valgono le formule

$$\det(I + tA + t^2 B) \equiv \det(I + tA),$$
$$\det(I + tA + tB) \equiv \det(I + tA)\det(I + tB).$$

4. Dedurre (8.2) dai punti precedenti.

8.47 ($\heartsuit$) Usando solamente la multilinearità alternante sulle colonne e la regola per il calcolo del determinante delle matrici triangolari inferiori, calcolare il determinante

$$\begin{vmatrix} 1 & 2 & 3 & 4 & 5 \\ 2 & 6 & 9 & 12 & 15 \\ 3 & 10 & 18 & 24 & 30 \\ 4 & 14 & 27 & 40 & 50 \\ 5 & 18 & 36 & 56 & 75 \end{vmatrix}.$$

8.48 Determinare il grado e tutte le radici reali del polinomio

$$p(x) = \begin{vmatrix} 1 & 1 & 1 & \cdots & 1 \\ 1 & 1-x & 1 & \cdots & 1 \\ 1 & 1 & 2-x & \cdots & 1 \\ \vdots & \vdots & \vdots & \ddots & \vdots \\ 1 & 1 & 1 & \cdots & n-x \end{vmatrix} \in \mathbb{R}[x].$$

8.49 Provare che

$$\begin{vmatrix} 1 & 2 & 3 & 4 & 5 \\ 2 & 3 & 4 & 5 & 6 \\ 1 & 0 & 0 & 0 & 5 \\ 2 & 0 & 0 & 0 & 5 \\ 1 & 0 & 0 & 0 & 2 \end{vmatrix} = 0.$$

8.50 ($\heartsuit$) Sia $A \in M_{3,3}(\mathbb{Q})$ una matrice in cui ogni coefficiente è uguale a $+1$ o -1. Provare che il determinante di A assume uno dei tre valori -4, 0, $+4$.

8.51 ($\heartsuit$) Sia $A \in M_{n,n}(\mathbb{Q})$ una matrice in cui ogni coefficiente è uguale a $+1$ o -1. Provare che il determinante di A è un intero divisibile per 2^{n-1}.

8.52 Completare la seguente traccia di dimostrazione alternativa del teorema di Binet.

1. Siano $C, D \in M_{m,m}(\mathbb{K})$, con D triangolare unipotente, ossia con i coefficienti sulla diagonale principale uguali ad 1. Allora CD è ottenuta da C tramite una successione finita di operazioni consistenti nel sommare ad una colonna opportuni multipli scalari delle altre colonne: quindi $|C| = |CD|$.

2. Siano $A, B \in M_{n,n}(\mathbb{K})$ e $I \in M_{n,n}(\mathbb{K})$ la matrice identità, allora

$$\det \begin{pmatrix} I & -B \\ A & 0 \end{pmatrix} = \det \begin{pmatrix} B & I \\ 0 & A \end{pmatrix} = |A||B|.$$

3. Usando i due punti precedenti, dedurre il teorema di Binet dalla formula:

$$\begin{pmatrix} I & -B \\ A & 0 \end{pmatrix} \begin{pmatrix} I & B \\ 0 & I \end{pmatrix} = \det \begin{pmatrix} I & 0 \\ A & AB \end{pmatrix}.$$

8.53 ($\heartsuit$) Calcolare, per ogni intero $n > 0$ il determinante della matrice

$$\begin{pmatrix} 1 & 2 & \cdots & n-1 & n \\ 2 & 3 & \cdots & n & n \\ \vdots & \vdots & \ddots & \vdots & \vdots \\ n-1 & n & \cdots & n & n \\ n & n & \cdots & n & n \end{pmatrix} \in M_{n,n}(\mathbb{R})$$

di coefficienti $a_{ij} = \max(i + j - 1, n)$.

8.54 Sia $\mathbb{K}$ un sottocampo di $\mathbb{C}$, e siano $A, B \in M_{n,n}(\mathbb{K})$, $C \in M_{n,n}(\mathbb{C})$ tre matrici. Si assuma che esista $\alpha \in \mathbb{C}$ tale che $\det(A + \alpha B + C) \neq 0$. Dimostrare che esiste $\beta \in \mathbb{K}$ per cui la matrice $A + \beta B + C$ è invertibile.

8.55 Sia $\mathbb{K}$ un sottocampo di $\mathbb{C}$, e siano $A, B \in M_{n,n}(\mathbb{K})$, $C \in M_{n,n}(\mathbb{C})$ tre matrici tali che $\det(C) \neq 0$ e $AC = CB$. Consideriamo $\mathbb{C}$ come spazio vettoriale su $\mathbb{K}$ e sia $\alpha_1, \ldots, \alpha_r \in \mathbb{C}$ una base del sottospazio vettoriale generato dai coefficienti di C. Dimostrare che:

1. Si può scrivere $C = \alpha_1 C_1 + \cdots + \alpha_r C_r$, con $C_i \in M_{n,n}(\mathbb{K})$ e $AC_i = C_i B$ per ogni indice $i = 1, \ldots, r$;
2. esiste una successione $\beta_1, \ldots, \beta_r \in \mathbb{K}$ tale che

$$\det(\beta_1 C_1 + \cdots + \beta_i C_i + \alpha_{i+1} C_{i+1} + \cdots + \alpha_r C_r) \neq 0$$

   per ogni $i = 1, \ldots, r$;
3. esiste una matrice $D \in M_{n,n}(\mathbb{K})$ invertibile tale che $AD = DB$.

Nota: lo stesso argomento funziona per ogni estensione di campi $F \subseteq L$, purché il campo F abbia almeno $n + 1$ scalari distinti (☛ n scalari distinti bastano).

8.3 Permutazioni e segnatura

Dato un insieme non vuoto A, denotiamo con $\mathbb{S}_A$ l'insieme delle permutazioni di A, ossia $\mathbb{S}_A = \{\sigma\colon A \to A \mid \sigma \text{ bigettiva}\}$. Quando $A = \{1,\dots,n\}$ si scrive $\mathbb{S}_n = \mathbb{S}_A$; abbiamo già osservato che $\mathbb{S}_n$ contiene esattamente $n!$ permutazioni. È chiaro che per ogni $\sigma, \tau \in \mathbb{S}_A$, entrambe le composizioni $\sigma\tau$ e $\tau\sigma$ sono ancora permutazioni di A.

Un importantissimo attributo di ogni permutazione è la sua **segnatura**, o **parità**. Studieremo la segnatura in due maniere distinte, la prima mediante l'uso del determinante, la seconda con argomenti di combinatoria.

Segnatura e determinante

Data una matrice $A \in M_{n,n}(\mathbb{K})$ ed una permutazione $\sigma \in \mathbb{S}_n$ denotiamo con A^σ la matrice ottenuta da A permutando le colonne secondo quanto dettato da σ. Più precisamente, se $A = (A^1,\dots,A^n)$ allora $A^\sigma = (A^{\sigma(1)},\dots,A^{\sigma(n)})$. Valgono le uguaglianze $A^{\sigma\tau} = (A^\sigma)^\tau$ per ogni $\sigma, \tau \in \mathbb{S}_n$ ed ogni $A \in M_{n,n}(\mathbb{K})$. Infatti, se pensiamo la matrice $A = (A^1,\dots,A^n)$ come l'applicazione $A\colon\{1,\dots,n\} \to \mathbb{K}^n, i \mapsto A^i$, allora A^σ equivale alla composizione $A \circ \sigma$ e quindi $A^{\sigma\tau} = A \circ (\sigma\tau) = (A \circ \sigma) \circ \tau = (A^\sigma)^\tau$.

Definizione 8.56 La **segnatura** $(-1)^\sigma$ di una permutazione $\sigma \in \mathbb{S}_n$ è definita tramite la formula

$$(-1)^\sigma = |I^\sigma|,$$

dove $I \in M_{n,n}(\mathbb{Z})$ è la matrice identità.

È intuitivo e facilmente dimostrabile (vedi Corollario 8.66) che ogni permutazione di un insieme finito si può ottenere, seppur in maniera non unica, mediante una successione di bigezioni che scambiano due elementi adiacenti e lasciano fissi gli altri; dunque I^σ si può ottenere da I effettuando un numero finito di scambi di colonne adiacenti, e questo implica in particolare che $(-1)^\sigma = \pm 1$.

Lemma 8.57 *Per ogni matrice $A \in M_{n,n}(\mathbb{K})$ ed ogni permutazione $\sigma \in \mathbb{S}_n$ vale $|A^\sigma| = (-1)^\sigma |A|$. In particolare, per ogni $\sigma, \tau \in \mathbb{S}_n$ vale $(-1)^{\sigma\tau} = (-1)^\sigma (-1)^\tau$.*

Dimostrazione Basta osservare che valgono i prodotti righe per colonne

$$A^\sigma = A I^\sigma, \qquad I^{\sigma\tau} = (I^\sigma)^\tau = I^\sigma I^\tau,$$

ed applicare il teorema di Binet. Qui abbiamo usato implicitamente il fatto, del tutto ovvio, che l'applicazione naturale $\mathbb{Z} \to \mathbb{K}, n \mapsto n \cdot 1$, commuta con somme e prodotti e quindi anche con i determinanti. $\square$

Dalla formula $(-1)^{\sigma\tau} = (-1)^{\sigma}(-1)^{\tau}$ segue in particolare che ogni permutazione σ ha la stessa alla segnatura della permutazione inversa σ^{-1}.

Esempio 8.58   Una **trasposizione** è una permutazione che scambia due elementi e lascia fissi i rimanenti. Dimostriamo che ogni trasposizione τ ha segnatura -1 provando che la matrice I^{τ} è ottenuta da I tramite un numero dispari di scambi di colonne adiacenti. Se $i < j$, per scambiare la colonna i con la colonna j, lasciando tutte le altre al loro posto, si può procedere in $2(j - i) - 1$ passi nel modo seguente:

- scambiare le colonne $i, i + 1$,
- scambiare le colonne $i + 1, i + 1$,
- $\cdots$,
- scambiare le colonne $j - 1, j$,
- scambiare le colonne $j - 1, j - 2$,
- $\cdots$,
- scambiare le colonne $i + 1, i$.

Se una permutazione σ si scrive come composizione di k trasposizioni, allora la matrice I^{σ} è ottenuta dall'identità con k scambi di colonne e quindi

$$(-1)^{\sigma} = |I^{\sigma}| = (-1)^{k}|I| = (-1)^{k}.$$

In particolare, $(-1)^{k}$ dipende solo da σ e non dalla scelta delle trasposizioni; in altri termini, se la stessa permutazione si può scrivere sia come composizione di k trasposizioni che come composizione di h trasposizioni, allora $h - k$ è pari.

Una permutazione si dice **pari** se ha segnatura 1, o equivalentemente se può essere scritta come composizione di un numero pari di trasposizioni. Si dice **dispari** se ha segnatura -1.

La segnatura permette di dare uno sviluppo del determinante come sommatoria sul gruppo delle permutazioni.

Proposizione 8.59   *Per ogni matrice* $A = (a_{ij}) \in M_{n,n}(\mathbb{K})$ *vale la formula*

$$|A| = \sum_{\sigma \in \mathbb{S}_n} (-1)^{\sigma} a_{\sigma(1),1} \cdots a_{\sigma(n),n}. \tag{8.3}$$

Dimostrazione   Se $A = (A^1, \ldots, A^n) = (a_{ij})$, allora per ogni i vale $A^i = \sum_{j=1}^{n} a_{ji} e_j$, dove $e_1, \ldots, e_n$ è la base canonica di $\mathbb{K}^n$. Per linearità rispetto alla prima colonna si ha

$$|A| = \left| \sum_{j=1}^{n} a_{j1} e_j, A^2, \ldots, A^n \right| = \sum_{j=1}^{n} a_{j1} |e_j, A^2, \ldots, A^n|.$$

Ripetendo la procedura per la seconda colonna

$$|A| = \sum_{j=1}^{n} a_{j1} \left| e_j, \sum_{k=1}^{n} a_{k2} e_k, A^3, \ldots, A^n \right| = \sum_{j=1}^{n} \sum_{k=1}^{n} a_{j1} a_{k2} |e_j, e_k, A^3, \ldots, A^n|$$

e procedendo fino alla n-esima si ottiene

$$|A| = \sum_{j_1=1}^{n} \cdots \sum_{j_n=1}^{n} a_{j_1 1} \cdots a_{j_n n} |e_{j_1}, \ldots, e_{j_n}|.$$

Siccome $|e_{j_1}, \ldots, e_{j_n}| = 0$ quando due indici j_h coincidono, ponendo $j_h = \sigma(h)$, la precedente formula diventa

$$|A| = \sum_{\sigma \in \mathbb{S}_n} a_{\sigma(1),1} \cdots a_{\sigma(n),n} |e_{\sigma(1)}, \ldots, e_{\sigma(n)}|.$$

e si conclude tenendo presente che $|e_{\sigma(1)}, \ldots, e_{\sigma(n)}| = |I^\sigma| = (-1)^\sigma$. $\square$

Osservazione 8.60   In alcuni contesti la segnatura delle permutazioni viene sostituita dal **simbolo di Levi-Civita**: fissato un intero positivo n ed n numeri $i_1, \ldots, i_n \in \{1, \ldots, n\}$ si definisce

$$\varepsilon_{i_1 i_2 \cdots i_n} = \det(e_{i_1}, \ldots, e_{i_n}),$$

dove come al solito $e_1, \ldots, e_n$ indica la base canonica di $\mathbb{Q}^n$. A differenza della segnatura, il simbolo di Levi-Civita $\varepsilon_{i_1 i_2 \cdots i_n}$ è definito, e vale 0, anche quando vi sono ripetizioni negli indici, ossia quando l'applicazione $k \mapsto i_k$ non è una permutazione.

Segnatura e incroci

È utile, oltre che interessante, dare una interpretazione della segnatura e dell'uguaglianza $(-1)^{\sigma\tau} = (-1)^\sigma (-1)^\tau$ slegata dalla teoria del determinante e basata su considerazioni di natura combinatoria.

Un modo di rappresentare una permutazione $\sigma : \{1, \ldots, n\} \to \{1, \ldots, n\}$ è mediante una tabella a due righe, in cui la prima riga contiene i numeri da 1 a n e la seconda riga le rispettive immagini, ossia

$$\begin{bmatrix} 1 & 2 & \cdots & n \\ \sigma(1) & \sigma(2) & \cdots & \sigma(n) \end{bmatrix}.$$

Ad esempio, la permutazione

$$\begin{bmatrix} 1 & 2 & 3 & 4 \\ 3 & 2 & 1 & 4 \end{bmatrix}$$

è la trasposizione che scambia 1 e 3.

Definizione 8.61 Diremo che un sottoinsieme $A \subseteq \{1, \ldots, n\}$ di due elementi è un **incrocio** della permutazione σ se la restrizione di σ ad A inverte la relazione di ordine; equivalentemente, A è un incrocio se

$$A = \{i, j\}, \quad \text{con} \quad i < j \text{ e } \sigma(i) > \sigma(j).$$

Indichiamo con $\delta(\sigma)$ il numero di incroci di σ: l'identità ha zero incroci, mentre la permutazione

$$\sigma(i) = n + 1 - i, \qquad i = 1, \ldots, n,$$

ha $n(n-1)/2$ incroci.

Osservazione 8.62 Una maniera di contare il numero di incroci di σ è la seguente. Per ogni $i = 1, \ldots, n$ si disegna nel piano il segmento che unisce il punto di coordinate $(i, 1)$ con il punto di coordinate $(\sigma(i), 0)$ e poi si contano le coppie di segmenti che si intersecano. Bisogna però fare attenzione al fatto che, se per un punto passano h segmenti, con $h > 2$, allora ci troviamo di fronte ad una intersezione multipla ed a tale punto corrispondono $h(h-1)/2$ incroci. Ad esempio, le due permutazioni

$$\begin{bmatrix} 1 & 2 & 3 & 4 & 5 \\ 2 & 3 & 4 & 5 & 1 \end{bmatrix}$$

$$\begin{bmatrix} 1 & 2 & 3 & 4 & 5 \\ 3 & 2 & 1 & 5 & 4 \end{bmatrix} \tag{8.4}$$

hanno entrambe 4 incroci.

Esempio 8.63 Siano $i < j$ e sia σ la trasposizione che scambia i e j. Un sottoinsieme

$$A = \{a, b\}, \quad \text{con} \quad a < b,$$

è un incrocio di σ se e solo se $a = i$ e $b \leq j$, oppure se $a \geq i$ e $b = j$; quindi $\delta(\sigma) = 2(j - i) - 1$. Ne consegue che ogni trasposizione ha un numero dispari di incroci.

Le permutazioni, in quanto applicazioni di un insieme in sé, possono essere composte tra loro. Se $\sigma, \eta \in \mathbb{S}_n$ definiamo il prodotto $\sigma\eta \in \mathbb{S}_n$ come

$$\sigma\eta(i) = \sigma(\eta(i)), \qquad i = 1, \ldots, n.$$

Ad esempio

$$\begin{bmatrix} 1 & 2 & 3 & 4 \\ 3 & 2 & 1 & 4 \end{bmatrix}\begin{bmatrix} 1 & 2 & 3 & 4 \\ 2 & 3 & 4 & 1 \end{bmatrix} = \begin{bmatrix} 1 & 2 & 3 & 4 \\ 2 & 1 & 4 & 3 \end{bmatrix}.$$

Lemma 8.64 *Date due permutazioni $\sigma, \eta \in S_n$, indichiamo con a il numero di sottoinsiemi $A \subseteq \{1, \ldots, n\}$ di due elementi che soddisfano le due condizioni:*

1. A è un incrocio di η;
2. $\eta(A)$ è un incrocio di σ.

Allora vale la formula $\delta(\sigma\eta) = \delta(\sigma) + \delta(\eta) - 2a$.

Dimostrazione Indichiamo con $P = \{\{i, j\} \mid i < j\}$ la collezione di tutti i sottoinsiemi di $\{1, \ldots, n\}$ di 2 elementi ciascuno. Notiamo che $A \in P$ è un incrocio di $\sigma\eta$ se e soltanto se vale una delle seguenti due condizioni:

1. A è un incrocio di η e $\eta(A)$ non è un incrocio di σ;
2. A non è un incrocio di η e $\eta(A)$ è un incrocio di σ.

Denotiamo con

$$C = \{A \in P \mid A \text{ è incrocio di } \eta\}, \quad D = \{A \in P \mid \eta(A) \text{ è incrocio di } \sigma\},$$

in modo tale che a sia il numero di elementi di $C \cap D$. Per definizione C contiene $\delta(\eta)$ elementi, e siccome $\eta \colon P \to P$ è bigettiva, l'insieme D contiene $\delta(\sigma)$ elementi. Denotiamo con c il numero di elementi di C che non appartengono a D e con d il numero di elementi di D che non appartengono a C. Abbiamo visto che valgono le uguaglianze

$$a + c = \delta(\eta), \qquad a + d = \delta(\sigma), \qquad c + d = \delta(\sigma\eta).$$

Da tali uguaglianze segue che $\delta(\sigma\eta) = \delta(\sigma) + \delta(\eta) - 2a$. $\square$

Teorema 8.65 *Sia $\varepsilon \colon S_n \to \{\pm 1\}$ l'applicazione definita dalla formula*

$$\varepsilon(\sigma) = \prod_{i > j} \operatorname{sgn}(\sigma(i) - \sigma(j)) = (-1)^{\delta(\sigma)}, \quad \delta(\sigma) = \text{numero di incroci di } \sigma.$$

Allora, per ogni $\sigma, \eta \in S_n$ vale $\varepsilon(\sigma\eta) = \varepsilon(\sigma)\varepsilon(\eta)$ ed in particolare $\varepsilon(\sigma) = \varepsilon(\sigma^{-1})$. Se σ è uguale al prodotto di k trasposizioni, allora $\varepsilon(\sigma) = (-1)^k$ e quindi $\varepsilon(\sigma)$ è uguale alla segnatura $(-1)^\sigma$.

Dimostrazione La prima uguaglianza segue facilmente dal Lemma 8.64. Per la seconda basta osservare che

$$\varepsilon(\sigma)\varepsilon(\sigma^{-1}) = \varepsilon(\sigma\sigma^{-1}) = \varepsilon(\text{identità}) = 1.$$

Infine, sappiamo che ogni trasposizione ha un numero dispari di incroci. $\square$

Corollario 8.66 *Il numero di incroci di una permutazione $\sigma \in S_n$ è uguale al più piccolo intero k per cui si può scrivere σ come composizione di k trasposizioni di elementi adiacenti.*

Dimostrazione Per ogni $1 \leq i < n$, denotiamo con $\tau_i \in \mathbb{S}_n$ la trasposizione che scambia i con $i+1$:

$$\tau_i(i) = i+1, \qquad \tau_i(i+1) = i, \qquad \tau_i(a) = a \quad \forall\, a \neq i, i+1,$$

osservando che $\tau_i \tau_i = \mathrm{Id}$ per ogni i. Dato che $\delta(\tau_i) = 1$ per ogni i, segue immediatamente dal Lemma 8.64 che il numero di incroci del prodotto di k trasposizioni τ_i è $\leq k$.

Dimostriamo adesso per induzione su $\delta(\sigma)$ che si può scrivere σ come prodotto di $\delta(\sigma)$ trasposizioni τ_i. Se $\delta(\sigma) = 0$ allora σ è l'identità. Se invece σ è diversa dall'identità, allora l'applicazione bigettiva

$$\sigma \colon \{1, \dots, n\} \to \{1, \dots, n\}$$

non può essere crescente e dunque esiste almeno un indice $h < n$ tale che $\sigma(h) > \sigma(h+1)$. Dimostriamo adesso che $\delta(\sigma\tau_h) = \delta(\sigma) - 1$; la trasposizione τ_h ha un unico incrocio $\{h, h+1\}$ che, per come abbiamo scelto h, è anche un incrocio di σ. Quindi per il Lemma 8.64

$$\delta(\sigma\tau_h) = \delta(\sigma) + \delta(\tau_h) - 2 = \delta(\sigma) - 1.$$

Per l'ipotesi induttiva la permutazione $\sigma\tau_h$ è prodotto di $\delta(\sigma) - 1$ trasposizioni τ_i e quindi $\sigma = \sigma(\tau_h\tau_h) = (\sigma\tau_h)\tau_h$ è prodotto di $\delta(\sigma)$ trasposizioni τ_i. $\square$

Supponiamo adesso di avere un insieme finito X e di considerare una permutazione di X, ossia un'applicazione bigettiva $\sigma \colon X \to X$. In questo caso non possiamo definire il numero di incroci (per fare ciò bisognerebbe che X fosse ordinato) ma possiamo ugualmente definire la segnatura $(-1)^\sigma$: supponiamo che X abbia esattamente n elementi e scegliamo un'applicazione bigettiva

$$h \colon \{1, \dots, n\} \to X.$$

Allora l'applicazione

$$h^{-1}\sigma h \colon \{1, \dots, n\} \to \{1, \dots, n\}$$

è un elemento di $\mathbb{S}_n$ e possiamo definire

$$(-1)^\sigma = (-1)^{h^{-1}\sigma h}.$$

Bisogna dimostrare che si tratta di una buona definizione, ossia che $(-1)^\sigma$ non dipende dalla scelta di h. Se prendiamo un'altra applicazione bigettiva

$$k \colon \{1, \dots, n\} \to X,$$

allora $\tau = k^{-1}h$ è una permutazione di $\{1, \dots, n\}$ con inversa $\tau^{-1} = h^{-1}k$ e quindi

$$(-1)^{h^{-1}\sigma h} = (-1)^{\tau^{-1}k^{-1}\sigma k\tau} = (-1)^{\tau^{-1}}(-1)^{k^{-1}\sigma k}(-1)^\tau = (-1)^{k^{-1}\sigma k}.$$

Esercizi

8.67 Sia A una matrice quadrata. Provare che se $\det(A) \neq 0$ allora per qualche permutazione σ la matrice A^σ ha tutti gli elementi sulla diagonale principale diversi da 0.

8.68 Calcolare il numero di permutazioni $\sigma \in \mathbb{S}_n$ tali che $\sigma^2 = \mathrm{Id}$, considerando prima i casi $n \leq 5$ e poi descrivendo una formula per il caso generale.

8.69 Sia $\sigma \in \mathbb{S}_n$ una permutazione fissata; si assuma che $\sigma(n) \neq n$, si denoti τ la trasposizione che scambia n con $\sigma(n)$. Si provi che la permutazione $\eta = \tau\sigma$ lascia fisso n e che $\sigma = \tau\eta$. Dedurre per induzione su n che ogni permutazione di n elementi si può scrivere come composizione di s trasposizioni per qualche $s \leq n-1$.

8.70 Siano n un intero positivo, $X^{(n)} = X \times \cdots \times X$ la potenza cartesiana n-esima di un insieme X, e si considerino le due applicazioni:

$$r\colon X^{(n)} \times \mathbb{S}_n \to X^{(n)}, \quad r(x_1, \ldots, x_n, \sigma) = (x_{\sigma(1)}, \ldots, x_{\sigma(n)}),$$

$$l\colon \mathbb{S}_n \times X^{(n)} \to X^{(n)}, \quad l(\sigma, x_1, \ldots, x_n) = r(x, \sigma^{-1}) = (x_{\sigma^{-1}(1)}, \ldots, x_{\sigma^{-1}(n)}).$$

Dimostrare che per ogni $\sigma, \tau \in \mathbb{S}_n$ ed ogni $x = (x_1, \ldots, x_n) \in X^{(n)}$ valgono le relazioni:

$$r(r(x, \sigma), \tau) = r(x, \sigma\tau), \qquad l(\sigma, l(\tau, x)) = l(\sigma\tau, x).$$

(Sugg.: identificare $X^{(n)}$ con l'insieme delle applicazioni $\{1, \ldots, n\} \to X$.)

8.71 Per ogni coppia di interi positivi r, s, calcolare la segnatura della permutazione

$$\sigma \in \mathbb{S}_{r+s}, \qquad \sigma(i) = \begin{cases} i + r & \text{se } i \leq s \\ i - s & \text{se } i > s. \end{cases}$$

8.72 (Il gioco del 15) Il gioco del quindici, un rompicapo classico inventato nel XIX secolo, consiste di una tabellina di forma quadrata divisa in quattro righe e quattro colonne su cui sono posizionate 15 tessere quadrate. Le tessere possono scorrere in orizzontale o verticale, ma il loro spostamento è limitato dall'esistenza di un singolo spazio vuoto. Lo scopo del gioco è riportare le tessere alla configurazione iniziale dopo averle mescolate in modo casuale. Tipicamente le tessere sono numerate da 1 a 15 (vedi Figura 8.1) e la configurazione iniziale è quella con il numero 1 in alto a sinistra e gli altri numeri a seguire da sinistra a destra e dall'alto in basso, fino al 15 seguito dalla casella vuota in basso a destra.

Dopo aver mescolato le tessere indichiamo con i, $1 \leq i \leq 4$, il numero di riga contenente lo spazio vuoto e con $\sigma \in \mathbb{S}_{15}$ la permutazione ottenuta leggendo i numeri allo stile occidentale, ossia da sinistra a destra e dall'alto in basso, ignorando lo spazio vuoto. Dimostrare che $(-1)^\sigma = (-1)^i$.

Figura 8.1 Il gioco del 15
nella tipica configurazione
iniziale

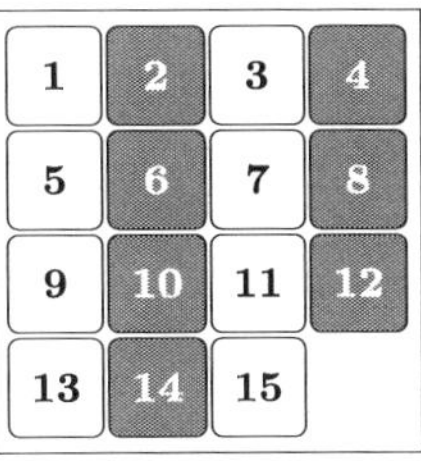

8.73 Siano $f_1, \ldots, f_n \colon \mathbb{K}^n \to \mathbb{K}$ applicazioni lineari. Provare che l'applicazione $d \colon M_{n,n}(\mathbb{K}) \to \mathbb{K}$,

$$d(A^1, \ldots, A^n) = \sum_{\sigma \in \mathbb{S}_n} (-1)^\sigma f_{\sigma(1)}(A^1) f_{\sigma(2)}(A^2) \cdots f_{\sigma(n)}(A^n),$$

è multilineare alternante sulle colonne.

8.74 (Ⓐ) Per ogni intero $n \geq 0$ indichiamo con d_n il numero di permutazioni senza punti fissi di n elementi: $d_0 = 1$, $d_1 = 0$, $d_2 = 1$, $d_3 = 3$ eccetera. Per ogni $0 \leq k \leq n$ indichiamo inoltre $D_n(k)$ il numero di permutazioni con esattamente k punti fissi di un insieme di n elementi: chiaramente $d_n = D_n(0)$ e $n! = \sum_{k=0}^n D_n(k)$. Dimostrare che:

1. $D_n(k) = \binom{n}{k} d_{n-k}$, $\sum_{k=0}^n \dfrac{d_k}{k!} \dfrac{1}{(n-k)!} = 1$;

2. nell'intervallo aperto $(-1, 1)$ la serie di potenze $f(t) = \sum_{k=0}^\infty \dfrac{d_k}{k!} t^n$ è convergente e vale $f(t)e^t = \sum_{n=0}^\infty t^n$;

3. $f(t) = e^{-t}/(1 - t)$ e quindi $\dfrac{d_n}{n!} = \sum_{k=0}^n \dfrac{(-1)^k}{k!}$ per ogni n.

8.4 Sviluppi di Laplace

In gergo matematico la formula per il determinante data nella Sezione 8.1 viene detta "sviluppo di Laplace rispetto alla prima riga" e, come vedremo in questa sezione, ammette formule analoghe per ogni riga ed ogni colonna.

Proposizione 8.75 *Sia $A = (a_{ij})$, $i, j = 1, \ldots, n$, una matrice quadrata. Allora per ogni indice i fissato vale lo sviluppo di Laplace rispetto alla riga i:*

$$|A| = \sum_{j=1}^n (-1)^{i+j} a_{ij} |A_{ij}|.$$

Dimostrazione   Per $i = 1$ la formula è vera per definizione. Definiamo per ogni i l'applicazione

$$d_i \colon M_{n,n}(\mathbb{K}) \to \mathbb{K}, \qquad d_i(A) = \sum_{j=1}^{n} (-1)^{j+1} a_{ij} |A_{ij}|;$$

e dimostriamo per induzione su i che $d_i(A) = (-1)^{i-1}|A|$ per ogni matrice A. Sia τ_i la trasposizione semplice che scambia gli indici $i, i+1$ e sia B la matrice ottenuta da A scambiando tra loro le righe i e $i+1$. Valgono allora le formule

$$d_{i+1}(A) = d_i(B), \qquad B = I^{\tau_i} A.$$

Per il teorema di Binet e per l'ipotesi induttiva si ha:

$$d_{i+1}(A) = d_i(B) = (-1)^{i-1}|B| = (-1)^{i-1}|I^{\tau_i}||A| = (-1)^i|A|. \qquad \square$$

Esempio 8.76   Calcoliamo il determinante della matrice

$$\begin{pmatrix} 1 & 3 & 5 \\ 6 & 1 & 1 \\ 2 & 0 & 1 \end{pmatrix}$$

eseguendo lo sviluppo di Laplace rispetto alla seconda riga:

$$\begin{vmatrix} 1 & 3 & 5 \\ 6 & 1 & 1 \\ 2 & 0 & 1 \end{vmatrix} = -6 \begin{vmatrix} 3 & 5 \\ 0 & 1 \end{vmatrix} + \begin{vmatrix} 1 & 5 \\ 2 & 1 \end{vmatrix} - \begin{vmatrix} 1 & 3 \\ 2 & 0 \end{vmatrix} = -21.$$

Lemma 8.77 (determinante della trasposta)   *Per ogni matrice quadrata A vale* $|A^T| = |A|$.

Dimostrazione   Siccome $|I^T| = 1$ basta dimostrare che l'applicazione

$$d \colon M_{n,n}(\mathbb{K}) \to \mathbb{K}, \qquad d(A) = |A^T|,$$

è multilineare alternante sulle colonne.

Detti a_{ij} i coefficienti di A, fissato un indice i, per lo sviluppo di Laplace rispetto alla riga i della matrice A^T si ha:

$$d(A) = |A^T| = \sum_{j=1}^{n} a_{ji} (-1)^{i+j} |(A^T)_{ij}|$$

e da tale formula segue immediatamente che $d(A)$ è lineare rispetto alla colonna i. Se A ha due colonne uguali, allora A non è invertibile, quindi neppure A^T è invertibile e di conseguenza $d(A) = 0$ per il Corollario 8.36. $\square$

Corollario 8.78 *Sia* $A = (a_{ij}) \in M_{n,n}(\mathbb{K})$, *allora per ogni indice* $i = 1, \ldots, n$ *fissato vale lo* Sviluppo di Laplace rispetto alla colonna i:

$$|A| = \sum_{i=1}^{n} (-1)^{i+j} a_{ij} |A_{ij}|.$$

Dimostrazione Prendendo lo sviluppo di Laplace rispetto alla riga i della matrice trasposta si ha

$$|A^T| = \sum_{j=1}^{n} a_{ji} (-1)^{i+j} |A_{ij}^T|.$$

Siccome $(A^T)_{ij} = (A_{ji})^T$ ed il determinante di una matrice è uguale al determinante della propria trasposta si ha

$$|A| = |A^T| = \sum_{j=1}^{n} a_{ji} (-1)^{i+j} |(A^T)_{ij}| = \sum_{j=1}^{n} a_{ji} (-1)^{i+j} |A_{ji}|. \quad \square$$

Dal fatto che il determinante di una matrice è uguale a quello della sua trasposta, segue che il determinante è multilineare alternante sulle righe. In particolare:

1. scambiando due righe il determinante cambia di segno;
2. moltiplicando una riga per uno scalare λ, anche il determinante viene moltiplicato per λ;
3. aggiungendo ad una riga una combinazione lineare delle altre, il determinante non cambia;
4. se le righe sono linearmente dipendenti il determinante si annulla.

Corollario 8.79 (Teorema degli orlati) *Siano* $A \in M_{n,m}(\mathbb{K})$ *e B una sua sottomatrice quadrata di ordine r invertibile. Allora* $\mathrm{rg}(A) \geq r$ *e la matrice A ha rango r se e solo se ogni sua sottomatrice quadrata C di ordine $r + 1$ che contiene B ha determinante nullo.*

Dimostrazione Una dimostrazione è già stata vista nell'Esercizio 6.103. Qui ne presentiamo un'altra che sfrutta maggiormente le proprietà del determinante. Dimostriamo solo l'unico fatto che non segue banalmente dal Corollario 8.37, e cioè che se $\det(C) = 0$ per ogni sottomatrice quadrata C di ordine $r + 1$ che contiene B, allora $\mathrm{rg}(A) = r$. A meno di scambiare tra loro righe e colonne di A non è restrittivo supporre che B sia un minore di nord-ovest, ossia formato dai coefficienti sulle prime r righe e sulle prime r colonne. Per ogni coppia di indici $i, j > r$ denotiamo con $A(i, j)$ la sottomatrice di A quadrata di ordine $r + 1$ data dai coefficienti nelle righe $1, \ldots, r, i$ e nelle colonne $1, \ldots, r, j$; per ipotesi $\det(A(i, j)) = 0$. Osserviamo che aggiungendo ad ogni colonna di indice $j > r$ una combinazione lineare delle prime r colonne, sia il rango di A che i determinanti delle matrici $A(i, j)$ non cambiano.

Denotiamo con $H \in M_{r,m}(\mathbb{K})$ la sottomatrice formata dalle prime r righe di A. Per ipotesi H ha rango r e le sue prime r colonne sono una base di $\mathbb{K}^r$. Quindi aggiungendo ad ogni colonna di indice $> r$ una opportuna combinazione lineare delle prime r colonne di A possiamo trasformare A in una matrice a blocchi del tipo

$$T = \begin{pmatrix} B & 0 \\ D & E \end{pmatrix}.$$

Se t_{ij} sono i coefficienti di T, allora per ogni $i, j > r$ si ha $\det(B)t_{ij} = \det(A(i, j)) = 0$, quindi $E = 0$ e T ha esattamente r colonne non nulle. $\square$

Corollario 8.80 *Sia $A \in M_{n,n}(\mathbb{K})$ una matrice alternante, ossia antisimmetrica con i coefficienti sulla diagonale principale nulli. Allora A ha rango pari; in particolare, se n è dispari allora $|A| = 0$.*

Dimostrazione Dimostriamo prima che se n è dispari, allora $|A| = 0$. Siccome $A^T = -A$ si ha $|A| = |A^T| = |-A| = (-1)^n|A| = -|A|$ e quindi $2|A| = 0$. Se il campo $\mathbb{K}$ ha caratteristica $\neq 2$ questo basta per affermare che $|A| = 0$, mentre per campi di caratteristica 2 occorre fare un ragionamento per induzione su n. Se $n = 1$ allora $A = 0$; se $n \geq 3$ e $A = (a_{ij})$, per ogni coppia di indici $i, j = 2, \ldots, n$, denotiamo con $B_{ij} = (A_{ij})_{11} \in M_{n-2,n-2}(\mathbb{K})$ la sottomatrice ottenuta togliendo le righe $1, i$ e le colonne $1, j$. Siccome $a_{11} = 0$, effettuando lo sviluppo di Laplace rispetto alla prima colonna e successivamente rispetto alla prima riga otteniamo la formula

$$|A| = \sum_{i,j=2}^{n} (-1)^{i+j+1} a_{i1} a_{1j} |B_{ij}|.$$

Le matrici B_{ij} hanno ordine dispari, $B_{ij}^T = -B_{ji}$ e B_{ii} è alternante per ogni i; dunque $|B_{ij}| = -|B_{ji}|$ e possiamo assumere per induzione che $|B_{ii}| = 0$. Quindi

$$|A| = \sum_{i,j=2}^{n} (-1)^{i+j+1} a_{i1} a_{1j} |B_{ij}| = -\sum_{i,j=2}^{n} (-1)^{i+j+1} a_{1i} a_{1j} |B_{ij}|$$

$$= \sum_{2 \leq i < j \leq n} (-1)^{i+j} a_{1i} a_{1j} (|B_{ij}| + |B_{ji}|) = 0.$$

Per il Teorema 6.115 sappiamo che il rango di una matrice antisimmetrica è uguale al massimo intero r per cui esiste un minore principale $r \times r$ invertibile. Per quanto visto sopra, l'invertibilità del minore principale implica che r è pari. $\square$

Giova osservare che una matrice alternante di ordine pari può avere determinante non nullo; ad esempio

$$\begin{vmatrix} 0 & 1 \\ -1 & 0 \end{vmatrix} = 1.$$

Esempio 8.81 Le precedenti regole permettono di calcolare il determinante con un misto di operazioni elementari su righe e/o colonne e sviluppo di Laplace. Ad esempio, per calcolare il determinante della matrice

$$A = \begin{pmatrix} 10 & 20 & 32 \\ 4 & 2 & 25 \\ 3 & 0 & 6 \end{pmatrix}$$

possiamo sottrarre alla terza colonna il doppio della prima; il determinante non cambia e quindi

$$|A| = \begin{vmatrix} 10 & 20 & 12 \\ 4 & 2 & 17 \\ 3 & 0 & 0 \end{vmatrix} = 3 \begin{vmatrix} 20 & 12 \\ 2 & 17 \end{vmatrix} = 3(340 - 24) = 948.$$

Esempio 8.82 Per il calcolo del determinante

$$\Delta = \begin{vmatrix} a - b - c & 2a & 2a \\ 2b & b - c - a & 2b \\ 2c & 2c & c - a - b \end{vmatrix}$$

possiamo sommare alla prima riga la altre due

$$\Delta = \begin{vmatrix} a + b + c & a + b + c & a + b + c \\ 2b & b - c - a & 2b \\ 2c & 2c & c - a - b \end{vmatrix}$$

$$= (a + b + c) \begin{vmatrix} 1 & 1 & 1 \\ 2b & b - c - a & 2b \\ 2c & 2c & c - a - b \end{vmatrix}$$

e poi sottrarre la prima colonna alle altre due

$$\Delta = (a + b + c) \begin{vmatrix} 1 & 0 & 0 \\ 2b & -b - c - a & 0 \\ 2c & 0 & -c - a - b \end{vmatrix} = (a + b + c)^3.$$

Esempio 8.83 Di solito, per **determinante di Vandermonde** si intende la seguente rappresentazione del determinante della matrice di Vandermonde (Esempio 6.64).

$$\begin{vmatrix} 1 & 1 & \cdots & 1 \\ x_0 & x_1 & \cdots & x_n \\ \vdots & \vdots & \ddots & \vdots \\ x_0^n & x_1^n & \cdots & x_n^n \end{vmatrix} = \prod_{i>j}(x_i - x_j), \qquad x_0, \ldots, x_n \in \mathbb{K}.$$

Per dimostrare tale uguaglianza, definiamo gli scalari $a_0, \ldots, a_{n-1}$ tramite l'identità polinomiale

$$p(t) = \prod_{j=0}^{n-1}(t - x_j) = t^n + \sum_{i=0}^{n-1} a_i t^i \in \mathbb{K}[t],$$

e sommiamo all'ultima riga della matrice di Vandermonde la combinazione lineare a coefficienti a_i delle rimanenti righe. Si ottiene

$$\begin{vmatrix} 1 & 1 & \cdots & 1 \\ x_0 & x_1 & \cdots & x_n \\ \vdots & \vdots & \ddots & \vdots \\ x_0^n & x_1^n & \cdots & x_n^n \end{vmatrix} = \begin{vmatrix} 1 & 1 & \cdots & 1 \\ x_0 & x_1 & \cdots & x_n \\ \vdots & \vdots & \ddots & \vdots \\ p(x_0) & p(x_1) & \ldots & p(x_n) \end{vmatrix}.$$

Dato che $p(x_i) = 0$ per ogni $i < n$ e $p(x_n) = \prod_{n>j}(x_n - x_j)$ si ha

$$\begin{vmatrix} 1 & 1 & \cdots & 1 \\ x_0 & x_1 & \cdots & x_n \\ \vdots & \vdots & \ddots & \vdots \\ x_0^n & x_1^n & \cdots & x_n^n \end{vmatrix} = \begin{vmatrix} 1 & \cdots & 1 & 1 \\ x_0 & \cdots & x_{n-1} & x_n \\ \vdots & \ddots & \vdots & \vdots \\ x_0^{n-1} & \cdots & x_{n-1}^{n-1} & x_n^{n-1} \\ 0 & \cdots & 0 & \prod_{n>j}(x_n - x_j) \end{vmatrix}$$

$$= \prod_{n>j}(x_n - x_j) \cdot \begin{vmatrix} 1 & 1 & \cdots & 1 \\ x_0 & x_1 & \cdots & x_{n-1} \\ \vdots & \vdots & \ddots & \vdots \\ x_0^{n-1} & x_1^{n-1} & \cdots & x_{n-1}^{n-1} \end{vmatrix}$$

e la conclusione segue per induzione su n. Con la precedente formula possiamo ridimostrare che la matrice di Vandermonde

$$\begin{pmatrix} 1 & 1 & \cdots & 1 \\ x_0 & x_1 & \cdots & x_n \\ \vdots & \vdots & \ddots & \vdots \\ x_0^n & x_1^n & \cdots & x_n^n \end{pmatrix}, \qquad x_1, \ldots, x_n \in \mathbb{K}, \tag{8.5}$$

è invertibile se e solo se $x_i \neq x_j$ per ogni $i \neq j$.

Esercizi

8.84 Usare il determinante di Vandermonde (Esempio 8.83) ed il cambio di variabile $x = 64 + y$ per calcolare le soluzioni reali dell'equazione

$$\begin{vmatrix} 1 & 1 & 1 & 1 \\ 1 & 2 & 3 & 4 \\ 1 & 4 & 9 & 16 \\ 1 & 8 & 27 & x \end{vmatrix} = 0.$$

8.85 Calcolare i determinanti:

$$\begin{vmatrix} 1 & 0 & 2 & 1 \\ 0 & 1 & 1 & 1 \\ 2 & 2 & 1 & 0 \\ -2 & 1 & 1 & 0 \end{vmatrix}, \qquad \begin{vmatrix} 13\,547 & 13\,647 \\ 22\,311 & 22\,411 \end{vmatrix}, \qquad \begin{vmatrix} 5 & 6 & 0 & 0 \\ 1 & 5 & 6 & 0 \\ 0 & 1 & 5 & 6 \\ 0 & 0 & 1 & 5 \end{vmatrix}.$$

8.86 Ridimostrare (vedi Esercizio 8.24) che per ogni terna di matrici $A \in M_{n,n}(\mathbb{K})$, $B \in M_{m,m}(\mathbb{K})$ e $C \in M_{n,m}(\mathbb{K})$ vale

$$\begin{vmatrix} A & C \\ 0 & B \end{vmatrix} = |A||B|, \qquad \begin{vmatrix} 0 & B \\ A & C \end{vmatrix} = (-1)^{nm}|A||B|,$$

usando gli sviluppi di Laplace rispetto alla prima colonna.

8.87 Usando gli sviluppi di Laplace rispetto alla prima colonna, dimostrare per induzione su n la formula

$$\begin{vmatrix} 1 & -x & 0 & \ldots & 0 \\ 0 & 1 & -x & \ldots & 0 \\ \vdots & \vdots & & \ddots & 0 \\ 0 & 0 & 0 & \ldots & -x \\ a_0 & a_1 & a_2 & \ldots & a_n \end{vmatrix} = a_0 x^n + a_1 x^{n-1} + \cdots + a_n.$$

8.88 ($\heartsuit$) Dimostrare che

$$
\begin{vmatrix}
1 & 1 & \cdots & 1 \\
x_0 & x_1 & \cdots & x_n \\
\vdots & \vdots & \ddots & \vdots \\
x_0^{n-1} & x_1^{n-1} & \cdots & x_n^{n-1} \\
x_0^{n+1} & x_1^{n+1} & \cdots & x_n^{n+1}
\end{vmatrix}
=
\begin{vmatrix}
1 & 1 & \cdots & 1 \\
x_0 & x_1 & \cdots & x_n \\
\vdots & \vdots & \ddots & \vdots \\
x_0^{n-1} & x_1^{n-1} & \cdots & x_n^{n-1} \\
x_0^{n} & x_1^{n} & \cdots & x_n^{n}
\end{vmatrix}
\left(\sum_{i=0}^{n} x_i \right).
$$

8.89 Dati due interi positivi n, p si consideri la matrice $A \in M_{n,n}(\mathbb{Z})$ di coefficenti $a_{ij} = (ni + j)p + 1$, per $i, j = 1, \ldots, n$. Per quali valori di n, p il determinante di A è uguale a -1250?

8.90 Siano n un intero positivo dispari e $A \in M_{n,n}(\mathbb{Z})$ una matrice simmetrica con gli elementi sulla diagonale principale tutti pari. Usare l'Esercizio 8.45 per dimostrare che il determinante di A è un numero pari.

8.91 Dimostrare, usando l'eliminazione di Gauss, che

$$
\begin{vmatrix}
4 & 2 & 2 & 2 & 8 & 6 & 6 \\
1 & -1 & -1 & 3 & 0 & 2 & 4 \\
2 & 1 & -1 & 3 & 5 & 7 & -1 \\
2 & 1 & 6 & 0 & 3 & -8 & 3 \\
2 & 1 & 1 & 0 & -2 & 7 & 3 \\
2 & 1 & 1 & 0 & 0 & 7 & 3 \\
2 & 1 & 1 & 0 & 2 & 7 & 3
\end{vmatrix}
= 0.
$$

8.92 Sia A una matrice 10×10. Calcolare, in funzione di $|A|$, il determinante della seguente matrice 20×20

$$
\begin{pmatrix}
6A & 5A \\
A & 2A
\end{pmatrix}.
$$

8.93 Calcolare, in funzione dell'ordine n, il determinante delle cosiddette matrici epantemiche, cf. Esercizio 1.31:

$$
A_3 = \begin{pmatrix}
1 & 1 & 1 \\
1 & 1 & 0 \\
1 & 0 & 1
\end{pmatrix}, \quad
A_4 = \begin{pmatrix}
1 & 1 & 1 & 1 \\
1 & 1 & 0 & 0 \\
1 & 0 & 1 & 0 \\
1 & 0 & 0 & 1
\end{pmatrix}, \quad \cdots \quad
A_n = \begin{pmatrix}
1 & 1 & 1 & \cdots & 1 \\
1 & 1 & 0 & \cdots & 0 \\
1 & 0 & 1 & \cdots & 0 \\
\vdots & \vdots & \vdots & \ddots & \vdots \\
1 & 0 & 0 & \cdots & 1
\end{pmatrix}.
$$

8.94 Calcolare i determinanti

$$
\begin{vmatrix}
1 & a_1 & a_2 & \cdots & a_n \\
1 & a_1 + b_1 & a_2 & \cdots & a_n \\
1 & a_1 & a_2 + b_2 & \cdots & a_n \\
\vdots & \vdots & \vdots & \ddots & \vdots \\
1 & a_1 & a_2 & \cdots & a_n + b_n
\end{vmatrix},
\qquad
\begin{vmatrix}
1 & 2 & 2 & \cdots & 2 \\
2 & 2 & 2 & \cdots & 2 \\
2 & 2 & 3 & \cdots & 2 \\
\vdots & \vdots & \vdots & \ddots & \vdots \\
2 & 2 & 2 & \cdots & n
\end{vmatrix}.
$$

8.95 ($\heartsuit$) Sia $A \in M_{9,9}(\mathbb{Z})$ una matrice Sudoku, o più generalmente una matrice 9×9 a coefficienti interi tale che:

1. la somma dei coefficienti di ogni riga è 45;
2. la somma dei coefficienti di ogni colonna è 45.

Dimostrare che il determinante di A è divisibile per 405. Generalizzare il risultato alle matrici $A \in M_{n,n}(\mathbb{Z})$ in cui la somma dei coefficienti di ogni riga e colonna è uguale a nm, con $m \in \mathbb{Z}$.

8.96 ($\heartsuit$) Provare la formula

$$
\frac{1}{n!}
\begin{vmatrix}
2 & 1 & 1 & \cdots & 1 \\
1 & 3 & 1 & \cdots & 1 \\
1 & 1 & 4 & \cdots & 1 \\
\vdots & \vdots & \vdots & \ddots & \vdots \\
1 & 1 & 1 & \cdots & n+1
\end{vmatrix}
= 1 + \frac{1}{1} + \frac{1}{2} + \cdots + \frac{1}{n}.
$$

8.97 (Identità di Chiò, 1853) Sia $A = (a_{ij}) \in M_{n,n}(\mathbb{K})$, $n \geq 2$, e si consideri la matrice $B \in M_{n-1,n-1}(\mathbb{K})$ di coefficienti $b_{ij} = a_{ij}a_{nn} - a_{in}a_{nj}$. Dimostrare che $\det(B) = a_{nn}^{n-2}\det(A)$.

Suggerimento: se $a_{nn} \neq 0$ sia C ottenuta da A moltiplicando per a_{nn} le prime $n-1$ righe, e sia D ottenuta da C sottraendo alla riga i la riga n moltiplicata per a_{in}, per ogni $i = 1, \ldots, n-1$.

8.98 ($\clubsuit$) In questo esercizio useremo il determinante di Vandermonde per dimostrare che se $x_1, \ldots, x_n \in \mathbb{Z}$, allora il prodotto $\prod_{i<j}(x_j - x_i)$ è divisibile, negli interi, per il prodotto

$$
\prod_{1 \leq i < j \leq n}(j - i) = \prod_{2 \leq j \leq n}(j - 1)! = \prod_{1 \leq h < n} h^{n-h}.
$$

Sapendo che

$$
\binom{x}{n} = \frac{1}{n!}x(x-1)\cdots(x-n+1) \in \mathbb{Z}
$$

per ogni $x, n \in \mathbb{Z}$ con $n > 0$ (Esercizio 2.79), dedurre che il determinante della matrice di coefficienti $a_{ij} = x_i^{j-1}/(j-1)!$, con $i, j = 1, \ldots, n$, è un numero intero.

8.99 (☕) Indichiamo con d_k, $k \geq 0$, il determinante della matrice $k \times k$

$$(a_{ij}) = \begin{pmatrix} 6 & 1 & 0 & 0 & \cdots & 0 \\ 1 & 6 & 1 & 0 & \cdots & 0 \\ 0 & 1 & 6 & 1 & \cdots & 0 \\ 0 & 0 & 1 & 6 & \cdots & 0 \\ \vdots & \vdots & \vdots & \vdots & & \ddots \\ 0 & 0 & 0 & 0 & \cdots & 6 \end{pmatrix}, \qquad a_{ij} = \begin{cases} 6 & \text{se } |i-j| = 0, \\ 1 & \text{se } |i-j| = 1, \\ 0 & \text{se } |i-j| > 1, \end{cases}$$

($d_0 = 1$, $d_1 = 6$, $d_2 = 35$ eccetera). Dimostrare che $d_k = 6d_{k-1} - d_{k-2}$ per ogni $k \geq 2$. Siano x, y le radici del polinomio $t^2 - 6t + 1$; dimostrare che per ogni $k \geq 2$ vale

$$x^k = 6x^{k-1} - x^{k-2}, \qquad y^k = 6y^{k-1} - y^{k-2},$$

e determinare due numeri reali a, b tali che $d_k = ax^k + by^k$ per ogni $k \geq 1$.

8.100 (☕) Come nell'Esercizio 8.99, trovare una formula per la successione dei determinanti delle matrici

$$\begin{pmatrix} 1+x^2 & x & 0 & 0 & \cdots & 0 \\ x & 1+x^2 & x & 0 & \cdots & 0 \\ 0 & x & 1+x^2 & x & \cdots & 0 \\ 0 & 0 & x & 1+x^2 & \cdots & 0 \\ \vdots & \vdots & \vdots & \vdots & \ddots & \vdots \\ 0 & 0 & 0 & 0 & \cdots & 1+x^2 \end{pmatrix} \in M_{k,k}(\mathbb{Q}[x]).$$

8.5 Aggiunta classica e regola di Cramer

Data una matrice quadrata A, di ordine n, per ogni coppia di indici $1 \leq i, j \leq n$ lo scalare $(-1)^{i+j}|A_{ij}|$ viene detto **cofattore** di A alla posizione (i, j) o, più brevemente, (i, j)-cofattore di A. I cofattori formano a loro volta una matrice quadrata di ordine n chiamata per l'appunto matrice dei cofattori.

Definizione 8.101 Data una matrice quadrata $A \in M_{n,n}(\mathbb{K})$, la **matrice dei cofattori** $\mathrm{cof}(A)$ e l'**aggiunta classica** $\mathrm{adj}(A)$ di A sono definite mediante la formula:

$$\mathrm{cof}(A) = (c_{ij}), \quad c_{ij} = (-1)^{i+j}|A_{ij}|, \quad \mathrm{adj}(A) = \mathrm{cof}(A)^T = \mathrm{cof}(A^T).$$

L'uguaglianza $\mathrm{cof}(A)^T = \mathrm{cof}(A^T)$ è vera perché ogni matrice quadrata ha determinante uguale alla sua trasposta, e quindi per ogni i, j si ha $|A_{ji}| = |(A_{ji})^T| = |(A^T)_{ij}|$.

Esempio 8.102   L'aggiunta classica di $\left(\begin{smallmatrix} 1 & 2 \\ 3 & 4 \end{smallmatrix}\right)$ è uguale a $\left(\begin{smallmatrix} 4 & -2 \\ -3 & 1 \end{smallmatrix}\right)$. Siccome la matrice vuota ha determinante 1 per convenzione, l'aggiunta classica di una matrice 1×1 è sempre uguale a $(1) \in M_{1,1}(\mathbb{K})$.

Teorema 8.103   *Per ogni matrice quadrata A vale*

$$A \operatorname{adj}(A) = \operatorname{adj}(A)A = |A|I.$$

Dimostrazione   Se $A = (a_{ij})$, tenendo presente la definizione di $\operatorname{adj}(A)$ e del prodotto di matrici, la formula $A \operatorname{adj}(A) = |A|I$ equivale alle relazioni

$$\sum_{k=1}^{n}(-1)^{k+j}a_{ik}|A_{jk}| = \begin{cases} |A| & \text{se } i = j \\ 0 & \text{se } i \neq j \end{cases}. \tag{8.6}$$

Per $i = j$ la formula (8.6) coincide con lo sviluppo di Laplace rispetto alla riga i. Per $i \neq j$, indichiamo con B la matrice ottenuta da A mettendo la riga i al posto della riga j; la matrice B ha dunque due righe uguali (la i e la j) e vale $a_{ik} = b_{ik} = b_{jk}$, $A_{jk} = B_{jk}$ per ogni k. Ne segue che

$$0 = |B| = \sum_{k=1}^{n}(-1)^{k+j}b_{jk}|B_{jk}| = \sum_{k=1}^{n}(-1)^{k+j}a_{ik}|A_{jk}|.$$

La formula $\operatorname{adj}(A)A = |A|I$ si dimostra allo stesso modo utilizzando gli sviluppi di Laplace rispetto alle colonne. $\square$

Corollario 8.104   *Una matrice quadrata A è invertibile se e solo se $|A| \neq 0$; in tal caso l'inversa è uguale a $A^{-1} = \operatorname{adj}(A)/|A|$.*

Dimostrazione   Abbiamo già dimostrato che A è invertibile se e solo se $|A| \neq 0$ ed in tal caso $|A^{-1}| = |A|^{-1}$. Se $|A| \neq 0$ segue dal Teorema 8.103 che $A \operatorname{adj}(A) = |A|I$ e quindi la matrice $\operatorname{adj}(A)/|A|$ è l'inversa di A. $\square$

Teorema 8.105 (regola di Cramer)   *Sia $x_1, \ldots, x_n$ una soluzione di un sistema lineare di n equazioni in n incognite*

$$\begin{cases} a_{11}x_1 + \cdots + a_{1n}x_n = b_1 \\ \qquad\qquad \vdots \\ a_{n1}x_1 + \cdots + a_{nn}x_n = b_n \end{cases}$$

Allora per ogni i vale

$$x_i|A| = |B_i|$$

dove A è la matrice dei coefficienti del sistema e B_i è la matrice ottenuta sostituendo la i-esima colonna di A con la colonna $b = (b_1, \ldots, b_n)^T$ dei termini noti.

Dimostrazione Indichiamo con A^i la i-esima colonna di A. Dire che $x_1, \ldots, x_n$ è una soluzione del sistema equivale a dire che

$$x_1 A^1 + \cdots + x_n A^n = b.$$

Dunque per la multilineare alternanza del determinante si ha

$$|B_1| = |x_1 A^1 + \cdots + x_n A^n, A^2, \ldots, A^n| = \sum_{i=1}^{n} x_i |A^i, A^2, \ldots, A^n| = x_1 |A|.$$

In maniera del tutto simile si prova che $|B_i| = x_i |A|$ per ogni indice i.

Se sappiamo già che A è una matrice invertibile e scriviamo il sistema nella forma $Ax = b$, con $x, b \in \mathbb{K}^n$, allora possiamo dimostrare la regola di Cramer anche nel modo seguente: dallo sviluppo di Laplace di $|B_i|$ rispetto alla colonna i segue che $|B_i| = b_1 c_{1i} + \cdots + b_n c_{ni}$, dove c_{ij} sono i cofattori di A. Dunque $\mathrm{adj}(A)b$ è il vettore di coordinate $|B_1|, \ldots, |B_n|$ e quindi

$$x = A^{-1}b = \frac{\mathrm{adj}(A)}{|A|}b = \frac{1}{|A|}(|B_1|, \ldots, |B_n|)^T. \quad \square$$

Dalla regola di Cramer segue in particolare che se $|A| = 0$ e $|B_i| \neq 0$ per qualche i, allora il sistema è incompatibile, fatto del quale avevamo già piena conoscenza grazie al teorema di Rouché–Capelli.

Esempio 8.106 Sia $A \in M_{n,n}(\mathbb{K})$ una matrice quadrata di rango r. Dimostriamo che il rango della sua aggiunta classica $\mathrm{adj}(A)$ è uguale a:

- n se $r = n$;
- 1 se $r = n - 1$;
- 0 se $r \leq n - 2$.

Se $r = n$ allora $|A| \neq 0$ e il prodotto $\mathrm{adj}(A)\, A = |A|I$ è una matrice invertibile; dunque anche $\mathrm{adj}(A)$ deve essere invertibile. Se $r \leq n - 2$, per il Corollario 8.37 la matrice dei cofattori è nulla. Sempre per il Corollario 8.37, se $r = n - 1$ si ha $\mathrm{adj}(A) \neq 0$ e quindi il rango dell'aggiunta classica è maggiore di 0. D'altra parte, siccome $A\,\mathrm{adj}(A) = |A|I = 0$, l'immagine dell'applicazione lineare $L_{\mathrm{adj}(A)}$ è contenuta nel nucleo di L_A che ha dimensione 1; quindi il rango dell'aggiunta classica è minore od uguale a 1.

Per chiudere il capitolo, introduciamo alcune notazioni molto usate in matematica.

Definizione 8.107 Il **gruppo lineare** $\mathrm{GL}_n(\mathbb{K})$ è l'insieme di tutte le matrici $A \in M_{n,n}(\mathbb{K})$ che sono invertibili. Equivalentemente

$$\mathrm{GL}_n(\mathbb{K}) = \{S \in M_{n,n}(\mathbb{K}) \mid \det(S) \neq 0\}.$$

Abbiamo visto nella Sezione 6.3 che, se $S, R \in \mathrm{GL}_n(\mathbb{K})$ allora anche S^{-1}, S^T e SR appartengono a $\mathrm{GL}_n(\mathbb{K})$. Si noti che $\mathrm{GL}_n(\mathbb{K})$ non contiene la matrice nulla e quindi non è un sottospazio vettoriale di $M_{n,n}(\mathbb{K})$.

Definizione 8.108 Per **gruppo di matrici** si intende un sottoinsieme G di un gruppo lineare $\mathrm{GL}_n(\mathbb{K})$ che gode delle seguenti proprietà:

1. $I \in G$;
2. se $A, B \in G$, allora $AB \in G$;
3. se $A \in G$, allora $A^{-1} \in G$.

Esistono molti gruppi di matrici oltre a $\mathrm{GL}_n(\mathbb{K})$; un esempio è dato dai cosiddetti **gruppi speciali lineari** $\mathrm{SL}_n(\mathbb{K}) = \{A \in \mathrm{GL}_n(\mathbb{K}) \mid \det(A) = 1\}$.

Esercizi

8.109 Di una matrice quadrata a coefficienti reali A sappiamo che ha rango 4 e determinante 3. Quanto vale il determinante di $3A^{-1}$?

8.110 Usare il Corollario 8.104 per calcolare le inverse della matrici:

$$\begin{pmatrix} 1 & -3 & 0 \\ 1 & 0 & 1 \\ 0 & 2 & 1 \end{pmatrix}, \quad \begin{pmatrix} 1 & 0 & 1 \\ 0 & 1 & 1 \\ 1 & 1 & 1 \end{pmatrix}, \quad \begin{pmatrix} 1 & 2 & -1 \\ 0 & -1 & 1 \\ 1 & 1 & 2 \end{pmatrix},$$

$$\begin{pmatrix} 1 & 0 & 1 & 2 \\ 0 & 1 & 1 & 0 \\ 0 & 0 & 1 & 3 \\ 0 & 0 & 0 & 1 \end{pmatrix}, \quad \begin{pmatrix} 1 & 0 & 0 & 0 \\ 0 & 0 & 1 & 0 \\ 0 & 0 & 0 & 1 \\ 0 & 1 & 0 & 0 \end{pmatrix}.$$

8.111 Vero o falso? Ogni matrice 2×4 nella quale i determinanti dei minori 2×2 formati da due colonne adiacenti si annullano ha rango minore di 2.

8.112 Sia $B \in M_{n,n+1}(\mathbb{K})$ e denotiamo con x_j il determinante della matrice $n \times n$ ottenuta togliendo a B la j-esima colonna. Dimostrare che

$$B \begin{pmatrix} x_1 \\ -x_2 \\ x_3 \\ \vdots \\ (-1)^n x_{n+1} \end{pmatrix} = 0.$$

8.113   Risolvere, usando la regola di Cramer, il sistema

$$\begin{cases} x + y + z = 1 \\ x + 2y + 3z = 4 \\ x + 4y + 9z = 16 \end{cases}$$

8.114   Provare che l'aggiunta classica di una matrice simmetrica è ancora simmetrica. Cosa si può dire dell'aggiunta classica di una matrice antisimmetrica?

8.115   Siano $A \in M_{n,n}(\mathbb{K})$ e $v, w \in \mathbb{K}^n$. Dimostrare le uguaglianze

$$v^T \operatorname{adj}(A)w = - \begin{vmatrix} A & w \\ v^T & 0 \end{vmatrix},$$

$$\det(A + wv^T) = \begin{vmatrix} A & -w \\ v^T & 1 \end{vmatrix} = \det(A) + v^T \operatorname{adj}(A)w.$$

8.116   Calcolare le inverse delle seguenti matrici:

$$\begin{pmatrix} 1 & \frac{1}{2} \\ \frac{1}{2} & \frac{1}{3} \end{pmatrix}, \qquad \begin{pmatrix} 1 & \frac{1}{2} & \frac{1}{3} \\ \frac{1}{2} & \frac{1}{3} & \frac{1}{4} \\ \frac{1}{3} & \frac{1}{4} & \frac{1}{5} \end{pmatrix}.$$

Osservazione 8.117 (☺)   Le matrici quadrate di coefficienti $a_{ij} = \frac{1}{i+j-1}$ vengono chiamate *matrici di Hilbert* ed hanno la curiosa proprietà di avere l'inversa a coefficienti interi. Ad esempio

$$\begin{pmatrix} 1 & \frac{1}{2} & \frac{1}{3} & \frac{1}{4} \\ \frac{1}{2} & \frac{1}{3} & \frac{1}{4} & \frac{1}{5} \\ \frac{1}{3} & \frac{1}{4} & \frac{1}{5} & \frac{1}{6} \\ \frac{1}{4} & \frac{1}{5} & \frac{1}{6} & \frac{1}{7} \end{pmatrix}^{-1} = \begin{pmatrix} 16 & -120 & 240 & -140 \\ -120 & 1200 & -2700 & 1680 \\ 240 & -2700 & 6480 & -4200 \\ -140 & 1680 & -4200 & 2800 \end{pmatrix}.$$

La dimostrazione, non banale, di questo fatto va al di là degli scopi di queste note e viene pertanto omessa. Sarà invece molto facile, dopo che avremo dimostrato alcuni risultati sulle matrici simmetriche reali, dimostrare che le matrici di Hilbert hanno tutte determinante positivo (Esercizio 14.68).

8.118   È possibile dimostrare che il polinomio $t^6 - t + 1$ possiede 6 radici complesse distinte $a_1, \ldots, a_6$, ossia con determinante di Vandermode diverso da 0:

$$\Delta = \begin{vmatrix} 1 & a_1 & \cdots & a_1^5 \\ 1 & a_2 & \cdots & a_2^5 \\ \vdots & \vdots & \ddots & \vdots \\ 1 & a_6 & \cdots & a_6^5 \end{vmatrix} \neq 0.$$

Mediante un ragionamento astratto sulla regola di Cramer, e senza fare conti, calcolare i rapporti tra i 7 determinanti dei minori 6×6 della matrice

$$
\begin{vmatrix}
1 & a_1 & \cdots & a_1^5 & a_1^6 \\
1 & a_2 & \cdots & a_2^5 & a_2^6 \\
\vdots & \vdots & \ddots & \vdots & \vdots \\
1 & a_6 & \cdots & a_6^5 & a_6^6
\end{vmatrix}.
$$

ed il determinante Δ.

8.119 Verificare che il sottoinsieme di $\mathrm{GL}_2(\mathbb{R})$, formato dall'identità e dalle cinque matrici

$$
\begin{pmatrix} 1 & 0 \\ 0 & -1 \end{pmatrix}, \;
\begin{pmatrix} \frac{-1}{2} & \frac{\sqrt{3}}{2} \\ \frac{\sqrt{3}}{2} & \frac{1}{2} \end{pmatrix}, \;
\begin{pmatrix} \frac{-1}{2} & \frac{-\sqrt{3}}{2} \\ \frac{-\sqrt{3}}{2} & \frac{1}{2} \end{pmatrix}, \;
\begin{pmatrix} \frac{-1}{2} & \frac{\sqrt{3}}{2} \\ \frac{-\sqrt{3}}{2} & \frac{-1}{2} \end{pmatrix}, \;
\begin{pmatrix} \frac{-1}{2} & \frac{-\sqrt{3}}{2} \\ \frac{\sqrt{3}}{2} & \frac{-1}{2} \end{pmatrix},
$$

è un gruppo di matrici.

8.120 Sia $\mathcal{B} \subseteq M_{n,n}(\mathbb{K})$ un sottoinsieme non vuoto. Provare che

$$
G = \{A \in \mathrm{GL}_n(\mathbb{K}) \mid AB = BA \text{ per ogni } B \in \mathcal{B}\}
$$

è un gruppo di matrici.

8.121 (☕) La successione $B_0, B_1, \ldots, B_n, \ldots$ dei **numeri di Bernoulli** può essere definita dalle equazioni ricorsive:

$$
B_n \in \mathbb{Q}, \quad B_0 = 1, \quad \sum_{i=0}^{n} \binom{n+1}{i} B_i = 0, \quad n > 0.
$$

Usare lo sviluppo di Laplace rispetto all'ultima colonna per dimostrare induttivamente la seguente rappresentazione determinantale dei numeri di Bernoulli

$$
B_n = \frac{(-1)^n}{(n-1)!}
\begin{vmatrix}
\frac{1}{2} & \frac{1}{3} & \frac{1}{4} & \cdots & \frac{1}{n} & \frac{1}{n+1} \\
1 & 1 & 1 & \cdots & 1 & 1 \\
0 & 2 & 3 & \cdots & n-1 & n \\
0 & 0 & \binom{3}{2} & \cdots & \binom{n-1}{2} & \binom{n}{2} \\
\vdots & \vdots & \vdots & \ddots & \vdots & \vdots \\
0 & 0 & 0 & \cdots & \binom{n-1}{n-2} & \binom{n}{n-2}
\end{vmatrix}, \quad n > 0.
$$

Per maggior chiarezza, i coefficienti a_{ij}, $i, j = 1, \ldots, n$, della matrice sono uguali a $a_{1j} = 1/(j+1)$ e $a_{ij} = \binom{j}{i-2}$ per $i > 1$.

8.122 (☕,Ⓐ)   Dimostrare che i numeri di Bernoulli B_n (Esercizio 8.121) calcolano le derivate in 0 della funzione $B(x) = x/(e^x - 1)$, ossia che vale lo sviluppo in serie di Taylor

$$\frac{x}{e^x - 1} = \sum_{n=0}^{\infty} \frac{B_n}{n!} x^n = 1 - \frac{x}{2} + \frac{x^2}{12} - \frac{x^4}{720} + \frac{x^6}{30\,240} - \frac{x^8}{1\,209\,600} + \cdots,$$

e che $B_n = 0$ per ogni n dispari e maggiore di 1 (Suggerimento: provare che $B(-x) = e^x B(x) = B(x) + x$).

8.123   Attenzione: in questo esercizio le due barre verticali denotano il modulo di un numero complesso e non il determinante.

1. Dimostrare che per ogni $A = (a_{ij}) \in M_{n,n}(\mathbb{C})$ vale la disuguaglianza

$$|\det(A)| \le \prod_{i=1}^{n} \left(\sum_{j=1}^{n} |a_{ij}| \right)$$

   e determinare tutte quelle in cui vale l'uguaglianza.
2. (☕) Sia $\Delta = \{(z_1, \ldots, z_n) \in \mathbb{C}^n \mid |z_i| < 1 \text{ per ogni } i\}$. Determinare tutte le matrici invertibili $A \in M_{n,n}(\mathbb{C})$ tali che $A(\Delta) = \Delta$, e cioè tali che $Av, A^{-1}v \in \Delta$ per ogni $v \in \Delta$.

8.6   Complementi: lo Pfaffiano

Abbiamo visto nel Corollario 8.80 che le matrici alternanti di ordine dispari hanno determinante nullo. Per completare il discorso, in questa sezione studieremo le matrici alternanti di ordine pari dimostrando, tra le altre cose, che il determinante di ciascuna di esse è il quadrato di una ben determinata quantità detta Pfaffiano.

Per ogni matrice alternante A ed ogni coppia di indici i, j, indichiamo come al solito con A_{ij} la sottomatrice ottenuta cancellando la riga i e la colonna j; notiamo che A_{ii} è ancora alternante per ogni i.

Definizione 8.124 (Lo Pfaffiano)   Per intero pari $n \ge 2$ ed ogni matrice alternante $A = (a_{ij}) \in M_{n,n}(\mathbb{K})$, definiamo $\mathrm{Pf}(A) \in \mathbb{K}$ nel modo seguente:

1. se $n = 2$ si pone $\mathrm{Pf}(A) = a_{12}$, ossia $\mathrm{Pf}\begin{pmatrix} 0 & a \\ -a & 0 \end{pmatrix} = a$;

2. se $n \ge 4$, per ogni indice $i = 1, \ldots, n-1$ denotiamo con $\overline{A}[i, n]$ il minore principale di A ottenuto cancellando le righe i, n e le colonne i, n, ossia

$\overline{A}[i,n] = (A_{nn})_{ii}$, e definiamo ricorsivamente

$$\mathrm{Pf}(A) = \sum_{i=1}^{n-1} (-1)^{i-1}\, \mathrm{Pf}\big(\overline{A}[i,n]\big) a_{in}. \tag{8.7}$$

Quando $n = 0$ si pone per convenzione uguale ad 1 lo Pfaffiano della matrice vuota.

Ad esempio, per la generica matrice alternante 4×4

$$A = \begin{pmatrix} 0 & a & b & c \\ -a & 0 & d & e \\ -b & -d & 0 & f \\ -c & -e & -f & 0 \end{pmatrix}$$

si ha $\mathrm{Pf}(A) = dc - be + af$, dato che

$$\overline{A}[1,4] = \begin{pmatrix} 0 & d \\ -d & 0 \end{pmatrix}, \quad \overline{A}[2,4] = \begin{pmatrix} 0 & b \\ -b & 0 \end{pmatrix}, \quad \overline{A}[3,4] = \begin{pmatrix} 0 & a \\ -a & 0 \end{pmatrix}.$$

Si dimostra facilmente per induzione che lo Pfaffiano di una matrice alternante di ordine $n = 2m$ è un polinomio di grado m nei coefficienti.

Lemma 8.125 *Siano $A \in M_{n,n}(\mathbb{K})$ e $B \in M_{m,m}(\mathbb{K})$ due matrici alternanti. Se gli interi n e m sono entrambi pari, allora*

$$\mathrm{Pf}\begin{pmatrix} A & 0 \\ 0 & B \end{pmatrix} = \mathrm{Pf}(A)\,\mathrm{Pf}(B).$$

Dimostrazione I primi n coefficienti dell'ultima colonna sono nulli, quindi

$$\mathrm{Pf}\begin{pmatrix} A & 0 \\ 0 & B \end{pmatrix} = \sum_{i=1}^{m-1} (-1)^{n+i-1}\, \mathrm{Pf}\begin{pmatrix} A & 0 \\ 0 & \overline{B}[i,m] \end{pmatrix} b_{im}$$

e la conclusione segue per induzione su $m/2$, ricordando che n è pari. $\square$

Teorema 8.126 *Sia $A \in M_{n,n}(\mathbb{K})$ una matrice alternante:*

1. se n è pari allora $|A| = \mathrm{Pf}(A)^2$, e per ogni matrice $H \in M_{n,n}(\mathbb{K})$ vale

$$\mathrm{Pf}(HAH^T) = |H|\,\mathrm{Pf}(A);$$

2. se n è dispari allora $|A_{ij}| = \mathrm{Pf}(A_{ii})\,\mathrm{Pf}(A_{jj})$ per ogni i, j, e vale

$$(\mathrm{Pf}(A_{11}), -\mathrm{Pf}(A_{22}), \mathrm{Pf}(A_{33}), \ldots, (-1)^{n-1}\mathrm{Pf}(A_{nn}))A = 0.$$

Dimostrazione   La dimostrazione che daremo utilizza le tecniche elementari sviluppate in questo testo e risulta, purtroppo, decisamente inelegante in alcune sue parti. Può interessare il fatto che esistono dimostrazioni più raffinate che però utilizzano strumenti algebrici più avanzati.

Per piccoli valori di n, e cioè per $n \leq 4$, la dimostrazione può essere fatta con un conto diretto di verifica delle formule. Ad esempio, per $n = 2$ la formula $|A| = \mathrm{Pf}(A)^2$ è immediata e si ha l'identità

$$\begin{pmatrix} a & b \\ c & d \end{pmatrix} \begin{pmatrix} 0 & x \\ -x & 0 \end{pmatrix} \begin{pmatrix} a & c \\ b & d \end{pmatrix} = \begin{pmatrix} 0 & x(ad - bc) \\ x(bc - ad) & 0 \end{pmatrix}.$$

Per grandi valori di n conviene adottare un procedimento per induzione; supponiamo quindi il teorema vero per tutte le matrici alternanti di ordine minore o uguale ad n e dimostriamo che vale anche per quelle di ordine $n + 1$; occorre distinguere il caso n pari dal caso n dispari. Per semplificare la dimostrazione supporremo che il campo $\mathbb{K}$ contenga infiniti elementi, pur essendo tale ipotesi non necessaria (vedi Esempio 3.106).

Caso $n \geq 2$ pari. Sia A una matrice alternante di ordine $n + 1$; per il Corollario 8.80 vale $|A| = 0$ ed abbiamo visto nell'Esempio 8.106 che il rango della sua aggiunta classica $\mathrm{adj}(A) = (c_{ij})$ è al più 1 . Quindi ogni minore 2×2 di $\mathrm{adj}(A)$ ha determinante nullo e per ogni coppia di indici i, j si ha $c_{ii}c_{jj} - c_{ij}c_{ji} = 0$. Ricordando che $c_{ij} = (-1)^{i+j}|A_{ji}|$ si ottiene

$$|A_{ij}|\,|A_{ji}| = |A_{ii}|\,|A_{jj}|.$$

Notiamo che $(A_{ij})^T = (A^T)_{ji} = -A_{ji}$ e quindi $|A_{ij}| = |A_{ji}|$. Usando l'ipotesi induttiva otteniamo quindi

$$|A_{ij}|^2 = |A_{ii}|\,|A_{jj}| = \mathrm{Pf}(A_{ii})^2\,\mathrm{Pf}(A_{jj})^2.$$

Siamo quindi in grado di dire che $|A_{ij}| = \pm\,\mathrm{Pf}(A_{ii})\,\mathrm{Pf}(A_{jj})$ dove il segno $\pm$ dipende a priori da A e dalla coppia di indici i, j. Per induzione già sappiamo che il segno è uguale a $+1$ per $i = j$ e resta da far vedere che tale segno è $+1$ anche quando $i \neq j$. Se $1 = -1$, ossia se siamo in caratteristica 2 abbiamo finito; in generale, data una seconda matrice alternante B di ordine $n + 1$, indicando $C(t) = tA + (1 - t)B$ per ogni $t \in \mathbb{K}$ si ha

$$\Big(|C(t)_{ij}| - \mathrm{Pf}(C(t)_{ii})\,\mathrm{Pf}(C(t)_{jj})\Big)\Big(|C(t)_{ij}| + \mathrm{Pf}(C(t)_{ii})\,\mathrm{Pf}(C(t)_{jj})\Big) = 0.$$

Siccome in un campo infinito un prodotto di funzioni polinomiali si annulla se e solo se si annulla identicamente almeno uno dei fattori, ne consegue che, in caratteristica $\neq 2$, per ogni coppia di indici i, j basta trovare una matrice alternante B tale che $|B_{ij}| + \mathrm{Pf}(B_{ii})\,\mathrm{Pf}(B_{jj}) \neq 0$: infatti, ciò implica che la funzione polinomiale $|C(t)_{ij}| + \mathrm{Pf}(C(t)_{ii})\,\mathrm{Pf}(C(t)_{jj})$ non si annulla per $t = 0$, di conseguenza $|C(t)_{ij}| - \mathrm{Pf}(C(t)_{ii})\,\mathrm{Pf}(C(t)_{jj}) = 0$ per ogni t, e basta osservare che $C(1) = A$.

Per semplicità espositiva consideriamo il caso $i = 1, j = 2$: i rimanenti casi possono essere dimostrati similmente oppure ricondotti al caso particolare mediante permutazioni degli indici (vedi Corollario 8.127). Se $n + 1 = 2k + 3$ possiamo ad esempio considerare la matrice diagonale a blocchi

$$B = \begin{pmatrix} U & 0 & \cdots & 0 \\ 0 & J_1 & \cdots & 0 \\ \vdots & \vdots & \ddots & \vdots \\ 0 & 0 & \cdots & J_k \end{pmatrix}, \quad U = \begin{pmatrix} 0 & 0 & 1 \\ 0 & 0 & 1 \\ -1 & -1 & 0 \end{pmatrix}, \quad J_1 = \cdots = J_k = \begin{pmatrix} 0 & 1 \\ -1 & 0 \end{pmatrix},$$

per la quale vale

$$|B_{12}| = |U_{12}| = 1, \qquad \mathrm{Pf}(B_{11}) = \mathrm{Pf}(U_{11}) = 1, \qquad \mathrm{Pf}(B_{22}) = \mathrm{Pf}(U_{22}) = 1.$$

Per dimostrare l'uguaglianza $(\mathrm{Pf}(A_{11}), -\mathrm{Pf}(A_{22}), \ldots, (-1)^{n-1}\mathrm{Pf}(A_{nn}))A = 0$ non è restrittivo supporre $\mathrm{Pf}(A_{hh}) \neq 0$ per un indice fissato h. Sia $\mathrm{adj}(A) = (c_{ij})$ l'aggiunta classica di A, dal Corollario 8.80 segue che $\mathrm{adj}(A)\,A = 0$, mentre dalla relazione $|A_{ij}| = \mathrm{Pf}(A_{ii})\,\mathrm{Pf}(A_{jj})$ segue che $c_{ij} = (-1)^{i+j}\,\mathrm{Pf}(A_{ii})\,\mathrm{Pf}(A_{jj})$. In particolare,

$$\begin{aligned} 0 &= (c_{h1}, c_{h2}, \ldots, c_{hn})A \\ &= (-1)^{h+1}\,\mathrm{Pf}(A_{hh})(\mathrm{Pf}(A_{11}), -\mathrm{Pf}(A_{22}), \ldots, (-1)^{n-1}\,\mathrm{Pf}(A_{nn}))A. \end{aligned}$$

Caso $n \geq 1$ dispari. Sia A una matrice alternante di ordine (pari) $n+1$ e scriviamo

$$B = A_{n+1,n+1}, \qquad A = \begin{pmatrix} B & x^T \\ -x & 0 \end{pmatrix},$$

dove $x = (a_{1,n+1}, \ldots, a_{n,n+1})$. Per lo sviluppo di Laplace rispetto all'ultima colonna otteniamo

$$|A| = \sum_{i=1}^{n}(-1)^{n+i+1}a_{i,n+1}|A_{i,n+1}|$$

e calcolando ciascun determinante $|A_{i,n+1}|$ mediante lo sviluppo di Laplace rispetto all'ultima riga otteniamo

$$|A_{i,n+1}| = \sum_{j=1}^{n}(-1)^{n+j}(-a_{j,n+1})|B_{ij}| = \sum_{j=1}^{n}(-1)^{n+j+1}a_{j,n+1}|B_{ij}|$$

da cui, utilizzando l'ipotesi induttiva

$$|A| = \sum_{i,j=1}^{n} (-1)^{i+j+2} a_{i,n+1} a_{j,n+1} |B_{ij}|$$

$$= \sum_{i,j=1}^{n} (-1)^{i+j+2} a_{i,n+1} a_{j,n+1} \operatorname{Pf}(B_{ii}) \operatorname{Pf}(B_{jj})$$

$$= \left(\sum_{i=1}^{n} (-1)^{i+1} a_{i,n+1} \operatorname{Pf}(B_{ii}) \right) \left(\sum_{j=1}^{n} (-1)^{j+1} a_{j,n+1} \operatorname{Pf}(B_{jj}) \right) = \operatorname{Pf}(A)^2.$$

Se H è una qualunque matrice quadrata di ordine $n+1$, siccome $|HAH^T| = |H|^2|A|$ si ha $\operatorname{Pf}(HAH^T) = \pm|H|\operatorname{Pf}(A)$ e quindi la relazione $\operatorname{Pf}(HAH^T) = |H|\operatorname{Pf}(A)$ è certamente vera se $\operatorname{Pf}(A) = 0$ oppure se $H = I$, oppure se $1 = -1$. Per dimostrare che quando $\operatorname{Pf}(A) \neq 0$ e $1 \neq -1$ il segno non dipende da H, scriviamo $C(t) = tH + (1-t)I$ ottenendo

$$\big(\operatorname{Pf}(C(t)AC(t)^T) - |C(t)|\operatorname{Pf}(A)\big)\big(\operatorname{Pf}(C(t)AC(t)^T) + |C(t)|\operatorname{Pf}(A)\big) = 0.$$

Come sopra almeno una delle due funzioni polinomiali si annulla ovunque e basta osservare che $\operatorname{Pf}(C(0)AC(0)^T) + |C(0)|\operatorname{Pf}(A) = 2\operatorname{Pf}(A) \neq 0$. $\square$

Corollario 8.127   *Permutando allo stesso modo gli indici di riga e colonna di una matrice alternante di ordine pari, lo Pfaffiano viene moltiplicato per la segnatura della permutazione.*

Dimostrazione   Per ogni $\sigma \in \mathbb{S}_n$ ed ogni $A \in M_{n,n}(\mathbb{K})$, la matrice $I^\sigma A (I^\sigma)^T$ si ottiene da A applicando σ sia agli indici di riga (moltiplicazione a destra per $(I^\sigma)^T$) che agli indici di colonna (moltiplicazione a sinistra per I^σ). Se n è pari e A alternante, per il Teorema 8.126 si ha $\operatorname{Pf}(I^\sigma A (I^\sigma)^T) = |I^\sigma|\operatorname{Pf}(A)$. $\square$

Esercizi

8.128 (♣, ♡)   Sia $A \in M_{n,n}(\mathbb{K})$ alternante di rango r. Dimostrare che:

1. esiste un matrice $H \in M_{r,n}(\mathbb{K})$ tale che il prodotto $HA \in M_{r,n}(\mathbb{K})$ abbia ancora rango r;
2. per ogni matrice H come al punto precedente, la matrice $HAH^T \in M_{r,r}(\mathbb{K})$ ha ancora rango r;
3. dedurre dai punti precedenti che r è pari.

Note

A proposito dell'Esercizio 8.95, segnaliamo che esistono matrici Sudoku sia a determinante nullo (la maggior parte) che invertibili su $\mathbb{Q}$ (più difficili da trovare).

In alcuni testi l'aggiunta classica viene chiamata semplicemente aggiunta: noi sconsigliamo questa terminologia in quanto esiste un'altra nozione di matrice aggiunta che non ha nulla a che vedere con la presente, vedi Definizione 14.127.

Le funzioni $\mathrm{Pf}(A)$ furono introdotte da J. Pfaff nel 1815 in uno studio sulle equazioni differenziali; il nome Pfaffiano è stato coniato successivamente da A. Cayley, il quale è stato il primo a dimostrare, nel 1849, il Teorema 8.126. Pfaff è anche noto per essere stato, formalmente, il relatore di Gauss.

Capitolo 9
Endomorfismi e polinomi caratteristici

Dopo aver studiato le applicazioni lineari tra due spazi vettoriali ed aver introdotto il determinante, iniziamo in questo capitolo lo studio delle applicazioni lineari da uno spazio vettoriale in sé. In questo studio, che proseguirà nei Capitoli 10 e 11, assumeremo, salvo avviso contrario, che tutti gli spazi vettoriali abbiano dimensione finita. La motivazione principale di questa restrizione è che gran parte dei risultati si appoggeranno sul Corollario 5.50, secondo il quale se V è uno spazio vettoriale di dimensione finita e $f \colon V \to V$ è lineare, allora f è un isomorfismo se e solo se $\operatorname{Ker} f = 0$.

9.1   Matrici simili

Introduciamo una relazione, detta similitudine, tra matrici quadrate dello stesso ordine.

Definizione 9.1   Diremo che due matrici quadrate $A, B \in M_{n,n}(\mathbb{K})$ sono **simili**, e scriveremo $A \sim B$, se esiste $S \in M_{n,n}(\mathbb{K})$ invertibile tale che $A = SBS^{-1}$.

La similitudine gode delle seguenti proprietà:

Proprietà riflessiva $A \sim A$ per ogni $A \in M_{n,n}(\mathbb{K})$;
Proprietà simmetrica Se $A \sim B$ allora $B \sim A$;
Proprietà transitiva   Se $A \sim B$ e $B \sim C$, allora $A \sim C$.

La verifica di tali proprietà è immediata: infatti $A = IAI^{-1}$; se $A = SBS^{-1}$ allora $B = S^{-1}A(S^{-1})^{-1}$; se $A = SBS^{-1}$ e $B = RCR^{-1}$ allora $A = (SR)C(SR)^{-1}$.

L'importanza della similitudine risiede nel fatto che spesso la risolubilità di un problema in algebra lineare non cambia se sostituiamo una matrice con un'altra ad essa simile. Tanto per fare un esempio, siano $A \in M_{n,n}(\mathbb{K})$, $H \in M_{m,m}(\mathbb{K})$ e consideriamo il problema di determinare se esiste una matrice $X \in M_{n,m}(\mathbb{K})$ di rango fissato k tale che $AX = XH$. La soluzione al problema non cambia se alla

© The Author(s), under exclusive license to Springer Nature Switzerland AG 2025
M. Manetti, *Algebra Lineare*, La Matematica per il 3+2 174,
https://doi.org/10.1007/978-3-032-01504-4_9

matrice A sostituiamo una matrice ad essa simile $B = SAS^{-1}$: infatti se poniamo $Y = SX$, le matrici X e Y hanno lo stesso rango,

$$AX = S^{-1}BSX = S^{-1}BY, \qquad XH = S^{-1}YH,$$

e quindi $AX = XH$ se e solo se $S^{-1}BY = S^{-1}YH$. Siccome S è invertibile ne segue che X è una soluzione di $AX = XH$ se e solo se Y è una soluzione di $BY = YH$. Lo stesso ragionamento mostra che possiamo sostituire H con una matrice simile.

In questo e nei prossimi due capitoli studieremo condizioni utili a stabilire se due matrici sono simili o meno; in tale contesto risulterà fondamentale l'introduzione delle classi delle matrici diagonalizzabili (simili ad una diagonale) e triangolabili (simili ad una triangolare). Ma prima di questo, vediamo alcuni criteri elementari di similitudine e qualche semplice esempio.

Esempio 9.2 Le due matrici diagonali

$$A = \begin{pmatrix} a & 0 \\ 0 & b \end{pmatrix}, \qquad B = \begin{pmatrix} b & 0 \\ 0 & a \end{pmatrix},$$

sono simili: infatti $A = SBS^{-1}$ dove

$$S = \begin{pmatrix} 0 & 1 \\ 1 & 0 \end{pmatrix}.$$

Più in generale due matrici diagonali ottenute l'una dall'altra mediante una permutazione degli elementi sulla diagonale principale sono simili. Infatti, se indichiamo con $S_k \in M_{n,n}(\mathbb{K})$, $0 < k < n$, la matrice a blocchi

$$S_k = \begin{pmatrix} I_{k-1} & 0 & 0 \\ 0 & S & 0 \\ 0 & 0 & I_{n-k-1} \end{pmatrix}, \qquad \text{dove} \quad S = \begin{pmatrix} 0 & 1 \\ 1 & 0 \end{pmatrix}$$

e I_s denota la matrice identità di ordine s, allora per ogni matrice diagonale A la matrice SAS^{-1} è ancora diagonale ed è ottenuta da A scambiando tra loro il k-esimo ed il $k + 1$-esimo coefficiente sulla diagonale. Basta adesso osservare che ogni permutazione di $\{1, \ldots, n\}$ si ottiene per composizione di trasposizioni che scambiano elementi adiacenti.

Esempio 9.3 Ogni matrice triangolare superiore è simile ad una matrice triangolare inferiore. Più in generale, ogni matrice $A = (a_{i,j}) \in M_{n,n}(\mathbb{K})$ è simile alla matrice ottenuta per 'rotazione di 180 gradi' $B = (b_{i,j})$, dove $b_{i,j} = a_{n-i+1,n-j+1}$. Indicando con $C \in M_{n,n}(\mathbb{K})$ la matrice che ha tutti i coefficienti nulli tranne quelli sull'antidiagonale principale, che sono uguali ad 1, vale la formula $BC = CA$; ad esempio si ha

$$\begin{pmatrix} 9 & 0 & 0 \\ 6 & 5 & 0 \\ 3 & 2 & 1 \end{pmatrix} \begin{pmatrix} 0 & 0 & 1 \\ 0 & 1 & 0 \\ 1 & 0 & 0 \end{pmatrix} = \begin{pmatrix} 0 & 0 & 1 \\ 0 & 1 & 0 \\ 1 & 0 & 0 \end{pmatrix} \begin{pmatrix} 1 & 2 & 3 \\ 0 & 5 & 6 \\ 0 & 0 & 9 \end{pmatrix}.$$

In generale, BC si ottiene da B scambiando la colonna i con la colonna $n - i + 1$, mentre CA si ottiene da A scambiando la riga i con la riga $n - i + 1$, per ogni $i = 1, \ldots, n$.

Esempio 9.4 Per ogni scalare $t \neq 0$ le matrici

$$\begin{pmatrix} a & b \\ c & d \end{pmatrix}, \qquad \begin{pmatrix} a & bt^{-1} \\ ct & d \end{pmatrix},$$

sono simili poiché

$$\begin{pmatrix} 1 & 0 \\ 0 & t \end{pmatrix} \begin{pmatrix} a & b \\ c & d \end{pmatrix} \begin{pmatrix} 1 & 0 \\ 0 & t \end{pmatrix}^{-1} = \begin{pmatrix} a & bt^{-1} \\ ct & d \end{pmatrix}.$$

Teorema 9.5 *Matrici simili hanno la stessa traccia, lo stesso determinante e lo stesso rango.*

Dimostrazione Siano A e $B = CAC^{-1}$ due matrici simili. Applicando la formula $\mathrm{Tr}(DE) = \mathrm{Tr}(ED)$ alle matrici quadrate $D = CA$ e $E = C^{-1}$ si ottiene

$$\mathrm{Tr}(B) = \mathrm{Tr}(CAC^{-1}) = \mathrm{Tr}(C^{-1}CA) = \mathrm{Tr}(A).$$

Per il teorema di Binet

$$\det(B) = \det(CAC^{-1}) = \det(C)\det(A)\det(C)^{-1} = \det(A).$$

Infine sappiamo che il rango di una matrice non viene cambiato dalla moltiplicazione per matrici invertibili, quindi il rango di $B = CAC^{-1}$ è uguale al rango di A. $\square$

Esempio 9.6 Le matrici

$$\begin{pmatrix} 2 & 1 \\ 0 & 2 \end{pmatrix}, \qquad \begin{pmatrix} 4 & 1 \\ 0 & 1 \end{pmatrix},$$

non sono simili perché hanno traccia diversa, mentre le matrici

$$\begin{pmatrix} 2 & 1 \\ 0 & 3 \end{pmatrix}, \qquad \begin{pmatrix} 4 & 1 \\ 0 & 1 \end{pmatrix},$$

non sono simili perché hanno diverso determinante. Anche le matrici

$$\begin{pmatrix} 1 & 1 \\ 0 & 1 \end{pmatrix}, \quad \begin{pmatrix} 1 & 0 \\ 0 & 1 \end{pmatrix},$$

non sono simili pur avendo stessa traccia, rango e determinante: infatti la matrice identità è simile solo a se stessa.

Lemma 9.7 *Se A e B sono matrici simili, allora anche $(A - \lambda I)^h$ e $(B - \lambda I)^h$ sono simili per ogni scalare $\lambda \in \mathbb{K}$ ed ogni intero positivo h.*

Dimostrazione Basta dimostrare che se $A \sim B$ allora $A - \lambda I \sim B - \lambda I$ per ogni $\lambda \in \mathbb{K}$ e $A^h \sim B^h$ per ogni $h > 0$. Se $A = CBC^{-1}$, per ogni $\lambda \in \mathbb{K}$ si ha

$$C(B - \lambda I)C^{-1} = CBC^{-1} - C(\lambda I)C^{-1} = A - \lambda I.$$

Dimostriamo per induzione su h che $A^h = CB^hC^{-1}$: per $h = 1$ non c'è nulla da dimostrare, mentre per $h > 1$, supponendo vero $A^{h-1} = CB^{h-1}C^{-1}$ si ottiene

$$A^h = AA^{h-1} = (CBC^{-1})(CB^{h-1}C^{-1}) = CBB^{h-1}C^{-1} = CB^hC^{-1}. \ \square$$

Esempio 9.8 Le matrici

$$A = \begin{pmatrix} 1 & 1 & 0 \\ 0 & 1 & 1 \\ 0 & 0 & 2 \end{pmatrix}, \quad B = \begin{pmatrix} 1 & 0 & 1 \\ 0 & 1 & 1 \\ 0 & 0 & 2 \end{pmatrix},$$

non sono simili pur avendo stessa traccia, stesso rango e stesso determinante. Se fosse $A \sim B$ allora $A - I \sim B - I$ per il Lemma 9.7, ma $A - I$ ha rango 2 mentre $B - I$ ha rango 1.

Esempio 9.9 Le matrici

$$A = \begin{pmatrix} 0 & 1 & 0 & 0 \\ 0 & 0 & 0 & 0 \\ 0 & 0 & 0 & 1 \\ 0 & 0 & 0 & 0 \end{pmatrix}, \quad B = \begin{pmatrix} 0 & 1 & 0 & 0 \\ 0 & 0 & 1 & 0 \\ 0 & 0 & 0 & 0 \\ 0 & 0 & 0 & 0 \end{pmatrix},$$

non sono simili pur avendo stessa traccia, stesso rango e stesso determinante. Infatti il rango di A^2 è 0, mentre il rango di B^2 è uguale ad 1.

Esempio 9.10 Il risultato dell'Esempio 8.40 può essere enunciato equivalentemente dicendo che due matrici $A, B \in M_{n,n}(\mathbb{R})$ sono simili sui reali se e solo se sono simili sui complessi. Per una generalizzazione vedi l'Esercizio 8.55.

Chiosa terminologica. Nel linguaggio della teoria dei gruppi, due elementi A, B in un gruppo di matrici G (Definizione 8.108) si dicono *coniugati in G* se esiste $C \in G$ tale che $A = CBC^{-1}$. Dunque due matrici invertibili sono coniugate nel gruppo lineare se e solo se sono simili. Tuttavia, per evitare confusione, nel contesto dell'algebra lineare è bene riservare il termine "coniugato" esclusivamente per i numeri complessi.

Esercizi

9.11 Usare il risultato dell'Esempio 6.110 per determinare le matrici che sono simili solamente a se stesse.

9.12 Usare l'Esempio 9.4 per provare che se $A \in M_{n,n}(\mathbb{R})$ non è un multiplo scalare dell'identità, allora esistono infinite matrici simili ad A.

9.13 Siano A una matrice diagonale e B una matrice strettamente triangolare. Usare il Lemma 9.7 per dimostrare che A e B sono simili se e solo se $A = B = 0$.

9.14 Provare che

$$\begin{pmatrix} 1 & 2 & 3 \\ 4 & 5 & 6 \\ 7 & 8 & 9 \end{pmatrix}, \begin{pmatrix} 9 & 8 & 7 \\ 6 & 5 & 4 \\ 3 & 2 & 1 \end{pmatrix} \text{ e } \begin{pmatrix} 0 & 2 & 0 & 0 \\ -2 & 0 & 0 & 0 \\ 0 & 0 & 0 & 1 \\ 0 & 0 & 1 & 1 \end{pmatrix}, \begin{pmatrix} 0 & -2 & 0 & 0 \\ 2 & 0 & 0 & 0 \\ 0 & 0 & 0 & 1 \\ 0 & 0 & 1 & 1 \end{pmatrix}$$

sono due coppie di matrici simili.

9.15 Dopo aver letto e compreso l'Esempio 9.8, determinare se le due matrici

$$\begin{pmatrix} 1 & 1 & 0 \\ -1 & 3 & 0 \\ 0 & 0 & 1 \end{pmatrix}, \quad \begin{pmatrix} 2 & 0 & 0 \\ 0 & 2 & 0 \\ 0 & 0 & 1 \end{pmatrix},$$

sono simili.

9.16 Tra tutte le 15 possibili coppie (A_i, A_j), $i < j$, delle seguenti sei matrici, dire quali sono formate da matrici simili e quali non lo sono:

$$A_1 = \begin{pmatrix} 2 & 1 & 0 \\ 0 & 2 & 0 \\ 0 & 0 & 3 \end{pmatrix}, \quad A_2 = \begin{pmatrix} 2 & 0 & 0 \\ 0 & 2 & 1 \\ 0 & 0 & 3 \end{pmatrix}, \quad A_3 = \begin{pmatrix} 2 & 1 & 0 \\ 0 & 2 & 0 \\ 0 & 0 & 2 \end{pmatrix},$$

$$A_4 = \begin{pmatrix} 2 & 0 & 0 \\ 0 & 2 & 0 \\ 0 & 0 & 3 \end{pmatrix}, \quad A_5 = \begin{pmatrix} 3 & 0 & 0 \\ 0 & 2 & 1 \\ 0 & 0 & 2 \end{pmatrix}, \quad A_6 = \begin{pmatrix} 2 & 1 & 0 \\ 0 & 2 & 1 \\ 0 & 0 & 2 \end{pmatrix}.$$

9.17　Mostrare che le matrici

$$
A = \begin{pmatrix} 1 & 0 & 0 \\ 0 & 1 & 0 \\ 0 & 0 & 1 \end{pmatrix}, \qquad
B = \begin{pmatrix} 1 & 0 & 1 \\ 0 & 1 & 0 \\ 0 & 0 & 1 \end{pmatrix},
$$

non sono simili pur avendo lo stesso determinante e pur avendo A^h e B^h la stessa traccia per ogni $h > 0$.

9.18　Mostrare che

$$
\begin{pmatrix} 1 & 1 \\ 0 & 1 \end{pmatrix}, \begin{pmatrix} 1 & a \\ 0 & 1 \end{pmatrix} \quad \text{e} \quad
\begin{pmatrix} 1 & 1 & 1 \\ 0 & 1 & 1 \\ 0 & 0 & 1 \end{pmatrix}, \begin{pmatrix} 1 & a & a^2 \\ 0 & 1 & a \\ 0 & 0 & 1 \end{pmatrix}
$$

sono due coppie di matrici simili per ogni $0 \neq a \in \mathbb{K}$.

9.19　Siano $A, B \in M_{n,n}(\mathbb{K})$, con A simmetrica e B invertibile. Provare che la matrice ABB^T è simile ad una matrice simmetrica.

9.2　Spettro e polinomio caratteristico

Uno scalare $\lambda \in \mathbb{K}$ viene detto un **autovalore**, o **radice caratteristica**, della matrice quadrata $A \in M_{n,n}(\mathbb{K})$ se l'equazione

$$
Ax = \lambda x, \qquad x \in \mathbb{K}^n = M_{n,1}(\mathbb{K}),
$$

possiede soluzioni x diverse dal vettore nullo. L'insieme degli autovalori di una matrice viene detto **spettro**.

Per determinare lo spettro osserviamo che vale $Ax = \lambda x$ se e solo se $(A - \lambda I)x = 0$ e quindi λ è un autovalore di A se e solo se l'applicazione lineare $L_{A-\lambda I}$ possiede nucleo non banale o, equivalentemente, se la matrice $A - \lambda I$ non è invertibile. Abbiamo quindi mostrato che gli autovalori sono tutte e sole le soluzioni λ dell'equazione

$$
\det(A - \lambda I) = 0, \qquad \lambda \in \mathbb{K},
$$

detta **equazione caratteristica** o, nei testi più antichi, **equazione secolare**. Possiamo anche introdurre un'indeterminata t e considerare il polinomio $p_A(t) = \det(A - tI) \in \mathbb{K}[t]$ le cui radici sono esattamente le soluzioni dell'equazione caratteristica, vedi Osservazione 8.11.

Possiamo riepilogare e formalizzare quanto appena esposto con due definizioni ed un teorema.

Definizione 9.20   Un **autovalore** di una matrice $A \in M_{n,n}(\mathbb{K})$ è uno scalare λ per cui esiste $0 \neq x \in \mathbb{K}^n$ tale che $Ax = \lambda x$.

Definizione 9.21   Il **polinomio caratteristico** di una matrice $A \in M_{n,n}(\mathbb{K})$ è il polinomio

$$p_A(t) = \det(A - tI) \in \mathbb{K}[t].$$

Teorema 9.22   *Gli autovalori di una matrice sono tutte e sole le radici del polinomio caratteristico.*

Esempio 9.23   Il polinomio caratteristico della matrice $A = \left(\begin{smallmatrix} 1 & 2 \\ 3 & 4 \end{smallmatrix}\right)$ è

$$p_A(t) = \begin{vmatrix} 1-t & 2 \\ 3 & 4-t \end{vmatrix} = (1-t)(4-t) - 6 = t^2 - 5t - 2.$$

Esempio 9.24   Il polinomio caratteristico della matrice

$$A = \begin{pmatrix} 1 & 2 & 8 \\ 0 & 3 & 4 \\ 0 & 0 & 5 \end{pmatrix}$$

è uguale a

$$p_A(t) = \begin{vmatrix} 1-t & 2 & 8 \\ 0 & 3-t & 4 \\ 0 & 0 & 5-t \end{vmatrix} = (1-t)(3-t)(5-t).$$

Per una matrice $A \in M_{n,n}(\mathbb{K})$, il polinomio caratteristico $p_A(t)$ ha grado n, e più precisamente

$$p_A(t) = (-1)^n t^n + (-1)^{n-1} \operatorname{Tr}(A) t^{n-1} + \cdots + \det(A). \tag{9.1}$$

In particolare, l'ordine, la traccia ed il determinante di una matrice quadrata possono essere ricavati dal polinomio caratteristico, cf. Esercizio 8.46. Infatti, se

$$A = \begin{pmatrix} a_{11} & \cdots & a_{1n} \\ \vdots & \ddots & \vdots \\ a_{n1} & \cdots & a_{nn} \end{pmatrix}$$

allora

$$A - tI = \begin{pmatrix} a_{11}-t & \cdots & a_{1n} \\ \vdots & \ddots & \vdots \\ a_{n1} & \cdots & a_{nn}-t \end{pmatrix};$$

estraendo dalla sommatoria della formula (8.3) l'addendo relativo alla permutazione identità si ottiene

$$\det(A - tI) = (a_{11} - t) \cdots (a_{nn} - t) + \sum \text{polinomi di grado } \leq n - 2$$
$$= (-t)^n + (a_{11} + \cdots + a_{nn})(-t)^{n-1} + \text{polinomio di grado} \leq n - 2.$$

Infine, il termine costante di $\det(A - tI)$ coincide con $\det(A - 0I) = \det(A)$.

Esempio 9.25 Il polinomio caratteristico di una matrice triangolare

$$\begin{pmatrix} a_{11} & * & ** & * \\ 0 & a_{22} & ** & * \\ \vdots & \vdots & \ddots & \vdots \\ 0 & 0 & \cdots & a_{nn} \end{pmatrix}$$

è uguale a

$$p_A(t) = \begin{vmatrix} a_{11} - t & * & ** & * \\ 0 & a_{22} - t & ** & * \\ \vdots & \vdots & \ddots & \vdots \\ 0 & 0 & \cdots & a_{nn} - t \end{vmatrix} = (a_{11} - t)(a_{22} - t) \cdots (a_{nn} - t)$$

e quindi gli autovalori di A sono tutti e soli i coefficienti sulla diagonale principale.

Esempio 9.26 Se $A \in M_{n,n}(\mathbb{K})$ è una matrice triangolare a blocchi, ossia

$$A = \begin{pmatrix} C & D \\ 0 & E \end{pmatrix}, \qquad C \in M_{p,p}(\mathbb{K}), \ E \in M_{n-p,n-p}(\mathbb{K})$$

allora

$$p_A(t) = \begin{vmatrix} C - tI & D \\ 0 & E - tI \end{vmatrix} = |C - tI||E - tI| = p_C(t) p_E(t).$$

Teorema 9.27 *Il polinomio caratteristico è invariante per similitudine. In altri termini, se $A, B \in M_{n,n}(\mathbb{K})$ sono matrici simili, allora $p_A(t) = p_B(t) \in \mathbb{K}[t]$.*

Dimostrazione Se $B = CAC^{-1}$, allora

$$B - tI = CAC^{-1} - tCIC^{-1} = C(A - tI)C^{-1}$$

e quindi

$$\det(B - tI) = \det(C(A - tI)C^{-1}) = \det(C)\det(A - tI)\det(C)^{-1} = \det(A - tI). \ \square$$

Esempio 9.28 Due matrici possono avere lo stesso polinomio caratteristico senza essere simili. Ad esempio, le matrici

$$A = \begin{pmatrix} 0 & 1 \\ 0 & 0 \end{pmatrix}, \qquad B = \begin{pmatrix} 0 & 0 \\ 0 & 0 \end{pmatrix},$$

hanno lo stesso polinomio caratteristico $p_A(t) = p_B(t) = t^2$ ma rango diverso.

Esempio 9.29 Una matrice quadrata e la sua trasposta hanno lo stesso polinomio caratteristico. Infatti

$$p_{A^T}(t) = |A^T - tI| = |(A - tI)^T| = |A - tI| = p_A(t).$$

È anche vero che ogni matrice è simile alla sua trasposta, ma questo è molto più difficile da dimostrare; noi lo vedremo più avanti come conseguenza della forma canonica razionale (Teorema 11.62) e dell'Esempio 9.56.

Nell'Esempio 9.8 abbiamo usato il fatto che se $A, B \in M_{n,n}(\mathbb{K})$ sono simili, allora le matrici $A - \lambda I$ e $B - \lambda I$ hanno lo stesso rango per ogni $\lambda \in \mathbb{K}$. Per verificare la validità o meno di tale condizione non è necessario calcolare i ranghi per ogni valore di λ ma è sufficiente restringere l'attenzione alle radici caratteristiche. È infatti chiaro dalla definizione che $p_A(\lambda) = 0$ se e solo se il rango di $A - \lambda I$ è minore di n.

Esempio 9.30 Vogliamo dimostrare che le due matrici

$$A = \begin{pmatrix} 1 & 1 & -2 \\ 0 & 2 & -2 \\ 0 & 1 & -1 \end{pmatrix}, \qquad B = \begin{pmatrix} 1 & 2 & 0 \\ 0 & 2 & 2 \\ 0 & -1 & -1 \end{pmatrix},$$

non sono simili, sebbene abbiamo lo stesso polinomio caratteristico

$$p_A(t) = p_B(t) = -t(t-1)^2$$

le cui radici sono $\lambda = 0$ e $\lambda = 1$. Dunque $\mathrm{rg}(A - \lambda I) = \mathrm{rg}(B - \lambda I) = 3$ per ogni $\lambda \neq 0, 1$ ed un semplice conto, che lasciamo per esercizio al lettore, mostra che

$$\mathrm{rg}(A) = \mathrm{rg}(B) = 2, \qquad \mathrm{rg}(A - I) = 1, \quad \mathrm{rg}(B - I) = 2.$$

Osservazione 9.31 In relazione al Lemma 9.7, per non impegnare il lettore con infruttuosi conteggi, anticipiamo dall'Esercizio 11.44 il fatto che se $A, B \in M_{n,n}(\mathbb{K})$ hanno lo stesso polinomio caratteristico, allora anche le due matrici $(A - \lambda I)^h$, $(B - \lambda I)^h$ hanno lo stesso polinomio caratteristico per ogni scalare λ ed ogni intero positivo h.

Esercizi

9.32 Per una matrice $A \in M_{n,n}(\mathbb{K})$, che relazione esiste tra $p_A(t)$ ed il polinomio $\det(I + tA)$?

9.33 Provare che per ogni $A \in M_{n,n}(\mathbb{K})$ si ha $p_{A^2}(t^2) = p_A(t)p_A(-t)$.

9.34 Calcolare i polinomi caratteristici delle matrici

$$\begin{pmatrix} 1 & 2 \\ 1 & 2 \end{pmatrix}, \quad \begin{pmatrix} 1 & 1 & 2 \\ 0 & 1 & 2 \\ 3 & 0 & 1 \end{pmatrix}, \quad \begin{pmatrix} 2 & 0 & 2 \\ 0 & 1 & 2 \\ 0 & 0 & 1 \end{pmatrix}, \quad \begin{pmatrix} 0 & 1 & 1 \\ 1 & 0 & 1 \\ 2 & 1 & 1 \end{pmatrix}, \quad \begin{pmatrix} 1 & 0 & 1 & 0 \\ 0 & 1 & 0 & 1 \\ 1 & 0 & -1 & 0 \\ 0 & -1 & 0 & 1 \end{pmatrix}.$$

9.35 Date le due matrici

$$A = \begin{pmatrix} 1 & 2 \\ 7 & -1 \end{pmatrix}, \qquad B = \begin{pmatrix} 2 & 1 & 0 \\ 1 & 3 & 1 \\ 0 & 1 & 2 \end{pmatrix},$$

calcolare:

1. le matrici $A^2 - 15I$ e $-B^3 + 7B^2 - 14B + 8I$;
2. i polinomi caratteristici $p_A(t)$ e $p_B(t)$ di A e B rispettivamente.

9.36 Siano $A \in M_{n,m}(\mathbb{K})$ e $B \in M_{m,n}(\mathbb{K})$. Dedurre dall'Esercizio 6.33 che $(-t)^m p_{AB}(t) = (-t)^n p_{BA}(t)$ e che le due matrici $AB \in M_{n,n}(\mathbb{K})$ e $BA \in M_{m,m}(\mathbb{K})$ hanno gli stessi autovalori non nulli, contati con molteplicità.

9.37 (☕) Date due matrici $A, B \in M_{n,n}(\mathbb{K})$, provare che il polinomio $\det(A + tB) \in \mathbb{K}[t]$ ha grado minore o uguale al rango di B. Per ogni $d = -\infty, 0, 1, 2$ trovare due matrici $A, B \in M_{3,3}(\mathbb{K})$, con B di rango 2 e tali che $\det(A + tB)$ abbia grado d.

9.38 Determinare gli autovalori della matrice

$$\begin{pmatrix} a & b & 0 \\ b & a & b \\ 0 & b & a \end{pmatrix} \qquad a, b \in \mathbb{R}.$$

9.39 Dimostrare che ogni matrice a coefficienti reali si può scrivere come somma di due matrici invertibili che commutano tra loro.

9.40 Sia $p(t)$ il polinomio caratteristico di una matrice antisimmetrica di ordine n. Provare che $p(-t) = (-1)^n p(t)$.

9.41 Siano $A \in M_{n,n}(\mathbb{R})$ e $\lambda \in \mathbb{R}$ tali che $\det(A - \lambda I) \neq 0$. Provare che λ non è un autovalore della matrice $B = (I + \lambda A)(A - \lambda I)^{-1}$.

9.42 (☛) Sia $f \colon U \to V$ un'applicazione lineare tra spazi di dimensione finita su di un campo infinito $\mathbb{K}$. Provare che, per un'applicazione lineare $g \colon U \to V$, le seguenti condizioni sono equivalenti:

1. $\mathrm{rg}(f + tg) \leq \mathrm{rg}(f)$ per ogni $t \in \mathbb{K}$;
2. $\mathrm{rg}(f + tg) \leq r$ per almeno $\mathrm{rg}(f) + 2$ valori distinti di $t \in \mathbb{K}$;
3. $\mathrm{Ker}\, f \subseteq \mathrm{Ker}\, g$ oppure $g(V) \subseteq f(V)$.

9.43 Sia $A \in M_{5,5}(\mathbb{C})$ tale che $p_{2A}(t) = p_A(t) + 1$. Calcolare $\det(A)$.

9.3 Matrici compagne

Nella precedente sezione abbiamo associato ad ogni matrice quadrata il suo polinomio caratteristico, che è monico a meno del segno. Viceversa, ad ogni polinomio monico possiamo associare in maniera canonica una matrice quadrata nel modo seguente.

Definizione 9.44 Una matrice quadrata della forma

$$
\begin{pmatrix}
0 & 0 & \cdots & 0 & a_n \\
1 & 0 & \cdots & 0 & a_{n-1} \\
0 & 1 & \cdots & 0 & a_{n-2} \\
\vdots & \vdots & \ddots & \vdots & \vdots \\
0 & 0 & \cdots & 1 & a_1
\end{pmatrix} \in M_{n,n}(\mathbb{K})
$$

viene detta **matrice compagna** del polinomio

$$
t^n - a_1 t^{n-1} - \cdots - a_{n-1} t - a_n \in \mathbb{K}[t].
$$

Per esempio, sono compagne le matrici

$$
(2), \qquad \begin{pmatrix} 0 & 1 \\ 1 & 0 \end{pmatrix}, \qquad \begin{pmatrix} 0 & 1 \\ 1 & 2 \end{pmatrix}, \qquad \begin{pmatrix} 0 & 0 & 1 \\ 1 & 0 & 1 \\ 0 & 1 & 1 \end{pmatrix},
$$

rispettivamente dei polinomi $t - 2, t^2 - 1, t^2 - 2t - 1, t^3 - t^2 - t - 1$, mentre non sono compagne le matrici

$$
\begin{pmatrix} 1 & 0 \\ 1 & 0 \end{pmatrix}, \qquad \begin{pmatrix} 2 & 0 \\ 0 & 3 \end{pmatrix}, \qquad \begin{pmatrix} 1 & 0 & 1 \\ 0 & 1 & 1 \\ 0 & 0 & 1 \end{pmatrix}.
$$

Proposizione 9.45   *Sia*

$$A = \begin{pmatrix} 0 & 0 & \cdots & 0 & a_n \\ 1 & 0 & \cdots & 0 & a_{n-1} \\ 0 & 1 & \cdots & 0 & a_{n-2} \\ \vdots & \vdots & \ddots & \vdots & \vdots \\ 0 & 0 & \cdots & 1 & a_1 \end{pmatrix} \tag{9.2}$$

la matrice compagna del polinomio monico $q(t) = t^n - a_1 t^{n-1} - \cdots - a_{n-1}t - a_n$.
Allora il polinomio caratteristico di A *è uguale a*

$$p_A(t) = (-1)^n (t^n - a_1 t^{n-1} - \cdots - a_{n-1}t - a_n) = (-1)^n q(t).$$

Dimostrazione   Per definizione

$$p_A(t) = \begin{vmatrix} -t & 0 & \cdots & 0 & a_n \\ 1 & -t & \cdots & 0 & a_{n-1} \\ 0 & 1 & \cdots & 0 & a_{n-2} \\ \vdots & \vdots & \ddots & \vdots & \vdots \\ 0 & 0 & \cdots & 1 & a_1 - t \end{vmatrix}$$

e dallo sviluppo di Laplace rispetto alla prima riga si ottiene

$$p_A(t) = (-t) \begin{vmatrix} -t & 0 & \cdots & 0 & a_{n-1} \\ 1 & -t & \cdots & 0 & a_{n-2} \\ 0 & 1 & \cdots & 0 & a_{n-3} \\ \vdots & \vdots & \ddots & \vdots & \vdots \\ 0 & 0 & \cdots & 1 & a_1 - t \end{vmatrix} + (-1)^{n+1} a_n \begin{vmatrix} 1 & -t & 0 & \cdots & 0 \\ 0 & 1 & -t & \cdots & 0 \\ 0 & 0 & 1 & \cdots & 0 \\ \vdots & \vdots & \vdots & \ddots & \vdots \\ 0 & 0 & 0 & \cdots & 1 \end{vmatrix}.$$

Per induzione su n, assumendo vero il risultato per le matrici compagne di ordine
$n - 1$, si ha

$$p_A(t) = (-t)(-1)^{n-1}(t^{n-1} - a_1 t^{n-2} - \cdots - a_{n-1}) - (-1)^n a_n$$
$$= (-1)^n (t^n - a_1 t^{n-1} - \cdots - a_{n-1}t - a_n). \; \square$$

Corollario 9.46   *Sia* $p(t) \in \mathbb{K}[t]$ *un polinomio di grado n. Esistono allora una
matrice* $A \in M_{n,n}(\mathbb{K})$ *ed uno scalare* $a \in \mathbb{K}$ *tali che* $p(t) = a p_A(t)$.

Dimostrazione   Se $p(t) = ct^n + \cdots$, $c \neq 0$, basta prendere $a = (-1)^n c$ ed A la
matrice compagna del polinomio monico $p(t)/c$. $\square$

Esercizi

9.47 Scrivere le matrici compagne dei polinomi $t + 2$, $t^2 - t + 1$ e $t^3 + 4t - 3$.

9.48 Sia $e_1, \ldots, e_n$ la base canonica di $\mathbb{K}^n$ e sia $A \in M_{n,n}(\mathbb{K})$. Provare che A è una matrice compagna se e solo se $L_{A^i}(e_1) = e_{i+1}$ per ogni $0 = 1, \ldots, n - 1$.

9.49 Sia $A \in M_{n,n}(\mathbb{K})$ una matrice compagna di ordine n. Provare che se $B \in M_{n,n}(\mathbb{K})$ ha la prima colonna nulla e vale $AB = BA$, allora $B = 0$. Dedurre dall'Esercizio 9.49 che le n matrici $I, A, A^2, \ldots, A^{n-1}$ formano una base del sottospazio vettoriale $C(A) = \{B \in M_{n,n}(\mathbb{K}) \mid AB = BA\}$.

9.50 Si consideri la matrice compagna

$$A = \begin{pmatrix} 0 & 0 & \cdots & 0 & a_n \\ 1 & 0 & \cdots & 0 & a_{n-1} \\ 0 & 1 & \cdots & 0 & a_{n-2} \\ \vdots & \vdots & \ddots & \vdots & \vdots \\ 0 & 0 & \cdots & 1 & a_1 \end{pmatrix} \in M_{n,n}(\mathbb{K}),$$

poniamo $a_0 = 1$ e denotiamo con r il più grande indice in $\{0, \ldots, n\}$ tale che $a_r \neq 0$. Dimostrare che $\operatorname{rg}(A^i) = \max(n - i, r)$ per ogni $i \geq 0$.

9.51 Provare che ogni matrice di permutazione I^σ, con $\sigma \in \mathbb{S}_n$, è simile ad una matrice diagonale a blocchi, in cui ciascun blocco sulla diagonale principale è la matrice compagna di un polinomio del tipo $t^m - 1$.

9.52 (Cauchy 1829, ✎) Sia λ una radice complessa del polinomio monico $p(t) = t^n - a_1 t^{n-1} - a_2 t^{n-2} - \cdots - a_n \in \mathbb{C}[t]$. Dimostrare, usando il Teorema 9.22 e la Proposizione 9.45, che

$$|\lambda| \leq \max(|a_n|, 1 + |a_{n-1}|, \ldots, 1 + |a_1|) \leq 1 + \max_i |a_i|.$$

Nota: per $p(t) = t^n - 1$ si ha l'uguaglianza delle prime due quantità. (Suggerimento: esistono un autovettore x della matrice compagna ed un indice i tali che $|x_i| = \max_j |x_j| = 1$; se $i > 1$ allora $|\lambda| \leq 1 + |a_{n-i+1}|$.)

9.4 Endomorfismi

In matematica, come in altri contesti scientifici, il prefisso *endo* aggiunge il significato di "dentro, interno, situato nell'interno", ovviamente da precisare e contestualizzare di volta in volta.

Definizione 9.53 Sia V uno spazio vettoriale su $\mathbb{K}$. Un **endomorfismo** (lineare) di V è una qualsiasi applicazione lineare $f : V \to V$.

Abbiamo già visto (Definizione 5.103) che gli endomorfismi di uno spazio vettoriale V formano un'algebra $\mathrm{End}(V)$, con il prodotto dato dalla composizione. Dati $f, g : V \to V$ scriveremo semplicemente fg per indicare la loro composizione $f \circ g$; dunque $fg(v) = f(g(v))$ per ogni vettore $v \in V$. Naturalmente, sono endomorfismi tutte le potenze di f:

$$f^k = \underbrace{f \circ \cdots \circ f}_{k \text{ fattori}} : V \longrightarrow V, \qquad k \geq 0,$$

dove si pone per convenzione f^0 uguale all' identità; con tale convenzione vale la formula $f^h f^k = f^{h+k}$ per ogni $h, k \geq 0$.

In dimensione finita, la scelta di una base permette di rappresentare ogni endomorfismo lineare con una matrice. Siccome dominio e codominio coincidono, per ridurre l'arbitrarietà delle scelte, possiamo prendere la stessa base sia in partenza che in arrivo. Ricordiamo dalla Sezione 5.5 che, se $\mathbf{v} = (v_1, \ldots, v_n)$ è una base di V e

$$L_{\mathbf{v}} : \mathbb{K}^n \to V, \qquad L_{\mathbf{v}}(x) = \sum_i x_i v_i,$$

è l'isomorfismo associato ad essa (vedi Esempio 5.33), allora la matrice A che rappresenta l'endomorfismo $f : V \to V$ nella base $\mathbf{v}$ è determinata dall'uguaglianza di applicazioni

$$f L_{\mathbf{v}} = L_{\mathbf{v}} L_A : \mathbb{K}^n \to V,$$

che equivale dall'uguaglianza di polivettori riga

$$(f(v_1), \ldots, f(v_n)) = (v_1, \ldots, v_n) A;$$

equivalentemente, la colonna i-esima di A è formata dalle coordinate del vettore $f(v_i)$ nella base $v_1, \ldots, v_n$. È importante ribadire che A rappresenta f nella *stessa base* in partenza ed in arrivo; tra i vantaggi di questa impostazione c'è anche quello che l'applicazione indotta

$$M_{n,n}(\mathbb{K}) \to \mathrm{End}(V), \qquad A \mapsto L_{\mathbf{v}} L_A L_{\mathbf{v}}^{-1}$$

è un isomorfismo di algebre, ossia un isomorfismo di spazi vettoriali che commuta con i prodotti. Infatti, se $f = L_v L_A L_v^{-1}$ e $g = L_v L_B L_v^{-1}$, allora

$$fg = L_v L_A L_v^{-1} L_v L_B L_v^{-1} = L_v L_A L_B L_v^{-1} = L_v L_{AB} L_v^{-1}.$$

Se $x_1, \ldots, x_n$ sono le coordinate di un vettore v nella base $v_1, \ldots, v_n$, e se $y_1, \ldots, y_n$ sono le coordinate del vettore $f(v)$ nella stessa base, vale la formula:

$$\begin{pmatrix} y_1 \\ \vdots \\ y_n \end{pmatrix} = A \begin{pmatrix} x_1 \\ \vdots \\ x_n \end{pmatrix}.$$

Infatti si ha

$$f(v) = (v_1, \ldots, v_n) \begin{pmatrix} y_1 \\ \vdots \\ y_n \end{pmatrix}, \qquad v = (v_1, \ldots, v_n) \begin{pmatrix} x_1 \\ \vdots \\ x_n \end{pmatrix}$$

e quindi

$$f(v) = (f(v_1), \ldots, f(v_n)) \begin{pmatrix} x_1 \\ \vdots \\ x_n \end{pmatrix} = (v_1, \ldots, v_n) A \begin{pmatrix} x_1 \\ \vdots \\ x_n \end{pmatrix}.$$

Se $w_1, \ldots, w_n$ è un'altra base e scriviamo

$$(w_1, \ldots, w_n) = (v_1, \ldots, v_n)C$$

con C matrice invertibile $n \times n$, allora si ha

$$(v_1, \ldots, v_n) = (v_1, \ldots, v_n)CC^{-1} = (w_1, \ldots, w_n)C^{-1},$$

e di conseguenza

$$\begin{aligned}
(f(w_1), \ldots, f(w_n)) &= (f(v_1), \ldots, f(v_n))C \\
&= (v_1, \ldots, v_n)AC = (w_1, \ldots, w_n)C^{-1}AC.
\end{aligned}$$

Abbiamo quindi dimostrato il seguente risultato.

Lemma 9.54 *Siano A, B le matrici che rappresentano lo stesso endomorfismo nelle basi $v_1, \ldots, v_n$ e $w_1, \ldots, w_n$ rispettivamente. Allora vale $A = CBC^{-1}$, dove C è la matrice di cambio di base, determinata dall'uguaglianza di polivettori*

$$(w_1, \ldots, w_n) = (v_1, \ldots, v_n)C.$$

Siamo adesso in grado di definire il determinante $\det(f)$ di un endomorfismo $f\colon V \to V$ tramite la formula $\det(f) = \det(A)$, dove A è la matrice che rappresenta f in una qualunque base. Per il Lemma 9.54, con una diversa scelta di base la matrice A si trasforma in una matrice simile, e siccome il determinante è invariante per similitudine, la definizione di $\det(f)$ è ben posta. Similmente possiamo definire la traccia $\mathrm{Tr}(f)$ ed il polinomio caratteristico $p_f(t)$ di un endomorfismo $f\colon V \to V$ tramite le formule $\mathrm{Tr}(f) = \mathrm{Tr}(A)$ e $p_f(t) = p_A(t) = |A - tI|$, dove A è la matrice che rappresenta f in una qualunque base.

Riepilogando, per *calcolare traccia, determinante e polinomio caratteristico* di un endomorfismo si calcolano le rispettive quantità per la matrice che rappresenta f in una qualunque base di V che, come detto più volte ma lo ripetiamo ancora, deve essere la stessa in partenza ed in arrivo. Più in generale possiamo dire che: *qualunque attributo delle matrici quadrate che sia invariante per similitudine definisce un attributo degli endomorfismi.*

Esempio 9.55 Sia V lo spazio vettoriale dei polinomi di grado ≤ 2 nella lettera x; vogliamo calcolare traccia, determinante e polinomio caratteristico dell'endomorfismo $f\colon V \to V$ che trasforma il polinomio $q(x)$ nel polinomio $q(x+1)$. Prendendo come base di V la terna $(1, x, x^2)$ otteniamo

$$f(1) = 1, \qquad f(x) = x + 1, \qquad f(x^2) = (x+1)^2 = x^2 + 2x + 1,$$

e quindi f è rappresentato dalla matrice

$$A = \begin{pmatrix} 1 & 1 & 1 \\ 0 & 1 & 2 \\ 0 & 0 & 1 \end{pmatrix}.$$

Ne consegue che:

$$\det(f) = \det(A) = 1, \quad \mathrm{Tr}(f) = \mathrm{Tr}(A) = 3, \quad p_f(t) = p_A(t) = (1-t)^3.$$

Esempio 9.56 Sia $v_1, \ldots, v_n$ una base di uno spazio vettoriale V e consideriamo l'endomorfismo $f\colon V \to V$ definito in tale base dalla matrice compagna

$$A = \begin{pmatrix} 0 & 0 & \cdots & 0 & a_n \\ 1 & 0 & \cdots & 0 & a_{n-1} \\ 0 & 1 & \cdots & 0 & a_{n-2} \\ \vdots & \vdots & \ddots & \vdots & \vdots \\ 0 & 0 & \cdots & 1 & a_1 \end{pmatrix},$$

ossia dalle relazioni

$$f(v_n) = \sum_{j=1}^{n} a_j v_{n-j+1}, \qquad f(v_i) = v_{i+1} \quad i < n.$$

Per la Proposizione 9.45 il polinomio caratteristico di f è uguale a

$$p_f(t) = p_A(t) = (-1)^n (t^n - a_1 t^{n-1} - \cdots - a_{n-1} t - a_n).$$

Rappresentiamo adesso lo stesso endomorfismo f nella base $u_1, \ldots, u_n$ definita delle relazioni

$$u_n = v_1, \quad u_{n-i} = v_{i+1} - \sum_{j=1}^{i} a_j v_{i-j+1}, \quad 0 < i < n.$$

Si verifica facilmente, ad esempio per induzione su $n - i$, che vale

$$f(u_1) = a_n u_n, \qquad f(u_i) = u_{i-1} + a_{n-i+1} u_n, \quad i > 1, \tag{9.3}$$

e quindi che, in questa nuova base, l'endomorfismo f è rappresentato dalla matrice trasposta A^T. Ne consegue, in particolare, che ogni matrice compagna è simile alla sua trasposta.

Riepiloghiamo alcune semplici ma utili osservazioni.

1. Se A, B sono le matrici che rappresentano, rispettivamente, due endomorfismi f, g in una stessa base, allora $f + g$ e fg sono rappresentati dalle matrici $A + B$ e AB rispettivamente. Similmente λA rappresenta λf per ogni $\lambda \in \mathbb{K}$.
2. L'applicazione identica $\mathrm{Id}_V : V \to V$ è rappresentata dalla matrice identità I, qualunque sia la scelta della base.
3. Se A rappresenta $f : V \to V$ in una base fissata, allora $A - \lambda I$ rappresenta $f - \lambda \, \mathrm{Id}_V$ per ogni $\lambda \in \mathbb{K}$.

Data la contemporanea presenza della matrice identità, nelle precedenti osservazioni era doveroso indicare l'applicazione identica con Id_V; da questo momento riprendiamo la semplificazione di usare la lettera I anche per indicare le applicazioni identiche di spazi vettoriali.

La nozione di autovalore di una matrice quadrata si estende senza fatica agli endomorfismi.

Definizione 9.57 Siano V uno spazio vettoriale di dimensione finita sul campo $\mathbb{K}$ e $f : V \to V$ un endomorfismo lineare. Uno scalare $\lambda \in \mathbb{K}$ si dice un **autovalore** per f se l'endomorfismo $f - \lambda I : V \to V$ non è invertibile.

Se la matrice A rappresenta $f : V \to V$ in una base fissata, allora $A - \lambda I$ rappresenta $f - \lambda I$ e quindi λ è un autovalore per f se e solo se $\det(A - \lambda I) = 0$. Quindi, anche per gli endomorfismi, gli autovalori coincidono con le radici del polinomio caratteristico.

Nel nostro studio degli endomorfismi, in questo e nei prossimi capitoli assoceremo ad ogni autovalore una sfilza di interi, ciascuno dotato di un preciso significato algebro-geometrico. I primi due interi associati sono descritti nella prossima definizione.

Definizione 9.58 Sia λ un autovalore di un endomorfismo $f: V \to V$:

1. la molteplicità di λ come radice del polinomio caratteristico viene detta **molteplicità algebrica** dell'autovalore;
2. la dimensione del nucleo di $f - \lambda I: V \to V$ viene detta **molteplicità geometrica** dell'autovalore.

Segue immediatamente dalle definizioni che le molteplicità algebrica e geometrica di un autovalore sono interi positivi.

Esempio 9.59 L'autovalore $\lambda = 0$ dell'endomorfismo

$$L_A: \mathbb{K}^2 \to \mathbb{K}^2, \qquad A = \begin{pmatrix} 0 & 1 \\ 0 & 0 \end{pmatrix},$$

ha molteplicità algebrica 2 e molteplicità geometrica 1: infatti, $p_A(t) = t^2$, $\mathrm{rg}(A) = 1$ e quindi $\dim(\mathrm{Ker}\, L_A) = 1$.

Lemma 9.60 *La molteplicità algebrica di un autovalore è sempre maggiore od uguale alla molteplicità geometrica. Se la molteplicità algebrica è uguale ad 1, allora anche la molteplicità geometrica è uguale ad 1.*

Dimostrazione Sia λ un autovalore di un endomorfismo $f: V \to V$ e denotiamo rispettivamente con ν, μ le molteplicità algebrica e geometrica di λ. Prendiamo una base $v_1, \ldots, v_\mu$ di $\mathrm{Ker}(f - \lambda I)$ ed estendiamola ad una base $v_1, \ldots, v_\mu, \ldots, v_n$ di V. Per ogni $i = 1, \ldots, \mu$ si ha $f(v_i) - \lambda v_i = 0$, ossia $f(v_i) = \lambda v_i$. Dunque nella base $v_1, \ldots, v_n$ l'endomorfismo f si rappresenta con una matrice a blocchi

$$\begin{pmatrix} \lambda I_\mu & B \\ 0 & C \end{pmatrix}, \quad I_\mu \in M_{\mu,\mu}(\mathbb{K}), \ C \in M_{n-\mu,n-\mu}(\mathbb{K}).$$

Ma allora $p_f(t) = p_{\lambda I}(t) p_C(t) = (\lambda - t)^\mu p_C(t)$ e quindi μ è minore o uguale alla molteplicità di λ come radice di $p_f(t)$. Siccome $\mu > 0$ per definizione di autovalore, se $\nu = 1$ a maggior ragione anche $\mu = 1$. $\square$

Esercizi

9.61 Dimostrare le formule (9.3).

9.62 Scrivere le matrici che rappresentano l'endomorfismo

$$f: \mathbb{K}^2 \to \mathbb{K}^2, \qquad f\begin{pmatrix} x \\ y \end{pmatrix} = \begin{pmatrix} x + y \\ 2x - y \end{pmatrix},$$

nella base canonica e nella base $v_1 = \left(\begin{smallmatrix} 1 \\ 1 \end{smallmatrix}\right)$, $v_2 = \left(\begin{smallmatrix} 1 \\ -1 \end{smallmatrix}\right)$. Verificare che le due matrici ottenute hanno lo stesso polinomio caratteristico.

9.63 Siano f un endomorfismo e $\lambda \neq \mu$ due scalari distinti. Provare che il nucleo di $f - \lambda I$ è contenuto nell'immagine di $f - \mu I$.

9.64 (♡) Sia $A \in M_{n,n}(\mathbb{K})$ tale che $BAB = 0$ per ogni $B \in M_{n,n}(\mathbb{K})$ di rango 1. Possiamo dedurre che $A = 0$?

9.65 (Ⓐ) Sia $V = \mathbb{R}[x]_{\leq 3}$ lo spazio vettoriale dei polinomi di grado ≤ 3 a coefficienti reali. Calcolare il determinante dell'applicazione lineare $f : V \to V$ definita da

$$f(p(x)) = \frac{d^2 p(x)}{d^2 x} + 5 \frac{dp(x)}{dx}.$$

9.66 Siano $f : V \to W$ e $g : W \to V$ due applicazioni lineari tra spazi vettoriali di dimensione finita. Provare che i due endomorfismi fg e gf hanno la stessa traccia e, se $\dim V = \dim W$, allora hanno anche lo stesso determinante. Descrivere un esempio in cui $\dim V \neq \dim W$ e $\det(fg) \neq \det(gf)$.

9.67 Sia A una matrice compagna invertibile. Mostrare che A^{-1} è simile ad una matrice compagna.

9.68 Sia $A \in M_{n,n}(\mathbb{K})$ la matrice compagna del polinomio $\sum_{i=0}^{n} t^i$. Quali sono i campi $\mathbb{K}$ in cui $I - A$ risulta non invertibile?

9.69 Sia $A \in M_{n,n}(\mathbb{K})$ di rango ≤ 1; dedurre dal Lemma 9.60 che $p_A(t) = (-1)^n t^n + (-1)^{n-1} \mathrm{Tr}(A) t^{n-1}$ e dimostrare che per ogni $B \in M_{n,1}(\mathbb{K})$ vale $\det(I - BB^T) = 1 - B^T B$.

9.70 Sia V uno spazio vettoriale sul campo $\mathbb{K}$ e denotiamo con D l'insieme di tutte le coppie (h, f) tali che:

1. $h : \mathbb{K} \to \mathbb{K}$, $f : V \to V$ sono applicazioni additive, ossia

$$h(0) = 0, \quad h(a + b) = h(a) + h(b),$$
$$f(0) = 0, \quad f(v + u) = f(u) + f(v);$$

2. $f(av) = af(v) + h(a)v$ per ogni $a \in \mathbb{K}$ ed ogni $v \in V$.

In particolare, se $(h, f) \in D$, allora f è lineare se e solo se $h = 0$. Provare che se (h, f) e $(k, g) \in D$, allora $(hk - kh, fg - gf) \in D$.

9.5 Autovettori e sottospazi invarianti

Le anime gemelle degli autovalori si chiamano autovettori: non c'è autovalore senza autovettore, e viceversa.

Definizione 9.71   Siano V uno spazio vettoriale e $f: V \to V$ un endomorfismo lineare. Un **autovettore** di f è un vettore *non nullo* $0 \neq v \in V$ tale che

$$f(v) = \lambda v \iff v \in \mathrm{Ker}(f - \lambda I),$$

per qualche $\lambda \in \mathbb{K}$. In tal caso λ è un autovalore di f, e si dice anche che v è un autovettore di f relativo all'autovalore λ.

Ad esempio, ogni vettore non nullo del nucleo è un autovettore relativo all'autovalore 0. Ad ogni autovettore v corrisponde un unico autovalore, ossia l'unico scalare λ tale che $f(v) = \lambda v$; viceversa ad ogni autovalore λ corrispondono generalmente molti autovettori, e cioè tutti i vettori non nulli di $\mathrm{Ker}(f - \lambda I)$. Ricordiamo ancora che, siccome V ha dimensione finita, si ha che λ è un autovalore di f se e solo se $\mathrm{Ker}(f - \lambda I) \neq 0$ se e solo se $\det(f - \lambda I) = 0$.

Proposizione 9.72   *Un endomorfismo f di uno spazio vettoriale di dimensione finita V sul campo $\mathbb{K}$ possiede autovettori se e solo se il polinomio caratteristico $p_f(t)$ possiede radici nel campo $\mathbb{K}$.*

Dimostrazione   Abbiamo visto che gli autovalori sono tutte e sole le radici del polinomio caratteristico nel campo $\mathbb{K}$ e che non c'è autovalore senza autovettore, e viceversa. $\square$

Esempio 9.73   Non tutti gli endomorfismi possiedono autovettori; si consideri ad esempio la rotazione in $\mathbb{R}^2$ di un angolo α che non sia multiplo intero di un angolo piatto. Nella base canonica di $\mathbb{R}^2$ una tale rotazione è rappresentata dalla matrice

$$\begin{pmatrix} \cos(\alpha) & -\sin(\alpha) \\ \sin(\alpha) & \cos(\alpha) \end{pmatrix}$$

il cui polinomio caratteristico

$$\begin{vmatrix} \cos(\alpha) - t & -\sin(\alpha) \\ \sin(\alpha) & \cos(\alpha) - t \end{vmatrix} = t^2 - 2\cos(\alpha)t + 1$$

possiede radici reali se e solo se $\cos(\alpha) = \pm 1$.

Gli autovettori di una matrice $A \in M_{n,n}(\mathbb{K})$ sono, per definizione, gli autovettori dell'endomorfismo L_A. Equivalentemente, un vettore colonna $x \in \mathbb{K}^n$ è un autovettore per una matrice $A \in M_{n,n}(\mathbb{K})$ se $x \neq 0$ e se $Ax = \lambda x$ per qualche $\lambda \in \mathbb{K}$.

Esempio 9.74 Calcoliamo autovalori ed autovettori della 'matrice dei segni'

$$A = \begin{pmatrix} 1 & -1 & 1 \\ -1 & 1 & -1 \\ 1 & -1 & 1 \end{pmatrix} \in M_{3,3}(\mathbb{R}).$$

Il polinomio caratteristico

$$p_A(t) = \begin{vmatrix} 1-t & -1 & 1 \\ -1 & 1-t & -1 \\ 1 & -1 & 1-t \end{vmatrix}$$

$$= (1-t)\begin{vmatrix} 1-t & -1 \\ -1 & 1-t \end{vmatrix} + \begin{vmatrix} -1 & -1 \\ 1 & 1-t \end{vmatrix} + \begin{vmatrix} -1 & 1-t \\ 1 & -1 \end{vmatrix} = 3t^2 - t^3,$$

ha come radici 0 (con moltelicità 2) e 3. Gli autovettori relativi a 0 corrispondono alle soluzioni non nulle del sistema lineare

$$\begin{pmatrix} 1 & -1 & 1 \\ -1 & 1 & -1 \\ 1 & -1 & 1 \end{pmatrix}\begin{pmatrix} x \\ y \\ z \end{pmatrix} = \begin{pmatrix} 0 \\ 0 \\ 0 \end{pmatrix},$$

mentre gli autovettori relativi a 3 corrispondono alle soluzioni non nulle del sistema lineare

$$\begin{pmatrix} 1 & -1 & 1 \\ -1 & 1 & -1 \\ 1 & -1 & 1 \end{pmatrix}\begin{pmatrix} x \\ y \\ z \end{pmatrix} = 3\begin{pmatrix} x \\ y \\ z \end{pmatrix}.$$

Notiamo che i tre vettori

$$\begin{pmatrix} 1 \\ 1 \\ 0 \end{pmatrix}, \quad \begin{pmatrix} 0 \\ 1 \\ 1 \end{pmatrix}, \quad \begin{pmatrix} 1 \\ -1 \\ 1 \end{pmatrix},$$

formano una base di autovettori: i primi due relativi all'autovalore 0 ed il terzo relativo all'autovalore 3.

Esempio 9.75 Calcoliamo gli autovalori della matrice $A \in M_{n,n}(\mathbb{R})$ di coefficienti $a_{ij} = 1$ se $|i - j| = 1$ e $a_{ij} = 0$ altrimenti:

$$A = \begin{pmatrix} 0 & 1 & 0 & 0 & \dots \\ 1 & 0 & 1 & 0 & \dots \\ 0 & 1 & 0 & 1 & \dots \\ 0 & 0 & 1 & 0 & \dots \\ \vdots & \vdots & \vdots & \vdots & \ddots \end{pmatrix}.$$

Dire che $(x_1, \ldots, x_n)^T \neq 0$ è un autovettore relativo all'autovalore λ equivale a dire che

$$x_2 = \lambda x_1, \qquad x_{n-1} = \lambda x_n, \qquad x_{i-1} + x_{i+1} = \lambda x_i, \quad 1 < i < n. \qquad (9.4)$$

La trigonometria ci permette di trovare n soluzioni distinte del sistema di equazioni (9.4). Per ogni $k = 1, \ldots, n$ fissato denotiamo

$$\beta = \frac{k\pi}{n+1}, \qquad \lambda = 2\cos(\beta), \qquad x_i = \sin(i\beta), \quad i \in \mathbb{Z}.$$

Allora, dalla formula di prostaferesi

$$\sin(p) + \sin(q) = 2\cos\frac{p-q}{2}\sin\frac{p+q}{2}$$

segue immediatamente che $x_{i-1} + x_{i+1} = \lambda x_i$ per ogni $i \in \mathbb{Z}$, e dato che $x_0 = x_{n+1} = 0$ abbiamo trovato una soluzione di (9.4). Variando k da 1 ad n, abbiamo dimostrato che gli n numeri reali

$$\lambda_k = 2\cos\frac{k\pi}{n+1}, \qquad k = 1, \ldots, n,$$

sono autovalori, tra loro distinti, della matrice A. Dato che il polinomio caratteristico di A ha grado n, non esistono altri autovalori.

Abbiamo anche visto che, per ogni $k = 1, \ldots, n$, il vettore colonna

$$v_k = \left(\sin\frac{k\pi}{n+1}, \sin\frac{2k\pi}{n+1}, \ldots, \sin\frac{nk\pi}{n+1}\right)^T$$

è un autovettore relativo all'autovalore λ_k. Seguirà da fatti generali, che vedremo nelle prossime sezioni, che ogni autovettore è un multiplo scalare di v_k per qualche k, e che gli autovettori $v_1, \ldots, v_n$ sono linearmente indipendenti. (Nota: l'indipendenza lineare dei vettori v_i può essere anche dimostrata direttamente guardando alla parte immaginaria di una opportuna matrice di Vandermonde).

Definizione 9.76   Siano $f\colon V \to V$ un endomorfismo e $U \subseteq V$ un sottospazio vettoriale. Diremo che U è un sottospazio f-**invariante**, o anche **invariante per** f, se $f(U) \subseteq U$, ossia se $f(u) \in U$ per ogni $u \in U$.

Chiaramente i sottospazi 0 e V sono invarianti per qualunque endomorfismo $f\colon V \to V$, e l'Esempio 9.73 mostra che per alcuni endomorfismi non vi sono altri sottospazi invarianti. Se un sottospazio è invariante per un endomorfismo f, allora è invariante anche per ogni sua potenza f^k, $k \geq 0$.

Esempio 9.77 Siano $L_A, L_B \colon \mathbb{K}^3 \to \mathbb{K}^3$ gli endomorfismi associati alle matrici

$$A = \begin{pmatrix} 1 & 2 & 0 \\ 3 & 4 & 0 \\ 0 & 0 & 5 \end{pmatrix}, \qquad B = \begin{pmatrix} 1 & 2 & 0 \\ 0 & 4 & 1 \\ 0 & 0 & 5 \end{pmatrix},$$

e denotiamo come al solito con e_1, e_2, e_3 la base canonica. Allora i sottospazi $\operatorname{Span}(e_1, e_2)$ e $\operatorname{Span}(e_3)$ sono L_A-invarianti, mentre i sottospazi $\operatorname{Span}(e_1, e_2)$ e $\operatorname{Span}(e_1)$ sono L_B-invarianti.

Esempio 9.78 Sia $f \colon V \to V$ un endomorfismo, allora per ogni $k \geq 0$ i sottospazi $\operatorname{Ker} f^k$ e $f^k(V)$ sono f-invarianti. Sia infatti $v \in \operatorname{Ker} f^k$, allora la formula

$$f^k(f(v)) = f^{k+1}(v) = f(f^k(v)) = f(0) = 0$$

prova che anche $f(v) \in \operatorname{Ker} f^k$. Similmente se $v \in f^k(V)$ vuol dire che esiste $w \in V$ tale che $v = f^k(w)$ e quindi

$$f(v) = f(f^k(w)) = f^k(f(w)) \in f^k(V).$$

Siccome $f^k f = f f^k = f^{k+1}$, il precedente esempio può essere visto come un caso particolare del seguente lemma.

Lemma 9.79 *Siano $f, g \colon V \to V$ due endomorfismi che commutano tra loro, ossia tali che $fg = gf$. Allora $\operatorname{Ker} f$ e $f(V)$ sono sottospazi g-invarianti.*

Dimostrazione Sia $v \in \operatorname{Ker} f$, allora $f(v) = 0$ e quindi $f(g(v)) = g(f(v)) = g(0) = 0$ che implica $g(v) \in \operatorname{Ker} f$. Similmente, se $v = f(w)$ allora $g(v) = g(f(w)) = f(g(w)) \in f(V)$. $\square$

Esempio 9.80 Siano $f \colon V \to V$ un endomorfismo e $\lambda \in \mathbb{K}$ uno scalare, allora si ha $f(f - \lambda I) = f^2 - \lambda f = (f - \lambda I)f$ e dal lemma precedente segue che $\operatorname{Ker}(f - \lambda I)$ e $(f - \lambda I)(V)$ sono sottospazi invarianti per f.

Proposizione 9.81 *Siano $f \colon V \to V$ un endomorfismo e $U \subseteq V$ un sottospazio f-invariante, ossia tale che $f(U) \subseteq U$. Si consideri l'applicazione lineare $f_{|U} \colon U \to U$ ottenuta restringendo f al sottospazio U. Allora il polinomio caratteristico di $f_{|U}$ divide il polinomio caratteristico di f:*

$$p_f(t) = p_{f_{|U}}(t) q(t).$$

Dimostrazione Prendiamo una base $u_1, \ldots, u_m$ di U e completiamola ad una base $u_1, \ldots, u_m, u_{m+1}, \ldots, u_n$ di V. Poiché $f(U) \subseteq U$, la matrice che rappresenta f in questa base è del tipo

$$A = \begin{pmatrix} B & C \\ 0 & D \end{pmatrix} \tag{9.5}$$

dove B è la matrice che rappresenta $f_{|U}$ nella base $u_1, \ldots, u_m$. Dunque:

$$p_f(t) = \det(A - tI) = \det(B - tI)\det(D - tI) = p_{f_{|U}}(t)\det(D - tI). \quad \square$$

Per uso futuro enunciamo e dimostriamo la versione 'duale' della proposizione precedente.

Lemma 9.82 *Siano $p: U \to V$ un'applicazione lineare surgettiva tra spazi vettoriali di dimensione finita, e $f: V \to V$, $g: U \to U$ due endomorfismi tali che $pg = fp$. Allora il polinomio caratteristico di f divide il polinomio caratteristico di g.*

Dimostrazione Iniziamo osservando che $\mathrm{Ker}\, p$ è un sottospazio g-invariante; infatti, se $p(u) = 0$, allora $p(g(u)) = f(p(u)) = f(0) = 0$, e quindi $g(u) \in \mathrm{Ker}\, p$. Siano m, n le dimensioni di U, V rispettivamente, e scegliamo una base $u_1, \ldots, u_m$ di U tale che $u_1, \ldots, u_{m-n} \in \mathrm{Ker}\, p$; la matrice che rappresenta g in questa base è del tipo

$$A = \begin{pmatrix} B & C \\ 0 & D \end{pmatrix}, \quad B \in M_{m-n,m-n}(\mathbb{K}), \ D \in M_{n,n}(\mathbb{K}).$$

Le considerazioni fatte nella dimostrazione del teorema del rango ci dicono che $p(u_{m-n+1}), \ldots, p(u_m)$ è una base di V, e che la condizione $f(p(u_i)) = p(g(u_i))$ per ogni $i > m - n$ equivale a dire che D è la matrice che rappresenta f nella suddetta base. Dunque:

$$p_g(t) = \det(A - tI) = \det(B - tI)\det(D - tI) = \det(B - tI)p_f(t). \quad \square$$

Esercizi

9.83 Siano $f: V \to V$ un endomorfismo, $v \in V$ e n un intero positivo tale che $f^n(v) \neq 0$, $f^{n+1}(v) = 0$. Dimostrare che i vettori $v, f(v), \ldots, f^n(v)$ sono linearmente indipendenti. (Sugg.: se $\sum_{i=h}^n a_i f^i(v) = 0$ con $a_h \neq 0$, applicare f^{n-h}.)

9.84 Dimostrare che la matrice $\left(\begin{smallmatrix} \lambda & 0 \\ 1 & 1 \end{smallmatrix}\right)$ possiede un autovettore del tipo $(1, a)^T$ se e solo se $\lambda \neq 1$.

9.85 Calcolare polinomio caratteristico, autovalori reali e rispettivi autovettori delle matrici:

$$\begin{pmatrix} 3 & 4 \\ 5 & 2 \end{pmatrix}, \quad \begin{pmatrix} 0 & 0 & 1 \\ 0 & 1 & 0 \\ 1 & 0 & 0 \end{pmatrix}, \quad \begin{pmatrix} 0 & 2 & 1 \\ -2 & 0 & 3 \\ -1 & -3 & 0 \end{pmatrix}, \quad \begin{pmatrix} 13 & 1 & -11 \\ 8 & 0 & -8 \\ 11 & -1 & -13 \end{pmatrix},$$

$$\begin{pmatrix} 0 & 4 \\ -4 & 0 \end{pmatrix}, \quad \begin{pmatrix} 1 & 0 & 1 \\ 0 & 1 & 0 \\ 1 & 0 & 1 \end{pmatrix}, \quad \begin{pmatrix} 5 & 6 & -3 \\ -1 & 0 & 1 \\ 1 & 2 & -1 \end{pmatrix}, \quad \begin{pmatrix} 1 & 1 & 1 & 1 \\ 1 & 1 & -1 & -1 \\ 1 & -1 & 1 & -1 \\ 1 & -1 & -1 & 1 \end{pmatrix}.$$

9.86 (♡) Siano $A, B \in M_{n,n}(\mathbb{K})$. Dimostrare che:

1. le matrici AB e BA hanno gli stessi autovalori;
2. se almeno una tra A e B è invertibile allora AB e BA sono simili;
3. se A e B sono entrambe non invertibili, mostrare con un esempio che AB e BA possono avere rango diverso.

9.87 Siano $A \in M_{n,m}(\mathbb{K})$, $B \in M_{m,n}(\mathbb{K})$ e $k > 0$. Dimostrare che se $\lambda \neq 0$ è un autovalore di $(AB)^k$, allora è anche un autovalore di $(BA)^k$. Mostrare con un esempio che, se $n \neq m$, ciò non vale per l'autovalore nullo.

9.88 Provare che la matrice dell'Esempio 9.75 è invertibile se e solo se n è pari.

9.89 Siano $a, b \in \mathbb{C}$. Usare il risultato dell'Esempio 9.75 per determinare una formula generale per il calcolo degli autovalori della matrice

$$\begin{pmatrix} a & b & 0 & 0 & \ldots \\ b & a & b & 0 & \ldots \\ 0 & b & a & b & \ldots \\ 0 & 0 & b & a & \ldots \\ \vdots & \vdots & \vdots & \vdots & \ddots \end{pmatrix}$$

9.90 Sia $V \subseteq \mathbb{R}^4$ il sottospazio di equazione $x + y - z - t = 0$ e sia $f : \mathbb{R}^4 \to \mathbb{R}^4$ l'applicazione lineare tale che $f(x, y, z, t) = (x + x, y + x, z + x, t + x)$. Dimostrare che $f(V) \subseteq V$ e calcolare il polinomio caratteristico della restrizione $f_{|V} : V \to V$.

9.91 Siano $f : V \to V$ un endomorfismo ed $U \subseteq V$ un sottospazio vettoriale tale che $f(V) \subseteq U$. Dimostrare che U è un sottospazio f-invariante e che, se V ha dimensione finita, allora la traccia di f è uguale alla traccia della restrizione $f_{|U} : U \to U$.

9.92 Siano $f, g, h\colon V \to V$ tre endomorfismi lineari tali che $fh = hg$. Dimostrare che $\operatorname{Ker} h$ è g-invariante, che $h(V)$ è f-invariante e che i polinomi caratteristici di f e g hanno un fattore comune di grado uguale al rango di h.

9.93 ($\heartsuit$) Siano $p, f\colon V \to V$ due endomorfismi, e si supponga $p^2 = p$. Provare che $\operatorname{Ker} p$ è un sottospazio f-invariante se e solo se $pfp = pf$.

9.94 Siano $f, g\colon V \to V$ due endomorfismi lineari, con $fg = gf$ e V di dimensione finita. Si assuma che i polinomi caratteristici di f e g non abbiano fattori comuni di grado positivo. Dimostrare che $f - g$ è un isomorfismo.

9.6   Il teorema fondamentale dell'algebra

Ogni numero complesso possiede radici quadrate e, di conseguenza, ogni polinomio di secondo grado possiede radici complesse. Sappiamo anche che ogni numero complesso possiede radici n-esime per ogni intero positivo n, e questo rende euristicamente accettabile il seguente celebre risultato.

Teorema 9.95 (Teorema fondamentale dell'algebra) *Ogni polinomio di grado positivo a coefficienti complessi possiede radici complesse.*

Anteponiamo alla dimostrazione un corollario ed una definizione, entrambi molto importanti.

Corollario 9.96 *Ogni polinomio a coefficienti complessi di grado positivo si può scrivere come prodotto di polinomi complessi di primo grado.*

Dimostrazione Ragioniamo per induzione sul grado. Sia $p(x) \in \mathbb{C}[x]$ di grado $n > 0$, per il Teorema 9.95 esiste $\lambda \in \mathbb{C}$ tale che $p(\lambda) = 0$ e per il teorema di Ruffini 7.3 esiste $q(x) \in \mathbb{C}[x]$ di grado $n - 1$ tale che $p(x) = (x - \lambda)q(x)$. Basta adesso applicare l'ipotesi induttiva a $q(x)$. $\square$

Sul campo dei numeri complessi, per ogni matrice $A \in M_{n,m}(\mathbb{C})$ possiamo considerare la sua complessa coniugata $\overline{A} \in M_{m,n}(\mathbb{C})$, ottenuta coniugando tutti i coefficienti; equivalentemente, se $A = B + iC$, con B, C matrici reali, allora $\overline{A} = B - iC$. Come per i numeri, il coniugio commuta con somme e prodotti, ossia

$$\overline{A + B} = \overline{A} + \overline{B}, \qquad \overline{AB} = \overline{A}\,\overline{B},$$

e commuta anche con la trasposizione: $\overline{A^T} = \overline{A}^T$.

Definizione 9.97 Una matrice $H = (a_{ij}) \in M_{n,n}(\mathbb{C})$ si dice **hermitiana** se $H^T = \overline{H}$, ossia se $a_{ji} = \overline{a_{ij}}$ per ogni i, j.

Ogni matrice hermitiana $H \in M_{n,n}(\mathbb{C})$ è univocamente determinata da n numeri reali sulla diagonale principale e da $n(n-1)/2$ numeri complessi sopra la diagonale principale; considerando parte reale ed immaginaria di tali numeri possiamo dedurre che ogni matrice hermitiana $n \times n$ è univocamente determinata da $n + n(n-1) = n^2$ numeri reali. Inoltre, le matrici hermitiane sono preservate dalle operazioni di somma e di prodotto per numeri reali e quindi l'insieme $\{H \in M_{n,n}(\mathbb{C}) \mid H^T = \overline{H}\}$ è un sottospazio vettoriale reale di dimensione n^2. Approfondiremo lo studio delle matrici hermitiane nel Capitolo 14.

Dimostrazione del Teorema 9.95 (☺) Esistono molte dimostrazioni possibili del teorema fondamentale dell'algebra; quella che faremo sarà spezzata in sei parti (una definizione e cinque lemmi), ed userà il teorema di esistenza degli zeri per funzioni polinomiali reali, assieme alle nozioni base su autovalori, autovettori e matrici hermitiane.

Definizione 9.98 Sia k un intero positivo. Diremo che un campo $\mathbb{K}$ ha la proprietà P_k se ogni polinomio $p(t) \in \mathbb{K}[t]$ di grado positivo e non divisibile per 2^k possiede almeno una radice in $\mathbb{K}$.

Ad esempio, la proprietà P_1 vuol dire che tutti i polinomi di grado dispari possiedono radici.

Lemma 9.99 *Il campo $\mathbb{R}$ ha la proprietà P_1.*

Dimostrazione Si tratta di un ben noto risultato di analisi matematica che utilizza la continuità delle funzioni polinomiali; per completezza diamo un cenno di dimostrazione. Sia

$$p(t) = a_0 t^n + a_1 t^{n-1} + \cdots + a_n \in \mathbb{R}[t], \quad a_0 \neq 0,$$

un polinomio di grado dispari n. Il polinomio $f(t) = -p(t)p(-t) = a_0^2 t^{2n} + \cdots$ ha coefficiente direttivo a_0^2 strettamente positivo e quindi esiste $q > 0$ sufficientemente grande tale che $f(q) \geq 0$. Dunque $f(0) = -p(0)^2 = -a_n^2 \leq 0 \leq f(q)$ e per il Teorema 3.1 di esistenza degli zeri, esiste $\xi \in \mathbb{R}$ tale che $f(\xi) = 0$; ma questo è possibile solo se $p(\xi) = 0$ oppure $p(-\xi) = 0$. $\square$

Lemma 9.100 *Un campo $\mathbb{K}$ ha la proprietà P_k se e solo se ogni matrice $A \in M_{n,n}(\mathbb{K})$, con n non divisibile per 2^k, possiede autovettori.*

Dimostrazione Una matrice possiede autovettori se e solo se il suo polinomio caratteristico possiede radici. Basta quindi osservare che se $A \in M_{n,n}(\mathbb{K})$, allora il polinomio caratteristico di A ha grado n; viceversa, per il Corollario 9.46, ogni polinomio di grado n è un multiplo scalare del polinomio caratteristico di una matrice quadrata di ordine n. $\square$

Lemma 9.101   *Siano* $\mathbb{K}$ *un campo con la proprietà* P_k, *V uno spazio vettoriale su* $\mathbb{K}$ *di dimensione n e $f, g : V \to V$ due endomorfismi lineari. Se $fg = gf$ e 2^k non divide n, allora f e g hanno autovettori in comune.*

Dimostrazione   Il risultato è certamente vero per $n = 1$. Per induzione lo possiamo supporre vero per tutti gli interi $m < n$ che non sono divisibili per 2^k. Siccome i polinomi caratteristici di f e g hanno grado n, sia f che g possiedono autovalori in $\mathbb{K}$ ed autovettori in V. Se f è un multiplo dell'identità, allora ogni autovettore di g è un autovettore comune. Se f non è un multiplo dell'identità, scegliamo un autovalore $\lambda \in \mathbb{K}$ per f e consideriamo i due sottospazi propri $U = \mathrm{Ker}(f - \lambda I)$ e $W = \mathrm{Im}(f - \lambda I)$. Per il Lemma 9.79 i sottospazi U e W sono invarianti per f e g e, siccome $\dim U + \dim W = \dim V$, almeno uno di essi ha dimensione non divisibile per 2^k. Per l'ipotesi induttiva f e g possiedono un autovettore comune in U oppure in W. $\square$

Lemma 9.102   *Il campo $\mathbb{C}$ ha la proprietà P_1.*

Dimostrazione   Occorre dimostrare che ogni matrice complessa e quadrata di ordine dispari possiede autovettori.

Data una matrice $A \in M_{n,n}(\mathbb{C})$ con n dispari, consideriamo lo spazio vettoriale reale $V = \{ H \in M_{n,n}(\mathbb{C}) \mid H^T = \overline{H} \}$ delle matrici hermitiane di ordine n ed i due endomorfismi

$$f, g : V \to V, \qquad f(H) = \frac{AH + H\overline{A}^T}{2}, \qquad g(H) = \frac{AH - H\overline{A}^T}{2i}.$$

Abbiamo già osservato che $\dim_{\mathbb{R}} V = n^2$ ed un semplice conto mostra che $fg = gf$. Siccome $\mathbb{R}$ ha la proprietà P_1 e n^2 è dispari, segue dal Lemma 9.101 che esiste $B \in V - \{0\}$ che è un autovettore comune per f e g. Se $f(B) = aB$ e $g(B) = bB$ con $a, b \in \mathbb{R}$, allora

$$(a + ib)B = f(B) + ig(B) = AB$$

ed ogni colonna non nulla di B è un autovettore di A. $\square$

Lemma 9.103   *Il campo $\mathbb{C}$ ha la proprietà P_k per ogni $k \geq 1$.*

Dimostrazione   Ragioniamo per induzione su k, avendo già dimostrato il lemma per $k = 1$. Supponiamo $k > 1$ e sia $A \in M_{n,n}(\mathbb{C})$ con n non divisibile per 2^k. Se n è dispari abbiamo già fatto; se n è pari consideriamo il sottospazio vettoriale delle matrici antisimmetriche

$$W = \{A \in M_{n,n}(\mathbb{C}) \mid A = -A^T\}$$

che ha dimensione $\dim_{\mathbb{C}} W = n(n-1)/2$ non divisibile per 2^{k-1}. I due endomorfismi $f, g \colon W \to W$

$$f(B) = AB + BA^T, \qquad g(B) = ABA^T,$$

commutano tra loro e quindi possiedono un autovettore comune B, ossia

$$f(B) = \lambda B, \qquad g(B) = \mu B, \qquad \lambda, \mu \in \mathbb{C}.$$

Quindi

$$\begin{aligned}
0 &= \mu B - ABA^T = \mu B - A(f(B) - AB) \\
&= A^2 B - \lambda AB + \mu B = (A^2 - \lambda A + \mu I)B.
\end{aligned}$$

Se $\alpha, \beta \in \mathbb{C}$ sono le radici di $t^2 - \lambda t + \mu$ si ha $(A - \alpha I)(A - \beta I)B = 0$. Se $(A - \beta I)B = 0$ allora ogni colonna non nulla di B è un autovettore di A con autovalore β, altrimenti ogni colonna non nulla di $(A - \beta I)B$ è un autovettore di A con autovalore α. $\square$

Possiamo adesso dimostrare il Teorema 9.95: sia $p(t) \in \mathbb{C}[t]$ di grado $n > 0$ e scegliamo un intero k tale che $2^k > n$; per il Lemma 9.103 il campo $\mathbb{C}$ ha la proprietà P_k e quindi $p(t)$ possiede almeno una radice. $\square$

Esercizi

9.104 Sia $A \in M_{n,n}(\mathbb{R})$ con $\det(A) < 0$. Studiando la funzione polinomiale $f(\lambda) = \det(A + \lambda I)$, dedurre che A possiede almeno un autovalore reale negativo.

9.105 Verificare che gli endomorfismi f, g introdotti nelle dimostrazioni dei Lemmi 9.102 e 9.103 commutano tra loro.

9.106 Sia $a \in \mathbb{C}$ una radice di un polinomio $p(t) \in \mathbb{R}[t]$ a coefficienti reali. Provare che anche il coniugato $\overline{a}$ è una radice di $p(t)$, che $(t - a)(t - \overline{a}) \in \mathbb{R}[t]$ e che $p(t)$ si scrive come prodotto di polinomi reali di grado ≤ 2.

9.107 Dire, motivando la risposta, per quali valori di r esiste una matrice $A \in M_{3,3}(\mathbb{R})$ di rango r che ha come autovalore complesso il numero $1 + i$.

9.7 Endomorfismi triangolabili

In questa e nella prossima sezione studieremo i criteri base per stabilire se un endomorfismo si può rappresentare con una matrice triangolare e/o diagonale in una base opportuna.

Definizione 9.108 Sia V uno spazio vettoriale di dimensione finita. Un endomorfismo $f : V \to V$ si dice **triangolabile** se esiste una base di V rispetto alla quale f si rappresenta con una matrice triangolare.

Nella definizione di endomorfismo triangolabile non è necessario specificare se la matrice è triangolare superiore oppure triangolare inferiore: infatti, f si rappresenta con una matrice triangolare superiore nella base $v_1, \ldots, v_n$ se e solo se $f(v_i) \in \mathrm{Span}(v_1, \ldots, v_i)$ per ogni i; in tal caso, nella base 'speculare' $u_i = v_{n-i+1}$ si ha $f(u_i) \in \mathrm{Span}(u_i, \ldots, u_n)$ per ogni i, che equivale a dire che f si rappresenta con una matrice triangolare inferiore nella base $u_1, \ldots, u_n$.

Alla stessa conclusione si può arrivare ricordando che due matrici sono simili se e solo se rappresentano lo stesso endomorfismo in due basi distinte e che ogni matrice triangolare superiore è simile ad una matrice triangolare inferiore (Esempio 9.3).

Per trattare la triangolabilità in maniera geometrica risulta utile introdurre i concetti di filtrazione e bandiera.

Definizione 9.109 Sia V uno spazio vettoriale di dimensione finita. Una successione di sottospazi vettoriali $V_0, V_1, V_2, \ldots$ si dice una **filtrazione** crescente (risp.: decrescente) se $V_i \subseteq V_{i+1}$ (risp.: $V_{i+1} \subseteq V_i$) per ogni i.

Una filtrazione crescente $V_0 \subseteq V_1 \subseteq V_2 \subseteq \cdots$ di sottospazi si dice una **bandiera** se $\dim V_i = i$ per ogni i. Una bandiera è detta **completa** se contiene $\dim V + 1$ sottospazi, ossia se è una filtrazione del tipo

$$0 = V_0 \subseteq V_1 \subseteq V_2 \subseteq \cdots \subseteq V_n = V, \qquad \dim V_i = i. \qquad (9.6)$$

Ogni base $v_1, \ldots, v_n$ determina in maniera canonica una bandiera completa

$$V_0 = 0 \subseteq V_1 = \mathrm{Span}(v_1) \subseteq \cdots \subseteq V_i = \mathrm{Span}(v_1, \ldots, v_i) \subseteq \cdots .$$

Viceversa, ogni bandiera completa $V_0 \subseteq V_1 \subseteq V_2 \subseteq \cdots \subseteq V_n = V$ è ottenuta in questo modo: basta scegliere un vettore $v_i \in V_i - V_{i-1}$ per ogni $i = 1, \ldots, n$ per avere la base richiesta.

Lemma 9.110 *Siano V uno spazio vettoriale di dimensione finita ed $f : V \to V$ un endomorfismo. Allora f è triangolabile se e solo se esiste una bandiera completa di sottospazi f-invarianti.*

Dimostrazione   Basta osservare che f si rappresenta con una matrice triangolare superiore nella base $v_1, \ldots, v_n$ se e solo se $\mathrm{Span}(v_1, \ldots, v_i)$ è un sottospazio f-invariante per ogni i. $\square$

Teorema 9.111   *Sia $f\colon V \to V$ un endomorfismo lineare di uno spazio vettoriale di dimensione finita. Allora f è triangolabile se e solo se ogni sottospazio f-invariante non nullo contiene autovettori.*

Dimostrazione   Indichiamo con n la dimensione di V. Supponiamo che f sia triangolabile e sia $0 \neq U \subseteq V$ un sottospazio f-invariante non nullo. Dunque esiste una bandiera completa

$$0 = V_0 \subseteq V_1 \subseteq \cdots \subseteq V_n = V, \qquad \dim V_i = i,$$

di sottospazi f-invarianti, e si hanno le disuguaglianze

$$\dim(V_i \cap U) \le \dim(V_{i+1} \cap U) \le \dim(V_i \cap U) + 1.$$

La prima disuguaglianza segue dal fatto che $V_i \cap U \subseteq V_{i+1} \cap U$. Per la seconda, siccome $V_i + U \subseteq V_{i+1} + U$, segue dalla formula di Grassmann che

$$\begin{aligned}
\dim(V_{i+1} \cap U) &= \dim V_{i+1} + \dim U - \dim(V_{i+1} + U) \\
&= 1 + \dim V_i + \dim U - \dim(V_{i+1} + U) \\
&\le 1 + \dim V_i + \dim U - \dim(V_i + U) = \dim(V_i \cap U) + 1.
\end{aligned}$$

In particolare, se i è il più piccolo indice tale che $V_i \cap U \neq 0$ allora il sottospazio $V_i \cap U$ è f-invariante e di dimensione 1. Dunque ogni vettore non nullo di $V_i \cap U$ è un autovettore.

Viceversa, dimostriamo per induzione sulla dimensione di V che se ogni sottospazio f-invariante non nullo possiede autovettori, allora f è triangolabile. Se $V = 0$ non c'è nulla da dimostrare. Se $V \neq 0$ per ipotesi esiste un autovettore $v \in V$, diciamo $f(v) = \lambda v$ con $\lambda \in \mathbb{K}$. Allora il sottospazio proprio $U = (f - \lambda I)(V)$ è f-invariante ed ogni suo sottospazio f-invariante e non nullo di U possiede autovettori. Per l'ipotesi induttiva la restrizione di f ad U è triangolabile, ossia esiste una base $u_1, \ldots, u_m$ di U tale che

$$f_{|U}(u_i) = f(u_i) \in \mathrm{Span}(u_1, \ldots, u_i), \quad \text{per ogni } i = 1, \ldots, m.$$

Adesso completiamo $u_1, \ldots, u_m$ ad una base $u_1, \ldots, u_m, u_{m+1}, \ldots, u_n$ di V. In questa base f è in forma triangolare. Infatti per ogni indice $i > m$ vale

$$f(u_i) = f(u_i) - \lambda u_i + \lambda u_i = (f - \lambda I)u_i + \lambda u_i \in U + \mathrm{Span}(u_i),$$

e quindi, a maggior ragione, $f(u_i) \in \mathrm{Span}(u_1, \ldots, u_m, u_{m+1}, \ldots, u_i)$. $\square$

Corollario 9.112 *Sul campo dei numeri complessi* $\mathbb{C}$, *ogni endomorfismo lineare è triangolabile.*

Dimostrazione Immediata conseguenza del Teorema 9.114 poiché, per il teorema fondamentale dell'algebra, ogni endomorfismo di uno spazio vettoriale complesso di dimensione positiva possiede autovalori, e quindi anche autovettori. □

Corollario 9.113 *Sia* $f : V \to V$ *un endomorfismo triangolabile di uno spazio vettoriale di dimensione finita e sia* $U \subseteq V$ *un sottospazio* f*-invariante. Allora la restrizione* $f_{|U} : U \to U$ *di* f *ad* U *è triangolabile.*

Dimostrazione Basta osservare che ogni sottospazio f-invariante di U è anche un sottospazio f-invariante di V ed applicare il criterio del Teorema 9.111.

Possiamo anche dare una dimostrazione diretta: sia $0 = V_0 \subseteq V_1 \subseteq \cdots \subseteq V_n = V$ una bandiera completa di sottospazi f-invarianti. Abbiamo visto nella dimostrazione del Teorema 9.111 che $\dim(V_i \cap U) \leq \dim(V_{i+1} \cap U) \leq \dim(V_i \cap U) + 1$ e quindi la filtrazione di sottospazi f-invarianti

$$0 = V_0 \cap U \subseteq V_1 \cap U \subseteq \cdots \subseteq V_n \cap U = U$$

si riduce ad una bandiera completa dopo aver cancellato i doppioni. □

Teorema 9.114 *Sia* $f : V \to V$ *un endomorfismo di uno spazio vettoriale di dimensione finita su di un campo* $\mathbb{K}$. *Allora* f *è triangolabile se e solo se il suo polinomio caratteristico è un prodotto di polinomi di primo grado a coefficienti in* $\mathbb{K}$.

Dimostrazione Se f è triangolabile, ossia rappresentabile con una matrice triangolare, per l'Esempio 9.25 il suo polinomio caratteristico è prodotto di polinomi di primo grado.

Viceversa, se il suo polinomio caratteristico è prodotto di polinomi di primo grado, segue dalla Proposizione 9.81 e dal Corollario 7.7 che per ogni sottospazio f-invariante non nullo U il polinomio caratteristico della restrizione di f ad U ha grado positivo ed è un prodotto di polinomi di primo grado. In particolare la restrizione di f ad U possiede autovalori ed autovettori. □

Il Teorema 9.114 può essere enunciato in maniera equivalente dicendo che un endomorfismo $f : V \to V$ è triangolabile sul campo $\mathbb{K}$ se e solo se

$$p_f(t) = (\lambda_1 - t)^{\nu_1}(\lambda_2 - t)^{\nu_2}\cdots(\lambda_s - t)^{\nu_s}, \quad \lambda_1, \ldots, \lambda_s \in \mathbb{K} \text{ e } \lambda_i \neq \lambda_j \text{ se } i \neq j.$$

Dal fatto che $\lambda_i \neq \lambda_j$ per ogni $i \neq j$ segue che ν_i è la molteplicità algebrica dell'autovalore λ_i. Un'altra formulazione equivalente dice che un endomorfismo di uno spazio vettoriale di dimensione n è *triangolabile se e solo se la somma delle molteplicità algebriche dei suoi autovalori è uguale ad* n.

Per analogia, diremo che una matrice $A \in M_{n,n}(\mathbb{K})$ è triangolabile se l'endomorfismo $L_A \colon \mathbb{K}^n \to \mathbb{K}^n$ è triangolabile o, equivalentemente, se A è simile ad una matrice triangolare.

Esercizi

9.115 Delle seguenti matrici a coefficienti razionali,

$$\begin{pmatrix} 1 & 2 \\ 1 & 2 \end{pmatrix}, \qquad \begin{pmatrix} 1 & 1 \\ 3 & 2 \end{pmatrix}, \qquad \begin{pmatrix} 1 & -2 \\ 3 & 2 \end{pmatrix}, \qquad \begin{pmatrix} 1 & -2 & -1 \\ 3 & 2 & 5 \\ 0 & 2 & 2 \end{pmatrix},$$

dire quali sono triangolabili su $\mathbb{Q}$, quali su $\mathbb{R}$ e quali su $\mathbb{C}$.

9.116 Sia $A \in M_{n,n}(\mathbb{R})$ una matrice triangolabile con tutti gli autovalori negativi. Provare che se n è dispari, allora non esiste alcuna matrice $B \in M_{n,n}(\mathbb{R})$ tale che $B^2 = A$.

9.117 Sia $f \colon V \to V$ un endomorfismo lineare tale che per qualche intero positivo p si abbia $f^p = f^{p+1}$, oppure $f^p = -f^{p+1}$, oppure $f^p = f^{p+2}$. Provare che per ogni sottospazio f-invariante non nullo $U \subseteq V$ i tre endomorfismi $f_{|U}, (f - I)_{|U}, (f + I)_{|U} \colon U \to U$ non possono essere tutti invertibili e dedurre che se $\dim V < \infty$ allora f è triangolabile.

9.118 Siano $f, g \colon V \to V$ endomorfismi triangolabili tali che $fg = gf$. Ragionare come nel Lemma 9.101 per provare che f e g hanno autovettori comuni.

9.119 Sia $0 = V_0 \subseteq V_1 \subseteq \cdots \subseteq V_n = \mathbb{K}^n$ una bandiera completa. Dimostrare che esiste una permutazione $\sigma \colon \{1, \ldots, n\} \to \{1, \ldots, n\}$ tale che

$$\mathbb{K}^n = V_p \oplus \{x \in \mathbb{K}^n \mid x_{\sigma(1)} = \cdots = x_{\sigma(p)} = 0\}, \quad \text{per ogni } p = 1, \ldots n.$$

9.120 Enunciare e dimostrare l'analogo dell'Esercizio 9.119, dove al posto della bandiera completa si considera una generica filtrazione crescente di sottospazi $U_1 \subseteq \cdots \subseteq U_p$ di dimensioni $d(i) = \dim U_i$.

9.8 Endomorfismi diagonalizzabili

Un endomorfismo $f \colon V \to V$ di uno spazio vettoriale di dimensione finita si dice **diagonalizzabile** se esiste una base rispetto alla quale f si rappresenta con una matrice diagonale.

Dato che f si rappresenta nella base $v_1, \ldots, v_n$ con la matrice diagonale $\mathrm{diag}(\lambda_1, \ldots, \lambda_n)$ se e solo se $f(v_i) = \lambda_i v_i$ per ogni i, ne consegue che un endomorfismo $f: V \to V$ è diagonalizzabile se e solo se esiste una base di V formata da autovettori di f. L'autore ritiene che questo sia un buon punto per ricordare al lettore che, per definizione, gli autovettori non sono mai nulli.

Lemma 9.121 *Siano $f: V \to V$ un endomorfismo lineare e $v_1, \ldots, v_s \in V$ autovettori relativi ad autovalori distinti di f. Allora $v_1, \ldots, v_s$ sono linearmente indipendenti.*

Dimostrazione Induzione su s, non dovendo dimostrare nulla per $s = 1$. Supponiamo quindi il risultato vero per $s - 1$ autovettori relativi ad autovalori distinti.

Siano $\lambda_1, \ldots, \lambda_s$ gli autovalori corrispondenti agli autovettori $v_1, \ldots, v_s$; per ipotesi si ha $f(v_i) = \lambda_i v_i$ e $\lambda_i \neq \lambda_j$ per ogni $i \neq j$.

Data una combinazione lineare nulla $a_1 v_1 + \cdots + a_s v_s = 0$, applicando l'endomorfismo $f - \lambda_s I$ si ottiene

$$0 = (f - \lambda_s I)(a_1 v_1 + \cdots + a_s v_s) = a_1(\lambda_1 - \lambda_s)v_1 + \cdots + a_{s-1}(\lambda_{s-1} - \lambda_s)v_{s-1}.$$

Per l'ipotesi induttiva gli autovettori $v_1, \ldots, v_{s-1}$ sono linearmente indipendenti e quindi

$$a_1(\lambda_1 - \lambda_s) = \cdots = a_{s-1}(\lambda_{s-1} - \lambda_s) = 0$$

e siccome $\lambda_i - \lambda_s \neq 0$ per ogni $i = 1, \ldots, s - 1$ si ottiene $a_1 = \cdots = a_{s-1} = 0$. Per finire la relazione $a_1 v_1 + \cdots + a_s v_s = 0$ si riduce a $a_s v_s = 0$ e siccome $v_s \neq 0$ si ha $a_s = 0$. $\square$

Definizione 9.122 Se λ è un autovalore di un endomorfsmo $f: V \to V$, il sottospazio $V_\lambda = \mathrm{Ker}(f - \lambda I)$ è detto **autospazio** di f relativo all'autovalore λ.

In altri termini, l'autospazio relativo ad un autovalore è il sottospazio formato dal vettore nullo e da tutti gli autovettori corrispondenti. Sebbene V_λ dipenda sia da λ che da f, per semplicità notazionale di solito la dipendenza da f rimane sottintesa.

In accordo con la Definizione 9.58, la molteplicità geometrica di un autovalore λ è uguale alla dimensione dell'autospazio V_λ. Ogni V_λ è un sottospazio f-invariante e la restrizione di f a V_λ è uguale λI.

Lemma 9.123 *Siano $\lambda_1, \ldots, \lambda_s$ autovalori distinti di un endomorfismo f e si considerino i relativi autospazi $V_{\lambda_i} = \mathrm{Ker}(f - \lambda_i I)$. Allora esiste una decomposizione in somma diretta:*

$$V_{\lambda_1} + \cdots + V_{\lambda_s} = V_{\lambda_1} \oplus \cdots \oplus V_{\lambda_s} \subseteq V.$$

Dimostrazione Bisogna dimostrare che ogni vettore $w \in V_{\lambda_1} + \cdots + V_{\lambda_s}$ si scrive in modo unico come somma di vettori in ciascun V_{λ_i}. Per il Lemma 4.25 basta verificare che se

$$v_1 + \cdots + v_s = 0, \qquad v_i \in V_{\lambda_i}, \quad i = 1, \ldots, s,$$

allora $v_i = 0$ per ogni $i = 1, \ldots, s$. Se per assurdo $v_i \neq 0$ per almeno un indice i, applicando il Lemma 9.121 ai vettori v_i diversi da 0 troviamo una contraddizione. $\square$

Teorema 9.124 *Sia* $\dim V = n$ *e siano* $\lambda_1, \ldots, \lambda_s$ *gli autovalori di un endomorfismo* $f \colon V \to V$. *Se indichiamo con* μ_i *la molteplicità geometrica di* λ_i, *allora* $\mu_1 + \cdots + \mu_s \leq n$ *e vale*

$$\mu_1 + \cdots + \mu_s = n$$

se e soltanto se f *è diagonalizzabile.*

Dimostrazione Per il Lemma 9.123 la somma dei sottospazi V_{λ_i} è diretta e per la formula di Grassmann il sottospazio $V_{\lambda_1} \oplus \cdots \oplus V_{\lambda_s}$ ha dimensione $\mu_1 + \cdots + \mu_s$. Per finire basta osservare che f è diagonalizzabile se e solo se

$$V = V_{\lambda_1} \oplus \cdots \oplus V_{\lambda_s}.$$

Infatti, siccome da ogni insieme di generatori si può estrarre una base, si ha che f possiede una base di autovettori se e solo se gli autovettori generano, ossia se e solo se $V = V_{\lambda_1} + \cdots + V_{\lambda_s} = V_{\lambda_1} \oplus \cdots \oplus V_{\lambda_s}$. $\square$

Siamo adesso in grado di esporre due condizioni, la prima necessaria e sufficiente, la seconda solamente sufficiente (ma di più facile verifica), affinché un endomorfismo risulti diagonalizzabile.

Corollario 9.125 *Siano* V *uno spazio vettoriale di dimensione finita sul campo* $\mathbb{K}$ *e* $f \colon V \to V$ *un endomorfismo lineare. Allora* f *è diagonalizzabile se e solo se il polinomio caratteristico di* f *si scrive come prodotto di polinomi di primo grado a coefficienti in* $\mathbb{K}$, *e per ogni autovalore la molteplicità geometrica è uguale alla molteplicità algebrica.*

Dimostrazione Se in un'opportuna base l'endomorfismo f si rappresenta con una matrice diagonale $A = \mathrm{diag}(a_1, \ldots, a_n)$, allora il polinomio caratteristico di f è uguale a

$$p_f(t) = p_A(t) = (a_1 - t) \cdots (a_n - t).$$

Per uno scalare $\lambda \in \mathbb{K}$, la sua molteplicità algebrica come autovalore di f è quindi uguale al numero di indici i tali che $a_i = \lambda$, mentre la sua molteplicità geometrica

$\dim \mathrm{Ker}(A - \lambda I)$ è uguale al numero di indici i tali che $a_i - \lambda = 0$. Da questo segue che molteplicità algebrica e geometrica di ogni autovalore coincidono.

Viceversa, se il polinomio caratteristico si scrive come

$$p_f(t) = (\lambda_1 - t)^{\nu_1}(\lambda_2 - t)^{\nu_2} \cdots (\lambda_s - t)^{\nu_s}, \quad \lambda_1, \ldots, \lambda_s \in \mathbb{K}, \; \lambda_i \neq \lambda_j,$$

e se per ogni i la molteplicità geometrica $\mu_i = \dim V_{\lambda_i}$ dell'autovalore λ_i coincide con quella algebrica ν_i, allora la somma delle molteplicità geometriche degli autovalori è $\sum_i \mu_i = \deg(p_f(t)) = \dim V$, e per il Teorema 9.124 l'endomorfismo risulta diagonalizzabile. $\square$

Grazie ai precedenti risultati, per determinare se un endomorfismo f è diagonalizzabile possiamo procedere nel modo seguente:

1. si calcola il polinomio caratteristico $p_f(t)$;
2. se il polinomio caratteristico non si fattorizza come prodotto di fattori di primo grado allora f non è diagonalizzabile;
3. se $p_f(t) = (\lambda_1 - t)^{\nu_1}(\lambda_2 - t)^{\nu_2} \cdots (\lambda_s - t)^{\nu_s}$, allora f è diagonalizzabile se e solo se $\nu_i \leq \dim \mathrm{Ker}(f - \lambda_i I)$ per ogni i: questa condizione assicura che la somma delle molteplicità geometriche è almeno n, mentre per il Teorema 9.124 tale somma è sempre al più n.

Corollario 9.126 *Siano V uno spazio vettoriale di dimensione finita n sul campo $\mathbb{K}$ e $f : V \to V$ un endomorfismo lineare. Se il polinomio caratteristico di f possiede n radici distinte sul campo $\mathbb{K}$, ossia se*

$$p_f(t) = (\lambda_1 - t)(\lambda_2 - t) \cdots (\lambda_n - t), \quad \lambda_1, \ldots, \lambda_n \in \mathbb{K}, \; \lambda_i \neq \lambda_j,$$

allora f è diagonalizzabile.

Dimostrazione   Per definizione, ogni autovalore ha molteplicità geometrica positiva ed il corollario segue quindi immediatamente dal Teorema 9.124. $\square$

Teorema 9.127 *Un endomorfismo $f : V \to V$ è diagonalizzabile se e solo se è triangolabile e, per ogni autovalore λ, i due endomorfismi $f - \lambda I$ e $(f - \lambda I)^2$ hanno lo stesso rango.*

Prima della dimostrazione osserviamo che, per ogni scalare λ, la condizione $\mathrm{rg}(f - \lambda I) = \mathrm{rg}(f - \lambda I)^2$ è del tutto equivalente alla condizione $\mathrm{Ker}(f - \lambda I) = \mathrm{Ker}(f - \lambda I)^2$. Infatti si ha sempre $\mathrm{Ker}(f - \lambda I) \subseteq \mathrm{Ker}(f - \lambda I)^2$ dato che, se $(f - \lambda I)v = 0$, a maggior ragione $(f - \lambda I)^2 v = (f - \lambda I)(f(v) - \lambda v) = (f - \lambda I)(0) = 0$; dunque l'uguaglianza $\mathrm{Ker}(f - \lambda I) = \mathrm{Ker}(f - \lambda I)^2$ è equivalente all'uguaglianza $\dim \mathrm{Ker}(f - \lambda I) = \dim \mathrm{Ker}(f - \lambda I)^2$ che, per il teorema del rango, equivale all'uguaglianza $\mathrm{rg}(f - \lambda I) = \mathrm{rg}(f - \lambda I)^2$.

Dimostrazione   Una implicazione è immediata: se f si rappresenta con una matrice diagonale, allora anche $f - \lambda I$ si rappresenta con una matrice diagonale per ogni

λ e di conseguenza tutte le potenze $(f - \lambda I)^s$, $s > 0$, hanno stesso rango, stesso nucleo e stessa immagine.

Viceversa, supponiamo che f sia triangolabile e che $\mathrm{Ker}(f - \lambda I) = \mathrm{Ker}(f - \lambda I)^2$ per ogni autovalore λ. Scegliamo un autovalore μ, denotiamo con $V_\mu = \mathrm{Ker}(f - \mu I)$ il corrispondente autospazio e consideriamo il sottospazio f-invariante $U = (f - \mu I)(V)$.

Per ogni $w \in U \cap V_\mu$ esiste $v \in V$ tale che $w = (f - \mu I)v$ e di conseguenza $(f - \mu I)^2 v = 0$. Siccome par ipotesi $\mathrm{Ker}(f - \mu I) = \mathrm{Ker}(f - \mu I)^2$ si ha $v \in \mathrm{Ker}(f - \mu I)$, ossia $w = 0$. Dunque $U \cap V_\mu = 0$, $U + V_\mu = U \oplus V_\mu$ e per la formula di Grassmann $V = U \oplus V_\mu$ (cf. Esercizio 5.57).

Sia adesso $g = f_{|U} : U \to U$ la restrizione di f ad U, per il Corollario 9.113 l'endomorfismo g è triangolabile e per ogni autovalore λ si ha

$$\mathrm{Ker}(g - \lambda I) = \mathrm{Ker}(f - \lambda I) \cap U = \mathrm{Ker}(f - \lambda I)^2 \cap U = \mathrm{Ker}(g - \lambda I)^2.$$

Per induzione sulla dimensione l'endomorfismo g è diagonalizzabile e di conseguenza anche f è diagonalizzabile. $\square$

Esempio 9.128 Sia $f : V \to V$ un endomorfismo tale che $f^2 = I$. Allora f è triangolabile e, se $2 \neq 0$ allora f è anche diagonalizzabile.

Proviamo che f è triangolabile usando il Teorema 9.111; per ogni sottospazio f-invariante $U \neq 0$, preso un qualunque vettore non nullo $u \in U$ si ha $(f - I)(f + I)(u) = 0$ e quindi:

1. se $(f + I)(u) = 0$, allora u è un autovettore (con autovalore -1);
2. se $(f + I)(u) \neq 0$, allora $(f + I)(u)$ è un autovettore (con autovalore 1).

In ogni caso U possiede un autovettore. L'uguaglianza $f^2 = I$ implica che:

1. se $f(v) = \lambda v$, con $0 \neq v \in V$, allora $v = f(f(v)) = \lambda^2 v$ e quindi $\lambda = \pm 1$;
2. $(f - I)^2 = -2(f - I)$ e $(f + I)^2 = 2(f + I)$.

Quindi, se 2 è invertibile allora

$$\mathrm{Ker}(f - I)^2 = \mathrm{Ker}(f - I), \qquad \mathrm{Ker}(f + I)^2 = \mathrm{Ker}(f + I)$$

e possiamo applicare il Teorema 9.127.

Corollario 9.129 *Sia $f : V \to V$ un endomorfismo diagonalizzabile di uno spazio vettoriale di dimensione finita e sia $U \subseteq V$ un sottospazio f-invariante. Allora la restrizione di f ad U è diagonalizzabile.*

Dimostrazione Per il Corollario 9.113 la restrizione $g = f_{|U} : U \to U$ è triangolabile e come osservato nella dimostrazione del Teorema 9.127 per ogni autovalore λ si ha

$$\mathrm{Ker}(g - \lambda I) = \mathrm{Ker}(f - \lambda I) \cap U = \mathrm{Ker}(f - \lambda I)^2 \cap U = \mathrm{Ker}(g - \lambda I)^2. \; \square$$

Diremo che una matrice $A \in M_{n,n}(\mathbb{K})$ è diagonalizzabile se l'endomorfismo $L_A \colon \mathbb{K}^n \to \mathbb{K}^n$ è diagonalizzabile o, equivalentemente, se A è simile ad una matrice diagonale.

Corollario 9.130 *Ogni matrice simmetrica reale si diagonalizza su $\mathbb{R}$.*

Dimostrazione Sia $A \in M_{n,n}(\mathbb{R})$ simmetrica; grazie al teorema fondamentale dell'algebra ed al Teorema 9.127, per dimostrare che A è diagonalizzabile basta dimostrare che ogni suo autovalore complesso λ ha parte immaginaria nulla e che le matrici $A - \lambda I$ e $(A - \lambda I)^2$ hanno lo stesso rango.

Per ogni vettore $x \in \mathbb{R}^n$ denotiamo con $\|x\|^2 = x^T x = \sum_{i=1}^{n} x_i^2$; è chiaro che $\|x\|^2 \geq 0$ per ogni x e vale $\|x\|^2 = 0$ se e solo se $x = 0$.

Come primo passo, dimostriamo che per ogni matrice simmetrica $B \in M_{n,n}(\mathbb{R})$ ed ogni numero reale $b \in \mathbb{R}$ si ha

$$\mathrm{rg}(B^2 + b^2 I) = \begin{cases} \mathrm{rg}(B) & \text{se } b = 0, \\ n & \text{se } b \neq 0. \end{cases} \tag{9.7}$$

Se $b^2 > 0$ e $(B^2 + b^2 I)x = 0$, allora

$$0 = x^T(B^2 + b^2 I)x = (Bx)^T(Bx) + b^2 x^T x = \|Bx\|^2 + b^2\|x\|^2 \geq b^2\|x\|^2$$

che implica $x = 0$; abbiamo quindi provato che $B^2 + b^2 I$ ha rango massimo. Se $Bx = 0$ è ovvio che $B^2 x = B(Bx) = B0 = 0$, mentre se $B^2 x = 0$, allora $0 = x^T B^2 x = (Bx)^T(Bx) = \|Bx\|^2$ da cui segue $Bx = 0$; abbiamo quindi provato che $\mathrm{Ker}\, B^2 = \mathrm{Ker}\, B$ e quindi che B e B^2 hanno lo stesso rango.

Torniamo adesso alla nostra matrice simmetrica $A \in M_{n,n}(\mathbb{R})$ di partenza, e sia $\lambda = a + ib \in \mathbb{C}$ un suo autovalore complesso. Allora la matrice $B = A - aI$ è ancora simmetrica reale e si ha

$$0 = \det(A - \lambda I) = \det(B - ibI).$$

Segue dal teorema di Binet che

$$\det(B^2 + b^2 I) = \det((B - ibI)(B + ibI)) = \det(B - ibI)\det(B + ibI) = 0$$

e per le formule (9.7) ciò è possibile solo se $b = 0$. Dunque $B = A - aI = A - \lambda I$ e, sempre da (9.7) segue che $A - \lambda I$ e $(A - \lambda I)^2$ hanno lo stesso rango. $\qquad\square$

Esercizi

9.131 Mostrare che due matrici diagonalizzabili sono simili se e solo se hanno lo stesso polinomio caratteristico.

9.132 Determinare, preferibilmente senza calcolare i polinomi caratteristici, una base di $\mathbb{R}^3$ formata da autovettori delle matrici:

$$\begin{pmatrix} 1 & 0 & 1 \\ 0 & 0 & 0 \\ 1 & 0 & 1 \end{pmatrix}, \qquad \begin{pmatrix} 1 & 0 & 1 \\ 0 & 1 & 0 \\ 1 & 0 & 1 \end{pmatrix}, \qquad \begin{pmatrix} 0 & 0 & 1 \\ 0 & 1 & 0 \\ 1 & 0 & 0 \end{pmatrix}, \qquad \begin{pmatrix} 0 & 1 & 0 \\ 1 & 0 & 1 \\ 0 & 1 & 0 \end{pmatrix}.$$

9.133 ($\heartsuit$) Determinare quali delle seguenti matrici sono diagonalizzabili su $\mathbb{R}$:

$$\begin{pmatrix} 1 & 2 & -1 \\ 1 & 0 & 1 \\ 4 & -4 & 5 \end{pmatrix}, \qquad \begin{pmatrix} 3 & 1 & 0 \\ 0 & 3 & 1 \\ 0 & 0 & 3 \end{pmatrix}, \qquad \begin{pmatrix} -1 & -1 & 10 \\ -1 & -1 & 6 \\ -1 & -1 & 6 \end{pmatrix},$$

$$\begin{pmatrix} 7 & -24 & -6 \\ 2 & -7 & -2 \\ 0 & 0 & 1 \end{pmatrix}, \qquad \begin{pmatrix} 7 & -24 & 0 \\ 2 & -7 & 1 \\ 0 & 0 & 1 \end{pmatrix}.$$

9.134 ($\heartsuit$) Calcolare il polinomio caratteristico della matrice

$$A = \begin{pmatrix} 0 & 0 & 0 & 3 \\ 1 & 0 & -1 & 0 \\ 0 & -3 & 0 & -1 \\ 1 & 0 & 1 & 0 \end{pmatrix}$$

e dire, motivando la risposta, se A è diagonalizzabile su $\mathbb{R}$ e su $\mathbb{C}$.

9.135 Provare la seguente variante del Lemma 9.121: siano $f : V \to V$ un endomorfismo lineare, $U \subseteq V$ un sottospazio f-invariante e $v_1, \dots, v_s \in V$ autovettori relativi ad autovalori distinti. Se $v_1 + \cdots + v_s \in U$ allora $v_i \in U$ per ogni $i = 1, \dots, s$.

9.136 Per ogni matrice dell'Esercizio 9.85, dire se è diagonalizzabile su $\mathbb{Q}$, su $\mathbb{R}$ e su $\mathbb{C}$.

9.137 Sia $f : V \to V$ lineare di rango 1. Mostrare che f è diagonalizzabile se e solo se $f^2 \neq 0$. Dedurre che le omologie lineari (Esercizio 5.64) sono diagonalizzabili, mentre le elazioni (ibidem) non lo sono.

9.138 Provare che ogni matrice di permutazione I^σ è diagonalizzabile su $\mathbb{C}$.

9.139 Sia $A \in M_{n,n}(\mathbb{R})$ triangolabile con tutti gli autovalori ≥ 0. Provare che se A^2 è diagonale, allora anche A^3 è diagonale.

9.140 (☕, ♡) *Melancolia I* è un'incisione di Albrecht Dürer del 1514 che, simbolicamente, rappresenta i pericoli dello studio ossessivo, mostrando le difficoltà che si incontrano nel tentativo di tramutare il piombo in oro ed i conti in teoremi. Tra le altre figure, nell'opera compare anche un quadrato 'magico' contenente tutti i numeri interi da 1 a 16 e che, in forma di matrice a coefficienti interi, è

$$M = \begin{pmatrix} 16 & 3 & 2 & 13 \\ 5 & 10 & 11 & 8 \\ 9 & 6 & 7 & 12 \\ 4 & 15 & 14 & 1 \end{pmatrix}.$$

Verificare che la somma dei 4 coefficienti su ogni riga, su ogni colonna, sulle due diagonali, su ciascuno dei quattro settori quadrati in cui si può dividere il quadrato è uguale a 34, così come la somma dei quattro numeri al centro e dei quattro numeri agli angoli.

Si condideri adesso M come matrice a coefficienti in un campo $\mathbb{K}$ di caratteristica $\neq 2$.

1. Dire se $(1, 1, 1, 1)^T$ e $(1, -3, 3, -1)^T$ sono autovettori per M.
2. Dire se il sottospazio $U \subseteq \mathbb{K}^4$ di equazione $x_1 + x_2 + x_3 + x_4 = 0$ è L_M-invariante.
3. Indichiamo come al solito con $e_1, \ldots, e_4 \in \mathbb{K}^4$ la base canonica. Calcolare la matrice che rappresenta l'endomorfismo L_M nella base

$$v_1 = e_1 - e_4, \quad v_2 = e_2 - e_4, \quad v_3 = e_3 - e_4, \quad v_4 = e_1 + e_2 + e_3 + e_4.$$

4. Calcolare il polinomio caratteristico di M e dimostrare che M è diagonalizzabile.

Nota: se consideriamo M come matrice in un campo di caratteristica 2, allora $M^2 = 0$ e M non è diagonalizzabile (perché?).

9.141 (☕, ♡) Una matrice reale $B \in M_{n,n}(\mathbb{R})$ si dice **normale** se $BB^T = B^T B$ (ad esempio B simmetrica oppure antisimmetrica). Dimostrare che se B è normale allora $\mathrm{rg}(B) = \mathrm{rg}(B^2)$ e che B è diagonalizzabile se e solo se è triangolabile.

9.142 Sia S una matrice simmetrica reale. Dimostrare che:

1. le matrici $I + S^2$ e $I - S + S^2$ sono invertibili;
2. le matrici $S + S^3$ e $S - S^2 + S^3$ hanno lo stesso rango.

9.143 Sia $A \in M_{n,n}(\mathbb{R})$ antisimmetrica. Provare, ispirandosi alla dimostrazione del Corollario 9.130, che ogni autovalore complesso di A è immaginario puro. Dimostrare inoltre che A è diagonalizzabile su $\mathbb{C}$.

9.144 Mostrare che, per qualunque scelta di coefficienti complessi al posto degli asterischi, le matrici

$$\begin{pmatrix} 1 & 1 & * \\ 0 & 1 & * \\ 0 & 0 & * \end{pmatrix}, \qquad \begin{pmatrix} 1 & * & 1 & * & * \\ 0 & * & 0 & 0 & 0 \\ 0 & 1 & 1 & 0 & * \\ 0 & 0 & 0 & * & 0 \\ 0 & * & 0 & 4 & * \end{pmatrix},$$

non sono diagonalizzabili su $\mathbb{C}$.

9.145 Di una matrice $A \in M_{3,3}(\mathbb{R})$ sappiamo che: la prima riga è $(1, -1, 1)$, A è diagonalizzabile, $\mathrm{Tr}(A) = 2$, $(1, 0, 1)^T$ e $(1, 1, 0)^T$ sono autovettori di A. Determinare tutti i coefficienti di A.

9.146 (☕) Siano $A, B \in M_{2,2}(\mathbb{C})$ tali che

$$A^2 = -B^2 = \begin{pmatrix} 1 & 1 \\ 0 & 1 \end{pmatrix}.$$

Dimostrare che A, B non sono diagonalizzabili, $\det(A) = 1$ e $\det(B) = -1$.

Note

I concetti di autovalore ed autovettore erano già impliciti in problemi di geometria proiettiva e meccanica celeste, ma il loro ingresso, in pompa magna, in tutti i testi di algebra lineare che si rispettano si deve principalmente al loro ruolo in fisica quantistica ed in teoria delle equazioni differenziali. Viene fatto esplicito riferimento ad *autovalori* ed *autosoluzioni* in un lavoro del 1927 di G. Mammana sulle equazioni differenziali lineari ordinarie [11], mentre il libro di Wigner [17] è stato tra i primi a parlare diffusamente di *eigenwert* ed *eigenvektor*: in tedesco "eigen" significa "proprio, caratteristico, peculiare", e non ha il significato che in italiano ha il termine "auto". I francofoni parlano di valori e vettori propri, mentre gli anglofoni parlano di valori e vettori caratteristici, spesso chiamati con i composti ibridi *eigenvalues* e *eigenvectors*.

La dimostrazione del teorema fondamentale dell'algebra cha abbiamo presentato, tratta da [6], è una variazione della classica dimostrazione basata sul teorema delle funzioni simmetriche (Teorema 16.22), che sostituisce il campo di spezzamento del polinomio con i più concreti spazi di matrici hermitiane ed antisimmetriche.

Capitolo 10
Polinomi minimi

In aggiunta a quello caratteristico, in questo capitolo affiancheremo ad ogni endomorfismo un altro polinomio, detto *minimo*. A livello concettuale i due polinomi si differenziano per il fatto che, mentre la definizione del polinomio caratteristico è algebrica e costruttiva, quella del polinomio minimo è geometrica ma non fornisce, tranne casi particolari, informazioni utili al calcolo del medesimo. Nella generalità dei casi, il calcolo del polinomio minimo richiederà l'uso del teorema di Cayley–Hamilton, che tratteremo nelle Sezioni 10.3 e 11.7.

10.1 Funzioni polinomiali di endomorfismi e matrici

Abbiamo visto che ad ogni polinomio $h(t) \in \mathbb{K}[t]$ corrisponde una funzione polinomiale $h \colon \mathbb{K} \to \mathbb{K}$. Considerando matrici quadrate al posto degli scalari possiamo associare allo stesso polinomio $h(t)$ le applicazioni

$$h \colon M_{k,k}(\mathbb{K}) \to M_{k,k}(\mathbb{K}), \qquad k > 0,$$

dove $h(A)$ è calcolata nel modo ovvio, ossia mettendo A al posto dell'indeterminata t ed eseguendo le dovute operazioni algebriche: se $h(t) = a_0 t^n + a_1 t^{n-1} + \cdots + a_n \in \mathbb{K}[t]$, allora $h(A) = a_0 A^n + a_1 A^{n-1} + \cdots + a_n I$ per ogni $A \in M_{k,k}(\mathbb{K})$.

Ad esempio, se $A = \begin{pmatrix} 0 & 1 \\ 2 & 3 \end{pmatrix}$ e $h(t) = t^2 - t - 2$, allora

$$h(A) = A^2 - A - 2I = \begin{pmatrix} 0 & 2 \\ 4 & 6 \end{pmatrix}.$$

Le applicazioni polinomiali tra matrici preservano la relazione di similitudine, e cioè, se le matrici A, B sono simili, allora anche $h(A), h(B)$ sono simili per ogni $h(t) \in \mathbb{K}[t]$. Infatti, se C è una matrice invertibile tale che $A = CBC^{-1}$, allora

© The Author(s), under exclusive license to Springer Nature Switzerland AG 2025

M. Manetti, *Algebra Lineare*, La Matematica per il 3+2 174,

https://doi.org/10.1007/978-3-032-01504-4_10

$A^2 = CBC^{-1}CBC^{-1} = CB^2C^{-1}$, più in generale $A^n = CB^nC^{-1}$ per ogni $n \geq 0$, da cui segue $h(A) = Ch(B)C^{-1}$.

Osservazione 10.1 (☺) Abbiamo appena dimostrato che se A e B sono simili allora $h(A)$ e $h(B)$ sono simili, e quindi hanno lo stesso rango, per ogni polinomio $h(t)$. Più avanti dimostreremo che vale anche il viceversa qualora A e B abbiano lo stesso polinomio caratteristico. Più precisamente, proveremo nel Corollario 11.63 che due matrici A, B con il medesimo polinomio caratteristico sono simili se e solo se $h(A), h(B)$ hanno lo stesso rango per ogni polinomio monico $h(t)$ che divide $p_A(t) = p_B(t)$.

Cambiando punto di vista, possiamo tenere fissa la matrice A e variare il polinomio, ottenendo il morfismo di valutazione,

$$e_A : \mathbb{K}[t] \to M_{n,n}(\mathbb{K}), \qquad e_A(h(t)) = h(A),$$

che, come per gli scalari (Esercizio 3.108), commuta con somme e prodotti, ossia:

$$e_A(h(t) + k(t)) = h(A) + k(A), \qquad e_A(h(t)k(t)) = h(A)k(A).$$

Le stesse costruzioni funzionano con l'algebra degli endomorfismi al posto dell'algebra delle matrici. Sia V uno spazio vettoriale sul campo $\mathbb{K}$; per ogni endomorfismo lineare $f : V \to V$ ha senso considerare le combinazioni lineari delle potenze di f e dunque, dato un qualsiasi polinomio

$$h(t) \in \mathbb{K}[t], \qquad h(t) = a_0 t^n + a_1 t^{n-1} + \cdots + a_n,$$

ha senso considerare l'endomorfismo

$$h(f) : V \to V, \qquad h(f) = a_0 f^n + a_1 f^{n-1} + \cdots + a_n I.$$

Nel caso $V = \mathbb{K}^n$ e $f = L_A$ si verifica immediatamente che $h(L_A) = L_{h(A)}$ per ogni $h(t) \in \mathbb{K}[t]$.

Dunque, per ogni polinomio $h(t)$ abbiamo una funzione polinomiale

$$h : \mathrm{End}_{\mathbb{K}}(V) \to \mathrm{End}_{\mathbb{K}}(V), \qquad g \mapsto h(g),$$

e per ogni endomorfismo $f : V \to V$ abbiamo un morfismo di valutazione

$$e_f : \mathbb{K}[t] \to \mathrm{End}_{\mathbb{K}}(V), \qquad p(t) \mapsto p(f),$$

che commuta con somme e prodotti. In particolare, per ogni $h(t) \in \mathbb{K}[t]$ ed ogni $f \in \mathrm{End}_{\mathbb{K}}(V)$ si ha $f h(f) = h(f) f = e_f(t h(t))$ e quindi, per il Lemma 9.79, il nucleo e l'immagine di $h(f)$ sono sottospazi f-invarianti di V.

È anche naturale chiedersi se ogni endomorfismo che commuta con f si può scrivere nella forma $h(f)$ per un opportuno polinomio $h(t)$: questo può essere falso, ad esempio per $A = I$, ma è vero in molti casi significativi, vedi Esercizio 10.4.

Lemma 10.2 *Siano $f: V \to V$ un endomorfismo e $h(t) \in \mathbb{K}[t]$. Se $v \in V$ è un autovettore di f con autovalore λ, allora v è anche un autovettore di $h(f)$ con autovalore $h(\lambda)$.*

Dimostrazione Siccome $f(v) = \lambda v$, si ha

$$f^2(v) = f(f(v)) = f(\lambda v) = \lambda f(v) = \lambda^2 v.$$

Più in generale, si dimostra per induzione su k che $f^k(v) = \lambda^k v$: infatti

$$f^k(v) = f(f^{k-1}(v)) = f(\lambda^{k-1} v) = \lambda^{k-1} f(v) = \lambda^k v.$$

Quindi, se $h(t) = a_0 t^n + a_1 t^{n-1} + \cdots + a_n$ si ha

$$h(f)(v) = a_0 f^n(v) + \cdots + a_n v = (a_0 \lambda^k + \cdots + a_n) v = h(\lambda) v. \quad \square$$

Teorema 10.3 *Sia f un endomorfismo di uno spazio vettoriale V di dimensione finita sul campo $\mathbb{K}$, e sia $p(t) = (t - \lambda_1) \cdots (t - \lambda_s) \in \mathbb{K}[t]$, con $\lambda_1, \ldots, \lambda_s \in \mathbb{K}$. Se $p(f) = 0$ allora f è triangolabile; se in aggiunta gli scalari λ_i sono distinti, allora f è diagonalizzabile.*

Dimostrazione Siccome $(f - \lambda_1 I) \cdots (f - \lambda_s I) = 0$, per ogni sottospazio f-invariante $0 \neq U \subseteq V$ le restrizioni $f - \lambda_i I : U \to U$ non possono essere tutte iniettive; quindi U contiene autovettori di f e questo implica che f è triangolabile.

Sia λ un autovalore di f, per il Lemma 10.2 si ha $p(\lambda) = 0$ e quindi $\lambda = \lambda_i$ per qualche i. Supponiamo adesso che i λ_i siano tutti distinti e dimostriamo che $\mathrm{Ker}(f - \lambda I) = \mathrm{Ker}(f - \lambda I)^2$; per il Teorema 9.127 questo implica che f è diagonalizzabile. Possiamo scrivere $p(t) = (t - \lambda) h(t)$, con $h(\lambda) \neq 0$. Sia $v \in \mathrm{Ker}(f - \lambda I)^2$; se $u = f(v) - \lambda v$ allora $f(u) = \lambda u$ e $0 = p(f)v = h(f)u = h(\lambda)u$; siccome $h(\lambda) \neq 0$ deve essere $u = 0$, ossia $v \in \mathrm{Ker}(f - \lambda I)$. $\quad \square$

Esercizi

10.4 Sia $A \in M_{n,n}(\mathbb{K})$ una matrice compagna oppure diagonale con tutti gli autovalori distinti. Usare i risultati degli Esercizi 6.74 e 9.49 per dimostrare che ogni matrice che commuta con A è del tipo $h(A)$ per un opportuno polinomio $h(t)$.

10.5 Siano $f: V \to V$ un endomorfismo lineare e $U \subseteq V$ un sottospazio f-invariante. Provare che per ogni polinomio $h(t)$ il sottospazio U è anche $h(f)$-invariante e vale $h(f)_{|U} = h(f_{|U})$.

10.6 Siano $f, g: V \to V$ due endomorfismi che commutano tra loro, ossia tali che $fg = gf$. Dimostrare che per ogni coppia di polinomi $p(t), q(t) \in \mathbb{K}[t]$ vale $p(f)q(g) = q(g)p(f)$.

10.7 Consideriamo $\mathbb{C}[t]$ come uno spazio vettoriale, di dimensione infinita, su $\mathbb{C}$ e denotiamo con $f \colon \mathbb{C}[t] \to \mathbb{C}[t]$ l'endomorfismo dato dalla moltiplicazione per t, ossia $f(p(t)) = tp(t)$. Dato $h(t) \in \mathbb{C}[t]$, descrivere in concreto l'endomorfismo $h(f)$ e determinare l'insieme dei polinomi $h(t)$ tali che $h(f) = 0$.

10.8 Fissata una matrice $A \in M_{n,n}(\mathbb{K})$, $n > 0$, definiamo

$$G = \{p(A) \mid p(t) \in \mathbb{K}[t],\ \det(p(A)) \neq 0\}.$$

Dimostrare che G è un gruppo di matrici. (Sugg.: l'unico punto non banale è provare che se $p(A) \in G$, allora $p(A)^{-1} \in G$: le matrici $I, p(A), p(A)^2, \ldots, p(A)^{n^2}$ sono linearmente dipendenti; sia m il più piccolo intero positivo per cui esistono $c_0, \ldots, c_m \in \mathbb{K}$ non tutti nulli e tali che $\sum_i c_i\, p(A)^i = 0$. Dedurre dall'invertibilità di $p(A)$ che $c_0 \neq 0$.)

10.9 (Matrici circolanti I) Fissato un intero positivo n, denotiamo con $P \in M_{n,n}(\mathbb{C})$ la matrice compagna del polinomio $t^n - 1$. Si definisce **matrice circolante** di ordine n una matrice A che si può scrivere nella forma

$$A = c_0 I + c_1 P + \cdots + c_{n-1} P^{n-1}, \quad \text{con } c_0, \ldots, c_{n-1} \in \mathbb{K}. \qquad (10.1)$$

Sia A come in (10.1):

1. Descrivere, in funzione di $c_0, \ldots, c_{n-1}$, i coefficienti di A; prima per $n = 3$ e poi in generale.
2. Provare che A è diagonalizzabile e che i suoi autovalori, contati con molteplicità, sono $\lambda_i = \sum_{j=0}^{n-1} c_j \omega_i^j$, dove $\omega_1, \ldots, \omega_n$ sono le radici n-esime di 1.

10.10 (Matrici circolanti II) Sia n un intero positivo e siano

$$\xi_k = \cos(2k\pi/n) + i\sin(2k\pi/n) \in \mathbb{C}, \quad k = 0, \ldots, n-1,$$

le radici n-esime di 1. Usare il determinante di Vandermonde per provare che gli n vettori $v_k = (1, \xi_k, \xi_k^2, \ldots, \xi_k^{n-1})^T$, $k = 0, \ldots, n-1$, formano una base di $\mathbb{C}^n$. Provare che le matrici circolanti di ordine n sono tutte e sole le matrici $A \in M_{n,n}(\mathbb{C})$ che possiedono $v_0, \ldots, v_{n-1}$ come base di autovettori.

Dedurre che tutte le matrici circolanti $A \in M_{n,n}(\mathbb{C})$ sono simultaneamente diagonalizzabili, ossia che esiste una matrice invertibile C tale che $C^{-1}AC$ sia diagonale per ogni A circolante

10.11 Siano $A, B \in M_{n,n}(\mathbb{K})$, con B triangolabile. Provare che $p_B(A)$ è invertibile se e solo se A, B non hanno autovalori comuni.

10.12 (✿) Siano $A, B \in M_{n,n}(\mathbb{K})$, con A triangolabile. Provare che $p_B(A)$ è invertibile se e solo se A, B non hanno autovalori comuni.

10.13 Sia p un numero primo. Ricordando l'Esercizio 3.121 ed il teorema di Ruffini, dimostrare che una matrice quadrata A a coefficienti nel campo finito $\mathbb{F}_p$ è diagonalizzabile se e solo se $A^p = A$.

10.2 Definizione di polinomio minimo

Sia $f \colon V \to V$ un endomorfismo lineare di uno spazio vettoriale di dimensione finita n; dal momento che $\dim \mathrm{End}_{\mathbb{K}}(V) = n^2$, la successione di $n^2 + 1$ endomorfismi $f^0 = I, f^1 = f, f^2, \ldots, f^{n^2}$ contiene certamente elementi ridondanti.

Lemma 10.14 *Siano $f \colon V \to V$ un endomorfismo lineare di uno spazio vettoriale di dimensione finita e*

$$m = \min\{k \in \mathbb{N} \mid f^k \in \mathrm{Span}(I, f, \ldots, f^{k-1})\}.$$

Allora:

1. *$m = 0$ se e solo se $V = 0$*
2. *$h(f) \neq 0$ per ogni polinomio non nullo $h(t)$ di grado strettamente minore di m;*
3. *esiste un unico polinomio monico di grado m, che denoteremo $q_f(t) \in \mathbb{K}[t]$, tale che $q_f(f) = 0$.*

Dimostrazione Per definizione, $m = 0$ se e solo se $I = f^0 \in \mathrm{Span}(\emptyset) = 0$ e questo è vero se e solo se $V = 0$.

Per il lemma di estensione 4.60 gli endomorfismi $I, f, \ldots, f^{m-1}$ sono linearmente indipendendi in $\mathrm{End}_{\mathbb{K}}(V)$ e quindi $h(f) \neq 0$ per ogni $h(t) \neq 0$ di grado $\leq m - 1$.

Siccome $f^m \in \mathrm{Span}(I, f, \ldots, f^{m-1})$ esistono $a_0, \ldots, a_{m-1} \in \mathbb{K}$ tali che $f^m = a_0 I + a_1 f + \cdots + a_{m-1} f^{m-1}$ e, denotando $q_f(t) = t^m - a_{m-1} t^{m-1} - \cdots - a_0 \in \mathbb{K}[t]$, si ha $q_f(f) = 0$. Dunque $q_f(t)$ è un polinomio monico di grado m che annulla f, ed è l'unico con tale proprietà: se $p(t)$ è un altro polinomio monico di grado m tale che $p(f) = 0$, allora la differenza $r(t) = q_f(t) - p(t)$ è un polinomio di grado $< m$ che continua ad annullare f, e questo è possibile solo se $r(t) = 0$. $\square$

Definizione 10.15 Nelle notazioni del Lemma 10.14, il polinomio $q_f(t) \in \mathbb{K}[t]$ si dice **polinomio minimo** dell'endomorfismo $f \colon V \to V$.

Equivalentemente, il polinomio minimo $q_f(t)$ di un endomorfismo $f \colon V \to V$ è il polinomio monico di grado minimo che annulla f; per il Lemma 10.14 tale polinomio è unico e quindi ben definito. Le precedenti considerazioni mostrano anche che il grado di $q_f(t)$ è sempre minore od uguale a $(\dim V)^2$; non abbiamo evidenziato questo fatto dato che dimostreremo ben presto (Esercizio 10.38 e Teorema 10.43) che il grado del polinomio minimo è sempre minore o uguale a $\dim V$.

Esempio 10.16   Se $V = 0$, allora $q_f(t) = 1$ per ogni endomorfismo f; infatti $f^0 = I = 0 \in \text{Span}(\emptyset)$ e $1 \in \mathbb{K}[t]$ è l'unico polinomio monico di grado 0. Viceversa, se $V \neq 0$ allora $I = f^0 \neq 0$ e quindi il polinomio minimo di un endomorfismo ha sempre grado positivo.

Esempio 10.17   Se $V \neq 0$, allora un endomorfismo $f : V \to V$ è multiplo scalare dell'identità se e solo se il suo polinomio minimo ha grado 1. Infatti, siccome $V \neq 0$ il polinomio minimo deve avere grado positivo. Se $f = \lambda I$, allora $t - \lambda$ si annulla in f. Viceversa se $q_f(t) = t - \lambda$ è il polinomio minimo allora $0 = q_f(f) = f - \lambda I$ e dunque $f = \lambda I$. In particolare, il polinomio minimo dell'endomorfismo nullo è $q_0(t) = t$.

In maniera del tutto simile si definisce il polinomio minimo $q_A(t)$ di una matrice quadrata A, che coincide con il polinomio minimo dell'endomorfismo L_A.

Esempio 10.18   Calcoliamo il polinomio minimo della matrice

$$A = \begin{pmatrix} 1 & 2 \\ 3 & 4 \end{pmatrix}.$$

Dato che A non è un multiplo dell'identità, il polinomio minimo $q_A(t)$ deve avere grado almeno 2. Per determinare se $q_A(t)$ ha grado 2 bisogna vedere se

$$A^2 = \begin{pmatrix} 7 & 10 \\ 15 & 22 \end{pmatrix} \in \text{Span}(I, A).$$

Un semplice conto, che lasciamo per esercizio, mostra che $A^2 = 5A + 2I = 0$ e quindi $q_A(t) = t^2 - 5t - 2$.

Dal fatto che i morfismi di valutazione commutano con i prodotti segue immediatamente che se il polinomio minimo $q_f(t)$ divide un polinomio $p(t)$, ossia se esiste $h(t) \in \mathbb{K}[t]$ tale che $p(t) = q_f(t)h(t)$, allora $p(f) = q_f(f)h(f) = 0$. Ma la cosa più interessante è che vale anche il viceversa.

Teorema 10.19   *Siano f un endomorfismo di uno spazio vettoriale di dimensione finita e $p(t)$ un polinomio tale che $p(f) = 0$. Allora il polinomio minimo di f divide $p(t)$.*

Dimostrazione   Per la divisione euclidea tra polinomi esistono, e sono unici, due polinomi $h(t)$ e $r(t)$ tali che $p(t) = h(t)q_f(t) + r(t)$ e $\deg r(t) < \deg q_f(t)$. Poiché

$$0 = p(f) = h(f)q_f(f) + r(f) = r(f),$$

per il Lemma 10.14 si deve avere $r(t) = 0$. $\square$

Corollario 10.20 *Siano V spazio vettoriale di dimensione finita, $f : V \to V$ un endomorfismo e $U \subseteq V$ un sottospazio f-invariante. Allora il polinomio minimo della restrizione $f_{|U} : U \to U$ divide il polinomio minimo di f.*

Dimostrazione Per il Teorema 10.19 basta dimostrare che $q_f(t)$ si annulla in $f_{|U}$. Per ogni vettore $u \in U$ si ha $0 = q_f(f)u = q_f(f_{|U})u$ e quindi il polinomio $q_f(t)$ annulla l'endomorfismo $f_{|U}$. $\square$

Corollario 10.21 *Siano V di dimensione finita e $\lambda \in \mathbb{K}$ un autovalore di un endomorfismo $f : V \to V$. Allora $t - \lambda$ divide il polinomio minimo $q_f(t)$, ossia $q_f(\lambda) = 0$.*

Dimostrazione Per definizione di autovalore, l'autospazio $V_\lambda = \mathrm{Ker}(f - \lambda I)$ è diverso da 0 ed è un sottospazio f-invariante. Abbiamo visto nell'Esempio 10.17 che il polinomio minimo della restrizione di f a V_λ è uguale a $t - \lambda$ e per concludere basta applicare il Corollario 10.20.

Per una dimostrazione alternativa che utilizza il Lemma 10.2, sia v un autovettore di v con autovalore λ, allora v è anche un autovettore di $q_f(f)$ con autovalore $q_f(\lambda)$; ma allora $q_f(\lambda)v = q_f(f)v = 0$ e siccome $v \neq 0$ deve essere $q_f(\lambda) = 0$. $\square$

Lemma 10.22 *Sia $q_f(t) \in \mathbb{K}[t]$ il polinomio minimo di un endomorfismo $f : V \to V$ e sia $p(t) \in \mathbb{K}[t]$ un polinomio di grado positivo che divide $q_f(t)$. Allora l'endomorfismo $p(f) : V \to V$ non è invertibile.*

Dimostrazione Supponiamo per assurdo che l'endomorfismo $p(f)$ sia invertibile e scriviamo $q_f(t) = p(t)h(t)$. Allora

$$h(f) = p(f)^{-1}p(f)h(f) = p(f)^{-1}q_f(f) = 0$$

e siccome il grado di $h(t)$ è minore del grado di $q_f(t)$ otteniamo una contraddizione. $\square$

Esempio 10.23 Sia $f : V \to V$ un endomorfismo di uno spazio vettoriale di dimensione finita, e si assuma che V non abbia sottospazi f-invarianti diversi da 0 e V. Allora il polinomio minimo di f non è uguale ad un prodotto di polinomi di grado positivo. Infatti se $q_f(t) = p(t)h(t)$ con $0 < \deg p(t) < \deg q_f(t)$, allora per il Lemma 10.22 il nucleo di $p(f)$ è un sottospazio f-invariante diverso da 0; d'altra parte $p(f) \neq 0$ e quindi $\mathrm{Ker}\, p(f) \neq V$.

Teorema 10.24 *Gli autovalori di un endomorfismo f di uno spazio di dimensione finita sul campo $\mathbb{K}$ sono tutte e sole le radici in $\mathbb{K}$ del polinomio minimo di f.*

Dimostrazione Sia $q_f(t)$ il polinomio minimo e sia $\lambda \in \mathbb{K}$ un autovalore. Abbiamo dimostrato nel Corollario 10.21 che $q_f(\lambda) = 0$. Viceversa, se $q_f(\lambda) = 0$, per il

Teorema di Ruffini possiamo scrivere

$$q_f(t) = (t - \lambda)h(t)$$

e per il Lemma 10.22 l'endomorfismo $f - \lambda I$ non è invertibile, ossia λ è un autovalore. $\square$

Corollario 10.25 *Siano $\lambda_1, \ldots, \lambda_s$ gli autovalori distinti di un endomorfismo $f : V \to V$. Allora f è diagonalizzabile se e solo se il suo polinomio minimo è $q_f(t) = (t - \lambda_1) \cdots (t - \lambda_s)$.*

Dimostrazione Per il Teorema 10.24 il polinomio $p(t) = (t - \lambda_1) \cdots (t - \lambda_s)$ divide il polinomio minimo $q_f(t)$, mentre l'endomorfismo $p(f) = (f - \lambda_1 I) \cdots (f - \lambda_s I)$ annulla tutti gli autovettori.

Se f è diagonalizzabile, allora V è generato da autovettori, quindi $p(f) = 0$ e $q_f(t)$ divide $p(t)$. Dunque $q_f(t)$ e $p(t)$ sono polinomi monici che si dividono l'uno con l'altro, e questo implica $q_f(t) = p(t)$.

L'altra implicazione segue immediatamente dal Teorema 10.3. $\square$

Esercizi

10.26 Verificare che i polinomi minimi delle matrici reali

$$\begin{pmatrix} 1 & 0 \\ 0 & 3 \end{pmatrix}, \quad \begin{pmatrix} 0 & 1 \\ 0 & 0 \end{pmatrix}, \quad \begin{pmatrix} 0 & 1 \\ -1 & 0 \end{pmatrix}, \quad \begin{pmatrix} 1 & 2 \\ 0 & 1 \end{pmatrix},$$

hanno tutti grado 2 e coincidono con i polinomi caratteristici.

10.27 Dimostrare che matrici simili hanno lo stesso polinomio minimo.

10.28 ($\heartsuit$) Sia $A \in M_{n,n}(\mathbb{R})$ una matrice tale che $A^2 + I = 0$. Dimostrare che A è diagonalizzabile su $\mathbb{C}$, che la sua traccia è uguale a 0, che il suo determinante è uguale a 1 e che n è pari.

10.29 Per quali valori di $a \in \mathbb{R}$ il polinomio minimo della matrice

$$\begin{pmatrix} 1 & a & 0 \\ a & a & 1 \\ a & a & -1 \end{pmatrix}$$

ha grado 2?

10.30 Provare che il polinomio minimo di una matrice A è uguale al polinomio minimo della trasposta A^T. Dedurre che il polinomio minimo $q(t)$ di una matrice antisimmetrica è pari $(q(-t) = q(t))$ oppure dispari $(q(-t) = -q(t))$.

10.31 Sia $q(t) \in \mathbb{R}[t]$ il polinomio minimo di una matrice antisimmetrica reale. Provare che se $q(0) \neq 0$ allora $q(t)$ ha grado pari e che $q(0) \geq 0$.

10.32 Sia $(a_{ij}) \in M_{3,3}(\mathbb{C})$ antisimmetrica non nulla; provare che il suo polinomio minimo è $t^3 + (a_{12}^2 + a_{13}^2 + a_{23}^2)t$.

10.33 Calcolare il polinomio minimo di un endomorfismo f tale che $f^2 = I$ e $f \neq \pm I$, come ad esempio $f \colon M_{n,n}(\mathbb{K}) \to M_{n,n}(\mathbb{K})$, $f(A) = A^T$, $n > 1$.

10.34 Siano m, n interi positivi e $A \in M_{n,n}(\mathbb{K})$. Dimostrare che il polinomio minimo dell'endomorfismo

$$f \colon M_{n,m}(\mathbb{K}) \to M_{n,m}(\mathbb{K}), \qquad f(B) = AB,$$

è uguale al polinomio minimo di A. Cosa si può dire del polinomio caratteristico?

10.35 Siano V spazio vettoriale di dimensione $n > 1$ e $f \colon V \to V$ lineare di rango 1. Provare che in una base opportuna f si rappresenta con una matrice con le prime $n - 1$ colonne nulle e dedurre che i polinomi minimo e caratteristico di f sono

$$q_f(t) = t(t - \mathrm{Tr}(f)), \qquad p_f(t) = (-1)^n t^{n-1}(t - \mathrm{Tr}(f)).$$

10.36 Sia $p \colon V \to W$ un'applicazione lineare surgettiva tra spazi vettoriali di dimensione finita e siano $f \colon V \to V$, $g \colon W \to W$ due endomorfismi tali che $pf = gp$. Dimostrare che il polinomio minimo di g divide il polinomio minimo di f.

10.37 (🍵) Provare che il polinomio minimo di una matrice è invariante per estensione degli scalari. Più precisamente, siano F un campo, $\mathbb{K} \subseteq F$ un sottocampo e $A \in M_{n,n}(\mathbb{K})$. Denotiamo come al solito con $q_A(t) \in \mathbb{K}[t]$ il polinomio minimo di A e con $p(t) \in F[t]$ il polinomio minimo della stessa matrice, pensata come una matrice a coefficienti in F. Allora $p(t) = q_A(t)$. (Sugg.: provare che $p(t)$ e $q_A(t)$ hanno lo stesso grado e che $p(t)$ divide $q_A(t)$.)

10.38 (🍵) Sia $f \colon V \to V$ un endomorfismo lineare di uno spazio vettoriale di dimensione finita. Dimostrare che $\deg q_f(t) \leq \dim V$ svolgendo, nell'ordine proposto, i seguenti punti.

1. Siano $U \subseteq V$ un sottospazio vettoriale e $v \in V - U$. Provare che esiste un polinomio $p(t) \in \mathbb{K}[t]$ non nullo di grado $\leq \dim V - \dim U$ tale che $p(f)v \in U$.
2. Siano $p(t) \in \mathbb{K}[t]$ un polinomio non nullo e $U \subseteq V$ un sottospazio f-invariante. Provare che $\{v \in V \mid p(f)v \in U\}$ è un sottospazio f-invariante che contiene U.

3. Siano $0 \subseteq U \subseteq W \subseteq V$ due sottospazi f-invarianti. Provare che esiste un polinomio monico $p(t) \in \mathbb{K}[t]$ di grado $\leq \dim W - \dim U$ tale che $p(f)(W) \subseteq U$. (Suggerimento: induzione su $\dim W - \dim U$, considerando separatamente i casi in
   cui esiste oppure non esiste un sottospazio f-invariante strettamente compreso
   tra U ed W.)

10.39 (♨) Determinare l'insieme dei possibili autovalori delle matrici $A \in M_{n,n}(\mathbb{C})$
tali che $A^T = A^2 - I$. Cosa cambia se restringiamo l'attenzione alle matrici reali?

10.40 (♨, ♡) Sia $q_f(t) \in \mathbb{K}[t]$ il polinomio minimo di un endomorfismo f. Dimostrare che, per ogni polinomio $p(t) \in \mathbb{K}[t]$, il grado del polinomio minimo di
$p(f)$ è minore od uguale al grado di $q_f(t)$.

10.41 (♨, ♡) Siano $p(t), q(t) \in \mathbb{K}[t]$ due polinomi fissati. Per ogni $h(t) \in \mathbb{K}[t]$,
denotiamo con $h(p(t))$ il polinomio ottenuto mettendo $p(t)$ al posto di t in $h(t)$ ed
eseguendo le dovute operazioni (composizione di funzioni polinomiali). Dimostra-
re che l'insieme $\{h(t) \in \mathbb{K}[t] \mid q(t) \text{ divide } h(p(t))\}$ contiene un unico polinomio
monico di grado minimo. Dedurre che se $f: V \to V$ e $g: W \to W$ sono endomor-
fismi con lo stesso polinomio minimo, allora anche $p(f)$ e $p(g)$ hanno lo stesso
polinomio minimo.

10.3   Il teorema di Cayley–Hamilton

In questa sezione, con V indicheremo sempre uno spazio vettoriale di dimensione
finita sul campo $\mathbb{K}$.

Lemma 10.42 *Sia $f: V \to V$ un endomorfismo rappresentato, in una opportuna
base, da una matrice compagna. Allora*

$$q_f(t) = (-1)^{\dim V} p_f(t).$$

*In particolare, $p_f(f) = 0$ ed il grado del polinomio minimo di f è uguale alla
dimensione di V.*

Dimostrazione Sia $v_1, \ldots, v_n$ una base di V nella quale f è rappresentato dalla
matrice

$$\begin{pmatrix}
0 & 0 & \cdots & 0 & a_n \\
1 & 0 & \cdots & 0 & a_{n-1} \\
0 & 1 & \cdots & 0 & a_{n-2} \\
\vdots & \vdots & \ddots & \vdots & \vdots \\
0 & 0 & \cdots & 1 & a_1
\end{pmatrix},$$

compagna del polinomio monico $p(t) = t^n - a_1 t^{n-1} - \cdots - a_n$.

Per la Proposizione 9.45 il polinomio caratteristico di f è uguale a $p_f(t) = (-1)^n p(t)$ e dobbiamo quindi dimostrare che $p(t)$ è uguale al polinomio minimo di f. Denotando per semplicità $v = v_1$, si ha $v_{i+1} = f^i(v)$ per ogni $i = 0, \ldots, n-1$ e quindi

$$f^n(v) = f(f^{n-1}(v)) = f(v_n) = a_1 v_n + \cdots + a_n v_1 = a_1 f^{n-1}(v) + \cdots + a_n v.$$

Dunque

$$p(f)(v) = (f^n - a_1 f^{n-1} \cdots - a_n I)v = f^n(v) - a_1 f^{n-1}(v) \cdots - a_n v = 0,$$

e quindi, per ogni $i = 1, \ldots, n$ si ha

$$p(f)(v_i) = p(f)(f^{i-1}(v)) = f^{i-1}(p(f)v) = f^{i-1}(0) = 0.$$

Abbiamo dimostrato che $p(f)$ annulla tutti i vettori di una base e di conseguenza $p(f) = 0$. Per mostrare che $p(t) = q_f(t)$ bisogna mostrare che f non è annullato da alcun polinomio $h(t)$ con $0 \leq \deg h(t) < n$; se $h(t) = \sum_{i=0}^{n-1} a_i t^i$, con gli a_i non tutti nulli, allora

$$h(f)(v) = a_0 v + a_1 f(v) + \cdots + a_{n-1} f^{n-1}(v) \neq 0$$

in quanto i vettori $v, f(v), \ldots, f^{n-1}(v)$ sono linearmente indipendenti, ed a maggior ragione $h(f) \neq 0$. $\square$

Teorema 10.43 (Cayley–Hamilton)   *Sia $f \colon V \to V$ un endomorfismo lineare di uno spazio vettoriale di dimensione finita n, con polinomi minimo e caratteristico $q_f(t)$ e $p_f(t)$ rispettivamente. Allora:*

1. $p_f(f) = 0$;
2. $q_f(t)$ divide $p_f(t)$;
3. $p_f(t)$ divide $q_f(t)^n$.

Dimostrazione   *(1)* Dobbiamo dimostrare che per ogni vettore $v \in V$ vale $p_f(f)(v) = 0$. Sia dunque $v \in V$ un vettore fissato; se $v = 0$ allora $p_f(f)(v) = 0$ per ovvi motivi, se invece $v \neq 0$ indichiamo con $k > 0$ il più grande intero tale che i k vettori $v, f(v), \ldots, f^{k-1}(v)$ siano linearmente indipendenti. Dunque il vettore $f^k(v)$ appartiene alla chiusura lineare di $v, \ldots, f^{k-1}(v)$, ossia esistono $a_1, \ldots, a_k \in \mathbb{K}$ tali che

$$f^k(v) = a_1 f^{k-1}(v) + a_2 f^{k-2}(v) + \cdots + a_{k-1} f(v) + a_k v.$$

Completiamo i vettori $v, f(v), \ldots, f^{k-1}(v)$ ad una base $v_1, \ldots, v_n$ di V tale che

$$v_1 = v, \quad v_2 = f(v), \quad \ldots, \quad v_k = f^{k-1}(v).$$

Allora vale $f(v_i) = v_{i+1}$ per $i < k$ e

$$f(v_k) = f^k(v) = a_1 v_k + a_2 v_{k-1} + \cdots + a_{k-1} v_2 + a_k v_1.$$

La matrice F che rappresenta f in questa base è una matrice a blocchi del tipo

$$F = \begin{pmatrix} A & C \\ 0 & B \end{pmatrix}, \quad \text{dove} \quad A = \begin{pmatrix} 0 & 0 & \cdots & 0 & a_k \\ 1 & 0 & \cdots & 0 & a_{k-1} \\ 0 & 1 & \cdots & 0 & a_{k-2} \\ \vdots & \vdots & \ddots & \vdots & \vdots \\ 0 & 0 & \cdots & 1 & a_1 \end{pmatrix} \in M_{k,k}(\mathbb{K}).$$

Per quanto visto nell'Esempio 9.26 e nella Proposizione 9.45 vale

$$p_f(t) = p_B(t) p_A(t) = p_B(t)\,(-1)^k(t^k - a_1 t^{k-1} - \cdots - a_k)$$

e di conseguenza

$$p_f(f)(v) = (-1)^k p_B(f)(f^k(v) - a_1 f^{k-1}(v) \cdots - a_k v) = (-1)^k p_B(f)(0) = 0.$$

(2) Segue dal Teorema 10.19 e dal fatto che $p_f(f) = 0$.

(3) Scriviamo il polinomio minimo di f come $q_f(t) = t^d - b_1 t^{d-1} - \cdots - b_d$ e consideriamo la sua matrice compagna

$$B = \begin{pmatrix} 0 & 0 & \cdots & 0 & b_d \\ 1 & 0 & \cdots & 0 & b_{d-1} \\ 0 & 1 & \cdots & 0 & b_{d-2} \\ \vdots & \vdots & \ddots & \vdots & \vdots \\ 0 & 0 & \cdots & 1 & b_1 \end{pmatrix} \in M_{d,d}(\mathbb{K}),$$

della quale conosciamo il polinomio caratteristico $p_B(t) = (-1)^d q_f(t)$.

Indichiamo come al solito con $e_1, \ldots, e_d$ la base canonica di $\mathbb{K}^d$ e per ogni vettore $v \in V$ consideriamo l'applicazione lineare $p_v \colon \mathbb{K}^d \to V$ definita dalle formule:

$$p_v(e_1) = v, \quad p_v(e_2) = f(v), \quad p_v(e_3) = f^2(v), \ldots, \quad p_v(e_d) = f^{d-1}(v).$$

Si osserva che $f p_v = p_v L_B$; infatti per ogni $i = 1, \ldots, d - 1$ vale $f p_v(e_i) = f(f^{i-1}(v)) = f^i(v)$ e $p_v L_B(e_i) = p_v(e_{i+1}) = f^i(v)$, mentre

$$p_v L_B(e_d) = \sum_{i=1}^{d} p_v(b_i e_{d+1-i}) = \sum_{i=1}^{d} b_i f^{d-i}(v), \quad f p_v(e_d) = f^d(v),$$

e l'uguaglianza tra le due espressioni segue dal fatto che $f^d = \sum_{i=1}^{d} b_i f^{d-i}$ in virtù dell'espressione del polinomio minimo. Sia adesso $v_1, \ldots, v_n \in V$ una base, siccome $v_i \in \mathrm{Im}(p_{v_i})$ per ogni i, abbiamo $\mathrm{Im}(p_{v_1}) + \cdots + \mathrm{Im}(p_{v_n}) = V$. Consideriamo adesso lo spazio vettoriale $U = \underbrace{\mathbb{K}^d \times \cdots \times \mathbb{K}^d}_{n \text{ fattori}}$ e le applicazioni lineari

$$p: U \to V, \qquad p(u_1, \ldots, u_n) = p_{v_1}(u_1) + \cdots + p_{v_n}(u_n),$$

$$g: U \to U, \qquad g(u_1, \ldots, u_n) = (L_B(u_1), \ldots, L_B(u_n)).$$

Allora p è surgettiva e $pg = fp$. Per il Lemma 9.82, il polinomio caratteristico di f divide il polinomio caratteristico di g che è $p_B(t)^n = (-1)^{dn} q_f(t)^n$. $\square$

Nella Sezione 11.7 daremo una diversa dimostrazione del teorema di Cayley–Hamilton basata sulle proprietà della matrice aggiunta classica.

Osservazione 10.44   Per gli endomorfismi triangolabili possiamo dare una diversa, e più semplice, dimostrazione del Teorema di Cayley–Hamilton. Sia $f: V \to V$ triangolabile e sia $v_1, \ldots, v_n$ una base di V in cui f si rappresenta con una matrice triangolare superiore (a_{ij}); prima di proseguire è utile osservare che tale base triangolarizza pure gli endomorfismi del tipo $f - \lambda I$, per ogni $\lambda \in \mathbb{K}$.

Dunque $f(v_i) = a_{ii} v_i + \sum_{j=1}^{i-1} a_{ij} v_j$, ed a maggior ragione

$$(f - a_{ii} I)(\mathrm{Span}(v_1, \ldots, v_i)) \subseteq \mathrm{Span}(v_1, \ldots, v_{i-1}),$$

per ogni $i = 1, \ldots, n$. D'altra parte $p_f(t) = \prod_{i=1}^{n} (t - a_{ii})$ e da questo, guardando all'immagine dell'endomorfismo $p_f(f)$, segue

$$\begin{aligned}
p_f(f)(V) &= (f - a_{11} I) \cdots (f - a_{nn} I)(\mathrm{Span}(v_1, \ldots, v_n)) \\
&\subseteq (f - a_{11} I) \cdots (f - a_{n-1,n-1} I)(\mathrm{Span}(v_1, \ldots, v_{n-1})) \\
&\;\;\vdots \\
&\subseteq (f - a_{11} I)(\mathrm{Span}(v_1)) = 0.
\end{aligned}$$

Questo prova che $p_f(f) = 0$ e quindi che $q_f(t)$ divide $p_f(t)$. Per dimostrare che $p_f(t)$ divide $q_f(t)^n$ è sufficiente osservare che ogni autovalore è una radice del polinomio minimo.

Anticipamo dalla Sezione 11.3 il fatto che ogni polinomio non nullo è divisibile per al più un numero finito di polinomi monici distinti (Esercizio 11.35). Questo ci fornisce, in linea teorica, il seguente metodo di calcolo del polinomio minimo di un endomorfismo f: sia $p_f(t)$ il polinomio caratteristico e siano $q_1(t), \ldots, q_s(t)$ i polinomi monici tali che:

1. $q_i(t)$ divide $p_f(t)$,
2. $p_f(t)$ divide $q_i(t)^n$, con $n = \deg(p_f(t))$.

Se ordiniamo i polinomi $q_i(t)$ per grado crescente, ossia $\deg q_i(t) \leq \deg q_{i+1}(t)$ per ogni i, allora il primo polinomio $q_i(t)$ che annulla f coincide con il polinomio minimo.

Esempio 10.45 Per Cayley–Hamilton il polinomio minimo $q_A(t)$ della matrice

$$A = \begin{pmatrix} 1 & 1 & -1 \\ 0 & 1 & 1 \\ 0 & 0 & 1 \end{pmatrix}$$

divide il polinomio caratteristico $p_A(t) = (1 - t)^3$ e quindi (vedi Corollario 7.7) deve essere uno tra i seguenti tre:

$$t - 1, \qquad (t - 1)^2, \qquad (t - 1)^3.$$

Partendo da quello di grado più basso, determiniamo quali di loro si annullano in A. Siccome

$$A - I = \begin{pmatrix} 0 & 1 & -1 \\ 0 & 0 & 1 \\ 0 & 0 & 0 \end{pmatrix}, \qquad (A - I)^2 = \begin{pmatrix} 0 & 0 & 1 \\ 0 & 0 & 0 \\ 0 & 0 & 0 \end{pmatrix},$$

non rimane che l'ultima possibilità, ossia $q_A(t) = (t - 1)^3$.

Esempio 10.46 Per Cayley–Hamilton, il polinomio minimo $q_B(t)$ della matrice

$$B = \begin{pmatrix} 1 & 0 & 0 \\ 0 & 1 & 1 \\ 0 & 0 & 2 \end{pmatrix}$$

divide il polinomio caratteristico $p_B(t) = (1 - t)^2(2 - t)$, che a sua volta divide $q_B(t)^3$; ricordiamo anche che ogni autovalore è una radice del polinomio minimo. Dunque la scelta di $q_B(t)$ è ristretta ai due polinomi $(t - 1)(t - 2)$, $(1 - t)^2(2 - t)$, e poiché

$$B - I = \begin{pmatrix} 0 & 0 & 0 \\ 0 & 0 & 1 \\ 0 & 0 & 1 \end{pmatrix}, \quad B - 2I = \begin{pmatrix} -1 & 0 & 0 \\ 0 & -1 & 1 \\ 0 & 0 & 0 \end{pmatrix}, \quad (B - I)(B - 2I) = 0,$$

ne consegue che $q_B(t) = (t - 1)(t - 2)$.

Esercizi

10.47 Calcolare polinomio caratteristico, polinomio minimo, autovalori ed autovettori delle seguenti matrici a coefficienti reali:

$$\begin{pmatrix} 4 & -5 \\ 2 & -3 \end{pmatrix}, \quad \begin{pmatrix} 2 & 1 \\ -1 & 4 \end{pmatrix}, \quad \begin{pmatrix} 1 & 3 & 3 \\ -3 & -5 & -3 \\ 3 & 3 & 1 \end{pmatrix}, \quad \begin{pmatrix} 5 & 6 & -3 \\ -1 & 0 & 1 \\ 2 & 2 & -1 \end{pmatrix}.$$

10.48 Calcolare i polinomi minimo e caratteristico della matrice

$$A = \begin{pmatrix} i & 1 & 0 & 0 \\ 0 & i & 0 & 0 \\ 0 & 0 & -i & 0 \\ 0 & 0 & 0 & -i \end{pmatrix} \in M_{4,4}(\mathbb{C})$$

e utilizzare l'Esercizio 10.37 per dedurre che A non è simile ad una matrice a coefficienti reali.

10.49 Calcolare il polinomio minimo della matrice

$$A = \begin{pmatrix} 1 & 0 & 1 & 0 \\ 0 & 1 & 0 & 0 \\ 0 & 0 & 0 & 1 \\ 0 & 1 & 0 & 0 \end{pmatrix} \in M_{4,4}(\mathbb{C}).$$

(Suggerimento: detto e_2 il secondo vettore della base canonica, provare che i 4 vettori e_2, Ae_2, $A^2 e_2$, $A^3 e_2$ sono linearmente indipendenti.)

10.50 Provare che un endomorfismo è triangolabile se e solo se il suo polinomio minimo è un prodotto di polinomi di primo grado.

10.51 Siano $f \colon V \to V$ un endomorfismo lineare e si assuma che esista un prodotto di polinomi monici di primo grado $p(t) = \prod_{i=1}^{n}(t - b_i)$ tale che $p(f) = 0$. Per ogni $h = 1, \dots, n$ denotiamo

$$p_h(t) = \prod_{i=1}^{h}(t - b_i), \quad V_h = \mathrm{Ker}\, p_h(f), \quad d_h = \dim V_h.$$

Dimostrare che esiste una base $v_1, v_2, \dots$ di V tale che $v_1, \dots, v_{d_h} \in V_h$ per ogni h e che, in tale base, f si rappresenta con una matrice triangolare superiore.

10.52 (☕) Siano $A, B \in M_{n,n}(\mathbb{C})$ due matrici fissate. Provare che:

1. se $\det(A) = \det(B) = 0$ allora esiste una matrice non nulla $X \in M_{n,n}(\mathbb{C})$ tale che $AX = XB = 0$;
2. sia $M \in M_{n,n}(\mathbb{C})$ tale che $AM = MB$, allora $p_B(A)M = 0$ e dedurre che se $M \neq 0$ allora A e B hanno un autovalore comune;
3. gli autovalori dell'endomorfismo

$$f : M_{n,n}(\mathbb{C}) \to M_{n,n}(\mathbb{C}), \qquad f(X) = AX + XB,$$

sono tutti e soli quelli del tipo $\lambda + \eta$, con λ autovalore di A e η autovalore di B.

10.53 Usando che ogni polinomio di grado positivo è divisibile solo per un numero finito di polinomi monici, dimostrare che se il campo $\mathbb{K}$ contiene infiniti elementi allora vale anche il viceversa del Lemma 10.42, ossia che se il grado del polinomio minimo di un endomorfismo $f : V \to V$ è uguale alla dimensione di V, allora f si rappresenta con una matrice compagna in una opportuna base. (Nota: il risultato è vero anche su campi finiti, ma in tal caso serve una diversa dimostrazione, vedi Esercizio 11.59.)

10.54 (☕, ♡) Sia $A \in M_{n,n}(\mathbb{K})$ una matrice invertibile. Dimostrare che A è diagonale se e solo se ogni sua potenza A^k, con $1 \leq k \leq n+1$, è ottenuta elevando alla k i singoli coefficienti.

10.55 Si consideri una matrice compagna a blocchi

$$B = \begin{pmatrix} 0 & 0 & \cdots & 0 & A_n \\ I & 0 & \cdots & 0 & A_{n-1} \\ 0 & I & \cdots & 0 & A_{n-2} \\ \vdots & \vdots & \ddots & \vdots & \vdots \\ 0 & 0 & \cdots & I & A_1 \end{pmatrix}$$

dove $I, A_1, \ldots, A_n \in M_{p,p}(\mathbb{K})$ e I è la matrice identità. Dimostrare che gli autovalori di B coincidono con le radici del polinomio $\det(L(t))$, dove

$$L(t) = I t^n - A_1 t^{n-1} - \cdots - A_n \in M_{p,p}(\mathbb{K}[t]).$$

10.4 Endomorfismi nilpotenti

Assieme alle matrici ed agli endomorfismi diagonalizzabili, un ruolo fondamentale in algebra lineare è interpretato dalle matrici e dagli endomorfismi nilpotenti.

Definizione 10.56 Una matrice quadrata $A \in M_{n,n}(\mathbb{K})$ si dice **nilpotente** se $A^m = 0$ per qualche $m \geq 1$. Il più piccolo intero positivo s tale che $A^s = 0$ viene detto **indice di nilpotenza**.

A differenza degli scalari $a \in \mathbb{K}$, per cui $a = 0$ se e solo se $a^m = 0$ per qualche $m > 0$, esistono matrici nilpotenti non banali. Ad esempio le matrici

$$\begin{pmatrix} 0 & 1 \\ 0 & 0 \end{pmatrix}, \begin{pmatrix} 0 & 0 \\ 1 & 0 \end{pmatrix} \in M_{2,2}(\mathbb{Q}), \qquad \begin{pmatrix} 1 & i \\ i & -1 \end{pmatrix} \in M_{2,2}(\mathbb{C}),$$

sono nilpotenti con indice di nilpotenza 2 (esercizio: verificare), mentre le matrici

$$\begin{pmatrix} 0 & 1 \\ 1 & 0 \end{pmatrix}, \begin{pmatrix} 2 & 0 \\ 0 & 0 \end{pmatrix} \in M_{2,2}(\mathbb{Q}), \qquad \begin{pmatrix} 1 & i \\ 0 & 1 \end{pmatrix} \in M_{2,2}(\mathbb{C}),$$

non sono nilpotenti (esercizio: perché?). Notiamo per inciso che questi esempi mostrano anche che la somma di matrici nilpotenti non è nilpotente in generale, e che esistono matrici simmetriche nilpotenti a coefficienti complessi.

Esempio 10.57 La matrice nulla è l'unica matrice diagonale nilpotente. Infatti, per le matrici diagonali l'elevazione a potenza si ottiene elevando a potenza i singoli coefficienti.

Se A e B sono matrici simili, abbiamo già osservato che anche A^h e B^h sono simili per ogni $h > 0$; dunque se A è nilpotente anche B è nilpotente e viceversa. In particolare, la matrice nulla è l'unica matrice diagonalizzabile e nilpotente.

Esempio 10.58 Sia A una matrice triangolare $n \times n$ con tutti zeri sulla diagonale principale, allora A è nilpotente. Infatti il polinomio caratteristico è $p_A(t) = (-t)^n$ e per il teorema di Cayley–Hamilton $A^n = 0$ (per una dimostrazione diretta vedi l'Esercizio 10.73).

Esempio 10.59 Date $A \in M_{n,n}(\mathbb{K})$, $B \in M_{n,m}(\mathbb{K})$ e $C \in M_{m,m}(\mathbb{K})$, la matrice

$$D = \begin{pmatrix} A & B \\ 0 & C \end{pmatrix} \in M_{n+m,n+m}(\mathbb{K})$$

è nilpotente se e solo se A e C sono nilpotenti. Infatti, si dimostra facilmente per induzione su $k > 0$ che

$$D^k = \begin{pmatrix} A & B \\ 0 & C \end{pmatrix}^k = \begin{pmatrix} A^k & B_k \\ 0 & C^k \end{pmatrix}, \quad \text{dove} \quad B_k = \sum_{i=0}^{k-1} A^i BC^{k-i-1},$$

e di conseguenza se $D^p = 0$ allora $A^p = 0$ e $C^p = 0$; viceversa se $A^q = 0$ e $C^r = 0$ allora $D^{q+r} = 0$.

Essendo la nozione di nilpotenza invariante per similitudine possiamo estenderla agli endomorfismi, per i quali esiste però una definizione più diretta.

Definizione 10.60 Un endomorfismo $f: V \to V$ si dice **nilpotente** se $f^m = 0$, per qualche $m \geq 1$. Il più piccolo intero positivo s tale che $f^s = 0$ viene detto **indice di nilpotenza**.

Ad esempio, un endomorfismo $f: V \to V$ è nilpotente con indice di nilpotenza 2 se e solo se $f \neq 0$ e $f(V) \subseteq \text{Ker } f$.

Teorema 10.61 *Sia f un endomorfismo di uno spazio vettoriale V di dimensione finita n. Allora le seguenti condizioni sono equivalenti:*

1. *$f^n = 0$;*
2. *f è nilpotente;*
3. *la restrizione di f ad ogni sottospazio f-invariante non nullo possiede nucleo non banale;*
4. *esiste una base di V nella quale f si rappresenta con una matrice triangolare strettamente superiore;*
5. *il polinomio caretteristico è $p_f(t) = (-1)^n t^n$;*
6. *il polinomio minimo è $q_f(t) = t^s$ per qualche $s \leq n$.*

Dunque, In particolare, ogni endomorfismo nilpotente è triangolabile, ha traccia nulla, ha 0 come unico autovalore ed ha indice di nilpotenza uguale al grado del polinomio minimo.

Dimostrazione Iniziamo con l'osservare che se $V \neq 0$ e $f: V \to V$ è nilpotente, allora Ker $f \neq 0$: infatti, se f fosse iniettiva sarebbero iniettive pure le potenze f^k, per ogni $k > 0$.

L'implicazione $(1)\Rightarrow(2)$ è chiara. Supponiamo f nilpotente e sia $U \subseteq V$ un sottospazio f-invariante non nullo. Allora pure la restrizione $f_{|U}: U \to U$ è nilpotente e per quanto visto sopra Ker$(f_{|U}) = U \cap$ Ker $f \neq 0$; abbiamo quindi dimostrato l'implicazione $(2)\Rightarrow(3)$.

Se vale (3) allora ogni sottospazio invariante non nullo possiede un autovettore con autovalore 0 e per il Teorema 9.111 l'endomorfismo f è triangolabile, ossia si rappresenta in una opportuna base con una matrice triangolare. Se tale matrice avesse un coefficiente non nullo $\lambda \neq 0$ sulla diagonale principale, allora λ sarebbe un autovalore, con l'autospazio $V_\lambda = \mathrm{Ker}(f - \lambda I)$ non nullo e f-invariante. Però la restrizione di f ad V_λ è iniettiva, in quanto coincidente con λI e quindi l'ipotesi $\lambda \neq 0$ porta ad una contraddizione. Abbiamo quindi dimostrato l'implicazione $(3) \Rightarrow (4)$.

L'implicazione $(4) \Rightarrow (5)$segue dal calcolo del polinomio caratteristico di matrici triangolari, mentre $(5) \Rightarrow (6)$ segue da Cayley–Hamilton. Infine, se il polinomio minimo è t^s con $s \leq n$ si ha $f^s = 0$ ed a maggior ragione $f^n = 0$, provando quindi l'implicazione $(6) \Rightarrow (1)$ $\square$

Osservazione 10.62 Sia $f : V \to V$ un endomorfismo nilpotente, è allora chiaro che anche λf è nilpotente per ogni $\lambda \in \mathbb{K}$. Inoltre, dal fatto che f non possiede autovalori diversi da 0 segue che $f - \lambda I$ e $I - \lambda f$ sono invertibili per ogni $\lambda \neq 0$.

Per una diversa dimostrazione dell'invertibilità di $I - \lambda f$, se $f^m = 0$, allora valutando in f l'identità polinomiale $1 - t^m = (1-t)(1 + t + \cdots + t^{m-1})$ otteniamo

$$I = I - (\lambda f)^m = (I - \lambda f)(I + \lambda f + \cdots + (\lambda f)^{m-1}).$$

Esempio 10.63 Se $A \in M_{n,n}(\mathbb{R})$ è una matrice simmetrica e nilpotente a coefficienti reali, allora $A = 0$. Questo segue direttamente dal fatto che ogni matrice simmetrica reale è diagonalizzabile (Corollario 9.130). Alternativamente, se A è simmetrica nilpotente, allora anche $A^2 = A^T A$ è simmetrica e nilpotente, e quindi con traccia nulla. Basta adesso osservare che la traccia di $A^2 = A^T A$ è uguale alla somma dei quadrati dei coefficienti di A.

Esercizi

10.64 Siano $A, B \in M_{n,n}(\mathbb{K})$ tali che $A^2 = B^2 = 0$. Provare che le matrici A e B sono simili se e solo se hanno lo stesso rango. (Suggerimento: chiedersi se esiste un endomorfismo invertibile di $\mathbb{K}^n$ che trasforma $\mathrm{Ker}\, L_A$ in $\mathrm{Ker}\, L_B$ e l'immagine di L_A nell'immagine di L_B.)

10.65 Fissati due interi positivi s, n, consideriamo l'endomorfismo nilpotente $f : \mathbb{K}^n \to \mathbb{K}^n$ che nei vettori della base canonica $e_1, \ldots, e_n$ vale

$$f(e_i) = \begin{cases} e_{i+s} & \text{se } i + s \leq n \\ 0 & \text{se } i + s > n. \end{cases}$$

Calcolare, in funzione di s, n, m, il rango e l'indice di nilpotenza di f^m.

10.66 Trovare due matrici 4×4, nilpotenti con indice di nilpotenza 2 e di rango diverso.

10.67 Dimostrare che una matrice $A \in M_{2,2}(\mathbb{C})$ è nilpotente se e soltanto se $\mathrm{Tr}(A) = \mathrm{Tr}(A^2) = 0$.

10.68 Sia $A \in M_{2,2}(\mathbb{K})$ nilpotente. Dimostrare che esistono $a, b, c \in \mathbb{K}$ tali che

$$A = a \begin{pmatrix} bc & b^2 \\ -c^2 & -bc \end{pmatrix}.$$

10.69 Sia $f: V \to V$ un endomorfismo nilpotente e non nullo. Dimostrare che non esiste alcun sottospazio f-invariante $U \subseteq V$ tale che $V = U \oplus \mathrm{Ker}\, f$.

10.70 Sia A una matrice di $M_{n,n}(\mathbb{C})$ con un unico autovalore λ. Dimostrare che $A - \lambda I$ è nilpotente.

10.71 Sia $f: V \to V$ un endomorfismo nilpotente con indice di nilpotenza s. Provare che $s = \dim V$ se e solo se esiste una base in cui f viene rappresentato da una matrice compagna (suggerimento: Esercizio 9.83).

10.72 Provare che una matrice $A \in M_{n,n}(\mathbb{C})$ è nilpotente se e solo se le matrici A e $2A$ hanno lo stesso polinomio caratteristico.

10.73 Denotiamo con $T \subseteq M_{n,n}(\mathbb{K})$ lo spazio vettoriale delle matrici triangolari superiori. Siano $A = (a_{ij}) \in T$ e $0 \leq k < n$ un intero tale che $a_{ij} = 0$ ogniqualvolta $j - i \leq k$. Dimostrare che $A^{n-k} = 0$ e calcolare il polinomio minimo dell'endomorfismo $f: T \to T$ di moltiplicazione a sinistra per A, ossia $f(B) = AB$.

10.74 Siano p, n interi positivi, con $n > 2p$, e sia $U \in M_{p,p}(\mathbb{R})$ la matrice con tutti i coefficienti uguali ad 1. Calcolare autovalori ed una base di autovettori della matrice a blocchi

$$\begin{pmatrix} U & 0 & U \\ 0 & 0 & 0 \\ U & 0 & U \end{pmatrix} \in M_{n,n}(\mathbb{R}).$$

10.75 Siano V spazio vettoriale su $\mathbb{C}$ e $f: V \to V$ un endomorfismo nilpotente. Dimostrare che $2I + 2f + f^2$ è invertibile e che per ogni $a, b \in V$ esistono due vettori $x, y \in V$ tali che

$$f(x) + x + y = a, \quad f(y) + y - x = b.$$

10.76 (☕) Siano V spazio vettoriale di dimensione finita e $f, g: V \to V$ endomorfismi nilpotenti tali che $fg = gf$. Provare che esiste una base rispetto alla quale f e g sono rappresentate entrambe da matrici triangolari strettamente superiori.

10.77 Siano $f, g \colon V \to V$ due endomorfismi tali che $fg = gf$. Dimostrare:

1. se f è invertibile, allora $f^{-1}g = gf^{-1}$;
2. se g è nilpotente, allora fg è nilpotente;
3. se f e g sono nilpotenti, allora $f + g$ è nilpotente;
4. se g è nilpotente, allora $p_f(t) = p_{f+g}(t)$. (Sugg.: prendere una base $v_1, \dots, v_n$ di V tale che $\operatorname{Ker} g = \operatorname{Span}(v_1, \dots, v_m)$ e procedere per induzione su $\dim V$.)

10.5 La decomposizione di Fitting

Dato un endomorfismo $f \colon V \to V$, ha senso considerare nucleo ed immagine delle potenze di f; ricordiamo, per l'ennesima volta, che si pone f^0 uguale all'identità. Per ogni intero positivo h si ha

$$\operatorname{Ker} f^{h-1} \subseteq \operatorname{Ker} f^h, \qquad f^h(V) \subseteq f^{h-1}(V).$$

Infatti, se $v \in \operatorname{Ker} f^{h-1}$, allora $f^h(v) = f(f^{h-1}(v)) = f(0) = 0$ e quindi $v \in \operatorname{Ker} f^h$. Similmente, se $v \in f^h(V)$, allora esiste $u \in V$ tale che $v = f^h(u) = f^{h-1}(f(u))$ e quindi $v \in f^{h-1}(V)$.

Dunque, ad ogni endomorfismo f possiamo associare la **filtrazione (crescente) dei nuclei**

$$0 = \operatorname{Ker} f^0 \subseteq \operatorname{Ker} f \subseteq \operatorname{Ker} f^2 \subseteq \operatorname{Ker} f^3 \subseteq \cdots,$$

e la **filtrazione (decrescente) delle immagini**

$$V = f^0(V) \supseteq f(V) \supseteq f^2(V) \supseteq f^3(V) \supseteq \cdots.$$

Se V ha dimensione finita il teorema del rango ci dice che per ogni $h > 0$ si ha

$$\dim \operatorname{Ker} f^h + \dim f^h(V) = \dim V = \dim \operatorname{Ker} f^{h-1} + \dim f^{h-1}(V),$$

di conseguenza

$$\dim \operatorname{Ker} f^h - \dim \operatorname{Ker} f^{h-1} = \dim f^{h-1}(V) - \dim f^h(V) \geq 0$$

ed in particolare $\operatorname{Ker} f^h = \operatorname{Ker} f^{h-1}$ se e solo se $f^h(V) = f^{h-1}(V)$.

Definizione 10.78 Sia $f \colon V \to V$ un endomorfismo lineare di uno spazio di dimensione finita V. Chiameremo **partizione zero-Fitting** di f la successione di interi non negativi $\alpha_1, \alpha_2, \dots$ definita dalla formula

$$\alpha_h = \dim \operatorname{Ker} f^h - \dim \operatorname{Ker} f^{h-1} = \dim f^{h-1}(V) - \dim f^h(V).$$

Nelle notazioni della Definizione 10.78, notiamo che per ogni $k \geq h \geq 0$ vale

$$\dim \operatorname{Ker} f^k - \dim \operatorname{Ker} f^h = \alpha_{h+1} + \alpha_{h+2} + \cdots + \alpha_k.$$

In particolare, siccome $\operatorname{Ker} f^0 = 0$, per ogni $k > 0$ si ha

$$\alpha_1 + \alpha_2 + \cdots + \alpha_k = \dim \operatorname{Ker} f^k \leq \dim V,$$

e da questo segue che la successione α_i è definitivamente nulla.

Lemma 10.79 *Sia f un endomorfismo lineare di uno spazio vettoriale V di dimensione finita. Allora la sua partizione zero-Fitting $\alpha_1, \alpha_2, \ldots$ è monotona decrescente, ossia $\alpha_1 \geq \alpha_2 \geq \alpha_3 \geq \cdots$.*

In particolare, se $\operatorname{Ker} f^k = \operatorname{Ker} f^{k-1}$ per qualche $k > 0$, allora $\operatorname{Ker} f^h = \operatorname{Ker} f^{h-1}$ e $f^h(V) = f^{h-1}(V)$ per ogni $h \geq k$.

Dimostrazione Sia $h > 0$ e consideriamo la restrizione di f al sottospazio $f^{h-1}(V)$:

$$f_{|f^{h-1}(V)} \colon f^{h-1}(V) \to V.$$

L'immagine di tale applicazione è il sottospazio $f(f^{h-1}(V)) = f^h(V)$, mentre il nucleo è uguale a $\operatorname{Ker}(f_{|f^{h-1}(V)}) = \operatorname{Ker} f \cap f^{h-1}(V)$; per il teorema del rango si ha

$$\dim(\operatorname{Ker} f \cap f^{h-1}(V)) = \dim f^{h-1}(V) - \dim f^h(V) = \alpha_h.$$

Siccome $f^h(V) \subseteq f^{h-1}(V)$, a maggior ragione si ha

$$\operatorname{Ker} f \cap f^h(V) \subseteq \operatorname{Ker} f \cap f^{h-1}(V)$$

e questo implica $\alpha_{h+1} \leq \alpha_h$.

Se $\operatorname{Ker} f^k = \operatorname{Ker} f^{k-1}$ (ossia $\alpha_k = 0$), allora $\operatorname{Ker} f^h = \operatorname{Ker} f^{h-1}$ (ossia $\alpha_h = 0$) per ogni $h \geq k$ e quindi $\operatorname{Ker} f^k = \operatorname{Ker} f^{k+1} = \cdots = \operatorname{Ker} f^h$ per ogni $h \geq k$. $\square$

Esempio 10.80 Nelle notazioni del Lemma 10.79, la monotonia decrescente degli α_i è del tutto equivalente alla *convessità* dell'applicazione $s \mapsto \operatorname{rg}(f^s)$, e cioè che si ha

$$\frac{\operatorname{rg}(f^s) - \operatorname{rg}(f^r)}{s - r} \leq \frac{\operatorname{rg}(f^t) - \operatorname{rg}(f^r)}{t - r} \leq \frac{\operatorname{rg}(f^t) - \operatorname{rg}(f^s)}{t - s} \tag{10.2}$$

per ogni $0 \leq r < s < t$. Una implicazione è immediata, basta prendere $t = s + 1 = r + 2$; viceversa, se $\alpha_1 \geq \alpha_2 \geq \alpha_3 \geq \cdots$, allora

$$\frac{\alpha_{r+1} + \cdots + \alpha_s}{s - r} \geq \alpha_s \geq \frac{\alpha_{s+1} + \cdots + \alpha_t}{t - s}$$

che implica $(\operatorname{rg}(f^s) - \operatorname{rg}(f^r))/(s - r) \leq (\operatorname{rg}(f^t) - \operatorname{rg}(f^s))/(t - s)$. Per completare, basta osservare che il termine centrale in (10.2) è una combinazione convessa delle espressioni ai lati (esercizio).

Definizione 10.81 Sia $f: V \to V$ un endomorfismo lineare di uno spazio vettoriale di dimensione finita. I sottospazi vettoriali

$$F_0(f) = \bigcup_{i \geq 0} \operatorname{Ker} f^i, \qquad F_1(f) = \bigcap_{i \geq 0} f^i(V),$$

vengono detti rispettivamente le **componenti zero-Fitting** e **uno-Fitting** di V rispetto ad f. Per semplicità notazionale scriveremo semplicemente F_0, F_1 quando non vi sono ambiguità sull'endomorfismo.

La precedente definizione richiede un chiarimento immediato; se $\alpha_i \in \mathbb{N}$ è la partizione zero-Fitting di f, allora $\alpha_i \geq \alpha_{i+1}$ per ogni i e $\sum_i \alpha_i \leq \dim V$. Esiste quindi un intero $h \leq \dim V$, dipendente da f, tale che $\alpha_{h+1} = 0$ e questo implica che $\operatorname{Ker} f^h = \operatorname{Ker} f^k$ e $f^h(V) = f^k(V)$ per ogni $k \geq h$. Dunque

$$F_0(f) = \bigcup_{i \geq 0} \operatorname{Ker} f^i = \operatorname{Ker} f^h, \qquad F_1(f) = \bigcap_{i \geq 0} f^i(V) = f^h(V)$$

sono entrambi sottospazi vettoriali, e f è nilpotente se e solo se $F_0(f) = V$.

Teorema 10.82 (Decomposizione di Fitting) *Siano F_0, F_1 le componenti di Fitting di un endomorfismo $f: V \to V$ di uno spazio vettoriale di dimensione finita. Allora:*

1. *$V = F_0 \oplus F_1$;*
2. *$f(F_0) \subseteq F_0$, $f(F_1) \subseteq F_1$, ossia le componenti di Fitting sono f-invarianti;*
3. *$f_{|F_0}: F_0 \to F_0$ è nilpotente;*
4. *$f_{|F_1}: F_1 \to F_1$ è un isomorfismo.*

Dimostrazione Fissiamo un intero $k \geq 0$ abbastanza grande tale che $F_0 = \operatorname{Ker} f^h$ e $F_1 = f^h(V)$ per ogni $h \geq k$. Per il teorema del rango

$$\dim F_0 + \dim F_1 = \dim \operatorname{Ker} f^k + \dim f^k(V) = \dim V$$

e quindi, per dimostrare che $V = F_0 \oplus F_1$ basta provare che $F_0 \cap F_1 = 0$. Se $v \in F_0 \cap F_1$, allora $f^k(v) = 0$ ed esiste $u \in V$ tale che $v = f^k(u)$. Ma allora $f^{2k}(u) = f^k(v) = 0$ e quindi $u \in \operatorname{Ker} f^{2k}$. Per come abbiamo scelto k, si ha $\operatorname{Ker} f^{2k} = \operatorname{Ker} f^k$ e quindi $v = f^k(u) = 0$.

La f-invarianza di nucleo ed immagine di f^k sono entrambe dimostrate nell'Esempio 9.78.

Siccome $f: f^k(V) \to f^{k+1}(V)$ è surgettiva e $f^k(V) = f^{k+1}(V) = F_1$, si ha che $f_{|F_1}: F_1 \to F_1$ è surgettiva e quindi anche un isomorfismo. Per costruzione $f^k(F_0) = 0$ e quindi $f_{|F_0}$ è nilpotente. $\square$

Nelle notazioni del Teorema 10.82, chiameremo le restrizioni $f_{|F_0}$ e $f_{|F_1}$ componenti *zero-Fitting* ed *uno-Fitting* dell'endomorfismo f.

Corollario 10.83 *Sia $f : V \to V$ un endomorfismo lineare e denotiamo $n = \dim V$, $r = \dim F_0(f)$. Allora esiste una base di V rispetto alla quale f si rappresenta con una matrice diagonale a blocchi*

$$\begin{pmatrix} A & 0 \\ 0 & B \end{pmatrix}$$

con A matrice $r \times r$ triangolare strettamente superiore e B matrice $(n-r) \times (n-r)$ invertibile. Inoltre vale $A^k = 0$ se e solo se $F_0(f) = \operatorname{Ker} f^k$.

Dimostrazione Per il Teorema 10.82 basta prendere una base $v_1, \dots, v_n$ di V con le proprietà che $v_{r+1}, \dots, v_n \in F_1(f)$ e $v_1, \dots, v_r$ sia una base di $F_0(f)$ rispetto alla quale l'endomorfismo nilpotente $f_{|F_0(f)}$ si rappresenta con una matrice triangolare strettamente superiore. $\square$

Corollario 10.84 *Sia f un endomorfismo di uno spazio vettoriale V di dimensione n su di un campo $\mathbb{K}$ di caratteristica 0. Allora f è nilpotente se e solo se $\operatorname{Tr}(f) = \operatorname{Tr}(f^2) = \cdots = \operatorname{Tr}(f^n) = 0$.*

Dimostrazione Se f è nilpotente, abbiamo già visto che in una opportuna base f si rappresenta con una matrice strettamente triangolare e quindi f^k ha traccia nulla per ogni $k > 0$. Viceversa, supponiamo che $\operatorname{Tr}(f) = \operatorname{Tr}(f^2) = \cdots = \operatorname{Tr}(f^n) = 0$; allora per la decomposizione di Fitting possiamo rappresentare f con una matrice diagonale a blocchi

$$\begin{pmatrix} A & 0 \\ 0 & B \end{pmatrix}$$

con A nilpotente e B invertibile. Dunque f^k è rappresentata dalla matrice

$$\begin{pmatrix} A^k & 0 \\ 0 & B^k \end{pmatrix}$$

e $\operatorname{Tr}(B^k) = \operatorname{Tr}(f^k) - \operatorname{Tr}(A^k) = 0$ per ogni $k = 1, \dots, n$. Sia $m \leq n$ l'ordine della matrice B; se $m > 0$ per Cayley–Hamilton si ha

$$0 = p_B(B) = \det(B) I + a_1 B + \cdots + (-1)^m B^m$$

per opportuni coefficienti $a_1, \dots, a_m \in \mathbb{K}$. Quindi

$$\det(B) I = -a_1 B - \cdots - a_m B^n$$

e per la linearità della traccia

$$0 \neq \det(B) \operatorname{Tr}(I) = -a_1 \operatorname{Tr}(B) - \cdots - (-1)^m \operatorname{Tr}(B^m) = 0.$$

Abbiamo quindi una contraddizione e dunque $m = 0$.

Osserviamo che la stessa dimostrazione funziona se il campo $\mathbb{K}$ ha caratteristica $p > n$. D'altra parte, se il campo ha caratteristica $p > 0$, allora tutte le potenze dell'identità su $\mathbb{K}^p$ hanno traccia nulla. $\square$

Esempio 10.85 La decomposizione di Fitting permette di ricondurre il problema dell'estrazione delle radici quadrate di un endomorfismo ai casi nilpotente (vedi Esercizio 11.12) ed invertibile. Più precisamente, siano $f, g\colon V \to V$ endomorfismi tali che $g^2 = f$, allora $gf = fg$ e quindi i sottospazi $\operatorname{Ker} f^k$, $f^k(V)$ sono g-invarianti per ogni $k > 0$. Dunque $F_0(f)$, $F_1(f)$ sono sottospazi g-invarianti e le restrizioni $g_{|F_0(f)}, g_{|F_1(f)}$ sono radici quadrate di $f_{|F_0(f)}, f_{|F_1(f)}$ rispettivamente. Ricordiamo che un endomorfismo può avere anche infinite radici quadrate, cf. Esercizio 6.34.

Esercizi

10.86 Dato un endomorfismo $f\colon V \to V$ e due interi positivi a, b, provare che $f^a(\operatorname{Ker} f^{a+b}) \subseteq \operatorname{Ker} f^b$.

10.87 Sia $f\colon \mathbb{K}^5 \to \mathbb{K}^5$ un endomorfismo nilpotente di rango 2. Provare che se $f = g^k$ per qualche intero $k > 1$ e qualche $g\colon \mathbb{K}^5 \to \mathbb{K}^5$ lineare, allora $f^2 = 0$ e $k \le 3$.

10.88 (Unicità della decomposizione di Fitting) Sia $f\colon V \to V$ un endomorfismo di uno spazio vettoriale di dimensione finita e sia $U \oplus W = V$ una decomposizione in somma diretta di sottospazi f-invarianti tali che la restrizione $f_{|U}\colon U \to U$ sia nilpotente e la restrizione $f_{|W}\colon W \to W$ sia un isomorfismo. Provare che $U = F_0(f)$ e $V = F_1(f)$.

10.89 Siano $f\colon V \to V$ un endomorfismo nilpotente e $U \subseteq V$ un sottospazio f-invariante. Denotiamo $U_0 = U$ e $U_l = \{v \in V \mid f^i(v) \in U\}$ per ogni intero $i > 0$. Provare che ogni U_i è un sottospazio vettoriale e che $U_{i-1} \subseteq U_i$, $f(U_i) \subseteq U_{i-1}$ per ogni $i > 0$.

10.90 Sia $f\colon V \to V$ nilpotente con indice di nilpotenza s. Usare la convessità di $h \mapsto \operatorname{rg}(f^h)$ (Esempio 10.80) per dimostrare che

$$\dim V - s + 1 \ge \dim \operatorname{Ker} f \ge (\dim V)/s.$$

10.91 Sia V spazio vettoriale di dimensione finita e siano $f, g\colon V \to V$ endomorfismi nilpotenti con indici di nilpotenza a, b. Provare che se $fg = 0$ allora $a + b \le \dim V + 2$. Trovare un esempio in cui vale l'uguaglianza.

10.92 Trovare una matrice invertibile $B \in M_{n,n}(\mathbb{K})$ tale che $\operatorname{Tr}(B^i) = 0$ per ogni $1 \le i < n$.

10.93 Siano $f\colon V \to V$ un endomorfismo nilpotente con indice di nilpotenza s, $0 \neq v \in V$ un vettore non nullo e $0 < r \leq s$ il più piccolo intero positivo tale che $f^r(v) = 0$. Dimostrare che:

1. $U = \mathrm{Span}(v, f(v), \ldots, f^{r-1}(v))$ è il più piccolo sottospazio f-invariante che contiene v e vale $\dim U = r$;
2. $\dim(U \cap \mathrm{Ker}\, f^i) = \min(i, r)$ per ogni $i \geq 0$;
3. se $r = s$ allora $\dim(U \cap f^i(V)) = \max(0, s - i)$ per ogni $i \geq 0$.

10.94 Sia $B \in M_{n,n}(\mathbb{R})$ una matrice normale, ossia tale che $BB^T = B^T B$. Provare che $(B^h)^T B^h = B^h (B^h)^T$ e $\mathrm{Ker}\, L_B^h = \mathrm{Ker}\, L_B^{h+1}$ per ogni intero positivo h.

10.95 ($\maltese$, $\heartsuit$) Sia $f\colon \mathbb{C}^n \to \mathbb{C}^n$ un endomorfismo lineare. Dimostrare che f è nilpotente se e solo se la sua immagine è contenuta nell'immagine di $f - \lambda I$, per ogni $\lambda \in \mathbb{C}$.

10.96 ($\maltese$) Siano f, g due endomorfismi di uno spazio vettoriale di dimensione finita, con g nilpotente e tali che $fg = gf$. Dimostrare che f e $f + g$ hanno lo stesso polinomio caratteristico e la stessa decomposizione di Fitting.

10.6 Autospazi generalizzati

In tutta la sezione, denoteremo con V uno spazio vettoriale di dimensione finita sul campo $\mathbb{K}$.

Dato un endomorfismo $f\colon V \to V$ ed un suo autovalore $\lambda \in \mathbb{K}$, abbiamo introdotto a suo tempo l'autospazio corrispondente $V_\lambda = \mathrm{Ker}(f - \lambda I)$, di dimensione uguale alla molteplicità geometrica di λ. Gli autospazi generalizzati si introducono in maniera analoga, con la componente zero-Fitting al posto del nucleo.

Definizione 10.97 Sia $\lambda \in \mathbb{K}$ un autovalore dell'endomorfismo $f\colon V \to V$. L'**autospazio generalizzato** di f relativo all'autovalore λ è il sottospazio vettoriale

$$E_\lambda = F_0(f - \lambda I) = \bigcup_{k > 0} \mathrm{Ker}(f - \lambda I)^k.$$

In particolare, l'autospazio generalizzato E_λ contiene sempre l'autospazio (usuale) V_λ; anche qui scriviamo solamente E_λ lasciando sottintesa la dipendenza da f.

Proposizione 10.98 *Sia $f\colon V \to V$ un endomorfismo e $\lambda \in \mathbb{K}$ un suo autovalore. Allora la molteplicità algebrica di λ è uguale alla dimensione dell'autospazio generalizzato $E_\lambda = F_0(f - \lambda I)$.*

Dimostrazione Consideriamo prima il caso particolare $\lambda = 0$. Sia r la dimensione della componente zero-Fitting di f; per il Corollario 10.83, in una opportuna base di V l'applicazione f è rappresentata da una matrice a blocchi

$$\begin{pmatrix} A & 0 \\ 0 & B \end{pmatrix}$$

con A matrice $r \times r$ triangolare strettamente superiore e B matrice $(n-r) \times (n-r)$ invertibile. Dunque $p_f(t) = p_A(t)p_B(t) = (-t)^r p_B(t)$. Siccome B è invertibile si ha $p_B(0) = \det(B) \neq 0$ e quindi r coincide con la molteplicità della radice 0 in $p_f(t)$.

Se $\lambda \neq 0$ basta sostituire f con l'endomorfismo $g = f - \lambda I$; infatti, $p_f(t) = \det(f - tI) = \det(g - (t - \lambda)I) = p_g(t - \lambda)$ e quindi la molteplicità algebrica di λ come autovalore di f è uguale alla molteplicità algebrica di 0 come autovalore di g. $\square$

Teorema 10.99 *Siano $f : V \to V$ un endomorfismo, λ un suo autovalore e $p(t) \in \mathbb{K}[t]$ un polinomio. Allora l'autospazio generalizzato E_λ è un sottospazio $p(f)$-invariante. Inoltre:*

1. se $p(\lambda) = 0$, allora $p(f) : E_\lambda \to E_\lambda$ è nilpotente e $E_\lambda \subseteq F_0(p(f))$;
2. se $p(\lambda) \neq 0$, allora $p(f) : E_\lambda \to E_\lambda$ è un isomorfismo e $E_\lambda \subseteq F_1(p(f))$.

In particolare, considerando $p(t) = t - \mu$, con μ autovalore di f diverso da λ, otteniamo che $f - \mu I : E_\lambda \to E_\lambda$ è un isomorfismo e $E_\lambda \subseteq F_1(f - \mu I)$.

Dimostrazione Fissiamo un intero $k > 0$ tale che $E_\lambda = \text{Ker}(f - \lambda I)^k$; siccome $(t - \lambda)^k p(t) = p(t)(t - \lambda)^k$, ponendo $g = (f - \lambda I)^k$ si ha $p(f)g = gp(f)$ e la $p(f)$-invarianza di $E_\lambda = \text{Ker}\, g$ segue immediatamente dal Lemma 9.79.

Per il teorema di Ruffini, il polinomio $t - \lambda$ divide $p(t) - p(\lambda)$, dunque $(t - \lambda)^k$ divide $(p(t) - p(\lambda))^k$, diciamo $(p(t) - p(\lambda))^k = h(t)(t - \lambda)^k$. Di conseguenza $(p(f) - p(\lambda)I)^k(E_\lambda) = h(f)(f - \lambda I)^k(E_\lambda) = 0$, e quindi la restrizione di $p(f) - p(\lambda)I$ all'autospazio E_λ è un endomorfismo nilpotente, con indice di nilpotenza $\leq k$. Questo prova immediatamente che se $p(\lambda) = 0$ allora $p(f) : E_\lambda \to E_\lambda$ è nilpotente. Se invece $p(\lambda) \neq 0$, guardando allo sviluppo di Newton delle potenze del binomio, troviamo un polinomio $q(t)$ tale che

$$(p(t) - p(\lambda))^k = p(t)q(t) + (-p(\lambda))^k.$$

Ne segue che la restrizione di $p(f)q(f)$ a E_λ coincide con l'isomorfismo $(-p(\lambda))^k I$ e dunque entrambe le restrizioni a E_λ di $p(f)$ e $q(f)$ sono isomorfismi, cf. Osservazione 10.62. In particolare, $p(f)^h : E_\lambda \to E_\lambda$ è surgettivo per ogni $h > 0$ e quindi, a maggior ragione E_λ è contenuto nell'immagine di $p(f)^h : V \to V$ per ogni $h > 0$. $\square$

Corollario 10.100 *Siano $\lambda_1, \ldots, \lambda_s$ autovalori distinti di un endomorfismo lineare $f\colon V \to V$ ed $E_{\lambda_i} = F_0(f - \lambda_i I)$ i relativi autospazi generalizzati. Allora esiste una decomposizione in somma diretta:*

$$E_{\lambda_1} + \cdots + E_{\lambda_s} = E_{\lambda_1} \oplus \cdots \oplus E_{\lambda_s} \subseteq V.$$

Dimostrazione Dimostriamo per induzione su s che se $v_1 + \cdots + v_s = 0$, con $v_i \in E_{\lambda_i}$ per ogni i, allora $v_1 = \cdots = v_s = 0$. Consideriamo l'endomorfismo $g = f - \lambda_s I$, allora esiste $k > 0$ tale che $g^k(v_s) = 0$. Si ha dunque

$$0 = g^k(0) = g^k(v_1) + \cdots + g^k(v_{s-1}).$$

Per il Teorema 10.99 ogni E_{λ_i} è g-invariante e $g\colon E_{\lambda_i} \to E_{\lambda_i}$ è invertibile per ogni $i < s$. Dall'ipotesi induttiva segue che $g^k(v_1) = \cdots = g^k(v_{s-1}) = 0$; quindi $v_1 = \cdots = v_{s-1} = 0$ e $v_s = -\sum_{i-1}^{s} v_i = 0$. $\square$

Osservazione 10.101 Se l'endomorfismo f è triangolabile, allora la somma delle molteplicità algebriche dei suoi autovalori è uguale alla dimensione di V e quindi, per la Proposizione 10.98 ed il Corollario 10.100, si ha una decomposizione di in somma diretta $V = E_{\lambda_1} \oplus \cdots \oplus E_{\lambda_s}$, detta **decomposizione primaria** di V rispetto ad f.

Abbiamo già dimostrato che ogni autovalore è anche radice del polinomio minimo; il prossimo lemma ci dice qual è la sua molteplicità.

Lemma 10.102 *Sia $\lambda \in \mathbb{K}$ un autovalore dell'endomorfismo $f\colon V \to V$. Allora la molteplicità di λ come radice del polinomio minimo $q_f(t)$ è uguale all'indice di nilpotenza della componente zero-Fitting di $f - \lambda I$, e cioè al più piccolo intero positivo τ tale che*

$$E_\lambda = \operatorname{Ker}(f - \lambda I)^\tau.$$

Dimostrazione A meno di sostituire f con $f - \lambda I$ non è restrittivo supporre $\lambda = 0$ e quindi $E_\lambda = E_0 = F_0(f)$. Scriviamo il polinomio minimo di f nella forma $q_f(t) = h(t)t^\sigma$, con $h(0) \neq 0$ e dimostriamo che valgono le disuguaglianze $\sigma \geq \tau$ e $\sigma \leq \tau$.

Per semplicità denotiamo $V = F_0 \oplus F_1$ la decomposizione di Fitting relativa ad f. Per ipotesi $f_{|F_0}\colon F_0 \to F_0$ è nilpotente con indice di nilpotenza τ, quindi il polinomio minimo della restrizione di f ad F_0 è t^τ ed il Corollario 10.20 implica la disuguaglianza $\tau \leq \sigma$.

Sia $q(t)$ il polinomio minimo della restrizione $f_{|F_1}\colon F_1 \to F_1$; dato che 0 non è un autovalore dell'isomorfismo $f_{|F_1}$ si ha $q(0) \neq 0$. D'altra parte il polinomio $t^\tau q(t)$ annulla f, quindi è diviso dal polinomio minimo $q_f(t)$ e questo implica $\sigma \leq \tau$. $\square$

Teorema 10.103 *Per un autovalore λ di un endomorfismo $f: V \to V$ le seguenti condizioni sono equivalenti:*

1. *la molteplicità geometrica di λ è uguale alla molteplicità algebrica;*
2. $\mathrm{Ker}(f - \lambda I) = E_\lambda = F_0(f - \lambda I)$*;*
3. $\mathrm{Ker}(f - \lambda I) = \mathrm{Ker}(f - \lambda I)^2$*;*
4. *λ è una radice semplice del polinomio minimo di f.*

Dimostrazione L'equivalenza $(1) \Leftrightarrow (2)$ segue dalla Proposizione 10.98, mentre l'equivalenza $(2) \Leftrightarrow (4)$ è una diretta conseguenza del Lemma 10.102.

   L'implicazione $(2) \Rightarrow (3)$ segue dal fatto che

$$\mathrm{Ker}(f - \lambda I) \subseteq \mathrm{Ker}(f - \lambda I)^2 \subseteq F_0(f - \lambda I).$$

Per il Lemma 10.79, se $\mathrm{Ker}(f - \lambda I) = \mathrm{Ker}(f - \lambda I)^2$ allora $\mathrm{Ker}(f - \lambda I)^k = \mathrm{Ker}(f - \lambda I)^{k+1}$ per ogni $k \geq 1$ e questo prova l'implicazione $(3) \Rightarrow (2)$. $\square$

Esercizi

10.104 Calcolare i polinomi minimo e caratteristico delle matrici

$$\begin{pmatrix} 2 & -2 & 1 \\ 1 & 1 & -1 \\ 1 & 2 & -2 \end{pmatrix}, \quad \begin{pmatrix} 2 & 1 & -4 \\ 0 & 3 & 0 \\ 1 & 2 & -2 \end{pmatrix}, \quad \begin{pmatrix} 0 & 1 & 1 \\ 2 & 1 & 2 \\ 1 & 1 & 0 \end{pmatrix}, \quad \begin{pmatrix} 0 & 2 & 2 \\ 1 & 1 & 1 \\ 0 & -2 & -2 \end{pmatrix},$$

e dire, motivando la risposta, quali sono diagonalizzabili.

10.105 Data la matrice

$$\begin{pmatrix} 2 & 4 & -5 \\ 1 & 5 & -5 \\ 1 & 4 & -4 \end{pmatrix},$$

calcolare: i polinomi minimo e caratteristico, gli autovalori, le molteplicità algebrica e geometrica di ciascun autovalore.

10.106 Sia $f: V \to V$ un endomorfismo di uno spazio vettoriale reale di dimensione finita tale che $f^3 = 2f^2 + f - 2I$. Dimostrare che f è diagonalizzabile.

10.107 Sia $A \in M_{n,n}(\mathbb{C})$ una matrice tale che $A^3 = -A$. Provare che A è diagonalizzabile.

10.108 Sia I_n la matrice identità $n \times n$. Determinare i polinomi minimo e caratteristico della matrice

$$\begin{pmatrix} 0 & I_n \\ -I_n & 0 \end{pmatrix} \in M_{2n,2n}(\mathbb{K}).$$

10.109 ($\maltese$, $\heartsuit$) Siano $\mathbb{K}$ un campo di caratteristica $\neq 2$ e $A \in M_{n,n}(\mathbb{K})$ una matrice fissata; si consideri l'endomorfismo

$$\mathrm{ad}_A = L_A - R_A \colon M_{n,n}(\mathbb{K}) \to M_{n,n}(\mathbb{K}), \qquad \mathrm{ad}_A(B) = AB - BA.$$

1. Se $n = 3$ ed il polinomio caratteristico di A è $t(t-1)(t-2)$, provare che ad_A è diagonalizzabile e se ne calcoli il polinomio caratteristico.
2. Provare che se A è diagonalizzabile allora ad_A è diagonalizzabile e che se A è nilpotente allora ad_A è nilpotente.
3. Se $q_A(t) = t(t-1)(t-2)$, calcolare gli autovalori di ad_A.
4. Se A è diagonalizzabile e $\dim V = n$, provare che il polinomio minimo di ad_A ha grado minore od uguale a $n(n+1)/2$. Trovare un esempio in cui $n = 3$ ed il polinomio minimo di ad_A ha grado 6.

10.110 ($\maltese$) Siano $A, B, M \in M_{n,n}(\mathbb{C})$ tali che $AM = MB$. Mostrare che per ogni $\lambda \in \mathbb{C}$ ed ogni $m > 0$ si ha $(A - \lambda I)^m M = M(B - \lambda I)^m$. Dedurre che i polinomi caratteristici di A e B hanno in comune un numero di radici, contate con molteplicità, maggiore o uguale al rango di M.

10.111 Dimostrare che in caratteristica diversa da 2 ogni endomorfismo f tale che $f^3 = f$ è diagonalizzabile.

Note

Parlando di $F_0(f)$ ed $F_1(f)$, il termine Fitting richiede la maiuscola perché è un nome proprio (Hans Fitting, 1906–1938, algebrista tedesco, allievo di Emmy Noether).

Capitolo 11
Forme canoniche di Jordan e razionale

Nei capitoli precedenti abbiamo visto alcune condizioni necessarie, ed altre sufficienti, affinché due matrici siano simili. In generale, il problema di stabilire la similitudine tra matrici si risolve mediante le cosiddette *forme canoniche*: si sceglie una sottoclasse di matrici nella quale è facile capire la relazione di similitudine e poi si dimostra, preferibilmente in maniera costruttiva, che ogni matrice è simile ad un'altra appartenente alla sottoclasse prescelta.

In questo capitolo introdurremo due sottoclassi con le suddette caratteristiche: quella delle forme canoniche di Jordan, semplice ma che si applica solo alle matrici triangolabili, e quella delle forme canoniche razionali, più complessa ma che invece funziona in piena generalità.

In tutto il capitolo, il simbolo V denoterà uno spazio vettoriale di dimensione finita su di un campo $\mathbb{K}$.

11.1 Partizioni e Diagrammi di Young

Una **partizione** di un intero positivo n è una successione $[\alpha_1, \alpha_2, \ldots, \alpha_k]$ di interi positivi tale che

$$\sum_{i=1}^{k} \alpha_i = n \quad \text{e} \quad \alpha_i \geq \alpha_{i+1} \text{ per ogni } i.$$

Ad esempio, le partizioni di 4 sono:

$$[4], \quad [3,1], \quad [2,2], \quad [2,1,1] \quad [1,1,1,1].$$

© The Author(s), under exclusive license to Springer Nature Switzerland AG 2025
M. Manetti, *Algebra Lineare*, La Matematica per il 3+2 174,
https://doi.org/10.1007/978-3-032-01504-4_11

Una maniera del tutto equivalente di pensare una partizione di n è come una successione infinita $\alpha_1, \alpha_2, \ldots$ di numeri naturali tali che:

1. $\alpha_i \geq \alpha_{i+1}$ per ogni i;
2. esiste k tale che $\alpha_i = 0$ per ogni $i \geq k$;
3. $\sum_i \alpha_i = n$.

Ovviamente la sommatoria al precedente punto (3) si intende ristretta agli indici i tali che $\alpha_i > 0$. Il passaggio da una nozione all'altra di partizione è evidente e consiste nell'aggiungere/togliere una successione infinita di zeri.

Esempio 11.1 Sia f un endomorfismo lineare di uno spazio di dimensione finita. Abbiamo dimostrato nel Lemma 10.79 che la successione di numeri naturali

$$\alpha_i = \mathrm{rg}(f^{i-1}) - \mathrm{rg}(f^i) = \dim(\mathrm{Ker}\, f \cap \mathrm{Im}(f^{i-1})), \qquad i > 0,$$

è una partizione della dimensione della componente zero-Fitting di f, che chiameremo **partizione zero-Fitting** di f. La partizione zero-Fitting di una matrice $A \in M_{n,n}(\mathbb{K})$ è per definizione quella dell'endomorfismo L_A, e cioè $\alpha_i = \mathrm{rg}(A^{i-1}) - \mathrm{rg}(A^i)$ per ogni $i > 0$.

Un modo di visualizzare le partizioni è mediante i cosiddetti **diagrammi di Young** (chiamati anche diagrammi di Ferrers). Il diagramma di Young della partizione $[\alpha_1, \alpha_2, \ldots, \alpha_k]$ è una disposizione di scatole in righe sovrapposte, giustificate a sinistra e di ampiezza non crescente,[1] in cui la prima riga è costituita da α_1 quadretti, la seconda riga da α_2 quadretti, e così via. Ad esempio, il diagramma di Young della partizione $[6, 3, 1, 1]$ è

$$\tag{11.1}$$

Si noti che il diagramma di Young di una qualunque partizione di n contiene esattamente n quadretti. In analogia con le matrici, per ogni diagramma di Young possiamo considerare il suo trasposto, ottenuto scambiando le righe con le colonne; ad esempio

$$\tag{11.2}$$

---

[1] Ossia a forma di angolo nord-ovest in uno schema per parole crociate

L'operazione di trasposizione di diagrammi di Young si trasmette, nel modo ovvio, ad una operazione di trasposizione tra le partizioni di un intero positivo. L'Esempio (11.2), riletto a livello di partizioni, dice che

$$[2]^T = [1, 1], \qquad [6, 3, 1, 1]^T = [4, 2, 2, 1, 1, 1],$$

e siccome trasponendo due volte ritorniamo alla situazione iniziale, vale anche

$$[1, 1]^T = [2], \qquad [4, 2, 2, 1, 1, 1]^T = [6, 3, 1, 1].$$

Osserviamo che, se $[\alpha_1, \ldots, \alpha_k] = [\beta_1, \ldots, \beta_s]^T$, allora $s = \alpha_1, k = \beta_1$ e

$$\alpha_i = \text{numero di coefficienti } \beta_j \text{ maggiori o uguali ad } i,$$
$$\alpha_i - \alpha_{i+1} = \text{numero di coefficienti } \beta_j \text{ uguali ad } i. \qquad (11.3)$$

Infatti, $\alpha_i - \alpha_{i+1}$ è il numero di colonne di lunghezza i nel diagramma di Young di $[\alpha_1, \ldots, \alpha_k]$, che è uguale al numero di righe di lunghezza i nel diagramma di Young di $[\beta_1, \ldots, \beta_h]$.

Definizione 11.2 Chiameremo **blocco di Jordan nilpotente di ordine** n la matrice $J_n = (a_{ij}) \in M_{n,n}(\mathbb{K})$ tale che $a_{ij} = 1$ se $j = i + 1$ e $a_{ij} = 0$ se $j \neq i + 1$.

Ad esempio, i blocchi di Jordan nilpotenti di ordine minore o uguale a 4 sono:

$$J_1 = (0), \quad J_2 = \begin{pmatrix} 0 & 1 \\ 0 & 0 \end{pmatrix}, \quad J_3 = \begin{pmatrix} 0 & 1 & 0 \\ 0 & 0 & 1 \\ 0 & 0 & 0 \end{pmatrix}, \quad J_4 = \begin{pmatrix} 0 & 1 & 0 & 0 \\ 0 & 0 & 1 & 0 \\ 0 & 0 & 0 & 1 \\ 0 & 0 & 0 & 0 \end{pmatrix}.$$

Fissato n, nella base canonica $e_1, \ldots, e_n$ di $\mathbb{K}^n$ si ha

$$J_n e_1 = 0, \qquad J_n e_i = e_{i-1}, \quad i > 1,$$

e per ogni esponente $a \geq 0$ valgono le formule

$$J_n^a(e_i) = \begin{cases} e_{i-a} & \text{se } a \leq i \\ 0 & \text{se } a \geq i \end{cases}, \qquad \text{rg}(J_n^a) = \max(0, n - a).$$

In particolare, J_n è nilpotente con indice di nilpotenza uguale ad n. È utile osservare che J_n^T è la matrice compagna del polinomio t^n.

Lemma 11.3 *Sia* $[\beta_1, \ldots, \beta_s]$ *una partizione di n e consideriamo la matrice diagonale a blocchi*

$$A = \begin{pmatrix} J_{\beta_1} & 0 & \cdots & 0 \\ 0 & J_{\beta_2} & \vdots & 0 \\ \vdots & \vdots & \ddots & \vdots \\ 0 & 0 & \cdots & J_{\beta_s} \end{pmatrix} \in M_{n,n}(\mathbb{K}), \tag{11.4}$$

dove ciascun J_{β_i} *denota il blocco di Jordan nilpotente di ordine* β_i. *Allora la partizione trasposta è uguale alla partizione zero-Fitting di* A, *ossia*

$$[\beta_1, \ldots, \beta_s]^T = [\mathrm{rg}(A^0) - \mathrm{rg}(A^1), \mathrm{rg}(A^1) - \mathrm{rg}(A^2), \ldots].$$

In particolare, la successione di interi $\beta_1, \ldots, \beta_s$ *è univocamente determinata dai ranghi delle potenze di* A *tramite le formule* $s = \dim \mathrm{Ker}\, A$,

$$\big(\text{numero di indici } i \text{ tali che } \beta_i \geq m\big) = \mathrm{rg}(A^{m-1}) - \mathrm{rg}(A^m), \tag{11.5}$$

e

$$\big(\text{numero di indici } i \text{ tali che } \beta_i = m\big) = \mathrm{rg}(A^{m-1}) - 2\,\mathrm{rg}(A^m) + \mathrm{rg}(A^{m+1}),$$

per ogni intero $m \geq 1$.

Dimostrazione Per ogni $m \geq 0$, il rango di A^m è uguale alla somma dei ranghi di $J_{\beta_i}^m$ ed è quindi uguale a

$$\mathrm{rg}(A^m) = \sum_{i=1}^{s} \max(0, \beta_i - m) = \sum_{\{i\,|\,\beta_i > m\}} (\beta_i - m) = \sum_{k > m} (k - m)v_k.$$

Siccome

$$\sum_{\{i\,|\,\beta_i > m\}} (\beta_i - m) = \sum_{\{i\,|\,\beta_i \geq m+1\}} (\beta_i - m) = \sum_{\{i\,|\,\beta_i \geq m\}} (\beta_i - m),$$

la partizione $[\alpha_1, \alpha_2, \ldots]$ zero-Fitting di A è

$$\alpha_m = \mathrm{rg}(A^{m-1}) - \mathrm{rg}(A^m) = \sum_{\{i\,|\,\beta_i > m-1\}} (\beta_i - m + 1) - \sum_{\{i\,|\,\beta_i \geq m\}} (\beta_i - m)$$

$$= \text{numero di indici } i \text{ tali che } \beta_i \geq m.$$

Di conseguenza, le formule (11.3) implicano che $[\alpha_1, \alpha_2, \ldots] = [\beta_1, \ldots, \beta_s]^T$.

Osserviamo anche che la versione 'trasposta' delle formule (11.5) è

$$\beta_i = \Big(\text{numero di indici } j > 0 \text{ tali che } \mathrm{rg}(A^{j-1}) - \mathrm{rg}(A^j) \geq i\Big), \qquad (11.6)$$

per ogni intero $i \geq 1$. $\square$

Chiameremo diagramma di Young di una matrice nilpotente quello associato alla sua partizione zero-Fitting. Il Lemma 11.3 implica in particolare che ogni diagramma di Young si ottiene da una opportuna matrice a blocchi di Jordan nilpotenti. Ad esempio, per le partizioni di $1, 2, 3, 4$ si ha:

Se due matrici nilpotenti A, B sono simili, allora A^h e B^h sono simili per ogni $h \geq 0$ e, poiché matrici simili hanno lo stesso rango, deduciamo che A e B hanno lo stesso diagramma di Young. Segue dal prossimo teorema, e dalle considerazioni fatte nel Capitolo 9, che vale anche il viceversa, ossia che *matrici nilpotenti con lo stesso diagramma di Young sono simili.*

Teorema 11.4 *Sia $f : V \to V$ un endomorfismo nilpotente con partizione zero-Fitting $[\alpha_1, \dots, \alpha_k]$. Se $[\beta_1, \dots, \beta_s] = [\alpha_1, \dots, \alpha_k]^T$, allora esiste una base di V in cui f è rappresentata dalla matrice diagonale a blocchi*

$$\begin{pmatrix} J_{\beta_1} & 0 & \cdots & 0 \\ 0 & J_{\beta_2} & \vdots & 0 \\ \vdots & \vdots & \ddots & \vdots \\ 0 & 0 & \cdots & J_{\beta_s} \end{pmatrix},$$

dove J_{β_i} è il blocco di Jordan nilpotente di ordine β_i.

Dimostrazione Abbiamo visto che $s = \dim \operatorname{Ker} f$, che k è l'indice di nilpotenza di f e

$$\alpha_i = \dim(f^{i-1}(V) \cap \operatorname{Ker} f) \quad \text{per ogni } i.$$

Partiamo da una base di $f^{k-1}(V) \cap \operatorname{Ker} f$, che poi completiamo ad una base di $f^{k-2}(V) \cap \operatorname{Ker} f$, che poi completiamo ad una base di $f^{k-3}(V) \cap \operatorname{Ker} f$ e così via. Così facendo abbiamo costruito una base $v_1, \ldots, v_s$ di $\operatorname{Ker} f$ tale che la sottosuccessione $v_1, \ldots, v_{\alpha_h}$ sia una base di $f^{h-1}(V) \cap \operatorname{Ker} f$, per ogni $h = 1, \ldots, k$.

Possiamo visualizzare la situazione scrivendo, da sinistra a destra, i vettori v_i nelle ultime caselle delle colonne del diagramma di Young, ad esempio

				v_5
		v_3	v_4	
v_1	v_2			

Siccome β_i è la lunghezza della i-esima colonna del diagramma di Young, per ogni indice $i = 1, \ldots, s$ si ha $\alpha_{\beta_i} \geq i > \alpha_{\beta_i+1}$. Per come abbiamo costruito la successione $v_1, \ldots, v_s$ si ha quindi $v_i \in f^{\beta_i-1}(V) \cap \operatorname{Ker} f$ e $v_i \notin f^{\beta_i}(V)$.

Costruiamo una successione $u_1, \ldots, u_s \in V$ scegliendo, per ogni indice i fissato, un vettore $u_i \in V$ tale che $f^{\beta_i-1}(u_i) = v_i$; siccome $v_i \in \operatorname{Ker} f$ si ha $f^{\beta_i}(u_i) = 0$; siccome $v_i \notin f^{\beta_i}(V)$ si ha $u_i \notin f(V)$.

Possiamo raffigurare graficamente la situazione scrivendo, da sinistra a destra, i vettori $u_1, \ldots, u_s$ nella prima riga del diagramma di Young e poi muoversi in verticale applicando f ad ogni singolo spostamento, ad esempio

u_1	u_2	u_3	u_4	$u_5 = v_5$
$f(u_1)$	$f(u_2)$	$v_3 = f(u_3)$	$v_4 = f(u_4)$	
$v_1 = f^2(u_1)$	$v_2 = f^2(u_2)$			

Per concludere la dimostrazione basta provare che la successione di vettori

$$
\begin{aligned}
&f^{\beta_1-1}(u_1), f^{\beta_1-2}(u_1), \ldots, f(u_1), u_1, \\
&f^{\beta_2-1}(u_2), f^{\beta_2-2}(u_2), \ldots, f(u_2), u_2, \\
&\qquad\qquad\qquad \vdots \\
&f^{\beta_s-1}(u_s), f^{\beta_s-2}(u_s), \ldots, f(u_s), u_s
\end{aligned}
\tag{11.7}
$$

è una base di V dato che, nella medesima, l'endomorfismo f viene rappresentato con una matrice diagonale a blocchi di Jordan. Siccome i precedenti vettori vengono inseriti bigettivamente nelle caselle del diagramma di Young, il loro numero è uguale a $\beta_1 + \cdots + \beta_s = \alpha_1 + \cdots + \alpha_k = \dim V$, e ci basta dimostrare che sono linearmente indipendenti. Si assuma per assurdo che

$$\sum_{i=1}^{s}\sum_{j=1}^{\beta_i} a_{ij}\, f^{\beta_i - j}(u_i) = 0$$

con i coefficienti a_{ij} non tutti nulli e sia m il più grande intero per cui esiste un indice i tale che $m \le \beta_i$ e $a_{im} \ne 0$. Dunque $a_{ij} = 0$ ogni volta che $j > m$ e quindi

$$\sum_{i=1}^{s}\sum_{j=1}^{m} a_{ij}\, f^{\beta_i - j}(u_i) = \sum_{i=1}^{s}\sum_{j=1}^{\beta_i} a_{ij}\, f^{\beta_i - j}(u_i) = 0.$$

Applicando l'endomorfismo f^{m-1} si ottiene

$$\sum_{i=1}^{s}\sum_{j=1}^{m} a_{ij}\, f^{\beta_i - j + m - 1}(u_i) = 0$$

e, dato che $f^{\beta_i - j + m - 1}(u_i) = 0$ per ogni i ed ogni $j < m$, ne segue che

$$\sum_{i=1}^{s} a_{im} f^{\beta_i - 1}(u_i) = \sum_{i=1}^{s} a_{im} v_i = 0,$$

contraddicendo la lineare indipendenza di $v_1, \dots, v_s$. $\square$

Esercizi

11.5 Calcolare $[5, 4, 3, 2, 1]^T$, $[2, 2, 2, 1, 1]^T$ e $[6, 1]^T$.

11.6 In una casa ci sono 10 stanze. In ognuna c'è almeno una persona, in otto di queste ci sono almeno 2 persone, in sei ci sono almeno 4 persone ed in una stanza ci sono almeno 5 persone. Quante persone, come minimo, ospita la casa?

11.7 Sia $A \in M_{n,n}(\mathbb{K})$ una matrice nilpotente e sia $0 \ne t \in \mathbb{K}$. Provare che tA è simile ad A, cf. Esempio 9.4.

11.8 Mostrare che la matrice

$$\begin{pmatrix} 0 & 0 & 0 & 1 \\ 1 & 0 & 1 & 0 \\ 0 & 0 & 0 & 1 \\ 0 & 0 & 0 & 0 \end{pmatrix} \in M_{4,4}(\mathbb{K})$$

è nilpotente qualunque sia il campo $\mathbb{K}$ e determinare il suo diagramma di Young nei campi $\mathbb{K} = \mathbb{R}$ e $\mathbb{K} = \mathbb{F}_2 = \{0, 1\}$.

11.9 (Ⓐ) Sia $V = \mathbb{R}[x]_{\leq n}$ lo spazio vettoriale dei polinomi a coefficienti reali di grado $\leq n$ nella variabile x e sia $D\colon V \to V$ l'operatore di derivazione. Dire se gli endomorfismi

$$D, \ D - xD^2, \ D - xD^2 + \frac{x^2}{2}D^3 \colon V \to V.$$

sono nilpotenti e, nel caso, calcolarne le partizioni zero-Fitting:

11.10 Usare l'Esercizio 3.118 per dimostrare che esiste una successione di numeri razionali $a_1, a_2, \ldots$ tale che per ogni $n > 0$ ed ogni matrice nilpotente $A \in M_{n,n}(\mathbb{C})$ vale $(I + a_1 A + a_2 A^2 + \cdots + a_{n-1} A^{n-1})^2 = I + A$.

11.11 Sia $f\colon V \to V$ un endomorfismo nilpotente di uno spazio vettoriale di dimensione finita V. Dato un vettore non nullo $w \in V$, denotiamo con $W = \mathrm{Span}(w, f(w), f^2(w), \ldots)$ il più piccolo sottospazio f-invariante che contiene w e con $s > 0$ l'indice di nilpotenza di $f_{|W}$. Dimostrare che:

1. $f^{s-1}(w) \neq 0$;
2. esiste un sottospazio f-invariante $U \subseteq V$ tale che $V = U \oplus W$ se e solo se $f^{s-1}(w) \notin f^s(V)$.

11.12 (✋) Sia $f\colon V \to V$ un endomorfismo nilpotente di uno spazio vettoriale di dimensione finita con partizione zero-Fitting $[\alpha_1, \ldots, \alpha_k]$. Dato un intero $p > 1$, dimostrare che esiste un endomorfismo $g\colon V \to V$ tale che $f = g^p$ se e solo se per ogni $h = 1, \ldots, k-1$ vale $\lfloor \alpha_h/p \rfloor + \lfloor -\alpha_{h+1}/p \rfloor \geq 0$, dove $\lfloor x \rfloor \in \mathbb{Z}$ denota la parte intera del numero reale x.

11.13 (La filtrazione dei pesi, ✋) Dato un endomorfismo nilpotente f su uno spazio vettoriale di dimensione finita V, oltre alle filtrazioni dei nuclei e delle immagini, riveste una certa importanza la cosiddetta *filtrazione dei pesi*. Ponendo per convenzione f^0 uguale all'identità, per ogni intero k definiamo

$$W_k = \sum_{\substack{a,b \geq 0 \\ a-b=k+1}} (\mathrm{Ker}\, f^a \cap f^b(V)).$$

Dimostrare che:

1. $W_k \subseteq W_{k+1}$ per ogni $k \in \mathbb{Z}$;
2. se $\tau \geq 0$ e $f^{\tau+1} = 0$, allora $W_\tau = V$ e $W_{-\tau-1} = 0$;
3. $f(W_k) \subseteq W_{k-2}$ per ogni $k \in \mathbb{Z}$;
4. se in un'opportuna base $u_1, \ldots, u_n$ di V si ha $f(u_i) = u_{i+1}$ per ogni $i < n$, allora $u_i \in W_{n-2i+1}$ e $u_i \notin W_{n-2i}$ per ogni i;
5. per ogni intero positivo k, l'applicazione $f^k\colon W_k \to W_{-k}$ è surgettiva e $W_{k-1} = \{v \in W_k \mid f^k(v) \in W_{-k-1}\}$.

11.2 La forma canonica di Jordan

Per forma canonica di Jordan si intende l'estensione del Teorema 11.4 ad una generica matrice triangolabile.

Per ogni scalare $\lambda \in \mathbb{K}$ ed ogni intero positivo n definiamo il **blocco di Jordan** di ordine n ed autovalore λ come la matrice

$$
J_n(\lambda) = \lambda I_n + J_n =
\begin{pmatrix}
\lambda & 1 & \cdots & 0 & 0 \\
0 & \lambda & \cdots & 0 & 0 \\
\vdots & \vdots & \ddots & \vdots & \vdots \\
0 & 0 & \cdots & \lambda & 1 \\
0 & 0 & \cdots & 0 & \lambda
\end{pmatrix}
\in M_{n,n}(\mathbb{K}).
$$

Per **matrice di Jordan** si intende una matrice diagonale a blocchi di Jordan:

$$
\mathrm{diag}(J_{k_1}(\lambda_1), \ldots, J_{k_s}(\lambda_s)) =
\begin{pmatrix}
J_{k_1}(\lambda_1) & 0 & \cdots & 0 \\
0 & J_{k_2}(\lambda_2) & \vdots & 0 \\
\vdots & \vdots & \ddots & \vdots \\
0 & 0 & \cdots & J_{k_s}(\lambda_s)
\end{pmatrix}.
$$

In particolare, ogni matrice di Jordan è triangolare.

Osservazione 11.14 In letteratura vengono talvolta definiti i blocchi di Jordan come i trasposti dei blocchi precedentemente definiti, ossia come le matrici:

$$
\begin{pmatrix}
\lambda & 0 & \cdots & 0 & 0 \\
1 & \lambda & \cdots & 0 & 0 \\
0 & 1 & \cdots & 0 & 0 \\
\vdots & \vdots & \ddots & \vdots & \vdots \\
0 & 0 & \cdots & 1 & \lambda
\end{pmatrix}
=
\begin{pmatrix}
\lambda & 1 & \cdots & 0 & 0 \\
0 & \lambda & \cdots & 0 & 0 \\
\vdots & \vdots & \ddots & \vdots & \vdots \\
0 & 0 & \cdots & \lambda & 1 \\
0 & 0 & \cdots & 0 & \lambda
\end{pmatrix}^{T}.
$$

È quindi importante ricordare che le matrici $J_n(\lambda)^T$ e $J_n(\lambda)$ sono simili ed ottenute l'una dall'altra mediante il cambio di base $(e_1, \ldots, e_n) \mapsto (e_n, \ldots, e_1)$, vedi Esempio 9.3.

Teorema 11.15 (Forma canonica di Jordan) *Ogni endomorfismo triangolabile è rappresentato in una opportuna base da una matrice di Jordan, unica a meno di permutazioni dei blocchi di Jordan.*

Dimostrazione *(Esistenza.)* Siano $\lambda_1, \ldots, \lambda_s$ gli autovalori di f contati senza molteplicità, ossia $\lambda_i \neq \lambda_j$ per ogni $i \neq j$. Siccome f è triangolabile abbiamo la decomposizione primaria $V = E_{\lambda_1} \oplus \cdots \oplus E_{\lambda_s}$ (vedi Osservazione 10.101). Dato che ciascun autospazio generalizzato $E_{\lambda_i} = F_0(f - \lambda_i I)$ è f-invariante, ci basta mettere separatamente in forma di Jordan ciascuna restrizione $f_{|E_{\lambda_i}}$. Ma $(f - \lambda_i I)_{|E_{\lambda_i}}$ è nilpotente e basta applicare il Teorema 11.4 per trovare una base in cui si rappresenta con una matrice di Jordan nilpotente.

(Unicità e metodo di calcolo.) Segue dalla decomposizione di Fitting che per ogni autovalore λ gli endomorfismi $(f - \lambda I)^h \colon V \to V$ e $(f - \lambda I)^h \colon E_\lambda \to E_\lambda$ hanno lo stesso nucleo per ogni intero positivo h. Dunque, se f è rappresentata da una matrice di Jordan A, lo stesso ragionamento del caso nilpotente mostra che per ogni autovalore λ di f si ha:

1. la molteplicità geometrica di λ è uguale al numero di blocchi di Jordan in A del tipo $J_k(\lambda)$;
2. per ogni intero positivo k, se denotiamo con $\nu_k(\lambda)$ il numero di blocchi di Jordan in A uguali a $J_k(\lambda)$ vale la formula:

$$\nu_k(\lambda) = \mathrm{rg}(f - \lambda I)^{k-1} - 2\,\mathrm{rg}(f - \lambda I)^k + \mathrm{rg}(f - \lambda I)^{k+1}. \quad \Box \qquad (11.8)$$

Corollario 11.16 *Due matrici triangolabili $A, B \in M_{n,n}(\mathbb{K})$ sono simili se e solo se hanno gli stessi autovalori e* $\mathrm{rg}(A - \lambda I)^h = \mathrm{rg}(B - \lambda I)^h$ *per ogni autovalore λ ed ogni intero positivo h.*

Dimostrazione Basta ricordare che due matrici $A, B \in M_{n,n}(\mathbb{K})$ sono simili se rappresentano lo stesso endomorfismo di $\mathbb{K}^n$ in due basi distinte ed applicare il Teorema 11.15 agli endomorfismi L_A, L_B. $\Box$

Esempio 11.17 Calcoliamo la forma canonica di Jordan della matrice

$$A = \begin{pmatrix} 1 & 1 & 1 \\ 0 & 1 & 2 \\ 0 & 0 & 1 \end{pmatrix},$$

ossia determiniamo una matrice di Jordan simile ad A. Il suo polinomio caratteristico è $(1 - t)^3$ ed ogni blocco di Jordan è del tipo $J_k(1)$, $k > 0$. Poiché $A - I$ ha rango 2, esiste un solo blocco di Jordan con autovalore 1 e quindi la matrice di Jordan associata è

$$\begin{pmatrix} 1 & 1 & 0 \\ 0 & 1 & 1 \\ 0 & 0 & 1 \end{pmatrix}.$$

Esempio 11.18 Calcoliamo la forma canonica di Jordan delle matrici

$$A = \begin{pmatrix} 4 & 0 & 0 \\ 1 & 8 & 0 \\ 0 & 0 & 4 \end{pmatrix}, \qquad B = \begin{pmatrix} 7 & -1 & -1 \\ -6 & 6 & 2 \\ 11 & 3 & 3 \end{pmatrix}.$$

Il polinomio caratteristico è uguale per entrambe a:

$$p_A(t) = p_B(t) = -t^3 + 16t^2 - 80t + 128 = -(t - 4)^2(t - 8).$$

Deduciamo che gli autovalori sono $\lambda_1 = 4$, con molteplicità algebrica 2 e $\lambda = 8$ con molteplicità algebrica 1. Inoltre:

1. l'autovalore $\lambda = 4$ ha molteplicità geometrica 2 in A, quindi la matrice A è diagonalizzabile e la sua forma canonica di Jordan è

$$\begin{pmatrix} 4 & 0 & 0 \\ 0 & 4 & 0 \\ 0 & 0 & 8 \end{pmatrix};$$

2. l'autovalore $\lambda = 4$ ha molteplicità geometrica 1 in B, quindi la matrice B non è diagonalizzabile ed esiste un solo blocco di Jordan $J_2(4)$. Si deduce che la forma canonica di Jordan di B è

$$\begin{pmatrix} 4 & 1 & 0 \\ 0 & 4 & 0 \\ 0 & 0 & 8 \end{pmatrix}.$$

Esempio 11.19 Calcoliamo la forma canonica di Jordan della matrice

$$A = \begin{pmatrix} 2 & 0 & -1 & -1 \\ 1 & 1 & -1 & -1 \\ 1 & -3 & 2 & 1 \\ 0 & 3 & -2 & -1 \end{pmatrix}.$$

Lasciamo al lettore il poco piacevole compito di verificare che $p_A(t) = (t - 1)^4$. Dunque $\lambda = 1$ è l'unico autovalore di A e pertanto la forma canonica di Jordan è del tipo

$$\begin{pmatrix} J_{k_1}(1) & \cdots & 0 \\ \vdots & \ddots & \vdots \\ 0 & \cdots & J_{k_s}(1) \end{pmatrix}, \qquad k_i > 0, \quad k_1 + \cdots + k_s = 4.$$

Il secondo passo consiste nel calcolo del numero s dei blocchi di Jordan, che sappiamo essere uguale alla dimensione di $\mathrm{Ker}(A - I)$; lasciamo di nuovo al lettore il compito di verificare che la matrice $A - I$ ha rango 2, quindi $\dim \mathrm{Ker}(A - I) = 2$ e la forma di Jordan è una delle seguenti:

$$\begin{pmatrix} J_1(1) & 0 \\ 0 & J_3(1) \end{pmatrix}, \qquad \begin{pmatrix} J_2(1) & 0 \\ 0 & J_2(1) \end{pmatrix}.$$

Il terzo, e nella fattispecie, ultimo passo consiste nel calcolare il rango di $(A - I)^2$, che risulta uguale a 1 ed implica che la forma di Jordan della matrice A è

$$\begin{pmatrix} J_1(1) & 0 \\ 0 & J_3(1) \end{pmatrix} = \begin{pmatrix} 1 & 0 & 0 & 0 \\ 0 & 1 & 1 & 0 \\ 0 & 0 & 1 & 1 \\ 0 & 0 & 0 & 1 \end{pmatrix}.$$

Esercizi

11.20 (♡) Calcolare la forma canonica di Jordan delle matrici reali

$$\begin{pmatrix} 0 & 1 & 0 & 1 \\ 0 & 0 & -1 & 0 \\ 0 & 0 & 0 & 1 \\ 0 & 0 & 0 & 0 \end{pmatrix}, \qquad \begin{pmatrix} 5 & 4 & 2 & 1 \\ 0 & 1 & -1 & -1 \\ -1 & -1 & 3 & 0 \\ 1 & 1 & -1 & 2 \end{pmatrix}, \qquad \begin{pmatrix} 4 & 1 & 0 & -1 \\ 0 & 3 & 0 & 1 \\ 0 & 0 & 4 & 0 \\ 1 & 0 & 0 & 5 \end{pmatrix}.$$

11.21 Calcolare la forma canonica di Jordan delle seguenti matrici complesse:

$$\begin{pmatrix} 2 & -1 \\ 2 & 4 \end{pmatrix}, \quad \begin{pmatrix} 39 & -64 \\ 25 & -41 \end{pmatrix}, \quad \begin{pmatrix} -1 & -1 \\ 0 & -1 \end{pmatrix}, \quad \begin{pmatrix} 1 & 3 & -2 \\ 0 & 7 & -4 \\ 0 & 9 & -5 \end{pmatrix}, \quad \begin{pmatrix} 3 & 0 & 1 \\ 0 & 3 & 0 \\ 0 & 0 & 3 \end{pmatrix},$$

$$\begin{pmatrix} 2 & -1 & 0 \\ 2 & 4 & 0 \\ 0 & 0 & 1 \end{pmatrix}, \quad \begin{pmatrix} 1 & -1 & -2 \\ 0 & 3 & 0 \\ 0 & 1 & 3 \end{pmatrix}, \quad \begin{pmatrix} -6 & -5 & -8 \\ -2 & -2 & -3 \\ 6 & 5 & 8 \end{pmatrix}, \quad \begin{pmatrix} -2 & 0 & 0 \\ 0 & -2 & 0 \\ 1 & 3 & -2 \end{pmatrix},$$

$$\begin{pmatrix} 22 & -2 & -12 \\ 20 & 0 & -12 \\ 30 & -3 & -16 \end{pmatrix}, \quad \begin{pmatrix} -2 & 0 & 2 & 1 \\ 1 & 0 & 0 & 0 \\ 0 & 1 & 0 & 0 \\ 0 & 0 & 1 & 0 \end{pmatrix}, \quad \begin{pmatrix} 1 & 0 & 0 & 0 \\ 0 & -1 & 0 & -1 \\ 0 & 0 & -1 & 0 \\ 0 & 1 & 0 & 1 \end{pmatrix},$$

$$\begin{pmatrix} -13 & 8 & 1 & 2 \\ -22 & 13 & 0 & 3 \\ 8 & -5 & 0 & -1 \\ -22 & 13 & 5 & 5 \end{pmatrix}, \quad \begin{pmatrix} 2 & -1 & 0 & 0 \\ 2 & 4 & 0 & 2 \\ 0 & 0 & 2 & -1 \\ 0 & 0 & 2 & 4 \end{pmatrix}, \quad \begin{pmatrix} 2 & -1 & 2 & 0 \\ 2 & 4 & 0 & 2 \\ 0 & 0 & 2 & -1 \\ 0 & 0 & 2 & 4 \end{pmatrix},$$

$$\begin{pmatrix} -1 & 0 & 0 & 0 \\ 0 & -2 & 0 & -4 \\ 0 & 0 & -1 & 0 \\ 0 & 1 & 0 & 3 \end{pmatrix}, \quad \begin{pmatrix} 1 & -2 & -2 & 1 \\ 0 & 2 & 1 & 0 \\ 0 & 1 & 1 & 0 \\ -1 & 0 & 1 & 0 \end{pmatrix}, \quad \begin{pmatrix} 0 & -1 & 0 & 0 \\ 1 & 0 & 0 & 0 \\ 0 & 0 & 0 & -1 \\ 3 & 0 & 1 & 0 \end{pmatrix},$$

$$\begin{pmatrix} 2 & 5 & 0 & 0 & 0 \\ 0 & 2 & 0 & 0 & 0 \\ 0 & 0 & 4 & 2 & 0 \\ 0 & 0 & 3 & 5 & 0 \\ 0 & 0 & 0 & 0 & 7 \end{pmatrix}, \quad \begin{pmatrix} 2 & 1 & 1 & 1 & 0 \\ 0 & 2 & 0 & 0 & 0 \\ 0 & 0 & 2 & 1 & 0 \\ 0 & 0 & 0 & 1 & 1 \\ 0 & -1 & -1 & -1 & 0 \end{pmatrix}, \quad \begin{pmatrix} 0 & 1 & 1 & 0 & 0 & 0 \\ 0 & 1 & 0 & 0 & 1 & -1 \\ -1 & 1 & 2 & 0 & 0 & 0 \\ 0 & 0 & 0 & 1 & 0 & 0 \\ 1 & 0 & -1 & 1 & 1 & 1 \\ 0 & 0 & 0 & 1 & 0 & 1 \end{pmatrix}.$$

11.22 Determinare la forma canonica di Jordan della matrice complessa

$$\begin{pmatrix} -2 & -2 & -4 \\ 1 & b & 2 \\ 1 & 1 & 2 \end{pmatrix}$$

al variare del parametro $b \in \mathbb{C}$.

11.23   Sia $A \in M_{n,n}(\mathbb{C})$ invertibile e tale che A^k sia diagonalizzabile per qualche $k > 0$. Provare che anche A è diagonalizzabile.

11.24   Sia A una matrice quadrata complessa tale che $A^3 = A^2$. Dimostrare che A^2 è diagonalizzabile e mostrare con un esempio che A può non essere diagonalizzabile.

11.25   Sia $f \colon \mathbb{C}^{12} \to \mathbb{C}^{12}$ un endomorfismo i cui polinomi caratteristico e minimo sono:

$$p_f(t) = t^3(t-1)^4(t-2)^5, \qquad q_f(t) = t^2(t-1)^3(t-2)^4.$$

Determinare la forma canonica di Jordan di f.

11.26   Sia $p_f(t) = t(t-1)^5$ il polinomio caratteristico di un endomorfismo f. Se $f - I$ ha rango 3, quali sono le possibili forme di Jordan di f?

11.27   Sia $p_f(t) = (t-1)^2(t-2)^3$ il polinomio caratteristico di un endomorfismo f. Se l'autovalore 1 ha molteplicità geometrica 1 e l'autovalore 2 ha molteplicità geometrica 2, qual è la forma canonica di Jordan?

11.28   Sia $A \in M_{n,n}(\mathbb{K})$ invertibile. Se $\mathbb{K} = \mathbb{C}$ oppure se $\mathbb{K} = \mathbb{R}$ ed A è triangolabile con tutti gli autovalori positivi, provare che esiste una matrice $B \in M_{n,n}(\mathbb{K})$ tale che $B^2 = A$. (Sugg.: Esercizio 11.10.)

11.29 (☕)   Sia $A \in M_{n,n}(\mathbb{K})$ una matrice triangolabile. Dimostrare che se per ogni intero positivo h ed ogni $\lambda \in \mathbb{K}$ il nucleo di $(A - \lambda I)^h$ ha dimensione pari, allora esiste una matrice $B \in M_{n,n}(\mathbb{K})$ tale che $B^2 = A$. Mostrare con un esempio che B non è triangolabile in generale.

11.30 (☕)   Sia $A \in M_{n,n}(\mathbb{R})$ una matrice triangolabile invertibile. Provare che esiste una matrice $B \in M_{n,n}(\mathbb{R})$ tale che $B^2 = A$ se e solo se per ogni intero positivo h ed ogni numero reale negativo $\lambda < 0$ il nucleo di $(A - \lambda I)^h$ ha dimensione pari.

11.3   Fattorizzazione unica dei polinomi

Gli argomenti di questa sezione sono tipici dei corsi di algebra e sono trattati in questa sede in maniera succinta, e solo per gli aspetti utili alle nostre applicazioni.

Ricordiamo dalla Definizione 3.98 che due polinomi si dicono senza fattori comuni se non esiste alcun polinomio di grado positivo che li divide entrambi. Un polinomio $h(x) \in \mathbb{K}[x]$ si dice **irriducibile** se ha grado positivo e se non si può scrivere come prodotto di due polinomi di grado positivo. I polinomi di grado positivo che non sono irriducibili si dicono riducibili.

Siccome il grado del prodotto di due polinomi è uguale alla somma dei gradi, si ha che ogni polinomio di grado 1 è irriducibile.

L'irriducibilità di un polinomio dipende dal campo in cui consideriamo i coefficienti: ad esempio, il polinomio $x^2 - 2$ è irriducibile in $\mathbb{Q}[x]$ ma diventa riducibile in $\mathbb{R}[x]$ dato che $x^2 - 2 = (x + \sqrt{2})(x - \sqrt{2})$. Similmente $x^2 + 1$ è irriducibile in $\mathbb{R}[x]$ ma diventa riducibile su $\mathbb{C}[x]$ dato che $x^2 + 1 = (x + i)(x - i)$. Per il teorema fondamentale dell'algebra, i polinomi irriducibili in $\mathbb{C}[x]$ sono tutti e soli quelli di grado 1.

Osserviamo che se $h(x) \in \mathbb{K}[x]$ è irriducibile e $0 \neq a \in \mathbb{K}$ è uno scalare invertibile, allora anche $ah(x)$ è irriducibile. In particolare, il polinomio monico associato ad un polinomio irriducibile è ancora irriducibile.

Teorema 11.31 *Ogni polinomio di grado positivo è un prodotto di polinomi irriducibili.*

Se un polinomio irriducibile divide un prodotto di due polinomi, allora divide almeno uno dei fattori.

Dimostrazione Indichiamo con $\mathcal{A} \subseteq \mathbb{K}[x]$ l'insieme dei polinomi di grado positivo che non si possono scrivere come un prodotto di polinomi irriducibili e supponiamo per assurdo $\mathcal{A} \neq \emptyset$.

Per il principio del buon ordinamento, tra tutti i polinomi in $\mathcal{A}$, possiamo sceglierne uno, chiamiamolo $p(x)$, di grado minimo. Il polinomio $p(x)$ non è irriducibile (ogni irriducibile è il prodotto di se stesso e quindi non appartiene ad $\mathcal{A}$), e quindi $p(x) = p_1(x)p_2(x)$ con i polinomi $p_1(x)$, $p_2(x)$ entrambi di grado minore al grado di $p(x)$. Dato che $p(x)$ ha grado minimo in $\mathcal{A}$, ne segue che $p_1(x)$, $p_2(x) \notin \mathcal{A}$. Ma allora ciascun $p_i(x)$ è un prodotto di polinomi irriducibili e di conseguenza anche $p(x)$ lo è, in contraddizione con l'ipotesi $p(x) \in \mathcal{A}$.

Dimostriamo adesso per induzione su n che se un polinomio irriducibile $p(x) \in \mathbb{K}[x]$ divide il prodotto $f(x)g(x)$ e $1 \leq \deg(p(x)) + \deg(f(x)) + \deg(g(x)) \leq n$ allora $p(x)$ divide almeno uno tra $f(x)$ e $g(x)$. Il caso $n = 1$ è chiaro; supponiamo quindi $\deg(f(x)) + \deg(f(x)) + \deg(g(x)) = n > 0$ e consideriamo separatamente i due casi $n \geq 3\deg(p(x))$ e $n < 3\deg(p(x))$.

Se $n \geq 3\deg(p(x))$ allora $\deg(f(x)) \geq \deg(p(x))$ oppure $\deg(g(x)) \geq \deg(p(x))$; i due sottocasi sono perfettamente speculari e per simmetria basta analizzare il primo. Per la divisione euclidea esiste un polinomio $q(x)$ tale che $\deg(f(x) - p(x)q(x)) < \deg(p(x))$; siccome $p(x)$ divide il prodotto $(f(x) - p(x)q(x))g(x)$, per l'ipotesi induttiva si ha che $p(x)$ divide almeno uno dei due fattori $f(x) - p(x)q(x)$ e $g(x)$; se $p(x)$ divide $f(x) - p(x)q(x)$ allora divide anche $f(x)$.

Se $n < 3\deg(p(x))$ e scriviamo $p(x)q(x) = f(x)g(x)$ allora $\deg(q(x)) < \deg(p(x))$; a maggior ragione, se $r(x)$ è un polinomio irriducibile che divide $q(x)$ si ha che $r(x)$ divide il prodotto $f(x)g(x)$ e $\deg(r(x)) + \deg(f(x)) + \deg(g(x)) < n$. Per induzione $r(x)$ divide almeno uno tra $f(x)$ e $g(x)$. Supponiamo per fissare le idee che $g(x) = g_1(x)r(x)$ e $q(x) = q_1(x)r(x)$, allora $p(x)q_1(x) = f(x)g_1(x)$ e per induzione il polinomio irriducibile $p(x)$ divide almeno uno tra $f(x)$ e $g_1(x)$. $\square$

La conseguenza forse più importante del Teorema 11.31 è che la fattorizzazione di un polinomio come prodotto di irriducibili è 'sostanzialmente' unica; per semplicità espositiva consideriamo solo il caso delle cosiddette fattorizzazioni normalizzate dei polinomi monici, più che sufficiente per le nostre necessità.

Definizione 11.32 Chiameremo **fattorizzazione normalizzata** di un polinomio monico $p(x) \in \mathbb{K}[x]$ una fattorizzazione del tipo

$$p(x) = p_1(x)^{a_1} \cdots p_n(x)^{a_n}$$

con $a_1, \ldots, a_n > 0$ ed i polinomi $p_i(x)$ monici, irriducibili e distinti tra loro.

Corollario 11.33 *Ogni polinomio monico di grado positivo possiede una fattorizzazione normalizzata essenzialmente unica; per unicità essenziale si intende che se*

$$p(x) = p_1(x)^{a_1} \cdots p_n(x)^{a_n}, \quad p(x) = q_1(x)^{b_1} \cdots q_m(x)^{b_m},$$

sono due fattorizzazione normalizzate dello stesso polinomio, allora $n = m$ e, a meno di permutazioni degli indici si ha $p_i(x) = q_i(x)$ e $a_i = b_i$ per ogni i.

Dimostrazione Dimostrare l'esistenza è facile; basta scomporre un polinomio monico $p(x)$ di grado positivo come prodotto di irriducibili e considerare i polinomi monici associati a ciascun fattore irriducibile.

Mostriamo adesso l'unicità per induzione sul grado. Se

$$p_1(x)^{a_1} \cdots p_n(x)^{a_n} = q_1(x)^{b_1} \cdots q_m(x)^{b_m}$$

allora, per il Teorema 11.31 il polinomio irriducibile $p_1(x)$ divide uno dei fattori $q_i(x)$, ed a meno di permutazioni degli indici possiamo supporre che $p_1(x)$ divide $q_1(x)$. Ma $p_1(x), q_1(x)$ sono entrambi monici ed irriducibili, e quindi uno può dividere l'altro solo se i due polinomi coincidono. Dividendo per $p_1(x) = q_1(x)$ si ottiene

$$p_1(x)^{a_1 - 1} \cdots p_n(x)^{a_n} = q_1(x)^{b_1 - 1} \cdots q_m(x)^{b_m}$$

e si applica l'ipotesi induttiva (oppure si ripete la procedura fino all'esaurimento dei fattori). $\square$

L'esistenza della fattorizzazione in irriducibili ci permette, tra le altre cose, di affermare che *due polinomi hanno fattori comuni se e solo se esistono polinomi irriducibili che li dividono entrambi.*

Per il teorema di Ruffini, esiste una bigezione naturale tra radici di un polinomio e fattori monici di grado 1. In analogia con la nozione di radice multipla, diremo che un polinomio *possiede fattori multipli* se è divisibile per il quadrato di un polinomio irriducibile.

Dunque, un polinomio monico $p(x)$ è senza fattori multipli se e solo se nella sua fattorizzazione normalizzata $p(x) = p_1(x)^{a_1} \cdots p_n(x)^{a_n}$ gli esponenti a_i sono tutti uguali ad 1.

Esercizi

11.34   Siano $h(x), p(x), q(x) \in \mathbb{K}[x]$ tali che $h(x)$ divide il prodotto $p(x)q(x)$. Dimostrare che esiste una fattorizzazione $h(x) = h_1(x)h_2(x)$, con $h_1(x)$ che divide $p(x)$ e $h_2(x)$ che divide $q(x)$.

11.35   Sia $p(x)$ un polinomio di grado $d \geq 0$. Dimostrare che il numero di polinomi monici distinti che dividono $p(x)$ è al più 2^d.

11.36 (Il massimo comune divisore)   Dati $p_1(x), \ldots, p_n(x) \in \mathbb{K}[x]$ non tutti nulli, indichiamo con $(p_1(x), \ldots, p_n(x)) \subseteq \mathbb{K}[x]$ l'insieme di tutti i polinomi $q(x)$ che si possono scrivere nella forma

$$q(x) = f_1(x)p_1(x) + \cdots + f_n(x)p_n(x), \qquad \text{con} \quad f_1(x), \ldots, f_n(x) \in \mathbb{K}[x].$$

Dimostrare che $(p_1(x), \ldots, p_n(x))$ contiene polinomi monici; tra questi scegliamone uno, chiamiamolo $p(x)$, di grado minimo. Dimostrare che:

1. il polinomio $p(x)$ è unico, e viene detto **massimo comune divisore** di $p_1(x), \ldots, p_n(x)$;
2. se $g(x) \in \mathbb{K}[x]$ divide tutti i polinomi $p_1(x), \ldots, p_n(x)$, allora divide anche $p(x)$;
3. $p(x)$ divide tutti i polinomi $p_1(x), \ldots, p_n(x)$ (sugg.: divisioni euclidee $p_i(x) = h_i(x)p(x) + r_i(x)$).

In particolare, $p(x) = 1$ se e solo se i polinomi $p_i(x)$ non hanno fattori comuni.

11.4   La decomposizione primaria

Usando la fattorizzazione dei polinomi in irriducibili siamo in grado di generalizzare le costruzioni della Sezione 10.6.

Notazione   In tutta la sezione, denoteremo con f un endomorfismo di uno spazio vettoriale $V \neq 0$ di dimensione finita sul campo $\mathbb{K}$.

Lemma 11.37   *Siano $h(t), k(t) \in \mathbb{K}[t]$ polinomi senza fattori comuni. Allora*

$$\mathrm{Ker}(h(f)) \cap \mathrm{Ker}(k(f)) = 0.$$

Dimostrazione   Il sottospazio $H = \mathrm{Ker}(h(f)) \cap \mathrm{Ker}(k(f))$ è f-invariante, l'endomorfismo $f_{|H} \colon H \to H$ è annullato sia da $h(t)$ che da $k(t)$, e dunque il polinomio minimo di $f_{|H} \colon H \to H$ divide sia $h(t)$ che $k(t)$. Se per assurdo fosse $H \neq 0$, allora il polinomio minimo di $f_{|H}$ avrebbe grado positivo, in contraddizione con l'ipotesi che $h(t)$ e $k(t)$ non abbiano fattori comuni. $\square$

Proposizione 11.38   *Per un polinomio $h(t) \in \mathbb{K}[t]$ le seguenti condizioni sono equivalenti.*

1. *l'endomorfismo $h(f)$ è invertibile;*
2. *$h(t)$ non ha fattori comuni con il polinomio caratteristico $p_f(t)$;*
3. *$h(t)$ non ha fattori comuni con il polinomio minimo $q_f(t)$.*

Dimostrazione   Per il teorema di Cayley–Hamilton 10.43, i polinomi caratteristico e minimo hanno gli stessi fattori irriducibili, e questo prova l'equivalenza tra le condizioni (2) e (3). Se $h(t)$ non ha fattori comuni con il polinomio minimo, allora per il Lemma 11.37 si ha

$$\mathrm{Ker}(h(f)) = \mathrm{Ker}(h(f)) \cap V = \mathrm{Ker}(h(f)) \cap \mathrm{Ker}(q_f(f)) = 0.$$

Viceversa, se esiste un polinomio di grado positivo $p(t)$ che divide $h(t)$ e $q_f(t)$, per il Lemma 10.22 si ha $\det(p(f)) = 0$, e per il teorema di Binet vale $\det(h(f)) = 0$. $\square$

Teorema 11.39   *Sia $p(t) = q_1(t)^{a_1} \cdots q_s(t)^{a_s}$ la fattorizzazione normalizzata di un polinomio monico tale che $p(f) = 0$.*

Allora per ogni sottospazio f-invariante $U \subseteq V$ esiste una decomposizione in somma diretta di sottospazi f-invarianti.

$$U = (\mathrm{Ker}(q_1(f)^{a_1}) \cap U) \oplus \cdots \oplus (\mathrm{Ker}(q_s(f)^{a_s}) \cap U).$$

Dimostrazione   Scriviamo $h(t) = q_1(t)^{a_1}$, $k(t) = p(t)/h(t)$ e dimostriamo che

$$U = (\mathrm{Ker}(h(f)) \cap U) \oplus (\mathrm{Ker}(k(f)) \cap U).$$

I polinomi $h(t)$ e $k(t)$ non hanno fattori comuni; per il Lemma 11.37 abbiamo $\mathrm{Ker}(h(f)) \cap \mathrm{Ker}(k(f)) = 0$ e quindi

$$(\mathrm{Ker}(h(f)) \cap U) \cap (\mathrm{Ker}(k(f)) \cap U) = 0.$$

Per la formula di Grassmann è quindi sufficiente dimostrare che

$$\dim U \leq \dim(\mathrm{Ker}(k(f)) \cap U) + \dim(\mathrm{Ker}(h(f)) \cap U). \tag{11.9}$$

Siccome $h(f)k(f) = 0$ è ben definita l'applicazione lineare

$$h(f) \colon U \to \mathrm{Ker}(k(f)) \cap U$$

che ha come nucleo $\mathrm{Ker}(h(f)) \cap U$, e la disuguaglianza (11.9) segue dal teorema del rango. Adesso si procede per induzione su s ripetendo il ragionamento per il sottospazio $\mathrm{Ker}(k(f)) \cap U$ invariante per l'endomorfismo $f \colon \mathrm{Ker}(k(f)) \to \mathrm{Ker}(k(f))$ annullato dal polinomio $q_2(t)^{a_2} \cdots q_s(t)^{a_s}$. $\square$

Corollario 11.40 *Sia $q_f(t) = q_1(t)^{a_1} \cdots q_s(t)^{a_s}$ la fattorizzazione normalizzata del polinomio minimo di un endomorfismo $f \colon V \to V$. Allora si ha una decomposizione in somma diretta di sottospazi f-invarianti non nulli.*

$$V = \mathrm{Ker}(q_1(f)^{a_1}) \oplus \cdots \oplus \mathrm{Ker}(q_s(f)^{a_s}).$$

Dimostrazione Segue dal Lemma 10.22 che $\mathrm{Ker}(q_1(f)^{a_1}) \neq 0$ per ogni i; basta quindi applicare il Teorema 11.40 al sottospazio $U = V$. $\square$

La scomposizione in somma diretta del Corollario 11.40 viene detta **decomposizione primaria** di V rispetto ad f, ed i sottospazi $\mathrm{Ker}(q_i(f)^{a_i}) \subseteq V$ vengono detti **autospazi generalizzati** di f.

Nel caso in cui ogni fattore irriducibile $q_i(t)$ abbia grado 1 l'endomorfismo f è triangolabile; se $q_i(t) = t - \lambda_i$, segue dal Lemma 10.102 che $\mathrm{Ker}(q_i(f)^{a_i}) = E_{\lambda_i}$ e le precedenti definizioni coincidono con quelle date nella Sezione 10.6.

Definizione 11.41 Un endomorfismo $f \colon V \to V$ si dice **semisemplice** se per ogni sottospazio f-invariante $U \subseteq V$ esiste un sottospazio f-invariante $W \subseteq V$ tale che $V = U \oplus W$.

Teorema 11.42 *Sia $q_f(t) = q_1(t)^{a_1} \cdots q_s(t)^{a_s}$ la fattorizzazione normalizzata del polinomio minimo di un endomorfismo $f \colon V \to V$. Allora f è semisemplice se e solo se $a_i = 1$ per ogni i.*

Dimostrazione Dimostriamo prima che $a_i = 1$ per ogni i è condizione necessaria. Supponiamo $a_1 > 1$ e proviamo che il sottospazio proprio f-invariante

$$U = \mathrm{Ker}(q_1(f)^{a_1-1} \cdots q_s(f)^{a_s})$$

non possiede complementari f-invarianti. Se per assurdo $V = U \oplus W$ con $f(W) \subseteq W$ allora, siccome l'immagine di $q_1(f)$ è contenuta in U, si ha $q_1(f)(W) \subseteq U \cap W = 0$ e quindi

$$W \subseteq \mathrm{Ker}(q_1(f)) \subseteq \mathrm{Ker}(q_1(f)^{a_1-1} \cdots q_s(f)^{a_s}) = U.$$

Viceversa, supponiamo $a_i = 1$ per ogni i e sia $U \subseteq V$ un sottospazio f-invariante proprio. Per il Teorema 11.39 si ha $V = \mathrm{Ker}(q_1(f)) \oplus \cdots \oplus \mathrm{Ker}(q_s(f))$ e quindi esistono un indice i ed un vettore v_1 tali che $\mathrm{Ker}(q_i(f)) \not\subseteq U$, $v_1 \in \mathrm{Ker}(q_i(f)) - U$. Sia $d > 0$ il grado di $q_i(t)$, allora il vettore $f^d(v_1)$ è combinazione lineare di $v_1, f(v_1), \ldots, f^{d-1}(v_1)$ e quindi il sottospazio

$$A(v_1) = \mathrm{Span}(v_1, f(v_1), \ldots, f^{d-1}(v_1))$$

è f-invariante di dimensione $1 \leq \dim A(v_1) \leq d$. Il polinomio minimo della restrizione di f a $U \cap A(v_1)$ ha quindi grado $< d$ e divide il polinomio irriducibile $q_i(t)$; ma questo è possibile solo se $U \cap A(v_1) = 0$. Se $U \oplus A(v_1) = V$ abbiamo finito, altrimenti si ripete il ragionamento con $U \oplus A(v_1)$ al posto di U e così via fino ad arrivare ad una decomposizione $V = U \oplus A(v_1) \oplus \cdots \oplus A(v_n)$. $\square$

Esercizi

11.43 (Teorema di Sylvester, $\heartsuit$) Siano $A \in M_{n,n}(\mathbb{K})$, $B \in M_{m,m}(\mathbb{K})$ e $X \in M_{n,m}(\mathbb{K})$ tali che $AX = XB$. Dimostrare che se i polinomi caratteristici di A e B non hanno fattori comuni, allora $X = 0$.

11.44 ($\clubsuit$, $\heartsuit$) Sia f un endomorfismo di uno spazio vettoriale di dimensione finita.

1. Sia $h(t)$ un polinomio monico irriducibile che divide il polinomio caratteristico di f. Provare che esiste una base nella quale l'endomorfismo f si rappresenta con una matrice a blocchi

$$\begin{pmatrix} A & B \\ 0 & C \end{pmatrix}$$

   dove A è la matrice compagna di $h(t)$.
2. Dimostrare che se un endomorfismo g ha lo stesso polinomio caratteristico di f e $p(t) \in \mathbb{K}[t]$ è un qualunque polinomio, allora anche gli endomorfismi $p(f)$, $p(g)$ hanno lo stesso polinomio caratteristico.

11.45 Dimostrare che i multipli dell'identità sono semisemplici. Dati gli endomorfismi $h, g \colon \mathbb{K}^2 \to \mathbb{K}^2$:

$$h\begin{pmatrix} x \\ y \end{pmatrix} = \begin{pmatrix} x \\ 0 \end{pmatrix}, \qquad g\begin{pmatrix} x \\ y \end{pmatrix} = \begin{pmatrix} 0 \\ x \end{pmatrix},$$

provare che h è semisemplice e g non lo è.

11.46 ($\clubsuit$) Sia f un endomorfismo di uno spazio vettoriale di dimensione finita su un campo di caratteristica 0. Provare che se $f^p = I$ per qualche intero positivo p, allora f è semisemplice.

11.47 Provare che un endomorfismo è diagonalizzabile se e solo se è triangolabile e semisemplice.

11.5   Spazi ciclici, irriducibili e indecomponibili

Per decomporre ulteriormente gli autospazi generalizzati di un endomorfismo $f: V \to V$ abbiamo bisogno di introdurre nuove tipologie di sottospazi f-invarianti. Ad esempio, per ogni vettore $v \in V$ possiamo considerare

$$A(v) = \{h(f)(v) \mid h(t) \in \mathbb{K}[t]\} = \text{Span}(v, f(v), f^2(v), \ldots) \subseteq V.$$

Lasciamo per esercizio al lettore il semplice compito di verificare che $A(v)$ è il più piccolo sottospazio f-invariante di V che contiene v.

Definizione 11.48   Nelle notazioni precedenti, il sottospazio $A(v)$ viene detto **sottospazio f-ciclico generato da** v. Diremo che V è f**-ciclico** se esiste un vettore $v \in V$ tale che $V = A(v)$.

Lemma 11.49   *Siano f un endomorfismo di uno spazio vettoriale V e $A(v) \subseteq V$ il sottospazio f-ciclico generato dal vettore $v \in V$. Se $\dim A(v) = n$, allora $v, f(v), \ldots, f^{n-1}(v)$ è una base di $A(v)$, nella quale la restrizione $f: A(v) \to A(v)$ si rappresenta con una matrice compagna.*

Dimostrazione   Non è restrittivo supporre $v \neq 0$, e quindi $n > 0$. Indichiamo con h il minimo intero positivo tale che $f^h(v) \in \text{Span}(v, f(v), \ldots, f^{h-1}(v))$; per il lemma di estensione i vettori $v, f(v), \ldots, f^{h-1}(v)$ sono linearmente indipendenti ed una base del sottospazio $W = \text{Span}(v, f(v), \ldots, f^{h-1}(v)) \subseteq A(v)$. Se $f^h(v) = a_0 v + \cdots + a_{h-1} f^{h-1}(v)$, per ogni $r \geq 0$ si ha $f^{h+r}(v) = a_0 f^r(v) + \cdots + a_{h-1} f^{r+h-1}(v)$ ed una semplice induzione su r mostra che $f^{h+r}(v) \in W$, e di conseguenza che $W = A(v)$. Dunque $v, f(v), \ldots, f^{n-1}(v)$ è una base di $A(v)$ ed abbiamo già visto in più occasioni, ad esempio nella dimostrazione del teorema di Cayley–Hamilton, che in tale base l'endomorfismo $f: A(v) \to A(v)$ si rappresenta con una matrice compagna. $\square$

Esempio 11.50   Se $f: V \to V$ è rappresentato nella base $v_1, \ldots, v_n$ dal blocco di Jordan $J_n(\lambda)$, allora V è f-ciclico. Infatti, per ogni $i > 1$ si ha $f(v_i) = \lambda v_i + v_{i-1}$, $f(\text{Span}(v_i, \ldots, v_n)) \subseteq \text{Span}(v_{i-1}, \ldots, v_n)$ ed una semplice induzione prova che

$$f^m(v_n) \in \text{Span}(v_{n-m}, \ldots, v_n) - \text{Span}(v_{n-m+1}, \ldots, v_n),$$

per ogni $m = 0, \ldots, n - 1$, da cui segue la lineare indipendenza dei vettori $v_n, f(v_n), \ldots, f^{n-1}(v_n)$.

Definizione 11.51   Sia $f: V \to V$ un endomorfismo di uno spazio vettoriale di dimensione finita. Diremo che V è f**-indecomponibile** se non è possibile decomporre V come somma diretta di sottospazi f-invarianti diversi da 0.

Al termine di questa sezione daremo utili caratterizzazioni degli spazi f-indecomponibili e dei loro sottospazi f-invarianti in termini dei polinomi minimo e caratteristico di f; nell'attesa siamo lieti di offrirvi alcuni lemmi preliminari, nei quali $f\colon V \to V$ indicherà sempre un endomorfismo di uno spazio vettoriale di dimensione finita con polinomio minimo $q_f(t)$.

Lemma 11.52 *Se V è f-indecomponibile, allora V è f-ciclico, il polinomio minimo $q_f(t)$ è una potenza di un polinomio irriducibile e coincide, a meno del segno, con il polinomio caratteristico.*

Dimostrazione Se $q_f(t)$ non fosse una potenza di un polinomio irriducibile, per il Corollario 11.40 lo spazio V non sarebbe f-indecomponibile. Dunque esiste un polinomio monico irriducibile $k(t)$ ed un intero positivo m tale che $q_f(t) = k(t)^m$.

Dimostriamo adesso che V è f-ciclico, ossia che esiste un vettore $v \in V$ tale che $V = A(v)$. Per ogni vettore $v \in V$ denotiamo con $\alpha(v)$ il più piccolo intero non negativo tale che $k(f)^{\alpha(v)} v = 0$:

$$\alpha(v) = \min\{a \in \mathbb{N} \mid k(f)^a(v) = 0\}.$$

Chiaramente $\alpha(v) \leq m$ e vale $\alpha(v) = 0$ se e solo se $v = 0$. Sia $n > 0$ il più piccolo intero tale che esistono n vettori $v_1 \dots, v_n \in V$ con la proprietà che

$$A(v_1) + A(v_2) + \cdots + A(v_n) = V. \tag{11.10}$$

In tutte le n-uple $v_1, \dots, v_n$ che soddisfano (11.10) si ha chiaramente $v_i \neq 0$ per ogni i; tra queste scegliamone una tale che $\sum_{i=1}^{n} \alpha(v_i)$ sia minima. Dimostriamo che in tal caso vale $V = A(v_1) \oplus \cdots \oplus A(v_n)$, e cioè che se $h_1(t), \dots, h_n(t) \in \mathbb{K}[t]$ e

$$h_1(f)v_1 + \cdots + h_n(f)v_n = 0,$$

allora $h_i(f)v_i = 0$ per ogni i. Scriviamo $h_i(t) = k_i(t)k(t)^{b_i}$, con $b_i \geq 0$ e $k_i(t)$ non divisibile per $k(t)$; a meno di permutazioni degli indici possiamo supporre che $b_i < \alpha(v_i)$ se $i \leq r$ e $b_i \geq \alpha(v_i)$ se $i > r$; possiamo inoltre supporre $b_1 \leq b_2 \leq \cdots \leq b_r$. Siccome $h_i(f)v_i = 0$ per ogni $i > r$ basta dimostrare che $r = 0$; supponiamo per assurdo $r > 0$, allora si ha:

$$h_1(f)v_1 + \cdots + h_r(f)v_r = 0.$$

Poniamo

$$w_1 = k_1(f)v_1 + \sum_{i=2}^{r} k_i(f)k(f)^{b_i - b_1} v_i, \quad W = A(w_1) + A(v_2) + \cdots + A(v_n).$$

Per il Lemma 11.37 l'endomorfismo $k_1(f)\colon V \to V$ è invertibile e W è un sottospazio f-invariante; in particolare $k_1(f)^{-1}(W) \subseteq W$, da ciò segue che

$$v_1 = k_1(f)^{-1}\left(w_1 - \sum_{i=2}^{r} k_i(f)k(f)^{b_i - b_1} v_i\right) \in W,$$

e quindi $A(v_1) \subseteq W$ da cui segue $W = V$. Se $w_1 = 0$ contraddiciamo la minimalità di n, mentre se $w_1 \neq 0$ si ha $k(f)^{b_1}(w_1) = 0$, contro la minimalità di $\sum_{i=1}^{n} \alpha(v_i)$. Questo conclude la dimostrazione che $V = A(v_1) \oplus \cdots \oplus A(v_n)$.

Adesso, per la minimalità di n, ogni $A(v_i)$ è un sottospazio f-invariante diverso da 0 e l'ipotesi di f-indecomponibilità implica $n = 1$, ossia $V = A(v_1)$ e per il Lemma 11.49 lo spazio V è f-ciclico.

Per finire, segue dal Lemma 10.42 che polinomio minimo e caratteristico coincidono a meno del segno. $\square$

Lemma 11.53 *Si assuma* $\deg q_f(t) = \dim V$ *e che esista un polinomio monico irriducibile* $k(t) \in \mathbb{K}[t]$ *tale che* $q_f(t) = k(t)^m$ *per qualche* $m > 0$. *Si denoti* $d = \deg k(t)$ *e* $V_h = \operatorname{Ker} k(f)^h$, *allora:*

1. *V_h è f-indecomponibile di dimensione hd, per ogni $h = 0, \ldots, m$;*
2. *$V_0, \ldots, V_m$ sono tutti e soli i sottospazi f-invarianti di V.*

Dimostrazione   Dato che il grado di $q_f(t)$ è uguale alla dimensione di V, i polinimi minimo e caratteristico di f coincidono a meno del segno. Si noti

Si ha $V_0 = 0$ e $V_h = V$ per ogni $h \geq m$. Se $0 < h \leq m$ dimostriamo che:

1. $\dim V_h = hd$,
2. il polinomio minimo della restrizione $f_{|V_h} : V_h \to V_h$ è $k(t)^h$.

Dato che m è l'indice di nilpotenza dell'endomorfismo $k(f)$, abbiamo visto che $\dim V_h > \dim V_{h-1}$ per ogni $h = 1, \ldots, m$, e siccome $\dim V_m = md$ basta dimostrare che $\dim V_h$ è un multiplo di d per ogni h. Ma questo segue dal fatto che il polinomio caratteristico della restrizione di f ad ogni sottospazio invariante divide $p_f(t) = \pm k(t)^m$ e quindi deve essere, a meno del segno, una potenza di $k(t)$. Anche il polinomio minimo della restrizione di f a V_h è una potenza di $k(t)$, e dato che $k(f_{|V_h})^h = 0$ per definizione di V_h e $k(f_{|V_h})^{h-1} \neq 0$ perché $V_h \neq V_{h-1}$, il polinomio minimo di $f_{|V_h}$ deve essere $k(t)^h$ che ha grado uguale alla dimensione di V_h.

Proviamo adesso che $V = V_h$ è f-indecomponibile per ogni $h \leq m$. Se per assurdo esiste una decomposizione $V_h = A \oplus B$ con A e B sottospazi f-invarianti di dimensione positiva, denotiamo $a(t)$ e $b(t)$ i polinomi caratteristici delle restrizioni di f ad A e B rispettivamente. Dato che $a(t), b(t)$ dividono il polinomio caratteristico di f, per la fattorizzazione unica dei polinomi ne segue che $a(t) = \pm k(t)^{m_1}$, $b(t) = \pm k(t)^{m_2}$, con $dm_1 + dm_2 = \dim V_h$, ossia con $m_1 + m_2 = h$. Per il teorema di Cayley–Hamilton, applicato alle restrizioni di f ai sottospazi A, B, il polinomio $k(t)^{\max(m_1, m_2)}$ annulla $f_{|V_h}$ e di conseguenza è divisibile per il polinomio minimo. Questo implica che $m_1 + m_2 \leq \max(m_1, m_2)$ e quindi che $A = 0$ oppure $B = 0$.

Rimane da dimostrare che se $U \subseteq V$ è un sottospazio f-invariante, allora $U = V_h$ per qualche h. Il polinomio minimo $q_g(t)$ della restrizione $g = f_{|U}$ divide $q_f(t)$ e quindi esiste $h = 0, \ldots, m$ tale che $q_g(t) = k(t)^h$. Dunque $U \subseteq V_h$ e quindi $\dim U \leq hd$. D'altra parte $\dim U \geq \deg q_g(t) = hd$ e questo implica $\dim U = hd$ e $U = V_h$. $\square$

Teorema 11.54   *Sia $f\colon V \to V$ un endomorfismo di uno spazio vettoriale di dimensione finita n sul campo $\mathbb{K}$. Sono condizioni equivalenti:*

1. *V è f-indecomponibile;*
2. *V è f-ciclico ed il polinomio minimo $q_f(t)$ è una potenza di un polinomio irriducibile;*
3. *il polinomio minimo $q_f(t)$ ha grado $n = \dim V$ ed è una potenza di un polinomio irriducibile;*
4. *ogni sottospazio f-invariante di V è f-indecomponibile.*

Se le precedenti condizioni sono verificate e $q_f(t) = k(t)^m$, con $k(t) \in \mathbb{K}[t]$ irriducibile di grado $d = n/m$, allora i nuclei delle potenze di $k(f)$ sono tutti e soli i sottospazi f-invarianti di V e $\dim \operatorname{Ker} k(f)^i = i\,d$ per ogni i.

Dimostrazione   Che (*1*) implica (*2*) segue dal Lemma 11.52; che (*2*) implica (*3*) segue dal Lemma 10.42; che (*3*) implica (*4*) e la formula sulla dimensione dei nuclei seguono dal Lemma 11.53. $\square$

Esercizi

11.55   Provare che gli unici sottospazi f-invarianti dell'endomorfismo

$$f\colon \mathbb{K}^2 \to \mathbb{K}^2, \qquad f\begin{pmatrix} x \\ y \end{pmatrix} = \begin{pmatrix} 0 \\ x \end{pmatrix},$$

sono $0, \mathbb{K}^2$ e $\{x = 0\}$.

11.56   Sia $f\colon V \to V$ un endomorfismo di uno spazio vettoriale di dimensione finita. Provare che le seguenti condizioni sono equivalenti:

1. gli unici sottospazi f-invarianti sono 0 e V;
2. V è f-ciclico ed il polinomio minimo $q_f(t)$ è irriducibile;
3. il polinomio minimo $q_f(t)$ è irriducibile di grado uguale a $\dim V$;
4. il polinomio caratteristico $p_f(t)$ è irriducibile.

11.57   Sia $f\colon V \to V$ un endomorfismo nilpotente. Dimostrare che V è f-indecomponibile se e solo se il nucleo di f ha dimensione 1.

11.58   Sia $f\colon V \to V$ indecomponibile con polinomio minimo $q_f(t) = k(t)^m$, dove $k(t)$ è monico irriducibile di grado d. Se V è generato ciclicamente dal vettore v, provare che la successione $v_1, v_2, \dots, v_{dm}$ data da

$$v_{id+j+1} = k(f)^i f^j(v), \qquad i = 0, \dots, m-1, \quad j = 0, \dots, d-1,$$

è una base di V e si descriva la matrice che rappresenta f in tale base.

11.59 (☕) Sia $f \colon V \to V$ un endomorfismo di uno spazio vettoriale di dimensione n e sia m il grado del polinomio minimo $q_f(t)$.

1. Sia $q_f(t) = q_1(t)^{a_1} \cdots q_s(t)^{a_s}$, $a_i > 0$, la fattorizzazione normalizzata del polinomio minimo; provare che per ogni $i = 1, \ldots, s$ esiste un vettore $v_i \in \operatorname{Ker}(q_i(f)^{a_i}) - \operatorname{Ker}(q_i(f)^{a_i - 1})$.
2. Siano $v_1, \ldots, v_s$ come al punto precedente e poniamo $v = v_1 + \cdots + v_s$. Provare che i vettori $v, f(v), \ldots, f^{m-1}(v)$ sono linearmente indipendenti.
3. Provare che V è f-ciclico se e solo se $m = n$.

11.60 (☕) Il centralizzante di una matrice $E \in M_{n,n}(\mathbb{K})$ è, per definizione, il sottospazio $C(E) \subseteq M_{n,n}(\mathbb{K})$ delle matrici che commutano con E.

1) Dedurre dall'Esercizio 9.49 che se E è una matrice compagna allora $\dim C(E) = n$.
2) Provare che se la matrice E è simile ad una matrice a blocchi

$$F = \begin{pmatrix} A & B \\ 0 & D \end{pmatrix}$$

con A matrice compagna di ordine r e $D \in M_{n-r,n-r}(\mathbb{K})$, allora $\dim C(E) = \dim C(F) \geq r + \dim C(D)$. (Sugg.: studiare il sottospazio delle matrici triangolari a blocchi che commutano con F.)
3) Dimostrare per induzione su n che $\dim C(E) \geq n$ per ogni $E \in M_{n,n}(\mathbb{K})$.

11.6 La forma canonica razionale

Siamo finalmente in grado introdurre la forma canonica razionale e dimostrare che ogni endomorfismo si può rappresentare, in maniera essenzialmente unica, con una matrice diagonale a blocchi, in cui ogni blocco è la matrice compagna di una potenza di un polinomio monico irriducibile.

Lemma 11.61 *Sia $f \colon V \to V$ un endomorfismo di uno spazio vettoriale di dimensione finita. Esiste allora una decomposizione in somma diretta*

$$V = V_1 \oplus \cdots \oplus V_s$$

dove ciascun sottospazio V_i è f-invariante ed f-indecomponibile.

Dimostrazione Si consideri la famiglia di tutte le decomposizioni in somma diretta $V = V_1 \oplus \cdots \oplus V_s$ con $V_i \neq 0$ e $f(V_i) \subseteq V_i$ per ogni i; si noti che per una tale decomposizione si ha $\sum_i \dim V_i = \dim V$ e quindi $s \leq \dim V$. Inoltre la famiglia non è vuota perché contiene la decomposizione $V = V_1$. Adesso scegliamo una decomposizione con s massimo e mostriamo che in tal caso ogni V_i è

f-indecomponibile. Per simmetria basta dimostrare che V_1 è f-indecomponibile; se non lo fosse si avrebbe $V_1 = U \oplus W$ con U, W f-invarianti e non nulli; dunque $V = U \oplus W \oplus V_2 \oplus \cdots \oplus V_s$, in contraddizione con la massimalità di s. $\square$

Teorema 11.62 (Forma canonica razionale) *Sia* $f : V \to V$ *un endomorfismo di uno spazio vettoriale di dimensione finita. Esiste allora una base nella quale* f *si rappresenta con una matrice diagonale a blocchi*

$$\mathrm{diag}(A_1, \ldots, A_s) = \begin{pmatrix} A_1 & 0 & \cdots & 0 \\ 0 & A_2 & \vdots & 0 \\ \vdots & \vdots & \ddots & \vdots \\ 0 & 0 & \cdots & A_s \end{pmatrix}$$

dove ciascun blocco A_i *è la matrice compagna di una potenza di un polinomio monico irriducibile. Inoltre i blocchi* $A_1, \ldots, A_s$ *sono unici a meno dell'ordine.*

Dimostrazione L'esistenza segue immediatamente dal Lemma 11.61. Infatti si ha $V = V_1 \oplus \cdots \oplus V_s$ con $f(V_i) \subseteq V_i$ ed ogni V_i f-indecomponibile. Per il Teorema 11.54 ogni V_i possiede una base rispetto alla quale l'endomorfismo $f : V_i \to V_i$ si rappresenta con una matrice compagna A_i il cui polinomio minimo $q_{A_i}(t)$ è una potenza di un polinomio monico irriducibile. Basta adesso considerare l'unione, per $i = 1, \ldots, s$, di tali basi per ottenere la matrice diagonale a blocchi richiesta.

La dimostrazione dell'unicità richiede invece alcune considerazioni aggiuntive. Siano $k_1(t), \ldots, k_r(t)$ i fattori monici irriducibili del polinomio minimo $q_f(t)$ di f, siccome ogni $q_{A_i}(t)$ divide $q_f(t)$, per ogni $i = 1, \ldots, s$ esistono due indici j, l tali che $q_{A_i}(t) = k_j(t)^l$. Dunque la matrice compagna A_i è univocamente determinata dalla coppia (j, l), e per dimostrare l'unicità della decomposizione basta dimostrare che il numero di volte, contate con molteplicità, in cui una data coppia (j, l) compare dipende solo da f. Per semplicità notazionale trattiamo il caso $j = 1$, per gli altri indici $j = 2, \ldots, r$ il ragionamento è del tutto simile. Indicando con d il grado di $k_1(t)$, la successione di numeri razionali

$$\alpha_u = \frac{1}{d}(\dim \mathrm{Ker}(k_1(f)^u) - \dim \mathrm{Ker}(k_1(f)^{u-1})), \qquad u > 0,$$

dipende solo dall'endomorfismo f. Restringendo l'attenzione ai sottospazi V_i si hanno tre possibilità:

1. $\mathrm{Ker}(k_1(f)^u) \cap V_i = 0$ se $k_1(t)$ non divide $p_{A_i}(t)$;
2. $\mathrm{Ker}(k_1(f)^u) \cap V_i = V_i$ se $p_{A_i}(t) = \pm k_1(t)^l$ con $u \geq l$;
3. $\dim(\mathrm{Ker}(k_1(f)^u) \cap V_i) = ud$ se $p_{A_i}(t) = \pm k_1(t)^l$ con $u \leq l$.

È allora chiaro che α_u coincide con il numero di coppie $(1, l)$ tali che $u \geq l$ e quindi che $\alpha_u - \alpha_{u+1}$ è esattamente il numero di volte in cui compare la coppia $(1, u)$. $\square$

Rileggendo la dimostrazione dell'unicità, a meno dell'ordine, della forma canonica razionale possiamo trarre qualche informazione aggiuntiva. Prendendo a prestito un termine tipico dell'algebra commutativa diremo che un polinomio è **primario** se è una potenza di un polinomio irriducibile.

Siano f e $A_1, \ldots, A_s$ come nel Teorema 11.62. Allora ogni A_i è la matrice compagna di un divisore monico primario del polinomio minimo $q_f(t)$ e la successione $A_1, \ldots, A_s$ è univocamente determinata, a meno dell'ordine, dai ranghi degli endomorfismi $h(f)$, al variare di $h(t)$ tra i divisori primari di $q_f(t)$.

In particolare, siamo adesso in grado di dimostrare quanto anticipato nell'Osservazione 10.1.

Corollario 11.63 *Due endomorfismi $f, g: V \to V$ sono rappresentati da matrici simili se e solo se hanno lo stesso polinomio caratteristico $p(t) = p_f(t) = p_g(t)$ e se gli endomorfismi $h(f), h(g)$ hanno lo stesso rango per ogni polinomio $h(t)$ che divide $p(t)$.*

Dimostrazione Basta osservare che la dimostrazione del Teorema 11.62 ci dice anche che la forma canonica razionale di un endomorfismo f dipende solo dalle dimensioni dei nuclei degli endomorfismi $h(f)$ al variare di $h(t)$ tra i divisori primari del polinomio caratteristico. $\square$

Esercizi

11.64 Sia $f: V \to V$ un endomorfismo.

(1) Dimostrare che se V è f-ciclico allora ogni endomorfismo $g: V \to V$ che commuta con f è del tipo $p(f)$ per qualche polinomio $p(t) \in \mathbb{K}[t]$.

(2, ✿) Dimostrare che se ogni endomorfismo di V che commuta con f è del tipo $p(f)$ per qualche polinomio $p(t) \in \mathbb{K}[t]$, allora V è f-ciclico.

11.65 (✿) Siano $\alpha_1, \ldots, \alpha_n \in \mathbb{C}$ le radici, contate con molteplicità, del polinomio caratteristico di una matrice $n \times n$ a coefficienti interi; si assuma che $|\alpha_i| \leq 1$ per ogni i. Dimostrare che ogni α_i è uguale a 0 oppure è una radice dell'unità.

11.66 (✿) Siano $f: V \to V$ endomorfismo di uno spazio vettoriale su un campo di caratteristica 0 e $p(t) \in \mathbb{K}[t]$ polinomio monico irriducibile tale che $p(f)^2 = 0$. Dimostrare che esiste un endomorfismo $g: V \to V$ che commuta con f e tale che $p(f - gp(f)) = 0$. (Sugg.: provare con $g = p'(f)^{-1}$, dove $p'(t)$ è la derivata di $p(t)$.)

11.7 Complementi: ritorno a Cayley–Hamilton

In questa sezione daremo una diversa dimostrazione, ed al tempo stesso una estensione, del teorema di Cayley–Hamilton: per ogni $A \in M_{n,n}(\mathbb{K})$, oltre a riprovare che il polinomio minimo $q_A(t)$ divide il polinomio caratteristico $p_A(t)$, scopriremo un'interessante proprietà del quoziente $p_A(t)/q_A(t)$.

Ogni matrice a coefficienti polinomi $B(t) \in M_{n,n}(\mathbb{K}[t])$ può essere pensata anche come un polinomio a coefficienti matrici, ossia come

$$B(t) = \sum_{i=0}^{N} B_i t^i, \qquad B_i \in M_{n,n}(\mathbb{K}).$$

La valutazione della lettera t in una data matrice $A \in M_{n,n}(\mathbb{K})$ definisce un'applicazione lineare

$$\varphi_A \colon M_{n,n}(\mathbb{K}[t]) \to M_{n,n}(\mathbb{K}), \qquad \varphi_A\left(\sum_i B_i t^i\right) = \sum_i B_i A^i.$$

Notiamo in particolare che per ogni polinomio $h(t) \in \mathbb{K}[t]$ si ha $\varphi_A(h(t)I) = h(A)$. Siccome il prodotto di matrici non è commutativo, l'applicazione di valutazione φ_A non commuta con i prodotti (cf. Esercizio 3.108); tuttavia abbiamo il seguente risultato parziale.

Lemma 11.67 *Siano $B(t), C(t) \in M_{n,n}(\mathbb{K}[t])$. Per ogni matrice $A \in M_{n,n}(\mathbb{K})$ tale che $AC(t) = C(t)A$ vale la formula:*

$$\varphi_A(B(t)C(t)) = \varphi_A(B(t))\,\varphi_A(C(t)).$$

Dimostrazione Se $B = \sum_i B_i t^i$ e $C = \sum_j C_j t^j$, con $B_i, C_j \in M_{n,n}(\mathbb{K})$, allora la condizione $AC(t) = C(t)A$ equivale a $AC_j = C_j A$ per ogni indice j. Allora si ha anche $A^i C_j = C_j A^i$ per ogni i, j e quindi

$$\varphi_A(B(t))\varphi_A(C(t)) = \left(\sum_i B_i A^i\right)\left(\sum_j C_j A^j\right) = \sum_{i,j} B_i A^i C_j A^j$$

$$= \sum_{i,j} B_i C_j A^{i+j} = \varphi_A\left(\sum_{i,j} B_i C_j t^{i+j}\right) = \varphi_A(B(t)C(t)). \quad \square$$

Lemma 11.68 *Siano $A \in M_{n,n}(\mathbb{K})$ e $B(t) \in M_{n,n}(\mathbb{K}[t])$ matrici tali che $B(t)(A - tI) = h(t)I$, con $h(t) \in \mathbb{K}[t]$. Allora vale $h(A) = 0$.*

Dimostrazione Siccome A commuta con $A - tI$ e $\varphi_A(A - tI) = A - AI = 0$, dal Lemma 11.67 segue immediatamente che

$$h(A) = \varphi_A(h(t)I) = \varphi_A(B(t)(A - tI)) = \varphi_A(B(t))\varphi_A(A - tI) = 0. \quad \square$$

Teorema 11.69 (Cayley–Hamilton–Frobenius)   *Siano $A \in M_{n,n}(\mathbb{K})$ una matrice quadrata, $p_A(t) = \det(A - tI)$ il suo polinomio caratteristico, $q_A(t)$ il suo polinomio minimo e $\mathrm{adj}(A - tI) \in M_{n,n}(\mathbb{K}[t])$ l'aggiunta classica di $A - tI$. Allora:*

1. *$p_A(A) = 0$, e quindi $q_A(t)$ divide $p_A(t)$;*
2. *$p_A(t)$ divide $q_A(t)^n$;*
3. *il polinomio $p_A(t)/q_A(t)$ divide tutti i coefficienti di $\mathrm{adj}(A - tI)$;*
4. *se $s(t) \in \mathbb{K}[t]$ divide tutti i coefficienti di $\mathrm{adj}(A - tI)$, allora $s(t)$ divide $p_A(t)/q_A(t)$.*

Dimostrazione   Al fine di rendere più leggibili le formule che seguiranno, denotiamo $B(t) = \mathrm{adj}(A - tI)$. Siccome $B(t)(A - tI) = p_A(t)I$, il primo punto segue immediatamente dal Lemma 11.68. Se

$$q_A(t) = a_0 + a_1 t + \cdots + a_d t^d, \qquad a_d = 1, \qquad h(t) = p_A(t)/q_A(t),$$

poiché tI commuta con $A - tI$ possiamo scrivere

$$
\begin{aligned}
0 = q_A(A) = \sum_{i=0}^{d} a_i A^i &= \sum_{i=0}^{d} a_i ((A - tI) + tI)^i \\
&= \sum_{i=0}^{d} a_i \sum_{j=0}^{i} \binom{i}{j} (A - tI)^j (tI)^{i-j} \\
&= \sum_{i=0}^{d} a_i t^i I + \sum_{i=0}^{d} a_i \sum_{j=1}^{i} \binom{i}{j} (A - tI)^j (tI)^{i-j} \\
&= q_A(t)I - (A - tI)D(t),.
\end{aligned}
$$

dove

$$D(t) = \sum_{i=0}^{d} a_i \sum_{j=1}^{i} \binom{i}{j} (A - tI)^{j-1}(tI)^{i-j} \in M_{n,n}(\mathbb{K}[t]).$$

Il teorema di Binet applicato alla formula $q_A(t)I = (A - tI)D(t)$ ci dice che $p_A(t)$ divide $q_A(t)^n$. Moltiplicando a sinistra per $B(t)$ i due membri dell'uguaglianza $q_A(t)I = (A - tI)D(t)$ si ottiene

$$B(t)q_A(t)I = B(t)(A - tI)D(t) = p_A(t)D(t) = q_A(t)h(t)D(t),$$

e dividendo per il polinomio non nullo $q_A(t)$ si ottiene $B(t) = h(t)D(t)$; questo prova che $h(t)$ divide tutti i coefficienti di $B(t)$.

Viceversa, se vale una formula del tipo $B(t) = s(t)C(t)$, con $s(t) \in \mathbb{K}[t]$ e $C(t) \in M_{n,n}(\mathbb{K}[t])$, ossia se $s(t)$ divide in $\mathbb{K}[t]$ tutti i coefficienti dell'aggiunta classica $B(t)$, allora

$$s(t)C(t)(A - tI) = B(t)(A - tI) = p_A(t)I$$

e dunque $s(t)$ divide $p_A(t)$; se denotiamo $g(t) = p_A(t)/s(t)$ vale $C(t)(A - tI) = g(t)I$, e dal Lemma 11.68 segue che $g(A) = 0$ e di conseguenza $q_A(t)$ divide $g(t)$, ossia $q_A(t)s(t)$ divide $p_A(t)$. $\square$

Possiamo riscrivere i punti *3* e *4* del Teorema 11.69 dicendo che, a meno del segno, il polinomio $p_A(t)/q_A(t)$ è il massimo comune divisore dei coefficienti di $B(t)$ (Esercizio 11.36).

Esercizi

11.70 Date $A, B \in M_{n,n}(\mathbb{K})$, provare che esiste $C(t) \in M_{n,n}(\mathbb{K}[t])$ tale che $(A + tB)C(t) = I$ se e solo se A è invertibile e BA^{-1} è nilpotente.

11.71 Sia $A \in M_{n,n}(\mathbb{K})$ una matrice fissata e denotiamo

$$C(A) = \{B(t) \in M_{n,n}(\mathbb{K}[t]) \mid AB(t) = B(t)A\}.$$

Dimostrare che: $C(A)$ è chiuso per prodotto, che $\sum B_i t^i \in C(A)$ se e solo se $AB_i = B_i A$ per ogni i e che l'aggiunta classica di $A - tI$ appartiene a $C(A)$.

Note

Nei diagrammi di Young, la scelta dei quadretti, piuttosto che pallini, tazzine o cuoricini, è dovuta al fatto che i diagrammi di Young servono da base per i cosiddetti tableaux di Young, usati in teoria delle rappresentazioni: un tableau di Young è un diagramma di Young in cui ogni quadrato contiene al suo interno un intero positivo.

Chi fosse interessato ad approfondire i contenuti della Sezione 11.3 può consultare i classici testi di algebra, come ad esempio [3, 9].

In alcuni testi più datati, gli spazi f-indecomponibili sono detti f-irriducibili.

Capitolo 12
Spazi duali

Dopo aver trattato in maniera approfondita gli endomorfismi, riprendiamo il discorso iniziato nella Sezione 5.5 introducendo la nozione di spazio vettoriale duale, che consentirà di trattare in maniera concettualmente più chiara molte proprietà viste nei capitoli precedenti. Introdurremo inoltre gli spazi di forme alternanti, che possiamo considerare parenti stretti degli spazi duali. Per concludere, tratteremo il principio di Hausdorff del massimo, con il quale saremo in grado di estendere a spazi vettoriali qualsiasi buona parte dei risultati già dimostrati in dimensione finita.

12.1 Spazi duali

Iniziamo con il trovare un ambiente dove collocare i sistemi di coordinate.

Definizione 12.1 Sia V uno spazio vettoriale sul campo $\mathbb{K}$. Un **funzionale lineare**, o **forma lineare**, su V è un'applicazione lineare $\varphi \colon V \to \mathbb{K}$. Lo spazio vettoriale delle forme lineari viene chiamato **duale**[1] di V e viene indicato con $V^\vee$; nelle notazioni della Sezione 5.5 si ha dunque

$$V^\vee = \mathrm{Hom}_{\mathbb{K}}(V, \mathbb{K}).$$

Dato un funzionale lineare $\varphi \in V^\vee$ ed un vettore $v \in V$, risulta utile adottare la notazione

$$(\varphi, v)_V = \varphi(v) \in \mathbb{K}$$

---

[1] Detto anche *duale algebrico*, per distinguerlo dal duale topologico, oggetto che troverete nei corsi di analisi funzionale.

© The Author(s), under exclusive license to Springer Nature Switzerland AG 2025
M. Manetti, *Algebra Lineare*, La Matematica per il 3+2 174,
https://doi.org/10.1007/978-3-032-01504-4_12

per indicare il valore di φ calcolato nel vettore v. In questo modo risulta definita un'applicazione

$$(-,-)_V : V^\vee \times V \to \mathbb{K},$$

detta **accoppiamento di dualità** che è bilineare, ossia tale che:

1. $(\varphi, v_1 + v_2)_V = (\varphi, v_1)_V + (\varphi, v_2)_V$ per ogni $\varphi \in V^\vee$, $v_1, v_2 \in V$;
2. $(\varphi_1 + \varphi_2, v)_V = (\varphi_1, v)_V + (\varphi_2, v)_V$ per ogni $\varphi_1, \varphi_2 \in V^\vee$, $v \in V$;
3. $(a\varphi, v)_V = (\varphi, av)_V = a(\varphi, v)_V$ per ogni $\varphi \in V^\vee$, $v \in V$ e $a \in \mathbb{K}$.

Le uguaglianze $(\varphi, v_1 + v_2)_V = (\varphi, v_1)_V + (\varphi, v_2)_V$ e $(\varphi, av)_V = a(\varphi, v)_V$ corrispondono, nella notazione usuale, alle uguaglianze $\varphi(v_1 + v_2) = \varphi(v_1) + \varphi(v_1)$ e $\varphi(av) = a\varphi(v)$ e quindi seguono dalla linearità di φ. Le rimanenti uguaglianze corrispondono a $(\varphi_1 + \varphi_2)(v) = \varphi_1(v) + \varphi_2(v)$ e $(a\varphi)(v) = a(\varphi(v))$ e seguono dalla struttura di spazio vettoriale sul duale.

Per il Teorema 5.78, se V ha dimensione finita n, allora anche lo spazio vettoriale $V^\vee = \mathrm{Hom}_\mathbb{K}(V, \mathbb{K})$ ha dimensione n; quindi, *in dimensione finita, uno spazio ed il suo duale hanno la stessa dimensione.*

Esempio 12.2 Nel caso dello spazio vettoriale numerico dei vettori colonna sappiamo che l'applicazione

$$L : M_{1,n}(\mathbb{K}) \to \mathrm{Hom}_\mathbb{K}(\mathbb{K}^n, \mathbb{K}), \qquad A \mapsto L_A,$$

è un isomorfismo di spazi vettoriali. In altre parole, la regola del prodotto riga per colonna permette di definire un isomorfismo canonico tra lo spazio dei vettori riga $\mathbb{K}^{(n)}$ ed il duale $(\mathbb{K}^n)^\vee$, dove ad ogni vettore riga $a = (a_1, \ldots, a_n)$ corrisponde il funzionale lineare

$$L_a : \mathbb{K}^n \to \mathbb{K}, \qquad L_a \begin{pmatrix} b_1 \\ \vdots \\ b_n \end{pmatrix} = (a_1, \ldots, a_n) \begin{pmatrix} b_1 \\ \vdots \\ b_n \end{pmatrix} = a_1 b_1 + \cdots + a_n b_n.$$

Il prossimo teorema fornisce una interpretazione geometrica dell'indipendenza lineare nello spazio duale.

Teorema 12.3 *Siano V uno spazio vettoriale su $\mathbb{K}$ e $\varphi_1, \ldots, \varphi_r \in V^\vee$. Consideriamo l'applicazione lineare*

$$\varphi : V \to \mathbb{K}^r, \qquad \varphi(v) = \begin{pmatrix} \varphi_1(v) \\ \vdots \\ \varphi_r(v) \end{pmatrix},$$

di componenti $\varphi_1, \ldots, \varphi_r$. Allora φ è surgettiva se e solo se $\varphi_1, \ldots, \varphi_r$ sono linearmente indipendenti in $V^\vee$.

Dimostrazione Se φ non è surgettiva allora l'immagine è un sottospazio vettoriale proprio che, per il Corollario 5.17, è contenuto nel nucleo di un funzionale lineare non nullo su $\mathbb{K}^r$. Per l'Esempio 12.2 esiste un vettore riga non nullo $(a_1, \ldots, a_r)$ tale che

$$a_1\varphi_1(v) + \cdots + a_r\varphi_r(v) = 0, \qquad \text{per ogni } v \in V,$$

e quindi vale $a_1\varphi_1 + \cdots + a_r\varphi_r = 0$ in $V^\vee$. Viceversa, se $a_1\varphi_1 + \cdots + a_r\varphi_r = 0$ in $V^\vee$ con i coefficienti a_i non tutti nulli, allora l'immagine di φ è contenuta nell'iperpiano di equazione $a_1x_1 + \cdots + a_rx_r = 0$. $\square$

Corollario 12.4 *Sia V uno spazio vettoriale e siano $\varphi_1, \ldots, \varphi_r, \psi \in V^\vee$. Allora vale $\psi \in \mathrm{Span}(\varphi_1, \ldots, \varphi_r)$ se e solo se*

$$\mathrm{Ker}\,\varphi_1 \cap \cdots \cap \mathrm{Ker}\,\varphi_r \subseteq \mathrm{Ker}\,\psi.$$

Dimostrazione Se ψ è una combinazione lineare di $\varphi_1, \ldots, \varphi_r$, diciamo

$$\psi = a_1\varphi_1 + \cdots + a_r\varphi_r,$$

allora per ogni $v \in \mathrm{Ker}\,\varphi_1 \cap \cdots \cap \mathrm{Ker}\,\varphi_r$ vale $\psi(v) = a_1\varphi_1(v) + \cdots + a_r\varphi_r(v) = 0$ e quindi $v \in \mathrm{Ker}\,\psi$. Viceversa, se $\mathrm{Ker}\,\varphi_1 \cap \cdots \cap \mathrm{Ker}\,\varphi_r \subseteq \mathrm{Ker}\,\psi$, allora, a meno di permutazioni delle forme lineari φ_i, possiamo supporre che esista un intero $h \leq r$ tale che $\varphi_1, \ldots, \varphi_h$ siano linearmente indipendenti e $\varphi_i \in \mathrm{Span}(\varphi_1, \ldots, \varphi_h)$ per ogni $i = 1, \ldots, r$. Per la prima parte del corollario si ha quindi $\mathrm{Ker}\,\varphi_1 \cap \cdots \cap \mathrm{Ker}\,\varphi_h \subseteq \mathrm{Ker}\,\varphi_i$ per ogni i e di conseguenza

$$\mathrm{Ker}\,\varphi_1 \cap \cdots \cap \mathrm{Ker}\,\varphi_h = \mathrm{Ker}\,\varphi_1 \cap \cdots \cap \mathrm{Ker}\,\varphi_r \subseteq \mathrm{Ker}\,\psi.$$

Supponiamo per assurdo che $\psi \notin \mathrm{Span}(\varphi_1, \ldots, \varphi_h)$, allora per il Teorema 12.3 l'applicazione

$$\widetilde{\varphi}\colon V \to \mathbb{K}^{h+1}, \qquad \widetilde{\varphi}(v) = \begin{pmatrix} \psi(v) \\ \varphi_1(v) \\ \vdots \\ \varphi_h(v) \end{pmatrix},$$

è surgettiva ed esiste quindi $v \in V$ tale che $\widetilde{\varphi}(v) = (1, 0, 0, \ldots, 0)^T$. Ma questo non è possibile perché un tale v appartiene all'intersezione dei nuclei di $\varphi_1, \ldots, \varphi_h$ e quindi anche al nucleo di ψ. $\square$

Ricordiamo che un iperpiano in uno spazio vettoriale V è un sottospazio vettoriale che è nucleo di un funzionale lineare non nullo. Dunque ad ogni $0 \neq f \in V^\vee$ è associato l'iperpiano $\mathrm{Ker}\,f$, ed ogni iperpiano è ottenuto in questo modo. Ricordiamo anche che se V ha dimensione finita $n > 0$, un sottospazio vettoriale è un iperpiano se e solo se ha dimensione $n - 1$.

Corollario 12.5 *Siano $\varphi, \psi \in V^\vee$ due forme lineari. Allora $\operatorname{Ker}\varphi \subseteq \operatorname{Ker}\psi$ se e solo se ψ è un multiplo scalare di φ. In particolare, due forme lineari non nulle definiscono lo stesso iperpiano se e solo se ciascuna è un multiplo scalare dell'altra.*

Dimostrazione Basta considerare $r = 1$ nel Corollario 12.4. $\square$

Nel teorema e nei corollari precedenti, lo spazio V può avere dimensione qualsiasi; da questo momento, e fino al termine della sezione, restringeremo la nostra attenzione agli spazi vettoriali di dimensione finita.

Esempio 12.6 Generalizziamo l'Esempio 12.2 dimostrando che il duale dello spazio $M_{n,m}(\mathbb{K})$ è naturalmente isomorfo a $M_{m,n}(\mathbb{K})$, per ogni $n, m > 0$. Per ogni matrice $A \in M_{m,n}(\mathbb{K})$ definiamo il funzionale

$$\operatorname{Tr}_A \colon M_{n,m}(\mathbb{K}) \to \mathbb{K}, \qquad \operatorname{Tr}_A(B) = \operatorname{Tr}(AB),$$

(notare che il prodotto AB è una matrice quadrata di ordine m) che, al variare di A, definisce un'applicazione

$$F \colon M_{m,n}(\mathbb{K}) \to M_{n,m}(\mathbb{K})^\vee, \qquad F(A) = \operatorname{Tr}_A,$$

che è ancora lineare e che vogliamo dimostrare essere bigettiva. Dato che dominio e codominio di F hanno la stessa dimensione basta mostrare che F è iniettiva, ossia che se $\operatorname{Tr}(AB) = 0$ per ogni $B \in M_{n,m}(\mathbb{K})$ allora $A = 0$. Se $A = (a_{ij})$, considerando la matrice E_{ij} che ha come coefficienti 1 al posto (i, j) e 0 altrove si ha che $\operatorname{Tr}(AE_{ij}) = a_{ji}$ e quindi $\operatorname{Tr}(AE_{ij}) = 0$ per ogni i, j se e solo se $A = 0$.

Ricordiamo che un sistema di coordinate di uno spazio vettoriale V sul campo $\mathbb{K}$ è definito come una successione $\varphi_1, \dots, \varphi_n \colon V \to \mathbb{K}$ di applicazioni lineari tali che l'applicazione

$$\varphi \colon V \to \mathbb{K}^n, \qquad v \mapsto \begin{pmatrix} \varphi_1(v) \\ \vdots \\ \varphi_n(v) \end{pmatrix}, \tag{12.1}$$

sia un isomorfismo.

Corollario 12.7 *Dato uno spazio vettoriale V di dimensione finita n, una successione di applicazioni lineari $\varphi_1, \dots, \varphi_n \colon V \to \mathbb{K}$ è un sistema di coordinate su V se e soltanto se è una base di $V^\vee$.*

Dimostrazione Abbiamo visto che se V ha dimensione n, allora anche $V^\vee$ ha dimensione n e pertanto $\varphi_1, \dots, \varphi_n \colon V \to \mathbb{K}$ definisce un sistema di coordinate se e solo se l'applicazione in (12.1) è surgettiva. La conclusione segue dal Teorema 12.3. $\square$

Data una base $v_1, \ldots, v_n$ di uno spazio vettoriale V possiamo considerare il sistema di coordinate associato e questo ci fornisce un modo naturale per costruire una base del duale $V^\vee$: per ogni indice $i = 1, \ldots, n$ consideriamo l'applicazione lineare $\varphi_i \colon V \to \mathbb{K}$ che associa ad ogni vettore la sua i-esima coordinata nella base $v_1, \ldots, v_n$, ossia tale che per ogni scelta di $a_1, \ldots, a_n \in \mathbb{K}$ vale

$$\varphi_i(a_1 v_1 + \cdots + a_n v_n) = a_i.$$

Equivalentemente φ_i è la forma lineare definita dalle relazioni $\varphi_i(v_j) = \delta_{ij}$, dove δ è la funzione delta di Kronecker, e cioè

$$\delta_{ij} = \begin{cases} 1 & \text{se } i = j, \\ 0 & \text{se } i \neq j. \end{cases}$$

Definizione 12.8 Nelle notazioni precedenti, la base $\varphi_1, \ldots, \varphi_n$ di $V^\vee$ viene detta **base duale** di $v_1, \ldots, v_n$.

Naturalmente la base duale cambia di pari passo con i cambiamenti di base. Ad esempio, in dimensione 2, se φ_1, φ_2 è la base duale di v_1, v_2, allora $\varphi_1 - \varphi_2, \varphi_2$ è la base duale di $v_1, v_2 + v_1$ (esercizio: verificare).

Più in generale, se $\mathbf{u} = (u_1, \ldots, u_n)$ e $\mathbf{v} = (v_1, \ldots, v_n)$ sono due basi dello spazio vettoriale V sul campo $\mathbb{K}$, con matrice di cambiamento di base $A \in M_{n,n}(\mathbb{K})$, ossia

$$L_{\mathbf{v}} = L_{\mathbf{u}} L_A \quad \Leftrightarrow \quad (v_1, \ldots, v_n) = (u_1, \ldots, u_n) A, \tag{12.2}$$

allora, detta $\psi_1, \ldots, \psi_n$ la base duale di $u_1, \ldots, u_n$ e $\varphi_1, \ldots, \varphi_n$ la base duale di $v_1, \ldots, v_n$, vale la formula

$$\begin{pmatrix} \psi_1 \\ \vdots \\ \psi_n \end{pmatrix} = A \begin{pmatrix} \varphi_1 \\ \vdots \\ \varphi_n \end{pmatrix}. \tag{12.3}$$

Infatti, se $\varphi, \psi \colon V \to \mathbb{K}^n$ sono, rispettivamente, le applicazioni di componenti $\varphi_1, \ldots, \varphi_n$ e $\psi_1, \ldots, \psi_n$, per definizione di base duale si ha $L_{\mathbf{v}}\varphi = \mathrm{Id}_V$, $\psi L_{\mathbf{u}} = \mathrm{Id}_{\mathbb{K}^n}$ e

$$\psi = \psi(L_{\mathbf{v}}\varphi) = \psi L_{\mathbf{u}} L_A \varphi = L_A \varphi,$$

che è del tutto equivalente a (12.3). Chi vuole, ha facoltà di esprimere le relazioni (12.2) e (12.3) dicendo che il diagramma (a tetraedro)

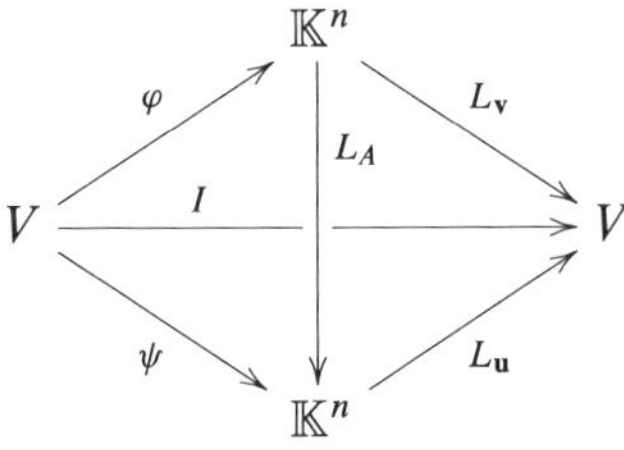

è commutativo.

Teorema 12.9 *Sia V uno spazio vettoriale di dimensione finita sul campo $\mathbb{K}$ e siano $\varphi_1, \ldots, \varphi_r \in V^\vee$. Consideriamo l'applicazione lineare*

$$\varphi \colon V \to \mathbb{K}^r, \qquad \varphi(v) = \begin{pmatrix} \varphi_1(v) \\ \vdots \\ \varphi_r(v) \end{pmatrix},$$

che ha come componenti $\varphi_1, \ldots, \varphi_r$. Allora:

1. *φ è surgettiva se e solo se $\varphi_1, \ldots, \varphi_r$ sono vettori linearmente indipendenti in $V^\vee$;*
2. *φ è iniettiva se e solo se $\varphi_1, \ldots, \varphi_r$ generano lo spazio duale $V^\vee$;*
3. *φ è bigettiva se e solo se $\varphi_1, \ldots, \varphi_r$ è una base del duale.*

Dimostrazione Il primo punto è già stato dimostrato nel Teorema 12.3 senza restrizioni sulla dimensione di V. Per quanto riguarda il secondo punto, sia $h \le r$ la dimensione del sottospazio vettoriale generato da $\varphi_1, \ldots, \varphi_r$; a meno di permutazioni degli indici possiamo supporre $\varphi_1, \ldots, \varphi_h$ linearmente indipendenti e $\varphi_i \in \mathrm{Span}(\varphi_1, \ldots, \varphi_h)$ per ogni $i > h$. Per il Corollario 12.4 si ha

$$\mathrm{Ker}\,\varphi = \mathrm{Ker}\,\varphi_1 \cap \cdots \cap \mathrm{Ker}\,\varphi_r = \mathrm{Ker}\,\varphi_1 \cap \cdots \cap \mathrm{Ker}\,\varphi_h = \mathrm{Ker}\,\phi,$$

dove $\phi \colon V \to \mathbb{K}^h$ è l'applicazione che ha come componenti $\varphi_1, \ldots, \varphi_h$. Per il punto precedente ϕ è surgettiva e quindi il suo nucleo ha dimensione uguale a $\dim V - h$. Dato che $\mathrm{Ker}\,\phi = \mathrm{Ker}\,\varphi$ otteniamo che φ è iniettiva se e solo se $\dim V = h$.

La terza proprietà segue immediatamente dalle precedenti e dal calcolo delle dimensioni. $\square$

Esercizi

12.10 ($\heartsuit$) Siano V uno spazio vettoriale e $\varphi_1, \ldots, \varphi_r \in V^\vee$ linearmente indipendenti. Dimostrare che esiste un sottospazio vettoriale $U \subseteq V$ di dimensione r tale che le restrizioni ad U dei funzionali φ_i formano un sistema di coordinate su U.

12.11 Provare che la terna $\begin{pmatrix} 1 \\ 1 \\ 0 \end{pmatrix}, \begin{pmatrix} 0 \\ 1 \\ 1 \end{pmatrix}, \begin{pmatrix} 1 \\ 0 \\ 1 \end{pmatrix} \in \mathbb{R}^3$ è una base e determinare, mediante l'isomorfismo dell'Esempio 12.2, la corrispondente base duale.

12.12 Sia v_1, v_2, v_3 una base di uno spazio vettoriale V e sia $\varphi_1, \varphi_2, \varphi_3$ la corrispondente base duale. Per ciascuna delle seguenti basi di V, descrivere la base duale in funzione di $\varphi_1, \varphi_2, \varphi_3$:

1. $v_3, v_2, v_)$ (risposta: $\varphi_3, \varphi_2, \varphi_1$);
2. $2v_1, v_2, v_3$;
3. $v_1 + v_2, v_2, v_3$;
4. $v_1 + v_2 + v_3, v_2, v_3$.

12.13 Sia V uno spazio vettoriale di dimensione finita.

1. Dimostrare che ogni sottospazio vettoriale di V è intersezione di iperpiani.
2. Sia $v_1, \ldots, v_n$ una base di V e denotiamo $v_0 = v_1 + v_2 + \cdots + v_n$. Sia $f \colon V \to V$ un'applicazione lineare tale che $f(v_i) = \lambda_i v_i$ per ogni $i = 0, \ldots, n$ ed opportuni $\lambda_i \in \mathbb{K}$. Dimostrare che $\lambda_0 = \lambda_1 = \cdots = \lambda_n$.
3. Sia $f \colon V \to V$ lineare tale che $f(L) \subseteq L$ per ogni retta $L \subseteq V$ (retta=sottospazio di dimensione 1). Dimostrare che f è un multiplo scalare dell'identità.
4. Sia $f \colon V \to V$ lineare tale che $f(H) \subseteq H$ per ogni iperpiano $H \subseteq V$. Dimostrare che f è un multiplo scalare dell'identità.

12.14 Siano V uno spazio vettoriale di dimensione n e $H_1, \ldots, H_n \subseteq V$ iperpiani. Dimostrare che esiste una base $v_1, \ldots, v_n$ di V tale che $v_i \in H_j$ per ogni $i \neq j$, se e solo se $H_1 \cap \cdots \cap H_n = 0$.

12.15 Siano V, W spazi vettoriali, $\varphi_1, \ldots, \varphi_r \in V^\vee$ e $w_1, \ldots, w_r \in W$. Definiamo l'applicazione lineare

$$f \colon V \to W, \qquad f(v) = \sum_{i=1}^{r} \varphi_i(v) w_i.$$

Provare che $\mathrm{rg}(f) \leq r$ e vale $\mathrm{rg}(f) = r$ se e solo se i vettori $w_1, \ldots, w_r$ sono linearmente indipendenti in W ed i vettori $\varphi_1, \ldots, \varphi_r$ sono linearmente indipendenti in $V^\vee$.

12.2 Biduale e trasposta

Dato uno spazio vettoriale V sul campo $\mathbb{K}$ possiamo costruire il duale $V^\vee$ e ripetere la procedura costruendo il duale del duale, detto anche **biduale**:

$$V^{\vee\vee} = (V^\vee)^\vee = \mathrm{Hom}_{\mathbb{K}}(V^\vee, \mathbb{K}) = \mathrm{Hom}_{\mathbb{K}}(\mathrm{Hom}_{\mathbb{K}}(V, \mathbb{K}), \mathbb{K}).$$

La bilinearità dell'applicazione

$$V^\vee \times V \to \mathbb{K}, \qquad (\varphi, v) \mapsto \varphi(v), \tag{12.4}$$

ci consente di definire un'applicazione lineare $\iota_V \colon V \to V^{\vee\vee}$, ottenuta associando ad ogni vettore $v \in V$ l'applicazione lineare

$$\iota_V(v) \colon V^\vee \to \mathbb{K}, \qquad \iota_V(v)(\varphi) = \varphi(v), \qquad \varphi \in V^\vee.$$

Segue infatti dalla linearità di (12.4) nella variabile φ che ogni applicazione $\iota_V(v)$ è lineare, ossia $\iota_V(v) \in V^{\vee\vee}$; segue poi dalla linearità di (12.4) nella variabile v che l'applicazione $\iota_V \colon V \to V^{\vee\vee}$ è lineare.

Spesso risulta più comprensibile usare gli accoppiamenti di dualità per esprimere l'uguaglianza $\iota_V(v)(\varphi) = \varphi(v)$, e cioè:

$$(\iota_V(v), \varphi)_{V^\vee} = (\varphi, v)_V, \quad \text{per ogni } v \in V, \ \varphi \in V^\vee.$$

Si noti che per definire ι_V non abbiamo fatto uso di basi o scelte arbitrarie e questo ci autorizza ad aggettivare come *naturale* l'applicazione ι_V.

Teorema 12.16 *Per ogni spazio vettoriale di dimensione finita V, l'applicazione naturale $\iota_V \colon V \to V^{\vee\vee}$ è un isomorfismo di spazi vettoriali.*

Dimostrazione Siccome $V, V^\vee$ e $V^{\vee\vee}$ hanno la stessa dimensione, per mostrare che ι_V è un isomorfismo basta mostrare che $\operatorname{Ker}\iota_V = 0$. Per ogni $0 \neq v \in V$, per il Corollario 5.17 esiste $\varphi \in V^\vee$ tale che $\varphi(v) \neq 0$, quindi $\iota_V(v)(\varphi) = \varphi(v) \neq 0$ e dunque $\iota_V(v) \neq 0$. $\square$

Naturalmente, in dimensione finita, anche gli spazi V e $V^\vee$ sono isomorfi dato che hanno la stessa dimensione ma, tranne i due casi banali $V = 0$ e $V \cong \mathbb{F}_2$, non vi è alcun isomorfismo naturale tra V e $V^\vee$, vedi Esercizio 12.20.

Osservazione 12.17 (☻)   Il Teorema 12.16 è sempre falso in dimensione infinita. Più precisamente, dimostreremo nel Corollario 12.61 che per ogni spazio V di dimensione infinita, l'applicazione $\iota_V \colon V \to V^{\vee\vee}$ è iniettiva e non surgettiva.

Definizione 12.18 Sia $f \colon V \to W$ una applicazione lineare. La **trasposta**, o **duale**, di f è l'applicazione lineare $f^\vee \colon W^\vee \to V^\vee$ definita dalla composizione a destra con f:

$$\psi \mapsto f^\vee(\psi) = \psi \circ f,$$

In altri termini, dato un funzionale $\psi \in W^\vee$, la sua immagine $f^\vee(\psi) \in V^\vee$ è determinata dalla formula

$$f^\vee(\psi)(v) = \psi(f(v)), \qquad \text{per ogni} \quad v \in V,$$

e possiamo usare gli accoppiamenti di dualità per relazionare f con $f^\vee$:

$$(f^\vee(\psi), v)_V = (\psi, f(v))_W, \quad \text{per ogni } v \in V, \ \psi \in W^\vee.$$

È immediato verificare che $f^\vee \colon W^\vee \to V^\vee$ è lineare e cioè che

$$f^\vee(\psi + \psi') = f^\vee(\psi) + f^\vee(\psi'), \qquad f^\vee(a\psi) = a f^\vee(\psi),$$

per ogni $\psi, \psi' \in W^\vee$ ed ogni $a \in \mathbb{K}$. Infatti, per ogni $v \in V$ si ha

$$f^\vee(\psi + \psi')(v) = (\psi + \psi')f(v) = \psi f(v) + \psi' f(v) = f^\vee(\psi)(v) + f^\vee(\psi')(v),$$

$$f^\vee(a\psi)(v) = (a\psi)(f(v)) = a(\psi f(v)) = af^\vee(\psi)(v).$$

È importante notare che anche la definizione di $f^\vee$ non dipende dalla scelta di basi in V e W. Date due applicazioni lineari

$$V \xrightarrow{f} W \xrightarrow{g} U$$

si ha:

$$(gf)^\vee = f^\vee g^\vee : U^\vee \to V^\vee.$$

Infatti, per ogni $\psi \in U^\vee$ abbiamo le uguaglianze

$$(f^\vee g^\vee)\psi = f^\vee(\psi \circ g) = (\psi \circ g) \circ f = \psi \circ gf = (gf)^\vee(\psi).$$

Se facciamo due volte la trasposta di un'applicazione $f\colon V \to W$ troviamo un'applicazione lineare $f^{\vee\vee}\colon V^{\vee\vee} \to W^{\vee\vee}$. A questo punto non è sorprendente scoprire che $f^{\vee\vee}$ è collegata ad f tramite i morfismi naturali $\iota_V\colon V \to V^{\vee\vee}$, $\iota_W\colon W \to W^{\vee\vee}$ e la relazione $f^{\vee\vee} \circ \iota_V = \iota_W \circ f$, che possiamo anche vedere come la commutatività del diagramma

$$
\begin{array}{ccc}
V & \xrightarrow{\ \ f\ \ } & W \\
\downarrow{\scriptstyle \iota_V} & & \downarrow{\scriptstyle \iota_W} \\
V^{\vee\vee} & \xrightarrow{\ f^{\vee\vee}\ } & W^{\vee\vee}
\end{array}
$$

Per dimostrare che $f^{\vee\vee}(\iota_V(v)) = \iota_W(f(v))$ come elementi di $W^{\vee\vee}$ per ogni $v \in V$ fissato, bisogna provare che per ogni $\psi \in W^\vee$ si ha la seguente uguaglianza di accoppiamenti:

$$(f^{\vee\vee}(\iota_V(v)), \psi)_{W^\vee} = (\iota_W(f(v)), \psi)_{W^\vee}.$$

Questo segue facilmente dalle definizoni: infatti,

$$(f^{\vee\vee}(\iota_V(v)), \psi)_{W^\vee} = (\iota_V(v), f^\vee(\psi))_{V^\vee} = (f^\vee(\psi), v)_V = (\psi, f(v))_W$$
$$= (\iota_W(f(v)), \psi)_{W^\vee}.$$

Per giustificare il termine "trasposta" assegnato all'applicazione $f^\vee$ mettiamoci in dimensione finita e studiamo la relazione esistente tra la matrice che rappresenta f rispetto a due basi prefissate e la matrice che rappresenta $f^\vee$ rispetto alle basi duali. Siano dunque $v_1, \ldots, v_n$ una base di V, $w_1, \ldots, w_m$ una base di W e $\varphi_1, \ldots, \varphi_n, \psi_1, \ldots, \psi_m$ le rispettive basi duali.

Siano $(a_{ij}) \in M_{m,n}(\mathbb{K})$ e $(b_{hk}) \in M_{n,m}(\mathbb{K})$ le matrici che rappresentano rispettivamente f e $f^\vee$ in tali basi, allora

$$f(v_j) = \sum_{h=1}^{m} w_h a_{hj}, \qquad f^\vee(\psi_i) = \sum_{h=1}^{n} \varphi_h b_{hi},$$

per ogni i e j. Siccome $\psi_i(w_j) = \varphi_i(v_j) = \delta_{ij}$ abbiamo

$$b_{ji} = \sum_h \varphi_h(v_j) b_{hi} = \left(\sum_h \varphi_h b_{hi}\right)(v_j) = (f^\vee \psi_i)(v_j)$$

$$= \psi_i(f(v_j)) = \psi_i\left(\sum_h w_h a_{hj}\right) = \sum_h \psi_i(w_h) a_{hj} = a_{ij}.$$

Dunque la matrice (b_{hk}) è uguale alla trasposta di (a_{ij}).

Esercizi

12.19 Utilizzare l'isomorfismo $M_{n,n}(\mathbb{K})^\vee \cong M_{n,n}(\mathbb{K})$ introdotto nell'Esempio 12.6 per descrivere la trasposta $f^\vee$ dell'applicazione

$$f \colon \mathbb{K} \to M_{n,n}(\mathbb{K}), \qquad f(t) = tI \quad (I = \text{matrice identità}).$$

12.20 Sia V uno spazio vettoriale di dimensione finita che contenga almeno tre vettori distinti. Determinare tutte le applicazioni lineari $h \colon V \to V^\vee$ tali che $h = f^\vee h f$ per ogni isomorfismo lineare $f \colon V \to V$.

12.21 Siano V, W spazi vettoriali di dimensione finita. Dimostrare che esiste un'unica applicazione lineare $F \colon \mathrm{Hom}(V, W) \to \mathrm{Hom}(W, V)^\vee$ tale che $F(f)(g) = \mathrm{Tr}(fg)$ per ogni $f \colon V \to W$ e $g \colon W \to V$. Mostrare inoltre che F è un isomorfismo di spazi vettoriali.

12.22 Dimostrare che per ogni spazio vettoriale V, la composizione

$$V^\vee \xrightarrow{\ \iota_{V^\vee}\ } (V^\vee)^{\vee\vee} = (V^{\vee\vee})^\vee \xrightarrow{\ \iota_V^\vee\ } V^\vee$$

è uguale all'identità.

12.23 Siano U, V spazi vettoriali di dimensione finita. Provare che

$$Q \colon \mathrm{Hom}(U^\vee, V) \to \mathrm{Hom}(V^\vee, U), \qquad Q(f) = \iota_U^{-1} \circ f^\vee,$$

è un isomorfismo lineare.

12.3 Dualità vettoriale

Siano V uno spazio vettoriale di dimensione finita e $V^\vee$ il suo duale. Per ogni sottoinsieme $S \subseteq V$ definiamo il suo **annullatore** $\mathrm{Ann}(S) \subseteq V^\vee$ come l'insieme di tutte le forme lineari che si annullano su S:

$$\mathrm{Ann}(S) = \{\varphi \in V^\vee \mid \varphi(s) = 0 \quad \forall s \in S\} = \{\varphi \in V^\vee \mid S \subseteq \mathrm{Ker}\,\phi\}.$$

È facile verificare che $\mathrm{Ann}(S)$ è un sottospazio vettoriale di $V^\vee$: se $\varphi, \psi \in \mathrm{Ann}(S)$ e $\lambda \in \mathbb{K}$ allora per ogni $s \in S$ vale

$$(\varphi + \psi)(s) = \varphi(s) + \psi(s) = 0 + 0 = 0, \qquad (\lambda\varphi)(s) = \lambda\varphi(s) = 0,$$

e quindi $\varphi + \psi, \lambda\varphi \in \mathrm{Ann}(S)$. Le seguenti proprietà seguono immediatamente dalla definizione:

1. se $S \subseteq T$ allora $\mathrm{Ann}(T) \subseteq \mathrm{Ann}(S)$;
2. $\mathrm{Ann}(S \cup T) = \mathrm{Ann}(S) \cap \mathrm{Ann}(T)$.

Inoltre, ogni sottoinsieme $S \subseteq V$ ha lo stesso annullatore della sua chiusura lineare $\mathrm{Span}(S)$, ossia

$$\mathrm{Ann}(S) = \mathrm{Ann}(\mathrm{Span}(S)).$$

Infatti, $S \subseteq \mathrm{Span}(S)$ e da questo segue $\mathrm{Ann}(\mathrm{Span}(S)) \subseteq \mathrm{Ann}(S)$. Viceversa, se $\varphi \in \mathrm{Ann}(S)$ allora $S \subseteq \mathrm{Ker}(\varphi)$ e quindi $\mathrm{Span}(S) \subseteq \mathrm{Ker}(\varphi)$.

Teorema 12.24 *Sia V uno spazio vettoriale di dimensione finita. Per ogni sottospazio vettoriale $W \subseteq V$ si ha $\dim \mathrm{Ann}(W) + \dim W = \dim V$.*

Dimostrazione Siano n la dimensione di V, r la dimensione di W e scegliamo una base $v_1, \ldots, v_n$ di V tale che $v_1, \ldots, v_r$ sia una base di W. Se $\varphi_1, \ldots, \varphi_n \in V^\vee$ denota la base duale, è immediato verificare che un generico elemento

$$a_1\varphi_1 + \cdots + a_n\varphi_n \in V^\vee$$

appartiene all'annullatore di W se e solo se $a_1 = \cdots = a_r = 0$. Dunque $\mathrm{Ann}(W)$ è generato da $\varphi_{r+1}, \ldots, \varphi_n$ ed ha dimensione $n - r$. $\square$

Lemma 12.25 *Siano V spazio vettoriale di dimensione finita e $H, K \subseteq V$ sottospazi vettoriali. Allora:*

1. $\mathrm{Ann}(0) = V^\vee$, $\mathrm{Ann}(V) = 0$;
2. *se $H \subseteq K$ allora* $\mathrm{Ann}(K) \subseteq \mathrm{Ann}(H)$;
3. $\mathrm{Ann}(H + K) = \mathrm{Ann}(H) \cap \mathrm{Ann}(K)$;
4. $\mathrm{Ann}(H \cap K) = \mathrm{Ann}(H) + \mathrm{Ann}(K)$.

Dimostrazione Le prime due proprietà sono ovvie e, siccome $H + K = \mathrm{Span}(H \cup K)$, la terza segue da quanto visto poco sopra.

Siccome $H \cap K \subseteq H$ ne segue $\mathrm{Ann}(H) \subseteq \mathrm{Ann}(H \cap K)$; similmente $\mathrm{Ann}(K) \subseteq \mathrm{Ann}(H \cap K)$ e quindi $\mathrm{Ann}(H) + \mathrm{Ann}(K) \subseteq \mathrm{Ann}(H \cap K)$. Rimane quindi da dimostrare che $\mathrm{Ann}(H) + \mathrm{Ann}(K)$ e $\mathrm{Ann}(H \cap K)$ hanno la stessa dimensione; per il Teorema 12.24 e la formula di Grassmann si ha:

$$
\begin{aligned}
\dim(\mathrm{Ann}(H) &+ \mathrm{Ann}(K)) \\
&= \dim \mathrm{Ann}(H) + \dim \mathrm{Ann}(K) - \dim(\mathrm{Ann}(H) \cap \mathrm{Ann}(K)) \\
&= \dim \mathrm{Ann}(H) + \dim \mathrm{Ann}(K) - \dim \mathrm{Ann}(H + K) \\
&= \dim V - \dim H - \dim K + \dim(H + K) \\
&= \dim V - \dim(H \cap K) = \dim \mathrm{Ann}(H \cap K). \ \square
\end{aligned}
$$

Se $E \subseteq V^\vee$ si definisce il suo **luogo di zeri**, o **nucleo**, come il sottoinsieme $\mathrm{Ker}(E) \subseteq V$ dei vettori che annullanno tutti i funzionali di E:

$$
\mathrm{Ker}(E) = \{v \in V \mid \phi(v) = 0 \text{ per ogni } \varphi \in E\} = \bigcap_{\varphi \in E} \mathrm{Ker}\,\varphi.
$$

Anche in questo caso si verifica immediatamente che $\mathrm{Ker}(E)$ è un sottospazio vettoriale.

Teorema 12.26 *Sia V uno spazio vettoriale di dimensione finita. Allora per ogni sottospazio vettoriale $W \subseteq V$ ed ogni sottospazio vettoriale $H \subseteq V^\vee$ vale*

$$
\mathrm{Ker}(\mathrm{Ann}(W)) = W, \qquad \mathrm{Ann}(\mathrm{Ker}(H)) = H.
$$

In particolare, $\dim \mathrm{Ker}(H) + \dim H = \dim V$.

In altre parole, se V ha dimensione finita, le due applicazioni

$$
\left\{ \begin{array}{c} \text{sottospazi} \\ \text{vettoriali} \\ \text{di } V \end{array} \right\} \ \underset{\mathrm{Ker}}{\overset{\mathrm{Ann}}{\rightleftarrows}} \ \left\{ \begin{array}{c} \text{sottospazi} \\ \text{vettoriali} \\ \text{di } V^\vee \end{array} \right\}
$$

sono bigettive ed una l'inversa dell'altra.

Dimostrazione Scegliamo una base $\varphi_1, \dots, \varphi_h$ di H, allora per il Teorema 12.9 l'applicazione $\varphi \colon V \to \mathbb{K}^h$ di componenti $\varphi_1, \dots, \varphi_h$ è surgettiva e per il teorema del rango il sottospazio

$$
\mathrm{Ker}(H) = \mathrm{Ker}(\varphi_1) \cap \cdots \cap \mathrm{Ker}(\varphi_h) = \mathrm{Ker}\,\varphi
$$

ha dimensione uguale a $\dim V - h = \dim V - \dim H$. Adesso osserviamo che esistono due inclusioni tautologiche $W \subseteq \mathrm{Ker}(\mathrm{Ann}(W))$ e $H \subseteq \mathrm{Ann}(\mathrm{Ker}(H))$; se

$w \in W$, allora $\varphi(w) = 0$ per ogni $\varphi \in \mathrm{Ann}(W)$ per definizione di annullatore, e quindi $w \in \mathrm{Ker}(\mathrm{Ann}(W))$; se $h \in H$, allora $h(v) = 0$ per ogni $v \in \mathrm{Ker}(H)$ per definizione di luogo di zeri, e quindi $h \in \mathrm{Ann}(\mathrm{Ker}(H))$.

Per concludere basta osservare che per le uguaglianze $\dim \mathrm{Ann}(W) = n - \dim W$ e $\dim \mathrm{Ker}(H) = n - \dim H$ gli spazi W e $\mathrm{Ker}(\mathrm{Ann}(W))$ hanno la stessa dimensione; similmente $\dim H = \dim \mathrm{Ann}(\mathrm{Ker}(H))$. $\square$

La dimostrazione del prossimo lemma è del tutto simile a quella del Lemma 12.25 ed è lasciata per esercizio al lettore.

Lemma 12.27 *Siano V spazio vettoriale di dimensione finita e $H, K \subseteq V^\vee$ sottospazi vettoriali. Allora:*

1. $\mathrm{Ker}(0) = V$, $\mathrm{Ker}(V^\vee) = 0$;
2. *se $H \subseteq K$ allora* $\mathrm{Ker}(K) \subseteq \mathrm{Ker}(H)$;
3. $\mathrm{Ker}(H + K) = \mathrm{Ker}(H) \cap \mathrm{Ker}(K)$;
4. $\mathrm{Ker}(H \cap K) = \mathrm{Ker}(H) + \mathrm{Ker}(K)$.

In estrema sintesi, abbiamo visto che in dimensione finita annullatori e luoghi di zeri hanno proprietà analoghe. Dimostriamo adesso che, a meno dell'isomorfismo canonico tra uno spazio ed il suo biduale, annullatore e luogo di zeri sono la stessa cosa.

Teorema 12.28 *Nelle notazioni precedenti, se V ha dimensione finita, allora per ogni $W \subseteq V$ e $H \subseteq V^\vee$ sottospazi vettoriali si ha:*

$$\iota_V(\mathrm{Ker}(H)) = \mathrm{Ann}(H), \qquad \iota_V(W) = \mathrm{Ann}(\mathrm{Ann}(W)).$$

Dimostrazione Sia $H \subseteq V^\vee$ un sottospazio vettoriale; dal fatto che ι_V è un isomorfismo segue che $\iota_V(\mathrm{Ker}(H))$ ha la stessa dimensione di $\mathrm{Ker}(H)$ e quindi la stessa dimensione di $\mathrm{Ann}(H)$. Per mostrare l'uguaglianza $\iota_V(\mathrm{Ker}(H)) = \mathrm{Ann}(H)$ basta quindi mostrare che $\iota_V(\mathrm{Ker}(H)) \subseteq \mathrm{Ann}(H)$. Sia $v \in \mathrm{Ker}(H)$, allora per ogni $\varphi \in H$ vale

$$\iota_V(v)(\varphi) = \varphi(v) = 0$$

e questo implica che $\iota_V(v) \in \mathrm{Ann}(H)$. Quando $H = \mathrm{Ann}(W)$, siccome già sappiamo che $W = \mathrm{Ker}(\mathrm{Ann}(W)) = \mathrm{Ker}(H)$ si ottiene

$$\iota_V(W) = \iota_V(\mathrm{Ker}(\mathrm{Ann}(W)) = \mathrm{Ann}(\mathrm{Ann}(W)). \square$$

Il combinato dei precedenti enunciati è il nòcciolo di quella che viene comunemente chiamata *dualità vettoriale*. Le sue applicazioni più rilevanti riguardano la geometria proiettiva e vanno quindi al di là degli obiettivi di queste note. Rimanendo nell'ambito dell'algebra lineare possiamo usare la dualità vettoriale per ridimostrare, in maniera più astratta e concettuale, che il rango di una matrice coincide con il rango della sua trasposta. Spesso la dualità vettoriale viene enunciata usando la teoria degli spazi quoziente, vedi Esercizio 13.38.

Teorema 12.29   *Sia* $f: V \to W$ *un'applicazione lineare tra spazi di dimensione finita. Allora vale*

$$\mathrm{Ker}\, f^{\vee} = \mathrm{Ann}(f(V)), \qquad f^{\vee}(W^{\vee}) = \mathrm{Ann}(\mathrm{Ker}\, f),$$

ed in particolare f *e* $f^{\vee}$ *hanno lo stesso rango.*

Dimostrazione   Vale $\varphi \in \mathrm{Ker}\, f^{\vee}$ se e solo se $f^{\vee}(\varphi)(v) = 0$ per ogni $v \in V$ e siccome $f^{\vee}(\varphi)(v) = \varphi(f(v))$ questo equivale a dire che $\varphi(w) = 0$ per ogni $w \in f(V)$. Abbiamo quindi provato che $\mathrm{Ker}\, f^{\vee} = \mathrm{Ann}(f(V))$. Per le formule sul computo delle dimensioni abbiamo che

$$\mathrm{rg}(f^{\vee}) = \dim W - \dim \mathrm{Ker}\, f^{\vee} = \dim W - \dim \mathrm{Ann}(f(V)) = \dim f(V) = \mathrm{rg}(f).$$

È del tutto ovvio che ogni funzionale del tipo $f^{\vee}(\varphi) = \varphi \circ f$ si annulla sul nucleo di f e quindi $f^{\vee}(W^{\vee}) \subseteq \mathrm{Ann}(\mathrm{Ker}\, f)$; d'altra parte l'uguaglianza dei ranghi ed il teorema del rango provano che $f^{\vee}(W^{\vee})$ e $\mathrm{Ann}(\mathrm{Ker}\, f)$ hanno la stessa dimensione e questo basta per concludere la dimostrazione. $\square$

Esercizi

12.30   Sia V uno spazio vettoriale di dimensione finita e siano $U, W \subseteq V$ due sottospazi tali che $U \oplus W = V$. Provare che $V^{\vee} = \mathrm{Ann}(U) \oplus \mathrm{Ann}(W)$.

12.31   Mostrare che per ogni sottoinsieme S di uno spazio vettoriale V di dimensione finita vale $\mathrm{Span}(S) = \mathrm{Ker}(\mathrm{Ann}(S))$.

12.32   Siano $f: V \to V$ un endomorfismo di uno spazio vettoriale di dimensione finita e $0 \neq \varphi \in V^{\vee}$. Provare che φ è un autovettore di $f^{\vee}$ se e solo se $\mathrm{Ker}(\varphi)$ è un sottospazio f-invariante di V. Più in generale, provare che un sottospazio $U \subseteq V$ è f-invariante se e solo se $\mathrm{Ann}(U)$ è $f^{\vee}$-invariante.

12.33 (☕)   Siano $f, g: V \to W$ due applicazioni lineari tra spazi di dimensione finita e $H \subseteq V$ un iperpiano. Si supponga che $\mathrm{Span}(f(v)) = \mathrm{Span}(g(v))$ per ogni $v \notin H$. Dimostrare:

1. f e g hanno la stessa immagine (sugg.: Esercizio 4.113);
2. se $\mathbb{K} = \mathbb{F}_2$ allora $f = g$;
3. f e g hanno lo stesso nucleo (sugg.: se $\mathrm{Ker}\, f \subseteq H$ ed esiste $v \in \mathrm{Ker}\, f - \mathrm{Ker}\, g$ allora $\mathrm{rg}(g) > 1$ ed esiste $u \notin H$ con $g(u), g(v)$ linearmente indipendenti);
4. sia $U \subseteq V$ un complementare di $\mathrm{Ker}\, f = \mathrm{Ker}\, g$, allora le restrizioni $f_{|U}$ e $g_{|U}$ sono una un multiplo scalare dell'altra (sugg.: se $\mathbb{K} \neq \mathbb{F}_2$ e $u, v \in U - H$ sono linearmente indipendenti, esistono $t, a, b, c \in \mathbb{K} - \{0\}$ tali che $u + tv \notin H$, $g(u) = af(u)$, $g(v) = bf(v)$ e $g(u + tv) = cf(u + tv)$; provare che $a = b = c$.)

Dedurre che f è un multiplo scalare di g, cf. Esercizio 5.44.

12.4 Forme alternanti

Una delle più importanti e naturali generalizzazioni del duale di uno spazio vettoriale V sul campo $\mathbb{K}$ è data dagli spazi di forme multilineari alternanti. Ricordiamo dalla Definizione 8.8 che un'applicazione

$$V \times \cdots \times V \ \to \ \mathbb{K}$$

si dice multilineare se è separatamente lineare in ciascuna variabile.

Definizione 12.34 Sia V uno spazio vettoriale sul campo $\mathbb{K}$, un'applicazione

$$\omega\colon \underbrace{V \times \cdots \times V}_{p \text{ fattori}} \ \to \ \mathbb{K}$$

si dice una p-**forma alternante** se è multilineare e $\omega(v_1, \ldots, v_p) = 0$ ogni volta che $v_i = v_{i+1}$ per qualche indice $i < p$.

Il concetto non è del tutto nuovo in quanto abbiamo già avuto a che fare con il determinante det$\colon M_{n,n}(\mathbb{K}) \to \mathbb{K}$, che può essere visto come una n-forma alternante sullo spazio dei vettori colonna. L'insieme di tutte le p-forme alternanti

$$\omega\colon \underbrace{V \times \cdots \times V}_{p \text{ fattori}} \to \mathbb{K},$$

dotato delle naturali operazioni di somma e prodotto per scalare, è uno spazio vettoriale che denoteremo $\Omega^p(V)$. In particolare si ha $\Omega^1(V) = V^\vee$ ed è utile porre per convenzione $\Omega^0(V) = \mathbb{K}$ e $\Omega^q(V) = 0$ per ogni $q < 0$.

Le stesse conclusioni del Lemma 8.30 si applicano ad ogni forma alternante e le considerazioni sulla segnatura fatte nella Sezione 8.3 mostrano che, per $\omega \in \Omega^p(V)$ e $v_1, \ldots, v_p \in V$, si ha:

1. $\omega(v_{\sigma(1)}, \ldots, v_{\sigma(p)}) = (-1)^\sigma \omega(v_1, \ldots, v_p)$ per ogni permutazione σ;
2. se i vettori $v_1, \ldots, v_p$ sono linearmente dipendenti, allora $\omega(v_1, \ldots, v_p) = 0$.

Nello studio delle forme alternanti risulterà fondamentale l'introduzione di due applicazioni bilineari:

$$\Omega^p(V) \times \Omega^q(V) \xrightarrow{\wedge} \Omega^{p+q}(V) \qquad \text{prodotto } \textbf{wedge} \text{ o } \textbf{esterno},$$

$$V \times \Omega^p(V) \xrightarrow{\lrcorner} \Omega^{p-1}(V) \qquad \text{prodotto } \textbf{di contrazione} \text{ o } \textbf{interno}.$$

Il prodotto interno è quello più facile da definire; dati $v \in V$ e $\omega \in \Omega^p(V)$ si definisce $v \lrcorner \omega \in \Omega^{p-1}(V)$ mediante la formula

$$v \lrcorner \omega(u_1, \ldots, u_{p-1}) = \omega(v, u_1, \ldots, u_{p-1}).$$

In particolare, per $p = 1$ il prodotto interno coincide con l'accoppiamento di dualità.

Lemma 12.35 *Siano V spazio vettoriale, $p > 0$ ed $\omega \in \Omega^p(V)$. Allora:*

1. vale $\omega = 0$ se e soltanto se $v \lrcorner \omega = 0$ per ogni $v \in V$;
2. $v \lrcorner (v \lrcorner \omega) = 0$ per ogni $v \in V$;
3. $v_1 \lrcorner (v_2 \lrcorner \omega) = -v_2 \lrcorner (v_1 \lrcorner \omega)$ per ogni $v_1, v_2 \in V$.

Dimostrazione Il primo punto segue immediatamente dalla definizione di prodotto interno. Per ogni $v_1, v_2, u_3, \ldots, u_p \in V$ si ha

$$[v_1 \lrcorner (v_2 \lrcorner \omega)](u_3, \ldots, u_p) = (v_2 \lrcorner \omega)(v_1, u_3, \ldots, u_p) = \omega(v_2, v_1, u_3, \ldots, u_p)$$

e pertanto i punti *2* e *3* seguono immediatamente dalla multilineare alternanza di ω. $\square$

Il prodotto esterno è un po' più complicato da definire e richiede l'introduzione di un particolare tipo di permutazioni: diremo che una permutazione

$$\sigma \in \mathbb{S}_n, \qquad \sigma : \{1, \ldots, n\} \to \{1, \ldots, n\},$$

è una **scozzata**, o uno **shuffle**, di tipo $(p, n - p)$, con $0 \leq p \leq n$, se $\sigma(i) < \sigma(i + 1)$ per ogni $i \neq p$, ossia se

$$\sigma(1) < \sigma(2) < \cdots < \sigma(p) \quad e \quad \sigma(p + 1) < \sigma(p + 2) < \cdots < \sigma(n).$$

Denotiamo con $Sh(p, n - p) \subseteq \mathbb{S}_n$ il sottoinsieme delle scozzate di tipo $(p, n - p)$; ognuna di esse è univocamente determinata dal sottoinsieme $\{\sigma(1), \sigma(2), \ldots, \sigma(p)\} \subseteq \{1, \ldots, n\}$ e pertanto $Sh(p, n - p)$ contiene esattamente $\binom{n}{p}$ elementi. Si noti che $Sh(0, n)$ e $Sh(n, 0)$ contengono solamente la permutazione identica.

La segnatura delle scozzate si calcola molto facilmente:

Lemma 12.36 *Nelle notazioni precedenti, per ogni $\sigma \in Sh(p, n - p)$ si ha*

$$(-1)^\sigma = (-1)^{\sum_{i=1}^{p}(\sigma(i)-i)}.$$

Dimostrazione Ad ogni scozzata $\sigma \in Sh(p, n - p)$ associamo il numero intero $w(\sigma)$ definito dalla formula

$$w(\sigma) = \sum_{i=1}^{p}(\sigma(i) - i) = \sum_{i=1}^{p}\sigma(i) - \frac{p(p + 1)}{2}.$$

Siccome $1 \leq \sigma(1) < \cdots < \sigma(p)$ si ha sempre $w(\sigma) \geq 0$, e vale $w(\sigma) = 0$ se e solo se σ è l'identità; quindi la formula $(-1)^\sigma = (-1)^{w(\sigma)}$ è vera se $w(\sigma) = 0$. Se $w(\sigma) > 0$, sia $1 \leq k \leq p$ il più piccolo indice tale che $\sigma(k) > k$; allora $\sigma(i) = i < \sigma(k) - 1$ per ogni $i < k$. Se $\tau \in \mathbb{S}_n$ è la trasposizione che scambia tra loro $\sigma(k)$ e $\sigma(k) - 1$, allora

$\tau\sigma$ è ancora una scozzata di tipo $(p, n - p)$ e $w(\tau\sigma) = w(\sigma) - 1$. Per induzione $-(-1)^\sigma = (-1)^{\tau\sigma} = (-1)^{w(\tau\sigma)} = -(-1)^{w(\sigma)}$. $\square$

Il prodotto esterno di due forme $\omega \in \Omega^p(V), \eta \in \Omega^q(V)$ si definisce mediante la formula

$$\omega \wedge \eta(u_1, \ldots, u_{p+q})$$
$$= \sum_{\sigma \in Sh(p,q)} (-1)^\sigma \omega(u_{\sigma(1)}, \ldots, u_{\sigma(p)})\eta(u_{\sigma(p+1)}, \ldots, u_{\sigma(p+q)}). \qquad (12.5)$$

Per $p = 0$ ritroviamo il prodotto per scalare, mentre per $\phi, \psi \in \Omega^1(V) = V^\vee$ otteniamo

$$\phi \wedge \psi(u, v) = \phi(u)\psi(v) - \phi(v)\psi(u), \qquad u, v \in V.$$

È chiaro che il prodotto esterno $\omega \wedge \eta$ è multilineare, mentre la prova che si tratta di una forma alternante richiede qualche considerazione non banale. Supponiamo, nella situazione della Formula (12.5) che $u_i = u_{i+1}$ per un indice fissato $0 < i < p+q$. Possiamo allora considerare gli insiemi

$$A = \{\sigma \in Sh(p,q) \mid i \in \sigma(\{1, \ldots, p\}), \quad i + 1 \in \sigma(\{p+1, \ldots, p+q\})\},$$
$$B = \{\sigma \in Sh(p,q) \mid i \in \sigma(\{p+1, \ldots, p+q\}), \quad i + 1 \in \sigma(\{1, \ldots, p\})\},$$

e, poiché ω ed η sono entrambe forme alternanti, si può scrivere

$$\omega \wedge \eta(u_1, \ldots, u_{p+q}) = \sum_{\sigma \in A \cup B} (-1)^\sigma \omega(u_{\sigma(1)}, \ldots, u_{\sigma(p)})\eta(u_{\sigma(p+1)}, \ldots, u_{\sigma(p+q)}).$$

Se τ è la trasposizione che scambia i ed $i + 1$ e $\sigma \in A$, allora $\tau\sigma \in B$; viceversa, se $\sigma \in B$, allora $\tau\sigma \in A$. Possiamo quindi scrivere

$$\omega \wedge \eta(u_1, \ldots, u_{p+q})$$
$$= \sum_{\sigma \in A}(-1)^\sigma \omega(u_{\sigma(1)}, \ldots, u_{\sigma(p)})\eta(u_{\sigma(p+1)}, \ldots, u_{\sigma(p+q)})$$
$$+ \sum_{\sigma \in A}(-1)^{\tau\sigma} \omega(u_{\tau\sigma(1)}, \ldots, u_{\tau\sigma(p)})\eta(u_{\tau\sigma(p+1)}, \ldots, u_{\tau\sigma(p+q)}).$$

Per ipotesi $u_i = u_{i+1}$ e quindi, se $\sigma \in A$ allora $u_{\sigma(h)} = u_{\tau\sigma(h)}$ per ogni h. Basta adesso osservare che $(-1)^{\tau\sigma} = -(-1)^\sigma$ per arrivare a concludere che $\omega \wedge \eta(u_1, \ldots, u_{p+q}) = 0$.

Teorema 12.37 *Il prodotto esterno di forme alternanti gode delle seguenti proprietà:*

1. (Formula di Leibniz) per ogni $\omega \in \Omega^p(V)$, $\eta \in \Omega^q(V)$ e $v \in V$ si ha

$$v \lrcorner (\omega \wedge \eta) = (v \lrcorner \omega) \wedge \eta + (-1)^p \omega \wedge (v \lrcorner \eta);$$

2. (Regola dei segni di Koszul) per ogni $\omega \in \Omega^p(V)$ e $\eta \in \Omega^q(V)$ si ha

$$\omega \wedge \eta = (-1)^{pq} \eta \wedge \omega;$$

3. (Associatività) per ogni terna di forme alternanti ω, η, μ si ha

$$(\omega \wedge \eta) \wedge \mu = \omega \wedge (\eta \wedge \mu).$$

Dimostrazione *(1)* Dati $u_1, \ldots, u_{p+q-1} \in V$ e due scozzate $\sigma \in Sh(p-1, q)$, $\tau \in Sh(p, q-1)$ osserviamo che la segnatura della permutazione

$$(v, u_1, \ldots, u_{p+q}) \mapsto (v, u_{\sigma(1)}, \ldots, u_{\sigma(p+q-1)})$$

è uguale alla segnatura di σ, mentre la segnatura di

$$(v, u_1, \ldots, u_{p+q}) \mapsto (u_{\tau(1)}, \ldots, u_{\tau(p)}, v, u_{\tau(p+1)}, \ldots, u_{\tau(p+q-1)})$$

è uguale alla segnatura di τ moltiplicata per $(-1)^p$. Abbiamo quindi

$$
\begin{aligned}
v \lrcorner (\omega \wedge \eta)&(u_1, \ldots, u_{p+q-1}) \\
&= \omega \wedge \eta(v, u_1, \ldots, u_{p+q-1}) \\
&= \sum_{\sigma \in Sh(p-1,q)} (-1)^\sigma \omega(v, u_{\sigma(1)}, \ldots, u_{\sigma(p-1)}) \eta(u_{\sigma(p)}, \ldots, u_{\sigma(p+q-1)}) \\
&\quad + (-1)^p \sum_{\tau \in Sh(p,q-1)} (-1)^\tau \omega(u_{\tau(1)}, \ldots, u_{\tau(p)}) \eta(v, u_{\tau(p+1)}, \ldots, u_{\tau(p+q-1)}) \\
&= (v \lrcorner \omega) \wedge \eta(u_1, \ldots, u_{p+q-1}) + (-1)^p \omega \wedge (v \lrcorner \eta)(u_1, \ldots, u_{p+q-1}).
\end{aligned}
$$

(2) La regola dei segni di Koszul è banalmente vera quando $p + q \leq 0$, mentre per dimostrare che $\omega \wedge \eta = (-1)^{pq} \eta \wedge \omega$ quando $p + q > 0$ è sufficiente provare che

$$v \lrcorner (\omega \wedge \eta) = (-1)^{pq} v \lrcorner (\eta \wedge \omega)$$

per ogni vettore $v \in V$. Per la formula di Leibniz

$$v \lrcorner (\omega \wedge \eta) = (v \lrcorner \omega) \wedge \eta + (-1)^p \omega \wedge (v \lrcorner \eta)$$

e per induzione su $p + q$ si ottiene

$$v \lrcorner (\omega \wedge \eta) = (-1)^{(p-1)q} \eta \wedge (v \lrcorner \omega) + (-1)^{p+p(q-1)}(v \lrcorner \eta) \wedge \omega$$
$$= (-1)^{pq}((-1)^q \eta \wedge (v \lrcorner \omega) + (v \lrcorner \eta) \wedge \omega)$$
$$= (-1)^{pq} v \lrcorner (\eta \wedge \omega).$$

(3) Come per il punto 2, date le forme alternanti $\omega \in \Omega^n(V), \eta \in \Omega^m(V)$, $\mu \in \Omega^p(V)$ dimostriamo la formula $(\omega \wedge \eta) \wedge \mu = \omega \wedge (\eta \wedge \mu)$ per induzione su $n + m + p$ usando la formula di Leibniz. Per ogni $v \in V$ si ha

$$v \lrcorner ((\omega \wedge \eta) \wedge \mu) = (v \lrcorner (\omega \wedge \eta)) \wedge \mu + (-1)^{n+m}(\omega \wedge \eta) \wedge (v \lrcorner \mu)$$
$$= ((v \lrcorner \omega) \wedge \eta) \wedge \mu + (-1)^n(\omega \wedge (v \lrcorner \eta)) \wedge \mu + (-1)^{n+m}(\omega \wedge \eta) \wedge (v \lrcorner \mu)$$

che per l'ipotesi induttiva è uguale a

$$(v \lrcorner \omega) \wedge (\eta \wedge \mu) + (-1)^n \omega \wedge ((v \lrcorner \eta) \wedge \mu) + (-1)^{n+m} \omega \wedge (\eta \wedge (v \lrcorner \mu))$$
$$= (v \lrcorner \omega) \wedge (\eta \wedge \mu) + (-1)^n \omega \wedge (v \lrcorner (\eta \wedge \mu)) = v \lrcorner (\omega \wedge (\eta \wedge \mu)). \qquad \square$$

Corollario 12.38 *Siano V uno spazio vettoriale ed n un intero positivo. Per ogni $\varphi_1, \ldots, \varphi_n \in V^\vee$ ed ogni $v_1, \ldots, v_n \in V$ vale la formula*

$$(\varphi_1 \wedge \cdots \wedge \varphi_n)(v_1, \ldots, v_n) = \det(\varphi_i(v_j)).$$

Dimostrazione Il risultato è certamente vero per $n = 1$. Per $n > 1$, dati $\varphi_1, \ldots, \varphi_n \in V^\vee$ e $v_1, \ldots, v_n \in V$ consideriamo la matrice $A \in M_{n,n}(\mathbb{K})$ di coefficienti $a_{ij} = \varphi_i(v_j)$. Per induzione su n si hanno le uguaglianze

$$(\varphi_1 \wedge \cdots \wedge \varphi_{i-1} \wedge \varphi_{i+1} \wedge \cdots \wedge \varphi_n)(v_2, \ldots, v_n) = \det(A_{i1})$$

dove, come al solito, A_{i1} è la sottomatrice di A ottenuta cancellando la riga i e la colonna 1. Dalla formula di Leibniz si ottiene

$$(\varphi_1 \wedge \cdots \wedge \varphi_n)(v_1, \ldots, v_n) = v_1 \lrcorner (\varphi_1 \wedge \cdots \wedge \varphi_n)(v_2, \ldots, v_n)$$
$$- \sum_{i=1}^{n} (-1)^{i+1} \psi_i(v_1)(\varphi_1 \wedge \cdots \wedge \varphi_{i-1} \wedge \varphi_{i+1} \wedge \cdots \wedge \varphi_n)(v_2, \ldots, v_n)$$
$$= \sum_{i=1}^{n} (-1)^{i+1} \varphi_i(v_1) \det(A_{i1}) = \sum_{i=1}^{n} (-1)^{i+1} a_{i1} \det(A_{i1})$$

e la conclusione segue dallo sviluppo di Laplace. $\quad \square$

Teorema 12.39 *Siano $v_1, \ldots, v_n$ una base dello spazio vettoriale V e denotiamo con $\varphi_1, \ldots, \varphi_n \in V^\vee = \Omega^1(V)$ la corrispondente base duale. Allora, per ogni $p > 0$ le forme alternanti*

$$\varphi_{i_1} \wedge \varphi_{i_2} \wedge \cdots \wedge \varphi_{i_p}, \quad con\ 0 < i_1 < i_2 < \cdots < i_p \leq n, \qquad (12.6)$$

formano una base di $\Omega^p(V)$. In particolare, $\dim \Omega^p(V) = \binom{n}{p}$.

Dimostrazione Dati gli indici $0 < j_1 < \cdots < j_p \le n$, dalla formula

$$\varphi_{i_1} \wedge \varphi_{i_2} \wedge \cdots \wedge \varphi_{i_p}(v_{j_1}, \ldots, v_{j_p}) = \det(\varphi_{i_h}(v_{j_k})) = \begin{cases} 1 & \text{se } i_h = j_h,\ \forall\, h, \\ 0 & \text{altrimenti,} \end{cases}$$

segue che le forme in (12.6) sono linearmente indipendenti. Per dimostrare che generano definiamo, per ogni $k = 0, 1, \ldots, n$, il sottospazio vettoriale

$$\Omega_k^p = \{\omega \in \Omega^p(V) \mid v_i \lrcorner\, \omega = 0, \quad \forall\, i \le k\}, \qquad p > 0,$$

e dimostriamo per induzione su $n - k$ che le forme

$$\varphi_{i_1} \wedge \varphi_{i_2} \wedge \cdots \wedge \varphi_{i_p}, \quad \text{con } k < i_1 < i_2 < \cdots < i_p \le n,$$

generano Ω_k^p. Il passo iniziale $n = k$ consiste nel dimostrare che $\Omega_n^p = 0$ per ogni $p > 0$; data $\omega \in \Omega_n^p$, per ogni $u_1, \ldots, u_p \in V$ si può scrivere $u_1 = \sum a_i v_i$ e quindi

$$\begin{aligned} \omega(u_1, \ldots, u_p) &= \omega\left(\sum a_i v_i, u_2, \ldots, u_p\right) \\ &= \sum a_i \omega(v_i, u_2, \ldots, u_p) = \sum a_i\, v_i \lrcorner\, \omega(u_2, \ldots, u_p) = 0. \end{aligned}$$

Se $\omega \in \Omega_{k-1}^p$ con $0 < k \le n$, e cioè $v_i \lrcorner\, \omega = v_i \lrcorner\, \varphi_k = 0$ per ogni $i < k$, introduciamo le forme alternanti $\omega_1 = v_k \lrcorner\, \omega$ e $\omega_2 = \omega - \varphi_k \wedge \omega_1$. Siccome $\omega = \varphi_k \wedge \omega_1 + \omega_2$, per l'ipotesi induttiva basta dimostrare che $\omega_1 \in \Omega_k^{p-1}$ e $\omega_2 \in \Omega_k^p$, ossia che $v_i \lrcorner\, \omega_j = 0$ per ogni $i \le k$ e ogni $j = 1, 2$. Si ha $v_k \lrcorner\, \omega_1 = v_k \lrcorner\, (v_k \lrcorner\, \omega) = 0$ e, per la formula di Leibniz,

$$v_k \lrcorner\, \omega_2 = v_k \lrcorner\, (\omega - \varphi_k \wedge \omega_1) = \omega_1 - (v_k \lrcorner\, \varphi_k)\omega_1 + \varphi_k \wedge (v_k \lrcorner\, \omega_1) = 0.$$

Se $i < k$ si ha $v_i \lrcorner\, \omega = 0$ e quindi

$$\begin{aligned} v_i \lrcorner\, \omega_1 &= v_i \lrcorner\, (v_k \lrcorner\, \omega) = -v_k \lrcorner\, (v_i \lrcorner\, \omega) = 0, \\ v_i \lrcorner\, \omega_2 &= v_i \lrcorner\, (\omega - \varphi_k \wedge \omega_1) = \varphi_k \wedge (v_i \lrcorner\, \omega_1) = 0. \quad \square \end{aligned}$$

Esercizi

12.40 La nozione di applicazione trasposta si estende immediatamente alle forme alternanti: se $f \colon U \to V$ è un'applicazione lineare, per ogni p si definisce $f^\vee \colon \Omega^p(V) \to \Omega^p(U)$ ponendo

$$(f^\vee \omega)(u_1, \ldots, u_p) = \omega(f(u_1), \ldots, f(u_p)), \qquad \omega \in \Omega^p(V),\ u_1, \ldots, u_p \in U.$$

Dimostrare:

1. le applicazioni trasposte commutano con i prodotti interni ed esterni, ossia valgono le formule

   (a) $f^\vee(\omega \wedge \eta) = f^\vee\omega \wedge f^\vee\eta$, per $\omega \in \Omega^p(V)$, $\eta \in \Omega^q(V)$;
   (b) $u \lrcorner f^\vee\omega = f^\vee(f(u) \lrcorner \omega)$, per $\omega \in \Omega^p(V)$, $u \in U$.

2. se $f\colon V \to V$ è un endomorfismo di uno spazio vettoriale di dimensione n, allora $\dim \Omega^n(V) = 1$ e $f^\vee\colon \Omega^n(V) \to \Omega^n(V)$ è uguale al prodotto per $\det(f)$.

12.41 Una forma alternante $\omega \in \Omega^p(V)$ si dice totalmente decomponibile se esistono $\varphi_1, \dots, \varphi_p \in V^\vee$ tali che $\omega = \varphi_1 \wedge \cdots \wedge \varphi_p$. Se $\varphi_1, \dots, \varphi_n$ è una base di $V^\vee$ e $n \geq 4$, provare che la forma alternante $\varphi_1 \wedge \varphi_2 + \varphi_3 \wedge \varphi_4$ non è totalmente decomponibile. (Suggerimento: studiare eventuali relazioni tra totale decomponibilità di ω e dimensione del sottospazio dei vettori $v \in V$ tali che $v \lrcorner \omega = 0$.)

12.42 Provare che, in caratteristica diversa da 2, una forma $\eta \in \Omega^2(V)$ è totalmente decomponibile (Esercizio 12.41) se e solo se $\eta \wedge \eta = 0$.

12.43 (♡) Siano V uno spazio vettoriale di dimensione 3 e $\varphi_1, \dots, \varphi_4$ un insieme di generatori di $V^\vee$. Dimostrare che $\omega = \varphi_1 \wedge \varphi_2 + \varphi_3 \wedge \varphi_4 \neq 0$.

12.44 (☕, ♡) Sia $\omega = \varphi_1 \wedge \varphi_2 + \cdots + \varphi_{2r-1} \wedge \varphi_{2r} \in \Omega^2(V)$ e si assuma che il sottospazio vettoriale generato dai funzionali $\varphi_1, \dots, \varphi_{2r} \in V^\vee$ abbia dimensione strettamente maggiore di r. Dimostrare che $\omega \neq 0$.

12.45 Se $\omega \in \Omega^p(V)$ con p intero dispari, provare che $\omega \wedge \omega = 0$ mostrando che $v \lrcorner (\omega \wedge \omega) = 0$ per ogni vettore $v \in V$. Dare un esempio di forma $\eta \in \Omega^2(V)$ tale che $\eta \wedge \eta \neq 0$.

12.46 Siano V uno spazio vettoriale di dimensione finita n e ω un generatore di $\Omega^n(V)$.

1. Provare che l'applicazione $i_\omega\colon V \to \Omega^{n-1}(V)$, $i_\omega(v) = v \lrcorner \omega$, è un isomorfismo, e dedurre che ogni forma in $\Omega^{n-1}(V)$ è totalmente decomponibile.
2. Provare che per ogni forma $\eta \in \Omega^p(V)$ vi è un'unica applicazione lineare $h_\eta\colon \Omega^{n-p}(V) \to \mathbb{K}$ tale che $\eta \wedge \mu = h_\eta(\mu)\omega$ per ogni $\mu \in \Omega^{n-p}(V)$. Dedurre che la scelta di ω determina un isomorfismo $\Omega^p(V) \cong \Omega^{n-p}(V)^\vee$.

12.47 Siano V uno spazio vettoriale e $v \in V$, $\phi \in V^\vee = \Omega^1(V)$ tali che $v \lrcorner \phi = \phi(v) = 1$. Dimostrare che ogni forma alternante $\omega \in \Omega^p(V)$ si scrive in modo unico come $\omega = \phi \wedge \omega_1 + \omega_2$, dove $\omega_1 \in \Omega^{p-1}(V)$, $\omega_2 \in \Omega^p(V)$ e $v \lrcorner \omega_1 = v \lrcorner \omega_2 = 0$.

12.48 Siano V uno spazio di dimensione finita e $\iota_V \colon V \to V^{\vee\vee} = \Omega^1(V^\vee)$ l'isomorfismo naturale con il biduale. Dimostrare che esistono degli isomorfismi di spazi vettoriali $\Phi_p \colon \Omega^p(V^\vee) \to \Omega^p(V)^\vee$ tali che $\Phi_1 = \mathrm{Id}_{V^{\vee\vee}}$ e

$$\Phi_p(\omega \wedge \iota_V(v))(\eta) = \Phi_{p-1}(\omega)(v \lrcorner\, \eta)$$

per ogni $p \geq 2$, $v \in V$, $\omega \in \Omega^{p-1}(V^\vee)$ e $\eta \in \Omega^p(V)$.

12.5 Sviluppi di Laplace generalizzati

In questa sezione useremo l'associatività del prodotto esterno ed il Corollario 12.38 per generalizzare gli sviluppi di Laplace per il calcolo del determinante.

Siano $0 < r < n$ due interi positivi fissati. Per ogni coppia di successioni di interi strettamente crescenti $1 \leq i_1 < i_2 < \cdots < i_r \leq n$, $1 \leq j_1 < j_2 < \cdots < j_r \leq n$, consideriamo le due applicazioni

$$D\!\left[\begin{smallmatrix} i_1\cdots i_r \\ j_1\cdots j_r \end{smallmatrix}\right],\ \overline{D}\!\left[\begin{smallmatrix} i_1\cdots i_r \\ j_1\cdots j_r \end{smallmatrix}\right] \colon M_{n,n}(\mathbb{K}) \to \mathbb{K},$$

definite nel modo seguente:

- $D\!\left[\begin{smallmatrix} i_1\cdots i_r \\ j_1\cdots j_r \end{smallmatrix}\right]A = $ determinante del minore di A, di ordine r, ottenuto *prendendo* le righe $i_1,\ldots,i_r$ e le colonne $j_1,\ldots,j_r$;
- $\overline{D}\!\left[\begin{smallmatrix} i_1\cdots i_r \\ j_1\cdots j_r \end{smallmatrix}\right]A = $ determinante del minore di A, di ordine $n-r$, ottenuto *cancellando* le righe $i_1,\ldots,i_r$ e le colonne $j_1,\ldots,j_r$.

Ad esempio, per $r = 1$ e $A = (a_{ij})$ si ha

$$D\!\left[\begin{smallmatrix} i \\ j \end{smallmatrix}\right]A = a_{ij}, \quad \overline{D}\!\left[\begin{smallmatrix} i \\ j \end{smallmatrix}\right]A = \det(A_{ij})$$

e pertanto possiamo scrivere lo sviluppo di Laplace rispetto alla riga i nella forma

$$\det(A) = \sum_{j=1}^{n}(-1)^{i+j}\left(D\!\left[\begin{smallmatrix} i \\ j \end{smallmatrix}\right]A\right)\cdot\left(\overline{D}\!\left[\begin{smallmatrix} i \\ j \end{smallmatrix}\right]A\right).$$

Teorema 12.49 (Sviluppi di Laplace generalizzati) *Sia* $1 \leq i_1 < \cdots < i_r \leq n$ *una successione di interi positivi. Allora per ogni matrice* $A \in M_{n,n}(\mathbb{K})$ *valgono le formule:*

$$\det(A) = \sum_{1 \leq j_1 < \cdots < j_r \leq n}(-1)^{i_1+\cdots+i_r+j_1+\cdots+j_r}\left(D\!\left[\begin{smallmatrix} i_1\cdots i_r \\ j_1\cdots j_r \end{smallmatrix}\right]A\right)\left(\overline{D}\!\left[\begin{smallmatrix} i_1\cdots i_r \\ j_1\cdots j_r \end{smallmatrix}\right]A\right);$$

$$\det(A) = \sum_{1 \leq j_1 < \cdots < j_r \leq n}(-1)^{i_1+\cdots+i_r+j_1+\cdots+j_r}\left(D\!\left[\begin{smallmatrix} j_1\cdots j_r \\ i_1\cdots i_r \end{smallmatrix}\right]A\right)\left(\overline{D}\!\left[\begin{smallmatrix} j_1\cdots j_r \\ i_1\cdots i_r \end{smallmatrix}\right]A\right).$$

Dimostrazione Basta dimostrare una sola formula, dato che la seconda non è altro che la prima applicata alla matrice trasposta. Indichiamo con $P(A)$ l'espressione a destra del segno di uguaglianza nella prima formula e denotiamo con $\sigma \in Sh(r, n - r)$ l'unica scozzata tale che $\sigma(h) = i_h$ per ogni $h = 1, \ldots, r$. Per il Lemma 12.36, data una qualunque scozzata $\tau \in Sh(r, n - r)$ si ha

$$(-1)^\sigma (-1)^\tau = (-1)^{\sigma(1)+\cdots+\sigma(r)+\tau(1)+\cdots+\tau(r)} = (-1)^{i_1+\cdots+i_r+\tau(1)+\cdots+\tau(r)},$$

$$\overline{D}\left[\begin{smallmatrix} \sigma(1)\cdots\sigma(r) \\ \tau(1)\cdots\tau(r) \end{smallmatrix}\right]A = D\left[\begin{smallmatrix} \sigma(r+1)\cdots\sigma(n) \\ \tau(r+1)\cdots\tau(n) \end{smallmatrix}\right]A,$$

e pertanto

$$P(A) = \sum_{\tau \in S(r,n-r)} (-1)^\sigma (-1)^\tau \left(D\left[\begin{smallmatrix} \sigma(1)\cdots\sigma(r) \\ \tau(1)\cdots\tau(r) \end{smallmatrix}\right]A\right)\left(D\left[\begin{smallmatrix} \sigma(r+1)\cdots\sigma(n) \\ \tau(r+1)\cdots\tau(n) \end{smallmatrix}\right]A\right).$$

Siano a_{ij} i coefficienti della matrice A, scegliamo uno spazio vettoriale V di dimensione n ed una sua base $e_1, \ldots, e_n$. Denotiamo con $\varphi_1, \ldots, \varphi_n \in V^\vee$ la corrispondente base duale e consideriamo gli n vettori $v_i = \sum_j e_j a_{ji}$, $i = 1, \ldots, n$; notiamo che vale $a_{ij} = \varphi_i(v_j)$ per ogni i, j.

Dato che $\varphi_i \wedge \varphi_j = -\varphi_j \wedge \varphi_i$ per ogni i, j, si ha

$$\varphi_{\sigma(1)} \wedge \cdots \wedge \varphi_{\sigma(n)} = (-1)^\sigma \varphi_1 \wedge \cdots \wedge \varphi_n$$

e per il Corollario 12.38

$$\varphi_{\sigma(1)} \wedge \cdots \wedge \varphi_{\sigma(n)}(v_1, \ldots, v_n) = (-1)^\sigma \det(A).$$

D'altra parte, per l'associatività del prodotto esterno si ha

$$(-1)^\sigma \det(A) = \varphi_{\sigma(1)} \wedge \cdots \wedge \varphi_{\sigma(n)}(v_1, \ldots, v_n)$$
$$= (\varphi_{\sigma(1)} \wedge \cdots \wedge \varphi_{\sigma(r)}) \wedge (\varphi_{\sigma(r+1)} \wedge \cdots \wedge \varphi_{\sigma(n)})(v_1, \ldots, v_n)$$
$$= \sum_{\tau \in Sh(r,n-r)} (-1)^\tau (\varphi_{\sigma(1)} \wedge \cdots \wedge \varphi_{\sigma(r)}(v_{\tau(1)}, \ldots, v_{\tau(r)}))$$
$$(\varphi_{\sigma(r+1)} \wedge \cdots \wedge \varphi_{\sigma(n)}(v_{\tau(r+1)}, \ldots, v_{\tau(n)}))$$
$$= \sum_{\tau \in Sh(r,n-r)} (-1)^\tau \left(D\left[\begin{smallmatrix} \sigma(1)\cdots\sigma(r) \\ \tau(1)\cdots\tau(r) \end{smallmatrix}\right]A\right) \cdot \left(D\left[\begin{smallmatrix} \sigma(r+1)\cdots\sigma(n) \\ \tau(r+1)\cdots\tau(n) \end{smallmatrix}\right]A\right) = (-1)^\sigma P(A).\ \square$$

Esercizi

12.50 (Binet generalizzato, ✒) Siano $n \leq m$ due interi positivi e si considerino due matrici $A \in M_{n,m}(\mathbb{K})$, $B \in M_{m,n}(\mathbb{K})$. Dimostrare che, nelle stesse notazioni del Teorema 12.49, vale la seguente generalizzazione del teorema di Binet:

$$\det(AB) = \sum_{1 \leq i_1 < \cdots < i_n \leq m} \left(D\left[\begin{smallmatrix} 1\cdots n \\ i_1\cdots i_n \end{smallmatrix}\right]A\right)\left(D\left[\begin{smallmatrix} i_1\cdots i_n \\ 1\cdots n \end{smallmatrix}\right]B\right).$$

(Suggerimento: applicare l'Esercizio 12.40 alla composizione delle applicazioni trasposte $\Omega^n(\mathbb{K}^n) \xrightarrow{L_A^\vee} \Omega^n(\mathbb{K}^m) \xrightarrow{L_B^\vee} \Omega^n(\mathbb{K}^n)$.)

12.51 (Identità di Dodgson,[2] 1866) Siano $n \geq 3$, $A = (a_{ij}) \in M_{n,n}(\mathbb{K})$ e denotiamo con $E = (a_{ij})_{i,j=2,\dots,n-1} \in M_{n-2,n-2}(\mathbb{K})$ la sottomatrice ottenuta togliendo prima ed ultima riga e prima ed ultima colonna. Provare che:

1. se $n = 3$ e $E = (a_{22}) \neq 0$, allora $\det(A) = (|A_{33}||A_{11}| - |A_{13}||A_{31}|)/a_{22}$.
2. (☕, ♡) se E è invertibile allora $\det(A) = (|A_{nn}||A_{11}| - |A_{1n}||A_{n1}|)/|E|$.

12.52 (☕) Siano dati: un campo $\mathbb{K}$, un insieme X ed $f_1 \colon X \times X \to \mathbb{K}$ un'applicazione tale che $f_1(x, y) = -f_1(y, x)$ per ogni $x, y \in X$. Si considerino le applicazioni

$$f_n \colon \underbrace{X \times \cdots \times X}_{2n \text{ fattori}} \to \mathbb{K}, \qquad n \geq 2,$$

definite mediante la formula ricorsiva

$$f_n(x_1, \dots, x_{2n}) = \sum_{i=2}^{2n} (-1)^i f_1(x_1, x_i) f_{n-1}(x_2, \dots, x_{i-1}, x_{i+1}, \dots, x_{2n}).$$

Provare che $f_n(x_{\sigma(1)}, \dots, x_{\sigma(2n)}) = (-1)^\sigma f_n(x_1, \dots, x_{2n})$ per ogni permutazione σ di $\{1, \dots, 2n\}$.

12.6 Complementi: il principio del massimo

Ricordiamo che $\mathcal{P}(X)$ denota la collezione di tutti i possibili sottoinsiemi di X; solitamente, un sottoinsieme du $\mathcal{P}(X)$ viene detto una *famiglia* di sottoinsiemi di X.

Definizione 12.53 Siano X un insieme e $\mathcal{F} \subseteq \mathcal{P}(X)$ una famiglia di sottoinsiemi di X. Un elemento $M \in \mathcal{F}$ si dice **massimale** se non esistono elementi di $\mathcal{F}$ che contengono strettamente M. Equivalentemente, M è massimale in $\mathcal{F}$ se è l'unico elemento della famiglia $\{N \in \mathcal{F} \mid M \subseteq N\}$.

Ad esempio, se $X = \{1, 2, \dots, 49\}$ e $\mathcal{F}$ è formata da tutti i sottoinsiemi di X con un numero pari di interi, allora $\mathcal{F}$ contiene esattamente 49 elementi massimali, ciascuno dei quali ottenuto togliendo un elemento di X.

Se X è un insieme finito è del tutto evidente che ogni $\mathcal{F} \subseteq \mathcal{P}(X)$ possiede elementi massimali (tra cui quelli con il maggior numero di elementi). Invece, se X è infinito, una famiglia di sottoinsiemi di X può non avere elementi massimali;

---

[2] Charles Lutwidge Dodgson, 1832–1898, meglio noto con lo pseudonimo Lewis Carroll.

ad esempio, la famiglia di tutti i sottoinsiemi finiti di $\mathbb{N}$ non possiede elementi massimali.

L'esperienza matematica mostra che è molto utile trovare condizioni su di una famiglia $\mathcal{F} \subseteq \mathcal{P}(X)$ che siano sufficienti per dedurre che $\mathcal{F}$ abbia elementi massimali; il principio del massimo fornisce una di queste condizioni (non l'unica possibile).

Definizione 12.54 Una famiglia $C \subseteq \mathcal{P}(X)$ di sottoinsiemi di X si dice una **catena** se per ogni $A, B \in C$ vale $A \subseteq B$ oppure $B \subseteq A$.

Ad esempio, la famiglia $C \subseteq \mathcal{P}(\mathbb{N})$ formata dai sottoinsiemi del tipo $\{0, \ldots, n\}$ è una catena, mentre la famiglia di tutti i sottoinsiemi finiti di $\mathbb{N}$ non è una catena.

Definizione 12.55 Una famiglia $\mathcal{F} \subseteq \mathcal{P}(X)$ di sottoinsiemi di X si dice **strettamente induttiva** se, per ogni catena non vuota $C \subseteq \mathcal{F}$, l'unione di tutti gli elementi di C appartiene ad $\mathcal{F}$:

$$\bigcup_{A \in C} A \ \in \mathcal{F}.$$

Ad esempio, la famiglia dei sottoinsiemi di $\mathbb{N}$ che non contengono potenze di 11 è strettamente induttiva, mentre la famiglia di tutti i sottoinsiemi finiti di $\mathbb{N}$ non è strettamente induttiva.

Teorema 12.56 (Principio del massimo di Hausdorff) *Siano X un insieme e $\mathcal{F} \subseteq \mathcal{P}(X)$ una famiglia non vuota e strettamente induttiva. Allora $\mathcal{F}$ possiede elementi massimali.*

La dimostrazione del principio del massimo, che può essere omessa ad una prima lettura, verrà data al termine di questa sezione.

Osservazione 12.57 (☺) È didatticamente utile dare una idea, non troppo rigorosa, della dimostrazione del principio del massimo nel caso $X = \mathbb{N}$, allo scopo di illustrare in un contesto ipersemplificato dove entrano in gioco le ipotesi del Teorema 12.56.

Supponiamo di avere una famiglia non vuota e strettamente induttiva $\mathcal{F} \subseteq \mathcal{P}(\mathbb{N})$. Per ogni $n \in \mathbb{N}$ denotiamo $[n] = \{0, 1, \ldots, n\}$ e, fra tutti gli insiemi in $\mathcal{F}$ scegliamone uno, che indicheremo A_0, tale che $A_0 \cap [0]$ contenga il maggior numero di elementi. Successivamente, tra tutti gli insiemi in $\mathcal{F}$ che contengono A_0 scegliamone uno, che indicheremo A_1, tale che $A_1 \cap [1]$ contenga il maggior numero di elementi. Poi si prosegue alla stessa maniera per ciascun intero maggiore di 1 arrivando a costruire ricorsivamente una successione di insiemi

$$A_0 \subseteq A_1 \subseteq A_2 \subseteq A_3 \subseteq \cdots,$$

in $\mathcal{F}$, dove A_n è scelto tra gli elementi di $\mathcal{F}$ che contengono A_{n-1} e con $A_n \cap [n]$ più grande possibile.

Adesso la famiglia $C = \{A_0, A_1, \ldots\}$ è chiaramente una catena in $\mathcal{F}$ e, per ipotesi, l'unione $B = \cup_{n=0}^{\infty} A_n$ appartiene ad $\mathcal{F}$; dimostriamo che B è un elemento massimale. Supponiamo per assurdo che esista $C \in \mathcal{F}$ che contiene strettamente B e indichiamo con N il minimo dell'insieme non vuoto $C - B$. A maggior ragione $A_N \subseteq C$, $N \in C$ e $N \notin A_N$; ma allora anche C contiene A_{N-1} ed ha intersezione con $[N]$ strettamente maggiore di $A_N \cap [N]$, in contraddizione con la scelta di A_N.

Vediamo adesso alcune applicazioni del principio del massimo allo studio degli spazi vettoriali di dimensione qualsiasi.

Teorema 12.58 (semisemplicità degli spazi vettoriali) *Siano W uno spazio vettoriale e $V, L \subseteq W$ due sottospazi vettoriali tali che $V \cap L = 0$. Allora esiste un sottospazio vettoriale $U \subseteq W$ tale che $L \subseteq U$ e $W = V \oplus U$.*

Dimostrazione Consideriamo la famiglia $\mathcal{F} \subseteq \mathcal{P}(W)$ dei sottospazi vettoriali di W che contengono L ed hanno in comune con V il solo vettore nullo; dimostriamo $\mathcal{F}$ è non vuota e strettamente induttiva. Il sottospazio L appartiene a $\mathcal{F}$ per ovvi motivi. Se $C \subseteq \mathcal{F}$ è una catena, consideriamo il sottoinsieme

$$M = \bigcup_{H \in C} H \subseteq W.$$

Se $v_1, v_2 \in M$, per definizione esistono due sottospazi $H_1, H_2 \in C$ tali che $v_1 \in H_1, v_2 \in H_2$. Siccome C è una catena si ha $H_1 \subseteq H_2$ oppure $H_2 \subseteq H_1$. In ogni caso esiste un indice i tale che $v_1, v_2 \in H_i$ e di conseguenza $av_1 + bv_2 \in H_i \subseteq M$ per ogni $a, b \in \mathbb{K}$; questo prova che M è un sottospazio vettoriale di W. Dimostriamo adesso che $V \cap M = 0$; se $v \in V \cap M$ in particolare $v \in M$ ed esiste $H \in C$ tale che $v \in H$ e siccome $V \cap H = 0$ si ha $v = 0$.

Dunque $M \in \mathcal{F}$ e per il principio del massimo la famiglia $\mathcal{F}$ possiede un elemento massimale U; per ipotesi $V \cap U = 0$ e per provare che $V \oplus U = W$ basta quindi dimostrare che $V + U = W$.

Supponiamo per assurdo $V + U \neq W$. Scegliamo un vettore $w \notin V + U$ e consideriamo il sottospazio $S = U + \mathbb{K}w$; dato che S contiene strettamente U ed U è massimale in $\mathcal{F}$ si ha $S \cap V \neq 0$. Scegliamo un vettore $0 \neq v \in S \cap V$, allora $v = u + aw$ con $u \in U$ ed $a \in \mathbb{K}$. Se $a = 0$ si avrebbe $v = u \in V \cap U = 0$ in contraddizione con l'ipotesi $v \neq 0$, mentre se $a \neq 0$ si avrebbe $w = (v - u)/a$ in contraddizione con l'ipotesi $w \notin V + U$. $\square$

Corollario 12.59 *Siano W uno spazio vettoriale, $L \subseteq W$ un sottospazio vettoriale e $w \in W$ un vettore non appartenente ad L. Allora esiste $\psi \in W^{\vee}$ tale che $\psi(w) = 1$ e $L \subseteq \operatorname{Ker} \psi$.*

Dimostrazione Per ipotesi $L \cap \operatorname{Span}(w) = 0$ e per semisemplicità esiste un sottospazio $U \subseteq W$ tale che $L \subseteq U$ e $U \oplus \operatorname{Span}(w) = W$. Dunque per ogni vettore di W si scrive in maniera unica come $u + aw$, con $u \in U$ e $a \in \mathbb{K}$. Basta allora definire $\psi(u + aw) = a$. $\square$

Corollario 12.60 *Sia $f : V \to W$ un'applicazione lineare. Allora f è iniettiva se e solo se la sua trasposta $f^{\vee} : W^{\vee} \to V^{\vee}$ è surgettiva.*

Dimostrazione Supponiamo f iniettiva, per il Teorema 12.58 esiste un sottospazio vettoriale $U \subseteq W$ tale che $W = f(V) \oplus U$. Dato un qualsiasi funzionale lineare $\varphi : V \to \mathbb{K}$ basta considerare il funzionale lineare $\psi : W \to \mathbb{K}$ definito ponendo

$$\psi(w) = 0 \text{ se } w \in U, \quad \psi(w) = \varphi(f^{-1}(w)) \text{ se } w \in f(V),$$

ed osservare che $f^{\vee}(\psi) = \varphi$.

Viceversa, supponiamo f non iniettiva e sia v un vettore non nullo del nucleo di f; per il Corollario 12.59 esiste $\varphi \in V^{\vee}$ tale che $\varphi(v) = 1$. D'altra parte, per ogni $\psi \in W^{\vee}$ si ha $(f^{\vee}\psi)v = \psi(f(v)) = \psi(0) = 0$ e questo implica che φ non appartiene all'immagine di $f^{\vee}$. $\square$

Corollario 12.61 *Sia V uno spazio vettoriale di dimensione infinita, allora l'applicazione naturale $\iota_V : V \to V^{\vee\vee}$ è iniettiva ma non è surgettiva.*

Dimostrazione Se $0 \neq v \in V$, per il Corollario 12.59 esiste $\psi \in V^{\vee}$ tale che $\iota_V(v)(\psi) = \psi(v) = 1$. Questo implica che ι_V è iniettiva.

Siccome V ha dimensione infinita, esiste una successione infinita $v_1, v_2, \ldots,$ di vettori in V tali che $v_{n+1} \notin \mathrm{Span}(v_1, \ldots, v_n)$ per ogni n. Consideriamo il sottospazio vettoriale $H \subseteq V^{\vee}$ formato dai funzionali $\varphi : V \to \mathbb{K}$ tali che $\varphi(v_n) \neq 0$ per al più un numero finito di indici n, e dimostriamo che:

1. $H \neq V^{\vee}$;
2. $\iota_V(v)_{|H} = 0$ solo se $v = 0$.

Da tali proprietà segue facilmente che ι_V non è surgettiva: infatti, per il punto 1 ed il Corollario 12.59 esiste $0 \neq \psi \in V^{\vee\vee}$ tale che $\psi_{|H} = 0$. Se per assurdo ι_V fosse surgettiva, allora $\psi = \iota_V(v)$ per qualche $v \in V$, ma per il punto 2 si avrebbe $v = 0$ e quindi anche $\psi = 0$.

Dimostrazione di 1. Sia $M \subseteq V$ il sottospazio vettoriale di tutte le combinazioni lineari finite dei vettori v_i e consideriamo il funzionale

$$f : M \to \mathbb{K}, \qquad f\left(\sum_i a_i v_i\right) = \sum_i a_i.$$

Per il Corollario 12.60 l'applicazione di restrizione $r : V^{\vee} \to M^{\vee}$, $r(\varphi) = \varphi_{|M}$ è surgettiva; se $\varphi \in V^{\vee}$ è tale che $r(\varphi) = f$, allora $\varphi \notin H$.

Dimostrazione di 2. Sia $v \in V$ tale che $\iota_V(v)_{|H} = 0$. Se $v \notin M$ allora per il Corollario 12.59 esiste $\varphi \in V^{\vee}$ tale $\varphi(v) = 1$ e $M \subseteq \mathrm{Ker}\,\varphi$. Ma questo implica $\varphi \in H$ e quindi $\varphi(v) = \iota_V(v)(\varphi) = 0$.

Dunque $v \in M$, ossia esistono $n > 0$ e $a_1, \ldots, a_n \in \mathbb{K}$ tali che $v = \sum_{i=1}^{n} a_i v_i$; proviamo che $a_h = 0$ per ogni h. Fissiamo un indice h e consideriamo il funzionale lineare

$$g: M \to \mathbb{K}, \qquad g\left(\sum_i b_i v_i\right) = b_h.$$

Scegliamo un funzionale $\varphi \in V^\vee$ tale che $r(\varphi) = g$, allora $\varphi \in H$ e quindi $0 = \iota_V(v)(\varphi) = \varphi(v) = g(v) = a_h.$ $\square$

Teorema 12.62 (esistenza di basi non ordinate) *Ogni spazio vettoriale V possiede una base non ordinata, ossia un sottoinsieme $B \subseteq V$ tale che:*

1. *ogni sottoinsieme finito e non vuoto di B è formato da vettori linearmente indipendenti;*
2. *ogni vettore di V è combinazione lineare di un numero finito di vettori di B.*

Dimostrazione Definiamo $\mathcal{F} \subseteq \mathcal{P}(V)$ come la collezione di tutti i sottoinsiemi $A \subseteq V$ tali che ogni sottoinsieme finito e non vuoto di A è formato da vettori linearmente indipendenti.

La famiglia $\mathcal{F}$ non è vuota in quanto contiene il sottoinsieme vuoto. Vogliamo adesso dimostrare che se $C \subseteq \mathcal{F}$ è una catena e $H = \bigcup_{A \in C} A$, allora ogni sottoinsieme finito di H è formato da vettori linearmente indipendenti. Dati $v_1, \ldots, v_n \in H$, esiste una successione $A_1, \ldots, A_n \in C$ tale che $v_i \in A_i$ per ogni i. Siccome C è una catena, a meno di permutare gli indici possiamo supporre $A_1 \subseteq A_2 \subseteq \cdots \subseteq A_n$, dunque i vettori $v_1, \ldots, v_n$ appartengono ad A_n e sono linearmente indipendenti.

Per il principio del massimo esiste un sottoinsieme massimale $B \in \mathcal{F}$. Mostriamo che per ogni vettore $v \in V$ esiste una successione finita $u_1, \ldots, u_n \in B$ ed una combinazione lineare $v = a_1 u_1 + \cdots + a_n u_n$.

Se $v \in B$ il fatto è ovvio; se invece $v \notin B$, per la condizione di massimalità $B \cup \{v\} \notin \mathcal{F}$ e dunque esiste un sottoinsieme finito $\{u_1, \ldots, u_n\} \subseteq B$ tale che i vettori $v, u_1, \ldots, u_n$ sono linearmente dipendenti, ossia esiste una combinazione lineare non banale $0 = \gamma v + b_1 u_1 + \cdots + b_n u_n$.

Poiché $u_1, \ldots, u_n$ sono linearmente indipendenti si deve avere $\gamma \neq 0$ e di conseguenza $v = -(b_1 u_1 + \cdots + b_n u_n)/\gamma.$ $\square$

Teorema 12.63 *Siano V, W spazi vettoriali e si supponga che esistano due applicazioni lineari iniettive $f: V \to W$ e $g: W \to V$. Allora esiste un isomorfismo lineare $h: V \to W$.*

Dimostrazione Se una delle due composizioni gf o fg è anche surgettiva, e questo accade sempre in dimensione finita, il risultato è banale. Altrimenti dobbiamo usare un diverso, e più difficile, ragionamento che utilizza il principio del massimo e la semisemplicità degli spazi vettoriali.

Sia $\mathcal{F}$ la famiglia dei sottospazi vettoriali $A \subseteq V$ tali che $A \cap g(W) \subseteq gf(A)$. Tale famiglia è non vuota (contiene $A = 0$) e si verifica facilmente essere strettamente induttiva. Inoltre, se $A \in \mathcal{F}$, allora anche $A + gf(A) \in \mathcal{F}$: infatti, se $v \in (A + gf(A)) \cap g(W)$ esistono $x, y \in A$ e $w \in W$ tali che $v = x + gf(y) = g(w)$, quindi $x = g(w - f(y)) \in A \cap g(W) \subseteq gf(A)$ e di conseguenza $v \in gf(A) \subseteq gf(A + gf(A))$.

Sia $L \in \mathcal{F}$ un elemento massimale, siccome $L + gf(L) \in \mathcal{F}$ si ha $L = L + gf(L)$, ossia $gf(L) \subseteq L$. Scegliamo un sottospazio $M \subseteq W$ tale che $W = f(L) \oplus M$ e proviamo che vale $V = L \oplus g(M)$. Siccome g è iniettiva si ha $gf(L) \cap g(M) = 0$ e quindi

$$L \cap g(M) = (L \cap g(W)) \cap g(M) \subseteq gf(L) \cap g(M) = 0.$$

Se per assurdo esiste $v \in V$, $v \notin L + g(M)$, allora $H = L + \mathrm{Span}(v)$ non appartiene ad $\mathcal{F}$ ed esiste $u \in H \cap g(W)$ che non appartiene a $gf(H)$; dal fatto che $L \in \mathcal{F}$ segue che $u \notin L$. Siano $x, y \in L$, $m \in M$ e $0 \neq a \in \mathbb{K}$ tali che $u = x + av = g(f(y) + m)$. Abbiamo visto che la massimalità di L implica $gf(y) \in L$, e quindi $av = gf(y) - x + g(m) \in L + g(M)$, in contraddizione con le ipotesi.

Siccome $f \colon L \to f(L)$ e $g \colon M \to g(M)$ sono isomorfismi, possiamo definire un isomorfismo lineare $h \colon V \to W$ ponendo $h(x + g(m)) = f(x) + m$, per ogni $x \in L$ ed ogni $m \in M$. $\square$

Dimostrazione del principio del massimo ☕, ⚽

Ricordiamo che con la scrittura $A \subsetneqq B$ si intende che A è un sottoinsieme proprio di B, ossia $A \subsetneqq B \Leftrightarrow A \subseteq B$ e $A \neq B$.

Teorema 12.64 *Siano X un insieme, $\mathcal{F}$ una famiglia non vuota e strettamente induttiva di sottoinsiemi di X e sia $f \colon \mathcal{F} \to \mathcal{F}$ un'applicazione tale che $A \subseteq f(A)$ per ogni $A \in \mathcal{F}$. Allora esiste $P \in \mathcal{F}$ tale che $f(P) = P$.*

Dimostrazione Dato che $A \subseteq f(A)$ per ogni $A \in \mathcal{F}$ ci basta trovare un elemento $P \in \mathcal{F}$ tale che $Q \subseteq P$ e $f(P) \subseteq P$. Per rendere la trattazione più leggibile e chiara abbiamo la necessità di introdurre due nozioni effimere, il *vasetto* ed il *coperchio*, che saranno usate esclusivamente in questa dimostrazione e poi subito dimenticate.

Per ipotesi $\mathcal{F} \neq \emptyset$ e quindi possiamo fissare un sottoinsieme $Q \in \mathcal{F}$, Chiameremo *vasetto* una qualunque sottofamiglia $\mathcal{A} \subseteq \mathcal{F}$ che soddisfa le seguenti tre condizioni:

S1) $Q \in \mathcal{A}$;
S2) $f(\mathcal{A}) \subseteq \mathcal{A}$;
S3) per ogni catena non vuota $C \subseteq \mathcal{A}$ si ha $\bigcup_{A \in C} A \in \mathcal{A}$.

Ad esempio, la sottofamiglia $\mathcal{Q} = \{A \in \mathcal{F} \mid Q \subseteq A\}$ è un vasetto. Indichiamo con $\mathbf{V}$ la collezione (non vuota) dei vasetti in $\mathcal{F}$. Osserviamo che

$$\mathcal{M} = \bigcap_{\mathcal{A} \in \mathbf{V}} \mathcal{A}$$

soddisfa le tre condizioni precedenti e pertanto è anch'esso un vasetto; dal fatto che $Q \in \mathbf{V}$ segue $\mathcal{M} \subseteq Q$ e quindi $Q \subseteq A$ per ogni $A \in \mathcal{M}$.

Diremo che un sottoinsieme T di X è un *coperchio* se $T \in \mathcal{M}$ e se per ogni $A \in \mathcal{M}$, $A \subsetneq T$, vale $f(A) \subseteq T$; ad esempio Q è un coperchio poiché $Q \subseteq A$ per ogni $A \in \mathcal{M}$ e quindi non esistono $A \subsetneq Q$.

Lemma 12.65 *Per ogni coperchio $T \in \mathcal{M}$ e per ogni $A \in \mathcal{M}$ si ha $A \subseteq T$ oppure $f(T) \subseteq A$.*

Dimostrazione   Sia $T \in \mathcal{M}$ un coperchio e consideriamo la famiglia

$$\mathcal{N} = \{A \in \mathcal{M} \mid A \subseteq T \text{ oppure } f(T) \subseteq A\}.$$

Siccome $\mathcal{N} \subseteq \mathcal{M}$, per dimostrare che $\mathcal{N} = \mathcal{M}$ basta mostrare che $\mathcal{N}$ è un vasetto. Per quanto riguarda la condizione S1) abbiamo già osservato che $Q \subseteq B$ per ogni $B \in \mathcal{M}$; in particolare $Q \subseteq T$ e quindi $Q \in \mathcal{N}$.

Per dimostrare S2), ossia che $f(A) \in \mathcal{N}$ per ogni $A \in \mathcal{N}$ consideriamo la seguente casistica:

1. se $A \subsetneq T$ allora, dato che T è un coperchio si ha $f(A) \subseteq T$ e quindi $f(A) \in \mathcal{N}$;
2. se $A = T$, allora $f(T) \subseteq f(A)$ e quindi $f(A) \in \mathcal{N}$;
3. se $f(T) \subseteq A$, allora $f(T) \subseteq A \subseteq f(A)$ e quindi $f(A) \in \mathcal{N}$.

Per dimostrare S3), sia C una catena non vuota contenuta in $\mathcal{N}$ e sia $H = \bigcup_{A \in C} A \in \mathcal{M}$. Se $H \subseteq T$ allora $H \in \mathcal{N}$, altrimenti esiste $A \in C$ che non è contenuto in T e quindi deve valere $f(T) \subseteq A$; a maggior ragione $f(T) \subseteq H$ e quindi $H \in \mathcal{N}$. $\square$

Lemma 12.66 *Ogni elemento di $\mathcal{M}$ è un coperchio.*

Dimostrazione   Indichiamo con $\mathcal{T}$ la famiglia dei coperchi di $\mathcal{M}$:

$$\mathcal{T} = \{T \in \mathcal{M} \mid f(A) \subseteq T \text{ per ogni } A \in \mathcal{M}, \ A \subsetneq T\}.$$

Come nel precedente lemma, per dimostrare che $\mathcal{T} = \mathcal{M}$ basta mostrare che $\mathcal{T}$ è un vasetto; abbiamo già osservato che Q è un coperchio e quindi che $\mathcal{T}$ soddisfa S1). Per quanto riguarda S2), occorre dimostrare che se T è un coperchio, allora anche $f(T)$ è un coperchio, ossia che $f(A) \subseteq f(T)$ per ogni $A \in \mathcal{M}$, $A \subsetneq f(T)$. Per il Lemma 12.65 le condizioni $A \in \mathcal{M}$, $A \subsetneq f(T)$, implicano che $A \subseteq T$ e quindi basta applicare f per ottenere $f(A) \subseteq f(T)$.

Mostriamo adesso che $\mathcal{T}$ soddisfa la condizione S3). Siano $C \subseteq \mathcal{T}$ una catena e $H = \bigcup_{A \in C} A \in \mathcal{M}$. Dobbiamo provare che H è un coperchio, e cioè che se $A \in \mathcal{M}$ e $A \subsetneq H$, allora $f(A) \subseteq H$. Siccome H non è contenuto in A esiste $T \in C$ tale che $T \not\subseteq A$ e quindi, a maggior ragione $f(T) \not\subseteq A$. Per il Lemma 12.65 si ha $A \subseteq T$, che assieme alla condizione $T \not\subseteq A$ implica $A \subseteq T$. Dato che T è un coperchio si ha $f(A) \subseteq T \subseteq H$. $\square$

Tornando alla dimostrazione del Teorema 12.64, osserviamo che è sufficiente dimostrare che $\mathcal{M}$ è una catena di X. Infatti, in tal caso per le proprietà S3 ed S2 si ha

$$P := \bigcup_{A \in \mathcal{M}} A \in \mathcal{M}, \qquad f(P) \in \mathcal{M},$$

e quindi $f(P) \subseteq P$. Siano dunque $S, T \in \mathcal{M}$ e supponiamo che $S \nsubseteq T$. Per il Lemma 12.66 T è un coperchio e dunque, per il Lemma 12.65, si ha $f(T) \subseteq S$; siccome $T \subseteq f(T)$ a maggior ragione si ha $T \subseteq S$. $\square$

Siamo adesso in grado di dimostrare il Teorema 12.56 come conseguenza del Teorema 12.64 e dell'assioma della scelta. Consideriamo la famiglia $\mathcal{R} \subseteq \mathcal{F} \times \mathcal{F}$ formata dalle coppie (A, B) tali che $A \subsetneq B$. Se, per assurdo, $\mathcal{F}$ non contiene elementi massimali, allora la proiezione sul primo fattore $p \colon \mathcal{R} \to \mathcal{F}$ è surgettiva e per l'assioma della scelta esiste un'applicazione $s \colon \mathcal{F} \to \mathcal{R}$ tale che $ps = \mathrm{Id}_{\mathcal{F}}$. Se $f \colon \mathcal{F} \to \mathcal{F}$ è la composizione di s con la proiezione sul secondo fattore, allora $A \subsetneq f(A)$ per ogni $A \in \mathcal{F}$, in contraddizione con il Teorema 12.64.

Esercizi

12.67 Siano X, Y insiemi qualsiasi e indichiamo con $p \colon X \times Y \to X$ e $q \colon X \times Y \to Y$ le proiezioni sui fattori. Sia $\mathcal{F} \subseteq \mathcal{P}(X \times Y)$ la famiglia dei sottoinsiemi $A \subseteq X \times Y$ tali che le applicazioni $p \colon A \to X$ e $q \colon A \to Y$ siano entrambe iniettive. Provare che:

1. la famiglia $\mathcal{F}$ è strettamente induttiva;
2. se $M \in \mathcal{F}$ è un elemento massimale, allora almeno una delle due proiezioni $p \colon M \to X, q \colon M \to Y$, è bigettiva;
3. o esiste un'applicazione iniettiva $X \to Y$ oppure esiste un'applicazione iniettiva $Y \to X$.

12.68 Siano dati uno spazio vettoriale V ed un sottoinsieme $A \subseteq V$ tale che ogni sottoinsieme finito di A è formato da vettori linearmente indipendenti. Provare che esiste un sottoinsieme $B \subseteq V$ tale che: $A \cap B = \emptyset$, ogni sottoinsieme finito di $A \cup B$ è formato da vettori linearmente indipendenti, ogni vettore di V è combinazione lineare di un numero finito di vettori di $A \cup B$.

12.69 Siano V uno spazio vettoriale non nullo e $F \subseteq \mathrm{Hom}(V, V)$ il sottospazio (vedi Esercizio 5.91) delle applicazioni lineari di rango finito. Provare che $F \neq 0$ e dedurre che il risultato dell'Esercizio 5.92 è falso in dimensione infinita.

12.70 (Teorema di scambio, ✎, ♡) Diremo per semplicità che un sottoinsieme A di uno spazio vettoriale è linearmente indipendente se ogni suo sottoinsieme finito è formato da vettori linearmente indipendenti. Siano B un insieme di generatori di uno spazio vettoriale V e $A \subseteq V$ un sottoinsieme non vuoto linearmente indipendente. Denotiamo con $p: A \times B \to A$ e $q: A \times B \to B$ le proiezioni sui fattori e con $\Delta = \{(v, v) \mid v \in A \cap B\} \subseteq A \times B$. Si consideri la famiglia $\mathcal{F} \subseteq \mathcal{P}(A \times B)$ formata da tutti i sottoinsiemi $C \subseteq A \times B$ tali che:

1. le restrizioni $p: C \to A$ e $q: C \to B$ sono entrambe iniettive;
2. $\Delta \subseteq C$ e $(A - p(C)) \cup q(C)$ è linearmente indipendente.

Provare che $\mathcal{F}$ è strettamente induttiva e dedurre che l'identità su $A \cap B$ si estende ad un'applicazione iniettiva $f: A \to B$ la cui immagine è linearmente indipendente.

12.71 (✋) Siano V, W due spazi vettoriali e $B \subseteq V$ una base non ordinata (Teorema 12.62). Provare che data un'applicazione di insiemi $h: B \to W$ vi è un'unica applicazione lineare $f: V \to W$ tale che $f(v) = h(v)$ per ogni $v \in B$. Dedurre che se V, W sono entrambi non nulli, allora $\mathrm{Hom}(V, W)$ ha dimensione finita solo se V e W hanno entrambi dimensione finita.

12.72 Nelle notazioni introdotte nella dimostrazione del Corollario 12.61, per ogni $t \in \mathbb{K}$ scegliamo un funzionale $f_t \in V^\vee$ tale che $f_t(v_i) = t^{i-1}$ per ogni $i > 0$. Dimostrare che i funzionali f_t sono, al variare di $t \in \mathbb{K}$, linearmente indipendenti. (Sugg.: Vandermonde.)

12.73 Siano V, W spazi vettoriali e si supponga che esistano due applicazioni lineari surgettive $f: V \to W$ e $g: W \to V$. Dimostrare che esiste un isomorfismo lineare $h: V \to W$.

12.74 (✋) Sia $\mathbb{K} \subseteq \mathbb{R}$ il sottocampo introdotto nell'Esercizio 5.30. Usare l'esistenza di una base non ordinata di $\mathbb{R}$ come spazio vettoriale su $\mathbb{K}$ per provare che $\mathbb{R}$ ed $\mathbb{R}^2$ sono isomorfi come spazi vettoriali su $\mathbb{Q}$. Dedurre che esiste un prodotto per scalare $\mathbb{C} \times \mathbb{R} \to \mathbb{R}$ che rende $\mathbb{R}$, con la usuale somma, uno spazio vettoriale complesso.

12.75 Sia X un insieme e denotiamo con $\mathcal{F}$ la famiglia dei sottoinsiemi $A \subseteq X \times X$ che soddisfano le seguenti quattro condizioni:

1. se $(x, y) \in A$ allora $(x, x), (y, y) \in A$;
2. se $(x, x), (y, y) \in A$ allora o $(x, y) \in A$ oppure $(y, x) \in A$;
3. se $(x, y), (y, x) \in A$ allora $x = y$;
4. se $(x, y), (y, z) \in A$ allora $(x, z) \in A$.

Dimostrare che la famiglia $\mathcal{F}$ è non vuota e strettamente induttiva, e che per ogni suo elemento massimale $I \in \mathcal{F}$ vale $X = \{x \in X \mid (x, x) \in I\}$.

12.76 Per definizione, un *ordinamento* in un insieme X è una relazione binaria $\leq$ che soddisfa le tre proprietà:

riflessiva: $\qquad x \leq x$ *per ogni* $x \in X$;

antisimmetrica: *se* $x \leq y$ *e* $y \leq x$*, allora* $x = y$;

transitiva: $\qquad$ *se* $x \leq y$ *e* $y \leq z$*, allora* $x \leq z$;

Un ordinamento in X si dice *totale* se per ogni $x, y \in X$ vale $x \leq y$ oppure $y \leq x$. Usare il risultato dell'Esercizio 12.75 per dimostrare che ogni insieme possiede ordinamenti totali.

12.77 (☕☕) Risolvere il problema del fidanzamento (Esercizio 2.49) senza l'ipotesi che M sia finito (tutte le altre ipotesi restano invariate).

Note

In letteratura si trovano diversi simboli matematici per indicare il duale di uno spazio vettoriale V, ed i più usati sono indubbiamente V^*, $V^\vee$ e V' (con le trasposte denotate f^*, $f^\vee$ e f' rispettivamente).

Il responsabile della presenza dell'Esercizio 12.33 è Simone Diverio.

La regola dei segni di Koszul prende nome da Jean-Louis Koszul (1921–2018), mentre quella di Leibniz (più raramente scritto Leibnitz o Leibnizio) da Gottfried Wilhelm Leibniz (1646–1716).

Utilizzando la cosiddetta aritmetica cardinale è possibile migliorare il Corollario 12.61, dimostrando che per ogni spazio vettoriale V di dimensione infinita non esistono applicazioni lineari surgettive $V \to V^{\vee\vee}$, ed anche che non esistono applicazioni lineari surgettive $V \to V^\vee$, mentre il Teorema 12.62 implica facilmente l'esistenza di applicazioni lineari iniettive (non canoniche) $V \to V^\vee$.

L'Esercizio 12.77 può essere visto come un semplice corollario del teorema di Tychonoff (mentre l'applicazione diretta del principio del massimo si merita la doppia tazzina). Per maggiori approfondimenti rimandiamo il lettore interessato al libro [12].

Capitolo 13
Spazi quoziente

Abbiamo atteso un po' prima di introdurre gli spazi quoziente perché, come l'esperienza didattica insegna, il piano di astrazione dove sono collocati li rende inizialmente abbastanza ostici alla maggioranza degli studenti alle prime armi.

Per agevolare la comprensione, faremo precedere gli spazi vettoriali quoziente da alcune considerazioni di natura generale sulle successioni esatte e sugli insiemi quoziente.

13.1 Successioni esatte

Tra i tanti possibili diagrammi di spazi vettoriali ed applicazioni lineari, particolarmente importanti nella pratica matematica sono quelli a forma di stringa, fila indiana, trenino ecc., ossia quelli con le applicazioni disposte in serie

$$V_0 \xrightarrow{f_0} V_1 \xrightarrow{f_1} V_2 \xrightarrow{f_1} \cdots \xrightarrow{f_{n-1}} V_n \xrightarrow{f_n} V_{n+1}. \tag{13.1}$$

Definizione 13.1 Una diagramma di applicazioni lineari disposte in serie come in (13.1) si dice una **successione esatta** di spazi vettoriali se il nucleo di f_i è uguale all'immagine di f_{i-1} per ogni $i = 1, \ldots, n$.

Una condizione necessaria affinché (13.1) sia esatta è che siano nulle tutte le composizioni di applicazioni consecutive; infatti dire che $f_i f_{i-1} = 0$ è del tutto equivalente a dire $f_{i-1}(V_{i-1}) \subseteq \mathrm{Ker}(f_i)$.

Ad esempio, sono successioni esatte:

$$0 \to \mathbb{K} \xrightarrow{L_A} \mathbb{K}^2 \xrightarrow{L_B} \mathbb{K} \to 0, \quad \text{dove } A = \begin{pmatrix} 1 \\ 1 \end{pmatrix}, \ B = \begin{pmatrix} 1 & -1 \end{pmatrix};$$

$$\mathbb{K}^2 \xrightarrow{L_C} \mathbb{K}^2 \xrightarrow{L_D} \mathbb{K}^2, \quad \text{dove } C = \begin{pmatrix} 1 & 2 \\ 2 & 4 \end{pmatrix}, \ D = \begin{pmatrix} 2 & -1 \\ 0 & 0 \end{pmatrix}.$$

© The Author(s), under exclusive license to Springer Nature Switzerland AG 2025
M. Manetti, *Algebra Lineare*, La Matematica per il 3+2 174,
https://doi.org/10.1007/978-3-032-01504-4_13

Esempio 13.2　La successione $0 \to V \to 0$ è esatta se e solo se $V = 0$. La successione $0 \to V \xrightarrow{f} W \to 0$ è esatta se e solo se f è un isomorfismo.

Esempio 13.3

1. Per ogni applicazione lineare $f \colon V \to W$, la successione $0 \to \mathrm{Ker}\, f \xrightarrow{i} V \xrightarrow{f} W$ è esatta, dove i è il morfismo di inclusione.
2. Per ogni coppia di applicazioni lineari $U \xrightarrow{f} V \xrightarrow{g} W$ la successione $0 \to \mathrm{Ker}\, f \xrightarrow{i} \mathrm{Ker}(gf) \xrightarrow{f} \mathrm{Ker}\, g$ è esatta, dove i è il morfismo di inclusione.

Esempio 13.4　Sia $V_0 \xrightarrow{f_0} V_1 \xrightarrow{f_1} V_2 \xrightarrow{f_2} V_3$ una successione esatta. Allora le seguenti condizioni sono equivalenti:

1. f_0 è surgettiva;
2. $f_1 = 0$;
3. f_2 è iniettiva.

Infatti, per l'esattezza in V_1 il nucleo di f_1 è uguale all'immagine di f_0; in particolare f_0 è surgettiva se e solo se $\mathrm{Ker}\, f_1 = V_1$, ossia se e solo se $f_1 = 0$. Similmente, per l'esattezza in V_2 il nucleo di f_2 è uguale all'immagine di f_1 ed in particolare $f_1 = 0$ se e solo se $\mathrm{Ker}\, f_2 = 0$.

Esempio 13.5　Sia $V_0 \xrightarrow{f_0} V_1 \xrightarrow{f_1} V_2 \xrightarrow{f_2} V_3 \xrightarrow{f_3} V_4$ una successione esatta. Allora le seguenti condizioni sono equivalenti:

1. f_0 è surgettiva e f_3 è iniettiva;
2. $f_1 = f_2 = 0$;
3. $V_2 = 0$.

I ragionamenti da fare sono analoghi a quelli dell'esempio precedente e lasciati per esercizio al lettore.

Definizione 13.6　Una **successione esatta corta** di spazi vettoriali è una successione esatta del tipo

$$0 \to U \xrightarrow{f} V \xrightarrow{g} W \to 0. \tag{13.2}$$

Più concretamente, la successione (13.2) è esatta corta se e solo se f è iniettiva, g è surgettiva e $\mathrm{Ker}\, g = f(U)$. Dunque, se (13.2) è una successione esatta corta allora: $W = g(V)$, $f \colon U \to \mathrm{Ker}\, g$ è un isomorfismo e, se V ha dimensione finita, il teorema del rango implica

$$\dim V = \dim \mathrm{Ker}\, g + \dim g(V) = \dim U + \dim W.$$

Esempio 13.7 Consideriamo una successione esatta

$$0 \to V_1 \xrightarrow{f_1} V_2 \xrightarrow{f_2} V_3 \xrightarrow{f_3} V_4 \to 0.$$

Denotando con $U = \operatorname{Ker} f_3 = f_2(V_2)$ e con $i\colon U \to V_3$ il morfismo di inclusione, possiamo 'spezzare' la precedente successione esatta nelle due successioni esatte corte:

$$0 \to V_1 \xrightarrow{f_1} V_2 \xrightarrow{f_2} U \to 0, \qquad 0 \to U \xrightarrow{i} V_3 \xrightarrow{f_3} V_4 \to 0.$$

Se, in aggiunta, gli spazi vettoriali V_i hanno tutti dimensione finita, ricaviamo

$$\dim V_3 = \dim V_4 + \dim U, \qquad \dim V_2 = \dim V_1 + \dim U,$$

e quindi

$$\dim V_1 + \dim V_3 = \dim V_2 + \dim V_4.$$

Teorema 13.8 *Siano* $U \xrightarrow{i} V \xrightarrow{p} W \to 0$ *una successione esatta di spazi vettoriali e* $f\colon V \to H$ *un'applicazione lineare. Allora esiste un'applicazione lineare* $g\colon W \to H$ *tale che* $f = gp$ *se e solo se* $fi = 0$.

Dimostrazione Siccome $pi = 0$, se vale $f = gp$ allora $fi = gpi = g0 = 0$. Viceversa, supponiamo $fi = 0$ e usiamo la surgettività di p per definire $g\colon W \to H$ ponendo $g(w) = f(v)$, dove v è un *qualsiasi* vettore di V tale che $p(v) = w$.

Prima di proseguire dobbiamo dimostrare che g è *ben definita*, ossia che per ogni vettore $w \in W$ fissato il valore $g(w) = f(v)$ non dipende dalla scelta di v: se $p(v_1) = p(v_2) = w$, allora $p(v_1 - v_2) = 0$, ossia $v_1 - v_2 \in \operatorname{Ker} p$ e per esattezza esiste $u \in U$ tale che $v_1 - v_2 = i(u)$ e quindi

$$f(v_1) = f(v_2 + i(u)) = f(v_2) + f(i(u)) = f(v_2).$$

Dunque la precedente definizione di g è ben posta e vale $gp = f$. La dimostrazione della linearità di g è lasciata per esercizio (cf. Esercizio 5.26). $\square$

Esercizi

13.9 Data una successione esatta di spazi vettoriali di dimensione finita

$$0 \to V_1 \to V_2 \to \cdots \to V_{n-1} \to V_n \to 0,$$

dimostrare che $\sum_{i=1}^{n}(-1)^i \dim V_i = 0$.

13.10 Data una successione esatta corta $0 \to U \xrightarrow{f} V \xrightarrow{g} W \to 0$ di spazi vettoriali ed un'applicazione lineare $h \colon H \to W$ denotiamo

$$V \times_W H = \{(v, x) \in V \times H \mid g(v) = h(x)\}.$$

Dimostrare che $0 \to U \xrightarrow{q} V \times_W H \xrightarrow{p} H \to 0$ è una successione esatta, dove $p(v, x) = x$ e $q(u) = (u, 0)$.

13.11 Questo esercizio è un tipico esempio di *caccia al diagramma*, un metodo di indagine che sfrutta in maniera formale alcune proprietà del diagramma stesso come l'iniettivià o la surgettività di alcune applicazioni o come l'esattezza di alcune successioni. Si consideri il diagramma commutativo di spazi vettoriali ed applicazioni lineari

$$
\begin{array}{ccccc}
 & & & & 0 \\
 & & & & \downarrow \\
N_1 & \longrightarrow & M_1 & \longrightarrow & P_1 \\
\downarrow & & \downarrow & & \downarrow \\
0 \longrightarrow N_2 & \longrightarrow & M_2 & \longrightarrow & P_2 \\
\downarrow & & \downarrow & & \\
N_3 & \xrightarrow{f} & M_3 & & \\
\downarrow & & & & \\
0 & & & &
\end{array}
$$

in cui tutte le righe e tutte le colonne sono successioni esatte. Provare che l'applicazione f è iniettiva.

13.12 (Lemma dei 9) Si consideri il seguente diagramma commutativo di spazi vettoriali:

$$
\begin{array}{ccccccc}
 & 0 & & 0 & & 0 & \\
 & \downarrow & & \downarrow & & \downarrow & \\
0 \to & N_1 & \to & M_1 & \to & P_1 & \to 0 \\
 & \downarrow & & \downarrow & & \downarrow & \\
0 \to & N_2 & \xrightarrow{f} & M_2 & \xrightarrow{g} & P_2 & \to 0 \\
 & \downarrow & & \downarrow & & \downarrow & \\
0 \to & N_3 & \to & M_3 & \to & P_3 & \to 0 \\
 & \downarrow & & \downarrow & & \downarrow & \\
 & 0 & & 0 & & 0 &
\end{array}
$$

Si assuma che le colonne siano esatte e che $gf = 0$. Provare che se due righe qualsiasi sono successioni esatte allora anche la riga rimanente è una successione esatta.

13.13 (Lemma dei 5) Sia dato il seguente diagramma commutativo di spazi vettoriali ed applicazioni lineari

$$
\begin{array}{ccccccccc}
E_1 & \xrightarrow{d_1} & E_2 & \xrightarrow{d_2} & E_3 & \xrightarrow{d_3} & E_4 & \xrightarrow{d_4} & E_5 \\
\downarrow{\scriptstyle\alpha_1} & & \downarrow{\scriptstyle\alpha_2} & & \downarrow{\scriptstyle\beta} & & \downarrow{\scriptstyle\alpha_4} & & \downarrow{\scriptstyle\alpha_5} \\
H_1 & \xrightarrow{h_1} & H_2 & \xrightarrow{h_2} & H_3 & \xrightarrow{h_3} & H_4 & \xrightarrow{h_4} & H_5
\end{array}
$$

con entrambe le righe esatte. Dimostrare che:

1. se α_1 è surgettiva e α_2, α_4 sono iniettive, allora β è iniettiva;
2. se α_5 è iniettiva e α_2, α_4 sono surgettive, allora β è è surgettiva;
3. se $\alpha_1, \alpha_2, \alpha_4, \alpha_5$ sono bigettive, allora β è è bigettiva.

13.14 Usando il fatto che un'applicazione lineare $f\colon V \to W$ è iniettiva (risp.: surgettiva) se e solo se $f^\vee\colon W^\vee \to V^\vee$ è surgettiva (risp.: iniettiva), provare che una successione $\cdots V_i \xrightarrow{f_i} V_{i-1} \cdots$ di spazi vettoriali è esatta se e solo se la sua duale $\cdots V_{i-1}^\vee \xrightarrow{f_i^\vee} V_i^\vee \cdots$ è ancora esatta. Dedurre che i primi due punti dell'Esercizio 13.13 sono uno il duale dell'altro.

13.15 Dato un diagramma commutativo

$$
\begin{array}{ccccccccc}
0 & \longrightarrow & U & \longrightarrow & V & \longrightarrow & W & \longrightarrow & 0 \\
 & & \downarrow{\scriptstyle f} & & \downarrow{\scriptstyle g} & & \downarrow{\scriptstyle h} & & \\
0 & \longrightarrow & U & \longrightarrow & V & \longrightarrow & W & \longrightarrow & 0
\end{array}
$$

di spazi vettoriali di dimensione finita con le righe esatte e *identiche*, provare che $\mathrm{Tr}(g) = \mathrm{Tr}(f) + \mathrm{Tr}(h)$, $\det(g) = \det(f)\det(h)$, $p_g(t) = p_f(t)p_h(t)$ e che il polinomio minimo di g divide il prodotto dei polinomi minimi di f e h.

13.2 Relazioni di equivalenza

Il concetto di relazione è estremamente comune e tutti ne abbiamo un'idea più o meno precisa. Tra gli esempi di relazioni binarie, ossia relazioni che legano o meno due cose o persone, riconosciamo tutti la parentela, il matrimonio, la discendenza, il fidanzamento eccetera. Un impiegato dell'anagrafe, per velocizzare il lavoro, potrebbe ad esempio scrivere aMb per indicare che a e b sono sposati e aDb per indicare che a è un discendente di b.

Possiamo formalizzare matematicamente questi concetti dicendo semplicemente che una **relazione binaria** su un insieme X è un sottoinsieme del prodotto cartesiano $X \times X$. Per ogni relazione binaria $R \subseteq X \times X$, scriveremo xRy per indicare che la coppia (x, y) è un elemento di R, ossia $xRy \Leftrightarrow (x, y) \in R$.

Tra tutte le possibili relazioni binarie, particolarmente importanti sono quelle di equivalenza.

Definizione 13.16 Una relazione binaria $R \subseteq X \times X$ su un insieme X si dice una **relazione di equivalenza** se soddisfa le seguenti tre proprietà:

Riflessiva: *$x R x$ per ogni $x \in X$;*
Simmetrica: *se $x R y$, allora $y R x$;*
Transitiva: *se $x R y$ e $y R z$, allora $x R z$.*

Se $x R y$ diremo che x è *equivalente ad y* per la relazione R.

È facile vedere che le precedenti proprietà sono indipendenti tra loro, ossia che due delle tre non implicano la terza. Ad esempio per $X = \mathbb{Z}$, il sottoinsieme vuoto $R = \emptyset$ soddisfa le proprietà simmetrica e transitiva ma non quella riflessiva; il sottoinsieme $R = \{(x, y) \mid x \leq y\}$ soddisfa le proprietà riflessiva e transitiva ma non quella simmetrica, mentre $R = \{(x, y) \mid |x - y| \leq 1\}$ soddisfa le proprietà riflessiva e simmetrica ma non quella transitiva.

Esempio 13.17 L'intero prodotto $R = X \times X$ definisce una relazione di equivalenza detta banale, mentre la diagonale $R = \{(x, x) \in X \times X \mid x \in X\}$ definisce una relazione di equivalenza detta discreta. Tali relazioni coincidono se e solo se l'insieme contiene al più un punto.

Nella terminologia attualmente dominante vengono solitamente usati i simboli $\sim$ e $\equiv$ per denotare relazioni di equivalenza.

Esempio 13.18 In un qualunque spazio vettoriale V, una possibile relazione di equivalenza è definita ponendo $u \sim v$ se esiste un endomorfismo invertibile $f : V \to V$ tale che $f(u) = v$. Per verificare la riflessività basta considerare come f l'identità su V; se $u \sim v$ allora esiste $f : V \to V$ invertibile tale che $u = f(v)$, da ciò segue che $v = f^{-1}(u)$ e quindi $v \sim u$; infine, se $u \sim v$ e $v \sim w$, scelti due endomorfismi invertibili f, g tali che $u = f(v)$ e $v = g(w)$, si ha $u = f(g(w)) = fg(w)$ e quindi $u \sim w$.

Esempio 13.19 Sia V uno spazio vettoriale; sull'insieme $X = V \times V$ possiamo considerare la relazione di equivalenza $\sim$, dove $(u_1, u_2) \sim (v_1, v_2)$ se esiste un endomorfismo lineare invertibile $f : V \to V$ tale che $u_1 = f(v_1)$ e $u_2 = f(v_2)$. La verifica che la relazione $\sim$ è di equivalenza è sostanzialmente la stessa dell'esempio precedente.

Esempio 13.20 La relazione di similitudine tra matrici quadrate (Definizione 9.1), è una relazione di equivalenza.

Definizione 13.21 Sia $\sim$ una relazione di equivalenza su un insieme X. La **classe di equivalenza** di un elemento $x \in X$ per la relazione $\sim$ è il sottoinsieme

$$[x] \subseteq X, \qquad [x] = \{y \in X \mid y \sim x\}.$$

Esempio 13.22 Sull'insieme degli interi $\mathbb{Z}$ definiamo la relazione $\equiv$, detta di *congruenza modulo* 2, ponendo $x \equiv y$ se e solo se $x - y$ è divisibile per 2. Lasciamo al lettore la semplice verifica che si tratta di una relazione di equivalenza e che esistono esattamente due classi di equivalenza: quella dei numeri pari e quella dei numeri dispari.

Lemma 13.23 *Sia $\sim$ una relazione di equivalenza su un insieme X. Per una coppia di elementi $x, y \in X$ si ha:*

$$x \sim y \ \Leftrightarrow \ [x] = [y] \ \Leftrightarrow \ [x] \cap [y] \neq \emptyset.$$

Dimostrazione Se $x \sim y$ allora per ogni $z \in [x]$ si ha $z \sim x$ e per la proprietà transitiva $z \sim y$; dunque $z \in [y]$; questo prova che $[x] \subseteq [y]$ e scambiando i ruoli di x e y che $[y] \subseteq [x]$, quindi $[x] = [y]$. Dato che le classi di equivalenza non sono mai vuote, se $[x] = [y]$ a maggior ragione $[x] \cap [y] \neq \emptyset$. Per concludere, se $[x] \cap [y] \neq \emptyset$ allora, scelto un qualsiasi $z \in [x] \cap [y]$ si ha $z \sim x, z \sim y$ e per la proprietà transitiva $x \sim y$. $\square$

Prendendo gli enunciati opposti, possiamo riscrivere il Lemma 13.23 nella sua forma equivalente

$$x \not\sim y \ \Leftrightarrow \ [x] \neq [y] \ \Leftrightarrow \ [x] \cap [y] = \emptyset.$$

In particolare, due classi di equivalenza o coincidono o sono disgiunte; detto in altri termini, le classi di equivalenza dànno una decomposizione di X come unione di sottoinsiemi a due a due disgiunti.

Per il Lemma 13.23, le classi di equivalenza determinano univocamente la relazione di equivalenza, e nei loro termini le proprietà caratterizzanti diventano:

Riflessiva: *$x \in [x]$ per ogni $x \in X$;*
Simmetrica: *se $x \in [y]$, allora $y \in [x]$;*
Transitiva: *se $x \in [y]$ e $y \in [z]$, allora $x \in [z]$.*

Esempio 13.24 Data un'applicazione tra insiemi $f : X \to Q$, possiamo definire una relazione di equivalenza $\sim$ sull'insieme X ponendo $x \sim y$ se e solo se $f(x) = f(y)$. Le classi di equivalenza di tale relazione vengono anche chiamate le *fibre* dell'applicazione f.

Data una qualsiasi relazione di equivalenza $\sim$ su un insieme X possiamo considerare l'applicazione

$$\pi : X \to \mathcal{P}(X), \qquad \pi(x) = [x],$$

che ad ogni elemento associa la corrispondente classe di equivalenza. Per il Lemma 13.23 si ha $x \sim y$ se se solo se $\pi(x) = \pi(y)$; dunque ogni relazione di equivalenza può essere pensata del tipo descritto nell'Esempio 13.24.

Definizione 13.25 Nelle notazioni precedenti, l'immagine di $\pi\colon X \to \mathcal{P}(X)$ viene detta **insieme quoziente** di X per la relazione $\sim$ e viene indicato $X/\!\sim$:

$$X/\!\sim \,= \{[x] \mid x \in X\} \subseteq \mathcal{P}(X).$$

L'applicazione $\pi\colon X \to X/\!\sim$, $\pi(x) = [x]$, viene detta **proiezione al quoziente**.

Nella pratica matematica, la descrizione esplicita del quoziente come sottoinsieme dell'insieme delle parti risulta spesso un'inutile zavorra e si tende a dimenticarla, preferendo un approccio più astratto che tiene conto solamente delle proprietà della proiezione al quoziente, che sono:

1. la proiezione al quoziente $\pi\colon X \to X/\!\sim$ esiste ed è surgettiva;
2. dati $x, y \in X$, vale $x \sim y$ se e solo se $\pi(x) = \pi(y)$.

Alternativamente, possiamo pensare l'insieme quoziente definito per astrazione, nel senso descritto da Hermann Weyl in [16, p. 11]: "Se conveniamo di considerare distinti due oggetti a, b se, e solo se, essi non soddisfano la relazione di equivalenza $a \sim b$, dal campo originario otteniamo *per astrazione* un nuovo campo di oggetti."

Data una relazione di equivalenza $\sim$ su un insieme X, diremo che un sottoinsieme $S \subseteq X$ è un **insieme di rappresentanti** (per la relazione $\sim$) se la restrizione ad S della proiezione al quoziente è bigettiva. Equivalentemente, S è un insieme di rappresentanti se interseca ogni classe di equivalenza in uno ed un solo punto.

Per ogni relazione di equivalenza esiste almeno un insieme di rappresentanti: infatti la proiezione al quoziente è surgettiva e per l'assioma della scelta (vedi Sezione 2.6) esiste un'applicazione $s\colon X/\!\sim\, \to X$ tale che $\pi s([x]) = [x]$ per ogni classe di equivalenza $[x]$, ed è chiaro che l'immagine di s è un insieme di rappresentanti.

Lemma 13.26 (proprietà universale del quoziente) *Siano $\sim$ una relazione di equivalenza su un insieme X e $\pi\colon X \to X/\!\sim$ la proiezione al quoziente corrispondente. Per una applicazione $f\colon X \to Y$, le seguenti condizioni sono equivalenti:*

1. *L'applicazione f è costante sulle classi di equivalenza, ossia $f(x) = f(y)$ ogni volta che $x \sim y$;*
2. *Esiste un'applicazione $g\colon X/\!\sim\, \to Y$ tale che $f = g\pi$.*

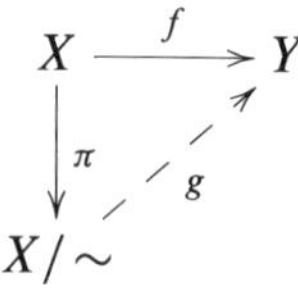

Dimostrazione Se esiste un'applicazione $g\colon X/\!\sim\, \to Y$ tale che $f = g\pi$, allora per ogni $x \sim y$ si ha $f(x) = g(\pi(x)) = g(\pi(y)) = f(y)$. Giova osservare che una g siffatta è necessariamente unica, dato che π è surgettiva.

Viceversa, se f è costante sulle classi di equivalenza, definiamo $g([x]) = f(x)$ per ogni $x \in X$. Questa definizione è ben posta in quanto, se $[x] = [y]$ con $x, y \in X$, allora $x \sim y$ e quindi $f(x) = f(y)$. $\square$

Esercizi

13.27 Descrivere il quoziente di uno spazio vettoriale di dimensione positiva per la relazione di equivalenza dell'Esempio 13.18.

13.28 Dire quali, tra le seguenti relazioni binarie sull'insieme $M_{n,n}(\mathbb{C})$ delle matrici $n \times n$ a coefficienti complessi, sono relazioni di equivalenza:

1. $A \clubsuit B$ se $A - B \in M_{n,n}(\mathbb{R})$;
2. $A \spadesuit B$ se $A - B$ è nilpotente;
3. $A \heartsuit B$ se $\det(A) = \det(B)$;
4. $A \diamondsuit B$ se $A^2 = B^2$;
5. $A \Uparrow B$ se $A = \lambda B$ per qualche $\lambda \in \mathbb{C}$;
6. $A \Downarrow B$ se $A = \lambda B$ per qualche $\lambda \in \mathbb{C} - \{0\}$.

13.29 Sull'insieme $X = \{(n,m) \in \mathbb{Z} \times \mathbb{Z} \mid m > 0\}$ definiamo la relazione $\sim$ ponendo $(n,m) \sim (p,q)$ se $nq = mp$.

Verificare che $\sim$ è una relazione di equivalenza e che esiste una bigezione naturale tra l'insieme quoziente $X/\!\sim$ e l'insieme $\mathbb{Q}$ dei numeri razionali.

13.30 Siano X un insieme e $R_1, \ldots, R_n \subseteq X \times X$ relazioni di equivalenza. Provare che l'intersezione $R_1 \cap \cdots \cap R_n$ è ancora una relazione di equivalenza.

13.31 ($\heartsuit$) Sia $\sim$ una relazione di equivalenza su un insieme X di $2n$ elementi. Dimostrare che si può scrivere $X = \{a_1, b_1, \ldots, a_n, b_n\}$, con $[a_i] \neq [b_i]$ per ogni $i = 1, \ldots, n$, se e solo se ogni classe di equivalenza contiene al massimo n elementi.

13.3 Spazi vettoriali quoziente

Siano V uno spazio vettoriale sul campo $\mathbb{K}$ ed $U \subseteq V$ un suo sottospazio. Possiamo allora definire una relazione di equivalenza $\sim$ su V tramite la regola

$$w \sim v \iff w - v \in U.$$

La verifica che $\sim$ è una relazione di equivalenza è immediata, e la classe di equivalenza del vettore $v \in V$ è $[v] = \{v + u \mid u \in U\}$; denoteremo con il simbolo V/U l'insieme quoziente $V/\!\sim$ e con

$$\pi \colon V \longrightarrow V/U, \qquad v \mapsto \pi(v) = [v],$$

la proiezione al quoziente. Se $[u], [v] \subseteq V$ sono due classi di equivalenza, allora anche la loro somma di Minkowski (Esercizio 4.5)

$$[u] + [v] = \{x + y \mid x \in [u], y \in [v]\}$$

è una classe di equivalenza, e più precisamente $[u] + [v] = [u + v]$. Similmente, per ogni scalare a l'insieme $a[u] = \{ax \mid x \in [v]\}$ è una classe di equivalenza e vale $a[u] = [au]$. Abbiamo quindi definito due operazioni $V/U \times V/U \xrightarrow{+} V/U$, $\mathbb{K} \times V/U \to V/U$ tali che $\pi(u + v) = \pi(u) + \pi(v)$ e $\pi(av) = a\pi(v)$. Questo è più che sufficiente per concludere che, con tali operazioni, V/U è uno spazio vettoriale e π è un'applicazione lineare surgettiva di nucleo $\operatorname{Ker}\pi = U$.

È chiaro che $V/0 = V$ e $V/V = 0$; in generale si ha una successione esatta corta

$$0 \to U \xrightarrow{\iota} V \xrightarrow{\pi} V/U \to 0$$

dove ι è l'inclusione. Se V ha dimensione finita, allora $\dim V/U = \dim V - \dim U$ per il teorema del rango.

Definizione 13.32   Nelle notazioni precedenti, lo spazio vettoriale V/U si dice **spazio quoziente** di V rispetto ad U.

Come per i quozienti insiemistici, la tendenza prevalente in matematica è quella di non dedicare molta attenzione alla rappresentazione esplicita dello spazio quoziente e concentrarsi sul fatto che la proiezione $\pi \colon V \to V/U$ è un'applicazione lineare surgettiva con nucleo $\operatorname{Ker}\pi = U$ e sul seguente risultato.

Teorema 13.33 (proprietà universale dei quozienti vettoriali)   *Siano $f \colon V \to P$ un'applicazione lineare e $U \subseteq V$ un sottospazio vettoriale. Allora $U \subseteq \operatorname{Ker} f$ se e solo se esiste un'applicazione lineare $\overline{f} \colon V/U \to P$ tale che $\overline{f}\pi = f$, e cioè tale che il diagramma*

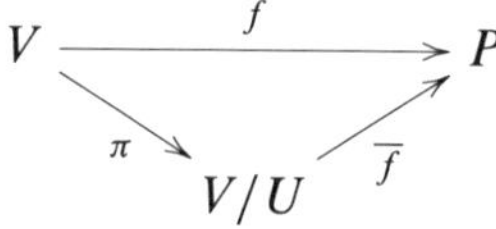

sia commutativo. Se tali condizioni sono soddisfatte, allora $\overline{f}$ è unica ed è:

- *surgettiva se e solo se f è surgettiva;*
- *iniettiva se e solo se $\operatorname{Ker} f = U$.*

Dimostrazione   Se esiste $\overline{f} \colon V/U \to P$ tale che $\overline{f}\pi = f$, allora $U = \operatorname{Ker}\pi \subseteq \operatorname{Ker}(\overline{f}\pi) = \operatorname{Ker} f$. Viceversa, se $f(U) = 0$ possiamo allora considerare l'applicazione

$$\overline{f} \colon V/U \to P, \qquad \overline{f}([v]) = f(v),$$

che si verifica facilmente essere ben definita e lineare: è ben definita perché se $[v_1] = [v_2]$ allora $v_1 - v_2 \in U$, $f(v_1) - f(v_2) = 0$ e quindi $f(v_1) = f(v_2)$. Se denotiamo con $\pi \colon V \to V/U$ la proiezione al quoziente, allora $\overline{f}\pi = f$ e dal fatto che π è lineare surgettiva segue che $\overline{f}$, se esiste è unica.

Dalla surgettività di π segue anche che f e $\overline{f}$ hanno la stessa immagine e che $\mathrm{Ker}\,\overline{f} = \pi(\mathrm{Ker}\,f)$; per finire osserviamo che $\pi(\mathrm{Ker}\,f) = 0$ se e solo se $\mathrm{Ker}\,f \subseteq \mathrm{Ker}\,\pi = U$. $\square$

Dalla proprietà universale segue che, se $f\colon V \to W$ è una qualunque applicazione lineare, allora si ha un isomorfismo lineare

$$\overline{f}\colon V/\mathrm{Ker}\,f \xrightarrow{\ \cong\ } f(V).$$

Infatti, per la proprietà universale dei quozienti si ha un diagramma

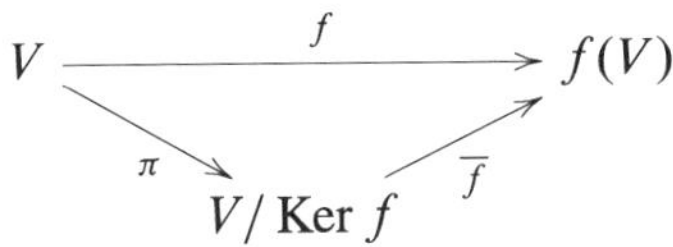

Dato che $f\colon V \to f(V)$ è tautologicamente surgettiva e $\mathrm{Ker}\,f$ è uguale a se stesso, il Teorema 13.33 implica che $\overline{f}$ è un isomorfismo.

Esempio 13.34 Sia $g\colon V \to P$ lineare e siano $U \subseteq V$ e $Q \subseteq P$ sottospazi vettoriali tali che $g(U) \subseteq Q$. Siano $\pi\colon V \to V/U$ e $p\colon P \to P/Q$ le proiezioni al quoziente, allora $pg(U) \subseteq p(Q) = 0$ ed il Teorema 13.33, applicato alla composizione $pg\colon V \to P/Q$, ci assicura che esiste, ed è unica, un'applicazione lineare $\overline{g}\colon V/U \to P/Q$ tale che $pg = \overline{g}\pi$.

Esercizi

13.35 Si definiscono il **conucleo** e la **coimmagine** di un'applicazione lineare $f\colon V \to W$, rispettivamente, come il quoziente del codominio per l'immagine, e come il quoziente del dominio per il nucleo. Si usano le notazioni:

$$\mathrm{Coker}\,f = W/f(V), \qquad \mathrm{Coim}\,f = V/\mathrm{Ker}\,f.$$

Abbiamo osservato che, per la proprietà universale dei quozienti, immagine e coimmagine sono canonicamente isomorfe. Provare che si ha una successione esatta

$$0 \to \mathrm{Ker}\,f \xrightarrow{\ \iota\ } V \xrightarrow{\ f\ } W \xrightarrow{\ \pi\ } \mathrm{Coker}\,f \to 0$$

dove ι è l'inclusione e π è la proiezione, Dimostrare inoltre che per ogni successione esatta di spazi vettoriali $V \xrightarrow{\ f\ } W \xrightarrow{\ g\ } U \to 0$, l'applicazione g si fattorizza ad un isomorfismo lineare $\overline{g}\colon \mathrm{Coker}\,f \xrightarrow{\ \cong\ } U$.

13.36 Dati uno spazio vettoriale V e due sottospazi $U \subseteq W \subseteq V$, mostrare che esiste una successione esatta $0 \to W/U \to V/U \to V/W \to 0$ e dedurre che esiste un isomorfismo naturale $(V/U)/(W/U) \cong V/W$.

13.37 Dati uno spazio vettoriale V e due sottospazi $U, W \subseteq V$, mostrare che esiste una successione esatta

$$0 \to W \cap U \to U \to (U + W)/W \to 0$$

e dedurre che esiste un isomorfismo naturale $(U + W)/W \cong U/(U \cap W)$.

13.38 Siano V uno spazio vettoriale di dimensione finita e $U \subseteq V$ un sottospazio vettoriale. Usare la proprietà universale del quoziente per dimostrare che esistono due isomorfismi naturali

$$V^\vee / \operatorname{Ann}(U) \xrightarrow{\cong} U^\vee, \qquad (V/U)^\vee \xrightarrow{\cong} \operatorname{Ann}(U).$$

13.39 Data una successione esatta corta $0 \to U \xrightarrow{f} V \xrightarrow{g} W \to 0$ ed un'applicazione lineare $h \colon U \to H$ denotiamo $T = (H \times V)/K$, dove K è il sottospazio vettoriale di $H \times V$ formato dalle coppie $(h(u), -f(u))$, $u \in U$. Nel linguaggio matematico astratto, lo spazio T viene detto "coprodotto di f ed h". Dimostrare che esiste una successione esatta corta

$$0 \to H \to T \to W \to 0.$$

13.40 (♡) Siano V uno spazio vettoriale di dimensione finita, $f \colon V \to V$ un endomorfismo e $0 = V_0 \subseteq V_1 \subseteq V_2 \subseteq \cdots \subseteq V_k = V$ una filtrazione di sottospazi f-invarianti. Per l'Esempio 13.34 sono ben definite le applicazioni

$$f_i \colon V_{i+1}/V_i \to V_{i+1}/V_i, \qquad f_i([v]) = [f(v)], \qquad i = 0, \ldots, k-1.$$

Provare che f è triangolabile se e solo se ogni f_i è triangolabile.

13.41 Uno spazio vettoriale V sul campo $\mathbb{R}$ si dice *quaternionico* se esistono due endomorfismi lineari $f, g \colon V \to V$ tali che $f^2 = g^2 = -I$ e $fg = -gf$. In tale situazione, denotando $h = fg = -gf$, dimostrare che:

1. $h^2 = -I, hf = -fh = g$ e $gh = -hg = f$;
2. $(a_0 I + a_1 f + a_2 g + a_3 h)(a_0 I - a_1 f - a_2 g - a_3 h) = (\sum a_i^2) I$ per ogni $a_0, a_1, a_2, a_3 \in \mathbb{R}$;
3. per ogni $0 \neq v \in V$ i quattro vettori $v, f(v), g(v), h(v)$ sono linearmente indipendenti e generano un sottospazio invariante rispetto a ciascun endomorfismo f, g, h;
4. la dimensione di V è infinita oppure un multiplo intero di 4.

Verificare inoltre che il corpo dei quaternioni (Esercizio 6.34) è uno spazio vettoriale quaternionico su $\mathbb{R}$.

13.42 (☕, Endomorfismi a potenza finita) Sia V uno spazio vettoriale, possibilmente di dimensione infinita. Diremo che un endomorfismo $f\colon V \to V$ ha *potenza finita* se esiste un intero $n > 0$ tale che $f^n(V)$ è un sottospazio di dimensione finita di V.

1. Siano $f\colon V \to V$ lineare e $n > 0$ tale che $\dim f^n(V) < \infty$. Dimostrare che tutte le restrizioni di f ai sottospazi f-invarianti $f^n(V)$, $f^{n+1}(V)$, $f^{n+2}(V)$, ... hanno la stessa traccia, e dunque ha senso definire $\mathrm{Tr}(f) = \mathrm{Tr}(f_{|f^n(V)})$ per $n \gg 0$.
2. Siano $f\colon V \to V$ di potenza finita ed $U \subseteq V$ un sottospazio f-invariante tale che $f^n(V) \subseteq U$ per n sufficientemente grande. Provare che la traccia di f è uguale alla traccia di $f_{|U}$.
3. Siano $f\colon V \to V$ un endomorfismo, $U \subseteq V$ un sottospazio f-invariante e $\overline{f}\colon V/U \to V/U$ l'endomorfismo indotto al quoziente. Dimostrare che f ha potenza finita se e solo se $f_{|U}$ e $\overline{f}$ hanno entrambi potenza finita, ed in tal caso $\mathrm{Tr}(f) = \mathrm{Tr}(f_{|U}) + \mathrm{Tr}(\overline{f})$.
4. Siano $f, g\colon V \to V$ endomorfismi tali che fg abbia potenza finita. Dimostrare che anche gf ha potenza finita e $\mathrm{Tr}(fg) = \mathrm{Tr}(gf)$.
5. Sia $U \subseteq V$ un sottospazio vettoriale e denotiamo con

$$A = \{f \in \mathrm{End}(V) \mid \dim\,(U + f(U))/U < \infty,\ \dim f(U) < \infty\}.$$

Dimostrare che A è una sottoalgebra di $\mathrm{End}(V)$, ossia un sottospazio vettoriale chiuso per il prodotto di composizione, che ogni elemento di A è un endomorfismo di potenza finita e che $\mathrm{Tr}\colon A \to \mathbb{K}$ è un'applicazione lineare.

13.4 Prodotti tensoriali

I prodotti tensoriali sono costruzioni estremamente utili in matematica che, tra le altre cose, consentono di trattare le applicazioni bilineari e multilineari alla stessa maniera delle applicazioni lineari. Esistono in letteratura due nozioni di prodotto tensoriale: quella con l'articolo indeterminativo e quella con l'articolo determinativo. La prima non presenta difficoltà aggiuntive rispetto al contesto generale di questo libro, mentre per la seconda bisognerà fare un piccolo sforzo di astrazione, simile a quello già visto a proposito degli spazi quoziente.

In questa sezione gli spazi vettoriali saranno, salvo avviso contrario, tutti definiti sullo stesso campo $\mathbb{K}$, arbitrario ma fissato. Useremo la notazione dei prodotti per indicare i valori di applicazioni bilineari: più precisamente, se $T\colon U \times V \to W$ è un'applicazione bilineare, scriveremo $uTv \in W$ al posto del più convenzionale $T(u, v)$.

Con l'articolo indeterminativo

Iniziamo il percorso verso i prodotti tensoriali dimostrando alcuni risultati preliminari sulle applicazioni bilineari (Sezione 5.6).

Lemma 13.43 *Siano $u_1, \dots, u_n$ e $v_1, \dots, v_m$ basi di due spazi vettoriali U e V, rispettivamente:*

1. per ogni applicazione bilineare

$$T : U \times V \to W, \qquad (u, v) \mapsto uTv,$$

l'immagine di T è contenuta nel sottospazio vettoriale generato dagli nm vettori $u_i T v_j$;

2. per ogni scelta di nm vettori $w_{ij} \in W$, con $i = 1, \dots, n$ e $j = 1, \dots, m$, esiste unica un'applicazione bilineare $T : U \times V \to W$ tale che $u_i T v_j = w_{ij}$ per ogni i, j.

Dimostrazione Per ogni $u \in U$ ed ogni $v \in V$ esistono scalari $a_1, \dots, a_n$, $b_1, \dots, b_m$ tali che $u = \sum_i a_i u_i$ e $v = \sum_j b_j v_j$. Se $T : U \times V \to W$ è bilineare si ha

$$uTv = \sum_{i=1}^{n} \sum_{j=1}^{m} a_i b_j (u_i T v_j) \in \mathrm{Span}(\{ u_i T v_j \mid 1 \le i \le n,\ 1 \le j \le m \}).$$

La formula precedente mostra inoltre che l'applicazione T è univocamente determinata dagli nm valori $u_i T v_j$. Viceversa, dati $w_{ij} \in W$, l'applicazione $T : U \times V \to W$ definita dalla formula

$$(a_1 u_1 + \cdots + a_n u_n) T (b_1 v_1 + \cdots + b_m v_m) = \sum_{i=1}^{n} \sum_{j=1}^{m} a_i b_j w_{ij}, \quad a_i, b_j \in \mathbb{K},$$

è bilineare e soddisfa le uguaglianze $u_i T v_j = w_{ij}$. $\square$

Prima di enunciare il prossimo lemma osserviamo che se $T : U \times V \to W$ è bilineare e $f : W \to H$ è lineare, allora la loro composizione

$$fT : U \times V \to H, \qquad (u, v) \mapsto ufTv = f(uTv),$$

è ancora bilineare.

Lemma 13.44 *Sia $T : U \times V \to W$ un'applicazione bilineare, con U, V spazi vettoriali di dimensione finita. Le seguenti condizioni sono equivalenti:*

1. Esistono una base $e_1, \dots, e_n$ di U ed una base $\epsilon_1, \dots, \epsilon_m$ di V tali che gli nm vettori $e_i T \epsilon_j$ formano una base di W.

2. *Per ogni base $u_1, \ldots, u_n$ di U ed ogni base $v_1, \ldots, v_m$ di V, gli nm vettori $u_i T v_j$ formano una base di W.*

3. *Per ogni spazio vettoriale H ed ogni applicazione bilineare $S : U \times V \to H$, vi è un'unica applicazione lineare $f : W \to H$ tale che $S = fT$.*

In particolare, se valgono le precedenti condizioni, allora anche W ha dimensione finita e $\dim W = \dim U \dim V$.

Dimostrazione Dato che ogni spazio vettoriale di dimensione finita possiede basi, è chiaro che (2) implica (1).

Proviamo che (1) implica (3). Dato che i vettori $e_i T \epsilon_j$ formano una base di W vi è un unica applicazione lineare $f : W \to H$ tale che $e_i f T \epsilon_j = f(e_i T \epsilon_j) = e_i S \epsilon_j$ per ogni i, j. Per il Lemma 13.43 si ha $S = fT$.

Per finire, dimostriamo che (3) implica (2). Siano $u_1, \ldots, u_n$ e $v_1, \ldots, v_m$ basi di U e V rispettivamente, e siano $\varphi_1, \ldots, \varphi_n \in U^\vee$ e $\psi_1, \ldots, \psi_m \in V^\vee$ le rispettive basi duali; proviamo che gli mn vettori $u_i T v_j \in W$ sono linearmente indipendenti, ossia che se

$$\sum_{i=1}^{n} \sum_{j=1}^{m} a_{ij} (u_i T v_j) = 0, \quad \text{con } a_{ij} \in \mathbb{K},$$

allora $a_{ij} = 0$ per ogni coppia di indici. Fissati due indici $1 \le r \le n$ e $1 \le s \le m$ consideriamo l'applicazione bilineare

$$S : U \times V \to \mathbb{K}, \qquad uSv = \varphi_r(u) \psi_s(v).$$

Per la proprietà (3) esiste un'applicazione lineare $f : W \to \mathbb{K}$ tale che $f(uTv) = \varphi_r(u) \psi_s(v)$. Quindi

$$0 = f\left(\sum_{i=1}^{n} \sum_{j=1}^{m} a_{ij} (u_i T v_j) \right) = \sum_{i-1}^{n} \sum_{j-1}^{m} a_{ij} \varphi_r(u_i) \psi_s(v_j) = a_{rs}.$$

Sia adesso $H \subseteq W$ il sottospazio vettoriale generato dagli nm vettori $u_i T v_j$. Per il Lemma 13.43 l'immagine di T è contenuta in H ed è chiaro che l'applicazione $T : U \times V \to H$ è ancora bilineare. Per la proprietà (3) esiste un'applicazione lineare $f : W \to H$ tale che $f(uTv) = uTv$ e, se $\iota : H \to W$ è l'inclusione, si ha anche $\iota f(uTv) = uTv$. Ma, per la parte della proprietà (3) riguardante l'unicità, l'identità è l'unico endomorfismo di W che lascia fissa l'immagine di T. Dunque $\iota f = \mathrm{Id}$ e questo è possibile solo se ι è surgettiva. $\square$

Definizione 13.45 Siano U, V spazi vettoriali di dimensione finita. Diremo che un'applicazione bilineare $T : U \times V \to W$ è **un prodotto tensoriale** se soddisfa le condizioni equivalenti del Lemma 13.44.

Ad esempio: per ogni spazio vettoriale V, il prodotto per scalare $\mathbb{K} \times V \to V$ è un prodotto tensoriale; per ogni coppia di interi positivi n, m, l'applicazione bilineare

$$S: \mathbb{K}^n \times \mathbb{K}^m \to M_{n,m}(\mathbb{K}), \qquad uSv = uv^T,$$

è un prodotto tensoriale poiché trasforma basi canoniche in basi canoniche. Per prevenire un errore comune, osserviamo che S non è surgettiva (ha come immagine le matrici di rango ≤ 1).

Teorema 13.46 *Siano U, V spazi vettoriali di dimensione finita. Allora esiste almeno un prodotto tensoriale $T: U \times V \to W$; se $S: U \times V \to H$ è un altro prodotto tensoriale, allora esiste unico un isomorfismo di spazi vettoriali $f: W \to H$ tale che $fT = S$.*

Dimostrazione Fissati due spazi vettoriali U, V vi sono diverse procedure di costruzione di prodotti tensoriali. Qui ne proponiamo una basata sugli spazi duali; un'altra che utilizza gli spazi quoziente verrà esposta nell'Esempio 13.47. Sia M lo spazio vettoriale di tutte le applicazioni bilineari $\alpha: U \times V \to \mathbb{K}$. Si consideri l'applicazione bilineare

$$T: U \times V \to M^\vee, \qquad (uTv)(\alpha) = \alpha(u, v).$$

ed il sottospazio $W \subseteq M^\vee$ generato dall'immagine di T.

Siano $u_1, \dots, u_n$ e $v_1, \dots, v_m$ basi di U e V rispettivamente e denotiamo con $\varphi_1, \dots, \varphi_n \in U^\vee$ e $\psi_1, \dots, \psi_m \in V^\vee$ le corrispondenti basi duali.

Se proviamo che gli mn vettori $u_i T v_j \in W$ sono linearmente indipendenti, segue dai lemmi precedenti che $T: U \times V \to W$ è un prodotto tensoriale. Se

$$\sum_{i=1}^{n} \sum_{j=1}^{m} a_{ij}(u_i T v_j) = 0, \quad \text{con } a_{ij} \in \mathbb{K},$$

allora per ogni r, s, considerando la forma bilineare

$$\alpha_{rs} \in M, \qquad \alpha_{rs}(u, v) = \varphi_r(u)\psi_s(v),$$

si ricava

$$0 = \sum_{i=1}^{n} \sum_{j=1}^{m} a_{ij}(u_i T v_j)(\alpha_{rs}) = \sum_{i=1}^{n} \sum_{j=1}^{m} a_{ij} \varphi_r(u_i) \psi_s(v_j) = a_{rs}.$$

Siano adesso $T: U \times V \to W$ e $S: U \times V \to H$ due prodotti tensoriali. Esistono uniche due applicazioni lineari $f: W \to H$ e $g: H \to W$ tali che $S = fT$ e $T = gS$. Quindi $T = gfT$ e $S = fgS$, e per l'unicità ne consegue $fg = \mathrm{Id}$ e $gf = \mathrm{Id}$. $\square$

Esempio 13.47 Siano U, V spazi vettoriali (non necessariamente di dimensione finita) sullo stesso campo $\mathbb{K}$, e sia $\mathcal{A}$ l'insieme di tutti i simboli formali $u \otimes v$, al variare di $u \in U$ e $v \in V$; abbiamo quindi definito, senza fare assolutamente niente ma solo a chiacchiere, una bigezione $U \times V \to \mathcal{A}$, $(u, v) \mapsto u \otimes v$. Denotiamo con F lo spazio vettoriale generato da $\mathcal{A}$ (vedi Sezione 5.7); allora F è formato da tutte le combinazioni lineari finite di "tensori semplici" $u \otimes v$. Sia adesso $B \subseteq F$ il sottospazio vettoriale generato da tutte le combinazioni lineari del tipo

$$(au_1 + bu_2) \otimes v - a(u_1 \otimes v) - b(u_2 \otimes v),$$
$$u \otimes (cv_1 + dv_2) - c(u \otimes v_1) - d(u \otimes v_2), \qquad (13.3)$$

al variare di $u, u_1, u_2 \in U$, $v, v_1, v_2 \in V$ e $a, b, c, d \in \mathbb{K}$.

Definiamo l'applicazione $\otimes \colon U \times V \to F/B$ come la composizione dell'applicazione $U \times V \to F$, $(u, v) \mapsto u \otimes v$, e della proiezione al quoziente $F \to F/B$. Dal fatto che B contiene tutti gli elementi del tipo (13.3) segue che l'applicazione $\otimes \colon U \times V \to F/B$ è bilineare.

Proviamo adesso che vale la terza condizione del Lemma 13.44. Per ogni spazio vettoriale H ed ogni applicazione bilineare $S \colon U \times V \to H$ esiste unica un'applicazione lineare $f \colon F \to H$ tale che $f(u \otimes v) = uSv$; dato che S è bilineare ogni elemento come in (13.3) appartiene al nucleo di f, quindi $B \subseteq \operatorname{Ker} f$ e per la proprietà universale dei quozienti esiste unica un'applicazione lineare $\bar{f} \colon F/B \to H$ tale che $\bar{f} \circ \otimes = S$.

Osservazione 13.48 Il fatto che non serva richiedere la dimensione finita nella costruzione dell'Esempio 13.47 ci consente di definire un prodotto tensoriale di due spazi vettoriali U, V di dimensione qualunque come un'applicazione bilineare $U \times V \to W$ che soddisfa la terza condizione del Lemma 13.44.

Con l'articolo determinativo

Abbiamo ampiamente discusso il fatto che, per uno spazio vettoriale di dimensione finita U, l'isomorfismo $\iota_U \colon U \to U^{\vee\vee}$ è canonico e questo ci autorizza a pensare U e $U^{\vee\vee}$ come lo stesso spazio vettoriale. Esistono altri esempi di isomorfismi canonici, come ad esempio quello descritto nell'Esercizio 12.23 tra gli spazi $\operatorname{Hom}(U^{\vee}, V)$ e $\operatorname{Hom}(V^{\vee}, U)$, che pertanto sono considerati nella pratica matematica come lo stesso spazio vettoriale.

Stiamo quindi iniziando a muoverci in un ambiente in cui il singolo oggetto di studio non è più uno spazio vettoriale ma una classe, più o meno grande, di spazi vettoriali tra loro canonicamente isomorfi.

Grazie al Teorema 13.46, di esistenza e unicità a meno di isomorfismo canonico dei prodotti tensoriali, possiamo introdurre **il prodotto tensoriale** su $\mathbb{K}$ degli spazi

U e V, denotato

$$\otimes: U \times V \to U \otimes_{\mathbb{K}} V$$

e inteso come una qualsiasi scelta di un prodotto tensoriale, come ad esempio quella descritta nella dimostrazione del Teorema 13.46 o come quella dell'Esempio 13.47. La scelta può essere arbitraria, nascosta e senza qualificazione delle specifiche, ma fissata: per intenderci, non ci interessa sapere chi è esattamente $U \otimes_{\mathbb{K}} V$, ma ci interessa sapere che l'identità è l'unica applicazione lineare $f: U \otimes_{\mathbb{K}} V \to U \otimes_{\mathbb{K}} V$ tale che $f \circ \otimes = \otimes$.

Esempio 13.49 Per ogni spazio vettoriale V sul campo $\mathbb{K}$, esiste un isomorfismo naturale $\mathbb{K} \otimes_{\mathbb{K}} V \cong V$. Questo segue direttamente dalla definizione di $\mathbb{K} \otimes_{\mathbb{K}} V$, dato che il prodotto per scalare $\mathbb{K} \times V \to V$ soddisfa le condizioni del Lemma 13.44; in particolare, esiste un unico isomorfismo lineare $f: \mathbb{K} \otimes_{\mathbb{K}} V \to V$ tale che $f(a \otimes v) = av$ per ogni $a \in \mathbb{K}$ ed ogni $v \in V$.

Abbiamo scritto $\mathbb{K} \otimes_{\mathbb{K}} V \cong V$ e non $\mathbb{K} \otimes_{\mathbb{K}} V = V$ perché, per sua natura, il prodotto tensoriale è definito solo a meno di isomorfismo canonico.

Il pedice in $\otimes_{\mathbb{K}}$ è antiestetico ma necessario dato che il prodotto tensoriale dipende in maniera essenziale dal campo base. Ad esempio, $\mathbb{C} \otimes_{\mathbb{C}} \mathbb{C} \cong \mathbb{C}$, mentre $\mathbb{C} \otimes_{\mathbb{R}} \mathbb{C}$ è uno spazio vettoriale reale di dimensione 4. Tuttavia, quando il campo base $\mathbb{K}$ è chiaro dal contesto, per semplicità notazionale si può scrivere $U \otimes V$ al posto di $U \otimes_{\mathbb{K}} V$.

Il prodotto tensoriale gode delle proprietà elencate nel seguente teorema, che segue immediatamente dalle definizioni.

Teorema 13.50 *Siano U, V spazi vettoriali di dimensione finita sullo stesso campo $\mathbb{K}$. Allora:*

1. $U \otimes_{\mathbb{K}} V$ è uno spazio vettoriale e l'applicazione

$$\otimes: U \times V \to U \otimes_{\mathbb{K}} V, \qquad (u, v) \mapsto u \otimes v,$$

è bilineare.
2. Per ogni base $u_1, \ldots, u_n$ di U ed ogni base $v_1, \ldots, v_m$ di V, gli nm vettori $u_i \otimes v_j$ formano una base di $U \otimes_{\mathbb{K}} V$. In particolare, i vettori del tipo $u \otimes v$ generano $U \otimes_{\mathbb{K}} V$ come spazio vettoriale.
3. (proprietà universale del prodotto tensoriale) Per ogni spazio vettoriale H ed ogni applicazione bilineare $S: U \times V \to H$, vi è un'unica applicazione lineare $f: U \otimes_{\mathbb{K}} V \to H$ tale che $uSv = f(u \otimes v)$ per ogni $u \in U$ e $v \in V$.

Come è giusto che sia, le proprietà descritte nel Teorema 13.50 sono invarianti per isomorfismi lineari e non dipendono dalla scelta del modello esplicito di prodotto tensoriale. La bilinearità dell'applicazione $\otimes$ è del tutto equivalente al sistema di uguaglianze

$$\begin{cases} (au_1 + bu_2) \otimes v = a(u_1 \otimes v) + b(u_2 \otimes v) \\ u \otimes (av_1 + bv_2) = a(u \otimes v_1) + b(u \otimes v_2) \end{cases} \quad \begin{matrix} a, b \in \mathbb{K} \\ u, u_1, u_2 \in U \\ v, v_1, v_2 \in V. \end{matrix} \qquad (13.4)$$

A questo punto il lettore può anche dimenticarsi di come possono essere fatti in concreto i prodotti tensoriali e usare nei propri ragionamenti esclusivamente le proprietà esposte nel Teorema 13.50; a titolo di esempio, applichiamo questo approccio per la dimostrazione dei seguenti fatti:

1) per ogni coppia di spazi vettoriali U, V esiste, ed è unico, un isomorfismo di spazi vettoriali $\tau\colon U \otimes V \to V \otimes U$ tale che $\tau(u \otimes v) = v \otimes u$ per ogni u, v. Infatti, per (13.4) l'applicazione $S\colon U \times V \to V \otimes U$, $uSv = v \otimes u$, è bilineare e per la proprietà universale esiste τ come sopra tale che $S = \tau \circ \otimes$.

2) (*funtorialità del prodotto tensoriale*) Per ogni coppia di applicazioni lineari $f\colon U \to U'$ e $g\colon V \to V'$ esiste, ed è unica, un'applicazione lineare $f \otimes g\colon U \otimes V \to U' \otimes V'$ tale che $(f \otimes g)(u \otimes v) = f(u) \otimes g(v)$ per ogni $u \in U$ e $v \in V$. Infatti l'applicazione $S\colon U \times V \to U' \otimes V'$, $uSv = f(u) \otimes g(v)$ è bilineare, e l'applicazione $f \otimes g$ è quella indotta dalla proprietà universale.

3) (*associatività del prodotto tensoriale*) Per ogni terna di spazi vettoriali U, V, W esiste un unico isomorfismo lineare $\sigma\colon (U \otimes V) \otimes W \to U \otimes (V \otimes W)$ tale che $\sigma((u \otimes v) \otimes w) = u \otimes (v \otimes w)$ per ogni u, v, w.

Per ogni vettore $w \in W$, segue da (13.4) che l'applicazione

$$S_w\colon U \times V \to U \otimes (V \otimes W), \qquad uS_wv = u \otimes (v \otimes w),$$

è bilineare e quindi esiste, ed è unica, un'applicazione lineare $f_w\colon U \otimes V \to U \otimes (V \otimes W)$ tale che $f_w(u \otimes v) = u \otimes (v \otimes w)$. Sempre da (13.4) segue che per ogni $w_1, w_2 \in W$ ed ogni $a, b \in \mathbb{K}$ si ha $S_{aw_1+bw_2} = aS_{w_1} + bS_{w_2}$ e per la proprietà universale (componente unicità) si ha $f_{aw_1+bw_2} = af_{w_1} + bf_{w_2}$. Da questo segue che anche l'applicazione

$$S\colon (U \otimes V) \times W \to U \otimes (V \otimes W), \qquad xSw = f_w(x),$$

è bilineare e per la proprietà universale esiste σ come sopra.

Dunque, ha senso definire il prodotto tensoriale $U \otimes V \otimes W$ di tre spazi vettoriali U, V, W scegliendo una qualsiasi delle due rappresentazioni $(U \otimes V) \otimes W$ e $U \otimes (V \otimes W)$; anche in questo caso ci troviamo di fronte ad una struttura algebrica rappresentata da una moltitudine di forme concrete tra loro canonicamente isomorfe.

Esercizi

13.51   Nelle notazioni dell'Esempio 4.11, siano S, T insiemi finiti e non vuoti. Provare che esiste un unico isomorfismo lineare $\alpha \colon \mathbb{K}^S \otimes_{\mathbb{K}} \mathbb{K}^T \to \mathbb{K}^{S \times T}$ tale che $\alpha(f \otimes g)(s,t) = f(s)g(t)$ per ogni $f \in \mathbb{K}^S$, $g \in \mathbb{K}^T$, $s \in S$ e $t \in T$.

13.52   Siano U, V spazi vettoriali di dimensione finita e denotiamo con W lo spazio vettoriale di tutte le applicazioni bilineari $h \colon U^\vee \times V^\vee \to \mathbb{K}$. Consideriamo l'applicazione

$$T \colon U \times V \to W, \qquad uTv(\phi, \psi) = \phi(u)\psi(v),$$

dove $u \in U$, $v \in V$, $\phi \in U^\vee$ e $\psi \in V^\vee$. Provare che $T \colon U \times V \to W$ è un prodotto tensoriale.

13.53   Siano U, V spazi vettoriali di dimensione finita. Dimostrare che esistono isomorfismi naturali $\operatorname{Hom}(U^\vee, V) \cong U \otimes V \cong \operatorname{Hom}(V^\vee, U)$.

13.54   Siano U, V spazi vettoriali di dimensione finita e $u, u' \in U$, $v, v' \in V$ quattro vettori non nulli. Provare che vale $u \otimes v = u' \otimes v' \in U \otimes V$ se e solo se esiste uno scalare invertibile λ tale che $u' = \lambda u$ e $v = \lambda v'$.

13.55   Dimostrare che per ogni spazio vettoriale reale V, lo spazio $\mathbb{C} \otimes_{\mathbb{R}} V$ ha una struttura naturale di spazio vettoriale complesso, in cui il prodotto per scalare $\mathbb{C} \times (\mathbb{C} \otimes_{\mathbb{R}} V) \to \mathbb{C} \otimes_{\mathbb{R}} V$ è l'unica applicazione $\mathbb{R}$-bilineare tale che $s(t \otimes v) = st \otimes v$ per ogni $s, t \in \mathbb{C}$ ed ogni $v \in V$.

13.56   Siano F un sottocampo di $\mathbb{K}$, U uno spazio vettoriale su F e V uno spazio vettoriale su $\mathbb{K}$ (e quindi anche su F). Provare che:

1. $\operatorname{Hom}_F(U, V)$ e $\mathbb{K} \otimes_F U$ possiedono entrambi una struttura naturale di spazio vettoriale sul campo $\mathbb{K}$;
2. se $i \colon U \to \mathbb{K} \otimes_F U$ è data da $i(u) = 1 \otimes u$, allora l'applicazione

$$\operatorname{Hom}_{\mathbb{K}}(\mathbb{K} \otimes_F U, V) \to \operatorname{Hom}_F(U, V), \qquad f \mapsto f \circ i,$$

è un isomorfismo di spazi vettoriali su $\mathbb{K}$.

13.57   Siano $f \colon V \to V$ un endomorfismo di uno spazio vettoriale di dimensione finita e a, b scalari. Dimostrare che esistono, e sono unici, due endomorfismi $f^{\otimes 2}, g \colon V \otimes V \to V \otimes V$ tali che $f^{\otimes 2}(u \otimes v) = f(u) \otimes f(v)$ e $g(u \otimes v) = a(u \otimes v) + b(v \otimes u)$ per ogni $u, v \in V$. Provare inoltre che g non è invertibile se e solo se $a = \pm b$, e che, in tal caso, nucleo ed immagine di g sono sottospazi $f^{\otimes 2}$-invarianti.

13.5 Complementi: una costruzione dei numeri reali

La teoria degli degli spazi vettoriali quoziente fornisce un modo concettualmente valido per definire il campo ordinato dei numeri reali. La costruzione che proponiamo è una mediazione tra quella classica di Cantor e la descrizione dei numeri reali come sviluppi decimali.

Fissato un qualsiasi numero razionale $a \in \mathbb{Q}$, indichiamo con $|a| = \mathrm{sgn}(a) \cdot a$ il suo valore assoluto; per ogni $a, b \in \mathbb{Q}$ si ha $|ab| = |a||b|$ e vale la disuguaglianza triangolare $|a + b| \le |a| + |b|$.

Denotiamo con $\mathbb{Q}^{\mathbb{N}}$ l'insieme di tutte le successioni di numeri razionali

$$a = (a_0, a_1, \dots),$$

ossia di tutte le applicazioni $a \colon \mathbb{N} \to \mathbb{Q}$. Come nell'Esempio 4.11, l'insieme $\mathbb{Q}^{\mathbb{N}}$ possiede una naturale struttura di spazio vettoriale sul campo $\mathbb{Q}$, dove le operazioni di somma e di prodotto per scalare sono definite come:

$$(a_0, a_1, \dots) + (b_0, b_1, \dots) = (a_0 + b_0, a_1 + b_1, \dots),$$
$$r(a_0, a_1, \dots) = (ra_0, ra_1, \dots).$$

Definizione 13.58 Denotiamo con:

1. $\mathfrak{m} \subseteq \mathbb{Q}^{\mathbb{N}}$ il sottoinsieme delle successioni $a \in \mathbb{Q}^{\mathbb{N}}$ per cui esiste una costante $M \in \mathbb{Q}$ tale che

$$|a_n| \le \frac{M}{10^n} \quad \text{per ogni } n \ge 0;$$

2. $\mathbb{D} \subseteq \mathbb{Q}^{\mathbb{N}}$ il sottoinsieme delle successioni $a \in \mathbb{Q}^{\mathbb{N}}$ per cui esiste una costante $D \in \mathbb{Q}$ tale che

$$|a_n - a_{n+k}| \le \frac{D}{10^n} \quad \text{per ogni } n, k \ge 0;$$

3. $j \colon \mathbb{Q} \to \mathbb{D}$ l'applicazione che associa ad ogni numero razionale r la successione costante $j(r) = (r, r, \dots)$.

Notiamo che i numeri razionali M, D sono necessariamente non negativi. Chiameremo gli elementi di $\mathbb{D}$ *serie decimali*; diremo inoltre che una serie decimale a è *unitaria* se la costante D può essere presa uguale ad 1, ossia se $|a_n - a_{n+k}| \le 10^{-n}$ per ogni $n, k \in \mathbb{N}$.

La disuguaglianza triangolare implica che $\mathfrak{m} \subseteq \mathbb{D}$; infatti, se $a \in \mathfrak{m}$ ed $M \in \mathbb{Q}$ è tale che $|a_n| \le M/10^n$ per ogni n, allora

$$|a_n - a_{n+k}| \le |a_n| + |a_{n+k}| \le \frac{M}{10^n} + \frac{M}{10^{n+k}} \le \frac{2M}{10^n}$$

per ogni $n, k \in \mathbb{N}$. Ogni serie decimale $a \in \mathbb{D}$ è una successione limitata: infatti, scelto $D \in \mathbb{Q}$ tale che $|a_n - a_{n+k}| \le D/10^n$ per ogni $k, n \ge 0$, si ha $|a_n| \le |a_0| + |a_0 - a_n| \le |a_0| + D$ per ogni n.

Esempio 13.59 Ogni sviluppo decimale $\pm m, \alpha_1\alpha_2\alpha_3\ldots$ definisce in maniera canonica una serie decimale unitaria: infatti se $a_n = \pm m, \alpha_1\ldots\alpha_n$ indica la frazione decimale ottenuta considerando solo le prime n cifre dopo la virgola si ha $|a_n - a_{n+k}| \le 10^{-n}$ per ogni $n, k \in \mathbb{N}$.

Lemma 13.60 *I sottoinsiemi* $\mathfrak{m}, \mathbb{D} \subseteq \mathbb{Q}^{\mathbb{N}}$ *sono sottospazi vettoriali di* $\mathbb{Q}^{\mathbb{N}}$, *l'applicazione* $j \colon \mathbb{Q} \to \mathbb{D}$ *è lineare iniettiva e* $\mathfrak{m} \cap j(\mathbb{Q}) = 0$.

Dimostrazione Mostriamo che $\mathfrak{m}$ è un sottospazio vettoriale: è chiaro che $0 \in \mathfrak{m}$ e quindi basta mostrare che $\mathfrak{m}$ è chiuso per combinazioni lineari. Se $a, b \in \mathfrak{m}$, per definizione esistono due costanti $N, M \in \mathbb{Q}$ tali che per ogni n vale

$$|a_n| \le \frac{N}{10^n}, \qquad |b_n| \le \frac{M}{10^n}.$$

Per la disuguaglianza triangolare, per ogni coppia di numeri razionali r, s si ha

$$|ra_n + sb_n| \le |ra_n| + |sb_n| \le \frac{|rN| + |sM|}{10^n}$$

e questo prova che $ra + sb \in \mathfrak{m}$. La dimostrazione che $\mathbb{D}$ è un sottospazio vettoriale è del tutto simile ed è lasciata per esercizio al lettore. Le rimanenti condizioni sono evidenti. $\square$

Definiamo $\mathbb{R}$ come lo spazio vettoriale quoziente $\mathbb{R} = \mathbb{D}/\mathfrak{m}$. Per ogni $a \in \mathbb{D}$ denotiamo con $[a] \in \mathbb{R}$ la corrispondente classe di equivalenza, che chiameremo *numero reale*: per definizione si ha $[a] = [b]$ se e solo se $a - b \in \mathfrak{m}$. Siccome $\mathfrak{m} \cap j(\mathbb{Q}) = 0$, la composizione di j con la proiezione al quoziente definisce un'applicazione $\mathbb{Q}$-lineare iniettiva

$$\mathbb{Q} \to \mathbb{R}, \qquad r \mapsto [j(r)].$$

Per semplicità notazionale identificheremo ogni numero razionale con la sua immagine, ossia scriveremo r al posto di $[j(r)]$; in particolare, sono definiti in $\mathbb{R}$ gli elementi $0 = [j(0)]$ e $1 = [j(1)]$.

Finora abbiamo definito $\mathbb{R}$ solamente come spazio vettoriale su $\mathbb{Q}$; dobbiamo ancora definire un prodotto ed un ordinamento tra numeri reali in modo che $\mathbb{R}$ sia un campo e siano soddisfatte le proprietà esposte nella Sezione 3.1.

Lo spazio $\mathbb{Q}^{\mathbb{N}}$ possiede un prodotto naturale $\cdot$, ottenuto dalla moltiplicazione componente per componente:

$$(a_0, a_1, \ldots) \cdot (b_0, b_1, \ldots) = (a_0 b_0, a_1 b_1, \ldots).$$

Un tale prodotto eredita dalla moltiplicazione di numeri razionali le proprietà associativa, commutativa e distributiva per ogni $a, b, c \in \mathbb{Q}^{\mathbb{N}}$ si ha:

$$a \cdot (b \cdot c) = (a \cdot b) \cdot c, \quad a \cdot b = b \cdot a, \quad a \cdot (b + c) = a \cdot b + a \cdot c.$$

Inoltre, per ogni $r \in \mathbb{Q}$ ed ogni $a \in \mathbb{Q}^{\mathbb{N}}$ vale $j(r) \cdot a = ra$.

Lemma 13.61 *Nelle notazioni precedenti, siano $a, b \in \mathbb{D}$ e $c \in \mathfrak{m}$; allora $a \cdot b \in \mathbb{D}$ e $a \cdot c \in \mathfrak{m}$.*

Dimostrazione Siano A, B numeri razionali positivi tali che $|a_n - a_{n+k}| \le A 10^{-n}$ e $|b_n - b_{n+k}| \le B 10^{-n}$ per ogni $n, k \in \mathbb{N}$; in particolare $|a_n| \le |a_0| + A$, $|b_n| \le |b_0| + B$ per ogni n,

$$
\begin{aligned}
|a_n b_n - a_{n+k} b_{n+k}| &\le |a_n b_n - a_n b_{n+k}| + |a_n b_{n+k} - a_{n+k} b_{n+k}| \\
&\le |a_n||b_n - b_{n+k}| + |a_n - a_{n+k}||b_{n+k}| \\
&\le \frac{(|a_0| + A)B + A(|b_0| + B)}{10^n}
\end{aligned}
$$

per ogni n, k, e quindi $a \cdot b \in \mathbb{D}$. La dimostrazione che $a \cdot c \in \mathfrak{m}$ è del tutto simile. $\square$

Possiamo quindi definire il prodotto di due numeri reali mediante la formula

$$
[a] \cdot [b] = [a \cdot b] \tag{13.5}
$$

ed il Lemma 13.61 mostra che tale prodotto non dipende dalla scelta di a, b all'interno delle proprie classi di equivalenza.

È utile introdurre l'applicazione lineare surgettiva $T \colon \mathbb{Q}^{\mathbb{N}} \to \mathbb{Q}^{\mathbb{N}}$ che abbassa gli indici di una unità:

$$
T(a_0, a_1, a_2, a_3, \ldots) = (a_1, a_2, a_3, \ldots),
$$

assieme alle sue potenze non negative:

$$
T^m(a_0, a_1, a_2, a_3, \ldots) = (a_m, a_{1+m}, a_{2+m}, \ldots), \qquad m \ge 0.
$$

Data una qualunque serie decimale a, segue immediatamente dalle definizioni che $a - T^m(a) \in \mathfrak{m}$ per ogni $m \ge 0$; dato che $T^m(a)$ è unitaria per m sufficientemente grande, abbiamo che ogni numero reale può essere rappresentato da una serie decimale unitaria.

Proposizione 13.62 *Lo spazio vettoriale $\mathbb{R}$, dotato del prodotto (13.5), è un campo.*

Dimostrazione Già sappiamo che $\mathbb{R}$ è uno spazio vettoriale su $\mathbb{Q}$ e che il prodotto soddisfa le proprietà associativa e distributiva. Rimane da dimostrare che ogni numero reale diverso da 0 possiede un inverso. Sia dunque $t \in \mathbb{R}$, $t \ne 0$ e scegliamo $a \in \mathbb{D}$ tale che $[a] = t$. Siccome $t = [T^m(a)]$ per ogni $m \ge 0$ è sufficiente dimostrare che esiste un intero $m \ge 0$ ed una serie decimale $b \in \mathbb{D}$ tale che $(T^m a) \cdot b = j(1)$.

Sia M un numero razionale tale che $|a_n - a_{n+k}| \le M/10^n$ per ogni $n, k \in \mathbb{N}$. Per ipotesi $a \notin \mathfrak{m}$, quindi esiste un intero $m \ge 0$ tale che $|a_m| \ge 2M/10^m$ e la disuguaglianza triangolare implica che

$$|a_{m+n}| \geq |a_m| - |a_m - a_{m+n}| \geq \frac{M}{10^m} > 0, \qquad \text{per ogni} \quad n \in \mathbb{N}.$$

Ne consegue che $(T^m a) \cdot b = j(1)$, dove $b \in \mathbb{Q}^{\mathbb{N}}$ denota la successione di termini $b_n = 1/a_{n+m}$. Per concludere la dimostrazione basta dimostrare che $b \in \mathbb{D}$; per ogni $n, k \in \mathbb{N}$ si ha

$$|b_n - b_{n+k}| = \left| \frac{1}{a_{n+m}} - \frac{1}{a_{n+m+k}} \right| = \left| \frac{a_{n+m+k} - a_{n+m}}{a_{n+m} a_{n+m+k}} \right| = \frac{|a_{n+m+k} - a_{n+m}|}{|a_{n+m}||a_{n+m+k}|}$$

$$\leq \frac{10^{2m}}{M^2} |a_{n+m} - a_{n+m+k}| \leq \frac{10^{2m}}{M^2} \frac{M}{10^{n+m}} = \frac{10^m}{M} \frac{1}{10^n}. \quad \square$$

Occupiamoci adesso di estendere a tutto $\mathbb{R}$ l'ordinamento dei numeri razionali. A tale scopo definiamo $\mathbb{D}_+ \subseteq \mathbb{D}$ come il sottoinsieme delle serie decimali a per le quali esiste una costante $A \in \mathbb{Q}$ tale che

$$a_n + \frac{A}{10^n} \geq 0, \qquad \text{per ogni } n \in \mathbb{N}. \tag{13.6}$$

È importante osservare che per stabilire se una serie decimale $a \in \mathbb{D}$ appartiene a $\mathbb{D}_+$ è sufficiente verificare che la condizione (13.6) vale definitivamente, ossia per tutti gli n maggiori di un intero fissato. Infatti, se esistono $m \in \mathbb{N}$ e $B \in \mathbb{Q}$ tali che $a_n + B/10^n \geq 0$ per ogni $n > m$, allora la costante

$$A = \max(B, |a_0|, 10|a_1|, \ldots, 10^m|a_m|)$$

soddisfa (13.6). Inoltre, per una successione $a \in \mathbb{Q}^{\mathbb{N}}$ vale $a \in \mathfrak{m}$ se e solo se $a, -a \in \mathbb{D}_+$. Inoltre, lo stesso ragionamento usato nella dimostrazione del Lemma 13.61 mostra che se $a, b \in \mathbb{D}_+$, allora $a + b, a \cdot b \in \mathbb{D}_+$. In particolare, se $a \in \mathbb{D}_+$ allora tutta la classe di equivalenza $[a] = \{a + b \mid b \in \mathfrak{m}\}$ è contenuta in $\mathbb{D}_+$.

Definizione 13.63 Dati due numeri reali s, t, scriveremo $s \leq t$ se $t - s$ è rappresentato da una serie in $\mathbb{D}_+$. Scriveremo $s < t$ se $s \leq t$ e $s \neq t$.

Equivalentemente, dati $a, b \in \mathbb{D}$, si ha $[a] \leq [b]$ se esiste $M \in \mathbb{Q}$ tale che $b_n - a_n + M/10^n \geq 0$ per ogni n. Siccome $j(r) \in \mathbb{D}_+$ se e solo se $r \geq 0$, ne consegue che la relazione di ordine tra numeri reali estende quella usuale tra numeri razionali. Il valore assoluto di un numero reale t, definito come

$$|t| = \begin{cases} t & \text{se } t \geq 0, \\ -t & \text{se } t \leq 0. \end{cases}$$

verifica la disuguaglianza triangolare $|s + t| \leq |s| + |t|$: a meno di scambiare s con t e moltiplicare s e t entrambi per -1 non è restrittivo supporre $|s| \geq |t|$ e $s \geq 0$.

Se $t \geq 0$ il risultato è chiaro; se invece $t \leq 0$ allora $s = |s| \geq |t| = -t$ da cui segue $0 \leq s + t = |s + t|$ e $|s + t| = s + t \leq s = |s|$. Alla stessa maniera si dimostra che $|st| = |s||t|$.

Proposizione 13.64 *La relazione binaria $\leq$ definita in 13.63 soddisfa le seguenti condizioni:*

1. *(proprietà riflessiva) $s \leq s$ per ogni $s \in \mathbb{R}$;*
2. *(proprietà antisimmetrica) se $s, t \in \mathbb{R}$, $s \leq t$ e $t \leq s$ allora $s = t$;*
3. *(proprietà transitiva) se $s, t, u \in \mathbb{R}$, $s \leq t$ e $t \leq u$ allora $s \leq u$;*
4. *(totalità dell'ordinamento) per ogni $s, t \in \mathbb{R}$ si ha $s \leq t$ oppure $t \leq s$;*
5. *(densità dei razionali) siano $s, t \in \mathbb{R}$ con $s < t$. Allora esiste $r \in \mathbb{Q}$ tale che $s < r < t$.*

Dimostrazione La proprietà riflessiva è chiara. Siano $a, b \in \mathbb{D}$ tali che $a - b, b - a \in \mathbb{D}_+$; abbiamo visto che questo implica $a - b \in \mathfrak{m}$ e quindi che $[a] = [b]$. Se $a, b, c \in \mathbb{D}$ sono tali che $[a] \leq [b]$ e $[b] \leq [c]$, ossia $b - a, c - b \in \mathbb{D}_+$, allora $c - a = (c - b) + (b - a) \in \mathbb{D}_+$ e quindi $[a] \leq [c]$.

Dimostriamo adesso la totalità dell'ordinamento: date $a, b \in \mathbb{D}$, con differenza $c = a - b$, dobbiamo dimostrare che $c \in \mathbb{D}_+$ oppure che $-c \in \mathbb{D}_+$. Scegliamo un $C \in \mathbb{Q}$ tale che $|c_n - c_{n+k}| \leq C 10^{-n}$ per ogni n, k e supponiamo $-c \notin \mathbb{D}_+$; allora esiste un intero m tale che $-c_m + C/10^m < 0$, dunque $c_n \geq c_m - |c_m - c_n| \geq 0$ per ogni $n \geq m$, e quindi $c \in \mathbb{D}_+$.

Per concludere, dimostriamo la densità dei razionali in $\mathbb{R}$. Siano $a, b \in \mathbb{D}$ tali che $[a] < [b]$, e cioè $b - a \in \mathbb{D}_+$ e $b - a \notin \mathfrak{m}$. Ci basta provare che esiste un intero $m \geq 0$ ed un numero razionale r tale che $a_n \leq r \leq b_n$ per ogni $n \geq m$. Scegliamo un $N \in \mathbb{Q}$ positivo e tale che

$$|a_n - a_{n+k}| \leq \frac{N}{10^n}, \quad |b_n - b_{n+k}| \leq \frac{N}{10^n}, \quad b_n - a_n + \frac{N}{10^n} \geq 0,$$

per ogni n, k e, dato che $b - a \notin \mathfrak{m}$ esiste m tale che $|b_m - a_m| > 2N/10^m$. Questo implica necessariamente $a_m < b_m$ e se definiamo $r = (a_m + b_m)/2$ si ha $r - a_m > N/10^m$, $b_m - r > N/10^m$ e dunque $a_n \leq r \leq b_n$ per ogni $n \geq m$. $\square$

Occupiamoci adesso di dimostrare il principio di completezza.

Lemma 13.65 *Siano $h > 0$ un numero razionale positivo e $A, B \subseteq \mathbb{Q}$ due sottoinsiemi non vuoti tali che $a \leq b + h$ per ogni $a \in A$ ed ogni $b \in B$. Allora esiste un intero n tale che $a - h \leq nh \leq b + h$ per ogni $a \in A$ ed ogni $b \in B$.*

Dimostrazione L'insieme $S = \{m \in \mathbb{Z} \mid mh \leq b + h \quad \forall\, b \in B\}$ è non vuoto e limitato superiormente. Infatti, per ogni $a_0 \in A$ l'insieme S contiene la parte intera di a_0/h; se $b_0 \in B$ allora ogni $m \in S$ è minore o uguale di $b_0/h + 1$.

Proviamo che $n = \max(S)$ è il numero cercato; per costruzione $nh \leq b + h$ per ogni $b \in B$ ed esiste un $b_1 \in B$ tale che $(n + 1)h > b_1 + h$, quindi $nh > b_1$. Se per assurdo esistesse $a \in A$ tale che $a - h > nh$, allora si avrebbe $a - h > b_1$ in contrasto con le ipotesi. □

Teorema 13.66 (principio di completezza)　*Siano $S, T \subseteq \mathbb{R}$ due sottoinsiemi non vuoti tali che $s \leq t$ per ogni $s \in S$ ed ogni $t \in T$. Allora esiste un numero reale $\xi \in \mathbb{R}$ tale che $s \leq \xi \leq t$ per ogni $s \in S$ ed ogni $t \in T$.*

Dimostrazione　Poiché ogni numero reale è rappresentato da una serie decimale unitaria, possiamo scegliere due sottoinsiemi $H, K \subseteq \mathbb{D}$ tali che $S = \{[a] \mid a \in H\}$, $T = \{[b] \mid b \in K\}$ e

$$|a_n - a_{n+k}| \leq \frac{1}{10^n}, \quad |b_n - b_{n+k}| \leq \frac{1}{10^n}, \quad \text{per ogni } a \in H, b \in K, \text{ e } n, k \in \mathbb{N}.$$

Osserviamo adesso che per ogni intero n ed ogni $a \in H, b \in K$ si ha:

$$a_n \leq b_n + \frac{3}{10^n}. \tag{13.7}$$

Infatti, se per assurdo esistesse un indice m tale che $a_m > b_m + \frac{3}{10^m}$, allora per ogni $l \geq m$ si avrebbe

$$a_l \geq a_m - \frac{1}{10^m}, \qquad b_l \leq b_m + \frac{1}{10^m}, \qquad a_l - b_l \geq \frac{1}{10^m},$$

in contraddizione con il fatto che $b - a \in \mathbb{D}_+$. Costruiamo ricorsivamente una successione $c_0, c_1, \ldots$ di numeri razionali tali che

$$|c_n - c_{n+k}| \leq \frac{4}{10^n}, \qquad a_n - \frac{3}{10^n} \leq c_n \leq b_n + \frac{3}{10^n}, \tag{13.8}$$

per ogni $a \in H, b \in K$ e $n, k \in \mathbb{N}$.

Sia $m \in \mathbb{N}$ e supponiamo di aver costruito $c_0, \ldots, c_{m-1} \in \mathbb{Q}$ che soddisfano (13.8) per ogni $a \in H, b \in K$ e $n, k \in \mathbb{N}$ tali che $n + k < m$. Allora, per ogni $a \in H$, ogni $b \in K$ ed ogni $k < m$ si ha

$$c_k + \frac{4}{10^k} \geq a_k + \frac{1}{10^k} \geq a_m, \qquad b_m \geq b_k - \frac{1}{10^k} \geq c_k - \frac{4}{10^k},$$

e quindi gli insiemi

$$A = \{a_m \mid a \in H\} \cup \left\{ c_k - \frac{4}{10^k} + \frac{3}{10^m} \;\middle|\; k < m \right\},$$

$$B = \{b_m \mid b \in K\} \cup \left\{ c_k + \frac{4}{10^k} - \frac{3}{10^m} \;\middle|\; k < m \right\},$$

soddisfano le ipotesi del Lemma 13.65 per $h = 3/10^m$. Esiste quindi $c_m \in \mathbb{Q}$ tale che

$$a_m - \frac{3}{10^m} \leq c_m \leq b_m + \frac{3}{10}, \quad c_k - \frac{4}{10^k} \leq c_m \leq c_k + \frac{4}{10^k},$$

per ogni $a \in H$, ogni $b \in K$ ed ogni $k < m$.

Adesso è immediato verificare che $c = (c_0, c_1, c_2, \ldots) \in \mathbb{D}$ e $\xi = [c]$ è il numero cercato. $\square$

Vediamo adesso alcune semplici applicazioni del principio di completezza dei numeri reali. Per ogni coppia di numeri reali $a \leq b$ definiamo l'intervallo chiuso di estremi a e b come il sottoinsieme

$$[a, b] = \{x \in \mathbb{R} \mid a \leq x \leq b\}.$$

Corollario 13.67 (principio di Cantor) *Sia $[a_n, b_n] \subseteq \mathbb{R}$, $n \in \mathbb{N}$, una successione di intervalli chiusi tali che per ogni $n > 0$ si abbia*

$$\emptyset \neq [a_n, b_n] \subseteq [a_{n-1}, b_{n-1}].$$

Allora $\bigcap_{n=0}^{\infty}[a_n, b_n] \neq \emptyset$, ossia esiste almeno un numero reale contenuto in tutti gli intervalli.

Dimostrazione Per ipotesi la successione a_n è non decrescente e la successione b_n è non crescente. Inoltre, per ogni $n, m \in \mathbb{N}$ vale $a_n \leq b_m$. Infatti, se $n \leq m$ allora $a_n \leq a_m \leq b_m$, mentre se $n \geq m$ allora $a_n \leq b_n \leq b_m$. Per il principio di completezza dei numeri reali esiste $\xi \in \mathbb{R}$ tale che $a_n \leq \xi \leq b_m$ per ogni n, m; in particolare $\xi \in [a_n, b_n]$ per ogni n. $\square$

Corollario 13.68 (incontabilità dei reali) *Sia $F_n \subseteq \mathbb{R}$, $n \in \mathbb{N}$, una successione di sottoinsiemi finiti di $\mathbb{R}$. Allora per ogni $a_0, b_0 \in \mathbb{R}$ con $a_0 < b_0$ si ha $[a_0, b_0] \not\subseteq \bigcup_{n=0}^{\infty} F_n$, ossia esiste $\xi \in \mathbb{R}$ compreso tra a_0 e b_0 che non appartiene ad alcun F_n.*

Dimostrazione Estendiamo per ricorrenza la coppia a_0, b_0 a due successioni $a_n, b_n \in \mathbb{R}$ tali che:

1. $a_n \leq a_{n+1} < b_{n+1} \leq b_n$ per ogni n;
2. $F_i \cap [a_n, b_n] = \emptyset$ per ogni $i < n$.

Supponiamo di aver costruito $a_0, b_0, \ldots, a_n, b_n$. Dato che $F_n \cap [a_n, b_n]$ è finito possiamo trovare un intervallo incapsulato $\emptyset \neq [a_{n+1}, b_{n+1}] \subseteq [a_n, b_n]$ tale che $F_n \cap [a_{n+1}, b_{n+1}] = \emptyset$. A maggior ragione $F_i \cap [a_{n+1}, b_{n+1}] = \emptyset$ per ogni $i < n$. Per il principio di Cantor esiste un numero reale $\xi \in [a_n, b_n]$ per ogni n; di conseguenza $\xi \notin F_n$ per ogni n. $\square$

Come precedentemente promesso, diamo una dimostrazione del Teorema 3.1 di esistenza degli zeri per funzioni polinomiali.

Lemma 13.69 (permanenza del segno) *Siano $f\colon \mathbb{R} \to \mathbb{R}$ una funzione polinomiale e $\xi \in \mathbb{R}$. Se $f(\xi) > 0$ allora esiste $\delta > 0$ tale che $f(x) > 0$ per ogni $x \in [\xi - \delta, \xi + \delta]$.*

Dimostrazione A meno di sostituire f con la funzione polinomiale $g(x) = f(\xi + x)$ non è restrittivo supporre $\xi = 0$. Per definizione, esistono $a_0, \ldots, a_d \in \mathbb{R}$ tali che $f(x) = a_0 + a_1 x + \cdots + a_d x^d$ e per ipotesi $f(0) = a_0 > 0$; il numero reale

$$\delta = \frac{a_0}{a_0 + |a_1| + \cdots + |a_d|}$$

è ben definito e soddisfa le disuguaglianze $0 < \delta \leq 1$. Se $0 \leq |x| \leq \delta$ si ha $\delta |a_i| \geq |a_i||x|^i \geq a_i x^i$ per ogni $i > 0$ e quindi

$$f(x) \geq a_0 - \sum_{i=1}^{d} a_i x^i \geq a_0 - \delta \sum_{i=1}^{d} |a_i| = a_0 - \delta \sum_{i=1}^{d} |a_i| = \delta a_0 > 0. \quad \square$$

Teorema 13.70 (esistenza degli zeri) *Siano $f\colon \mathbb{R} \to \mathbb{R}$ una funzione polinomiale e $p < q$ due numeri reali tali che $f(p) \leq 0 \leq f(q)$. Allora esiste $\xi \in [p, q]$ tale che $f(\xi) = 0$.*

Dimostrazione Consideriamo i seguenti sottoinsiemi di $\mathbb{R}$:

$$A = \{a \in [p, q] \mid f(a) \leq 0\}, \qquad B = \{b \in [p, q] \mid a \leq b \text{ per ogni } a \in A\}.$$

Chiaramente $p \in A$, $q \in B$ e pertanto A e B sono diversi dal vuoto; per costruzione $a \leq b$ per ogni $a \in A$ ed ogni $b \in B$ e per il principio di completezza esiste $\xi \in \mathbb{R}$ tale che $a \leq \xi \leq b$ per ogni $a \in A$, $b \in B$. Dunque $\xi \in [p, q]$ e vogliamo dimostrare che $f(\xi) = 0$; lo faremo mostrando che entrambe le alternative $f(\xi) < 0$ e $f(\xi) > 0$ conducono ad una contraddizione.

Se fosse $f(\xi) < 0$, allora $\xi < q$ e per il Lemma 13.69, applicato alla funzione polinomiale $-f$, esiste un $a \in \mathbb{R}$ con $\xi < a \leq q$ tale che $f(a) < 0$, in contraddizione con il fatto che $a \leq \xi$ per ogni $a \in A$.

Se invece fosse $f(\xi) > 0$, allora $\xi > p$ e, sempre per il Lemma 13.69, esiste $\delta > 0$ tale che $f(x) > 0$ per ogni $\xi - \delta \leq x \leq \xi$; in particolare $p \leq \xi - \delta$. Questo, unito all'ovvia inclusione $A \subseteq [p, \xi]$, implica $A \subseteq [p, \xi - \delta]$ e ci conduce alla contraddizione $\xi - \delta \in B$. $\quad \square$

Esercizi

13.71 Definiamo $A_n = \{(a_0, a_1, \ldots) \in \mathbb{Q}^{\mathbb{N}} \mid a_n(a_n - a_0) = 0\}$ per ogni $n \in \mathbb{N}$. Provare che ciascun A_n è unione finita di sottospazi vettoriali, mentre l'intersezione $\bigcap_{n=0}^{\infty} A_n$ non è unione finita di sottospazi vettoriali.

13.72 Per ogni $a = (a_0, a_1, \ldots) \in \mathbb{Q}^{\mathbb{N}}$ definiamo $|a| = (|a_0|, |a_1|, \ldots)$. Provare che per ogni $a \in \mathbb{D}$ si ha $|a| \in \mathbb{D}$ e $[|a|]$ è uguale al valore assoluto del numero reale $[a]$.

13.73 Provare che per ogni numero reale x l'insieme $S = \{n \in \mathbb{Z} \mid n \le x\}$ è non vuoto e limitato superiormente. Pertanto è ben definita la parte intera $\lfloor x \rfloor = \max(S)$ di x. Fissato un numero reale $s \ge 0$, si consideri la successione di frazioni decimali $a_n = \lfloor 10^n s \rfloor / 10^n$. Provare che $a = (a_0, a_1, \ldots)$ è una serie decimale unitaria e $[a] = s$. Dedurre che ogni numero reale è rappresentato da uno sviluppo decimale.

13.74 (☕) Siano $\mathbb{K}$ un campo, $V = \mathbb{K}^{\mathbb{N}}$ lo spazio vettoriale di tutte le successioni $a_0, a_1, \ldots, a_n, \ldots \in \mathbb{K}$ e $T = [1, 10) = \{t \in \mathbb{R} \mid 1 \le t < 10\}$.

Per ogni $t \in T$ denotiamo con $C(t) \subseteq \mathbb{N}$ l'insieme di tutte le parti intere dei numeri $10^m t$, al variare di $m \in \mathbb{N}$, e con $a(t) \in V$ la successione

$$a(t)_n = \begin{cases} 1 & \text{se } n \in C(t), \\ 0 & \text{se } n \notin C(t). \end{cases}$$

Dimostrare che:

1. ogni $C(t)$ è un sottoinsieme infinito di $\mathbb{N}$ e $C(s) \cap C(t)$ è un insieme finito per ogni $s \ne t$;
2. le successioni $a(t)$, $t \in T$, sono linearmente indipendenti: con questo si intende che ogni sottoinsieme finito di $\{a(t) \mid t \in T\}$ è formato da vettori di V linearmente indipendenti;
3. segue dal punto precedente e dall'incontabilità dei numeri reali che, per ogni successione $\{V_n\}_{n \in \mathbb{N}}$ di sottospazi di V di dimensione finita, si ha $\bigcup_{n=0}^{\infty} V_n \ne V$;
4. non esiste alcuna applicazione $\mathbb{K}$-lineare surgettiva $\mathbb{K}[x] \to \mathbb{K}[x]^{\vee}$. (Si potrebbe dimostrare, ma è molto più difficile e non lo faremo, che lo stesso vale per ogni spazio vettoriale di dimensione infinita al posto di $\mathbb{K}[x]$.)

13.75 (☕, ♡) Provare che non esistono quaterne $p_1(t)$, $p_2(t)$, $p_3(t)$, $p_4(t)$ di polinomi a coefficienti reali tali che:

1. $p_1(a) < p_2(a) < p_3(a) < p_4(a)$ per piccoli valori di $a > 0$, $a \in \mathbb{R}$;
2. $p_3(a) < p_1(a) < p_4(a) < p_2(a)$ per piccoli valori di $a < 0$, $a \in \mathbb{R}$.

Note

Il concetto di proprietà universale è molto usato nella matematica contemporanea allo scopo di definire gli oggetti mediante caratterizzazione del loro comportamento in determinate situazioni. Le problematiche per definire in maniera rigorosa e formale cosa è una proprietà universale sono le stesse che troviamo a proposito delle applicazioni naturali, e ricadono nella cosiddetta teoria delle categorie.

Capitolo 14
Spazi vettoriali euclidei ed hermitiani

Per svariati motivi di natura matematica, fisica e scientifica, è interessante studiare la geometria degli spazi $\mathbb{R}^n$ e $\mathbb{C}^n$ dove, oltre alle usuali strutture lineari, si considerano anche le strutture indotte da quelli che gli anglofoni chiamano i "dot products"

$$\mathbb{R}^n \times \mathbb{R}^n \xrightarrow{\cdot} \mathbb{R}, \qquad x \cdot y = x^T y = \sum_i x_i y_i,$$

$$\mathbb{C}^n \times \mathbb{C}^n \xrightarrow{\cdot} \mathbb{C}, \qquad x \cdot y = x^T \overline{y} = \sum_i x_i \overline{y_i},$$

e che noi chiameremo *prodotto scalare canonico* (nel caso reale) e *prodotto hermitiano canonico* (nel caso complesso).

Il primo problema che dobbiamo affrontare è che tali prodotti non sono invarianti per cambi di coordinate; questa considerazione ci conduce in maniera naturale alle nozioni di spazio vettoriale euclideo e spazio vettoriale hermitiano, che introdurremo nelle prossime sezioni.

14.1 Spazi vettoriali euclidei

Iniziamo introducendo una classe particolare di applicazioni bilineari (Definizione 5.95) a valori reali.

Definizione 14.1 Sia V uno spazio vettoriale reale. Un'applicazione

$$\langle \cdot, \cdot \rangle \colon V \times V \to \mathbb{R}, \qquad (u, v) \mapsto \langle u, v \rangle,$$

si dice una **forma bilineare simmetrica** se è bilineare, ossia separatamente lineare in ogni variabile, e $\langle u, v \rangle = \langle v, u \rangle$ (simmetria) per ogni $u, v \in V$.

Definizione 14.2 Siano V uno spazio vettoriale reale. Una forma bilineare simmetrica $\langle \cdot, \cdot \rangle \colon V \times V \to \mathbb{R}$ si dice **definita positiva** se $\langle v, v \rangle > 0$ per ogni vettore non

© The Author(s), under exclusive license to Springer Nature Switzerland AG 2025
M. Manetti, *Algebra Lineare*, La Matematica per il 3+2 174,
https://doi.org/10.1007/978-3-032-01504-4_14

nullo $0 \neq v \in V$. Le forme bilineari simmetriche definite positive sono anche dette **prodotti scalari** (non canonici).

Ad esempio, il prodotto scalere canonico è un prodotto scalare nel senso della Definizione 14.2: infatti è una forma bilineare simmetrica e per ogni vettore x si ha $x^T x = \sum_{i=1}^{n} x_i^2$; siccome siamo sui numeri reali, si ha $x^T x \geq 0$ e vale $x^T x = 0$ se e solo se $x = 0$.

Definizione 14.3 Uno **spazio vettoriale euclideo** è uno spazio vettoriale reale di dimensione finita corredato di un prodotto scalare.

Abbiamo visto che $\mathbb{R}^n$ con il prodotto scalare canonico è uno spazio vettoriale euclideo. Più in generale, per ogni n-upla di numeri reali positivi $a_1, \ldots, a_n > 0$, lo spazio $\mathbb{R}^n$ equipaggiato con il prodotto scalare $\langle x, y \rangle = \sum_{i=1}^{n} a_i x_i y_i$ è uno spazio vettoriale euclideo.

Convenzione Da ora in poi, salvo avviso contrario, intenderemo $\mathbb{R}^n$ come spazio vettoriale euclideo dotato del prodotto scalare canonico $x \cdot y = x^T y$. Inoltre, riprendendo la notazione introdotta nella dimostrazione del Corollario 9.130, per ogni $x \in \mathbb{R}^n$ denotiamo $\|x\| = \sqrt{x^T x} = \sqrt{\sum_i x_i^2}$.

Esempio 14.4 Ogni sottospazio di uno spazio vettoriale euclideo, dotato della restrizione del prodotto scalare, è ancora uno spazio vettoriale euclideo. Più in generale, se $(V, \langle \cdot, \cdot \rangle)$ è uno spazio vettoriale euclideo e $f : U \to V$ è un'applicazione lineare iniettiva, allora $\langle u_1, u_2 \rangle = \langle f(u_1), f(u_2) \rangle$ è un prodotto scalare su U.

Esempio 14.5 Siano V uno spazio vettoriale reale e $\varphi = L_{\mathbf{v}}^{-1} : V \to \mathbb{R}^n$ il sistema di coordinate associato ad una base $\mathbf{v} = (v_1, \ldots, v_n)$ di V. Allora l'applicazione

$$\langle \cdot, \cdot \rangle : V \times V \to \mathbb{R}, \qquad \langle u, v \rangle = \varphi(u)^T \varphi(v),$$

è un prodotto scalare e la coppia $(V, \langle \cdot, \cdot \rangle)$ è uno spazio vettoriale euclideo. Si noti che $\langle v_i, v_i \rangle = 1$ per ogni i e $\langle v_i, v_j \rangle = 0$ per ogni $i \neq j$.

Diremo che due vettori v, w in uno spazio vettoriale euclideo sono **ortogonali** o **perpendicolari**, e scriveremo $v \perp w$, se $\langle v, w \rangle = 0$. Per capire il senso di tale definizione basta osservare che in $\mathbb{R}^2$ tale nozione coincide con quella usuale di perpendicolarità (Figura 14.1).

Teorema 14.6 (disuguaglianza di Cauchy–Schwarz) *Per ogni coppia di vettori* v, w *in uno spazio vettoriale euclideo si ha*

$$\langle v, w \rangle^2 \leq \langle v, v \rangle \langle w, w \rangle,$$

con l'uguaglianza vera se e solo se v, w *sono linearmente dipendenti.*

Figura 14.1 In $\mathbb{R}^2$, $w \perp \left(\begin{smallmatrix} x \\ y \end{smallmatrix}\right)$ se e solo se w è un multiplo di $\left(\begin{smallmatrix} -y \\ x \end{smallmatrix}\right)$

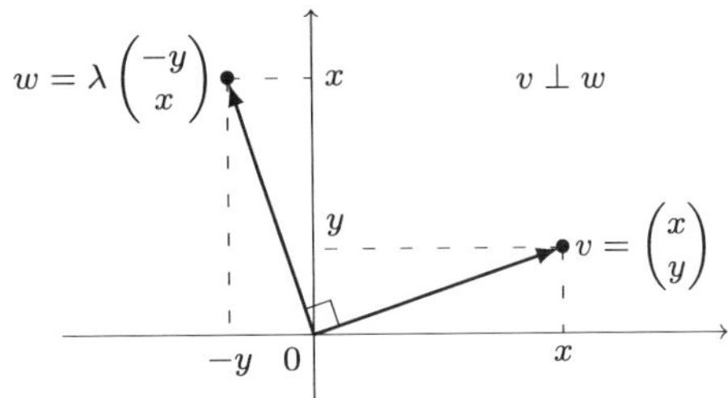

Dimostrazione   Il risultato è banale se almeno uno tra v e w è il vettore nullo, non è quindi restrittivo supporre v e w entrambi diversi da 0. Se v, w sono linearmente dipendenti esiste uno scalare $a \in \mathbb{R}$ tale che $w = av$; in tal caso $\langle v, w \rangle = a \langle v, v \rangle$, $\langle w, w \rangle = a^2 \langle v, v \rangle$, da cui segue l'uguaglianza $\langle v, w \rangle^2 = \langle v, v \rangle \langle w, w \rangle$.

Se v, w sono linearmente indipendenti allora $\langle w, w \rangle > 0$ ed il vettore $r = \langle w, w \rangle v - \langle v, w \rangle w$ è diverso da 0. Quindi $\langle r, r \rangle > 0$ e si ha

$$0 < \frac{\langle r, r \rangle}{\langle w, w \rangle} = \langle v, v \rangle \langle w, w \rangle - \langle v, w \rangle^2. \ \square$$

Dimostriamo adesso che tutti gli spazi vettoriali euclidei si ottengono come nell'Esempio 14.5 per un opportuno sistema di coordinate; di conseguenza, la geometria di un qualunque spazio vettoriale euclideo si riconduce mediante un'opportuna scelta della base a quella di $\mathbb{R}^n$ con il prodotto scalare canonico. Il punto chiave è che negli spazi vettoriali euclidei il prodotto scalare consente di stratificare la collezione delle basi in varie caste, dove la più elevata in gerarchia è quella dalle basi ortonormali.

Definizione 14.7   Una successione di vettori $u_1, \ldots, u_n$ in uno spazio vettoriale euclideo si dice:

1. **ortonormale**, se $\langle u_i, u_i \rangle = 1$ per ogni i e $\langle u_i, u_j \rangle = 0$ per ogni $i \neq j$;
2. **ortogonale** se $\langle u_i, u_i \rangle \neq 0$ per ogni i e $\langle u_i, u_j \rangle = 0$ per ogni $i \neq j$.

Una base che è anche una successione ortonormale (risp.: ortogonale) si dice una **base ortonormale** (risp.: **base ortogonale**).

Il termine ortonormale è la forma contratta di *normale ortogonale*; le condizioni $\langle u_i, u_i \rangle = 1$ sono quelle di normalità, mentre le condizioni $\langle u_i, u_j \rangle = 0$ per $i \neq j$ sono quelle di ortogonalità.

Ad esempio: la base canonica di $\mathbb{R}^n$ è una base ortonormale rispetto al prodotto scalare canonico; i vettori

$$u_1 = \frac{1}{\sqrt{2}} \begin{pmatrix} -1 \\ 1 \\ 0 \end{pmatrix}, \quad u_2 = \frac{1}{\sqrt{3}} \begin{pmatrix} 1 \\ 1 \\ 1 \end{pmatrix}, \quad u_3 = \frac{1}{\sqrt{6}} \begin{pmatrix} -1 \\ -1 \\ 2 \end{pmatrix}$$

sono una base ortonormale di $\mathbb{R}^3$ rispetto al prodotto scalare canonico.

Lemma 14.8 *Ogni successione ortogonale è formata da vettori linearmente indipendenti.*

Dimostrazione Si abbia $a_1 u_1 + \cdots + a_n u_n = 0$ con $u_1, \ldots, u_n$ successione ortogonale. Allora per ogni indice i si ha

$$0 = \langle 0, u_i \rangle = \langle \sum_j a_j u_j, u_i \rangle = \sum_j a_j \langle u_j, u_i \rangle = a_i \langle u_i, u_i \rangle,$$

e siccome $\langle u_i, u_i \rangle \neq 0$ ne consegue $a_i = 0$. $\square$

Lemma 14.9 *Sia $v_1, \ldots, v_n$ una base ortonormale dello spazio vettoriale euclideo V. Allora per ogni $v \in V$ vale $v = \sum_i \langle v, v_i \rangle v_i$.*

Dimostrazione Se $v_1, \ldots, v_n \in V$ è una base ortonormale e $v \in V$ si può scrivere $v = \sum_i a_i v_i$ con $a_i \in \mathbb{R}$. Ma allora $\langle v, v_j \rangle = \sum_i a_i \langle v_i, v_j \rangle = a_j$ per ogni j. $\square$

Segue dal Lemma 14.9 che in uno spazio vettoriale euclideo le coordinate di un vettore v rispetto ad una base ortonormale $u_1, \ldots, u_n$ sono gli n numeri reali $\langle v, u_1 \rangle, \ldots, \langle v, u_n \rangle$.

Teorema 14.10 (di ortogonalizzazione) *Sia $v_1, \ldots, v_n$ una successione di vettori linearmente indipendenti in uno spazio vettoriale euclideo $(V, \langle, \rangle)$. Allora esiste un'unica successione ortogonale $w_1, \ldots, w_n$ in V tale che*

$$\mathrm{Span}(v_1, \ldots, v_i) = \mathrm{Span}(w_1, \ldots, w_i) \quad e \quad \langle w_i, v_i \rangle = \langle w_i, w_i \rangle$$

per ogni $i = 1, \ldots, n$.

Dimostrazione (*Esistenza.*) Dimostriamo per induzione su n che la successione $w_1, \ldots, w_n \in V$, definita dalle formule ricorsive

$$w_1 = v_1, \qquad w_k = v_k - \sum_{i=1}^{k-1} \frac{\langle v_k, w_i \rangle}{\langle w_i, w_i \rangle} w_i,$$

soddisfa le condizioni richieste. Per $n = 1$ tutto segue dal fatto che $w_1 = v_1 \neq 0$. Possiamo supporre per induzione che $w_1, \ldots, w_{n-1}$ sia una successione ortogonale tale che

$$\mathrm{Span}(v_1, \ldots, v_i) = \mathrm{Span}(w_1, \ldots, w_i) \quad e \quad \langle w_i, v_i \rangle = \langle w_i, w_i \rangle$$

per ogni $i = 1, \ldots, n - 1$. Allora è ben definito il vettore

$$w_n = v_n - \sum_{i=1}^{n-1} \frac{\langle v_n, w_i \rangle}{\langle w_i, w_i \rangle} w_i$$

ed è immediato osservare che $\mathrm{Span}(w_1,\ldots,w_n) = \mathrm{Span}(v_1,\ldots,v_n)$. Siccome $v_n \notin \mathrm{Span}(v_1,\ldots,v_{n-1})$ si ha $w_n \notin \mathrm{Span}(w_1,\ldots,w_{n-1})$; a maggior ragione $w_n \neq 0$ e $\langle w_n, w_n \rangle \neq 0$. Per ogni $k < n$ si ha

$$\langle w_n, w_k \rangle = \langle v_n, w_k \rangle - \sum_{i=1}^{n-1} \frac{\langle v_n, w_i \rangle}{\langle w_i, w_i \rangle} \langle w_i, w_k \rangle = \langle v_n, w_k \rangle - \frac{\langle v_n, w_k \rangle}{\langle w_k, w_k \rangle} \langle w_k, w_k \rangle = 0$$

e questo prova che la successione $w_1,\ldots,w_n$ è ortogonale. Per finire,

$$\langle w_n, w_n \rangle = \langle v_n, w_n \rangle - \sum_{i=1}^{n-1} \frac{\langle v_n, w_i \rangle}{\langle w_i, w_i \rangle} \langle w_i, w_n \rangle = \langle v_n, w_n \rangle.$$

(*Unicità.*) Data un'altra successione ortogonale $z_1,\ldots,z_n$ con le proprietà richieste, possiamo supporre per induzione che $z_i = w_i$ per ogni $i = 1,\ldots,n-1$. Siano $a_1,\ldots,a_n \in \mathbb{R}$ tali che $z_n = a_n v_n - \sum_{i=1}^{n-1} a_i w_i$, allora $\langle z_n, z_n \rangle = a_n \langle z_n, v_n \rangle$ da cui segue $a_n = 1$. Inoltre, per ogni $k < n$ si ha

$$0 = \langle z_n, z_k \rangle = \langle z_n, w_k \rangle = \langle v_n, w_k \rangle - a_k \langle w_k, z_k \rangle$$

da cui segue $a_k = \langle v_n, w_k \rangle / \langle w_k, w_k \rangle$. $\square$

Teorema 14.11 (di ortonormalizzazione)   *Sia $v_1,\ldots,v_n$ una successione di vettori linearmente indipendenti in uno spazio vettoriale euclideo $(V, \langle , \rangle)$. Allora esiste un'unica successione ortonormale $u_1,\ldots,u_n$ in V tale che*

$$\mathrm{Span}(v_1,\ldots,v_i) = \mathrm{Span}(u_1,\ldots,u_i) \ \ e \ \ \langle u_i, v_i \rangle > 0$$

per ogni $i = 1,\ldots,n$. Inoltre, se per qualche $k \le n$ la sottosuccessione $v_1,\ldots,v_k$ è ortonormale, allora $u_i = v_i$ per ogni $i = 1,\ldots,k$.

Dimostrazione   Per provare l'esistenza basta prendere una successione ortogonale $w_1,\ldots,w_n$ come nel Teorema 14.10 e definire $u_i = w_i / \sqrt{\langle w_i, w_i \rangle}$ per ogni i. Per uso futuro osserviamo che per ogni $v \in V$ ed ogni indice $i = 1,\ldots,n$ vale l'uguaglianza

$$\frac{\langle v, w_i \rangle}{\langle w_i, w_i \rangle} w_i = \langle v, u_i \rangle u_i.$$

Per quanto riguarda l'unicità, se $u_1,\ldots,u_n$ è una successione ortonormale con le proprietà richieste, allora la successione $w_i = \langle v_i, u_i \rangle u_i$, $i = 1,\ldots,n$, soddisfa le condizioni del Teorema 14.10 e risulta pertanto unica.

Dunque, se $x_1,\ldots,x_n \in V$ è una successione ortonormale con le stesse caratteristiche, allora $w_i = \langle v_i, u_i \rangle u_i = \langle v_i, x_i \rangle x_i$ per ogni indice i e $\langle w_i, w_i \rangle = \langle v_i, u_i \rangle^2 = \langle v_i, x_i \rangle^2$; ricordando che $\langle v_i, u_i \rangle$ e $\langle v_i, x_i \rangle$ sono positivi otteniamo $\langle v_i, u_i \rangle = \langle v_i, x_i \rangle$ e di conseguenza $u_i = x_i$.

L'ultima affermazione del teorema segue immediatamente dall'unicità applicata alla sottosuccessione $v_1, \ldots, v_k$. $\square$

Riepilogando, nelle precedenti procedure (ortogonalizzazione e ortonormalizzazione), le successioni ortogonale ed ortonormale sono state costruite in maniera esplicita e ricorsiva usando il cosiddetto *processo di Gram–Schmidt*, da ora in poi abbreviato, con licenza eufonica, in POGS:

$$
\text{POGS:} \quad
\begin{array}{ccccc}
\text{vettori} & & \text{successione} & & \text{successione} \\
\text{indipendenti} & \rightsquigarrow & \text{ortogonale} & \rightsquigarrow & \text{ortonormale} \\
v_1, \ldots, v_n & & w_1, \ldots, w_n & & u_1, \ldots, u_n
\end{array}
$$

$$
w_1 = v_1, \qquad u_1 = \frac{w_1}{\sqrt{\langle w_1, w_1 \rangle}} = \frac{v_1}{\sqrt{\langle v_1, v_1 \rangle}},
$$

$$
w_k = v_k - \sum_{i=1}^{k-1} \frac{\langle v_k, w_i \rangle}{\langle w_i, w_i \rangle} w_i = v_k - \sum_{i=1}^{k-1} \langle v_k, u_i \rangle u_i,
$$

$$
u_k = \frac{w_k}{\sqrt{\langle w_k, w_k \rangle}}, \qquad w_k = \langle v_k, u_k \rangle u_k, \qquad k = 1, \ldots, n. \tag{14.1}
$$

Esempio 14.12 Vogliamo trovare una base ortonormale u_1, u_2 del piano $V \subseteq \mathbb{R}^3$ di equazione $x_1 + x_2 - x_3 = 0$. Prendiamo una base qualunque di V, ad esempio $v_1 = (1, 0, 1)^T$, $v_2 = (0, 1, 1)^T$. Applicando il POGS si ottiene

$$
w_1 = v_1, \qquad\qquad u_1 = \frac{w_1}{\sqrt{\langle w_1, w_1 \rangle}} = \frac{1}{\sqrt{2}} \begin{pmatrix} 1 \\ 0 \\ 1 \end{pmatrix},
$$

$$
w_2 = v_2 - \frac{\langle v_2, v_1 \rangle}{\langle v_1, v_1 \rangle} v_1 = \begin{pmatrix} -1/2 \\ 1 \\ 1/2 \end{pmatrix}, \qquad u_2 = \frac{w_2}{\sqrt{\langle w_2, w_2 \rangle}} = \frac{\sqrt{2}}{\sqrt{3}} \begin{pmatrix} -1/2 \\ 1 \\ 1/2 \end{pmatrix}.
$$

Corollario 14.13 *Ogni spazio vettoriale euclideo $(V, \langle, \rangle)$ possiede basi ortonormali ed esistono sistemi di coordinate $\varphi \colon V \to \mathbb{R}^n$ tali che*

$$
\langle u, w \rangle = \varphi(u)^T \varphi(w), \quad \text{per ogni } u, w \in V.
$$

Dimostrazione Per l'esistenza delle basi ortonormali basta applicare il POGS ad una qualunque base. Sia $\varphi \colon V \to \mathbb{R}^n$ il sistema di coordinate associato ad una base ortonormale $v_1, \ldots, v_n$, ossia

$$
\varphi(a_1 v_1 + \cdots + a_n v_n) = (a_1, \ldots, a_n)^T \qquad \text{per ogni } a_1, \ldots, a_n \in \mathbb{R}.
$$

Per ogni coppia di vettori $u = \sum_i a_i v_i$ e $w = \sum_j b_j v_j$ si ha

$$
\langle u, w \rangle = \sum_{i,j} a_i b_j \langle v_i, v_j \rangle = \sum_i a_i b_i = \varphi(u)^T \varphi(w). \ \square
$$

Corollario 14.14 *In uno spazio vettoriale euclideo ogni successione ortonormale si estende ad una base ortonormale.*

Dimostrazione Basta estendere ad una base qualunque e poi POGS. □

Esercizi

14.15 Dati due vettori v, w in uno spazio vettoriale euclideo, provare che $v \perp w$ se e solo se $\langle v + w, v + w \rangle = \langle v, v \rangle + \langle w, w \rangle$.

14.16 Siano $v_1, \ldots, v_n$ vettori linearmente indipendenti in uno spazio vettoriale euclideo V. Provare che $v_1, \ldots, v_n$ è una base ortonormale se e solo se $v = \sum_i \langle v, v_i \rangle v_i$ per ogni $v \in V$.

14.17 Trovare una base ortonormale del sottospazio $V \subseteq \mathbb{R}^4$ di equazione $x_1 - x_2 = x_3 - x_4 = 0$.

14.18 Dire per quali valori di $t \in \mathbb{R}$ i vettori $v = (-5, t, 2 - t)^T$ e $(t, t, 4)^T$ sono ortogonali in $\mathbb{R}^3$.

14.19 Trovare una base v_1, v_2 per il sottospazio $U \subseteq \mathbb{R}^3$ definito dall'equazione $x - y + 3z = 0$ tale che $v_1^T v_2 = 0$ e $(0, 0, 1)v_1 = 1$.

14.20 (Identità di Parseval) Sia $u_1, \ldots, u_n$ una base ortonormale di uno spazio vettoriale euclideo V. Provare che per ogni $v, w \in V$ vale

$$\langle v, w \rangle = \sum_{i=1}^{n} \langle v, u_i \rangle \langle u_i, w \rangle.$$

14.21 Siano $u_1, \ldots, u_n, v_1, \ldots, v_n$ e $w_1, \ldots, w_n$ tre basi ortonormali di uno spazio vettoriale euclideo. Dimostrare che la successione

$$t_i = \sum_{j=1}^{n} \langle u_i, v_j \rangle w_j, \qquad i = 1, \ldots, n,$$

è ancora una base ortonormale.

14.22 Trovare una base ortonormale dello spazio delle matrici reali 2×2 a traccia nulla rispetto al prodotto scalare $\langle A, B \rangle = \mathrm{Tr}(A^T B)$.

14.23 Sia V uno spazio euclideo. Provare che esiste un unico isomorfismo lineare $\alpha \colon V \to V^\vee$ tale che $(\alpha(v), w)_V = \langle v, w \rangle$ per ogni $v, w \in V$.

14.2 Proiezioni e riflessioni ortogonali

Dato un qualsiasi sottoinsieme S di uno spazio vettoriale euclideo V denotiamo con $S^\perp \subseteq V$ l'insieme dei vettori ortogonali a tutti gli elementi di S:

$$S^\perp = \{v \in V \mid \langle v, s \rangle = 0 \text{ per ogni } s \in S\}.$$

È evidente che se $R \subseteq S$ allora $S^\perp \subseteq R^\perp$ e si verifica facilmente che $S^\perp$ è un sottospazio vettoriale; più precisamente, $S^\perp$ è l'intersezione di tutti i nuclei delle applicazioni lineari

$$\langle \cdot, s \rangle \colon V \to \mathbb{R}, \qquad v \mapsto \langle v, s \rangle, \qquad s \in S.$$

Per i nostri obiettivi è fondamentale osservare che se S è un sottoinsieme finito di V e $W = \mathrm{Span}(S)$, allora $S^\perp = W^\perp$: infatti, siccome $S \subseteq W$ vale $W^\perp \subseteq S^\perp$. Viceversa, se $S = \{s_1, \dots, s_h\}$, allora per per ogni $v \in S^\perp$ ed ogni $w = \sum t_i s_i \in W$ si ha $\langle v, w \rangle = \sum_i t_i \langle v, s_i \rangle = 0$ e quindi $v \in W^\perp$.

Definizione 14.24 Dato un sottospazio vettoriale W di uno spazio vettoriale euclideo, il sottospazio $W^\perp$ viene chiamato l'**ortogonale** di W.

Lemma 14.25 *Per ogni sottospazio W di uno spazio vettoriale euclideo V si ha $V = W \oplus W^\perp$ e $(W^\perp)^\perp = W$. In particolare,* $\dim W + \dim W^\perp = \dim V$.

Dimostrazione Siano $n = \dim V$, $m = \dim W$ e prendiamo una qualunque base $v_1, \dots, v_n$ di V tale che $W = \mathrm{Span}(v_1, \dots, v_m)$. Applicando l'ortonormalizzazione a tale base troviamo una base ortonormale $u_1, \dots, u_n$ di V tale che $W = \mathrm{Span}(u_1, \dots, u_m)$. Per dimostrare che $V = W \oplus W^\perp$ basta quindi provare che $W^\perp = \mathrm{Span}(u_{m+1}, \dots, u_n)$. Sia $v = \sum_{i=1}^n a_i u_i$ un generico vettore di V, abbiamo già osservato che $v \in W^\perp$ se e solo se $\langle v, u_i \rangle = 0$ per ogni $i = 1, \dots, m$ e, siccome $\langle v, u_i \rangle = a_i$ si ha $v \in W^\perp$ se e solo se $a_1 = \cdots = a_m = 0$, ossia se e solo se $v \in \mathrm{Span}(u_{m+1}, \dots, u_n)$.

Dalla simmetria del prodotto scalare segue subito che $W \subseteq (W^\perp)^\perp$ ed i due sottospazi hanno la stessa dimensione. $\square$

Fissato un sottospazio $W \subseteq V$, ogni vettore $v \in V$ si scrive in modo unico come

$$v = v_W + v_{W^\perp}, \quad \text{con} \quad v_W \in W, \ v_{W^\perp} \in W^\perp. \tag{14.2}$$

In tali notazioni, l'applicazione lineare

$$P_W \colon V \to V, \qquad P_W(v) = v_W,$$

è detta **proiezione ortogonale** su W; possiamo interpretare P_W come la composizione della proiezione sul primo fattore $V = W \oplus W^\perp \to W$ con il morfismo di inclusione $W \to V$. Siccome $W^{\perp\perp} = W$ si ha $P_{W^\perp}(v) = v_{W^\perp}$ e quindi $P_W(v) + P_{W^\perp}(v) = v$.

Osserviamo che $P_W(v) = v$ se e solo se $v \in W$ e $P_W(v) = 0$ se e solo se $v \in W^\perp$. Quindi $V = W \oplus W^\perp$ coincide con la decomposizione di V in autospazi; più precisamente, W è l'autospazio di P_W relativo all'autovalore 1, mentre e $W^\perp$ è l'autospazio di P_W relativo all'autovalore 0.

Per il calcolo esplicito della proiezione ortogonale P_W si può procedere nel modo seguente: dato che $P_W(v)$ è l'unico vettore tale che $P_W(v) \in W$ e $v - P_W(v) \in W^\perp$, se $v_1, \ldots, v_m$ è una base di W allora $p_W(v) = a_1 v_1 + \cdots + a_m v_m$, con gli scalari a_i che si calcolano risolvendo il sistema lineare di m equazioni $\langle v - p_W(v), v_i \rangle = 0$, con $i = 1, \ldots, m$, ossia

$$\begin{cases} a_1 \langle v_1, v_1 \rangle + \cdots + a_m \langle v_m, v_1 \rangle = \langle v, v_1 \rangle \\ \qquad\qquad\qquad \vdots \\ a_1 \langle v_1, v_m \rangle + \cdots + a_m \langle v_m, v_m \rangle = \langle v, v_m \rangle \end{cases}$$

Se abbiamo sottomano una base ortogonale $w_1, \ldots, w_m$ di W, e $p_W(v) = \sum a_i w_i$, allora il precedente sistema è composto dalle m equazioni indipendenti $a_i \langle w_i, w_i \rangle = \langle v, w_i \rangle$, $i = 1, \ldots, m$, e pertanto

$$P_W(v) = \sum_{i=1}^{m} \frac{\langle v, w_i \rangle}{\langle w_i, w_i \rangle} w_i. \tag{14.3}$$

Se invece conosciamo una base di $W^\perp$ usiamo la ricetta precedente per calcolare $P_{W^\perp}(v)$ e poi si utilizza l'uguaglianza $P_W(v) = v - P_{W^\perp}(v)$.

Nelle notazioni precedenti, per ogni sottospazio $W \subseteq V$, l'applicazione lineare

$$R_W : V \to V, \quad R_W = P_W - P_{W^\perp} = 2P_W - I = I - 2P_{W^\perp},$$

viene detta **riflessione ortogonale** rispetto ad W. Anche in questo caso W e $W^\perp$ sono gli autospazi di R_W relativi agli autovalori 1 e -1 rispettivamente; in particolare, $\det(R_W) = (-1)^{\dim W^\perp}$.

Esercizi

14.26 Sia W un sottospazio di uno spazio vettoriale euclideo V. Provare che $P_W P_W = P_W$ e $R_W R_W = \text{Id}$.

14.27 Sia $U \subseteq \mathbb{R}^4$ il piano generato dai vettori $(1, 1, 0, 0)^T$ e $(1, 2, 3, 4)^T$. Trovare un piano $V \subseteq \mathbb{R}^4$ tale che $P_U P_V = P_V P_U = 0$, dove P_U e P_V sono le proiezioni ortogonali su U e V rispettivamente.

14.28 Scrivere le tre matrici che rappresentano, nella base canonica, le proiezioni ortogonali di $\mathbb{R}^3$ sui tre piani di equazioni

$$2x + y - 3z = 0, \qquad x + 2y - z = 0, \qquad x + y + z = 0.$$

14.29 Sia $R_W \colon \mathbb{R}^3 \to \mathbb{R}^3$ la riflessione ortogonale rispetto alla retta W generata dal vettore $(1, 2, 1)^T$. Determinare l'immagine del vettore $(-2, 0, 1)^T$ tramite R_W.

14.30 Sia $f = R_V R_W \colon \mathbb{R}^3 \to \mathbb{R}^3$ la composizione delle riflessioni ortogonali rispetto ai piani $V = \{x + y = 0\}$ e $W = \{y + z = 0\}$. Trovare la matrice che rappresenta f nella base canonica.

14.31 Sia $v_1, \ldots, v_n$ una successione di vettori in uno spazio vettoriale euclideo V. Dimostrare che la matrice simmetrica $A \in M_{n,n}(\mathbb{R})$ di coefficienti $a_{ij} = \langle v_i, v_j \rangle$ è invertibile se e solo se i vettori v_i sono linearmente indipendenti.

14.32 (♨) Siano $u_1, \ldots, u_n$ e $w_1, \ldots, w_m$ due successioni di vettori in uno spazio vettoriale euclideo V. Dimostrare che il rango della matrice $n \times m$ di coefficienti $\langle u_i, w_j \rangle$ è uguale al rango della restrizione a $\mathrm{Span}(u_1, \ldots, u_n)$ della proiezione ortogonale su $\mathrm{Span}(w_1, \ldots, w_m)$.

14.3 Il teorema spettrale reale

Per conformità alla terminologia prevalente in questo contesto, in questo capitolo useremo spesso il termine *operatore lineare* come sinonimo di applicazione lineare.

Lemma 14.33 *Siano U spazio vettoriale reale non nullo di dimensione finita e $f \colon U \to U$ un operatore lineare. Esistono allora due vettori $u, v \in U$ e due numeri $a, b \in \mathbb{R}$ tali che:*

$$u \neq 0, \qquad f(u) = au - bv, \qquad f(v) = bu + av.$$

Dimostrazione Non è restrittivo supporre $U = \mathbb{R}^n$ e di conseguenza $f = L_A$ per una matrice $A \in M_{n,n}(\mathbb{R})$. Possiamo pensare A come una matrice a coefficienti complessi e quindi estendere nel modo canonico L_A ad un'applicazione lineare $L_A \colon \mathbb{C}^n \to \mathbb{C}^n$: se scriviamo i vettori di $\mathbb{C}^n$ nella forma $x + iy$, con $x, y \in \mathbb{R}^n$ ed i unità immaginaria, allora si ha $L_A(x + iy) = L_A(x) + iL_A(y)$.

Sia $u + iv \in \mathbb{C}^n$ un autovettore per L_A con autovalore $a + ib \in \mathbb{C}$; a meno di moltiplicare l'autovettore per lo scalare i non è restrittivo supporre $u \neq 0$. Dunque

$$L_A(u) + iL_A(v) = (a + ib)(u + iv) = (au - bv) + i(av + bu),$$

che equivale a $L_A(u) = au - bv$ e $L_A(v) = bu + av$. $\square$

Definizione 14.34   Un operatore lineare $f : V \to V$ di uno spazio vettoriale euclideo si dice **simmetrico**, o **autoaggiunto**, se $\langle f(u), v \rangle = \langle u, f(v) \rangle$ per ogni $u, v \in V$.

Una possibile motivazione del termine simmetrico è contenuta nella seguente proposizione.

Proposizione 14.35   *Per un operatore lineare $f : V \to V$ di uno spazio vettoriale euclideo sono equivalenti:*

1. *f è simmetrico;*
2. *f si rappresenta con una matrice simmetrica rispetto ad ogni base ortonormale;*
3. *esiste una base ortonormale nella quale f si rappresenta con una matrice simmetrica.*

In particolare, se $\dim V = n$, allora gli operatori simmetrici formano un sottospazio vettoriale di $\mathrm{Hom}_{\mathbb{R}}(V, V)$ di dimensione $n(n + 1)/2$.

Dimostrazione   Sia $u_1, \ldots, u_n$ una qualunque base ortonormale di V e sia $A = (a_{ij})$ la matrice che rappresenta f in tale base, ossia $f(u_i) = \sum_j u_j a_{ji}$ per ogni i. Se f è simmetrico, allora per ogni $i, j = 1, \ldots, n$ si ha

$$a_{ji} = \langle f(u_i), u_j \rangle = \langle u_i, f(u_j) \rangle = a_{ij}.$$

Viceversa, se A è simmetrica, allora per ogni $x = \sum_i x_i u_i$ ed ogni $y = \sum_i y_i u_i$ in V si ha

$$\langle f(x), y \rangle = \sum_{i,j} x_i y_j \langle f(u_i), u_j \rangle = \sum_{i,j,k} x_i y_j a_{ki} \langle u_k, u_j \rangle = \sum_{i,j} x_i y_j a_{ji},$$

$$\langle x, f(y) \rangle = \sum_{i,j} x_i y_j \langle u_i, f(u_j) \rangle = \sum_{i,j,k} x_i y_j a_{kj} \langle u_i, u_k \rangle = \sum_{i,j} x_i y_j a_{ij},$$

e dalla simmetria di A segue l'uguaglianza delle due espressioni. $\square$

Esempio 14.36   Tutte le proiezioni e le riflessioni ortogonali sono operatori simmetrici. Per dimostrarlo, basta provare che se W è un sottospazio dello spazio vettoriale euclideo V, allora $\langle P_W(u), v \rangle = \langle P_W(u), P_W(v) \rangle$ per ogni $u, v \in V$; scambiando u con v si ottiene $\langle P_W(u), P_W(v) \rangle = \langle u, P_W(v) \rangle$ e, di conseguenza, la simmetria di P_W.

Segue dalla definizione di proiezione che $P_W(u) \in W$ e $v - P_W(v) \in W^\perp$. Quindi $\langle P_W(u), v - P_W(v) \rangle = 0$ e

$$\langle P_W(u), v \rangle = \langle P_W(u), P_W(v) + (v - P_W(v)) \rangle$$
$$= \langle P_W(u), P_W(v) \rangle + \langle P_W(u), v - P_W(v) \rangle = \langle P_W(u), P_W(v) \rangle.$$

Per dimostrare che anche R_W è simmetrico basta osservare che $R_W = 2P_W - I$ e ricordare che gli operatori simmetrici formano un sottospazio vettoriale.

Abbiamo già visto che gli operatori P_W e R_W sono diagonalalizzabili; se $w_1, \ldots, w_m$ è una qualunque base ortogonale di W e $w_{m+1}, \ldots, w_n$ è una qualunque base ortogonale di $W^\perp$, allora $w_1, \ldots, w_n$ è una base ortogonale di V formata da autovettori comuni di P_W e R_W.

Teorema 14.37 (teorema spettrale reale) *Sia $f\colon V \to V$ un operatore lineare di uno spazio vettoriale euclideo. Allora f è simmetrico se e solo se esiste una base ortonormale di V formata da autovettori per f.*

Dimostrazione Dimostriamo prima l'implicazione più semplice; in una base ortonormale di autovettori l'operatore f si rappresenta con una matrice diagonale e quindi f è simmetrico per la Proposizione 14.35.

Supponiamo adesso che f sia simmetrico e dimostriamo, come passo intermedio, che ogni sottospazio f-invariante $0 \neq U \subseteq V$ possiede autovettori. Per il Lemma 14.33 esistono $u, v \in U$, con $u \neq 0$, e due numeri reali $a, b \in \mathbb{R}$ tali che $f(u) = au - bv$, $f(v) = bu + av$. Siccome f è simmetrico si ha

$$0 = \langle u, f(v) \rangle - \langle f(u), v \rangle$$
$$= (a\langle u, v \rangle + b\langle u, u \rangle) - (a\langle u, v \rangle - b\langle v, v \rangle) = b(\langle u, u \rangle + \langle v, v \rangle).$$

Siccome $u \neq 0$ si ha $\langle u, u \rangle + \langle v, v \rangle > 0$, quindi $b = 0$ ed u è un autovettore di f. Per il Teorema 9.111 l'endomorfismo f è triangolabile ed esiste una base $u_1, \ldots, u_n$ tale che $f(\mathrm{Span}(u_1, \ldots, u_i)) \subseteq \mathrm{Span}(u_1, \ldots, u_i)$ per ogni $i = 1, \ldots, n$; per il Teorema 14.11 possiamo supporre che $u_1, \ldots, u_n$ sia una base ortonormale e dimostriamo che questo implica necessariamente che gli u_i sono tutti autovettori. Supponiamo di aver dimostrato per un certo $1 \leq m \leq n$ che $u_1, \ldots, u_{m-1}$ sono autovettori. Se $f(u_m) = \sum_{i=1}^{m} a_i u_i$ si ottiene

$$a_i = \langle f(u_m), u_i \rangle = \langle u_m, f(u_i) \rangle = 0 \text{ per ogni } i < m.$$

In alternativa, possiamo osservare che f, poiché simmetrico, si rappresenta con una matrice simmetrica in ogni base ortonormale, e quindi la matrice che lo rappresenta nella base $u_1, \ldots, u_n$ è triangolare e simmetrica. $\square$

Nel caso di $\mathbb{R}^n$ con il prodotto scalare canonico, il teorema spettrale è del tutto equivalente al seguente risultato, che migliora il Corollario 9.130.

Corollario 14.38 *Una matrice $A \in M_{n,n}(\mathbb{R})$ è simmetrica se e solo se possiede una base di autovettori ortonormale rispetto al prodotto scalare canonico.*

Esercizi

14.39   Su campi diversi da $\mathbb{R}$, in generale le matrici simmetriche non sono diagonalizzabili. Mostrare ad esempio che le matrici simmetriche

$$\begin{pmatrix} 1 & 1 \\ 1 & 0 \end{pmatrix} \quad e \quad \begin{pmatrix} 1 & i \\ i & -1 \end{pmatrix}$$

non sono diagonalizzabili su $\mathbb{Q}$ e $\mathbb{C}$, rispettivamente.

14.40   Sia $A = (a_{ij}) \in M_{n,n}(\mathbb{R})$ e si assuma che esistano $b_1, \ldots, b_n > 0$ tali che $b_i a_{ij} = b_j a_{ji}$ per ogni i, j. Dimostrare che A è diagonalizzabile.

14.41   Calcolare una base ortonormale di autovettori per la matrice simmetrica reale

$$\begin{pmatrix} 3 & 1 & 1 \\ 1 & 3 & 1 \\ 1 & 1 & 3 \end{pmatrix}.$$

14.42   Sia $f: V \to V$ un operatore simmetrico di uno spazio vettoriale euclideo e siano $u, v \in V$ autovettori corrispondenti ad autovalori distinti. Provare che $\langle u, v \rangle = 0$.

14.43 (☕)   Sia $A \in M_{n,n}(\mathbb{R})$ simmetrica con tutti gli autovalori distinti. Provare che per ogni matrice antisimmetrica $E \in M_{n,n}(\mathbb{R})$ esiste unica una matrice simmetrica $B \in M_{n,n}(\mathbb{R})$ tale che $E = AB - BA$ e $\mathrm{Tr}(A^i B) = 0$ per ogni $i = 0, \ldots, n-1$.

14.4   Criterio di Sylvester e regola dei segni di Cartesio

In questa sezione affronteremo il problema di come fare a capire se una forma bilineare simmetrica reale è, oppure non è, definita positiva.

Definizione 14.44   Diremo che una matrice simmetrica reale $A \in M_{n,n}(\mathbb{R})$ è **definita positiva** se $x^T A x > 0$ per ogni vettore $x \in \mathbb{R}^n$ diverso da 0.

Notiamo che in una matrice simmetrica definita positiva $A = (a_{ij})$ i coefficienti sulla diagonale principale sono tutti positivi: infatti si ha $a_{ii} = e_i^T A e_i$, dove $e_1, \ldots, e_n$ è la base canonica di $\mathbb{R}^n$. Il viceversa è generalmente falso; ad esempio, la matrice $\begin{pmatrix} 1 & 2 \\ 2 & 1 \end{pmatrix}$ non è definita positiva in quanto

$$(1, -1) \begin{pmatrix} 1 & 2 \\ 2 & 1 \end{pmatrix} \begin{pmatrix} 1 \\ -1 \end{pmatrix} = -2.$$

Proposizione 14.45 *Siano $v_1, \ldots, v_n$ una base di uno spazio vettoriale reale V e $\langle \cdot, \cdot \rangle \colon V \times V \to \mathbb{R}$ una forma bilineare simmetrica. Allora $\langle \cdot, \cdot \rangle$ è definitia positiva, ossia è un prodotto scalare, se e solo se la matrice simmetrica $A \in M_{n,n}(\mathbb{R})$ di coefficienti $a_{ij} = \langle v_i, v_j \rangle$ è definita positiva nel senso della Definizione 14.44.*

Dimostrazione Sia $L_{\mathbf{v}} \colon \mathbb{R}^n \to V$, $L_{\mathbf{v}}(x) = \sum_i x_i v_i$, l'isomorfismo lineare definito dalla base $v_1, \ldots, v_n$. Chiaramente la forma $\langle \cdot, \cdot \rangle$ è definita positiva se e solo se $\langle L_{\mathbf{v}}(x), L_{\mathbf{v}}(x) \rangle > 0$ per ogni $0 \neq x \in \mathbb{R}^n$. Per concludere basta osservare che

$$\langle L_{\mathbf{v}}(x), L_{\mathbf{v}}(x) \rangle = \sum_{i,j} x_i x_j \langle v_i, v_j \rangle = \sum_i x_i \sum_j a_{ij} x_j = x^T A x. \quad \square$$

Teorema 14.46 *Una matrice simmetrica reale è definita positiva se e solo se i suoi autovalori sono tutti positivi.*

Dimostrazione Sia $A \in M_{n,n}(\mathbb{R})$ simmetrica, per il teorema spettrale esiste una base $u_1, \ldots, u_n$ di $\mathbb{R}^n$ ortonormale rispetto al prodotto scalare canonico tale che $A u_i = \lambda_i u_i$, $\lambda_i \in \mathbb{R}$, per ogni indice i. Se A è definita positiva, allora per ogni autovalore λ_i si ha $0 < u_i^T A u_i = \lambda_i u_i^T u_i = \lambda_i$. Viceversa, se $\lambda_i > 0$ per ogni i, allora per ogni vettore $0 \neq x = \sum a_i u_i \in \mathbb{R}^n$ si ha

$$x^T A x = \sum_{i,j} a_i a_j u_i^T A u_j = \sum_{i,j} a_i a_j \lambda_j u_i^T u_j = \sum_i a_i^2 \lambda_i > 0. \quad \square$$

Il criterio di Sylvester

Per ogni matrice $A \in M_{n,n}(\mathbb{R})$ e per ogni $k = 1, \ldots, n$ denotiamo con $A[k] \in M_{k,k}(\mathbb{R})$ il minore principale formato dai coefficienti contenuti nelle prime k righe e k colonne. Ad esempio, se

$$A = \begin{pmatrix} 1 & 2 & 3 \\ 4 & 5 & 6 \\ 7 & 8 & 9 \end{pmatrix}$$

allora

$$A[1] = (1), \qquad A[2] = \begin{pmatrix} 1 & 2 \\ 4 & 5 \end{pmatrix}, \qquad A[3] = \begin{pmatrix} 1 & 2 & 3 \\ 4 & 5 & 6 \\ 7 & 8 & 9 \end{pmatrix}.$$

Alcuni autori chiamano le sottomatrici $A[k]$ i *minori principali di nord–ovest*.

Teorema 14.47 (Criterio di Sylvester) *Per una matrice simmetrica reale* $A \in M_{n,n}(\mathbb{R})$ *le seguenti condizioni sono equivalenti:*

1. *A è definita positiva;*
2. $\det(A[k]) > 0$ *per ogni* $k = 1, \ldots, n$.

Dimostrazione Supponiamo che A sia definita positiva; per il Teorema 14.46 tutti gli autovalori di A sono positivi e quindi $\det(A) = \det(A[n]) > 0$. Per ogni $1 \leq k \leq n$ sia $i \colon \mathbb{R}^k \to \mathbb{R}^n$ l'applicazione $i(x_1, \ldots, x_k)^T = (x_1, \ldots, x_k, 0, \ldots, 0)^T$; il sottospazio $i(\mathbb{R}^k)$ è quello dei vettori con le ultime $n - k$ coordinate uguali a 0. Notiamo che $i(x)^T A i(x) = x^T A[k] x$ per ogni $x \in \mathbb{R}^k$. Dunque se A è definita positiva, anche le matrici $A[k]$ sono definite positive e di conseguenza i loro determinanti sono tutti positivi.

Supponiamo adesso $\det(A[k]) > 0$ per ogni k e proviamo che gli autovalori di A sono tutti positivi; per induzione su n possiamo assumere già dimostrato che il minore principale $A[n-1]$ sia definito positivo. Siano adesso $\lambda_1 \leq \lambda_2 \leq \cdots \leq \lambda_n$ gli autovalori di A contati con molteplicità e scegliamo una base ortonormale $u_1, \ldots, u_n$ tale che $A u_i = \lambda_i u_i$ per ogni i. Supponiamo per assurdo $\lambda_1 \leq 0$; siccome per ipotesi $\det(A) = \det(A[n]) = \lambda_1 \lambda_2 \cdots \lambda_n > 0$ deve essere necessariamente $\lambda_1 \leq \lambda_2 < 0$, ossia λ_1 e λ_2 entrambi negativi. Per la formula di Grassmann $i(\mathbb{R}^{n-1}) \cap \mathrm{Span}(u_1, u_2) \neq 0$ ed esistono $x \in \mathbb{R}^{n-1}$, $x \neq 0$, $a, b \in \mathbb{R}$ tali che $i(x) = a u_1 + b u_2$. La contraddizione segue dalle disuguaglianze

$$
\begin{aligned}
0 < x^T A[n-1] x &= (a u_1 + b u_2)^T A (a u_1 + b u_2) \\
&= (a u_1 + b u_2)^T (a \lambda_1 u_1 + b \lambda_2 u_2) = a^2 \lambda_1 + b^2 \lambda_2 \leq 0. \quad \square
\end{aligned}
$$

Data una matrice simmetrica reale A, i determinanti dei minori $A[k]$ non cambiano se ad riga aggiungiamo dei multipli scalari delle righe precedenti. Per stabilire se A è definita positiva possiamo procedere nel modo seguente:

1. si guarda il coefficiente a_{11}; se $a_{11} \leq 0$ allora la matrice non è definita positiva ed il processo si ferma;
2. se $a_{11} > 0$, aggiungendo alle righe $2, 3, \ldots$ opportuni multipli della prima riga si annullano i coefficienti a_{i1} per ogni $i > 1$;
3. nella matrice ottenuta si guarda il coefficiente a_{22}; se è ≤ 0 allora la matrice A non è definita positiva;
4. se $a_{22} > 0$, aggiungendo alle righe $3, 4, \ldots$ opportuni multipli della seconda riga si annullano i coefficienti a_{i2} per ogni $i > 2$;
5. e così via, mutatis mutandis, con le righe dalla tre in poi.

Se il processo non si interrompe prematuramente e si arriva alla fine ad una matrice triangolare con tutti i coefficienti sulla diagonale principale positivi, allora la matrice di partenza è definita positiva.

Osservazione 14.48 Dimostreremo nel Corollario 15.82 che se i determinanti delle sottomatrici $A[k]$ sono tutti diversi da 0, allora il numero di autovalori negativi della matrice A è uguale al numero dei cambiamenti di segno della successione di $n + 1$ numeri reali

$$1, \ \det(A[1]), \ \det(A[2]), \ \ldots, \ \det(A[n]).$$

La regola dei segni di Cartesio

Sappiamo che ogni polinomio di grado n possiede al più n radici. La regola dei segni di Cartesio è un semplice criterio per determinare quante radici reali positive può avere al massimo un polinomio a coefficienti reali.

Definizione 14.49　Per ogni $p(t) \in \mathbb{R}[t]$ denotiamo con $s(p(t))$ il numero dei cambiamenti di segno nella successione ordinata dei coefficienti non nulli di $p(t)$.

Ad esempio, la successione dei coefficienti non nulli di $t^9 + 2t^6 - 3t^4 + 4t^3 - 5$ è $1, 2, -3, 4, -5$, ed il numero dei cambiamenti di segno è 3; similmente

$$s(t^8) = 0, \quad s(t^3 + t^2 - t + 1) = 2, \quad s(t^4 + t^2 + 2) = 0.$$

È chiaro che $s(p(t))$ non cambia se ordiniamo coefficienti non nulli da quello di grado più basso a quello di grado più alto o viceversa; inoltre, il numero dei cambiamenti di segno non cambia se moltiplichiamo il polinomio per un qualunque monomio at^k con $a \neq 0$.

Lemma 14.50　*Sia $p(t) \in \mathbb{R}[t]$ un polinomio non nullo di grado n. Allora $s(p(t)) + s(p(-t)) \leq n$.*

Dimostrazione　Il risultato è chiaro se $p(t) = at^n$ per qualche $0 \neq a \in \mathbb{R}$. Non è quindi restrittivo supporre $p(t) = at^n + q(t)$ dove $q(t) = bt^m + \cdots$ è un polinomio di grado $m < n$, e $a, b \neq 0$. Allora $s(p(t)) \leq s(q(t)) + 1$ e l'uguaglianza vale se e solo se a, b hanno diverso segno; similmente $s(p(-t)) \leq s(q(-t)) + 1$ e l'uguaglianza vale se e solo se $(-1)^n a, (-1)^m b$ hanno diverso segno. Per induzione sul grado possiamo supporre $s(q(t)) + s(q(-t)) \leq m$. Se $m \leq n - 2$ abbiamo finito; se invece $m = n - 1$ allora a, b hanno lo stesso segno se e solo se $(-1)^n a, (-1)^{n-1} b$ hanno segno diverso e quindi $s(p(t)) + s(p(-t)) = s(q(t)) + s(q(-t)) + 1$. $\square$

Teorema 14.51 (Regola dei segni di Cartesio)　*Sia $p(t)$ un polinomio di grado positivo a coefficienti reali. Allora il numero di radici reali positive di $p(t)$, contate con molteplicità, è minore od uguale al numero $s(p(t))$ dei cambiamenti di segno.*

Ad esempio, il polinomio $p(t) = t^4 - t^2 - 1$ ha un solo cambiamento di segno, e dunque possiede al più una radice reale positiva.

Dimostrazione   Per dimostrare il teorema è sufficiente dimostrare la formula

$$s((t-c)p(t)) \geq s(p(t)) + 1, \quad \text{per ogni } 0 \neq p(t) \in \mathbb{R}[t], \ c \in \mathbb{R}, \ c > 0.$$
$$(14.4)$$

Infatti, se $c_1, \ldots, c_k$ sono le radici reali positive, contate con molteplicità, di $p(t)$, è possibile scrivere $p(t) = (t - c_1)(t - c_2) \cdots (t - c_k)q(t)$ e segue da (14.4) che $s(p(t)) \geq s(q(t)) + k \geq k$.

Per dimostrare la formula (14.4) supponiamo il polinomio $p(t)$ di grado n, con $t = 0$ radice di molteplicità $m \geq 0$, e scriviamo

$$p(t) = a_n t^n + a_{n-1} t^{n-1} + \cdots + a_m t^m, \qquad a_m, a_n \neq 0.$$

Denotiamo $s = s(p(t))$ e consideriamo la successione strettamente decrescente $n = i_0 > i_1 > \cdots > i_s \geq m$ definita ricorsivamente come

$$i_0 = n, \qquad i_{k+1} = \max\{j \mid j < i_k, \ a_j a_{i_k} < 0\}, \quad 0 \leq k < s.$$

Scrivendo $(t - c)p(t) = b_{n+1} t^{n+1} + \cdots + b_m t^m$, per concludere la dimostrazione è sufficiente dimostrare che

$$b_{n+1} = b_{i_0+1}, \ b_{i_1+1}, \ldots, \ b_{i_s+1}, \ b_m,$$

è una successione di numeri reali a segni alterni. Dato che, per ogni $k = 0, \ldots, s$, il coefficiente a_{i_k+1} è nullo oppure di segno opposto a a_{i_k}, ne segue che $b_{i_k+1} = a_{i_k} - c a_{i_k+1}$ ha lo stesso segno di a_{i_k}. Infine, siccome a_{i_s} ha lo stesso segno di a_m ne segue che b_{i_s+1} e $b_m = -c a_m$ hanno segni opposti. $\square$

Corollario 14.52   *Sia $p(t)$ un polinomio di grado positivo a coefficienti reali. Se tutte le radici di $p(t)$ sono reali, allora il numero di radici positive, contate con molteplicità, è uguale al numero dei cambiamenti di segno della successione ordinata dei coefficienti non nulli di $p(t)$.*

Dimostrazione   Se $t = 0$ è una radice di molteplicità α, dividendo il polinomio per t^α il numero dei cambi di segno resta invariato; non è quindi restrittivo supporre $p(0) \neq 0$ e quindi che tutte le radici siano reali e non nulle.

Sia n il grado di $p(t)$, $c_1, \ldots, c_k$ le radici reali positive e $-d_{k+1}, \ldots, -d_n$ quelle reali negative, contate con molteplicità. Le radici del polinomio $p(-t)$ sono pertanto $-c_1, \ldots, -c_k, d_{k+1}, \ldots, d_n$ e quindi per il Teorema 14.51 si hanno le disuguaglianze $s(p(t)) \geq k$, $s(p(-t)) \geq n - k$.

Per il Lemma 14.50 si ha $s(p(t)) + s(p(-t)) \leq n$ e quindi l'unica possibilità è che $s(p(t)) = k$, $s(p(-t)) = n - k$.

Notiamo incidentalmente che se v è la molteplicità della radice $t = 0$, allora $s(p(t)) + s(p(-t)) + v < \deg(p(t))$ è una condizione sufficiente per l'esistenza di radici complesse non reali; l'esempio $p(t) = t^2 + t + 1$ mostra che tale condizione non è necessaria. $\square$

Tornando all'algebra lineare, se sappiamo che una matrice $A \in M_{n,n}(\mathbb{R})$ è triangolabile e $p_A(t)$ è il suo polinomio caratteristico, allora:

1. la molteplicità algebrica dell'autovalore 0 è la più piccola potenza di t che compare in $p_A(t)$ con coefficiente non nullo;
2. la somma delle molteplicità algebriche degli autovalori positivi è uguale al numero dei cambiamenti di segno della successione ordinata dei coefficienti non nulli di $p_A(t)$;
3. la somma delle molteplicità algebriche degli autovalori negativi è la differenza tra n e la somma dei due numeri precedenti.

Ad esempio, se sappiamo che il polinomio caratteristico di una matrice triangolabile reale è $t^4 - t^3 - 7t^2 + t + 6$, allora tale matrice ha zero autovalori nulli, due autovalori positivi e due autovalori negativi, tutti contati con molteplicità.

Corollario 14.53 *Una matrice simmetrica reale è definita positiva se e solo se il coefficiente di t^i nel polinomio caratteristico è positivo quando i è pari, e negativo quando i è dispari.*

Dimostrazione Se n è l'ordine della matrice ed il suo polinomio caratteristico è $(-1)^n t^n + a_{n-1} t^{n-1} + \cdots + a_0$, l'unica maniera per avere n cambiamenti di segno nelle successione dei coefficienti è che $a_i > 0$ per i pari e $a_i < 0$ per i dispari. $\square$

Esercizi

14.54 Siano $\lambda_1 \leq \lambda_2 \leq \cdots \leq \lambda_k$ gli autovalori, ordinati in ordine crescente, di una matrice simmetrica reale $A = (a_{ij}) \in M_{n,n}(\mathbb{R})$. Provare che per ogni vettore $x \in \mathbb{R}^n$ valgono le disuguaglianze

$$\lambda_1 \|x\|^2 \leq x^T A x \leq \lambda_k \|x\|^2.$$

Dedurre che $\lambda_1 \leq a_{ii} \leq \lambda_k$ per ogni $i = 1, \ldots, n$.

14.55 ($\heartsuit$) Siano $A, B \in M_{2,2}(\mathbb{R})$ simmetriche definite positive. Mostrare con un esempio che la matrice simmetrica $AB + BA$ non è in generale definita positiva.

14.56 Dedurre dal criterio di Sylvester che

$$\begin{vmatrix} 1 & 1 & a \\ 1 & 2 & b \\ a & b & -3 \end{vmatrix} \leq 0$$

per ogni $a, b \in \mathbb{R}$.

14.57 (Decomposizione LU)   Sia $A \in M_{n,n}(\mathbb{K})$, non necessariamente simmetrica, che abbia tutti i minori principali di nord–ovest $A[k]$ invertibili. Siano $e_1, \ldots, e_n$ la base canonica di $\mathbb{K}^n$ e $\pi_i \colon \mathbb{K}^n \to \mathbb{K}^i$ la proiezione sulle prime i coordinate. Provare che per ogni $i = 0, \ldots, n-1$ esiste unico un vettore $v_i \in \operatorname{Span}(e_1, \ldots, e_i)$ tale che $\pi_i L_A(e_{i+1} + v_i) = 0$. Dedurre che A si fattorizza in modo unico come $A = LU$, con L triangolare inferiore ed U triangolare superiore unipotente.

14.58 (✻)   Sia $A \in M_{n,n}(\mathbb{R})$ simmetrica definita positiva. Si dimostri che esiste una matrice triangolare superiore B tale che $A = B^T B$.

14.59   Mostrare con un esempio che il Corollario 14.52 è in generale falso se il polinomio $p(t)$ possiede alcune radici complesse non reali.

14.60   Utilizzando la regola dei segni di Cartesio, dire se esiste una matrice triangolabile reale il cui polinomio caratteristico è $p(t) = t^8 + t^5 - t^3 + 4$. (Suggerimento: considerare anche il polinomio $p(-t) = t^8 - t^5 + t^3 + 4$.)

14.61   Sia $p(t) = \sum_{i=0}^{n} a_i t^i$ un polinomio di grado n con tutte le radici reali non nulle. Provare che se $a_i = 0$ allora a_{i-1} e a_{i+1} sono $\neq 0$ ed hanno segni opposti. (Suggerimento: guardare alla dimostrazione del Corollario 14.52.)

14.62   Mostrare che il polinomio $t^7 + t^6 + t^4 + t^2$ possiede esattamente 3 radici reali, contate con molteplicità.

14.63   Sia $p(t)$ un polinomio avente tutte le radici reali e siano $a < b \in \mathbb{R}$ tali che $p(a), p(b) \neq 0$. Determinare una formula per il numero di radici comprese tra a e b.

14.64 (Gauss 1828, ✻)   Provare che la differenza tra il numero $s(p(t))$ dei cambiamenti di segno dei coefficienti di un polinomio $p(t) \in \mathbb{R}[t]$ ed il numero k di radici reali positive di $p(t)$ è pari. (Sugg.: trattare il caso $k = 0$ e provare che $s((t-c)q(t)) - s(q(t))$ è dispari per ogni $- q(t) \neq 0$ ed ogni $c > 0$.)

14.65   Sia $t > 1$ un numero reale. Dimostrare che la matrice simmetrica di coefficienti $a_{ij} = t^{(i-1)(j-1)}$, $i, j = 1, \ldots, n$, è definita positiva.

14.66   Sia $A \in M_{n,n}(\mathbb{R})$ una matrice simmetrica definita positiva. Mostrare che se A^2 è un multiplo scalare dell'identità, allora anche A è un multiplo scalare dell'identità.

14.67   Sia $A \in M_{n,n}(\mathbb{R})$ simmetrica e definita positiva. Si dimostri che per ogni $\varepsilon \in \mathbb{R}$ di valore assoluto sufficientemente piccolo, la matrice $A + \varepsilon I$ è definita positiva.

14.68 (Ⓐ)   Siano $n > 0$ ed A la matrice simmetrica reale di coefficienti

$$a_{ij} = \frac{1}{i+j-1} = \int_0^1 t^{i-1} t^{j-1} \, dt, \qquad 1 \le i, j \le n.$$

Provare che

$$x^T A y = \int_0^1 \left(\sum_{i=1}^n x_i t^{i-1} \right) \left(\sum_{j=1}^n y_j t^{j-1} \right) dt,$$

e dedurre che A è definita positiva, cf. Osservazione 8.117.

14.5   Matrici ortogonali ed isometrie

Dalla formula del prodotto scalare canonico in $\mathbb{R}^n$ segue facilmente che le m colonne di una matrice $A \in M_{n,m}(\mathbb{R})$ formano una successione ortonormale in $\mathbb{R}^n$ se e solo se $A^T A$ è la matrice identità di ordine m.

Definizione 14.69   Una matrice $E \in M_{n,n}(\mathbb{R})$ si dice **ortogonale** se le colonne di E sono una base ortonormale o, equivalentemente, se $E^T E = I$, ossia $E^{-1} = E^T$.

Per ogni $n \ge 1$ si denota con

$$O_n(\mathbb{R}) = \{ E \in M_{n,n}(\mathbb{R}) \mid E^T E = I \}$$

l'insieme di tutte le matrici ortogonali di ordine n. Si osserva che:

1. le matrici identità sono ortogonali;
2. se $E, F \in O_n(\mathbb{R})$, allora anche $EF \in O_n(\mathbb{R})$; infatti si ha $(EF)^T(EF) = F^T E^T E F = F^T F = I$;
3. se $E \in O_n(\mathbb{R})$ allora $\det(E) = \pm 1$ ed $E^{-1} = E^T \in O_n(\mathbb{R})$; infatti $\det(E^T) = \det(E)$ e quindi $1 = \det(E^T E) = \det(E)^2$. Siccome le operazioni di inversa e trasposta commutano tra loro, si ha $(E^T)^{-1} = (E^{-1})^T = (E^T)^T = E$ e questo implica che $E^T \in O_n(\mathbb{R})$.

Possiamo usare le matrici ortogonali per dare un enunciato equivalente al Corollario 14.38.

Corollario 14.70   *Una matrice $A \in M_{n,n}(\mathbb{R})$ è simmetrica se e solo se è diagonalizzabile con matrici ortogonali, ossia se e solo se esiste $E \in O_n(\mathbb{R})$ tale che $E^{-1} A E$ sia diagonale.*

Dimostrazione   Se per qualche $E \in O_n(\mathbb{R})$ la matrice $D = E^{-1}AE$ è diagonale, allora $A = EDE^{-1} = EDE^T = ED^T E^T = (EDE^T)^T = A^T$. Viceversa, se A è simmetrica, per il teorema spettrale esiste $u_1, \ldots, u_n \in \mathbb{R}^n$ base ortonormale di autovettori per A. Se indichiamo con $E \in M_{n,n}(\mathbb{R})$ la matrice che ha $u_1, \ldots, u_n$ come vettori colonna, allora E è una matrice ortogonale e la matrice $E^{-1}AE$ è diagonale. $\square$

Definizione 14.71   Sia $f : V \to W$ un'applicazione lineare tra spazi vettoriali euclidei. Diremo che f è una **isometria** se è bigettiva e preserva i prodotti scalari, ossia se $\langle f(v_1), f(v_2) \rangle = \langle v_1, v_2 \rangle$ per ogni $v_1, v_2 \in V$.

Ad esempio, se $u_1, \ldots, u_n$ è una qualunque base ortonormale di uno spazio vettoriale euclideo V, allora l'applicazione $L_{\mathbf{u}} : \mathbb{R}^n \to V$, $L_{\mathbf{u}}(x) = \sum_i x_i u_i$, è una isometria. È chiaro che composizioni ed inverse di isometrie sono ancora isometrie.

Esempio 14.72   Per ogni sottospazio W di uno spazio vettoriale euclideo V la simmetria ortogonale R_W è una isometria. Infatti, per ogni $u, v \in V$, scrivendo

$$u = u_W + u_{W^\perp}, \quad v = v_W + v_{W^\perp}, \quad \text{con } u_W, v_W \in W, \ u_{W^\perp}, v_{W^\perp} \in W^\perp,$$

si ha $R_W(u) = u_W - u_{W^\perp}$, $R_W(v) = v_W - v_{W^\perp}$ e quindi

$$\langle R_W(u), R_W(v) \rangle = \langle u_W, v_W \rangle + \langle u_{W^\perp}, v_{W^\perp} \rangle = \langle u, v \rangle.$$

Teorema 14.73   *Per un'applicazione lineare $f : V \to W$ tra spazi vettoriali euclidei le seguenti condizioni sono equivalenti:*

1. f è una isometria,
2. f trasforma ogni base ortonormale di V in una base ortonormale di W;
3. esiste una base ortonormale di V trasformata da f in una base ortonormale di W.

Dimostrazione   Se $f : V \to W$ è una isometria e $v_1, \ldots, v_n$ è una base ortonormale di V, allora dalle uguaglianze $\langle f(v_i), f(v_j) \rangle = \langle v_i, v_j \rangle$ per ogni i, j, segue che $f(v_1), \ldots, f(v_n)$ è una successione ortonormale. Per ipotesi f è lineare bigettiva e quindi trasforma basi in basi.

Viceversa se per una qualunque base ortonormale $v_1, \ldots, v_n$ di V accade che $f(v_1), \ldots, f(v_n)$ è una base ortonormale di W, allora f è un isomorfismo lineare ed una isometria dato che, per ogni $x = \sum x_i v_i$, $y = \sum y_i v_i \in V$ si ha:

$$\langle x, y \rangle = \sum_{i,j} x_i y_j \langle v_i, v_j \rangle = \sum_i x_i y_i,$$

$$\langle f(x), f(y) \rangle = \sum_{i,j} x_i y_j \langle f(v_i), f(v_j) \rangle = \sum_i x_i y_i. \ \square$$

Per definizione, una matrice $E \in M_{n,n}(\mathbb{R})$ è ortogonale se e solo se l'applicazione lineare $L_E : \mathbb{R}^n \to \mathbb{R}^n$ trasforma la base canonica in una base ortonormale. Segue dal Teorema 14.73 che L_E è una isometria se e solo se la matrice E è ortogonale.

Lemma 14.74 *Siano* $v_1, \ldots, v_n$ *e* $u_1, \ldots, u_n$ *due basi di uno spazio vettoriale euclideo e sia* $B \in M_{n,n}(\mathbb{R})$ *la corrispondente matrice di cambio di base:*

$$(v_1, \ldots, v_n) = (u_1, \ldots, u_n)B.$$

Se due delle seguenti condizioni sono vere, allora è vera anche la terza:

1. *la base* $u_1, \ldots, u_n$ *è ortonormale;*
2. *la base* $v_1, \ldots, v_n$ *è ortonormale;*
3. *la matrice* B *è ortogonale.*

Dimostrazione Come tutte le matrici di cambiamento di base, B è invertibile. Dato che B è ortogonale se e solo se B^{-1} è ortogonale, basta dimostare che se vale (1) allora le condizioni (2) e (3) sono equivalenti. Si ha

$$\langle v_i, v_j \rangle = \sum_{h,k} b_{hi} b_{kj} \langle u_h, u_k \rangle = \sum_h b_{hi} b_{hj},$$

e la sommatoria più a destra non è altro che il coefficiente (i, j) del prodotto $B^T B$. Quindi $B^T B = I$ se e solo se la base $v_1, \ldots, v_n$ è ortonormale. $\square$

Per ogni $0 \neq u \in V$ denotiamo S_u la riflessione ortogonale rispetto all'iperpiano $\mathrm{Span}(u)^{\perp}$; equivalentemente, S_u è l'unico endomorfismo di V tale che $S_u(u) = -u$ e $S_u(v) = v$ per ogni $v \perp u$. Dunque $S_u = I - 2P_{\mathrm{Span}(u)}$ e per (14.3) si ha:

$$S_u(x) = x - 2 \frac{\langle x, u \rangle}{\langle u, u \rangle} u.$$

Si noti che $S_u = S_{\lambda u}$ per ogni numero reale $\lambda \neq 0$ e quindi non è restrittivo supporre $\langle u, u \rangle = 1$.

Ogni S_u è una isometria, e quindi anche tutte le composizioni $S_{u_1} \cdots S_{u_k}$ sono isometrie. Il prossimo teorema implica in particolare che ogni isometria è ottenuta in questo modo.

Teorema 14.75 *Sia* $f : V \to V$ *una isometria di uno spazio vettoriale euclideo e denotiamo con* $\mathrm{Fix}(f) = \{v \in V \mid f(v) = v\} = \mathrm{Ker}(f - I)$ *il sottospazio vettoriale dei punti fissi di* f. *Esiste allora una base* $u_1, \ldots, u_k$ *di* $\mathrm{Fix}(f)^{\perp}$ *tale che* $f = S_{u_1} \cdots S_{u_k}$. *In particolare,* $\det(f) = (-1)^{\mathrm{rg}(f-I)}$.

Dimostrazione Dimostriamo prima per induzione su $k = \dim \mathrm{Fix}(f)^{\perp}$ che possiamo scrivere $f = S_{u_1} \cdots S_{u_r}$ con $r \leq k$ e $u_i \in \mathrm{Fix}(f)^{\perp}$ per ogni i.

Se $k = 0$ allora $\mathrm{Fix}(f) = V$, ossia $f = I$. Supponiamo $k > 0$ e sia $v \in \mathrm{Fix}(f)^{\perp}$ un qualunque vettore non nullo. Allora $f(v) \in \mathrm{Fix}(f)^{\perp}$, poiché per ogni $u \in \mathrm{Fix}(f)$ si ha $0 = \langle u, v \rangle = \langle f(u), f(v) \rangle = \langle u, f(v) \rangle$.

Siccome $v \notin \mathrm{Fix}(f)$, il vettore $u_1 = f(v) - v \in \mathrm{Fix}(f)^{\perp}$ è diverso da 0 e possiamo considerare l'isometria $g = S_{u_1} f$. Se $x \in \mathrm{Fix}(f)$, allora $\langle u_1, x \rangle = 0$, $g(x) = S_{u_1}(x) = x$ e questo prova $\mathrm{Fix}(f) \subseteq \mathrm{Fix}(g)$. Inoltre

$$g(v) = S_{u_1}(f(v)) = f(v) - 2\frac{\langle f(v), f(v) - v \rangle}{\langle f(v) - v, f(v) - v \rangle}(f(v) - v).$$

Usando di nuovo il fatto che f è una isometria si ottiene

$$\langle f(v) - v, f(v) - v \rangle = \langle f(v), f(v) \rangle - 2\langle f(v), v \rangle + \langle v, v \rangle$$
$$= 2\langle f(v), f(v) \rangle - 2\langle f(v), v \rangle$$

e quindi $g(v) = f(v) - (f(v) - v) = v$. Ma allora $v \in \mathrm{Fix}(g)$, $\mathrm{Fix}(f)$ è un sottospazio proprio di $\mathrm{Fix}(g)$ e quindi $\mathrm{Fix}(g)^{\perp}$ è un sottospazio proprio di $\mathrm{Fix}(f)^{\perp}$. Per induzione si ha $g = S_{u_2} \cdots S_{u_r}$ con $r - 1 \leq \dim \mathrm{Fix}(g)^{\perp}$ e $u_2, \ldots, u_r \in \mathrm{Fix}(g)^{\perp} \subseteq \mathrm{Fix}(f)^{\perp}$.

Abbiamo quindi dimostrato che $f = S_{u_1} \cdots S_{u_r}$ con $r \leq \dim \mathrm{Fix}(f)^{\perp}$ e $u_i \in \mathrm{Fix}(f)^{\perp}$ per ogni i. Sia $W = \mathrm{Span}(u_1, \ldots, u_r)$, allora $W^{\perp} \subseteq \mathrm{Fix}(S_{u_i})$ per ogni i; quindi $W^{\perp} \subseteq \mathrm{Fix}(f)$, $\dim W^{\perp} \leq \dim \mathrm{Fix}(f)$, $\dim W \geq \dim \mathrm{Fix}(f)^{\perp}$ e questo è possibile solo se $W = \mathrm{Fix}(f)^{\perp}$, $r = k$ ed i vettori $u_1, \ldots, u_r$ sono linearmente indipendenti. $\square$

Esempio 14.76 Sul piano euclideo $\mathbb{R}^2$ esistono molti esempi non banali di isometrie lineari.

1. **Rotazioni**: dato un numero reale α, se $R_\alpha \colon \mathbb{R}^2 \to \mathbb{R}^2$ denota la rotazione in senso antiorario di angolo α si ha

$$R_\alpha \begin{pmatrix} 1 \\ 0 \end{pmatrix} = \begin{pmatrix} \cos\alpha \\ \sin\alpha \end{pmatrix}, \qquad R_\alpha \begin{pmatrix} 0 \\ 1 \end{pmatrix} = \begin{pmatrix} -\sin\alpha \\ \cos\alpha \end{pmatrix},$$

e quindi $R_\alpha = L_A$, dove

$$A = \begin{pmatrix} \cos\alpha & -\sin\alpha \\ \sin\alpha & \cos\alpha \end{pmatrix}. \tag{14.5}$$

2. **Riflessioni**: dato $0 \neq u \in \mathbb{R}^2$, a meno di moltiplicare u per uno scalare possiamo supporre $u = (\cos\beta, \sin\beta)^T$ per qualche $\beta \in \mathbb{R}$. Allora

$$S_u \begin{pmatrix} 1 \\ 0 \end{pmatrix} = \begin{pmatrix} 1 - 2\cos^2\beta \\ -2\sin\beta\cos\beta \end{pmatrix}, \qquad S_u \begin{pmatrix} 0 \\ 1 \end{pmatrix} = \begin{pmatrix} -2\sin\beta\cos\beta \\ 1 - 2\sin\beta^2 \end{pmatrix},$$

e, ponendo $\alpha = 2\beta - \pi$, con un pizzico di trigonometria si ottiene $S_u = L_A$, dove

$$A = \begin{pmatrix} \cos\alpha & \sin\alpha \\ \sin\alpha & -\cos\alpha \end{pmatrix}. \tag{14.6}$$

Proposizione 14.77 *Ogni isometria di $\mathbb{R}^2$ in sé è una rotazione oppure una riflessione: il primo caso accade se e solo se il determinante è $+1$, il secondo se e solo se il determinante è -1.*

Dimostrazione Le colonne di ogni matrice ortogonale $A \in O_2(\mathbb{R})$ formano una base ortonormale di $\mathbb{R}^2$ e quindi si può scrivere

$$A = \begin{pmatrix} \cos\alpha & \sin\beta \\ \sin\alpha & \cos\beta \end{pmatrix}$$

con $\alpha, \beta \in \mathbb{R}$ tali che $\alpha + \beta = k\pi$, $k \in \mathbb{Z}$, dato che $\cos\alpha \sin\beta + \sin\alpha \cos\beta = \sin(\alpha + \beta) = 0$; a meno di aggiungere ad α un multiplo intero di 2π non è restrittivo assumere $k = 0, 1$. Se $k = 0$ si ha $\beta = -\alpha$ ed A diventa la matrice (14.5). Se $k = 1$ allora $\beta = \pi - \alpha$ ed A diventa la matrice (14.6). $\square$

Esercizi

14.78 Provare che $O_n(\mathbb{R})$ e $SO_n(\mathbb{R}) = \{E \in O_n(\mathbb{R}) \mid \det(E) = 1\}$ sono gruppi di matrici.

14.79 (Decomposizione QR) Sia $A \in M_{n,n}(\mathbb{R})$ invertibile. Provare che esiste unica una decomposizione $A = QR$ con Q matrice ortogonale e R matrice triangolare superiore con elementi sulla diagonale principale positivi. (Sugg.: POGS alle colonne di A).

14.80 ($\heartsuit$) Un'applicazione lineare $f: V \to W$ tra spazi vettoriali euclidei si dice una **similitudine** se è bigettiva e preserva le perpendicolarità, ossia se $f(v_1) \perp f(v_2)$ ogniqualvolta $v_1 \perp v_2$. Dimostrare che ogni similitudine è un multiplo scalare di una isometria.

14.81 Sia $E \in O_n(\mathbb{R})$ con n dispari. Dimostrare che esiste $v \neq 0 \in V$ tale che $E^2 v = v$.

14.82 Sia V uno spazio vettoriale euclideo. Dimostrare che:

1. se u, v, w sono vettori linearmente indipendenti, allora la composizione $S_v S_w$ non è l'identità e la composizione $S_u S_v S_w$ non è una riflessione rispetto ad un iperpiano;

2. per ogni isometria $f: V \to V$ vale $f S_u f^{-1} = S_{f(u)}$;
3. siano $u, v, w, z \in V$ vettori non nulli linearmente dipendenti, allora esistono
   $a, b \in V$ tali che $S_u S_v S_w S_z = S_a S_b$.

14.83 Dimostrare che un'applicazione lineare $L_A: \mathbb{R}^n \to \mathbb{R}^n$ è:

1. una proiezione ortogonale se e solo se $A^2 = A = A^T$;
2. una riflessione ortogonale se e solo se $A^2 = I = A A^T$.

14.84 Provare che, in uno spazio vettoriale euclideo, le riflessioni ortogonali sono
le uniche isometrie triangolabili.

14.85 Sia $A \in M_{n,n}(\mathbb{R})$ antisimmetrica. Dimostrare che:

1. $I - A^2$ è simmetrica e definita positiva;
2. $I - A$ è invertibile e $(I + A)(I - A)^{-1} = (I - A)^{-1}(I + A)$;
3. la matrice $E = (I - A)^{-1}(I + A) = (I - A)^{-2}(I - A^2)$ è ortogonale, con
   determinante $+1$ e tutti gli autovalori diversi da -1.

Viceversa, provare che se E è una matrice ortogonale con $\det(E + I) \neq 0$ (e quindi
con $\det(E) = 1$, vedi Esercizio 9.104), allora la matrice $A = (E - I)(E + I)^{-1}$ è
antisimmetrica.

L'applicazione $A \mapsto E$, dalle matrici antisimmetriche reali alle matrici ortogonali
con autovalori $\neq -1$, viene detta *trasformazione di Cayley*.

14.6 Regressione lineare e valori singolari

Diremo che una matrice simmetrica reale $A \in M_{n,n}(\mathbb{R})$ è **semidefinita positiva** se
$x^T A x \geq 0$ per ogni vettore $x \in \mathbb{R}^n$.

La stessa identica dimostrazione del Teorema 14.46, con però $\leq$ al posto di $<$,
ci dice che una matrice simmetrica reale è semidefinita positiva se e solo se tutti i
suoi autovalori sono non negativi.

Lemma 14.86 *Per ogni $A \in M_{n,m}(\mathbb{R})$ la matrici $A^T A \in M_{m,m}(\mathbb{R})$ e $A A^T \in$
$M_{n,n}(\mathbb{R})$ sono simmetriche semidefinite positive ed hanno lo stesso rango di A.*

Dimostrazione La simmetria è chiara; per ogni $x \in \mathbb{R}^m$, si ha $x A^T A x =$
$(Ax)^T (Ax) \geq 0$ e questo prova che $A^T A$ è semidefinita positiva. Per dimostrare che $\mathrm{rg}(A) = \mathrm{rg}(A^T A)$ proviamo che $Ax = 0$ se e solo se $A^T A x = 0$.
Se $Ax = 0$ a maggior ragione $A^T A x = 0$; viceversa, se $A^T A x = 0$ allora
$(Ax)^T (Ax) = x^T (A^T A x) = 0$ e questo è possibile solo se $Ax = 0$. Considerando A^T al posto di A, troviamo che $A A^T$ è semidefinita positiva dello stesso
rango di A^T.

Già sappiamo che A e A^T hanno lo stesso rango e posssiamo concludere. Per una dimostrazione alternativa, siccome $A^T A A^T A = (A^T A)^T (A^T A)$ ha lo stesso rango di $A^T A$ e dato che il rango può solo decrescere a seguito di prodotti, si ha $\mathrm{rg}(A A^T) \le \mathrm{rg}(A^T A A^T A) = \mathrm{rg}(A^T A)$; ponendo A^T al posto di A otteniamo $\mathrm{rg}(A A^T) \ge \mathrm{rg}(A^T A)$. $\square$

Teorema 14.87 *Sia $A \in M_{n,m}(\mathbb{R})$, allora per ogni vettore $b \in \mathbb{R}^n$ l'equazione*

$$A^T A x = A^T b, \qquad x \in \mathbb{R}^m, \tag{14.7}$$

possiede soluzioni, che sono tutti e soli i punti di minimo assoluto della funzione

$$f : \mathbb{R}^m \to \mathbb{R}, \qquad f(x) = \| A x - b \|^2.$$

Dimostrazione Consideriamo le due applicazioni lineari:

$$L_{A^T} : \mathbb{R}^n \to \mathbb{R}^m, \qquad L_{A^T A} = L_{A^T} \circ L_A : \mathbb{R}^m \to \mathbb{R}^m.$$

Dunque l'immagine di $L_{A^T A}$ è contenuta nell'immagine di L_{A^T} e per il Lemma 14.86 le matrici A^T e $A^T A$ hanno lo stesso rango; questo prova che le applicazioni $L_{A^T A}$ e L_{A^T} hanno la stessa immagine. In particolare, per ogni $b \in \mathbb{R}^m$ il vettore $A^T b$ appartiene all'immagine di $L_{A^T A}$ e quindi l'equazione $A^T A x = A^T b$ è risolubile.

Per concludere, proviamo che $A^T A x = A^T b$ se e solo se $\| A y - b \|^2 \ge \| A x - b \|^2$ per ogni $y \in \mathbb{R}^m$. Dati $x, y \in \mathbb{R}^m$, denotando $z = A^T (A x - b) \in \mathbb{R}^m$ e $w = y - x$ si ha

$$(A w)^T (A x - b) = w^T A^T (A x - b) = w^T z$$

e quindi

$$\| A y - b \|^2 = \| A w + (A x - b) \|^2 = \| A w \|^2 + 2(A w)^T (A x - b) + \| A x - b \|^2$$
$$= \| A w \|^2 + 2 w^T z + \| A x - b \|^2.$$

Se $A^T A x = A^T b$ allora $z = 0$ e $\| A y - b \|^2 = \| A w \|^2 + \| A x - b \|^2 \ge \| A x - b \|^2$ per ogni y. Se invece $A^T A x \ne A^T b$ allora $z \ne 0$; prendendo $y = x + t z$ con $t \in \mathbb{R}$ si ottiene

$$\| A y - b \|^2 = t^2 \| A z \|^2 + 2 t \| z \|^2 + \| A x - b \|^2$$

e quindi $\| A x - b \|^2 > \| A(x + t z) - b \|^2$ per ogni t negativo e di valore assoluto sufficientemente piccolo. $\square$

Corollario 14.88 (Formule di regressione lineare) *Siano $A \in M_{n,m}(\mathbb{R})$, $b \in \mathbb{R}^n$ e $c \in \mathbb{R}^m$. Allora*

1. vale l'uguaglianza

$$A^T A x = A^T b, \qquad x \in \mathbb{R}^m,$$

se e solo se Ax è la proiezione ortogonale di b sull'immagine di L_A.
2. vale l'uguaglianza

$$A A^T y = Ac, \qquad y \in \mathbb{R}^n,$$

se e solo se $c - A^T y$ è la proiezione ortogonale di c sul nucleo di L_A.

Dimostrazione Sappiamo, per il Teorema 14.87 che entrambe le equazioni $A^T A x = A^T b$ e $A A^T y = Ac$ ammettono soluzioni.

Vale $A^T A x - A^T b = 0$ se e solo se se per ogni $v \in \mathbb{R}^m$ vale

$$0 = v^T (A^T A x - A^T b) = (Av)^T (Ax - b),$$

ossia se e solo se Ax è la proiezione ortogonale di b sull'immagine di L_A.

Vale $A A^T y = Ac$ se e solo se $c - A^T y$ appartiene al nucleo di L_A e, siccome $A^T y \in (\mathrm{Ker}\, L_A)^\perp$ per ogni y, segue che $c - A^T y \in \mathrm{Ker}\, L_A$ se e solo se è uguale alla proiezione ortogonale di c sul nucleo di L_A. $\square$

Possiamo interpretare i due punti del Corollario 14.88 come metodi costruttivi per calcolare le proiezioni ortogonali su un sottospazio $H \subseteq \mathbb{R}^n$; il primo per i sottospazi definiti in forma parametrica, il secondo per quelli in forma cartesiana.

Ricordiamo che avere un sottospazio $H \subseteq \mathbb{R}^n$ di dimensione m descritto in forma parametrica significa avere una matrice $A \in M_{n,m}(\mathbb{R})$ tale che $H = \{Ax \mid x \in \mathbb{R}^m\}$. In tal caso A ha rango massimo m e quindi la matrice $A^T A \in M_{m,m}(\mathbb{R})$ è invertibile. Per il Corollario 14.88 la matrice che rappresenta la proiezione ortogonale su H è quindi $A(A^T A)^{-1} A^T$.

Ricordiamo anche che avere un sottospazio $H \subseteq \mathbb{R}^n$ di dimensione $n - m$ descritto in forma cartesiana significa avere una matrice $A \in M_{m,n}(\mathbb{R})$ di rango m tale che $H = \mathrm{Ker}\, L_A$. In questo caso è la matrice $A A^T \in M_{m,m}(\mathbb{R})$ ad essere invertibile. Per il Corollario 14.88 la matrice che rappresenta la proiezione ortogonale su H è quindi $I - A^T (A A^T)^{-1} A$.

Esempio 14.89 Vogliamo calcolare la proiezione ortogonale del vettore $v = (1, 1, 1)^T \in \mathbb{R}^3$ sul sottospazio H di equazione $x_1 + 2x_2 + 3x_3 = 0$. Scrivendo l'equazione del sottospazio come $Bx = 0$, dove $B = (1, 2, 3) \in M_{1,3}(\mathbb{R})$, abbiamo visto che $p_H(v) = v - B^T y$, dove $B B^T y = Bv$. Siccome $B B^T = 14$ e $Bv = 6$ si ha $y = 3/7$ e quindi

$$p_H(v) = v - \frac{3}{7} B^T = \left(\frac{4}{7}, \frac{1}{7}, \frac{-2}{7} \right)^T.$$

Lemma 14.90   *Siano $A \in M_{n,m}(\mathbb{R})$ e $u_1, \ldots, u_m \in \mathbb{R}^m$ una base ortonormale di autovettori per la matrice simmetrica $A^T A \in M_{m,m}(\mathbb{R})$. Allora i vettori $Au_1, \ldots, Au_m$ sono tra loro perpendicolari in $\mathbb{R}^m$.*

Dimostrazione   Denotiamo con $\lambda_i \in \mathbb{R}$ l'autovalore di $A^T A$ corrispondente all'autovettore u_i. Per ogni $i \neq j$ si ha

$$(Au_i)^T(Au_j) = u_i^T A^T Au_j = \lambda_j u_i^T u_j = 0. \quad \square$$

Teorema 14.91 (decomposizione a valori singolari)   *Per ogni $A \in M_{n,m}(\mathbb{R})$ esistono due basi ortonormali $u_1, \ldots, u_m \in \mathbb{R}^m$, $v_1, \ldots, v_n \in \mathbb{R}^n$ ed una successione monotona $\lambda_1 \geq \cdots \geq \lambda_r > 0$ di numeri reali positivi tali che*

$$Au_i = \begin{cases} \lambda_i v_i & se \ i \leq r \\ 0 & se \ i > r. \end{cases} \tag{14.8}$$

Inoltre, la successione $\lambda_1, \ldots, \lambda_r$ è unica e $\lambda_1^2, \ldots, \lambda_r^2$ sono gli autovalori positivi, contati con molteplicità, della matrice $A^T A$.

Dimostrazione   Dimostriamo prima l'unicità della successione $\lambda_1, \ldots, \lambda_r$. Se valgono le relazioni (14.8), con $u_1, \ldots, u_m$ e $v_1, \ldots, v_n$ basi ortonormali di $\mathbb{R}^m$ ed $\mathbb{R}^n$ rispettivamente, allora $r = \mathrm{rg}(A)$ ed il Lemma 14.9, applicato al prodotto scalare canonico $\langle x, y \rangle = x^T y$, implica che

$$A^T v_i = \sum_{j=1}^{n} \langle A^T v_i, u_j \rangle u_j = \sum_{j=1}^{n} \langle v_i, Au_j \rangle u_j = \sum_{j=1}^{r} \langle v_i, \lambda_j v_j \rangle u_j.$$

Di conseguenza

$$A^T v_i = \begin{cases} \lambda_i u_i & se \ i \leq r \\ 0 & se \ i > r, \end{cases} \qquad A^T Au_i = \begin{cases} \lambda_i^2 u_i & se \ i \leq r \\ 0 & se \ i > r, \end{cases} \tag{14.9}$$

e dunque $\lambda_1^2, \ldots, \lambda_r^2$ sono tutti e soli gli autovalori positivi, contati con molteplicità, della matrice $A^T A$.

Per provare l'esistenza, sia r il rango di A e facciamo il percorso inverso; prendiamo una base ortonormale $u_1, \ldots, u_m \in \mathbb{R}^m$ di autovettori di $A^T A$ e denotiamo $\lambda_i = \|Au_i\|$; ordiniamo i vettori u_i in modo tale che $\lambda_1 \geq \lambda_2 \geq \cdots \geq \lambda_m \geq 0$. Siccome le matrici $A^T A$ ed A hanno lo stesso nucleo si ha $A^T Au_i = 0$ se e solo se $\lambda_i = 0$ e questo implica che $\lambda_i > 0$ per $i \leq r$, e $\lambda_i = 0$ per $i > r$. Dunque, l'immagine di L_A è generata dai vettori $Au_1, \ldots, Au_r$ che pertanto sono linearmente indipendenti e tra loro perpendicolari per il Lemma 14.90. Allora

$$v_1 = Au_1/\lambda_1, \quad \cdots \quad v_r = Au_r/\lambda_r,$$

è una successione ortonormale che può essere estesa ad una base ortonormale $v_1, \dots, v_n$ di $\mathbb{R}^n$. Si ha dunque

$$Au_i = \begin{cases} \lambda_i v_i & \text{se } i \leq r \\ 0 & \text{se } i > r. \end{cases} \qquad \square$$

Definizione 14.92 I numeri $\lambda_1, \dots, \lambda_r$ introdotti nel Teorema 14.91 sono detti i **valori singolari** della matrice A. Equivalentemente, i valori singolari di A sono le radici quadrate degli autovalori positivi della matrice $A^T A$.

Segue dalla dimostrazione del teorema, e più precisamente da (14.9), che le matrici A, A^T hanno gli stessi valori singolari e che $A^T A, A A^T$ hanno gli stessi autovalori positivi, contati con molteplicità (cf. Esercizio 9.36).

Esempio 14.93 I valori singolari della matrice $A = \left(\begin{smallmatrix} 1 & 0 & 1 \\ 0 & 1 & 1 \end{smallmatrix}\right)$ (e della sua trasposta) sono $\sqrt{3}$ e 1, dato che gli autovalori di $A^T A$ sono $3, 1, 0$ (e gli autovalori di $A A^T$ sono $3, 1$).

Esercizi

14.94 Determinare le proiezioni ortogonali del vettore $(1, 1, 1, 1)^T \in \mathbb{R}^4$ sugli iperpiani H, K di equazioni $x_1 + x_2 + x_3 + x_4 = 0$, $x_1 - x_2 - x_3 + x_4 = 0$ e sulla loro intersezione.

14.95 (♡) Dire se esiste una matrice $A \in M_{4,4}(\mathbb{R})$ tale che

$$A^T A = \begin{pmatrix} 1 & 2 & 0 & 0 \\ 2 & 3 & 2 & 0 \\ 0 & 2 & 3 & 2 \\ 0 & 0 & 2 & 1 \end{pmatrix}.$$

14.96 Abbiamo visto che ogni matrice reale B ha lo stesso rango di $B^T B$. Trovare una matrice 2×2 a coefficienti complessi per cui la precedente proprietà non vale.

14.97 Data la matrice

$$A = \frac{1}{2} \begin{pmatrix} 1 & 0 & 0 & 1 \\ 0 & 1 & 1 & 0 \\ 0 & 1 & 1 & 0 \\ 1 & 0 & 0 & 1 \end{pmatrix},$$

dire se L_A è una proiezione ortogonale.

14.98 Sia $A \in M_{n,n}(\mathbb{R})$ una matrice simmetrica semidefinita positiva. Dimostrare che vale $x^T A x = 0$ se e solo se $Ax = 0$. Provare inoltre che:

1. $\det(I + A) \geq 1$;
2. se $\mathrm{rg}(A) \leq 1$, allora esiste $B \in M_{n,1}(\mathbb{R})$ tale che $A = BB^T$.

14.99 Sia A una matrice antisimmetrica reale. Dimostrare che $-A^2$ è una matrice simmetrica semidefinita positiva.

14.100 Se gli autovalori di una matrice simmetrica $A \in M_{3,3}(\mathbb{R})$ sono $1, 0, -2$, quali sono i suoi valori singolari?

14.101 (decomposizione polare) Sia $A \in M_{n,n}(\mathbb{R})$ invertibile. Dimostrare che esistono uniche una matrice P simmetrica definita positiva ed una matrice E ortogonale tali che $A = EP$. (Per l'esistenza usare la decomposizione a valori singolari, per l'unicità osservare che $P^2 = A^T A$.)

14.102 ($\heartsuit$) Siano $A \in M_{n,n}(\mathbb{R})$ simmetrica semidefinita positiva ed r un intero positivo. Dimostrare che A e A^r hanno gli stessi autovettori.

14.103 Siano $A \in M_{n,n}(\mathbb{R})$ simmetrica semidefinita positiva ed r un intero positivo. Dimostrare che vi è un'unica matrice P simmetrica e semidefinita positiva tale che $P^r = A$.

14.104 ($\maltese$) Siano $A, B \in M_{n,n}(\mathbb{R})$ matrici simmetriche semidefinite positive. Dimostrare che la matrice $AB + I$ è invertibile e che ogni autovalore di AB è non negativo.

14.7 Spazi vettoriali hermitiani

Le stesse considerazioni che hanno portato alla nozione di spazio vettoriale euclideo, trasportate nel caso complesso, portano alla definizione di spazio vettoriale hermitiano.

Definizione 14.105 Una **forma hermitiana** su uno spazio vettoriale complesso V è un'applicazione

$$\langle \cdot, \cdot \rangle \colon V \times V \to \mathbb{C}$$

che soddisfa le seguenti condizioni:

1. $\langle \cdot, \cdot \rangle$ è lineare sulla prima variabile, e cioè, per ogni $u \in V$ l'applicazione $\langle \cdot, u \rangle \colon V \to \mathbb{C}$, $v \mapsto \langle v, u \rangle$, è lineare;
2. $\langle u, v \rangle = \overline{\langle v, u \rangle}$ per ogni $u, v \in V$.

Segue dalla definizione che ogni forma hermitiana $\langle \cdot, \cdot \rangle$ è $\mathbb{R}$-lineare ma non $\mathbb{C}$-lineare sulla seconda variabile. Infatti si ha

3. $\langle u, av \rangle = \overline{a} \langle u, v \rangle$ per ogni $u, v \in V$ ed ogni $a \in \mathbb{C}$,

dato che $\langle u, av \rangle = \overline{\langle av, u \rangle} = \overline{a \langle v, u \rangle} = \overline{a} \, \overline{\langle v, u \rangle} = \overline{a} \langle u, v \rangle$. Inoltre,

4. $\langle v, v \rangle = \overline{\langle v, v \rangle} \in \mathbb{R}$ per ogni $v \in V$.

Definizione 14.106   Un **prodotto hermitiano** su uno spazio vettoriale complesso V è una forma hermitiana $\langle \cdot, \cdot \rangle \colon V \times V \to \mathbb{C}$ tale che $\langle v, v \rangle > 0$ per ogni $0 \neq v \in V$. Uno **spazio vettoriale hermitiano** è uno spazio vettoriale complesso di dimensione finita corredato di un prodotto hermitiano.

Ad esempio, il prodotto hermitiano canonico $x^T \overline{y} = \sum_i x_i \overline{y_i}$ su $\mathbb{C}^n$ è un prodotto hermitiano. In letteratura sono frequenti i termini **spazio vettoriale unitario** e **spazio vettoriale metrico complesso** con lo stesso significato di spazio vettoriale hermitiano.

Ricordiamo dalla Definizione 9.97 che una matrice $H \in M_{n,n}(\mathbb{C})$ si dice hermitiana se $H^T = \overline{H}$, dove $\overline{H}$ è la matrice ottenuta coniugando tutti i coefficienti di H. Separando le parti reali e immaginarie dei coefficienti si può scrivere $H = A + iB$, con $A, B \in M_{n,n}(\mathbb{R})$. Allora $H^T = A^T + iB^T$, $\overline{H} = A - iB$ e quindi H è hermitiana se e solo se A è simmetrica e B è antisimmetrica.

Data una matrice $H = (h_{ij}) \in M_{n,n}(\mathbb{C})$, l'applicazione

$$\langle \cdot, \cdot \rangle \colon \mathbb{C}^n \times \mathbb{C}^n \to \mathbb{C}, \qquad \langle x, y \rangle = x^T H \overline{y} = \sum_{i,j} x_i h_{ij} \overline{y_j}$$

è una forma hermitiana se e solo se H è hermitiana. Se H è hermitiana e $\langle v, v \rangle = v^T H \overline{v} > 0$ per ogni $v \neq 0$ diremo che H è **positiva**. Dunque, la forma $\langle x, y \rangle = x^T H \overline{y}$ è un prodotto hermitiano se e solo se H è hermitiana positiva.

Definizione 14.107   Una successione di vettori $u_1, \ldots, u_n$ in uno spazio vettoriale hermitiano si dice una **successione unitaria** se $\langle u_i, u_i \rangle = 1$ per ogni i e $\langle u_i, u_j \rangle = 0$ per ogni $i \neq j$. Una base che è anche una successione unitaria si dice una **base unitaria**.

Ad esempio, la base canonica di $\mathbb{C}^n$ è unitaria rispetto al prodotto hermitiano canonico. I vettori

$$u_1 = \frac{1}{\sqrt{2}} \begin{pmatrix} i \\ 1 \end{pmatrix}, \quad u_2 = \frac{1}{\sqrt{2}} \begin{pmatrix} 1 \\ i \end{pmatrix}$$

sono una base unitaria di $\mathbb{C}^2$ rispetto al prodotto hermitiano canonico.

Ogni successione unitaria è formata da vettori linearmente indipendenti; la dimostrazione è identica al caso ortonormale e viene lasciata come esercizio per il lettore.

Proposizione 14.108 ((dis)uguaglianza di Bessel) *Sia $u_1, \ldots, u_n$ una successione unitaria in uno spazio vettoriale hermitiano V. Allora per ogni $v \in V$ si ha*

$$\langle v, v \rangle \geq \sum_{i=1}^{n} |\langle v, u_i \rangle|^2 = \sum_{i=1}^{n} |\langle u_i, v \rangle|^2$$

e vale l'uguaglianza se e solo se $v \in \mathrm{Span}(u_1, \ldots, u_n)$. In particolare, il sottospazio $\mathrm{Span}(u_1, \ldots, u_n)$ è invariante per un endomorfismo $g \colon V \to V$ se e solo se

$$\sum_{i=1}^{n} \langle g(u_i), g(u_i) \rangle = \sum_{i,j=1}^{n} |\langle g(u_i), u_j \rangle|^2.$$

Dimostrazione Consideriamo il vettore $w = v - \sum_{i=1}^{n} \langle v, u_i \rangle u_i$. Allora

$$\langle u_k, w \rangle = \langle u_k, v \rangle - \sum_{i=1}^{n} \overline{\langle v, u_i \rangle} \langle u_k, u_i \rangle = \langle u_k, v \rangle - \overline{\langle v, u_k \rangle} = 0$$

per ogni k e quindi $0 \leq \langle w, w \rangle = \langle v, w \rangle = \langle v, v \rangle - \sum_{i=1}^{n} |\langle v, u_i \rangle|^2$, con l'uguaglianza che vale se e solo se $w = 0$. Se $w = 0$ è chiaro che $v \in \mathrm{Span}(u_1, \ldots, u_n)$. Viceversa, se $v \in \mathrm{Span}(u_1, \ldots, u_n)$, diciamo $v = \sum a_j u_j$, allora $\langle v, u_i \rangle = a_i$ per ogni i e

$$\langle v, v \rangle = \sum_{i,j} a_i \overline{a_j} \langle u_i, u_j \rangle = \sum_{i} |a_i|^2 = \sum_{i=1}^{n} |\langle v, u_i \rangle|^2.$$

Dato un endomorfismo $g \colon V \to V$, abbiamo

$$\sum_{i=1}^{n} \left(\langle g(u_i), g(u_i) \rangle - \sum_{j=1}^{n} |\langle g(u_i), u_j \rangle|^2 \right) \geq 0$$

e vale l'uguaglianza se e solo se tutti gli addendi si annullano, ossia se e solo se $g(u_i) \in \mathrm{Span}(u_1, \ldots, u_n)$ per ogni i. $\square$

Anche il POGS vale, con lievi modifiche, negli spazi vettoriali hermitiani.

Teorema 14.109 *Sia $v_1, \ldots, v_n$ una successione di vettori linearmente indipendenti in uno spazio vettoriale hermitiano $(V, \langle \cdot, \cdot \rangle)$. Allora esiste un'unica successione unitaria $u_1, \ldots, u_n$ in V tale che*

1. $\mathrm{Span}(v_1, \ldots, v_i) = \mathrm{Span}(u_1, \ldots, u_i)$;
2. $\langle u_i, v_i \rangle$ *è un numero reale positivo*;

per ogni $i = 1, \ldots, n$. Se $v_1, \ldots, v_k$ è una successione unitaria per qualche $k \leq n$, allora $u_i = v_i$ per ogni $i = 1, \ldots, k$.

Dimostrazione Anche qui la dimostrazione è quasi identica al caso euclideo e ne diamo solo un accenno. Per l'esistenza, si pone

$$u_1 = \frac{v_1}{\sqrt{\langle v_1, v_1 \rangle}},$$

e poi per ricorrenza

$$u_i = \frac{w_i}{\sqrt{\langle w_i, w_i \rangle}}, \quad \text{dove} \quad w_i = v_i - \sum_{j=1}^{i-1} \langle v_i, u_j \rangle u_j, \quad i = 1, \dots, n. \quad (14.10)$$

Segnaliamo che, a differenza del caso euclideo, qui occorre fare attenzione all'ordine dei vettori nella Formula (14.10), dato che in generale $\langle v_i, u_j \rangle \neq \langle u_j, v_i \rangle$.

Per l'unicità, se $x_1, \dots, x_n \in V$ è una successione unitaria con le stesse caratteristiche, dimostriamo per induzione su n che $u_i = x_i$ per ogni i. Per l'ipotesi induttiva $x_i = u_i$ per ogni $i < n$ e $x_n \in \mathrm{Span}(u_1, \dots, u_n)$, diciamo $x_n = \sum_i a_i u_i$. Ma allora $0 = \langle x_n, x_j \rangle = \langle x_n, u_j \rangle = a_j$ per ogni $j < n$ e quindi $x_n = a_n u_n$. Dalla condizione $0 < \langle x_n, v_n \rangle = a_n \langle u_n, v_n \rangle$ segue che a_n è un numero reale positivo, e dalla condizione $1 = \langle x_n, x_n \rangle = |a_n|^2 \langle u_n, u_n \rangle$ segue $a_n = 1$, ossia $x_n = u_n$. $\square$

Segnaliamo che in letteratura, nella definizione di forma hermitiana si richiede talvolta la $\mathbb{C}$-linearità nella seconda variabile anziché sulla prima. La sostanza non cambia, bisogna però ricordarsi di scambiare l'ordine dei fattori nei prodotti hermitiani che compaiono in (14.10).

Corollario 14.110 *In uno spazio vettoriale hermitiano ogni successione unitaria si estende ad una base unitaria.*

Su $\mathbb{C}^n$, dotato del prodotto hermitiano canonico, la condizione che i vettori colonna di una matrice $U \in M_{n,n}(\mathbb{C})$ formino una base unitaria può essere scritta nella forma $U^T \overline{U} = I$, o equivalentemente, $U^{-1} = \overline{U}^T$.

Definizione 14.111 Una matrice $U \in M_{n,n}(\mathbb{C})$ si dice **unitaria** se è invertibile e se $U^{-1} = \overline{U}^T$. Si denota con $U_n(\mathbb{C}) \subseteq M_{n,n}(\mathbb{C})$ il sottoinsieme delle matrici unitarie.

Equivalentemente, una matrice è unitaria se trasforma i vettori della base canonica in una base unitaria per il prodotto hermitiano canonico. Un'altra caratterizzazione delle matrici unitarie è stata data nella Sezione 6.6.

Proposizione 14.112 *Gli autovalori ed i coefficienti del polinomio caratteristico di una matrice hermitiana sono numeri reali. Gli autovalori ed il determinante di una matrice unitaria sono numeri complessi di modulo* 1.

Dimostrazione Sia H una matrice hermitiana, allora

$$\det(H - tI) = \det(H^T - tI) = \det(\overline{H - tI}) = \overline{\det(H - tI)},$$

e quindi tutti i coefficienti del polinomio caratteristico sono reali. Se λ è un autovalore con autovettore $v \in \mathbb{C}^n$ si ha

$$\lambda v^T \overline{v} = (Hv)^T \overline{v} = v^T H^T \overline{v} = v^T \overline{H} \overline{v} = v^T \overline{(Hv)} = \overline{\lambda} v^T \overline{v},$$

da cui segue $\lambda = \overline{\lambda}$.

Se U è unitaria, allora $\det(U)^{-1} = \det(U^{-1}) = \det(\overline{U}^T) = \det(\overline{U}) = \overline{\det(U)}$ da cui segue che $\det(U)$ ha modulo 1. Se λ è un autovalore con autovettore $v \in \mathbb{C}^n$ si ha

$$\overline{\lambda} v^T \overline{v} = v^T \overline{Uv} = v^T \overline{U} \overline{v} = (\overline{U}v)^T \overline{v} = (U^{-1}v)^T \overline{v} = \lambda^{-1} v^T \overline{v}$$

da cui segue $\lambda^{-1} = \overline{\lambda}$. $\square$

Esercizi

14.113 Sia V uno spazio vettoriale su $\mathbb{C}$ e sia $\phi \colon V \times V \to \mathbb{C}$ una forma Hermitiana. Si supponga che ϕ sia $\mathbb{C}$-lineare sulla prima variabile e si scriva $\phi = s + ia$, dove $s, a \colon V \times V \to \mathbb{R}$ sono rispettivamente la parte reale ed immaginaria di ϕ. Dimostrare che:

1. s è simmetrica ed a è antisimmetrica.
2. $a(x, y) = s(x, iy)$, $s(ix, iy) = s(x, y)$ per ogni x, y.
3. Sia $s \colon V \times V \to \mathbb{R}$ una forma bilineare su $\mathbb{R}$, allora $\phi(x, y) = s(x, y) + is(x, iy)$ è hermitiana se e solo se s è simmetrica e $s(ix, iy) = s(x, y)$ per ogni x, y.

14.114 Mostrare che la parte reale di una matrice hermitiana è simmetrica, mentre la parte immaginaria è antisimmetrica. Determinare i sottospazi vettoriali complessi $L \subseteq M_{n,n}(\mathbb{C})$ interamente composti da matrici hermitiane.

14.115 Dimostrare che se $A \in M_{n,n}(\mathbb{C})$ è invertibile, allora anche la complessa coniugata $\overline{A}$ è invertibile e vale $\overline{A}^{-1} = \overline{A^{-1}}$.

14.116 Dimostrare che per ogni $A \in M_{n,m}(\mathbb{C})$ la matrice $A\overline{A}^T$ è hermitiana.

14.117 Enunciare e dimostrare l'analogo del Teorema 6.115 per le matrici hermitiane ($A^T = \overline{A}$) ed antihermitiane ($A^T = -\overline{A}$).

14.118 Siano $A, B \in M_{n,n}(\mathbb{C})$ matrici hermitiane. Provare che $\mathrm{Tr}(AB) \in \mathbb{R}$ e mostrare con un esempio che i coefficienti sulla diagonale principale di AB non sono, in generale, numeri reali.

14.119 Dimostrare che ogni matrice $L \in M_{n,n}(\mathbb{C})$ si decompone in modo unico nella forma $L = H + iK$ con H e K hermitiane.

14.120 Determinare per quali valori di $t \in \mathbb{R}$ la matrice hermitiana

$$\begin{pmatrix} 1 & it \\ -it & 1 \end{pmatrix} \in M_{2,2}(\mathbb{C})$$

è definita positiva.

14.121 Trovare una base unitaria del sottospazio $H \subseteq \mathbb{C}^3$ di equazione

$$x - iy + z = 0, \qquad i = \sqrt{-1}.$$

14.122 Siano V uno spazio vettoriale hermitiano e $W \subseteq V$ un sottospazio vettoriale. Definiamo l'ortogonale di W come

$$W^\perp = \{v \in V \mid \langle w, v \rangle = 0 \quad \forall\, w \in W\}.$$

Dimostrare che $W^\perp$ è un sottospazio vettoriale e che $W \oplus W^\perp = V$.

14.123 Sia $H = A + iB \in M_{n,n}(\mathbb{C})$ con $A, B \in M_{n,n}(\mathbb{R})$. Provare che H è hermitiana definita positiva se e solo se la matrice a blocchi

$$\begin{pmatrix} A & B \\ -B & A \end{pmatrix} \in M_{2n,2n}(\mathbb{R})$$

è simmetrica e definita positiva.

14.124 (disuguaglianza di Cauchy–Schwarz) Dimostrare che per ogni coppia di vettori v, w in uno spazio vettoriale hermitiano si ha

$$|\langle v, w \rangle|^2 \le \langle v, v \rangle \langle w, w \rangle,$$

ed il segno di uguaglianza vale se e solo se v, w sono linearmente dipendenti.

14.125 Provare che $U_n(\mathbb{C})$ e $SU_n(\mathbb{C}) = \{E \in U_n(\mathbb{C}) \mid \det(E) = 1\}$ sono gruppi di matrici (Definizione 8.108).

14.8   Il teorema spettrale complesso

Prima di enunciare il teorema spettrale complesso abbiamo bisogno di introdurre la nozione di operatore aggiunto.

Teorema 14.126   *Sia* $f\colon V \to W$ *un'applicazione lineare tra spazi vettoriali hermitiani. Esiste allora un'unica applicazione lineare* $f^*\colon W \to V$ *tale che* $\langle f(v), w \rangle = \langle v, f^*(w) \rangle$ *per ogni* $v \in V$ *ed ogni* $w \in W$.

Dimostrazione   Fissiamo una base unitaria $v_1, \ldots, v_n$ di V, una base unitaria $w_1, \ldots, w_m$ di W e sia $A = (a_{ij})$ la matrice che rappresenta f in tali basi, ossia

$$f(v_i) = \sum_j w_j a_{ji}.$$

Dimostriamo prima l'unicità di f^*; se $B = (b_{ij})$ è la matrice che rappresenta f^* nelle basi suddette, ossia

$$f^*(w_j) = \sum_i v_i b_{ij},$$

si hanno le relazioni

$$\langle f(v_i), w_j \rangle = a_{ji}, \quad \langle v_i, f^*(w_j) \rangle = \overline{b_{ij}}, \quad i, j = 1, \ldots, n,$$

da cui segue necessariamente $b_{ij} = \overline{a_{ji}}$ per ogni i, j, ossia $B = \overline{A}^T$.

Per la prova dell'esistenza basta provare che la formula appena trovata per f^* è consistente con le proprietà richieste. Per ogni $v = \sum_i x_i v_i \in V$ ed ogni $w = \sum_j y_j w_j$ si ha

$$\langle f(v), w \rangle = \sum_{i,j} x_i \overline{y_j} \langle f(v_i), w_j \rangle = \sum_{i,j} a_{ji} x_i \overline{y_j},$$

$$\langle v, f^*(w) \rangle = \sum_{i,j} x_i \overline{y_j} \langle v_i, f^*(w_j) \rangle = \sum_{i,j} \overline{b_{ij}} x_i \overline{y_j},$$

e l'uguaglianza tra le due espressioni segue immediatamente da $B = \overline{A}^T$. $\square$

Definizione 14.127   Nelle notazioni del Teorema 14.126, l'applicazione f^* viene detta **operatore aggiunto** di f.

Nel caso in cui $f\colon V \to V$ è un endomorfismo di uno spazio vettoriale hermitiano, se A è la matrice che rappresenta f in una base unitaria, abbiamo visto nella dimostrazione del Teorema 14.126 che f^* è rappresentato, nella stessa base, dalla matrice trasposta coniugata $\overline{A}^T$.

Esempio 14.128   Sia $f: V \to V$ un endomorfismo di uno spazio vettoriale hermitiano. Allora:

1) Dato un numero complesso λ, si ha $(f - \lambda I)^* = f^* - \overline{\lambda} I$.

2) Il doppio aggiunto f^{**} è uguale all'operatore di partenza f; in particolare $\langle f^*(u), v \rangle = \langle u, f(v) \rangle$. Questo è chiaro sia guardando le matrici che rappresentano f, f^* in una base unitaria, sia utilizzando l'unicità dell'operatore aggiunto, dato che per ogni $v, w \in V$ si ha

$$\langle u, f^{**}(v) \rangle = \langle f^*(u), v \rangle = \overline{\langle v, f^*(u) \rangle} = \overline{\langle f(v), u \rangle} = \langle u, f(v) \rangle.$$

Definizione 14.129   Un endomorfismo $f: V \to V$ di uno spazio vettoriale hermitiano si dice un **operatore normale** se commuta con il suo aggiunto, ossia se $ff^* = f^*f$.

I due principali esempi di operatori normali $f: V \to V$ sono:

1. gli operatori **autoaggiunti**, o **hermitiani**, sono quelli tali che $\langle f(u), v \rangle = \langle u, f(v) \rangle$ per ogni $u, v \in V$; infatti, in tal caso $f^* = f$;
2. gli operatori **unitari**, o **isometrie**, sono quelli tali che $\langle f(u), f(v) \rangle = \langle u, v \rangle$ per ogni $u, v \in V$; infatti, siccome $\langle f(u), f(v) \rangle = \langle u, f^*f(v) \rangle$ segue dall'unicità dell'operatore aggiunto che $f^* = f^{-1}$.

In una base unitaria di V, abbiamo visto che se f è rappresentato dalla matrice A, allora f^* è rappresentato dalla matrice $\overline{A}^T$. In particolare, f è hermitiano (risp.: unitario) se e solo se A è hermitiana (risp.: unitaria).

Lemma 14.130   *Sia $f: V \to V$ un operatore normale in uno spazio hermitiano. Allora f ed f^* hanno gli stessi autovettori. Inoltre, se $f(u) = \lambda u$ con $\lambda \in \mathbb{C}$, allora $f^*(u) = \overline{\lambda} u$.*

Dimostrazione   Siccome $f^{**} = f$, basta dimostrare che se $u \in V$ è un autovettore di f con autovalore λ, allora u è un autovettore di f^* con autovalore $\overline{\lambda}$. Consideriamo l'endomorfismo $g = f - \lambda I$. Abbiamo visto che $g^* = f^* - \overline{\lambda} I$ e siccome

$$gg^* - g^*g = (f - \lambda I)(f^* - \overline{\lambda} I) - (f^* - \overline{\lambda} I)(f - \lambda I) = 0$$

anche g è un operatore normale. Dato che $g(u) = 0$ si ha

$$0 = \langle g^*g(u), u \rangle = \langle gg^*(u), u \rangle = \langle g^*(u), g^*(u) \rangle$$

e questo è possibile solo se $g^*(u) = 0$, ossia se $f^*(u) = \overline{\lambda} u$. □

Lemma 14.131   *Sia $f: V \to V$ un operatore normale in uno spazio hermitiano. Allora f ed f^* hanno gli stessi sottospazi invarianti.*

Dimostrazione Come sopra, siccome $f^{**} = f$ basta dimostrare che se per un sottospazio $U \subseteq V$ si ha $f(U) \subseteq U$, allora vale $f^*(U) \subseteq U$. Scegliamo una base unitaria $u_1, \ldots, u_k$ di U, per la Proposizione 14.108 sappiamo che

$$\sum_{j=1}^{k} \langle f(u_j), f(u_j) \rangle = \sum_{i,j=1}^{k} |\langle u_i, f(u_j) \rangle|^2$$

e ci basta dimostrare che

$$\sum_{i=1}^{k} \langle f^*(u_i), f^*(u_i) \rangle = \sum_{i,j=1}^{k} |\langle f^*(u_i), u_j \rangle|^2.$$

Siccome $ff^* = f^*f$ abbiamo

$$\sum_{i=1}^{k} \langle f^*(u_i), f^*(u_i) \rangle = \sum_{i=1}^{k} \langle ff^*(u_i), u_i \rangle = \sum_{i=1}^{k} \langle f^*f(u_i), u_i \rangle$$

$$= \sum_{i=1}^{k} \langle f(u_i), f(u_i) \rangle = \sum_{i,j=1}^{k} |\langle u_i, f(u_j) \rangle|^2 = \sum_{i,j=1}^{k} |\langle f^*(u_i), u_j \rangle|^2. \qquad \square$$

Teorema 14.132 (teorema spettrale complesso) *Sia $f: V \to V$ un operatore normale in uno spazio hermitiano. Allora esiste una base unitaria di V formata da autovettori di f.*

I teoremi spettrali reale e complesso si assomigliano molto e sarebbe possibile inglobarli in un unico teorema; abbiamo preferito tenerli separati per presentare dimostrazioni basate su idee diverse.

Dimostrazione Diamo due diverse dimostrazioni del teorema: la prima utilizza il Lemma 14.130, la seconda il Lemma 14.131. Notiamo anche che se f è autoaggiunto possiamo ripetere, mutatis mutandis, la dimostrazione del teorema spettrale reale.

Prima dimostrazione. Dato che sui complessi ogni endomorfismo possiede autovettori, per il Lemma 14.130 (o se preferite per l'Esercizio 9.118) gli operatori f, f^* possiedono un autovettore comune, ossia esistono $0 \neq u_1 \in V$ e $\lambda \in \mathbb{C}$ tali che $f(u_1) = \lambda u_1$ e $f^*(u_1) = \overline{\lambda} u_1$. Consideriamo l'iperpiano

$$W = \{v \in V \mid \langle v, u_1 \rangle = 0\};$$

siccome $u_1 \notin W$ si ha $V = \mathrm{Span}(u_1) \oplus W$; dimostriamo che W è un sottospazio invariante per f ed f^*. Per ogni $v \in W$ si ha

$$\langle f(v), u_1 \rangle = \langle v, f^*(u_1) \rangle = \langle v, \overline{\lambda} u_1 \rangle = \lambda \langle v, u_1 \rangle = 0,$$
$$\langle f^*(v), u_1 \rangle = \langle v, f(u_1) \rangle = \langle v, \lambda u_1 \rangle = \overline{\lambda} \langle v, u_1 \rangle = 0.$$

È chiaro che in tali condizioni la restrizione di f^* a W coincide con l'aggiunto della restrizione di f a W. Per induzione sulla dimensione esiste una base unitaria $u_2, \ldots, u_n$ di W formata da autovettori di f ed f^*. In conclusione $u_1, u_2, \ldots, u_n$ è la base cercata.

Seconda dimostrazione. Siccome f è triangolabile, come nella dimostrazione del teorema spettrale reale, esiste una base unitaria $u_1, \ldots, u_n$ di V tale che $f(u_i) \in \mathrm{Span}(u_1, \ldots, u_i)$ per ogni i.

Per il Lemma 14.131 i sottospazi f-invarianti $\mathrm{Span}(u_1, \ldots, u_i)$ sono anche f^*-invarianti e quindi $f^*(u_i) \in \mathrm{Span}(u_1, \ldots, u_i)$ per ogni i. Se $A = (a_{ij})$ è la matrice che rappresenta f nella base unitaria $u_1, \ldots, u_n$, allora f^* è rappresentato nella stessa base da $\overline{A}^T$, ed entrambe le matrici sono triangolari superiori. Questo è possibile solo se A è diagonale. $\square$

Corollario 14.133   *Sia $H \in M_{n,n}(\mathbb{C})$ una matrice hermitiana. Allora esiste una matrice unitaria U tale che $U^{-1} H U$ è diagonale reale.*

Dimostrazione   Si prenda come U la matrice cha ha come vettori colonna una base unitaria di autovettori di H. Allora $U^{-1} H U$ è diagonale e già sappiamo che gli autovalori di H sono numeri reali. $\square$

Corollario 14.134   *Sia $E \in U_n(\mathbb{C})$ una matrice unitaria. Allora esiste una matrice unitaria U tale che $U^{-1} E U$ è diagonale con i coefficienti principali di modulo 1.*

Dimostrazione   Si prenda come U la matrice cha ha come vettori colonna una base unitaria di autovettori di E. Allora $U^{-1} E U$ è diagonale e già sappiamo che gli autovalori di E hanno modulo 1. $\square$

Esercizi

14.135   Trovare una base unitaria di autovettori della matrice hermitiana
$$\begin{pmatrix} 1 & 6i \\ -6i & 4 \end{pmatrix}.$$

14.136   Sia K una matrice hermitiana non nulla. Provare che $\det(I + iK)$ è un numero complesso di modulo strettamente maggiore di 1.

14.137   Provare che le matrici unitarie di ordine 2 e determinante 1 sono tutte e sole quelle del tipo
$$\begin{pmatrix} a & b \\ -\overline{b} & \overline{a} \end{pmatrix}$$
con $a, b \in \mathbb{C}$ tali che $|a|^2 + |b|^2 = 1$.

14.138 Provare che una matrice diagonale è unitaria se e solo se tutti i coefficienti sulla diagonale principale hanno modulo 1.

14.139 Sia U una matrice unitaria. Dimostrare che esiste una matrice unitaria S tale che $S^2 = U$.

14.140 Sia f un endomorfismo di uno spazio vettoriale hermitiano. Provare che se f e f^* hanno gli stessi sottospazi invarianti, allora f è normale.

14.141 Siano $f : V \to V$ un operatore normale di uno spazio hermitiano e $U \subseteq V$ un sottospazio f-invariante. Dimostrare che anche il suo ortogonale $U^\perp = \{v \in V \mid \langle v, u \rangle = 0 \text{ per ogni } u \in U\}$ è f-invariante.

14.142 (Matrici di Pauli) Per definizione, le matrici di Pauli sono:

$$\sigma_1 = \begin{pmatrix} 0 & 1 \\ 1 & 0 \end{pmatrix}, \quad \sigma_2 = \begin{pmatrix} 0 & -i \\ i & 0 \end{pmatrix}, \quad \sigma_3 = \begin{pmatrix} 1 & 0 \\ 0 & -1 \end{pmatrix}.$$

1. Provare che le matrici di Pauli sono una base ortonormale del sottospazio (reale) $V \subseteq M_{2,2}(\mathbb{C})$ delle matrici hermitiane a traccia nulla, dotato del prodotto scalare (vedi Esercizio 14.118):

$$\langle \cdot, \cdot \rangle : V \times V \to \mathbb{R}, \qquad \langle A, B \rangle = \frac{1}{2} \operatorname{Tr}(AB).$$

2. Per ogni matrice unitaria $U \in U_2(\mathbb{C})$, provare che l'applicazione $\phi_U : V \to V$, $\phi_U(A) = UAU^{-1}$ è una isometria.
3. Provare che ϕ_U è l'identità se e solo se U è un multiplo scalare dell'identità.
4. Provare che per ogni coppia di matrici unitarie $U, S \in U_2(\mathbb{C})$ si ha $\phi_{US} = \phi_U \phi_S$ e dedurre dall'Esercizio 14.139 che le isometrie ϕ_U hanno tutte determinante $+1$.

14.143 Descrivere tutte le matrici $U \in M_{2,2}(\mathbb{C})$ che sono al tempo stesso unitarie ed hermitiane (come ad esempio le matrici di Pauli).

Note

La regola dei segni fu enunciata da Descartes nel 1637 e poi da Newton nel 1707, mentre la prima dimostrazione scritta di cui si ha traccia è di Gua de Malves (1740).

Dal punto di vista computazionale, la decomposizione QR (Esercizio 14.79) viene spesso preferita a Gauss–Jordan nel calcolo dell'inverse di matrici reali: appurato che $\det(A) \neq 0$, si applica il POGS alle colonne di A e si ottiene $Q = AS$ con Q matrice ortogonale ed S triangolare, e quindi $A^{-1} = SQ^T$. Argomenti quali la regressione lineare e le decomposizioni LU, QR, polare ed a valori singolari, tipicamente relegati ai testi di metodi numerici e ottimizzazione, stanno recentemente trovando spazio nei testi base di algebra lineare per effetto del loro uso crescente in informatica ed intelligenza artificiale.

L'aggettivo *hermitiano* deriva da Charles Hermite (1822–1901) e pertanto si può anche scrivere "spazio Hermitiano" e "matrice Hermitiana" senza violare alcuna regola grammaticale.

Capitolo 15
Forme bilineari e quadratiche

In questo capitolo tratteremo la teoria delle forme bilineari e quadratiche. Presenteremo i concetti in ordine di generalità decrescente del campo base e degli spazi vettoriali coinvolti: inizieremo con spazi vettoriali definiti su campi arbitrari, per poi passare ai campi dei numeri reali e complessi; parallelamente, inizieremo con spazi vettoriali qualunque, per poi passare a quelli numerici.

15.1 Nozioni base

Anche se svilupperemo in dettaglio la teoria solamente in dimensione finita e caratteristica $\neq 2$, è comunque interessante dare alcune definizioni generali, senza alcuna restrizione sugli spazi vettoriali coinvolti.

Sia V uno spazio vettoriale sul campo $\mathbb{K}$. Ricordiamo che un'applicazione

$$\varphi \colon V \times V \to \mathbb{K}$$

si dice una **forma bilineare** se per ogni vettore $v \in V$ le due applicazioni

$$\varphi(-, v) \colon V \to \mathbb{K}, \qquad w \mapsto \varphi(w, v),$$
$$\varphi(v, -) \colon V \to \mathbb{K}, \qquad w \mapsto \varphi(v, w),$$

sono lineari.

Esempio 15.1 Se $f, g \colon V \to \mathbb{K}$ sono due applicazioni lineari, allora le applicazioni $f \odot g,\ f \wedge g \colon V \times V \to \mathbb{K}$, definite come

$$f \odot g(u, v) = f(u)g(v) + g(u)f(v), \quad f \wedge g(u, v) = f(u)g(v) - g(u)f(v),$$

M. Manetti, *Algebra Lineare*, La Matematica per il 3+2 174,
https://doi.org/10.1007/978-3-032-01504-4_15

sono bilineari. Più in generale, per ogni intero $n > 0$ ed ogni successione di $2n$ applicazioni lineari $f_1, \ldots, f_n, g_1, \ldots, g_n : V \to \mathbb{K}$, l'applicazione

$$\varphi : V \times V \to \mathbb{K}, \qquad \varphi(u, v) = \sum_{i=1}^{n} f_i(u) g_i(v),$$

è bilineare.

La seguente definizione è una ripetizione, si spera utile, di concetti già introdotti.

Definizione 15.2 Una forma bilineare $\varphi : V \times V \to \mathbb{K}$ si dice:

1. **simmetrica** se $\varphi(u, v) = \varphi(v, u)$ per ogni $u, v \in V$;
2. **alternante** se $\varphi(v, v) = 0$ per ogni $v \in V$.

Ad esempio, il prodotto scalare canonico è una forma bilineare simmetrica su $\mathbb{R}^n$, mentre il determinante di matrici 2×2 è una forma bilineare alternante sullo spazio dei vettori colonna $\mathbb{K}^2$. Nell'Esempio 15.1, la forma bilineare $f \odot g$ è simmetrica, mentre $f \wedge g$ è alternante. Gli stessi argomenti usati nello studio del determinante mostrano che ogni forma bilineare alternante φ è antisimmetrica, ossia $\varphi(u, v) = -\varphi(v, u)$ per ogni u, v.

Abbiamo visto nella Sezione 5.6 che le forme bilineari su uno spazio V formano uno spazio vettoriale ed è immediato osservare che se φ, ψ sono simmetriche (risp.: alternanti), allora anche ogni loro combinazione lineare $a\varphi + b\psi$ è simmetrica (risp.: alternante).

Definizione 15.3 Sia V uno spazio vettoriale su di un campo $\mathbb{K}$. Un'applicazione $\Phi : V \to \mathbb{K}$ si dice una **forma quadratica** se:

1. $\Phi(tv) = t^2 \Phi(v)$ per ogni $t \in \mathbb{K}$ ed ogni $v \in V$;
2. l'applicazione

$$\varphi : V \times V \to \mathbb{K}, \qquad \varphi(u, v) = \Phi(u + v) - \Phi(u) - \Phi(v),$$

è una forma bilineare.

Esempio 15.4 Se $f, g : V \to \mathbb{K}$ sono due applicazioni lineari, allora l'applicazione

$$\Phi : V \to \mathbb{K}, \qquad \Phi(v) = f(v)g(v),$$

è una forma quadratica. Infatti, per quanto visto nell'Esempio 15.1 l'applicazione

$$(u, v) \mapsto \Phi(u + v) - \Phi(u) - \Phi(v) = f(u)g(v) + f(v)g(u)$$

è una forma bilineare simmetrica.

Alla stessa maniera delle forme bilineari, anche le forme quadratiche possono essere sommate e moltiplicate per scalare. In particolare, ogni espressione del tipo $\sum_{i,j=1}^{n} a_{ij} x_i x_j$, con $a_{ij} \in \mathbb{K}$, definisce una forma quadratica su $\mathbb{K}^n$.

Definizione 15.5 Sia $\varphi\colon V \times V \to \mathbb{K}$ una forma bilineare. Chiameremo l'applicazione

$$\Phi\colon V \to \mathbb{K}, \qquad \Phi(v) = \varphi(v, v), \tag{15.1}$$

forma quadratica associata, o **indotta**, da φ.

Per mostrare che la precedente definizione abbia senso, verifichiamo che Φ è effettivamente una forma quadratica: si ha $\Phi(tv) = \varphi(tv, tv) = t^2 \varphi(v, v) = t^2 \Phi(v)$, e

$$(u, v) \mapsto \Phi(u + v) - \Phi(u) - \Phi(v)$$
$$= \varphi(u + v, u + v) - \varphi(u, u) - \varphi(v, v) = \varphi(u, v) + \varphi(v, u)$$

è una forma bilineare. È chiaro che due forme bilineari inducono la stessa forma quadratica se e solo se la loro differenza è alternante.

Osservazione 15.6 **(☻)** In dimensione finita non è difficile dimostrare che ogni forma quadratica è indotta da una forma bilineare (Esercizio 15.27) e quindi che esiste un isomorfismo naturale tra lo spazio vettoriale delle forme quadratiche ed il quoziente dello spazio vettoriale delle forme bilineari per il sottospazio delle forme alternanti.

Definizione 15.7 (pull-back di forme) Siano $\varphi\colon V \times V \to \mathbb{K}$ una forma bilineare ed $f\colon W \to V$ un'applicazione lineare. La forma bilineare

$$f^{\vee}\varphi\colon W \times W \to \mathbb{K}, \qquad f^{\vee}\varphi(u, v) = \varphi(f(u), f(v)),$$

viene detta il **pull-back**, o immagine trasposta, di φ tramite f. Similmente, se $\Phi\colon V \to \mathbb{K}$ è una forma quadratica, il suo pull-back tramite f è la forma quadratica

$$f^{\vee}\Phi\colon W \to \mathbb{K}, \qquad f^{\vee}\Phi(v) = \Phi(f(v)).$$

La Definizione 15.7 è ben posta: segue immediatamente dalla linearità di f che $f^{\vee}\varphi$ è una forma bilineare e $f^{\vee}\Phi$ è una forma quadratica. Inoltre, se Φ è indotta da φ, allora $f^{\vee}\Phi$ è indotta da $f^{\vee}\varphi$.

Esercizi

15.8 (legge del parallelogramma) Provare che, per ogni forma quadratica $\Phi\colon V \to \mathbb{K}$ si ha:

$$\Phi(u + v) + \Phi(u - v) = 2\Phi(u) + 2\Phi(v), \quad \text{per ogni } u, v \in V.$$

15.9 Provare che se $\mathbb{K} = \mathbb{F}_2$ allora ogni funzionale lineare è anche una forma quadratica ed esistono forme quadratiche che non sono lineari. Viceversa, se $\mathbb{K} \neq \mathbb{F}_2$, allora l'unico funzionale lineare che è anche una forma quadratica è quello nullo.

15.10 Sia $\varphi\colon V \times V \to \mathbb{K}$ una generica forma bilineare. Quali dei seguenti sottoinsiemi di V sono sottospazi vettoriali?

1. $\{v \in V \mid \varphi(v, u) = 0 \text{ per ogni } u \in V\}$;
2. $\{v \in V \mid \varphi(v, u_1)\varphi(v, u_1) = 0\}$, dove $u_1, u_1 \in V$ sono vettori linearmente indipendenti;
3. $\{v \in V \mid \varphi(v, v) = 0\}$.

Nota: dicendo "generica" nella domanda si intende che le risposta è positiva solo se è vera per ogni φ e non per una particolare forma bilineare scelta dallo studente.

15.11 Siano V uno spazio vettoriale e $f, g\colon V \to \mathbb{K}$ applicazioni lineari. Provare che la forma bilineare

$$\varphi\colon V \times V \to \mathbb{K}, \qquad \varphi(x, y) = f(x)g(y),$$

è simmetrica se e solo se $\operatorname{Ker} f \cup \operatorname{Ker} g$ è un sottospazio vettoriale di V; equivalentemente, φ è simmetrica se e solo se f e g sono linearmente dipendenti (nota: se V ha dimensione infinita occorre usare i risultati della Sezione 12.6).

15.12 (Ⓐ) Sia V lo spazio vettoriale reale delle funzioni continue sull'intervallo $[0, 1]$. Dimostrare che l'applicazione

$$\varphi\colon V \times V \to \mathbb{R}, \qquad \varphi(f, g) = \int_0^1 f(t)g(t)\,dt,$$

è una forma bilineare simmetrica.

15.13 Sia $\varphi\colon V \times V \to \mathbb{K}$ bilineare simmetrica e non nulla, e siano $u, v \in V$ tali che $\varphi(u, v) = 1$. Provare che vale almeno una delle seguenti possibilità:

1. $\varphi(u, u) \neq 0$ e $V = \operatorname{Span}(u) \oplus \{w \in V \mid \varphi(u, w) = 0\}$;
2. $\varphi(v, v) \neq 0$ e $V = \operatorname{Span}(v) \oplus \{w \in V \mid \varphi(v, w) = 0\}$;
3. $\varphi(u, u) = \varphi(v, v) = 0$, i vettori u, v sono linearmente indipendenti e

$$V = \operatorname{Span}(u, v) \oplus \{w \in V \mid \varphi(u, w) = \varphi(v, w) = 0\}.$$

15.2 Rango, nucleo e vettori isotropi

Da questo punto, e fino alla fine del capitolo, tutti gli spazi vettoriali saranno assunti, salvo avviso contrario, di *dimensione finita*.

Siano V uno spazio vettoriale di dimensione finita n e $\varphi\colon V \times V \to \mathbb{K}$ una forma bilineare; ogni base $v_1, \ldots, v_n$ di V permette di associare alla forma φ la matrice

$$B \in M_{n,n}(\mathbb{K}), \qquad B = (b_{ij}), \qquad b_{ij} = \varphi(v_i, v_j),$$

i cui coefficienti sono i valori di φ calcolati nelle n^2 coppie ordinate di elementi della base; chiameremo B *matrice associata alla forma bilineare φ nella base* $v_1, \ldots, v_n$. Nel prossimo lemma proveremo che vale anche il viceversa, ossia che la matrice B determina univocamente la forma φ, e possiamo quindi dire che φ è la *forma bilineare associata alla matrice B nella base* $v_1, \ldots, v_n$.

Lemma 15.14 *Sia $v_1, \ldots, v_n$ una base fissata di uno spazio vettoriale V. Per ogni $B = (b_{ij}) \in M_{n,n}(\mathbb{K})$ esiste un'unica forma bilineare $\varphi\colon V \times V \to \mathbb{K}$ tale che $\varphi(v_i, v_j) = b_{ij}$ per ogni i, j.*

Dimostrazione Unicità. Se φ è una forma bilineare su V, data una qualunque coppia di vettori $u = \sum x_i v_i$ e $w = \sum y_i v_i$, $x_i, y_i \in \mathbb{K}$, per bilinearità si ha

$$\varphi(u, w) = \varphi\left(\sum x_i v_i, \sum y_j v_j \right) = \sum_{i,j} x_i y_j\, \varphi(v_i, v_j) = \sum_{i,j} x_i y_j b_{ij}. \qquad (15.2)$$

In particolare, la forma bilineare φ è univocamente definita dagli scalari $b_{ij} = \varphi(v_i, v_j)$.

Esistenza. Basta definire φ usando la formula

$$\varphi(u, w) = \sum_{i,j} b_{ij} x_i y_j, \quad \text{dove } u = \sum x_i v_i, \ w = \sum y_i v_i,$$

trovata nella dimostrazione dell'unicità. $\square$

Il Lemma 15.14 applicato alle basi canoniche degli spazi vettoriali numerici ci dice in particolare che ogni applicazione bilineare $\varphi\colon \mathbb{K}^n \times \mathbb{K}^n \to \mathbb{K}$ si scrive in maniera unica come

$$\varphi(x, y) = x^T B y, \qquad B \in M_{n,n}(\mathbb{K}), \quad x, y \in \mathbb{K}^n.$$

La matrice associata ad una forma bilineare dipende fortemente dalla scelta della base; cambiando base anche la matrice B cambia. Sia $\varepsilon_1, \ldots, \varepsilon_n$ un'altra base di V, e sia $A = (a_{ij}) \in M_{n,n}(\mathbb{K})$ la corrispondente matrice di cambiamento di base:

$$(\varepsilon_1, \ldots, \varepsilon_n) = (v_1, \ldots, v_n)A \ \Leftrightarrow\ \varepsilon_i = \sum_j v_j a_{ji}.$$

Sia $C = (c_{ij})$ la matrice associata a φ nella base ε_i, allora

$$c_{ij} = \varphi(\varepsilon_i, \varepsilon_j) = \varphi\left(\sum_h v_h a_{hi}, \sum_k v_k a_{kj}\right) = \sum_{h,k} a_{hi} b_{hk} a_{kj}$$

e quindi $C = A^T B A$. Lo stesso conto dimostra anche che, se partiamo da una qualunque matrice invertibile A, allora la matrice $A^T B A$ rappresenta la forma bilineare φ nella base $(v_1, \ldots, v_n)A$.

Definizione 15.15 Due matrici $B, C \in M_{n,n}(\mathbb{K})$ si dicono **congruenti** se esiste una matrice $A \in M_{n,n}(\mathbb{K})$ invertibile e tale che $C = A^T B A$.

Anche se a prima vista la nozione di congruenza appare quasi identica alla similitudine, le due relazioni hanno significati geometrici e comportamenti molto diversi.

Per quanto riguarda il significato geometrico abbiamo che:

- due matrici sono congruenti se e solo se rappresentano la medesima forma bilineare, in altrettante basi;
- due matrici sono simili se e solo se rappresentano lo stesso endomorfismo, in altrettanti basi.

Se guardiamo alle diversità di comportamento, abbiamo ad esempio che, per ogni scalare $a \neq 0, \pm 1$, le due matrici

$$\begin{pmatrix} 1 & 0 \\ 0 & 1 \end{pmatrix}, \qquad \begin{pmatrix} a^2 & 0 \\ 0 & a^2 \end{pmatrix} = \begin{pmatrix} a & 0 \\ 0 & a \end{pmatrix}^T \begin{pmatrix} 1 & 0 \\ 0 & 1 \end{pmatrix} \begin{pmatrix} a & 0 \\ 0 & a \end{pmatrix}$$

sono congruenti ma non sono simili, mentre le due matrici

$$\begin{pmatrix} 1 & 0 \\ 0 & 0 \end{pmatrix}, \qquad \begin{pmatrix} 1 & 1 \\ 0 & 0 \end{pmatrix}$$

sono simili ma non congruenti (esercizio: perché?). Inoltre, la congruenza non è invariante per estensione degli scalari: le matrici $(1), (2) \in M_{1,1}(\mathbb{Q})$ sono congruenti su $\mathbb{R}$ ma non su $\mathbb{Q}$; le matrici $(1), (-1) \in M_{1,1}(\mathbb{R})$ sono congruenti su $\mathbb{C}$ ma non su $\mathbb{R}$.

Matrici congruenti hanno lo stesso rango: infatti se $C = A^T B A$ per qualche matrice invertibile A, allora anche A^T è invertibile e sappiamo che il rango è invariante per moltiplicazione, sia a destra che a sinistra, con matrici invertibili. Questo prova in particolare che la prossima definizione è ben posta.

Definizione 15.16 Il **rango** $\mathrm{rg}(\varphi)$, di una forma bilineare φ su uno spazio vettoriale di dimensione finita V, è il rango della matrice che rappresenta φ in una (qualunque) base di V.

Ad esempio, il rango della forma bilineare $(x, y) \mapsto x^T B y$ su $\mathbb{K}^n$ è uguale al rango della matrice $B \in M_{n,n}(\mathbb{K})$ (basta prendere come base quella canonica).

Poiché una matrice e la sua trasposta hanno lo stesso rango, segue immediatamente che una forma bilineare φ ha il medesimo rango della forma bilineare φ^T ottenuta scambiando l'ordine delle variabili: $\varphi^T(u, v) = \varphi(v, u)$. Il prossimo risultato è l'equivalente bilineare del teorema del rango 5.48.

Teorema 15.17 *Sia φ una forma bilineare di rango r su uno spazio vettoriale V di dimensione finita n. Allora, il sottospazio vettoriale*

$$\mathrm{RKer}(\varphi) = \{v \in V \mid \varphi(u, v) = 0 \text{ per ogni } u \in V\},$$

detto nucleo destro, ed il sottospazio vettoriale

$$\mathrm{LKer}(\varphi) = \{v \in V \mid \varphi(v, u) = 0 \text{ per ogni } u \in V\}$$

detto nucleo sinistro, hanno entrambi dimensione $n - r$.

Dimostrazione   Siccome $\mathrm{LKer}(\varphi) = \mathrm{RKer}(\varphi^T)$ e le forme φ, φ^T hanno lo stesso rango, basta dimostrare l'enunciato sul nucleo destro. Fissiamo una base di V, ossia un isomorfismo di spazi vettoriali $L_\mathbf{v} \colon \mathbb{K}^n \to V$ e sia B la matrice associata a φ in tale base. Per costruzione $\varphi(L_\mathbf{v}(x), L_\mathbf{v}(y)) = x^T B y$ e

$$L_\mathbf{v}^{-1}(\mathrm{RKer}(\varphi)) = \{y \in \mathbb{K}^n \mid x^T B y = 0 \text{ per ogni } x \in \mathbb{K}^n\}.$$

Se, come al solito, denotiamo con $e_1, \ldots, e_n \in \mathbb{K}^n$ la base canonica, allora $e_i^T B y$ coincide con la i-esima coordinata di $B y$; dunque $e_i^T B y = 0$ per ogni i se e solo se $B y = 0$ e, a maggior ragione,

$$L_\mathbf{v}^{-1}(\mathrm{RKer}(\varphi)) = \{y \in \mathbb{K}^n \mid B y = 0\} = \mathrm{Ker}\, L_B.$$

Basta adesso applicare il teorema del rango all'applicazione lineare L_B per concludere la dimostrazione. $\square$

Le stesse considerazioni fatte all'inizio della Sezione 14.2 sui sottospazi ortogonali ci portano a dire che per ogni base $v_1, \ldots, v_n$ di V si ha:

$$\mathrm{RKer}(\varphi) = \{u \in V \mid \varphi(v_i, u) = 0 \text{ per ogni } i = 1, \ldots, n\};$$
$$\mathrm{LKer}(\varphi) = \{u \in V \mid \varphi(u, v_i) = 0 \text{ per ogni } i = 1, \ldots, n\}.$$

La dimensione dei nuclei viene detta **indice di nullità** della forma bilineare.

Definizione 15.18   Una forma bilineare si dice **non degenere** se ha rango massimo, ossia se è rappresentata da una matrice invertibile.

Ad esempio, la forma $x^T B y$ su $\mathbb{K}^n$ è non degenere se e solo $\det(B) \neq 0$. Segue dal Teorema 15.17 che per una forma bilineare φ le seguenti condizioni sono equivalenti:

1. φ è non degenere;
2. $\mathrm{LKer}(\varphi) = 0$, ossia $\varphi(u, v) = 0$ per ogni v se e solo se $u = 0$;
3. $\mathrm{RKer}(\varphi) = 0$, ossia $\varphi(u, v) = 0$ per ogni u se e solo se $v = 0$.

In letteratura si usa spesso le seguente terminologia:

1. un **prodotto interno** è una forma bilineare simmetrica non degenere;
2. una **forma simplettica** è una forma bilineare alternante non degenere.

Vediamo due esempi tipici di prodotti interni:

Esempio 15.19   Il *prodotto interno canonico* sugli spazi vettoriali numerici $\mathbb{K}^n$ è definito come l'applicazione bilineare simmetrica

$$\mathbb{K}^n \times \mathbb{K}^n \xrightarrow{\;\cdot\;} \mathbb{K}, \qquad x \cdot y = x^T y = \sum_{i=1}^{n} x_i \, y_i \,.$$

La matrice associata nella base canonica è l'identità ed è quindi non degenere.

Negli spazi $\mathbb{R}^n$ il prodotto interno canonico coincide con il prodotto scalare canonico; su $\mathbb{C}^n$ il prodotto interno canonico è ben diverso dal prodotto hermitiano canonico.

Esempio 15.20   Nella teoria delle forme bilineari simmetriche gioca un ruolo importante il cosiddetto *piano iperbolico* su di un campo $\mathbb{K}$, definito come lo spazio vettoriale $\mathbb{K}^2$ dotato della forma bilineare simmetrica non degenere

$$U(x, y) = x_1 y_2 + x_2 y_1 = x^T \begin{pmatrix} 0 & 1 \\ 1 & 0 \end{pmatrix} y.$$

Se la forma bilineare $\varphi \colon V \times V \to \mathbb{K}$ è simmetrica o alternante, allora i nuclei destro e sinistro coincidono e si parla semplicemente di nucleo

$$\mathrm{Ker}\,\varphi = \{ v \in V \mid \varphi(u, v) = 0 \text{ per ogni } u \in V \}.$$

Definiamo adesso rango e nucleo di forme quadratiche.

Definizione 15.21   Il nucleo di una forma quadratica $\Phi \colon V \to \mathbb{K}$ è

$$\mathrm{Ker}\,\Phi = \{ v \in V \mid \Phi(u + v) = \Phi(u) \text{ per ogni } u \in V \}.$$

La precedente definizione è motivata dal fatto che, se $\Phi(v) = \varphi(v, v)$ con φ forma bilineare simmetrica, allora $\Phi(u + v) = \Phi(u) + \varphi(2u + v, v)$, da cui segue $\mathrm{Ker}\,\varphi \subseteq \mathrm{Ker}\,\Phi$, e vale l'uguaglianza in caratteristica diversa da 2.

Proviamo che $\operatorname{Ker}\Phi$ è un sottospazio vettoriale. Se $v_1, v_2 \in \operatorname{Ker}\Phi$, per ogni $u \in V$ si ha $\Phi(u + v_1 + v_2) = \Phi(u + v_1) = \Phi(u)$. Se $v \in \operatorname{Ker}\Phi$ e $a \in \mathbb{K}$, allora $\Phi(v) = \Phi(0 + v) = \Phi(0) = 0$ e $\Phi(av) = a^2\Phi(v) = 0$. Pertanto, per ogni $u \in V$ l'applicazione $\mathbb{K} \to \mathbb{K}$, $a \mapsto \Phi(u + av) - \Phi(u) - \Phi(av) = \Phi(u + av) - \Phi(u)$ è lineare e nulla in $a = 1$.

Definizione 15.22 Il rango di una forma quadratica Φ, definita su di uno spazio di dimensione finita V, è dato dalla relazione $\operatorname{rg}\Phi = \dim V - \dim\operatorname{Ker}\Phi$.

Definizione 15.23 Un vettore $v \in V$ si dice **isotropo** rispetto ad una forma quadratica $\Phi\colon V \to \mathbb{K}$ se $\Phi(v) = 0$. Si dice isotropo rispetto ad una forma bilineare $\varphi\colon V \times V \to \mathbb{K}$ se $\varphi(v, v) = 0$.

In generale, i vettori isotropi non formano un sottospazio vettoriale. Ad esempio, i vettori isotropi della forma quadratica $\Phi(v) = f(v)g(v)$, con $f, g\colon V \to \mathbb{K}$ lineari, sono dati dall'unione del nucleo di f e del nucleo di g. Ogni vettore appartenente al nucleo di una forma quadratica è isotropo, ma il viceversa è generalmente falso.

Esercizi

15.24 Sia B la matrice associata ad una forma bilineare φ rispetto ad una base. Dimostrare che φ è simmetrica (risp.: alternante) se e solo se B è una matrice simmetrica (risp.: alternante).

15.25 ($\heartsuit$) Siano V uno spazio vettoriale di dimensione finita, $\varphi\colon V \times V \to \mathbb{R}$ una forma bilineare e $f\colon V \to V$ lineare tale che $f^\vee\varphi = \varphi$. Dimostrare che il rango di f è maggiore od uguale al rango di φ. In particolare, se φ è non degenere allora f è un isomorfismo lineare.

15.26 Siano φ, ψ forme bilineari sul medesimo spazio vettoriale V di dimensione finita. Dimostrare che se φ è non degenere esiste $f\colon V \to V$ lineare tale che $\psi(x, y) = \varphi(x, f(y))$. (Sugg.: se B è una matrice invertibile, allora $x^T A y = x^T B B^{-1} A y$.)

15.27 ($\heartsuit$) Siano $v_1, \dots, v_n$ una base di uno spazio vettoriale V e $\Phi\colon V \to \mathbb{K}$ una forma quadratica. Dimostrare che vi è un'unica forma bilineare φ su V tale che $\Phi(x) = \varphi(x, x)$ per ogni x e $\varphi(v_i, v_j) = 0$ per ogni $i > j$.

15.28 ($\mathbf{\maltese}$, $\heartsuit$) Sia $\varphi\colon V \times V \to \mathbb{K}$ una forma bilineare con la proprietà che, per ogni $u, v \in V$ vale $\varphi(u, v) = 0$ se e solo se $\varphi(v, u) = 0$. Provare che φ è simmetrica oppure alternante.

15.29 (☛)　Sia $U \in M_{2,2}(\mathbb{K})$ fissata e si consideri la forma bilineare alternante

$$\varphi \colon M_{2,2}(\mathbb{C}) \times M_{2,2}(\mathbb{C}) \to \mathbb{C}, \qquad \varphi(A, B) = \mathrm{Tr}(UAB - UBA).$$

Dimostrare che $\varphi = 0$ se U è un multiplo scalare della matrice identità e che il rango di φ è uguale a 2 in tutti gli altri casi.

15.30　Siano W uno spazio vettoriale di dimensione finita sul campo $\mathbb{K}$ con spazio duale $W^{\vee} = \mathrm{Hom}_{\mathbb{K}}(W, \mathbb{K})$. Si considerino le seguenti forme bilineari sullo spazio $V = W \times W^{\vee}$:

$$g, \omega \colon V \times V \to \mathbb{K},$$

$$
\begin{aligned}
&g((w_1, \varphi_1), (w_2, \varphi_2)) = \varphi_1(w_2) + \varphi_2(w_1) \\
&\omega((w_1, \varphi_1), (w_2, \varphi_2)) = \varphi_1(w_2) - \varphi_2(w_1)
\end{aligned}
\qquad w_1, w_2 \in W,\ \varphi_1, \varphi_2 \in W^{\vee}.
$$

Provare che g è un prodotto interno e ω una forma simplettica.

15.31　Sia $\varphi \colon V \times V \to \mathbb{K}$ una forma bilineare su uno spazio vettoriale di dimensione finita. Dimostrare che, per un intero fissato r, le seguenti condizioni sono equivalenti:

1. φ ha rango r;
2. l'applicazione lineare $h \colon V \to V^{\vee}$, $h(u)(v) = \varphi(u, v)$, ha rango r;
3. esistono due successioni $f_1, \ldots, f_r \in V^{\vee}$ e $g_1, \ldots, g_r \in V^{\vee}$, ciascuna formata da r funzionali lineari linearmente indipendenti tali che

$$\varphi(u, v) = \sum_{i=1}^{r} f_i(u) g_i(v);$$

4. r è il minimo intero per cui esistono due successioni $f_1, \ldots, f_r \in V^{\vee}$ e $g_1, \ldots, g_r \in V^{\vee}$ tali che

$$\varphi(u, v) = \sum_{i=1}^{r} f_i(u) g_i(v).$$

15.3　Forme bilineari simmetriche

Da questo punto, e fino alla fine del capitolo, tutti gli spazi vettoriali saranno assunti, salvo avviso contrario, di *dimensione finita su campi di caratteristica diversa da 2*.

Definizione 15.32　Data una forma quadratica $\Phi \colon V \to \mathbb{K}$, con $\mathbb{K}$ di caratteristica $\neq 2$, la forma bilineare simmetrica

$$\varphi \colon V \times V \to \mathbb{K}, \qquad \varphi(u, v) = \frac{1}{2}(\Phi(u + v) - \Phi(u) - \Phi(v)),$$

si dice **forma polare** di Φ.

Esempio 15.33

1) Ad esempio, se $f: \mathbb{R}^n \to \mathbb{R}$ è un'applicazione lineare, allora la polare della forma quadratica $\Phi(x) = f(x)^2$ è $\varphi(x, y) = f(x)f(y)$.
2) Siano $\psi: V \times V \to \mathbb{K}$ una forma bilineare e $\Phi(v) = \psi(v, v)$. Allora la polare di Φ è $(\psi + \psi^T)/2$; infatti

$$\varphi(u, v) = \frac{(\psi(u + v, u + v) - \psi(u, u) - \psi(v, v))}{2} = \frac{\psi(u, v) + \psi(v, u)}{2}.$$

Lemma 15.34 *Siano $\Phi: V \to \mathbb{K}$ forma quadratica, con $\mathbb{K}$ di caratteristica $\neq 2$, e $\varphi: V \times V \to \mathbb{K}$ la sua forma polare. Allora φ è l'unica forma bilineare simmetrica tale che $\Phi(v) = \varphi(v, v)$ per ogni $v \in V$.*

Dimostrazione   Per ogni $v \in V$ si ha

$$\varphi(v, v) = \frac{1}{2}(\Phi(2v) - \Phi(v) - \Phi(v)) = \frac{1}{2}(4\Phi(v) - 2\Phi(v)) = \Phi(v).$$

Se $\psi: V \times V \to \mathbb{K}$ è una forma bilineare simmetrica tale che $\psi(v, v) = \Phi(v)$ per ogni v, allora la forma bilineare $\eta = \varphi - \psi$ è sia simmetrica che alternante. Dunque η è simmetrica ed antisimmetrica, e per ogni $u, v \in$ si ha

$$2\eta(u, v) = \eta(u, v) + \eta(v, u) = 0.$$

Dall'ipotesi che $2 \neq 0$ segue che $\psi = \varphi$. $\square$

Riepilogando, abbiamo provato che esiste un isomorfismo naturale tra lo spazio vettoriale delle forme quadratiche $\Phi: V \to \mathbb{K}$ e lo spazio vettoriale delle forme bilineari simmetriche $\varphi: V \times V \to \mathbb{K}$. Tale isomorfismo ed il suo inverso sono definiti dalle formule:

$$\Phi(x) = \varphi(x, x), \qquad \varphi(x, y) = \frac{1}{2}(\Phi(x + y) - \Phi(x) - \Phi(y)). \tag{15.3}$$

Deduciamo in particolare che la restrizione di Φ ad un sottospazio vettoriale $W \subseteq V$ è identicamente nulla se e solo se la restrizione di φ a $W \times W$ è identicamente nulla.

Abbiamo già osservato che, siccome $2 \neq 0$ e $\Phi(v) = \varphi(v, v)$, le due forme Φ e φ hanno lo stesso nucleo e lo stesso rango.

Nella terminologia algebrica, la prima formula in (15.3) viene detta formula di *restituzione*, e la seconda formula di *polarizzazione*. Noi utilizzeremo un linguaggio meno tecnico e diremo semplicemente che φ e Φ sono associate se sono legate l'una all'altra dalle relazioni (15.3). Inoltre, useremo solitamente la stessa lettera greca per indicare due forme associate: minuscola per la bilineare simmetrica, maiuscola per la quadratica.

Abbiamo visto che in un sistema di coordinate $x_1, \ldots, x_n$, ogni forma bilineare simmetrica φ si scrive come

$$\varphi(x, y) = \sum_{ij} b_{ij} x_i y_j$$

con la matrice (b_{ij}) simmetrica ed univocamente determinata. Come conseguenza, ogni forma quadratica Φ si esprime come un polinomio omogeneo di secondo grado nelle variabili $x_1, \ldots, x_n$. Lasciamo per esercizio al lettore la semplice verifica del fatto che se

$$\Phi(x) = \sum_{i \le j} a_{ij} x_i x_j$$

allora la forma polare è uguale a

$$\varphi(x, y) = \sum_{i,j} b_{ij} x_i y_j, \quad \text{dove } b_{ij} = \begin{cases} a_{ij}/2 & \text{se } i < j \\ a_{ii} & \text{se } i = j \\ a_{ji}/2 & \text{se } i > j. \end{cases}$$

Ad esempio la forma polare e la matrice associate alla forma quadratica $\Phi(x) = x_1^2 - x_1 x_2 - 2x_2^2$ su $\mathbb{K}^2$ sono rispettivamente:

$$\varphi(x, y) = x_1 y_1 - \frac{1}{2}(x_1 y_2 + x_2 y_1) - 2x_2 y_2, \qquad \begin{pmatrix} 1 & -\frac{1}{2} \\ -\frac{1}{2} & -2 \end{pmatrix}.$$

Per il Teorema 15.17 vale la formula $\operatorname{rg}(\varphi) = \dim V - \dim \operatorname{Ker} \varphi$; dunque φ è non degenere se e solo se per ogni $v \ne 0$ esiste $w \in V$ tale che $\varphi(v, w) \ne 0$.

Definizione 15.35 Sia φ una forma bilineare simmetrica sullo spazio vettoriale V; due vettori $u, v \in V$ si dicono φ-**ortogonali** se $\varphi(u, v) = 0$. Una base $v_1, \ldots, v_n$ di V si dice φ-ortogonale se $\varphi(v_i, v_j) = 0$ per ogni $i \ne j$.

Quando la forma bilineare è chiara dal contesto parleremo più semplicemente di ortogonalità anziché di φ-ortogonalità. In una base φ-ortogonale $v_1, \ldots, v_n$, per due vettori generici $x = \sum_i x_i v_i$ e $y = \sum_i y_i v_i$ si ha

$$\varphi(x, y) = \sum_{i,j} \varphi(v_i, v_j) x_i y_j = \sum_{i=1}^{n} \lambda_i x_i y_i, \qquad \lambda_i = \varphi(v_i, v_i) \in \mathbb{K},$$

e la forma quadratica associata diventa

$$\Phi(x) = \sum_i \lambda_i x_i^2, \qquad \lambda_i = \Phi(v_i) \in \mathbb{K}.$$

Dato che la matrice $\varphi(v_i, v_j)$ è diagonale abbiamo dimostrato il seguente utile criterio.

Proposizione 15.36 *Il rango di una forma bilineare simmetrica φ è uguale al numero di indici i tali che $\varphi(v_i, v_i) \neq 0$, calcolati rispetto ad una qualunque base φ-ortogonale $v_1, \ldots, v_n$.*

I possibili dubbi sull'esistenza di basi φ-ortogonali li risolviamo immediatamente grazie al prossimo risultato fondamentale.

Teorema 15.37 *Sia φ una forma bilineare simmetrica sullo spazio V di dimensione finita su di un campo di caratteristica $\neq 2$. Allora V possiede basi φ-ortogonali.*

Dimostrazione Diamo due distinte dimostrazioni; la prima, breve ed elegante, mostrerà solamente l'esistenza mentre la seconda darà anche un algoritmo esplicito di costruzione della base.

Prima dimostrazione. Dimostriamo il teorema per induzione su $n = \dim V$; se $n = 1$ qualsiasi vettore non nullo è una base φ-ortogonale. Supponiamo $n > 1$; se φ è identicamente nulla ogni base è φ-ortogonale; se $\varphi \neq 0$ allora anche la forma quadratica associata è diversa da 0 ed esiste un vettore $v_1 \in V$ tale che $\varphi(v_1, v_1) \neq 0$. Denotiamo $W = \{w \in V \mid \varphi(v_1, w) = 0\}$ e poiché W è il nucleo dell'applicazione lineare $\varphi(v_1, -) \colon V \to \mathbb{K}$ si ha $\dim W \geq n - 1$; siccome $v_1 \notin W$ si ha $\dim W = n - 1$ e $V = \mathbb{K} v_1 \oplus W$. Per induzione esiste una base $v_2, \ldots, v_n \in W$ che è φ-ortogonale. È allora chiaro che $v_1, v_2, \ldots, v_n$ è una base φ-ortogonale di V.

Seconda dimostrazione. Siano $n = \dim V$ e $1 \leq k \leq n$; diremo che una base $v_1, \ldots, v_n$ di V è k-*ortogonale* se $\varphi(v_i, v_j) = 0$ per ogni $i < k$ e per ogni $j > i$.

Ogni base è 1-ortogonale, mentre le basi n-ortogonali sono esattamente le basi φ-ortogonali. Illustriamo adesso una ricetta che permette, a partire da una base k-ortogonale, con $1 \leq k < n$, di costruire esplicitamente una nuova base $(k + 1)$-ortogonale. Partendo da una qualunque base ed applicando tale ricetta per al più $n - 1$ volte si arriva ad una base φ-ortogonale.

Triage) Sia $v_1, \ldots, v_n$ una base k-ortogonale, con $k < n$. Se $\varphi(v_k, v_j) = 0$ per ogni $j > k$, ossia se la base è già $(k + 1)$-ortogonale, abbiamo finito. Altrimenti, sia $l \leq n$ il minimo indice tale che $\varphi(v_k, v_l) \neq 0$: per la k-ortogonalità della base si ha $l \geq k$. Se $l = k$ andiamo direttamente al punto 3; se $l > k$ passiamo prima dal punto 2.

2) Se siamo qui è perché $\varphi(v_k, v_k) = 0$ e $\varphi(v_k, v_l) \neq 0$ per qualche $l > k$. Dalla formula $\varphi(v_k + v_l, v_k + v_l) - \varphi(v_k - v_l, v_k - v_l) = 4\varphi(v_k, v_l) \neq 0$ segue che i due addendi al primo membro non possono essere entrambi nulli e possiamo trovare $a \in \{1, -1\}$ tale che $\varphi(v_k + av_l, v_k + av_l) \neq 0$. Sostituiamo v_k con $v_k + av_l$, lasciando invariati gli altri elementi della base e andiamo al punto 3.

3) Se siamo qui è perché abbiamo una base $v_1, \ldots, v_n$ che è k-ortogonale e tale che $\varphi(v_k, v_k) \neq 0$. Ponendo $u_i = v_i$ per $i \leq k$ e

$$u_i = v_i - \frac{\varphi(v_i, v_k)}{\varphi(v_k, v_k)} v_k \quad \text{per } i > k,$$

si verifica facilmente che $u_1, \ldots, u_n$ è una base $(k + 1)$-ortogonale. $\square$

La relazione di congruenza tra matrici si estende immediatamente alle forme bilineari e quadratiche.

Definizione 15.38 Due forme bilineari simmetriche $\varphi, \psi\colon V \times V \to \mathbb{K}$ si dicono **congruenti** se esiste un'applicazione lineare invertibile $f\colon V \to V$ tale che $\varphi = f^{\vee}\psi$, ossia

$$\varphi(u, v) = \psi(f(u), f(v)), \qquad \text{per ogni } u, v \in V.$$

Similmente, diremo che due forme quadratiche $\Phi, \Psi\colon V \to \mathbb{K}$ sono **congruenti** se esiste un'applicazione lineare invertibile $f\colon V \to V$ tale che $\Phi = f^{\vee}\Psi$, ossia $\Phi(v) = \Psi(f(v))$ per ogni $v \in V$.

Lemma 15.39

1. *Due forme bilineari simmetriche sono congruenti se e solo se le forme quadratiche associate sono congruenti.*
2. *La congruenza è una relazione di equivalenza sullo spazio delle forme quadratiche.*

Dimostrazione Siano Φ, Ψ le forme quadratiche associate a due forme bilineari simmetriche φ, ψ, definite sullo stesso spazio vettoriale V. Se φ, ψ sono congruenti esiste $f\colon V \to V$ lineare invertibile tale che $\varphi(u, v) = \psi(f(u), f(v))$ per ogni $u, v \in V$. In particolare, per ogni $v \in V$ vale $\Phi(v) = \varphi(v, v) = \psi(f(v), f(v)) = \Psi(f(v))$ e quindi anche Φ, Ψ sono congruenti.

Viceversa se Φ, Ψ sono congruenti, diciamo $\Phi = f^{\vee}\Psi$, allora per ogni $u, v \in V$ vale

$$\begin{aligned}
\varphi(u, v) &= \frac{1}{2}(\Phi(u + v) - \Phi(u) - \Phi(v)) \\
&= \frac{1}{2}(\Psi(f(u + v)) - \Psi(f(u)) - \Psi(f(v))) \\
&= \frac{1}{2}(\Psi(f(u) + f(v)) - \Psi(f(u)) - \Psi(f(v))) = \psi(f(u), f(v))
\end{aligned}$$

e quindi φ, ψ sono congruenti.

Se $f, g\colon V \to V$ sono due applicazioni lineari, allora

$$(fg)^{\vee}\Phi(x) = \Phi(fg(x)) = f^{\vee}\Phi(g(x)) = g^{\vee}f^{\vee}\Phi(x)$$

da cui segue che $(fg)^{\vee}\Phi = g^{\vee}f^{\vee}\Phi$. La congruenza di forme quadratiche è una relazione di equivalenza dato che soddisfa le proprietà:

1. *riflessiva*, poiché $I^{\vee}\Phi = \Phi$, dove I è l'identità su V;
2. *simmetrica*, poiché se $\Phi = f^{\vee}\Psi$ allora $(f^{-1})^{\vee}\Phi = (f^{-1})^{\vee}f^{\vee}\Psi = \Psi$;
3. *transitiva*, poiché se $\Phi = f^{\vee}\Psi$ e $\Psi = g^{\vee}\Gamma$ allora $\Phi = f^{\vee}g^{\vee}\Gamma = (gf)^{\vee}\Gamma$. $\square$

Segue immediatamente dal Lemma 15.39 che la congruenza è una relazione di equivalenza anche sullo spazio delle forme bilineari simmetriche.

Teorema 15.40 *Per due forme bilineari simmetriche φ, ψ in uno spazio vettoriale V di dimensione finita n, le seguenti condizioni sono equivalenti:*

1. φ e ψ sono congruenti;
2. per ogni base $v_1, \ldots, v_n$ di V esiste un'altra base $u_1, \ldots, u_n$ di V tale che $\varphi(v_i, v_j) = \psi(u_i, u_j)$ per ogni i, j;
3. esistono due basi $v_1, \ldots, v_n$ e $u_1, \ldots, u_n$ di V tali che $\varphi(v_i, v_j) = \psi(u_i, u_j)$ per ogni i, j.

Dimostrazione *(1)$\Rightarrow$(2)* Se $\varphi = f^\vee \psi$ per un endomorfismo invertibile f, e $v_1, \ldots, v_n$ è una base qualunque di V, allora $u_1 = f(v_1), \ldots, u_n = f(v_n)$ è ancora una base di V e vale $\varphi(v_i, v_j) = \psi(u_i, u_j)$ per ogni i, j.

L'implicazione *(2)$\Rightarrow$(3)* non è altro che il teorema di esistenza delle basi.

(3)$\Rightarrow$(1) Siano $v_1, \ldots, v_n$ e $u_1, \ldots, u_n$ due basi di V tali che $\varphi(v_i, v_j) = \psi(u_i, u_j)$ per ogni i, j, e denotiamo con f l'endomorfismo invertibile tale che $f(v_i) = u_i$ per ogni i; per concludere basta dimostrare che $\varphi = f^\vee \psi$. Dati due vettori $x = \sum_i x_i v_i$ e $y = \sum_i y_i v_i$ in V si ha

$$f^\vee \psi(x, y) = \psi(f(x), f(y)) = \sum_{i,j} x_i y_j \, \psi(f(v_i), f(v_j)) = \sum_{i,j} x_i y_j \, \psi(u_i, u_j)$$

che è uguale a

$$\varphi(x, y) = \sum_{i,j} x_i y_j \varphi(v_i, v_j). \qquad \square$$

Definizione 15.41 Sia $\varphi \colon V \times V \to \mathbb{K}$ una forma bilineare simmetrica. Per ogni sottospazio vettoriale $W \subseteq V$ definiamo il suo φ-**ortogonale** come

$$W^{\perp \varphi} = \{ v \in V \mid \varphi(v, w) = 0 \quad \text{per ogni} \quad w \in W \}.$$

In particolare, $0^{\perp \varphi} = \mathrm{Ker}(\varphi)$, $W \cap W^{\perp \varphi}$ coincide con il nucleo delle restrizione di φ a $W \times W$, e $W \subseteq (W^{\perp \varphi})^{\perp \varphi}$. Un sottospazio vettoriale $W \subseteq V$ si dice:

1. **anisotropo** se $W \cap W^{\perp \varphi} = 0$, ossia se la restrizione di φ a W è non degenere;
2. **isotropo** se $W \cap W^{\perp \varphi} \neq 0$, ossia se la restrizione di φ a W è degenere;
3. **totalmente isotropo** se $W \subseteq W^{\perp \varphi}$, ossia se $\varphi(x, y) = 0$ per ogni $x, y \in W$.

Se $w_1, \ldots, w_m$ è una base di W, allora $v \in W^{\perp \varphi}$ se e solo se $\varphi(w_i, v) = 0$ per ogni $i = 1, \ldots, m$. Una implicazione è ovvia; viceversa, se $\varphi(w_i, v) = 0$ per ogni i, allora per ogni $w = \sum_i a_i w_i \in W$ si ha $\varphi(w, v) = \sum_i a_i \varphi(w_i, v) = 0$.

Lemma 15.42 *Sia $\varphi\colon V \times V \to \mathbb{K}$ una forma bilineare simmetrica non degenere. Per ogni sottospazio vettoriale $W \subseteq V$ valgono le formule*

$$\dim W^{\perp\varphi} + \dim W = \dim V, \qquad (W^{\perp\varphi})^{\perp\varphi} = W.$$

Dimostrazione Sia $w_1, \dots, w_m$ una base di W, allora $v \in W^{\perp\varphi}$ se e solo se $\varphi(w_i, v) = 0$ per ogni $i = 1, \dots, m$; dunque $W^{\perp\varphi}$ coincide con il nucleo dell'applicazione lineare

$$V \to \mathbb{K}^m, \qquad v \mapsto \begin{pmatrix} \varphi(w_1, v) \\ \vdots \\ \varphi(w_m, v) \end{pmatrix},$$

e questo prova che $\dim W^{\perp\varphi} \geq \dim V - m = \dim V - \dim W$. Lo stesso argomento applicato ad un sottospazio complementare H di W in V, ossia tale che $H \oplus W = V$, prova che $\dim H^{\perp\varphi} \geq \dim V - \dim H = \dim W$.

Ogni elemento $x \in W^{\perp\varphi} \cap H^{\perp\varphi}$ appartiene al nucleo di φ: infatti per ogni vettore $v \in V$ possiamo scrivere $v = w + h$ con $w \in W$ e $h \in H$ ed allora si ha $\varphi(x, v) = \varphi(x, w) + \varphi(x, h) = 0$. Siccome φ è non degenere si ha $W^{\perp\varphi} \cap H^{\perp\varphi} = 0$ e quindi $\dim V \geq \dim W^{\perp\varphi} + \dim H^{\perp\varphi}$ per la formula di Grassmann; ma questo è possibile solo se $\dim W^{\perp\varphi} = \dim V - \dim W$ e $\dim H^{\perp\varphi} = \dim W$. La medesima uguaglianza dimensionale applicata a $W^{\perp\varphi}$ ci dice che $\dim(W^{\perp\varphi})^{\perp\varphi} = \dim W$ e siccome $W \subseteq (W^{\perp\varphi})^{\perp\varphi}$ per ovvii motivi si ha $W = (W^{\perp\varphi})^{\perp\varphi}$. $\square$

Segue dal Lemma 15.42 e dalla formula di Grassmann che, se φ è non degenere, allora vale $W \oplus W^{\perp\varphi} = V$ se e solo se W è anisotropo. Il lettore deve fare attenzione al fatto che, a differenza di quanto accade negli spazi vettoriali euclidei, possono esistere sottospazi isotropi rispetto a forme non degeneri (vedi Esercizio 15.44).

Esercizi

15.43 Dimostrare che in caratteristica diversa da 2, ogni forma bilineare φ si scrive in modo unico come somma di una forma simmetrica e di una alternante, e più precisamente come $\varphi = \varphi_1 + \varphi_2$, dove

$$\varphi_1(x, y) = (\varphi(x, y) + \varphi(y, x))/2, \quad \varphi_2 = (\varphi(x, y) - \varphi(y, x))/2.$$

15.44 Determinare i sottospazi isotropi del piano iperbolico (Esempio 15.20) e del prodotto interno canonico su $\mathbb{C}^2$.

15.45 Dimostrare che una forma bilineare simmetrica $\varphi\colon V \times V \to \mathbb{K}$ è non degenere se e solo se per ogni successione $u_1, \dots, u_m$ di vettori linearmente indipendenti di V, l'applicazione

$$V \to \mathbb{K}^m, \qquad v \mapsto \begin{pmatrix} \varphi(u_1, v) \\ \vdots \\ \varphi(u_m, v) \end{pmatrix},$$

è surgettiva.

15.46 Sia W un sottospazio totalmente isotropo rispetto ad una forma bilineare simmetrica non degenere su V. Provare che $\dim V \geq 2 \dim W$.

15.47 Sia $0 \neq v \in V$ un vettore isotropo rispetto ad una forma bilineare simmetrica non degenere φ. Provare che esiste un altro vettore isotropo $0 \neq u \in V$ tale che

$$\varphi(v, u) = 1 \quad \text{e} \quad V = \mathrm{Span}(v, u) \oplus \mathrm{Span}(v, u)^{\perp \varphi}.$$

15.48 Sia $\varphi \colon V \times V \to \mathbb{K}$ una forma bilineare simmetrica. Dimostrare che per ogni sottospazio vettoriale $W \subseteq V$ si ha $\dim W^{\perp \varphi} = \dim V - \dim W + \dim(W \cap \mathrm{Ker}\,\varphi)$.

15.49 Sia $B = (b_{ij})$ una matrice $n \times n$ simmetrica a coefficienti in un campo $\mathbb{K}$ di caratteristica $\neq 2$. Definiamo le applicazioni $\varphi, \psi \colon \mathbb{K}^n \times \mathbb{K}^n \to \mathbb{K}$ come

$$\varphi(x, y) = x^T B y, \qquad \psi(x, y) = \begin{vmatrix} B & y \\ x^T & 0 \end{vmatrix} = \det \begin{pmatrix} b_{11} & \dots & b_{1n} & y_1 \\ \vdots & \ddots & \vdots & \vdots \\ b_{n1} & \dots & b_{nn} & y_n \\ x_1 & \dots & x_n & 0 \end{pmatrix}$$

(cf. Esercizio 8.115). Dimostrare che φ, ψ sono bilineari simmetriche.

Sia $0 \neq a \in \mathbb{K}^n$ un vettore fissato e denotiamo con $H_a \subseteq \mathbb{K}^n$ l'iperpiano di equazione $a^T x = \sum_{i=1}^n a_i x_i = 0$. Provare che le seguenti condizioni sono equivalenti:

1. il vettore a è isotropo per la forma bilineare simmetrica ψ;
2. esistono $0 \neq x \in H_a$ e $\lambda \in \mathbb{K}$ tali che che $Bx = \lambda a$;
3. L'iperpiano H_a è isotropo per la forma φ.

Dedurre che $\mathrm{rg}(B) \leq n - 2$ se e solo se ogni iperpiano di $\mathbb{K}^n$ è isotropo.

15.50 Formulare l'analogo della Definizione 15.41 per forme simplettiche e dimostrare che, anche in questo caso, il Lemma 15.42 è vero.

15.51 Sia $\omega \colon V \times V \to \mathbb{K}$ una forma bilineare alternante, con V di dimensione finita n. Dimostrare che esiste una base $v_1, \dots, v_n$ di V ed un intero $0 \leq p \leq n/2$ tali che per ogni $1 \leq k \leq p$ si ha $\omega(v_{2k-1}, v_i) = \delta_{2k,i}$. Dedurre che i nuclei destro e sinistro di ω coincidono e sono uguali al sottospazio generato da $v_{2p+1}, \dots, v_n$. (Suggerimento: se esistono $u_1, u_2 \in V$ tali che $\omega(u_1, u_2) = a \neq 0$ definire $v_1 = u_1$, $v_2 = u_2/a$ e considerare la restrizione di ω all'ortogonale del sottospazio generato da v_1, v_2.)

15.52   Siano $\omega_1, \omega_2 \colon V \times V \to \mathbb{K}$ due forme alternanti. Dimostrare che esiste un isomorfismo lineare $f \colon V \to V$ tale che $\omega_2 = f^{\vee}\omega_1$ se e solo se le due forme hanno lo stesso rango.

15.53   Provare che in ogni campo di caratteristica 2, il piano iperbolico (Esempio 15.20) non possiede basi ortogonali.

15.4   Eliminazione di Gauss simmetrica

L'isomorfismo canonico (vedi Lemma 15.14) tra lo spazio delle forme bilineari simmetriche su $\mathbb{K}^n$ e lo spazio delle matrici simmetriche di ordine n fa corrispondere matrici congruenti (Definizione 15.15) a forme bilineari congruenti (Definizione 15.38) e viceversa: infatti, se $B, C \in M_{n,n}(\mathbb{K})$ sono matrici simmetriche e $\varphi(x, y) = x^T B y$, $\psi(x, y) = x^T C y$, allora vale $C = A^T B A$ per qualche $A \in M_{n,n}(\mathbb{K})$ se e solo se $\psi = L_A^{\vee}\varphi$.

Teorema 15.54   *Su di un qualunque campo di caratteristica $\neq 2$, ogni matrice simmetrica è congruente ad una matrice diagonale.*

Dimostrazione   Prima della dimostrazione osserviamo che l'ipotesi sulle caratteristica del campo è essenziale, vedi Esercizio 15.53.

Sia A una matrice simmetrica, per il Teorema 15.37 esiste una base $v_1, \dots, v_n$ di $\mathbb{K}^n$ che è ortogonale per la forma bilineare $\varphi(x, y) = x^T A y$. Se C è la matrice (invertibile) le cui colonne sono $v_1, \dots, v_n$, i coefficienti della matrice $C^T A C$ coincidono con i valori $v_i^T A v_j$, che si annullano per ogni $i \neq j$. $\square$

Esiste un legame tra riduzione di Gauss e congruenza di matrici simmetriche che potremmo riassumere, in maniera breve, come: *due matrici simmetriche sono congruenti se e solo se sono equivalenti per operazioni simmetriche su righe e colonne.*

Cerchiamo di spiegare meglio la situazione, senza fare una trattazione esaustiva e rigorosa, ma dando solamente alcune indicazioni parziali.[1]

Abbiamo visto che due matrici simmetriche sono congruenti se e solo se rappresentano la stessa forma bilineare $\varphi \colon V \times V \to \mathbb{K}$ rispetto a due basi dello spazio vettoriale V. Sia $v_1, \dots, v_n$ una base di V sulla quale agiamo con una successione finita delle seguenti operazioni elementari:

1. moltiplicare un vettore della base per uno scalare non nullo;
2. aggiungere ad un vettore della base un multiplo scalare di un altro vettore della base;
3. scambiare tra di loro due vettori della base.

---

[1] Qui, probabilmente, qualche portatore sano di puro elitismo direbbe che sbaglio e maltratto gli argomenti.

Analizziamo come cambia la matrice $A = (a_{ij}) = (\varphi(v_i, v_j))$ in ciascuno dei tre casi:

(1) se moltiplichiamo v_h per $\lambda \neq 0$, ossia se consideriamo la nuova base

$$u_h = \lambda v_h, \qquad u_i = v_i \quad \text{per } i \neq h,$$

allora la matrice $B = (b_{ij}) = (\varphi(u_i, u_j))$ che rappresenta φ nella nuova base soddisfa le uguaglianze

$$\begin{cases} b_{hh} = \lambda^2 a_{hh} \\ b_{hi} = \lambda a_{hi}, \quad \lambda b_{ih} = \lambda a_{ih} \quad \text{per } i \neq h, \\ b_{ij} = a_{ij} \qquad\qquad\qquad\quad \text{per } i, j \neq h, \end{cases}$$

e dunque B si ottiene da A moltiplicando prima la h-esima riga per λ e poi moltiplicando per λ la colonna h-esima della matrice così ottenuta.

(2) cambiamo adesso la base aggiungendo a v_h un multiplo scalare di v_k, con $h \neq k$, ossia consideriamo una nuova base $u_1, \ldots, u_n$ dove

$$u_h = v_h + \lambda v_k, \qquad u_i = v_i \quad \text{per } i \neq h.$$

La matrice $B = (b_{ij}) = (\varphi(u_i, u_j))$ che rappresenta φ nella nuova base soddisfa le uguaglianze

$$\begin{cases} b_{hh} = a_{hh} + \lambda a_{hk} + \lambda a_{kh} + \lambda^2 a_{kk} \\ b_{hi} = a_{hi} + \lambda a_{ki}, \quad b_{ih} = a_{ih} + \lambda a_{ik} \quad \text{per } i \neq h, \\ b_{ij} = a_{ij} \qquad\qquad\qquad\qquad\qquad\quad \text{per } i, j \neq h. \end{cases}$$

Dunque la matrice B si ottiene da A mediante due operazioni elementari tra loro simmetriche: nella prima si somma alla riga h la riga k moltiplicata per λ; nella seconda si somma alla colonna h la colonna k *della nuova matrice* moltiplicata per λ. Volendo, si può anche invertire l'ordine delle due operazioni: il risultato non cambia.

(3) se scambiamo v_h con v_k, la nuova matrice si ottiene scambiando prima le righe h e k di A e poi scambiando le colonne h e k della matrice così ottenuta. Anche qui se scambiamo prima le colonne e poi le righe il risultato finale è lo stesso.

Vediamo un esempio numerico di tre operazioni elementari simmetriche eseguite sulla matrice

$$\begin{pmatrix} 1 & 1 & 0 \\ 1 & 1 & 1 \\ 0 & 1 & 1 \end{pmatrix}.$$

Come nella Sezione 7.3 useremo le abbreviazioni $R_i \leftrightarrow R_j$, $a R_i$ e $R_i + a R_j$ per indicare le operazioni elementari sulle righe, e $C_i \leftrightarrow C_j$, $a C_i$ e $C_i + a C_j$ per quelle corrispondenti sulle colonne.

Se moltiplichiamo il secondo vettore della base per 2 otteniamo

$$\begin{pmatrix} 1 & 1 & 0 \\ 1 & 1 & 1 \\ 0 & 1 & 1 \end{pmatrix} \xrightarrow{2R_2} \begin{pmatrix} 1 & 1 & 0 \\ 2 & 2 & 2 \\ 0 & 1 & 1 \end{pmatrix} \xrightarrow{2C_2} \begin{pmatrix} 1 & 2 & 0 \\ 2 & 4 & 2 \\ 0 & 2 & 1 \end{pmatrix}.$$

Se aggiungiamo al primo vettore della base il triplo del secondo otteniamo

$$\begin{pmatrix} 1 & 1 & 0 \\ 1 & 1 & 1 \\ 0 & 1 & 1 \end{pmatrix} \xrightarrow{R_1+3R_2} \begin{pmatrix} 4 & 4 & 3 \\ 1 & 1 & 1 \\ 0 & 1 & 1 \end{pmatrix} \xrightarrow{C_1+3C_2} \begin{pmatrix} 16 & 4 & 3 \\ 4 & 1 & 1 \\ 3 & 1 & 1 \end{pmatrix}.$$

Se scambiamo tra di loro il primo ed il secondo vettore della base otteniamo

$$\begin{pmatrix} 1 & 1 & 0 \\ 1 & 1 & 1 \\ 0 & 1 & 1 \end{pmatrix} \xrightarrow{R_1 \leftrightarrow R_2} \begin{pmatrix} 1 & 1 & 1 \\ 1 & 1 & 0 \\ 0 & 1 & 1 \end{pmatrix} \xrightarrow{C_1 \leftrightarrow C_2} \begin{pmatrix} 1 & 1 & 1 \\ 1 & 1 & 0 \\ 1 & 0 & 1 \end{pmatrix}.$$

Con il termine di **eliminazione di Gauss simmetrica** intenderemo la trasformazione in forma diagonale di una matrice simmetrica mediante una successione finita di operazioni elementari sulle rigonne (righe-colonne) descritte sopra ai punti (1), (2) e (3).

Esempio 15.55   Un caso dove la seconda rigonna viene moltiplicata per 2:

$$\begin{pmatrix} 0 & 1 & 1 \\ 1 & 1 & 2 \\ 1 & 2 & 3 \end{pmatrix} \xrightarrow[2C_2]{2R_2} \begin{pmatrix} 0 & 2 & 1 \\ 2 & 4 & 4 \\ 1 & 4 & 3 \end{pmatrix}.$$

Esempio 15.56   Cerchiamo una matrice diagonale congruente a

$$\begin{pmatrix} 1 & 1 & 1 \\ 1 & 0 & 1 \\ 1 & 1 & -3 \end{pmatrix}.$$

Possiamo applicare l'eliminazione di Gauss simmetrica con l'obiettivo di annullare tutti i coefficienti esterni alla diagonale principale; nella fattispecie basta simmetrizzare la riduzione a scala che annulla i coefficienti della prima colonna sotto al primo:

$$\begin{pmatrix} 1 & 1 & 1 \\ 1 & 0 & 1 \\ 1 & 1 & -3 \end{pmatrix} \xrightarrow[C_2-C_1]{R_2-R_1} \begin{pmatrix} 1 & 0 & 1 \\ 0 & -1 & 0 \\ 1 & 0 & -3 \end{pmatrix} \xrightarrow[C_3-C_1]{R_3-R_1} \begin{pmatrix} 1 & 0 & 0 \\ 0 & -1 & 0 \\ 0 & 0 & -4 \end{pmatrix}.$$

Esempio 15.57 Per eseguire l'eliminazione di Gauss simmetrica della matrice

$$\begin{pmatrix} 0 & 1 & 1 \\ 1 & 1 & 2 \\ 1 & 2 & 3 \end{pmatrix}.$$

si può procedere nel modo seguente:

$$\begin{pmatrix} 0 & 1 & 1 \\ 1 & 1 & 2 \\ 1 & 2 & 3 \end{pmatrix} \xrightarrow[C_1 \leftrightarrow C_2]{R_1 \leftrightarrow R_2} \begin{pmatrix} 1 & 1 & 2 \\ 1 & 0 & 1 \\ 2 & 1 & 3 \end{pmatrix} \xrightarrow[C_2 - C_1]{R_2 - R_1} \begin{pmatrix} 1 & 0 & 2 \\ 0 & -1 & -1 \\ 2 & -1 & 3 \end{pmatrix}$$

$$\xrightarrow[C_3 - 2C_1]{R_3 - 2R_1} \begin{pmatrix} 1 & 0 & 0 \\ 0 & -1 & -1 \\ 0 & -1 & -1 \end{pmatrix} \xrightarrow[C_3 - C_2]{R_3 - R_2} \begin{pmatrix} 1 & 0 & 0 \\ 0 & -1 & 0 \\ 0 & 0 & 0 \end{pmatrix}.$$

Osservazione 15.58 Il fatto che sia sempre possibile, su campi di caratteristica diversa da 2, trasformare una matrice simmetrica in una matrice diagonale mediante operazioni sulle rigonne è del tutto equivalente al Teorema 15.54. Un eventuale approccio algoritmico dovrebbe quindi seguire la seconda dimostrazione del Teorema 15.37. In pratica risulta più semplice procedere come nella riduzione a scala tradizionale, aggiungendo opportune 'perturbazioni' quando necessario (vedi la nota nell'Esercizio 15.60).

Esercizi

15.59 Dimostrare che sul campo $\mathbb{Q}(\sqrt{2})$ la matrice $\begin{pmatrix} \sqrt{2} & 1 \\ 1 & 2 \end{pmatrix}$ non è congruente alla matrice identità.

15.60 Usando l'eliminazione di Gauss simmetrica, mettere in forma diagonale le seguenti matrici a coefficienti razionali:

$$\begin{pmatrix} 1 & 1 & 1 \\ 1 & 2 & 0 \\ 1 & 0 & -3 \end{pmatrix}, \quad \begin{pmatrix} 0 & 0 & 1 \\ 0 & 1 & 0 \\ 1 & 0 & 0 \end{pmatrix}, \quad \begin{pmatrix} 1 & 1 & 1 \\ 1 & 1 & 1 \\ 1 & 1 & 1 \end{pmatrix}, \quad \begin{pmatrix} 1 & 2 & 3 \\ 2 & 4 & 5 \\ 3 & 5 & 6 \end{pmatrix}, \quad \begin{pmatrix} 0 & 1 & 1 \\ 1 & 0 & 1 \\ 1 & 1 & 0 \end{pmatrix}.$$

Nota: nell'ultima matrice, e più in generale in una matrice $B = (b_{ij})$ tale che $b_{ii} = 0$ per ogni i, possiamo permutare le rigonne quanto si vuole ma non avremmo mai il coefficiente in alto a sinistra diverso da 0. Per uscire da questa situazione denotiamo i il più piccolo indice per cui esiste j tale che $b_{ij} \neq 0$, e facciamo l'operazione elementare $R_i + R_j$, $C_i + C_j$. Nella nuova matrice B' il coefficiente $b'_{ii} = 2b_{ij}$ non è nullo e si può ripartire con il procedimento standard.

15.61   Sia $\Phi\colon \mathbb{R}^4 \to \mathbb{R}$ la forma quadratica data da

$$\Phi(x) = x^T A x, \qquad A = (a_{ij}) = \begin{pmatrix} -3 & 1 & 1 & 1 \\ 1 & -2 & 1 & 0 \\ 1 & 1 & -2 & 0 \\ 1 & 0 & 0 & -1 \end{pmatrix}.$$

Studiando la forma quadratica $\Phi(x) + \sum_{i<j} a_{ij}(x_i - x_j)^2$, determinare nucleo e vettori isotropi di Φ.

15.5   Applicazioni ortogonali e riflessioni

Salvo avviso contrario, in tutta la sezione il simbolo V denoterà uno spazio vettoriale di dimensione finita su di un campo $\mathbb{K}$ di caratteristica diversa da 2, mentre φ indicherà una forma bilineare simmetrica non degenere su V.

Definizione 15.62   Un'applicazione lineare $f\colon V \to V$ si dice **ortogonale** rispetto ad una forma bilineare simmetrica non degenere $\varphi\colon V \times V \to \mathbb{K}$, o più semplicemente φ-ortogonale, se

$$f^\vee \varphi = \varphi \;\;\Leftrightarrow\;\; \varphi(f(u), f(v)) = \varphi(u, v) \quad \text{per ogni} \quad u, v \in V.$$

Denoteremo con $O(V, \varphi) \subseteq \mathrm{Hom}_{\mathbb{K}}(V, V)$ l'insieme di tutte le applicazioni φ-ortogonali.

Dall'ipotesi che φ sia non degenere segue che ogni applicazione φ-ortogonale è invertibile: infatti se $f(v) = 0$, allora per ogni u vale

$$\varphi(u, v) = \varphi(f(u), f(v)) = 0$$

e quindi $v \in \mathrm{Ker}\,\varphi = 0$. È immediato osservare che $O(V, \varphi)$ è un gruppo di matrici: infatti è non vuoto (contiene l'identità) e se $f, g \in O(V, \varphi)$, allora anche $f^{-1}, fg \in O(V, \varphi)$.

Osservazione 15.63   Se volessimo definire le applicazioni ortogonali rispetto a forme bilineari simmetriche qualsiasi, basta prendere la Definizione 15.62, togliere l'ipotesi che φ sia non degenere ed aggiungere la condizione, non più automatica, che f sia invertibile.

Definizione 15.64   Sia $\varphi\colon V \times V \to \mathbb{K}$ bilineare simmetrica non degenere. Per ogni vettore $v \in V$ non isotropo, ossia tale che $\varphi(v, v) \neq 0$, chiameremo **riflessione speculare** rispetto all'iperpiano ortogonale a v, l'applicazione lineare

$$S_v\colon V \to V, \qquad S_v(u) = u - 2\,\frac{\varphi(u, v)}{\varphi(v, v)}\,v.$$

Più in generale, se $W \subseteq V$ è un sottospazio anisotropo per la forma φ, ossia tale che $V = W \oplus W^{\perp\varphi}$, possiamo considerare l'applicazione lineare

$$R_W \colon V \to V \quad \text{tale che} \quad \begin{cases} R_W(v) = v & \text{se } v \in W, \\ R_W(v) = -v & \text{se } v \in W^{\perp\varphi}, \end{cases}$$

detta **riflessione ortogonale** rispetto a W. È facile dimostrare che ogni riflessione ortogonale R_W è φ-ortogonale: dati $u_1, u_2 \in V$ possiamo scrivere $u_i = w_i + v_i$ con $w_i \in W$ e $v_i \in W^{\perp\varphi}$ e, siccome $\varphi(w_i, v_j) = 0$ per ogni i, j, si ha

$$\varphi(R_W(u_1), R_W(u_2)) = \varphi(w_1 - v_1, w_2 - v_2) = \varphi(w_1, w_2) + \varphi(v_1, v_2)$$
$$= \varphi(w_1 + v_1, w_2 + v_2) = \varphi(u_1, u_2).$$

Se $\varphi(v, v) \neq 0$ e consideriamo il sottospazio $W = \mathrm{Span}(v)^{\perp\varphi}$, allora $\mathrm{Span}(v) \cap W = 0$ e quindi W è anisotropo con ortogonale $W^{\perp\varphi} = \mathrm{Span}(v)$. Per ogni $w \in W$ ed ogni $av \in \mathrm{Span}(v)$ si ha

$$S_v(w) = w - 2\frac{\varphi(w, v)}{\varphi(v, v)}v = w, \qquad S_v(av) = av - 2\frac{\varphi(av, v)}{\varphi(v, v)}v = -av,$$

e questo prova $S_v = R_W$. In particolare, S_v è φ-ortogonale e $S_v^2 = \mathrm{Id}$ per ogni vettore non isotropo v.

Osservazione 15.65 Se $\varphi(u, u) = \varphi(v, v)$ e $\varphi(u - v, u - v) \neq 0$ per una coppia di vettori $u, v \in V$, allora $S_{u-v}(u) = v$ e $S_{u-v}(v) = u$. Infatti

$$\varphi(u, u - v) = \varphi(u, u) - \varphi(u, v) = \varphi(v, v) - \varphi(v, u) = -\varphi(v, u - v)$$

e quindi $\varphi(u - v, u - v) = 2\varphi(u, u - v)$,

$$S_{u-v}(u) = u - 2\frac{\varphi(u, u - v)}{\varphi(u - v, u - v)}(u - v) = u - (u - v) = v.$$

Infine, siccome S_{u-v} è uguale al suo inverso, $S_{u-v}(v) = u$.

Il prossimo lemma prova, in particolare, che ogni applicazione φ-ortogonale è composizione di un numero finito di riflessioni speculari.

Lemma 15.66 *Siano $\mathbb{K}$ un campo di caratteristica diversa da 2, V uno spazio vettoriale di dimensione finita su $\mathbb{K}$, $\varphi \colon V \times V \to \mathbb{K}$ una forma bilineare simmetrica non degenere, $W \subseteq V$ un sottospazio vettoriale anisotropo e $g \colon W \to V$ un'applicazione lineare tale che*

$$\varphi(g(x), g(y)) = \varphi(x, y) \qquad \text{per ogni} \quad x, y \in W.$$

Allora esiste un'applicazione $f \colon V \to V$, composizione di al più $2 \dim W$ riflessioni speculari, tale che $f(x) = g(x)$ per ogni $x \in W$.

Dimostrazione   Siano $m = \dim W$ e $w_1, \ldots, w_m \in W$ una base φ-ortogonale. Per ipotesi la restrizione $\varphi \colon W \times W \to \mathbb{K}$ è non degenere e quindi $\Phi(w_i) \neq 0$ per ogni $i = 1, \ldots, m$, dove Φ è la forma quadratica associata a φ.

Denotiamo $v_i = g(w_i)$ e dimostriamo per induzione su $k = 0, \ldots, m$ che esiste un'applicazione $f_k \in O(V, \varphi)$, composizione di al più $2k$ riflessioni S_v e tale che $f(w_i) = v_i$ per ogni $i \leq k$; per $k = 0$ il risultato è vero per vacuità di condizioni.

Sia adesso $0 < k \leq m$ e supponiamo che esista $h \colon V \to V$, composizione di al più $2(k-1)$ riflessioni di tipo S_v e tale che $h(w_i) = v_i$ per ogni $i < k$. Ponendo $u_k = h(w_k)$, per le ipotesi fatte su g ed h si ha

$$\Phi(u_k) = \Phi(v_k) \neq 0, \quad \varphi(v_i, u_k) = \varphi(v_i, v_k) = \varphi(w_i, w_k) = 0 \quad \forall \, i < k,$$

Dalla formula $\Phi(u_k + v_k) + \Phi(u_k - v_k) = 2(\Phi(u_k) + \Phi(v_k)) = 4\Phi(v_k) \neq 0$ segue che $\Phi(u_k + v_k)$ e $\Phi(u_k - v_k)$ non sono entrambi nulli. Se $\Phi(u_k - v_k) \neq 0$ allora $S_{u_k - v_k}(v_i) = v_i$ per ogni $i < k$, per l'Osservazione 15.65

$$S_{u_k - v_k}(u_k) = u_k - \frac{2\varphi(u_k, u_k - v_k)}{\varphi(u_k - v_k, u_k - v_k)}(u_k - v_k) = v_k,$$

e per dimostrare il passo induttivo basta considerare $f = S_{u_k - v_k} h$. Se invece $\Phi(u_k + v_k) \neq 0$ allora $S_{v_k} S_{u_k + v_k}(v_i) = v_i$ per ogni $i < k$, $S_{v_k} S_{u_k + v_k}(u_k) = v_k$ e per dimostrare il passo induttivo basta quindi considerare l'applicazione $f = S_{v_k} S_{u_k + v_k} h$. $\square$

Teorema 15.67 (Witt)   *Siano $\mathbb{K}$ campo di caratteristica diversa da 2, V uno spazio vettoriale di dimensione finita su $\mathbb{K}$, $\varphi \colon V \times V \to \mathbb{K}$ una forma bilineare simmetrica non degenere, $W \subseteq V$ un sottospazio vettoriale e $g \colon W \to V$ un'applicazione lineare iniettiva tale che*

$$\varphi(g(x), g(y)) = \varphi(x, y) \qquad \textit{per ogni} \quad x, y \in W.$$

Allora esiste un'applicazione $f \colon V \to V$, composizione di un numero finito di riflessioni speculari, tale che $f(x) = g(x)$ per ogni $x \in W$. In particolare:

1. *(estensione di Witt) esiste un'applicazione φ-ortogonale $f \colon V \to V$ che estende g;*

2. *(cancellazione di Witt) esiste un'applicazione $f \colon W^{\perp\varphi} \to g(W)^{\perp\varphi}$ lineare biget- tiva tale che $\varphi(f(x), f(y)) = \varphi(x, y)$ per ogni $x, y \in W^{\perp\varphi}$.*

Dimostrazione   Per il Lemma 15.66 basta dimostrare che W è contenuto in un sottospazio anisotropo $U \subseteq V$ dove g si estende ad un'applicazione lineare iniettiva $f \colon U \to V$ tale che $\varphi(f(x), f(y)) = \varphi(x, y)$ per ogni $x, y \in U$. Ragioniamo per induzione sulla dimensione di $W \cap W^{\perp\varphi}$. Se $W \cap W^{\perp\varphi} = 0$ basta porre $U = W$ e $f = g$. Supponiamo $W \cap W^{\perp\varphi} \neq 0$ e sia $w_1, \ldots, w_m \in W$ una base φ-ortogonale: siccome la restrizione di φ a $W \times W$ è degenere, si ha $W \neq V$ ed esiste almeno un indice i tale che $\varphi(w_i, w_i) = 0$; a meno di permutazioni degli indici possiamo supporre $\varphi(w_m, w_m) = 0$. Per il Lemma 15.42, o meglio per quanto visto nella sua dimostrazione, l'applicazione

$$V \to \mathbb{K}^m, \qquad x \mapsto (\varphi(x, w_1), \ldots, \varphi(x, w_m))^T,$$

è surgettiva e possiamo trovare un vettore $w_{m+1} \in V$ tale che $\varphi(w_m, w_{m+1}) = 1$ e $\varphi(w_i, w_{m+1}) = 0$ per ogni $i < m$; siccome $w_m \in W \cap W^\perp$ si ha $w_{m+1} \notin W$. Per ogni $s \in \mathbb{K}$ si ha

$$\varphi(w_{m+1} + t w_m, w_{m+1} + t w_m) = \varphi(w_{m+1}, w_{m+1}) + 2t,$$

e quindi, a meno di aggiungere a w_{m+1} un opportuno multiplo scalare di w_m, possiamo anche supporre $\varphi(w_{m+1}, w_{m+1}) = 0$. Siccome $g(w_1), \ldots, g(w_m)$ è una base φ-ortogonale di $g(W)$ tale che $\varphi(g(w_m), g(w_m)) = 0$, ripetendo la precedente costruzione possiamo trovare $v_{m+1} \in V - g(W)$ tale che $\varphi(g(w_m), v_{m+1}) = 1$, $\varphi(g(w_i), v_{m+1}) = 0$ per ogni $i < m$ e $\varphi(v_{m+1}, v_{m+1}) = 0$. Se denotiamo con U il sottospazio generato da $w_1, \ldots, w_{m+1}$, allora possiamo estendere g ad un'applicazione iniettiva $f \colon U \to V$ ponendo $f(w_{m+1}) = v_{m+1}$ e $f(w_i) = g(w_i)$ per $i \le m$.

Per concludere resta da dimostrare che la dimensione di $U \cap U^{\perp\varphi}$ è strettamente minore di quella di $W \cap W^{\perp\varphi}$. Si ha $U \cap U^{\perp\varphi} \subseteq W$: infatti se $x = x_1 w_1 + \cdots + x_{m+1} w_{m+1} \in U \cap U^{\perp\varphi}$, allora $\varphi(x, w_m) = x_{m+1} = 0$ e quindi $x \in W$. Siccome $W \subseteq U$ si ha $U^{\perp\varphi} \subseteq W^{\perp\varphi}$ e quindi $U \cap U^{\perp\varphi} \subseteq W \cap W^{\perp\varphi}$. D'altra parte $\varphi(w_m, w_{m+1}) = 1 \ne 0$, il vettore w_m non appartiene a $U^{\perp\varphi}$ e quindi $U \cap U^{\perp\varphi} \ne W \cap W^{\perp\varphi}$. $\square$

Corollario 15.68 *Siano U, W due sottospazi totalmente isotropi rispetto ad una forma bilineare simmetrica non degenere $\varphi \colon V \times V \to \mathbb{K}$. Se $\dim U \le \dim W$, allora esiste $f \in O(V, \varphi)$ tale che $f(U) \subseteq W$.*

Dimostrazione Basta applicare il teorema di Witt ad una qualunque applicazione lineare iniettiva $g \colon U \to W$. $\square$

Esercizi

15.69 Trovare tutte le applicazioni ortogonali del piano iperbolico in sé.

15.70 Provare che l'applicazione indotta da una matrice $A \in M_{n,n}(\mathbb{K})$ è ortogonale rispetto al prodotto interno canonico su $\mathbb{K}^n$ se e solo se $A^T = A^{-1}$.

15.6 Forme quadratiche reali e complesse

In un campo arbitrario, capire quando due forme quadratiche sono congruenti è in generale arduo. Fortunatamente, sui numeri reali e complessi la situazione è molto più semplice, e le classi di congruenza sono univocamente determinate da pochi invarianti numerici. Abbiamo già dimostrato che è necessario avere lo stesso rango affinché esista una congruenza; sui numeri complessi tale condizione è anche sufficiente.

Teorema 15.71 *Siano V uno spazio vettoriale complesso di dimensione finita e $\Phi\colon V \to \mathbb{C}$ una forma quadratica di rango r. Allora esiste un sistema di coordinate $z_1, \ldots, z_n$ su V nelle quali la forma quadratica diventa $\Phi(z) = \sum_{i=1}^{r} z_i^2$. In particolare, due forme quadratiche su V sono congruenti se e solo se hanno lo stesso rango.*

Equivalentemente, ogni matrice simmetrica complessa è congruente ad una matrice a blocchi del tipo

$$\begin{pmatrix} I & 0 \\ 0 & 0 \end{pmatrix}.$$

Dimostrazione Sia $\varphi\colon V \times V \to \mathbb{C}$ la forma bilineare simmetrica associata a Φ e consideriamo una base φ-ortogonale $u_1, \ldots, u_n$ di V. Siccome r è uguale al numero di indici i tali che $\Phi(u_i) \neq 0$, a meno di permutare i vettori della base possiamo supporre $\Phi(u_i) = 0$ se $i > r$ e $\Phi(u_i) \neq 0$ se $i \le r$. Scegliamo per ogni $i \le r$ un numero complesso μ_i tale che $\mu_i^2 = \Phi(u_i)$ e consideriamo la nuova base

$$v_i = u_i \ \text{se} \ i > r, \qquad v_i = u_i/\mu_i \ \text{se} \ i \le r.$$

Per costruzione vale $\Phi(v_i) = 0$ se $i > r$ e $\Phi(v_i) = 1$ se $i \le r$ e quindi

$$\Phi\left(\sum_{i=1}^{n} z_i v_i\right) = \sum_{i=1}^{r} z_i^2. \ \square$$

Sui numeri reali due forme quadratiche possono avere lo stesso rango senza tuttavia essere congruenti ed è necessario introdurre ulteriori invarianti.

Definizione 15.72 Una forma quadratica $\Phi\colon V \to \mathbb{R}$ su di uno spazio vettoriale reale V si dice:

1. **definita positiva** (e talvolta scriveremo $\Phi > 0$) se $\Phi(v) > 0$ per ogni $0 \neq v \in V$;
2. **definita negativa** ($\Phi < 0$) se $\Phi(v) < 0$ per ogni $0 \neq v \in V$, o equivalentemente se $-\Phi$ è definita positiva;
3. **semidefinita positiva** ($\Phi \ge 0$) se $\Phi(v) \ge 0$ per ogni $v \in V$;
4. **semidefinita negativa** ($\Phi \le 0$) se $\Phi(v) \le 0$ per ogni $v \in V$, o equivalentemente se $-\Phi$ è semidefinita positiva;
5. **indefinita** in tutti gli altri casi, ossia se esistono $v, w \in V$ tali che $\Phi(v) > 0$ e $\Phi(w) < 0$.

Le stesse denominazioni si applicano alle forme bilineari simmetriche considerando le forme quadratiche associate.

Sia φ è una forma bilineare simmetrica; in un sistema di coordinate $x_1, \ldots, x_n$ corrispondente ad una base φ-ortogonale, la forma quadratica associata si scrive

$$\Phi(x) = \sum_{i=1}^{n} \lambda_i x_i^2, \qquad \lambda_i \in \mathbb{R}.$$

È immediato osservare che $\Phi > 0$ (risp.: $\Phi \geq 0$, $\Phi < 0$, $\Phi \leq 0$) se e solo se $\lambda_i > 0$ (risp.: $\lambda_i \geq 0$, $\lambda_i < 0$, $\lambda_i \leq 0$) per ogni $i = 1, \ldots, n$.

Definizione 15.73 Per ogni forma quadratica reale $\Phi : V \to \mathbb{R}$, definiamo:

1. l'**indice di positività** $\Phi_+ =$ massima dimensione di un sottospazio $W_+ \subseteq V$ tale che la restrizione di Φ a W_+ sia definita positiva;
2. l'**indice di negatività** $\Phi_- = (-\Phi)_+ =$ massima dimensione di un sottospazio $W_- \subseteq V$ tale che la restrizione di Φ a W_- sia definita negativa;
3. la **segnatura** come la coppia ordinata $(\Phi_+, \Phi_-) \in \mathbb{N}^2$.

Il prossimo lemma implica che la segnatura di una forma quadratica reale è invariante per congruenza.

Lemma 15.74 *Siano $\Phi : V \to \mathbb{R}$ una forma quadratica, $f : V \to V$ lineare invertibile e $W \subseteq V$ un sottospazio vettoriale. Allora la restrizione di $f^\vee \Phi$ a W è definita positiva se e solo se lo è anche la restrizione di Φ a $f(W)$.*

Identico risultato si ottiene sostituendo il termine definita con semidefinita e/o positiva con negativa.

Dimostrazione Per definizione di pull-back, per ogni $w \in W$ vale $f^\vee \Phi(w) = \Phi(f(w))$. $\square$

Teorema 15.75 (Teorema di Sylvester) *Data la forma quadratica reale*

$$\Phi : \mathbb{R}^n \to \mathbb{R}, \qquad \Phi(x) = \sum_{i=1}^{n} \lambda_i x_i^2, \qquad \lambda_i \in \mathbb{R},$$

rappresentata dalla matrice $\mathrm{diag}(\lambda_1, \ldots, \lambda_n)$, *si considerino le quantità:*

- $p = $ *numero di indici i tali che $\lambda_i > 0$;*
- $q = $ *numero di indici i tali che $\lambda_i < 0$.*

Allora vale $\Phi_+ = p$ e $\Phi_- = q$. In particolare, il rango di Φ è uguale alla somma $\Phi_+ + \Phi_-$, e gli interi p e q sono invarianti per congruenza.

Dimostrazione È sufficiente dimostrare che $p = \Phi_+$: infatti considerando la forma quadratica opposta $-\Phi$ i coefficienti λ_i cambiano tutti di segno e $(-\Phi)_+ = \Phi_-$. A meno di permutazioni di indici possiamo supporre $\lambda_1, \ldots, \lambda_p > 0$, $\lambda_{p+1}, \ldots, \lambda_{p+q} < 0$

e $\lambda_{p+q+1}, \ldots, \lambda_n = 0$. Scriviamo $\mathbb{R}^n = L \oplus M$, dove

$$L = \{x_1 = \cdots = x_p = 0\}, \qquad M = \{x_{p+1} = \cdots = x_n = 0\}.$$

La restrizione di Φ al sottospazio M è definita positiva e quindi, per definizione di Φ_+, si ha $\dim M = p \leq \Phi_+$. Viceversa, sempre per definizione di Φ_+, esiste un sottospazio vettoriale $W \subseteq V$ di dimensione Φ_+ tale che $\Phi(x) > 0$ per ogni $0 \neq x \in W$; siccome la restrizione di Φ a L è semidefinita negativa, si ha $L \cap W = 0$ e quindi, per la formula di Grassmann $\Phi_+ = \dim W \leq n - \dim L = p$. $\square$

Esempio 15.76 Calcoliamo rango e segnatura della forma quadratica

$$\Phi \colon \mathbb{R}^4 \to \mathbb{R}, \quad \Phi(x) = x_1^2 + x_2^2 - x_3^2 - x_4^2 + 78x_1x_4 - 36x_2x_3 + 8x_1x_3.$$

La forma è definita positiva sul sottospazio $x_3 = x_4 = 0$ generato dai primi due vettori della base canonica, quindi l'indice di positività è ≥ 2. Similmente, la forma è definita negativa sul sottospazio $x_1 = x_2 = 0$ generato dagli ultimi due vettori della base canonica, quindi l'indice di negatività è ≥ 2. Dunque la forma bilineare è obbligata ad avere rango 4 (il massimo possibile) e segnatura $(2, 2)$.

Corollario 15.77 *Due forme quadratiche reali definite su di uno spazio vettoriale reale V sono congruenti se e solo se hanno la stessa segnatura.*

Dimostrazione Sia $\Phi \colon V \to \mathbb{R}$ una forma quadratica con forma bilineare associata φ e scegliamo una base φ-ortogonale $v_1, \ldots, v_n$ di V; a meno di permutazioni degli indici non è restrittivo supporre

1. $\Phi(v_i) > 0$ se $i \leq p$;
2. $\Phi(v_i) < 0$ se $p < i \leq p + q$;
3. $\Phi(v_i) = 0$ se $i > p + q$;

per opportuni interi p, q. Consideriamo adesso la nuova base $u_1, \ldots, u_n$:

$$\begin{cases} u_i = v_i / \sqrt{\Phi(v_i)} & \text{se } i \leq p \\ u_i = v_i / \sqrt{-\Phi(v_i)} & \text{se } p < i \leq p + q \\ u_i = v_i & \text{se } p + q < i \end{cases}$$

la base $u_1, \ldots, u_n$ è ancora φ-ortogonale, e

1. $\Phi(v_i) = 1$ se $i \leq p$;
2. $\Phi(v_i) = -1$ se $p < i \leq p + q$;
3. $\Phi(v_i) = 0$ se $i > p + q$.

Abbiamo quindi provato che, in una opportuna base, la forma Φ è rappresentata dalla matrice simmetrica a blocchi

$$B = \begin{pmatrix} I_p & 0 & 0 \\ 0 & -I_q & 0 \\ 0 & 0 & 0 \end{pmatrix} \tag{15.4}$$

e per il Teorema 15.75 la forma Φ ha rango $p + q$ e segnatura (p, q). Siccome la matrice B dipende solamente dalla segnatura, ne consegue che due forme con la stessa segnatura sono rappresentate, in altrettante basi, dalla stessa matrice. $\square$

Esempio 15.78 Calcoliamo, al variare del parametro $\lambda \in \mathbb{R}$, il rango e la segnatura della forma quadratica:

$$\Phi: \mathbb{R}^2 \to \mathbb{R}, \qquad \Phi(x) = x_1^2 + 2\lambda x_1 x_2 - x_2^2.$$

Nella base canonica e_1, e_2 la matrice simmetrica corrispondente è

$$B_\lambda = \begin{pmatrix} 1 & \lambda \\ \lambda & -1 \end{pmatrix}$$

Osserviamo che $\Phi(e_1) > 0$, da cui deduciamo $\Phi_+ \geq 1$, e che $\Phi(e_2) < 0$ da cui deduciamo $\Phi_- \geq 1$. Siccome $\Phi_+ + \Phi_- \leq 2$ dovrà necessariamente essere $\Phi_+ = \Phi_- = 1$. Dunque Φ ha rango 2 e segnatura $(1, 1)$, indipendentemente dal valore di λ, e le matrici B_λ sono tutte congruenti tra loro.

Il segno del determinante di una matrice simmetrica è invariante per congruenza. Infatti se B, C sono matrici reali simmetriche congruenti, allora esiste una matrice invertibile A tale che $A^T B A = C$ e quindi

$$\det C = \det(A^T)\det(B)\det(A) = \det(B)\det(A)^2.$$

Siccome ogni matrice simmetrica è congruente ad una matrice diagonale (Teorema 15.54), segue immediatamente dal teorema di Sylvester che, per una forma quadratica

$$\Phi: \mathbb{R}^n \to \mathbb{R}, \qquad \Phi(x) = x^T B x,$$

vale:

1. $\det(B) = 0$ se e solo se $\mathrm{rg}(\Phi) < n$;
2. $\det(B) > 0$ se e solo se $\mathrm{rg}(\Phi) = n$ e Φ_- pari;
3. $\det(B) < 0$ se e solo se $\mathrm{rg}(\Phi) = n$ e Φ_- dispari.

Esempio 15.79 Segue dal teorema di Sylvester che la segnatura di una matrice simmetrica diagonale a blocchi è la somma (in $\mathbb{N}^2$) delle segnature dei singoli blocchi. Ad esempio, la segnatura della matrice

$$\begin{pmatrix} 0 & 1 & 0 & 0 \\ 1 & 0 & 0 & 0 \\ 0 & 0 & 0 & 1 \\ 0 & 0 & 1 & 0 \end{pmatrix} = \mathrm{diag}\left(\begin{pmatrix} 0 & 1 \\ 1 & 0 \end{pmatrix}, \begin{pmatrix} 0 & 1 \\ 1 & 0 \end{pmatrix} \right)$$

è $(1, 1) + (1, 1) = (2, 2)$.

Esempio 15.80 Calcoliamo rango e segnatura della forma quadratica

$$\Phi: \mathbb{R}^4 \to \mathbb{R}, \qquad \Phi(x) = x_1 x_2 + x_2 x_3 + x_3 x_4.$$

Mettendo in evidenza x_2 si ha $\Phi(x) = (x_1 + x_3)x_2 + x_3 x_4$ e nelle coordinate $y_1 = x_1 + x_3$, $y_i = x_i$ per $i > 1$, la matrice associata è la metà di quella dell'Esempio 15.79. Quindi il rango è 4 e la segnatura è $(2, 2)$.

Corollario 15.81 *Per una matrice simmetrica reale $A \in M_{n,n}(\mathbb{R})$, il numero di autovalori positivi (risp.: negativi), contati con molteplicità, è uguale all'indice di positività (risp.: negatività) della forma quadratica $\Phi(x) = x^T A x$.*

Dimostrazione Siano $\lambda_1, \dots, \lambda_n$ gli autovalori di A contati con molteplicità. Per il teorema spettrale esiste una matrice ortogonale E tale che $E^{-1} A E = \mathrm{diag}(\lambda_1, \dots, \lambda_n)$; siccome $E^{-1} = E^T$, la matrice $\mathrm{diag}(\lambda_1, \dots, \lambda_n)$ è al tempo stesso simile ad A (e quindi con gli stessi autovalori) e congruente ad A (e quindi con gli stessi indici di positività/negatività). Basta adesso applicare il teorema di Sylvester 15.75. $\square$

Riprendendo le notazioni della Sezione 14.4, per ogni matrice $A \in M_{n,n}(\mathbb{R})$ ed ogni $k \leq n$ denotiamo con $A[k]$ il minore principale formato dalle prime k righe e k colonne.

Corollario 15.82 (Criterio di Sylvester) *Sia $A \in M_{n,n}(\mathbb{R})$ una matrice simmetrica tale che $\det(A[k]) \neq 0$ per ogni $k = 1, \dots, n$. Allora l'indice di negatività Φ_- della forma quadratica $\Phi(x) = x^T A x$, e quindi anche il numero di autovalori negativi di A, è uguale al numero di cambiamenti di segno della successione $1, \det(A[1]), \dots, \det(A[n])$.*

Dimostrazione Indichiamo come al solito con $\varphi(x, y) = x^T A y$ la forma bilineare associata alla matrice A, con $e_1, \dots, e_n$ la base canonica di $\mathbb{R}^n$, e con $V = \mathrm{Span}(e_1, \dots, e_{n-1}) = \{x \in \mathbb{R}^n \mid x^T e_n = 0\}$.

Sia $v_1, \dots, v_{n-1}$ una base φ-ortogonale di V, poniamo $v_n = A^{-1} e_n$ e proviamo che $v_1, \dots, v_n$ è una base φ-ortogonale di $\mathbb{R}^n$. Innanzitutto A, A^{-1} sono iniettive e quindi $v_n \neq 0$. Per ogni $i < n$ si ha $\varphi(v_i, v_n) = v_i^T A v_n = v_i^T e_n = 0$, e quindi $v_n \in V^{\perp \varphi}$. Siccome $A[n-1]$ è invertibile, la restrizione di φ a V è nondegenere, quindi $V \cap V^{\perp \varphi} = 0$; questo implica $v_n \notin V$ e quindi $v_1, \dots, v_n$ è una base di $\mathbb{R}^n$.

Denotiamo $\lambda_i = \varphi(v_i, v_i)$; per il teorema di Sylvester ed induzione su n, il numero dei λ_i negativi con $i < n$ è uguale al numero di cambiamenti di segno della successione $1, \det(A[1]), \dots, \det(A[n-1])$. Poiché il segno del determinante è invariante per congruenza, si ha che $\det(A[n-1])$ ha lo stesso segno del prodotto $\lambda_1 \cdots \lambda_{n-1}$, e $\det(A[n])$ ha lo stesso segno del prodotto $\lambda_1 \cdots \lambda_n$. Questo equivale a dire che $\lambda_n < 0$ se e solo se $\det(A[n-1])$ e $\det(A[n])$ hanno diverso segno. $\square$

Dunque, in linea di principio, possiamo determinare la segnatura di una forma quadratica calcolando gli autovalori di una matrice simmetrica reale, anche se questo comporta il calcolo e la scomposizione in fattori di primo grado del polinomio caratteristico. Uno studente masochista potrebbe adottare questa tattica come procedura standard, ignorando le altre più semplici a disposizione (criterio di Sylvester, studio geometrico degli indici di positività/negatività, eliminazione di Gauss simmetrica e, nella peggiore delle ipotesi, regola dei segni di Cartesio). Per non incentivare gli studenti a comportamenti perniciosi per se stessi ed irritanti per i docenti, in questo testo non faremo alcun calcolo di autovalori ai fini dello studio degli invarianti per congruenza.

Esempio 15.83 Calcoliamo, in funzione di $\lambda \in \mathbb{R}$, rango e segnatura della matrice simmetrica

$$B_\lambda = \begin{pmatrix} 1 & 1 \\ 1 & \lambda \end{pmatrix},$$

ossia rango e segnatura della forma quadratica associata Φ. Nella base canonica e_1, e_2 sa ha $\Phi(e_1) = 1$ e quindi $1 \leq \Phi_+ \leq 2$ per ogni λ. Il determinante è uguale a $\lambda - 1$ e quindi:

1. per $\lambda = 1$ il rango è 1 e la segnatura è $(1,0)$;
2. per $t > 1$ il rango è 2, $|B_\lambda| > 0$ e quindi Φ_- è pari. Necessariamente $\Phi_- = 0$ e la segnatura è $(2,0)$;
3. per $\lambda < 1$ il rango è 2, $|B_\lambda| < 0$ e quindi Φ_- è dispari. Necessariamente $\Phi_- = 1$ e la segnatura è $(1,1)$.

Notiamo anche che per $0 < \lambda < 1$ tutti i coefficienti di B_λ sono positivi, e tuttavia la forma quadratica associata non è definita positiva.

Esempio 15.84 Calcoliamo il rango e la segnatura della forma quadratica Φ associata alla matrice simmetrica

$$\begin{pmatrix} 1 & 1 & 1 \\ 1 & 2 & 0 \\ 1 & 0 & -3 \end{pmatrix}$$

La diagonale contiene sia valori positivi che negativi e quindi $\Phi_+ \geq 1$, $\Phi_- \geq 1$. Il determinante della matrice è $-5 < 0$, quindi Φ_- è dispari e di conseguenza $\Phi_+ = 2$, $\Phi_- = 1$.

Esempio 15.85 Calcoliamo la segnatura della forma quadratica Φ associata alla matrice simmetrica

$$\begin{pmatrix} 1 & 1 & 350! \\ 1 & 2 & \pi \\ 350! & \pi & -3 \end{pmatrix}$$

La diagonale contiene sia valori positivi che negativi e quindi $\Phi_+ \geq 1$, $\Phi_- \geq 1$. La restrizione della forma quadratica al sottospazio U generato dai primi due vettori della base canonica è rappresentata dal minore principale $\left(\begin{smallmatrix} 1 & 1 \\ 1 & 2 \end{smallmatrix}\right)$ e quindi è definita positiva per quanto visto nell'Esempio 15.83. Quindi $\Phi_+ \geq 2$ e dunque $\Phi_+ = 2$ e $\Phi_- = 1$.

Esempio 15.86 Calcoliamo rango e segnatura della forma quadratica

$$\Phi \colon \mathbb{R}^3 \to \mathbb{R}, \quad \Phi(x) = x_1^2 - 2x_1x_2 - 2x_1x_3,$$

eseguendo l'eliminazione di Gauss simmetrica della matrice associata.

Ricordiamo che quando la forma quadratica è scritta in forma di polinomio omogeneo di secondo grado nelle coordinate, la regola pratica per passare dalla forma quadratica alla matrice associata è mettere sulla diagonale i coefficienti dei quadrati x_i^2 e fuori dalla diagonale le metà dei coefficienti di $x_i x_j$, con $i < j$. Nel nostro caso la matrice è

$$\begin{pmatrix} 1 & -1 & -1 \\ -1 & 0 & 0 \\ -1 & 0 & 0 \end{pmatrix}.$$

Aggiungiamo la prima rigonna alla seconda ed alla terza

$$\begin{pmatrix} 1 & -1 & -1 \\ -1 & 0 & 0 \\ -1 & 0 & 0 \end{pmatrix} \xrightarrow[\substack{C_2+C_1}]{\substack{R_2+R_1}} \begin{pmatrix} 1 & 0 & -1 \\ 0 & -1 & -1 \\ -1 & -1 & 0 \end{pmatrix} \xrightarrow[\substack{C_3+C_1}]{\substack{R_3+R_1}} \begin{pmatrix} 1 & 0 & 0 \\ 0 & -1 & -1 \\ 0 & -1 & -1 \end{pmatrix}$$

e poi togliamo la seconda alla terza

$$\begin{pmatrix} 1 & 0 & 0 \\ 0 & -1 & -1 \\ 0 & -1 & -1 \end{pmatrix} \xrightarrow[\substack{C_3-C_2}]{\substack{R_3-R_2}} \begin{pmatrix} 1 & 0 & 0 \\ 0 & -1 & 0 \\ 0 & 0 & 0 \end{pmatrix}.$$

Quindi, per il teorema di Sylvester, la forma Φ ha rango 2 e segnatura $(1, 1)$.

Esempio 15.87 Determiniamo rango e segnatura della forma quadratica

$$\Phi \colon \mathbb{R}^4 \to \mathbb{R}, \quad \Phi(x) = x_1x_2 + x_2^2 + 2x_2x_4 - x_3^2.$$

La matrice associata alla forma quadratica Φ è

$$Q = \begin{pmatrix} 0 & 1/2 & 0 & 0 \\ 1/2 & 1 & 0 & 1 \\ 0 & 0 & -1 & 0 \\ 0 & 1 & 0 & 0 \end{pmatrix}$$

e lasciamo al lettore il compito di provare che $\mathrm{rg}(Q) = 3$. Per il criterio di Sylvester, la restrizione di Φ al sottospazio di equazione $x_1 = 0$, ha segnatura $(1, 2)$ e quindi $\Phi_+ \geq 1$, $\Phi_- \geq 2$. Siccome $1 + 2 = \mathrm{rg}(\Phi)$ deve necessariamente essere $\Phi_+ = 1$ e $\Phi_- = 2$.

Esercizi

15.88 ($\heartsuit$)   Ricalcolare rango e segnatura della forma quadratica dell'Esempio 15.87, utilizzando la regola dei segni di Cartesio.

15.89   Calcolare rango e segnatura delle forme quadratiche reali

$$\Phi, \Psi \colon M_{2,2}(\mathbb{R}) \to \mathbb{R}, \qquad \Phi(A) = \det(A), \quad \Psi(A) = \mathrm{Tr}(A^2).$$

15.90   Sia $(a_{ij}) \in M_{n,n}(\mathbb{R})$ simmetrica e semidefinita positiva. Provare che $\max_{i,j} |a_{ij}| = \max_i a_{ii}$.

15.91   Provare che una forma quadratica reale è definita, positiva o negativa, se e solo se non possiede vettori isotropi diversi da 0.

15.92   Si definisce l'*indice* σ di una forma quadratica reale Φ come la differenza $\sigma = \Phi_+ - \Phi_-$; è immediato osservare che la segnatura è univocamente determinata da rango e indice. Sia Φ una forma quadratica simmetrica reale di rango r e indice σ. Provare che:

1. $r - \sigma$ è pari;
2. Φ è semidefinita positiva se e solo se $r = \sigma$;
3. Φ è semidefinita negativa se e solo se $r = -\sigma$;
4. Φ è semidefinita se e solo se ogni vettore isotropo appartiene a $\mathrm{Ker}\,\Phi$.
5. Usare i punti 1, 2 e 4 per trovare, senza bisogno di far calcoli, rango e indice della forma quadratica dell'Esempio 15.86.

15.93   Sia $0 < t < 1$ un numero reale e sia $\Phi \colon \mathbb{R}^n \to \mathbb{R}$ la forma quadratica associata alla matrice simmetrica di coefficienti $a_{ij} = t^{(i-1)(j-1)}$, $i, j = 1, \ldots, n$. Mostrare che l'indice $\sigma = \Phi_+ - \Phi_-$ dipende solo dalla parità di n.

15.94   Dimostrare che per una matrice reale, simmetrica e ortogonale, l'indice σ della forma quadratica associata è uguale alla traccia.

15.95   Sia $V \subseteq M_{3,3}(\mathbb{R})$ il sottospazio vettoriale delle matrici simmetriche a traccia nulla. Calcolare rango e segnatura della forma quadratica $\Phi \colon V \to \mathbb{R}$, $\Phi(A) = \mathrm{Tr}(A^2)$.

15.96 Per ogni $n \geq 3$ sia $B_n \in M_{n,n}(\mathbb{R})$ la matrice simmetrica di coefficienti

$$b_{ij} = \begin{cases} 0 & \text{se } 2 \leq i \leq n-1 \text{ e } 2 \leq j \leq n-1 \\ 1 & \text{altrimenti} \end{cases}$$

Determinare rango e segnatura di B_3, B_4.

15.97 Determinare rango e segnatura delle matrici B_n introdotte nell'Esercizio 15.96, per ogni $n > 4$.

15.98 Siano $f, g : V \to \mathbb{R}$ funzionali lineari linearmente indipendenti. Mostrare che la forma quadratica $\Phi(x) = f(x)g(x)$ ha segnatura $(1, 1)$. Cosa si può dire sulla segnatura se f e g sono linearmente dipendenti?

15.99 Calcolare rango e segnatura delle forme quadratiche $\Phi, \Psi : \mathbb{R}^{350} \to \mathbb{R}$:

$$\Phi(x) = \sum_{i=2}^{350} (2x_1 x_i + x_i^2), \qquad \Psi(x) = (x_1 + 2x_2 + \cdots + 350x_{350})^2 - x_1^2.$$

15.100 Determinare, al variare di $t \in \mathbb{R}$, rango e segnatura della matrice simmetrica

$$\begin{pmatrix} 1 & 1 & 0 & 0 & 0 \\ 1 & 2 & 1 & 0 & 0 \\ 0 & 1 & 2 & 1 & 0 \\ 0 & 0 & 1 & 2 & 1 \\ 0 & 0 & 0 & 1 & t \end{pmatrix}.$$

15.101 Si consideri la forma quadratica in $\mathbb{R}^3$ definita da $\Phi(x) = 2x_1 x_2 + 6x_2 x_3$. Calcolare rango, segnatura e si trovi una base di $\mathbb{R}^3$ in cui Φ è scritta in forma canonica, ossia è rappresentata da una matrice come in (15.4).

15.102 Nella situazione dell'Esercizio 15.49, si supponga $\mathbb{K} = \mathbb{R}$ e $\det B \neq 0$. Determinare la segnatura di ψ in funzione della segnatura φ.

15.103 (Disuguaglianze di Cauchy–Schwarz) Siano φ una forma bilineare su uno spazio vettoriale reale V di dimensione 2 e si denoti con Φ la forma quadratica associata. Provare che, dati due vettori $u, v \in V$ si ha:

1. $\varphi(u, v)^2 = \Phi(u)\Phi(v)$ se Φ è degenere oppure se u, v sono linearmente dipendenti;
2. $\varphi(u, v)^2 < \Phi(u)\Phi(v)$ se Φ è definita e u, v sono linearmente indipendenti;
3. $\varphi(u, v)^2 > \Phi(u)\Phi(v)$ se Φ è indefinita e u, v sono linearmente indipendenti.

15.104 Calcolare rango e segnatura della forma quadratica

$$\Phi : \mathbb{R}^3 \to \mathbb{R}, \qquad \Phi(x) = x_1^2 + x_2^2 - x_3^2 + 12x_1 x_3 + 78x_2 x_3.$$

15.105 Calcolare rango e segnatura delle forme quadratiche $\Phi_i \colon \mathbb{R}^4 \to \mathbb{R}$:

$$\Phi_1(x) = x_1 x_2 + x_2 x_3 + x_3 x_4,$$
$$\Phi_2(x) = x_1^2 - x_3^2 - x_4^2 + 4x_1 x_2 - 2x_1 x_3 + 4x_2 x_3 + 2x_2 x_4 - 6x_3 x_4,$$
$$\Phi_3(x) = x_1^2 - x_2^2 - x_3^2 + 2x_2 x_3 + 2x_4 x_1,$$
$$\Phi_4(x) = x_1^2 - x_3^2 - x_4^2 + 4x_1 x_2 - 2x_1 x_3 + 4x_2 x_3 + 2x_2 x_4 - 6x_3 x_4,$$
$$\Phi_5(x) = x_1^2 - x_3^2 - x_4^2 + 4x_1 x_2 + 2x_1 x_3 - 4x_2 x_3 + 2x_2 x_4 - 6x_3 x_4,$$
$$\Phi_6(x) = x_1^2 + x_2^2 + x_3^2 + x_4^2 + 4(x_1 x_2 + x_1 x_3 + x_2 x_3 + x_2 x_4 + x_3 x_4),$$

15.106 Calcolare rango e segnatura della forma quadratica $\Phi \colon \mathbb{R}^5 \to \mathbb{R}$,

$$\Phi(x) = x_1^2 + 2x_2^2 - x_3^2 - x_5^2 + 2x_1 x_2 + 4x_1 x_3 + x_2 x_3 - 2x_5 x_4.$$

15.107 ($\heartsuit$) Per ogni $n > 0$ sia $B_n \in M_{n,n}(\mathbb{R})$ la matrice simmetrica di coefficienti

$$b_{ij} = i + j - 2, \qquad i, j = 1, \ldots, n.$$

Determinare rango e segnatura di B_1, B_2 e B_3.

15.108 ($\clubsuit$, $\heartsuit$) Determinare rango e segnatura della matrice B_n introdotta nell'Esercizio 15.107 per ogni $n \geq 4$.

15.109 ($\clubsuit$, $\heartsuit$) Sia $A = (a_{ij})$ una matrice simmetrica reale di ordine n tale che $2a_{ii} \geq \sum_{j=1}^{n} |a_{ij}|$ per ogni indice i. Provare che A è semidefinita positiva.

15.7 Complementi: spazi di Minkowski

In teoria della relatività le proprietà metriche dello spazio-tempo sono determinate da una forma quadratica non degenere di segnatura $(1, 3)$; tale forma può essere costante (relatività ristretta) o variare nello spazio-tempo (relatività generale).[2]

In analogia con il caso euclideo, si definisce uno **spazio di Minkowski** come uno spazio vettoriale reale V, di dimensione finita maggiore o uguale a 2, dotato di una forma bilineare simmetrica

$$\langle \cdot, \cdot \rangle \colon V \times V \to \mathbb{R}$$

non degenere di segnatura $(1, \dim V - 1)$.

Negli spazi di Minkowski esistono vettori isotropi non banali: sono i cosiddetti vettori 'di tipo luce'. In questa sezione ci limiteremo a studiare alcune proprietà dell'insieme, denotato T, dei vettori 'di tipo tempo', ed in particolare che, anche consentendo l'inversione temporale, possiamo sempre stabilire se due eventi sono uno al passato ed uno al futuro oppure se sono entrambi passati/futuri.

---

[2] Il modo in cui tale forma varia nello spazio-tempo determina la cosiddetta "curvatura".

Proposizione 15.110 *Sia $(V, \langle \cdot, \cdot \rangle)$ uno spazio di Minkowski di dimensione $n + 1$. Si considerino i due sottoinsiemi*

$$T = \{v \in V \mid \langle v, v \rangle > 0\}, \qquad \overline{T} = \{v \in V \mid v \neq 0, \ \langle v, v \rangle \geq 0\}.$$

Allora:

1. per un sottospazio vettoriale $W \subseteq V$ di dimensione $m + 1$, la restrizione di $\langle \cdot, \cdot \rangle$ a W ha segnatura $(1, m)$ se e solo se $W \cap T \neq \emptyset$;
2. per ogni $v \in T$ ed ogni $w \in \overline{T}$ vale $\langle v, w \rangle \neq 0$;
3. per ogni $u \in T$, $v, w \in \overline{T}$ tali che $\langle u, v \rangle > 0$ e $\langle u, w \rangle > 0$ si ha $\langle v, w \rangle \geq 0$.

In particolare, la relazione $\sim$ sull'insieme T definita come $u \sim v$ se $\langle u, v \rangle > 0$, è di equivalenza.

Dimostrazione Dato che la segnatura è $(1, n)$ si ha $T \neq \emptyset$ ed esiste un iperpiano $N \subseteq V$ in cui la forma bilineare è definita negativa.

(1) Dato W di dimensione $m + 1$, se la restrizione di $\langle \cdot, \cdot \rangle$ ha segnatura $(1, m)$ allora W contiene almeno un vettore v con $\langle v, v \rangle > 0$ e quindi $T \cap W \neq \emptyset$. Viceversa, se esiste $v \in T \cap W$ allora $\mathrm{Span}(v)$ è un sottospazio di dimensione 1 in cui la forma è definita positiva, mentre $N \cap W$ è un sottospazio di dimensione $\geq m$ in cui la forma è definita negativa.

(2) Se fosse per assurdo $\langle v, w \rangle = 0$, con $v \in T$ e $w \in \overline{T}$ allora v, w devono necessariamente essere linearmente indipendenti, e la forma bilineare ristretta a $W = \mathrm{Span}(v, w)$ sarebbe semidefinita positiva, in contraddizione con il fatto che $W \cap N \neq 0$.

(3) Se per assurdo esistessero $u \in T$, $v, w \in \overline{T}$ tali che $\langle u, v \rangle > 0$, $\langle u, w \rangle > 0$ e $\langle v, w \rangle < 0$, allora per ogni numero reale non negativo $t \geq 0$ si ha $u + tw \in T$ e tuttavia $\langle v, u + tw \rangle = \langle v, u \rangle + t \langle v, w \rangle$ si annullerebbe per $t = -\langle v, u \rangle / \langle v, w \rangle$ in contraddizione con il punto precedente. $\square$

La relazione $\sim$ introdotta nella precedente proposizione possiede esattamente due classi di equivalenza. Infatti, sia $v \in T$ un vettore fissato e siano $u, w \in T$ non equivalenti a v, ossia tali che $\langle v, u \rangle \leq 0$ e $\langle v, w \rangle \leq 0$. Per il punto *(2)* si ha $\langle v, u \rangle < 0$ e $\langle v, w \rangle < 0$, quindi $v \sim -u$, $v \sim -w$ e per la proprietà transitiva $-u \sim -w$, che implica immediatamente $u \sim w$.

Si ha dunque una partizione in classi di equivalenza $T = T_+ \cup T_-$, dove

$$T_+ = \{u \in T \mid \langle v, u \rangle > 0\}, \quad T_- = \{u \in T \mid \langle -v, u \rangle > 0\}.$$

Se $u, w \in T_+$ allora $tu + (1-t)w \in T_+$ per ogni $0 \leq t \leq 1$: infatti siccome $\langle v, u \rangle > 0$ e $\langle v, w \rangle > 0$ si ha $\langle v, tu + (1-t)w \rangle = t \langle v, u \rangle + (1-t) \langle v, w \rangle > 0$. Abbiamo quindi dimostrato che ogni classe di equivalenza è un sottoinsieme convesso di V. Inoltre, dato $v \in T$, il punto *(2)* implica

$$\{w \in \overline{T} \mid \langle v, w \rangle \geq 0\} = \{w \in \overline{T} \mid \langle v, w \rangle > 0\}, \tag{15.5}$$

ed il punto *(3)* implica che l'insieme (15.5) dipende solo dalla classe di equivalenza di v.

Esercizi

15.111 Siano $p \geq 2$, $q \geq 1$ e φ una forma bilineare simmetrica su $\mathbb{R}^{p+q}$ di segnatura (p, q). Provare che la relazione $u \sim v$ se $\varphi(u, v) > 0$, sull'insieme $T = \{u \mid \varphi(u, u) > 0\}$, non è di equivalenza.

15.112 (☕, ♡) Sia $\Phi\colon V \to \mathbb{R}$ una forma quadratica indefinita. Dimostrare che esiste una base di V formata da vettori isotropi per Φ.

15.113 Sia Φ la forma quadratica su $\mathbb{R}^3$ associata alla matrice

$$\begin{pmatrix} 0 & 1 & 0 \\ 1 & 0 & 0 \\ 0 & 0 & 2\lambda \end{pmatrix}.$$

Provare che i vettori $(1, -1, 0)^T$ e $(1, -a^2\lambda, a)^T$, al variare di $0 \neq a \in \mathbb{R}$ sono un insieme di generatori isotropi.

15.114 Sia $(V, \langle \cdot, \cdot \rangle)$ uno spazio di Minkowski e siano $u, v \in V$ tali che $\langle u, u \rangle = \langle v, v \rangle = \langle u, v \rangle = 0$. Dimostrare che u, v sono linearmente dipendenti.

15.115 (☕) Provare che in uno spazio di Minkowski V di dimensione ≥ 3 le uniche isometrie che trasformano ogni vettore isotropo in un suo multiplo scalare sono $\pm \operatorname{Id}$. (Sugg.: esistono u, v isotropi tali che $\langle u, v \rangle = 1$, e V è l'unione dei sottospazi del tipo $H = \operatorname{Span}(u, v, w)$ con $0 \neq w \in \operatorname{Span}(u, v)^{\perp}$; ogni H siffatto è generato dai vettori isotropi $u_a = u - 2a^2\langle w, w \rangle v + 2aw$ e $v_a = v - 2a^2\langle w, w \rangle u + 2aw$, con $a \in \mathbb{K}$.)

Note

La teoria delle forme quadratiche cambia notevolmente a seconda se lo scalare 2 è invertibile o no. Ad esempio, sui campi di caratteristica 2 il teorema di estensione di Witt è falso in generale.

L'aggettivo simplèttico (o simplèctico), dal greco $\sigma\upsilon\mu\pi\lambda\varepsilon\kappa\tau\iota\kappa\delta\varsigma$ "relativo all'intreccio", è stato introdotto in matematica da Hermann Weyl nel 1939.

Per una forma quadratica reale Φ con indici di positività e negatività Φ_+ e Φ_-, alcuni autori chiamano segnatura la differenza $\Phi_+ - \Phi_-$; altri autori chiamano segnatura la terna (Φ_0, Φ_+, Φ_-) dove Φ_0 è l'indice di nullità..

L'interesse dell'autore per la Proposizione 15.110 non ha nulla a che fare con la relatività, ma semmai con il teorema dell'indice nelle superfici algebriche.

Capitolo 16
Numeri trascendenti

La teoria dei numeri trascendenti, ossia dei numeri che non sono radici di polinomi a coefficienti interi, ha avuto inizio con una memoria di Liouville del 1844, nella quale si dimostrava l'esistenza di una classe, piuttosto ampia, di tali numeri. I problemi legati all'irrazionalità erano già stati ampiamente studiati e risale infatti al 1744 la dimostrazione di Eulero dell'irrazionalità di e ed al 1761 la dimostrazione di Lambert dell'irrazionalità di π. Nel 1874 Cantor introdusse il concetto di infinito numerabile e questo portò immediatamente alla constatazione che 'quasi tutti' i numeri reali sono trascendenti. La dimostrazione della trascendenza di e compare in una memoria di Hermite del 1873 che è stata fonte di ispirazione per molti anni a seguire. Nel 1882 Lindemann riusci ad estendere il lavoro di Hermite per dimostrare la trascendenza di π e, di conseguenza, a chiudere definitivamente l'antico problema della quadratura del cerchio con riga e compasso.

A differenza dei precedenti capitoli, dove le tecniche usate sono state quasi esclusivamente algebriche, qui avremo costantemente bisogno di alcuni risultati di analisi matematica solitamente insegnati al primo anno dei corsi universitari, ed il segnale ⊗ si applica a tutto il presente capitolo: useremo derivate, integrali, sviluppi di Taylor di funzioni esponenziali e trigonometriche, più alcune proprietà delle serie numeriche, sia reali che complesse.

16.1 Irrazionalità di e

La costante e, detta numero di Nepero e/o numero di Eulero, può essere definita come il valore della serie convergente (cf. Esercizio 2.77)

$$e = \sum_{n=0}^{+\infty} \frac{1}{n!}.$$

© The Author(s), under exclusive license to Springer Nature Switzerland AG 2025

M. Manetti, *Algebra Lineare*, La Matematica per il 3+2 174,

https://doi.org/10.1007/978-3-032-01504-4_16

Supponiamo per assurdo che e sia razionale, esiste allora un intero positivo q tale
che $qe \in \mathbb{Z}$. A maggior ragione anche il prodotto di e per $q!$ è intero e quindi

$$\sum_{n=0}^{+\infty} \frac{q!}{n!} \in \mathbb{Z}.$$

I primi $q + 1$ termini della precedente serie sono interi e quindi

$$\sum_{n=q+1}^{+\infty} \frac{q!}{n!} = \sum_{n=0}^{+\infty} \frac{q!}{n!} - \sum_{n=0}^{q} \frac{q!}{n!} \in \mathbb{Z}.$$

D'altra parte, per ogni $n > q$ si hanno le disuguaglianze

$$0 < \frac{q!}{n!} = \frac{1}{(q + 1)(q + 2)\cdots n} \leq \frac{1}{(q + 1)} \frac{1}{(q + 2)^{n-q-1}}$$

dalle quali deduciamo

$$0 < \sum_{n=q+1}^{+\infty} \frac{q!}{n!} < \frac{1}{q + 1} \sum_{m=0}^{+\infty} \frac{1}{(q + 2)^m} = \frac{q + 2}{(q + 1)^2} < 1$$

il che è assurdo in quanto nessun intero è strettamente compreso tra 0 ed 1.

L'argomento che abbiamo usato funziona in generale ogniqualvolta si voglia dimostrare l'irrazionalià della somma di una serie di numeri razionali che tendono
a zero in maniera molto veloce, come nell'Esercizio 16.4. Invece, la strategia di
dimostrazione non funziona quando la convergenza a 0 dei termini della serie non
è sufficientemente rapida. Ad esempio, il lettore può facilmente verificare che il
metodo non funziona se applicato alle serie $e^r = \sum_{n=0}^{+\infty} \frac{r^n}{n!}$ per ogni intero $r \geq 2$.

Esercizi

16.1 Usare gli sviluppi in serie $e = \sum_{n \geq 0} \frac{1}{n!}$, $e^{-1} = \sum_{n \geq 0} \frac{(-1)^n}{n!}$ per dimostrare
che $1, e, e^{-1}$ sono linearmente indipendenti su $\mathbb{Q}$ o, equivalentemente, che e non è
radice di un polinomio di secondo grado a coefficienti interi.

16.2 ($\heartsuit$) Dimostrare che $e^{\sqrt{2}}$ è irrazionale.

16.3 Dimostrare l'irrazionalità di $\sin(1)$ e $\cos(1)$ usando gli sviluppi in serie

$$\sin(1) = \sum_{n \geq 0} \frac{(-1)^n}{(2n + 1)!}, \qquad \cos(1) = \sum_{n \geq 0} \frac{(-1)^n}{(2n)!}.$$

16.4 ($\heartsuit$) Sia $a_1, a_2, \ldots, a_n, \ldots$ una successione di interi non negativi tale che $\lim_{n \to \infty} (a_n - a_{n-1}) = +\infty$. Dimostrare che, per ogni intero $q \geq 2$, il numero $l = \sum_{n=1}^{\infty} q^{-a_n}$ è irrazionale.

16.2 L'operatore di derivazione

Possiamo estendere ai polinomi complessi l'usuale operatore di derivazione in maniera puramente algebrica: dato un qualsiasi polinomio $f(x) = a_0 + a_1 x + \cdots + a_n x^n \in \mathbb{C}[x]$, definiamo la sua derivata $f(x)' \in \mathbb{C}[x]$ mediante la formula

$$f(x)' = (a_0 + a_1 x + \cdots + a_n x^n)' = a_1 + 2 a_2 x + \cdots + n a_n x^{n-1}.$$

L'operatore $f(x) \mapsto f(x)'$ è lineare su $\mathbb{C}$ e soddisfa la regola di Leibniz; ciò significa che:

1. $(a f(x))' = a f(x)', a \in \mathbb{C}$;
2. $(f(x) + g(x))' = f(x)' + g(x)'$;
3. $fg(x)' = f(x)'g(x) + f(x)g(x)'$.

Le prime due proprietà sono di immediata verifica. La terza proprietà si può dimostrare direttamente dalla definizione in maniera brutale: infatti, se

$$f(x) = a_0 + a_1 x + \cdots + a_n x^n, \qquad g(x) = b_0 + b_1 x + \cdots + b_m x^m,$$

allora

$$
\begin{aligned}
f(x)'g(x) + f(x)g(x)' &= \Big(\sum_{i=0}^{n} a_i x^i\Big)'\Big(\sum_{j=0}^{m} b_j x^j\Big) + \Big(\sum_{i=0}^{n} a_i x^i\Big)\Big(\sum_{j=0}^{m} b_j x^j\Big)' \\
&= \Big(\sum_{i=0}^{n} i a_i x^{i-1}\Big)\Big(\sum_{j=0}^{m} b_j x^j\Big) + \Big(\sum_{i=0}^{n} a_i x^i\Big)\Big(\sum_{j=0}^{m} j b_j x^{j-1}\Big) \\
&= \sum_{k=0}^{n+m} \sum_{i+j=k} i a_i b_j x^{k-1} + \sum_{k=0}^{n+m} \sum_{i+j=k} j a_i b_j x^{k-1} \\
&= \sum_{k=0}^{n+m} \sum_{i+j=k} k a_i b_j x^{k-1} = \Big(\sum_{k=0}^{n+m} \sum_{i+j=k} a_i b_j x^k\Big)' \\
&= fg(x)'.
\end{aligned}
$$

Esempio 16.5 Per ogni $a, b \in \mathbb{C}$ ed ogni intero positivo n, la derivata di $f(x) = (ax + b)^n$ è $f(x)' = an(ax + b)^{n-1}$. La formula è chiara per $n = 1$; se $n > 1$, ragionando per induzione si ha $f(x) = (ax + b)(ax + b)^{n-1}$ e

$$f(x)' = a(ax + b)^{n-1} + (ax + b)a(n - 1)(ax + b)^{n-2} = an(ax + b)^{n-1}.$$

Se deriviamo due volte un polinomio $f(x) \in \mathbb{C}[x]$ otteniamo la derivata seconda $f(x)''$, e se deriviamo h volte si ottiene la derivata h-esima $f^{(h)}(x)$. In altri termini,

$$f^{(0)}(x) = f(x), \qquad f^{(h)}(x) = f^{(h-1)}(x)' \text{ per } h > 0.$$

Se $f(x)$ non è il polinomio nullo, allora il grado di $f(x)'$ è strettamente minore del grado di $f(x)$. In particolare, se $f(x)$ ha grado d allora $f^{(h)}(x) = 0$ per ogni $h > d$.

Lemma 16.6 *Se $f(x) = \sum_{i=0}^{d} a_i x^i \in \mathbb{C}[x]$, allora $f^{(h)}(0) = h!\, a_h$ per ogni $h \geq 0$, dove si intende $a_h = 0$ per ogni h maggiore di d. In particolare, vale la formula di McLaurin*

$$f(x) = \sum_{h=0}^{+\infty} f^{(h)}(0) \frac{x^h}{h!}.$$

Dimostrazione Per linearità basta dimostrare la formula $f^{(h)}(0) = h!\, a_h$ quando $f(x)$ è un monomio, diciamo $f(x) = a_i x^i$. Allora $f(x)' = i a_i x^{i-1}$, $f(x)'' = i(i-1)a_i x^{i-2}$ e più in generale

$$f^{(h)}(x) = (a_i x^i)^{(h)} = i(i-1)\cdots(i-h+1)a_i x^{i-h} = h!\binom{i}{h}a_i x^{i-h}. \tag{16.1}$$

Dunque $f(0)^h = 0$ per ogni $h \neq i$ e $f(0)^i = i!\, a_i$. $\square$

Lemma 16.7 *Se $f(x) \in \mathbb{Z}[x]$ è un polinomio a coefficienti interi, allora $f^{(h)}(m)$ è un intero divisibile per $h!$, per ogni $h \geq 0$ ed ogni $m \in \mathbb{Z}$.*

Dimostrazione Se $f(x) = \sum_{i=0}^{d} a_i x^i$, per la formula (16.1) si ha

$$f^{(h)}(m) = h! \sum_{i=0}^{d} \binom{i}{h} a_i m^{i-h}$$

che è un intero divisibile per $h!$. $\square$

Lemma 16.8 *Sia $\alpha \in \mathbb{C}$ una radice di molteplicità m del polinomio $f(x) \in \mathbb{C}[x]$. Allora $f^{(h)}(\alpha) = 0$ per ogni $0 \leq h < m$.*

Dimostrazione Se $m = 0, 1$ non c'è nulla da dimostrare. Per induzione su m, basta dimostrare che se se $m \geq 2$ allora α è una radice di molteplicità $\geq m - 1$ del polinomio $f(x)'$. Possiamo scrivere $f(x) = (x - \alpha)g(x)$, con $(x - \alpha)^{m-1}$ che divide $g(x)$; per induzione $(x - \alpha)^{m-2}$ divide $g(x)'$ e, per la formula di Leibniz, la derivata $f(x)' = g(x) + (x - \alpha)g(x)'$ è somma di due polinomi divisibili per $(x - \alpha)^{m-1}$. $\square$

Esercizi

16.9 (formule di Newton–Girard) Dati n numeri complessi $a_1, \ldots, a_n \in \mathbb{C}$ si consideri il polinomio $\sigma(x) = \prod_{i=1}^{n}(1 + a_i x) \in \mathbb{C}[x]$ e le due successioni infinite $\sigma_0 = 1, \sigma_1, \ldots$ e $\psi_1, \psi_2, \ldots$ definite come:

$$\sigma(x) = \prod_{i=1}^{n}(1 + a_i x) = \sum_{i=0}^{n} \sigma_i x^i, \qquad \psi_k = \sum_{i=1}^{n} a_i^k,$$

e $\sigma_j = 0$ per ogni $j > n$. I seguenti punti, svolti nell'ordine proposto, permetteranno di dimostrare le formule:

$$k \sigma_k = \sum_{i=1}^{k} (-1)^{i-1} \psi_i \, \sigma_{k-i}, \quad \text{per ogni } k > 0. \tag{16.2}$$

note con i nomi di *formule di Newton–Girard* e/o di *identità di Newton*.

1. Provare che $\sigma(x)' = \sum_{i=1}^{n} a_i \sigma(x)/(1 + a_i x)$.
2. Fissiamo un intero N sufficientemente grande; dati $p(x), q(x) \in \mathbb{C}[x]$, scriviamo $p(x) \equiv q(x)$ se x^N divide la differenza $p(x) - q(x)$, ossia se i coefficienti di $p(x)$ e $q(x)$ coincidono fino al grado $N - 1$. Provare che

$$a_i \frac{\sigma(x)}{1 + a_i x} \equiv a_i \sigma(x) \sum_{j=0}^{N-1} (-1)^j a_i^j x^j, \quad \sigma(x)' \equiv \sigma(x) \left(\sum_{j=0}^{N-1} (-1)^j \psi_{j+1} x^j \right).$$

3. Dimostrare le formule (16.2) e dedurre che se $\sigma_i \in \mathbb{Z}$ per ogni i, allora anche $\psi_k \in \mathbb{Z}$ per ogni k.

16.3 Irrazionalità di π

Per ogni coppia di interi $p, q \in \mathbb{Z}$, sia $f_{n,p}(x) \in \mathbb{Q}[x]$ definito come

$$f_{n,p}(x) = \begin{cases} \dfrac{x^n (1 - x)^n (1 - 2x)^{2p}}{n!} & \text{se } n, p \geq 0, \\ 0 & \text{altrimenti.} \end{cases}$$

Si verifica immediatamente che $f_{n,p}(0), f_{n,p}(1) \in \mathbb{Z}$ per ogni $n, p \in \mathbb{Z}$, e lasciamo al lettore il semplice compito di verificare che

$$f_{n,p}(x)'' = f_{n-2,p+1}(x) - (8p + 2)f_{n-1,p}(x) + 8p(2p - 1)f_{n,p-1}(x) \tag{16.3}$$

per ogni $n, p \geq 0$.

Teorema 16.10 *Il numero π^2 è irrazionale e quindi, a maggior ragione, anche π è irrazionale.*

Dimostrazione Supponiamo per assurdo che $\pi^2 = a/b$, ossia $a/\pi = b\pi$, con a, b interi positivi. Per ottenere una contraddizione a tale ipotesi, introduciamo le quantità

$$I_{n,p} = \int_0^1 \pi a^{n+p} f_{n,p}(x) \sin(\pi x)dx \in \mathbb{R}, \qquad n, p \in \mathbb{Z},$$

e dimostriamo le seguenti due proprietà incompatibili:

1. esiste $n > 0$ tale che $0 < I_{n,0} < 1$;
2. $I_{n,p} \in \mathbb{Z}$ per ogni n, p.

1) Dato che $0 \le x^n (1-x)^n \sin(\pi x) < 1$ per ogni $x \in [0, 1]$, si hanno le disuguaglianze

$$0 < \int_0^1 \pi a^n f_{n,0}(x) \sin(\pi x)dx < \int_0^1 \pi \frac{a^n}{n!}$$

e quindi $0 < I_{n,0} < 1$ per ogni n tale che $n! \ge \pi a^n$.

2) Per definizione $I_{n,p} = 0$ se $n < 0$ oppure $p < 0$, mentre

$$I_{0,0} = \int_0^1 \pi \sin(\pi x)dx = [-\cos(\pi x)]_0^1 = 2 \in \mathbb{Z}.$$

Dimostriamo adesso per induzione su $n + p$ che $I_{n,p} \in \mathbb{Z}$ per ogni $n, p \ge 0$; quando $n + p > 0$, per la formula di integrazione per parti si ha

$$\begin{aligned}
I_{n,p} &= \int_0^1 \pi a^{n+p} f_{n,p}(x) \sin(\pi x)dx \\
&= \left[-a^{n+p} f_{n,p}(x) \cos(\pi x) \right]_0^1 + \int_0^1 a^{n+p} f_{n,p}(x)' \cos(\pi x)dx \\
&= \left[-a^{n+p} f_{n,p}(x) \cos(\pi x) + \frac{a^{n+p}}{\pi} f_{n,p}(x)' \sin(\pi x) \right]_0^1 \\
&\quad - \int_0^1 \frac{a^{n+p}}{\pi} f_{n,p}(x)'' \sin(\pi x)dx \\
&= a^{n+p}(f_{n,p}(0) + f_{n,p}(1)) - b \int_0^1 \pi a^{n+p-1} f_{n,p}(x)'' \sin(\pi x)dx \\
&= a^{n+p}(f_{n,p}(0) + f_{n,p}(1)) \\
&\quad - b(I_{n-2,p+1} - (8p + 2)I_{n-1,p} + 8p(2p - 1)I_{n,p-1}),
\end{aligned}$$

ed applicando l'ipotesi induttiva si ottiene $I_{n,p} \in \mathbb{Z}$. $\square$

Esercizi

16.11   Completare la seguente traccia di dimostrazione del fatto che, per ogni $\alpha \in \mathbb{Q}$, $\alpha > 0$, i numeri e^α e $\log(1 + \alpha)$ sono irrazionali.

Sia r un intero positivo e supponiamo per assurdo che $e^r = a/b$, con a, b interi positivi. Dimostrare per induzione su $2n + q$ che

$$\int_0^1 b r^{2n+q+1} \frac{x^n(1-x)^n(1-2x)^q}{n!} e^{rx} dx \in \mathbb{Z} \tag{16.4}$$

per ogni $n, q \geq 0$, e poi considerare (16.4) per $q = 0$ ed n molto grande.

16.12   Siano a, b interi non negativi. Utilizzare induzione su b ed integrazione per parti per dimostrare la formula

$$\int_0^1 x^a(1-x)^b dx = \frac{a!\, b!}{(a+b+1)!}, \qquad a, b \in \mathbb{N}.$$

16.13   Completare con i dettagli mancanti la seguente costruzione di serie a coefficienti razionali che convergono abbastanza rapidamente a π. Fissiamo due interi $\alpha \geq 0$ e $\beta > 0$ la cui differenza sia pari, e consideriamo il polinomio

$$p(x) = \frac{(-1)^{(\alpha-\beta)/2}}{2^\beta} x^\alpha (1-x)^{2\beta}.$$

Dato che $p(\sqrt{-1}) = 1$ la divisione euclidea di $1 - p(x)$ per $x^2 + 1$ deve avere resto nullo, ossia esiste $q(x) \in \mathbb{Q}[x]$ tale che $1 - p(x) = q(x)(1 + x^2)$. Tenendo conto che $|p(x)| \leq 1/2$ per ogni $x \in [0, 1]$ si ha

$$\frac{1}{1+x^2} = \frac{q(x)}{1-p(x)} = q(x) \sum_{n=0}^\infty p(x)^n, \qquad x \in [0, 1],$$

$$\pi = 4\arctan(1) = \int_0^1 \frac{4dx}{1+x^2} = \sum_{n=0}^\infty 4 \int_0^1 q(x)p(x)^n dx.$$

Grazie all'Esercizio 16.12, ciascun addendo della serie si può calcolare facilmente in funzione dei coefficienti di $q(x)$.

Ad esempio, per $\alpha = \beta = 1$ si ha $p(x) = x(1-x)^2/2$, $q(x) = 1 - x/2$,

$$\int_0^1 q(x)p(x)^n dx = \int_0^1 \frac{x^n(1-x)^{2n}}{2^n} dx - \int_0^1 \frac{x^{n+1}(1-x)^{2n}}{2^{n+1}} dx$$

$$= \frac{n!(2n)!(5n+3)}{2^{n+1}(3n+2)!}$$

e quindi

$$\pi = \sum_{n=0}^{\infty} \frac{n!(2n)!(5n+3)}{2^{n-1}(3n+2)!} = \sum_{n=0}^{\infty} \frac{5n+3}{2^n \binom{3n}{n}\binom{3n+2}{2}} = 3 + \frac{2}{15} + \frac{13}{1680} + \frac{3}{6160} + \cdots.$$

La somma dei primi 11 termini della serie è $3,14159265358953\ldots$, e calcola π con un errore inferiore a $3 \cdot 10^{-13}$.

Per altre coppie di α e β vedi l'Esercizio 7.9.

16.4 Il teorema di Cantor

Ricordiamo dalla Definizione 4.135 che un numero complesso si dice algebrico se è radice di un polinomio non nullo a coefficienti interi o, equivalentemente, se è radice di un polinomio monico e coefficienti razionali; per passare da una definizione all'altra basta dividere per il coefficiente direttivo o moltiplicare per un denominatore comune dei coefficienti. Abbiamo dimostrato nella Sezione 4.8 che il sottoinsieme $\overline{\mathbb{Q}} \subseteq \mathbb{C}$ dei numeri algebrici è un sottocampo.

Un numero complesso che non è algebrico si dice trascendente; indichiamo con $T \subseteq \mathbb{C}$ il sottoinsieme dei numeri trascendenti.

I numeri trascendenti non solo esistono, ma sono 'di più' dei numeri algebrici, nel senso descritto nel seguente teorema.

Teorema 16.14 (Cantor 1874) *Il sottoinsieme $T \subseteq \mathbb{C}$ dei numeri trascendenti è infinito e non esiste alcuna applicazione surgettiva $\overline{\mathbb{Q}} \to T$.*

Dimostrazione Per ogni intero positivo n indichiamo con $S_n \subseteq \mathbb{C}$ l'insieme dei numeri complessi che sono radice di un polinomio non nullo di grado $\leq n$ i cui coefficienti sono numeri interi compresi tra $-n$ ed n. Dunque un numero è algebrico se e solo se appartiene all'unione degli S_n, ossia $\overline{\mathbb{Q}} = \bigcup_{n=1}^{\infty} S_n$.

Siccome esistono al più $(2n+1)^{n+1}$ polinomi di grado $\leq n$ con coefficienti interi di valore assoluto $\leq n$, e siccome ogni polinomio siffatto e non nullo possiede al più n radici complesse, ne consegue che ogni S_n è un sottoinsieme finito, con al più $n(2n+1)^{n+1}$ elementi. Dato che $\mathbb{R}$ è incontabile (Corollario 13.68) si ha $\mathbb{R} \neq \bigcup_n (S_n \cap \mathbb{R}) = \overline{\mathbb{Q}} \cap \mathbb{R}$ e quindi esiste almeno un numero reale trascendente $\xi \in T \cap \mathbb{R}$. Siccome $\xi \neq 0, \pm 1$ e $\xi^n \in T$ per ogni intero positivo n, segue immediatamente che T è infinito.

Se per assurdo esistesse un'applicazione surgettiva $f : \overline{\mathbb{Q}} \to T$, allora

$$\mathbb{C} = \overline{\mathbb{Q}} \cup f(\overline{\mathbb{Q}}) = \bigcup_{n=1}^{\infty} S_n \cup f(S_n).$$

Ma questo è impossibile perché $S_n \cup f(S_n)$ è un insieme finito per ogni n e l'unione di tali insiemi non può contenere $\mathbb{R}$. $\square$

Esercizi

16.15 Sapendo che $\overline{\mathbb{Q}}$ è un sottocampo di $\mathbb{C}$, dimostrare che esistono applicazioni iniettive $\overline{\mathbb{Q}} \to T$.

16.5 La trascendenza di e

La dimostrazione della trascendenza di e, per certi versi simile alla dimostrazione dell'irrazionalità di π, utilizza la stima numerica di una opportuna successione di integrali di variabile complessa che, per mantenere l'esposizione ad un livello accessibile a studenti del primo anno, verrano presentati nelle sembianze di 'misteriose' serie di potenze, cf. Esercizio 16.19.

Data la successione di numeri complessi $a_n = b_n + i c_n$, con $b_n, c_n \in \mathbb{R}$, la serie $\sum_{n=0}^{\infty} a_n$ si dice assolutamente convergente se entrambe le serie reali $\sum_{n=0}^{\infty} b_n$ e $\sum_{n=0}^{\infty} c_n$ sono assolutamente convergenti, ed in tal caso definisce $\sum_{n=0}^{\infty} a_n = \sum_{n=0}^{\infty} b_n + i \sum_{n=0}^{\infty} c_n$. Come nel caso reale, si possono fare somme e prodotti di Cauchy di serie complesse assolutamente convergenti in piena sicurezza e con risultato garantito.

Siccome $\max(|b_n|, |c_n|) \le |a_n| \le |b_n| + |c_n|$, l'assoluta convergenza della serie $\sum_{n=0}^{\infty} a_n$ equivale alla convergenza di $\sum_{n=0}^{\infty} |a_n|$. Ad esempio, la serie esponenziale

$$e^z = \sum_{n=0}^{\infty} \frac{z^n}{n!}$$

è assolutamente convergente per ogni $z \in \mathbb{C}$. Allo stesso modo del caso reale si dimostra che $e^{z+w} = e^z e^w$ per ogni $z, w \in \mathbb{C}$ ed in particolare, per ogni $r, \theta \in \mathbb{R}$, si ha $e^{r+i\theta} = e^r e^{i\theta}$. Inoltre,

$$e^{i\theta} = \sum_{n=0}^{\infty} i^n \frac{\theta^n}{n!} = \sum_{m=0}^{\infty} (-1)^m \frac{\theta^{2m}}{(2m)!} + i \sum_{m=0}^{\infty} (-1)^m \frac{\theta^{2m+1}}{(2m+1)!}$$

e confrontando con i ben noti sviluppi in serie di seno e coseno ricaviamo la formula

$$e^{i\theta} = \cos\theta + i \sin\theta.$$

Ad ogni polinomio $f(x) \in \mathbb{C}[x]$ associamo la successione di funzioni polinomiali

$$H_{f(x)}^n \colon \mathbb{C} \to \mathbb{C}, \qquad n = 1, 2, \ldots$$

definita dalle formule

$$H_{f(x)}^1(z) = \sum_{h=0}^{\infty} f^{(h)}(z), \qquad H_{f(x)}^n(z) = H_{x^{n-1} f(x)^n}^1(z), \qquad n \ge 1,\, z \in \mathbb{C}.$$

Notiamo che nella definizione di $H^1_{f(x)}$ la sommatoria è finita in quanto $f^{(h)}(x) = 0$ non appena h supera il grado di $f(x)$.

Lemma 16.16 *Siano $f(x) \in \mathbb{Z}[x]$ un polinomio a coefficienti interi e p un numero primo. Nelle notazioni precedenti:*

1. *se p non divide $f(0)$, allora $H^p_{f(x)}(0)$ è un intero divisibile per $(p-1)!$ ma non per $p!$;*
2. *se $m \in \mathbb{Z}$ e $f(m) = 0$, allora $H^p_{f(x)}(m)$ è un intero divisibile per $p!$.*

Dimostrazione Denotiamo $g(x) = x^{p-1} f(x)^p$.

1) Scrivendo $f(x) = f(0) + xq(x)$, con $q(x) \in \mathbb{Z}[x]$, si ha:

$$g(x) = x^{p-1} \sum_{i=0}^{p} \binom{p}{i} f(0)^{p-i} x^i q(x)^i = f(0)^p x^{p-1} + a_p x^p + a_{p+1} x^{p+1} + \cdots,$$

con $a_i \in \mathbb{Z}$ per ogni i. Per il Lemma 16.6 si ha $g^{(h)}(0) = 0$ per $h < p-1$, $g^{(p-1)}(0) = (p-1)! f(0)^p$ e $g^{(h)}(0) = h! a_h$ per ogni $h \geq p$. Dunque,

$$H^p_{f(x)}(0) = H^1_{g(x)}(0) = \sum_{h \geq 0} g^{(h)}(0) = f(0)^p (p-1)! + \sum_{h \geq p} h! a_h.$$

Ogni addendo della sommatoria $\sum_{h \geq p} h! a_h$ è divisibile per $p!$ e quindi $(p-1)!$ divide $H^p_{f(x)}(0)$. Il primo p non divide il prodotto $(p-1)! f(0)^p$, altrimenti dovrebbe dividere almeno uno dei fattori, contrariamente alle ipotesi. A maggior ragione $p!$ non divide né $(p-1)! f(0)^p$ né $H^p_{f(x)}(0)$.

2) Se $m \in \mathbb{Z}$ e $f(m) = 0$ allora il polinomio $(x-m)$ divide $f(x)$, dunque $(x-m)^p$ divide $g(x)$; per il Lemma 16.8 $g^{(h)}(m) = 0$ per ogni $h < p$ e quindi $H^p_{f(x)}(0) = \sum_{h \geq p} g^{(h)}(m)$. Siccome $g(x) \in \mathbb{Z}[x]$, per Lemma 16.7 il numero $g^{(h)}(m)$ è un intero divisibile per $h!$, per ogni $h > 0$. $\square$

Consideriamo adesso, per ogni polinomio $f(x) \in \mathbb{C}[x]$ ed ogni intero positivo n, la funzione

$$I^n_{f(x)} : \mathbb{C} \to \mathbb{C}, \qquad I^n_{f(x)}(z) = e^z H^n_{f(x)}(0) - H^n_{f(x)}(z).$$

Ad esempio, $I^1_1(z) = e^z - 1$, $I^1_x(z) = I^2_1(z) = e^z - z - 1$, $I^1_{x^2}(z) = I^3_1(z) = 2e^z - z^2 - 2z - 2$ eccetera.

Lemma 16.17 *Siano $f(x) \in \mathbb{C}[x]$ ed r un numero reale positivo. Allora esiste un numero reale positivo C tale che $|I^n_{f(x)}(z)| \leq C^n$ per ogni $n > 0$ ed ogni $z \in \mathbb{C}$ tale che $|z| \leq r$.*

Dimostrazione   Denotiamo con $\Delta(r) = \{z \in \mathbb{C} \mid |z| \le r\}$ e, per ogni polinomio $f(x) = \sum_{i=0}^{d} a_i x^i \in \mathbb{C}[x]$, con

$$\|f(x)\|_r = \sum_{i=0}^{d} |a_i| r^i = \sum_{i=0}^{d} \frac{|f^{(i)}(0)|}{i!} r^i \in \mathbb{R}.$$

Le disuguaglianze $|z + w| \le |z| + |w|$ e $|zw| \le |z||w|$ implicano che:

1. $|f(z)| \le \|f(x)\|_r$ per ogni $z \in \Delta(r)$;
2. $\|f(x) + g(x)\|_r \le \|f(x)\|_r + \|g(x)\|_r$ e $\|f(x)g(x)\|_r \le \|f(x)\|_r \|g(x)\|_r$ per ogni $f, g \in \mathbb{C}[x]$ ed ogni $r > 0$.

Infatti, se $f(x) = \sum_i a_i x^i$, $g(x) = \sum_j b_j x^j$ e $z \in \Delta(r)$, allora

$$|f(z)| = \left| \sum_i a_i z_i \right| \le \sum_i |a_i z^i| \le \sum_i |a_i| r^i = \|f(x)\|_r,$$

$$\|f(x) + g(x)\|_r = \sum_i |a_i + b_i| r^i \le \sum_i (|a_i| + |b_i|) r^i = \|f(x)\|_r + \|g(x)\|_r,$$

$$\|f(x)g(x)\|_r = \left\| \sum_{i,j} a_i b_j x^i x^j \right\|_r$$

$$\le \sum_{i,j} \|a_i x^i b_j x^j\|_r = \sum_{i,j} |a_i||b_j| r^i r^j = \|f(x)\|_r \|g(x)\|_r.$$

Mostriamo adesso che per ogni $f(x) \in \mathbb{C}[x]$ e per ogni $z \in \Delta(r)$ vale la disuguaglianza

$$|I^1_{f(x)}(z)| \le r e^r \|f(x)\|_r. \tag{16.5}$$

Usando gli sviluppi di McLaurin

$$e^z = \sum_{n=0}^{\infty} \frac{z^n}{n!}, \qquad f^{(p)}(z) = \sum_{n=0}^{\infty} \frac{z^n}{n!} f^{(p+n)}(0),$$

otteniamo

$$I^1_{f(x)}(z) = e^z H^1_{f(x)}(0) - H^1_{f(x)}(z) = e^z \sum_{p=0}^{\infty} f^{(p)}(0) - \sum_{p=0}^{\infty} f^{(p)}(z)$$

$$= \sum_{n,p=0}^{\infty} \frac{z^n}{n!} f^{(p)}(0) - \sum_{n,p=0}^{\infty} \frac{z^n}{n!} f^{(p+n)}(0) = \sum_{n=0}^{\infty} \frac{z^n}{n!} \sum_{p=0}^{n-1} f^{(p)}(0).$$

Ponendo $q = n - 1 - p$ si ottiene

$$I^1_{f(x)}(z) = z \sum_{p,q=0}^{\infty} \frac{z^p z^q}{(p + q + 1)!} f^{(p)}(0)$$

e per la disuguaglianza triangolare

$$|I^1_{f(x)}(z)| \le |z| \sum_{p,q=0}^{\infty} \frac{|z^q||z^p|}{(p+q+1)!}|f^{(p)}(0)| \le r \sum_{p,q=0}^{\infty} \frac{r^q\,r^p}{q!\,p!}|f^{(p)}(0)|$$

$$\le r\left(\sum_{q=0}^{\infty} \frac{r^q}{q!}\right)\left(\sum_{p=0}^{\infty} \frac{r^p}{p!}|f^{(p)}(0)|\right) = re^r\|f(x)\|_r.$$

Siamo adesso in grado di dimostrare che il numero $C = re^r\|f(x)\|_r$ soddisfa le condizioni del lemma. Fissato un intero positivo n e $z \in \Delta(r)$, denotando $g(x) = x^{n-1}f(x)^n$, per (16.5) si ha

$$|I^n_{f(x)}(z)| = |I^1_{g(x)}(z)| \le re^r\|g(x)\|_r \le re^r r^{n-1}\|f(x)\|_r^n,$$

e siccome $1 \le e^r \le e^{nr}$ si ottiene $|I^n_{f(x)}(z)| \le r^n e^{nr}\|f(x)\|_r^n = C^n$. $\square$

Teorema 16.18 (Hermite 1873) *Il numero*

$$e = \sum_{n=0}^{+\infty} \frac{1}{n!} = 2{,}718281828459045235360287 4\ldots$$

è trascendente.

Dimostrazione Supponiamo per assurdo che e sia algebrico, e sia m il più piccolo grado di un polinomio a coefficienti interi che abbia e come radice; allora si ha una relazione

$$a_1 e + a_2 e^2 + \cdots + a_m e^m = q, \qquad q, a_1, \ldots, a_m \in \mathbb{Z},$$

e vale $q \ne 0$ perché altrimenti, dividendo per e si avrebbe $a_1 + a_2 e + \cdots + a_m e^{m-1} = 0$ in contraddizione con la scelta di m.

Consideriamo il polinomio $f(x) = (x-1)(x-2)\cdots(x-m) \in \mathbb{Z}[x]$ e la successione di numeri complessi

$$J^n = a_1 I^n_{f(x)}(1) + \cdots + a_m I^n_{f(x)}(m) = \sum_{i=1}^{m} a_i e^i H^n_{f(x)}(0) - \sum_{i=1}^{m} a_i H^n_{f(x)}(i)$$

$$= qH^n_{f(x)}(0) - \sum_{i=1}^{m} a_i H^n_{f(x)}(i), \qquad n > 0.$$

Per il Lemma 16.17 esiste un numero reale $C > 0$ tale che $|I^n_{f(x)}(i)| \le C^n$ per ogni $n > 0$ ed ogni $i = 1, \ldots, m$; in particolare,

$$|J^n| \le (|a_1| + \cdots + |a_m|)C^n \qquad \text{per ogni } n > 0. \tag{16.6}$$

Consideriamo adesso un numero primo $p > \max(q, |f(0)|)$; siccome $f(1) = f(2) = \cdots = f(m) = 0$, per il Lemma 16.16 il numero $qH_{f(x)}^{p}(0)$ è un intero divisibile per $(p-1)!$ ma non per $p!$, mentre $H_{f(x)}^{p}(i)$ è divisibile per $p!$ per ogni $i = 1, \ldots, m$. Se ne deduce che $J^{p} = qH_{f(x)}^{p}(0) - \sum_{i=1}^{m} a_i H_{f(x)}^{p}(i)$ è un intero divisibile per $(p-1)!$ ma non per $p!$. In particolare $|J^{p}| \geq (p-1)!$, in contraddizione con la stima (16.6) per p molto grande. $\square$

Esercizi

16.19 Dato $f(x) \in \mathbb{R}[x]$, provare che la restrizione di $I_{f(x)}^{n}$ all'asse reale è uguale alla soluzione del problema di Cauchy $\gamma'(z) = \gamma(z) + z^{n-1} f(z)^{n}$, $\gamma(0) = 0$, che si risolve nel modo standard $\gamma(z) = e^{z} \int_{0}^{z} x^{n-1} f(x)^{n} e^{-x} dx$.

16.6 Polinomi simmetrici

La definizione e le regole di calcolo dei polinomi in una indeterminata si estendono in maniera naturale ai polinomi in più lettere. Allo scopo di fissare notazioni e terminologia, ricordiamo che un monomio in $x_1, \ldots, x_n$ a coefficienti interi è una espressione del tipo

$$ax_1^{i_1} \cdots x_n^{i_n}, \qquad a \in \mathbb{Z}, \quad i_1, \ldots, i_n \geq 0.$$

Indichiamo con $\mathbb{Z}[x_1, \ldots, x_n]$ l'insieme di tutti i polinomi in $x_1, \ldots, x_n$ a coefficienti interi, definiti come somme finite di monomi, nelle stesse indeterminate, a coefficienti interi.

Definizione 16.20 Un polinomio $p \in \mathbb{Z}[x_1, \ldots, x_n]$ si dice **simmetrico** se è invariante per permutazioni delle indeterminate, ossia se

$$p(x_1, \ldots, x_n) = p(x_{\sigma(1)}, \ldots, x_{\sigma(n)})$$

per ogni $\sigma: \{1, \ldots, n\} \to \{1, \ldots, n\}$ bigettiva.

Ad esempio, in $\mathbb{Z}[x_1, x_2]$ sono simmetrici i polinomi

$$x_1 + x_2, \quad x_1 x_2, \quad x_1^2 + x_2^2 = (x_1 + x_2)^2 - 2x_1 x_2, \quad x_1^2 x_2^2, \quad x_1^3 x_2 + x_1 x_2^3,$$

mentre non sono simmetrici i polinomi x_1, x_2, $x_1 + 2x_2$ e $x_1 x_2^2$.

Dato che somme e prodotti di polinomi simmetrici sono ancora simmetrici, se $p_1, \ldots, p_m \in \mathbb{Z}[x_1, \ldots, x_n]$ sono simmetrici, allora per ogni $q \in \mathbb{Z}[y_1, \ldots, y_m]$ il polinomio $q(p_1, \ldots, p_m) \in \mathbb{Z}[x_1, \ldots, x_n]$, ottenuto mettendo al posto di y_i il polinomio p_i ed eseguendo le dovute operazioni algebriche, è simmetrico.

Definizione 16.21   Le **funzioni simmetriche elementari**, nelle indeterminate $x_1, \ldots, x_n$, sono i polinomi simmetrici $\sigma_1, \ldots, \sigma_n \in \mathbb{Z}[x_1, \ldots, x_n]$ definiti dalla relazione

$$t^n + \sigma_1(x_1, \ldots, x_n)t^{n-1} + \cdots + \sigma_n(x_1, \ldots, x_n) = \prod_{i=1}^{n}(t + x_i).$$

In altre parole, i valori delle funzioni simmetriche elementari calcolate su di una n-upla di numeri complessi $(a_1, \ldots, a_n)$ sono i coefficienti del polinomio monico di grado n che ha come radici $-a_1, \ldots, -a_n$. Per $n = 2$ le funzioni simmetriche elementari sono $\sigma_1 = x_1 + x_2$ e $\sigma_2 = x_1 x_2$, mentre per $n = 3$ si ha

$$\sigma_1 = x_1 + x_2 + x_3, \quad \sigma_2 = x_1 x_2 + x_2 x_3 + x_1 x_3, \quad \sigma_3 = x_1 x_2 x_3.$$

In generale, per la funzione $\sigma_k \in \mathbb{Z}[x_1, \ldots, x_n]$ si ha

$$\sigma_k = \sum_{1 \le i_1 < \cdots < i_k \le n} x_{i_1} \cdots x_{i_k}.$$

Il grado di un polinomio è il massimo grado dei monomi non nulli di cui è somma, dove il grado del monomio $a x_1^{i_1} \cdots x_n^{i_n}$, $a \ne 0$, è per definizione uguale a $i_1 + \cdots + i_n$. Ad esempio, nella funzione simmetrica elementare σ_k ogni monomio non nullo ha grado k.

Teorema 16.22   *Ogni polinomio simmetrico a coefficienti interi si può esprimere come un polinomio a coefficienti interi nelle funzioni simmetriche elementari.*

In altri termini, un polinomio $p \in \mathbb{Z}[x_1, \ldots, x_n]$ è simmetrico se e solo se esiste un polinomio $q \in \mathbb{Z}[y_1, \ldots, y_n]$ tale che $p(x_1, \ldots, x_n) = q(\sigma_1, \ldots, \sigma_n)$.

Dimostrazione   Consideriamo le indeterminate non come un semplice insieme ma come una successione ordinata. Possiamo allora affiancare al grado un'altra quantità già ampiamente utilizzata nella cosiddetta teoria algebrica degli invarianti.

Definizione 16.23   Il **peso** di un monomio non nullo $a x_1^{i_1} \cdots x_n^{i_n}$ è il numero intero $\sum_k k i_k = i_1 + 2i_2 + \cdots + n i_n$. Il peso di un polinomio è uguale al massimo peso dei suoi monomi.[1] Un polinomio in cui tutti i monomi hanno lo stesso peso si dice isobaro.

Ad esempio, il polinomio $x_1 x_2^4 + x_3^4 \in \mathbb{Z}[x_1, x_2, x_3]$ ha grado 5 e peso 12. Nella funzione simmetrica $\sigma_k \in \mathbb{Z}[x_1, \ldots, x_n]$ il monomio $x_{n-k+1} \cdots x_{n-1} x_n$ è quello di peso più alto, e tutti gli altri monomi hanno peso strettamente minore.

Dimostriamo per induzione sul peso che ogni polinomio simmetrico $p \in \mathbb{Z}[x_1, \ldots, x_n]$ si può scrivere come somma di polinomi del tipo $a \sigma_1^{\alpha_1} \cdots \sigma_n^{\alpha_n}$, con

---

[1] Questa definizione è quella che usava Hilbert nel 1897 ed è un caso particolare della nozione contemporanea di peso, più astratta e generale.

$a \in \mathbb{Z}$ e $\alpha_1, \ldots, \alpha_n \geq 0$ (con la convenzione che $\sigma_i^0 = 1$). Sia m il peso di p, se $m = 0$ allora p contiene solo il termine costante ed il risultato è banalmente verificato. Supponiamo $m > 0$ e scriviamo $p = p_{<m} + p_m$, dove ogni monomio non nullo di p_m ha peso m ed ogni monomio non nullo di $p_{<m}$ ha peso minore di m.

Dalla simmetria di p segue che ogni monomio di p_m è del tipo $a x_1^{i_1} x_2^{i_2} \cdots x_n^{i_n}$ con $a \in \mathbb{Z}$ e $i_1 \leq i_2 \leq \cdots \leq i_n$: se per assurdo p_m contenesse un monomio $a x_1^{i_1} x_2^{i_2} \cdots x_n^{i_n}$ con $i_k > i_{k+1}$ per qualche indice k, allora la simmetria imporrebbe a p di contenere anche il monomio $a x_1^{i_1} \cdots x_k^{i_{k+1}} x_{k+1}^{i_k} \cdots x_n^{i_n}$ che però ha peso strettamente maggiore di m, in contraddizione con la definizione di p_m.

Quindi, se poniamo

$$y_i = x_{n-i+1} x_{n-i+2} \cdots x_n, \qquad i = 1, \ldots, n,$$

si ha

$$a x_1^{i_1} x_2^{i_2} \cdots x_n^{i_n} = a y_n^{i_1} x_2^{i_2-i_1} x_3^{i_3-i_1} \cdots x_n^{i_n-i_1} = a y_n^{i_1} y_{n-1}^{i_2-i_1} x_3^{i_3-i_2} \cdots x_n^{i_n-i_2} = \cdots$$

che alla fine diventa

$$a x_1^{i_1} x_2^{i_2} \cdots x_n^{i_n} = a y_n^{b_n} \cdots y_1^{b_1}, \quad b_n = i_1, \ b_{n-1} = i_2 - i_1, \ \ldots$$

Abbiamo quindi dimostrato che esiste un polinomio $q \in \mathbb{Z}[y_1, \ldots, y_n]$ tale che $p_m(x_1, \ldots, x_n) = q(y_1, \ldots, y_n)$. Basta adesso osservare che $q(y_1, \ldots, y_n)$ è la somma dei monomi di peso m in $q(\sigma_1, \ldots, \sigma_n)$ e che il polinomio $p(x_1, \ldots, x_n) - q(\sigma_1, \ldots, \sigma_n)$ è simmetrico di peso $< m$. Possiamo quindi applicare l'ipotesi induttiva e concludere la dimostrazione. $\square$

Esempio 16.24 Se indichiamo con $\psi_k \in \mathbb{Z}[x_1, \ldots, x_n]$ la somma delle potenze k-esime

$$\psi_k(x_1, \ldots, x_n) = x_1^k + \cdots + x_n^k \in \mathbb{Z}[x_1, \ldots, x_n],$$

allora ogni ψ_k è un polinomio simmetrico e quindi un polinomio a coefficienti interi nelle funzioni simmetriche elementari (cf. Esercizio 16.9):

$$\psi_0 = 1, \quad \psi_1 = \sigma_1, \quad \psi_2 = \sigma_1^2 - 2\sigma_2, \quad \psi_3 = \sigma_1^3 - 3\sigma_1\sigma_2 + 3\sigma_3,$$

$$\psi_4 = \sigma_1^4 - 4\sigma_1^2\sigma_2 + 4\sigma_1\sigma_3 + 2\sigma_2^2 - 4\sigma_4 \quad \text{eccetera.}$$

Esempio 16.25 Usiamo il Teorema 16.22 per ridimostrare che il prodotto di due numeri algebrici è ancora un numero algebrico. Siano α_1, α_2 due numeri algebrici, diciamo $p_1(\alpha_1) = p_1(\alpha_2) = 0$, con $p_1(x), p_2(x)$ polinomi monici a coefficienti razionali. Per il teorema fondamentale dell'algebra possiamo trovare una successione $\alpha_1, \ldots, \alpha_n$ di numeri algebrici tali che

$$p_1(x) p_2(x) = (x - \alpha_1) \cdots (x - \alpha_n) = x^n - \sigma_1 x^{n-1} + \cdots + (-1)^n \sigma^n \in \mathbb{Q}[x].$$

I coefficienti del polinomio $q(x) = \prod_{i,j=1}^{n}(x - \alpha_i \alpha_j)$ sono polinomi simmetrici a coefficienti interi in $\alpha_1, \ldots, \alpha_n$ e quindi si rappresentano come polinomi a coefficienti interi in $\sigma_1, \ldots, \sigma_n$. In particolare $q(x) \in \mathbb{Q}[x]$ e $\alpha_1 \alpha_2$ è una radice di $q(x)$.

Esercizi

16.26 Siano $p(x, y) \in \mathbb{Z}[x, y]$ e n un intero positivo tali che $p(tx, ty) = t^n p(x, y)$ per ogni $t \in \mathbb{N}$. Provare che $p(x, y)$ è omogeneo di grado n, ossia che è somma di monomi del tipo $a_i x^i y^{n-i}$, con $a_i \in \mathbb{Z}$ e $0 \le i \le n$.

16.27 Sia $A \in M_{n,n}(\mathbb{C})$ il cui polinomio caratteristico ha coefficienti interi. Dimostrare che lo stesso vale per tutte le potenze A^p, $p > 0$.

16.28 Indichiamo come al solito con $\sigma_1, \ldots, \sigma_n \in \mathbb{Z}[x_1, \ldots, x_n]$ le funzioni simmetriche elementari. Provare che se $0 \ne q \in \mathbb{Z}[y_1, \ldots, y_n]$, allora $0 \ne q(\sigma_1, \ldots, \sigma_n) \in \mathbb{Z}[x_1, \ldots, x_n]$.

16.29 Provare che per ogni $a_1, \ldots, a_k \in \overline{\mathbb{Q}}$ esiste un intero $n \ge k$ ed un polinomio monico $f(x) \in \mathbb{Q}[x]$ di grado n che è divisibile in $\overline{\mathbb{Q}}[x]$ per il polinomio $(x - a_1) \cdots (x - a_k)$.

16.30 (♣) Fissati due interi $0 < k \le n$ indichiamo con $\mathbb{D}_{k,n}$ l'insieme di tutte le applicazioni iniettive $\sigma \colon \{1, \ldots, k\} \to \{1, \ldots, n\}$. Dimostrare che i coefficienti delle potenze di t del polinomio

$$p(t, x_1, \ldots, x_n) = \prod_{\sigma \in \mathbb{D}_{k,n}} (t^k + x_{\sigma(1)} t^{k-1} + \cdots + x_{\sigma(k)})$$

sono polinomi simmetrici in $x_1, \ldots, x_n$. Usare questo fatto e l'Esercizio 16.29 per dimostrare che:

1. ogni polinomio monico in $\overline{\mathbb{Q}}[t]$ divide un polinomio monico in $\mathbb{Q}[t]$;
2. ogni polinomio di grado positivo a coefficienti in $\overline{\mathbb{Q}}$ possiede radici in $\overline{\mathbb{Q}}$.

16.31 (Binet generalizzato, cf. Esercizio 12.50) Siano $A \in M_{n,m}(\mathbb{K})$ e $B \in M_{m,n}(\mathbb{K})$ matrici fissate, con $n \le m$, e denotiamo con X la matrice diagonale $m \times m$ i cui coefficienti sulla diagonale principale sono m indeterminate distinte $x_1, \ldots, x_m$.

Dimostrare che ogni coefficiente della matrice AXB è un polinomio omogeneo di grado 1 nelle variabili $x_1, \ldots, x_m$, e rispondere alle seguenti domande sul polinomio $p(x_1, \ldots, x_m) = \det(AXB)$: qual è il suo grado, quanto vale quando poniamo uguali a 0 almeno $m - n + 1$ variabili distinte x_i, quanto vale quando poniamo uguali a 0 esattamente $m - n$ variabili distinte x_i, chi sono i suoi coefficienti, quanto vale $p(1, \ldots, 1)$?

16.7 La trascendenza di π

La dimostrazione della trascendenza di π segue le stesse idee generali di quella per il numero e, ma richiede in aggiunta il Teorema 16.22 e opportune estensioni dei Lemmi 16.7 e 16.16.

Lemma 16.32 *Siano* $\alpha_1, \ldots, \alpha_n \in \mathbb{C}$ *ed* $a \neq 0$ *un intero tali che*

$$a(x - \alpha_1) \cdots (x - \alpha_n) \in \mathbb{Z}[x].$$

Allora, fissato un intero $m \geq 0$ *si ha*

$$\frac{a^{m-h}}{h!} \sum_{i=1}^{n} f^{(h)}(\alpha_i) \in \mathbb{Z} \tag{16.7}$$

per ogni $h \geq 0$ *ed ogni polinomio* $f(x)$ *a coefficienti interi di grado minore o uguale a* m.

Dimostrazione Il polinomio

$$(t + a\alpha_1) \cdots (t + a\alpha_n) = t^n + \sum_{i=1}^{n} \sigma_i(a\alpha_1, \ldots, a\alpha_n)t^{n-i},$$

nella lettera t, ha coefficienti interi. Infatti, per ipotesi si ha

$$a(x - \alpha_1) \cdots (x - \alpha_n) = ax^n + a_1 x^{n-1} + \cdots + a_n, \qquad a, a_1, \ldots, a_n \in \mathbb{Z},$$

e sostituendo x con $-t/a$ troviamo

$$(t + a\alpha_1) \cdots (t + a\alpha_n) = t^n - a_1 t^{n-1} + a a_2 t^{n-2} \pm \cdots \pm a^{n-1} a_n.$$

Dunque $\sigma_i(a\alpha_1, \ldots, a\alpha_n) \in \mathbb{Z}$ per ogni $i = 1, \ldots, n$. Abbiamo visto nell'Esempio 16.24 che, per ogni $k \geq 0$, la somma

$$\sum_{i=1}^{n}(a\alpha_i)^k = \psi_k(a\alpha_1, \ldots, a\alpha_n)$$

si può esprimere come un polinomio a coefficienti interi nelle funzioni simmetriche elementari $\sigma_i(a\alpha_1, \ldots, a\alpha_n)$ e di conseguenza $\sum_{i=1}^{n}(a\alpha_i)^k \in \mathbb{Z}$ per ogni $k \geq 0$.

Alla stessa conclusione si può arrivare per induzione su k utilizzando le formule di Newton–Girard (Esercizio 16.9).

Se (16.7) è vera per due polinomi di grado $\leq m$, allora è vero anche per la loro somma; non è quindi restrittivo supporre $f(x) = bx^q$ con $b \in \mathbb{Z}$ e $q \leq m$. Se $h > q$ vale $f^{(h)}(x) = 0$, mentre se $h \leq q$ si ha $f^{(h)}(x) = h!\binom{q}{h}bx^{q-h}$ e

$$\frac{a^{m-h}}{h!} \sum_{i=1}^{n} f^{(h)}(\alpha_i) = a^{m-h}\binom{q}{h}b \sum_{i=1}^{n} \alpha_i^{q-h} = a^{m-q}\binom{q}{h}b \sum_{i=1}^{n} (a\alpha_i)^{q-h} \in \mathbb{Z}. \quad \square$$

Lemma 16.33 *Siano p un numero primo, $\alpha_1, \ldots, \alpha_n \in \mathbb{C}$ e $a \in \mathbb{Z}$ tali che*

$$a(x - \alpha_1) \cdots (x - \alpha_n) \in \mathbb{Z}[x].$$

Consideriamo il polinomio $f(x) = a^{n+1}(x - \alpha_1) \cdots (x - \alpha_n) \in \mathbb{Z}[x]$ e la funzione $H^p_{f(x)}: \mathbb{C} \to \mathbb{C}$ definita nella Sezione 16.5:

1. se p non divide $f(0)$, allora $H^p_{f(x)}(0)$ è un intero divisibile per $(p-1)!$ ma non per $p!$;

2. la sommatoria $\sum_{i=1}^{n} H^p_{f(x)}(\alpha_i)$ è un intero divisibile per $p!$.

Dimostrazione Dato che $f(x) \in \mathbb{Z}[x]$, il primo punto è gia stato dimostrato nel Lemma 16.16. Denotando $m = pn + p - 1$ e $g(x) = x^{p-1}f(x)^p$ si ha $g(x) = a^{pn}q(x)$ dove

$$q(x) = a^p x^{p-1}(x - \alpha_1)^p \cdots (x - \alpha_n)^p,$$

è un polinomio a coefficienti interi di grado m. Per definizione

$$\sum_{i=1}^{n} H^p_{f(x)}(\alpha_i) = \sum_{i=1}^{n} \sum_{h=0}^{\infty} g^{(h)}(\alpha_i) = \sum_{h=0}^{\infty} a^{pn} \sum_{i=1}^{n} q^{(h)}(\alpha_i)$$

e per concludere è sufficiente dimostrare che $\sum_{i=1}^{n} q^{(h)}(\alpha_i) = 0$ se $h < p$ e che $a^{pn} \sum_{i=1}^{n} q^{(h)}(\alpha_i)$ è un intero divisibile per $p!$ se $h \geq p$.

Ogni α_i è radice di $q(x)$ di molteplicità almeno p e quindi $q^{(h)}(\alpha_i) = 0$ per ogni $h < p$. Se $h \geq p$, allora $np > m - h$ e per il Lemma 16.32 la sommatoria $a^{pn} \sum_{i=1}^{n} q^{(h)}(\alpha_i)$ è un intero divisibile per $h!$, ed a maggior ragione per $p!$. $\quad \square$

Teorema 16.34 (Lindemann 1882) *La costante di Archimede*

$$\pi = 3{,}14159265358979323846264338327950288419716939937510 58\ldots$$

è trascendente.

Dimostrazione   Denotiamo $\theta_1 = i\pi$ e supponiamo per assurdo che π sia algebrico. Siccome l'unità immaginaria i è un numero algebrico ed il prodotto di due numeri algebrici è ancora algebrico, per il teorema fondamentale dell'algebra possiamo estendere θ_1 ad una successione $\theta_1, \ldots, \theta_d$ di numeri complessi tali che

$$g(x) = \prod_{i=1}^{d} (x - \theta_i) \in \mathbb{Q}[x];$$

in particolare, $\sigma_i(-\theta_1, \ldots, -\theta_d) \in \mathbb{Q}$ per ogni $i = 1, \ldots, d$. Consideriamo adesso il polinomio monico di grado 2^d

$$h(x) = \prod_{a_1, \ldots, a_d = 0,1} (x - a_1\theta_1 - \cdots - a_d\theta_d),$$

che ha come radici, contate con molteplicità, i 2^d numeri complessi

$$a_1\theta_1 + \cdots + a_d\theta_d, \qquad a_1, \ldots, a_d \in \{0, 1\}.$$

Indichiamo con q la molteplicità di $x = 0$ come radice di $h(x)$; per costruzione q è uguale al numero di successioni $a_1, \ldots, a_d \in \{0, 1\}$ tali che $\sum a_i\theta_i = 0$ e dunque $q > 0$. Inoltre, per il teorema delle funzioni simmetriche 16.22, ogni coefficiente di $h(x)$ è un polinomio a coefficienti interi nelle funzioni simmetriche elementari $\sigma_i(-\theta_1, \ldots, -\theta_d)$; di conseguenza $h(x)$ ha coefficienti razionali; scegliamo un intero $a > 0$ tale che $ah(x) \in \mathbb{Z}[x]$.

Indichiamo con $\alpha_1, \ldots, \alpha_m$ le radici non nulle di $h(x)$, contate con molteplicità; allora $m = 2^d - q$ e $a\prod_{i=1}^{m}(x - \alpha_i) = ah(x)/x^q \in \mathbb{Z}[x]$. Per ogni intero positivo n consideriamo le funzioni $I_{f(x)}^n : \mathbb{C} \to \mathbb{C}$, definite nella Sezione 16.5, associate al polinomio

$$f(x) = a^{m+1}\frac{h(x)}{x^q} = a^{m+1}(x - \alpha_1)\cdots(x - \alpha_m) \in \mathbb{Z}[x].$$

Se

$$J^n = I_{f(x)}^n(\alpha_1) + \cdots + I_{f(x)}^n(\alpha_m),$$

per il Lemma 16.17 esiste un numero reale C tale che $|I_{f(x)}^n(\alpha_i)| \le C^n$ per ogni $i = 1, \ldots, m$ ed ogni $n > 0$, e quindi

$$|J^n| \le mC^n \qquad \text{per ogni } n > 0. \tag{16.8}$$

Siccome $e^0 + e^{\theta_1} = 1 + e^{i\pi} = 0$ si ha

$$0 = (e^0 + e^{\theta_1})\cdots(e^0 + e^{\theta_d}) = q + e^{\alpha_1} + \cdots + e^{\alpha_m}$$

e possiamo scrivere

$$-J^n = -\sum_{i=1}^{m} e^{\alpha_i} H^n_{f(x)}(0) + \sum_{i=1}^{m} H^n_{f(x)}(\alpha_i) = qH^n_{f(x)}(0) + \sum_{i=1}^{m} H^n_{f(x)}(\alpha_i).$$

Sia adesso p un primo strettamente maggiore di $\max(q, |f(0)|)$; per il Lemma 16.33 il numero $\sum_{i=1}^{m} H^p_{f(x)}(\alpha_i)$ è un intero divisibile per $p!$, mentre $qH^p_{f(x)}(0)$ è un intero divisibile per $(p-1)!$ ma non per $p!$. Ne segue che J^p è un intero divisibile per $(p-1)!$ ma non per $p!$ e quindi $|J^p| \geq (p-1)!$, in contraddizione con la stima (16.8) per p sufficientemente grande. $\square$

Osservazione 16.35 La trascendenza di e e la trascendenza di π sono casi particolari del seguente teorema la cui dimostrazione, sebbene simile alle precedenti (ma decisamente meno elementare), è omessa.

Teorema 16.36 (Lindemann–Weierstrass 1885) *Siano $\alpha_1, \ldots, \alpha_n$ numeri algebrici distinti. Allora i numeri $e^{\alpha_1}, \ldots, e^{\alpha_n}$ sono linearmente indipendenti su $\overline{\mathbb{Q}}$. In particolare, se $\alpha \neq 0$ è algebrico, allora e^{α} è trascendente.*

Con $\alpha = 1$ nel Teorema 16.36 ritroviamo la trascendenza di e, mentre per $\alpha = i\pi$ ritroviamo la trascendenza di π.

Esercizi

16.37 Dimostrare che $\log_{10}(\pi)$ è irrazionale.

16.38 Dedurre dal Teorema 16.36 che $\log(n+1), \cos(n), \sin(n)$ sono trascendenti per ogni intero $n > 0$.

16.39 (☕) Dedurre dal Teorema 16.36 che per ogni successione periodica c_n di numeri algebrici (ossia esiste $k > 0$ tale $c_{n+k} = c_n$) e non tutti nulli, il numero $\sum_{n=0}^{\infty} \frac{c_n}{n!}$ è trascendente (sugg.: matrice di Vandermonde delle radici k-esime di 1).

Note

Abbiamo già accennato al fatto che nel 1844 J. Liouville dimostrò che esisteva una classe, piuttosto ampia, di numeri trascendenti. Uno di tali numeri è

$$\sum_{n=1}^{+\infty} \frac{1}{10^{n!}} = 0{,}11000100000000000000000010000000\ldots$$

la cui irrazionalità si dimostra alla stessa maniera del numero di Nepero, cf. Esercizio 16.4. Rimandiamo al classico testo di Courant e Robbins [4] per una dimostrazione elementare della sua trascendenza. La trattazione del problema della quadratura del cerchio, e più in generale delle costruzioni con riga e compasso, esula dai nostri obiettivi ed è pertanto rimandata ad altri testi, come ad esempio il libro [1] per una trattazione accademica, ed il già citato [4] per una più elementare.

L'Esercizio 16.13 è ispirato all'articolo [5]. Nel 1996 Bailey, Borwein e Plouffe si sono accorti che per $\alpha = 0$ e $\beta = 4$ la serie risultante può essere scritta come:

$$\pi = \sum_{k=0}^{\infty} \frac{1}{16^k} \left(\frac{4}{8k+1} - \frac{2}{8k+4} - \frac{1}{8k+5} - \frac{1}{8k+6} \right).$$

Gli ultimi record di calcolo delle cifre di π (poco più di 2×10^{14} cifre decimali ad aprile 2025) sono stati ottenuti usando una serie a coefficienti razionali che converge come un razzo missile a $\sqrt{10\,005}/\pi$ (algoritmo dei Chudnovsky).

Le motivazioni del perché si preferisce chiamare "funzioni" i polinomi simmetrici σ_i sono ben spiegate in [10]. Per la dimostrazione del Teorema 16.36 rimandiamo al libro [2].

Capitolo 17
Soluzioni e suggerimenti di alcuni esercizi

In questo capitolo diamo alcune tracce, idee, suggerimenti ed aiuti utili allo svolgimento degli esercizi contrassegnati con il simbolo $\heartsuit$. In qualche caso vengono fornite soluzioni complete.

1.19 Ad esempio: $(-1, 1)$ pollo sconigliato, $(-1, 0)$ anticoniglio, $(0, 2)$ bipollo, $(1, -2)$ coniglio bispollato, $(3, 0)$ triconiglio, $(5, -6)$ pentaconiglio esaspollato.

1.25 La conclusione è falsa.

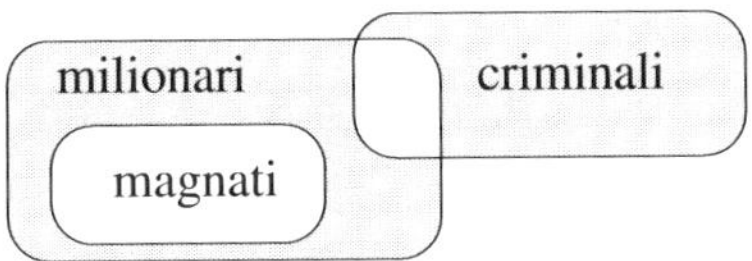

1.26 $|A \cap B| = |A| - |A - B|$, $|A \cup B| = |A| + |B| - |A \cap B|$,

$$|A \cup B \cup C| = |A| + |B| + |C| - |A \cap B| - |A \cap C| - |B \cap C| + |A \cap B \cap C|.$$

1.34 Risposta: molto vicino alla madre.

1.35 Il test delle 4 carte è stato inventato dallo psicologo Peter Wilson nel 1966 e viene generalmente sbagliato dalla maggioranza dei soggetti a cui viene sottoposto, che oltre alla prima, indicano la terza carta anziché la quarta.

2.22 Osserviamo che per ogni $x, y \in \mathbb{N}$, i due interi $x + y$ e $x + y + 1$ sono consecutivi, quindi esattamente uno dei due è pari e pertanto $f(x, y) \in \mathbb{N}$. Consideriamo l'applicazione $g: \mathbb{N} \to \mathbb{N}$, $g(n) = n(n + 1)/2$. Per ogni $n \in \mathbb{N}$ si ha $g(n + 1) - g(n) = n + 1$ e $g(n) \geq n$: infatti $g(0) = 0$ e se $n > 0$ allora $(n + 1)/2 \geq 1$. Per ogni $n \in \mathbb{N}$ denotiamo con $\hat{n} \leq n$ il massimo intero tale che $g(\hat{n}) \leq n$. Dunque $n < g(\hat{n} + 1)$ da cui segue

$$0 \leq n - g(\hat{n}) < g(\hat{n} + 1) - g(\hat{n}) = \hat{n} + 1 \quad \Rightarrow \quad 0 \leq n - g(\hat{n}) \leq \hat{n}.$$

M. Manetti, *Algebra Lineare*, La Matematica per il 3+2 174,
https://doi.org/10.1007/978-3-032-01504-4_17

Se poniamo $x = n - g(\hat{n})$ e $y = \hat{n} - x$ si ha $f(x, y) = n$, e questo prova la surgettività di f. Per provare l'iniettività, siano $(a, b), (x, y) \in \mathbb{N} \times \mathbb{N}$ tali che $f(a, b) = f(x, y)$. Per provare che $a = x$ e $b = y$ non è restrittivo supporre $a + b \geq x + y$. Se $a + b > x + y$, allora

$$
\begin{aligned}
f(a, b) &\geq g(a + b) = g(a + b - 1) + a + b \\
&\geq g(x + y) + a + b > g(x + y) + x = f(x, y)
\end{aligned}
$$

che contraddice l'ipotesi $f(a, b) = f(x, y)$. Dunque $a + b = x + y$ e quindi

$$
\begin{aligned}
x &= f(x, y) - g(x + y) = f(a, b) - g(a + b) = a, \\
y &= (x + y) - x = (a + b) - a = b.
\end{aligned}
$$

2.49　Suggerimento: chiamiamo convenzionalmente *ragazzi* le persone di M e *ragazze* le persone di F. Ragionare per induzione sul numero n di ragazzi, distinguendo due casi. Se ogni sottoinsieme di k ragazzi, con $1 \leq k < n$, conosce cumulativamente almeno $k + 1$ ragazze, fate scegliere la fidanzata al primo ragazzo e usate l'ipotesi induttiva per far fidanzare i rimanenti $n - 1$.

Se esiste un sottoinsieme di k ragazzi, con $1 \leq k < n$, che conosce cumulativamente esattamente k ragazze, applicare l'ipotesi induttiva a tale sottoinsieme. Successivamente applicare l'ipotesi induttiva all'insieme dei rimanenti $n - k$ ragazzi con le scelte ristrette alle ragazze non ancora fidanzate.

2.68　Scriviamo $W_{k,n} = W'_{k,n} + W''_{k,n}$, dove $W'_{k,n}$ è il numero di applicazioni la cui restrizione $\{1, \ldots, k - 1\} \to \{1, \ldots, n\}$ è surgettiva, e $W''_{k,1}$ è il numero di applicazioni surgettive la cui restrizione $\{1, \ldots, k - 1\} \to \{1, \ldots, n\}$ non è surgettiva. Nel primo caso $f(k)$ può assumere qualunque valore e quindi $W'_{k,n} = n W_{k-1,n}$. Nel secondo caso, la restrizione di f a $\{1, \ldots, k - 1\}$ è un'applicazione surgettiva a valori in $\{1, \ldots, n\} - \{f(k)\}$ e quindi $W''_{k,n} = n W_{k-1,n-1}$.

3.7　Sugg.: se $n = 1$ allora $a = 1$; se $n > 1$, per induzione esiste unico $a \in \mathbb{N}$ tale che $n - 1 \leq a^2 \leq n - 1 + 2\sqrt{n - 2} < n + 2\sqrt{n - 1}$. Se $a^2 \geq n$ abbiamo finito; se $a^2 = n - 1$ allora $(a + 1)^2 = a^2 + 2a + 1 = n + 2a = n + 2\sqrt{n - 1}$.

3.10　Chiaramente $p \geq n \geq 1$; se $b = p/q$ allora $b^2 \leq a$ e

$$
a - b^2 = \frac{q^2 a - p^2}{q^2} < \frac{(p + 1)^2 - p^2}{q^2} = \frac{2p + 1}{q^2} \leq \frac{3p}{q^2}.
$$

Dividendo $p^2 \leq q^2 a$ per pq^2 si ottiene $3p/q^2 \leq 3a/p \leq 3a/n < a - c$ e mettendo assieme le due disuguaglianze si ricava $a - b^2 < a - c$.

3.11　Per ogni intero $N \geq 0$ indichiamo con $a(N)$ (risp.: $b(N)$) il numero di interi positivi n tali che $1 \leq \lfloor n\alpha \rfloor \leq N$ (risp.: $1 \leq \lfloor n\beta \rfloor \leq N$). I numeri $a(N)$ e $b(N)$ si calcolano facilmente, infatti

$$1 \leq \lfloor n\alpha \rfloor \leq N \iff 1 \leq n\alpha < N + 1 \iff 1 \leq n < (N+1)/\alpha$$

e quindi $a(N) = \lfloor (N+1)\alpha \rfloor$, dato che α è irrazionale. Alla stessa maniera si prova che $b(N) = \lfloor (N+1)/\beta \rfloor$. Si hanno le disuguaglianze

$$\frac{N+1}{\alpha} - 1 < a(N) < \frac{N+1}{\alpha}, \qquad \frac{N+1}{\beta} - 1 < b(N) < \frac{N+1}{\beta},$$

$$N - 1 = \frac{N+1}{\alpha} + \frac{N+1}{\beta} - 2 < a(N) + b(N) < \frac{N+1}{\alpha} + \frac{N+1}{\beta} = N + 1,$$

dalle quali si deduce $a(N) + b(N) = N$. Per concludere ci basta quindi dimostrare che $\lfloor n\alpha \rfloor \neq \lfloor m\beta \rfloor$ per ogni $n, m > 0$. Se per assurdo esistono tre interi positivi N, n, m tali che $N = \lfloor n\alpha \rfloor = \lfloor m\beta \rfloor$, allora $a(N) > a(N-1)$ e $b(N) > b(N-1)$, in contraddizione con le uguaglianze $a(N) + b(N) = N$ e $a(N-1) + b(N-1) = N - 1$.

3.15   Bisogna dire se esistono o meno due numeri razionali a, b tali che

$$(a + b\sqrt{2})^2 = (a^2 + 2b^2) + 2ab\sqrt{2} = 3 + 2\sqrt{2},$$

e la risposta è sì, ad esempio $a = b = 1$.

3.38   Vogliamo determinare tutti i numeri complessi $z \in \mathbb{C}$ tali che $\bar{z}^2 + z = 0$. Calcoliamo prima le soluzioni reali e poi quelle con parte immaginaria diversa da 0. Se $z = a \in \mathbb{R}$ è un numero reale, allora vale $\bar{z}^2 + z = a^2 + a = 0$ se e solo se $a = 0, -1$. Supponiamo adesso $z = a + ib$ con $b \neq 0$, allora

$$\bar{z}^2 + z = (a - ib)^2 + (a + ib) = (a^2 - b^2 + a) + i(b - 2ab) = 0$$

che equivale al sistema di due equazioni

$$a^2 - b^2 + a = 0, \qquad b - 2ab = 0.$$

Siccome $b \neq 0$ dalla seconda equazione si ricava $a = 1/2$ e dalla prima $b^2 = 3/4$. In conclusione esistono esattamente 4 soluzioni complesse dell'equazione $\bar{z}^2 + z = 0$, e cioè: $z = 0, -1, (1 + i\sqrt{3})/2, (1 - i\sqrt{3})/2$.

3.41   Dalla usuale formula risolutiva delle equazioni di secondo grado si ottiene $z = (1 \pm \sqrt{1 - 4i})/2$. Dalla formula (3.5) segue

$$\sqrt{1 - 4i} = \pm \frac{1}{\sqrt{2}} \left(\sqrt{1 + \sqrt{17}} - i \frac{4}{\sqrt{1 + \sqrt{17}}} \right)$$

e quindi le soluzioni dell'equazione $z^2 - z + i = 0$ sono

$$z = \frac{1}{2} \pm \frac{1}{2\sqrt{2}}\left(\sqrt{1 + \sqrt{17}} - i\,\frac{4}{\sqrt{1 + \sqrt{17}}}\right).$$

3.59 La disuguaglianza $|z| > 2\sqrt[k]{|a_k|}$ è equivalente a $|z^n|/2^k > |a_k z^{n-k}|$ (basta elevare alla k e moltiplicare per $|z|^{n-k}/2^k$).

Se per assurdo $z^n = a_1 z^{n-1} + a_2 z^{n-2} + \cdots + a_n$ e $|z| > 2\sqrt[k]{|a_k|}$ per ogni $k = 1, \ldots, n$, allora $z \neq 0$ e

$$|z^n| > \sum_{k=1}^{n} \frac{|z^n|}{2^k} \geq \sum_{k=1}^{n} |a_k z^{n-k}| \geq |a_1 z^{n-1} + a_2 z^{n-2} + \cdots + a_n| = |z^n|.$$

3.74 Suggerimento: si ha $\xi_1^h \neq 1$ e, se $a = \xi_0^h + \xi_1^h + \cdots + \xi_{n-1}^h$ allora $\xi_1^h a = (\xi_1 \xi_0)^h + \cdots + (\xi_1 \xi_{n-1})^h$ e si applica il risultato dell'Esercizio 3.73.

3.76 Suggerimento: per ogni $z \in G$ esistono due interi $0 < a < b$ tali che $z^a = z^b \neq 0$. Dedurre che $|z| = 1$, che $1 \in G$ e che per ogni $z, w \in G$ si ha $w/z \in G$. Ordinare gli elementi di G per argomento crescente, ossia $G = \{z_0, z_1, \ldots, z_{n-1}\}$ con

$$z_i = \cos(\alpha_i) + i\,\sin(\alpha_i), \qquad 0 = \alpha_0 < \alpha_1 < \alpha_2 < \cdots < \alpha_{n-1} < 2\pi,$$

e provare che $\alpha_k = k\alpha_1$ per ogni $0 \leq k < n$ e che $n\alpha_1 = 2\pi$.

3.97 Il problema è chiaramente malposto in quanto non viene indicato il campo in cui si cercano le soluzioni. Ad esempio, la soluzione dell'equazione $5x = 1$ è uguale a 2 in $\mathbb{F}_3$, è uguale a 3 in $\mathbb{F}_7$ ed è uguale ad 8 in $\mathbb{F}_{13}$.

3.119 Traccia di soluzione: per il suggerimento, calcolare $\sum_{i=1}^{m} p(a_i)$, dove $p(t) = (a_1 - t) \cdots (a_n - t) \in \mathbb{C}[t]$.

Supponiamo per assurdo $a_i \neq 0$ per qualche i. A meno di permutazioni esiste $m > 0$ tale che $b = a_1 \cdots a_m \neq 0$ e $a_{m+1} = \cdots = a_m = 0$. Sia $0 \leq h \leq k$ il più piccolo intero non negativo tale che $\sum_{i=1}^{m} a_i^{h+j} = \sum_{i=1}^{n} a_i^{h+j} = 0$ per ogni $j = 1, \ldots, m$ e consideriamo il polinomio

$$p(t) = t^h(a_1 - t) \cdots (a_m - t) = bt^h + b_1 t^{h+1} + \cdots + b_m t^{h+m} \in \mathbb{C}[t].$$

Per come abbiamo scelto h si ha $0 = \sum_{i=1}^{m} p(a_i) = b\sum_{i=1}^{m} a_i^h$, ed entrambi i casi $h = 0$ e $h > 0$ portano ad una contraddizione.

3.124 Suggerimento: sia $\mathbb{K}$ un qualunque campo di caratteristica p, ad esempio il campo finito $\mathbb{F}_p$, allora $(1 + x)^{pa} = (1 + x^p)^a$ in $\mathbb{K}[x]$.

4.31 Per ogni scalare $a \in \mathbb{K}$ definiamo i sottospazi

$$H_a = \{x \in \mathbb{K}^n \mid x_1 = ax_2\}, \qquad K_a = \{x \in \mathbb{K}^n \mid x_2 = ax_1\}.$$

Allora $\mathbb{K}^n = H_0 \cup_{a \in \mathbb{K}} K_a = K_0 \cup_{a \in \mathbb{K}} H_a$.

4.49 Il problema è del tutto equivalente a chiedersi se l'equazione $xu + yv + zw = e_1$ ammette soluzioni $x, y, z \in \mathbb{R}$, ossia se il sistema lineare

$$\begin{cases} x + 3y + 5z = 1 \\ 4y + 8z = 0 \\ x + 2y + 3z = 0 \\ 2x + y = 0 \end{cases}$$

ammette soluzioni reali. Sottraendo la terza equazione alla prima e dividendo la seconda per 4 si scopre subito che il sistema è incompatibile. Quindi e_1 non è combinazione lineare di u, v, w.

4.57 Suggerimento: considerare un vettore $w \notin \bigcup_{i,j} \mathrm{Span}(v_i, v_j)$; per ogni i, j, k esiste al più un numero reale t tale che $v_k + tw \in \mathrm{Span}(v_i, v_j)$.

4.79 Basta osservare che vale $\sum_{i=0}^{p} a_i f(v_i) = 0$ se e solo se valgono le uguaglianze $\sum_{i=0}^{p} a_i v_i = 0$ e $\sum_{i=0}^{p} a_i = 0$.

4.82 Suggerimento: induzione su n; a meno di permutazione degli indici possiamo supporre $\lim_{x \to +\infty} (p_i(x) - p_j(x)) = -\infty$ per ogni $i < j$.

4.119 Suggerimento: siano $a_1, \ldots, a_m \in \mathbb{K}$ tali che $\sum_i a_i v_i = 0$ in $\mathbb{K}^n$; pensiamo $\mathbb{K}$ come uno spazio vettoriale su F e sia $W \subseteq \mathbb{K}$ il sottospazio vettoriale generato da $a_1, \ldots, a_m$, quindi di dimensione finita su F. Si prenda una base $b_1, \ldots, b_r$ di W e si scriva $a_i = \sum_{j=1}^{r} c_{ji} b_j$ con $c_{ji} \in F$ per ogni i, j.

4.134 Traccia: induzione su $k - \dim V$; se $k \geq 2$ fissiamo una base $v_1, \ldots, v_k$ e per ogni $a \in \mathbb{R}$ definiamo

$$K_a = \mathrm{Span}(av_1 + v_2, v_3, \ldots, v_k) \subseteq V, \qquad S_a = \{n \in \mathbb{N} \mid K_a \subseteq H_n\} \subseteq \mathbb{N}.$$

Provare che $S_a \cap S_b = \emptyset$ per ogni $a \neq b$. Se fosse $S_a \neq \emptyset$ per ogni a si avrebbe un'applicazione surgettiva $\bigcup_{a \in \mathbb{R}} S_a \to \mathbb{R}$. Dunque esiste a tale che $K_a \nsubseteq H_n$ per ogni n, e per l'ipotesi induttiva $K_a \neq \bigcup_{n \in \mathbb{N}} (K_a \cap H_n)$.

5.21 Se

$$h: \mathbb{K}^{n+m} \to \mathbb{K}^{n+m}, \qquad h\begin{pmatrix} x \\ y \end{pmatrix} = \begin{pmatrix} x \\ y - f(x) \end{pmatrix}, \qquad x \in \mathbb{K}^n, \ y \in \mathbb{K}^m,$$

si verifica facilmente che $hg = gh = \mathrm{Id}$.

5.30 Suggerimento: provare che, come spazio vettoriale su $\mathbb{Q}$, il campo $\mathbb{K}$ è isomorfo al sottospazio vettoriale $\mathbb{Q}(\sqrt{3}, \sqrt{5}, \dots) \subseteq \mathbb{K}$ generato dalle radici quadrate dei numeri dispari.

5.42 Traccia: se $gf \neq 0$ allora $f, g \neq 0$ ed in particolare $\mathrm{Ker}(f) \neq V$, $g(W) \neq 0$; se inoltre $fg = 0$ allora $g(W) \subseteq \mathrm{Ker}(f)$ e quindi $0 \neq \mathrm{Ker}(f)$. Viceversa, se $0 \neq \mathrm{Ker}(f) \neq V$ si consideri una qualsiasi applicazione lineare $g \colon W \to \mathrm{Ker}(f)$ la cui restrizione a $f(V)$ è non nulla.

5.44 Suggerimento: sia $u \in V$; se $f(u) = af(v)$ allora $g(u - av) = 0$. Se $f(u)$ e $f(v)$ sono linearmente indipendenti, siano $\alpha, \beta \in \mathbb{K}$ tali che $g(u) = \alpha f(u)$, $g(u + v) = \beta f(u + v)$; provare che $\alpha = \beta = \lambda$.)

5.52 La restrizione di f al sottospazio $\{y = 0\}$ è surgettiva; a maggior ragione f è surgettiva ed il suo rango è uguale a 2.

5.86 Una implicazione è chiara. Viceversa, sia $H \subseteq V$ un complementare di $\mathrm{Ker}(f) = \mathrm{Ker}(g)$ in V e sia $v_1, \dots, v_n$ una base di H. Basta dimostrare che esiste uno scalare $b \in \mathbb{K}$ tale che $bf(v_i) = g(v_i)$ per ogni $i = 1, \dots, n$. Per la condizione (2) esistono $n + 1$ scalari $b_0, \dots, b_n$ tali che

$$g(v_1 + \dots + v_n) = b_0 f(v_1 + \dots + v_n), \qquad g(v_i) = b_i f(v_i) \quad \text{per ogni } i.$$

dal fatto che $f(v_1), \dots, f(v_n)$ sono linearmente indipendenti segue che $b_0 = b_i$ per ogni i.

6.8 Per definizione V_{ij} è il nucleo dell'applicazione lineare surgettiva

$$M_{4,4}(\mathbb{K}) \to \mathbb{K}, \qquad (a_{ij}) \mapsto \sum_{k=1}^{4} a_{ik} - \sum_{h=1}^{4} a_{hj},$$

e per il teorema del rango V_{ij} ha dimensione $16 - 1 = 15$. Indichiamo con V l'intersezione dei sottospazi V_{ij}. Per determinare la dimensione di V, osserviamo che ogni elemento di V dipende linearmente e biunivocamente (esercizio: perché?) dai 10 coefficienti $a_{11}, a_{12}, a_{13}, a_{14}, a_{21}, a_{22}, a_{23}, a_{31}, a_{32}, a_{33}$. Più precisamente l'applicazione

$$V \to \mathbb{K}^{10}, \qquad (a_{ij}) \mapsto (a_{11}, a_{12}, a_{13}, a_{14}, a_{21}, a_{22}, a_{23}, a_{31}, a_{32}, a_{33})^{T},$$

è lineare e bigettiva e quindi V ha dimensione 10.

6.9 La dimostrazione che U_{ij} è un sottospazio vettoriale di dimensione 15 è del tutto simile al caso V_{ij} trattato nell'Esercizio 6.8. Indichiamo con U l'intersezione dei sottospazi U_{ij} e distinguiamo il caso $2 = 0$ (caratteristica 2) dal caso $2 \neq 0$. Se

$2 = 0$ allora ogni elemento di U è univocamente determinato dai coefficienti sulle prime tre colonne, che possono assumere qualsiasi valore, e quindi $\dim U = 12$. Se invece $2 \neq 0$ in $\mathbb{K}$, allora ogni elemento di U dipende linearmente e biunivocamente dai 9 coefficienti $a_{11}, a_{12}, a_{13}, a_{21}, a_{22}, a_{23}, a_{31}, a_{32}, a_{33}$, e quindi U ha dimensione 9. Infatti, se $d = \sum_j a_{1j}$ è la somma dei coefficienti della prima riga, allora per ogni i, j si ha

$$d = 2 \sum_{h=1}^{4} a_{hj} = \sum_{k=1}^{4} a_{ik},$$

e sommando le precedenti espressioni su $i, j = 1, \ldots, 4$ si deduce $d = 0$.

6.47 Suggerimento: domandarsi se le matrici $LUPIN$ e $NLUPI$ hanno la stessa traccia, e quanto vale L^2.

6.57 Per $n = 1$ non c'è nulla da dimostrare. Se $n > 1$ possiamo supporre per induzione che

$$A^{n-1} = \begin{pmatrix} c & * \\ d\sqrt{2} & * \end{pmatrix},$$

con c, d interi non divisibili per 3 e $(c + d)$ divisibile per 3. Dalla relazione $A^n = AA^{n-1}$ segue che il primo vettore colonna di A^n è uguale a

$$\begin{pmatrix} 1 & -2\sqrt{2} \\ 2\sqrt{2} & 1 \end{pmatrix} \begin{pmatrix} c \\ d\sqrt{2} \end{pmatrix} = \begin{pmatrix} a \\ b\sqrt{2} \end{pmatrix}, \quad \text{dove} \quad a = c - 4d, \ b = 2c + d.$$

La somma $a + b = 3(c - d)$ è divisibile per 3 e quindi $3 | a$ se e solo se $3 | b$. Supponiamo per assurdo che $3 | b$, allora anche $d = 2b - 3c - (c + d)$ sarebbe divisibile per 3, contrariamente all'ipotesi induttiva.

6.69 Suggerimento: $(A + B)A^{-1} = B(A^{-1} + B^{-1})$.

6.73 Traccia: se H contiene tutte le applicazioni di rango 1 il risultato è ovvio. Altrimenti possiamo trovare una decomposizione $W = U \oplus W'$ con $\dim U = 1$ ed un'applicazione $f \notin H$ tale che $f(V) = U$. Per Grassmann esiste $g \in H$ tale che $g(V) = U$. Sia $V' = \operatorname{Ker} g$, allora il nucleo S della naturale applicazione lineare $\Phi \colon \operatorname{Hom}(V, W) \to \operatorname{Hom}(V', W')$ ha dimensione $2n - 1$, contiene f, e quindi $\dim S \cap H \leq 2n - 2$. L'immagine $\Phi(H)$ ha dimensione $\geq (n^2 - n + 1) - (2n - 2) = (n-1)^2 - (n-1) + 1$ e per induzione esiste $h \in H$ tale che $\Phi(h)$ è un isomorfismo. Per concludere, provare che almeno uno tra h e $h + g$ è un isomorfismo.

6.80 Detti $A^1, \ldots, A^n \in \mathbb{K}^n$ i vettori colonna di A, per ipotesi esiste un vettore non nullo $B^1 = (b_1, \ldots, b_n)^T \in \mathbb{K}^n$ ed n coefficienti $c_1, \ldots, c_n$ tali che $A^i = c_i B^1$ per ogni $i = 1, \ldots, n$. Basta allora prendere B come la matrice che ha come unica colonna B^1 e $C = (c_1, \ldots, c_n)$ affinché $A = BC$. In particolare $a_{ii} = b_i c_i$ e quindi $CB = c_1 b_1 + \cdots + c_n b_n = a_{11} + \cdots + a_{nn} = \mathrm{Tr}(A)$.

Per la proprietà associativa del prodotto si ha

$$A^2 = (BC)(BC) = B(CB)C = \mathrm{Tr}(A)BC = \mathrm{Tr}(A)A.$$

Per finire, osserviamo che per ogni $t \in \mathbb{K}$ vale

$$(A - tI)(A - (\mathrm{Tr}(A) - t)I) = A^2 - \mathrm{Tr}(A)A + t(\mathrm{Tr}(A) - t)I = t(\mathrm{Tr}(A) - t)I$$

e se $t \neq 0, \mathrm{Tr}(A)$ allora $A - tI$ è invertibile con inversa $\dfrac{A - (\mathrm{Tr}(A) - t)I}{t(\mathrm{Tr}(A) - t)}$.

6.83 Suggerimento: a meno di dividere (a_i, b_i, c_i) per a_i non è restrittivo supporre $a_i = 1$ per ogni i. Per ciascuna delle 4 coppie $(j, k) \in \{\pm 1\}^2$ sia $m_{j,k}$ il numero di indici i tali che $(b_i, c_i) = (j, k)$. Riscrivere le relazioni $a^T b = a^T c = b^T c = 0$ sotto forma di equazioni nelle variabili intere $m_{j,k}$.

6.93 Suggerimento: siano a, b i massimi della riga e della colonna contenenti 1. Allora $a \geq n, b \geq m, \max(a, b) \geq n + m - 1$ e quindi $ab > nm$.

6.99 Supponiamo per assurdo che A non sia invertibile e siano $x_1, \ldots, x_n \in \mathbb{C}$ le coordinate di un vettore non nullo del nucleo di A. Sia i un indice tale che $|x_i| \geq |x_j|$ per ogni j, allora $|x_i| > 0$ e $\sum_j a_{ij} x_j = 0$. Dunque

$$|a_{ii}||x_i| = |a_{ii} x_i| = \left| -\sum_{j \neq i} a_{ij} x_j \right| \leq \sum_{j \neq i} |a_{ij}||x_j| \leq \sum_{j \neq i} |a_{ij}||x_i|,$$

da cui segue $|a_{ii}| \leq \sum_{j \neq i} |a_{ij}|$ in contraddizione con le ipotesi. Il vettore con tutte le coordinate uguali ad 1 appartiene al nucleo di B.

6.103 Supponiamo $\mathrm{rg}(A) > r$ e siano $v_1, \ldots, v_m \in \mathbb{K}^n$ le colonne di A, ordinate in modo tale che i coefficienti di B siano quelli contenuti nelle colonne $v_1, \ldots, v_r$. Per ipotesi, i vettori $v_1, \ldots, v_r$ sono linearmente indipendenti e $\mathrm{Span}(v_1, \ldots, v_r) \neq \mathrm{Span}(v_1, \ldots, v_m)$; quindi esiste un indice $i > r$ tale che $v_i \notin \mathrm{Span}(v_1, \ldots, v_r)$, ossia $v_1, \ldots, v_r, v_i$ sono linearmente indipendenti. Sia $C \in M_{n, r+1}(\mathbb{K})$ la sottomatrice formata dalle colonne $v_1, \ldots, v_r, v_i$; per costruzione si ha $\mathrm{rg}(C) = r + 1$. Siano adesso $u_1, \ldots, u_n \in \mathbb{K}^{(r+1)}$ le righe di C ordinate in modo tale che i coefficienti di B siano quelli contenuti nelle righe $u_1, \ldots, u_r$. Allora $\mathrm{Span}(u_1, \ldots, u_r) \neq \mathrm{Span}(u_1, \ldots, u_n)$ ed esiste un indice $j > r$ tale che $u_j \notin \mathrm{Span}(u_1, \ldots, u_r)$. Allora la sottomatrice di C formata dalle righe $u_1, \ldots, u_r, u_j$ è invertibile.

7.9 I tre polinomi sono divisibili per $x^2 + 1$ con quozienti:

$$x^4(1-x)^4 + 4/x^2 + 1 = x^6 - 4x^5 + 5x^4 - 4x^2 + 4,$$
$$x^2(1-x)^4 - 4/x^2 + 1 = x^4 - 4x^3 + 5x^2 - 4,$$
$$(1-x)^4 + 4/x^2 + 1 = x^2 - 4x + 5.$$

7.40 Suggerimento: moltiplicare S a sinistra per la matrice a blocchi

$$\begin{pmatrix} I_r & 0 \\ -CA^{-1} & I_{n-r} \end{pmatrix} \in M_{n,n}(\mathbb{K}).$$

7.51 Suggerimento: cercare soluzioni del tipo $z_i = \cos(\pi x_i) + i\sin(\pi x_i)$ con $x_1, \dots, x_4$ numeri razionali.

7.70 Suggerimento: dimostrare che le matrici

$$\begin{pmatrix} I & A \\ B & 0 \end{pmatrix}, \quad \begin{pmatrix} I & A \\ 0 & -BA \end{pmatrix},$$

sono equivalenti per righe.

7.72 Supponiamo $A \neq 0$, denotiamo con d il massimo comune divisore dei coefficienti di A e poniamo $n = pd$, $B = A/d$. I coefficienti non nulli di B non hanno fattori comuni e dalla relazione

$$0 = \frac{(I - pA)^q - I}{n} = \frac{(I - nB)^q - I}{n} = -qB + \sum_{i=2}^{q} \binom{q}{i} n^{i-1}(-B)^i$$

segue che $n = pd$ divide il numero primo q e quindi $p = n = q$, $d = 1$. Se $p = q = 2$ allora $-4A + 4A^2 = 0$, e.g. se A è diagonale con tutti i coefficienti uguali a 0, 1. Se invece $q = n \geq 3$, allora n divide $\binom{q}{2}$ e di conseguenza n^2 divide q, che è assurdo.

8.21 Volendo, si potrebbe inizialmente calcolare il determinante $p(x)$ della matrice a coefficienti polinomi

$$A(x) = \begin{pmatrix} x & x^2 & 2x & 3x \\ 1 & x^2 & 4 & x^3 \\ 1 & x^3 & 4x & 5 \\ 1 & x^4 & 16 & x^9 \end{pmatrix}$$

ed in un secondo momento sostituire alla x i valori $0, 1, 2$. Tuttavia il conto risulta molto più semplice se si invertono le operazioni, ossia se prima si sostituisce la x

con i suddetti valori e poi si calcolano i determinanti. Otteniamo le tre matrici

$$A(0) = \begin{pmatrix} 0 & 0 & 0 & 0 \\ 1 & 0 & 4 & 0 \\ 1 & 0 & 0 & 5 \\ 1 & 0 & 16 & 0 \end{pmatrix}, \quad A(1) = \begin{pmatrix} 1 & 1 & 2 & 3 \\ 1 & 1 & 4 & 1 \\ 1 & 1 & 4 & 5 \\ 1 & 1 & 16 & 1 \end{pmatrix}, \quad A(2) = \begin{pmatrix} 2 & 4 & 4 & 6 \\ 1 & 4 & 4 & 8 \\ 1 & 8 & 8 & 5 \\ 1 & 16 & 16 & 2^9 \end{pmatrix},$$

che hanno tutte determinate uguale a 0: la prima perché ha una riga nulla, le altre perché hanno due colonne adiacenti uguali. Quindi $p(0) = p(1) = p(2) = 0$.

8.25 Trattare separatamente i casi $z = 0$ e $z \neq 0$ e considerare matrici del tipo $\left(\begin{smallmatrix} 1 & 0 & 0 \\ 0 & x & y \end{smallmatrix} \right)$ oppure del tipo $\left(\begin{smallmatrix} x & 0 & -z \\ u & 1 & 1 \end{smallmatrix} \right)$.

8.26 Suggerimento: per induzione su n possiamo trovare $\epsilon_2, \ldots, \epsilon_n = \pm 1$ tali che il determinante $|A_{11} + \mathrm{diag}(\epsilon_2 a_2, \ldots, \epsilon_n a_n)|$ sia diverso da 0. Quanto vale $|A + \mathrm{diag}(a_1, \epsilon_2 a_2, \ldots, \epsilon_n a_n)| - |A + \mathrm{diag}(-a_1, \epsilon_2 a_2, \ldots, \epsilon_n a_n)|$?

8.47 Suggerimento: dividere ogni colonna per il massimo comune divisore dei suoi coefficienti, sottrarre la quarta colonna alla quinta, poi la terza alla quarta e così via.

8.50 Suggerimento: siano $a_{ij} \in \{\pm 1\}$ i coefficienti di A; a meno di scambiare l'ordine delle colonne possiamo assumere $\left(\begin{smallmatrix} a_{22} \\ a_{32} \end{smallmatrix} \right) = \pm \left(\begin{smallmatrix} a_{23} \\ a_{33} \end{smallmatrix} \right)$.

8.51 Suggerimento: $|A| = |B|$ dove la prima colonna di $B = (b_{ij})$ è uguale alla prima colonna di A e $b_{ij} \in \{0, \pm 2\}$ per ogni i ed ogni $j > 1$.

8.53 Suggerimento: a meno del segno, $\det(a_{ij})$ è uguale al determinante della sottomatrice ottenuta togliendo prima riga ed ultima colonna.

8.88 Suggerimento: $\prod_{i=1}^{n}(t - x_i) = t^n - \left(\sum_{i=0}^{n} x_i \right) t^{n-1} + \cdots$.

8.95 Si consiglia, nell'ordine: sostituire alla prima riga la somma di tutte le righe; dividere la prima riga per 45 (risp.: per nm); sostituire alla prima colonna la somma di tutte le colonne; dividere la prima colonna per 9 (risp.: per n).

8.96 Suggerimento: sottrarre la prima riga alle altre e poi aggiungere alla prima colonna la n-esima colonna divisa per n, per ogni $n > 1$.

8.128 L'unico punto non banale è il secondo. Sia $x \in \mathbb{K}^r$ tale che $HAH^T x = 0$; siccome A e HA hanno lo stesso rango, $HAx = 0$ se e solo se $Ax = 0$ e quindi vale $AH^T x = 0$. Dato che A è antisimmetrica si ha quindi $x^T HA = 0$, ma, essendo l'applicazione lineare associata ad HA surgettiva, ne consegue che il funzionale lineare $y \mapsto x^T y$ è nullo, ossia $x = 0$.

9.64 Suggerimento: sia $v \in \mathbb{K}^n$ tale che $Av \neq 0$; provare che esiste una matrice B di rango 1 tale che $BAv = v$ e calcolare $(BA)^2$.

9.86 Sia λ un autovalore di AB, ossia $ABx = \lambda x$ per qualche $0 \neq x \in \mathbb{K}^n$. Se $Bx = 0$ allora $\lambda = 0$, la matrice B ha rango $< n$ e quindi anche BA ha rango minore di n. Se $Bx \neq 0$ allora $BA(Bx) = \lambda(Bx)$. Se, per fissare le idee A è invertibile, allora $BA = A^{-1}(AB)A$. L'esempio

$$A = \begin{pmatrix} 1 & 0 \\ 0 & 0 \end{pmatrix}, \qquad B = \begin{pmatrix} 0 & 1 \\ 0 & 0 \end{pmatrix},$$

mostra che in generale AB e BA hanno rango diverso.

Nota: possiamo usare l'Esercizio 9.86 per una dimostrazione alternativa all'Esercizio 9.36: se $A \in M_{n,m}(\mathbb{K})$, $B \in M_{m,n}(\mathbb{K})$ e, per fissare le idee $n \geq m$, consideriamo le matrici a blocchi

$$R = (A,\, 0), \quad S = \begin{pmatrix} B \\ 0 \end{pmatrix} \in M_{n,n}(\mathbb{K}).$$

Sul campo $F = \mathbb{K}(x)$ delle funzioni razionali, la matrice $R + xI$ è invertibile, le matrici $(R + xI)S$ e $S(R + xI)$ sono simili ed i coefficienti del polinomio caratteristico $p_{(R+xI)S}(t) = p_{S(R+xI)}(t) \in F[t]$ sono polinomi in x, che valutati in $x = 0$ provano quanto richiesto.

9.93 Supponiamo $pfp = pf$ e sia $v \in \operatorname{Ker} p$. Allora $pf(v) = pfp(v) = 0$ e quindi $f(v) \in \operatorname{Ker} p$. Viceversa, supponiamo che $\operatorname{Ker} p$ sia f-invariante e sia $v \in V$. Siccome $p^2 = p$ si ha $v - p(v) \in \operatorname{Ker} p$, quindi $f(v - p(v)) \in \operatorname{Ker} p$ e $pf(v) - pfp(v) = pf(v - p(v)) = 0$.

9.133 Risposta: sono diagonalizzabili la prima e la quarta.

9.134 Il polinomio caratteristico di A è

$$p_A(t) = \begin{vmatrix} -t & 0 & 0 & 3 \\ 1 & -t & -1 & 0 \\ 0 & -3 & -t & -1 \\ 1 & 0 & 1 & -t \end{vmatrix} = t^4 - 5t^2 + 18.$$

Poiché il discriminante di $x^2 - 5x + 18$ è negativo, il polinomio $t^4 - 5t^2 + 18$ non ha radici reali e possiede 4 radici complesse distinte. Quindi la matrice non è diagonalizzabile su $\mathbb{R}$ ed è invece diagonalizzabile su $\mathbb{C}$.

9.140 Traccia: $(1, 1, 1, 1)^T$ e $(1, -3, 3, -1)^T$ sono autovettori per M, con autovalori 34 e 0 rispettivamente. Siccome $(1, 1, 1, 1)M = (34, 34, 34, 34)$, il sottospazio U è f-invariante. Per come è fatta la base v_i, si ha $v_1, v_2, v_3 \in U$, $L_M(v_4) = 34v_4$, mentre per $i < 4$, $L_M(v_i) = a_{1i}v_1 + a_{i2}v_2 + a_{i3}v_3$, dove a_{1i}, a_{i2}, a_{i3} sono i primi tre coefficienti di Mv_i, ossia della differenza tra le colonne i e 4 di M. Quindi nella base $v_1, \ldots, v_4$ la matrice che rappresenta L_M è la matrice a blocchi

$$\begin{pmatrix} N & 0 \\ 0 & 34 \end{pmatrix}, \quad \text{dove} \quad N = \begin{pmatrix} 3 & -10 & -11 \\ -3 & 2 & 3 \\ -3 & -6 & -5 \end{pmatrix}$$

cha ha come polinimio caratteristico $p_M(t) = t(t - 34)(t + 8)(t - 8)$. Dunque M risulta diagonalizzabile su $\mathbb{Q}$ e più in generale su ogni campo di caratteristica diversa da 2, 3, 7, 13 e 17, ossia nei campi dove $0, 34, 8, -8$ sono distinti. Ma anche N, che ha come autovalori $0, \pm 8$ risulta diagonalizzabile su tutti i campi di caratteristica $\neq 2$, e lo stesso vale per M.

Notiamo che possiamo ripetere l'esercizio per gli altri 7 quadrati magici ottenuti da M per trasposizione e rotazioni di multipli interi di angoli retti.

9.141 Suggerimento: provare che $(B^T)^2 B^2 = (B^T B)^2$, $\text{Ker } B \subseteq \text{Ker } B^2 \subseteq \text{Ker}((B^T)^2 B^2) = \text{Ker}(B^T B)$ e dedurre che $\text{Ker } B = \text{Ker } B^2$.

10.28 Suggerimento: considerare A come una matrice a coefficienti complessi e determinare una relazione tra la traccia di A e le molteplicità geometriche degli autovalori.

10.40 Suggerimento: detto r il grado di $q_f(t)$, i resti delle divisioni dei polinomi $1, p(t), p(t)^2, \ldots, p(t)^r$ per $q_f(t)$ sono linearmente dipendenti su $\mathbb{K}$.

10.41 Provare che $\{h(t) \in \mathbb{K}[t] \mid q(t) \text{ divide } h(p(t))\}$ contiene polinomi non nulli usando lo stesso suggerimento di 10.40. Tutto il resto segue facilmente.

10.54 Suggerimento: scriviamo $A = (a_{ij})$ e $q(t) = p_A(t) - \det(A)$. Per $i \neq j$, il teorema di Cayley–Hamilton implica che il coefficiente (i, j) di $q(A)$ è uguale a 0. Valutare i coefficienti (i, j) delle matrici $q(A)$, $Aq(A)$ e $Ap_A(A)$ in funzione di a_{ij}. Nota: l'esempio $A = \begin{pmatrix} 1 & 1 \\ 0 & 0 \end{pmatrix}$ mostra che il risultato non vale senza l'ipotesi di invertibilità.

10.95 Se f è nilpotente allora $f - \lambda I$ è invertibile e quindi surgettiva per ogni $\lambda \neq 0$. Se f non è nilpotente, allora possiede un autovalore $\lambda \neq 0$ ed esiste un intero positivo k tale che

$$\text{Ker}(f - \lambda I)^{k-1} \neq \text{Ker}(f - \lambda I)^k = \text{Ker}(f - \lambda I)^{k+1}.$$

Prendiamo un vettore $v \in \mathrm{Ker}(f - \lambda I)^k - \mathrm{Ker}(f - \lambda I)^{k-1}$, siccome

$$0 = (f - \lambda I)^k v = (-\lambda)^k v + f(\cdots)$$

ne consegue che v appartiene all'immagine di f. Se per assurdo $v = (f - \lambda I)w$ si avrebbe

$$(f - \lambda I)^k w = (f - \lambda I)^{k-1} v \neq 0, \quad (f - \lambda I)^{k+1} w = (f - \lambda I)^k v = 0$$

in contraddizione con la scelta di k.

10.109 Suggerimento: per ogni base v_h di $\mathbb{K}^n$, ad esempio di autovettori per A, possiamo associare una base B_{ij} di $M_{n,n}(\mathbb{K})$ tale che $B_{ij}v_h = v_i \delta_{jh}$. Alternativamente, mostrare che per ogni $C \in M_{n,n}(\mathbb{K})$ invertibile, gli endomorfismi ad_A e $\mathrm{ad}_{CAC^{-1}}$ sono simili.

11.20 Riportiamo solo le soluzioni. La prima matrice è nilpotente di rango tre, quindi possiede un unico blocco di Jordan $J_4(0)$. I blocchi di Jordan della seconda matrice sono $J_2(4), J_1(2), J_1(1)$. I blocchi di Jordan della terza matrice sono $J_3(4), J_1(4)$.

11.43 Diamo due distinte tracce di soluzione: a) calcolare, in funzione di $p_A(t)$ e $p_B(t)$, i polinomi caratteristici degli endomorfismi

$$L_A, R_B: M_{n,m}(\mathbb{K}) \to M_{n,m}(\mathbb{K}), \qquad L_A(X) = AX, \quad R_B(X) = XB,$$

e mostrare che il sottospazio vettoriale $V = \{X \in M_{n,m}(\mathbb{K}) \mid AX = XB\}$ è L_A-invariante ed anche R_B-invariante.

b) sia X tale che $AX = XB$, allora $Xp_A(B) = 0$ e se $X \neq 0$ allora il nucleo di $p_A(B)$ è un sottopazio B-invariante non nullo.

11.44 Suggerimento: per il primo punto prendere come primo vettore della base un qualunque vettore non nullo del nucleo di $h(f)$ e ragionare come nella dimostrazione del teorema di Cayley–Hamilton. Per il secondo punto induzione sul grado del polinomio caratteristico.

12.10 Per il Teorema 12.3 l'applicazione lineare

$$\varphi: V \to \mathbb{K}^r, \qquad \varphi(v) = (\varphi_1(v), \ldots, \varphi_r(v))^T,$$

è surgettiva. Basta adesso considerare il sottospazio generato da una qualunque successione $v_1, \ldots, v_r \in V$ tale che $\varphi(v_1), \ldots, \varphi(v_r)$ sia la base canonica di $\mathbb{K}^r$.

12.43 A meno di scambiare φ_1 con φ_3 e φ_2 con φ_4 possiamo supporre φ_1, φ_2 linearmente indipendenti. A meno di scambiare φ_3 con φ_4 e φ_4 con $-\varphi_3$ possiamo supporre $\varphi_1, \varphi_2, \varphi_3$ una base di $V^\vee$. Basta adesso considerare la corrispondente base duale $v_1, v_2, v_3 \in V$ e osservare che $\omega(v_1, v_2) = 1$.

12.44 Per l'Esercizio 12.10, a meno di restringersi ad un sottospazio di V non è restrittivo supporre che $\varphi_1, \ldots, \varphi_{2r}$ sia un insieme di generatori di $V^\vee$. Dunque $r < \dim V \le 2r$. Se $\dim V = 2r$ abbiamo già visto che le r forme decomponibili $\varphi_i \wedge \varphi_{i+1}$ sono linearmente indipendenti. Se $\dim V < 2r$ allora $r > 1$ e non è restrittivo supporre che φ_{2r} sia combinazione lineare dei rimanenti. Denotiamo $U = \operatorname{Ker} \varphi_{2r-1}$ e dimostriamo che la restrizione di ω ad U è diversa da 0. Se indichiamo con $\psi_i \in U^\vee$ la restrizione di φ_i ad U, essendo l'applicazione $V^\vee \to U^\vee$ surgettiva e ψ_{2r} combinazione lineare degli altri funzionali, si ha che $\psi_1, \ldots, \psi_{2r-2}$ generano $U^\vee$ e siccome $\dim U \ge \dim V - 1$ la conclusione segue per induzione su r.

12.51 Suggerimento: a meno di sommare alla prima ed ultima riga (risp.: colonna) multipli scalari delle righe (risp.: colonne) $2, \ldots, n-1$ si può supporre $a_{1j} = a_{nj} = a_{j1} = a_{jn} = 0$ per ogni $j = 2, \ldots, n$.

12.70 Dato che $\Delta \in \mathcal{F}$, la famiglia $\mathcal{F}$ è non vuota. Sia $C \subseteq \mathcal{F}$ una catena, definiamo $D = \bigcup \{ C \mid C \in C \}$ e mostriamo che $D \in \mathcal{F}$.

Proviamo che la proiezione $p_{|D} \colon D \to A$ è iniettiva: se per assurdo esistono $(u, v_1), (u, v_2) \in D$ con $v_1 \ne v_2$, siccome C è una catena esiste $C \in C$ che contiene entrambe le coppie $(u, v_1), (u, v_2)$ contraddicendo l'iniettività di $p_{|C} \colon C \to A$. L'iniettività di $q_{|D} \colon D \to B$ si dimostra alla stessa maniera.

Se per assurdo $(A - p(D)) \cup q(D)$ è linearmente dipendente si avrebbe

$$\sum_{i=1}^{n} a_i u_i = \sum_{j=1}^{m} b_j v_j,$$

con $a_i, b_j \in \mathbb{K}$ non tutti nulli, $u_i \in A - p(D)$, $v_j \in q(D)$. Dato che i v_j sono in numero finito e C è una catena, esiste $C \in C$ tale che $v_1, \ldots, v_m \in q(C)$. Ma questo contraddice l'ipotesi $C \in \mathcal{A}$ dato che a maggior ragione $u_1, \ldots, u_n \in A - p(C)$.

Sia dunque $M \in \mathcal{F}$ un elemento massimale e proviamo che $p_{|M} \colon M \to A$ è bigettiva. Già sappiamo che $p_{|M}$ è iniettiva; se per assurdo $A \ne p(M)$, scegliamo un $v \in A - p(M)$, scriviamo $v = \sum_{i=1}^{n} a_i v_i$, con $a_i \in \mathbb{K}$ e $v_i \in B$, e dimostriamo che esiste un indice i tale che $M \cup (v, v_i) \in \mathcal{F}$, contraddicendo così la massimalità di M.

Per un dato indice i, siccome $v \notin p(M)$, vale $M \cup (v, v_i) \notin \mathcal{F}$ se e solo se vale almeno una delle seguenti due condizioni:

1. $v_i \in q(M) \cap (A - p(M) - v)$,
2. il sottoinsieme $(A - p(M) - v) \cup (q(M) \cup v_i)$ è linearmente dipendente.

In entrambi i casi esiste una combinazione lineare

$$c_i v_i = \sum_h a_{i,h} u_{i,h} + \sum_k b_{i,k} v_{i,k} \tag{17.1}$$

con entrambe le sommatorie finite, $c_i, a_{i,h}, b_{i,k} \in \mathbb{K}$ non tutti nulli, $u_{i,h} \in A - p(M) - v$, $v_{i,k} \in q(M)$. Dato che $M \in \mathcal{F}$ deve essere $c_i \ne 0$.

Se per assurdo $M \cup (v, v_i) \notin \mathcal{F}$ per ogni i, allora valgono le relazioni (17.1), ed a meno di moltiplicazioni per scalare non è restrittivo supporre $c_i = 1$ per ogni i. Sostituendo le (17.1) in $v = \sum_{i=1}^{n} a_i v_i$ si può scrivere v come combinazione lineare di elementi in $(A - p(M) - v) \cup q(M)$, contraddicendo l'indipendenza lineare di $(A - p(M)) \cup q(M)$.

Abbiamo quindi provato che $p_{|M} : M \to A$ è bigettiva e basta definire f come la composizione di $q : M \to B$ con l'inversa di $p_{|M}$. L'iniettività di f è chiara ed inoltre $f(A) = q(M)$ è linearmente indipendente.

13.31 L'implicazione "solo se" segue immediatamente dal principio dei cassetti. Viceversa, supponiamo che ogni classe di equivalenza contenga al più n elementi e ragioniamo per induzione su n. Se $n > 0$ allora X deve contenere almeno due classi di equivalenza non vuote ed al più due classi di equivalenza con esattamente n elementi. Possiamo quindi trovare $a_n, b_n \in X$ tra loro non equivalenti tali che ogni classe di equivalenza diversa da $[a_n]$ e $[b_n]$ contiene al più $n - 1$ elementi. Basta adesso applicare l'ipotesi induttiva all'insieme $Y = X - \{a_n, b_n\}$.

13.40 Supponiamo f triangolabile e $0 = U_0 \subseteq U_1 \subseteq \cdots \subseteq U_n = V$ una bandiera completa di sottospazi f invarianti. Per i fissato, consideriamo la filtrazione di sottospazi f-invarianti:

$$V_i = W_0 \subseteq \cdots W_k = (U_k + V_i) \cap V_{i+1} \cdots \subseteq W_n = V_{i+1}$$

Siccome $\dim U_k = \dim U_{k-1} + 1$ per ogni k, ne consegue che $\dim W_k / V_i \leq 1 + \dim W_{k-1} / V_i$ per ogni k ed eliminando i doppioni troviamo una bandiera completa f_i-invariante di V_{i+1} / V_i

Viceversa, supponiamo che ogni f_i sia triangolabile; sia $0 \neq U \subseteq V$ un sottospazio f-invariante e sia i il più piccolo intero tale che $U \cap V_{i+1} \neq 0$. Per provare che f è triangolabile basta quindi dimostrare che $U \cap V_{i+1}$ contiene autovettori di f. Ma l'applicazione naturale $p : U \cap V_{i+1} \to V_{i+1} / V_i$ è un'isomorfismo sull'immagine e $f_i p = pf$; in particolare $p(U \cap V_{i+1})$ è un sottospazion f_i-invariante e, se $p(u)$ è un autovettore di f_i, allora u è un autovettore di f.

13.75 Suggerimento: per assurdo, partendo dai coefficienti di grado più basso, mostrare che le due condizioni implicano che i quattro polinomi hanno gli stessi coefficienti. Equivalentemente, passare al limite per $x \to 0$ per dedurre (vedi Esercizio 2.2) che $p_1(0) = p_2(0) = p_3(0) = p_4(0)$. Considerare quindi i polinomi $q_i(x) = (p_i(x) - p_i(0))/x$ e ragionare per induzione sul massimo grado dei polinomi.

14.55 Se B non è diagonale e $A = \begin{pmatrix} \lambda & 0 \\ 0 & 1 \end{pmatrix}$, allora $\det(AB + BA) < 0$ per ogni λ sufficientemente grande.

14.80 Siano $f : V \to W$ una similitudine e $u_1, \ldots, u_n \in V$ una base ortonormale. Allora $f(u_1), \ldots, f(u_n)$ è una successione ortogonale. Normalizzando, otteniamo una base ortonormale $w_1, \ldots, w_n$ di W ed n numeri reali positivi $a_1, \ldots, a_n$ tali che $f(u_i) = a_i w_i$. Siano $i \neq j$, allora $(u_i - u_j) \perp (u_i + u_j)$ e quindi $0 = \langle a_i w_i - a_j w_j, a_i w_i + a_j w_j \rangle = a_i^2 - a_j^2$. Dunque $a_i = a_j$ per ogni i, j e f è un multiplo scalare di un'applicazione che trasforma una base ortonormale in una base ortonormale.

14.95 Sappiamo che ogni matrice del tipo $A^T A$ è semidefinita positiva. Nella fattispecie questo è falso: ad esempio

$$(2, -1, 0, 0) \begin{pmatrix} 1 & 2 & 0 & 0 \\ 2 & 3 & 2 & 0 \\ 0 & 2 & 3 & 2 \\ 0 & 0 & 2 & 1 \end{pmatrix} \begin{pmatrix} 2 \\ -1 \\ 0 \\ 0 \end{pmatrix} = -1.$$

Alternativamente, si può argomentare che ogni minore principale di $A^T A$ è semi-definito positivo e nel caso il questione il determinante del minore 2×2 in alto a sinistra è negativo.

14.102 Traccia: siccome A è diagonalizzabile con tutti gli autovalori non negativi, per ogni $\lambda \in \mathbb{R}$, il nucleo di $A - \lambda I$ è uguale al nucleo di $A^r - \lambda^r I$.

15.25 Se $x \in \operatorname{Ker} f$, allora $\varphi(x, y) = \varphi(f(x), f(y)) = \varphi(0, f(y)) = 0$ per ogni $y \in V$ e dunque $x \in \operatorname{LKer}(\varphi)$. Abbiamo dimostrato che $\operatorname{Ker} f \subseteq \operatorname{LKer}(\varphi)$ e di conseguenza

$$\operatorname{rg}(f) = \dim V - \dim \operatorname{Ker} f \geq \dim V - \dim \operatorname{LKer}(\varphi) = \operatorname{rg}(\varphi).$$

15.27 Suggerimento: sia $\varphi \colon V \times V \to \mathbb{K}$ l'unica forma bilineare tale che $\varphi(v_i, v_j) = 0$ per $i > j$, $\varphi(v_i, v_i) = \Phi(v_i)$ e $\varphi(v_i, v_j) = \Phi(v_i + v_j) - \Phi(v_i) - \Phi(v_j)$ per $i < j$. Dimostrare per induzione su k che per ogni $x \in \operatorname{Span}(v_1, \ldots, v_k)$ vale $\Phi(x) = \varphi(x, x)$.

15.28 Proviamo che se φ non è alternante, ossia se esiste $u \in V$ tale che $\varphi(u, u) \neq 0$, allora φ è simmetrica.

Proviamo prima che $\varphi(v, u) = \varphi(u, v)$ per ogni $v \in V$: sia $a \in \mathbb{K}$ l'unico sca-lare tale che $\varphi(v + au, u) = \varphi(v, u) + a\varphi(u, u) = 0$, allora $\varphi(u, v) + a\varphi(u, u) = \varphi(u, v + au) = 0$ e quindi $\varphi(v, u) = \varphi(u, v)$.

Dati $v, w \in V$, siano $c \in \{0, 1\}$ tale che $\varphi(u, v + cu) \neq 0$ e $b \in \mathbb{K}$ l'unico scalare tale che $\varphi(v + cu, w + bu) = \varphi(v + cu, w) + b\varphi(v + cu, u) = 0$; allora anche $\varphi(w, v + cu) + b\varphi(u, v + cu) = \varphi(w + bu, v + cu) = 0$ e quindi $\varphi(v + cu, w) = \varphi(w, v + cu)$. Per finire osserviamo che

$$\varphi(v, w) + c\varphi(u, w) = \varphi(v + cu, w) = \varphi(w, v + cu) = \varphi(w, v) + c\varphi(w, u)$$

da cui segue $\varphi(v, w) = \varphi(w, v)$.

15.88   Nelle notazioni dell'Esempio 15.87, il polinomio caratteristico di Q è $p_Q(t) = t(4t^3 - 9t - 5)/4$. Dunque $t = 0$ è una radice di $p_Q(t)$ di molteplicità 1 e da questo segue $\mathrm{rg}(\Phi) = 4 - 1 = 3$. La successione dei segni dei coefficienti non nulli di $p_Q(t)$ è $(+, -, -)$, c'è una sola variazione e $p_Q(t)$ ha esattamente una radice positiva. Quindi $\Phi_+ = 1$ e la segnatura di Φ è $(1, 2)$.

15.107   Siccome vi è sempre un coefficiente nullo sulla diagonale principale, nessuna matrice B_n è definita. Si ha $B_1 = (0)$, che ha rango 0 e segnatura $(0, 0)$. Per quanto riguarda $B_2 = \begin{pmatrix} 0 & 1 \\ 1 & 2 \end{pmatrix}$, il suo determinante è -1, che obbliga la segnatura ad essere $(1, 1)$. Infine, per la matrice

$$B_3 = \begin{pmatrix} 0 & 1 & 2 \\ 1 & 2 & 3 \\ 2 & 3 & 4 \end{pmatrix},$$

abbiamo già visto che la sua restrizione della forma quadratica associata al sottospazio generato dai primi due vettori della base canonica ha segnatura $(1, 1)$. Siccome gli indici di positività/negatività non possono crescere quando ci restringiamo a sottospazi, la segnatura di B_3 può assumere solamente uno dei seguenti valori: $(2, 1)$ (e quindi $\det(B_3) < 0$), $(1, 2)$ (e quindi $\det(B_3) > 0$), $(1, 1)$ (e quindi $\det(B_3) = 0$). Il calcolo del determinante mostra che vale la terza ipotesi. Volendo usare la regola dei segni di Cartesio si calcola il polinomio caratteristico

$$p_{B_3}(t) = \begin{vmatrix} -t & 1 & 2 \\ 1 & 2-t & 3 \\ 2 & 3 & 4-t \end{vmatrix} = -t^3 + 6t^2 + 6t = t\left(-t^2 + 6t + 6\right).$$

Dunque $t = 0$ è una radice del polinomio caratteristico di B_3 di molteplicità 1. Ne segue $\mathrm{rg}(B_3) = 3 - 1 = 2$; inoltre la successione dei segni dei coefficienti di $p_{B_3}(t)$ è $(-, +, +)$. C'è una sola variazione, quindi $p_{B_3}(t)$ ha esattamente una radice positiva e la segnatura di B_3 è $(1, 1)$.

15.108   La matrice B_n ha la forma

$$B_n = \begin{pmatrix} 0 & 1 & 2 & \cdots & n-1 \\ 1 & 2 & 3 & \cdots & n \\ 2 & 3 & 4 & \cdots & n+1 \\ \vdots & \vdots & \vdots & \ddots & \vdots \\ n-1 & n & n+1 & \cdots & 2n-2 \end{pmatrix}.$$

Sottraiamo all'ultima colonna la penultima, alla penultima la terzultima e così via (quest'operazione lascia invariato il rango della matrice). Troviamo la matrice

$$\begin{pmatrix} 0 & 1 & 1 & \cdots & 1 \\ 1 & 1 & 1 & \cdots & 1 \\ 2 & 1 & 1 & \cdots & 1 \\ \vdots & \vdots & \vdots & \ddots & \vdots \\ n-1 & 1 & 1 & \cdots & 1 \end{pmatrix}$$

che ha rango 2 (ci sono solamente due colonne linearmente indipendenti). Abbiamo così dimostrato che $\mathrm{rg}(B_n) = 2$ per ogni $n \geq 4$.

Il minore 2×2 in alto a sinistra ha rango 2 e dunque la segnatura di B_n coincide con la segnatura di questo minore. Ma il minore 2×2 in alto a sinistra è proprio B_2 e abbiamo già calcolato, nell'Esercizio 15.107, che la sua segnatura è $(1,1)$. Ne segue che la segnatura di B_n è $(1, 1)$ per ogni $n \geq 2$.

15.109 Ricordiamo che per ogni numero reale a si ha $|a| = \mathrm{sgn}(a) \cdot a$. Per evitare ambiguità notazionali, scriveremo $\sum_{(i,j):i\neq j}$ per indicare la somma su tutte le $n^2 - n$ coppie (i, j) con $i \neq j$, mentre scriveremo $\sum_{j:j\neq i}$ per indicare la somma sugli $n-1$ indici j diversi da i. In particolare, vale la formula

$$\sum_{(i,j):i\neq j} a_{ij} = \sum_{i=1}^{n} \sum_{j:j\neq i} a_{ij}.$$

La condizione $2a_{ii} \geq \sum_{j=1}^{n} |a_{ij}|$ equivale a dire che i numeri

$$b_i = a_{ii} - \sum_{j:j\neq i} |a_{ij}| = a_{ii} - \sum_{j:j\neq i} |a_{ji}|, \qquad i = 1, \ldots, n,$$

sono nonnegativi. Per un vettore $x \in \mathbb{R}^n$ di coordinate $x_1, \ldots, x_n$ si ha

$$x^T A x = \sum_i \left(a_{ii} x_i^2 + \sum_{j:j\neq i} a_{ij} x_i x_j \right) = \sum_i \left(a_{ii} x_i^2 + \sum_{j:j\neq i} |a_{ij}|(s(a_{ij}) x_i x_j) \right)$$
$$= \sum_i b_i x_i^2 + \sum_{(i,j):i\neq j} |a_{ij}|(x_i^2 + s(a_{ij}) x_i x_j)$$

$$x^T A x = \sum_j \left(a_{jj} x_j^2 + \sum_{i:i\neq j} a_{ij} x_i x_j \right) = \sum_j \left(a_{jj} x_j^2 + \sum_{j:j\neq i} |a_{ij}|(s(a_{ij}) x_i x_j) \right)$$
$$= \sum_j b_j x_j^2 + \sum_{(i,j):i\neq j} |a_{ij}|(x_j^2 + s(a_{ij}) x_i x_j).$$

Sommando le due espressioni si ottiene

$$2x^T Ax = \sum_i b_i x_i^2 + \sum_j b_j x_j^2 + \sum_{(i,j):i \neq j} |a_{ij}|(x_i^2 + x_j^2 + 2s(a_{ij})x_i x_j)$$

$$= 2\sum_i b_i x_i^2 + \sum_{(i,j):i \neq j} |a_{ij}|(x_i + s(a_{ij})x_j)^2 \geq 0.$$

Notiamo che la dimostrazione prova in aggiunta che se $2a_{ii} > \sum_{j=1}^{n} |a_{ij}|$ per ogni indice i, allora A è definita positiva.

15.112 Suggerimento: per assurdo, se i vettori isotropi della forma quadratica indefinita Φ sono contenuti nel nucleo di $f: V \to \mathbb{R}$ lineare surgettiva, considerare due vettori $v, w \in V$ tali che $f(v) = 1$, $\Phi(v)\Phi(w) < 0$, assieme a tutte le combinazioni lineari $v + tw$, con $t \in \{s \in \mathbb{R} \mid sf(w) \geq 0\}$.

16.2 Suggerimento: sviluppo in serie di $e^{\sqrt{2}} + e^{-\sqrt{2}}$.

16.4 A meno di togliere un numero finito di termini iniziali possiamo supporre $a_n > a_{n-1}$ per ogni n. Se per assurdo $l = c/d$ con $c, d \in \mathbb{Z}$ e $d > 0$, allora $\sum_{n=1}^{\infty} dq^{-a_n} \in \mathbb{Z}$. Sia $m \in \mathbb{N}$ sufficientemente grande tale che $q^{a_{m+1}-a_m} > 2d$, allora anche $q^{a_m} \sum_{n=1}^{\infty} dq^{-a_n} \in \mathbb{Z}$ e, togliendo i primi m addendi interi si ottiene $\sum_{n>m} dq^{a_m-a_n} \in \mathbb{Z}$. D'altra parte,

$$0 < \sum_{n>m} dq^{a_m-a_n} = \frac{d}{q^{a_{m+1}-a_m}} \sum_{i>0} q^{a_{m+1}-a_{m+i}} \leq \frac{d}{q^{a_{m+1}-a_m}} \sum_{i>0} q^{1-i}$$

$$< q/2(q-1) \leq 1.$$

Riferimenti bibliografici

1. Artin, M.: *Algebra*. Bollati Boringhieri (1997)
2. Baker, A.: *Trascendental number theory*. Cambridge University Press (1975)
3. Birkhoff, G., Mac Lane, S.: *A survey of modern algebra*. Macmillan (1977)
4. Courant, R., Robbins, H.: *Che cos'è la Matematica?* Bollati Boringhieri (1971)
5. Dalzell, D.P.: On 22/7. Journal of the London Mathematical Society **19**, 133–134 (1944)
6. Derksen, H.: The fundamental theorem of algebra and linear algebra. The American Mathematical Monthly **110**, 620–623 (2003)
7. Eilenberg, S., MacLane, S.: General theory of natural equivalences. Trans. Am. Math. Soc. **58**, 231–294 (1945)
8. Halmos, P.: *Teoria elementare degli insiemi*. Feltrinelli (1970)
9. Herstein, I.N.: *Algebra*. Editori Riuniti (1982)
10. Macdonald, I.G.: *Symmetric functions and orthogonal polynomials*. American Mathematical Society (1988)
11. Mammana, G.: Autovalori e autosoluzioni per la più generale equazione differenziale lineare ordinaria. Annali della Scuola Normale Superiore di Pisa **15**, 1–110 (1927)
12. Manetti, M.: *Topologia*. Springer (2008)
13. Prodi, G.: *Analisi matematica*. Bollati Boringhieri (1977)
14. Riehl, E.: *Category theory in context*. Dover publications (2016)
15. Scimemi, B.: *Algebretta*. Decibel editrice (1972)
16. Weyl, H.: *Filosofia della matematica e delle scienze naturali*. Boringhieri (1967)
17. Wigner, E.: *Gruppentheorie und ihre Anwendung auf die Quantenmechanik der Atomspektren*. Springer (1931)

Indice

M. Manetti, *Algebra Lineare*, La Matematica per il 3+2 174,
https://doi.org/10.1007/978-3-032-01504-4

Made in the USA
Monee, IL
07 July 2026

56547415R00328